Nr. 3
S. 765–1148

1963
16. Januar

Chemisches Zentralblatt

Vollständiges Repertorium für alle Zweige der reinen und angewandten Chemie

1830 gegründet. 1897—1945 von der Deutschen Chemischen Gesellschaft fortgeführt. Im Auftrage der Deutschen Akademie der Wissenschaften zu Berlin, der Chemischen Gesellschaft in der DDR, der Akademie der Wissenschaften zu Göttingen und der Gesellschaft Deutscher Chemiker (in der BRD)

herausgegeben von Prof. Dr. **Heinrich Bertsch** und Prof. Dr. Dr. h. c. **Wilhelm Klemm**

134. Jahrgang
1963

Chefredakteure: Dr. Eugen Klever und Prof. Dr.-Ing. Eberhard Leibnitz

Akademie-Verlag GmbH., Berlin — Verlag Chemie, GmbH., Weinheim/Bergstr.

Inhalt

Sprachenbezeichnung in den Referaten des Chemischen Zentralblatt

(Abkürzungen laut DIN-Normblatt 1502, Beiblatt 1)

Albanisch = alb.
Bulgarisch = bulg.
Chinesisch = chin.
Dänisch = dän.
Deutsch = dt.
Englisch = engl.
Estnisch = estn.
Finnisch = finn.
Flämisch = fläm.
Französisch = franz.

Griechisch = griech.
Irisch = ir.
Italienisch = ital.
Japanisch = jap.
Lateinisch = lat.
Litauisch = litau.
Niederländisch = niederl.
Norwegisch = norw.
Persisch = pers.
Polnisch = pol.
Portugiesisch = port.

Rumänisch = rum.
Russisch = russ.
Schwedisch = schwed.
Serbokroatisch = serbokroat.
Slowakisch = slowak.
Slowenisch = slowen.
Spanisch = span.
Tschechisch = tschech.
Türkisch = türk.
Ukrainisch = ukrain.
Ungarisch = ung.

Chemisches Zentralblatt

1963 Bibliographien Nr. 3

Neue Bücher

Geschichte. Unterricht

Enrico Fermi, Collected papers. Vol. 1. Chicago: Univ. of Chicago Pr. 1962. (1043 S. m. Abb.) $ 15.—.
Lieselott Herforth und **Hartwig Koch**, Radiophysikalisches und radiochemisches Grundpraktikum. 2., überarb. u. erw. Aufl. Berlin: Deutscher Verl. der Wissenschaften. 1962. (XVI + 550 S.) 8° = Hochschulbücher für Physik. Bd. 31. DM 37,60.
B. W. Nekrassow, Lehrgang über Allgemeine Chemie. 14. Ausg. Moskau: Gosschimisdat. 1962. (976 S. m. Abb.) 2 Rbl. 50 Kop. [russ.]
Otto Neunhoeffer, Analytische Trennung und Identifizierung organischer Substanzen. Berlin: de Gruyter. 1960. (XII + 116 S. m. 4 Abb.) 8°. DM 18,—.
Hermann Römpp, Chemische Experimente, die gelingen. Anorganische Chemie. Stuttgart: Franckh. 1962. (170 S. m. 42 Abb. u. Taf.) 8°. DM 9,80.
Robert Thomas Sanderson, Teaching chemistry with models. Princeton (New Jersey): Van Nostrand. 1962. (175 S. m. Abb.) $ 5.75.
Hermann Schelenz, Geschichte der Pharmazie. Hildesheim: Gg. Olms. 1962. (IX + 934 S.) 8°. DM 108,—.

A. Allgemeine, physikalische und anorganische Chemie

Walter Haeder, Die Umstellung des Mollier-i, x-Diagramms auf kJ und mbar. Eine Anleitung für die Umstellung des Mollier-i, x-Diagramms auf Wärmemengeneinheit und Druckeinheit des Internationalen Einheitensystems. Berlin: Haenchen u. Jäh. 1962. (20 S.) 8°. DM 2,—.

A_1. Kernphysik und Kernchemie

Manfred von Ardenne, Tabellen zur angewandten Physik. Elektronenphysik, Ionenphysik, Vakuumphysik, Kernphysik, med. Elektronik, Hilfsgebiete. Bd. 1: Elektronenphysik, Übermikroskopie, Ionenphysik. 2., umgearb. u. stark erw. Aufl. Berlin: Deutscher Verl. der Wissenschaften. 1962. (XXIV + 758 S. m. Abb.) 4°. DM 140,—.
E. W. Becker, Heavy water pollution. Vienna: I.A.E.A.; London: H.M.S.O. 1962. (63 S. m. Abb., Tab. u. Diagr.) = International Atomic Energy Agency. Review series no. 21. 6 s.
Martin Wenzel und **Paul Eberhard Schulze**, Tritium-Markierung. Berlin: de Gruyter. 1962. (XI + 176 S. m. 62 Abb. u. 42 Tab.) 8° = Arbeitsmethoden der modernen Naturwissenschaften. DM 26,—.
—, Effects of neutron irradiation in non-fissionable metals and alloys. Vienna: I.A.E.A.; London: H.M.S.O. 1962. (171 S.) = Bibliographical series no. 6. 9 s.
—, Zirconium data manual: properties of interest in reactor design. London: H.M.S.O. 1962. 21 s.
—, Zweite Arbeitstagung über stabile Isotope, Leipzig 1961. Berlin: Deutscher Verl. der Wissenschaften. 1962. (236 S. m. Abb.) 4°. DM 22,—.

A_2. Optisches Verhalten der Materie

Horst Moenke, Mineralspektren. Berlin: Akademie-Verl. 1962. (40 S. m. 5 Abb., 2 Tab. u. 355 Taf.) 4°.

A_3. Elektrizität. Magnetismus. Elektrochemie

Paul Görlich, Photoeffekte. Bd. 1: Historische Entwicklung. Photoemission der Metalle. Leipzig: Akademische Verl.-Ges. Geest & Portig. 1962. (VI + 174 S. m. 91 Abb.) 8°. DM 22,—.
Heinz Maecker, ed., Proceedings of the International Conference on ionization phenomena in gases. 5. (Munich, 28. Aug.—1. Sept. 1961.) Vol. 1. Amsterdam: North-Holland Publishing Company. 1962. (1139 S. m. Abb.) 4°. Bd. 1 u. 2 zus. hfl 155.—.

A_4. Thermodynamik. Thermochemie

Reinhard Billet, Grundlagen der thermischen Flüssigkeitszerlegung. Mannheim: Bibliographisches Institut. 1962. (150 S. m. 53 Abb.) 8° = BI-Hochschultaschenbücher. Bd. 29. DM 3,80.

A_6. Strukturforschung

Heinz Klemm, Die Gefüge des Eisen–Kohlenstoff-Systems. 2., verb. Aufl. Leipzig: Deutscher Verl. für Grundstoffindustrie. 1962. (44 S. m. 63 Abb.) 8°. DM 3,80.

A_7. Gleichgewichte. Kinetik

Gerhard-Otfried Müller, Grundlagen der Stöchiometrie. 3. Aufl. Leipzig: Hirzel. 1962. (VIII + 304 S. m. 20 Abb.) 8°. DM 10,—.

E_5. Tierchemie. Tierphysiologie. Tierpathologie

Fermin Velez Boza, Bibliografia Venezolana de alimentacion y nutricion. Caracas: Instituto Nacion al de Nutricion. 1961. (452 S.) = Publicación n⁰ 20.

Erich Fischbach, Grundriß der Physiologie und physiologischen Chemie. 9., verb. Aufl. München: Müller & Steinicke. 1962. (550 S. m. 80 Abb.) 8⁰. DM 18,50.

N. I. Leonow, G. K. Skrjabin und **K. M. Ssolnzew**, Antibiotika in der Tierzucht. Moskau: Sselchosidat. 1962. (232 S.) 39 Kop. [russ.]

Günther Schweer, Glaskörper und Hyaluronsäure–Hyaluronidase-System. Leipzig: Thieme. 1962. (VI + 74 S. m. 1 Abb. u. 19 Tab.) 8⁰ = Sammlung zwangloser Abhandlungen aus dem Gebiete der Augenheilkunde. Bd. 25. DM 12,—.

Eugen Haagen, *Viruskrankheiten des Menschen*. Lieferung 1. Darmstadt: Dr. Dietrich Steinkopff Verlag. 1962. (112 S.) 2 Abb. DM 24,—.
Besprochen werden die Eigg., Morphologie, chem. biol. Aufbau, Vermehrung u. Züchtung von Viren sowie klin. Probleme. P. Loch

E_6. Pharmakologie. Therapie. Toxikologie. Hygiene

G. Deysson, R. Fabre, A. German et **M. Guillot**, Mises au point biologiques. 2. Paris: Vigot frères. 1962. (286 S. m. Abb.) 55 NF.

Fritz Lickint, Nikotin und Kreislauf. 3. Aufl. Hamm: Hoheneck-Verl. 1961. (69 S. m. 41 Abb.) 8⁰ = Schriftenreihe zum Problem der Suchtgefahren. Heft 5. DM 3,50.

Hans Meyer und **Josef Becker**, Hrsg., Strahlenforschung und Strahlenbehandlung. Vorträge aus den Gebieten der Strahlenphysik, Strahlenbiologie und Strahlentherapie. Bd. 3: 42. Tagung der Deutschen Röntgengesellschaft in Hamburg vom 16.–19. April 1961. München, Berlin: Urban & Schwarzenberg. 1962. (VII + 267 S. m. 112 Abb.) 8⁰ = Strahlentherapie, Sonderbände. Bd. 49. DM 48,—.

Pavel Nemec, Biologická účinnost' syntetických izotiokyanatov. (Die biologische Wirksamkeit synthetischer Isotiozyansäure-Ester.) Praha: SAV. 1962. (112 S.) ca. Kčs 8.20.

—, Hygienische Probleme bei Gewinnung, Verarbeitung und Vertrieb von Lebensmitteln. Vorträge und Diskussionen des 5. Symposiums in Mainz, vom 7.—8. April 1960. Darmstadt: D. Steinkopff. 1961. (VIII + 246 S. m. 33 Abb. u. 7 Tab.) 8⁰ = Wissenschaftliche Veröffentlichungen der Deutschen Gesellschaft für Ernährung. Bd. 7. DM 45,—.

G. Analyse. Laboratorium

M. J. Wells, ed., Spectroscopy: report of the conference organized by the Hydrocarbon Research Group of the Institute of Petroleum and held in London, March, 1962. London: Institute of Petroleum. 1962. (VIII + 305 S. m. Abb., Tab. u. Diagr.) 63 s.

—, Tritium in the physical and biological sciences: proceedings of the Symposium on the Detection and Use of Tritium in the Physical and Biological Sciences sponsored by the International Atomic Energy Agency in co-operation with the Joint Commission on Applied Radioactivity and held in Vienna, 3-10 May 1961. Vienna: International Atomic Energy Agency; London: H.M.S.O. 1962. 1: (371 S. m. Abb., Tab. u. Diagr.) 42 s. 2: (441 S. m. Abb., Tab. u. Diagr.) 48 s.

H_1. Allgemeine chemische Technologie

Hans Hart, Hrsg., Radioaktive Isotope in der Betriebsmeßtechnik. 2., überarb. u. erg. Aufl. Berlin: Verl. Technik. 1962. (560 S. m. Abb.) 8⁰. DM 68,—.

Je. W. Perow, Absorption von Stickstoffoxiden niedriger Konzentration. Nowotscherkassk. 1962. (149 S. m. Zeichng.) 29 Kop. [russ.]

H_2. Betriebsschutz. Feuerschutz

Air Pollution. Volume 1 and Volume 2 herausgegeben von **Artuhr C. Stern**. New York and London: Academic Press. 1962. Volume 1: (XVIII + 656 S.) $ 20.—. Volume 2: (XVIII + 586 S.) $ 18.50.
In dem zweibändigen Werk werden von 45 Autoren der verschiedensten Fachrichtungen die Probleme der Luftverunreinigung umfassend behandelt. Die drei großen Kapitel des 1. Bandes haben die Luftverunreinigung im allg., ihren Einfl. auf Material, Pflanzen, Tiere, Menschen u. die Messung u. Überwachung der Luftverunreinigung zum Inhalt. Im Anhang werden Eigg. der Teilchen u. Dispersoide mitgeteilt. Der 2. Band enthält weitere vier große Kapitel mit den Überschriften: Ursprung der Luftverunreinigung, Kontroll-Meth. u. Ausrüstungen, Kontrolle der Luftverunreinigung, Literatur über Luftverunreinigung. Im Anhang wird eine Zusammenstellung der Industriebetriebe, die zur Luftverunreinigung beitragen, gegeben. Jedes der 42 Teilkapitel schließt mit Literaturhinweisen, jeder Band mit einem Autoren- u. Sachregister. H. Völz

H_4. Wasser. Abwasser

—, Zur Limnologie der Speicherseen und Flußstaue. Herausgeg. von der Bundesanstalt für Wasserbiologie und Abwasserforschung in Wien-Kaisermühlen. Wien: Winkler. 1961. (312 S. m. Abb.) 8⁰. ö.S. 180,—.

H_6. Silicatchemie. Baustoffe

Hans Neff, Grundlagen und Anwendung der Röntgen-Feinstruktur-Analyse. 2., verb. u. erw. Aufl. München: Oldenbourg. 1962. (460 S. m. 358 Abb. u. 51 Taf.) 8⁰. DM 73,—.

H_8. Metallurgie. Korrosion

G. I. Akssenow, Grundlagen der Pulvermetallurgie. Kuibyschew: Buchverlag. 1962. (189 S. m. Abb.) 46 Kop. [russ.]

Hanns Benninghoff, Forschung und Praxis der sowjetischen Galvanotechnik. Herausgeg. vom Archiv für technische Ostliteratur, Neumünster/Holstein. Als Ms. gedruckt. Saulgau/Wttbg.: Leuze. 1962. (105 S. m. Abb.) 8°. DM 19,50.

Günther Hollweg, Hrsg., Aufbereitung. Forschungsinstitut für Aufbereitung. Aufbereitung anorganischer Nichterze. Kolloquium am 29. und 30. August 1961 in Freiberg. Berlin: Akademie-Verl. 1962. (285 S. m. 156 Abb. u. 46 Tab.) 8° = Freiberger Forschungshefte A 255. DM 27,50.

D. W. Ignatow und **R. D. Schamgunowa**, Über den Oxydationsmechanismus von Legierungen auf Nickel- und Chromgrundlage. Moskau: Verl. der Akad. der Wiss. der UdSSR. 1960. (107 S.) 39 Kop. [russ.]

A. M. Jampolski und **W. A. Iljin**, Kurzes Handbuch der Galvanotechnik. Moskau–Leningrad: Maschgis, Leningrader Abt. 1962. (244 S. m. Abb.) 67 Kop. [russ.]

M. W. Pridanzew, Der Einfluß der Beimengungen und Seltener Erd-Elemente auf die Eigenschaften von Legierungen. Moskau: Metallurgisdat. 1962. (208 S. m. Abb.) 84 Kop. [russ.]

Gerhard Schikorr, Korrosionsverhalten von Zink. 1. Verhalten von Zink an der Atmosphäre. Herausgeg. von der Zinkberatung. Berlin: Metall-Verl. 1962. (72 S. m. Abb.) 8°. DM 10,—.

—, Grundlagen der Metallurgie. In 4 Bänden. Bd. 2. Schwermetalle. Moskau: Metallurgisdat. 1962. (792 S. m. Abb.) 3 Rbl. 45 Kop. [russ.]

H_{18}. a) Holz. Cellulose. Zellstoff. Papier. Papierdruck. Celluloid. Linoleum

—, The preservative treatment of timber by brushing, spraying and immersion. London: H.M.S.O. 1962. (6 S. m. Diagr.) = Leaflets no. 53. 8 d.

H_{18}. b) Textilfasern

Hans Driesch, Welche Chemiefaser ist das? Stuttgart: Franckh. 1962. (149 S. m. Abb. u. Taf.) 8°. DM 60,—.

H_{19}. Brennstoffe. Erdöl. Mineralöle

Günther Hollweg, Hrsg., Chemie der Kohle. „Steinkohlenkolloquium". Vorträge des 13. Berg- und Hüttenmännischen Tages vom 24.—27. Mai 1961 in Freiberg. Berlin: Akademie-Verl. 1962. (63 S. m. 35 Abb. u. 15 Tab.) 8° = Freiberger Forschungshefte. A. 229.

Fritz Schuster, Über die Zusammensetzung der Kohlenwasserstoffe in technischen Brenngasen. Essen: Vulkan-Verl. 1962. (1 Bl.) 4°.

Horst Walther, Bituminöse Stoffe im Bauwesen. Heidelberg: Straßenbau, Chemie und Technik Verl. Ges. 1962. (151 S. m. Abb.) 8°. DM 28,—.

—, Guide (Le) du pétrole et de la chimie. 2 tomes. 1: Réglementation. 2: Annuaire. Paris: O. Lesourd. 1962. 1: (900 S.) 125 NF. 2: (1000 S.) 100 NF.

H_{20}. Schieß- und Sprengstoffe. Zündmittel

Bernard Lewis and **Guenther von Elbe**, *Combustion, Flames and Explosions of Gases Second Edition* New York and London: Academic Press Inc. 1961. (XIII + 731 S.) $ 22.—.
2. Auflage des 1951 erstmals erschienenen Werkes. Es wird die Theorie der Rk.-Ketten u. der chem. Kinetik von Rkk. zwischen Brenngasen u. O_2, die Hydrodynamik von Verbrennungswellen, Detonationswellen u. Düsenflammen u. die Thermodynamik von Verbrennungsgasen behandelt u. dabei der Entw. der letzten Dekade Rechnung getragen. — Inhaltsfolge: Chemie u. Kinetik der Rkk. zwischen gasförmigen Brennstoffen u. Oxydantien, Flammenausbreitung, Zustand des verbrannten Gases, Probleme bei techn. Verbrennungsprozessen. — Im Anhang werden Tabellen über Daten für thermochem. Berechnungen, Grenzen der Nichtentzündbarkeit u. Flammen-Temp. gebracht.
G. Reisner

H_{24}. Photographie

H. Sauvenir, ed., Scientific photography: proceedings on the International Colloquium held at Liège 1959, sponsored by the Patrimoine de l'Université de Liège. Oxford, London: Pergamon Press. 1962. (XX + 617 S. m. Abb., Tab. u. Diagr.) 10 £.

Ausgewertete Bibliographie-Fachzeitschriften

Belgien	Bibliographie de Belgique — Belgische Bibliographie
ČSSR	Bibliography of Publications Dealing with the Polarography Method [Praha]
	Bulletin — Die Neuesten Forschungsergebnisse der Tschechoslowakischen Wissenschaft
	Nové Knihy (Neue Bücher)
	Novinky (Neuheiten)
Dänemark	Danske Bogmarked
Deutschland	Börsenblatt für den Deutschen Buchhandel — Frankfurter Ausgabe
	Börsenblatt für den Deutschen Buchhandel — Leipziger Ausgabe
	Deutsche Bibliographie. Wöchentliches Verzeichnis. Ausgabe II. [Frankfurt/Main]
	Deutsche Nationalbibliographie. Reihe A: Neuerscheinungen des Buchhandels [Leipzig]
England	British Books (Incorporating the Publishers Circular & Booksellers Record)
	British National Bibliography
Frankreich	Bibliographie de la France
Griechenland	Greek Bibliography [Athen]
Italien	Bibliografia Nazionale Italiana
Niederlande	Nieuwsblad voor de Boekhandel
Österreich	Österreichische Bibliographie
Schweiz	Schweizer Buch. Serie A und Serie B
UdSSR	Bücherverzeichnis des Jahres (Книжная летопись)
	Neue Bücher (Новые книги)
USA	Publisher's Weekly

Namenregister

Patentregister

Französische Patente (F.P.)

Indische Patente (Ind.P.)

Italienische Patente (It.P.)

Japanische Auslegeschriften (Jap.A.S.)

Chemisches Zentralblatt

1963 Nr. 3 16. Januar

Geschichte. Unterricht

Prof. A. H. Compton. E. U. Condon. (Nature [London] **194,** 628—29. 19/5. 1962; engl.) — Nachruf auf den am 15/3. 1962 in Berkeley, Calif., im Alter von 69 Jahren verstorbenen Nobelpreisträger für Physik (1927, mit C. T. R. Wilson) u. em. Prof. an der Washington Universität in St. Louis, Arthur Holly Compton; Arbeiten über die Wechselwrkg. von Röntgenquanten mit Elektronen (Compton-Effekt), Totalreflexion u. Beugung von Röntgenstrahlen an Strichgittern, kosm. Strahlung u. Anwendung der Kernenergie. A. Blaschette. 1 □

Charles Edward Fawsitt. R. J. W. Le Fèvre. (Proc. chem. Soc. [London] **1962,** 261—63, Juli; engl.) — Nachruf auf Prof. C. E. Fawsitt (geb. 1878 in Glasgow, gest. 16/11. 1960), in dem sowohl die menschlichen als auch wissenschaftlichen Qualitäten gewürdigt werden. Fawsitt beschäftigte sich mit der Metallkorrosion u. der chem. Kinetik. Ch. Weiske. 1 □

Dr. Ezer Griffiths. J. H. Awbery. (Proc. physic. Soc. **79,** 1303—05, 1/6. 1962; engl.) — Nachruf auf den brit. Fachmann für Kältetechnologie (geb. 28/11. 1888 in Pontypridd, S. Wales; gest. 14/2. 1962). — Bild. A. Blaschette. 1 □

Biresh Chandra Guha. J. Ghosh. (J. Indian chem. Soc. **39,** 437—38, 1962; engl.) — Nachruf auf den Professor für Angewandte Chemie an der Universität Calcutta (geb. 8/6. 1904 in Banaripara; gest. 20/3. 1962); bes. bekannt durch Arbeiten über Vitamine u. die Biochemie der Ernährung. — Bild. A. Blaschette. 1 □

K. S. Krishnan. K. Banerjee. (Sci. and Cult. [Calcutta] **27,** 386—89, Aug. 1961; engl.) — Nachruf auf den ind. Physiker (geb. 4/12. 1898 in Watrap; gest. 1961), bekannt durch Unterss. über Raman-Streuung, magnet. Anisotropie u. Streuung von Röntgenstrahlung. — Bild. A. Blaschette. 1 □

L. H. Baekeland. Anonym. (Kunststoff-Rdsch. **6,** 86—88, März 1959; dt.) — Lebensbild von Prof. Dr. Leo Hendrik Baekeland, geb. 14/11. 1863 in Gent, gest. 1944 in Florida u. Würdigung seiner Erfindungen, des photograph. Papiers Velox u. vor allem der nach ihm benannten Kunstharzstoffe, der Bakelite. W. Kuntz. 1 □

Briefe Adolf Baeyers an seinen Freund Jean Servais Stas. J. Gillis. (Acad. roy. Belgique, Cl. Sci., Mém., Collect. 8° [2] **32,** Nr. 2, 1—45, 1960; Gard, Univ.; franz.) — Text u. Erläuterung von 10 Briefen wissenschaftlichen u. persönlichen Inhalts (1859 bis 1862). Sie werden von der Universität Brüssel aufbewahrt. — 1 Faksimile. A. Blaschette. 1 □

Butlerows Beiträge zur Entwicklung der Strukturtheorie. Henry M. Leicester. (J. chem. Educat. **36,** 328—29, Juli 1959; San Francisco, Calif., Coll. of Physicians and Surgeons; engl.) — Histor. Untersuchung. — 9 Literaturangaben. A. Blaschette. 1 □

Faraday und die Struktur der Materie. L. Pearce Williams. (Contemporary Physics **2,** 93—105, Dez. 1960; engl.) — Beschreibung der Theorien von M. Faraday über die Struktur der Materie u. die prakt. Anwendung seiner Theorien bei seinen Unterss. über die Elektrolyse, die stat. Induktion u. die elektr. Leitfähigkeit. Ch. Weiske. 1 □

Das wissenschaftliche Werk von Frédéric Joliot. H. Halban. (J. Physique Radium **20,** 38 S—45 S, Okt. 1959; Paris, Ecole Norm. Sup.; franz.) — Übersicht über die Beiträge Joliots zur Kernphysik. A. Blaschette. 1 □

Ludwig Kofler. M. Brandstätter-Kuhnert. (Microchem. J. **5,** 287—91, Sept. 1961; engl.) — Kurzer Lebensabriß u. Würdigung der Tätigkeit von L. Kofler (geb. 30/11. 1891 in Dornbirn, Australien, gest. 23/8. 1951) anläßlich der zehnten Wiederkehr des Todestages. Kofler konstruierte das Heiztischmikroskop u. die Heizbank. Ch. Weiske. 1 □

Die schöpferischen Ideen und Arbeiten von N. Ss. Kurnakow (Zum 100. Geburtstag). Ss. I. Wolfkowitsch. (Журнал Всесоюзного Химического Общества им. Д. И. Менделеева [J. chem. Allunions-Mendelejew-Ges.] **6,** 449—50, 1961; russ.) — Würdigung des Lebenswerks von N. Ss. Kurnakow (geb. am 6/12. 1860 in Molinsk, gest. 19/3. 1941) auf den verschiedensten Gebieten der Allgemeinen u. Physikalischen Chemie. E. Klever. 1 □

John Wilkinson (1728—1808), Eisenhüttenmeister. J. H. S. Green. (Res. appl. in Ind. **11,** 250—53, Juli 1958; engl.) — Wirken u. Leben von J. Wilkinson (geb. 1728 in Clifton, Cumberland, gest. 14/7. 1808), der zur Verbesserung der Technologie der Eisenverhüttung in England wesentlich beitrug. Ch. Weiske. 1 □

Philosophische Vorläufer des modernen Atoms. Mel Gorman. (J. chem. Educat. **37,** 100—04, Febr. 1960; Univ. of San Francisco; engl.) — Geschichtlicher Überblick über die Entstehung u. Wandlung des Atombegriffs, angefangen von den Ansichten der griech. Philosophen (Monisten, Pluralisten, Demokrit, Epikur) bis zu Dalton. Ch. Weiske. 2 □

Ist das Atom des 19. Jahrhunderts ungeteilt oder unteilbar? John Howe Scott. (J. chem. Educat. **36,** 64—67, Febr. 1959, St. Paul, Minn., Macalester Coll.; engl.) — Betrachtung der verschiedensten Definitionen über das Atom, die von Forschern des 19. Jahrhunderts stammen. Dabei ergibt sich, daß die Ansicht über die Unteilbarkeit des Atoms bei weitem nicht von allen Forschern dieser Zeit vertreten wird. Ch. Weiske. 2 □

Verallgemeinerte Molekül- und Atomtheorien. J. Bradley. (School Sci. Rev. **42,** 371—79, Juni 1961; Hull, Univ., Dep. of Educat.; engl.) — Vgl. C. **1959,** 11784. — Übersicht über die geschichtliche Entw. des klass. Mol.- u. Atombegriffs. W. Wesly. 2 □

Chemische Analyse im XVI. Jahrhundert in Polen. Włodzimierz Hubicki. (Ann. Univ. Mariae Curie-Skłodowska, Sect. AA **13,** 1—12, 1958, herausgeg. 1960; Inst. für anorgan. Chem. der Math.-Phys.-Chem. Fak.; pol.) — Überblick über die Probierkunst u. die Metallanalyse im 16. Jahrhundert in Polen. Ch. Weiske. 2 □

Die großen Entdeckungen der analytischen Chemie um 1860. Mireille Harmelin. (Chim. analytique [4] **42,** 277—81, Juni 1960; E.N.S.C.R., Labor. de Rech. micro-analyt.; franz.) — Vf. referiert über große Entdeckungen, bes. die von Kirchhoff u. Bunsen, in der analyt. Chemie u. erwähnt die Bedeutung des 1. Internationalen Kongreß der Chemie. G. Krien. 2 □

Die Frühzeit der Mikroanalyse. Clément Duval. (Mikrochim. Acta [Wien] **1960,** 630—35, Paris, Labor. de Rech. micro-analyt.; franz.) — Übersicht über eine Reihe mikrochem. Unterss. im 17. u. 18. Jahrhundert, die zu mikrochem. Rkk. geführt haben, die heute noch angewendet werden. — 36 Literaturangaben. A. Blaschette. 2 □

Chemische Sprachforschung: Übersetzung von chemischer Nomenklatur durch Rechenautomaten. E. Garfield. (Nature [London] **192,** 192, 14/10. 1961; Philadelphia, Inst. for Sci. Informat.; engl.) C. Gottfried. 4

Atomaufbau für die Grundvorlesung des Chemiestudenten. Robert C. Brasted. (Ohio J. Sci. **59,** 15—25, Jan. 1959; Minneapolis, Minn., Univ. of Minnesota, Dep. of Chem.; engl.) — Vorschlag zu einer anschaulichen Einführungsvorlesung über den Atomaufbau. Ch. Weiske. 6 □

Ein Demonstrationsmodell zur Veranschaulichung des Aufbauprinzips. D. H. Everett. (J. chem. Educat. **36,** 298—99, Juni 1959; Bristol, England, Univ.; engl.) — Modell zur Demonstration der Verwandtschaft zwischen den relativen Energien der Elektronorbitale in Vielelektronenatomen, der Elektronenstruktur u. dem Perioden-Syst. der Elemente. Ch. Weiske. 6 □

Einige Bemerkungen zur Klassifizierung der Elemente. J. E. Spice. (School Sci. Rev. **61,** 244—60. März 1960, Hants, Winchester Coll.; engl.) — Einteilung der Elemente nach der Elektronenkonfiguration u. einigen ihrer Eigg. in inerte Gase, elektropositivste Kristalle, Nichtmetalle, Übergangsmetalle, Seltenerdmetalle u. Actinide u. Nebengruppenmetalle. Ch. Weiske. 6 □

Graphische Wiedergabe der Elektronenkonfiguration. Jack W. Eichinger jun. (J. chem. Educat. **36,** 299, Juni 1959; Tallahassee, Fla., Florida State Univ.; engl.) — Symbolik für die vollständige Elektronkonfiguration eines Elementes. Ch. Weiske. 6

Valenz: Eine Praktikumsübung für die allgemeine Chemie. R. T. Sanderson. (J. chem. Educat. **37,** 261, Mai 1960; Iowa City, Iowa, Univ. of Iowa; engl.) — Modellkugeln zur Veranschaulichung des Elektronenaufbaus u. der Elektronenverteilung eines Atoms im angeregten Zustand. Ch. Weiske. 6 □

Ein Hilfsmittel zur Verdeutlichung der Elektronenkonfigurationen von Atomen. R. T. Sanderson. (J. chem. Educat. **37,** 262, Mai 1960; engl. — Vgl. vorst. Referat. — Modell, das die Relation der spd-Elektronen zueinander verdeutlicht. Ch. Weiske. 6 □

Absolute Viscosität von Wasser. Ein Praktikumsversuch. Laurence C. Cerny. (Amer. J. Physics **29,** 708—09, Okt. 1961; Utica, N.Y., Utica Coll. of Syracuse Univ.,

Labor. of Gen. Chem., Labor. of Phys. Chem.; engl.) — Vf. beschreibt die Vers.-Durchführung zur Best. der Viscosität von W. nach dem Poiseuilleschen Gesetz. Das Verf. arbeitet mit einer Genauigkeit von ± 5%. D. Hoene. 6 □

A. Allgemeine, physikalische und anorganische Chemie

Potentiale schwerer Körper im Lee-Modell. 1. Mitt. L. M. Scarfone. (Nuovo Cimento [10] **23,** 891—907, 1/3. 1962; Tallahassee, Fla., Florida State Univ., Dep. of Phys.; engl.) — Die gebundenen Zustände für den V-2 N-Sektor im Lee-Modell werden untersucht. Die Gleichung für das Energie-Eigenwert-Problem enthält Glieder, die Ein-, Zwei- u. Dreikörpereffekte umfassen. Die Lösungen im Rahmen des Zweikörperproblems werden behandelt. M. Wiedemann. 10 □

Vielkörperpotentiale im Lee-Modell. 2. Mitt. L. M. Scarfone. (Nuovo Cimento [10] **24,** 480—96, 1/5. 1962; engl.) — 1. vgl. vorst. Referat. — Die Resultate über das V–nN-Problem werden für n ⩾ 0 verallgemeinert, bes. behandelt werden n = 2 u. n = 3. M. Wiedemann. 10 □

Gültigkeit der Zweiteilchenapproximation im Vielkörperproblem. Kailash Kumar. (Nuclear Physics [Amsterdam] **21,** 99—105, Nov. 1960; Bombay, Tata Inst. of Fundament. Res.; engl.) — Vf. weist nach, daß die Meth. von Brenig (Nuclear Physics [Amsterdam] **4,** [1957], 363) zur Behandlung des Vielkörperproblems äquivalent einer Meth. der Überlagerung von Konfigurationen ist. H. Schroeder. 10 □

Kollektivbewegung in Vielteilchensystemen. 2. Mitt. **Behandlung von gekoppelten Systemen.** Harry J. Lipkin. (Ann. Physics **12,** 452—62, März 1961; Rehovoth, Weizmann Inst. of Sci., Dep. of Phys.; engl.) — 1. vgl. Ann. Physics **9,** [1960], 272. — Die Behandlung der Kollektivbewegung (l. c.) mit Hilfe unabhängiger Teilchen-Wellenfunktionen wird auf Fälle erweitert, bei denen eine Kopplung zwischen den Kollektivmodi u. anderen Freiheitsgraden des Syst. besteht. J.-M. Spaeth. 10 □

A_1. Kernphysik und Kernchemie

Weitere Messungen des Größenspektrums der ausgedehnten Luftschauer. J. R. Green und J. R. Barcus. (Nuovo Cimento [10] **21,** 361—68, 16/7. 1961; Albuquerque N. Mex., Univ. of New Mexico; engl.) — Vgl. C. **1961,** 4955. — In der Zeit vom Dezember 1959 bis Oktober 1960 wurden mittels Scintillatoren angenähert 10^5 Ereignisse ausgedehnter Luftschauer beobachtet. Zeitliche Schwankungen unter 8% können nicht beobachtet werden, wenn die Fehlergrenze in der Best. der Teilchenzahl bei 5% liegt. Das vertikale Einfallsspektrum für Schauer mit 10^5—10^7 Teilchen gehorcht: $K_v (\geqslant N) = (2{,}26 \pm 0{,}14) \cdot 10^{-7} \cdot (N/10^6)^{-(1{,}540 \pm 0{,}006)}\, s^{-1}\, m^{-2}\, sterad^{-1}$. M. Wiedemann. 85 □

Elektron-Photon-Energien in ausgedehnten Luftschauern. J. R. Green und J. R. Barcus. (Nuovo Cimento [10] **23,** 708—23, 16/2. 1962; engl.) — Vgl. vorst. Referat. — Mittels zweier großer Scintillatoren wurden die unter verschiedenen Absorberdicken aus W. u. Pb erzeugten Multiplizitäten bestimmt u. so in verschiedenen Abständen von der Schauerachse die mittleren Elektronen- u. Photonenenergien in ausgedehnten Luftschauern ermittelt. Die Photonenenergie ist 1,5 bis 3,3 mal so hoch wie die der Elektronen. Für W. wurden Übergangskurven aufgenommen. Danach werden bei Schauern mit $4{,}6 \cdot 10^4$ Teilchen insgesamt $1{,}5 \cdot 10^{12}$ eV bei der Erzeugung von Pionen je Kernwechselwrkg. verausgabt, was eine Inelastizität von 0,33 liefert. M. Wiedemann. 85 □

Zenitwinkelverteilung ausgedehnter Luftschauer. J. R. Green und Don D. Laniewski. (Nuovo Cimento [10] **23,** 724—28, 16/2. 1962; engl.) — Vgl. vorst. Referate. — Auf 1575 m Höhe wurde die Zenitwinkelabhängigkeit der Kerne ausgedehnter Luftschauer mit 10^5—10^6 Teilchen mittels einer mit A.-Ar-Mischung gefüllten Nebelkammer aus den Elektronenspuren erhalten. Es ergibt sich eine Absorptionslänge von **144 g/cm²**. M. Wiedemann. 85 □

Die Schwächungslänge der ausgedehnten Luftschauer in Luft. P. C. Bhattacharya, T. Gémesy, T. Sándor, A. Somogyi und L. Uray. (Nuovo Cimento [10] **24,** 290—300, 16/4. 1962; Budapest, Central Res. Inst. of Phys., Labor. for Cosmic Rays; engl.) — Eine zylindr. Nebelkammer von 30 cm ∅, die 7 Pb-Platten enthielt, wurde auf 410 m Höhe der Höhenstrahlung ausgesetzt. Aus der Verteilung der Projektionen der Zenitwinkel der Schauerachsen ergaben für die Schwächungslänge 85 ± 5 g/cm² bzw. 101 ± 8 g/cm², je nachdem, ob die Richtungen der Schauerachsen aus den Richtungen eines oder mehrerer energiereicher Teilchen oder aus den Richtungen paralleler Teilchen bestimmt wurden. M. Wiedemann. 85 □

Die 27-Tage-Wiederkehrtendenz in der Myonenintensität der Höhenstrahlung bei 40 m Wasseräquivalent unter der Erde. T. Sándor, A. Somogyi und F. Telbisz. (Nuovo Cimento [10] **24,** 316—32, 16/4. 1962; engl.) — Aus den Daten über die Myonenintensität vom 20/2. 1958 bis 31/12. 1960 ergeben sich 2 Reihen mit einer 27-Tage-Variation u. einer Amplitude von ca. 0,1%. M. Wiedemann. 85□

Experimentelle Prüfungen des Fermi-Teller-Z-Gesetzes. M. Eckhause, T. A. Filippas, R. B. Sutton, R. E. Welsh und T. A. Romanowski. (Nuovo Cimento [10] **24,** 666—71, 16/5. 1962; Pittsburgh, Pa., Carnegie Inst. of Technol.; Argonne, Ill., Argonne Nat. Labor.; engl.) — Myonen wurden in verschieden Targets abgebremst u. die Verhältnisse der atomaren Einfangwahrscheinlichkeiten unter Verw. von Elektronen- u. Myonenteleskopen aus Plastescintillatoren u. Čerenkov-Zählern bestimmt. Die gemessenen atomaren Einfangverhältnisse sind $Bi/F_3 = 1{,}58 \pm 0{,}15$; $U/F_4 = 1{,}52 \pm 0{,}15$ u. $Cu/Al_2 = 2{,}08 \pm 0{,}25$ ($1{,}75 \pm 0{,}18$). Die theoret. Werte nach dem Fermi-Teller-Z-Gesetz würden 3,07, 2,56 bzw. 1,11 betragen. M. Wiedemann. 90□

Über die Statistik der Bestimmung der mittleren Lebensdauer von μ-Mesonen. L. Jánossy und D. Kiss. (Acta physica Acad. Sci. hung. **7,** 107—10, 1957; Budapest, Central Res. Inst. of Phys., Dep. for Cosmic Rays; engl.) — Aus experimentellen Daten, die mittels eines Diskriminators mit 4 Kanälen erhalten wurden, hatte sich nach der Meth. der kleinsten Fehlerquadrate eine Halbwertszeit der Myonen von $2{,}14 \pm 0{,}21$ μs ergeben. Eine neue Berechnung nach der Meth. der maximalen Wahrscheinlichkeit liefert den besseren Wert von $2{,}18 \pm 0{,}05$ μs. M. Wiedemann. 90□

Messung der Polarisation des Rückstoßprotons bei $\gamma + p \rightarrow p + \pi^0$ mittels einer Propan-Äthan-Blasenkammer. L. Bertanza, I. Mannelli, S. Santucci, G. V. Silvestrini und V. Z. Peterson. (Nuovo Cimento [10] **24,** 734—45, 16/5. 1962; Pisa, Univ., Ist. di Fis.; engl.) — Photonen mit 725 u. 900 MeV fielen auf ein fl. H_2-Target, die Protonen wurden magnet. analysiert u. ihre Streuung an C in einer Propan-Äthan-Blasenkammer untersucht. Für Schwerpunktswinkel nahe 90° wurde die Polarisation der Protonen bestimmt. Es ergab sich für 725 MeV u. 87° $P = 0{,}74 \pm 0{,}20$ u. für 900 MeV u. 70° $P = 0{,}51 \pm 0{,}7$. M. Wiedemann. 90□

Pion-Pion-Wechselwirkung bei der Photoerzeugung neutraler Pionen mit polarisierter γ-Strahlung. B. De Tollis und A. Verganelakis. (Physic. Rev. Letters **6,** 371—74, 1/4. 1961; Roma, Univ., Ist. Naz. di Fis. Nucl., Ist. di Fis.; engl.) — Vgl. C. **1962,** **3334.**— Die Wrkg. einer Pion-Pion-Wechselwrkg. im Zustand $T = 1$, $J = 1$ auf die π^0-Photoerzeugung bei der Rk. $\gamma + p \rightarrow \pi^0 + p$ mit polarisierter γ-Strahlung wird theoret. untersucht. Der Einfl. auf das Verhältnis $\sigma_{\parallel}/\sigma_{\perp}$ in Abhängigkeit von der Energie sowie auf die Größe des Wrkg.-Querschnitts wird geprüft. M. Wiedemann. 90□

K^--Absorption und die $K\Sigma N$-Parität. Richard H. Capps. (Physic. Rev. Letters **6,** 375—77, 1/4. 1961; Evanston, Ill., Northwestern Univ. of Illinois; engl.) — Die Winkelverteilungen der Rkk. $K^- + p \rightarrow \pi^- + \Sigma^+$, $\rightarrow \pi^+ + \Sigma^-$ u. $\rightarrow K^- + p$ im 400-MeV/c-Bereich sind durch große $\cos^2 \Theta$-Glieder gekennzeichnet. Es wird gezeigt, daß bei gerader $K\Sigma N$-Parität diese Anomalie im $D_{3/2}$-Zustand des K^--p-Syst. vorkommen kann. Für die Parität der Anomalie liegen keine zwingenden experimentellen Beweise vor. M. Wiedemann. 90□

Ungerade $\Lambda\Sigma$-Parität und die Natur der $\pi\Lambda\Sigma$-Kopplung. Y. Nambu und J. J. Sakurai. (Physic. Rev. Letters **6,** 377—80, 1/4. 1961; Chicago, Ill., Univ. Enrico Fermi Inst. for Nucl. Stud. and Dep. of Phys.; engl.) — Die experimentellen Ergebnisse sprechen eher für eine ungerade als für eine gerade $\Lambda\Sigma$-Parität. Die Konst. der skalaren $\pi\Lambda\Sigma$-Kopplung wird aus m_π, m_Σ u. m_Λ berechnet. M. Wiedemann. 90□

Baryonen-Parität und Polarisationsexperiment. Kiyoshi Nakayama. (Progr. theoret. Physics [Kyoto] **24,** 953—62, Nov. 1960; Shizuoka, Univ., Dep. of Phys.; engl.) — Es wird vorgeschlagen, ein transversalpolarisiertes Hyperonenbündel an unpolarisiertem H oder He zu streuen u. die transversale Polarisation der Endprodd. zu messen, um Aufschluß über die Parität von Baryonen zu erhalten. Es handelt sich um die Rkk. $\Sigma^- + p \rightarrow \Lambda^0 + n$, $\Xi^- + p \rightarrow \Lambda^0 + \Lambda^0$, $\rightarrow \Sigma^+ + \Sigma^-$, $\rightarrow \Sigma^0 + \Lambda^0$ u. $\Xi^- + {}^4He \rightarrow {}^4_\Lambda H + \Lambda^0$. M. Wiedemann. 90□

Allgemeiner Formalismus, der das intrinsische Ausschließungsprinzip befolgt. Wojciech Królikowski. (Physic. Rev. [2] **126,** 1195—1202, 1/5. 1962; Princeton, N.J., Inst. for Advanced Study; engl.) — Es wird gezeigt, daß der vom Vf. (vgl. C. **1962,** **372**) eingeführte Formalismus der allgemeinste ist, wenn p, n, Λ, Σ^+, Σ^0, Σ^-, Ξ^0 u. Ξ^- die einzigen elementaren Baryonen u. ν, ν', e^- u. μ^- die einzigen elementaren Leptonen sind. Herbert Weber. 90□

Theorie eines elastischen Äthers für Elementarteilchen. 1. Mitt. **Klassische Theorie.** Hideo Fukutome. (Progr. theoret. Physics [Kyoto] **24,** 877—98, Okt. 1960; Kyoto,

Univ., Res. Inst. for Fundamental Phys.; engl.) — Vorschlag eines Elementarteilchenmodells auf der Grundlage der „Äther“-Vorstellung. Eine allg. klass. Theorie des relativist. elast. Kontinuums wird entwickelt. Herbert Weber. 90□

Das Photon zwischen Welle und Korpuskel. P. Michel Duffieux. (Rev. Opt. théor. instrument. **38,** 563—68, Dez. 1959; Besançon, Univ.; franz.) — Vf. diskutiert theoret. die Stellung des Photons im Dualismus Welle–Korpuskel. Während sowohl für Welle als auch Korpuskel experimentelle Nachw. existieren, steht ein Nachw. für das Photon noch aus. Herbert Müller. 90□

Die Energiespektren von Sekundärelektronen in verschiedenen mit γ-Strahlen von ^{60}Co und ^{137}Cs bestrahlten Stoffen. Nobuo Oda und Hirosi Suzuki. (J. physic. Soc. Japan **15,** 2365—66, Dez. 1960; Tokyo, Rikkyo [St. Paul's] Univ., Dep. of Phys.; Tokyo Univ., Coll. of Gen. Educ., Inst. of Phys.; engl.) — Vff. berichten über die Messung der Sekundärelektronenspektren für ^{60}Co- u. ^{137}Cs-γ-Srahlen mit einem Scintillationsspektrometer, wobei als Targetmaterialien *Polyäthylen, Al, Cu* u. *Pb* verwendet wurden. Die Ergebnisse sind graph. wiedergegeben. C. Gottfried. 90

Über die elastische Streuung von Photonen durch das Coulomb-Feld eines Kerns. C. Eftimiu und C. Vrejoiu. (Журнал Экспериментальной и Теоретической Физики [J. exp. theoret. Physik] **38,** 1348—50, April 1960; Bukarest, Univ.; russ.) — Die Wrkg.-Querschnitte der elast. Streuung von Photonen im Coulomb-Feld werden für sehr kleine Winkel ($<1^0$) sowie für hohe Energien (>10 MeV) berechnet. Die Beobachtungen werden bei Winkeln von 15—20^0 u. für kleine Energien (ca. 1 MeV) durchgeführt. Vff. schlagen 2 Näherungen für die Berechnungen vor, die einen Vgl. mit dem Experiment erlauben. G. Ewald. 90□

Zirkularpolarisation von äußerer Bremsstrahlung von β-Strahlern. A. Bisi, A. Fasana und L. Zappa. (Nuovo Cimento [10] **16,** 350—61, 16/4. 1960; Milano, Politecn., Ist. di Fis.; engl.) — Vgl. C. **1962,** 17637. — Die Zirkularpolarisation der Bremsstrahlung von β-Strahlen von P^{32} in Fe, von ^{90}Y in Al, Fe, Cu, Ag u. Pb u. von ^{170}Tm in Tm_2O_3 wurde untersucht. Aus den Messungen folgt eine Longitudinalpolarisation der β^--Strahlen von $-(1{,}05 \pm 0{,}04)$ v/c (^{32}P), $-(0{,}98 \pm 0{,}03)$ v/c (^{90}Y) u. von $-(0{,}98 \pm 0{,}02)$ v/c (^{170}Tm). B. Stein. 90□

Čerenkov-Strahlung. J. A. M. Cox. (Nederl. Tijdschr. Natuurkunde **26,** 204—15, Juli 1960; Leiden, Inst. Lorentz; niederl.) — Das mkr. u. makroskop. Bild der Erscheinung der Čerenkov-Strahlung als Lichtausstrahlung von Teilchen (Elektronen), die sich gleichförmig in einem Medium bewegen, wird mathemat. entwickelt. Während die mkr. Theorie im wesentlichen in der Ableitung der makroskop. Maxwell-Gleichungen für ein gewöhnliches Medium (Plasmen ausgeschlossen) aus seinem atomaren Bild besteht, wird bei der anschließenden makroskop. Berechnung besondere Aufmerksamkeit darauf verwendet, die charakterist. Eigg. wie das Kriterium für das Auftreten der Strahlung, die Energieausstrahlungsrichtung für eine bestimmte Frequenz, die ausgestrahlte Gesamtenergie u. das Bild des totalen Strahlungsfeldes abzuleiten. Beziehungen zur Plasmaphysik ergeben sich aus der Tatsache, daß die Absorption von Plasmawellen im Plasma als umgekehrter Čerenkov-Effekt aufgefaßt werden kann. J. Malpricht. 90□

Über die Phasenverschiebungen der Nucleon–Nucleon-Streuung und die an leichten Kernen elastisch gestreuten Nucleonen hoher Energie. Yoshiyuki Sakamoto. (Progr. theoret. Physics [Kyoto] **24,** 783—96, Okt. 1960; Kyoto, Univ., Yoshida Coll.; engl.) — Die Polarisationen u. Dreifachstreuparameter der an leichten Kernen elast. gestreuten Nucleonen werden nach dem opt. Modell unter Benutzung von N–N-Streuphasenverschiebungen erklärt. Herbert Weber. 90□

Quasiklassische Behandlung der Neutronenstreuung. R. Aamodt, K. M. Case, M. Rosenbaum und P. F. Zweifel. (Physic. Rev. [2] **126,** 1165—67, 1/5. 1962; Ann Arbor, Mich., Univ. of Michigan, Dep. of Phys. and Dep. of Nucl. Engng.; engl.) — Unters. der klass. Grenze des Neutronenstreuquerschnittes für ein allg. System. Herbert Weber. 90□

Winkelabhängigkeit der Polarisation bei elastischer p–p-Streuung bei 970 MeV. R. J. Homer, W. K. McFarlane, A. W. O'Dell, E. J. Sacharides und G. H. Eaton. (Nuovo Cimento [10] **23,** 690—96, 16/2. 1962; Birmingham, Univ., Dep. of Phys.; engl.) — Ausführliche Darst. der C. **1962,** 7401 referierten Arbeit. M. Wiedemann. 90□

Notiz über die Reaktion D(γ, p)n bei der γ-Energie von 164 MeV. Masahiko Matsumoto. (Progr. theoret. Physics [Kyoto] **24,** 1376—78, Dez. 1960; Kyoto, Univ., Res. Inst. for Fundament. Phys.; engl.) — Die differentiellen u. integralen Wrkg.-Querschnitte u. die Protonenpolarisation wurden für eine γ-Energie von 164 MeV berechnet, wobei verschiedene Typen von Wechselwrkg. angenommen wurden. M. Wiedemann. 90□

Die Verwendung polarisierter Deuteronen zur Untersuchung der D + D-Reaktionen. J. R. Rook und L. J. B. Goldfarb. (Nuclear Physics [Amsterdam] **27,** 79—93, Sept. 1961; Manchester, Univ., Dep. of Theoret. Phys.; engl.) — Vff. zeigen, daß weitere Erkenntnisse über die Spinübergänge in D + D-Rkk. bei niedrigen Energien ($E_D \lesssim 1$ MeV) unter Verw. polarisierter Deuteronenbündel gewonnen werden können. Die Auswahlregeln für die Spinübergänge werden unter Einbeziehung der Zwischennucleonenkräfte diskutiert. H. Schroeder. 90□

Das Atommodell der Photronentheorie. Die Verhältnisse in der Elektronenhülle und die Spektralterme. Der Aufbau des Atomkerns und die Kernkräfte. K. Nowak. (Neue Physik [Wien] **1959,** 113—71, 1959; Wien; dt.) — Spekulative Betrachtungen über ein neues Atommodell, das bes. zu einem neuen allg. Strahlungsgesetz führt. G. Heinsohn. 95□

Das Atommodell der Photronentheorie. K. Nowak. (Neue Physik [Wien] **2,** 1—41, 1960; dt.) — Vgl. vorst. Referat. — Im Rahmen der Photronentheorie werden die Kernbestandteile als Photronenkonfigurationen betrachtet. G. Heinsohn. 95□

Über kollektive Niveaus nichtsphärischer Kerne. M. G. Urin und D. F. Zaretsky. (Nuclear Physics [Amsterdam] **35,** 219—31, Juni 1962; Moscow, Acad. of Sci., Engng.-Phys. Inst. and I. V. Kurchatov Atom. Energy Inst.; engl.) — Mkr. Darst. der β- u. γ-Schwingungsniveaus in nichtsphär. Kernen u. Best. der Anregungsenergien dieser Niveaus unter Verw. der Meth. der approximierten 2. Quantelung. Gerhard Schmidt. 95□

Energieniveaus von ^{34}Cl mit realistischen Potentialen. V. L. Narasimham. (Nuclear Physics [Amsterdam] **35,** 95—97, Juni 1962; Aligarh, Muslim Univ., Dep. of Phys.; engl.) — Vgl. Mitra u. Pandya, C. **1962,** 16916. — Vf. berechnet die Energieniveaus von ^{34}Cl mit Hilfe der exakten Rk.-Matrix für Nucleonen in Ggw. von Kernmaterie. Gerhard Schmidt. 95□

Seniorität der $f_{7/2}{}^4$-Niveaus in ^{52}Cr. I. Talmi. (Physic. Rev. [2] **126,** 1096—98, 1/5. 1962; Princeton, N.J., Princeton Univ., Palmer Phys. Labor.; engl.) — Diskussion der Seniorität der von Wilson u. Mitarbeitern (vgl. C. **1962,** 16561) untersuchten Niveaus von ^{52}Cr. Herbert Weber. 95□

Aktivierungsquerschnitte von Reaktorneutronen für eine Anzahl von Elementen. W. S. Lyon. (Nuclear Sci. Engng. **8,** 378—80, Nov. 1960; Oak Ridge, Tenn., Oak Ridge Nat. Labor.; engl.) — Wiedergabe der Aktivierungsquerschnitte von Neutronen aus dem ORNL-Graphitreaktor im Gebiet von ^{41}K bis ^{187}Re. Gerhard Schmidt. 103□

α-Deuteron-Modell des ^{6}Li-Kerns und die Reaktion ^{9}Be(^{6}Li, α)^{11}B. M. L. Rustgi. (Nuclear Physics [Amsterdam] **27,** 58—65, Sept. 1961; Ottawa, Nat. Res. Council, Div. of Pure Phys.; engl.) — Vf. berechnet die Winkelverteilungen der bei den Rkk. (^{6}Li, α) u. (^{6}Li, d) emittierten Teilchen unter der Annahme von Strippingprozessen. Die Coulomb-Einfl. der reagierenden Teilchen u. die Kernwechselwrkg. zwischen den emittierten Teilchen werden bei der Rechnung vernachlässigt. Ein Vgl. der abgeleiteten Beziehungen mit den von Leigh u. Blair (C. **1961,** 10056) erhaltenen differentiellen Wrkg.-Querschnitten der Rk. ^{9}Be(^{6}Li, α)^{11}B wird durchgeführt; die Übereinstimmung ist mit Ausnahme der Werte bei großen Winkeln befriedigend. H. Schroeder. 103□

Der β-Zerfall von ^{13}B. A. Marques, A. J. P. L. Policarpo und W. R. Phillips. (Nuclear Physics [Amsterdam] **36,** 45—55, Juli 1962; Manchester, Univ., Physic. Labor.; engl.) — Vff. erzeugen durch die Rk. ^{11}B(t, p)^{13}B den ^{13}B-Kern u. untersuchen dessen Strahlungen mit Plaste- u. NaJ(Tl)-Scintillationsspektrometern in Einfach- u. Koinzidenzschaltung. Die Halbwertszeit wird zu 18,6 ± 0,5 ms bestimmt. Der Zerfall erfolgt über β-Emission zum Grundzustand von ^{13}C (93%, $\log ft = 4{,}01$) u. zum angeregten Zustand bei 3,38 MeV (7%, $\log ft = 4{,}53$). Die Grenzen für den Zerfall zu anderen Niveaus in ^{13}C werden angegeben. Gerhard Schmidt. 103□

Differentielle Querschnitte für durch Tritonen induzierte Reaktionen auf ^{12}C. G. D. Gutsche, H. D. Holmgren, L. M. Cameron und R. L. Johnston. (Physic. Rev. [2] **125,** 648—54, 15/1. 1962; Washington, D.C., US Naval Res. Labor., Nucl. Div.; engl.) — Vff. untersuchen die differentiellen Querschnitte für die Grundzustands-Protonengruppe aus der Rk. ^{12}C(t, p)^{14}C u. für die α-Gruppen (Grundzustand u. erster angeregter Zustand) aus der Rk. ^{12}C(t, α)^{11}B als Funktionen des Emissionswinkels u. der Beschußenergien im Bereich von 0,080—2,025 MeV. Die elast. gestreuten Tritonen werden im Energiebereich von 1,000—1,950 MeV bestimmt. Die Winkelverteilungen sämtlicher Rk.-Gruppen sind komplex. Die Strukturen der Winkelverteilungen für die α-Gruppen u. Protonengruppen werden in Abhängigkeit von der Energie untersucht. Die totalen Querschnitte für sämtliche Rk.-Gruppen steigen stark zwischen 1,5 u. 1,7 MeV an. Die totalen Querschnitte für die α-Gruppen des Grundzustandes u. des ersten angeregten Zustandes bei 1,95 MeV sind 330 bzw. 30 mbarn. Gerhard Schmidt. 103□

Polarisation der Protonen bei der Reaktion $^{12}C(d, p)^{13}C$. R. G. Allas und F. B. Shull. (Physic. Rev. [2] **125**, 941, 1/2. 1962; Saint Louis, Mo., Washington Univ.; engl.) — Vgl. C. **1960**, 13260. — In Fortsetzung zu l. c. u. in Erweiterung auf größere Winkel bestimmen Vff. die Polarisation der Protonen aus der Grundzustands-Rk. $^{12}C(d, p)^{13}C$. Die neuen Werte sind −42% bei 42,5° (Labor.-Syst.), −35,4% bei 46°, −51,5% bei 52°, −22,5% bei 64,5°, −20% bei 64,5°, −6% bei 70° u. +35% bei 76°. Die Achse der Quantelung wird zu $\mathbf{n} = \mathbf{k}_d \cdot \mathbf{k}_p$ angenommen. Gerhard Schmidt. 103□

Halbwertszeit und Endpunkt hochenergetischer Positronen von ^{40}Sc. Felix Schweizer und J. Reginald Richardson. (Nuclear Physics [Amsterdam] **33**, 47—51, Mai 1962; Los Angeles, Calif., Univ. of California, Dep. of Phys.; engl.) — Vgl. Glass u. Richardson, C. **1956**, 13021. — ^{40}Sc wird durch Beschuß von natürlichem Ca-Metall mit 20-MeV-Protonen im inneren Bündel des Synchrocyclotrons hergestellt. Die aus integralen Zerfallskurven für die γ-Strahlung erhaltene Halbwertszeit von ^{40}Sc beträgt 0,179 ± 0,002 s. Der Endpunkt des mit einem 180°-Magnetspektrometer aufgenommenen Spektrums hochenerget. Positronen ist 9,2 ± 0,2 MeV. Die Halbwertszeit dieser Positronengruppe stimmt mit der des γ-Strahls überein. Die Ergebnisse bestätigen die l. c. vorgeschlagene Zuordnung nebst Zerfallsschema. Gerhard Schmidt. 103□

Energieniveaus in ^{27}Si, ^{56}Co und ^{63}Zn. J. D. Anderson, C. Wong und J. McClure. (Nuclear Physics [Amsterdam] **36**, 161—68, Juli 1962; Livermore, Calif., Univ. of California, Lawrence Radiat. Labor.; engl.) — Vff. bestimmen die Neutronenspektren aus der (p, n)-Rk. an *Al*, ^{56}*Fe* u. ^{63}*Cu* bei einem Labor.-Winkel von 23°, um die Energieniveaus der Restkerne zu bestimmen. Zum Beschuß dienen Protonen aus dem Cyclotron veränderlicher Energie. Die Neutronenenergien werden unter Verw. der Flugzeittechnik u. eines langen Flugweges (9—15 m) gemessen. In ^{27}Si werden 18 Niveaus aufgelöst. Die Übereinstimmung mit früher mitgeteilten 9 Niveaus bis zu einer Anregung von 4,13 MeV ist vollkommen. Die zusätzlichen Niveaus liegen bei 4,29, 4,45, 4,70, 5,00, 5,08, 5,21, 5,30, 5,38 u. 5,51 MeV mit einem Fehler von ±0,04. Es werden Neutronengruppen beobachtet, die Anregungen in ^{56}Co bei 0,165, 0,560, 0,825, 0,980 u. 1,05 MeV mit einem Fehler von ±0,015 MeV entsprechen. In ^{63}Zn werden Niveaus bei 0,214, 0,640, 1,047, 1,246, 1,386, 1,640 u. 1,697 MeV mit einem Fehler von ±0,025 MeV angeregt. Gerhard Schmidt. 103□

Untersuchung der bei der (d, p)-Reaktion angeregten ^{92}Zr-Niveaus. H. J. Martin jun., M. B. Sampson und R. L. Preston. (Physic. Rev. [2] **125**, 942—47, 1/2. 1962; Bloomington, Ind., Indiana Univ.; engl.) — Vgl. McEllistrem u. Mitarbeiter, C. **1959**, 7018. — Unter Verw. von 10,85-MeV-Deuteronen werden durch die (d, p)-Rk. 7 Energieniveaus in ^{92}Zr angeregt. Diese Niveaus liegen bei Anregungsenergien von 0, 0,94, 1,49, 1,86, 2,06, 2,91 u. 3,28 MeV. Die beiden letzten Niveaus erscheinen komplex. Die Winkelverteilungen werden für sämtliche Niveaus mit Ausnahme des Niveaus bei 1,86 MeV Anregung mit der l.c. wiedergegebenen Vers.-Anordnung gemessen. Die Verteilungen für die 3 tiefsten Niveaus sind d-Wellen; die Verteilungen für die 3 höchsten Niveaus s-Wellen. Vgl. mit früheren Unterss. an ^{91}Zr-Niveaus zeigen, daß die vorherrschende Konfiguration der tiefsten Niveaus $(d_{5/2})^2$ u. diejenige des 2,91-MeV-Niveaus größtenteils $(d_{5/2}s_{1/2})$ sind. Gerhard Schmidt. 103□

Zerfallseigenschaften von Kalium-42 und Tellur-132. C. Gatrousis und C. E. Crouthamel. (J. inorg. nuclear Chem. **13**, 13—17, April 1960; Lemont, Ill., Argonne Nat. Labor.; engl.) — Analyse der γ-Spektren von ^{42}K u. ^{132}Te mit Hilfe eines NaJ-Kristallspektrometers. A. Blaschette. 103□

Die absoluten Wirkungsquerschnitte für die $^{23}Na(n, \alpha)$- und $^{127}J(n, \alpha)$-Reaktionen bei 14 MeV. P. G. Bizzeti, A. M. Bizzeti-Sona und M. Bocciolini. (Nuclear Physics [Amsterdam] **36**, 38—44, Juli 1962; Firenze, Univ., Ist. di Fis., Ist. Naz. di Fis. Nucl., Sottosez. di Firenze; engl.) — Vff. bestimmen die abs. Querschnitte für die Rkk. $^{23}Na(n, \alpha)^{20}F$ u. $^{127}J(n, \alpha)^{124}Sb$ bei einer Neutronenenergie von 14 MeV. Die in einem NaJ-Kristall erzeugten α-Teilchen werden direkt durch eine Impulsverlauf-Diskriminierungs-Meth. gezählt. Die Querschnitte ergeben sich zu 147 ± 18 mbarn für die Rk. $^{23}Na(n, \alpha)^{20}F$ u. zu 1,39 ± 0,17 mbarn für die Rk. $^{127}J(n, \alpha)^{128}Sb$. Gerhard Schmidt. 103□

Die β-Spektren von Neodym-147. R. P. Sharma, S. H. Devare und Babulal Saraf. (Physic. Rev. [2] **125**, 2071—76, 15/3. 1962; Bombay, Tata Inst. of Fundament. Res. and Atom Energy Establ.; engl.) — Vff. untersuchen die β-Spektren von ^{147}Nd mit einem Siegbahn-Slätis-Magnetspektrometer. Es wird festgestellt, daß das erstverbotene β-Spektrum, welches das 91-keV-Niveau von ^{147}Pm auffüllt, nicht eindeutig

u. nicht statist. im Verlauf ist, das β-Spektrum, das das 531-keV-Niveau auffüllt, hat innerhalb der experimentellen Grenzen einen statist. Verlauf. Die Intensität des β-Überganges zum Grundzustand von ^{147}Pm ist $< 2{,}5 \cdot 10^{-3}$/Zerfall. Gerhard Schmidt. 103□

Anregungsfunktionen von (d,α)- und (d, αn)-Reaktionen des Wolframs. A. Demildt. (J. inorg. nuclear Chem. **23**, 167—71, Dez. 1961, herausgeg. April 1961; Amsterdam; engl.) — Für die Kern-Rkk. ^{184}W(d, α)^{182}*Ta*; ^{186}W(d, α)^{184}Ta u. ^{186}W(d, αn)^{183}Ta werden die Wrkg.-Querschnitte in Abhängigkeit der Deuteronenenergie von 9—21 MeV bestimmt. Die Wrkg.-Querschnitte liegen zwischen 3 u. 0,05 mbarn. Dabei sind die Werte für (d, αn)-Rk. stets kleiner als für (d, α)-Rk.; auf Grund der Coulomb-Schwelle des Targetkerns ist dies in Übereinstimmung mit einer geringeren Reaktionsenergie.
H.-D. Freyer. 103□

Durch Beschuß von Wolfram mit Stickstoffionen gebildete neue leichte Thalliumisotope. K. F. Chackett und G. A. Chackett. (J. inorg. nuclear Chem. **13**, 1—4, April 1960; Birmingham, Univ., Phys. Dep.; engl.) — Durch Beschuß von W mit N-Ionen im Nuffield-Cyclotron wurden die neuen Tl-Isotope ^{191}*Tl* (Halbwertszeit 10 ± 1 Min.) u. ^{193}*Tl* (30 ± 3) hergestellt. Ihre Bldg. erfolgt nach ^{182}W(^{14}N, 5n)^{191}Tl bzw. ^{184}W(^{14}N,5n) ^{193}Tl, ihr Zerfall weitgehend durch Elektroneneinfang, in geringerem Ausmaß unter Positronenemission. Möglicherweise entstehen auch ^{192}Tl u. ^{194}Tl.
A. Blaschette. 103□

Bestimmung der Halbwertszeit von $7{,}0 \cdot 10^{-9}$ Sekunden des bei 134 keV angeregten Zustandes in ^{197}Hg. T. Suter, P. Reyes-Suter und T. R. Gerholm. (Ark. Fysik **20**, 183—86, 1961; Uppsala, Inst. of Phys.; engl.) — Es wurde die Halbwertszeit des 1. angeregten Zustandes in ^{197}Hg mittels einer verzögerten Elektron–Elektron-Koinzidenztechnik zu $(7{,}0 \pm 0{,}2) \cdot 10^{-9}$ s gemessen. H. Laue. 103□

Bestimmung der Halbwertszeit von $2{,}8 \cdot 10^{-9}$ Sekunden für den ersten angeregten Zustand in ^{195}Au. Pilar Reyes-Suter und Tito Suter. (Ark. Fysik **20**, 187—92, 1961; engl.) — Vgl. vorst. Referat. — Die Halbwertszeit des 61,5-keV-Niveaus in ^{195}Au ergab sich 2,8 ± 0,3 ns. Die Unterschalenverhältnisse $L_I : L_{II} : L_{III}$ des 61,5-keV-Übergangs wurden mit einem eisenfreien doppelfokussierenden Spektrometer bestimmt zu 121 ± 2 : 108 ± 2 : 100 ± 2. Das Mischungsverhältnis E2/M1 ergibt sich zu 0,17. Die Übergangswahrscheinlichkeiten wurden berechnet u. mit den entsprechenden Werten für den 77-keV-Übergang in ^{197}Au verglichen. Es wurde eine obere Grenze $T_{1/2} < 0{,}2$ ns für das 261-keV-Niveau in ^{195}Au gemessen. H. Laue. 103□

Messung des K-Konversionskoeffizienten der 279-keV-γ-Strahlung von ^{203}Tl. J. P. Hurley und J. M. Ferguson. (Nuclear Physics [Amsterdam] **27**, 75—78, Sept. 1961; San Francisco, Calif., U. S. Naval Radiolog. Defense Labor.; engl.) — Die Messung der relativen Intensitäten der 279-keV-γ-Quanten u. der K-Röntgenstrahlen einer ^{203}Hg-Quelle führte unter Verw. des Wertes $\omega_K = 0{,}955$ für die Fluorescenzausbeute zu einem Wert von $\alpha_K = 0{,}175 \pm 0{,}0036$ für den K-Konversions-Koeff. des 279-keV-Überganges von ^{203}Tl. H. Schroeder. 103□

α-Spektrographie von ^{223}Ra* (AcX) und seinen Folgeprodukten. R. J. Walen, V. Nedovessov und G. Bastin-Scoffier. (Nuclear Physics [Amsterdam] **35**, 232—52, Juni 1961; Orsay, Labor. de l'Aimant-Permanent du C.N.R.S.; engl.) — Die α-Spektroskopie bei niedrigem Background ($H\varrho = 1/4000$ für eine radiale Öffnung von 0,2) zeigt bei ^{223}Ra u. seinen Folge-Prodd. 14 neue Niveaus in ^{219}*Rn*, 7 in ^{215}*Po*, 2 in ^{211}*Pb* u. 1 in ^{207}*Tl*. Dieser 2. angeregte Zustand von Tl ist nicht $h_{11/2}$. Die Niveaus von ^{219}Rn u. ^{215}Po lassen sich nur schwer mit dem kollektiven Modell in Einklang bringen, solange keine Informationen über Spinwerte für die mit niedriger Intensität angeregten Niveaus vorliegen. Gerhard Schmidt. 103□

Wirkungsquerschnitte der Reaktionen ^{226}Ra(n, 2n)^{225}Ra und ^{226}Ra(n, 3n)^{224}Ra mit 14,5-MeV-Neutronen. L. P. O'Connor und J. L. Perkin. (J. inorg. nuclear Chem. **13**, 5—12, April 1960; Aldermaston, Berks., A.W.R.E.; engl.) — Etwa 5 mg ^{226}Ra wurden mit 14,5-MeV-Neutronen bestrahlt u. die Wrkg.-Querschnitte der (n, 2n)- u. der (n, 3n)-Rk. durch Isolierung von ^{209}Pb bzw. ^{212}Bi aus den beiden Zerfallsreihen ermittelt. Es ergeben sich Werte von 1,60 ± 0,20 bzw. 0,63 ± 0,07 barn.
A. Blaschette. 103□

Prompte Neutronen aus der spontanen Spaltung von Fermium-254. Gregory R. Choppin, Bernard G. Harvey, Donald A. Hicks, John Ise jun. und Robert V. Pyle. (Physic. Rev. [2] **102**, 766, 1/5. 1956; Berkeley, Calif., Univ. of California, Radiat. Labor.; engl.) — Vgl. Hicks u. Mitarbeiter, C. **1956**, 10842. — Mit der l.c. wiedergegebenen Meth. bestimmen Vff. die mittlere Anzahl der prompten Neutronen, die bei der spontanen Spaltung von ^{254}Fm emittiert werden, zu 4,05 ± 0,19.
Gerhard Schmidt. 103□

Eine einfache Methode zur Konstruktion von Beschleunigerstufen. K. R. Chapman und S. Gowariker. (Nuclear Instruments Methods [Amsterdam] **7,** 215—16, Mai 1960; Birmingham, Univ., Phys. Dep.; engl.) — Kurze Angaben über die Konstruktion von elektrostat. Linsen, bestehend aus Lochblenden oder rohrförmigen Elektroden, die durch Araldit miteinander verklebt u. als Ganzes in Araldit eingegossen sind. W. Reusse. 112□

Empfindlicher Monitor für die Justierung des Cyclotronbündels. B. Gottschalk, A. M. Koehler und D. J. Steinberg. (Rev. sci. Instruments **32,** 744—45, Juni 1961; Cambridge, Mass., Harvard Univ., Cyclotron Labor.; engl.) — Um die Verlagerung des Injektionsbündels eines Cyclotrons beobachten u. korrigieren zu können, wurde eine Doppelionisationskammer in Sandwichform entwickelt. Jede Verlagerung des Bündels wird durch Störung der in Kompensation gegeneinander geschalteten Teilionisationskammern erkennbar. W. Reusse. 112□

Experimentelle Untersuchung eines neutralen Bündels aus dem 25-GeV-Protonensynchrotron von CERN. M. Fidecaro, G. Gatti, G. Giacomelli, W. A. Love, W. C. Middelkoop und T. Yamagata. (Nuovo Cimento [10] **19,** 382—92, 16/1. 1961; Geneva, CERN; engl.) — Vff. messen die Spektren der Photonen aus dem 25-GeV-Protonensynchrotron unter Verw. von Al- u. Be-Targets bei Labor.-Winkeln von 2,3 bis 15,9° mittels eines Bleiglas-Čerenkov-Absorptionszählers. Das 3,2°-Bündel hat in einer Entfernung von 64 m vom Target eine Intensität von ca. 13600 Photonen oberhalb 1 GeV/cm², wenn 10^{11} Protonen auf ein Be-Target fallen. Die Anzahl der Neutronen ergibt sich um einen Faktor von ca. 2 unterhalb der Anzahl von γ-Strahlen der Energie >2 GeV. Schwächungsmessungen der γ-Strahlen u. Neutronen werden in *C*, CH_2 u. *Pb* durchgeführt. Gerhard Schmidt. 112□

Radiolumineszenz aus β-Strahlung. Weitere experimentelle Ergebnisse. M. Serra und A. Del Monaco. (Energia nucleare **8,** 566—70, Sept. 1961; Roma, Univ., Ist. di Fis. tecn., Fac. di Ingeg.; engl.) — Vff. untersuchen den Einfl. einiger Parameter auf die Emission von Licht durch fluorescierende Salze, die durch β-Strahlungen angeregt worden sind, u. bestimmen den optimalen Wert für die Dicke des Salzes für eine aus ^{147}Pm bestehende β-Quelle. Gerhard Schmidt. 112□

Vergleichstest von Targets zur Beobachtung dichter Elektronenbündel. L. A. Harris. (Rev. sci. Instruments **31,** 1242—44, Nov. 1960; Schenectady, N.Y., Gen. Electr. Res. Labor.; engl.) — Experimentelle Unters. verschiedener Fluorescenz- u Glüh-Leuchtschirme im Hinblick auf ihre Eignung zur qual. Registrierung von intensiven Elektronenbündelquerschnitten. Die Experimente wurden mit einem Bündel mit einer Perveanz von ca. 10^{-6} A/V$^{3/2}$, Spannungen von 200—3000 V u. einem Querschnittsdurchmesser von 7 mm an einer Ta-Folie, Willemit, ZnO, ZnS, Al_2O_3, mit Cr aktiviertem Al_2O_3 u. MgO auf verschiedenen Unterlagen durchgeführt. Für den beabsichtigten Verw.-Zweck werden MgO- u. Al_2O_3-Schirme auf elektr. u. wärmeleitender Unterlage als bes. brauchbar angesehen. F. Lenz. 112□

Eine Durchflußzelle zur Verwendung mit Scintillationszählern. S. Greenfield. (Analyst **83,** 114—16, Febr. 1958; Wolverhampton, Wolverhampton and Staffordshire Coll. of Technol.; Birmingham, Oldbury, Albright and Wilson Mfg. Co. Ltd.; engl.) — Beschreibung der Zelle u. Anwendung zur Messung von ^{35}S in Lösungen. A. Blaschette. 112□

γ-Spektren in großen organischen Scintillatoren. P. R. J. Burch. (Proc. physic. Soc. **77,** 1125—32, 1/6. 1961; Leeds, Univ., Med. Res. Counc. Environment. Radiat. Res. Unit., Dep. of Med. Phys.; engl.) — Registriert man γ-Peaks in großen organ. Scintillatoren durch Impulsdiskriminierung, so erhält man eine auf der Seite der höheren Energie leicht verbreiterte u. damit insgesamt asymm. Glockenkurve. Diese Verzerrung kann bei Unterss., die hohe Energieauflsg. verlangen, störend wirken. Als Ursachen werden neben den aus der Statistik herrührenden Gründen Mehrfachstöße der γ-Quanten festgestellt. Ferner muß der Umstand berücksichtigt werden, daß die Lichtausbeute mit der Tiefenlage der Scintillationen im Kristall schwankt. W. Reusse. 112□

Transistor-Alphateilchendetektor. C. S. Ananiades und J. W. Dewdney. (Amer. J. Physics **29,** 329, Mai 1961; Hanover, N. H., Dartmouth Coll.; engl.) — Beseitigt man die Schutzschicht von der Oberfläche des npn-Transistors 2 N170 u. sucht Exemplare mit relativ niedrigem Rauschen u. hoher Lichtempfindlichkeit heraus, so kann man diese in Verbindung mit einem einfachen Verstärker als Zähler für α-Teilchen verwenden. An einem 500-Ω-Ausgang erhält man z. B. für ^{210}Po-α-Teilchen Impulse von ca. 100 V Amplitude, die bei einer Impulsdauer von 50 μs noch mechan. zählbar sind. W. Reusse. 112□

Genaue Bestimmung der effektiven Impulspaarauflösung eines Kernstrahlungsmeßsystems. Laurence S. Beller. (Rev. sci. Instruments **32,** 751—52. Juni 1961; Canoga Park, Calif., North American Aviat., Inc., Atom. Internat; engl.) — Durch Messung einer zeitlich veränderlichen Strahlenquelle, z. B. eines Radionuclids kleiner Halbwertszeit, u. durch Anwendung der Meth. der kleinsten Quadrate kann die Auflösungszeit einer Meßanordnung ermittelt werden. Gegenüber anderen Best.-Meth. ist diese unabhängig von der räumlichen Anordnung der Strahlenquelle zum Detektor. W. Reusse. 112□

Raumwinkelberechnungen. G. Rowlands. (Int. J. appl. Radiat. Isotopes **10,** 86—93, April 1961; Harwell, Berks., AERE; engl.) — Es wird gezeigt, daß die Berechnung der in einen bestimmten Raumwinkel von einer punktförmigen oder einer flächig oder räumlich ausgedehnten Strahlenquelle emittierten Strahlung auf die Berechnung der Feldverteilung von elektrostat. aufgeladenen Flächen zurückgeführt werden kann. W. Reusse. 112□

γ-Schwächungsfaktoren für Winkelkorrelation und Messungen der Winkelverteilung. D. W. Glasgow, L. W. Coleman und L. Schecter. (Rev. sci. Instruments **32,** 683—84, Juni 1961; Corvallis, Oreg., Oregon State Coll., Dep. of Phys.; engl.) — Es wurden Unterss. zur Winkelauflösung eines NaJ-Scintillationskristalles u. zur Frage der azimutalen Strahlsymmetrie auf der Kristalloberfläche durchgeführt, indem diese mittels γ-Bündeln abgetastet u. das Signal als Winkelfunktion registriert wurde. Die Verss. wurden mit γ-Quanten von 0,5, 1,2, 1,3, 1,4 u. 2,8 MeV durchgeführt, wobei sich ergab, daß die früher berechnete Winkelfunktion mit den experimentellen Ergebnissen übereinstimmt. W. Reusse. 112□

Über die Abschätzung der totalen Strahlungsdosis durch ein verteiltes Isotop. Austin M. Brues und Sylvanus A. Tyler. (Atompraxis **5,** 253—56, 1959; Lemont, Ill., Argonne Nat. Labor., Div. of Biol. Med. Res.; engl.) — Die Beziehungen zwischen Zeit u. Retention werden bei einem mit Radioisotopen markierten offenen unveränderten Syst. sehr verwickelt, wenn mehr als 2 Komponenten beteiligt sind. An Hand des Begriffs der mittleren Retentionszeit läßt sich zeigen, daß alle Komponenten eines solchen Syst. eine gleiche oder geringere relative Dosis (Gesamtzahl der Zerfallsakte pro Mengeneinheit des markierten Materials) aufweisen. Wenn eine irreversible Synth. nur während der Zeit hoher Aktivität der äußeren Komponente eintritt, kann die Zahl der Zerfallsakte die auf Grund der für unveränderte Verhältnisse angegebenen Regel geschätzte weit übersteigen. Wo ein näherungsweise unveränderter Zustand vorliegt, wie bei den meisten ^{14}C- u. ^{3}H-markierten Verbb., ergibt die Regel über die gleiche relative Dosis einen verläßlichen Maximalwert für die Strahlenbelastung. L. Roth. 112□

Ein absolutes thermisches Strahlungscalorimeter. J. H. McCuire. (Canad. J. Physics **39,** 1583—94, Nov. 1961; Ottawa, Nat. Res. Council, Div. of Building Res.; engl.) — Zur abs. Eichung von Radiometern im Bereich von 0,1—1,5 cal/cm^{2}s, wurde ein kontinuierlich arbeitendes Durchfluß-Strahlungscalorimeter entwickelt, das ausführlich beschrieben wird. Aufbau u. Schaltschemata werden mitgeteilt. G. Gattow. 112□

Chemische und biologische Aspekte der ionisierenden Strahlen. Rubens Molinari. (Bol. Dep. Quím. **1957,** Nr. 8, 25—40, Sept. São Paulo, Univ., Dep. de Bioquím.; port.) — Überblick über den Einfl. ionisierender Strahlen auf Materie, wss. Syst. u. biolog. Objekte; Dosen u. ihre Messung, Schutz gegen Röntgen- u. γ-Strahlen. R. K. Müller. 112□

A_2. Optisches Verhalten der Materie

Das Spektrum von Algol im nahen Infrarot bei der Hauptverdunkelung. Jorge Sahade und George Wallerstein. (Publ. Astronom. Soc. Pacific **70,** 207—08, April 1958; Berkeley, Calif., Univ. of California, Astronom. Dep.; California Inst. of Technol.; Carnegie Inst. of Washington; Mount Wilson and Palomar Observat.; engl.) — Vff. berichten über Verss., die den Zweck hatten, festzustellen, ob Linien der sek. Komponente des verdunkelnden Paars des Syst. von Algol [β Persei = HD 19356 (B 8)] während der Hauptverdunklung zu beobachten sind. Auf den erhaltenen Spektrogrammen traten die Linien von *He I*, *O I* u. *H* als Einzellinien, die D-Linien von *Na I* u. das IR-Triplett von *Ca II* als Doppellinien auf. Die hieraus errechneten radialen Geschw. sind in einer Tabelle angegeben. C. Gottfried. 113

Die Natrium- und Heliumlinien im sichtbaren Spektrum von β-Lyrae. Leo Houziaux. (Publ. astronom. Soc. Pacific **70,** 209—12, April 1958; Berkeley, Calif.,

Univ. of California, Astronom. Dep.; engl.) — Vf. untersuchte in den von Struve u. Sahode erhaltenen Spektren von β-Lyrae die *Na I*-D-Linien u. die beiden *He I*-Linien. Die erhaltenen radialen Geschw. sind in einer Tabelle zusammengestellt.
C. Gottfried. 113

Die absolute Zenith-Intensität von [O I] 5577 in College, Alaska. F. E. Roach und M. H. Rees. (J. geophys. Res. **65,** 1489—93, Mai 1960. Boulder, Colo., Nat. Bureau of Standards, Boulder Labors.; Alaska College, Univ. of Alaska, Geophys. Inst.; engl.) — Die abs. Zenithintensität von [O I] 5577 über College Alaska wurde in 5-Min.-Intervallen während der Nächte vom 16. Jan. bis 8. April 1959 gemessen. Aus 3968 individuellen Messungen ergab sich die mittlere Intensität von 2,40 Kilorayleigh. Beim Anstieg der geomagnet. Aktivität wurde eine generelle Zunahme der 5577-Intensität beobachtet.
E. Schulte. 113□

Eine vergleichende Untersuchung der absoluten Zenith-Intensitäten von [O I] 5577. F. E. Roach, J. W. McCaulley, E. Marovich und C. M. Purdy. (J. geophys. Res. **65,** 1503—11, Mai 1960. Boulder, Colo., Nat. Bureau of Standards, Boulder Labors.; engl.) — Die statist. Verteilung der abs. Zenithintensitäten von [O I] 5577 wurde für 4 Orte bei nördlichen geomagnet. Breiten 49°, 53°, 65° u. 88° verglichen. Die statist. Verteilungen sind an allen Stationen der Natur nach ähnlich. Die Mittelwerte in Rayleighs sind: 371 (49°), 251 (53°), 2400 (65°), 630 (88°).
E. Schulte. 113□

Die Phasenverschiebungen für das Thomas-Fermi-Potential, korrigiert für die Eigenwechselwirkung des Elektrons. T. Tietz. (Acta physica Acad. Sci. hung. **10,** 169—72, 1959; Lodz, Poland, Univ., Dep. of Theoret. Phys.; engl.) — Aus dem für die Eigenwechselwrkg. des Elektrons korrigierten Thomas-Fermi-Potential wird eine analyt. Formel für die Phasenverschiebungen abgeleitet. Diese unterscheidet sich von der Bornschen Meth. nur wenig.
M. Wiedemann. 114□

Über Eigenwerte und Eigenfunktionen der Schrödinger-Gleichung für das Thomas-Fermische Potential. T. Tietz. (Acta physica Acad. Sci. hung. **11,** 391—400, 1960; dt.) — Vgl. vorst. Referat. — Für die Eliminierung der mathemat. Schwierigkeiten bei der Berechnung der Eigenwerte u. Eigenfunktionen der Schrödinger-Gleichung für das Thomas-Fermi-Potential des freien, neutralen Atoms schlägt Vf. Näherungen vor u. vergleicht die Näherungswerte für *Hg* mit den numer. Resultaten von Hartree u. Latter; die Übereinstimmung ist gut.
J. Tůmová. 114□

Vibronische und Rotationsenergieniveaus eines linearen dreiatomigen Moleküls in einem $^3\Pi$-Elektronenzustand. Jon T. Hougen. (J. chem. Physics **36,** 1874—81, 1/4. 1962; Ottawa, Canada, Nat. Res. Council, Div. of Pure Phys.; engl.) — Ableitung von Ausdrücken für die vibron. („vibronic") u. die Rotationsenergieniveaus eines dreiatomigen linearen Mol. im $^3\Pi$-Zustand unter Berücksichtigung von Spin–Bahn- u. vibron. Wechselwrkg., die jedoch klein im Vgl. zur Frequenz der Knickschwingung sein müssen. Die vibron. Niveaus lassen sich in zwei Gruppen einteilen, deren Energien den vibron. Niveaus eines $^1\Pi$- bzw. eines $^2\Pi$-Zustands entsprechen.
A. Blaschette. 114□

Die $2p^{m-1}ns$-Serien in den Spektren von O IV bis Si IV und von F V bis P V. F. R. Rico. (An. Real Soc. españ. Física Quím., Ser. A **56,** 113—20, Mai/Juni 1960; Inst. de Optica Daza de Valdés; span.) — Vgl. C. **1961,** 8191. — Wie bei den I-, II- u. III-Serien werden auch bei den IV-Serien von O, F, Ne, Na, Mg, Al u. Si u. den V-Serien von F, Ne, Na, Mg, Al, Si u. P mit den Elektronenkonfigurationen $2p^{m-1}ns$, für die die Werte der Ionisationspotentiale genau bekannt sind, allg. Beziehungen festgestellt. Die tiefsten Niveaus u. die Ionisationspotentiale zeigen eine Abnahme bzw. Konstanz zwischen Ne IV u. Na IV u. zwischen Na V u. Mg V. Die Terme, Rydberg-Nenner, α-Konst. der Ritz-Gleichung u. Ionisationspotentiale werden tabellar. mitgeteilt. Einzelne Niveaus zeigen Störungen.
R. K. Müller. 118□

Neue Interpretationen beim Zeeman-Effekt von Mn I. O. García-Riquelme, R. Velasco, R. Oyarzun und F. Veas. (An. Real Soc. españ. Física Quím., Ser. A **56,** 137—50, Mai/Juni 1960; Madrid, Inst. de Optica; span.) — Bei der Messung des Zeeman-Effekts von 314 Linien von Mn I haben Vff. neue g-Werte für 105 Energieniveaus des neutralen Mg-Atoms gefunden. Die neuen Werte werden tabellar. mitgeteilt.
R. K. Müller. 118□

Die Spin–Bahn-Kopplung eines 4p-Elektrons im Cu(III). C. A. Bates. (Proc. physic. Soc. **79,** 69—72, 1/1. 1962; Nottingham, Univ., Phys. Dep.; engl.) — Aus den von Moore (Circular of the National Bureau of Standards **1952,** Nr. 467) tabellierten Werten für die $3d^8(^1G)$ 4p-Konfiguration wird eine Analyse der Multipletts vorgenommen u. daraus der Spin–Bahn-Kopplungsparameter ζ_{4p} im Cu(III) ermittelt. Außerdem wird der niedrigste Term z^4D^0 in der Konfiguration berechnet, womit sich dann der Wert für ζ_{4p} zu 925 ± 40 cm^{-1} ergibt.
W. Hein. 118□

Fluorescenz und Schwingungsrelaxation von Stickstoffoxid, untersucht mit Hilfe kinetischer Spektroskopie. N. Basco, A. B. Callear und R. G. W. Norrish. (Proc. Roy. Soc. [London], Ser. A **260**, 459—74, 21/3. 1961; Univ. of Cambridge, Dep. of Phys. Chem.; engl.) — Das erste angeregte Schwingungsniveau der elektron. Grundzustände von NO wurde über dessen Gleichgew.-Wert hinaus durch Blitzphotolyse eines Gemisches von NO u. inerten Gasen besetzt. Die Elektronenanregung wurde entweder durch Fluorescenzbeobachtung oder durch Einfrieren beobachtet, wodurch eine Nicht-Gleichgew.-Verteilung der Schwingungsniveaus der Grundzustände erreicht wurde. Die Abnahme der durch Schwingung angeregten Moll. wurde zeitlich verfolgt u. an Hand der auftretenden Absorption mit Hilfe der kinet. Spektroskopie gemessen. Ein Gemisch von NO (Partialdruck 1—5 mm) mit einem großen Überschuß von N_2 oder Kr gab bei der Anregung durch einen Blitz etwa die gleiche Menge angeregtes NO (10^{-1} mm Partialdruck), wie sich bei 1 at u. Zimmer-Temp. im Gleichgewicht befindet.
G. Talsky. 118□

Temperaturabhängigkeit des Absorptionsquerschnittes des sichtbaren Lichtes durch Stickstoffdioxid. W. N. Ssoschnikow. (Оптика и Спектроскопия [Optik u. Spektroskopie] **6**, 315—22, März 1959; russ.) — Halbempir. Berechnung der Lichtabsorption in NO_2 bei Temp. zwischen 2000 u. 7000° K durch Auswahl unbekannter Mol.-Parameter, welche der experimentellen Geraden der Absorption beim Übergang des Grundfrequenzniveaus entsprechen. Bei der Auswahl wird weiter die bedeutende Verschiebung des normalen NO_2-Koordinaten-Syst. beim Übergang aus dem normalen in den angeregten Elektronenzustand benutzt. Es wird darauf hingewiesen, daß bei entsprechender Auswahl der Parameter die Absorption mit genügender Genauigkeit als die Absorption eines einfachen Oscillators betrachtet werden kann. J. Tůmová. 118□

Mögliche Reaktionsmechanismen im Zusammenhang mit der Emission des C_3-Radikals im Lobaratorium und in astrophysikalischen Quellen. G. V. Marr. (Publ. astronom. Soc. Pacific **70**, 197—201, April 1958; London, Canada, Univ. of Western Ontario, Dep. of Phys.; engl.) — Vf. weist zunächst auf eine Gruppe von Banden in der Gegend von 4050 Å in den Emissionsspektren α von Kometenköpfen hin, daß ähnliche Banden-Syst. bei Labor.-Verss. beobachtet wurden u. daß dieses Banden-Syst. dem C_3-Radikal zugewiesen worden war. Auf Grund einer krit. Durchsicht der in Frage kommenden Literatur u. an Hand eigener Verss. stellt Vf. fest, daß die intensive kontinuierliche Emission im violetten Gebiet des Spektrums, die mit den C_3-Banden in Zusammenhang steht u. im Labor. beobachtet worden ist, in Kometenspektren nicht festgestellt werden konnte. Zur Aufklärung dieser Diskrepanz diskutiert Vf. mögliche Rk.-Mechanismen. Es wird angenommen, daß, während das in Oxyacetylenflammen beobachtete C_3-Kontinuum das Ergebnis der Bldg. des elektron. angeregten C_3 (Σ)-Radikals durch den Umkehrprozeß gegen Photodissoziation sein könnte, ein solcher Prozeß nicht der bestimmende Mechanismus für die Bldg. von C_3 in Kometen sein kann. C. Gottfried. 118

Rotationsstruktur des Bandenspektrums des CCl-Moleküls. R. D. Verma und R. S. Mulliken. (J. molecular Spectroscopy **6**, 419—37, April 1961; Chicago, Ill., Univ. of Chicago, Dep. of Phys., Labor. of Molecular Structure and Spectra; engl.) — Vff. diskutieren die Rotationsanalyse des Bandenspektrums des CCl-Mol. im Bereich 2750 bis 2800 Å. Es läßt sich zeigen, daß der Elektronenübergang ein $^2\Delta$–$^2\Pi$-Übergang ist, analog zu den B′–X-Banden von NO. Für die Mol.-Konst. ergeben sich dann folgende Werte: $^2\Pi$-Zustand: $A = 134{,}92$; $B_0 = 0{,}6936$; $B_1 = 0{,}6869$; $r_e = 1{,}645_3$; $\omega_e = 875{,}9$ ($^2\Pi_{1/2}$); 872,3 ($^2\Pi_{3/2}$) u. $X_e\omega_e = 4{,}6$ ($^2\Pi_{1/2}$); 3,4 ($^2\Pi_{3/2}$); $^2\Delta$-Zustand: $A = -4{,}219$; $B_0 = 0{,}7062$; $r_0 = 1{,}634_4$; $\omega_0 = 865{,}3 \pm 1{,}2$. G. M. Neumann. 118□

Ultraviolettspektrum des Li_2-Moleküls. R. Velasco. (An. Real Soc. españ. Física Quím., Ser. A **56**, 175—90, Juli/Aug. 1960; Madrid, Inst. de Optica; Ottawa, Nat. Res. Council; span.) — Von dem zwischen 4000 u. 2850 Å untersuchten UV-Spektrum von Li_2 werden Analysen der Banden zwischen 3500 u. 3000 Å mitgeteilt (Tabellen). Alle diese Banden bestehen aus 3 Zweigen mit Abnahme der Intensität in der Reihenfolge Q > R > P gehören also einem Übergang zwischen Elektronenzuständen mit $\Delta\Lambda = \pm 1$ zu. Der obere Zustand muß sein $^1\Pi_u$-Zustand sein, der mit $C^1\Pi_u$ bezeichnet wird; die dafür berechneten Rotations-Konst. werden mit den aus den Wellenzahlen berechneten verglichen. Für die Q-, R- u. P-Zweige werden verschiedene B-Werte erhalten; beim Schwingungsniveau v ist $B_v' = 0{,}5068 - 0{,}0086$ (v + ½) u. $G_v = 238{,}24$ (v + ½) $- 3{,}37$ (v + ½)^2 $- 0{,}06$ (v + ½)^3. Die Mol.-Konst. sind: $B_e = 0{,}5068$ (cm^{-1}) $D_e = 9 \cdot 10^6$, $\alpha = 0{,}0086$, r_e (Å) $= 3{,}079$, $w_e = 238{,}24$, $w_ex_e = 3{,}37$, $w_ey_e = 0{,}06$, $T_e = 30550{,}3$. R. K. Müller. 118□

Struktur und Reaktionsfähigkeit von Oxoanionen der Übergangsmetalle. 11. Mitt. Ultraviolettspektren monosubstituierter Chromationen. U. Kläning und M. C. R. Symons. (J. chem. Soc. [London] **1961**, 3204—08, Aug.; Copenhagen, Techn. Univ.,

Dep. of Photochem.; Leicester, Univ., Dep. of Chem.; engl.) — 10. vgl. C. **1961**, 10106. — Durch Lösen von $(NH_4)_2Cr_2O_7$ im entsprechenden Lsgm., Ausschütteln der evtl. gebildeten Diester mit Isooctan u. Umsetzung mit ROH wurden die Monoester $RO \cdot CrO_3^-$ erhalten: R = CH_3CO, $(CH_2Cl)_2CH$, H^+ $CH_2Cl \cdot CH_2$, $HOCH_2CH_2$, $CH_3O \cdot CH_2CH_2$, CH_3, C_2H_5, n- u. iso-C_3H_7 u. tert. C_4H_9. Von den mit wasserfreiem Lsgm. verd. Lsgg. wurden die UV-Spektren aufgenommen, ebenso von Lsgg. von Ester u. saurem Chromat in A.–W.-Mischungen (vgl. Kläning, C. **1959**, 2392). Die Punktlagen der Energie des Maximums der 2. Bande (ca. 28000 cm^{-1}), aufgetragen gegen die Übergangswahrscheinlichkeiten für die einzelnen Ester, streuen um eine fallende Gerade; gleiches wird beim Auftragen der Übergangswahrscheinlichkeiten gegen die Taftschen Substitutions-Konst. σ^* festgestellt. Die erste Bande bei 22500 cm^{-1} wird durch die verschiedene Elektronenaffinität von R kaum beeinflußt. Da in $X \cdot MeO_3^-$ (Me = Übergangsmetall) das 4e-Niveau sowohl Elektronen an O als auch an X, das A_2-Niveau aber nur Elektronen an O enthält, wird angenommen, daß die erste Bande dem Übergang $A_2 \rightarrow 5e$, die zweite $4e \rightarrow 5e$ entspricht. R. Junge. 118□

Optisches Pumpen an Gasen. W. Barthold. (Kerntechn., Isotopentechn. u. -chem. **3**, 460—61, Okt. 1961; Kiel, Christian-Albrechts-Univ., Inst. für Reine u. Angew. Kernphys.; dt.) — Wiedergabe des Schemas einer Atomstrahlanordnung zum experimentellen Nachw. des opt. Umpumpens mit zirkular polarisiertem Licht. Bes. Bedeutung besitzt das opt. Pumpen bei der Ausmessung sog. Hyperfeinstrukturaufspaltungen. Gerhard Schmidt. 119□

Spinrelaxation beim optischen Pumpen. Robert A. Bernheim. (J. chem. Physics **36**, 135—40, 1/1. 1962; New York, N.Y., Columbia Univ., Dep. of Chem.; engl.) — Vgl. auch Franzen, C. **1960**, 6045. — Die Spinrelaxation opt. gepumpten Rb-Dampfes wurde als Funktion des Puffergasdruckes an He untersucht. Als Maximum wurde bei 0,5 atm He eine Relaxationszeit von 0,68 Sek. beobachtet. Aus den Messungen ergab sich der Diffusions-Koeff. D_0 für Rb in He bei 50° zu 0,54 $cm^2 \cdot s^{-1}$ u. der Depolarisierungs-Wrkg.-Querschnitt σ für Rb–He-Stöße zu $6{,}2 \cdot 10^{-25}$ cm^2. Der Mechanismus des Relaxationsprozesses wird diskutiert. Helmut Seifert. 119□

Optische Eigenschaften des Rußes. Roger C. Millikan. (J. opt. Soc. America **51**, 698—99, Juni 1961; Schenectady, N.Y., Gen. Electr. Res. Labor.; engl.) — Die Extinktion $D = \log I_0/I$ sichtbaren Lichtes durch Rußteilchen hängt von der Wellenlänge λ nach dem empir. Gesetz $D = c\lambda^{-n}$ ab. Vf. bestätigte diese Beziehung für Wellenlängen zwischen 400 u. 1000 nm u. zeigte, daß der Exponent n zwar nicht von der Temp., der Anhäufung u. der Größe der Rußteilchen, jedoch stark von der chem. Zus. des Rußes abhängt. n wächst etwa linear mit steigendem H–C-Atomverhältnis von n = 0,6 bei H/C = 0 bis n = 2,0 bei H/C = 0,55 an. J. W. Baars. 119□

Reaktionen zwischen Fehlstellen in Alkalimetallhalogeniden. A. B. Lidiard. (J. appl. Physics, Suppl. zu **33**, Nr. 1, 414—21, Jan. 1962; Reading, England, Univ., Phys. Dep.; engl.) — Nach einer allg. Übersicht über das heutige Wissen von Fehlstellen (in atomaren Bereichen) u. ihren Wechselwrkg. in farblosen Alkalimetallhalogeniden (I) diskutiert Vf. die Rkk. zwischen F-Zentren u. Fremdionen (z. B. Verunreinigungen) in dotierten farbigen I. Die theoret. Möglichkeiten werden mit den experimentellen Ergebnissen bei verschiedenen Temp. unter Verw. von Literaturangaben über die F-Zentren verglichen; z. B. *NaCl* dotiert mit Sr^{2+}, Mn^{2+}, Cd^{2+}, *KCl* mit Ca^{2+}, Sr^{2+}, Mn^{2+}, *LiF* mit Mg^{2+} u. *LiCl* mit Mn^{2+}. Die Z_1- u. Z_2-Zentren werden in Verbindung mit der Voraussetzung eines thermodynam. Gleichgewichts zwischen den Zentren u. den hinzugefügten Ionen ausführlich behandelt. G. Gattow. 119□

Farbzentren in Alkalihalogeniden des CsCl-Typs. Herbert Rabin und James H. Schulman. (Physic. Rev. [2] **125**, 1584—96, 1/3. 1962; Washington, D.C., U. S. Nav. Res. Labor.; engl.) — Durch Röntgenbestrahlung erzeugte Farbzentren in Alkalihalogeniden des CsCl-Typs wurden bei Raum-Temp., Temp. des fl. N_2 bzw. fl. He untersucht. Die Eigg. dieser Färbung sind ähnlich den bei den Alkalihalogeniden des NaCl-Typs beobachteten, nämlich eine Hauptabsorptionsbande im sichtbaren Teil des Spektrums sowie weitere Absorptionen bei kürzeren u. längeren Wellenlängen. Die beobachteten Absorptionsspektren variieren mit der Bestrahlungs-Temp., die Banden zeigen charakterist. therm. Verschiebung u. Verbreiterung, Verbleichen bei therm. bzw. opt. Anregung. Einige charakterist. Eigg. der Cs-Halogenide treten nur bei diesen auf, bes. die Vielfältigkeit der Struktur, die ihren Ausdruck in den Hauptabsorptionsbanden des CsCl u. CsBr bei Temp. des fl. He findet. Da die Hauptabsorption mit dem F-Zentrum assoziiert zu sein scheint, ist eine mögliche Erklärung der dazugehörigen Struktur in angeregten Zuständen des F-Zentrums zu suchen. H. Roschkowski. 119□

Elektronenstruktur des F-Zentrums in LiCl. R. F. Wood und J. Korringa. Physic. Rev. [2] **123**, 1138—44, 15/8. 1961; Columbus, Ohio, Ohio State Univ.; engl.) — Vff. berechnen den F-Zentrum-Gitterdefekt in *LiCl* mit Bezug auf das de Boer-Modell. Die Wellenfunktionen im Grund- u. angeregten Zustand u. die Energien des eingefangenen Elektrons werden durch zwei Meth. ermittelt (LCAO-Meth.; Meth. der leerstellenzentrierten Wellenfunktionen). Die Gitterverzerrungen in Nähe des F-Zentrums werden berechnet. Eine sehr kleine Bewegung der nächsten u. zweitnächsten Nachbarn im Grundzustand wird beobachtet. Im angeregten Zustand wandern die zwei nächsten, auf der Symmetrieachse der Wellenfunktion liegenden Li-Ionen weit von der Leerstelle ab, die anderen vier Nachbarn wandern zum Zentrum der Leerstelle. H. Roschkowski. 119□

Optisches Ausbleichen von mit γ-Strahlen bestrahltem KCl bei Zimmertemperatur. Noriaki Itoh und Tokuo Suita. (J. physic. Soc. Japan **15**, 2364, Dez. 1960; Osaka, Univ., Coll. of Engng., Dep. of Nucl. Engng.; engl.) — Vgl. C. **1961**, 15652. — Vff. untersuchten die Effekte der Ausbleich-Temp. u. der anfänglichen Konz. von F-Zentren auf die Ausbleicherscheinung in mit γ-Strahlen bestrahltem KCl. Aus den bei 18° u. —25° erhaltenen Ausbleichkurven wurde die konz. N_q der schnell ausbleichenden F-Zentren erhalten. Ist die γ-Strahlendosis $< 3 \cdot 10^6$ r, dann besteht für die beiden Temp. kein Unterschied in N_q. Dieser Unterschied wird mit zunehmender Dosis größer u. ist von einer zunehmenden Bldg.-Geschw. komplexer Zentren (M, R_1 u. R_2) begleitet. Qual. entspricht der Unterschied von N_q bei den beiden Temp. der Bldg. von komplexen Zentren. Dies findet eine Bestätigung in der Tatsache, daß dieser Unterschied nahezu proportional der anfänglichen Bldg.-Geschw. von M-Zentren ist, was ein Maß der Bldg. komplexer Zentren durch F-Ausbleichung ist. Aus den Beobachtungen wird geschlossen, daß bei Zimmer-Temp. die schnell ausbleichende Komponente aus 2 Arten von F-Zentren besteht, von denen die eine in Zusammenhang steht mit der Bldg. komplexer Zentren u. mit der Ausbleich-Temp. zunimmt, während die andere unabhängig von der Ausbleich-Temp. ist. Dieser letztere Teil ist vielleicht einer Rekombination von Elektronen mit positiven Löchern an einigen Locheinfangzentren zuzuschreiben, die größere Wrkg.-Querschnitte für den Elektroneneinfang haben als die, die stabileren F-Zentren entsprechen. Die Ausbleichkurve bei —25°, auf der der Effekt der Bldg. komplexer Zentren nicht auftritt. zeigt, daß durch γ-Bestrahlung gebildete F-Zentren 2 verschiedene Arten von Ausbleichcharakteristiken haben. In den ersten Stadien der Bestrahlung werden nur schnell ausbleichende F-Zentren gebildet, während mit zunehmender Bestrahlungsdosis dieser Typ von F-Zentren abgesätt. wird u. die stabilen F-Zentren an Zahl zunehmen. C. Gottfried. 119

Der Einfluß von Druck und Temperatur auf die Absorptionskanten von drei Silberhalogeniden. A. S. Balchan und H. G. Drickamer. (Physics Chem. Solids **19**, 261—64, Mai 1961; Urbana, Ill., Univ. of Illinois, Dep. of Chem. and Chem. Engng.; engl.) — Vff. untersuchen den Einfl. kontinuierlicher Drücke bis 160 kbar u. Temp. bis zu 400° auf die opt. Absorptionskanten von AgCl, AgBr u. AgJ. In AgCl u. AgBr wird in der bei tieferen Drücken auftretenden kub. flächenzentrierten Phase bei Raum-Temp. eine Rotverschiebung, bei höheren Temp. eine Blauverschiebung mit steigendem Druck beobachtet. Die Hochdruckphase (CsCl-Struktur) zeigt bei allen Temp. mit steigendem Druck eine normale Rotverschiebung. Die Vorzeichenumkehr der Verschiebung kann mit der Fehlordnungsstruktur der Kristalle gedeutet werden; die zur Bldg. eines Frenkel-Defektes in der CsCl-Struktur notwendige Energie ist wesentlich größer als in der NaCl-Struktur, so daß die geringere Fehlstellen-Konz. in der Hochdruckphase zu einem regulären Verh. führt. Die Verschiebung in AgJ zeigt in der NaCl-Struktur sowohl bei Raum-Temp. als auch bei höheren Temp. ein anomales Verh.; mit steigender Temp. wird eine Blauverschiebung beobachtet, u. bei steigenden Drücken erfolgt keine Vorzeichenumkehr. Herbert Müller. 119□

Optische Masereigenschaften von Nd^{3+} in CaF_2. Leo F. Johnson. (J. appl. Physics **33**, 756, Febr. 1962; Murray Hill, N.J., Bell Telephone Labor., Inc.; engl.) — Messungen der IR-Fluorescenz von Nd^{3+} in CaF_2 ergeben neben den Linien bei 0,9, 1,06 u. 1,35 μ eine angeregte Emission bei 77° K mit 1,046 μ (9560 cm^{-1}). G. Ruban. 119□

Optische Masereigenschaften von Nd^{3+} in $SrMoO_4$. L. F. Johnson und R. R. Soden. (J. appl. Physics **33**, 757, Febr. 1962; engl.) — Vgl. vorst. Referat. — Ebenso wie bei CaF_2 wird die IR-Fluorescenz von Nd^{3+} in $SrMoO_4$ untersucht; bei 77° K bzw. Zimmer-Temp. werden Emissionslinien bei 1,064 μ (9398 cm^{-1}) bzw. 1,0643 μ (9396 cm^{-1}) beobachtet. G. Ruban. 119□

Strahleneffekte in CaF_2: Sm. J. R. O'Connor und H. A. Bostick. (J. appl. Physics **33**, 1868—70, Mai 1962; Lexington, Mass., MIT, Lincoln Labor.; engl.) — Vff.

haben die Absorptionsspektren von Sm^{2+} u. Sm^{3+} in CaF_2 zwischen 200 u. 800 nm bei Zimmer-Temp. u. der Temp. des fl. N_2 gemessen. Bei 620 nm wurde eine starke zweiwertige Absorptionsbande mit einer effektiven Oscillatorstärke von $1{,}1\cdot10^{-2}$ gefunden u. für Unterss. der Red. von $CaF_2:Sm^{3+}$ durch ionisierende Strahlung verwendet. In einigen Fällen erreicht die Red. bis zu 50%. Die Kinetik der Red. konnte wegen des Vorhandenseins von Sauerstoff u. a. Kristallfehlern nicht ermittelt werden. Wie die Vers.-Ergebnisse zeigen, sind F^--Ionen auf Zwischengitterplätzen die Ladungskompensatoren für Sm^{3+}. D. Noack. 119□

Zirkularpolarisatoren aus Quarz. B. N. Gretschuschnikow. (Оптика и Спектроскопия [Optik u. Spektroskopie] **12**, 134—35, Jan. 1962; russ.) — An Hand einer Abschätzung der durch Fehler in der Orientierung der Kristallachsen u. in der Plattendicke, durch Temp.-Schwankungen u. durch schrägen Lichteinfall verursachten Abweichungen von einer idealen zirkularen Polarisation wird gezeigt, daß Zirkularpolarisatoren hoher Güte für das nahe IR bei vertretbaren Anforderungen an die Bearbeitungsgenauigkeit aus Quarz hergestellt werden können. R. Gerbatsch. 119□

Reflexionsvermögen auf Aluminiumspiegel aufgebrachter oxydierter Siliciummonoxidfilme im Vergleich zu im Hochvakuum aufgedampftem Siliciummonoxid. Joseph F. Hall jun. und Robert C. Allen. (J. opt. Soc. America **51**, 367—68, März 1961; Rochester, N.Y., Bausch & Lomb, Inc.; engl.) — SiO wurde im Hochvakuum unter Oxydationsbedingungen auf Al-Spiegel aufgedampft. Im Wellenlängengebiet von 0,3—16 μ wurde das Reflexionsvermögen relativ zu einem nichtbedampften Al-Spiegel gemessen. Die Al-Spiegel hatten eine Durchlässigkeit von weniger als einigen ‰. Der Verlauf des Reflexionsvermögens von Al-Spiegeln mit verschieden dicken Schichten von SiO bzw. SiO_x (bestehend aus SiO_2, Si_2O_3 u. SiO) wird wiedergegeben u. diskutiert.
H. Lindberg. 119□

Infrarotreflexion von Zinkoxid. R. J. Collins und D. A. Kleinman. (Physics Chem. Solids **11**, 190—94, Okt. 1959; Murray Hill, N.J., Bell Telephone Labors.; engl.) — Vff. bestimmten die Reflexionsspektren von ZnO-Einkristallen, die verschiedene Konzz. an freien Ladungsträgern (Elektronen) enthielten, im Bereich von 1—45 μ. In Proben mit Träger-Konzz. unter $10^{16}\,cm^{-3}$ wird das übliche Reflexionsspektrum eines Ionenkristalls beobachtet. Die beste Übereinstimmung mit den experimentellen Daten wird bei Benutzung der Werte für die Hochfrequenz-DK $\varepsilon_0 = 2{,}0$, für die stat. DK $\varepsilon_s = 8{,}15$ u. die transversale, opt. Schwingungsfrequenz $\nu_t = 414\,cm^{-1}$ erreicht. Der Beitrag der freien Träger zu den opt. Konst. wird in den Reflexionsspektren bei Träger-Konzz. $>$ ca. $1\cdot10^{17}\,cm^{-3}$ wirksam. Mit Hilfe einer Meth., die der von Spitzer u. Fan (C. **1957**, 13557) ähnlich war, wurde die effektiv Masse zu $m^* = 0{,}06$ berechnet. Die Reflexion von trägerhaltigem ZnO im Bereich von 1—45 μ kann sehr gut durch die klass. Theorie für freie Träger u. einen Gitteroscillator wiedergegeben werden. Für die effektive Ladung pro Ionenzentrum, wie sie von Szigetti (Trans. Faraday Soc. **45**, [1949], 155) definiert wurde, wurde der Wert $q^* = 1{,}06\,e$ gefunden. P. Scharner. 119□

Durchlässigkeit einer prismatischen dünnen Schicht mit sehr kleinem Winkel für monochromatische Infrarotstrahlung. Robert Duverney. (J. Physique Radium **21**, 895—96, Dez. 1960; Montpellier, Labor. de Phys.; franz.) — Analyt. Behandlung der Interferenzpolarisation von monochromat. IR-Licht durch eine aufgedampfte dünne *Se*-Schicht; experimentelle Bestätigung an einer 4,8 μ dicken Schicht.
A. Blaschette. 119□

Notiz über die Kraftkonstanten des Hydridoborations. N. Brearley und S. Sundaram. (Z. physik. Chem. [Frankfurt/M.] [N. F.] **32**, 219—21, Mai 1962; Vancouver, B.C., Canada, Brit. Columbia Res. Council; engl.) — Für $^{11}BH_4^-$ (I), $^{11}BD_4^-$ (II) u. $^{11}BT_4^-$ (III) werden Schwingungswellenzahlen u. Anharmonizitätsfaktoren mitgeteilt, für **I** die Symmetriekraftkonst. u. Bindungskraftkonst. berechnet u. mit Werten aus der Literatur verglichen. Für **I, II** u. **III** werden die mittleren quadrat. Amplituden der Valenzschwingungen bestimmt. F. Huber. 120□

Zum Wasserstoffbrücken-Tunneleffekt. 1. Mitt. **Tetrametaphosphinsäure und Phospham.** E. Steger und K. Lunkwitz. (Naturwissenschaften **48**, 522—23, 1. Aug.-H. 1961; Dresden, TH, Inst. für anorg. u. anorg.-techn. Chem.; dt.) — Das IR-Spektrum der Tetrametaphosphimsäure, $(PO_2HNH)_4$, wurde im Bereich der OH u. NH Valenzschwingungen untersucht. Breite Banden der OH···O Brückenschwingungen treten bei 2150 u. 2255 cm^{-1} (in der deuterierten Verb.: 1650 u. 1720 cm^{-1}) sowie bei 2800 cm^{-1} auf, wobei letztere Bande z. T. verdeckt ist durch NH···N (··O) Brückenschwingungen bei 2675 u. 3075 cm^{-1} (deuteriert: 2300 u. 2210 cm^{-1}). Im Spektrum des *Tetrasilbersalzes*, $Ag_4(PO_2NH)_4$, treten keine OH···O-Banden auf, das Oktasilbersalz absorbiert nicht in dem untersuchten Bereich. Die Aufspaltung der Banden wird durch Wasserstoffbrücken-Tunneleffekt u. durch zusätzliche Kopplung zwischen 2 Brükken am gleichen P-Atom erklärt, bei Annahme eines Potentialverlaufes mit 2 Minima. Auch die Verdopplung der NH···N Frequenz (~ 3100 u. ca. 2700 cm^{-1}) im Spektrum des *Phosphams* wird durch den Tunneleffekt gedeutet. G. Winkhaus. 120☐

Zum Wasserstoffbrücken-Tunneleffekt. 2. Mitt. **Amidophosphate und Amidosulfonsäure.** E. Steger und K. Stopperka. (Naturwissenschaften **48,** 523, 1. Aug.-H. 1961; dt.) — 1. vgl. vorst. Referat. — Das Auftreten von 2 NH···O-Brücken-Valenzschwingungsbanden (2482 u. 2620 cm^{-1}) mittlerer Intensität im IR-Spektrum von prim. Amidophosphaten, z. B. $NaPO_3NH_3$, wird durch H-Brücken-Tunneleffekt gedeutet. Die Zuordnung der Banden wurde durch Aufnahme des Spektrums der deuterierten Verb. gesichert. Zusätzliche Aufspaltung findet durch Kopplung über gemeinsames N statt. Wss. Lsgg. von Amidophosphaten zeigen die Bande nicht. Die Kristallsymmetrie des Salzes läßt eine total-symm. u. eine entartete Schwingung erwarten. Analoge Schwingungen der Amidosulfonsäure lassen sich ebenfalls durch den Tunneleffekt erklären. Die Kristallsymmetrie dieser Verb. läßt Aufspaltung der Entartungen erwarten. Der experimentelle Nachw. hierfür war nicht eindeutig wegen des möglichen Vorliegens von Oberschwingungen; es wurden jedoch an krist. Amidosulfonsäure mehr Linien in diesem Gebiet gefunden als bei den Amidophosphaten; außerdem wurden Oberschwingungen im Gebiet von 4000—9000 cm^{-1} registriert. Der Potentialverlauf in der HNO-Brücke wurde berechnet. Die Potentialkurve weist 2 Minima auf u. ergibt befriedigende Übereinstimmung mit den beobachteten angenommenen Aufspaltungen. G. Winkhaus. 120☐

Die Infrarot-Absorptionsspektren von Kaliumhexacyanomanganat(III) und Vanadinkorund. G. D. Jones und W. A. Runciman. (Proc. physic. Soc. **76,** 996—98, 1/12. 1960; Christchurch, New Zealand, Univ. of Canterbury, Phys. Dep.; engl.) — Vff. berichten über Aufnahmen der IR-Spektren von $K_3[Mn(CN)_6]$ u. V_2O_3 im Gebiet von 7000—12000 Å bei der Temp. des fl. Stickstoffs. Das $K_3[Mn(CN)_6]$-Spektrum zeigt 4 Linien bei 10410; 10470; 10570 u. 10850 Å, die teilweise polarisiert sind. Vff. diskutieren diese Linien an Hand des Tanabe-Sugano-Diagramms u. vergleichen die Werte mit Fe-, Cr- u. Co-Daten von Jørgensen. Ferner wurde das V_2O_3-Spektrum untersucht u. gezeigt, daß die 9660-cm^{-1}-Linie π-polarisiert ist, entsprechend dem Termschema von Pryce u. Runciman. G. M. Neumann. 120☐

Die Infrarotspektren aromatischer Chromtricarbonyle. R. E. Humphrey. (Spectrochim. Acta [London] **17,** 93—100, 1961; Detroit, Mich., Ethyl Corp., Res. Labor.; engl.) — Empir. wurden die IR-Spektren der Chromtricarbonyle von *Bzl., Chlor-* u. *Brombenzol, Toluol, o-, m-* u. *p-Xylol, Mesitylen, Tetralin, Anisol, p-Methylanisol* u. *Methylbenzoat* mit den Spektren der freien aromat. Moll. verglichen. Durch die π-Bindung des Benzolkerns an das Cr-Atom nehmen die Intensitäten der C—H-Valenzschwingungen u. die Frequenzen der Valenzschwingungen des aromat. Syst. zwischen 1650 cm^{-1} u. 1450 cm^{-1} um 100—25 cm^{-1} ab; außerdem verschwinden die Banden für die nicht ebene C—H-Schwingung, u. es erscheint eine Bande mittlerer Intensität im Gebiet von 800 cm^{-1}. Im Gebiet zwischen 1400 u. 900 cm^{-1} unterscheiden sich die entsprechenden Spektren auch erheblich; einige der Bandenverschiebungen entsprechen den bei anderen Moll. beobachteten, in denen die Metallatome durch π-Elektronen an die Liganden gebunden sind. Zwei ziemlich intensive Banden zwischen 670 u. 600 cm^{-1} werden entweder Deformationsschwingungen der CO-Gruppen oder einer Valenzschwingung Cr—C zugeschrieben, der auch zwei Banden bei 530 u. 475 cm^{-1} zugeteilt werden. Letztere können aber auch von Ring-Metall-Wechselwrkg. herrühren.

G. Heller. 120☐

Eine Beziehung zwischen der Frequenz der N—H-Streckschwingung und der Stabilität von Metallkomplexen des β-Alanins. V. S. Sharma, H. B. Mathur und A. B. Biswas. (Spectrochim. Acta [London] **17,** 895—96, 1961; Poona, India, Nat. chem. Labor.; engl.) — Mit Hilfe eines *LiF*-Prismas erhielten Vff. die IR-Absorptionsspektren der *Cu(II)*-, *Ni(II)*-, *Co(II)*- u. *Pd(II)*-Komplexe des *β-Alanins* der Form $Me(NH_2CH_2CH_2COO)_2$ u. des $NH_2CH_2CH_2COONa$. Komplexe des *Fe(II)* u. *Mn(II)* wurden wegen ihrer geringen Stabilität nicht untersucht. Vff. erhalten eine lineare Beziehung zwischen dem Logarithmus der Stabilitäts-Konst. u. der IR-Frequenz mit Ausnahme des Pd(II)-Komplexes, wo eine kovalente Bindung angenommen wird.

H. Roschkowski. 120☐

Rotationsspektren von RbF nach der elektrischen Resonanzmethode. H. Lew, D. Morris, F. E. Geiger jun. und J. T. Eisinger. (Canad. J. Physics **36,** 171—83, Febr. 1958; Ottawa, Nat. Res. Council, Div. of Pure Phys.; engl.) — Vff. berichten über Unterss. der Rotationsübergänge zwischen den Zuständen $I = 0$ u. $I = 1$ mit der elektr. Mol.-Strahlresonanzmethode. Die folgenden Rotations-Konst. wurden gefunden:

^{85}RbF: ($Y_{01} \approx B_e =$) 6315,543 ± 0,009 (MHz); ($-Y_{11} \approx \alpha_e =$) 45,638 ± 0,017; ($Y_{21} \approx \gamma_e =$) 0,094 ± 0,007; ($B_e =$) 6315,639 ± 0,036 u. ^{87}RbF: 6289,002 ± 0,010; 45,350 ± 0,017; 0,094 ± 0,007; 6289,098 ± 0,036. Für die Quadrupol-Wechselwrkg.-Konst. im Zustand I = 1 wurde gefunden: ^{85}RbF: 70,340 ± 0,030 (MHz; v = 0), 69,543 ± 0,060 (v = 1) u. ^{87}RbF: 34,024 ± 0,040 (v = 0), entsprechend einem Verhältnis $e\,q\,Q^{85}/e\,q\,Q^{87} = 2{,}0673 \pm 0{,}0030$. Der Gleichgewichtskernabstand ergab sich zu $r_e = (2{,}26554 \pm 0{,}00005) \cdot 10^{-8}$ cm u. das Dipolmoment von ^{85}RbF zu $\mu = (8{,}80 \pm 0{,}10) \cdot 10^{-18}$ e.s.E. G. M. Neumann. 121 □

Der Einfluß einer Bestrahlung mit schnellen Neutronen auf den ZnS-Mn-Phosphor. P. Jaszczyn. (Physics Chem. Solids **19,** 299—303, Mai 1961; Swierk, Acad. Polon. des Sci., Inst. de rech. nucl.; franz.) — Proben von ZnS-Mn (10^{-4}) werden im Kernreaktor 2—140 Min. lang in einem Neutronenfluß von $10^{13}\,s^{-1} \cdot cm^{-2}$ bestrahlt; untersucht werden das Luminescenzspektrum zwischen 400 u. 650 nm bei Anregung mit Woodschem Licht bei 20, —70 u. —180° sowie der Einfl. einer gleichzeitigen IR-Bestrahlung auf die Luminescenz. Die Intensitäten der blauen (ca. 480 nm) u. der orangefarbenen Bande (ca. 580 nm) fallen mit der Bestrahlungsdauer zunächst rasch, dann langsamer ab. Das Intensitätsverhältnis I_0/I_b wird durch Neutronenbestrahlung ebenfalls stark beeinflußt; die Anregung bei 20° führt zu einem starken Abfall, Anregung bei —70 u. —180° dagegen zu einem Anstieg. Bei —70° erfolgt ein beträchtliches Freisetzen von Löchern, die mit benachbarten Elektronen unter Emission der blauen Bande rekombinieren; die 580-nm-Emission diskreter Mn^{2+}-Zentren wird erst bei 20° beträchtlich. Aus der Luminescenzlöschung der blauen Bande u. der Verstärkung der orangefarbenen Bande durch gleichzeitige IR-Bestrahlung folgt, daß durch die Neutronenbestrahlung Strukturfehler gebildet werden, die als Haftstellen für Defektelektronen wirken. Herbert Müller. 125 □

Über die Luminescenzzentren von Kupferbromid. P. Schwisst. (Acta physica Acad. Sci. hung. **12,** 93—94, 1960; Budapest, Inst. für techn. Phys. der Ungar. Akad. der Wiss.; russ.) — Beim Kontakt von frisch hergestellten CuBr(NaCl)-Kristallen mit Luft oder O_2 erfolgt eine Verstärkung der Luminescenz, welche nach früheren Unterss. mit der Oberfläche der Kristalle zusammenhängt. Dieselbe Erscheinung wurde auch unter Einw. von *Ar* gefunden u. so der physikal. Charakter der Erscheinung bestätigt; es wird geschlossen, daß das Gas die empfindlichen Oberflächen-Luminescenzzentren stabilisiert. J. Tůmova. 125 □

A₃. Elektrizität. Magnetismus. Elektrochemie

Zur Theorie der Plasmen bei Anwesenheit magnetischer Felder. J. Friedrich. (Z. Physik **160,** 494—503, 1960; Berlin, Osram-Studienges.; dt.) — In Fortsetzung früherer Arbeiten (Schirmer u. Friedrich, C. **1961,** 11981; C. **1962,** 13290, 13291) wird eine vollständige Theorie der stationären zylindr. Plasmen auf der Grundlage der linearisierten Boltzmann-Gleichung entwickelt, wobei die Anwesenheit eines Eigenmagnetfeldes wie auch eines zusätzlichen longitudinalen Magnetfeldes berücksichtigt werden. Die Beziehungen für die Stromdichte- u. Wärmestromkomponenten, bestimmt durch Näherungen n-ter Ordnung, führen auf mittlere freie Weglängen, die sowohl von der Richtung des Transports als auch von der Richtung des erzeugenden Gradienten abhängen. Die entwickelten Beziehungen gelten in ähnlicher Form auch für ein Lorentz-Plasma. H. Schirrwitz. 131 □

Über das Verhalten eines Plasmas bei schnellen Zustandsänderungen. R. Rompe und H. Rother. (Ann. Physik [7] **3,** 28—36 1959; Berlin, Phys.-Techn. Inst. der DAW, Bereich Strahlungsquellen; dt.) — Vff. diskutieren eine Meth., die es erlaubt, die Einstellzeiten von Gleichgewichten in Plasmen zu analysieren. Die Stromstärke in einer Hochdrucklampe wird durch kurzzeitiges Überbrücken eines Teils des Vorwiderstandes verändert. Durch Verw. eines geeigneten Vakuumschalters ließen sich Schaltzeiten von 10^{-6} s erreichen. Oscillograph. wurde der zeitliche Verlauf von Einstellvorgängen in Hochdruckplasmen (HBO 200, PRK4 u. XBO 200) untersucht. G. Lehmpfuhl. 131 □

Vereinfachte Diffusionstheorie der laufenden Schichten. Karl Wojaczek. (Ann. Physik [7] **3,** 37—47, 1959; Berlin, Phys.-Techn. Inst. der DAW, Bereich Strahlungsquellen; dt.) — Vgl. C. **1961,** 3898. — Vf. entwickelt eine Theorie des Mechanismus der künstlich erzeugten laufenden Schichten in der positiven Säule einer Niederdruckentladung, die als Elektronen-Temp.-Wellen aufgefaßt werden, bei der die Schichtfrequenz ein vorschreibbarer Parameter ist u. die Wärmeleitung der Elektronen berücksichtigt wird. Die erhaltenen Beziehungen stimmen qual. u. z. T. auch quant. gut mit den Beobachtungen an laufenden Schichten in *Ar*-Entladungen überein.
G. Lehmpfuhl. 131 □

Untersuchung der Oscillationen einer Gleichstromentladung in Argon. Vadim G. Neaga. (An. ştiinţ. Univ. „Al. I. Cuza“, Iaşi, Secţ. I 4, 119—31, 1958; Jassy, Al. I. Cuza-Univ., Lehrstuhl für Theoret. Phys. u. Struktur der Materie; russ., Auszug: franz.) — Experimentelle Unters. period. u. nichtperiod. Vorgänge in einer Ar-Gleichspannungsentladung. Die Zündspannung liegt bei 1700 V, kann aber dadurch stark herabgesetzt werden, daß eine Außenelektrode an der Außenwand des Glasentladungsgefäßes auf Anoden-, d. h. Erdpotential gelegt wird. Die in diesem Fall entstehende Entladung bei niedrigen Spannungen (700—1200 V) wird als nichtautonome, die bei höheren Spannungen auch ohne Erdung der Außenelektrode zündende als autonome Entladung bezeichnet. Die Abhängigkeit des Entladungsstroms von der angelegten Spannung wird gemessen. Sie zeigt einen steileren Anstieg im Übergangsgebiet von der nichtautonomen zur autonomen Entladung. Zur Registrierung der Erscheinung dient außer einem Kathodenstrahloscillographen ein Impulszähler u. ein Rundfunkempfänger. Die in den verschiedenen Entladungsbereichen (nichtautonome, Übergangsgebiet, autonome) auftretenden verschiedenartigen period. u. nichtperiod. Spannungsschwankungen u. Lichterscheinungen werden beschrieben u. diskutiert. F. Lenz. 131 □

Gasentmischungsvorgänge in Wechselstromglimmentladungen. H. Deutsch. (Ann. Physik [7] **6**, 355—60, 1960; Greifswald, Ernst-Moritz-Arndt-Univ., Phys. Inst.; dt.) — Vf. untersucht die in Wechselstromglimmentladungen auftretenden Gasentmischungsvorgänge in Abhängigkeit von der Frequenz des Entladungsstroms (50 Hz, 400 Hz u. 540 kHz), von Länge u. Durchmesser des Entladungsrohrs, von dem Gesamtgasdruck sowie dem Partialdruck des Zusatzgases u. von der Stromstärke. Als Gasgemische werden verwendet: *He–Kr*, Ne–Kr, *Ne*/*He*–Kr u. Ne/He–*Ar*. Es werden jeweils die maximalen Steigungen der Konz.-Kurven ermittelt, die für die Entmischung charakterist. sind. Bei genügender Länge des Entladungsrohres treten auch bei der Frequenz von 50 Hz zwei Kr-Maxima auf. H. Schirrwitz. 131 □

Aufzehrung inerter Gase bei Glühkathodenentladung. R. F. Hall. (J. Electronics and Control [1] **11**, 101—09, Aug. 1961; Salfords, Surrey, Mullard Res. Labor.; engl.) — Mit einer geeichten Hochdruck-Ionenröhre (Tacitron u. Dioden) wird die Aufzehrung von *Xe* (bei Drücken von $80 \cdot 10^{-3}$ bis $100 \cdot 10^{-3}$ mm Hg) bei Glühkathodenentladung gemessen. Die Aufzehrung tritt als Folge schneller Zerstäubung der Teile der Elektroden ein, die einem bes. starken Ionenstrom ausgesetzt sind. Die Zerstäubung ist abhängig von dem Gradienten der Plasmadichte in der Nähe der Elektroden u. der Gradient hängt wiederum von der Art der Entladung ab. Hinweise über die Vermeidung hoher Gasaufzehrungs-Geschw. infolge starker Zerstäubung werden angeschlossen.
H. Schibilla. 131 □

Untersuchungen über das dielektrische Verhalten einiger ferroelektrischer Keramiken bei tiefen Temperaturen. E. Hegenbarth. (Mber. dtsch. Akad. Wiss. Berlin **1**, 411—15, 1959; Dresden, Dt. Akad. der Wiss., Arbeitsstelle für Tieftemperaturphys.; dt.) — Es wurde untersucht, ob ferroelektr. Keramiken existieren, deren Curie-Punkte im Temp.-Bereich von 80—12° K liegen. Dazu wurden die DK von $CdTiO_3$ (I), $(Ba_{0,1}, Sr_{0,9})TiO_3$ (II), $(Ba_{0,05}, Sr_{0,95})TiO_3$ (III) u. $SrTiO_3$ (IV) in Abhängigkeit von der Temp. u. einer überlagerten Gleichspannung gemessen. Es wurden folgende Curie-Punkte gefunden: **I**: $50 \pm 0{,}5^0$ K; **II**: 65 ± 1^0 K; **III**: ca. 16^0 K u. **IV**: ca. 10^0 K.
G. M. Neumann. 132 □

Über den Einfluß des Aktivators und der Speicherung von Strahlungsenergie auf das piezoelektrische und elastische Verhalten von Cadmiumsulfid-Einkristallen. H. Gobrecht und A. Bartschat. (Z. Physik **153**, 529—54, 1959; Berlin, TU, II. Phys. Inst.; dt.) — Es werden die durch den Aktivator u. die Speicherung der Strahlungsenergie verursachten Veränderungen der elastomechan. Dämpfung mit Hilfe der piezoelektr. Stoßanregung bei Zimmer-Temp. u. bei der Temp. der fl. Luft untersucht. Sie lassen sich in gleicher Weise als verschiedene Formen der Störung in der Periodizität des Grundgitters deuten. Das elast. Verh. eines Festkörpers erleidet bei Strahlungs-Einw. Veränderungen, die mit Hilfe der Vorstellungen, welche auf der Grundlage der Luminescenzerscheinungen entwickelt worden sind, gedeutet werden können. Die Unterss. zeigen eine Möglichkeit der Deutung des sog. „Ganges“ von Quarzuhren auf. Als techn. Anwendung ergibt sich die künstliche Alterung von Frequenznormalen durch geeignete therm., elektr. u. IR-Behandlung. A. Blaschette. 133 □

Bleizirkonattitanat als piezoelektrische keramische Materialien. A. E. Crawford. (Brit. J. appl. Physics **12**, 529—34, Okt. 1961; Hythe, Southampton, Brush Crystal Co. Ltd., M. Brit. I.R.E.; engl.) — Vf. beschreibt die Eigg. von $PbZrO_3$–$PbTiO_3$-Mischkristallen im Hinblick auf ihr ferroelektr. u. piezoelektr. Verhalten. J. Peters. 133 □

Ansprechen eines Thermoelementstromkreises auf nichtstationäre Ströme. Thomas T. Arai und John R. Madigan. (J. appl. Physics **32**, 609—16, April 1961; Des Plaines, Ill., Borg-Warner Corp., Roy C. Ingersoll Res. Center; engl.) — Das Ansprechen eines als Peltier-Kühler arbeitenden Thermoelementstromkreises auf zeitlich schwankende Ströme wurde unter der Annahme bestimmt, daß sich die Stromdichte als Summe einer Gleichstrom- u. einer zeitlich veränderlichen Komponente darstellen läßt. Für letztere wurden folgende Formen betrachtet: Ein zur Zeit $t_0 > 0$ angelegter Impuls, ein von t_0 bis t_1 wirkender Rechteckimpuls, eine stufenweise Stromzunahme zur Zeit t_0 u. eine dem Gleichstrom überlagerte sinusförmige Welle. Die Auswirkungen der verschiedenen Formen der zeitabhängigen Stromkomponente werden diskutiert. Gerhard Schulze. 133☐

Tunnel-Emission ins Vakuum. Julius Cohen. (J. appl. Physics **33**, 1999—2000. Juni 1962; New York, N.Y., General Teleph. and Electronics Labor., Inc.; engl.) — Tunnel-Emission von Elektronen ins Vakuum wurde an dünnen Dreifachschichten der Zus. Al–Al_2O_3–Al u. Al–Al_2O_3–Pt beobachtet. Eine Behandlung der Oberfläche mit Cs zur Erniedrigung der Austrittsarbeit ergab eine Verstärkung der Emission um 5 Größenordnungen. H. Seifert. 134☐

Äußerer Photoeffekt und verzögerte Elektronenemission von ultraviolettbestrahlten KCl- und KBr-Einkristallen. W. Klein, G. Schatz und K. Seeger. (Z. Physik **160**, 443—52, 1960; Heidelberg, Univ., II. Phys. Inst.; dt.) — Vff. untersuchen an reinen u. additiv verfärbten KCl-Kristallen den äußeren Photoeffekt im Energiebereich $h\nu = 0{,}5—3{,}6$ eV sowie die verzögerte Elektronenemission. Werden reine KCl-Kristalle bei 100° K mit UV-Licht ($h\nu \geq 4$ eV) bestrahlt, so zeigt sich anschließend im sichtbaren Spektralbereich ein äußerer Photoeffekt bei Quantenenergien bis herunter zu 0,5 eV; der Photostrom nimmt mit der Zeit nach einem quadrat. Gesetz ab. Die additiv verfärbten Kristalle zeigen einen Photoeffekt, der auf eine direkte Ionisation von Gitterfehlstellen schließen läßt. Die Abhängigkeit der Quantenausbeute des äußeren Photoeffekts von der Quantenenergie wird jeweils bestimmt. Aus den Unterss. ergibt sich, daß der äußere Photoeffekt u. die verzögerte Elektronenemission unabhängige Prozesse darstellen; die Photoemission kann dabei nicht als Photoionisation von Haftstellen gedeutet werden. Messungen an KBr zeigen ähnliche Ergebnisse. H. Schirrwitz. 134☐

Diffusionsschwingungen in Halbleitern und Niederdruck-Gasentladungen. K. W. Böer, R. Rompe und H. Rother. (Mber. dtsch. Akad. Wiss. Berlin **1**, 438—40, 1959; Berlin, Dt. Akad. der Wiss., Phys.-Techn. Inst.; dt.) — Vff. berichten über eine Analogieerscheinung zu den laufenden Schichten in Niederdruckplasmen in Halbleitern. So kann in einem Halbleiter bei höheren Feldstärken ein pulsierender Stromfluß mit einer Impulsfolgefrequenz der Größenordnung $^1/_{10}$ Hz entstehen, dabei ist der opt. verfolgbare Vorgang der Raumladungswanderung von einer Pulsation des Stroms mit einem Maximum im Augenblick, in dem das Raumladungsgebiet die Anode berührt, begleitet. G. M. Neumann. 135☐

Querschnittsverhältnisse von sensibilisierten Zentren in Photoleitern. Richard H. Bube. (J. appl. Physics **32**, 1707—09, Sept. 1961; Princeton, N.J., Radio Corp. of America, RCA Labor.; engl.) — Das Verhältnis des Einfangquerschnitts (S) von sensibilisierten Zentren für ein photoerregtes Loch zum S für ein freies Elektron bei Photoleitern vom n-Typ wird aus den Messungen der therm. Dämpfung der Photoleitfähigkeit als Funktion der Anregungsintensität bestimmt. Die Größe des Verhältnisses ist maßgebend für den geladenen Zustand der sensibilisierten Zentren. Für 7 verschiedene Photoleiter aus Elementen der Gruppe II—VI oder III—V kann die Hypothese aufgestellt werden, daß in den meisten Fällen einfach geladene sensibilisierte Zentren u. z. T. doppelt geladene auftreten. Die Ergebnisse sind tabelliert. H. Schibilla. 135☐

Theorie der Absorptionskante von Halbleitern in einem starken Magnetfeld. R. J. Elliott und R. Loudon. (Physics Chem. Solids **15**, 196—207, Okt. 1960; Oxford, Clarendon Labor.; engl.) — Die Loch–Elektron-Paar-Bldg. bei einem Halbleiter unter dem Einfl. eines Magnetfeldes wird auf der Grundlage der effektiven Massen-Aproximation theoret. zu beschreiben versucht. Die Intensität der Absorptionskante wird dabei durch die Wellenfunktion der relativen Bewegung eines solchen Paars erklärt, so daß es im wesentlichen auf die Lösung der Schrödinger-Gleichung für ein H-Atom im Magnetfeld ankommt. Dieses wird durch eine Näherungsrechnung für starke Magnetfelder erreicht, wobei angenommen wird, daß der Coulomb-Term die Bewegung in Richtung des Magnetfeldes beeinflußt. Die Ergebnisse zeigen, daß die Hauptintensität in jedem magnet. Subband-Übergang in die niedrigste Anregungsstufe geht u. daß die Absorption im Kontinuum auf eine unbedeutende Kante red. wird. Die Maxima beim magneto-opt. Effekt sind Anregungserscheinungen. H. Fahlenbrach. 135☐

Stoßionisation von Verunreinigungen in Silicium. Jean-Claude Sohm. (Physics Chem. Solids **18**, 181—95, 1 Tafel, Febr. 1961; Paris, École Norm. Sup., Labor. de Phys.; franz.) — An p- u. n-leitenden, kompensierten Si-Einkristallen mit dem Kompensationsverhältnis N_D/N_A zwischen 10 u. 5000 bzw. $N_A/N_D = 300$ (N_A = Acceptor-, N_D = Donatordichte) werden bei 16—20,7° K die elektr. Leitfähigkeit σ, Ladungsträgerdichte n u. Hall-Beweglichkeit μ als Funktion der angelegten elektr. Feldstärke bestimmt. Im untersuchten Temp.-Bereich wird eine Stoßionisation der neutralen Verunreinigungen durch vorhandene Ladungsträger beobachtet. Die Feldabhängigkeit von n u. μ zeigt an den verschiedenen Proben einen beträchtlichen Einfl. des Kompensationsgrades auf die Feldstärke des Lawinendurchbruches; diese beträgt für $N_D/N_A = 5000$ $E_A = 100$ (V/cm), 20 $E_A = 800$ u. 10 $E_A = 1400$ bzw. $N_A/N_D = 300$ $E_A = 260$. An stark kompensiertem Si wird beobachtet, daß n mit der elektr. Feldstärke bis E_A nahezu konst. bleibt u. im gleichen Bereich eine negative magnet. Widerstandsänderung auftritt.
Herbert Müller. 135□

Messung der Injektionsausbeute eines punktförmigen Emitterkontaktes auf Germanium in Anwesenheit eines Driftfeldes. M. Szilágyi. (Acta physica Acad. Sci. hung. **11**, 401—04, 1960; Budapest, Ind. Res. Inst. for Telecom. Techn.; engl.) — Die Verss. wurden an einem Ge-Plättchen vom n-Typ, Widerstand 40 Ω/cm, Länge 5 mm, Querschnitt 0,15 mm^2, nach Ätzen mit CP 4 bei Anlegen eines äußeren senkrechten Feldes mit einem Phosphorbronze-Punktkontakt durchgeführt. — Die Injektionsausbeute steigt mit steigender Feldstärke zuerst linear u. geringfügig, zuletzt aber schnell an, wobei der Anstieg bes. bei größeren Strömen ausgeprägt ist.
J. Tůmová. 135□

Anodische Auflösung von Germanium mit p–n-Übergang. O. G. Derjagina, Je. N. Paleolog und N. D. Tomaschow. (Доклады Академии Наук СССР [Ber. Akad. Wiss. UdSSR] **133**, 388—91, 11/7. 1960; Inst. für physik. Chem. der Akad. der Wiss. der UdSSR; russ.) — An Ge–In-Legg. u. Ge-Einkristallen mit p–n-Übergang wird die Verteilung des Potentials E u. der Stromdichte d auf den Komponenten einer Ge-Diode bei verschiedenen Bedingungen der anod. Polarisation bei der Lsg. in 0,1n NaOH oder H_2SO_4 untersucht. In NaOH ist die am stärksten polarisierbare Anode In bzw. n-Ge. Der Wert von d an n-Ge entspricht nicht dem anod. d-Grenzwert für n-Ge an der Grenze mit der Lsg., sondern ist erheblich größer. Offenbar sind E u. d an der n-Ge-Oberfläche inhomogen verteilt. In H_2SO_4 ist In prakt. nicht polarisiert u. wird bevorzugt gelöst, ebenso n-Ge im Einkristall. Eine selektive Ätzung der verschiedenen Teile einer Ge-Diode oder Ge-Triode wird offenbar durch die verschiedene Polarisierbarkeit von n- u. p-Ge u. In u. durch ein p–n-Übergangsgebiet an der Grenze des Ge mit Elektronen- u. mit Lochleitfähigkeit ermöglicht. R. K. Müller. 135□

Untersuchung über die Oberflächenkinetik und -physik der Reaktion zwischen einkristallinem Germanium und Jod. W. J. Heinecke und S. Ing jun. (J. appl. Physics **32**, 1498—1504, Aug. 1961; Newton, Mass., Raytheon Co., Semiconductor Div.; engl.) — Die Kinetik der Rk. zwischen Ge-Einkristallen u. J_2-Dampf sowie die elektr. Eigg. der entstehenden Oberfläche wurden untersucht. Unabhängig von der kristallograph. Ebene ergab sich für die Rk. eine Aktivierungsenergie von 18,5 kcal/Mol. Der Häufigkeitsfaktor wies jedoch eine Abhängigkeit von der Orientierung auf, er betrug für die (1 1 1)-Fläche $3,54 \cdot 10^7$, für die (1 1 0)-Fläche $2,4 \cdot 10^7$ u. für die (1 0 0)-Fläche $5,2 \cdot 10^7$.. Ein Alterungseffekt der Oberfläche zeigte sich während der Feldeffektmessungen. Für den Oberflächeneinfang wurden eine Aktivierungsenergie von $0,55 \pm 0,01$ u. $0,47 \pm 0,01$ eV, ein Wrkg.-Querschnitt von $1,14 \cdot 10^{-13}$ cm^2 u. eine Dichte der Einfangstellen von $1,4 \cdot 10^{12}$ cm^{-2} berechnet. Gerhard Schulze. 135□

Die metallischen Werkstoffe beim Bau von Transistoren. M. Clasing. (Metall **14**, 726—29, Juli 1960; Hanau, Degussa, Metall-Labor.; dt.) — Überblick über die Meth. zur Gewinnung von *Ge*- u. *Si*-Halbleiterkristallen, die speziellen Dotierungs- u. Kontaktmetalle, bes. Legg. von *In* mit *Al*, *Au*, Ge, *Pb* sowie Au mit *B*, Al, *Ga*, *Ge*, *Sb* u. ihr technolog. Verhalten. Ag wirkt wahrscheinlich als Rekombinationszentrum u. legiert erst bei 651° (830°) mit Ge (Si). *Mo* u. *Vacon* (Fe/Co/Ni) dienen als Träger für Au/Sb bzw. Au/Ga. Bei Quarz ist die Abgabe von B, O_2 u. Cu beim Erschmelzen von Reinststoffen zu beachten. H. Föppl. 135□

Eigenschaften des hochohmigen Galliumarsenids, das mit diffundiertem Kupfer kompensiert worden ist. Joseph Blanc, Richard H. Bube und Harold E. MacDonald. (J. appl. Physics **32**, 1666—79, Sept. 1961; Princeton, N.J., RCA Labor.; engl.) — Niederohmige n-leitende GaAs-Kristalle mit Si-Donatoren werden mit diffundiertem Cu kompensiert, so daß hochohmige Kristalle von der Art entstehen, die mit halbquant. Beschreibung eines einfachen thermodynam. Modells erfaßt werden kann.

Es werden die Vorgänge der Kompensation u. die Ergebnisse der photoelektron. Analyse des GaAs:Cu-Kristalls beschrieben. Messungen der Photoleitfähigkeit, der spektralen Empfindlichkeit, der IR-Schwächung, des Hall-Effekts u. des Photo-Hall-Effekts bei Raum-Temp. sowie des therm. angeregten Stromes werden ausgeführt. Die Lage von 5 Acceptorenniveaus sowie das Verh. dieser Zentren in Abhängigkeit von der Photoleitfähigkeit werden bestimmt. Es wird gefunden, daß ein 0,42-eV-Acceptorniveau bei Kompensation eine lange Lebensdauer der Elektronen bewirkt, die wiederum eine hohe Photoempfindlichkeit vom n-Typ bei niedrigen Temp. zur Folge hat. Die Auswrkg. auf die Elektronenbeweglichkeit werden für die kompensierten tiefliegenden Donatorniveaus bestimmt, die für das hochohmige n-leitende Material ausschlaggebend sind. Einfl. auf die Elektronenbeweglichkeit werden auch für die kompensierten Acceptorniveaus, die 0,22 eV über dem Valenzband liegen, untersucht, die bei tiefen Temp. in Erscheinung treten. H. Schibilla. 135□

Galvanomagnetische Quanteneffekte in n-InAs. Ch. I. Amirchanow, R. I. Baschirow und Ju. E. Sakijew. (Журнал Экспериментальной и Теоретической Физики [J. exp. theoret. Physik] **41**, 1699—1703, Dez. 1961; Dagestan. Abt. der Akad. der Wiss. der UdSSR; russ., Auszug: engl.) — Vff. untersuchen den Hall-Effekt u. den elektr. Widerstand (eW) von n-InAs mit Verunreinigungen von $3 \cdot 10^{16}$ bzw. $2 \cdot 10^{18}$ cm^{-3} in Abhängigkeit von der magnet. Feldstärke zwischen 20 u. 360° K. Aus Messungen des Nernst-Ettingshausen-Effekts u. von eW ist ersichtlich, daß die Ladungsträgerstreuung auf einer Ionen–Phononen-Wechselwrkg. beruht. Mit der Quantisierung der Ladungsträgerbewegung in magnet. Feldern nimmt der eW stark zu. Bei 20° K wird ein Konz.-Effekt beobachtet. Ferner wird eW in Abhängigkeit vom Verhältnis Länge zu Breite der Probe untersucht. D. Hoene. 135□

Halbleitende Indiumverbindungen. Anonym. (Metall **14**, 730—31, Juli 1960; London, Labor. der Mining & Chemical Products Ltd.; dt.) — Besprechung der elektr. Anwendungen von In-Verbb., bes. von *InP* (Photozellen, Nachw. therm. Neutronen, Gleichrichter) u. *InSb* (IR-Strahlungsdetektor bis 7,5 μ, Temp.-Messung IR-Filter, rauscharme Dioden, Magnetfeldmessung). Allg. Hinweise zur Herst. der Verbindungen. H. Föppl. 135□

Magnetisch induzierte Verunreinigungsbänder in n-InSb. R. J. Sladek. (Physics Chem. Solids **5**, 157—70, Mai 1958; Pittsburgh, Pa., Westinghouse Res. Labor.; engl.) — Mit Hilfe von Unterss. des Hall-Effekts u. des elektr. Widerstands bei Temp. bis herunter zu 1,5° K u. bei magnet. Feldstärken bis zu 28000 Oe wird beim n-Typ-InSb das Entstehen von Donatorbändern durch Aufspaltung aus dem Leitungsband nachgewiesen, wobei das entstandene enge Verunreinigungsband eine endliche Elektronenbeweglichkeit besitzt. Für dieses Band werden die Ionisationsenergie u. die Elektronenbeweglichkeit in Abhängigkeit von der magnet. Feldstärke bestimmt. Die Bandbeweglichkeit kann durch quantenmechan. Resonanzsprünge der Elektronen erklärt werden, wenn man die Abhängigkeit der Wellenfunktion des Donators vom Magnetfeld betrachtet. Das Modell von Verunreinigungsbändern wird ferner durch Nicht-Ohm-Effekte experimentell bestätigt, die in elektr. Feldern von 1 V/cm das Auftreten von Ionisationen anzeigen. H. Fahlenbrach. 135□

Elektrische Eigenschaften von kristallinen Verbindungen von Graphit. 2. Mitt. Saure Salze des Graphits. L. C. F. Blackman, J. F. Mathews und A. R. Ubbelohde. (Proc. Roy. Soc. [London], Ser. A **258**, 329—38, 25/10. 1960; London, Imp. Coll. of Sci. and Technol., Dep. of Chem. Engng. and Chem. Technol.; engl.) — 1. vgl. C. **1961**, 11611. — Vff. beschreiben die anod. Oxydation von pyrolyt. Graphit bei Ggw. von konz. H_2SO_4 bzw. $HClO_4$ oder *Trifluoressigsäure*. Die Änderung des elektr. Widerstands wird unter Bezug auf die Struktur der zwei- u. dreidimensionalen Modelle der Elektronenbänder erklärt. H. Roschkowski. 135□

Elektrische Eigenschaften von kristallinen Verbindungen von Graphit. 3. Mitt. Die Rolle von Elektronendonatoren. L. C. F. Blackman, J. F. Mathews und A. R. Ubbelohde. (Proc. Roy. Soc. [London], Ser. A **258**, 339—49, 25/10. 1960; engl.) — 2. vgl. vorst. Referat. — Vff. beschreiben eine Meth. zur Darst. kristalliner Verbb. zwischen *Kalium* u. *Graphit* verschiedener Zusammensetzung. Gemessen wird die Änderung des elektr. Widerstands u. der thermoelektr. Kraft als Funktion der Zus. in Richtung der a- bzw. c-Achse. Die Anisotropie des elektr. Widerstands wird mit zunehmendem K-Geh. geringer, die der thermoelektr. Kraft prakt. Null. In Richtung der a-Achse wird der Abfall des elektr. Widerstands durch Übergang von Elektronen des K in das obere π-Band des Graphits erklärt. In Richtung der c-Achse führt die Einführung von Alkalimetallatomen zu einem weitaus größeren Abfall des elektr. Widerstands als mit verschiedenen Elektronenacceptoren. Über Unterss. an Verbb. *Graphit–AlCl₃* bzw. *-JCl* bzw. *-Rb* u. *-Cs* wird berichtet. Mögliche Elektronenbandstrukturen werden im Licht der experimentellen Ergebnisse diskutiert. H. Roschkowski. 135□

Ergebnisse mit Hallsonden. F. Kohout und I. Weiss. (Mber. dtsch. Akad. Wiss. Berlin 1, 473—78, 1959; Berlin, Dt. Akad. Wiss., Inst. für Gerätebau; dt.) — Vff. berichten über verschiedene Ausführungsformen von Hall-Sonden sowie ihre Anwendungsmöglichkeiten: Feldsonden für den Einbau in relativ kleine Luftspalte von Magnet-Syst. in Meßgeräten; Jochsonden, die für die Messung von Feldern in großen Luftspalten geeignet sind; Ferritsonden, die die Messung sehr kleiner magnet. Felder gestatten u. Multiplikatorsonden, die zur Multiplikation oder Division zweier elektr. Größen dienen. G. M. Neumann. 135□

Einfluß der gegenseitigen Fortführung von Elektronen und Phononen auf die transversale elektrische Leitfähigkeit in einem starken Magnetfeld. L. E. Gurewitsch und A. L. Efross. (Журнал Экспериментальной и Теоретической Физики [J. exp. theoret. Physik] **41**, 1978—85, Dez. 1961; Leningrad, phys.-techn. Inst. der Akad. der Wiss. der UdSSR; russ., Auszug: engl.) — Vff. zeigen, daß durch das Mitführen von Phononen durch Elektronen die elektr. Leitfähigkeit in einem starken magnet. Feld bei tiefen Temp. ($T \gg \Theta$, Θ = Debye-Temp.) wesentlich verändert wird. Es ändern sich die Größenordnung der Temp.-Abhängigkeit in Metallen u. Halbmetallen u. die Feldabhängigkeit in Halbleitern. D. Hoene. 135□

Phänomenologische Betrachtung einiger physikalischer Eigenschaften von Plutonium und der festen δ-Lösungen Plutonium–Aluminium. Y. A. Rocher und J. Friedel. (Physics Chem. Solids **18**, 196—202, Febr. 1961; Orsay, S.-et-O., Serv. de Phys. des Solides; franz.) — Vff. deuten die bei tiefen Temp. an Pu u. Al-Pu-Legg. mit 1—10 Atom-% Al u. δ-Struktur beobachteten Anomalien des spezif. elektr. Widerstandes ϱ u. der Thermo-EMK mit Hilfe einer Umwandlung Ordnung–Unordnung. Aus der Abhängigkeit des ϱ von $k_F D$ (k_F Wellenvektor im Fermi-Niveau, D Abstand zwischen benachbarten magnet. Atomen) für die Nahbereichsordnung oberhalb der Umwandlungs-Temp. folgt, daß die Anzahl Leitungselektronen pro Atom von 1 für Pu auf 0,8 für Pu-Legg. mit 10 Atom-% Al abfällt; unter gleichen Bedingungen nimmt die Fermi-Energie ab. Die Anomalie der therm. Ausdehnung in der δ-Phase ist auf eine therm. aktivierte Rk. zurückzuführen; die entsprechende Aktivierungsenergie steigt mit dem Al-Geh. (0—5 Atom-%) von 0,17 auf 0,27 eV an. Herbert Müller. 136□

Änderung der Thermokraft der metallischen Legierungen vom β-Cu–Zn-Typ als Funktion der Ordnung. M. T. Béal. (Physics Chem. Solids **18**, 150—55, Febr. 1961; Orsay, S.-et-O., Fac. des Sci., Labor. de Phys. du Solide, Groupe II; franz.) — Vf. untersucht theoret. den Einfl. einer atomaren Ordnung in Strukturen vom Typ des β-Messing auf die Temp.-Abhängigkeit der Thermo-EMK. Mit steigender Fehlordnung fällt die Thermo-EMK ab u. zeigt beim Umwandlungspunkt Ordnung–Unordnung mehr oder weniger stark ausgeprägte Anomalien. In allen Fällen kann die Temp.-Abhängigkeit allein mit Beiträgen der Weitbereichsordnung gedeutet werden; der Einfl. der Nahbereichsordnung ist gering u. wird erst in der Nähe des krit. Punktes wesentlich. Die Gleichungen sind für kleine $k_F D$ nicht mehr gültig (k_F Betrag des Wellenvektors im Fermi-Niveau, D Abstand benachbarter Atome). Die angegebenen Gleichungen können außerdem auf Unterss. der magnet. Fehlordnung angewendet werden.
Herbert Müller. 136□

Über den spezifischen elektrischen Widerstand der Legierungen vom Typ Cu_3Au als Funktion der Ordnung. M. T. Béal. (Physics Chem. Solids **18**, 156—61, Febr. 1961; franz.) — Vgl. vorst. Referat. — Der Einfl. einer Umwandlung Ordnung–Unordnung auf den spezif. elektr. Widerstand ϱ wird für Umwandlungen 1. Art in Legg. vom Typ AB_3 (Cu_3Au) unterhalb der Umwandlungs-Temp. theoret. untersucht. Aus dem Mol.-Feld. u. den Wechselwrkg. zwischen nächsten Nachbarn folgt ein großer Beitrag zu ϱ aus der Weitbereichsordnung, die durch Einführung einer Nahbereichsordnung lediglich in der Nähe des Umwandlungspunktes (UP) geringfügig beeinflußt wird. AB_3-Legg. zeigen im Gegensatz zu AB-Legg. am UP einen scharfen Abfall von ϱ. Die theoret. Kurven zeigen gute Übereinstimmung mit Meßwerten.
Herbert Müller. 136□

Ultraschallabsorption in einem anisotropen Supraleiter. W. L. Pokrowski. (Журнал Экспериментальной и Теоретической Физики [J. exp. theoret. Physik] **40**, 898—906, März 1961; russ., Auszug: engl.) — Theoret. Erörterungen mit qual. Aussagen über extrem tiefe Temp.; eine Berechnung der Breite der Energielücke ist nur in bestimmten Grenzfällen möglich. G. Kirschstein. 136□

Untersuchungen an supraleitenden Nb_3Sn-Präparaten. F. Lange. (Mber. dtsch. Akad. Wiss. Berlin **1**, 408—11, 1959; Dresden, Dt. Akad. Wiss., Arbeitsstelle für Tieftemperaturphys.; dt.) — Vf. berichtet über die Herst. von supraleitenden Nb_3Sn-Proben, die bequem durch elektr. Messungen untersucht werden können. Es zeigt sich, daß die Verb. Nb_3Sn durch verschiedene Sintertemp. in verschiedene Formen gebracht werden kann. G. M. Neumann. 136□

Über die magnetisch verdünnten Heisenberg- und Ising-Ferromagnetica. G. S. Rushbrooke und D. J. Morgan. (Molecular Physics **4**, 1—15, Jan. 1961; Newcastle-upon-Tyne, Univ. of Durham, King's Coll., Physics Dep.; engl.) — Auf der Basis der ferromagnet. Modelle von Heisenberg u. von Ising (Wechselwrkg. zwischen den nächstbenachbarten magnet. Elementen) wird die Erniedrigung der Curie-Temp. ferromagnet. Lsgg. mit zunehmender Konz. an unmagnet. Elementen berechnet. Dabei zeigt sich, daß die Grenzkonz., bei der die Curie-Temp. gerade = 0° K wird, der Ferromagnetismus also verschwindet, bei beiden Modellen gleich u. auch unabhängig vom Spinwert ist. Diese Grenzkonz. p_c hängt allein von der Gitterstruktur ab u. wird für verschiedene Gittertypen berechnet. Durch sukzessive Approximationsberechnungen gelingt für beide Modelle eine Berechnung von $T_c(p)$, der Konz.-Abhängigkeit der Curie-Temperatur. So ist beim Ising-Modell $T_c(p) \cong pT_c(1)$ u. bei Heisenberg $T_c(p) < pT_c(1)$. H. Fahlenbrach. 137□

Anisotrope Magnetisierung. E. R. Callen und H. B. Callen. (Physics Chem. Solids **16**, 310—28, Nov. 1960; White Oak, Silver Spring, Md., US Naval Ordnance Labor.; Philadelphia, Pa., Univ., Dep. of Phys.; engl.) — Bei vorhandener magnet. Kristallanisotropie hängt die Magnetisierung eines ferromagnet. Stoffes von der Orientierung im Gitter u. von der Temp. ab. Die Größe u. die Temp.-Abhängigkeit dieser anisotropen Magnetisierung, die allg. sehr klein ist, wird nach der klass. Feldtheorie u. nach der Quantenmechanik berechnet. Dabei werden auch Bedingungen ermittelt, unter denen die anisotrope Magnetisierung meßbar sein müßte. Die dafür maßgebenden nicht sphär. Terme sind bei *Fe* u. Ni sehr klein, bei Werkstoffen mit 1achsiger Anisotropie aber schon größer u. bes. groß, wenn diese Werkstoffe noch einen niedrigen Curie-Punkt u. eine große Anisotropie besitzen. In diesen Fällen sollte die Magnetisierung Temp.-Abhängigkeiten zeigen, die von den Brillouin- oder den Spinwellenfunktionen abweichen. H. Fahlenbrach. 137□

Prüfung der Spinwellen-Theorie mit Präzisions-Magnetisierungsmessungen. S. Foner und E. D. Thompson. (J. appl. Physics, Suppl. zu **30**, Nr. 4, 229 S—230 S, April 1959; Lexington, Mass., MIT, Lincoln Labor.; engl.) — Durch Präzisionsmessungen der magnet. Momente von *Ni*-Einkristallen in den kristallograph. Hauptrichtungen bei verschiedenen Temp. T zwischen 4,2 u. 290° K wird eine experimentelle Überprüfung der Vorhersagen der Spinwellentheorie ermöglicht. Diese fordert für die Annäherung an die Sättigungsmagnetisierung bei großen Feldstärken die Gültigkeit eines $T^{3/2}$-Gesetzes, das auch für Temp. unterhalb von 150° K ausgezeichnet experimentell bestätigt wird. Bei höheren Temp. werden aber so große Abweichungen von diesem Gesetz beobachtet, daß die Spinwellentheorie auch bei Berücksichtigung höherer Reihenglieder nicht zu retten ist. Für diese Unterschiede, die auch in der Temp.-Abhängigkeit der g-Werte u. der Austausch-Konst. auftreten, werden einige Ursachen zusammengestellt. Aus den Meßwerten werden die Austausch-Konst. abgeschätzt. H. Fahlenbrach. 137□

Die Magnetisierung von Nickel bei tiefen Temperaturen. E. P. Wohlfarth und J. F. Cornwell. (Ber. Arbeitsgemeinsch. Ferromagnetismus **1959**, 9—14, 1960; London, Imperial Coll., Dep. of Math.; engl.) — Die Ergebnisse von Foner u. Thompson über die Temp.-Abhängigkeit der Magnetisierung von Ni-Einkristallen (vgl. vorst. Ref.) werden mit der Spinwellentheorie u. mit der Theorie des kollektiven Elektronenferromagnetismus diskutiert. Die experimentellen Abweichungen von dem $T^{3/2}$-Gesetz können selbst mit den Dyson'schen Zusatzannahmen mit der Spinwellenbetrachtung nicht erklärt werden, während der kollektive Elektronenferromagnetismus eine bessere Beschreibung ermöglicht. Mit diesen Betrachtungen der Magnetisierungen bei tiefen Temp. für Ni u. für Gd scheint man in der Lage zu sein, aus Tieftemp.-Magnetisierungsmessungen bei Fe Aussagen über die Elektronenstruktur dieses Metalls herzuleiten. H. Fahlenbrach. 137□

Untersuchungen über den Einfluß von Oberflächenbeschaffenheit und Gitterfehlern auf die Linienbreite der ferromagnetischen Resonanz von polykristallinen Metallen. E. Biller. (Z. Naturforsch. **17a**, 559—69. Juli 1962; München, Univ., II. Phys. Inst.; dt.) — Vf. berichtet über die Beeinflussung der Linienbreite der ferromagnet. Resonanzabsorption (FMR) von polykristallinen Materialen, vornehmlich Ni,

durch Oberflächenrauhigkeiten u. Gitterfehler. Die Linienverbreiterung infolge Oberflächenrauhigkeiten ist bei gereckten Proben klein, kann dagegen bei geätzten sehr groß werden. Gitterfehler entstehen durch Zugverformung, inhomogene Oberflächenbearbeitung (Ritzen) u. Neutronenbeschuß. Bei den gereckten Proben wurde eine lineare Abhängigkeit der Linienbreite von der vorher angelegten Zugspannung gefunden. Bei der inhomogenen Oberflächenbearbeitung ergab sich eine Abhängigkeit der Verbreiterung von Vorzeichen u. Größe der Magnetostriktionskonstanten. Eine Bestrahlung mit ca. 10^{18} Neutronen/cm² bewirkte keine Verbreiterung. Untersucht wurden Proben aus sehr reinem Ni, Ni mit Mn-Zusatz (0,28%), handelsübliches Ni u. eine Ni-Fe-Leg. (Mu-Metall). Es ergab sich weiter, daß sich die Gesamtlinienbreite der FMR additiv aus verschiedenen Anteilen zusammensetzt. Eine Deutung wird durch Vgl. der Ergebnisse mit den Vorstellungen über den jeweiligen Materialzustand versucht.
H. Seifert. 137□

Beitrag zur experimentellen Untersuchung der Eigenschaften gewisser Ferrite im Frequenzbereich von 10 GHz. Vladimir Cagan. (Ann. Physique [13] **5**, 1301—54, Sept./Okt. 1960; Paris, Sorbonne, Fac. des Sci.; franz.) — Im Hinblick auf die prakt. Bedeutung gewisser Ferrite u. Granate auf dem Gebiete der Mikrowellentechnik untersucht Vf. an den *Ni*-, *Ni-Zn*- u. *Mn*-Ferriten u. an Ferriten mit *Cr*-Zusätzen die magnet. Drehung der Polarisationsebene (Faraday-Effekt). Der 2. Teil der Arbeit beschreibt Resonanz-Unterss. dieser Ferrite u. auch einiger Granate, wie z. B. *Y-Granat*-Einkristalle, in Hohlleitern. Die Messungen wurden überwiegend bei Frequenzen um 10 GHz durchgeführt. — 52 Literaturangaben. H. Fahlenbrach. 137□

Ferromagnetische Resonanz-Verluste bei Lithiumferrit als Funktion der Temperatur. R. T. Denton und E. G. Spencer. (J. appl. Physics, Suppl. zu **33**, Nr. 3, 1300—01, März 1962; Murray Hill, N.J., Bell Telephone Labor., Inc.; engl.) — Es wurden Messungen an Proben ausgeführt, bei denen die Linienbreiten größenordnungsmäßig einige Oe betrugen, so daß das Parallelpump-Verf. angewandt werden konnte. Dabei wird die Bedeutung der Oberflächenstreuung minimal, u. die resultierende Linienbreite ist die Eigenlinienbreite für Spinwellen großer Wellenlänge. Es werden Daten der Eigenlinienbreite bei Mikrowellenfrequenzen von 290°K bis über ein Maximum bei 25°K hinweg gegeben. Der Wert des Maximums der Linienbreite im ungeordneten Kristall erweist sich als völlig anisotrop. Mit wachsender Ordnung im Kristall wächst das Tieftemp.-Maximum u. ändert die Anisotropie der Linienbreite. Die Auswrkg. der Streuung durch Unordnung lassen sich aus den Linienbreiten oberhalb des Tieftemp.-Maximums ermitteln, u. es wird gezeigt, daß sie qual. mit der Theorie übereinstimmen.
H. Laue. 137□

Ursache der magnetoelastischen Effekte bei Kobalt-Eisenferrit. J. C. Slonczewski. (Physics Chem. Solids **15**, 335—53, Okt. 1960; Poughkeepsie, N.Y., IBM, Res. Labor.; engl.) — Für den Spezialfall eines kub. Kristalls, der ein Übergangsion enthält, dessen Bahnmoment in einem trigonalen Kristallfeld entartet ist, wird die Abhängigkeit der magnetostriktiven Spannungen u. der Elastizitäts-Koeff. von der Temp. u. der Orientierung der spontanen Magnetisierung berechnet. Die Beziehung zwischen Spannung u. Orientierung läßt sich nicht durch die phänomenolog. Standardformeln beschreiben. Die Spannung ist um eine Größenordnung höher, als sie ohne Bahnmomententartung berechnet wird. Die berechnete Temp.-Abhängigkeit dieser Spannungen stimmt mit den Meßwerten an Fe-Co-Ferriten gut überein. Mit solchen Meßwerten läßt sich für den Grundzustand der Co^{2+}-Ionen eine Trigonalfeldaufspaltung von 1600 cm^{-1} herleiten. Solche Übergangsionen mit entarteten Bahnmomenten besitzen wegen der Trennung der Anregungs- von den Grundzuständen durch Spin-Bahnmoment-Energie eine große elektr. Polarisierbarkeit, die Anlaß zu einer elast. Energie gibt, welche von der Orientierung der Magnetisierung abhängt. Bei Co-Fe-Ferriten wird eine bes. große elast. Energie vermutet. H. Fahlenbrach. 137□

Die magnetische Susceptibilität von Kupfer(II)-oxid. M. O'Keeffe und F. S. Stone. (Physics Chem. Solids **23**, 261—66, März 1962; Bristol, Univ., Dep. of Phys. and Inorg. Chem.; engl.) — Vff. messen die magnet. Susceptibilität von CuO zwischen 14°K u. 1100°K. Unterhalb 130°K besitzt die Susceptibilität den konst. Wert $2 \cdot 10^{-6}$ cgs-Einheiten. Nach höheren Temp. zu beobachtet man einen Anstieg zu einem breiten Maximum bei 540°K u. einer Susceptibilität von $3{,}38 \cdot 10^{-6}$. Das Verh. bei hohen Temp. wird der Wechselwrkg. zweier benachbarter Cu-Ionen zugeschrieben, die sich im Grundzustand mit $S = 0$ befinden. Die Effekte bei tiefen Temp. werden mit einer antiferromagnet. Wechselwrkg. (Néel-Temp. 230°K) zweier Cu-Ionen über ein dazwischenliegendes O-Ion erklärt. K. H. Härdtl. 137□

Anomalien bei der magnetischen Susceptibilität und dem elektrischen Widerstand von Vanadin. Jean-Paul Burger und Michael Alan Taylor. (Physic. Rev. Letters **6**, 185—87, 15/2. 1961; Strasbourg, Inst. de Phys., Labor. Pierre-Weiss; Harwell, Atom. Energy Res. Establishment, Solid State Phys. Div.; engl.) — Zur weiteren Unters. der Anomalie von V bei Temp. zwischen 190 u. 250°K wurden an ein u. derselben Probe (Reinheitsgrad 99,9%) Parallel-Unterss. der Suszeptibilität in Strasbourg u. des Widerstandes in Harwell durchgeführt. Dabei zeigt sich bes. bei der Suszeptibilität-Temp.-Kurve ein Knickpunkt dicht unterhalb 250°K. Die Anomalie wird daher als antiferromagnet. Umwandlung betrachtet, wobei allerdings Neutronenbeugungs-Verss. in Harwell keine Bestätigung erbrachten. Andererseits geben weitere Unterss. an *V-Cr*-u. *V-Co*-Legg., bei denen eine Verschiebung der Anomalie zu tieferen Temp. stattfand, Hinweise für einen magnet. Effekt bei der Umwandlung. H. Fahlenbrach. 137□

Auf dem Curie-Cheveneau-Prinzip beruhende Quarzspiralwaage zur Messung der magnetischen Susceptibilität. F. E. Senftle, M. D. Lee, A. A. Monkewicz, J. W. Mayo und Titus Pankey. (Rev. sci. Instruments **29**, 429—32, Mai 1958; Washington, D. C., U. S. Geol. Surv., Howard Univ., Dep. of Phys.; engl.) — Beschreibung einer Quarzfederwaage zur Messung der magnet. Susceptibilität an Submilligrammengen. Das magnet. Feld wird durch einen beweglichen Permanentmagneten erzeugt, die Susceptibilität durch mkr. Beobachtung der Federablenkung ermittelt. Als Vgl.-Standard dient *Pt* ($\chi = 0{,}969 \cdot 10^{-6} \pm 0{,}0015 \cdot 10^{-6}$ emu/g bei 20°). Für Submilligrammmengen paramagnet. Substanzen mit $\chi = 1 \cdot 10^{-6}$ bis $50 \cdot 10^{-6}$ emu/g wird eine Genauigkeit von mehr als 2% erreicht. Bei schwach paramagnet. oder diamagnet. Präpp. sind hierzu Mengen von ca. 10 mg erforderlich. Meßwerte (in 10^{-6} emu/g): *Ni-Aluminat* $22{,}4_9 \pm 0{,}014$ (28°); *Pb* $-0{,}11_1 \pm 0{,}0018$ (28°); *Mn* $9{,}9_5 \pm 0{,}077$ (28°); *Sucrose* $-0{,}54_1 \pm 0{,}0072$ (28°). A. Blaschette. 137□

Kernmagnetische Resonanz-Verschiebungen in Nitriden der Seltenerdmetalle. R. G. Shulman und B. J. Wyluda. (Physics Chem. Solids **23**, 166, Jan./Febr. 1962; Murray Hill, N.J., Bell Telephone Labor.; engl.) — An *TbN*-Pulver wird das ^{14}N-Kernresonanzspektrum bei 4,0 MHz in einem Magnetfeld H = 13 kGauss untersucht. Die ^{14}N-Resonanz erscheint bei starker Modulation als breite Bande (ca. 150 Gauss), die auf fl. N_2 bezogen bei 77°K eine Verschiebung $(\Delta H/H_0)_{77} = 0{,}074$, bei 300°K $(\Delta H/H_0)_{300} = 0{,}026$ zu höheren Magnetfeldern zeigt. TbN wird bei tieferen Temp. ferromagnet., u. die Verschiebung rührt von induzierten Hyperfeinwechselwrkg. der ungepaarten 4f-Elektronen (Ladungsaustausch) her. Für TmN betragen die positiven Verschiebungen $(\Delta H/H_0)_{77} = 0{,}012$ u. $(\Delta H/H_0)_{300} = 0{,}004$. Verschiebungen der ^{14}N-Resonanz wurden an *HoN* nicht beobachtet. Herbert Müller. 137□

Spezifische elektrische Leitfähigkeit von Titantrichlorid–Alkalichlorid-Schmelzen. Ju. K. Delimarski und R. W. Tschernow. (Доповіді Академії Наук Української РСР [Ber. Akad. Wiss. UkrainSSR] **1960**, 795—97; Inst. für allg. u. anorgan. Chem. der Akad. der Wiss. der UkrainSSR; ukrain., Auszug: engl.) — Das bei 800° untersuchte Syst. NaCl–$TiCl_3$ ($\leqq$45,4 Mol.-% $TiCl_3$) zeigt auf der Kurve der spezif. elektr. Leitfähigkeit bei 25 Mol-% $TiCl_3$ einen Knickpunkt. In dem Syst. KCl–$TiCl_3$ ($\leqq$54,7 Mol-% $TiCl_3$) wird ebenfalls bei 25 Mol-% $TiCl_3$ ein Knickpunkt in der Leitfähigkeitskurve beobachtet. Unterhalb 50 Mol-% $TiCl_3$ weist die Leitfähigkeitskurve einen horizontalen Abschnitt auf. Aus den Ergebnissen schließen Vff., daß in beiden Syst. eine chem. Rk. der Komponenten stattfindet, wobei der Komplex $[TiCl_6]^{3-}$ entsteht. Obwohl der Komplex $Na_3[TiCl_6]$ in der festen Phase nicht nachgewiesen werden konnte, ist seine Bldg. auf Grund der Berechnungen nach der Schröderschen Gleichung wahrscheinlich. O. Lebtag. 138□

Messungen der Überführungszahlen der Kationen in Schmelzen von $Na_2O \cdot MgO \cdot 4\,SiO_2$ und $Na_2O \cdot SrO \cdot 4\,SiO_2$. W. I. Malkin und W. W. Pokidyschew. (Журнал Физической Химии [J. physik. Chem.] **34**, 805—08, April 1960; Inst. für Metallkunde u. Metallphys. des Zentr. Forsch.-Inst. für Eisenmetallurg.; russ., Auszug: engl.) — Mit Hilfe der radioakt. Isotope ^{24}Na u. ^{89}Sr wurden die Überführungszahlen von Na^+ in geschmolzenem $Na_2O \cdot MgO \cdot 4\,SiO_2$ (I) u. von Na^+ u. Sr^{2+} in schmelzfl. $Na_2O \cdot SrO \cdot 4\,SiO_2$ (**II**) bestimmt. Für Na^+ ergab sich in **I** 0,90 u. in **II** 0,78. Der Wert für Sr^{2+} betrug 0,19. Vergleicht man diese Ergebnisse mit früheren Unterss. an $Na_2O \cdot CaO \cdot 4\,SiO_2$ u. $Na_2O \cdot BaO \cdot 4\,SiO_2$, wo für Na^+ 0,70 bzw. 0,87 gefunden worden war, so zeigt sich, daß der Anteil des 2wertigen Kations am Landungstransport keine monotone Funktion des Kationenradius darstellt. Der Anteil wächst von Mg^{2+} bis Ca^{2+} u. fällt dann von Ca^{2+} bis Sr^{2+} u. weiter bis Ba^{2+}. G. Bauer. 138□

Theorien der Lösungen geschmolzener Salze. George E. Blomgren. (J. physic. Chem. **66,** 1500—08, Aug. 1962; Parma, Ohio, Union Carbide Corp., Parma Res. Labor.; engl.) — Krit. Übersicht über den gegenwärtigen Stand der theoret. u. experimentellen Kenntnisse. Die Theorie der regulären Lsgg. eignet sich nicht zur Beschreibung neuerer Ergebnisse an *Ag-Salzen* (bin. u. tern. Syst.). Für tern. Lsgg. wird eine neue, allgemeinere reguläre Theorie entwickelt u. am Syst. $AgNO_3$–$NaNO_3$–$NaCl$ überprüft. Weiterhin wird für verd. Lsgg. geschmolzener Salze eine Molekulartheorie (Modell des starren Gitters) abgeleitet, deren Ergebnisse in halbquant. Weise mit experimentellen Lsg.-Wärmen übereinstimmen (*LiCl–KCl*). Die Theorie konnte nicht in befriedigender Weise für konz. Lsgg. erweitert werden. — 25 Literaturangaben. A. Blaschette. 139□

Theorie geschmolzener Salze. Donald A. Mc Quarrie. (J. physic. Chem. **66,** 1508—13, Aug. 1962; Eugene, Oreg., Univ. of Oregon, Dep. of Chem.; engl.) — Die Lennard-Jones-Devonshire-Theorie der Fll. wird unmittelbar auf Salzschmelzen angewandt. Die auf Grund des Coulombschen Weitbereichspotentials erforderliche Erfassung aller benachbarter Schalen wird mit Hilfe der Madelung-Konst. erreicht. Es ergibt sich, daß das Coulomb-Potential die Bewegung eines einzelnen Ions nicht direkt beeinflußt, so daß ein geschmolzenes Salz unter Umständen näherungsweise als fluides Medium aus harten Kugeln betrachtet werden kann. Für dieses Modell wird eine Verteilungsfunktion abgeleitet, mit deren Hilfe die thermodynam. Eigg. des Syst. erhalten werden: Zustandsgleichung unter Berücksichtigung des Prinzips der korrespondierenden Zustände, krit. Konst., Dampfdruckgleichung, Schmelz- u. Verdampfungsentropie (numer. Anwendung auf *LiF, LiCl, LiBr, LiJ, NaF, NaCl, NaBr, NaJ, KF, KCl, KBr, KJ, RbF, RbCl, RbBr, RbJ*). A. Blaschette. 139□

Zur Mayerschen Theorie der Ionenlösungen. Harold L. Friedman. (Molecular Physics **2,** 23—38, Jan. 1959; Bruxelles, Univ. Libre.; engl.) — Vgl. C. **1961,** 1818. — Vf. gibt eine Erweiterung der Mayerschen Theorie der Ionenlösungen. Für die Cluster-Integral-Entw. wird ein Ausdruck in Form einer unendlichen Reihe angegeben, in dem an Stelle der Mayerschen Darst. neue Bindungen vom Typ der Meeronschen Bindungen benutzt werden. Über die Konvergenz der Reihe werden keine Angaben gemacht, auch scheint es sehr schwierig zu sein, eine Auswertung selbst mit numer. Meth. durchzuführen. Auf diese Weise ist es aber vielleicht möglich, Aussagen über die physikal. Eigg. von Elektrolytmischungen zu machen, wenn Daten über die Einzelkomponenten bekannt sind. G. Kelby. 139□

Eine Regel zur Berechnung des Aktivitätskoeffizienten von Salzen in Mischungen organischer Lösungsmittel mit Wasser. Herbert S. Harned. (J. physic. Chem. **66,** 589—91, April 1962; New Haven, Conn., Yale Univ., Dep. of Chem.; engl.) — Vf. schließt aus der Beobachtung der Eigg. von Syst., die 2 Elektrolyte in H_2O u. in Mischungen organ. Lsgm. mit H_2O enthalten, daß das Verhältnis der Aktivitäts-Koeff. der Elektrolyte bei gegebener Salz-Konz. u. Temp. über einen ansehnlichen Bereich der Zus. des Lsgm. konst. ist. Ist der Aktivitäts-Koeff. eines der Elektrolyte in der organ. Lsgm.-H_2O-Mischung bekannt, so kann der des zweiten aus dem in wss. Lsg. bestimmten Verhältnis der Aktivitäts-Koeff. berechnet werden. Da der Aktivitäts-Koeff. von HCl in vielen organ. Lsgm.-H_2O-Mischungen mit großer Genauigkeit bestimmt werden konnte, hat diese Regel einen weiten Anwendungsbereich. Die aus der genannten Regel berechneten Ergebnisse für LiCl, NaCl u. KCl werden mit Werten verglichen, die aus Messungen an Amalgamketten in CH_3OH–H_2O-Mischungen, die 10—20% CH_3OH enthalten, erhalten wurden. Die Übereinstimmung ist gut. Wolfgang Krüger. 139□

pH-Messungen in $MgCl_2$-Lösungen bei Temperaturen bis 154°C. K. Schwabe. (Mber. dtsch. Akad. Wiss. Berlin **1,** 534—41, 1959; Dresden, TH, Inst. für Elektrochem. u. phys. Chem.; dt.) — Vf. berichtet über vergleichende pH-Messungen mit der H_2-Elektrode, Glaselektroden verschiedenen Typs, Sb- u. Bi-Elektroden in konz. $MgCl_2$-Lsgg. (25, 35 u. 42 Gew.-%) bei Temp. bis zu 154° mit einer gesätt. Kalomelelektrode von 25° als Bezugselektrode. Werden auch die Puffer-Lsgg. bei der Vers.-Temp. gemessen, so stimmen die ermittelten pH-Werte annähernd gut überein, da die Thermodiffusionspotentiale in diesem Fall herausfallen. G.-M. Neumann. 139□

NH_4^+-, Mg^{2+}- und Ba^{2+}-Aktivitäten in kolloidalen Tonen in Beziehung zu der Konzentration der dispersen Phase. Amalesh Chatterjee. (J. Indian chem. Soc. **37,** 457—60, Aug. 1960; Calcutta, Univ. Coll. of Sci., Dep. of Appl. Chem.; engl.) — Vgl. C. **1957,** 6678. — Mit Hilfe von Membranelektroden untersuchte Vf. die Änderung der Ionenaktivität von NH_4^+, Mg^{2+} u. Ba^{2+} in Tonen in Abhängigkeit von der Tonkonzentration. Während die NH_4^+-Ionenaktivität nahezu linear bis zu einer Ton-Konz. von 10% ansteigt, um dann nur in verminderter Weise zuzunehmen, setzt diese Kurvenabflachung im Falle von Mg^{2+} u. Ba^{2+} schon bei vergleichsweise weit

niedrigeren Konzz. ein. Die als Funktion der Ton-Konz. bestimmte Dissoziation der NH_4^+-, Mg^{2+}- u. Ba^{2+}-Tone zeigt in ihrem Verlauf einen anfänglichen Anstieg bis zu einem Maximum bei einer Ton-Konz. von 1,1; 1,4 bzw. 0,7% u. einen nachfolgenden scharfen Abfall, der bei einer Ton-Konz. von 5—6% in eine Horizontale übergeht. Nur der NH_4^+-Ton weist bei einer Ton-Konz. von ca. 9% ein weiteres Maximum auf, dem ein stetiger Abfall bis zur höchsten der untersuchten Ton-Konzz. von 14% folgt.
D. Forst. 139□

Über Elektrodenphänomene an Cadmium in alkalischen Akkumulatoren. Der Entladungs-Mechanismus. S. Yoshizawa und Z. Takehara. (Electrochim. Acta [London] **5**, 240—57, Nov. 1961; Kyoto, Kyoto Univ., Fac. of Engng., Dep. of Ind. Chem.; engl.) — Vff. berichten über Unterss. des Entladungsmechanismus an den Cd-Elektroden von alkal. Akkumulatoren nach folgenden Meth.: elektronenmkr., röntgenograph., durch Elektronenbeugung, durch Aufnahme von Strom–Spannungs-Kurven so wie Verfolgung des zeitlichen Auf- u. Abbaus der Überspannung. Die Ergebnisse werden von Vff. in der Weise gedeutet, daß sich Cd über ein Zwischenprod. in *$Cd(OH)_2$* umwandelt. Beugungsbilder, die nach der Entladung bei tiefer Temp. in KOH aufgenommen wurden, zeigen, daß das Zwischenprod. *CdO* ist. Dieses geht in Form des komplexen Ions $[HCdO_2]^-$ in Lsg., worauf $Cd(OH)_2$ an der Elektrode abgeschieden wird. Der größte Teil der Überspannung wird durch die Wanderung von Cd^{2+}-Ionen durch die CdO-Deckschicht verursacht. G. M. Neumann. 140□

Mischungspotentiale: die Systeme Hexacyanoferrat(III)–Hexacyanoferrat(II) und Jod–Jodid an Platinelektroden. M. Spiro, R. R. M. Johnston und E. S. Wagner. (Electrochim. Acta [London] **3**, 264—69, Jan. 1961; Univ. of Melbourne, Australia, Chem. Dep.; engl.) — Es wurden die Mischungspotentiale der Syst. $[Fe(CN)_6]^{3-}$ (I)–$[Fe(CN)_6]^{4-}$ (II) u. J^-–J_3^- in W. bei 25° an Pt-Elektroden bestimmt. Die Ergebnisse sind unabhängig von der Rührgeschw., sowie von der Größe u. der Vorbehandlung der Elektroden. Die Potentiale, die sich beim Vermischen ergeben, können quant. unter der Annahme gedeutet werden, daß sich die Redox-Syst. an der Pt-Oberfläche, aber nicht im Inneren der Lsg. rasch ins Gleichgewicht setzen. Die Ergebnisse werden gut durch die empir. Gleichung E_{Misch} (mV) $= 264 + 19 \log [I] + 1 \log [II] + 2 \log [J_3^-] - 59 \log [J^-]$ wiedergegeben. Die Verw. von EMK-Messungen zur Verfolgung heterogener Katalyse-Rkk. in Lsg. wird kurz diskutiert. P. Scharner. 140□

Nulladungspotential von Indium. W. A. Kusnetzow und L. Ss. Sagainowa. (Журнал Физической Химии [J. physik. Chem.] **35**, 1640, Juli 1961; Swerdlowsk, Gorki-Univ.; russ.) — Vff. bestimmten das Nulladungspotential von In im eutekt. Gemisch LiCl–KCl bei 450° aus dem Maximum der Elektrocapillarkurve gegen eine Elektrode aus geschmolzenem Pb zu $-0{,}52$ V. E. Winkler. 140□

Neue Methode zur Messung der Redoxeigenschaften von Sedimentgesteinen. D. Bardoschi und M. Bod. (Геохимия [Geochemie] **1960**, 247—50, Budapest, geol. Inst. u. geophysikal. Inst.; russ.) — Zur Best. des Redoxpotentials wurden die Gesteine in wss. $K_2Cr_2O_7$-Lsg. zum größten Teil gelöst. Die Differenz zwischen dem Grundpotential des Lsgm. u. der Veränderung nach Zusatz des Gesteinspulvers infolge Lösen u. Oxydation der Gesteine kennzeichnet deren Redoxzustand. Graph. Darst. der Potentialänderungen in Abhängigkeit von Zeit u. Konz. werden angegeben. H. Noack. 140

Ein Beitrag zur Untersuchung von Faktoren, die für die Potentialverteilung im Elektrolyt bestimmend sind. 1. Mitt. Ivan Bajalović und Olga Vitorović. (Гласник Хемиског Друштва Београд [Ber. chem. Ges. Belgrad] **23/24**, 123—27, 1958/59; Beograd, Pharmazeut. Fak., Inst. für phys. Chem.; serbo-kroat., Auszug: engl.) — Um den schon bekannten Einfl. der Elektrodenpolarisation auf die Potentialverteilung auszuschalten, wurden die Elektroden vom Hauptteil des Elektrolyten isoliert, der Kontakt erfolgte nur durch eine 1 mm große Öffnung. Als Elektrolyt dienten 0,1 bzw. 0,01 m $AgNO_3$- u. $CuSO_4$-Lsgg., die Temp. betrugen 10 u. 30°, die Elektroden waren aus Ag, Cu oder Pt. Da die gemessene Potentialverteilung vollkommen symm. war, haben die Natur der Ionen, ihre Konz. u. die Temp. auf sie keinen Einfluß. H. Cnobloch. 141□

Ein Beitrag zur Untersuchung von Faktoren, die für die Potentialverteilung im Elektrolyt bestimmend sind. 2. Mitt. Ivan Bajalović und Milan Pajević. (Гласник Хемиског Друштва Београд [Ber. chem. Ges. Belgrad] **23/24**, 129—34, 1958/59; serbo-kroat., Auszug: engl.) — 1. vgl. vorst. Referat. — Bei Änderungen von Größe u. Anordnung der Ag-Elektroden in einer 0,01 m-$AgNO_3$-Lsg. ändert sich die Stromdichte sowohl im Elektrolyt als auch an der Elektrode. Die Potentialverteilung im Elektrolyt hängt nur von geometr. Parametern, der Stromdichte im Elektrolyten u. dem Polarisationspotential der Elektrode ab, nicht aber von der Stromdichte an den Elektroden.
H. Cnobloch. 141□

Gasbeladung der Lösungen im senkrechten Chlorbad mit filtrierendem Diaphragma. Je. W. Mulin und A. T. Kolotuchin. (Химическая Промышленность [Chem. Ind.] **1960**, 652—56, Dez.; russ.) — Die aus dem spezif. Gew. der gasfreien Fl. (γ_0) u. der gasbeladenen Fl. (γ_g) berechnete Galsbeladung $P = 1 - (\gamma_g/\gamma_0)$ nimmt im Anolyten der NaCl-Elektrolyse in stehenden Diaphragmabädern mit der Badhöhe H zu; die Zunahme ist bei Vorhandensein eines Umlaufkanals geringer. Mit der Stromdichte (SD) nimmt P zu, mit der Temp. in stärkerem Umfang erst ab 75°, wenn die Bldg. von Wasserdampf stärker wird. Der Spannungsabfall nimmt bei zunehmender Kathodenzahl proportional H zu. Auch bei hohen SD ist die Zunahme von P kein Hindernis, H groß zu wählen. Im Katholyten nimmt P mit H u. SD zu. P ist hier proportional der NaOH-Konz., weil die Viscosität mit steigender NaOH-Konz. linear zunimmt u. dadurch die Aufsteigegeschw. der Gasbläschen abnimmt. Die Viscositätsänderung führt auch dazu, daß P mit steigender Temp. bis 50° abnimmt. Bei $> 50°$ nimmt P wieder durch Vergrößerung der Gasbläschen durch Wasserdampf zu. Bei richtiger Wahl des Querschnitts der Kathodenzelle ist der Filtrationsdruck über die ganze Diaphragmahöhe gleich.
R. K. Müller. 141 □

Über den Mechanismus der kathodischen Reduktion der einzelnen Phasenschichten von Zinkoxid an der Zinkelektrode. A. I. Osche und W. Ss. Bagotzki. (Журнал Физической Химии [J. physik. Chem.] **35**, 1641—42, Juli 1961; Inst. für Elektrochem. der Akad. der Wiss. der UdSSR; russ.) — Vff. untersuchten durch Polarisationsmessungen den Mechanismus der kathod. Red. von ZnO an einer Zn-Elektrode. Für die Unterss. wurden verwendet: 1. glatte Zn-Bleche, die durch anod. Oxydation bzw. Rk. mit Luft mit einer Oxidschicht bedeckt waren u. 2. Elektroden, auf die eine 0,5 mm dicke, mit Polyvinylalkohol als Bindemittel versehene Oxidschicht aufgetragen wurde. Um den Rk.-Verlauf über gelöste Zincationen weitgehend auszuschalten, wurden die Messungen in abs. A. durchgeführt, in dem das Oxid prakt. unlösl. ist. Eine zur Kontrolle durchgeführte Löslichkeits-Best. ergab einen Wert von $c \sim 10^{-9}$ Mol/cm³. Zur Erhöhung der Leitfähigkeit wurde der A. mit wasserfreiem $LiNO_3$ bzw. K_2SO_4 gesättigt. Die Red. des ZnO erfolgt auch in abs. A. mit erheblicher Geschwindigkeit. Vff. schließen aus den Ergebnissen, daß die Red. direkt in der festen Phase ähnlich wie bei den Oxiden des Mn u. Ni erfolgt. Die Möglichkeit, daß eine Auflösung in der Diffusionsschicht stattfindet, ist unwahrscheinlich.
E. Winkler. 141 □

Elektrolytische Abscheidung des Zinkions an der strömenden Quecksilberelektrode. A. Rius, I. M. Tordesillas und A. Sacristan. (Electrochim. Acta [London] **4**, 62 bis 71, Mai 1961; Madrid, Inst. de Chim. Fis. Rocasolano; franz.) — Vff. untersuchen die Red. des Zn-Ions an der strömenden Hg-Elektrode in KCl- u. KNO_3-Lsgg. unter besonderer Berücksichtigung des Einfl. von Temp. u. Konz. des Zusatzelektrolyten u. fanden, daß der Elektrolyt einen bedeutenden Einfl. auf die Red. des Zn^{2+}-Ions an der Hg-Elektrode hat. Der Red.-Mechanismus des Zn-Ions in konz. KCl ist verschieden von dem in verd. KCl oder KNO_3. Möglicherweise liegt das Zn-Ion komplex in konz. Lsgg. von KCl vor, was frühere Unterss. zu bestätigen scheinen. In verd. Lsgg. von KCl u. in Lsgg. von KNO_3 wird das Zn-Ion auf einfache Weise zu Zn red., während in konz. KCl-Lsgg. der Mechanismus entweder in einer stufenweisen Red. des Zn^{2+} oder eines Zn^{2+}–Cl-Komplexes oder in gleichzeitiger Red. des hydratisierten Zn-Ions u. des erwähnten Komplexes besteht.
A. Leibbrandt. 141 □

Elektrolytisches Ätzen von Germanium in Wasser. W. Rindner und R. C. Ellis jun. (J. electrochem. Soc. **109**, 537—39, Juni 1962; Waltham, Mass., Raytheon Co., Res. Div.; engl.) — Vff. untersuchen das elektrolyt. Ätzen von *Ge* sowie von *GaAs* u. *GaP* in H_2O. Hierzu wird ein Wassertropfen (dest. oder Leitungswasser) auf eine anod. geschaltete Ge-Scheibe gegeben, als Kathodenmaterial dienen Au, W, Cu, Stahl u. Ge. Ge (n- u. p-leitend) wird in einem weiten Bereich des spezif. elektr. Widerstands (entartet bis fast eigenleitend) in gleicher Weise angegriffen. Um die punktförmige Kontaktstelle wird Ge abgetragen, die Fläche unter dem Wassertropfen erscheint gebeizt, sie wird von einem weißen Nd. von hexagonalem Ge-Oxid begrenzt. Letzteres kann durch Weinsäure-Lsg. entfernt werden. Ge wird wahrscheinlich direkt zu Ge(IV) oxydiert.
P. Frenzel. 141 □

Untersuchungen über die elektrolytische Gewinnung von Mangan. 1. Mitt. Untersuchungen der Stromausbeute bei der elektrolytischen Abscheidung von Mangan. Kimi Tiba. (J. electrochem. Soc. Japan [Overseas Edit.] **26**, E 114—E 117, 1958; Kanazawa, Kanazawa Univ., Fac. of Engng.; jap., Auszug: engl.) — Vf. untersucht den Einfl. der Zus. u. des pH-Wertes (pH 3 u. 7) der Lsg. sowie der Stromdichte i auf die Stromausbeute (SA) bei der elektrolyt. Mn-Abscheidung aus $MnSO_4$ (**I**; 0,2—1,0 Mol/Liter) u. $(NH_4)_2SO_4$ (**II**;

0,1 u. 0,2 Mol/Liter) enthaltenden Elektrolyten; 25°; verkupferte Pt-Drahtkathoden; Pb-Anoden; 50—60 Min.; Bewegung. Kurven gleicher SA in Abhängigkeit von den Abscheidungsparametern werden mitgeteilt. Die SA nimmt bei Badbewegung (400 U/min) sowie mit zunehmendem I-Geh. zu: 60% bei 0,2, >70% bei 0,5 u. 1,0 Mol I/Liter. II begünstigt die H_2-Entw. u. verhindert die Bldg. eines Films aus niederen Oxiden auf der Kathodenoberfläche. Die SA scheint eher durch i als durch die Konz. von II bestimmt zu sein. Bei pH 3 ist die zur Erreichung einer maximalen SA erforderliche i höher als bei pH 7. P. Frenzel. 141 □

Kathodenpolarisation und der Habitus von elektrolytisch abgeschiedenem Kupfer. S. C. Barnes. (Electrochim. Acta [London] **5**, 79—86, 2 Tafeln, Okt. 1961; Birmingham, Univ., Dep. of Ind. Metallurg.; engl.) — Vf. bestimmt die Polarisation u. die Wachstumsformen der bei galvan. Abscheidung auf Cu-Einkristallflächen entstehenden Cu-Überzüge in vielen Lsgg. u. findet als Ergebnis seiner Beobachtungen eine Beziehung zwischen dem Habitus der abgeschiedenen Partikel u. der Überspannung, was durch die Beweglichkeit der „Adionen" an der Kristalloberfläche u. die Übersättigung in der Lsg. bedingt ist. W. Sobieski. 141 □

Einige Beobachtungen an elektrolytischen Kupferniederschlägen. T. B. Vaughan. (Electrochim. Acta [London] **4**, 72—77, Mai 1961; Birmingham, Univ., Dep. of Ind. Metallurg.; engl.) — Vf. diskutiert einen Wachstumsmechanismus mit Zwillings-Bldg. auf {1 1 1}-Flächen bei elektrolyt. aus sauren $CuSO_4$-Lsgg. abgeschiedenen Cu-Niederschlägen. Dieser Mechanismus erschwert zwar das schon früher beschriebene „bunching", macht es aber nicht unmöglich. A. Leibbrandt. 141 □

Zur Elektrokristallisation bei der Schmelzflußelektrolyse. 5. Mitt. Über die Gewinnung der Schwermetalle durch Schmelzflußelektrolyse. S. Bolik, J. Lindau und F. Sauerwald. (Z. physik. Chem. [Leipzig] **218**, 141—42, 1961; Halle-Wittenberg, Martin-Luther-Univ., Inst. für physikal. Chem. mit Metall- u. Werkstofflabor.; dt.) — 4. vgl. C. **1951**, I, 828. — Vorläufige Mitt. über Unterss. der Faktoren, die für eine Abscheidung von Schwermetallen in gut zusammenhängender Form auf Metalloberflächen während der Schmelzflußelektrolyse von Einfl. sind. D. Noack. 141 □

Untersuchungen über die Erscheinungen an der Elektrodenoberfläche. 1. Mitt. Der Einfluß einiger reduzierbarer Kationen auf die Oberflächenströmungsgeschwindigkeit der Quecksilberkathode. Shigeru Mizuno, Shinobu Toshima und Osamu Furukawa. (J. electrochem. Soc. Japan **26**, E137—E139, 1958; Tokyo, Tokyo Inst. of Technol., Chem. Res. Labor. of Nat. Resources; Labor. of Appl. Chem.; jap., Auszug: engl.) — Zur direkten Best. der Oberflächenströmungs-Geschw. G wird die Oberflächenströmung einer mit ^{203}Hg markierten Hg-Kathode durch Messung der Zählrate in Ggw. von NaCl, $MgSO_4$, H_2SO_4 u. $NiSO_4$ ermittelt. Für NaCl beträgt die laminare Strömungs-Geschw. >10 cm/s. G scheint dem Potentialgradienten sowie der Amalgam-Konz. proportional zu sein. Bei $MgSO_4$ zeigt G ein Maximum bei negativer Polarisation, G verhält sich ähnlich wie bei H_2SO_4, bis ein vollständiger $Mg(OH)_2$-Film auf der Kathode entsteht, wodurch die Strömung abnimmt u. endlich ganz aufhört. In Ggw. von $NiSO_4$ tritt trotz des gleichen Potentialgradienten wie bei NaCl keine Strömung auf. Aus der Ni-Abscheidung auf der Kathode schließen Vff. auf eine enge Beziehung zwischen der Strömung u. dem Oberflächencharakter der Kathode. P. Frenzel. 142 □

Elektrochemische Untersuchung von Kupfer–Cadmium-Amalgamen. A. I. Sebrewa, Je. F. Speranskaja und M. T. Koslowski. (Журнал Физической Химии [J. physik. Chem.] **33**, 2715—20, Dez. 1959; Alma-Ata, Kasach. Univ.; russ., Auszug: engl.) — Vgl. C. **1958**, 930. — Bei der elektrolyt. Oxydation von Cu–Cd-Amalgamen oder bei deren Verw. als Tropfanode deutet nichts auf eine Umsetzung zwischen Cu u. Cd hin, wie sie bei Cu–Zn-Amalgamen zwischen Cu u. Zn stattfindet. Wenn man Cu mit Cd-Amalgam zementiert, ist beim Potentialsprung auch bei Cu-Überschuß in der Lsg. noch nicht alles Cd aus dem Amalgam entfernt; das Verhältnis Cu/Cd im Amalgam nimmt jedoch ab. In geringerem Grade ändert sich das Cu/Cd-Verhältnis bei der Titration von Cd-Amalgam (mit 8—30 mg Cd/10 ml) mit der Lsg. eines Cu-Salzes. Die Ergebnisse lassen sich durch die Zementationstheorie erklären. R. K. Müller. 142 □

Polarographische Untersuchungen an Seltenerdmetallen. 3. Mitt. Yttrium. Seizo Misumi und Yasushi Ide. (Bull. chem. Soc. Japan **33**, 836—41, Juni 1960; Fukuoka, Hakozaki, Kyushu Univ., Fac. of Sci., Dep. of Chem.; engl.) — 2. vgl. C. **1962**, 3358. — An Lsgg. von $Y(ClO_4)_3$ bzw. $Y_2(SO_4)_3$ wurde polarograph. die Red. des Y^{3+} in Ggw. von $LiClO_4$ (I) oder Tetramethylammoniumjodid (II) bei 25° im pH-Bereich von 4,00—2,60 gemessen. Durch Zusatz einer geringen Menge verd. Säure zur Verhütung der Hydrolyse des Aquoyttriumkomplexes konnte die Wasserstoffstufe von der Red.-Stufe des Aquo-Y-Komplexes getrennt werden; in I-Lsg. trat im allg. nur eine Red.-

Stufe, in II-Lsg. öfters eine Doppelstufe auf. Die Vers.-Ergebnisse sind graph. u. tabellar. wiedergegeben. Ganz allg. ergab sich, daß die Red.-Stufe irreversibel u. eine Dreielektronen-Red. war. Das Aquo-Y-Ion verhielt sich wie eine schwache Säure; die Red.-Stufe wird der Abscheidung von Wasserstoff von dem hydrolysierbaren Aquo-Y-Komplexion als der schwachen Säure zugeschrieben. Es wird weiter angenommen, daß die zweite Red.-Welle, wenn sie in II-Lsg. auftrat, der Abscheidung von Wasserstoff zuzuschreiben ist, der durch Dissoziation des W. des während der ersten Red.-Stufe entstandenen Aquohalogen-Y-Komplex gebildet wird. Bei pH 3,00 war das Halbstufenpotential $-1{,}883$ V für eine Konz. des Y^{3+}-Ions von 0,917 mMol in 0,1 m $LiClO_4$- u. 0,01%ig. Gelatinelösung. C. Gottfried. 142

Beobachtungen über die primäre und sekundäre Passivierung an Eisen–Chrom-Legierungen. Th. Heumann und R. Schürmann. (Werkstoffe u. Korrosion **12,** 560—69, Sept. 1961; Münster, Univ., Inst. für Metallforsch.; dt.) — Die Unters. des Passivierungs-Verh. von Fe–Cr-Legg. mit 5—70% Cr wurde hinsichtlich der prim. u. sek. Passivierung getrennt durchgeführt. Die Messung der Passivierungsgrenzströme ergab gegenüber Literaturwerten um den Faktor 20 größere Zahlenwerte. Dasselbe gilt für die K-Werte des $(i - i_0)\cdot t$-Gesetzes. Die Abweichungen werden auf unterschiedliche Aktivitätszustände zurückgeführt. Das $(i - i_0)\cdot t$-Gesetz ist auch für die Sekundärpassivierung aus dem prim.-passiven Zustand gültig. Je geringer der Fe-Geh. der Legg. ist, um so höher ist der ihnen zugehörige K'-Wert. Außer von der Leg.-Zus. sind die Passivierungsgrenzströme vom Elektrolyten abhängig. Je nach dem Cr-Geh. der Leg. u. der Zus. des Elektrolyten geht der prim.-passive Zustand in den sek.-passiven sprunghaft oder stetig über. Hohe Säure-Konzz. u. die Ggw. von Komplexbildnern hemmen den Eintritt in die Sekundärpassivierung. Sie wird daher als hydrolysebedingter Aufbau einer neuen, durch Fe^{3+} gebildeten Deckschicht gedeutet. Schliffbild-Unterss. zeigen, daß die Legg. im prim.-passiven Zustand flächig aufgelöst werden, während im sek.-passiven Zustand O_2 entwickelt wird, wobei aber in Störstellen u. Korngrenzen der prim.-passive Zustand noch lange erhalten bleibt u. es an diesen Stellen zum anod. Auflösen mit hoher Geschw. kommt. F. Vier. 143 □

A$_4$. Thermodynamik. Thermochemie

Einige Gleichgewichts- und Nichtgleichgewichtseigenschaften einer idealen Lösung mit (n + 1)-Zuständen. R. O. Davies. (Proc. physic. Soc. **73,** 25—32. 1/1. 1959; London, Queen Mary Coll., Phys. Dep.; engl.) — Die thermodynam. Theorie der Relaxation wird auf ein Syst. aus (n + 1) reagierenden Isomeren in idealer Lsg. angewandt, von denen jedes sich in jedes andere umwandeln kann. Ein derartiges Syst. umfaßt n unabhängige Reaktionen. Die Relaxationskomponenten einer beliebigen thermodynam. Variablen lassen sich mit Hilfe einer quasistatist.-mechan. Meth. unter Verw. einer Verteilungsfunktion der Form $\sum_i \exp(-\mu_i^0/RT)$ für die Gibbssche Freie Energie berechnen. Die Matrix der Relaxationszeiten steht in Beziehung zu einem Satz von „Übergangswahrscheinlichkeiten" u. deren Ableitungen nach den Konzz.; diese Konz.-Abhängigkeit führt zusätzlich zur mkr. Reversibilität zu einer weiteren notwendigen Bedingung für die Gültigkeit der Onsagerschen Reziprozität. Eine physikal. Deutung hierfür steht noch aus. A. Blaschette. 146 □

Eigenartige Carnot-Kreisprozesse; Thermodynamik eines Systems mit einem Dichteextremum. John S. Thomsen und Theodore J. Hartka. (Amer. J. Physics **30,** 26—33, Jan. 1962; Baltimore, Md., Johns Hopkins Univ., Mechan. Dep.; engl.) — Sommerfeld beschrieb als Perpetuum mobile 2. Art eine Carnot-Maschine, die fl. W. verwendet u. zwischen den Gebieten der normalen u. der anomalen therm. Expansion arbeitet. Vff. zeigen, daß seine Erklärung des Paradoxons unvollständig ist, wenn die Temp. des Dichtemaximums vom Druck abhängt. Für die Lösung des Problems wird ein Modell mit einem Dichteextremum (Fl. bzw. Festkörper mit Dichtemaximum bzw. -minimum) beschrieben. Es besitzt weitgehend die Eigg. des Wassers. Die thermodynam. Daten des Syst. werden ermittelt u. verschiedene Carnot-Kreisprozesse im p–T-, T–S- u. p–V-Diagramm angegeben. Sommerfelds Paradoxon wird dadurch gelöst, daß gezeigt wird, daß in einem entsprechenden Carnot-Prozeß bei beiden isothermen Prozessen eine Expansion erfolgt. Die Anwendung dieser Lösung auf Schall- u. Stoßwellen in Fll. mit Dichteextrema wird kurz diskutiert. K. Ross. 146 □

Eine experimentelle Zustandsgleichung für Natrium. R. I. Beecroft und S. A. Swenson. (Physics Chem. Solids **18,** 329—44, März 1961; Ames, Iowa, Iowa State Univ., Inst. for Atomic Res. and Dep. of Phys.; engl.) — In einer geeigneten Hochdruck-

App. mit Carboloy-Zylinder werden für Na Druck–Vol.-Isothermen bei 0—20000 atm zwischen 20 u. 350° K aufgenommen. Die Meßwerte sind tabellar. angegeben u. lassen sich mit einer Zustandsgleichung beschreiben, in der die isotherme Kompressibilität bei konst. Vol. unabhängig von der Temp. ist u. sich linear mit dem Vol. ändert. Diese Zustandsgleichung wird benutzt, die Druck- bzw. Vol.-Abhängigkeit von thermodynam. Funktionen zu berechnen. Mit Hilfe der berechneten Werte wird die Gültigkeit der vorgeschlagenen Zustandsgleichung diskutiert. Danach ist die Gleichung bei hohen Drücken nur gültig, wenn ein geringer, von der Temp. abhängiger Beitrag zur Kompressibilität k_T nach $(\partial k_T/\partial T)_V < 0$ zugelassen wird. Außerdem wird die Anwendbarkeit der Mie-Grüneisen-Zustandsgleichung untersucht; unterhalb ca. 200° K kann mit der Grüneisen-Konst. Γ keine charakterist. Temp. abgeleitet werden. Die vorgeschlagene Zustandsgleichung steht dagegen mit Messungen der Ultraschallausbreitung in Na bei hohen Drücken in Übereinstimmung. Herbert Müller. 148□

Volumetrische Eigenschaften des geschmolzenen Systems (Li, K)–(Cl, NO_3). G. Pedro Smith und Guy F. Petersen. (J. chem. Engng. Data **6**, 493—96, Okt. 1961; Oak Ridge, Tenn., Oak Ridge Nat. Labor., Metallurgy Div.; engl.) — Vff. beschreiben die Temp.-Abhängigkeit der Dichte ϱ einer bestimmten Zus. durch die lineare Beziehung $\varrho = \alpha - \beta t$, wobei α u. β von der Zus., nicht aber von der Temp. t abhängig sind. Die empir. Beziehung ergibt sich aus einer Potenzreihe in t mit Abbruch nach der ersten Potenz. Die Daten werden dieser Beziehung nach der Meth. der kleinsten Quadrate angeglichen. In einer Tabelle werden in Abhängigkeit vom Molenbruch einer Komponente der bin. Salzgemische $LiNO_3$–KNO_3, $LiNO_3$–LiCl, KNO_3–KCl die Konst. α u. β, die Standardabweichungen u. der Temp.-Bereich aufgeführt. In einer weiteren Tabelle werden die gleichen Daten für das tern. Gemisch (Li, K)–(Cl, NO_3) zusammengefaßt. Für die beschriebenen bin. Salz-Syst. ergibt sich nach Auffassung der Vff. eine einfache Additivität der Partialvolumina, die auch für die tern. reziproken Salzgemische (Li, K)–(Cl, NO_3) u. (Na, K)–(Cl, J) gilt. J. Peters. 148□

Messung der thermischen Ausdehnung von Graphit–Brom-Verbindungen. J. E. Brocklehurst. (Nature [London] **194**, 247—50, 21/4. 1962; Culcheth, Warrington, Lancs., U.K.A.E.A., Reactor Mat. Labor.; engl.) — Von Raum-Temp. bis 700° werden die therm. Ausdehnungen zweier verschiedener Proben künstlichen Graphits (A u. B) u. die einer Probe natürlichen Graphits (C) mit einem Quarzdilatometer gemessen. Das anschließend von A, B u. C in Br_2-Atmosphäre aufgenommene Br läßt sich bei Raum-Temp. im Vakuum nicht vollständig desorbieren. Die Restmengen eingelagerten Broms verursachen bei A u. B bereits im Bereich bis 300° eine verstärkte therm. Ausdehnung. Diese erklärt Vf. damit, daß die mittels He-Dichtemessungen nachgewiesene Porosität der künstlichen Graphite deren therm. Ausdehnung in Richtung der c-Achse, die wesentlich kleiner als die von Einkristallgraphiten ist, ausgleicht. Einlagerung von Br dehnt die c-Achse, ein Teil der Mikroporen schließt sich u. die Ausgleichsmöglichkeit ist nicht mehr vorhanden. Die verstärkte therm. Ausdehnung, die bei A u. B ab 300° sprunghaft ansteigt, bei C überhaupt erst ab 300° zu beobachten ist, erhöht sich mit steigendem Br-Gehalt. Die verschiedenen Ausdehnungs-Koeff. bei gleichem Br-Geh. von A u. B zeigen, daß die entsprechenden Graphit–Br-Verbb. nicht ident. sind. H. Kuckertz. 148□

Über die thermische Ausdehnung der Wolframbronzen von Kalium, Rubidium und Cäsium. Per-Erik Werner, Peder Kierkegaard und Arne Magnéli. (Acta chem. scand. **15**, 427—28, 1961; Stockholm, Univ., Inst. of Inorg. and Phys. Chem.; engl.) — Durch Red. von Alkalicarbonat–WO_3-Mischungen im H_2-Strom wurden die Wolframbronzen $K_{0,30}WO_3$ (I), $Rb_{0,27}WO_3$ (II), $Cs_{0,31}WO_3$ (III), $K_{0,45}WO_3$ (IV) u. $K_{0,58}WO_3$ (V) erhalten. Aus Guinier-Aufnahmen ergaben sich folgende Werte (Å): **I, II** u. **III** kristallisieren hexagonal mit (a =) 7,385 ± 0,002; (c =) 7,513 ± 0,005 für **I**; 7,394 ± 0,002; 7,516 ± 0,004 für **II** u. 7,406 ± 0,002; 7,608 ± 0,004 für **III**; **IV** u. **V** kristallisieren tetragonal mit (a =) 12,297 ± 0,004; (c =) 3,836 ± 0,002 für **IV** u. 12,308 ± 0,003; 3,842 ± 0,001 für **V**. Die therm. Ausdehnungs-Koeff. wurden zwischen 20 u. ca. 700° bzw. zwischen 709 u. ca. 1000° bestimmt. **I** zeigt anomales therm. Verh. bei 545°, was eine Phasenumwandlung vermuten läßt; **II** wandelt sich langsam > 500° um. W. Betcke. 148□

Trennung gasförmiger Gemische durch Dampfstrom. A. S. Kompanejez. (Ann. Physik [7] **8**, 303—08, 1961; Berlin, Dt. Akad. der Wiss., Bereich Phys., Inst. für Med. u. Biol.; dt.) — Theoret. Unters. der Leistungsfähigkeit des Trennprozesses eines Gemisches zweier Komponenten mit ähnlichen Diffusions-Koeff. im Dampfzustand durch einen waagerechten Dampfstrom in einem Trennrohr mit nachfolgender Anreicherung in gegenläufigen Konvektionsströmen längs der Achse des Trennrohres. Wolfgang Wagner. 149□

Massenspektrometrische Bestimmung des Selbstdiffusions-Koeffizienten von Bortrifluorid. Kiro F. Zmbov und Živojin V. Knežević. (Bull. Inst. Nuclear Sci. „Boris Kidrich" **11**, 141—44, März 1961; Dep. of Phys. Chem.; engl.) — Bei 25° beträgt der Selbstdiffusions-Koeff. von BF_3 0,080 ± 0,002 (cm^2/s) u. 0,087 ± 0,001 bei 43°. Diese Werte stimmen gut überein mit denen, die man auf Grund der Chapman-Enskog-Theorie der Gase unter Verw. des Lennard-Jones-Modells rechner. erhält. G. Talsky. 149 □

Selbstdiffusion von ^{4}He und Quantenkorrekturen. S. C. Saxena. (Physica [Utrecht] **26**, 730—36, Sept. 1960; Bombay, Atomic Energy Establ., Chem. Div.; engl.) — Nach einem Näherungs-Verf. wird die Diffusion von ^{4}He quantentheoret. berechnet, wobei von Meßwerten für die Diffusion in ^{3}He–^{4}He-Gemischen ausgegangen wird. Die berechneten Werte stimmen mit den von einigen Autoren gemessenen gut überein. G. Kirschstein. 149 □

Methode für eine zwischen 4,2° und 77° K anwendbare Temperaturregelung. John M. Flournoy, Lillian H. Baum und Seymour Siegel. (Rev. sci. Instruments **31**, 1133—35, Okt. 1960; Azusa, Calif., Aerojet-Gen. Corp., Chem. Div.; engl.) — Oberhalb 20° K ermöglicht die Meth., die außer den für die Handhabung von fl. He gebräuchlichen, keine speziellen Geräte erfordert, die Begrenzung der Temp.-Schwankungen auf ein Intervall von höchstens 0,4° K. G. Kirschstein. 149 □

Temperaturverhältnisse von siedenden Flüssigkeiten in Dewargefäßen. E. Donth. (Ann. Physik [7] **8**, 104—10, 1961; Dresden, TU, Professur für Phys. tiefer Temp.; dt.) — Mit einer einfachen Anordnung wurden in sd. O_2 die Überhitzung sowie die Temp.-Gradienten an der Oberfläche bestimmt. Beide Größen nehmen merkliche Werte an, die Überhitzung kann bis 0,6° betragen; der Temp.-Gradient liegt in der Größenordnung von 0,1°/mm. Diese Temp.-Verhältnisse wurden in verschiedenen Anordnungen, u. a. auch mit Heizern, untersucht. Die experimentellen Ergebnisse stehen mit einer einfachen hydrodynam. Theorie des Temp.-Verlaufes in der Oberflächenschicht u. dem Überhitzungsgrad in befriedigender Übereinstimmung. Wolfgang Wagner. 149 □

Über die Inversionstemperaturfunktion der Streuung erster Ordnung (Einphononenstreuung) und die Bestimmung der Debyeschen charakteristischen Temperaturen. M. L. Canut und J. L. Amorós. (Proc. physic. Soc. **77**, 712—20, 1/3. 1961; Madrid, C.S.I.C., Dep. de Cristalograf. Fís., Sección de Termodinám. Cristal.; engl.) — Von dem Ausdruck von Laval (Bull. Soc. franç. Minéralog. Cristallogr. **64**, [1941], 138) für die diffuse Wärmestreuung erster Ordnung (Einphononenstreuung) ausgehend, entwickelten Vff. einen Ausdruck bei denen Inversions-Temp. dieser Streuung, der für Kristalle jeder Symmetrie Gültigkeit besitzt. Mit Hilfe der erhaltenen Gleichung berechneten Vff. die Inversionskurven der diffusen Wärmestreuung erster Ordnung für *Na, Pb, Al, Ag, Au, KCl, NaCl, Acridin III, Bzl., Naphthalin, Anthracen* u. *Hexamin.* Es zeigte sich, daß KCl, Pb u. Al, bei denen Inversionserscheinungen bekannt sind, keine Spezialfälle sind. In Mol.-Kristallen dürfte der Effekt nur bei tiefen Temp. beobachtbar sein. Vff. beschreiben dann noch eine Meth. zur Best. der Debyeschen charakterist. Temp. von Kristallen jeder Symmetrie. Es ist hierbei nicht notwendig, den abs. Wert der diffusen Streuung zu bestimmen, es genügt die Feststellung des Inversionspunktes. Die Meth. wurde geprüft unter Verw. der experimentellen Werte von Cartz (vgl. C. **1957, 1116**) für *Pb.* C. Gottfried. 151

Die Bildungswärmen von Trijodid- und Jodationen. J. H. Stern und A. A. Passchier. (J. physic. Chem. **66**, 752—53, April 1962; engl.) — Die Rk.-Wärme der Rk. J_2 (fest) + J^- (KJ im Überschuß) → J_3^- wurde mikrocalorimetr. bei 25° zu 893 ± 12 cal/Mol bestimmt. Hieraus wurde die Bldg.-Wärme des J_3^- (aq.) zu $\Delta H^0 = -12{,}72 \pm 0{,}15$ kcal Mol u. die Standardentropie zu $S^0 = 56{,}0$ Entropieeinheiten berechnet. Aus Messungen der Red.-Wärmen von $KH(JO_3)_2$- u. HJO_3-Lsgg. mit HJ sowie unter Benutzung des obigen Wertes für die Bldg.-Wärme des J_3^- (aq.) wurde die Bldg.-Wärme des JO_3^- (aq.) zu $\Delta H^0 = -54{,}8 \pm 0{,}5$ kcal/Mol erhalten. Wolfgang Krüger. 156 □

Dampfdruckmessungen über Calcium, Magnesium und ihren Legierungen und die Thermodynamik der Bildung von $CaMg_2$. J. F. Smith und R. L. Smythe. (Acta metallurg. [New York] **7**, 261—67, April 1959; Ames, Iowa, Iowa State Coll., Inst. for Atomic Res. and Dep. of Chem.; engl.) — Es wurden die Dampfdrücke von hochreinem *Ca* u. *Mg* sowie von Legg. mit 21, 40, 70 u. 84 Atom-% Ca im Temp.-Bereich von ca. 600—900° K nach der Knudsenschen Effusions-Meth. bestimmt. Ergebnisse: *Mg*: $\log P\,(at) = 7{,}919 - 7796\,T^{-1} - 0{,}589 \log T - (0{,}16 \cdot 10^{-3})\,T + (0{,}85 \cdot 10^4)\,T^{-2}$ (600 bis 900° K); hieraus wurden ermittelt: Freie Sublimationsenergie $\Delta F^0 = 35670 + 2{,}694\,T \cdot \log T + (0{,}75 \cdot 10^{-3})\,T^2 - (0{,}39 \cdot 10^5)\,T^{-1} - 36{,}23\,T$; Sublimationsenthalpie $\Delta H^0 = 35670 - 1{,}17\,T - (0{,}75 \cdot 10^{-3})\,T^2 - (0{,}78 \cdot 10^5)\,T^{-1}$; Sublimationsentropie $\Delta S^0 =$

35,06 — 2,694 log T — ($1,50 \cdot 10^{-3}$) T — ($0,39 \cdot 10^5$) T^{-2}; ΔS^0_{298} = 27,51 cal/Grad·Mol; ΔH^0_{298} = 34,99 kcal/Mol; *Ca*: Die Dampfdrücke (gemessen zwischen 730 u. 965° K) stehen mit früheren Messungen an fl. Ca in naher Übereinstimmung, differieren j doch zu den Literaturangaben für die Dampfdrücke über der festen Phase; ΔF^0 = 45550 — 38,76 T + ($0,70 \cdot 10^{-3}$) T^2 + 3,04 T log T; ΔH^0 = 45550 — 1,32 T — ($0,70 \cdot 10^{-3}$) T^2; ΔS^0 = 37,44 — 3,04 log T — ($1,40 \cdot 10^{-3}$) T; ΔS^0_{738} = 27,69 cal/Grad·Mol; ΔH^0_{298} = 45,09 kcal/Mol. Die Meßergebnisse an den Legg. wurden dazu benutzt, die thermodynam. Größen für die Bldg. der Verb. $CaMg_2$ zu ermitteln: $\Delta H^0 = -8,3 \pm 2,9$ kcal/Mol; $\Delta S^0 = -1,1 \pm 4,3$ cal/Grad·Mol; $\Delta F^0 = -8,3 + (1,1 \cdot 10^{-3})$ T. Die niedrigen Werte für Bldg.-Enthalpie u. -Entropie bekräftigen die Ansicht, daß für die Verb.-Bldg. die Atomgrößen verantwortlich sind. Wolfgang Wagner. 156 □

Calorimetrische Bestimmung der Wärmetönung der Bildungsreaktionen von Eisennitriden. A. Burdese und F. Abbattista. (Atti Accad. Sci. Torino. Cl. Sci. fisiche, mat. natur. **93**, 340—45, 1958/59; Torino, Politecn., Ist. di chim. gen. e appl. e di Metallurgia; ital.) — Zur Berechnung der Bldg.-Wärmen Δ H von Fe_4N u. Fe_2N aus den Elementen bestimmten Vff. zuerst die Lsg.-Wärmen von *Fe*, Fe_4N u. Fe_2N in H_2SO_4 calorimetrisch. Es wurden gemessen 24,75 ± 0,15 kcal pro g-Atom Fe, 128,10 ± 0,30 kcal pro Mol Fe_4N u. 80,10 ± 0,20 kcal pro Mol Fe_2N. Hierauf wurden die Bldg.-Wärmen von Fe_4N u. Fe_2N mit Hilfe der folgenden Gleichungen berechnet 1. 8 Fe + N_2 → 2 Fe_4N bzw. 2. 4 Fe + N_2 → 2 Fe_2N. Man erhält dann für Fe_4N — Δ H = 4,5 ± 1 kcal/Mol u. für Fe_2N — Δ H = 3,0 ± 0,6 kcal/Mol. C. Gottfried. 156

Thermodynamische Untersuchungen von Kobaltkomplexen. 5. Mitt. Über die Löslichkeit und die thermische Dissoziation von Aquopentamminkobalt(III)-nitrat und -bromid und über die thermodynamische Stabilität von Monoacidopentamminkobalt(III)-Komplexen. Motoshichi Mori und Ryokichi Tsuchiya. (Bull. chem. Soc. Japan **33**, 841—46, Juni 1960; Kanazawa, Univ., Fac. of Sci., Dep. of Chem.; engl.) — 4. vgl. C. **1962**, 7428. — Vff. bestimmten die Löslichkeit von $[Co(NH_3)_5OH_2] \cdot (NO_3)_3$ (I) u. von $[Co(NH_3)_5OH_2]Br_3$ (II) in Wasser. Für I gilt die Gleichung I = $[Co(NH_3)_5 \cdot OH_2]^{3+} + 3 NO_3^-$ mit log k_{NO_3} = 3,884 — 2774/T; Lsg.-Wärme Δ H = 12,7 kcal; Änderung der Freien Energie der Lsg. bei 25° 7396 cal u. der Entropie bei 25° 17,76 Entropieeinheiten. Die Freie Bldg.-Energie von I im festen Zustand beträgt — 353700 + 545,4 T. Für die feste Substanz beträgt die Änderung der Freien Energie bei 25° — 191100 cal u. die Bldg.-Wärme 353,7 kcal. Mit Hilfe der Thermowaage wurde gefunden, daß sich I bei 80 bis ca. 100° zersetzt unter Bldg. von *Nitratopentamminkobalt(III)-nitrat* (III). Dieselben Messungen wurden an II durchgeführt. Die Ergebnisse sind graph. u. tabellar. wiedergegeben. Bei den Erhitzungs-Verss. wurde gefunden, daß sich II bei 75—95° zersetzt unter Bldg. von *Bromopentamminkobalt(III)-bromid* (IV). Aus den erhaltenen Freien Bldg.-Energien der Nitratopentamminkobalt(III)- u. Bromopentamminkobalt(III)-Ionen u. mit Hilfe von aus der Literatur entnommenen Daten weiterer Co-Komplexe wurde die Änderung der Freien Energie für die folgenden Substitutions-Rkk. berechnet: $[Co(NH_3)_5OH_2]^{3+} + NO_2^- = [Co(NH_3)_5NO_2]^{2+} + H_2O$, ($\Delta G^0_{298}$ =) — 52590 cal; $[Co(NH_3)_5OH_2]^{3+} + SO_4^{2-} = [Co(NH_3)_5SO_4]^+ + H_2O$, — 6750 cal; $[Co(NH_3)_5OH_2]^{3+} + NH_3 = [Co(NH_3)_6]^{3+} + H_2O$, — 320 cal; $[Co(NH_3)_5OH_2]^{3+} + Br^- = [Co(NH_3)_5Br]^{2+} + H_2O$, 1040 cal; $[Co(NH_3)_5OH_2]^{3+} + NO_3^- = [Co(NH_3)_5NO_3]^{2+} + H_2O$, 1780 cal; $[Co(NH_3)_5OH_2]^{3+} + Cl^- = [Co(NH_3)_5Cl]^{2+} + H_2O$, 3825 cal.
C. Gottfried. 156

Über die Messung der Wärmeleitfähigkeit bei hohen Temperaturen. M. J. Laubitz. (Canad. J. Physics **39**, 1029—39, Juli 1961; Ottawa, Nat. Res. Council, Div. of Appl. Phys.; engl.) — Beschreibung einer Meth. zur mathemat. Analyse von linearen Wärmefluß-Syst., wie sie zur Messung der Wärmeleitfähigkeit bei hohen Temp. verwendet werden. Es wird gezeigt, daß die Meßwerte stark von der jeweiligen Anordnung der Bauteile in der Meßvorr. abhängen. A. Blaschette. 158 □

Über die Berechnung der Temperaturkoeffizienten der thermischen Leitfähigkeit von Nichtleitern. Cesare Codegone. (Atti Accad. Sci. Torino, Cl. Sci. fisiche, mat. natur. **93**, 346—49, 1958/59; Torino, Politecn., Ist. di Fis. Tecnica; ital.) — Vf. leitete zuerst theoret. eine Gleichung her zur Best. des Temp.-Koeff. der Wärmeleitfähigkeit von Nichtleitern u. verwendet sie zur Berechnung des Temp.-Koeff. eines feuerfesten Materials der Zus. 69,7 (%) SiO_2, 27 Al_2O_3, Rest Fe- u. Ca-Oxide. Scheinbare D. 1870 kg/m^3, Porosität 28,5%. C. Gottfried. 158

Die Wärme- und die elektrische Leitfähigkeit von Gußeisen mit Kugelgraphit und mehreren Graugußsorten. J. H. Brophy und M. J. Sinnott. (Trans. Amer. Soc. Metals **52**, 567—84, 1960; Cambridge, Mass., MIT; Ann Arbor, Mich., Univ. of Michigan; engl.) — Der Einfl. der Graphitgröße u. -verteilung auf die Wärme- u. elektr. Leitfähigkeit von mehreren Gußeisensorten wird untersucht. Die Proben umfassen

Tempereisen mit Kugelgraphit, perlit. Gußeisen mit Kugelgraphit u. mehrere perlit. Graugußsorten. Bei den letztgenannten Sorten nimmt die Wärmeleitfähigkeit zu u. die elektr. Leitfähigkeit ab, wenn die tatsächliche Länge der Graphitteilchen wächst. Die niedrigste Wärmeleitfähigkeit u. die höchste elektr. Leitfähigkeit werden bei Kugelausbildung des Graphits festgestellt. Bei dem ferrit. Gußeisen mit Kugelgraphit ist die Wärmeleitfähigkeit höher u. die elektr. niedriger als die entsprechenden Werte einer graphitfreien Fe-Grundmasse. Die Größe dieses Unterschiedes ist von der maximalen Graphitkugelgröße unabhängig, jedoch ist sie vom Vol.-%-Geh. des vorhandenen Graphits u. von der Orientierung der atomaren Struktur in der Graphitphase abhängig. Auf Grund dieser Feststellungen wird gezeigt, daß eine Zahlenwechselbeziehung nach Lorentz zwischen den beiden Leitfähigkeiten nicht auf ein Aggregat aus einer nichtmetall. Phase u. einer metall. Grundmasse anwendbar ist u. ferner, daß in Gußeisensorten mit Kugelgraphit die maximale Wärmeleitfähigkeit erreicht wird, wenn das Fe im voll geglühten Zustand vorliegt sowie der C-Geh. hoch u. der Si-Geh. gering ist.

H. Hochstein. 158□

Über den Einfluß des Druckes bis 5000 kg/cm² auf die Ultraschallgeschwindigkeit und -absorption in Stickstoff. M. P. Wolarowitsch und D. B. Balaschow. (Доклады Академии Наук СССР [Ber. Akad. Wiss. UdSSR] **135,** 1117—19, 11/12. 1960; Inst. für Phys. der Erde der Akad. der Wiss. der UdSSR; russ.) — Die Ultraschall-Geschw. (USG) in N_2 bei 20° nimmt mit steigendem Druck p zu, sie beträgt bei 1 (5000) kg/cm² 352 (1723) m/s. Die experimentelle USG bleibt von 1000 kg/cm² an bei steigendem p zunehmend hinter der nach der Zustandsgleichung berechneten USG zurück. Der Quotient α/f^2 (α = Dämpfungs-Koeff. des Ultraschalls, f = Frequenz) nimmt mit steigendem p von 14500($\cdot 10^{16}$ s²/cm) bei 1 at auf ca. 10,15 bei 1000 at u. ca. 2,23 bei 5000 at ab (hyperbol. Kurvenverlauf). Die sehr starke Abnahme der Ultraschallabsorption bei hohem p ist durch die starke Zunahme der Gasdichte u. der USG im Gas bedingt; Viscosität, Wärmeleitfähigkeit u. spezif. Wärme ändern sich mit p erheblich weniger.

R. K. Müller. 159□

Schalluntersuchung an Grenzflächen zwischen festen und flüssigen Körpern. R. Krause. (Z. angew. Physik **11,** 149—55, April 1959; Bad Homburg v. d. H.; dt.) — Theoret. Unterss. von Reissner [1938] sowie von Levi u. Nath [1938] über den Durchgang von Schallwellen durch feste Platten in Fll. werden mit einer Impuls-Meth. experimentell nachgeprüft, dabei wird bes. auch der Einfl. der Absorption in dem Plattenmaterial u. an der aufgerauhten Grenzfläche berücksichtigt, der bei den theoret. Diskussionen nicht in Rechnung gestellt wurde. Bei 1000 kHz konnten an aufgerauhten Grenzflächen Absorptionsverluste bis zu 95% der einfallenden Schallenergie nachgewiesen werden. Die Reibungsverluste in den Schichten sind dem Anteil der in der Schicht enthaltenen kinet. Energie des Anteils der stehenden Schallwelle proportional.

H. Jacob. 159□

A_5. Kolloidchemie. Grenzschichtforschung

Experimentelle Untersuchung der Elektrocapillarität. Einfluß der Ionen. Denise Laforgue-Kantzer. (Electrochim. Acta [London] **4,** 13—26, Mai 1961; Bellevue, C.N.R.S., Labor. d'Electrolyse; franz.) — Es werden die Elektrocapillaritätserscheinungen an der von niedrigfrequentem Wechselstrom durchflossenen Hg-Tropfelektrode untersucht, u. es wird eine kinematograph. Unters.-Meth. beschrieben. Die durch den Stromfluß eintretenden mechan. Veränderungen werden erörtert u. ihre Ursachen diskutiert. Es werden Ausdrücke für die Dauer der Tropfen-Bldg. unter vorgegebenen Bedingungen sowie für die Existenz u. Stabilität dieser Bedingungen hergeleitet. Auf den spezif. Einfl. der Anionen im Elektrolyt wird hingewiesen. A. Leibbrandt. 167□

Gleichzeitige Wirkung von oberflächenaktiven Substanzen auf die Elektrocapillaritätskurve. A. W. Pamfilow. W. Ss. Kusub und I. W. Palamartschuk. (Доповіді Академії Наук Української РСР [Ber. Akad. Wiss. UkrainSSR] **1960,** 813—16; Tschernowitz, Univ.; ukrain., Auszug: engl.) — Untersucht wurde der Einfl. der nachst. oberflächenakt. Stoffe auf die Oberflächenspannung σ von Hg bei der Aufnahme der Elektrocapillarkurven in 0,25n K_2SO_4-Lsg.: *Isoamyl-* u. *Isobutylalkohol, Caramel*; *o-Phthal-, Naphthion-, Wein-, α-* u. *β-Naphthalinsulfon-* u. *Naphthalin-2.7-disulfonsäure, KJ* u. *KBr*; *4-[N-Piperidyl]-2-methyl-1-phenylbuten-(2), Chinolin* u. *Dimethylaminoantipyrin* bei verschiedenen Konzentrationen. Die untersuchten Erscheinungen sind komplexer Natur u. stimmen nicht immer mit dem Strukturschema einer komplexen tern. Schicht überein. O. Lebtag. 167□

Untersuchungen über die Kataphoresegeschwindigkeit kolloidaler Teilchen nach der Grenzflächenmethode. 1. Mitt. **Charakteristische Änderungen der Geschwindigkeit der Grenzfläche zwischen Eisenhydroxidsol und KCl-Lösungen verschiedener Leitfähig-**

keit als überstehender Schicht. P. D. Bhatnagar und Abani K. Bhattacharja. (J. Indian chem. Soc. **36,** 23—30, Jan. 1959; Agra, Coll. of Agra, Chem. Labor. — C. **1960,** 7763.) K. L. Wolf. 168□

Kinetische Deutung des nichtnewtonschen Fließens. D. A. Denny und Robert S. Brodkey. (J. appl. Physics **33,** 2269—74, Juli 1962; Columbus, Ohio, Ohio State Univ., Dep. of Chem. Engng.; engl.) — Neuartige theoret. Behandlung des nichtlinearen Verh. nicht-newtonscher Materialien unter der Voraussetzung, daß die nichtlinearen Vorgänge mit einer „Strukturänderung" des Materials verbunden sind, welche mit Hilfe reaktionskinet. Formalismen behandelt werden kann. Die Theorie ist in ihrer allg. Form auf zeitabhängige (thixotrope) Syst. u. in einer Grenzform (Gleichgewicht) auf zeitunabhängige, z. B. pseudoplast. Materialien anwendbar (behandelte Beispiele: schweres thixotropes *Mineralöl*; *Polyäthylen*-Schmelzen; *Latex*-Lsgg.). A. Blaschette. 173□

Nomenklatur des nichtnewtonschen Fließens. Robert S. Brodkey. (Ind. Engng. Chem. **54,** 44—48, Sept. 1962; engl.) — Vgl. vorst. Referat. — Geschlossene Darst. der rechner. Behandlung zeitunabhängiger nichtelast. Flüssigkeiten. — 20 Literaturangaben. A. Blaschette. 173□

Untersuchung der rheologischen Eigenschaften der Lösungen von verkleisterter Stärke, Amylose und Amylopektin. O. D. Kurilenko, A. P. Kaban und A. A. Nedushi. (Известия Высших Учебных Заведений, Пищевая Технология [Hochschulnachr., Nahrungsmittel-Technol.] **1961,** Nr. 1, 12—16; Kiew, Technolog. Inst. für Lebensmittelind., Lehrstuhl für physikal. u. Kolloidchem.; russ.) — Die Fähigkeit zur Struktur-Bldg. der *Amylose* (I)-Lsgg. ist der der *Amylopektin* (II)-Lsgg. bedeutend überlegen. Die Struktur-Bldg. in I-Lsgg. erfolgt durch Koagulation u. nachfolgenden Übergang der I in den mikrokristallinen Zustand. 0,5—3,0%ig. II-Lsgg. zeigen Grenzschubspannungen von nur 0,4—0,5 dyn/cm². Die Struktur-Bldg. im *Kartoffelstärkekleister* erfolgt durch I, welche die II-Makromoll., die selbst nicht strukturbildend sind, miteinander verkettet. S. Baryschnikow. 173

Adsorptionsisotherme auf homogenen Oberflächen einer lokalisierten regelmäßig beweglichen Einzelschicht. Franco Ricca. (Atti Accad. Sci. Torino, Cl. Sci. fisiche, mat. natur. **93,** 563—74, 1958/59; Torino, Univ., Ist. chim.; ital.) — Vf. untersucht allg. die Adsorptionsisotherme eines an homogenen Oberflächen adsorbierten Gases mit den Meth. der statist. Mechanik; die Isotherme ist vor allem für Gasmischungen anwendbar. C. Gottfried. 176

Adsorptionsisothermen von in Form einer idealen Einzelschicht vorliegenden Gasgemischen: die Zusammensetzung der adsorbierten Phase und der Gasphase beim Gleichgewicht. Franco Ricca. (Atti. Accad. Sci. Torino, Cl. Sci. fisiche, mat. natur. **93,** 575—86, 1958/59; ital.) — Vgl. vorst. Referat. C. Gottfried. 176

Adsorption von Kohlenoxid an Wolfram bei sehr niedrigen Drücken. Franco Ricca, Guido Saini und Antonio Nasini. (Atti Accad. Sci. Torino, Cl. Sci. fisiche, mat. natur. **93,** 557—62, 1958/59; ital.) — Vgl. vorst. Referate. — Mit Hilfe der von Saini beschriebenen Meßtechnik untersuchten Vff. die Adsorption von CO an W bei einem Druck von ca. 10^{-8} mm Hg u. Temp. zwischen 90 u. 481° K. W lag in Form eines 0,025 mm dicken Plättchens u. einer geometr. Oberfläche von 27,5 cm² vor; die Verunreinigungen des W an Si u. Fe waren < 0,03%. Graph. aufgetragen wurde die Menge adsorbierten CO pro Einheit der W-Oberfläche als Funktion der Temperatur. Aus der Kurve ist deutlich erkennbar, daß 2 verschiedene Adsorptionsprozesse auftreten, die angenähert unterhalb u. oberhalb von 200° K liegen. Vergleicht man die Ergebnisse mit denen von Saini für N_2, dann ergibt sich, daß die Anzahl der für die Adsorption von CO verfügbaren Plätze im wesentlichen dieselbe ist wie bei der Chemisorption des Stickstoffs. Die Menge adsorbierten CO bei ca. 200° K beträgt ca. 10^{15} Moll. pro cm² der scheinbaren Oberfläche u. bei 481° K ca. $6 \cdot 10^{14}$ Moll. pro cm². C. Gottfried. 176

Eine dielektrische Untersuchung der Adsorption von Wasser an Magnesiumhydroxid. S. M. Nelson. A. C. D. Newman, T. E. Tomlinson und L. E. Sutton. (Trans. Faraday Soc. **55,** 2186—2202, Dez. 1959; Oxford, Phys. Chem. Labor.; engl.) — Die dielektr. Verlustwinkel u. die DK von 2 verschiedenen $Mg(OH)_2$-Pulvern, an denen Wasserdampf adsorbiert war, wurden im Frequenzbereich von 33 Hz—20 MHz sowie zwischen 18 u. 100° gemessen u. Adsorptionsisothermen u. Oberflächengrößen nach BET untersucht. Die Meßergebnisse von Probe zu Probe bzw. bei einer bestimmten Probe während des De(Re)hydratationsprozesses waren jedoch schlecht reproduzierbar. Aktivierungsenthalpie u. -entropiewerte der Dipolrotation wurden bestimmt. Erstere lagen anfänglich bei 12 kcal/Mol u. verringerten sich während der De- bzw. Rehydratation auf ca. 5 kcal/Mol. 2 Relaxationsprozesse, vom Dipol- u. Maxwell-Wagner-Typ, wurden zur Erklärung der Ergebnisse herangezogen. H. P. Rettig. 176□

Die Adsorption von Calcium-, Strontium- und Thalliumionen aus geschmolzenen Salzen an Siliciumdioxid und Aluminiumoxid. T. L. Roach und D. M. Himmelblau. (J. inorg. nuclear Chem. **17**, 373—81. Juni 1961; Austin, Tex., Univ. of Texas, Dep. of Chem. Engng.; engl.) — Vff. untersuchten die Adsorption von Ca^{2+}, Sr^{2+} u. Tl^{+} aus Lsgg. von $CaCl_2$, $SrCl_2$ u. TlCl in KCl–$ZnCl_2$-Schmelzen eutekt. Zus. (46 Mol.-% KCl, F. 228°) an SiO_2 (I) u. Al_2O_3 (II) bei 250 ± 5° unter Verw. von ^{45}Ca, ^{90}Sr u. ^{204}Tl. An I findet keine Adsorption statt. Während Tl^{+} nicht an II adsorbiert wird, ist die Adsorption von Sr^{2+} zweimal so groß wie die von Ca^{2+}. Ein Weg, um die Kationen von II zu eluieren, konnte bis jetzt noch nicht gefunden werden. Die Adsorptionsisothermen u. -verhältnisse sowie die Daten der Adsorptionskolonnen wurden bestimmt. G. Gattow. 176□

Säure-Aktivierung von Montmorillonit. R. D. Heyding, R. Ironside, A. R. Norris und R. Y. Prysiazniuk. (Canad. J. Chem. **38**, 1003—16, Juni 1960; Ottawa, Nat. Res. Council, Div. of Appl. Chem.; engl.) — Montmorillonit-Ton wird mit verd. H_2SO_4 am Rückflußkühler „naß" oder mit wenig W. enthaltender H_2SO_4 zu einer krümeligen Masse bei 200° „trocken" aktiviert. Die Beseitigung der Metallionen, die Bldg. hydratisierter SiO_2 u. die Zers. des Gitters sind im Trocken-Verf. größer als im Naßverfahren. Das Bleichvermögen für Mineralöle ist eine Funktion der BET-N_2-Oberfläche bis 220 (m^2/g) für trocken u. 360 für naß aktivierten Ton. Die BET-N_2-Oberflächen u. das Bleichvermögen von Ton, der mit 30%ig. H_2SO_4 aktiviert worden ist, sind in trocken aktivierten Proben größer als in naß behandeltem Ton. Nach dem Calcinieren wird die Form der Wasserisothermen der der N-Isothermen ähnlich. Die BET-N_2-Oberflächen vermindern sich geringfügig, die Wasseroberflächen stark. W. Wesly. 176□

Eine Untersuchung des Ca-K-Ionenaustauschgleichgewichtes mit Hilfe von Membranelektroden. Saroj Kumar Bose. (J. Indian chem. Soc. **37**, 465—68, Aug. 1960; Calcutta, City Coll., Chem. Dep.; engl.) — Die Best. der Ionenaktivitäten einzelner Ionen in bin. Mischungen ist mit einer Meth. möglich, bei der an Hand des Ionenaustauschgleichgewichtes zwischen Membranelektroden mit verschiedenem Ionenbeweglichkeitsverhältnis für das gleiche Kationenpaar auf die gesuchte Ionenaktivität geschlossen werden kann. Angewandt auf das Syst. Ca $(Ton)_2$ + 2 KCl $\rightleftharpoons$ 2 K (Ton) + $CaCl_2$ bestimmte Vf. die verschiedenen Ionenaktivitäten sowohl für die Hin- als auch die Rückreaktionen. Der in Abhängigkeit von der Elektrolytstärke aufgetragene Wert der Ionenaktivität weist im Falle des K^{+} für die Hin- u. Rück-Rkk. einen ähnlichen, leicht ansteigenden Verlauf auf, wogegen er im Falle des Ca^{2+} für die Hin-Rk. eine stärkere u. für die Rück-Rkk. eine sehr starke Zunahme erfährt. Die beobachteten Erscheinungen werden durch die gegenüber K^{+}-Ionen vergleichsweise geringere Affinität der Ca^{2+}-Ionen erklärt. D. Forst. 177□

Verteilung zweier Ionen zwischen Ionenaustauscher und Lösung. L. Pochhali. (J. Indian chem. Soc. **37**, 451—56, Aug. 1960; Calcutta, Jadavpur Univ., Phys. Chem. Labor.; engl.) — Die Verteilung zweier Ionen zwischen Ionenaustauscher u. äußerer Lsg. gehorcht der Beziehung: $(A/B)_R = a \cdot [(A/B)_S]^n$, wenn $(A/B)_R$ das Verhältnis der Ionenäquivalente innerhalb des Austauschers, $(A/B)_S$ das Verhältnis der Konzz. in der Lsg. u. a bzw. n 2 für ein bestimmtes Ionenpaar u. ein bestimmtes Austauscherharz charakterist. Konst. bedeuten. Die angegebene Beziehung ist sowohl auf Kationen- als auch Anionenaustausch-Rk. anwendbar. D. Forst. 177□

Ionenaustauschreaktionen mit heteroionischen, synthetischen Harzen. 1. Mitt. Kationenaustausch. L. Pochhali. (J. Indian chem. Soc. **37**, 521—26, Sept. 1960; engl.) — Vgl. vorst. Referat. — Vf. bestimmt Ionenaustausch-Rkk. an Kationenaustauschharzen (Zeo-Karb 225), die mit zweierlei Arten von Kationen (NH_4^{+}–K^{+}, Ca^{2+}–NH_4^{+}, Ba^{2+}–Ca^{2+}) in unterschiedlichen Konz.-Verhältnissen (25 : 75, 50 : 50, 75 : 25) gesätt. wurden, nach der Gleichgewichts-Meth. gegen eine dritte, in Lsg. befindliche Kationenart (Na^{+}). Hierbei wird die ursprünglich leichter (schwerer) austauschbare Ionenart infolge der Anwesenheit der anderen Ionenart in erhöhtem (entsprechend geringerem) Maße ausgetauscht. Diese Wechselwrkg. verstärkt sich allg. mit zunehmendem Konz.-Verhältnis der Komplementärionen. Die Reihenfolge der Einführung der beiden Ionenarten in das Austauschharz während der Herst.-Periode der heteroion. Harzsalze erwies sich ohne Einfl. auf das Freiwerden dieser beiden Ionenarten. Abschließend wird die Änderung des Selektivitäts-Koeff. der Na^{+}-Ionen in Abhängigkeit vom Konz.-Verhältnis der beiden ursprünglich im Harz vorhandenen Ionenarten bestimmt. D. Forst. 177□

Ionenaustauschreaktionen mit heteroionischen, synthetischen Harzen. 2. Mitt. Anionenaustausch. L. Pochhali. (J. Indian chem. Soc. **37**, 527—30, Sept. 1960;

engl.) — 1. vgl. vorst. Referat. — Bei Ionenaustausch-Rkk., ähnlich den l. c. beschriebenen, jedoch unter Verw. des mit verschiedenen Anionenpaaren (Cl^-–NO_3^-, Cl^-–SO_4^{2-}, NO_3^-–SO_4^{2-}) in verschiedenen Konz.-Verhältnissen beladenen, stark bas. Anionenaustauschers „De-Acidite FF" gegen OH^-, wird der Austausch des leichter (schwerer) austauschbaren Ions durch die Anwesenheit des Komplementärions gefördert (entsprechend verhindert). Das Ausmaß dieser Wechselwrkg. nimmt ebenso wie im Falle des Kationenaustausches mit dem Konz.-Verhältnis zu. Während sich bei einem mit dem Cl^-–NO_3^--Paar beladenen Harz additive Zus. der austauschbaren Ionengesamtmenge ergibt, wurde bei Anwesenheit von SO_4^{2-}- eine starke Behinderungstendenz des Ionenaustausches festgestellt. Wird der Austauscher zuerst mit SO_4^{2-} u. danach mit dem anderen Ion des entsprechenden Paares beladen, so wird der Austausch auch deutlich beeinflußt, d. h. SO_4^{2-} kann Plätze höherer Bindungsenergie einnehmen. Die Struktur des stark bas. Anionenaustauschers vom Polyamintyp muß sich also von der des stark sauren Kationenaustauschers vom sulfonierten Polystyroltyp unterscheiden.
D. Forst. 177□

A_6. Strukturforschung

Eine schnell justierbare vertikale Guinier-Kamera. H. F. Fischmeister. (Acta crystallogr. [Copenhagen] **14,** 113—15, 10/2. 1961, Stockholm, Swedish Inst. for Metal Res.; engl.) — Es wird eine Guinier-Kamera mit vertikaler Röntgenröhre beschrieben, die rasch u. leicht für Strahlen verschiedener Wellenlänge justiert werden kann. Alle krit. Abstände u. Winkel werden mit Hilfe auswechselbarer Zwischenstücke, die nur einmal justiert wurden, fixiert. Diese Meth. erübrigt bei Wellenlängeminderung jegliches Nacheichen. G. Talsky. 181□

Über die Justierung von Kristallen bei Röntgenuntersuchungen. Isabel Garaycochea und Hilda Cid-Dresdner. (Acta crystallogr. [Copenhagen] **14,** 200—01, 10/2. 1961; Santiago, Chile, Univ. de Chile, Inst. de Fis. y Mat., Centro de Investigaciones de Cristalografia; engl.) — Vff. geben eine verbesserte Meth. zur Justierung der Kristallachsen u. der Kamera bei Röntgen-Unterss. an u. diskutierten die Auswrkg. bei fehlerhafter Orientierung. — 14 Literaturzitate. G. Talsky. 181□

Die Orientierung von Einkristallen. P. P. Williams. (Acta crystallogr. [Copenhagen] **14,** 1080, 10/10. 1961; Wellington, New Zealand, Dominion Labor.; Univ. of Auckland, Chem. Dep.; engl.) — Kurze Beschreibung des Orientierungs-Verf. bei Kleinwinkelschwenkaufnahmen. C. Gottfried. 181

Einige Fehlerquellen beim Messen von Gitterparametern. Chester R. Berry. (Acta crystallogr. [Copenhagen] **11,** 302, 10/4. 1958; Rochester, N.Y., Eastman Kodak Co., Res. Labor.) — Vf. gibt an Hand der Literatur u. speziell mehrerer eigener Arbeiten einen kurzen Überblick über mögliche Fehlerquellen bei der Best. von Gitter-Konst. mit Hilfe von Röntgen- u. Elektronenbeugung. C. Gottfried. 181

Eine direkte graphische Methode zur genauen Bestimmung der Gitterparameter tetragonaler oder hexagonaler Kristalle. Edward J. Myers und Franklin C. Davies. (Acta crystallogr. [Copenhagen] **14,** 194—97, 10/2. 1961; Wright-Patterson Air Force Base, Ohio, Mechanics Dep., Inst. of Technol.; engl.) — Vff. beschreiben eine neue graph. Meth. zur Berechnung von Gitter-Konst. tetragonaler oder hexagonaler Kristalle u. erläutern das Verf. am Beispiel der Leg. *TiAl*. G. Talsky. 181□

Diffuse, durch die Temperatur bedingte Streuung für kubische Pulverdiagramme. Bernard Borie. (Acta crystallogr. [Copenhagen] **14,** 566—68, 10/6. 1961; Oak Ridge, Tenn., Oak Ridge Nat. Labor., Metallurgy Div.; engl.) — Vf. entwickelte allg. Ausdrücke für die verschiedenen Ordnungen der durch die Temp. erzeugten diffusen Streuung in kub. krist. Substanzen u. zieht daraus den Schluß, daß die von Warren (vgl. C. **1954,** 7135) entwickelte Theorie genauer ist als die von Paskin (vgl. C. **1960, 3133**).
C. Gottfried. 181

Parameterwechselwirkung bei der Strukturverfeinerung mit Hilfe der Methode der kleinsten Quadrate. S. Geller. (Acta crystallogr. [Copenhagen] **14,** 1026—35, 10/10. 1961; Murray Hill, N.J., Bell Telephone Labor., Inc.; engl.) — Vf. führt aus, daß die Korrelationsmatrix einen deutlichen Hinweis auf die gegenseitige Abhängigkeit der Parameter im Verlauf der Verfeinerung gibt. Sehr starke Wechselwrkg., d. h. hohe Korrelationen, sind im wesentlichen unabhängig von der Qualität der Daten, hängen jedoch von dem Trial-Strukturmodell ab, u. zwar unter Einschluß aller Parameter u. Atomstreufaktoren u. in einem gewissen Maße auch von der Anzahl der Daten. Sehr starke

Wechselwrkg. bedeuten, daß die enthaltenen Parameter unbestimmt sein könnten. An Hand der Struktur des kub. *Grossular* u. der tetragonalen Strukturen von $BaTiO_3$ u. $LiMnPO_4$ zeigt Vf. die Beziehung zwischen den Korrelations-Koeff. u. den beobachteten Ergebnissen der Berechnungen mit Hilfe der Meth. der kleinsten Quadrate.
C. Gottfried. 181

Eine Gleichung zwischen Strukturfaktoren für ungleiche oder überlappte Atome enthaltende Strukturen. 1. Mitt. **Die Gleichung und ihre Eigenschaften.** M. M. Woolfson. (Acta crystallogr. [Copenhagen] **11**, 277—83, 10/4. 1958; Manchester, Coll. of Sci. and Technol., Phys. Dep.; engl.) — 2. vgl. C. **1960**, 16678. — Vf. entwickelt eine Beziehung zwischen den Strukturfaktoren ungleicher Atome, die exakt für zentrosymm. Strukturen mit nicht mehr als 2 Atomsorten gilt. Näherungsweise gilt die Gleichung auch für Strukturen mit ganz oder teilweise sich überlappenden Atomen gleicher Art u. für Strukturen, die mehr als 2 Atomsorten enthalten. C. Gottfried. 181

Phasenbestimmung aus neuen Häufigkeitswahrscheinlichkeitsverteilungen: Raumgruppe P 1. J. Karle und H. Hauptman. (Acta crystallogr. [Copenhagen] **11**, 264—69, 10/4. 1958; Washington, D.C., U.S. Naval Res. Labor.; engl.) — Vgl. C. **1958**, 10574. C. Gottfried. 181

Ableitung der „fast"-orthogonalen Zweielektronorbitale. E. Kapuy. (Acta physica Acad. Sci. hung. **13**, 461—68, 1961; Budapest, Hung. Acad. of Sci., Res. Group for Theoret. Phys.; engl.) — Vgl. C. **1962**, 5204 u. 5552. — Es werden Ableitungen u. Lösungen der Gleichungen für die 2-Elektronenbahnen mitgeteilt.
H. Schroeder. 182□

Der Prozeß des tiegelfreien Zonenziehens. W. Bardsley. (Res. appl. in Ind. **12**, 183—87, Mai 1959; Malvern, Worchestershire, Royal Radar Establ.; engl.) — Beschreibung der Vers.-Anordnung zu Gewinnung von Si-Einkristallen. Die gleiche Anordnung kann auch für Leichtmetalle (Al) u. schwerere Metalle mit hohem F. verwendet werden, wenn die Oberflächenspannung im fl. Zustand hoch u. die Dichte der Schmelze relativ niedrig ist. G. Meinhardt. 190□

Eine Verbesserung der Methode des tiegelfreien Zonenziehens zur Darstellung von Einkristallen. G. W. Green. (J. sci. Instruments **38**, 167, April 1961; Great Malvern, Ministry of Aviat.; Roy. Radar Establishm.; engl.) — Um zu vermeiden, daß sich bei der Herst. von *Si*-Einkristallen die Stabachse bei längerer Schmelzdauer durchbiegt, schlägt Vf. vor, die Enden des Si-Stabes mit gleicher Geschw. (einige Umdrehungen pro Min.) in umgekehrter Richtung zu drehen. Die gleiche Technik wurde auch bei der Schwimmzonenreinigung von *InSb* erfolgreich angewandt. C. Gottfried. 190

Untersuchungen über das Gefrieren von reinen Flüssigkeiten. 1. Mitt. **Kritische Unterkühlung in geschmolzenen Alkalihalogeniden.** E. R. Buckle und A. R. Ubbelohde. (Proc. Roy. Soc. [London], Ser. A **259**, 325—40, 1 Tafel, 29/12. 1960; London, Imp. Coll. of Sci. and Technol., Dep. of Chem. Engng. and Chem. Technol.; engl.) — Vff. beschreiben eine neue Hochtemp.-Nebelkammer. An einem durch das Oberteil geführten Heizdraht wird eine kleine Perle aus dem zu untersuchenden Halogenid befestigt, die beim Stromfluß durch den Draht eine plötzliche Temp.-Steigerung von einigen hundert Grad erfährt, wodurch in der Kammer eine Salzdampf-Konz. hoher Übersättigung entsteht. Die nachfolgende Kondens. bei Ggw. eines inerten Trägergases führt in Abhängigkeit von der Kammer-Temp. zur Bldg. von Wolken aus Tröpfchen oder festen Teilchen der Halogenide. Das bei geeigneter Beleuchtung von den Wolken ausgesandte Streulicht wird mit einem Fernrohr beobachtet. Die Anwesenheit von krist. Teilchen gibt sich durch ein Funkeln zu erkennen. Dieses Funkeln tritt bei einer für jedes Salz charakterist., scharf definierten Temp. unterhalb des F. auf (T_s: Erstarrungsschwelle der geschmolzenen Salztröpfchen in °K; T_f: Erstarrungspunkt des Halogenids in °K; $\Theta = T_f - T_s$): *LiF*: (T_s =) 889, (T_f =) 1121, (Θ =) 232, (T_s/T_f =) 0,79; *LiCl*: 697, 887, 190, 0,79; *LiBr*: 629, 823, 94, 0,76; *NaF*: 984, 1265, 281, 0,78; *NaCl*: 905, 1074, 168, 0,84; *NaBr*: 857, 1023, 166, 0,84; *KCl*: 874, 1045, 171, 0,84; *KBr*: 845, 1013, 168, 0,83; *KJ*: 799, 958, 159, 0,85; *RbCl*: 832, 988, 156, 0,84; *CsF*: 823, 955, 132, 0,86; *CsCl*: 766, 918, 152, 0,83; *CsBr*: 747, 908, 161, 0,82; *CsJ*: 701, 894, 193, 0,78. Diese Ergebnisse werden hinsichtlich des Kondens.-Prozesses, d. h. des Mechanismus der Keim-Bldg. u. des Kristallwachstums, diskutiert. Bemerkenswert ist die Beobachtung, daß eine reduzierte Temp. T_s/T_f existiert, die für alle untersuchten Halogenide einen Wert von annähernd 0,8 besitzt. Wolfgang Wagner. 190□

Über Keimbildung, Einkristallwachstum und Auffächerungswachstum von $CuCl_2 \cdot 2\,H_2O$ in reinwässerigen und eiweißhaltigen Lösungen. A. Neuhaus. (Fortschr. Mineralog. **38**, 146—48, Sept. 1960; Bonn; dt.) — Vf. untersuchte zuerst die Keim-Bldg. von $CuCl_2 \cdot 2\,H_2O$ in rein-wss. Lsgg., sowie in Ggw. der Aminosäuren *Glykokoll*, *d,l-Valin*, *l-Leucin, l-Asparaginsäure* u. *l-Glutaminsäure* sowie der Eiweißarten *Gelatine, Albumin, Ovalbumin* u. *Globulin* als Lsg.-Genossen. Hierbei wurde gefunden, daß die Keim-Bldg. sehr stark durch die kleinmolekularen Aminosäuren gehemmt wird, weit weniger stark durch die makromolekularen Proteine. Hierauf wurde das Wachstums-Verh. in rein-wss. u. Lsg.-Genossen-haltigen, metastabil übersätt. Lsgg. bestimmt, wobei als Zusätze Gelatine, Albumin u. Globulin Verw. fanden. Als stabile Wachstumstracht ergab sich bei kleinen bis mittleren Übersättigungen (bis ~ 1%) ausschließlich eine Kombination von ⟨110⟩ u. ⟨001⟩, wobei das relative Größenverhältnis beider Formen, je nach Übersättigung u. Lsg.-Genossen-Zusatz, definiert wechselte. Quant. Messungen der linearen Wachstums-Geschw. der beiden Flächenarten ergaben, daß schon in rein-wss. Lsg., u. zwar mit der Übersättigung etwas wechselnd, 80—90% der vom Kristall angelagerten Substanzmenge auf ⟨001⟩ erfolgte u. nur 10—20% auf ⟨110⟩. Bei Wachstum unter Eiweißzusatz verhielten sich die beiden Flächen sehr verschieden. Bei Zusätzen von ca. 1% Albumin bzw. Gelatine wurde das Wachstum von ⟨001⟩ nur mäßig bis deutlich verlangsamt, das von ⟨110⟩ prakt. vollständig gebremst. Für beide Flächenarten wurde ein „Schwellenwert" beginnenden Wachstums bei einer Übersättigung von ~ 0,3% gefunden. Oberhalb einer Übersättigung von 0,8—1,0% ging das idealebenflächige Wachstum von ⟨001⟩ mehr u. mehr in ein Kantenwachstum parallel [001] über, wobei das bis dahin einheitliche Prisma zu einem gleichförmig subparallel auffächernden Skeletteinkristall auswuchs, wobei der Auffächerungswinkel, je nach Art u. Menge des Eiweißzusatzes u. je nach lokaler Übersättigung Werte von 0 bis ca. 30° annahm. Bestimmend für die Größe des Auffächerungswinkels sind die Übersättigung, die allg. Zähigkeit der Lsg. im unmittelbaren Diffusionshof vor den wachsenden Prismenenden u. die spezif. Wechselwrkg. des Lsg.-Genossen mit (001) u. vermutlich benachbarten Netzebenen. C. Gottfried. 190

Darstellung von reinen Hydroxylapatit-Kristallen. Alvin Perloff und Aaron S. Posner. (Science [Washington] **124**, 583—84, 28/9. 1956; Washington, D.C., Nat. Bur. of Stand.; engl.) — Eine Mischung von 1 Vol. 85%ig. H_3PO_4 mit 5 Vol. H_2O wird bei Raum-Temp. mit $Ca_3(PO_4)_2$ gesätt., bis zum Kp. erhitzt u. ausgeschiedenes $CaHPO_4$ abfiltriert, mit A. gewaschen u. bei 105° getrocknet. Reines, gut krist. $Ca_{10}(PO_4)_6(OH)_2$ (I) wird aus der Rk. von 0,1 g $CaHPO_4$ mit 10 ml H_2O bei 300° innerhalb von 10 Tagen erhalten. Die Rk. wird in einer platinierten Bombe des Morey-Angerson-Typs durchgeführt. Der innere Druck des Syst. beträgt ca. 1250 lbs./in². Die Ggw. von gewissen kation. Verunreinigungen (Fe bzw. Cr von der Bombe) kann das entstehende Prod. wesentlich beeinflussen [Bldg. von *Whitlockit*, β-$Ca_3(PO_4)_2$]. Unter normalen Bedingungen werden klare, hexagonal-dipyrimidale I-Kristalle von ca. 0,3 mm Länge erhalten. Spektrograph. wurden folgende Verunreinigungen festgestellt. Cu, Fe, Na, Pb, Si, Sr, 0,01—0,1%; Al, Ba, Cr, Mg, Ni, Pt, 0,001—0,01%; Ag, Mn, 0,0001—0,001%. Die Brechungsindices sind $\varepsilon = 1,643 \pm 0,002$ u. $\omega = 1,649 \pm 0,002$. H. Roschkowski. 190□

Über die Züchtung von Orthoklas. H. Schloemer. (Fortschr. Mineralog. **38**, 140—45, Sept. 1960; Saarbrücken; dt.) — Vf. bestimmte zunächst die Löslichkeit eines *Sanidins* in W. bei Temp. bis 700° u. einem hydrostat. Druck bis ca. 4000 at. Bei konst. Temp. bewirkt zunehmender Druck eine ständige Erhöhung der Löslichkeit. Bei konst. Druck durchlaufen die Isobaren mit steigender Temp. nach einem Maximum noch ein Minimum, d. h., es gibt einen begrenzten Bereich, in dem unter isobaren Bedingungen ansteigende Temp. eine abnehmende Löslichkeit ergeben. An dem gleichen Feldspat wurden die Wachstumsraten eines Kristallkeims während 6 Wochen unter isobaren Verhältnissen in variabler Temp. zwischen 400° Bodenkörper u. 300° Kristallkeim gemessen. Die hierbei gefundene Wachstumsrate betrug 1,26 mg pro Tag. Analoge Verss. in Ggw. eines Quarzkristalls, der in der Nähe des Orthoklaskeimes aufgehängt war, ergaben eine Wachstumsrate von 1,5 mg pro Tag. Verss. unter Zufügung von KF, KH_2PO_4, K_2CO_3 oder $KHCO_3$ verliefen ohne Erhöhung der Wachstumsrate. C. Gottfried. 190

Anlaufen von Quarzkörnchen. Ph. H. Kuenen und W. G. Perdok. (Proc., Kon. nederl. Akad. Wetensch., Ser. B **64**, 343—45, 1961; Groningen, Univ., Geol. Inst. u. Inst. for Crystal Phys.; engl.) — Für die Erscheinung des Anlaufens von Quarzkörnern in Quarzsand werden im wesentlichen zwei Ursachen angenommen: die Einwrkg. chem. angreifender Lsgg. u. physikal. Einw., z. B. durch Tau. R. Kaiser. 190□

Entwässerungserscheinungen an kristallwasserhaltigen Verbindungen. K. Kohler. (Fortschr. Mineralog. **38**, 131—32, Sept. 1960; Berlin-Dahlem; dt.) — Mit Hilfe der Thermowaage u. an Hand von Pulverdiagrammen untersuchte Vf. das therm. Abbau-Verh. von $CaSO_4 \cdot 2\,H_2O$; $CuCl_2 \cdot 2\,H_2O$; $FeCl_2 \cdot 4\,H_2O$; $CuSO_4 \cdot 5\,H_2O$; $Na_2S_2O_3 \cdot$

5 H_2O; $Co(NO_3)_2 \cdot 6\,H_2O$; $MgCl_2 \cdot 6\,H_2O$; $Fe(NH_4)_2(SO_4)_2 \cdot 6\,H_2O$; $FeSO_4 \cdot 7\,H_2O$; $MgSO_4 \cdot 7\,H_2O$ u. *$NiSO_4 \cdot 7\,H_2O$*. Es wurde gefunden, daß die Ausbldg. ganzzahliger Restmolbeträge H_2O, wie sie bei $CuSO_4 \cdot 5\,H_2O$ beobachtet worden sind, bei den anderen Substanzen meist nicht auftritt. Es stellten sich häufig unganzzahlige Restmolbeträge H_2O ein. Dies beruht auf der Koexistenz zweier Dehydratphasen während eines bestimmten Temp.-Bereiches, dessen Länge für jedes Dehydratpaar unterschiedlich u. bei gegebenen pt-Bedingungen spezif. ist. Bei den Heptahydraten kann Restwasser auftreten, das seinen kristallwasserartigen Bindungscharakter verloren hat. Aus den Beobachtungen wird der Schluß gezogen, daß der Bindungscharakter von H_2O in kristallwasserhaltigen Hydraten während des Entwässerungsvorgangs für die einzelnen Dehydratphasen nicht allein vom Verh. des H_2O her aus DTA u. Entwässerungskurven bestimmt werden kann, sondern daß stets auch noch die strukturellen Gegebenheiten untersucht werden müssen, u. zwar sowohl im abgekühlten als auch im erhitzten Zustand. Es wird darauf hingewiesen, daß bei $Fe(NH_4)_2(SO_4)_2 \cdot 6\,H_2O$ offenbar auch amorphe Zwischenphasen auftraten.

C. Gottfried. 190

Über den Einfluß der Heterodiffusion in den Oberflächenschichten der Teilchen auf das Schwinden beim Sintern. I. M. Fedortschenko. (Доповіді Академії Наук Української РСР [Ber. Akad. Wiss. UkrainSSR] **1960,** 784—87; Inst. für Metallkeramik u. Sonderlegg. der Akad. der Wiss. der UkrainSSR; ukrain., Auszug: engl.) — In Verss. mit reinem Fe oder Co sowie mit den Gemischen aus 63 (%) Co, je 5 Ni u. Mo u. 27 Cr bzw. 5 Fe, 20 Co, 60 Ni u. 15 Cr, die 90 Min. in H_2 auf 1000° (Fe, Co) oder im Vakuum auf 800, 950, 1000 u. 1100° erhitzt wurden, wird festgestellt, daß die pyknometr. Dichte der Pulver durch das Glühen bei 1100° um 0,57—2,14% zunimmt. Die Vol.-Abnahme der aus den gesinterten Pulvern gepreßten Briketts erreicht bis zu 30%. Der Schwund ist bei der Sinterung von Gemischen aus verschiedenen Metallpulvern, bei denen eine gegenseitige Diffusion in der Oberflächenschicht stattfindet, viel geringer als bei reinem Fe oder Co. Die Vol.-Abnahme der Briketts kann nicht mit der Verdichtung jedes einzelnen Teilchens oder mit dem „Diffusionskriechen" innerhalb der Teilchen erklärt werden. Unter den eingehaltenen Vers.-Bedingungen ist die Vol.-Abnahme eine Folge des „Diffusionskriechens" in den Oberflächenschichten der Teilchen.

O. Lebtag. 190□

Über die Polymorphie der Thalliumhalogenide. I. H. Khan. (Proc. physic. Soc. **76,** 507—12, Okt. 1960; London, Imp. Coll., Phys. Dep.; engl.) — Vff. dampften im Vakuum bei Temp. bis ca. 400° *TlCl*, *TlBr* u. *TlJ* zuerst auf die (1 0 0)-Spaltflächen von *LiF*, *NaF*, *NaCl*, *PbS*, *KCl*, *KBr*, *RbBr*, *KJ*, *RbJ*, *MgO*, auf die (1 1 0)-Spaltfläche von *ZnS*, auf die (1 1 1)-Spaltfläche von *CaF_2*, auf die (0 0 1)-Spaltfläche von *Glimmer*, auf angeätzte (1 1 0)-Flächen von NaCl, KCl, KJ, auf angeätzte (1 1 1)-Flächen von NaCl u. KBr sowie auf nach (1 1 1) u. (1 0 0) orientierte Filme von *Ag* u. *Au*. Für TlCl u. TlBr wurde gefunden, daß Filme auf Spaltflächen von Kristallen mit NaCl-Struktur anomale NaCl-Struktur zeigen. Nach einer gewissen Filmdicke erschien die CsCl-Struktur, wobei diese Dicke von Substrat zu Substrat unter ähnlichen Aufdampfbedingungen variierte. Die Aufdampfgeschw. u. die Temp. des Substrats beeinflußten auch die Dicke des Films mit NaCl-Struktur. Auf den angeätzten (1 1 0)-Flächen der Alkalihalogenide hatte der Film bei Zimmer-Temp. die normale CsCl-Struktur u. zeigte keine bevorzugte Orientierung. Wurde Film u. Substrat erhitzt, dann änderte sich der Nd. in eine orientierte Schicht mit NaCl-Struktur u. mit (1 1 0)-Ebenen parallel zum Substrat. Gemessen u. tabellar. zusammengestellt wurden die Gitterkonst. der anomalen NaCl-Struktur. Für TlJ wurde gefunden, daß die Schichten CsCl-Struktur besaßen, wenn sie auf die Spaltflächen der Alkalihalogenide aufgedampft worden waren, obwohl TlJ bei Zimmer-Temp. rhomb. ist u. sich erst oberhalb 175° in die CsCl-Struktur umwandelt. Wurde der Nd. langsam erhitzt, dann bildete sich bei 175° u. darüber die NaCl-Struktur aus; diese wurde auch erhalten, wenn das Aufdampfen oberhalb 175° durchgeführt wurde.

C. Gottfried. 190

Über die Mischkristallreihe Zinkblende–Stilleit. Dietrich D. Klemm. (Neues Jb. Mineralog., Mh. **1961,** 253—57, Dez.; München, Inst. für allg. u. angew. Geol. u. Miner.; dt.) — Die Synth. der isomorphen Mischungsreihe ZnS–ZnSe durch Mischen der mit einem Abstand von jeweils 10 Mol.-% verschiedenen, stöchiometr. Einwaagen der Ausgangssubstanzen u. 70 Std. langes Tempern bei 1000° (10^{-4} Torr) wird durchgeführt, im festen Zustand bei 400° gelang sie nur teilweise. Röntgenograph. (Guinier-Meth.) u. auflichtmkr. wird die unbeschränkte Mischkristall-Bldg. nachgewiesen. Die Gitter-Konst. von ZnS–ZnSe stimmen gut mit den Mineralien Zinkblende u. Stilleit überein. Das Fehlen natürlicher Mischungsglieder der Reihe Zinkblende–Stilleit wird damit erklärt, daß größere Mengen Se statt S nur bei außergewöhnlichen Bedingungen vom ZnS-Gitter aufgenommen werden. H. Noack. 190

Kristallographische Untersuchungen an ZnS–CdS-Mischkristallen. H. Hartmann (Fortschr. Mineralog. **38**, 185—86, Sept. 1960; Liebenwalde; dt.) — Röntgenograph. u. Luminescenz-Unterss. an ZnS–CdS-Mischkristallen zeigten eine Zunahme der Korngröße u. eine Verschiebung der Maxima der Emissionsbanden nach größeren Wellenlängen mit steigender CdS-Konzentration. Aus den Pulverdiagrammen ergab sich, daß schon ein geringer CdS-Geh. die Temp., bei der Wurtzitstruktur auftritt, gegenüber reinem ZnS erniedrigt. Die entsprechende CdS-Menge, die das Auftreten der Wurtzitstruktur bedingt, nimmt mit steigender Darst.-Temp. ab. Ein ähnliches Verh. zeigten die Mischkristalle auch bei Zusatz von *ZnSe* u. *CdSe*. *ZnS–ZnSe*-Mischkristalle kristallisieren stets in Blendestruktur, *CdS–CdSe*-Mischkristalle dagegen in Wurtzitstruktur. Mit zunehmender Se-Konz. nehmen die Gitterkonst. zu. C. Gottfried. 190

Röntgenkristallographie von Larderellit $NH_4B_5O_6(OH)_4$. Joan R. Clark. (Amer. Mineralogist **45**, 1087—93, Sept./Okt. 1960; Washington, D.C., U.S. Geol. Surv.; engl.) — An neuem Material, das Einkristallaufnahmen u. Dichte-Best. zuließ, wurden die Angaben über Larderellit überprüft u. verbessert. Gitter-Konst.: a = 11,63, b = 7,61$_5$, c = 9,44$_7$ Å, β = 96° 45′, Raumgruppe P 2_1/a, Z = 2, D. (berechnet) 1,887, (gemessen) 1,905. J.-E. Hiller. 195□

Über Vaterit und seine Struktur. Hans-Jürgen Meyer. (Fortschr. Mineralog. **38**, 186—87, Sept. 1960; Bonn; dt.) — Vf. bestimmte röntgenograph. die Kristallstruktur des Vaterits, μ-$CaCO_3$. Sie ergab sich als eine Variante des NiAs-Typs, in der die Ebenen der CO_3-Gruppen parallel zur c-Achse u. wahrscheinlich einer a-Achse liegen. Vaterit ist daher vermutlich nur pseudohexagonal. Die Dimensionen der rhomb. Zelle sind a = 4,13 (Å), b = a $\sqrt{3}$ u. c = 8,48; Raumgruppe D_{2h}^{1} = P b n m; Z = 4. Es liegen 4 Ca in (a), 4 C in (c) mit x = 0,157, y = $^2/_3$; 4 O in (c) mit x = 0,471, y = $^2/_3$ u. 8 O in (d) mit x = 0, y = $^2/_3$, z = 0,118. C. Gottfried. 195

Kristallstrukturen des $ZnCl_2$. B. Brehler. (Fortschr. Mineralog. **38**, 198—200, Sept. 1960; Marburg/Lahn; dt.) — Aus wss. Lsgg. u. aus Schmelzen wurden 3 verschiedene $ZnCl_2$-Modifikationen erhalten: α-*$ZnCl_2$* **(I)**, β-*$ZnCl_2$* **(II)** u. γ-*$ZnCl_2$* **(III)**. **I** bildet sich aus Lsgg. zwischen ca. 40 u. 120° aus Schmelzen bei rascher Abkühlung, ist einachsig positiv, tetragonal mit a = 5,40 (Å), c = 10,35; Raumgruppe D_{2d}^{12}—J $\bar{4}$ 2 d; Z = 4; **II** aus Lsgg. zwischen 25 u. 120°, aus Schmelzen bei langsamer Abkühlung, ist zweiachsig positiv, monoklin mit a = 6,54 (Å), b = 11,31, c = 12,33; β = 90°; Raumgruppe C_{2h}^{5}—P 2_1/n; Z = 12. **III** wurde nur aus Lsgg. zwischen 25 u. 40° erhalten, ist einachsig negativ, tetragonal mit a = 3,70 (Å), c = 10,67; Raumgruppe D_{4h}^{15}—P 4_2/n m c; Z = 2. In **I** sind die Koordinationstetraeder zu einem Raumgerüst miteinander verknüpft. In der Struktur besetzen die Cl die Punktlagen einer in der (0 0 1)-Ebene leicht aufgeweiteten kub.-dichtesten Kugelpackung. **III** hat eine ausgeprägte Schichtstruktur, in der die Koordinationstetraeder, wiederum nur über Ecken, zu zweidimensional unendlichen Schichten miteinander verknüpft sind. Die Cl besetzen die Punktlagen einer in der [0 0 1]-Richtung leicht aufgeweiteten kub.-dichtesten Kugelpackung. In dieser Cl-Packung sind parallel zur (0 0 1)-Ebene jeweils übernächste Schichten von tetraedr. Lücken zur Hälfte mit Cl besetzt. **III** ist mit HgJ_2 (C 13-Typ) isotyp. In **II** sind die Koordinationstetraeder ebenfalls zu einem Raumgerüst verknüpft. Die Cl besetzen die Punktlagen einer fast idealen hexagonalen-dichtesten Kugelpackung. Der Abstand Zn—Cl liegt in allen 3 Strukturen um 2,30 Å; er entspricht damit prakt. der Summe der Tetraederradien von Zn u. Cl, die sich zu 2,30 Å ergibt.
C. Gottfried. 195

Die Kristallstruktur von Quecksilber(II)-sulfatmonohydrat. A. Bonefačić. (Acta crystallogr. [Copenhagen] **14**, 116—19, 10/2. 1961; Zagreb, Yugoslavia, Univ., Fac. of Sci., Rudjer Bošković Inst. and Phys. Inst.; engl.) — Die Kristallstruktur von $HgSO_4 \cdot H_2O$ wurde röntgenograph. bestimmt. Die Kristalle krist. orthorhomb. mit der Raumgruppe D_{2h}^{16}—P m c n. Die Elementarzelle hat die Dimensionen a = 5,42, b = 8,94 u. c = 7,82 Å, Z = 4. Die Atomparameter wurden mit Hilfe von Patterson- u. Fourier-Projektionen bestimmt: 4 Hg (x =) 0,250; (y =) 0,208; (z =) 0,133. 4 S —0,250; 0,145; —0,094. 4 O_I —0,250; 0,087; 0,048. 8 O_{II} —0,017; 0,241; —0,116. 8 O_{III} —0,250; 0,019; —0 228. 4 O (H_2O) 0,250; 0,470; 0,130. Jedes Hg-Atom wird von 5 O-Atomen u. einem W.-Mol. in oktaedr. Koordination umgeben. G. Talsky. 195□

Über Formel und Elementarzelle des Sapphirins. Hans-Jürgen Kuzel. (Neues Jb. Mineralog., Mh. **1961**, 68—71, Febr.; Frankfurt/M., Univ., Miner. Inst.; dt.) — Die Röntgen-Unters. an Einkristallen natürlicher u. synthet. Sapphirine führte zu einer monoklinen Elementarzelle mit a_0 = 11,26 (Å), b_0 = 14,46, c_0 = 9,95, β = 125° 20′

u. der Raumgruppe C_{2h}^5—P 2_1/c. Für die tonerdereichen synthet. Sapphirine, die durch Kristallisation aus der Schmelze dargestellt wurden, wird die Formel $Mg_7Al_{18}Si_3O_{40}$ vorgeschlagen. H. Noack. 195

Die Kristallstruktur von $Zr(JO_3)_4$. Allen C. Larson und Don T. Cromer. (Acta crystallogr. [Copenhagen] **14,** 128—32, 10/2. 1961; Los Alamos, N.Mex., Univ. of California, Los Alamos Sci. Labor.; engl.) — $Zr(JO_3^-)_4$ ist tetragonal mit der Raumgruppe P 4/n u. a = 8,38 ± 0,01, c = 7,49 ± 0,01 Å; Z = 2; $D_{exp.}$ 5,01; $D_{ber.}$ 4,99 g/cm³. Aus Weißenberg- u. Präzessionsaufnahmen wurde die Struktur durch dreidimensionale Patterson- u. Fourier-Synth. ermittelt u. nach der Meth. der kleinsten Quadrate verfeinert. R = 7,05%. Atomparameter: Zr (x =) $^1/_4$; (y =) $^1/_4$; (z =) 0,0603 ± 0,0003. J —0,0061 ± 0,0001; —0,0302 ± 0,0001; 0,2699 ± 0,0001. O_1 0,1547 ± 0,0014; —0,0022 ± 0,0014; 0,5578 ± 0,0018. O_2 0,0404 ± 0,0011; 0,1787 ± 0,0011; 0,2173 ± 0,0015. O_3 —0,1589 ± 0,0016; —0,0430 ± 0,0016; 0,0929 ± 0,0020. Die Zr-Atome werden von 8 O-Atomen an den Ecken eines nahezu regulären Antiprismas mit einem mittleren ZrO-Abstand von 2,206 Å umgeben. Entlang der vierzähligen Drehspiegelachsen treten auffallenderweise Leerstellen auf. G. Talsky. 195□

Über eine Phasenumwandlung in VO_2. Sven Westman. (Acta chem. scand. **15,** 217, 1961; Stockholm, Univ., Inst. of Inorg. and Phys. Chem.; engl.) — Durch Festkörper-Rk. aus V_2O_5 u. V_2O_3 bei 900° nach 20 Tagen hergestelltes u. in W. abgeschrecktes VO_2-Pulver zeigte bei 70° reversible Umwandlung der Tieftemp.-Modifikation (monoklin deformiertes Rutilgitter) in die Hochtemp.-Form (Rutilgitter); dabei verschwinden alle Reflexe h k l mit ungeradem h. Besser wurde die Umwandlung an Einkristallen bei 180° beobachtet. Danach krist. die Hochtemp.-Form in der Raumgruppe P 4_2/m n m mit Z = 2 u. den Gitter-Konst. a = **4,530** ± 0,009 (Å); c = **2,869** ± 0,006. Atomlagen: 2 V in 2 (a); 4 O in 4 (f) mit x = 0,305 ± 0,003. R (für alle beobachteten Reflexe) = 0,12. Die Phasenumwandlung wird von Änderungen des Ausdehnungs-Koeff., des elektr. Widerstandes u. der magnet. Susceptibilität begleitet. Die Abstände V—V ändern sich von 2,65 auf 2,87 Å, die Änderung des O—O-Abstandes ist gering. L. Holzhey. 195□

Die Kristallstruktur des Vanadinpentoxids. H. G. Bachmann, F. R. Ahmed und W. H. Barnes. (Fortschr. Mineralog. **38,** 194—98, Sept. 1960; Göttingen u. Ottawa; dt.) — Vgl. C. **1962,** 15508. — Vff. nehmen Bezug auf von Ketelaar [1936] u. von Byström u. Mitarbeitern (vgl. C. **1951,** II, 2846) an V_2O_5 durchgeführte Struktur-Best. u. berichten über eine optimale Verfeinerung der Koordinaten u. damit der Bindungslängen u. -winkel. Eine genaue Entscheidung zwischen den beiden vorgeschlagenen Raumgruppen P m n 2_1 oder P m n m konnte noch nicht getroffen werden. Zunächst wurde unter Anwendung der Koordinaten u. Raumgruppe von Ketelaar die [h k 0]-Zone mit Hilfe normaler Differenz-Fourier-Synth. verfeinert. Eine entsprechende Verfeinerung erfuhr die [h 0 l]-Zone. Schließlich wurde noch eine dreidimensionale Fourier-Synth. unter Annahme der zentrosymm. Raumgruppe P m n m durchgeführt. Das Charakteristische der V_2O_5-Struktur ist die Fünffachkoordination von O um V in Form verzerrter trigonaler Bipyramiden. Diese Koordinationspolyeder vernetzen sich durch gemeinsame Kanten u. Ecken zu einer zweidimensionalen Schicht in der (h 0 l)-Ebene. Diese Schichten selbst sind aufgebaut aus Doppelketten trigonaler Bipyramiden in Zickzackanordnung. Es wurden die folgenden V—O-Abstände errechnet: $V—O_{(1)}$ = $1{,}57_8$ ± 0,008 (Å), $V—O_{(2)}$ = $1{,}77_6$ ± 0,008, $V—O_{(3)}$ = $1{,}87_3$ ± 0,008, $V—O_{(4)}$ = $1{,}88_9$ ± 0,008 u. $V—O_{(5)}$ = $2{,}01_6$ ± 0,008. Die verschiedenen Längen dieser Abstände werden vom Standpunkt einfach- oder doppeltkovalenter Bindungen diskutiert. C. Gottfried. 195

Über die Kristallstruktur der Orthovanadate des Kobalts und Zinks. Cesare Brisi. (Ricerca sci. **30,** 1339—42, Sept. 1960; Torino, Politecn., Ist. di Chim. gen. e Appl. e di metallurgia; ital.) — Pulveraufnahmen an $Co_3(VO_4)_2$ (**I**) u. $Zn_3(VO_4)_2$ (**II**) ergaben rhomb. Symmetrie u. die Zellparameter a = 8,31 (Å), b = 11,49, c = 6,03 für **I** u. a = 8,29, b = 11,52, c = 6,09 für **II**. Die Daten der Pulverdiagramme sind angegeben. C. Gottfried. 195

Elektronographische Untersuchung der Kristallstruktur von innerkomplexen Nickel- und Kupferverbindungen von Salicylalimin und seiner Derivate. G. N. Tischtschenko, P. M. Sorki und M. A. Porai-Koschitz. (Журнал Структурной Химии [J. Strukturchem.] **2,** 434—44, Juli/Aug. 1961; Moskau, Lomonossow-Univ.; russ.) — Die Kristalle von Ni- u. Cu-Salicylaliminat (Ni-I), -5-Bromsalicylaliminat (Ni-II) u. -4-Methylsalicylaliminat (Ni-III) wurden elektronograph. untersucht: **I**, monoklin, a = 12,95 ± 0,25, b = 5,84 ± 0,01, c = 8,09 ± 0,02 Å; β = 95,2 ± 0,5°; Z = 2; $D_{röntg.}$ = 1,63; Raumgruppe P 2_1/c. **II**, monoklin, a = 15,3 ± 0,3, b = 5,56 ± 0,01, c = 8,05 ± 0,04 Å; β = 96,0 ± 0,3°; Z = 2; $D_{röntg.}$ = 2,24; Raumgruppe P 2_1/c.

III, monoklin, a = 31,0, b = 5,95, c = 7,79 Å; β = 100,5°; Z = 4; $D_{berechnet}$ = 1,52; Raumgruppe $P\,2_1/a$. Zur Best. der Strukturen wurde die Patterson-Projektion benutzt. In allen untersuchten Kristallen befinden sich die Metallatome in den Symmetriezentren, das bestätigt den ebenen trans-Aufbau der Komplexe. In den Strukturen I u. II wurde eine anomale Annäherung der Moll. in den Schichten beobachtet, bes. in II. Als möglicher Grund werden die intermol. Bindungen Metall—Sauerstoff unter Ergänzung des Koordinationspolyeders des Metalls zu einem äußerst gestreckten Oktaeder angesehen. Der Mol.-Abstand Ni—O beträgt für I 3,85 Å u. für II $3,5_4$ Å. Die Cu-Verbb. sind mit den entsprechenden Ni-Verbb. isostrukturell. H. Matern. 195□

Die Struktur von Gold(III)-chlorid. Edward S. Clark und David H. Templeton. (Acta crystallogr. [Copenhagen] **11,** 284—88, 10/4. 1958; Berkeley, Calif., Univ., Radiation Labor. and Dep. of Chem.; Amsterdam, Univ., Labor. of Gen. and Inorg. Chem.) — Vgl. C. **1959,** 41. — Die Struktur des monoklin krist. $AuCl_3$ wurde mit Hilfe von Patterson- u. Elektronendichteprojektionen festgelegt u. durch Fourier-Meth. u. nach der Meth. der kleinsten Quadrate verfeinert. Die gefundenen Parameter sind: Au (x =) 0,0415, (y =) 0,0868, (z =) 0,2337; $Cl_{(1)}$: 0,258, 0,003, 0,059; $Cl_{(2)}$: 0,335, 0,169, 0,509; $Cl_{(3)}$: 0,820, 0,162, 0,395. Das Kristallgitter besteht aus diskreten Moll. der Zus. Au_2Cl_6, von denen jedes in einem Symmetriezentrum liegt. Innerhalb der experimentellen Fehlergrenzen ist das Mol. eben. Jedes Au-Atom hat 4 Cl-Nachbarn, u. zwar 2 endständige Cl-Atome in einem Abstand von 2,23 u. 2,25 Å u. 2 Brücken-Cl-Atome in dem Abstand 2,33 u. 2,34 Å. C. Gottfried. 195

Kaliumosmium(III)-oxidchlorid. Verfeinerung der Kristallstruktur. F. H. Kruse. (Acta crystallogr. [Copenhagen] **14,** 1035—41, 10/10. 1961; Los Alamos, N.Mex., Univ. of California, Los Alamos Sci. Labor.; engl.) — Vf. berichtet über eine Verfeinerung der von Hoard u. Grenko [1934] durchgeführten Struktur-Best. von $K_2OsO_2Cl_4$ mit Hilfe dreidimensionaler Fourier-Meth. u. weiterer Verfeinerung nach der Meth. der kleinsten Quadrate. Für die tetragonale Verb. ergeben sich die Zelldimensionen a = 6,991 ± 0,004 u. c = 8,752 ± 0,006 Å. Raumgruppe ist I 4/m m m; D. 3,4; Z = 2. Die Kristalle sind opt. einachsig negativ mit den Brechungsindices (5893 Å) ω 1,757 ± 0,005 u. ε 1,665 ± 0,005. Die dunkelbernsteinroten Kristalle sind in Dünnschnitten dichroit., u. zwar matt bernsteinfarben in der ε-Richtung u. dunkler bernsteinrot in der ω-Richtung. In dem Gitter liegen 2 Os in (a); 4 K in (d); 4 O in (e) u. 8 Cl in (h). Unter Berücksichtigung der anisotropen u. isotropen Temp.-Faktoren sind die Parameter x_{Cl} = 0,2409 ± 0,0006 u. z_O = 0,1982 ± 0,0027. Der Abstand Os—O beträgt 1,750 ± 0,022 u. der Abstand Os—Cl 2,379 ± 0,005 Å. C. Gottfried. 195

Röntgendiagramme von Tonmineralien mit unregelmäßiger Wechsellagerung Glimmer–Montmorillonit. Friedrich Lippmann. (Fortschr. Mineralog. **38,** 176—82, Sept. 1960; Göttingen; dt.) — Auf Wechsellagerungen von Glimmer- u. Montmorillonitschichten wird die Darstellungsweise von Méring angewendet (C. **1950, I.** 1198). Beispiele für Glimmer–Montmorillonit-Wechsellagerungen sind *Wealdentone* u. mariner *Unterkreidetone* von Hoheneggelsen. Die Vers.-Ergebnisse sind graph. wiedergegeben. C. Gottfried. 195

Eine Bestimmung der Dicke dünner Oxidfilme durch Messung der integralen Intensität. Bernard Borie und C. J. Sparks. (Acta crystallogr. [Copenhagen] **14,** 569—70, 10/6. 1961; Oak Ridge, Tenn., Oak Ridge Nat. Labor., Metallurgy Div.). — Vff. nehmen Bezug auf eine Unters. von Borie (vgl. C. **1961,** 10853) u. beschreiben eine zweite Meth. zur Best. der Dicke dünner Filme, die unabhängig von den Linienformen ist u. bei der die integralen Intensitäten einer oder mehrerer Interferenzen des Films mit einem Szintillationszähler in abs. Einheiten gemessen werden. Die theoret. Grundlagen zur Auswertung der Meßergebnisse werden gegeben. Die Meth. wird am Beispiel der Messung der Dicke von *Cu_2O*-Filmen beschrieben, die als Einkristalle bei 250° in einer O_2-Atmosphäre auf die (1 1 0)-Fläche eines Cu-Einkristalls aufgewachsen waren, wobei die [1 1 0]-Richtung des Oxids senkrecht zur Filmoberfläche lag. Die von 2 verschiedenen Bragg-Maxima gemessenen Dicken stimmten gut miteinander überein u. waren in befriedigender Übereinstimmung mit Dicken, die aus dem Linienprofil erhalten worden waren. C. Gottfried. 196

Bestimmung der Oberflächendichte dünner Aluminiumschichten durch anodische Oxydation. Vladimír Pučálka. (Českoslov. Časopis Fysiku **10,** 122—24, 1960; Ostrava, Vys. škola báňská, Kat. fys.; tschech.) — Eine Best. der Oberflächendichte dünner Al-Filme kann derart erfolgen, daß man die Oberfläche in 3%ig. H_2SO_4 anod. oxydiert u. die elektr. Ladung mißt, die zu ihrer vollständigen Oxydation erforderlich ist. Die Ergebnisse der Meth. werden mit denjenigen der Mikrowäge-Meth. verglichen. Die Differenzen betragen maximal ca. 2%. R. K. Müller. 196□

Kinetik der Alterung von anodischen Deckschichten auf Aluminium durch Farbstoffaufnahme. 2. Mitt. Höhere Temperaturen. Th. Skulikidis und P. Bekiaroglou. (Kolloid-Z. **178**, 45—50, Sept. 1961; Athen, TH, Labor. für phys. Chem. u. angew. Elektrochem.; dt.) — Es werden durch Sorption von Oroxanal die mit der Alterung u. der Verjüngung anod. Deckschichten verbundenen Erscheinungen am Beispiel von γ_1-Al_2O_3 u. γ_2-Al_2O_3 bei höheren Temp. untersucht u. es wird deren Rk.-Mechanismus bestimmt. Im einzelnen erstrecken sich die Unterss. auf die Best. der Alterung des γ_2-Al_2O_3 in Luft bis zu 300°, unter W. bis 100° u. in Wasserdampf von 100—500° sowie auf die der Alterung des γ_1-Al_2O_3 unter W. bis 100° u. in Wasserdampf bis 500°. Im Falle des γ_1-Al_2O_3 werden auch quant. Messungen der Verjüngung nach totaler Inaktivierung bei Erhitzung in der Luft u. in Anwesenheit von Wasserdampf mitgeteilt. D. Forst. 196□

Eine Methode zur Züchtung kleiner Kristallkugeln aus Metallen und Legierungen. A. E. Ray und J. F. Smith. (Acta crystallogr. [Copenhagen] **11**, 310—11, 10/4, 1958; Ames, Iowa, State Coll., Inst. for Atom. Res. and Dep. of Chem.; engl.) — Es wurden kleine Kristallkugeln aus *Be, V, Fe, Zr*, einer festen *CuNi*-Lsg. mit 70 Gew.-% Ni u. 30 Gew.-% Cu sowie *NiAl* hergestellt. Röntgenograph. wurde gefunden, daß 50% der Kugeln mit Durchmessern $<$ 0,1 mm Einkristalle waren. C. Gottfried. 197

Versetzungsfreie Aluminium-Kristalle. S. Howe und C. Elbaum. (J. appl. Physics **32**, 742, April 1961; Rhode Island, N.Y., Brown Univ., Metals Res. Labor., Dep. of Phys.; engl.) — Durch 12faches Zonenschmelzen wurde ein 25 mm langer Kristall erhalten, die Kristallachse war parallel der [1 1 1]-Ebene. In Richtung des dünneren Endes verschwanden die Versetzungen. Durch sorgfältiges Elektropolieren konnte ein versetzungsfreies Stück mit 0,15 mm Ø erhalten werden. Die Annahme der Vff., daß Versetzungen aus der Schmelze wachsen u. hier zusammenbrechende Leerstellen wichtig sind, gelten nur für ein hochreines Material, welches unter geringen therm. u. mechan. Spannungen gewachsen ist. J. Uhlmann. 197□

Die Walztexturen von Aluminium-Einkristallplatten. Yasumasa Takano. (J. Sci. Hiroshima Univ., Ser. A **23**, 379—88, März 1960; Hiroshima, Univ., Fac. of Sci., Dep. of Phys.; engl.) — An acht Probenarten wurden bes. die $[\bar{1}\ 1\ 2]$–(1 1 0) u. $[1\ \bar{1}\ 1]$–$(1\ \bar{1}\ 2)$-Orientierung geprüft. Der Einkristall wird mit zunehmendem Walzen in kleine Aggregationen von Mikrokristallen zersetzt. Die kristallograph. Orientierung jedes einzelnen hat Abweichungen von der ursprünglichen Kristallorientierung. Die durch Walzen erzeugten Mikrokristalle sind nicht symm. in den 3 Ebenen geordnet, die sich senkrecht zueinander kreuzen, sondern die Art ihrer Anordnung wechselt mit jeder Richtung u. ist bedingt durch die Hauptebene des originären Einkristalls. Einkristalle mit der Orientierung $[\bar{1}\ 1\ 2]$–(1 1 0) bleiben während des Walzens am stabilsten. Dies beweist die geringe Ausdehnung der Laue-Bezirke u. die schwache Intensität der (2 2 0)-K_α-Linie. J. Uhlmann. 197□

Versetzungsätzgrübchen auf den Basisflächen von Zinkkristallen. H. S. Rosenbaum und M. M. Saffren. (J. appl. Physics **32**, 1866—72, Okt. 1961; Schenectady, N.Y., Gen. Electr. Res. Labor.; engl.) — Vff. entwickeln eine bes. Ätztechnik zur Best. von Versetzungslagen, die die Basisflächen von Zn-Kristallen schneiden. Diese Ätzfiguren bilden sich bei Einw. von Cl_2, Br_2 u. in W. oder geeigneten organ. Solventien gelöstem HCl, HBr oder HJ. Ätzt man Zn-Einkristalle von 99,999% Zn mit Cl_2 oder HCl, so entstehen hexagonale pyramidale Ätzfiguren, deren Kanten zu $(1\ 0\ \bar{1}\ 0]$ parallel sind, während durch Ätzung mit Br_2, HBr oder HJ die hexagonalen Ätzfiguren parallele Kanten zu $[1\ 1\ \bar{2}\ 0]$ zeigen. Ähnliche Effekte wurden auch bei Cu, Cd, Fe u. W beobachtet. Bes. gut sind diese Figuren in Form vieleckiger Muster an Kristallen zu sehen, die in H_2-Atmosphäre angelassen, dann auf Raum-Temp. abgekühlt u. einer mechan. Deformation entlang [0 0 0 1] unterworfen wurden. Der Mechanismus der Ätzfiguren-Bldg. u. der Einfl. von die Gestalt der Figuren bestimmenden Faktoren werden diskutiert. W.-D. Heußner. 197□

Beobachtungsmethoden von Versetzungen in Germanium. S. Granata und G. M. Schiavini. (Energia nucleare **6**, 267—72, April 1959; Milano-CISE; ital.) — Es werden die Ergebnisse einer mkr. Unters. der Versetzungen in Ge-Einkristallen mitgeteilt u. es wird eine Meth. beschrieben, die geeignet ist, die Messung der Dichte von linearen Versetzungen zu erleichtern. G. Platzer. 197□

Untersuchung der Einführung und Diffusion von Edelgasen in Metallen. Y. Adda, G. Brébec und V. Lévy. (Mém. sci. Rev. Métallurgie **58**, 743—56, Okt. 1961; Gif-sur-Yvette (Seine), Centre d'Et. nucléaires de Saclay; franz.) — Die Einführung von Edelgasen in Metalle durch elektr. Entladung bietet zahlreiche Vorteile. Es ist eine sehr allg.

Meth., die auf alle Edelgase u. auf alle Metalle anwendbar ist. Sie ist auch sehr anpassungsfähig, da sie unterschiedliche Gasmengen in mehr oder weniger dicke Oberflächenschichten entsprechend den experimentellen Bedingungen einzuführen ermöglicht. Mit Hilfe der Mikrosondenanalyse wird festgestellt, daß die Gas-Konz. in dem Metall über 1% betragen kann. Die mit Hilfe der elektr. Entladung erhaltenen Proben sind von hoher Härte. Die Ergebnisse sind mit denjenigen vergleichbar, die bei der Unters. von mit He beladenen Metallen durch Beschuß im Cyclotron erhalten wurden. Der Vgl. der Diffusionskinetik, gemessen an Blasen aufweisenden Proben u. an solchen, bei denen man nur eine Ausscheidung beobachtet hat, kann zur Best. der zwischen der Gasdiffusion u. dem Aufblähen bestehenden Wechselwrkg. dienen.
H. Hochstein. 197□

Röntgenuntersuchung an festen Lösungen von Sauerstoff in Hafnium. Tore Dagerhamn. (Acta chem. scand. **15**, 214—15, 1961; Stockholm, Univ., Inst. of Inorg. and phys. Chem.; engl.) — Hf-Metall (98,5% Hf, 1—1,5% Zr u. 400 ppm O_2) u. *HfO_2*, das durch Erhitzen von Hf im O_2-Strom erhalten wurde, wurden entsprechend den Verhältnissen $HfO_{0-0,5}$ gemischt u. in Ar-Atmosphäre im Lichtbogen geschmolzen, dann im Vakuum in einem Quarzrohr 1 Monat lang auf 600° gehalten. Aus der Abhängigkeit der mit Guinier-Aufnahmen bestimmten Gitter-Konst. von der Zus. ergab sich eine Löslichkeitsgrenze bei $HfO_{0,26}$. Bei den Syst. Ti–O u. Zr–O liegt nach Andersson u. Mitarbeitern (C. **1958**, 10289) die Löslichkeitsgrenze bei $TiO_{0,50}$ u. $ZrO_{0,40}$.
L. Holzhey. 197□

Verbindungen von Hafnium mit Beryllium, ihre Kristallstrukturen und einige Eigenschaften. P. I. Kripjakewitsch, M. A. Tylkina und Je. M. Ssawitzki. (Журнал Структурной Химии [J. Strukturchem.] **2**, 424—33, Juli/Aug. 1961; Lwow, Franko-Univ., Baikow-Inst. für Metallurg. der Akad. der Wiss. der UdSSR; russ.) — In dem Syst. Hf–Be wurden 4 Verbb. gefunden: *$HfBe_{13}$* (I), *Hf_2Be_{17}* (II), *$HfBe_5$* (III) u. *$HfBe_2$* (IV). Die Legg. wurden im Hochfrequenz- u. Lichtbogenofen hergestellt. I wurde in der Leg. mit einem Geh. bis zu 2,44 Atom-% Hf gefunden, u. krist. kub. flächenzentriert ($NaZn_{13}$-Typ) mit $a = 9{,}985 \pm 0{,}002$ kX; Raumgruppe $Fm3c - O_h^6$; Mikrohärte $H_\mu = 1200$ kg/mm². II wurde in der Leg. mit 7,74 Atom-% Hf gefunden u. krist. hexagonal (U_2Zn_{17}-Typ) mit $a = 7{,}484 \pm 0{,}002$, $c = 21{,}861 \pm 0{,}006$ kX; Raumgruppe $P\bar{6}m2 - D_{3h}^1$; $H_\mu = 1085$ kg/mm². III existiert in der Leg. mit 20,90 Atom-% Hf u. krist. hexagonal ($CaZn_5$-Typ) mit $a = 4{,}525 \pm 0{,}010$, $c = 3{,}464 \pm 0{,}010$ kX; Raumgruppe $P6/mmm - D_6^1$; $H_\mu = 1340$ kg/mm². IV entsteht in Legg. mit einem Geh. von 20,90—51,64 Atom-% Hf u. krist. hexagonal (AlB_2-Typ) $a = 3{,}775 \pm 0{,}002$, $c = 3{,}157 \pm 0{,}001$ kX; Raumgruppe $P6/mmm - D_{6h}^1$; $H_\mu = 980$ kg/mm². Die Struktur-Best. der Verbb. des Hf mit Be zeigen, daß das Syst. Hf–Be sehr ähnlich dem Syst. Zr-Be ist.
H. Matern. 197□

Das Gleichgewichtssystem Uran–Hafnium. David T. Peterson und D. J. Beerntsen. (Trans. Amer. Soc. Metals **52**, 763—80, 1960; Ames, Iowa, Iowa State Coll.; Milwaukee, Wis., Allis Chalmers Mfg. Co., Res. Labor.; engl.) — Hf erhöht die Temp. der $\alpha \rightarrow \beta$-U-Umwandlung beim Erwärmen von 668 auf 676° u. erniedrigt die $\beta \rightarrow \gamma$-Umwandlung zu einem Eutektoid bei 733° u. 4,5 Atom-% Hf. Bei erhöhten Temp. sind die raumzentrierten Elemente U u. Hf in allen Verhältnissen lösl. u. besitzen weder ein Maximum noch ein Minimum in den Solidustemperaturen. Legg. mit 20—65 Atom-% Hf, die von 1100° u. darüber abgeschreckt sind, enthalten eine hexagonale δ-Phase, $a = 4{,}97$ u. $c = 3{,}04$ Å, deren Röntgenstrahlendiagramm fast ident. mit dem der δ-Phase des U–Zr-Syst. ist. Es wird angenommen, daß die δ-Phase metastabil ist u. sich beim Gleichgewicht zu Hf u. U zersetzt. U erniedrigt die $\alpha \rightarrow \beta$-Umwandlung im Hf zu einem Monotektoid bei ca. 1150° u. 55 Atom-% Hf. Bei 1425° liegt die Löslichkeit von U im Hf zwischen 2,0 u. 2,3 Atom-%. H. Hochstein. 197□

Das System Titan–Calcium. I. Obinata, Y. Takeuchi und S. Saikawa. (Trans. Amer. Soc. Metals **52**, 1072—83, 1960; Sendai, Japan, Tohoku Univ.; engl.) — Das Syst. Ti–Ca wurde bis 1300° durch mkr. u. Röntgenbeugungs-Unterss. sowie durch chem. Analysen untersucht. Die Ti–Ca-Legg. wurden durch Erhitzung eines verschlossenen Ti-Behälters hergestellt, der entweder mit Ca- oder mit Ca- u. Ti-Pulver angefüllt war. Eine Zwischenphase tritt im Ti–Ca-Syst. nicht auf. Die Löslichkeit von Ti im geschmolzenen Ca nimmt von 0,18% bei 1250° auf 0,05% bei 860° ab. Andererseits ist Ca in Ti bis zu 0,13% bei 1300° löslich. Auf Grund der erhaltenen Ergebnisse wird versuchsweise ein Zustandsdiagramm des Ti–Ca-Syst. vorgeschlagen.
H. Hochstein. 197□

Das System Titan–Wismut. I. Obinata, Y. Takeuchi und S. Saikawa. (Trans. Amer. Soc. Metals **52**, 1059—71, 1960; engl.) — Vgl. vorst. Referat. — Mit Hilfe von mkr. Röntgenbeugungs- u. DTA-Unterss. werden die Ti-Bi-Legg. mit $<65\%$

Bi im Temp.-Bereich unterhalb von 1350° untersucht. Die β-Umwandlung von Ti wird durch Bi-Zusatz erniedrigt u. es tritt eine eutektoide Rk. $\beta \rightleftharpoons \alpha + Ti_3Bi$ bei 29% Bi u. bei 725 ± 10° auf. Eine Zwischenphase Ti_3Bi existiert bei ca. 60% Bi in diesem Syst., welches durch die peritekt. Rk.: Fl. + $\beta \rightleftharpoons Ti_3Bi$ bei 1340 ± 20° gebildet wird. Ti_3Bi bildet tetragonale Kristalle mit den Gitter-Konst. a = 6,020, c = 8,204 Å u. c/a = 1,375. Die Löslichkeit von Bi im α- u. β-Ti beträgt maximal 1,5 bzw. 33%.
H. Hochstein. 197□

Über Bauprinzipien des $CaZn_2$-Gitters. Gustav E. R. Schulze und Jochen Wieting. (Z. Metallkunde **52**, 743—46, Nov. 1961; Dresden, TU, Inst. für Röntgenkde. u. Metallphys.; dt.) — Für $CaZn_2$ wird mit Hilfe röntgenograph. Pulver- u. Einkristallaufnahmen die Kristallstruktur bestimmt. Die orthorhomb. Struktur (Raumgruppe V_{2h}^{28} — I m m a, Z = 4) stimmt mit derjenigen des *$CeCu_2$* überein. Es wird gezeigt, daß das Bauprinzip dieser Struktur mit demjenigen des *$MgZn_2$* einerseits u. demjenigen des *AlB_2* andererseits in naher Beziehung steht. Für die genannten Strukturen gelten also ähnliche Existenzbedingungen. Für die tern. Verb. *CaMgZn* wird das $MgZn_2$-Gitter nachgewiesen.
H. Hochstein. 197□

Intermetallische Verbindung Cd_4Sb_3. Ja. A. Ugai, Ju. Ja. Dolgowa und T. A. Sjubina. (Доклады Академии Наук СССР [Ber. Akad. Wiss. UdSSR] **138**, 856—58, 1 Tafel, 1/6. 1961; Woronesh, Univ.; russ.) — Im Syst. Cd–Sb konnte neben den bekannten Phasen, dem stabilen *CdSb* u. dem metastabilen *Cd_3Sb_2*, als neue Phase *Cd_4Sb_3* (F. 460°) isoliert werden. Eine einwandfreie Identifizierung erfolgte durch Debye-Scherrer-Aufnahmen. Für Cd_4Sb_3 wird danach ein tetragonales Gitter (Rutiltyp) mit a = 8,1 u. c = 13,0 Å angenommen, während CdSb rhomb. u. Cd_3Sb_2 monoklin kristallisiert. Cd_4Sb_3 besitzt eine Mikrohärte von 180 kg/mm². Bei 20° vermag Cd_4Sb_3 bis zu 2% Sb zu lösen. Die spezif. Leitfähigkeit $\varkappa_{20}$ wurde zu 20 $\Omega^{-1}cm^{-1}$ bestimmt. Nach der Temp.-Abhängigkeit der elektr. Leitfähigkeit ist Cd_4Sb_3 ein Halbleiter.
W.-D. Heußner. 197□

Konstitutionsuntersuchungen der Antimon- und Wismut-reichen Gebiete des Systems Sb–Bi–In. E. A. Peretti. (Trans. Amer. Soc. Metals **52**. 1046—58. 1960; Notre Dame, Ind., Univ.; engl.) — Das Syst. Sb–Bi–In wird durch therm. Analyse, mkr. u. röntgenanalyt. Meth. untersucht. Von den drei Möglichkeiten ist nur die InSb–InBi-Isoplethe wirklich quasibinär. Ein eutekt. Tal läuft von dem bin. InSb–Sb-Eutektikum (494°) zu einem Punkt, dessen F. sich dem von Bi (271°) nähert. Die α-Phase mit einer Sb- u. Bi-Kristallstruktur ist die prim. Phase, die sich in Legg. bei der Sb-Seite des eutekt. Tales ausscheidet. Die β-Phase mit dem Kristallgitter von InSb krist. zuerst aus solchen Legg., die bei der InBi-Seite des Tales liegen. Feste Legg. bestehen aus $\alpha + \beta$- oder α-, β- u. γ-Phasen in Abhängigkeit von der Zus. der Legierung.
H. Hochstein. 197□

Über den Einfluß von Legierungselementen auf den primären Rekristallisationsprozeß von Aluminium. 2. Mitt. Kyoji Shimizu und Yoshizo Nakatani. (Bull. Univ. Osaka Prefect., Ser. A **8**, 127—34, 1960; Coll. of Engng., Dep. of Metallurg. Engng.; engl.) — 1. vgl. C. **1961**, 6416. — Für die lineare Wachstums-Geschw. des Kerns, G, werden quant. Gleichungen über die Menge der zugefügten Elemente gegeben. Die Aktivierungsenergie für das Wachstum des Kerns, Q_G, wurde ebenfalls berechnet. Werden mehr als eine bestimmte Menge Komponenten zugesetzt, so kann G zu- u. Q_G abnehmen. Dies geschieht vermutlich dann, wenn die Matrix über die Streckgrenze hinaus deformiert wird.
J. Uhlmann. 197□

Über die Möglichkeit der Bildung einer übersättigten festen Lösung in Aluminiumlegierungen mit Hilfe der Härtung aus dem flüssigen Zustand. I. N. Fridljander. (Доклады Академии Наук СССР [Ber. Akad. Wiss. UdSSR] **104**, 429—32, 21/9. 1955; russ.) — Vf. untersucht die Bldg. übersättigter fester Lsgg. im Syst. Al–Mn im Bereich 0—9 Gew.-% Mn. Die Härtung schnell krist. Al–Mn-Legg. in fester Phase bei einer Temp. nahe dem Soliduspunkt führt zu einer bedeutenden Verringerung des spezif. elektr. Widerstandes ϱ u. zu einer Erhöhung des Temp.-Koeff. α. Dabei wird ϱ um so kleiner u. α um so größer, je höher die Härtungs-Temp. liegt. Die Unters. der Gitterparameter durch Röntgenanalyse von schnell krist. u. dann allmählich gehärteten Legg. zeigt, daß der Mn-Geh. in der festen Lsg. 3 Gew.-% erreicht. Damit übersteigt er wesentlich die maximale Löslichkeit im Gleichgewichtszustand. Die Aufnahme der Abkühlungskurven (60—80°/s in der Kristallisationsperiode) zeigt eine Verschiebung von Liquiduskurve, Eutektikum u. Peritektikum im Al–Mn-Zustandsdiagramm. Eine analoge Verschiebung der Liquiduslinie in den Syst. Al–Cu u. Al–Mg weist auf eine Bremsung der Primärdiffusion bei rascher Kristallisation hin. Vf. entwickelt folgenden Mechanismus: Der Kristallisationdruck wachsender Kristalle, der die Primärdiffusion bedingt, führt zu einer völligen Verdrängung überschüssiger Atome oder ihrer Ansammlungen aus dem Kristallisationsgebiet. Dieser Vorgang verläuft bis zu einer bestimmten Grenzkristallisations-Geschw., bei höheren Geschw. ist eine völlige Verdrängung der überschüssigen Atome nicht mehr möglich, bes. in Schmelzen, die nach einer peritekt. Rk. kristallisieren. U.-L. Rau. 197☐

Eine Untersuchung der Dehnung und Aushärtung von Kristallen aus Al–4% Cu und Al–4% Cu–0,05% In. J. M. Silcock. (Acta metallurg. [New York] **8**, 589—97, Sept. 1960; Liverpool, Univ.; engl.) — Die Ergebnisse der Arbeiten zahlreicher Vff. über Beziehungen zwischen Verformung u. Keim-Bldg. der Phase Θ' wurden bei Kristallen aus Al–4% Cu u. Al–4% Cu–0,05% In bestätigt. Ausgelagerte Kristalle, die durch G.P. [1] bei 130° ausgehärtet waren, weisen bei Verformung ähnliche Züge wie abgeschreckte Kristalle auf. In Ggw. von G.P. [2]-Zonen treten schwächere u. nicht so zahlreiche Gleitlinien auf, die sich erst nach starker Verformung nachweisen lassen, wenn große Mengen Θ' vorhanden sind. Die Einfl. von Ausscheidungen in Al–Cu-Legg. auf die Bewegung von Versetzungen wird diskutiert. J. Uhlmann. 197☐

Über die Struktur von Wolframcarbid. Janusz Leciejewicz. (Acta crystallogr. [Copenhagen] **14**, 200, 10/2. 1961; Warszawa, Inst. of Nucl. Res.; engl.) — Die bisherigen Angaben über den Strukturtyp WC lassen 2 Möglichkeiten offen, nämlich D^1_{6h}—P 6/m m m oder D^1_{3h}—P$\bar{6}$ m 2. Mit Hilfe der Neutronenbeugungs-Meth. konnte zu Gunsten der zweiten Raumgruppe entschieden werden. Demnach befindet sich 1 W in (a) u. 1 C in (f). R = 0,07. Der Temp.-Faktor berechnet sich zu 2 B = 2,22 Å². G. Talsky. 197☐

Der Einfluß des Auftretens von Diffusionsporosität in einer Legierung Nickel-Chrom auf die Sinterung von Nickel- und Chrompulvern. Ss. M. Asstrachanzew, Ss. P. Gromowa, W. L. Kalichman und Ja. Ss. Umanski. (Металловедение и Термическая Обработка Металлов [Metallkunde therm. Metallbearb.] **1961**, Nr. 7, 52—54, Juli. Moskau, Stahl-Inst.; russ.) — Bei der Unters. des Sinterprozesses von Ni- u. Cr-Pulvern wurde eine ungewöhnliche Veränderung der Gitterperiode u. der Linienform auf den Röntgenogrammen der NiCr-Leg. *N 80 × 20* festgestellt. Bei der Sinterung von Proben mit 10—15, 25—30 u. 40—45% Anfangsporosität (8std. Sinterung in H_2 bei 1150°) verändert sich die Gitterperiode nicht monoton sondern alternierend. Die Maxima u. Minima für Proben mit verschiedener Anfangsporosität fallen in den ersten drei Std. der Sinterung nicht zusammen, jedoch verlaufen danach die Kurven für alle Proben synchron. Beim Abdestillieren von Cr aus der NiCr-Leg. entstehen submkr. Poren (Ø >100 Å). Die Kinetik der Veränderung der Porendimensionen beim isotherm. Glühen bei verschiedenen Temp. wird ermittelt. Die Erscheinung wird auf die Cr-Diffusion zurückgeführt, da der partielle Diffusions-Koeff. von Cr in der NiCr-Leg. wesentlich höher ist als der von Ni. Das beobachtete Auftreten von Konz.-Inhomogenitäten führt zu einer Auslöschung der Linien auf dem Röntgenogramm u. zu einer Verringerung der Gitterperiode. Eine Erhöhung der Konz. der Leerstellen führt zur Entstehung neuer Poren. Die Konz. der Leerstellen wird stufenförmig erniedrigt u. der Heilungsprozeß der Poren beginnt von neuem. H. Hochstein. 197☐

Die Kristallstruktur von URe_2. B. A. Hatt. (Acta crystallogr. [Copenhagen] **14**, 119—23, 10/2. 1961; Stoke Poges, Buckinghamshire, Fulmer Res. Inst. Ltd.; Phys. Labor.; engl.) — Die intermetall. Verb. URe_2 besitzt 2 allotrope Modifikationen. Bis zu 180° hat URe_2 orthorhomb. Struktur mit der Raumgruppe C m c m; oberhalb dieser Temp. wird durch einfache Ausdehnung der Einheitszelle eine C 14-Struktur gebildet. Bei 20° betragen die Gitter-Parameter a = 5,600, b = 9,180 u. c = 8,460 Å. Für die hexagonale Modifikation wurde bei 213° a = 5,433 u. c = 8,561 Å gemessen. Für die orthorhomb. Modifikation wurden folgende Atomparameter bestimmt: 8 U in (f) mit $y_1 = {}^1/_3$, $z_1 = {}^1/_{16}$; 8 Re in (g) mit $x_2 = {}^1/_4$; $y_2 = {}^1/_{12}$; 4 Re in (c) mit $y_3 = -{}^1/_6$; 4 Re in (a). Aus Pulveraufnahmen in einer Heizkamera wurden folgende Atomparameter der hexagonalen Hochtemp.-Form ermittelt: 4 U in (f) mit $z = {}^1/_{16} \pm 0{,}01$; 6 Re in (h) mit $x = -{}^1/_6 \pm 0{,}01$; 2 Re in (a). In beiden Modifikationen sind die therm. Ausdehnungs-Koeff. entlang c positiv, entlang a negativ. G. Talsky. 197☐

Untersuchung des Systems Thorium–Yttrium. D. T. Eash und O. N. Carlson. (Trans. Amer. Soc. Metals **52**, 1097—1114, 1960; Ames, Iowa State Coll.; engl.) — Das Leg.-Syst. Th–Y wird mit Hilfe von therm., röntgenanalyt. u. mkr. Meth. u. mit Hilfe von elektr. Widerstandsmessungen untersucht. Hieraus ergibt sich, daß eine allotrope raumzentrierte kub. Hochtemp.-Form von Y oberhalb von 1490° auftritt. Ein Gebiet vollständiger Mischkristall-Bldg. tritt in diesem Syst. bei erhöhten Temp. auf u. ein Eutektoid liegt bei 1375° u. 25% Y vor. Die Mischkristallsgrenzen der α(Th)- u. α(Y)-Gebiete liegen bei ca. 20 bzw. 30% Y. H. Hochstein. 197☐

Thoriumlegierungssysteme. Arthur A. Bauer und Frank A. Rough. (Progr. nuclear Energy, Ser. V 2, 612—20, 1959; Columbus, Ohio, Battelle Mem. Inst.; engl.) — Es werden die Zustandsdiagramme bin. Th-Legg. u. zwar von *Th–Al*, *Th–Bi*, Th–*C*, Th–*Ce*, Th–*Hf*, Th–*Pb*, Th–*Mg*, Th–*Pu*, Th–*Se*, Th–*W* u. Th–*Zr*, mitgeteilt, u. es wird ein tabellar. Überblick über die in diesen Syst. beobachteten Kristallstrukturen für die Th-Phasen u. Th-Verbb. auf Grund von 17 Literaturangaben gegeben.
H. Hochstein. 197□

Uranlegierungssysteme. Arthur A. Bauer und Frank A. Rough. (Progr. nuclear Energy, Ser. V 2, 600—11, 1959; Columbus, Ohio, Battelle Mem. Inst.; engl.) Neue Zustandsdiagramme von bin. U-Legg., nämlich der Syst. U–*Co*, U–*Mo*, U–*Nb*, U–*O*, U–*Pd*, U–*Pt*, U–*Ru*, U–*Zn*, U–*Th* sowie U–*Zr* werden kurz besprochen, u. es wird ein tabellar. Überblick über die in diesen Syst. beobachteten Kristallstrukturen für die U-Phasen u. U-Verbb. auf Grund von 45 Literaturangaben gegeben. H. Hochstein. 197□

Plutonium-Zustandsdiagramme. F. W. Schonfeld, E. M. Cramer, W. N. Miner, F. H. Ellinger und A. S. Coffinberry. (Progr. nuclear Energy, Ser. V 2, 579 bis 599, 1959; Los Alamos, N. Mex., Sci. Labor.; engl.) — Es werden verschiedene Pu-Zustandsdiagramme, nämlich die Syst. Pu–*Al*, Pu–*Be*, Pu–*Bi*, Pu–*Ca*, Pu–*Cr*, Pu–*Mo*, Pu–*Nb*, Pu–*Ta*, Pu–*W*, Pu–*V*, Pu–*Co*, Pu–*H*, Pu–*Fe*, Pu–*Pb*, Pu–*Li*, Pu–*Mg*, Pu–*Mn*, Pu–*Hg*, Pu–*Ni*, Pu–*Os*, Pu–*O*, Pu–*Ru*, Pu–*Th*, Pu–*U*, Pu–*As*, Pu–*Ba*, Pu–*C*, Pu–*Ce*, Pu–*Pr*, Pu–*Nd*, Pu–*Cu*, Pu–*Ge*, Pu–*In*, Pu–*K*, Pu–*Na*, Pu–*Re*, Pu–*Si*, Pu–*Sn* u. Pu–*Ti*, wie sie dem Bericht von Schonfeld u. Ellinger entnommen sind, mit einigen Zusätzen u. Verbesserungen erörtert. Die Angaben nach denen die Diagramme aufgestellt sind, sind in den meisten Fällen nur für Vorentscheidungen ausreichend u. bedürfen alle einer Überprüfung.
H. Hochstein. 197□

Das System Zirkonium-Eisen-Zinn. L. E. Tanner und D. W. Levinson. (Trans. Amer. Soc. Metals 52, 1115—36, 1960; Farmingdale, N.Y., Republic Aviation Corp.; engl.) — Das Zr-reiche Gebiet des Zr–Fe–Sn-Syst. wird bis zu den intermetall. Verbb. $ZrFe$ (55% Fe) u. Zr_4Sn (24,5% Sn) zwischen den Temp. 200 u. 1100° bestimmt. Die Legg. wurden aus sehr reinen Materialien durch Anwendung einer elektr. Lichtbogenschmelztechnik unter einer inerten Atmosphäre hergestellt. Die nach einem besonderen Wärmebehandlungs-Verf. (im Vakuum oder unter einem Ar-Partialdruck) geglühten Proben werden abgeschreckt sowie danach metallograph. u. durch eine Röntgenbeugungs-Meth. untersucht. Eine tern. Phase Θ wurde zwischen 7 u. 8% Fe bei ca. 24,5% Sn gefunden. Vier invariante Rkk. verlaufen vermutlich wie folgt: ein tern. Eutektikum, Fl. $\rightleftharpoons \beta + \Theta + ZrFe_2$, zwischen 930 u. 935°; zwei aufeinanderfolgende tern. Peritektoide, $\beta + Zr_4Sn \rightleftharpoons \alpha + Zr_5Sn_3$ u. $\beta + Zr_5Sn_3 \rightleftharpoons \alpha + \Theta$, zwischen 980 u. 900° sowie schließlich ein anderes tern. Peritektoid, $\beta + \Theta \rightleftharpoons \alpha + ZrFe_2$, zwischen 790 u. 800°.
H. Hochstein. 197□

Isotherme Zersetzung von molybdänhaltigem nichtrostendem Stahl. Sja-Lo Lju und Jui-Tschshi Tschshuan. (Scientia sinica 10, 592—619, Sept. 1961; russ.) — Die Gefügeveränderung Mo-haltiger (ca. 6% Mo) nichtrostender Stähle wird während der Alterung bei verschiedenen Temp. untersucht. Bei einem Stahl mit 16 (%) Cr u. 6 Mo bildet sich bei 800—1000° zunächst an der Grenze γ–α-Phase α-Ferrit; dieser bewegt sich entweder von der Austenitkorngrenze zum Kern hin oder von einer Korngrenze zu anderen u. schließlich tritt der Austenit nur im Korninnern auf oder er verschwindet an einer der Kornecken. Bei einem Tempern bei 600—700° wird die Bldg. eines lamellaren Ferrits in den Austenitkörnern festgestellt. Der lamellare Ferrit nimmt allmählich zu u. schließlich wird durch ihn der Austenit vollständig ersetzt. Im Stahl mit 16 Cr u. 6 Mo sowie in Stählen mit 16 Cr, 2 Ni, 5—6 Mo oder 16 Cr, 5 Ni, 6 Mo sind feine Carbidteilchen, die sich aus dem Ferrit ausscheiden, Übergangsstrukturen, die sich während der Kern-Bldg. u. während der Zunahme der χ-Phase kontinuierlich auflösen. Der nichtrostende Stahl mit 16 Cr, 15 Ni, 6 Mo verhält sich wie ein austenitischer. Nach dem Abschrecken von verschiedenen Temp. ist er stabil austenit.; bei der nachfolgenden isothermen Behandlung scheiden sich aus dem Austenit nur Carbide aus. Die Ausscheidung der Carbide u. der χ-Phase in solchen Stählen verändert wesentlich ihre Härte.
H. Hochstein. 197□

Der Einfluß von Kohlenstoff auf die Verschiebung der Korngrenzen bei der Rekristallisation des Eisens. Ss. S. Bokstein, Ss. T. Kischkin und L. M. Moros. (Металловедение и Термическая Обработка Металлов [Metallkunde therm. Metallbearb.] 1962, Nr. 3, 8—13, März; russ.) — Im Anfangsstadium der Rekristallisation bleiben die C-Atome an den Ausgangskorngrenzen. Dies hängt mit dem großen Unterschied in der C-Verschiebungs-Geschw. u. der Bldg.-Geschw. neuer Körner bei der Rekristallisation zusammen. In bestimmten Rekristallisationsstadien können die C-Atome Zwischenlagen (zwischen der Lage der Ausgangskorngrenzen u. derjenigen neuer Korngrenzen) einnehmen. Im weiteren Verlauf werden die C-Atome an den Grenzen der neue Körner verschoben. Nach geringen Verformungsgraden u. nachfolgender Erwärmung befinden sich die C-Atome unter den angewandten Vers.-Bedingungen an den Grenzen der neuen Körner, was in diesem Falle offenbar durch eine geringere Kristallisations-Geschw. erklärt wird. H. Hochstein. 197 □

Einfluß des Schwefelwasserstoffs auf die Plastizität von Stahl. G. W. Karpenko und W. T. Stepurenko. (Доповіді Академії Наук Української РСР [Ber. Akad. Wiss. UkrainSSR] **1960, 791**—94; Inst. für Maschinenkunde der Akad. der Wiss. der UkrainSSR; ukrain., Auszug: engl.) — In Verss. mit 2 Stählen mit 0,07 (%) C, 0,47 Mn, 0,04 S u. 0,007 P bzw. 0,67 C, 0,44 Mn, 0,29 S u. 0,019 P wurde nachgewiesen, daß bei Einw. von mit H_2S gesätt. W. die plast. Eigg. verschlechtert werden u. zwar nicht als Folge der Rostbldg., sondern der Kathodenprozesse, bei welchen der Stahl mit H_2 angereichert wird. Bei Desorption des H_2 in H_2S-haltigem W. (85 mg/Liter) wird durch eine kathod. Polarisation (0,05 A/dm²) die Plastizität des Stahls im Vgl. zu den Verss. ohne Polarisation stark verschlechtert. Bei der anod. Polarisation bleibt dagegen die Plastizität erhalten. Durch Erhöhung der Stromdichte bei der kathod. Polarisation werden die Plastizitätsverluste erhöht. Bei der anod. Polarisation ist die Stromdichteerhöhung ohne Einfluß. O. Lebtag. 200 □

Experimentelle Bestimmung der Verformung von dem hart-duktilen Zweiphasen-Legierungssystem WC–Co. C. Nishimatsu und J. Gurland. (Trans. Amer. Soc. Metals **52,** 469—84, 1960; Brown-Univ., Div. of Engng.; engl.) — Die Verformung bei Raum-Temp. von den Zweiphasenhartmetallen WC–Co wird durch mechan. u. metallograph. Meth. untersucht. Die Verformungsmerkmale unter Zug-, Biegung- u. Schlag-Einw. wurden auf das Auftreten u. die Ausdehnung eines plast. Fließens der Grundmasse u. des Bruches der WC-Teilchen bezogen. H. Hochstein. 200 □

Festigkeitseigenschaften von fadenförmigen Kristallen. I. A. Oding und I. M. Kopjew. (Металловедение и Термическая Обработка Металлов [Metallkunde therm. Metallbearb.] **1961,** Nr. 9, **44**—49, Sept.; Inst. für Metallurg. der Akad. der Wiss. der UdSSR.; russ.) — Die Festigkeit einzelner fadenförmiger Kristalle bei Zugbeanspruchung liegt bei der theoretischen. Die Unters. der fadenförmigen Kristalle auf Biegung u. Dauerfestigkeit bestätigen die hohen Festigkeits-Eigg. der Fäden. Diese Festigkeit wird mit einer Vergrößerung des Durchmessers u. der Länge des Fadens verringert. Es wird angenommen, daß die Festigkeitsabnahme durch den gemeinschaftlichen Einfl. von Fehlern verschiedenen Ursprungs bedingt ist. *Cu*-Fäden besitzen Achsen mit den drei Orientierungen [1 0 0], [1 1 0] u. [1 1 1]. Der Fadenquerschnitt, dessen Achse mit der Richtung [1 1 1] zusammenfällt, ist sechskantig; der Querschnitt der Fäden mit der Achse [1 0 0] ist quadratisch. Fäden mit einem Durchmesser über 10 μ besitzen Blockstruktur u. werden durch eine stark erniedrigte Festigkeit gekennzeichnet. H. Hochstein. 200 □

Einfluß der Härtung auf die innere Reibung von kaltgewalzten Aluminiumplatten. 1. Mitt. Masaru Goto. (J. Sci. Hiroshima Univ., Ser. A **23,** 389—93, März 1960; Hiroshima Univ., Fac. of Sci., Dep. of Phys.; engl.) — Die innere Reibung wurde aus Resonanzkurven einer erzwungenen seitlichen Schwingung mit 1100 Hz bestimmt. Bei Temp. $< 270^0$ ist sie unabhängig von der Dehnungsamplitude, während sie bei Proben, die oberhalb 270^0 geglüht wurden, in dem Maße zunimmt, in dem die Dehnungsamplitude steigt. Die durch Walzen erzeugte innere Reibung sinkt linear mit der Glühtemp. bis 270^0, während oberhalb dieser Temp. keine Verminderung der inneren Reibung beobachtet werden konnte. J. Uhlmann. 200 □

Die Bedeutung der Eigenschaften der Kristalle und der Substruktur des Kornes bei der Metallfestigkeit. G. W. Kurdjumow und M. D. Perkass. (Металловедение и Термическая Обработка Металлов [Metallkunde therm. Metallbearb.] **1961,** Nr. 9, 33—43, 2 Tafeln, Sept.; Zentr. Forsch.-Inst. für Eisenhüttenwesen; russ.) — Der Widerstand eines Metalls gegen Verformung wird hauptsächlich durch die Kristall-Eigg. des gegebenen Materials (durch den Widerstand gegen Versetzungswanderung im Innern der von Subkorn freien Bereiche) u. durch die Substruktur des Kornes (durch die Dimensionen der Submikrobereiche, durch die Ggw. innerer Grenzen im Korn, durch den Orientierungsgrad benachbarter Bereiche) bestimmt. Die vorhandenen experimentellen Werte weisen auf die additive Wrkg. beider Faktoren hin. Die Kristall-Eigg. können durch Einführung von Beimengungen u. Leg.-Elemente, durch Bldg. von im Innern der Submikrobereiche verteilter Störungen (Bestrahlung, Härtung reiner Metalle) sowie auch durch Temp.-Änderung verändert werden. Eine vergleichende Beurteilung der Kristall-Eigg. kann man durch Messung der Fließgrenze oder Härte eines nichtverfestigten Metalles sowie auch durch Best. der Verzerrungsgröße II. Art des verfestigten Metalls erhalten. Die Leg. des Metalls kann die Abhängigkeit der Beständigkeit der Substruktur von der Temp. sowie auch die Temp.-Abhängigkeit der Kristall-Eigg. verändern. Zur Erhöhung des Verformungswiderstands bei hohen Temp. ist es wichtig, daß die Temp.-Beständigkeit der Substruktur erhöht u. die Zerfalls-Geschw. erniedrigt wird. H. Hochstein. 200 □

Messung der Oberflächenenergien von Alkalihalogenidkristallen. S. L. Norman, E. F. Zwicker und L. I. Grossweiner. (Amer. J. Physics **30**, 51—54, Jan. 1962; Chicago, Ill., Illinois Inst. of Technol., Dep. of Phys.; engl.) — Es werden zwei Meth. zur Best. der Oberflächenenergien beschrieben. Bei der Meth. A wird der Kristall zunächst mit einer Rasierklinge parallel zur (1 0 0)-Ebene bis zur Hälfte gespalten. Dann wird der Kristall in eine Art Zerreißmaschine gespannt u. die Zugkraft gemessen, die erforderlich ist, um den Spalt zu vergrößern. Aus der Zugkraft u. den Abmessungen des Kristalls wird die Oberflächenenergie berechnet. Bei der Meth. B wird auf den Kristall eine Rasierklinge gesetzt u. diese durch ein fallendes Gew. in den Kristall getrieben. Die kleinste aus dem Gew. u. seiner Fallhöhe ermittelte Energie, die eine vollständige Spaltung des Kristalls bewirkt, ist ein Maß für dessen Oberflächenenergie. K. Ross. 200 □

Einflüsse von Trockenmahlen auf Talk. Hiroshi Takahashi. (Bull. chem. Soc. Japan **32**, 374—80, April 1959; Tokyo, Univ., Fac. of Sci., Dep. of Chem.; engl.) — Vf. berichtet über das trockene Mahlen von japan. Talk. Die Mahldauer betrug 528 Stunden. Nach jeweils 48 Std. wurden Proben entnommen, die röntgenograph., mit DTA u. elektronenmkr. untersucht wurden. Röntgenograph. wurde beobachtet, daß bis zu einer Mahldauer von 192 Std. die Intensitäten der Interferenzen abnahmen u. die Untergrundschwärzung zunimmt. Nach 240std. Mahlen waren Interferenzen nicht mehr festzustellen, sondern nur noch 2 diffuse Banden. Bei noch längerem Mahlen werden diese Banden immer undeutlicher u. der Untergrund nimmt, bes. bei kleineren Streuwinkeln, progressiv zu. Hierauf wurden Proben nach 192- bzw. 240std. Mahldauer mit 0,1 n HCl u. 0,1 n NaOH-Lsg. behandelt u. röntgenograph. untersucht. Bldg. einer zeolith. Substanz wie bei den Kaolinmineralien konnte hier nicht beobachtet werden. Aus den Aufnahmen wurde geschlossen, daß bis zu einer bestimmten Mahldauer eine regellose Struktur vorliegt, die zuerst nichtkristallin u. dann vollkommen amorph wird. Aus den DTA-Unterss. ergab sich, daß beim trocknen Mahlen eine neue Substanz gebildet wird, die in gewisser Beziehung zu der ursprünglichen Talkstruktur steht, aber von ihr verschieden ist. Das Auftreten der neuen Phase ist bes. bemerkenswert in dem Mahlstadium, in dem röntgenograph. das Röntgenogramm des krist. Talks vollkommen verschwindet. Diese neue Phase hat eine nichtkristalline Struktur, ist aber nicht vollkommen amorph. Bei fortschreitenden Mahlen bildet sich die vollkommen amorphe Struktur. Dichtemessungen ergeben, daß die Dichte bis zu einer Mahldauer von ca. 200 Std. scharf abnimmt u. hierauf einenn nahezu konst. Wert erreicht. Die elektronenmkr. beobachteten Veränderungen werden beschrieben; einige Mikrographien werden angegeben. C. Gottfried. 200

Feuchtmahlen von Kaolinmineralien. Hiroshi Takahashi. (Bull. chem. Soc. Japan **32**, 381—87, April 1959; engl.) — Vgl. vorst. Referat. — Es wurden ein *Kaolinit* u. 2 *Halloysite*, mit Glycerin gemacht, in einem mechan. Mörser bis zu 528 Std. gemahlen. Jeweils nach 48 Std. wurden Proben entnommen, die röntgenograph., mit DTA elektronenmkr. untersucht wurden. Beim Kaolinit wurde röntgenograph. festgestellt, daß mit zunehmender Mahldauer der Basisnetzebenenabstand allmählich zunimmt. Dies besagt, daß W. in den Raum zwischen die Kaolinschichten eintritt oder daß die Packung der Schichten infolge eines Scherprozesses loser wird. Aus den Beobachtungen kann geschlossen werden, daß die strukturelle Änderung des Kaolinits beim Naßmahlen durch Spaltungen in Kaolinkristall verursacht wird. Bei den Halloysiten werden die Interferenzen etwas breiter; nur die Intensität der (0 0 1)-Interferenz nimmt an Intensität ab u. der Untergrund zu. Nach einer Mahldauer von 528 Std. wurde gefunden, daß sich der Halloysit–Glycerin-Komplex gebildet hatte. Eine Änderung des Basisnetzebenenabstands konnte kaum beobachtet werden. Während im Kaolinit die Scherspannung parallel zu den Schichtebenen wirkt, ist dies beim Halloysit, dessen Gitter eine Röhrenform besitzt, nicht möglich. Da ferner Halloysit Schichtenstruktur besitzt, sind kleinere Verschiebungen entlang den Schichten röntgenograph. nicht feststellbar. Die Ergebnisse der DTA sind graph. u. tabellar. wiedergegeben. Der Mechanismus der strukturellen Änderungen wird an Hand der elektronenmkr. Beobachtungen besprochen. Dichtemessungen ergaben, daß beim Halloysit die Dichte am Anfang nur gering abnimmt; nach einer gewissen Mahldauer nimmt sie dann sehr schnell ab. Beim Kaolinit dagegen nimmt die Dichte in den ersten Mahlstadien merklich, dann langsam ab u. erreicht hierauf einen nahezu konst. Wert. C. Gottfried. 200

A₇. Gleichgewichte. Kinetik

Anwendung der I–V-Kurven bei der vergleichenden Charakteristik der Beständigkeit von Komplexen. A. M. Golub und G. M. Kilimnik. (Доповіді Академії Наук Української РСР [Ber. Akad. Wiss. UkrainSSR] **1961**, Nr. 7, 932—34, Kiew, Univ.; ukrain., Auszug: engl.) — Durch Messung der Zers.-Spannung (Z) im Syst. *KSCN–CuSCN* in W., A. oder Aceton als Lsgm. wird festgestellt, daß Z in Aceton größer ist als in W. oder A., wo fast einander gleiche Werte beobachtet werden. Da in der Aceton-Lsg. die Festigkeit der Bindung zwischen Cu- u. Thiocyanation fester ist als in der wss. Lsg., andererseits nach den Ergebnissen der Unterss. über die Löslichkeit der Charakter der Komplex-Bldg. in A. u. W. fast der gleiche ist, können die I–V-Kurven für die vergleichende Charakterisierung von Komplexen in verschiedenen Lsgm. herangezogen werden.
O. Lebtag. 223□

Untersuchungen über Metallkomplexe unter Verwendung eines Anionenaustauschers. 1. Mitt. **Ableitung von Gleichungen und Anwendung auf den Quecksilber(II)-nitratkomplex.** Hirohiko Waki. (Bull. chem. Soc. Japan **33**, 1469—70, Okt. 1960; Hakozaki, Fukuoka, Kyushu Univ., Fac. of Sci., Dep. of Chem.; engl.) — Wenn bei der Komplex-Bldg. zwischen einem Metallion M^{a+} u. einem Anion X^{b-} der größte Teil des Metalles als MX_m^{a-bm} in Lsg. u. als MX_n^{a-bn} in der adsorbierten Phase vorliegt, gilt die Gleichung: $\log D = (n - {}^a/_b) \log[X^{b-}] - (m - {}^a/_b) \log(X^{b-}) + K + G$, wobei D den Verteilungs-Koeff. des Metalls, ( ) u. [ ] die Konz. in der Lsg. bzw. der Harzphase, K die Komplex-Bldg.-Konst. u. G den Aktivitäts-Koeff. in beiden Phasen bedeuten. — Vf. untersuchte die Adsorption von Hg(II) aus einer $NaNO_3$-Lsg. an Dowex-1-X8 (NO_3^--Form; 100—200 mesh); Hg(II) wird dabei in Form von $(Hg(NO_3)_4]^{2-}$ aus der Lsg. adsorbiert. F. Haenschke. 223□

Spektralphotometrische Untersuchung der Murexidkomplexe mit Erdalkali- und Magnesiumsalzen. Hélène Feschotte-Ostertag. (C. R. hebd. Séances Acad. Sci. **250**, 1061—63, 8/2. 1960; franz.) — Auf spektralphotometr. Wege wurde die Stabilität der Komplexe des Murexids mit Erdalkalimetallen u. Mg untersucht. Die Gleichgewichts-Konst. betragen bei Ca^{2+} 500, Sr^{2+} 280 u. Ba^{2+} 138, während mit Mg^{2+} keine Gleichgewichtseinstellung erfolgt. E. Lück. 223□

Spektrophotometrische Untersuchung der Komplexbildung einiger Seltenerdmetalle mit Nitridotriessigsäure. K. W. Asstachow, W. B. Werenikin, W. I. Simin und A. D. Swerkowa. (Журнал Неорганической Химии [J. anorg. Chem.] **6**, 2069—76, Sept. 1961; russ.) — Vff. untersuchen spektrophotometr. die Komplex-Bldg. von Pr^{3+}, Nd^{3+} u. Sm^{3+} mit Nitridotriessigsäure (A) bei 18—20°. Es werden zwei Arten von Komplexen gebildet: MeA u. MeA_2^{3-}. Die Komplex-Bldg.-Konst., die Acidolyse-Konst. sowie die Dissoziations-Konst. der Komplexe werden angegeben. D. Hoene. 223□

Spektrophotometrische Untersuchung der Komplexbildung des Neodyms mit Bis-[acetylaceton]-äthylendiimin. K. W. Asstachow, W. B. Werenikin und W. I. Simin. (Журнал Неорганической Химии [J. anorg. Chem.] **6**, 2077—81, Sept. 1961; russ.) — Vgl. vorst. Referat. — Vff. untersuchen das Absorptionsspektrum zwischen 400 u. 900 nm von $NdCl_3$ (I; 0,1 molare Lsg.) u. von I mit Bis-[acetylaceton]-äthylendiimin (II) im Verhältnis 1:1 u. 1:2 im Bereich 400—900 mμ. Bei pH $\leq$ 7 tritt Komplex-Bldg. ohne Abspaltung von Protonen auf. Der Komplex hat die Zus. 1:1, das Gleichgewicht stellt sich nach 26 Std. ein. Die Dissoziations-Konst. des Komplexes ist $3{,}2 \cdot 10^{-2}$.
D. Hoene. 223□

Untersuchungen über TTA-Komplexe mit Metallionen. 1. Mitt. **Spektrophotometrische und potentiometrische Untersuchungen über Uranylkomplexe.** K. M. Abubacker und N. S. Krishna Prasad. (J. inorg. nuclear Chem. **16**, 296—307, Febr. 1961; Trombay, Bombay, Atomic Energy Establ., Chem. Div.; engl.) — Mit Hilfe photometr. u. potentiometr. Meth. untersuchen Vff. die Komplex-Bldg. zwischen UO_2^{2+} u. Thenoyltrifluoraceton (TTA) in wss.-alkohol. Medium. Oberhalb pH 5,0 weist TTA ein einziges Absorptionsmaximum bei 337 nm auf. Ein Maximum bei 380 nm zeigt die Bldg. eines Komplexes zwischen UO_2^{2+} u. TTA an. Bei pH 4,0 u. einem UO_2^{2+}:TTA-Verhältnis von 1:2 nimmt die Extinktion mit steigendem A.-Geh. der Lsg. zu, bes. stark im Bereich von 10—50% Alkohol. Unterss. über die Komplex-Zus. nach der Meth. von Job bei 337 u. 380 nm u. bei pH 2,9 u. 4,2 in 25, 50 u. 75%ig. A. sowie nach der slope-ratio-Meth. bei pH 4,0 u. 380 nm ergaben, daß sich nur ein Komplex mit UO_2^{2+}:TTA = 2:3 bildet. Die Komplex-Bldg. ist pH-abhängig, ihr Maximum erreicht sie bei pH 6,0. Durch Vermischen von $UO_2(NO_3)_2 \cdot 6\,H_2O$ mit 0,1 m TTA-Lsg. in abs. A. im Verhältnis 1,2:2,0 u. Verdünnen mit W. erhielten Vff. eine orangerote Verb., der auf Grund der chem. Analyse die Formel $UO_2(TTA)_2 \cdot 2\,H_2O$ zukommt. Eine Lsg. des festen Komplexes in 50%ig. A. weist das gleiche Absorptionsspektrum wie der in Lsg. gebildete 2:3-Komplex auf. Im untersuchten Konz.-Bereich ($6{,}6 \cdot 10^{-6}$ bis $3{,}3 \cdot 10^{-5}$ m) hat die Konz. des Komplexes keinen Einfl. auf den Verlauf des Spektrums. Ein ähnliches Spektrum gibt der Komplex in benzol. Lösung. Die Bldg.-Konst. des Komplexes wurde bei der Ionenstärke $\mu = 0{,}1$m zu $2{,}5 \cdot 10^4$ u. bei $\mu = 0{,}01$ zu $1 \cdot 10^3$ bestimmt. Im Hinblick auf die analyt. Anwendung wurde die Gültigkeit des Beerschen Gesetzes bei pH 6,0 u. 380 nm im Konz.-Bereich von 1—50 ppm U festgestellt. Bei $\geq 50\%$ A.-Geh. ist die Extinktion mindestens 72 Std. lang stabil. Ti^{4+}, Fe^{3+}, Ce^{4+}, Be^{2+}, Cu^{2+}, PO_4^{3-}, SO_4^{2-}, MoO_4^{2-} stören, nicht dagegen Cl^- u. NO_3^-. Potentiometr. Titrationen mit NH_4OH geben keinen Hinweis auf die Bldg. eines 2:3-Komplexes in konz. Lsgg. ($> 2{,}5 \cdot 10^{-3}$m), wohl aber auf die Existenz eines 1:2-Komplexes. Vff. folgern, daß in konz. Lsgg. wie im festen Zustand ein 1:2-, in sehr verd. Lsgg. ein 2:3-Komplex vorliegt. Die mögliche Struktur beider Komplexe wird erörtert. Gerhard Schulze. 223□

Spektralphotometrische Untersuchung des Eisen(III)-p-Aminosalicylatkomplexes. Rebati Charan Das und S. Aditya. (J. Indian chem. Soc. **37,** 557—61, Sept. 1960; Cuttack, Ravenshaw Coll., Chem. Labor.; engl.) —Vff. untersuchten den 1:1-Komplex Fe(III)-p-Aminosalicylsäure spektralphotometr. bei pH 2,5. Der mittlere Extinktions-Koeff. bei 500 nm ergab sich zu 1675 $\pm$ 70. Die Assoziations-Konst. betrugen ($3{,}06 \pm 0{,}06) \cdot 10^4$, $(2{,}56 \pm 0{,}12) \cdot 10^4$, $(2{,}37 \pm 0{,}12) \cdot 10^4$ bzw. $(2{,}21 \pm 0{,}11) \cdot 10^4$ bei Ionenstärken von 0,02, 0,05, 0,1 bzw. 0,2m. Durch Extrapolation auf die Ionenstärke 0 ergab sich der thermodynam. Assoziations-Koeff. dieses Komplexes zu $3{,}72 \cdot 10^4$ bei 30 ± 1^0. F. Haenschke. 223□

Extraktionsuntersuchung der Komplexbildung von Hafnium mit Acetylaceton in Lösungen. W. M. Peschkowa und An Pen. (Журнал Неорганической Химии [J. anorg. Chem.] **6,** 2082—85, Sept. 1961; russ.) — Vff. bestimmen die Dissoziations-Konst. von Acetylaceton (I) zu $8{,}76 \pm 0{,}01$ bei $25 \pm 0{,}1^0$ u. einer Ionenstärke von 1,0. Die Verteilungs-Koeff. von I zwischen Bzl.–H_2O u. Chlf.–H_2O sind $3{,}49 \pm 0{,}08$ bzw. $16{,}2 \pm 0{,}04$. Der Verteilungs-Koeff. des ungeladenen Hf–I-Komplexes für das Syst. Bzl.–H_2O beträgt $10{,}30 \pm 0{,}10$. Die Komplex-Bldg.-Konst. für die stufenweise Komplex-Bldg. werden berechnet. D. Hoene. 223□

Die Stabilität von Kupfer–Pyridin-Additionsverbindungen in verschiedenen Lösungsmitteln. A. W. Ablow und L. W. Nasarowa (unter Mitarbeit von Ss. A. Maranz). (Журнал Неорганической Химии [J. anorg. Chem.] **6,** 2043—47, Sept. 1961; Kischenjew, Univ.; russ.) — Vff. untersuchen spektrophotometr. die Bldg. von Cu–Pyridin (Py)-Komplexen. In wss. Lsgg. bilden sich $CuPy^{2+}$ (I), $CuPy_2^{2+}$, $CuPy_3^{2+}$ u. $CuPy_4^{2+}$. Die Instabilitäts-Konst. der ersten drei Stufen sind $K_1 = 4{,}1 \cdot 10^{-3}$, $K_2 = 1{,}1 \cdot 10^{-2}$, $K_3 = 4{,}5 \cdot 10^{-2}$. Die Dissoziations-Konst. von I beträgt in Methylalkohol $1{,}2 \cdot 10^{-3}$, in A. $4{,}3 \cdot 10^{-4}$ u. in Aceton $3{,}8 \cdot 10^{-5}$. Es besteht ein Zusammenhang zwischen der DK u. der Dissoziationskonstanten. D. Hoene. 223□

Metall-Polyelektrolyt-Komplexe. 9. Mitt. **Der Poly-N-äthylenglycin-Kupfer(II)-Komplex.** Daniel H. Gold und Harry P. Gregor. (J. physic. Chem. **66,** 246—49, Febr. 1962; Brooklyn, N.Y., Polytechn. Inst. of Brooklyn, Dep. of Chem.; engl.) — 8. vgl. C. **1961,** 18242. — Mit relativ niedermol. polymerem lösl. Poly-N-äthylenglycin als Ligand wird die Komplex-Bldg. mit Na-, K- u. Cu(II)-Ionen untersucht. Während die Alkalimetallionen nur schwach gebunden werden, kann spektrophotometr. nachgewiesen werden, daß ein Cu(II)-Komplex gebildet wird, in dem das Cu die Koordinationszahl 6 betätigt. Mit Hilfe potentiometr. Titrationen werden nach der Meth. von Bjerrum die Komplex-Bldg.-Konst. bestimmt u. gefunden, daß vor der Bldg. des Komplexes mit 6fach koordiniertem Cu ein solcher mit koordinativ 4zähligem Cu entsteht, der bedeutend stabiler ist als jener. W. Dietzel. 223□

Die Chelatbindung von Metallionen durch Dipeptide und verwandte Substanzen. 5. Mitt. **Kupfer(II)-Komplexe von Sarkosyl- und Leucylliganden.** S. P. Datta, R. Leberman und B. R. Rabin. (Trans. Faraday Soc. **55,** 2141—51, Dez. 1959; London, Univ. Coll., Dep. of Biochem.; engl.) — 4. vgl. C. **1961,** 11639. — Die Cu(II)-Komplexe einiger Sarkosyl- u. Leucylliganden wurden potentiometr. (Glaselektrode) untersucht. Beim Ligand/Metall-Verhältnis von 2/1 wird die Abdissoziation zweier Protonen pro Metallion bei Komplexen von *Sarkosinamid, Sarkosinmethylamid, Sarkosyl-L-leucin, Leucinamid, Leucylglycin* u. *DL-Leucylglycylglycin* (I), nicht aber bei denen von *Sarkosin, Sarkosylsarkosin* (II), *Sarkosindimethylamid* (III) oder *L-Leucin* beobachtet. Beim Ligand/Metall-Verhältnis von 1:1 tritt die Dissoziation zweier H^+ pro Metallion bei den Peptidkomplexen auf, ausgenommen bei II u. den Aminosäureamiden. Stabilitäts- u. Dissoziations-Konst. der Komplexe werden angegeben. Ausgenommen **III,** geben die Aminosäureamide u. I die Biuret-Rk. (d. h. einen Farbwechsel von Tiefblau nach Rot bei Abdissoziation des 2 H^+). Die Struktur der Zwischen- u. Endprodd. dieser Rk. werden diskutiert. K. Maier. 223□

Absorption von Brom in Wasser. Alessandro R. Giona, Roberto Passino und Renato Turriziani. (Ricerca sci. **30**, 2047—56, Dez. 1960; Roma, Univ., Ist. di chim. appl. e ind.; ital.) — Mit Hilfe einer mit Glaszylinderchen gefüllten Kolonne aus Pyrexglas untersuchten Vff. die Absorption von Br_2 in W. bei 15; 20; 25 u. 38°. Die Vers.-Ergebnisse sind tabellar. u. graph. wiedergegeben. Mit Hilfe einer hergeleiteten Gleichung wurden die Absorptions-Koeff. berechnet. C. Gottfried. 224

Auflösung von Reaktorbrennstoffen aus Uran–Molybdän-Legierungen in Salpetersäure. Wallace W. Schulz, Raymond E. Burns und Edward M. Duke. (Ind. Engng. Chem., Process Design Development **1**, 156—60, April 1962; Richland, Wash., Gen. Electr. Co., Hanford Atomic Products Operation; engl.) — Zur Herst. von Extraktions-„feedstocks" aus U/Mo-Legg. werden Lsg.-Verff. mit verd. HNO_3 benutzt, wobei die Bldg. von Polymolybdat- u. MoO_3-Ndd. bei U-Konzz. >0,4 m (+3 Gew.-%-Mo) durch Zusatz von 1 m $Fe(NO_3)_3$ so weit unterdrückt wird, daß Lsgg. mit einem U-Geh. von ca. 1 m ohne Nd.-Bldg. erhalten werden können. Ein anderes Verf. verwendet konz. (12 m) HNO_3 als Lsgm., wobei eine Abtrennung größerer Mengen eines MoO_3-Nd., eine Verringerung der HNO_3-Acidität mit Formaldehyd u. eine Abtrennung des mitgerissenen U u. Pu erforderlich sind. W. Betcke. 224□

Verteilungskoeffizienten von Thiocyanaten der Metalle der achten Gruppe zwischen organischen Lösungsmitteln und Wasser. Rolando Rigamonti und E. Spaccamela Marchetti. (Atti Accad. Sci. Torino, Cl. Sci. fisiche, mat. natur. **94**, 25—35, 1960; ital.) — Es wurden Verss. zur Best. der Verteilungs-Koeff. von Thiocyanaten der Platinmetalle zwischen Amylalkohol u. W. u. zwischen Methylisobutylketon u. Wasser bei Änderung der Metallionen-Konz. (Me) u. des Verhältnisses SCN^-/Me ausgeführt. — Man mischt eine 0,1—0,3 m Me-Lsg. mit einer 0,1 m NH_4SCN-Lsg., verd. bis zur gewünschten Konz. mit dest. W., schüttelt dann 30 Min. im Thermostaten bei 25° gleiche Voll. dieser Lsgg. u. des Lsgm., trennt die 2 gebildeten Schichten u. analysiert, wobei Me sowohl in der wss. als auch in der organ. Phase ermittelt wird. Die Ergebnisse werden in Form von Diagrammen u. Tabellen mitgeteilt. G. Platzer. 224□

Mitfällung von Cer und Lanthan mit Kaliumsulfat. W. I. Grebenschtschikowa und W. N. Bobrowa. (Радиохимия [Radiochemie] **3**, 377—83, 1961; russ.) — Mittels ^{141}Ce, ^{140}La u. ^{42}K wurden Mitfällung u. Desorption von Ce^{3+} u. La^{3+} von K_2SO_4-Ndd., die Umkristallisation von K_2SO_4 mit u. ohne Mikrokomponenten u. die Gleichgewichtseinstellung in den Syst. Me^{3+}–K_2SO_4–0,5 n HNO_3 (Me^{3+} = Ce^{3+}, La^{3+}) untersucht. Die Ggw. von Me^{3+}-Spuren in den Lsgg. bzw. im Nd. führt zur starken Abnahme der Geschw. der Gleichgewichtseinstellung u. zur Verzögerung der Geschw. der Umkristallisation von K_2SO_4-Niederschlägen. Die Erscheinungen werden auf die Bldg. der von Vff. bereits beschriebenen (C. **1962**, 11119) Doppelsalze $K_5La(SO_4)_4$ u. $K_5Ce(SO_4)_4$ an der Oberfläche von K_2SO_4 zurückgeführt, wobei ein deutlicher Zusammenhang zwischen den Verteilungs-Koeff. der Mikrokomponente u. den Löslichkeiten der Doppelsalze in der Reihe Y^{3+}–Zr^{4+}–Ce^{3+}–La^{3+} besteht. H. Jäger. 224□

Mitfällung von Yttrium, Zirkonium und Barium mit Kaliumsulfat. W. I. Grebenschtschikowa und W. N. Bobrowa. (Радиохимия [Radiochemie] **3**, 384—90, 1961; russ.) — Vgl. vorst. Referat. — Die Mitfällung von Zr, Y u. Ba mit K_2SO_4 wurde mit Hilfe von ^{95}Zr, ^{91}Y u. ^{140}Ba in 0,5n HNO_3 untersucht. Der Verteilungscharakter der Mikrokomponenten in den Syst. wird auf die verzögerte Umkristallisation von K_2SO_4 durch oberflächliche Bldg. schwerlösl. Doppelsalze zurückgeführt (außer bei Y, dessen Doppelsalz mit K_2SO_4 leichtlösl. ist). Für das Syst. K_2SO_4–Zr(IV)–0,5n HNO_3 wurde das Fehlen einer unteren Grenze der Mischkristall-Bldg. im untersuchten Konz.-Bereich (10^{-3} bis 10^{-6} g-Ion/Liter) nachgewiesen. H. Jäger. 224□

Die Anwendung von Thermistoren in der Strömungsmethode zur Messung schneller Reaktionen: die Dehydratisierung der Kohlensäure als Testreaktion. E. Giladi, Assa Lifshitz und B. Perlmutter-Hayman. (Bull. Res. Council Israel, Sect. A **8**, 75—80, April 1959; Jerusalem, Hebrew Univ., Dep. of Phys. Chem.; engl.) — Vff. beschreiben eine App. zur therm. Messung schneller Rkk. nach einer Strömungs-Meth., in der an Stelle von Thermoelementen Thermistoren verwendet werden. Dabei können Temp.-Differenzen von 0,1° mit 1% Genauigkeit, abs. Temp.-Werte auf 0,1° genau gemessen werden. Die Messung der Neutralisations-Rk. (0,121 m NaOH + 0,0457 m HCl) ergab bei Strömungs-Geschw. von 150—220 cm/s vollständige Durchmischung der Rk.-Partner bereits beim ersten Thermistor. Die Messung der Rk. $K_2Cr_2O_7$ + NaOH [$Cr_2O_7^{2-} + H_2O \rightarrow HCrO_4^-$ (meßbare Geschw.), $HCrO_4^- \rightarrow H^+ + CrO_4^{2-}$, $H^+ + OH^- \rightarrow H_2O$ (momentan)] als Test-Rk. ergab $k = 9{,}4\ s^{-1}$ bei 25° in guter Übereinstimmung mit dem von Read u. La Mer (J. Amer. chem. Soc. **52**, [1930], 3098) angegebenen Wert. Die Dehydratisierung der Kohlensäure nach: 1. $HCO_3^- + H^+ \rightleftharpoons H_2CO_3$ (momentan),

2. $H_2CO_3 \rightarrow CO_2 + H_2O$ (meßbare Geschw., k_2) ergab in verschiedenen Rk.-Gefäßen keine reproduzierbaren Ergebnisse: Während in einer App. (4 Thermistoren, 1,52 mm Gefäßdurchmesser) $k_2 = (27{,}1 \pm 0{,}1)\,s^{-1}$ in guter Übereinstimmung mit Roughton (J. Amer. chem. Soc. **63**, [1941], 2930) gefunden wurde, fanden Vff. in einer anderen App. (8 Thermistoren, Gefäßdurchmesser 2 mm) 3 deutlich erkennbare Rk.-Abschnitte in ihrer Temp.-Zeit-Kurve: auf einen raschen Temp.-Anstieg (Rk. 1), gefolgt von einem langsameren Temp.-Anstieg (Rk. 2.), folgte ein experimenteller Temp.-Abfall, vermutlich auf Grund der Entw. von $CO_{2(gas)}$ aus der übersättigten Lsg.; hierfür wurde ΔH = 4,70 kcal aus den Löslichkeitsdaten für CO_2 berechnet; k_2 konnte hierbei nicht berechnet werden. Die Dehydratisierung der Kohlensäure erscheint somit als Test-Rk. ungeeignet, wenn dabei mehr als 0,03m Kohlensäure gebildet wird. M. Schenk. 225□

Der Mechanismus der Nitratreduktion. 1. Mitt. Stöchiometrie der molybdatkatalysierten Reduktion von Nitrat und Nitrit mit Sn(II) in Salzsäure und Schwefelsäure. G. P. Haight jun., Patricia Mohilner und Alfred Katz. (Acta chem. scand. **16**, 221—28, 1962; Copenhagen, TU of Denmark, Kem. Labor. A; Univ. of Kansas, Chem. Dep.; Swarthmore, Pa., Swarthmore Coll., Chem. Dep.; engl.) — In 3m HCl wird NO_3^- (I) oder HNO_2 (II) von überschüssigem Sn(II) in Ggw. von Molybdat red.: 1. I + 3 Sn(II) + 8 H^+ → NH_3OH^+ + 3 Sn(IV) + 2 H_2O; 2. NH_3OH^+ + Sn(II) + 2 H^+ → NH_4^+ + Sn(IV) + H_2O; 3. 2 II + 2 Sn(II) + 4 H^+ → N_2O + 2 Sn(IV) + 3 H_2O. In 3m H_2SO_4 u. in einem Gemisch aus 1,5m HCl u. 1,5m H_2SO_4 wird II wie vorst. red., I jedoch nach: 4. 2 I + 4 Sn(II) + 10 H^+ → N_2O + 4 Sn(IV) + 5 H_2O. Die Rk. 1 ist rascher als 4 u. als 2. Der Rk.-Ablauf hängt z. T. von der Reihenfolge des Vermischens der Rk.-Partner ab. Wird nicht wie bei 1—4 I bzw. II zu Sn(II) gegeben, sondern umgekehrt verfahren, so entsteht bei der Red. von II etwas NO. NH_2OH red. unter den angewendeten Bedingungen weder I noch II. Es wird angenommen, daß der jeweilige Rk.-Weg von der Kinetik von Dimerisation u. Red. des Zwischenprod. HNO abhängt. F. Huber. 225□

Reaktivität von koordiniertem Acetylaceton. Cirila Djordjevic, J. Lewis und R. S. Nyholm. (Chem. and Ind. **1959**, 122—23, 24/1.; London, Univ. Coll., William Ramsay and Ralph Forster Labor.; engl.) — Die Rk. von 2wertigen *Acetylacetonatometallkomplexen* mit HNO_2 u. N_2O_4 wurde untersucht. Bis-[acetylacetonato]-nickel (II) reagiert mit NO_2–in Ggw. von Ammoniumacetat zu einer roten *Verb.* $C_{10}H_{14}N_4NiO_4$ [F. 248° (Zers.)]. Auch die entsprechende *Pd-Verb.* ($C_{10}H_{14}N_4O_4Pd$) wurde dargestellt. Durch Rk. von $K_2Pd(NO_2)_4$ mit Acetylaceton entsteht eine *Verb.* $C_{10}H_{15}NO_5Pd$, während N_2O_4 mit Bis-[acetylacetonato]-kupfer (II) in Bzl. eine *Verb.* $C_{10}H_{12}CuN_2O_8$ [F. 247° (Zers.)] liefert. Für die dargestellten Verbb. werden wahrscheinliche Strukturen, magnet. Momente u. IR-Maxima mitgeteilt. K. Zieloff. 225

Untersuchung des Isotopenaustausches von Schwefel bei der Bildung und der thermischen Zersetzung von Disulfaten einiger Alkalimetalle. Wikt. I. Spitzyn und Je. N. Sedelaschwili. (Сообщения Академии Наук Грузинской ССР [Mitt. Akad. Wiss. GrusinSSR] **24**, 157—62, Febr. 1960; russ.) — Beim raschen Erhitzen der Sulfat-^{35}S von Li, Na u. Cs mit inakt. SO_3 tritt im Bombenrohr im Li-Disulfat sofortiger Austausch des S ein, beim Na-Salz nur von 60% u. bei Cs-Disulfat findet prakt. **k** in Austausch statt. Bei Erhitzen auf Temp. unterhalb der Bldg.-Temp. der Disulfate (70 bzw. 100°) wurde in Na_2SO_4 u. Li_2SO_4 kein Austausch des S mit SO_3 beobachtet. Beim Erhitzen auf 400° wird der Austausch bei Na- u. Cs-Disulfat noch erhöht, er ist vollständig bei $Na_2S_2O_7$ nach 3 u. bei $Cs_2S_2O_7$ nach 18 Stunden. M. Wiedemann. 225□

Eisenoxydation in Natriumhalogenide und -carbonat enthaltenden Schmelzen. W. P. Kotschergin und N. I. Ignatjewa. (Журнал Неорганической Химии [J. anorg. Chem.] **6**, 2126—31, Sept. 1961; Ural, Gorki-Univ.; russ.) — Vff. untersuchen die Oxydation von Armco-Fe in Schmelzen von Na_2CO_3 (50 Mol-%) mit NaF, NaCl, NaBr u. NaJ. Bei 700° bilden sich in den Schmelzen mit NaF u. NaCl Wüstitschichten auf dem Fe, mit Beimengungen von Magnetit. In Schmelzen mit NaBr u. NaJ bildet sich lediglich Wüstit. Die Oxydation ist zu Beginn der Rk. am größten, nimmt dann ab u. erreicht nach ca. 3—4 Std. einen konst. Endwert. Die Oxydations-Geschw. nimmt in der Reihenfolge NaJ > NaBr > NaCl ab. Die therm. Dissoziation von Na_2CO_3 bei 800° wird durch NaBr-Zusatz mehr gesteigert als durch NaCl-Zusatz, wodurch die größere Oxydations-Geschw. in Schmelzen mit NaBr erklärt wird. Die Temp.-Abhängigkeit (700—900°) der Rk. wird in Schmelzen mit NaBr, NaF u. NaCl untersucht. Die stärkere Oxydation in NaBr- u. NaJ-haltigen Schmelzen wird auch durch das Freiwerden von Br_2 bzw. J_2 erklärt, die wiederum auf das Fe einwirken. Ferner wird die EMK der Kette Fe/Salzschmelze/Pt bei 800° gemessen. Den geringsten Wert hat sie bei NaBr–Na_2CO_3-Schmelzen. D. Hoene. 225□

Untersuchungen über die Oxydation von Magnetit. K. V. G. K. Gokhale. (Econ. Geol. **56**, 963—71, Aug. 1961; Kharagpur, India, Indian Inst. of Technol.; engl.) — Unterss. der trockenen Oxydation von Magnetit bis 600° ergaben, daß das Gitter unter Schrumpfung zunächst in das des *Mayhaemits* übergeht. Oberhalb 650° ist eine Gitteraufweitung zu beobachten. Bei weiterem Erhitzen auf 800° erfolgt vollständiger Übergang in *Haematit* unter allmählicher Ausscheidung der neuen Phase. Die Oxydation bis 600° ist als eine Bldg. einer festen Lsg. zwischen Magnetit u. Haematit aufzufassen. F. Ensslin. 225☐

Kinetischer Isotopeneffekt (KIEF) und der Mechanismus der Oxydation von Wasserstoff an Platin. W. I. Popow und Ss. S. Roginski. (Кинетика и Катализ [Kinetik u. Katalyse] **2**, 705—09, Sept./Okt. 1961; Inst. für chem. Phys. der Akad. der Wiss. der UdSSR; russ.) — Die Messung des KIEF von O_2 am Verteilungsgrad seines Isotopengemisches zwischen gasförmiger u. fl. Phase bei Oxydation von H_2 an Pt führt zur Aufklärung des Rk.-Mechanismus in folgender Weise: 1. $Pt + \frac{1}{2}O_2 \rightarrow Pt(O) \equiv Pt^*$; 2. $Pt^* + \frac{1}{2}H_2 \rightarrow {}^{\pm}Pt^*(H^{\pm})$; 3. $Pt^* + O_2 \rightarrow {}^{+}Pt^*(O_2^{-}) \xrightarrow{H_2} H_2O$, $\xrightarrow{HD} HDO$. Durch Anreicherung des ^{18}O-Isotops bei Oxydationsvorgängen an Pt läßt sich eine temperaturabhängige KIEF-Messung mit Werten von 1,05 (—78°) bis 1,01 (400°) durchführen. Vff. diskutieren komplexe Übergangszustände am Pt u. betrachten chemisorbiertes O_2 als auslösende u. geschwindigkeitsbestimmende Komponente. W.-D. Heußner. 227☐

Abhängigkeit der katalytischen Eigenschaften von Metallen vom Annäherungsgrad ihres Oberflächenzustandes zum Gleichgewichtszustand. W. M. Grjasnow, W. I. Schimuliss und W. D. Jagodowski. (Доклады Академии Наук СССР [Ber. Akad. Wiss. UdSSR] **136**, 1086—89, 11/2. 1961; Moskau, Lomonossow-Univ.; russ.) — Kinet. Unters. der katalyt. Isomerisation von *Allylbenzol* an *Pt*, *Pd* u. *W* zeigten, daß diese Metalle ihre Aktivität auch im Bereich der Rekristallisations-Temp. behalten. Aus dem sprunghaften Anstieg der experimentellen Aktivierungsenergie (A_{ex}) bei Temp. von 0,36—0,38 · T_F wird gefolgert, daß sich bei hinreichender Beweglichkeit der Oberflächenatome das Gleichgewicht zwischen dem Katalysatorgitter u. den akt. Zentren einstellt. Die kinet. Unters. katalyt. Rkk. im entsprechend breiten Temp.-Bereich ermöglicht, den Annäherungsgrad der akt. Zentren zum Gleichgewicht mit dem Katalysatorgitter zu beurteilen. Dies kann zur Klärung des Einfl. der Temp. u. der Vorbehandlung des Metalls auf die katalyt. Eigg. des Metalls verwendet werden. In Ggw. akt. Zentren mit verschiedener Struktur werden mit Temp.-Erhöhung zuerst die einfachen u. dann die komplexen Zentren die Gleichgewichts-Konz. erreichen. Die Änderung des Konz.-Verhältnisses der verschiedenen Zentren kann zur Änderung der Selektivität bei der Wrkg. des Katalysators führen. Die Unters. der Umwandlungen von *Cyclohexen* (I) an Pt-Blättchen bestätigen diese Darlegungen. Bei Erwärmung des Pt auf 500° wird I zu Bzl. (II) dehydriert. A_{ex} dieser Rk. beträgt zwischen 290 u. 485° 23,7 ± 0,5 kcal/Mol. Nach Erwärmung des Pt im Vakuum auf 700° beginnt die Umwandlung erst oberhalb 450° u. führt zur Bldg. von *Cyclohexadien-(1.3)* (III). Folglich sind die Zentren der II-Bldg. die komplexen u. bei 700° thermodynam. weniger beständig als die Zentren der III-Bildung. Der konst. Wert 60 kcal/Mol von A_{ex} der Umwandlung I → III zwischen 450 u. 600° zeigt die Einstellung der Gleichgewichts-Konz. der akt. Zentren. Nach Härtung der Pt-Blättchen (Abkühlung von 700 auf 460° in 4 Min.) verringert sich A_{ex} der III-Bldg. auf 26 kcal/Mol bei gleichzeitigem Anstieg der Aktivität des Pt. Die gleiche Beobachtung bei der Isomerisation von Allylbenzol an Pt zeigt, daß beide Rkk. an akt. Zentren gleicher Art im Gleichgewichtszustand verlaufen. In Übereinstimmung mit Literaturangaben über die Umwandlung von I an Pt, Pd u. Cu wird der Mechanismus der III-Bldg. durch folgende Gleichungen beschrieben: $3\,C_6H_{10} \rightarrow C_6H_6 + 2\,C_6H_{12}$ (1); $C_6H_{10} \rightarrow C_6H_6 + 2\,H_2$ (2). Rk. (1) verläuft unterhalb 200° an Tripletts, Rk. (2) (Verlauf an Dubletts) beginnt bei 164° u. erreicht 89% bei 320° unter gleichzeitiger Verringerung des Anteils von (1). U.-L. Rau. 227☐

A_8. Präparative anorganische Chemie. Komplexverbindungen. Metallorganische Verbindungen

Anorganische Polymerisationsreaktionen. 1. Mitt. Kondensationspolymerisation. D. B. Sowerby und L. F. Audrieth. (J. chem. Educat. **37**, 2—10, Jan. 1960; Urbana, Ill., Univ. of Illinois; engl.) — Übersicht. — 69 Literaturangaben. A. Blaschette. 228☐

Anorganische Polymerisationsreaktionen. 2. Mitt. Additionspolymerisation. D. B. Sowerby und L. F. Audrieth. (J. chem. Educat. **37**, 86—91, Febr. 1960; engl.) — 1. vgl. vorst. Referat. — Übersicht. — 38 Literaturangaben. A. Blaschette. 228☐

Anorganische Polymerisationsreaktionen. 3. Mitt. **Koordinationspolymerisation.** D. B. Sowerby und L. F. Audrieth. (J. chem. Educat. **37,** 134—37, März 1960; engl.) — 2. vgl. vorst. Referat. — Übersicht. — 19 Literaturangaben. A. Blaschette. 228□

Zur Statistik der Kettenlängenverteilung in den Entwässerungsprodukten der Phosphorsäure. Karl-Heinz Jost. (Makromolekulare Chem. **55,** 203—10, 1962; Berlin, Dt. Akad. der Wiss., Inst. für anorgan. Chem.; dt.) — Es wird eine Statistik der Kettenlängenverteilung in den Entwässerungs-Prodd. der Phosphorsäure entwickelt, die die Unterschiede zwischen den Säuren u. den Salzen berücksichtigt. Der für die Theorie wesentliche Punkt liegt darin, daß in den Säuren infolge des freien W. ein Hydrolyse–Kondens.-Gleichgewicht zwischen den Ketten verschiedener Länge herrscht, während sich in den Phosphatgläsern infolge der durch das Me/P-Verhältnis vorgegebenen Zahl von Endgruppen ein dynam. Gleichgewicht zwischen Anionenketten verschiedener Länge u. radikalartigen Kettenbruchstücken einstellt. Daher kommt man bei der Statistik der Kettenlängenverteilung im Falle der Säuren mit der Annahme eines einzigen Grundbausteins, der *Monophosphorsäure,* aus, während man im Falle der Gläser 2 Grundbausteine benötigt. A. Blaschette. 264□

Langkettige Phosphate. 1. Mitt. **Reaktionen des festen Kurrolschen Kaliumsalzes mit Lösungen verschiedener Metallsalze.** Shigeru Ohashi und Kazuo Yamagishi. (Bull. chem. Soc. Japan **33,** 1431—35, Okt. 1960; Kanazawa, Univ., Fac. of Sci., Dep. of Chem.; engl.) — Zur Darst. von $(KPO_3)_n$ wird KH_2PO_4 in einer Pt-Schale im elektr. Ofen bei 870° geschmolzen, dann langsam auf 775° abgekühlt, 25 Std. lang bei dieser Temp. gehalten u. anschließend durch Eintauchen des unteren Teils der Schale in W. abgeschreckt. Das so dargestellte $(KPO_3)_n$ ist durchscheinend, krist. u. bei Zimmer-Temp. nur zu 0,007—0,009% in W. löslich. — Festes $(KPO_3)_n$ löst sich langsam in 0,1 m Lsgg. von Na- u. NH_4-Salzen, mit Ca-, Cr(III)- u. Ag-Salzen bildet es einen festen Kuchen u. mit Mg-, Mn(II)-, Fe(II)-, Co(II)-, Ni(II)-, Cu(II)- u. Sn(II)-Ionen eine gummiartige Substanz, mit Al-, Fe(III)-, Ce(III)-, Hg(II)-, Bi- u. Pb(II)-Salz-Lsg. reagiert es nur sehr langsam. Bei den Rkk. von festem $(KPO_3)_n$ mit $NiSO_4$-Lsgg. handelt es sich um einen Kationenaustausch zwischen K u. Ni; die Rk. ist reversibel. Nach 8 std. Berührungszeit des festen $(KPO_3)_n$ mit 0,09—0,16 m Lsgg. verschiedener Metallionen waren 82—94% des K gegen Mg, Ca, Mn(II), Fe(II), Co(II), Ni(II), Cu(II), Zn(II) u. 51,7% gegen Fe(III) ausgetauscht. F. Haenschke. 264□

Teilschnitt eines Zustandsdiagramms von einem septernären System aus 20 Salzen A, B, C, D || X, Y, Z, T vom Typ 16 C. Je. A. Alexejewa und N. Ss. Dombrowskaja. (Журнал Неорганической Химии [J. anorg. Chem.] **6,** 2158—62, Sept. 1961; russ.) — Vff. untersuchen tern. Teil-Syst. des Syst. Li, Na, K, Tl || J, Br, Cl, F, ermitteln die stabilen Salzpaare u. bestimmen die Rk.-Wärmen. Diese Werte werden zur Berechnung der stabilen Salzpaare (LiJ, NaCl, KBr, TlF) im Gesamtsyst. benutzt. D. Hoene. 272□

Darstellung von reinstem Kaliumchlorid mit Hilfe organischer Halogenverbindungen. Miroslav Lébl. (Z. anorg. allg. Chem. **314,** 156—58, Febr. 1962; Prag, Tschechoslow. Akad. der Wiss., Inst. für Techn. Phys.; dt.) — Sehr reines, wasserfreies KCl stellt Vf. aus CH_3OK u. Acetylchlorid in Ae. dar. Das verwendete K wird zur Reinigung dest. u. unter Ar-Druck 10—50° oberhalb des F. über 2 Glasfritten (G 2 u. G3) filtriert. Der Spektralanalyse nach enthalten die Präpp. Spuren von Ca, Cu, Fe u. Mg (10^{-4}%). Na, Si u. Al sind nicht nachweisbar. H. Kuckertz. 275□

Untersuchung des Systems $NaAlO_2$–$KAlO_2$–KOH–NaOH–K_2SO_4–Na_2SO_4–H_2O (K^+–Na^+–AlO_2^-–OH^-–SO_4^{2-}–H_2O). B. Ch. Schwarzman und N. Ss. Wolkowa. (Журнал Прикладной Химии [J. angew. Chem.] **34,** 1490—1502, Juli 1961; russ.) — Im Zusammenhang mit Zers.-Verss. an alunit. Mineralen wurden die 2 Teil-Syst. ($NaAlO_2$ + NaOH)/Na_2SO_4 (**I**)/H_2O (Syst. A) u. ($KAlO_2$ + KOH)/K_2SO_4 (**II**)/H_2O (Syst. B) bei 95 u. 75° untersucht. Die Temp. entsprechen denjenigen, die in 2 aufeinanderfolgenden Separatoren herrschen, in denen Sulfatabscheidung auftritt. Die Löslichkeit von **I** u. **II** nimmt in den Aluminat-Lsgg. mit Steigerung der Konz. u. Erniedrigung der Temp. ab. **I** ist stärker lösl. als **II**. Bei einem kaust. Modul $\alpha_K = 3{,}6$ (α_K = Mol-Verhältnis $Me_2O : Al_2O_3$) bestehen bei 95 u. 75° folgende feste Phasen: A : **I**, B : **II**. Ferner tritt bei 75° bei B für Al_2O_3-Konz. von 9—11,95% eine Erniedrigung von α_K auf, was auf die Bldg. einer neuen Phase *m* **II** · *n KOH* deutet. D. Hoene. 275□

Die Schmelzbarkeit in binären Systemen der Cäsium- und Natriumhalogenide. R. G. Ssamussewa und W. Je. Pljuschtschew. (Журнал Неорганической Химии [J. anorg. Chem.] **6,** 2139—41, Sept. 1961; Moskau, Lomonossow-Univ., Inst. für chem. Feintechn.; russ.) — Vff. untersuchen die Zustandsdiagramme der Syst. NaCl/CsCl, NaBr/CsBr, NaJ/CsJ u. NaF/CsF. Alle Syst. sind vom einfachen eutekt. Typ. Die

Eutektika liegen bei 34,5 (Mol-%) NaCl (490°), 37,5 NaBr (460°), 45 NaJ (435°) u. 20 NaF (615°). Eine polymorphe Umwandlung wird für CsCl bei 454° ermittelt. Die Daten für das Syst. NaCl/CsCl stimmen mit den Ergebnissen von Shemtschushny u. Rambach [1909] überein. D. Hoene. 277 □

Komplexsalze des Berylliumdiäthyls vom Typ MX·n Be(C_2H_5)$_2$ mit n = 1, 2 und 4. Walter Strohmeier und Friedwart Gernert. (Chem. Ber. **95,** 1420—27, 15/6. 1962; Würzburg, Univ., Inst. für Phys. Chem.; dt.) — Vgl. C. **1962,** 7077. — Durch Umsetzung von Alkalifluoriden u. -cyaniden sowie von Tetraäthylammoniumchlorid mit ätherhaltigem Berylliumdiäthyl erhielten Vff. ätherfreie Komplexsalze vom Typ MX·n Be(C_2H_5)$_2$ (n = 1, 2 u. 4). Folgende Verbb. konnten isoliert werden: *KF·Be(C_2H_5)$_2$* (I), *KF·2 Be(C_2H_5)$_2$* (II), *RbF·2 Be(C_2H_5)$_2$* (III), *CsF·2 Be(C_2H_5)$_2$* (IV), *N(C_2H_5)$_4$Cl·2 Be(C_2H_5)$_2$* u. *KCN·4 Be(C_2H_5)$_2$*, F. 52—53°. Die Rk.-Bereitschaft nimmt in der Reihenfolge NaF < KF < RbF < CsF stark zu. Bei Verw. von NaF wird nur ein Teil des Ae. in Freiheit gesetzt, die Rk. verläuft jedoch nicht quant., so daß der reine Komplex nicht isoliert werden konnte. Noch träger reagiert LiF, das bis zu 60° keinen Ae. freizusetzen vermag. Auch CsCl konnte nicht zur Rk. gebracht werden. NaCN reagiert träger als KCN, mit ersterem wurde kein definierter fester Komplex erhalten. Die komplexbildende Tendenz der Alkalisalze nimmt mit zunehmendem Ionenradius des Metalles u. mit abnehmendem Ionenradius des Anions zu. Der Einfl. des Ionenradius überwiegt den Einfl. der Gitterenergie. **II** ist in Heptan prakt. unlösl.; bei 70° löst sich **II** jedoch in Bzl., wobei gleichzeitig **I** ausfällt. **III** löst sich bei Raum-Temp. in Bzl. ohne Bldg. eines Nd., **IV** ist in Bzl. kaum noch löslich. Durch Hochvakuum-Dest. oder durch Extraktion mit Bzl. lassen sich die Komplexe in einen an Be(C_2H_5)$_2$ ärmeren Komplex u. reines, ätherfreies Be(C_2H_5)$_2$ zerlegen. Gerhard Schulze. 281 □

Versuche zur Aufklärung der Bildungsbedingungen von Calcit und Aragonit. Friedrich Lippmann. (Fortschr. Mineralog. **38,** 156—60, Sept. 1960; Göttingen; dt.) — Zur Fällung der schwerlösl. Carbonate wurde KOCN verwendet, das in wss. Lsg. in K_2CO_3 u. $(NH_4)_2CO_3$ zerfällt. Bei 100° ist die Zerfalls-Geschw. von der Größenordnung einer Std., bei Zimmer-Temp. von der Größenordnung von Wochen bis Monaten. In einer bei 30° durchgeführten Vers.-Reihe wurden Lsg.-Reihen mit jeweils konst. Geh. an KOCN u. $CaSO_4 \cdot 2\,H_2O$ angesetzt; zugegeben wurden abgestufte Mengen an $MgSO_4 \cdot 7\,H_2O$. Es wurde gefunden, daß aus Lsgg., die nur Ca-Ionen enthielten, immer nur Calcit ausfiel u. ebenso bei Mg-Konz., bis zum Mol-Verhältnis Mg : Ca = 1 : 1. Bei höherem Mg-Geh. der Lsgg. entsteht neben Calcit Aragonit u. bei Mol-Verhältnissen Mg : Ca > 3,5 bildet sich nur Aragonit. Daß wirklich das Mg-Ion u. nicht das SO_4-Ion für die Bldg. des Aragonits u. für die Unterdrückung des Calcits verantwortlich ist, ergaben Verss. mit $Na_2SO_4 \cdot 10\,H_2O$ neben $CaSO_4 \cdot 2\,H_2O$ in der Lösung. Selbst bei den höchsten Geh. an Na_2SO_4 entstand nur Calcit. Verss. bei 100° ergaben, daß aus Mg-freien Lsgg. als überwiegende Phase Calcit ausfällt; daneben bilden sich wenige Aragonite u. vereinzelte Kristalle von *Vaterit*. Die Zers.-Geschw. des KOCN bei 100° ist demnach so groß, daß auch für die instabilen Modifikationen das Löslichkeits-Prod. überschritten wird. Mit steigender Mg-Konz. nimmt die Calcit-Bldg. ab, die Aragonit-Bldg. zu, u. zwar wird die Calcit-Bldg. schon bei einem bedeutend geringeren Mol-Verhältnis Mg : Ca als bei 20° völlig unterdrückt. Die Wrkg. der Mg-Ionen bei der Carbonatfällung kann man erklären, wenn man neben den kristallchem. Gegebenheiten auch die Verhältnisse in der Lsg., bes. die Hydratation der Ionen, mit berücksichtigt. C. Gottfried. 283

Untersuchung der Kristallisation von Strontium-Magnesium-Glasuren. Ju. G. Steinberg. (Журнал Прикладной Химии [J. angew. Chem.] **34,** 1470—76, Juli 1961; russ.) — Vf. untersucht die Kristallisation von Sr–Mg-Glasuren ohne B-Gehalt. Die Kristallisations-Geschw. u. die Zus. der krist. Phasen ist abhängig vom SrO/MgO-Verhältnis (V) bis V 2,2 : 1 [5 (Mol-%) MgO] bildet sich das Sr-Metasilicat; bei 6 MgO bildet sich als neue Phase *3 SrO·MgO·4 SiO$_2$* (I) u. bei V 1 : 1 (8 MgO) entsteht **I** u. Klinoenstatit (**II**). Bei 11,5 MgO krist. **II** bereits in der Schmelze. Im Zusammenhang mit diesen Unterss. wurde das Syst. $MgO \cdot SiO_2$–$SrO \cdot SiO_2$ zwischen 0 u. 60 Gew.-% $MgO \cdot SiO_2$ untersucht. Es bildet sich ein bin. Silicat *3 SrO·MgO·4 SiO$_2$* (**III**), das unter Zers. bei 1430° schmilzt. **III** ist positiv einachsig, mit gerader Auslöschung, $N_g = 1{,}645$, $N_p = 1{,}632$, Spaltbarkeit gut, Habitus feinblättrig u. nadelig. Die Röntgenogramme von **III** stimmen mit denen der neuen Phase **I** in den Glasuren überein. Der Habitus von **I** unterscheidet sich von **III**. In den Glasuren entstehen infolge der großen Kristallisations-Geschw. nur sehr kleine Plättchen quadrat. Form, deren opt. Konst. nicht bestimmt werden konnten. Aus den Röntgenaufnahmen wird tetragonale Syngonie angenommen. Bei einem Verhältnis $SrO \cdot SiO_2/MgO \cdot SiO_2 = 1:1$ bildet sich oberhalb 1320° ein Glas, unterhalb jedoch ein eutekt. Gemisch von **III** u. Forsterit. Beim Vgl. der Kristallisation in den

Glasuren mit dem Zustandsdiagramm zeigt sich, daß bei beiden Syst. die gleichen Phasen gebildet werden. In den Glasuren entsteht bei Steigerung des MgO-Geh. lediglich **II** an Stelle von Forsterit. Im Syst. $SrO \cdot SiO_2/MgO \cdot SiO_2$ reicht der Glas-Bldg.-Bereich von 100—25 Gew.-% $SrO \cdot SiO_2$, die Kristallisation ist bes. gering bei 40—75 Gew.-%. Die Ergebnisse werden mit denen des Syst. $SrO \cdot SiO_2/CaO \cdot SiO_2$ verglichen u. die Unterschiede auf Grund der Kationenradien diskutiert. D. Hoene. 284□

Ternäres System aus Magnesium-, Calcium- und Bariumfluorid. W. T. Bereshnaja und G. A. Buchalowa. (Журнал Неорганической Химии [J. anorg. Chem.] **6,** 2136—38, Sept. 1961; Rostow, Bau-Ingenieur-Inst.; russ.) — Vff. stellen 12 Schnitte für das Zustandsdiagramm des Syst. $BaF_2/CaF_2/MgF_2$ her. Das Kristallisationsfeld besteht aus 4 Teilen: dem der Verb. $BaF_2 \cdot 2\,MgF_2$ u. den der 3 Komponenten. Es existieren 2 nonvariante Punkte: Eutektikum E bei 777° mit 27 (%) MgF_2, 21 CaF_2 u. 52 BaF_2 sowie Übergangspunkt P bei 819° mit 46 MgF_2, 28 CaF_2 u. 26 BaF_2.
D. Hoene. 285□

Reaktion freier Radikale mit unsymmetrischen Organoquecksilberverbindungen. A. N. Nesmeyanov, A. E. Borisov, E. T. Golubeva und A. I. Kovredov. (Tetrahedron [London] **18,** 683—89, Juni 1962; Moscow, USSR Acad. of Sci., Inst. of Organo-Element Compounds; engl.) — Die Rk. unsymm. Organoquecksilber-Verbb. RHgR′ oder einer Mischung von 2 symm. Organoquecksilber-Verbb. mit CCl_4 in Ggw. von Benzoylperoxid wird untersucht u. für die angegebenen Radikale die Reihenfolge bzgl. der abnehmenden Affinität zum freien Radikal CCl_3 bestimmt. Die Radikalketten-Rk. ist der von Kharash u. Flenner (J. Amer. chem. Soc. **54,** [1932], 674) formulierten ähnlich u. verläuft gemäß $(C_6H_5COO)_2 \rightarrow C_6H_5^0 + C_6H_5COO^0 + CO_2$; $C_6H_5^0 + CCl_4 \rightarrow C_6H_5Cl + CCl_3^0$; $CCl_3^0 + RHgR' \rightarrow RHg^0 + R'CCl_3$ (1); $RHg^0 + CCl_4 \rightarrow RHgCl + CCl_3^0$ usw., wobei (1) für den Rk.-Ablauf maßgebend ist. Als Ausgangs-Prodd. werden verwendet: *RHgR′*, R = C_6H_5, R′ = C_2H_5, C_4H_9, $C_6H_5CH_2$, C_6H_{11}, $C_6H_2(CH_3)_3$, *o*-$CH_3C_6H_4$, *p*-$CH_3C_6H_4$; R = C_4H_9, R′ = $CH_2C_6H_5$, C_2H_5, C_6H_{11}; R = *o*-$CH_3C_6H_4$, R′ = *p*- bzw. *m*-$CH_3C_6H_4$; $C_6H_5CH_2HgC_6H_{11}$, α-$C_{10}H_7HgC_6H_2(CH_3)_3$ (α-$C_{10}H_7$ = α-Naphthyl); Gemische aus $(m\text{-}CH_3C_6H_4)_2Hg$ u. $(p\text{-}CH_3C_6H_4)_2Hg$, bzw. $(\alpha\text{-}C_{10}H_7)_2Hg$, bzw. $(C_6H_5)_2Hg$ oder aus $(\alpha\text{-}C_{10}H_7)_2Hg$ u. $(o\text{-}CH_3C_6H_4)_2Hg$, bzw. $(p\text{-}CH_3C_6H_4)_2Hg$.
Versuche: Rk. zwischen RHgR′ u. CCl_4 in Ggw. von $(C_6H_5COO)_2$: 8std. Erhitzen (sd. Wasserbad) einer Ampulle mit 5—10 g RHgR′ u. 0,4—0,8 g $(C_6H_5COO)_2$, Abkühlen, Umkristallisation des kristallinen Nd. in A. oder Aceton, wobei reines Organoquecksilberchlorid gebildet wird, Behandeln des Filtrats nach Abdestillieren des CCl_4 mit 20%ig. alkal. Lsg., 2std. Erhitzen auf dem sd. Wasserbad u. Isolieren der nach Ansäuern mit HCl aus $RCCl_3$ gebildeten krist. Carbonsäure; daneben wird die Bldg. von Hexachloräthan u. nach Nitrierung des in der Kühlfalle gebildeten Prod. 2.4-Dinitrochlorbenzol festgestellt. — Analoge Rk. einer Mischung zweier symm. Organoquecksilber-Verbb.: z. B. 3½std. Erhitzen (76°) einer Mischung von 2,38 g Bis-[α-naphthyl]-quecksilber; 2,0 g Bis-[m-tolyl]-quecksilber u. 0,4 g $(C_6H_5COO)_2$ in 250 ml abs. CCl_4 am Rückfluß, Abkühlen auf Zimmer-Temp., Abdestillieren des CCl_4, Extrahieren von α-Trichlormethylnaphthalin, m-Trichlormethyltoluol u. Hexachloräthan mit 20 ml PAe. (Kp. 40—60°), Verdampfen des PAe., Behandeln des öligen Rückstandes mit 20 ml einer 20% alkal. Alkali-Lsg., 1std. Erhitzen auf dem Wasserbad, Abdestillieren des A., Waschen mit Ae., Lösen in W. u. Ansäuern mit HCl u. fraktionierte Kristallisation aus 50%ig. wss. A. liefert 0,2 g *α-Naphthoesäure* u. 0,1 g *m-Toluolcarbonsäure*; aus dem in PAe. unlösl. Rückstand durch Behandeln mit 1,2 g Hydrochinon, 50 ml A. bei 15 Min. langem Erhitzen [zur Zerstörung von unverbrauchtem $(C_6H_5COO)_2$], Zugabe von 100 ml W., Behandeln des gebildeten Nd. mit 120 ml Eisessig, 1std. Erhitzen auf dem Wasserbad, Zugabe von 180 ml W., nach Abkühlen auf 0° 10 Std. langes Stehen u. fraktionierte Kristallisation aus Bzl., m-Tolylquecksilberchlorid (49,5%) u. *α-Naphthylquecksilberchlorid* (82%); aus dem Eisessigfiltrat durch Behandeln mit wss. NaCl-Lsg. *m-Tolylquecksilberchlorid* (30,5%). — *Benzylcyclohexylquecksilber*, $C_{13}H_{18}Hg$, durch Zugabe von 9,0 g Cyclohexylquecksilberbromid in geringen Mengen bei 0° unter Rühren zu einer Grignard-Lsg. (aus 6,3 g Benzylchlorid u. 1,2 g Mg in 100 ml wasserfreiem Ae.), 2std. Rühren u. Stehenlassen über Nacht bei 0°, Zers. durch Zugabe von 1%ig. H_2SO_4 bei 2—5°, Trocknen der Ae.-Schicht mit $CaCl_2$ u. Vakuum-Dest.; ölige Fl.; 90%. — Analog vorst. Verb. werden dargestellt: *Äthylbutylquecksilber*, $C_6H_{14}Hg$, Fl., $n_D^{21.5}$ 1,5114; 90%; *α-Naphthylmesitylquecksilber*, $C_{19}H_{18}Hg$, F. 177—179°, Rk.-Temp. ca. 20°, 1½std. Rühren bei 30—35°, Zers. mit 1%ig. H_2SO_4 bei 5—10°; Kristalle; 83%; *Butylbenzylquecksilber*, $C_{11}H_{16}Hg$, 20 Min. langes Erhitzen der Rk.-Mischung bei 34—40°; Fl.; 88%; *Phenylbenzylquecksilber*, $C_{13}H_{12}Hg$, gelbe Fl.; 39%; *Butylcyclohexylquecksilber*, $C_{10}H_{20}Hg$, schwach gefärbte Fl.; 92%. U. Skurnia. 290□

Phasendiagramm Lanthan-Lanthantrichlorid. F. J. Keneshea jun. und Daniel Cubicciotti. (J. chem. Engng. Data 6, 507—09, Okt. 1961; Menlo Park, Calif., Stanford Res. Inst.; engl.) — An Hand von 3 Unters.-Meth. wird das Phasendiagramm aufgestellt: 1. Durch therm. Analyse von Proben bekannter Zus.; 2. durch Probennahme der fl. Salzphase, die im Gleichgewicht mit überschüssigem Metall steht; 3. durch Abkühlen der Phasen mit folgender Analyse. Das reine La zeigt bei 869° eine β–γ-Umwandlung; der Wert wird durch $LaCl_3$-Zusatz herabgesetzt. Bei Mischungen zwischen 4—90 Mol.-% La wird ein eutekt. Haltepunkt bei 826° beobachtet. J. Peters. 301 □

Zweiwertiges Thulium. Thuliumdijodid. L. B. Asprey und F. H. Kruse. (J. inorg. nuclear Chem. 13, 32—35, April 1960; Los Alamos, N.Mex., Univ. of California, Los Alamos Sci. Labor.; engl.) — *TmJ_2* wird durch mehrtägige Rk. von Tm mit der stöchiometr. Menge HgJ_2 in einer evakuierten Quarzampulle bei 300—400°, Abdestillieren des Hg u. erneutes Erhitzen während 7 Tagen auf 500—600°, oder aus TmJ_3 u. Tm durch 7tägiges Erhitzen auf 550° bei $<10^{-6}$ Torr in einem Quarzrohr erhalten. *TmOJ* entsteht beim Erhitzen von TmJ_3 an feuchter Luft, *YbJ_2* aus YbJ_3 u. Yb oder durch therm. Zers. von YbJ_3 bei 750° im Vakuum. TmJ_2 wird durch W. u. Methanol rasch unter Gas-Entw. zersetzt; es red. Jod in methanol. Lösung. Die $\sin^2\vartheta$-Werte werden für TmJ_2 u. YbJ_2 mitgeteilt. Beide Verbb. sind hexagonal mit $a = 4{,}520 \pm 0{,}003$ u. $c = 6{,}967 \pm 0{,}006$ bzw. $a = 4{,}503 \pm 0{,}003$ u. $c = 6{,}972 \pm 0{,}004$ Å.
A. Blaschette. 315 □

Beziehungen zwischen den Phasen im festen Zustand im System CaO–ZrO_2–TiO_2. A. Cocco und P. Virdis. (Chim. e Ind. [Milano] 43, 1115—21, Okt. 1961; Trieste, Univ., Ist. di Chim. appl; Cagliari, Univ., Ist. di Metallurg.; ital.) — Die mit Auflichtmikroskop u. Röntgenstrahlen ausgeführten Unterss. ermöglichen die Best. der Isotherme des Syst. bei 1400° u. der bei 1600° für den Anteil zwischen CT—Z—C(C=CaO; T=TiO_2; Z=ZrO_2). Aus den Diagrammen des tern. Syst. bei 1400° erhält man eine Verb. CZT_2, 4 Zonen mit einer einzigen Phase: Feste Lsg. von (CZT_2), (CZT), $(Z)_1$ (mit kub. Struktur) u. $(Z)_2$ (mit tetragonaler Struktur), 10 Zonen mit 2 Phasen: C_3T_2—(CTZ), C—(CTZ), (CTZ)—$(Z)_1$, $(Z)_1$—$(Z)_2$, (CZT_2)—$(Z)_1$, (CZT_2)—$(Z)_2$, (CZT_2)—(ZT), (CZT_2)—$(T)_2$, $(T)_1$—(CT), (CT)—(CZT_2) u. 6 Zonen mit 3 Phasen: C_3T_2—(CZT)—C, CT—(CZT_2)—$(Z)_1$, (CZT_2)—$(Z)_1$—$(Z)_2$, (CZT_2)—$(Z)_2$—(ZT), (CZT_2)—(ZT)—$(T)_2$ u. CT—(CZT_2)—$(T)_1(T)_2$. Die Isotherme bei 1600 ± 20° des Syst.-Anteils zwischen CT—Z—C unterscheidet sich nicht von der bei 1400° außer in der Lage u. Ausdehnung der festen Lsg. $(Z)_1$ u. folglich der 2 Grenzzonen für die Lage des entsprechenden Punktes der festen Lsg. (CZT) hinsichtlich des Gleichgewichtes mit C_3T_2 u. C. Schließlich wird gezeigt, daß die feste tern. Lsg. $(Z)_1$ durch Ersatz von Zr^{4+} durch Ti^{4+} im Gitter vom Fluorittyp erfolgt, die für einen gegebenen %-Geh. CaO die Anzahl der schon in dem bin. Syst. anwesenden anion. Lücken unverändert läßt. G. Platzer. 322 □

Zur Kristallchemie des Germaniums. H. Strunz. (Fortschr. Mineralog. 38, 127—28, Sept. 1960; Berlin-Charlottenburg; dt.) — Systematik der Tetraoxogermanate vgl. C. 1961, 764. Die bisher bekannten Hexafluoro- u. Hexachlorogermanate sind tabellar. angegeben. Auf die bereits bekannten Hexahydroxogermanate u. Hexaoxodigermanate wird hingewiesen. Neu hergestellt wurden vom Vf. die folgenden Verbb.: mit Phenakitstruktur *$LiAl(GeO_4)$* u. *$LiGa(GeO_4)$*; mit Olivinstruktur *Ca_2GeO_4*, *Sr_2GeO_4*, *Ba_2GeO_4* u. *Cd_2GeO_4*; mit Monticellitstruktur *$CaMgGeO_4$*; mit Granatstruktur *$Ca_3Al_2(GeO_4)_3$*; *$Ca_3Ga_2 \cdot (GeO_4)_3$*; *$Ca_3Cr_2(GeO_4)_3$*; *$Ca_3Fe_2(GeO_4)_4$*; *$Cd_3Al_2(GeO_4)_3$*; *$Cd_3Ga_2(GeO_4)_3$*; *$Cd_3Cr_2(GeO_4)_3$*; *$Cd_3Fe_2(GeO_4)_3$*; *$Mn_3Al_2(GeO_4)_3$*; *$Mn_3Ga_2(GeO_4)_3$*; *$Mn_3Cr_2(GeO_4)_3$* u. *$Mn_3Fe_2(GeO_4)_3$*; mit Eulytinstruktur *$Bi_4(GeO_4)_3$*; mit Apatitstruktur *$Ca_2Ce_3[Cl(GeO_4)_3]$*; *$Ca_2Ce_3[Cl(GeO_4)_2 \cdot (SiO_4)]$*; *$Ca_2Ce_3[Cl(GeO_4)(SiO_4)_2]$*; *$Ca_3Ce_2[Cl(GeO_4)_2(PO_4)]$*; *$Ca_3Ce_2[Cl(GeO_4)(SiO_4)(PO_4)]$*; *$Ca_4Ce[Cl(GeO_4)(PO_4)_2]$*; mit Spinellstruktur *$LiCrGeO_4$*; mit Nephelinstruktur *$Na[AlGeO_4]$* u. *$KNa_3[AlGeO_4]_4$*; mit Leucitstruktur *$K[AlGe_2O_6]$*; mit Celsianstruktur *$Ba[Al_2Ge_2O_8]$*; mit Sodalithstruktur *$Na_8[Cl_2(AlGeO_4)_6]$* u. mit Natrolithstruktur *$Na_2[Al_2Ge_3O_{10}] \cdot 2\,H_2O$*.
C. Gottfried. 326

Änderungen der Wertigkeit in konzentrierten (98,5 %) schwefelsauren Lösungen. 1. Mitt. **Untersuchungen mit Vanadin und Eisen.** E. Schulek, I. Pais und L. Pataki. (Ann. Univ. Sci. Budapestinensis Rolando Eötvös nominatae, Sect. Chim. 2, 583—86, 1960; Budapest, L.-Eötvös-Univ., Inst. für anorgan. u. analyt. Chem.; dt.) — In konz. H_2SO_4 stellt sich ein Redoxgleichgewicht zwischen Vanadin(V) u. V(IV) im Verhältnis 1 : 1 ein, das durch Erhöhung des H_2O-Geh. in der Säure stark absinkt. Es konnte mit H_2N–NH_2 eine neue, bisher nicht bekannte Verb. der Zus. $4\,V_2(SO_4)_3 \cdot H_2SO_4$ dargestellt werden. Die Oxydation von Fe(II) erfolgt nur in konz. H_2SO_4 augenblicklich quantitativ. Dieses Ergebnis wurde bei der jodometr. Fe(III)-Best. berücksichtigt. Herbert Hoffmann. 330 □

Das System Niob–Sauerstoff. Rodney P. Elliott. (Trans. Amer. Soc. Metals **52,** 990—1014, 1960; Chicago, Ill., Illinois Inst. of Technol.; engl.) —Das Nb–O-Gleichgewichts-Syst. wird durch metallograph. Prüfung von im Lichtbogen gegossenen Legg. aus besonders reinem Nb u. aus besonders reinem Nb_2O_5 bestimmt. Zwei als Zwischenprodd. auftretende Oxide, NbO u. NbO_2, schmelzen ohne Zers. bei 1945 bzw. 1915°. Eutekt. Rkk. gibt es zwischen Nb u. NbO bei 1915° u. zwischen NbO u. NbO_2 bei 1810°. Eine peritekt. Rk. zwischen NbO_2 u. Nb_2O_5 tritt bei 1510° auf. Die größte feste Löslichkeit von O im Nb beträgt 0,72%. H. Hochstein. 331□

Reziprokes System aus Lithium- und Kaliumchromat und -wolframat. A. I. Kisslowa und A. G. Bergman. (Журнал Неорганической Химии [J. anorg. Chem.] **6,** 2132—35, Sept. 1961; Kuban, Landwirtsch. Inst.; russ.) — Vff. untersuchen die Syst. K_2CrO_4–Li_2WO_4 [drei Äste im Temp.-Zustandsdiagramm, die sich bei 50% Li_2WO_4 (502°) u. 58% (498°) schneiden] u. Li_2CrO_4–K_2WO_4 [drei Reihen von lückenlosen Mischkristallen, die sich bei 41,5% K_2WO_4 (476°) u. 49% (500°) schneiden]. Im Dreieckschnitt liegen die Schnittpunkte für die Doppelsalze $K_2WO_4 \cdot Li_2WO_4$ u. $K_2CrO_4 \cdot Li_2CrO_4$ bei 22% (504°) u. 52% (503°). Das Kristallisationsfeld des Gesamtsyst. wird in drei Hauptbereiche unterteilt. K_2WO_4–K_2CrO_4-Mischkristalle nehmen 44,5% ein, isomorphe Mischungen 18,1% u. Li_2WO_4–Li_2CrO_4-Mischkristalle 37,4%. Das Syst. wird mit dem Syst. Li, K || SO_4, CrO_4 verglichen. D. Hoene. 337□

Untersuchung höherer Oxide und Peroxide des Urans durch die Isotopenmethode. A. I. Brodski und I. F. Frantschuk. (Доклады Академии Наук СССР [Ber. Akad. Wiss. UdSSR] **138,** 1345—48, 21/6. 1961; Inst. für physikal. Chem. der Akad. der Wiss. der UkrainSSR; russ.) — Durch Fällung aus einer wss. Lsg. von $UO_2(NO_3)_2$ mit $H_2{}^{18}O_2$ wurde $U^{18}O_4 \cdot 2\,H_2O$ gewonnen (mit 1% ^{18}O), dessen therm. Verh. bis 700° untersucht wurde. Es bildet sich zunächst U_2O_7, das sich zwischen 195 u. 400° zersetzt. Zwischen 400 u. 420° erfolgt der Übergang zu UO_3 u. schließlich der zu U_3O_8. UO_3 u. U_3O_8 erwiesen sich nach den Austausch-Unterss. als Oxide, $UO_4 \cdot 2\,H_2O$ u. U_2O_7 dagegen als echte Peroxide. M. Wiedemann. 339□

Die Oxide der Actiniden. L. E. J. Roberts. (Quart. Rev. [chem. Soc., London] **15,** 442—60, 1961; Didcot, Harwell, AERE; engl.) — Übersicht. — 81 Literaturangaben. P. Golinske. 341□

Phasengleichgewicht im System Fe_2O_3–BaO. B. G. Liwschitz, Ss. A. Jelissejew, B. A. Ssamarin und W. A. Ssomenkow. (Известия Академии Наук СССР, Серия Физическая [Nachr. Akad. Wiss. UdSSR, physik. Ser.] **25,** 1418—21, Nov. 1961; russ.) — Vff. untersuchen röntgenograph., mkr., durch Best. der Sättigungsmagnetisierung, des Curie-Punktes u. der Mikrohärte das Syst. Fe_2O_3-BaO bis ca. 50 Mol-% BaO. Es bestehen in diesem Bereich drei Phasen: *Haematit* u. $BaO \cdot Fe_2O_3$ (beide unmagnet.) sowie $BaO \cdot 6\,Fe_2O_3$ (I; magnet.). Die Gitter-Konst. des I ändern sich mit dem Einbau von BaO in das I-Gitter: a nimmt mit steigendem BaO-Geh. zu, während c abnimmt. D. Hoene. 354□

Phasengleichgewichte bei Liquidus-Temperaturen im System Eisenoxid–Titanoxid bei niedrigen Sauerstoffdrücken. J. B. McChesney und Arnulf Muan. (Amer. Mineralogist **46,** 572—82, Mai/Juni 1961; University Park, Pa., Pennsylvania State Univ.; engl. — C. **1962,** 6706.) H. Moenke. 354□

Sauerstoffaufnahme durch und Oxydation von Co(II)-Chelaten. V. Caglioti, P. Silvestroni und C. Furlani. (J. inorg. nuclear Chem. **13,** 95—100, April 1960; Rome, Univ., Dep. of Gen. and Inorg. Chem.; Trieste, Univ., Dep. of Phys. Chem.; engl.) — Die O_2-Aufnahme durch den *Co(II)–Histidin-* bzw. *-Glycylglycin-Komplex,* $Co(Hi)_2$ bzw. $Co(GG)_2$, wurde polarograph. u. spektrophotometr. untersucht. Danach enthalten die bei der reversiblen O_2-Aufnahme entstehenden braunen Lsgg. zweikernige Peroxokomplexe vom Typ $[X_2Co^{II}–O–O–Co^{II}X_2]^{2-}$ oder vielleicht $[X_2Co^{III}–O–O–Co^{III}X_2]$. Als End-Prodd. entstehen in einer irreversiblen Rk. rote Komplexe der Zus. $[Co^{III}X_2 \cdot (OH)_2]^-$ u. $[Co^{III}X_2(OH)]$. Bei Zusatz von H_2SO_4 u. A. zu der aus $Co(GG)_2$ erhaltenen roten Lsg. fällt eine mikrokristalline rote Substanz der Zus. $[Co^{III}(GG)_2OH]_2 \cdot H_2SO_4$ bzw. $[Co^{III}(GG)_2(H_2O)]_2SO_4$ aus. A. Blaschette. 355□

Die Reaktion von Hydrogentetracarbonylkobalt(–I) mit Olefinen. Richard F. Heck und David S. Breslow. (J. Amer. chem. Soc. **83,** 4023—27, 5/10. 1961; Wilmington, Del., Hercules Powder Co., Res. Center; engl.) — Durch Isolierung der Rk.-Prodd. als 1 : 1-Additions-Verbb. mit $(C_6H_5)_3P$ (I) weisen Vff. nach, daß Hydrogentetracarbonylkobalt(–I) (II) Olefine unter Bldg. von *Alkyltetracarbonylkobalt* addiert. Umsetzung mit 1-Penten (III) ergibt angenähert das gleiche Isomerenverhältnis bei 0° wie bei erhöhten Temp., während sich bei Isobutylen u. Methylacrylat (IV) der Rk.-Ablauf mit der Temp. ändert. Die Additions-Rk. ist reversibel. Die Unters. des Einfl.

von CO auf die Additions-Rk., auf die anschließende Red. der Additions-Verbb. u. auf die Olefinisomerisation führt zu dem Schluß, daß diese Rkk. über koordinativ ungesätt. Zwischenverbb. verlaufen. Vff. schlagen einen einheitlichen Mechanismus für die Oxo-Rk. u. die konkurrierende Olefinisomerisation vor.

Versuche: *$CH_3(CH_2)_4COCo(CO)_3 \cdot P(C_6H_5)_3$* bzw. *$CH_3(CH_2)_2CH(CH_3)COCo(CO)_3 \cdot P(C_6H_5)_3$* (**V**), $C_{27}H_{26}CoO_4P$, F. 89—93° (Zers.; aus Ae./Pentan), durch Zugabe von 9 ml einer 0,29m **II**-Lsg. in n-Pentan unter Rühren zu 25 ml **III** unter mit **III** gesätt. N_2, nach 15 Min. Zugabe von 3,0 ml einer 1 m **I**-Lsg. in Ae., Abzentrifugieren vom Unlöslichen (hauptsächlich *Bis-[triphenylphosphin]-hexacarbonyldikobalt*), Eindampfen, 4maliges Umkristallisieren bei —80°; fahlgelbe Prismen; 0,1 g (Ausbeute). Behandlung vorst. Rk.-Lsg. (2 ml) mit 2 ml 0,2m J_2-Lsg. in Methanol ergibt *Methyl-n-hexanoat* u. *Methyl-2-methylpentanoat* (1 : 1; gaschromatograph.), bei Verw. von überschüssigem J_2 70 u. 30% vorst. Verbb.; bei Umsetzung von 60 ml **III** u. 10,0 ml 0,29m **II**-Lsg. in n-Pentan in Ggw. von CO (Atmosphärendruck) erfolgt Absorption von 92,5% der berechneten 2,9 mMol CO innerhalb 3 Std.; bei Zugabe von 3,0 ml 1,0m **I**-Lsg. in Ae. Entw. von 77,5% der erwarteten 2,5 mMol CO; Aufarbeitung wie vorst. ergibt >50% des gleichen **V**-Gemisches. — *$CH_3C(CH_3)_2COCo(CO)_3 \cdot P(C_6H_5)_3$*, durch Zugabe von 10 ml 0,23m **II**-Lsg. in n-Pentan zu 20 ml, auf 0° gekühlten Isobutylen in einer Druckflasche unter CO-Druck von 10 lbs./sq.in. u. magnet. Rühren, nach 4 Std. bei 0° Zugabe von 1 m **I**-Lsg. in Ae., nach 30 Min. Eindampfen zur Trockne bei 0° u. sofortige Zugabe von 15 ml 0,2m J_2-Lsg. in Methanol, 30 Min. langes Rühren bei 25°; durch gaschromatograph. Analyse *Methyltrimethylacetat* (0,41%; ca. 23% bzgl. **II**) u. Spuren von *Methyl-3-methylbutyrat*. — *$CH_3OOCCH(CH_3)COCo(CO)_3 \cdot P(C_6H_5)_3$* bzw. *$CH_3OOC(CH_2)_2COCo(CO)_3 \cdot P(C_6H_5)_3$*, $C_{26}H_{22}CoO_6P$, F. 83,5—85° (Zers.), durch Zugabe von 2,0 ml 0,46m **II**-Lsg. in Pentan zu 15 ml **IV** in einer bei 0° mit CO gespülten Gasometer-App. unter Rühren, nach 2 Std. Absorption von 17 ml Gas, nach Abstoppen der Rk. Zugabe von 1,5 ml 1 m **I**-Lsg. in Ae. u. Entw. von 20 ml Gas innerhalb 2 Std., Verdampfen des überschüssigen **IV** u. des Lsgm. bei 0° im Vakuum, mehrmaliges Extrahieren des Rückstandes mit Ae. u. Zentrifugieren; nach Verdampfen des Ae. bei 0° gelbkristalliner Rückstand aus Ae./Pentan. Zugabe von 0,2m J_2-Lsg. in Methanol zu vorst. Prod. ergibt *Dimethylmethylmalonat* (0,5%) u. *Dimethylsuccinat* (0,1%). — Pyrolyse von Äthyltetracarbonylkobalt: Zugabe von 10 ml 0,07m $NaCo(CO)_4$-Lsg. in Ae. zu 0,4 g $[(C_2H_5)_3O] \cdot [BF_4]$ im geschlossenen, mit N_2 gespültem Glasrohr bei 0°, 30 Min. langes Schütteln u. Überführung des Prod. in einen Gaschromatographen bei 220° (am Einlaß) ergibt *C_2H_4* [0,23 (%)], *C_2H_6* (0,01) u. *Propionaldehyd* (0,02) neben 2 nicht bekannten Verbindungen. Bei 170° entstehen ca. 0,14% C_2H_4. Vorst. Rk. in CO-Atmosphäre ergibt *Propionyltetracarbonylkobalt*, dessen Pyrolyse im Gaschromatographen bei 170° gleiche Mengen an Prodd. wie vorst. Rk. unter N_2 liefert. P. Frenzel. 355□

Tetraedrische Nickel(II)-Komplexe und die Faktoren, die ihre Bildung beeinflussen. Luigi M. Venanzi. (J. inorg. nuclear Chem. **8**, 137—42, 1958; Oxford, Univ., Inorg. Chem. Labor.; engl.; C. **1959**, 5732.) A. Blaschette. 356□

Komplexe zwischen Cyclopentadienylnickel und Acetylen. J. F. Tilney-Bassett. (J. chem. Soc. [London] **1961**, 577—81, Febr.; Sheffield, Univ., Dep. of Chem.; engl.) — Vgl. C. **1960**, 4134. — Alkyl- u. phenylsubstituiertes Acetylen reagiert in sd. Toluol (30—120 Min.) mit Dicyclopentadienyldicarbonylnickel (**I**) unter Verdrängung der 2 CO-Brücken zu Komplexen des Typs *$(C_5H_5Ni)_2, RC{\equiv}CR'$*, aus denen durch Oxydation oder Behandlung mit CO unter Druck das entsprechende Acetylen freigemacht werden kann. Acetylendicarbonsäure reagierte nicht mit **I**, die Umsetzung von **I** mit Dijodacetylen u. Propargylbromid lieferte keine identifizierbaren Prodd., mit $C_6H_5C{\equiv}C{-}C{\equiv}CC_6H_5$ (**II**) wurde *$(C_5H_5Ni)_2$*, **II** (**III**) u. *$(C_5H_5Ni)_4$*, **II** gebildet. Die Hydratisierung, Hydrierung u. Umsetzung von **III** mit Phenyl- u. Benzolsulfonylazid führte nicht zu den erwarteten Prodd., wogegen mit $Co_2(CO)_8$ *$(C_5H_5Ni)_2, C_6H_5C{\equiv}C{-}C{\equiv}CC_6H_5, Co_2(CO)_6$* u. mit $Fe(CO)_4$ *$(C_5H_5Ni)_2, C_6H_5C{\equiv}C{-}C{\equiv}CC_6H_5, Fe_2(CO)_6$* u. *$[(C_5H_5Ni)_2, C_6H_5C{\equiv}C{-}C{\equiv}CC_6H_5]_2, Fe_2(CO)_6$* gebildet wurde.

Versuche: Allg. Darst. von *$(C_5H_5Ni)_2, RC{\equiv}CR'$*: durch ½—2std. Rückflußkochen von **I** u. überschüssigem (10—50%) Acetylen in Toluol unter N_2, Abdestillieren des Lsgm. u. des Acetylens, Chromatographieren an Al_2O_3, Umkristallisieren oder Sublimieren oder nochmaliges Chromatographieren der grünen Fraktion: *$RC{\equiv}CR'$* = *Hexin-(1)*, $C_{16}H_{20}Ni_2$, F. 46,5—47°; 35%; *Hexin-(3)*, dunkelgrünes Öl; *Phenylacetylen*, $C_{18}H_{16}Ni_2$, F. 132—133°, schwarze Nadeln; 69%; *Diphenylacetylen*, $C_{24}H_{20}Ni_2$, F. 149 bis 150°, schwarze Kristalle; 88%; *Acetylen*, $C_{12}H_{12}Ni_2$, F. 143—144°, durch Durchleiten von Acetylen durch eine Lsg. von **I** in Bzl. unter Rückfluß, dunkelgrüne Nadeln; *Butin-(2)*, $C_{14}H_{16}Ni_2$, F. 55°, durch 2std. Erhitzen von 1,5 ml Butin-(2), 4,0 g **I** u. 50 ml Bzl. im geschlossenen Rohr unter 1 at CO_2, Sublimieren des grünen Öls bei 100°/0,01 mm; schwarze Kristalle; 49%. — *Tetracyclopentadienyltetranickeldiphenylbutadiin*, $C_{36}H_{30}Ni_4$, F. 296—297° (Chlf.–Ligroin, Kp. 60—80°), durch 6std. Rückflußkochen von 10,1 g II, 7,0 g I u. 250 ml Bzl. unter N_2, Abkühlen, Abfiltrieren der Nadeln, Eindampfen des Filtrats, Extrahieren des Rückstandes mit sd. Ae.; schwarze Nadeln; 3,2 g; daneben *Dicyclopentadienyldinickeldiphenylbutadiin* (III), $C_{26}H_{20}Ni_2$, F. 121° (Ae.–Ligroin), durch Eindampfen des Ae.-Extrakts, Chromatographieren an Al_2O_3 u. Eluieren mit Ligroin (Kp. 40—60°); III, ebenfalls durch 6std. Rückflußkochen von 2,89 g Dicyclopentadienylnickel, 2,7 g Diphenylacetylen, 6 ml Ni-Carbonyl u. 70 ml Bzl. unter N_2, Abdestillieren des Bzl. u. überschüssigen Ni-Carbonyls u. Umkristallisation aus Ae.–Ligroin; 85%. — *μ-Diphenylbutadiindicyclopentadienyldinickelhexacarbonyldikobalt*, $C_{32}H_{20}Co_2Ni_2O_6$, F. 156 bis 158° (Zers.; Ae.–Ligroin), durch 1std. Rückflußkochen von 1,6 g $Co_2(CO)_8$ u. 1,0 g III in 45 ml Ae. unter N_2 u. Abdestillieren des Lsgm.; schwarz. — *μ-Diphenylbutadiindicyclopentadienyldinickelhexacarbonyldieisen*, $C_{32}H_{20}Fe_2Ni_2O_6$, F. 156° (Ligroin), durch 3std. Rückflußkochen von 2,0 g III, 0,76 g $Fe(CO)_4$ u. 100 ml Ligroin (Kp. 80—100°), Abdestillieren des Lsgm., Chromatographieren, Eluieren mit Ligroin, wobei eine blaue Lsg. gebildet wurde, u. Eindampfen; schwarz; 0,12 g; daneben $[(C_5H_5Ni)_2, C_6H_5C{\equiv}C{-}C{\equiv}CC_6H_5]_2, Fe_2(CO)_6$, F. 160—161° (Ligroin), durch weitere Elution mit Ligroin wurde eine braune, gummiartige Masse erhalten (0,86 g), die bei Umkristallisation aus Ligroin schwarze Kristalle liefert. U. Skurnia. 356☐

Thermisch stabile polymere Koordinationsverbindungen. 1. Mitt. **Metallthiosemicarbazon des Naphthazarins.** D. N. Chakravarty und W. C. Drinkard. (J. Indian chem. Soc. **37**, 517—20, Sept. 1960; Los Angeles, Calif., Univ. of California, Dep. of Chem.; engl.) — Naphthazarinthiosemicarbazon (I) bildet mit Metallionen der Oxydationsstufe +2 u. der Koordinationszahl 6 polymere Koordinationskomplexe, die eine große therm. Stabilität aufweisen. Nach den DTA-Messungen liegt der Zers.-Punkt für I bei 320°, für Zn-I bei 400° u. für Ni-I bei 450°.

Versuche: I: Durch 2std. Kochen einer Lsg. von Naphthazarin (II) u. Thiosemicarbazid (III) in N.N'-Dimethylformamid (IV) u. Waschen des schwarzen Nd. mit Äthanol. — *Zn*-I: Durch 3std. Kochen einer II-Lsg. in 1m NaOH-Lsg. unter Zusatz von III in A. u. von $Zn(CH_3COO)_2 \cdot 2\,H_2O$, Waschen mit 95%ig. A. u. Trocknen bei 110°. — *Ni*-I: Durch 2std. Kochen einer Mischung aus einer $Ni(HCOO)_2$-Lsg. in A. u. einer Lsg. von II u. III in IV, Waschen mit A. u. Trocknen bei 110°. F. Haenschke. 356☐

Koordinationsverbindungen von Rhodium(III) mit Biguanid. A. I. P. Sinha und S. P. Ghosh. (J. Indian chem. Soc. **38**, 179—81, März 1961; Patna, Univ., Dep. of Chem.; engl.) — Es wurden Tris-[biguanid]-rhodium(III)-Komplexsalze $[Rh(C_2H_7N_5)_3]X_3$ mit X = $\frac{1}{2}SO_4^{2-}$, Cl^-, Br^-, J^-, NO_3^-, $\frac{1}{2}S_2O_3^{2-}$ dargestellt. Das *Tris-[biguanid]-rhodium(III)-sulfat* entsteht in wss. NaOH aus Biguanidiniumsulfat u. $RhCl_3$, während die anderen Verbb. aus dem komplexen Sulfat u. den Alkali- bzw. Erdalkali-Verbb. der entsprechenden Anionen dargestellt werden. Die Komplexsalze sind farblos bis schwachcremefarben, diamagnet. u. besitzen oktaedr. sp^3d^2-Konfiguration am Rh; in ihren Eigg. werden sie mit den entsprechenden Co(III)-Komplexen verglichen, denen sie sehr ähnlich sind. Die freie Komplexbase konnte nicht erhalten werden. F. Haenschke. 364☐

Ringsubstitutionsreaktionen von Dicyclopentadienylruthenium und Dicyclopentadienylosmium. M. D. Rausch, E. O. Fischer und H. Grubert. (Chem. and Ind. **1958**, 756—57, 21/6.; München, Univ., Inst. für anorgan. Chem.; TH, Labor. für anorgan. Chem.; engl.) — *Ruthenocen* (I), F. 199—200°, hellgelb, läßt sich mit 43—52%ig. Ausbeute durch Rk. von Cyclopentadienylnatrium mit $RuCl_3$ in Tetrahydrofuran oder Glykoldimethyläther darstellen. *Osmocen* (II), $C_{10}H_{10}Os$, F. 230°, wird analog aus $OsCl_4$ gewonnen; 22%. I u. II zeigen bei zahlreichen Substitutions-Rkk. ähnlich ausgeprägt aromat. Charakter wie Ferrocen (III). I gibt mit 3 Val Benzoylchlorid in Ggw. von $AlCl_3$ nach Chromatographieren an Al_2O_3 *Benzoyl-* (IV, $C_{17}H_{14}ORu$, F. 124,5—125°, gelbe Nadeln; 63—64°) u. *1.1'-Dibenzoylruthenocen* (V, $C_{24}H_{18}O_2Ru$, F. 126—126,5°, gelbe Blättchen; 19—24%). II liefert unter gleichen Bedingungen nur *Monobenzoylosmocen* (VI, $C_{17}H_{14}OOs$, F. 133,5°, hellgelbe Nadeln). Mit Acetylchlorid/$AlCl_3$ wird aus I *1.1'-Diacetylruthenocen* ($C_{14}H_{14}O_2Ru$, F. 149—150°, gelbe Nadeln), aus II *Acetylosmocen* ($C_{12}H_{12}$·OOs, F. 126°, hellgelbe Nadeln) erhalten. Das Spektrum von II zeigt Absorptionsbanden bei 3,28, 7,15, 9,1, 10,05, 10,1, 11,4 u. 12,2 μ. IV u. VI weisen neben typ. CO- u. Phenylbanden Absorptionen bei 9,05 u. 9,95 bzw. 9,1 u. 10,05 μ auf; das Spektrum von V enthält diese Banden nicht mehr, was in Analogie zu den Verhältnissen bei III-Derivv. steht, in denen die Absorption bei 9,0 u. 9,95 μ das Vorliegen eines unsubstituierten Cyclopentadienringes anzeigt. Die spektroskop. Ergebnisse sprechen für die Richtigkeit der angenommenen symm. 1.1'-Struktur von V. Es wird kurz angedeutet, daß I u. II auch ähnlich wie III Hg- u. Li-Derivv. zu bilden vermögen. H.-E. Toussaint. 366☐

Komplexverbindungen des Platins mit Diphenylacetylen in der inneren Sphäre. Ss. W. Buchowetz und N. K. Puchowa. (Журнал Неорганической Химии [J. anorg. Chem.] **3**, 1714—15, Juli 1958; russ.) — Durch Eindampfen einer Lsg. aus Triäthylamin oder -ammoniumchlorid u. $H_2[PtCl_6]$ auf dem Wasserbad u. Abkühlen fällt orangegelbes $[(C_2H_5)_3NH]_2PtCl_6$ (F. 202—204°) aus, das in wss. Lsg. mit Hydraziniumchlorid bei Zimmer-Temp. zu rotem $[(C_2H_5)_3NH]_2PtCl_4$ (I) red. wird. Durch 5—6 tägiges Erhitzen von Diphenylacetylen mit **I** (1:1) in Chlf. auf 50—60° wird nach Eindunsten mit 43,1%ig. Ausbeute gelbes $[(C_2H_5)_3NH][PtCl_3C_6H_5{-}C{\equiv}C{-}C_6H_5]$ erhalten.
Else Heinemann. 368

Metallkomplexe der Di-p-tolylthioviolursäure. R. P. Singh. (J. Indian chem. Soc. **37**, 569—72, Sept. 1960; Delhi, Univ., Chem. Dep.; engl.) — Vgl. C. **1962**, 11129. — Mit 38 verschiedenen Metallionen wurden Komplexe der Di-p-tolylthioviolursäure (**I**) durch Zugabe einer gesätt., wss. Lsg. des NH_4-Salzes von **I** zu gesätt. Metallsalz-Lsgg. dargestellt. Die Verbb. sind stark gefärbt, krist. u. im festen als auch im gelösten Zustande stabil. Außer den Alkalisalzen lösen sie sich in W. nicht, dagegen in organ. Lsgm. wie Aceton, Ae. u. Dioxan. Farbe, Zers.-Temp., Absorptionsmaxima (Å) u. das Mol-Verhältnis Metall/**I** der Komplexe sind mit Ag (apfelgrün, 110°, —, 1:1), Pb (graubraun, 184°, 4624, 1:2), Hg(I) (rosa, 268°, —, 1:1), Hg(II) (fahlgelb, 204°, —, 1:2), Bi (orangebraun, >350°, 4345, 1:3), Cu (dunkelbraun, 186°, 4700, 1:2), Cd (rosaorange, 255°, 4324, 1:2), Sb(III) (orange, 201°, 4248, 1:3), Sn(II) (gelb, >350°, 4200, 1:2), Sn(IV) (tieforange, >350°, —, 1:4), Au (braungelb, 155°, —, 1:3), Pt (gelbbraun, 178°, 4800, 1:4), Ce(III) (rosagrau, 232°, 4440, 1:3), Ce(IV) (rötlichbraun, >350°, 5305, 1:4), Th (grau, >350°, 4392, 1:4), Fe(II) (tiefblau, 164°, 6202, 1:2), Fe(III) (dunkelgrün, 172°, 6500, 1:3), Al (graugelb, 195°, —, 1:3), Cr (braunorange, 199°, 4318, 1:3), V(III) (orangebraun, 159°, 4732, 1:3), VO^{2+} (orange, 194°, 4850, 1:2), Be (graugelb, 187°, 4215, 1:2), TiO^{2+} (braunorange, 193°, 4202, 1:2), Zr (rötlichbraun, 180°, 4268, 1:4), UO_2^{2+} (gelb, 241°, 4296, 1:2), La (rosabraun, >350°, —, 1:3), Co (dunkelbraun, 247°, 4578, 1:2), Ni (gelbgrau, >350°, 4752, 1:2), Mn (schiefer, 254°, 4367, 1:2), Zn (grau, 246°, —, 1:2), Ca (rosa, >350°, 4356, 1:2), Sr (tiefrosa, >350°, —, 1:2), Ba (tiefrosa, >350°, —, 1:2), Mg (braunorange, >350°, —, 1:2), NH_4 (blaugrau, 164°, 5290, 1:1), Li (orangerot, 264°, 4500, 1:1), Na (hellgrün, 241°, —, 1:1), K (grün, 230°, —, 1:1).
F. Haenschke. 368□

A₉. Mineralogische und geologische Chemie

Struktur der Erdrinde und einige Probleme der Petrographie. G. D. Afanassjew. (Известия Академии Наук СССР, Серия Геологическая [Nachr. Akad. Wiss. UdSSR, geol. Ser.] **26**, Nr. 3, 22—35, März 1961; Moskau, Inst. für Geol. der Erzlagerstätten, für Petrographie, Miner. u. Geochem. der Akad. der Wiss. der UdSSR; russ.) — Die gegenwärtigen geophysikal. Werte erlauben, die Ggw. innerer, uneinheitlicher Hüllen der Erde anzunehmen. Die Lagerung eines peridotit. Mantels in einer Teufe von 6—7 km in Ozeanregionen ist wenig wahrscheinlich. Bzgl. der Hypothese der eklogit. Zus. der oberen Teile des Mantels ist die Bldg. der Eklogite in Anlehnung an die Entstehung metamorpher Typen mittlerer Teufe auf Kosten von Gesteinen unterschiedlicher Zus. (Ultrabasite, Marmore, u. a.), bei Einw. von Intrusionen der Na-Granite zu vermuten.
M. Hähnert. 378□

Austauschreaktionen von Calcium aus fossilen Knochen. Marcel J. Dallemagne, Charles A. Baud und Peter W. Morgenthaler. (Bull. Soc. Chim. biol. **38**, 1207—11, 10/10. 1956; Liège, Belg., Univ., Inst. de Thérapeut. Exp.; Genève, Suisse, Univ., Inst. d'Anatomie et d'Anthropolog.; franz.) — Untersucht wurde der Austausch von Ca aus fossilen Knochen (Alter zwischen 12000 u. 400 Jahren) gegen Radio-Ca, das sich in wss. Lsg. befand. Der Austausch ist schwächer als bei frischen Knochen, im übrigen aber vom Alter des Fossils unabhängig.
K. Heyns. 378□

Über das Verhalten der Seltenerdmetalle in fluoridhaltigen Medien. G. A. Bandurkin. (Геохимия [Geochemie] **1961**, 143—49; Inst. für Geochem. der Sibir. Abt. der Akad. der Wiss. der UdSSR; russ., Auszug: engl.) — In Gneisen besteht eine genet. Beziehung zwischen den Seltenerdmetallen, F^- u. Elementen, wie Al, Fe, Zr, Th, Sn, Be, die durch die Bldg. von F^--Komplexen der Form $[MeF][TRF_4]_2$ erklärt werden kann (TR = Seltenerdmetall). Diese Komplexe zerfallen unter alkal. Bedingungen.
H. Noack. 378

Verbreitung des Indiums in Cassiterit, Sphalerit und Chalkopyrit der Lifudsin-Zinnerz-Lagerstätte. T. W. Sabarina, W. W. Lapina und N. A. Minajewa. (Геохимия [Geochemie] **1961**, 156—61; Wladiwostok, Fernöstliche Filiale der Sibir. Abt.

der Akad. der Wiss. der UdSSR; russ., Auszug: engl.) — Der erhöhte In-Geh. in Cassiterit (ca. 0,008%), Sphalerit (ca. 0,03%) u. Chalkopyrit (ca. 0,05%) in der Lifudsin-Zinnerzlagerstätte beruht auf dem isomorphen Ersatz von Fe(II) u. steht mit den speziellen physikochem. Bedingungen der Erz-Bldg. im Zusammenhang. H. Noack. 378

Verteilung von Uran in einigen kontaktmetamorphischen Kalksteinen in der Nähe von Campiglia (Livorno). Antonio Longinelli. (Atti Accad. naz. Lincei, Rend., Cl. Sci. fisiche, mat. natur. [8] **29**, 370—76, Nov. 1960; Pisa, Univ., Labor. di Geol. nucleare; ital.) — Es wurden die Kalksteinlagerstätten mit Graniteinsprengungen im Gebiet von Campiglia Marittima (Livorno) untersucht, um das durch einen intensiven Thermometamorphismus verursachte Eindringungsvermögen von magmat. Gasen in Gesteinen während der Kristallisation festzustellen. Die Gesteinsproben wurden mit fluorimetr. Meth. analysiert u. U in Mengen von 1—3 ppm gefunden, die mit zunehmendem Abstand von der Berührungszone abnehmen. Die Radioaktivität ist in aktiveren Proben deutlich auf bestimmte Zentren beschränkt, während in anderen die Anzahl u. die Aktivität der letzteren rasch abnimmt. G. Platzer. 378□

Redoxgleichgewicht im System Uran–Eisen in einem Carbonatmedium und seine Bedeutung in der Geochemie. G. B. Naumow und O. F. Mironowa. (Геохимия [Geochemie] **1960**, 241—46; Moskau, Vernadsky-Inst. für Geochem. u. anal. Chem. der Akad. der Wiss. der UdSSR; russ., Auszug: engl.) — Aus experimentellen Unterss. geht hervor, daß das Redoxgleichgew. im Syst. U–Fe ($UO_2^{2+} + 2\,Fe^{2+} + 4\,H^+ \rightleftarrows U^{4+} + 2\,Fe^{3+} + 2\,H_2O$) in carbonat., neutralen u. schwach alkal. Medien prakt. vollständig in Richtung der U-Oxydation u. der Fe-Red. verschoben ist. Unter natürlichen Bedingungen sind derartige Gleichgew. in hydrothermalen Lsgg. anzutreffen. H. Noack. 378

Radiumgehalte schwarzer Schiefertone in Japan. Itsuhachiro Hataye und Makoto Momoi. (Rep. liberal Arts Fac., Shizuoka Univ. [nat. Sci.] **2**, 103—08, April 1958; Fukuoka, Japan, Kyushu Univ., Fac. of Sci.; engl.) — Zur Ergänzung der wenigen bisher bekannten Unterss. von Sedimentgesteinen auf Ra u. U wurden 13 japan. Schieferton-Vork. analysiert. Die Geh. lagen für Ra zwischen 0,27 u. $1{,}55 \cdot 10^{-12}$ g Ra/g Schieferton, für U zwischen 0,6 u. $4{,}4 \cdot 10^{-6}$, für V zwischen 0,02 u. 0,15 Gew.-%, bei ziemlich gleichbleibendem TiO_2-Geh. (0,4—0,5 Gew.-%). R. G. Kaiser. 378□

Spurenelemente in einer metasomatischen Zone, die zu einer Kupfer-führenden Pyritlagerstätte gehört. Yoshimasu Kuroda. (Econ. Geol. **56**, 847—54, Aug. 1961; Tokyo, Japan, Tokyo Univ. of Educ., Geol. and Miner. Inst.; engl.) — Die Begleitmineralien der Erzlagerstätte sind Anthophyllit–Cordierit u. a. Mit zunehmender Vererzung nimmt auch die Menge der metasomat. Mineralien Anthophyllit u./oder Cordierit zu. In dieser Zone nehmen Mg u. Fe zu, Ca ab. Von den Spurenelementen verhält sich Sr wie Ca, während Ni, Cr u. Co keine Beziehungen zur Zunahme von Mg u. Fe zeigen. Das Verh. der Spurenelemente ähnelt dem in den Nebengesteinen epithermaler Lagerstätten. F. Ensslin. 378□

Beitrag zum Problem der Migrationserscheinungen magmatischer und erzbildender Prozesse. Gerhard Tischendorf. (Geologie **10**, 811—17, Okt. 1961; Berlin, Staatl. Geol. Kommission, Zentrales Geol. Inst.; dt.) — Bei der Bldg. der Selenidgänge vom Typ Tilkerode u. bei den Kontaktvorgängen bei der Intrusion bas. Magmen sind Elementmigrationen zu beobachten. Bei hydrothermalen Bldg. aus Rest-Lsgg. sialit. Magmen findet eine Wanderung gegen das Nebengestein, bei solcher aus elementaren Rest-Lsgg. bas. Magmen in Richtung gegen die Hydrothermalite hin statt. Bei der Intrusion der an Rest-Lsgg. reichen sauren Magmen werden bevorzugt exokontaktmetamorphe, bei bas. Magmen leichter endokontaktmetamorphe Vorgänge eingeleitet. F. Ensslin. 378□

Zur Genese einiger Borate in den Salzablagerungen der Staßfurt-Serie des Südharzbezirkes einschließlich der Grube Königshall-Hindenburg. Albert Günter Herrmann und Rainer Otto Hoffmann. (Neues Jb. Mineralog., Mh. **1961**, 52—60, Febr.; Berlin, Dt. Akad. der Wiss., Inst. für anorg. Chem.; dt.) — Im Südharzbezirk treten Erdölbegleitwässer auf, die neben $CaCl_2$ auch relativ hohe Geh. an Sr, B, P u. F aufweisen. Es wurde festgestellt, daß diese $CaCl_2$-haltigen W. die Bldg. des anhydrit. Hartsalzes aus einem prim. kieserit. Carnallit verursacht haben. Bei den verschiedenen Umbildungprozessen kam es auf Grund der Anreicherung von Sr, B, P u. F in den Metamorphose-Lsgg. teilweise zur Bldg. der Borate Danburit, Strontiohilgardit, p-Veatchit u. Strontioginorit sowie der Phosphate Lüneburgit, Wagnerit, Isokit u. des Mg–F-Minerals Sellait. Die Mineralfundorte sind außerdem an diesen Stellen durch das Auftreten bituminösen Gesteins u. die Ausbildung des Kalilagers als Hartsalz oder Anhydrit–Halit gekennzeichnet. H. Noack. 378

Über die Einwirkung Cu-, Sn-, Pb- und Mn-haltiger Erdölwässer auf die Staßfurt-Serie des Südharzbezirkes. Albert Günter Herrmann. (Neues Jb. Mineralog., Mh. **1961,** 60—67, Febr.; dt.) — Vgl. vorst. Referat. — Im Hauptdolomit des Südharzbezirkes treten $CaCl_2$-haltige Erdölwässer mit durchschnittlich $1{,}7 \cdot 10^{-5}$(%) Cu, $1{,}4 \cdot 10^{-5}$ Sn, $3{,}9 \cdot 10^{-5}$ Pb u. $1{,}2 \cdot 10^{-4}$ Mn auf. Bei der Einw. dieser Erdölwässer auf das Staßfurt-Steinsalz u. das Staßfurt-Kalilager wurden die prim. Spurenelement-Geh. im Halit u. Carnallit bzw. Sylvin sek. überprägt. Im Staßfurt-Steinsalz fand zwischen dem NaCl u. den Erdölwässern ein Pb-Austausch unter Erhöhung des Pb-Geh. im Halit statt. Bei der Umbildung des Carnallits in Hartsalz wurde das in der Umbildungs-Lsg. befindliche Pb zum überwiegenden Teil im Halit u. Sylvin des Hartsalzes fixiert, während ein Rest in der entstehenden $MgCl_2$-Lsg. verblieb. Rechner. wird nachgewiesen, daß die analyt. im Halit u. Sylvin des Hartsalzes festgestellten Pb-Geh. nicht aus einem prim. Carnallit, sondern aus den Erdölwässern übernommen worden sind. H. Noack. 378

Über das selektive Auftreten der saxonischen Schwerspatvorkommen in Deutschland. Gerhard Gunzert. (Neues Jb. Mineralog., Mh. **1961,** 25—51, Febr.; Hannover, Preuß. Bergwerks- u. Hütten-AG.; dt.) — Eine Unters. der Schwerspat-führenden Gebiete Deutschlands hat gezeigt, daß das Auftreten der saxon. Baryte, die hauptsächlich aus dem Tertiär stammen, weitgehend vom Gesteinsaufbau des Untergrundes abhängig ist. Das Baryt-Vork. wird durch die selektive Verteilung der prim. Ba-Spender des tieferen Untergrundes sowie durch die ungleiche Verteilung der spatprädestinierten Gebiete bestimmt. — 38 Literaturangaben. H. Noack. 378

Kristallhabitus von Wolframit als Indicator für die relative Bildungstemperatur. L. J. Lawrence. (Neues Jb. Mineralog., Mh. **1961,** 241—47, Dez.; Sydney, Univ. of New South Wales, School of Min. Engng. and Appl. Geol.; engl.) — Unterss. der Wolframit-Mineralien aus Torrington, New South Wales, zeigen, daß die relative Bldg.-Temp. am Kristallhabitus des Wolframits (Ferberit) erkannt werden können. Wolframit-Kristalle der Hochtemp.-Bereiche (bes. der Pegmatite u. der damit verbundenen pneumatolyt. Gesteine) weisen einen gedrungenen prismat., solche aus hydrothermalen Gängen einen stark tafeligen Habitus auf. Die ersteren wurden aus stark sauren Lsgg. ausgeschieden, wie aus der Anwesenheit von F^--, BO_3^{3-}-Ionen (Topas, Fluorit, Turmalin) ersichtlich ist. Der später entstandene Wolframit wurde unter schwach alkal. hydrothermalen Bedingungen abgelagert (Chlorit, Sericit, Mg^{2+}, K^+). H. Noack. 378

Ein zweiter Fund idiomorpher Bornitkristalle auf Baryt. G. Kullerud und G. Donnay. (Amer. Mineralogist **45,** 1062—68, Sept./Okt. 1960; Washington, D.C. Carnegie Inst. u. Geophys. Labor.; Baltimore, Md., Johns Hopkins Univ.; engl.) — Die Vergesellschaftung von *Bornit*-Kristallen auf *Baryt* wurde auf der Coppercorp Mine in Ontario gefunden. Es ist dies der zweite bekannte Fundort. Die Bornitkristalle werden von Würfel u. Oktaeder begrenzt u. sind Zwillinge, die teils kub. Symmetrie mit a = 21,94 Å vortäuschen, teils rhomb. mit a = b = 21,90, c = 10,95 Å. J.-E. Hiller. 380 □

Nontronit und Picotit aus dem Basalt des Ölberges bei Hundsangen, Westerwald. Heinrich Martin Köster. (Fortschr. Mineralog. **38,** 182, Sept. 1960; Regensburg; dt.) — C. **1961.** 15325. C. Gottfried. 380

Das Vorkommen von Orthopyroxen mit kleinem optischen Achsenwinkel. J. F. Lewis. (Amer. Mineralogist **45,** 1125—26, Sept./Okt. 1960; Wellington, New-Zealand, Victoria Univ. of Wellington; engl.) — In dacit. Gesteinen des Tauhara-Vulkans in Neuseeland wurde *Orthopyroxen* mit einem Achsenwinkel 2 V = 35° gefunden. Nur 2 Kristalle hatten diesen Minimalwert, während die übrigen Orthopyroxene in den oxydierten Teilen des Gesteines Werte zwischen 70 bis 35° u. in den nichtoxydierten Teilen zwischen 72 u. 54° aufwiesen. Die Kristalle mit dem kleinen Achsenwinkel besaßen nur geringfügig vergrößerte Gitter-Konst., jedoch höhere Brechungsindices: $\alpha = 1{,}720$, $\beta = 1{,}733$, $\gamma = 1{,}734$. J.-E. Hiller. 380 □

Proto-Amphibol, ein neuer Polytyp. G. V. Gibbs, F. D. Bloss und H. R. Shell. (Amer. Mineralogist **45,** 974—89, Sept./Okt. 1960; Norris, Tenn., U.S. Dep. of the Interior, Bur. of Mines, Electrotechn. Exp. Station; engl.) — In dem Syst. Li_2O–MgO–MgF_2–SiO_2 wurde eine Phase gefunden, die einem rhomb. Amphibol entspricht, aber infolge der Halbierung von a nur eine halb so große Elementarzelle besitzt. Gitter-Konst.: a = 9,330, b = 17,867, c = 5,286 Å. Raumgruppe: P n m n oder P n 2 n. Es wird hierin ein neuer Amphibol-Polytyp gesehen, der als Proto-Amphibol bezeichnet wird. Auf Grund der Analyse wird folgende Formel angegeben: $Li_{0,64}Na_{0.05}Li_{0,48}Mg_{1.52}Mg_{5.00}Si_{7.93}O_{21,91} \cdot F_{2.09}$. Die opt. Konst. für Na-Licht sind: $n\alpha = 1{,}5759$, $n\beta = 1{,}5870$, $n\gamma = 1{,}5928$,

2V = 71,4° (berechnet), 74° (gemessen). Das Vorhandensein von Li u. das Fehlen von Ca scheint die Voraussetzung für die Bldg. des Proto-Amphibols zu sein.
J.-E. Hiller. 380□

Geschichteter Pyrit und Mikroorganismen in dem Mount-Isa-Schieferton. L. G. Love und D. O. Zimmerman. (Econ. Geol. **56**, 873—96, Aug. 1961; engl.) — Die erste Pyritgeneration in dem Schieferton von Mount Isa ist eher syngenet. als epigenetisch. Die Pyritkügelchen bildeten sich als Einschlüsse um unbekannte fossile Mikroorganismen, deren ehemalige Form sich an der Zonarstruktur der Körner erkennen läßt. Meist befindet sich um die Körner eine 2. Generation von sek. Pyrit. Das FeS_2 ist syngenet. mit den Mikroorganismen. Letztere wurden nur in pyritisierter Form gefunden.
F. Ensslin. 380□

Eine Ti–V–Fe-Erzanreicherung in dem Gabbro-Peridotitgebiet der Bükk-Berge, Ungarn. E. Lengyel. (Acta geol. Acad. Sci. hung. **7**, 169—71, 1961; Budapest; engl.) — Bei der starken magmat. Tätigkeit während des Mesozoikums drangen Magmen teils als Diabas an die Oberfläche, teils füllten sie Spalten in den Sedimenten aus Schieferton, Sandstein u. Kalken. Es bildeten sich Gabbros u. Ultrabasite aus. Durch Rk. mit dem Schiefer u. durch Differentiation entstanden Ti–V–Fe-Erze in der letzten Phase der Kristallisation, nachdem zuerst sal. Mineralien, dann fem. Mineralien (Pyroxen, amphibol. Biotit) u. dann der Olivin-reiche Peridotit mit dem Erz abgeschieden waren.
F. Ensslin. 380□

Über Probleme der Vererzung in den Sowjet-Ostkarpaten. E. L. Lasarenko. (Acta geol. Acad. Sci. hung. **7**, 207—09, 1961; Lwow; dt.) — Die Vererzung ist an die metasomat. Prozesse gebunden. Die postvulkan. Exhalationen führten in Verb. mit einer Turmalin- u. einer Alunitfazies zur Bldg. von Bi–Te u. Au-Lagerstätten, während die hydrothermale Zers. entlang der Bruchlinien für die Entstehung der Pb–Zn- u. der Hg–As–Sb-Lagerstätten verantwortlich ist. Die Zinkblende tritt in Form von kryptokristallinen weißen, lehmigen Massen auf u. ist durch Verwitterung von ZnS- u. PbS-haltigen paläozoischen Gesteinen entstanden. Räumlich treten 3 Zonen der Vererzung auf. Die erste Pb–Zn- u. Hg-Erze, wobei das Hg als prim. Metazinnabarit u. als sek. Zinnabarit in den enthält höheren Lagen auftritt. In der 2. Zone kommen Hg-Erze u. vereinzelt As-, selten Sb-Mineralien vor. Das Hg ist an organ. Material wie Keresit u. Karpathit gebunden. Die 3. Zone ist durch eine Anreicherung an As u. Sb gekennzeichnet. Die Zn–Pb-Erze haben sich bei 200—60°, die Hg-Erze bei 120—60° gebildet. F. Ensslin. 382□

Einige Ausblicke auf die archaische Struktur und die Vererzung. A. M. Goodwin. (Econ. Geol. **56**, 897—915, Aug. 1961; Jamestown, Ontario, Algoma Ore Properties Ltd.; engl.) — Die Entstehung der archaischen Gesteine des kanad. Gesteinsschilds wurde im Michipicoten Gebiet untersucht. Zuerst entstand eine wellenförmige Faltung durch wechselweise Ost–West- u. Nord–Süd-Faltung. Dann folgte entlang der antiklinalen Achse jüngerer, prae- oder syntekton. Granit metasomat. Bildung. Weitere vulkan. Ausbrüche u. Intrusionen führten zur Bldg. von Erzlagerstätten magmat. Herkunft, denen syn- u. epigenet. hydrothermale Vererzung folgte. Über diesen Schichten lagern spätere Erosionssedimente.
F. Ensslin. 382□

Geologie, Mineralogie, Geochemie und Genesis der Pegmatite. Hans Schneiderhöhn. (Acta geol. Acad. Sci. hung. **7**, 123—27, 1961; Sölden über Freiburg im Br.; dt.) — Die Pegmatite können in folgende Klassen u. Untergruppen eingeteilt werden: Bei der Klasse der echten magmat. Pegmatite in den randlichen Granitgebieten u. im granitdurchsetzten Schiefergebirge unterscheidet man „rassenreine" Pegmatite u. Rk.- oder Assimilationspegmatite. Letztere sind durch Rk. der Schmelz-Lsgg. mit dem Nebengestein entstanden. Hierbei werden Typen mit Al_2O_3-reichem Nebengestein von solchen mit MgO–FeO-reichem u. carbonat. Nebengestein, sowie marinen borhaltigen Schiefern unterschieden. Eine weitere Untergruppe stellen die metasomat. Pegmatite dar, die dieselben Typen enthalten, wie die Rk.-Pegmatite. Die 2. Klasse sind Pseudo- oder metamorphe Pegmatite, entstanden durch hochgradige Metamorphose, Anatexis, Granitisierung oder Migmatisierung. F. Ensslin. 385□

Geologie des Montgary Pegmatits. R. W. Hutchinson. (Econ. Geol. **54**, 1525 bis 1542, Dez. 1959; Toronto, Ontario; engl.) — Unter der Annahme, daß der im Süden von Manitoba angetroffene Pegmatit mit beachtlichen Einschlüssen von Spodumen, Amblygonit, Lepidolith, Zinnwaldit, Pollucit u. Beryll als fl. Masse in die flachgelagerte Bruchzone amphibolit. Gesteine eingedrungen ist, wird die Möglichkeit einer stufenweisen, sog. Quenselschen Pegmatit-Bldg. erörtert, wobei die zuletzt eingeflossenen Lsgg. zur Bldg. von Pollucit, Lepidolith u. Albit geführt haben. R. Kaiser. 385□

Ultrabasische Gesteine in dem Lac des Milles Lacs Gebiet, Manitoba. T. N. Irvine. (Canad. Mining J. **82**, Nr. 4, 74—75, April 1961; McMaster Univ., Dep. of Geol.;

engl.) — Die ultrabas. alpinen Gesteine können in 2 Typen eingeteilt werden, den gewöhnlichen Typ u. den Südostalaska-Typ. Die Gesteine von Lac des Milles Lacs gehören zu dem letzteren, der reich an CaO ist u. daher CaO-reiche Diopside u. diopsid. Augite u. viel Hornblende enthält. Die Serpentinisierung ist wenig bemerkbar, wobei etwa die Hälfte des Olivins zersetzt ist, während die Pyroxene nicht angegriffen sind. Im Gegensatz zum ersten Typ mit dem Verhältnis 80% Olivin u. 20% Pyroxen ist beim zweiten Typ das Verhältnis 25% zu 75% Die Peridotite von Lac des Milles Lacs enthalten Ni-Cu-Sulfide u. etwas Chromit, außerdem kommen Pt u. Pd vor. F. Ensslin. 385□

Die Adularisierung der Vulkanite in der Gegend von Baia Mare. Dan Giusca. (Acta geol. Acad. Sci. hung. **7**, 173—86, 1961; Bukarest; dt.) — Der Adular bildet zwei Modifikationen. Der monokline mit den charakterist. rhomb. Umrissen in Form von sehr kleinen Kristallen kommt in Gesellschaft von Quarz vor. Der trikline Adular bildet Pseudomorphosen nach Plagioklas bis zu 5—6 mm Größe. Zwillingsverwachsung erfolgt nach dem Periklin- oder Albitgesetz. In Pseudomorphosen ist häufig die Karlsbader Zwillings-Bldg. mit unregelmäßigen Verwachsungslinien u. vollkommene Umwandlung des Plagioklases anzutreffen. Die Adular-Bldg. beginnt mit den ersten Phasen des hydrothermalen Metamorphismus, wobei Fe, Ca u. Mg ausgeschwemmt werden. Carbonate fehlen in den adularisierten Gesteinen oder sind sekundär. Die Adularisierung erstreckt sich auf die Andesite, Quarz–Andesite, Dacite u. Rhyolithe u. auf die durch Explosionen entstandenen Breccien dieser Gesteine. F. Ensslin. 385□

Fortschritte in der Meteoritenkunde. Klaus Keil. (Fortschr. Mineralog. **38**, 202—83, Sept. 1960; Jena, Univ., Miner. Inst.; dt.) — Zusammenfassender Überblick über die seit etwa 1952 in der Literatur beschriebenen Meteoritenfunde.
C. Gottfried. 388

Untersuchung der in den Schichtwässern gelösten Gase der Ferghana-Lagerstätte. W. Je. Narishnaja. (Геология Нефти и Газа [Geol. Erdöls Gases] **4**, Nr. 4, 47—52, April 1960; Usbek. Filiale des Unions-Forschungsinst. für Ind - u. Erdgase; russ.) — Der Geh. an CO_2, H_2S, *KW-Stoffen* u. N_2 der in den Lagerstättenwässern enthaltenen Gase in Abhängigkeit von den geolog., mineralog. usw. Bedingungen der Lagerstätte wird ausführlich besprochen. F. Otto. 393□

Über den Magnesiumgehalt der Ostsee. Aarno Voipio. (Suomen Kemistilehti B **30**, 84—88, 1957; Helsinki, Finland, Inst. of Marine Res.; engl.) — In 151 Seewasserproben aus verschiedenen Tiefen der Ostsee wurde komplexometr. der Mg-Geh. bestimmt. Das Verhältnis Mg : Cl bleibt in allen untersuchten Proben konst. 2,75 ± 0,01, wenn der Mg-Geh. in Milligrammatomen angegeben wird. Der gesamte Mg-Geh. stammt aus dem Ozean. F. Ensslin. 393□

Die Bedeutung der Argon–Kalium-Verhältnisse in ozeanischen Schlämmen. A. Ja. Krylow, A. P. Lissitzyn und Ju. I. Ssilin. (Известия Академии Наук СССР, Серия Геологическая [Nachr. Akad. Wiss. UdSSR, geol. Ser.] **26**, Nr. 3, 87—100, März 1961; Leningrad, Strahlungsinst. Moskau, Inst. für Ozeanologie der Akad. der Wiss. der UdSSR; russ.) — Es werden eine allg. Charakteristik sowie Ergebnisse der granulometr., mineralog. u. chem. Analyse von Proben der Bodensätze aus verschiedenen Teilen der Ozeane gegeben. Vff. stellen fest, daß viele Schlammtypen für die abs. Alters-Best. der Ausgangsgesteine herangezogen werden können. Das radiogene Ar ist vollständig oder fast vollständig in kleinsten (bis < 0,001 mm) Feldspat- u. Glimmerteilchen enthalten. Die Adsorption des K aus Ozeanwasser findet in merklichen Mengen nicht statt. Das Alter terrigener Schlammteile der ufernahen Zone der östlichen Antarktis entspricht dem der Ufergesteine. Das „mittlere Alter" der Gesteine der östlichen Antarktis liegt bei ca. 500—700 Millionen Jahren, das der westlichen bei ca. 200—300 Millionen Jahren. Die Tonfraktion der Tiefwasserzonen des Stillen Ozeans besitzen ein Alter von ca. 150 Millionen Jahren. Das Alter der Schlammteilchen des Behringmeeres entspricht dem Tertiär. Die Alterswerte der Fraktionen nahe der Ostküste Afrikas liegen bei ∼ 600 Millionen Jahren. Die terrigenen Minerale der Schlämme der Bengalen-Bucht sind jünger als die der Fraktionen der Antarktis u. des afrikan. Sektors des Indischen Ozeans, was wahrscheinlich auf die Ablagerung jüngeren Materials durch den Ganges zurückzuführen ist. M. Hähnert. 393□

B. Allgemeine und theoretische organische Chemie

Ein Vergleich der Elektronenspektren einiger Nitro- und Carbonylphenole. Lars Andersen. (Suomen Kemistilehti B **29**, Nr. 3, 94—96, 1956; Helsinki, Univ., Inst. of Chem.; engl.) — Es werden die UV-Absorptionsspektren von NO_2- bzw. Carbonyl-substituierten Phenolen im undissoziierten sowie im dissoziierten Zustand verglichen. Die Spektren für *p-*, *o-Nitrophenol*, *Salicylaldehyd*, *p-Hydroxybenzaldehyd*, *o-Vanillin* u. *Vanillin* wurden der Literatur entnommen, die Spektren von *6-Nitro-* (F. 63°), *4-Nitro-* (F. 100 bis 101°), *4.6-Dinitroguajacol* (F. 121°), *4-Hydroxy-5-methoxyisophthalaldehyd* (F. 122 bis 130°) wurden in 0,1n HCl u. in 0,1n KOH bestimmt. Wie die ähnliche Beeinflussung der Elektronenstruktur der Phenole durch beide Substituenten erwarten läßt, ergeben sich jeweils ähnliche Absorptionsspektren bei NO_2- bzw. Carbonylsubstitution, bes. in der dissoziierten Form. Verglichen mit den Nitrophenolen besitzen die Carbonylphenole stärkere, hypsochrom verschobene Absorptionsmaxima. Die Bandenverschiebung ist größer im langwelligen als im kurzwelligen Bereich des Absorptionsspektrums.

J. Blanck. B 118□

Absorptionsspektren von 2-Nitrodiphenylamin und seinem N-Methyl-, N-Acetyl- und N-Nitrosoderivat. P. M. Bugai und W. N. Konelskaja. (Известия Высших Учебных Заведений (Иваново), Химия и Химическая Технология [Hochschulnachr. (Iwanowo), Chem. u. chem. Technol.] **2**, 46—50, 1959; Charkow, Polytechn. Lenin-Inst., Lehrstuhl für allg. u. anorg. Chem.; russ.) — Es wurden die UV-Spektren von *2-Nitrodiphenylamin* (**I**), *2-Nitro-N-methyldiphenylamin* (**II**), *2-Nitro-N-acetyldiphenylamin* (**III**), *2-Nitro-N-nitrosodiphenylamin* (**IV**), *N-Nitroso-*, *N-Acetyldiphenylamin* u. *Diphenylamin* in A. u. Dioxan aufgenommen. Die Analyse der Spektren zeigt, daß die bei **I** vorhandene H-Bindung bei **II** aufgehoben ist. Bei **III** u. **IV** ist gegenüber **I** das Spektrum stark verändert, was darauf zurückgeführt wird, daß der Einfl. der o-ständigen NO_2-Gruppe durch die Acetyl- bzw. NO-Gruppe kompensiert wird. Die Spektren haben in A. u. Dioxan den gleichen Charakter, nur ist die Absorption in Dioxan intensiver als in Alkohol. Helmut Schäfer. B 118

Die Ultraviolettspektren von N-phenylsubstituierten cyclischen Iminen. Albert T. Bottini und Charles P. Nash. (J. Amer. chem. Soc. **84**, 734—39, 5/3. 1962; Davis, Calif., Univ. of California, Dep. of Chem.; engl.) — Vff. untersuchen den Einfl., der durch Einbau des N-Atoms in ein gesätt. Ring-Syst. auf die Resonanz zwischen N-Atom u. Phenylring bei N.N-disubstituierten Anilinen ausgeübt wird, mit Hilfe der UV-Spektren. Folgende UV-Absorptionsmaxima werden in Isooctan bestimmt: bei *Dimethylanilin* (**II**, $Kp._{21}$ 89—91°, n_D^{25} 1,5554, $D._4^{25}$ 0,9522), λ_{max} 250,0; 297,5 [mμ]; *1-Phenylaziridin* (I), 235,0; 277,5; *1-Phenylazetidin*, 248,5; 294,0; *1-Phenylpyrrolidin*, 253,5; 302,0 u. *1-Phenylpiperidin*, 254,0; 287,0 (diffuse Bande ohne Maximum). Aus Lage u. Intensität der Bande bei 250 mμ, die der Anregung der N-Phenyl-Resonanz entspricht, geht hervor, daß die positive Ladung am N-Atom bei **I** weniger stabilisiert wird als bei den übrigen Ringiminen. Die auf Phenyl/N-Wechselwrkg. zurückgehende Resonanzenergie nimmt bei den cycl. Iminen in der Reihenfolge der Ringgröße $3 < 6 < 4 < 5$ zu, was durch Bestimmung der Mol-Refr. u. der pK_A-Werte bestätigt wird. Aus einem Vgl. der Spektren geht hervor, daß bei **II** u. anderen aromat. Aminen am N-Atom die tetraedr. Anordnung gegenüber der trigonalen bevorzugt ist u. daß die π–sp^3-Konjugation zwischen Phenylring u. N-Atom ähnlich wirksam in Beziehung auf die Verringerung an Energie des Syst. ist wie die π–π-Konjugation. Die Einfl. von Acetonitril u. Methanol als Lsgm. auf die Spektren von **II** u. den cycl. Iminen werden untersucht.

Versuche: *1-Phenylaziridin* (I), $Kp._1$ 37—38°, aus 2-Anilinoäthylbromid·HBr (F. 135,5—137,5°) nach Heine u. Mitarbeitern (vgl. C. **1950/54**, 6750 S); n_D^{25} 1,5009; $D._4^{25}$ 1,0047; 56% (Ausbeute). — *1-Phenylpyrrolidin*, $Kp._6$ 100—102°, aus Pyrrolidin, $NaNH_2$ u. Brombenzol nach Bunnett u. Brotherton (vgl. C. **1958**, 4160); n_D^{25} 1,4796; $D._4^{25}$ 1,0132; 55%. — *1-Phenylpiperidin*, $Kp._8$ 104—106°, aus Piperidin, Brombenzol u. Li nach Horning u. Bergstrom (vgl. J. Amer. chem. Soc. **67**, [1945], 2110); n_D^{25} 1,5590; $D._4^{25}$ 0,9954; 65%. — *3-Anilinopropanol*, $C_9H_{13}NO$, $Kp._6$ 145—147°, $Kp._2$ 134 bis 137°, aus 3-Brompropanol u. Anilin, 3 Std. auf dem Dampfbad erhitzen; n_D^{28} 1,5664; 50%. — *3-Anilinopropylbromidhydrobromid*, $C_9H_{13}Br_2N$, F. 132,3—133,3° (A.-W.), aus vorst. Verb. u. HBr, 2 Std. unter Rückfluß; 87%. — *1-Phenylazetidin* (**III**), $C_9H_{11}N$, $Kp._4$ 76—80°, durch Zugabe von 125 g vorst. Verb. in eine wss.-alkohol. NaOH-Lsg. bei 50°, 5 Std. unter Rückfluß, Sättigen mit NaCl, Ausäthern ergibt 7,4 g eines Gemisches von 60% **III** u. 40% *N-Allylanilin*; aus diesem durch Lösen in Pentan u. Auskristallisieren bei —50° reines **III**; n_D^{25} 1,5701; $D._4^{25}$ 1,0015; 0,96 g. Daneben als Rk.-Prod. *1-Äthoxy-3-anilinopropan*, $C_{11}H_{17}NO$, $Kp._7$ 139—140°; n_D^{26} 1,5259; 22%.

A. Trede. B 118□

Purine. 2. Mitt. **Zur Struktur des Xanthins und seiner N-Methylderivate.** Wolfgang Pfleiderer und Gotthard Nübel. (Liebigs Ann. Chem. **647**, 155—60, Sept. 1961; Stuttgart, TH, Inst. für organ. Chem. u. organ.-chem. Technol.; dt.) — 1. vgl. C. **1960**, 13697. — Umsetzung von 6-Methylaminouracil mit Dimethylsulfat/Alkali liefert *1-Methyl-6-methylaminouracil*, dessen *5-Nitroso-Deriv.* mit Zn in HCOOH *1-Me-*

thyl-6-methylamino-5-formylaminouracil gibt. Letzteres wird mit Formamid zu *3.9-Dimethylxanthin* (I) cyclisiert. Es wurden die R_F-Werte (n-Butanol/5n Essigsäure, 2:1; n-Propanol/1%ig. NH_3, 2:1; 4%ig. wss. Na-Citrat- u. 3%ig. wss. NH_4Cl-Lsg.; Schleicher u. Schüll-Papier Nr. 2043bGl; 20°; absteigend), pK-Werte (in W., 20°) u. die UV-Spektren nachst. Xanthine (Neutral-Moll., Mono- bzw. Dianionen) bestimmt: *unsubstituiert, 1-, 3-, 7-, 9-Methyl-, 1.3-, 1.7-, 1.9-, 3.9-, 3.7-Dimethyl-, 1.3.7-, 1.3.9-Trimethyl-* u. I. Zufolge der Spektren befindet sich das bewegliche H-Atom des Imidazolringes in den Neutral-Moll. an $N_{(7)}$, in den Monoanionen an $N_{(9)}$. Dies stimmt überein mit dem aus den pK-Werten erschlossenen relativen Säurecharakter der Xanthine.

Versuche: *1-Methyl-6-methylaminouracil*, $C_6H_9N_3O_2$, F. 276° (A.–W.), aus 10 g 6-Methylaminouracil in verd. NaOH u. Zutropfen von Dimethylsulfat bei 40°, Zusatz von 2n NaOH bei Erreichen von pH 9 u. Extrahieren der essigsauren Lsg. mit Chlf. (2 Tage); 6 g (Ausbeute). — *1-Methyl-5-nitroso-6-methylaminouracil*, $C_6H_8N_4O_3$, F. >320° (W.; Farbumschlag Rot → Farblos bei 170—180°), aus 5,5 g vorst. Verb. in wss. $NaNO_3$ u. Zutropfen von Essigsäure in der Wärme; rote Blättchen; 5 g. — *1-Methyl-6-methylamino-5-formylaminouracil*, $C_7H_{10}N_4O_3$, F. 240—250° (W.–HCOOH, nach Wiedererstarren F. 321—322° des 3.9-Dimethylxanthins), aus 3 g vorst. Verb. u. sd. HCOOH in Ggw. von Zn-Staub (15 Min.); 2 g. — *1-Methyl-5-amino-6-methylaminouracil, Hydrochlorid*, $C_6H_{10}N_4O_2 \cdot HCl$, F. 238°, aus 2 g vorst. Verb. in sd. Methanol u. Durchleiten von HCl (1 Std.); 1,6 g. — *3.9-Dimethylxanthin* (I), $C_7H_8N_4O_2$, F. 321—322° (W.), aus 1 g vorvorst. Formyl-Verb. in Formamid u. sd. verd. HCOOH (30 Min.); 0,6 g. — *1.9-Dimethylxanthin*, F. 349° (Zers.; W.–HCl), aus 5 g 1.9-Dimethyl-8-thioharnsäure mit Raney-Ni in sd. W. (3 Std.); 2,9 g. — *1-Methylxanthin*, F. >350° (W.), aus 3-Methyl-6-amino-5-formylaminouracil in sd. Formamid in Ggw. von W. (30 Min.); 1,6 g. — *Xanthin*, F. >350°, aus 1,2 g 6-Amino-5-formylaminouracil in sd. Formamid in Ggw. von W. (1 Std.); 0,8 g. — *1.3.9-Trimethylxanthin*, F. 287° (A.), aus 10 g 1.3-Dimethyl-5-nitroso-6-methylaminouracil in Methanol durch Hydrieren über Raney-Ni u. Kochen des Rk.-Prod. mit Orthoameisensäuretriäthylester in Essigsäureanhydrid (6 Std.); 6,5 g.

H. Gleinig. B 118□

Untersuchungen der optischen Rotationsdispersion. 64. Mitt. Erkennung von durch äquatoriale Methylgruppen verursachten Konformationsänderungen. Carl Djerassi, E. Lund und A. A. Akhrem. (J. Amer. chem. Soc. **84**, 1249—52, 5/4. 1962; Stanford, Calif., Stanford Univ., Dep. of Chem.; engl.) — 63. vgl. Barnes u. Djerassi, Chem. and Ind. **1962**, 177; 55. vgl. C. **1962**, 3762. — Als Standardwert für die Mol.-Amplitude $a = ([M]_{max} - [M]_{min})/100$ einer zur Ketogruppe im Cyclohexanring β-ständigen, äquatorialen CH_3-Gruppe wählen Vff. den a-Wert des Cotton-Effekts (CE) von (+)-3-Methylcyclohexanon (a = +25). Durch Kombination dieses Wertes mit dem a-Wert von *Dihydrotestosteronacetat* (a = +54) bzw. *10-Methyl-trans-dekalon-(2)* (a = −51 in CH_3OH) wird die Amplitude des CE von *1β-Methyldihydrotestosteronacetat* (*1β-Methylandrostan-17β-ol-3-onacetat*) bzw. (−)-*4.10-Dimethyl-trans-dekalon-(2)* berechnet. Die so erhaltenen a-Werte (+29 bzw. −26) weichen jedoch erheblich von den experimentell bestimmten (+72 bzw. −42) ab. Diese Differenzen werden einer Verdrehung der Konformation des Cyclohexanonrings zugeschrieben, die durch eine ster. Wechselwrkg. zwischen der zusätzlichen äquatorialen CH_3-Gruppe u. dem H-Atom in $C_{(11)}$-Stellung bei 3-Ketosteroiden bzw. in peri-Stellung bei den Dekalonen verursacht wird. In Einklang mit dieser Annahme ist die Übereinstimmung von beobachtetem u. berechnetem a-Wert (−52) von *3.9-Dimethyl-trans-dekalon-(1)*, bei dem eine solche Wechselwrkg. nicht auftritt. Ein gleicher Befund wird auch bei (−)-*3-tert.-Butyl-9-methyl-trans-dekalon-(1)* (a = −66) erzielt. Die opt. Rotationsdispersionen aller untersuchter Verbb. sind in Einzeldaten, die von **I**—**III** (s. unten) in Kurven (zwischen 250 u. 650 mμ in Dioxan-Lsg.) angegeben.

Versuche: (+)-*4-Methoxy-10-methyl-trans-$\Delta^{3.6}$-hexalon-(2)* (I), $C_{12}H_{16}O_2$, F. 49 bis 50°, Kp.$_{0,5}$ 160°, durch Einw. von H_2SO_4 auf 11,6 g (+)-3-Methoxy-9-methyl-trans-$\Delta^{2.6}$-hexalon-(1) (F. 91—93°, $[\alpha]_D$ +58,6°), 1 Nacht in wss. Dioxan (Dx), Umwandlung in (+)-1.3-Diketo-9-methyl-trans-Δ^6-oktalin [F. 184—189°, $[\alpha]_D$ +151° in CH_3OH; 9,2 g (Ausbeute)] nach Speziale u. Mitarbeitern (C. **1955**, 1285), Einw. von CH_2N_2 in Ae. bei Zimmer-Temp. (1 Nacht), Kristallisation von nicht umgesetztem Ausgangsstoff aus PAe., Chromatographie des aus dem Filtrat erhaltenen gelben Öls an neutralem Al_2O_3 u. Dünnschichtchromatographie; 4,0 g. — (+)-*3.9-Dimethyl-trans-$\Delta^{2.6}$-hexalon-(1)* (II), $C_{12}H_{16}O$, Kp.$_{0,1}$ 110—130°, durch Zugabe von I in Ae. zu CH_3Li in Ae., 20std. Rühren bei Zimmer-Temp., Gießen in Eiswasser, 3std. Rühren des Ölrückstands in wss., H_2SO_4-haltigem Dx bei Zimmer-Temp. u. Chromatographie an Al_2O_3. *2.4-Dinitrophenylhydrazon* (*DNPH*), $C_{18}H_{20}N_4O_4$, F. 186—187° (rot, A.). — (−)-*3.9-Dimethyl-*

trans-Δ^6-oktalon-(1), Öl, durch 3std. Hydrieren von **II** in Ggw.. von 2% ig. Pd/$CaCO_3$ in 2% ig. alkohol. KOH. *DNPH*, $C_{18}H_{22}N_4O_4$, F. 125—127° (gelb, CH_3OH). — (—)-*3.9-Dimethyl-trans-dekalon-(1)*, $C_{12}H_{20}O$, Öl, durch 1std. Hydrieren von vorst. Verb. in Ggw. von 5% ig. Pd/Kohle in Äthanol. *DNPH*, $C_{18}H_{24}N_4O_4$, F. 133—135° (gelb, A.). — (+)-*3-tert.-Butyl-9-methyl-trans-$\Delta^{2.6}$-hexalon-(1)* (**III**), $C_{15}H_{22}O$, F. 25—30°, Kp.$_{0,1}$ 110—120°, durch Zugabe von 3,0 g **I** zu tert.-Butyl-MgCl in Ae., 40std. Rühren bei Zimmer-Temp., Gießen in Eiswasser, Rühren des Rückstands mit 50% ig. wss., H_2SO_4-haltigem Dx. (1 Nacht), Zugabe von NaOH u. Chromatographie an neutralem Al_2O_3; 0,215 g. *DNPH*, $C_{21}H_{28}N_4O_4$, F. 156—158° (dunkelorange, CH_3OH). — (—)-*3-tert.-Butyl-9-methyl-trans-dekalon-(1)*, $C_{15}H_{26}O$, Öl, durch 1std. Hydrieren von **III** in Ggw. von 5% ig. Pd-Kohle in Äthylalkohol. *DNPH*, $C_{21}H_{30}N_4O_4$, F. 208—209° (gelb, A.). B. Gnauck. B 119□

Untersuchungen der optischen Rotationsdispersion. 65. Mitt. **Unterscheidung epimerer Steroidalkohole durch anomale Rotationsdispersion. Einige Beobachtungen über den Nitrit-Chromophor.** Carl Djerassi, I. T. Harrison, Olga Zagneetko und A. L. Nussbaum. (J. org. Chemistry **27**, 1173—77, April 1962; Stanford, Calif., Stanford Univ., Dep. of Chem. Dep. andof Biochem.; engl.) — 64. vgl. vorst. Referat. — Vff. nahmen die Rotationsdispersionen zwischen ca. 250 u. 700 mμ von folgenden Verbb. auf: *5α-Pregnan-20α-* (**I**) u. *-20β-olmethylxanthogenat* (**II**), *-20β-olbenzoat* (**III**) u. *-20β-olhexahydrobenzoat* (**IV**), *5α-Pregnan-3β.20α-* (**V**) u. *-3β.20β-diol-3-acetat-20-nitrit* (**VI**), *Δ^4-Pregnen-20α-ol-3-on* u. dessen *Nitrit* (**VII**), *Δ^4-Pregnen-20β-ol-3-on* u. dessen *Nitrit* (**VIII**) *Δ^5-Pregnen-3β.20α-* u. *-3β.20β-diol-3-acetat-20-nitrit*, *$\Delta^{4.16}$-Pregnadien-20α-* (**IX**) u. *-20β-ol-3-onnitrit* (**X**), *Δ^4-Androsten-3β.17β-diol-3-nitrit-17-tetrahydropyranyläther*, *Cholestan-3α-* (**XI**) u. *-3β-olnitrit* (**XII**), *Epitigogenin-* (**XIII**) u. *Tigogeninnitrit* (**XIV**). Von **XII** (in Dioxan) wurde auch das UV-Spektrum zwischen ca. 300 u. 400 mμ aufgenommen. Hierbei ergibt sich, daß die 20α- u. 20β-Hydroxysteroide durch ihre Cotton-Effekte (CE) unterschieden werden können, wenn deren Xanthogenate verwendet werden. So zeigt **I** einen starken negativen CE u. **II** einen ebensolchen positiven bei 354 mμ (Absorptionsbande der Xanthogenatgruppe). Die ins Negative verlaufende Dispersionskurve von **III** (vgl. Jones u. Klyne, C. **1960**, 14644) ist auf die Absorption der Benzoatgruppe bei 230 mμ zurückzuführen, da **IV** eine positive Dispersionskurve aufweist. Wegen der schwierigen Darst. einiger polysubstituierter Steroidxanthogenate wurden die Nitrite ebenfalls untersucht. Diese Verbb. zeigen mehrfache CE, es können so epimere Alkohole auch in Ggw. einer Δ^4-3-Ketogruppe unterschieden werden. So zeigt **V** eine Serie positiver u. **VI** eine Reihe negativer CE, die den UV-Maxima der —ON=O-Gruppe zwischen 325 u. 390 mμ entsprechen. Bes. charakterist. ist der positive CE von **VII** bzw. der negative von **VIII** bei ca. 390 mμ. **IX** u. **X** besitzen ebenfalls multiple CE, der langwelligste ist bei **IX** negativ, bei **X** positiv. Analog lassen sich **XI** u. **XII** bzw. **XIII** u. **XIV** unterscheiden. Der multiple CE ist typ. für eine bestimmte Rotomeren-Zus. des Nitrits, die ihrerseits von der unmittelbaren stereochem. Umgebung abhängt. Die Rotationsdispersionen sind als Kurven u. tabellar. angegeben.

Versuche: *5α-Pregnan-20α-olmethylxanthogenat* (**I**), $C_{23}H_{38}OS_2$, F. 156—157° (Aceton), durch Zugabe von 50% ig. NaH in Mineralöl zu 195 mg 5α-Pregnan-20α-ol in abs. Bzl., Kochen (1 Nacht), Zusatz von CS_2, 24std. Kochen, Zusatz von CH_3J u. weiteres 24std. Kochen; $[\alpha]_{589}$ +44° (c = 0,094; Isooctan); 112 mg (Ausbeute). Bei der Photolyse trat nur geringe Umwandlung auf (minimaler Angriff an der $C_{(18)}$-CH_3-Gruppe. — Analog: *5α-Pregnan-20β-olmethylxanthogenat* (**II**), F. 123—125°; $[\alpha]_{589}$ +78° (c = 0,10; Isooctan). — *5α-Pregnan-20β-olhexahydrobenzoat* (**IV**), $C_{28}H_{46}O_2$, F. 97—99° (Methanol), durch 1std. Hydrieren von **III** in Eisessig in Ggw. von PtO_2 bei Normaldruck u. -Temp.; $[\alpha]_{589}$ +16° (c = 0,10; Methanol). B. Gnauck. B 119□

Über die COH-Deformationsschwingung in Alkoholen. Raymonde Guray-Deponthière. (Bull. Soc. chim. belges **69**, 169—76, März/April 1960; Liège, Univ., Fac. des Sci.; franz.) — Vgl. C. **1959**, 11842. — Der Alkohol *CH_3CD_2OD* (**I**) wurde dargestellt u. sein IR-Spektrum mit dem des *CH_3CD_2OH* (**II**) verglichen sowie der Einfl. der Verdünnung auf das Spektrum von **II** untersucht. Im Spektralbereich 600 bis 1600 cm^{-1} wurden für **II** 2 Absorptionsbanden beobachtet, die auch im Spektrum von A. auftreten u. wahrscheinlich von der OH-Deformationsschwingung stammen. Da Resonanz zwischen der Deformationsschwingung selbst u. einer Schwingung der benachbarten CH_2-Gruppe auf Grund der Verss. ausscheidet, wird die Verdopplung der Bande durch Annahme einer Rotationsisomerie um die CO-Achse erklärt. — **I** wurde dargestellt aus **II** + $NaNH_2$ unter Kühlung mit fl. Luft, dann bei 0° u. Behandeln des Na-Alkoholats mit D_2O. H. Peter. B 120□

Beitrag zur Untersuchung der Chlorbutensäuren und einiger ihrer Derivate. 3. Mitt. **Ramanspektren und Struktur in der Chlorcroton- und Chlorvinylessigsäure-**

reihe. Roger Vessière. (Bull. Soc. chim. France **1960**, 369—75, Febr.; Clermont-Ferrand, Fac. des Sci., Inst. de Chim.; franz.) — 2. vgl. C. **1960**, 12993. — Vf. untersuchte die Raman-Spektren folgender Verbb. (Darst. vgl. l.c.): *cis-* u. *trans-4-Chlorcrotonsäurenitril, cis-* u. *trans-4-Chlorcrotonsäureäthylester, 3-Acetoxy-4-chlorbutansäureäthylester, trans-4-Hydroxycrotonsäurenitril, cis-* u. *trans-4-Chlorbuten-(3)-säurenitril, cis-* u. *trans-4-Chlorbuten-(3)-säure, cis-* u. *trans-4-Chlorbuten-(3)-säureäthylester, cis-* u. *trans-1.3-Dichlorpropen, trans-3-Chlorpropen-(2)-ol-(1), 3-Chlorbuten-(3)-säurenitril* (**II**), *3-Chlorbuten-(3)-säureäthylester, 3-Chlorbuten-(3)-säure, 2-Chlorpropen-(2)-ol-(1), 3-Diäthylaminobuten-(2)-säureäthylester, trans-* u. *cis-3-Chlorbuten-(2)-säureäthylester, 2-Chlorbuten-(3)-säurenitril, 2-Chlorbuten-(3)-säure, 2-Chlorbuten-(3)-säureäthylester* (*α-Chlorvinylessigsäureäthylester*, **III**), *2-Chlor-3-äthoxybutansäureäthylester, trans-2-Chlorcrotonsäureäthylester* [*trans-2-Chlorbuten-(2)-säureäthylester, trans-α-Chlorcrotonsäureäthylester*, **I**], *Buten-(3)-säurenitril, Buten-(3)-säure, Buten-(3)-säureäthylester* u. *trans-Crotonsäureäthylester* [*Buten-(2)-säureäthylester*]. Die von Bourguel [1933] u. Kirrmann [1939] gefundene gegenseitige Verschiebung der Raman-Linien der —C=C-Frequenz von cis- u. trans-Äthylen-Verbb. um ca. 15 cm^{-1} konnte in der 2- (**A**) u. 3-Chlorpropenyl (**B**)-Reihe bestätigt werden, nicht mit Sicherheit dagegen — mit Ausnahme der Nitrile — in der 3-Chlorallyl (**C**)-Reihe, da der Unterschied innerhalb der Fehlergrenze liegt. Die Herabsetzung der C=C-Frequenz durch Cl an einem der doppelt gebundenen C-Atome trat in der **A**- u. **C**-Reihe (im Mittel um 10 cm^{-1}) sowie bei **I** (22 cm^{-1}) auf, während in der 2-Chlorallyl-Reihe der Effekt weniger deutlich ist; bei **II** erfolgt Frequenzerhöhung. Herabsetzung der Frequenz durch α-Cl trat in der 1-Chlorallylreihe deutlich, in der **B**-Reihe wechselhaft ein. Erhöhung der C=O-Frequenz durch α-Cl wurde bes. bei **I** u. auch bei **III** beobachtet; β-Cl erhöht schwach, γ-Cl fast gar nicht. Frequenzerhöhung durch Cl tritt auch bei den Nitrilen ein, die Stellung des Cl scheint ohne Einfl. zu sein. Die durch Konjugation von C=O u. C=C hervorgerufene wechselseitige Frequenzerniedrigung gilt auch für die Konjugation von C=C mit C≡N. Für die Gruppierungen CH_2=CCl—CH_2—, CHCl=CH—CH_2— u. CH_2=CH—CHCl— werden die charakterist. Strukturfrequenzen zugeordnet. W. Schreiber. B 120□

IR-Spektrophotometrische Untersuchung der Reaktionsprodukte von Vinylisocyanat mit Aminen. L. J. Moelants und R. Hart. (Bull. Soc. chim. belges **69**, 335—55, Juli/Aug. 1960; Mortsel-Anvers, S. A. Photo-Produit Gevaert, Serv. des Rech. Chim.; franz.) — Für die durch die Rk. von Vinylisocyanat (**I**) mit Aminen entstehenden Prodd. sind zwei tautomere Formen denkbar: Typ N-Vinylharnstoff (**A**) bzw. Typ N-Äthylidenharnstoff. Die IR-spektrophotometr. Unters. der Rk.-Prodd. von **I** mit NH_3, Äthylamin, Anilin u. N-Methylanilin erlaubt es, den Prodd. Struktur **A** zuzuschreiben. H. Peter. B 120□

Raman-Spektrum von kristallinem Triglycinsulfat $(NH_3CH_2COO)_3H_2SO_4$. R. S. Krishnan und K. Balasubramanian. (Proc. Indian Acad. Sci., Sect. A **48**, 138—44, Sept. 1958; Bangalore, Indian Inst. of Sci., Dep. of Physics; engl.) — Das Raman-Spektrum eines *Triglycinsulfat*-Einkristalls wurde bei Anregung mit Licht von λ 2536,5 aufgenommen. Von den 48 gefundenen Linien zeigen 32 Übereinstimmung mit denen des Raman-Spektrums von Glycin. P. Becker. B 120

Die Schwingungsspektren von Phenylthiocyanat und Benzoylisothiocyanat. Norman S. Ham und J. B. Willis. (Spectrochim. Acta [London] **16**, 393—95, April 1960; Melbourne, Australia, C.S.I.R.O., Div. of Chem. Phys., Chem. Res. Labor.; engl.) — Vgl. auch C. **1962**, 6343 u. 17351. — Vff. untersuchten die Raman- u. IR-Spektren von *Phenylthiocyanat* (**I**) u. *Benzoylisothiocyanat* (**II**, Darst. nach Elmore u. Ogle, Tetrahedron [London] **3**, [1958], 310 u. private Mitt.) u. vergleichen sie mit denen anderer organ. Thiocyanate. Das IR-Spektrum von **I** zeigt eine scharfe Bande mittlerer Intensität bei 2175 cm^{-1}, charakterist. für organ. Thiocyanate. Die mittelstarke Raman-Bande u. die IR-Bande bei 1086 cm^{-1} wird der Whiffenschen q-Schwingung zugeordnet. **II** besitzt eine breite u. starke NCS-Bande bei 1995 cm^{-1} u. eine Nebenspitze bei 1950 cm^{-1}, die einer Kombinationsbande einer nichtebenen C—H-Deformationsschwingung zugeordnet wird. Die im Vgl. zu anderen Isothiocyanaten auftretende niedrigere Frequenz u. höhere Intensität wird auf eine Wechselwrkg. zwischen NCS- u. CO-Gruppen zurückgeführt. Im Raman-Spektrum tritt keine Bande bei 1995 cm^{-1} auf. Weiterhin fehlen die Raman-Bande bei 1250 cm^{-1} u. die IR-Bande bei 930 cm^{-1}, da die NCS-Gruppe nicht direkt am aromat. Ring sitzt. Die starke IR-Bande bei 1245 cm^{-1} wird der CO-Gruppe u. die starke Raman-Bande bei 1082 cm^{-1} der Gruppe C—NCS zugeordnet. M.-L. Klaar. B 120□

Spektroskopische Untersuchung von Cyanurchlorid. J. C. Lorquet. (Bull. Soc. roy. Sci. Liège **29**, 298—305, Nov./Dez. 1960; Liège, Univ., Inst. de Chim.; franz.) —

Das IR-Absorptionsspektrum zwischen 290 u. 4000 cm^{-1} u. das Raman-Spektrum von *Cyanurchlorid* lassen sich allein unter der Annahme eines ebenen Mol. der Raumgruppe D_{3h} plausibel deuten. Die meisten Grundschwingungen konnten zugeordnet, eine Anzahl Ober- u. Kombinationsschwingungen erklärt werden. H. Peter. B 120□

Vorläufige Untersuchungen über die Stereochemie von Emetin. 2. Mitt. **Ultraviolett- und Infrarotabsorptionsspektren von 3.4-Dihydroisochinolin und seinen Homologen.** Yoshio Ban, Osamu Yonemitsu und Masanao Terashima. (Chem. pharmac. Bull. [Tokyo] **8**, 194—204, März 1960; Hokkaido, Sapporo, Univ. of Hokkaido, Med. School, Pharmac. Inst.; engl.) — 1. vgl. C. **1961,** 18700. — Vff. nahmen die IR-Spektren (angegeben von ca. 1480—1720 cm^{-1}, in Nujol bzw. reinem fl. Zustand) von *1-Äthyl-6.7-dimethoxy-* ($Kp._2$ 146—150°; *Pikrat,* F. 190—192°; *Methojodid,* $C_{14}H_{20}\cdot JNO_2$, F. 147°), *1-Äthyl-* (**I**, $Kp._{16}$ 128—135°; *Pikrat,* F. 189—191°; *Methojodid,* $C_{12}H_{16}\cdot JN$, F. 107—109°), *6.7-Dimethoxy-* (**II**, $Kp._2$ 146—148°; *Pikrat,* F. 201—202°; *Hydrochlorid,* F. 201—205°, Zers.) u. dessen *Methojodid* (F. 199—201°), *1-Benzyl-3.4-dihydroisochinolin* (**III**, $Kp._{2,5}$ 165—171°; *Pikrat,* F. 174—176°) u. dessen *Hydrochlorid* (F. 223 bis 225°), *1-Äthyl-6.7-dimethoxy-* u. *1-Benzyl-1.2.3.4-tetrahydroisochinolin* sowie zwischen 650 u. 3700 cm^{-1} von *2'-Benzoyl-* (*Monohydrat,* **VII**) u. *2'-Acetyl-5.11b-dehydroemetinium-perchlorat* (*Tetrahydrat,* **VIII**) auf; ferner die UV-Spektren (angegeben zwischen 210 u. 350 mμ, in 85% A.) von **I**, **II**, *N-Benzyliden-* (Kp. 182—185°) u. *N-[o-Methylbenzyliden]-methylamin* ($Kp._{14}$ 89—92°), *3.4-Dihydroisochinolin* ($Kp._{30}$ 106—108°; *Pikrat,* F. 175 bis 177°) u. dessen *Methojodid* (F. 124—126°), *1-Methyl-3.4-dihydroisochinolin* ($Kp._{26}$ 128—132°; *Pikrat,* F. 188—190°; *Methojodid,* $C_{11}H_{14}JN$, F. 191—193°) u. dessen *Hydrochlorid* (F. 191—193°), *N-[3.4-Dimethoxybenzyliden]-methylamin* ($Kp._{14}$ 148—150°), *1-Propyl-6.7-dimethoxy-3.4-dihydroisochinolin* ($Kp._2$ 153—157°; *Pikrat,* F. 174—176°), dessen *Hydrochlorid* (F. 179—182°, Zers.) u. *Methojodid* (F. 167—169°). Ferner sind die UV-Maxima für folgende Verbb. angeführt: *1-[n-Propyl]-3.4-dihydro-* (**IV**, $Kp._{15}$ 130 bis 134°; *Methojodid,* $C_{13}H_{18}JN$, F. 131—133°; *Pikrat,* F. 171—173°), *1-Methyl-6.7-dimethoxy-3.4-dihydroisochinolin* (F. 97—99°; *Pikrat,* F. 205—207°; *Methojodid,* F. 173 bis 176°), *5.6.8.13-Tetrahydrodibenzo-[a.g]-chinoliziniumjodid* (**VI**) u. *9.10-Dimethoxy-1.2.3.4.6.7-hexahydrobenzo-[a]-chinoliziniumjodid* (**V**). Die IR-Spektren der Verbb. mit CH_3O-Substituenten im aromat. Ring weisen 4 intensive Banden bei 1659—1624, ca. 1600, ca. 1575 u. ca. 1510 cm^{-1}, von denen die erste durch eine ν(C=N), die 3 anderen durch γ(C=C)-Schwingungen verursacht werden. Bei den Verbb. ohne Substituenten im Benzolring tritt die ν(C=N)-Bande bei 1661—1620 auf. Im UV-Spektrum der Benzylidenamine u. der 3.4-Dihydroisochinoline wird das einzige Maximum bei 245—254 mμ der K-Bande (Konjugationsbande der C=N-Bindung mit dem Benzolkern) zugeschrieben; die E-Bande liegt vermutlich unterhalb 220 mμ. Beim Eintritt von 2 CH_3O-Gruppen in den Benzolring der 3.4-Dihydroisochinoline werden 3 UV-Maxima bei 226—230 (E-Bande), 267—278 u. 300—310 mμ (K-Bande) beobachtet. Die Hydrochloride besitzen um 7—19 bzw. 19—50 mμ bathochrom verschobene E- u. K-Banden, u. die IR-ν(C=N)-Bande liegt um 17—31 cm^{-1} nach höheren Frequenzen. Ähnliche Änderungen ergeben sich auch beim Übergang von den freien Basen zu den Methojodiden. Bei 1-Alkyl-3.4-dihydroisochinolinen sind diese Verschiebungen sehr viel geringer (2—10 cm^{-1}), die Quaternierung von **IV** führt sogar zu einer Herabsetzung der ν(C=N) um 1 cm^{-1}. Die Anellierung des Ringes C (**V**) führt zu einer hypsochromen Verschiebung der K-Bande u. ähnlichen Änderungen der ν(C=N). Beim Übergang von **III** zu **VI** erfolgt aber eine bathochrome Verschiebung der K-Bande. Dementsprechend werden die Banden von **VII** (u. **VIII**) wie folgt gedeutet: 1644 (1645) ν(C=N), 1619 (1635) ν(C=O) u. 1605, 1575 u. 1515 (1605, 1570 u. 1510) Benzolringschwingungen.

B. Gnauck. B 120□

Konformationsanalyse. 21. Mitt. **Die Äthylgruppe.** Norman L. Allinger und Shih-En Hu. (J. Amer. chem. Soc. **84**, 370—72, 5/2. 1962; Detroit, Mich., Wayne State Univ., Dep. of Chem.; engl.) — 20. vgl. J. Amer. chem. Soc. **83**, [1961], 4256; 5. vgl. C. **1962,** 5977. — Zur cis–trans-Gleichgewichtseinstellung erhitzten Vff. *1.3-* (**I**) u. *1.4-Diäthylcyclohexan* (**II**) in Ggw. von 10%ig. Pd-Kohle auf 531—577 bzw. 532 bis 593° K, das Gleichgewichtsgemisch von **I** enthält 77,7—74,4% cis-**I**, das von **II** 77,3 bis 74,1% trans-**II**. Die thermodynam. Daten für diese Rkk. betragen für **I** u. für **II** ΔH^0 $-1,8 \pm 0,3$ (kcal/Mol), ΔS^0 $-1,0 \pm 0,5$ (cal/Grad·Mol) (bei 554° K). Die Daten sind in guter Übereinstimmung mit berechneten. Diese Ergebnisse benutzen Vff. zur Best. der thermodynam. Größen für eine axiale C_2H_5-Gruppe (relativ zu einer äquatorialen): ΔH^0 $+1,71$, ΔS^0 $-0,51$, ΔF^0 $+1,86$ (bei 298° K). Aus den experimentellen u. den theoret. Daten ergibt sich übereinstimmend, daß die freie Energie einer axialen C_2H_5-Gruppe nur geringfügig größer ist als die einer axialen CH_3-Gruppe.

Versuche: *m-Diäthylbenzol*, $Kp._{760}$ 181—182°, aus Bzl. u. Äthylacetat in Ggw. von $AlCl_3$ nach Norris u. Arthur [1940] u. Reinigung durch Sulfonierung, Kristallisation des Ba-Sulfonats u. Regenerierung; n_D^{20} 1,4956. — *1.3-Diäthylcyclohexan* (I), Kp. 172,5°, durch 4std. Hydrieren von 8 g vorst. Verb. in Essigsäure in Ggw. von PtO_2; n_D^{25} 1,4388; 7,25 g (Ausbeute); gaschromatograph. bestimmtes cis–trans-Verhältnis 78:22. — *p-Diäthylbenzol*, Kp. 181—182°, aus Äthylbenzol über p-Äthylacetophenon ($Kp._{760}$ 238 bis 239°, n_D^{25} 1,5283) u. Clemmensen-Red.; n_D^{25} 1,5924. — *1.4-Diäthylcyclohexan* (II), $Kp._{746}$ 175—176°, analog I; n_D^{25} 1,4396; 20:80. B. Gnauck. B 123□

Die protonenmagnetischen Resonanzspektren von Olefinen. 1. Mitt. **Propen, Buten-(1) und Hexen-(1).** Aksel A. Bothner-By und C. Naar-Colin. (J. Amer. chem. Soc. **83**, 231—36, 5/1. 1961; Pittsburgh, Pa., Mellon Inst.; engl.) — Es wurden die hochaufgelösten kernmagnet. Resonanzspektren von *Propen*, *Buten-(1)* (I) u. *Hexen-(1)* in reiner Form u. in verd. CCl_4-Lsg. aufgenommen u. auf Basis der chem. Verschiebungen u. Spin–Spin-Kopplungs-Konst. untersucht. Es werden einige mögliche Erklärungen für die chem. Verschiebungen diskutiert. Die Kopplungs-Konst. von I zeigen, daß die 3 Rotationskonformationen in der Fl. gleichmäßig vorhanden sind.
H. G. Henkel. B 137□

Paramagnetische Resonanz von durch UV-Bestrahlungen erzeugten freien Radikalen. D. J. E. Ingram und J. F. Gibson. (Arch. des Sci. **10 (162)**, Sonderh. 81 bis 83, 1957; Southampton, Univ.; franz.) — Vgl. C. **1958**, 13469. — Vff. untersuchten in einem KW-Stoff-Glas *Isopropylalkohol* in Ggw. von ca. 0,1 m H_2O_2 nach Bestrahlung mit UV-Licht der Wellenlänge 366 mμ. Aus dem erhaltenen Spektrum ist deutlich zu erkennen, daß das prim. gebildete OH-Radikal das zentrale H losgerissen hat, wobei das Radikal $(H_3C)_2=\dot{C}-OH$ zurückbleibt. C. Gottfried. B 137

Elektronenspinresonanz γ-bestrahlter Adipinsäure. J. R. Morton und A. Horsfield. (Molecular Physics **4**, 219—23, Mai 1961; Teddington, Middlesex, Nat. Phys. Labor., Basic Phys. Div.; engl.) — Unters. der Elektronenspinresonanzspektren γ-bestrahlter Einkristalle von *Adipinsäure* ergab die Anwesenheit des Radikals $(CO_2H)\cdot\dot{C}H\cdot(CH_2)_3\cdot(CO_2H)$. Die Anisotropie der Spektren bei Rotation des Kristalls zeigte, daß die Radikale fast die gleiche Orientierung wie die unveränderten Moll. haben, obwohl die Ebene der C-Atome des freien Radikals um ungefähr 10° aus der ursprünglichen Ebene der endständigen C-Atome herausgedreht ist. W. Schramm. B 137□

^{13}C-Kernmagnetische Resonanzspektroskopie. 1. Mitt. **Aromatische Kohlenwasserstoffe.** Paul C. Lauterbur. (J. Amer. chem. Soc. **83**, 1838—46, 20/4. 1961; Pittsburgh, Pa., Mellon Inst.; engl.) — Es wurden die ^{13}C-kernmagnet. Resonanzspektren (Abb.) von *Bzl.*, *Toluol* (I), *o-*, *m-* u. *p-Xylol*, *Mesitylen*, *Durol*, *Hexamethylbenzol*, *Diphenyl* (II), *Naphthalin* (III), *Phenanthren* (IV), *Pyren* (V), *Acenaphthylen* (VI), *Fluoranthen* (VII), *Azulen* (VIII), *4.6.8-Trimethylazulen* (IX) u. *Ferrocen* (X) aufgenommen. Es werden die chem. Verschiebungen, Signalhöhen u. Spin–Spin-Kopplungs-Konst. angegeben. Die Spektren von Bzl. u. seinen Methyl-Derivv. zeigen CH-Dubletts, Singuletts für die Ring-C-Atome mit einer CH_3-Gruppe u. Methylquadrupletts. Das Spektrum von II ist dem Spektrum von I sehr ähnlich u. zeigt keine Auflösung der Verschiebungen der o-, m- u. p-C-Atome. Die Verschiebung zwischen $C_{(\alpha)}$ u. $C_{(\beta)}$ in III muß sehr gering sein. Im Spektrum von IV sind die Signale der C-Atome an den Anellierungsstellen leicht zu höherem Feld verschoben, ohne daß jedoch eine auflösbare Differenz zwischen den Dubletts besteht. Die relative Signalhöhe in V läßt vermuten, daß 2 der anellierten C-Atome ein Signal bei niederem Feld geben, das mit den Niederfeld-Signalen der Dubletts zusammenfällt. Es erscheint so, als ob kondensierte mehrkernige KW-Stoffe Verschiebungen zu höherem Feld zeigen als Bzl., doch ist dieser Effekt nur gering. Die Spektren von VI u. VII wurden zur Unters. der These aufgenommen, daß die C-Abschirmung in der Hauptsache durch die π-Elektronendichte bestimmt wird. Die Spektren zeigen mehr Struktur als die der alternierenden KW-Stoffe. Die eindeutigsten Beziehungen zwischen π-Elektronendichte u. chem. Verschiebung wurden in den Spektren von VIII u. IX gefunden. Das Spektrum von VIII ist sehr komplex u. konnte nur teilweise mit Hilfe des Spektrums von IX interpretiert werden. Es wurden dazu ferner die Spektren von $D_{2(1.3)}$-VIII u. $D_{2(1.3)}$-IX aufgenommen. Die ^{13}C-Resonanz im Spektrum von X erscheint bei sehr viel höherem Feld als das bei den anderen aromat. KW-Stoffen der Fall ist, die Spin–Spin-Kopplungs-Konst. sind ebenfalls größer. Der Anstieg der Kopplung wird auf den zunehmenden s-Charakter der C—H-Bindung, wie er für C-Atome in Fünfringen erwartet wird, zurückgeführt, doch ist seine Größenordnung weit geringer als anzunehmen war. Der Umfang der ^{13}C-chem. Verschiebungen in nichtalternierenden KW-Stoffen ist weit größer, als der in alternierenden, woraus geschlossen wird, daß in erster Linie Veränderungen der π-Elektronendichte für diese chem. Verschiebungen in aromat. Ringen verantwortlich sind. H. G. Henkel. B 137□

^{13}C-Kernmagnetische Resonanzspektroskopie. 2. Mitt. Phenole, Anisol und Dimethoxybenzole. Paul C. Lauterbur. (J. Amer. chem. Soc. **83**, 1846—52, 20/4. 1961; engl.) — 1. vgl. vorst. Referat. — Es wurden die ^{13}C-kernmagnet. Resonanzspektren von *Phenol* (**I**), *o-*, *m-* u. *p-Kresol*, *2.6-* u. *3.5-Dimethylphenol*, *Anisol* (**II**), *1.2-* (**III**), *1.3-* (**IV**) u. *1.4-Dimethoxy-* (**V**) sowie *1.2-Dimethoxy-4-methylbenzol* (**VI**) aufgenommen (Abb.). Die Zuordnung der Signale von **I**, **II** u. den 5 Methylphenolen basiert einerseits auf der Tatsache, daß der Methyleffekt auf die chem. Verschiebungen u. die Kopplungs-Konst. gering ist (vgl. l. c.) u. andererseits auf den relativen Signalhöhen, die in den meisten Fällen mit den berechneten sehr gut übereinstimmen. Die der O-substituierten Ring-C-Atome sind jedoch deutlich geringer als die berechneten u. die Signale sind beachtlich verbreitert. Eine genaue Unters. der Einfll. der Methylsubstitution auf die Resonanzverbreiterung der O- oder N-substituierten Ring-C-Atome läßt vermuten, daß dies durch geringe Spin–Spin-Kopplungen mit den Protonen des Ringes, bes. denen in m- u. p-Stellung verursacht wird (unveröffentlicht). Der direkte Methyleffekt beträgt —9,0 [ppm] in m- oder p-Stellung u. —8,0 in o-Stellung zur OH-Gruppe. Ferner wurden die Effekte der Methylgruppen auf die Verschiebungen anderer Ring-C-Atome (indirekte Methyleffekte) untersucht. Der o-Effekt auf das substituierte C-Atom beträgt im Mittel +1,4 u. unterscheidet sich von dem auf die o-, m- u. p-ständigen C-Atome (im Mittel —0,4). Der mittlere m-Effekt beträgt +0,2, der mittlere p-Effekt +2,7. Mit Hilfe dieser Werte wurden die chem. Verschiebungen von *o-* u. *p-Xylol*, *Mesitylen*, *Durol* u. *Hexamethylbenzol* in guter Übereinstimmung zu den gemessenen Werten (vgl. l. c.) berechnet; bei o-ständigen Methylgruppen liegt jedoch keine Additivität der Effekte vor. Die durch die OH-, OCH_3- u. CH_3-Gruppen verursachten chem. Verschiebungen werden mit anderen kernmagnet. Resonanzdaten, den berechneten Ladungsverteilungen u. den Hammettschen Substituenten-Konst. verglichen; bei **I** besteht, ähnlich wie bei den nichtalternierenden KW-Stoffen eine Beziehung zwischen den ^{13}C-Verschiebungen u. der π-Elektronendichte. Die Effekte der OCH_3-Gruppen in den Dimethoxybenzolen sind annähernd additiv, sofern diese in m- oder p-, nicht aber wenn sie in o-Stellung zueinander stehen. Die OCH_3-Resonanzen sind scharf u. ziemlich stark. Zwischen den einzelnen Verbb. treten geringe Unterschiede auf, die aber wahrscheinlich real sind. Die Reihenfolge **II**—**IV**—**III**, **VI**—**V** entspricht der Wechselwrkg. über den Ring u. weicht bei den o-Verbb. etwas ab. Die Ring-CH-Kopplungs-Konst. der Phenole u. Methoxybenzole entsprechen denen des Bzl. (159 Hz), die CH_3-Kopplungs-Konst. denen der Methylbenzole. Die OCH_3-Kopplungs-Konst. liegen im Bereich von 144 ± 2 Hz. H. G. Henkel. B 137□

Elektronenspinresonanz-Untersuchungen von von Tetraphenylhydrazin abgeleiteten freien Radikalen. M. Ramachandra Das, Arvind V. Patankar und Balu Venkataraman. (Proc. Indian Acad. Sci., Sect. A **53**, 273—95, Juni 1961; Bombay, Atomic Energy Establishment, Trombay and Tata Inst. of Fundamental Res.; engl.) — Die ESR-Spektren der aus *Tetraphenylhydrazin* (**I**), *Diphenylbenzidin* (**II**) u. *Diphenylamin* (**III**) unter verschiedenen Bedingungen erhaltenen freien Radikale wurden untersucht. Die Radikale wurden auf Grund ihrer g-Werte, Linienbreiten u. Hyperfeinstruktur unterschieden. Die Bldg. des Radikals $(C_6H_5)_2N\cdot$ bei der therm. Dissoziation oder der Oxydation durch Luft von **I** in nichtpolaren Lsgm. konnte bestätigt werden. Das Tetraphenylhydraziniumn-Radikalion $[(C_6H_5)_2\ddot{N}{-}N(C_6H_5)_2]^+$ entsteht, wenn eine Lsg. von **I** in Essigsäure längerer Luftoxydation ausgesetzt wird, wenn eine ähnliche, frisch hergestellte Lsg. erhitzt wird oder wenn **II** oder **III** in essigsaurem Medium oxydiert wird. Das protonierte Ion $[(C_6H_5)_2\ddot{N}{-}\dot{N}H(C_6H_5)]^{2+}$ wurde beobachtet, wenn eine essigsaure Lsg. von **I** mit wenigen Tropfen von konz. H_2SO_4 behandelt wird. — Der g-Wert von *α.α'-Diphenyl-β-pikrylhydrazyl* wurde in Xylol zu $2{,}00347 \pm 0{,}00004$ bestimmt. H.-J. Eichhoff. B 137□

Die protonenmagnetischen Resonanzspektren von Cyclohexan, cis- und trans-Dekalin, cis- und trans-Hydrindan und cis-Bicyclo-[3.3.0]-octan. William B. Moniz und Joseph A. Dixon. (J. Amer. chem. Soc. **83**, 1671—75, 5/4. 1961; University Park, Pa., Pennsylvania State Univ., Dep. of Chem.; engl.) — Es wurden die kernmagnet. Resonanzspektren von *Cyclohexan* (**I**), *cis-* (**II**) u. *trans-Dekalin* (**III**), *cis-* (**IV**) u. *trans-Hydrindan* (**V**) sowie *cis-Bicyclo-[3.3.0]-octan* (**VI**) aufgenommen. Das Spektrum von **I** zeigt bei $-71{,}0^0$ eine deutliche Verflachung der Signalspitze, die dem ersten Auftreten von Signalen der axialen u. äquatorialen Protonen zugeschrieben wird. Die Hochfeldsignale bei niederer Temp. werden den axialen Protonen zugeordnet. Aus den Veränderungen des Spektrums von **IV** zwischen -110^0 u. -140^0 wurden die ungefähren Werte für die

Energieschwelle der Sessel–Sessel-Umkehr des Mol. nach Eyring (Glasstone, Laidler u. Eyring, The Theory of Rate Processes, McGraco-Hill Book Co., Inc., New York, N.Y. [1941,] 195) für -133^0 zu 6,4 kcal·Mol^{-1} u. für -143^0 zu 6,0 kcal·Mol^{-1} berechnet. **II** zeigt dagegen bei Temp. unter -121^0 keine Veränderungen, weshalb angenommen wird, daß die Energieschwelle der Sessel–Sessel-Umkehr niedriger als bei **IV** ist. Vff. vermuten, daß die Wechselwrkg. nichtgebundener Protonen in **II** die Energie des Grundzustandes stärker erhöhen, als das durch die Ringspannung in **IV** der Fall ist. Die Spektren von **III** u. **V** zeigen nur geringe Änderungen mit der Temperatur. An Hand des Spektrums von **I** werden die Signale bei -60 u. -63 Hz (bezogen auf Tetramethylsilan) den äquatorialen Protonen von **III** bzw. **V** u. die Hochfeldsignale jedes Spektrums den axialen Protonen zugeordnet. Es ist wahrscheinlich, daß Anisotropieeffekte zwischen den Ringen keinen größeren Beitrag zu den beobachteten chem. Verschiebungen liefern. Es scheint, daß die Spektren von Verbb. mit einem starren trans-verknüpften Cyclohexanring breite, überlappte Signale, cis-verknüpfte dagegen scharfe, begrenzte Resonanzen zeigen, sofern die Starrheit der Verknüpfung nicht durch andere Faktoren verursacht wird. Das Spektrum von **VI** zeigt ebenfalls nur geringe Änderungen mit der Temp.; die ungewöhnliche Niederfeldabsorption bei -95 Hz wird den Brückenkopfprotonen zugeordnet u. qual. auf der Basis der C—C-Bindungsanisotropie erklärt. Das C-Gerüst von **VI** ist als starr anzusehen. H. G. Henkel. B 137□

Das kernmagnetische Resonanzspektrum und die Struktur von Rauwolfinin. A. Chatterjee und S. Bose. (J. Indian chem. Soc. **38**, 403—06, Juli 1961; Calcutta, Univ. Coll. of Sci. and Technol., Dep. of Pure Chem.; engl.) — Vff. untersuchten das kernmagnet. Resonanzspektrum von *Rauwolfinin* (I) in $CDCl_3$ gegen $(CH_3)_4Si$ als Standard. Der Nachw. von 26 Protonen bestätigt die Formel von I als $C_{20}H_{26}N_2O_2$ an Stelle der nach der Analyse auch möglichen $C_{19}H_{24}N_2O_2$ u. spricht für eine Struktur mit einer C_2H_5-Gruppe an $C_{(20)}$. Dies wird durch Unterss. der chem. Verschiebungen bestätigt. Die saure Hydrolyse von I gab einen Aldehyd (Dinitrophenylhydrazon, langsame Zers. über 210°), der im wesentlichen ident. ist mit dem, der aus Desoxyajmalin durch 5n H_2SO_4 bzw. HJO_4 hergestellt wurde (vgl. Woodward, C. **1956**, 11194.) W. Schramm. B 137□

Potentiometrische Mikrobestimmung von scheinbaren Dissoziationskonstanten in Essigsäure. Dorothée Wegmann und W. Simon. (Helv. chim. Acta **45**, 962 bis 973, 2/5. 1962; Zürich, ETH, Org.-chem. Labor.; dt.) — Mit Hilfe einer halbautomat. Mikrotitrations-App. [Glaselektrode; Meßkette: Ag; AgCl, wss. Innenpuffer (pH 7,0)// Glas//Meßgut/NaCl (gesätt. in CH_3COOH, 0,5 Gew.-% H_2O), $NaClO_4$ (gesätt. in CH_3·COOH, 0,5 Gew.-% H_2O), Hg_2Cl_2, Hg] wurden die nachst. scheinbaren pK-Werte (bei 25°) in Essigsäure (99,94% ig.) für *Harnstoff* (pK_{CH_3COOH} = 5,87), *o-* (9,12; 6,21), *m-* (8,12), *p-Phenylendiamin* (8,45), *p-Aminoazobenzol* (8,96), *o-* (7,80), *m-* (8,73), *p-Chloranilin* (9,03), *2.4-Dichloranilin* (6,92), *o-* (7,59), *m-* (8,69), *p-Bromanilin* (8,99), *m-* (7,78), *p-Nitroanilin* (6,58), *Diphenylamin* (6,09), *Phenylazodiphenylamin* (7,86) sowie nachst. 2-X-Cinchoninsäure-β-diäthylaminoäthylamidhydrochlorid (Cinchocain)- Derivv.: X = *CH_3O*-(pK_{2,CH_3COOH} = 8,16; pK_{3,CH_3COOH} = 6,09), *C_2H_5O*- (8,45; 6,21), *n-C_3H_7*- (8,51; 6,21), *n-C_4H_9*- (8,54; 6,17), *n-C_5H_{11}*- (8,51; 6,05), *n-C_6H_{13}*- (8,49; 6,16), nachst. Glucose-X-phenylosazone: X = *m-CH_3O*- (pK_{CH_3COOH} = 7,27), *p-CH_3O*- (8,67), *o-Cl-* (6,09), *m-Cl-* (6,84), *p-Cl-* (7,27), *o-J-* (6,37), *m-J-* (6,91), *p-Cl* u. *m-CH_3*- (7,18), *o-Br-* u. *p-CH_3*- (6,60), *p-Br-* u. *o-CH_3*- (7,11), *m-Cl-* u. *p-Cl-* (6,48), *m-Cl-* u. *p-Br-* (6,34), *o-Br-* u. *p-Br-* (5,44), *m-Br-* u. *p-Br-* (6,48), nachst. X-Pyridine: X = *3-$ClCH_2$*- (9,09), *4-$ClCH_2$*- (9,18), *3-CH_3NHCH_2·HCl-* (9,10), *4-CH_3NHCH_2·HCl-* (9,12), *2-CHO-* (7,67), *3-CHO-* (8,19), *4-CHO-* (8,47), *2-$CSNH_2$*- (7,62), *2-CN-* (4,98), *3-CN-* (6,75), *4-CN-* (7,29), *2-CHO-* u. *6-CH_3*- (8,41), *2-$CSNH_2$*- u. *6-CH_3*- (8,13), *2-COOH·H_2O*- u. *6-CH_3*- (8,00), *2-CN-* u. *6-CH_3*- (5,70) u. für *Chinolin* (9,3, nivelliert), *Chinolinaldehyd-(2)* (7,39), *6-Benzoyloxy-* (9,11), *6-[p-Chlorbenzoyloxy]-* (9,01), *6-[p-Nitrobenzoyloxy]-* (8,92), *8-Benzoyloxy-* (8,88), *8-[p-Methoxybenzoyloxy]-* (8,97), *8-[p-Chlorbenzoyloxy]-* (8,71) u. *8-[p-Nitrobenzoyloxy]-chinolin* (8,43) bestimmt. Die Ergebnisse werden ausführlich diskutiert. Diese pK_{CH_3COOH}-Werte zeigen eine lineare Beziehung zu den pK_{H_2O}-Werten u. den σ-Werten der Hammett-Gleichung. H. Cnobloch. B 139□

Die Zustandsgleichung von flüssigem normalem Hexan. A. M. Mamedow. (Известия Высших Учебных Заведений (Баку), Нефть и Газ [Hochschulnachr. (Baku), Erdöl Gas] **4**, Nr. 5, 103—09, 1961; Asisbekow-Inst. für Erdöl u. Chemie der Aserbaidshan. Volksrepublik; russ.) — Die Zustandsgleichung für Fll., die in der Form $v = A(T) + B(T)/[C(T) + p]$ außer der Berechnung von p, v, T auch die Best. des Wärmeausdehnungs-Koeff., isotherm. Kompressibilitäts-Koeff., Temp.-Koeff. des Druckes, der Enthalpie, Differenz der spezif. Wärme, Inversions-Temp., Flüchtigkeit, Viscosität u. isotherme Schallgeschwindigkeit ermöglicht, wurde unter Hinzuziehung experimenteller Daten für fl. *n-Hexan* angewendet. Aus beigefügten Tabellen ist ersichtlich, daß man aus obiger Gleichung die Werte des spezif. Vol. für n-Hexan bei 100—200° u. 5,60—311,81 atm mit der Genauigkeit des Experimentes berechnen kann.

Else Heinemann. B 146

Kritische Konzentration in Lösungen von Naphthensäureseifen. P. A. Demtschenko. (Украинский Химический Журнал [Ukrain. chem. J.] **27,** 322—26, 1961; Akad. der Wiss. der UkrainSSR, Inst. für allg. u. anorgan. Chem.; russ.) — Vf. untersucht den Zusammenhang der krit. Konz. (kMK) der Micellen-Bldg. mit dem Molgew. (M) der Na-Naphthenat (**A**)—Seifen u. mit den Grenz-Konzz. der Solubilisierung (S.) von Toluol in Lsgg. von **A**. Es wurde nachgewiesen, daß die kMK in **A**-Lsg. durch die S.-Meth. bestimmt werden können. Die S.-Fähigkeit von **A** (M = 216)-Lsgg. wurde in Konz.-Bereichen von 0,01—1,1 Mol/Liter untersucht. Es wurde ein Vorhandensein von drei krit. Konzz. festgestellt. Eine von ihnen ist in der Nähe der kMK. Lgg. von **A** mit dem krit. Molgew. (M_{kr}) < 164 bilden keine Micellen mehr; allg. gilt: $kMK = 2 \cdot 10^5/(M - M_{kr})^3$.

C. Kozák. B 162□

Über den Einfluß des Gefrierens auf die Stabilität der Emulsionen. A. Buzágh und S. Rohrsetzer. (Kolloid-Z. **176,** 9—11, Mai 1961; Budapest, Eötvös-Loránd-Univ., Inst. für Kolloidchem. u. Kolloidtechnol.; dt.) — Es wird die Einw. des Gefrierens auf die Stabilität von mit Seife, Triäthanolamin u. Albumin stabilisierten Sonnenblumenölemulsionen untersucht. Es wird festgestellt, daß in der Frostbeständigkeit der Emulsion die Art u. Konz. der Emulgatoren eine entscheidende Rolle spielt. Der Koagulationsgrad der Emulsion ist von den Gefrierbedingungen abhängig. Mit Zunahme der Gefrierdauer u. Erniedrigung der Temp. nimmt der Koagulationsgrad zu. Mit zunehmender Kühl-Geschw. nimmt der Koagulationsgrad ab. Beim Gefrieren der Emulsionen sind dem Wesen nach dieselben Regelmäßigkeiten gültig wie bei denen der anorgan. Sole.

J. Peters. B 163□

Über den Einfluß des Gefrierens auf die Albuminsole. A. Buzágh und A. Marciniak-Fabian. (Kolloid-Z. **176,** 11—14, Mai 1961; dt.) — Vgl. vorst. Ref. u. C. **1961,** 391. — Es wird der Einfl. des Gefrierens auf die Eigg. der Albuminsole untersucht u. festgestellt, daß während des Gefrierens in dem Sol eine inhomogene Verteilung der Kolloidteilchen zustande kommt. Viscositätsmessungen zeigen, daß das Gefrieren in Albumin-Lsgg. eine Aggregation hervorruft.

J. Peters. B 163□

Oberflächenspannung von Wasser–Alkohol–Zucker-Lösungen. Ss. Je. Charin und W. I. Zelinskaja. (Известия Высших Учебных Заведений, Пищевая Технология [Hochschulnachr., Nahrungsmittel-Technol.] **1960,** Nr. 4, 148—53; Odessa, Technolog. Inst. für Lebensmittel- u. Kühlindustrie; Lehrstuhl für physikal. u. Kolloidchemie; russ.) — Die Oberflächenspannung (σ_t) des tern. Syst. *W.–A.–Saccharose* mit X% Saccharose-Geh. wird nur durch die A.-Konz., die mit dem Faktor 100:(100—X) multipliziert wurde, bestimmt. Der Aktivitäts-Koeff. (AK) ist im allg. von der A.-Konz. abhängig. Es werden 2 Konz.-Gebiete des A. vorgeschlagen, für welche der AK nach der vorgeschlagenen Gleichung berechnet werden kann. Die σ_t einer W.–A.–Saccharose-Lsg. kann in Abhängigkeit von ihrer Temp. nach folgender Gleichung berechnet werden: $\sigma_t = \sigma_0 + 0{,}2\,(20 - t^0)$; σ_0 = Oberflächenspannung bei 20°.

S. Baryschnikow. B 166

Adsorption von Gasgemischen. 6. Mitt. **Adsorptionsgleichgewicht im System Wasser–n-Heptan–Silicagel.** B. P. Bering und W. W. Sserpinski. (Известия Академии Наук СССР, Отделение Химических Наук [Nachr. Akad. Wiss. UdSSR, Abt. chem. Wiss.] **1961,** 1947—54, Nov.; Akad. der Wiss. der UdSSR, Inst. für physik. Chem.; russ.) — 5. vgl. C. **1960,** 8785. — Bei 75° wurden nach der Gew.-Meth. an Silicagel (von 380 m^2/g spezif. Oberfläche u. einem Poren-Vol. von 0,9 cm^3/g) für *Wasser*-Dampf u. für *n-Heptan* sowie für Mischungen die Isothermen u. Isobaren der Adsorption bestimmt. Die Wechselwrkg. zwischen den beiden Komponenten ist äußerst gering, d. h. die eine Komponente unterdrückt die Adsorption der anderen nur sehr wenig. Die Verbb. werden zunächst im monomol. Bereich an verschiedenen Adsorptionszentren adsorbiert. Bei geringen Sättigungsgraden bildet sich keine bin. Lsg. der beiden Komponenten. Bei hoher Sorption verläuft die Capillar-Kondens. beider Komponenten an verschiedenen Zonen des Adsorbens.

M. Wiedemann. B 176□

Identifizierung adsorbierter Verbindungen durch Infrarotspektrometrie. Die Systeme Thiophen–Kobaltmolybdat–Molybdänsulfid. Dan E. Nicholson. (Analytic. Chem. **34,** 370—74, März 1962; Baytown, Tex., Humble Oil & Refining Co.; engl.) — Vf. untersucht mit Hilfe der IR-Spektrometrie halbquant. die Bldg. der Oberflächen-Verbb., die bei der Adsorption von Thiophen an Entschwefelungskatalysatoren entstehen. Drei verschiedene Formen werden festgestellt, wobei die Absorptionsbanden auf 2-Punkt- u. 4-Punktstrukturen hinweisen. Weiterhin entstehen intermediäre Verbb. durch Rk. von einer oder von zwei Doppelbindungen des Thiophens mit der Katalysatoroberfläche.

Die Unterss. werden zwischen 3125 u. 2899 cm^{-1} durchgeführt (C–H-Streckschwingungen). J. Kraetsch. B 176□

Hybridisierung und die Verbrennungswärmen einiger aromatischer Verbindungen. C. J. McGinn. (Tetrahedron [London] **18**, 311–13, März 1962; Syracuse, N.Y., Le Moyne Coll.; engl.) — Auf der Grundlage der Bindungsenergie von $HCsp^2$ (= $HCsp^2\pi^2$), berechnet nach den Bindungslängen von Dewar u. Schmeising (C. **1961**, 17154), der Verbrennungswärmen von Bzl., Toluol (I) u. Naphthalin sowie der nach Franklin (vgl. Ind. Engng. Chem. **41**, [1949], 1070) ermittelten Beiträge zu den nichtaromat. Anteilen der Moll. berechnete Vf. eine Reihe von Bindungsenergien für aromat. Bindungen u. daraus die Verbrennungswärmen von *Graphit, Bzl.*, **I**, *Äthyl-, 1.2.3-Trimethyl-, Hexamethylbenzol, o-, m-, p-Xylol, o-Äthyltoluol, Mesitylen, 9.10-Dihydroanthracen, Dibenzyl, Biphenyl, Fluoren, Phenyl-, Diphenylacetylen, Naphthalin, Anthracen, Phenanthren, Naphthacen, Benz-[a]-anthracen, Triphenylen* u. *Chrysen*. Die Übereinstimmung mit den experimentellen Werten zeigt, daß mit dieser Meth. die „Resonanzenergien" in den meisten Fällen vernachlässigbar werden. Wolfgang Wagner. B 182□

Sterische Hinderungen und Konformation der Moleküle. 1. Mitt. **Sterische Hinderungen in Polyhalogenbenzolmolekülen und ihren Derivaten.** Ju. T. Strutschkow und Ss. L. Ssolenowa. (Известия Академии Наук СССР, Отделение Химических Наук [Nachr. Akad. Wiss. UdSSR, Abt. chem. Wiss.] **1960**, 104–10, Jan.; Inst. für elementorg. Verbb. der Akad. der Wiss. der UdSSR; russ.) — Die Konformationsanalyse von Polyhalogenbenzolen u. ihren Derivv. weist auf eine bedeutende ster. Spannung hin, die von einer starken Abweichung der Mol.-Form von der idealen begleitet sein muß. An Hand der Atomabstände u. einfacher Mol.-Modelle wurden die ster. Hinderungen bei folgenden Verbb. untersucht: *1.3.4.5-Tetrachlor-, 3.4.5-Trichlornitrobenzol, 3.4.5-Trichloranilinhydrochlorid, 2.6-Dibromchlorbenzol, 2.4.6-Trichlorbrom-, 1.2.3-Tribrom-, 2.4.6-Trichlorjodbenzol, 2.6-Dibromjodbenzol, 3.5-Dibrom-4-jod-, 3.4.5-Trijod-, 2.4.6-Trichlornitrobenzol, 2.4.6-Trichloranilin, 2.6-Dichlor-4-nitroanilinhydrochlorid, 2.6-Dibromanilin* u. *2.6-Dijod-4-nitroanisol*. Helmut Schäfer. B 182

Sterische Hinderungen und Konformation der Moleküle. 2. Mitt. **Röntgenographische Untersuchung von Polyhalogenbenzolen und ihren Derivaten.** Ss. L. Ssolenowa, T. L. Chotzjanowa und Ju. T. Strutschkow. (Доклады Академии Наук СССР, Отделение Химических Наук [Nachr. Akad. Wiss. UdSSR, Abt. chem. Wiss.] **1960**, 322–30, Febr.; russ.) — 1. vgl. vorst. Referat. — Eine Reihe von *Polyhalogenbenzolen* u. ihren Derivv. mit starken räumlichen Hinderungen wurde goniometr. vermessen. Es wurden die Parameter der Elementarzellen, Zahl der Moll. in der Zelle u. ihre Stellung, Symmetrie der Moll., Syngonie, Raumgruppe, Eigen-Vol. u. Packungs-Koeff. bestimmt. Von *3.4.5-Trichloranilinhydrochlorid* [F. 200–210° (Zers.), dünne Nadeln aus Bzl. oder Chlf., große, durchsichtige hellgelbe Nadeln aus W.-A. (1:1)] u. *2.4.6-Trichlornitrobenzol* (F. 70–71°, aus A. u. Bzl. Nadeln u. Platten) wurden die Koordinaten der schweren Atome, von *2.4.6-Trichlorbrombenzol* (F. 64–65°, aus A. durchsichtige hellgelbe Nadeln) die vollständige Struktur bestimmt. Von *2.6-Dijod-4-nitroanisol* (F. 134–135° aus Bzl.) wurden eine α- u. eine *β-Modifikation* (hellgelbe Platten oder farblose Nadeln) erhalten. Bei einigen untersuchten Verbb. ist die Zahl der Moll. in der Zelle verdoppelt, was auf eine Assoziation der Moll. im Kristall hinweist. Die Packungs-Koeff. sind bei allen untersuchten Verbb. recht hoch. Isomorph sind lediglich *2.6-Dibromchlorbenzol* (F. 73°, aus A. durchsichtige Rhomben), *1.2.3-Tribrombenzol* (F. 87 bis 88°, aus A. rhomb. Platten) u. *2.6-Dibromjodbenzol* (F. 99–100°, aus A. durchsichtige, rhomb. Platten). — Außer den genannten Verbb. wurden untersucht: *1.3.4.5-Tetrachlorbenzol*, F. 54–55°, aus A. u. Bzl. durchsichtige, dicke Nadeln. — *3.4.5-Trichlornitrobenzol*, F. 71°, aus A. hellgelbe, dicke Platten. — *2.4.6-Trichlorjodbenzol*, F. 55°, aus PAe. u. Methanol Nadeln. — *3.5-Dibrom-4-jodnitrobenzol*, F. 135–136°, aus Bzl. braune, lange Platten oder Prismen. — *3.4.5-Trijodnitrobenzol*, F. 161–162°, aus A. u. Bzl. gelbe Prismen. — *2.4.6-Trichloranilin*, F. 76–77°, aus Eisessig u. W.-A. Nadeln. — *2.6-Dichlor-4-nitroanilinhydrochlorid*, F. 194–195°, aus Methanol gelbe Nadeln. — *2.6-Dibromanilin*, F. 87–88°, aus A. durchsichtige Nadeln. Helmut Schäfer. B 182

Zur Struktur des cis-Stilbens. G. Rasch. (Z. physik. Chem. [Leipzig] **219**, 180–90, 1962; Jena, Univ., Inst. für organ. Chem. u. Biochem.; dt.) — Theoret. Untersuchung. Berechnet wurden für *cis-Stilben* aus der Lage der Absorptionsmaxima des UV-Spektrums, aus dem Halbstufenpotential bzw. aus der Verbrennungswärme die Verdrehungswinkel zu im Durchschnitt $\mu = 13 \pm 2°$ u. $\vartheta = 26 \pm 4°$. C. Gottfried. B 182

LCAO-MO-Theorie eines organischen Biradikals mit wahrscheinlichem Triplett-Grundzustand. David Kearns und S. Ehrenson. (J. Amer. chem. Soc. **84**, 739 bis 742, 5/3. 1962; Chicago, Ill., Univ. of Chicago, Dep. of Phys.; engl.) — Für das von Yang u. Castro (vgl. C. **1961**, 18302) durch Oxydation von Bis-[3.5-di-tert.-butyl-

4-hydroxyphenyl]-3.5-di-tert.-butylchinomethan erhaltene *Biradikal* (I) wird auf Grund von LCAO—MO-Berechnungen ein Triplettgrundzustand angenommen. Die paramagnet. Susceptibilität ($3,1 \cdot 10^{-3} cm^3 \cdot Mol^{-1}$) u. die langwellige Absorption (>1 μ) von I scheinen die theoret. Voraussage zu unterstützen. Das Spektrum von I in Bzl. wird zwischen 260 u. 2600 mμ abgebildet. A. Trede. B 182 □

Elektronenstruktur von Eisen-Porphyrin-Komplexen. Claire Spanjaard und Gaston Berthier. (J. Chim. physique Physico-Chim. biol. **58**, 169—80, Febr. 1961; Paris, Inst. de Biol. phys.-chim., Fac. des Sci., Labor. de chim. théor.; franz.) — Vff. bestimmten mit Hilfe der MO-Meth. die Elektronenstruktur von *Porphin*, von ion. *Fe-Porphyrinkomplexen*, von kovalentem *Ferro-* u. *Ferriporphyrin*, von *Protoporphyrin* sowie im Zusammenhang mit seinem UV-Spektrum von $[Fe(CN)_6]^{4-}$. Die Ergebnisse sind tabellar. wiedergegeben. C. Gottfried. B 182

Die Kristallstruktur einiger Polymethylendiammoniumsalze der Adipinsäure. 2. Mitt. Tetramethylendiammoniumadipat. Sakutaro Hirokawa und Tamaichi Ashida. (Acta crystallogr. [Copenhagen] **14**, 1004, 10/9. 1961; Yokosuka, Defence Acad., Dep. of Chem.; engl.) — 1. vgl. C. **1956**, 11668. — Vff. berichten über eine vorläufige Struktur-Best. von *Tetramethylendiammoniumadipat* (4—6 Nylonsalz) mit Hilfe 3dimensionaler Methoden. Die monokline Zelle hat die Abmessungen a = 15,36 (Å); b = 5,97; c = 14,93; β = 110,5°; Raumgruppe ist A 2/a; Z = 4. Das Adipation hat ein Symmetriezentrum. Der Winkel beträgt zwischen der Ebene der Carboxylgruppe u. der C-Zick-Zack-Kette ca. 66° gegenüber dem in der Adipinsäure mit 6°. Das Tetramethylendiammoniumion, das eine 2zählige Achse im Mittelpunkt des Ions hat, besteht aus 2 ebenen Gruppen, von denen jede die eine Hälfte des Ions u. das benachbarte C-Atom ($C'_{(2)}—C_{(2)}—C_{(1)}$—N) enthält; das Ion besitzt demnach die gauche-Form, das Hexamethylendiammoniumion (l. c.) dagegen die trans-Form. Jedes N-Atom hat 3 N—H...O—H-Bindungen zu 3 verschiedenen Adipationen. C. Gottfried. B 195

Untersuchung der Struktur einiger quaternärer Ammoniumverbindungen. 1. Mitt. Struktur des β-Phenyläthylaminhydrochlorids. G. Tsoucaris. (Acta crystallogr. [Copenhagen] **14**, 909—14, 10/9. 1961; Bellevue, Centre Nat. de le Recherche Sci., Labor. de Cristallographie Appl.; franz.) — *β-Phenyläthylaminhydrochlorid* (I) u. *-hydrobromid* (II) wurden aus A. in Form feiner, rechteckiger Platten erhalten. Die Symmetrie ist rhomb., u. die Zellendimensionen sind für I a = 32,80 ± 0,04 (Å); b = 5,92 ± 0,02; c = 4,615 ± 0,02; für II a = 32,01 ± 0,04; b = 6,16 ± 0,02; c = 4,705 ± 0,02; Raumgruppe für beide Verbb. ist $P 2_1 2_1 2_1$; Z = 4. Die Verbb. sind schwach piezoelektrisch. Genau bestimmt wurde die Struktur von I mit Hilfe von Patterson u. Elektronendichteprojektionen u. weiterer Verfeinerung der Parameter mit der Meth. der kleinsten Quadrate. Die Parameter sind: Cl (x =) $0,538_6$; (y =) 0,180; (z =) 0,379; N: $0,531_7$;0,177; 0,642; Benzolring-C-Atome: $C_{(4)}$: $0,713_8$; 0,334; 0,217; $C_{(3)}$: 0,710; 0,124; 0,070; $C_{(2)}$: $0,674_6$; 0,093; 0,888; $C_{(1)}$: $0,644_9$; 0,251; 0,856; $C_{(6)}$: $0,649_7$; 0,460; 0,996; $C_{(5)}$: 0,684; 0,499; 0,187;C-Atome der C_2H_4-Gruppe $C_{(\beta)}$: $0,609_2$; 0,209; 0,659; $C_{(\alpha)}$: $0,568_8$; 0,184; 0,833. Im Gitter ist jedes N-Atom tetraedr. von 3 Cl-Atomen u. einem C-Atom umgeben. Die Cl—Cl-Abstände sind mit 5,07; 5,07 u. 5,92 Å wesentlich größer als die Summe der van der Waalsschen Radien mit 3,62 Å. Andererseits ist der Abstand des N-Atoms von den 3 Cl-Atomen mit 3,17; 3,17 u. 3,23 Å kürzer als die Summe der Ionenradien mit 3,29 Å. Dies deutet auf das Auftreten einer H-Bindung zwischen dem N-Atom u. den drei umgebenden Cl^--Ionen hin. Der $C_6H_5 \cdot CH_2 \cdot CH_2$-Rest erstreckt sich parallel der a-Achse; die Kohäsion entlang dieser Achse wird nur durch van der Waalssche Kräfte zwischen benachbarten Moll. bestimmt. Der Benzolring ist ein regelmäßiges Sechseck, wobei die $C_{(1)}—C_{(\beta)}$-Bindung in der Verlängerung der $C_{(1)}—C_{(4)}$-Achse liegt. Die Abstände $C_{(1)}—C_{(\beta)}$ u. $C_{(\alpha)}—C_{(\beta)}$ sind 1,49 bzw. 1,54 Å. Die kürzesten Abstände zwischen benachbarten Moll. sind 3,75; 3,83 u. 4,01 Å. C. Gottfried. B 195

Untersuchung der Struktur einiger quaternärer Ammoniumverbindungen. 2. Mitt. Struktur von Pyridinoxidhydrochlorid. G. Tsoucaris. (Acta crystallogr. [Copenhagen] **14**, 914—17, 10/9. 1961; franz.) — 1. vgl. vorst. Referat. — Weißenberg-Aufnahmen ergeben für *Pyridinoxidhydrochlorid* rhomb. Symmetrie u. die Zellendimensionen a = 11,04 ± 0,04 (Å); b = 7,26 ± 0,03; c = 7,55 ± 0,03; Raumgruppe ist $P 2_1 2_1 2_1$; Z = 4. Die Struktur wurde mit Hilfe von Patterson- u. Elektronendichteprojektionen bestimmt u. mit der Meth. der kleinsten Quadrate weiter verfeinert. Die gefundenen Parameter sind Cl: (x =) $0,064_6$; (y =) $0,779_2$; (z =) $0,418_5$; O: 0,288; 0,880; 0,258; N: 0,303; 0,061; 0,309; $C_{(4)}$: 0,337; 0,417; 0,396; $C_{(3)}$: 0,425; 0,287; 0,426; $C_{(2)}$: 0,407; 0,102; 0,380; $C_{(6)}$: 0,210; 0,179; 0,274; $C_{(5)}$: 0,228; 0,360; 0,319. Jedes Cl-Ion ist nur an ein organ. Mol gebunden. Vf. nimmt an, daß dieser normalen Ionenbindung eine starke O···H···Cl-Bindung überlagert ist, u. zwar ist der O—Cl-Abstand mit 2,84 Å kürzer als die Summe der van der Waalsschen Radien; im IR-Spektrum tritt eine starke Bande bei 2100 cm^{-1} auf, die einer H-Bindung zugeordnet wird. Die Verminderung der Frequenz gegenüber der der freien O—H-Bindung (3600 cm^{-1}) weist auf eine starke Wechselwrkg. zwischen O u. Cl hin. Schließlich ist der Winkel N—O—Cl mit 110° fast gleich dem des Winkels N—O—H mit 109°. Die O···H···Cl-Gruppe ist danach prakt. linear, was die beste Bedingung für die Ausbildung einer starken H-Bindung ist. Aus dem N—O-Abstand mit 1,37 Å errechnet sich ein ca. 30%ig. Doppelbindungscharakter. C. Gottfried. B 195

Untersuchung der Struktur einiger quaternärer Ammoniumverbindungen. 3. Mitt. **Wasserstoffbindung N···H···Cl und O···H···Cl.** G. Tsoucaris. (Acta crystallogr. [Copenhagen] **14**, 917—19, 10/9. 1961; franz.) — 2. vgl. vorst. Referat. — Auf Grund einer krit. Durchsicht von Literaturdaten über quart. Ammonium-Verbb. u. der l. c. mitgeteilten Unterss. kommt Vf. zu dem Ergebnis, daß die Koordinationszahl des N gleich ist der Anzahl von H-Atomen, die an das N gebunden sind. Ferner nimmt der N—Cl-Abstand regelmäßig mit der Koordinationszahl ab. Aus den bekannten IR-Absorptionsspektren ergibt sich weiter, daß die Frequenzen der N···H···Cl-Bindung regelmäßig mit der Koordinationszahl abnehmen. Nach diesen Daten treten in einigen Aminen bzw. Aminoxidsalzen starke N···H···Cl- bzw. O···H···Cl-Bindungen auf. C. Gottfried. B 195

Kristallographische Daten für das α- und β-Isomere von 4-Hydroxy-2.2.6-trimethylpiperidin. J. G. Scane. (Acta crystallogr. [Copenhagen] **14**, 1005, 10/9. 1961; Portsmouth, Va., Coll. of Technol., Phys. Dep.; engl.) — Das α-Isomere (F. 137—138°) von *4-Hydroxy-2.2.6-trimethylpiperidin* ($C_8H_{17}NO$) krist. aus Bzl. in monoklinen Leisten, die nach [1 0 0] gestreckt sind. Die Zellendimensionen sind a = $7{,}6_6$ (Å); b = $9{,}4_5$; c = 12,3; β = 107°; Raumgruppe $P\,2_1/c$; D. 1,10; Z = 4. Das β-Isomere (F. 160—161°) bildet plattenförmige Fragmente mit (0 0 1) als Hauptfläche. Die Zellendimensionen sind a = $7{,}7_3$ (Å); b = 10,1; c = 11,3; β = 110°; Raumgruppe $P\,2_1/c$; D. 1,15; Z = 4. C. Gottfried. B 195

Thermische Isomerisierung von Buten-(2). 2. Mitt. **Wirkung zugesetzter Gase.** R. B. Cundall und T. F. Palmer. (Trans. Faraday Soc. **57**, 2226—30, Dez. 1961; Nottingham, Univ., Dep. of Chem.; engl.) — 1. vgl. C. **1962**, 17360. — Die Wrkg. von Zusätzen von H_2, He, Ne, Ar, Kr, Xe, CH_4, N_2, CO_2, W., D_2O u. Toluol auf die Isomerisierung von *cis-Buten-(2)* (I) bei ca. 270° wurde untersucht. Es konnte bestätigt werden, daß die Rk. unimol. verläuft. Die relative Wirksamkeit α der zugesetzten Gase bei der Aktivierung, bezogen auf I = 1, ist (in obiger Reihenfolge): 0,040; 0,105; 0,111; 0,052; 0,330; 0,450; 0,216; 0,242; 0,660; 1,25; 1,02; 0,75 (berechnet nach Trotman-Dickenson, Gas Kinetics, Butterworth Sci. Publ., London [1955]); das trans-Isomere von I besitzt die gleiche Wirksamkeit wie I selbst. Ch. Zechel. B 225□

Oxydationsreaktionen an der Säureamidgruppe. Wolfgang Walter, Matthias Steffen und Kurt Heyns. (Chem. Ber. **94**, 2462—69, 22/9. 1961; Hamburg, Univ., Chem. Staatsinst., Inst. für Org. Chem.; dt.) — Die Oxydation von *N.N-Dimethylacetamid* (F. 27°, $Kp._{760}$ 206°) mit Peressigsäure führt unter Entmethylierung in geringer Ausbeute zu Hydroxamsäuren. Es wurden Acethydroxamsäure, Formhydroxamsäure, N-Methylacet- u. N-Methylformhydroxamsäure papierchromatograph. nachgewiesen. In Ggw. von Acetanhydrid entsteht N-Methyl-N-acetoxymethylacetamid (II; $C_6H_{11}NO_3$, $Kp._{0,001}$ 45°; n 1,4467) in einer Rk. 1. Ordnung. II wurde auch aus N-Methylacetamid u. Paraformaldehyd u. anschließende Acylierung mit Acetanhydrid dargestellt; es liefert mit 2%ig. alkohol. Lsg. von 2.4-Dinitrophenylhydrazin das Formaldehyd-2.4-dinitrophenylhydrazon (F. 167°). IR- u. NMR-Spektrum von II werden erörtert. II wird als Zwischenglied der Polonovski-Rk. zur oxydativen Entmethylierung entsprechender tert. Amine diskutiert. — Die Aufarbeitung der Rk.-Mischung muß wegen der Gefahr heftiger Explosionen mit besonderer Vorsicht erfolgen. K. Heyns. B 225□

Über die Dehydrierung von Äthylbenzol bei hohen Temperaturen. A. M. Brodski, K. P. Lawrowski und Je. D. Filatowa. (Известия Академии Наук СССР, Отделение Химических Наук [Nachr. Akad. Wiss. UdSSR, Abt. chem. Wiss.] **1960**, 1490—94, Aug.; Inst. für petrochem. Synth. der Akad. der Wiss. der UdSSR; russ.) — Es wurde die Kinetik der Dehydrierung von Äthylbenzol (I) bei 660—740° bei einer Verdünnung mit 1,5—4 Mol CO_2 u. verschiedenen Vol.-Geschw. untersucht, wobei als Wärmeüberträger eine Wirbelschicht aus Koksteilchen verwendet wurde. Im Pyrolysat, das in 90—95%ig. Ausbeute erhalten wird, steigt der *Styrol*-Geh. mit abnehmender Vol.-Geschw., abnehmender Verdünnung mit CO_2 u. zunehmender Temp. an. Entsprechend erhöht sich die Geschw.-Konst. für die Dehydrierung von I mit zunehmender Temperatur. Die Ausbeute an Styrol erreicht bei 660° 58%, bei 690—720° 70—75%, bezogen auf umgesetztes I. Die Aktivierungsenergie für die I-Dehydrierung beträgt 44 ± 2 kcal/Mol. Helmut Schäfer. B 225

Die Untersuchung der Oxydation des Chlorpromazins auf kinetischem Wege. E. Pungor und E. Bruzer. (Ann. Univ. Sci. Budapestinensis Rolando Eötvös nominatae, Sect. Chim. **2**, 85—90, 1960; Budapest, L. Eötvös Univ., Inst. für anorg. u. analyt. Chem.; Verein. Arzneimittelfabr.; dt.) — Bei der Oxydation bzw. Photooxydation von *Chlorpromazin* (I) in Ggw. von $S_2O_8^{2-}$ wird pro Mol I ein Mol O_2 aufgenommen. Die UV-Absorptionsspektren (angegeben zwischen 200 u. 600 mμ) von I, des Zwischen-(II) u. des Endprod. (III) der Oxydation werden aufgenommen u. die Kinetik auf UV-spektroskop. Wege (bei 525 mμ, Maximum von III) bei 25 u. 41° verfolgt. Bei der Rk. bildet sich zunächst ein farbiger Stoff (II), anschließend erfolgt Entfärbung unter Bldg. von III. Vff. nehmen an, daß II ein Komplex aus I u. Persulfat ist u. eine intermol. Redox-Rk. erleidet. Da diese Rk. in Ggw. von nicht oxydiertem I viel langsamer abläuft als in Ggw. eines Überschusses an Oxydationsmittel, wird angenommen, daß sich aus dem Oxydations-Prod. von I u. I selbst ein chinhydronartiges Mol.-Assoziat bildet. Auch das Oxydations-Prod. selbst kann ein dimeres Assoziat bilden. Nach Abspaltung je eines Mol.-Teils aus den erwähnten Dimeren wird eine Verb. gebildet, in der die beiden Moll. erneut assoziiert sind. Während der 2. Rk.-Phase nimmt der Säure-Geh. der Lsg. zu. Die kinet. Verfolgung dieser Änderung führt zu den gleichen kinet. Daten wie die spektroskop. Methode. Die Rk.-Geschw. erhöht sich proportional mit dem Säure-Geh., die gebildete Säure kann also autokatalyt. wirken. Bei der Photooxydation nimmt der in der Lsg. vorhandene O_2 an der Rk. teil. B. Gnauck. B 225 □

Autoxydation von α-Fenchen und Bornen. Masumi Saito und Yasaburo Fushizaki. (Bull. Univ. Osaka Prefect., Ser. A **8**, 67—75, 1960; Coll. of Engng., Dep. of Appl. Chem.; engl.) — Vgl. C. **1960, 12639.** — Vff. untersuchten im geschlossenen Gefäß die Autoxydation von *α-Fenchen* (I) bzw. *Bornen* (II) durch O_2 (50—600 mm Partialdruck) oder Luft in Chlorbenzol in Ggw. von Dibenzoylperoxid (BPO) bei Temp. zwischen 40 u. 130° (I) bzw. 100 u. 150° (II). Die Bldg. von Hydroperoxiden wurde jodometr. verfolgt, sie betrug bei der Rk. von I bis zu 20%, bei II nur 5%. Das Rk.-Gemisch wurde nach Einw. von wss. Na_2SO_3 mit wss. Alkali extrahiert u. aufgearbeitet. Unterstützt durch IR-spektroskop. Unters. ergibt sich, daß das Hauptprod. der Rk. von I *3-Keto-α-fenchen* [*2.4-Dinitrophenylhydrazon* (*DNP*), $C_{16}H_{18}N_4O_4$, F. 230—231°, rot] ist, das durch Hydrieren *Isobornylon* (*Semicarbazon*, F. 170—172°) ergab. Daneben sind noch Aldehyde u. Säuren in geringer Menge vorhanden. II liefert hauptsächlich *5-Ketobornen* (*DNP*, $C_{16}H_{18}N_4O_4$, F. 196°, rot), da durch Hydrieren *Epiborneol* (F. 174—175°) erhalten wird. Daneben ist im Oxydations-Prod. noch eine geringe Menge einer Säure (F. 92°), aber keine Aldehyd vorhanden. Eine therm. Initiierung der Autoxydation konnte nicht beobachtet werden. Die Anfangs-Geschw. der Rk. von I nimmt annähernd linear mit dem O_2-Druck (unterhalb 200 mm) zu, bei höheren O_2-Drucken ist sie unabhängig vom O_2-Druck. Dies trifft für die Rk. von II bei allen Drucken zu. Mit steigenden BPO-Konzz. nimmt die Rk.-Geschw. (jedoch nicht linear) zu. Unter UV-Bestrahlung reagiert I ähnlich, während die Autoxydation von II unter UV-Licht kaum vorangeht. Vff. nehmen an, daß sich bei der Autoxydation zunächst 3-Hydroperoxy-α-fenchen bzw. 5-Hydroperoxybornen bilden, aus denen dann die beobachteten Prodd. entstehen. Der aus I gebildete Aldehyd weist die Carbonylgruppe in 10-Stellung des I auf, ferner eine Doppelbindung im Ring. Zum Verlauf der Rkk. nehmen Vff. einen Radikalkettenmechanismus an. Folgende kinet. Beziehungen gelten für die Rk. von I (unter 200 mm Druck) $v = \alpha_1[O_2] = k_1[BPO]^{0,5}[O_2]$ oder $v = k_1' I.^{0,5}[O_2]$ bzw. (oberhalb 200 mm) $v = K_2[I] = k_2[BPO]^{0,5}[I]$ oder $v = k_2' I.^{0,5}[I]$ (I.: Intensität des UV-Lichts); für II $v = K[II] = k[BPO]^{0,5}[II]$. Für den Rk.-Teilschritt $RO_2\cdot + RH \rightarrow ROOH + R\cdot$ (RH: I bzw. II) sind Aktivierungsenergien von 5 bzw. 12 kcal/Mol für I bzw. II erforderlich. B. Gnauck. B 225 □

Die nucleophile aromatische Substitution. J. Nasielski. (Chim. et Techn. **7**, Nr. 1, 10—12, März 1960; Bruxelles, Univ. Libre, Serv. de Chim. Organ.; franz.) — Bericht über den derzeitigen Stand der Kenntnisse über die nucleophile aromat. Substitution. H. Peter. B 225 □

Mechanismus und Katalyse von Reaktionen von Acylphosphaten. 2. Mitt. **Hydrolyse.** Giovanni Di Sabato und William P. Jencks. (J. Amer. chem. Soc. **83**, 4400—05, 5/11. 1961; Waltham, Mass., Brandeis Univ., Grad. Dep. of Biochem.; engl.) — 1. vgl. C. **1962, 10413.** — Wie l. c. verfolgten Vff. die Kinetik der Hydrolyse von *Acetyl-* (I), *Acetylphenyl-* (II) u. einigen *substituierten Benzoylphosphaten*. Die unkatalysierte Rk. von **I** verläuft in H_2O u. D_2O etwa gleich schnell. Zusätze von KCl, $NaClO_4$ u. NaCl haben keine oder nur gering beschleunigende Wrkg.; die Geschw. sind auch unempfindlich gegenüber Konz.-Änderungen an Tris-[hydroxymethyl]-aminomethanpuffer, ein Einfl. auf die Rk. sowie allg. Ioneneffekte treten auch nicht durch konz. Phosphat-, Acetat- bzw. Arsenatpuffer auf. Die Hydrolysen-Geschw. von $CH_3 \cdot COOPO_3^{2-}$ (AcP^{2-}) ist in 30- u. 50%ig. Acetonitril (An) unverändert, die von $CH_3 \cdot COOPO_3H^-$ (AcP^-) nur wenig vermindert. Die Hydrolyse von **I** wurde zwischen 0 u. 50° verfolgt; $\Delta H^{\ddagger}$ 22,5 (für AcP bei pH 3,0) bzw. 25,4 (kcal/Mol bei pH 6,9), $\Delta S^{\ddagger}$ —3,6 bzw. —3,7 (cal/Grad·Mol). Die Hydrolysen-Geschw. von **II** nimmt mit steigender Konz. an Phosphatpuffer in H_2O u. D_2O zu; bei Puffer-Konz. Null verläuft die Rk. in H_2O 2,5mal schneller als in D_2O (extrapoliert). Ähnliche Ergebnisse wurden auch in anderen Puffermedien (außer Phenylphosphat) erhalten; daher dürfte die Hydrolyse nucleophil katalysiert sein. Bei extremen pH-Werten treten säure- bzw. basenkatalysierte Rkk. auf, zwischen pH 2,7 u. 7,5 verläuft die Hydrolyse dagegen als pH-unabhängige, neutrale „Wasser"-Reaktion. Die Geschw. dieser neutralen Rk. ist in 30- u. 50%ig. An nur halb so groß, sie wird durch KCl u. NaClO etwas, durch NaCl nur wenig vermindert. Die Hydrolyse von **II** wurde zwischen 39 u. 73° untersucht; $\Delta H^{\ddagger}$ 17,2, $\Delta S^{\ddagger}$ —28,8. Kinet. verfolgt wurden ferner die Hydrolysen von *p-Methoxy-* (**III**), *p-Methyl-*, *p-Chlor-*, *m-* u. *p-Nitro-* (**IV**) sowie *3.5-Dinitrobenzoyl-*(**V**) u. *Benzoylphosphat* bei 39° u. pH 2,7—3,1 (Monoanion) u. pH 6,9—7,5 (Dianion) bzw. die von **III**—**V** zwischen pH 1 u. 8. Die Solvolysen-Geschw. des Dianions von **III** (pH ca. 7) ist wie bei **I** geringer als die des Monoanions (pH 3). Umgekehrt verhalten sich die Verbb. mit elektronenanziehenden Substituenten. Aus den kinet. Daten werden folgende $pK_{a'}$-Werte abgeschätzt: für die Monoanionen **III** 4,8, **IV** 4,3, **V** 4,0. Die Hammettsche Beziehung wird von den substituierten Benzoylphosphaten erfüllt; für die Rk. der Dianionen beträgt ϱ 1,2. Ferner wurde festgestellt, daß bei der Solvolyse von AcP^{2-} in 7m $NaClO_4$ Pyrophosphat entsteht, in W. treten dagegen nur Spuren dieser Verb. auf. Die Werte für die Aktivierungs-Vol. der neutralen Hydrolyse von AcP^{2-}, AcP^- u. des **II**-Monoanions betragen $-1,0 \pm 1,0$, $-0,6 \pm 1,0$ bzw. -19 ± 2 (cm^3/Mol). Vff. schließen, daß die Hydrolyse einfacher Acylphosphate nahe pH 7 über ein monomeres Metaphosphation verläuft; das Dianion (AcP^{2-}) reagiert weiter unter direkter Eliminierung von $RCOO^-$, das Monoanion (AcP^-) unter H^+-Übertragung u. Eliminierung von RCOOH. Die Hydrolyse des **II**-Monoanions erfolgt dagegen unter nucleophilem Angriff von H_2O an der Acylgruppe.

B. Gnauck. B 225□

Durch Säure induzierter aromatischer Wasserstoffaustausch. 3. Mitt. **Kinetischer Isotopeneffekt beim Wasserstoffaustausch von Benzol und Toluol. Einfluß des Isotopeneffekts auf die Orientierung.** Stig Olsson. (Ark. Kemi **16**, Nr. 41, 489—500, 1961; Stockholm, Nobel Inst. of Chem.; engl.) — 2. u. 4. vgl. C. **1962**, 799. — Vf. diskutiert die früher (vgl. C. **1961**, 6102) untersuchte Kinetik des H-Austausches im heterogenen Syst. (80,66%ig. wss. H_2SO_4, bei 25°) u. zeigt, daß das Verhältnis der gemessenen k-Werte im gleichen Medium nur vom Verhältnis der entsprechenden thermodynam. Geschw.-Konst. abhängt. Folgende Werte wurden berechnet: spezif. Geschw.-Konst. des H/D- bzw. H/T-Austausches (in h^{-1}) für *Bzl.* 0,001878, 0,001205, für *Toluol* (**I**) in o- 0,2529, 0,141, m- 0,004880, 0,00314 u. p-Stellung 0,227 bzw. 0,1171; die o/m/p-Verhältnisse für **I**: H/T-Austausch 45:1:37, H/D-Austausch 52:1:47; die partiellen Geschw.-Faktoren für den H/T- bzw. H/D-Austausch von **I** o_f 289, 332, m_f 6,4, 6,4, p_f 240, 298. Mit steigendem Rk.-Vermögen nehmen die Isotopeneffekte zu. Vf. schließt, daß der beobachtete durch den intramol. Isotopeneffekt bestimmt wird. Die Beziehung zwischen den H/T- u. H/D-Effekten von Swain u. Mitarbeitern (C. **1959**, 10851) kann auf den intramol. Isotopeneffekt angewendet werden, der auf diesem Weg für Bzl. u. **I** berechnet wird. Mit diesen Daten können die relativen Geschw. der 1. Rk.-Stufe berechnet u. der Einfl. der teilweise geschwindigkeitsbestimmenden 2. Stufe auf die beobachtete Orientierung u. die partiellen Geschw.-Faktoren untersucht werden. Der Einfl. ist erheblich u. nicht zu vernachlässigen. Bevor Vgl. von Geschw.-Daten von elektrophilen Substitutions-Rkk. angestellt werden sollte also der Mechanismus bekannt sein.

B. Gnauck. B 225□

Die Interhalogen-Addition ungesättigter organischer Verbindungen. E. Schulek und K. Burger. (Ann. Univ. Sci. Budapestinensis Rolando Eötvös nominatae, Sect. Chim. **2**, 145—50, 1960; Budapest, L. Eötvös Univ., Inst. für anorg. u. analyt. Chem.; dt.) — Folgende Additionen von BrCl (aus äquivalenten Mengen Br_2 u. Cl_2 oder aus BrO_3^- + Br^- in HCl) wurden durchgeführt: *Allylalkohol* → 2-Chlor-3-brompropanol-(1), das in Ggw. von W. spontan 3-Brompropandiol-(1.2) ergibt; analog liefert *5.5-Diallylbarbitursäure* → 5.5-Bis-[3-brom-2-hydroxypropyl-(1)]-barbitursäure u. *5-Methyl-5-Δ^1-cyclohexenyl-N-methylbarbitursäure* → 5-Methyl-5-[1-hydroxy-2-bromcyclohexyl]-

N-methylbarbitursäure. Die Additionen laufen sehr viel rascher quant. ab als die des Br_2. *Maleinsäure* (III) führt mit BrCl zu rac. α-Chlor-α'-brombernsteinsäure (*rac.*-I), die durch Sieden in alkal. Lsg. Bromäpfelsäure (II) ergibt. Analog kann aus *Fumarsäure* (IV) meso-I, u. aus dieser durch Kochen mit starkem Alkali II erhalten werden. Ähnlich verhält sich auch Citraconsäure. Die früher (vgl. C. **1950/54**, **3444** S) gegebene Regel wird bestätigt, daß die Abspaltung der Halogene aus gemischten α.β-Halogen-Derivv. in wss. Lsg. in der Reihenfolge der Elektronegativität vor sich geht. In Ggw. von Hg^{2+}($HgSO_4$) verläuft die Addition von BrCl an **III** u. **IV** so stark beschleunigt, daß die Rk. zur analyt. Best. verwendet werden kann. B. Gnauck. B 225□

Substitutionshalogenierung aromatischer Verbindungen mit Interhalogenen. E. Schulek und K. Burger. (Ann. Univ. Sci. Budapestinensis Rolando Eötvös nominatae, Sect. Chim. **2**, 139—43, 1960; Budapest, L. Eötvös Univ., Inst. für anorg. u. analyt. Chem.; dt.) — Vgl. vorst. Referat. — Vff. untersuchten in wss. Lsg. die Halogenierungen durch BrCl u. JBr. Durch Einw. von BrCl entstehen aus *Antipyrin* (II) 4-Bromantipyrin, aus *Phenol* (I) 2.4.6-Tribromphenol (bzw. mit überschüssigem BrCl Tribromphenolbrom), aus *Fluorescein* Tetrabromfluorescein (Eosin). Chlorierte Prodd. bilden sich nicht, sondern es tritt die entsprechende Menge an Cl^- auf. Die Bromierungs-Rkk. verlaufen erheblich schneller als die entsprechenden Rkk. mit Br_2. Soweit aromat. Verbb. durch Br_2 nicht angegriffen werden, wie z. B. *Benzoesäure* oder *Acetylsalicylsäure* (III), gelingt die Bromierung auch nicht mit BrCl. Die Rk. kann zur Best. von aromat. Verbb. [untersucht wurden **I**, *p-Hydroxybenzoesäure*, *Salicylsäure* (IV), *o-*, *m-* u. *p-Nitrophenol* u. *p-Kresol*] angewendet werden; die Maß-Lsg. wird gemäß $BrO_3^- + 2\,Br^- + 3\,Cl^- + 6\,H^+ \rightarrow 3\,BrCl + 3\,H_2O$ hergestellt u. der BrCl-Überschuß jodometr. bestimmt. Die Genauigkeit des Verf. beträgt 0,5%. Es kann der Geh. an **IV** in **III** ermittelt werden. Analog der BrCl-Lsg. wird die wss. JBr-Lsg. hergestellt. JBr führt überwiegend (91%) zu Jodierungs-Rkk., daneben tritt zu 9% auch die Bromierung auf (untersucht bei **I** u. **II**). In Ggw. von J_2 erfolgt nur die Jodierung. Bei den in wss. Lsgg. verlaufenden Halogenierungen wird also das Halogenidion aus dem elektronegativeren Mol.-Teil der Interhalogene gebildet, vorausgesetzt, daß diese eine eindeutige heterolyt. Dissoziation erleiden können. B. Gnauck. B 225□

Kinetik und Mechanismus der Diazotierung. 16. Mitt. **Kinetik der Reaktionen des Nitrosoacidiumions und des Distickstofftrioxids mit diazotierbaren Aminen.** Hermann Schmid und Christoph Essler. (Mh. Chem. **91**, 484—99, 1960; Wien, TH, Inst. für Physikal. Chem.; dt.) — 15. vgl. C. **1961**, 5757. — Die Kinetik der Diazotierung von *Anilin* in wss. $HClO_4$ wurde bei 15 u. 25°, die von *o-*, *m-* u. *p-Chloranilin*, *o-*, *m-* u. *p-Toluidin* bei 0 u. 25° wie l. c. verfolgt; die Gesamt-Geschw.-Gleichungen werden aufgestellt. Aus diesen wurde das Zeitgesetz für die Rkk. der aromat. Amine (RNH_2) mit dem hydratisierten Nitrosylion bzw. N_2O_3 ermittelt: $v_1 = k_1[RNH_3^+][HNO_2] = k_1'[RNH_2]\cdot[H_2O\cdot NO^+]$ bzw. $v_2 = k_2[RNH_3][HNO_2]^2/[H_3O^+] = k_2'[RNH_2][N_2O_3]$. Diese k-Werte stehen zur Basenstärke der aromat. Amine in gleicher Beziehung wie die Katalysen-Koeff. der allg. Säure–Basen-Katalyse zur Basenstärke des Katalysators (Brønstedtsche Beziehung). Die abs. Geschw.-Koeff. der Rkk. der obigen Aniline mit $H_2O\cdot NO^+$ u. N_2O_3 werden für 25° berechnet u. mit früheren Daten verglichen. Die k-Werte der Nitrosierung aromat. Amine nehmen in der Folge $N_2O_3 < NOCl < H_2O\cdot NO^+$ stark zu. Diese Folge ist mit der Beziehung in Einklang, daß der k-Wert der Nitrosierung aromat. Amine um so größer ist, je größer die Gleichgewichts-Konst. der Hydrolyse des Nitrosierungsmittels zu $H_2O\cdot NO^+$ ist. Diese Hydrolysen-Konst. wird als „Nitrosierungsstärke" bezeichnet. Vff. zeigen, daß HNO_2 als Nitrosierungsmittel nicht in Erscheinung treten kann. Die k-Werte der Nitrosierung von Anilinen durch $H_2O\cdot NO^+$ betragen bei 25° ca. $10^{10}\,s^{-1}$. Die Geschw.-Koeff. $\varkappa_{1'}$, $\varkappa_2$ u. $\varkappa_{2'}$ der Rkk. $HNO_2 + H_3O^+ \underset{\varkappa_{1'}}{\overset{\varkappa_1}{\rightleftharpoons}} H_2O\cdot NO^+ + H_2O$ bzw. $H_2O\cdot NO^+ + NO_2^- \underset{\varkappa_{2'}}{\overset{\varkappa_2}{\rightleftharpoons}} H_2O + N_2O_3$ betragen bei 25° $7{,}23\cdot 10^9$, $6{,}2\cdot 10^{10}$ bzw. $1{,}05\cdot 10^3\,s^{-1}$. B. Gnauck. B 225□

Kinetik und Mechanismus der Diazotierung. 17. Mitt. **Kinetik der Diazotierung in nicht wässerigen Lösungsmitteln.** (Kurze Mitt.) H. Schmid und G. Muhr. (Mh. Chem. **91**, 1198—99, 30/12. 1960; dt.) — 16. vgl. vorst. Referat. — Für die Kinetik der Diazotierung von *Anilin* (I) in HCl-saurer Methanol-Lsg. bei konst. Ionenstärke ergibt sich folgendes Geschw.-Gesetz: $d[C_6H_5N_2^+]/dt = k[HNO_2][C_6H_5NH_3^+][Cl^-]$, wobei $[HNO_2]$ die analyt. (also nicht die wirkliche) Konz. ist, da die HNO_2 weitgehend als Methylnitrit vorliegt. Daher ist die Diazotierungs-Geschw. v in CH_3OH viel geringer als in wss. Lösung. v ist der Quadratwurzel der Ionenstärke umgekehrt proportional. In CCl_4 führt die Rk. zwischen I u. NOCl rasch zu einem Gleichgewicht (Bldg. des Nitrosamins). B. Gnauck. B 225□

S-Oxide und S-Dioxide cyclischer Mercaptole. Richard Kuhn und Franz Alfred Neugebauer. (Chem. Ber. **94**, 2629—44, 18/10. 1961; Heidelberg, Max-Planck-Inst. für Med. Forschung, Inst. für Chem.; dt.) — Vff. stellten cycl. Mercaptole u. ihre S-Oxide u. S-Dioxide her, bes. wurden von 2.2-Diphenyl-1.3-dithiolan (**I**) u. -dithian (**II**) alle 12 theoret. möglichen S-Oxide u. S-Dioxide dargestellt. Die cycl. Mercaptole wurden durch Kondens. von Äthandithiol-(1.2) (**III**) u. Propandithiol-(1.3) (**IV**) mit den entsprechenden Diarylketonen, die S-Oxide durch Oxydation der Dithiolane u. Dithiane mit der berechneten Menge H_2O_2 hergestellt. Zur Darst. des *Disulfoxids* von *2.2-Diphenyl-1.3-dithiolan* konnte mit großem Überschuß an H_2O_2 gearbeitet werden, beim entsprechenden Dithian geht die Oxydation weiter. So wurde mit äquivalenten Mengen H_2O_2 oxydiert. Der Beweis für das Vorliegen von Disulfoxiden gelang durch chromatograph. Trennung an Al_2O_3 in zwei Diastereomere: *2.2-Diphenyl-1.3-dithiolan-1.3-dioxid, Form A* (leichter eluierbar), Dipolmoment (in Bzl.) 5,85 D, leichter lösl. (in A. oder Bzl.), R_F [stationäre Phase: Propylenglykol-(1.2), gesätt. mit Bzl./Cyclohexan (1:1); mobile Phase: Bzl./Cyclohexan (1:1), gesätt. mit Propylenglykol-(1.2)] 0,20; *Form B* 1,84 D, schwerlösl., 0,17. A ist wahrscheinlich die cis (meso)- u. B die trans (dl)-Form. Für *2.2-Diphenyl-1.3-dithian-1.3-dioxid* wurden analog erhalten: *Form A*, 4,65 D, leichter lösl., 0,30; *Form B*, 4,44 D, schwerlösl., 0,23. Eine selektive Oxydation von —S oder —SO zu —SO_2 unter Schonung des zweiten S-Atoms gelang nicht. Die S-Dioxide der cycl. Mercaptale wurden nur durch Red. der Sulfoxidsulfone mit Ti(III)-Salz in Ggw. von Na-Citrat erhalten. Die Mercaptol-S-dioxide-S'-oxide bildeten sich durch Oxydation mit 3 Äquivalenten H_2O_2, die Mercaptol-bis-[S-dioxide] mit 8—10fachem Überschuß an H_2O_2. Gegenüber Säuren sind die Verbb. mit Ausnahme der Monosulfoxide stabil; bei den Monosulfoxiden wurden Kinetik u. Mechanismus der Säurespaltung, die quant. zu den Ketonen führt, UV-spektrophotometr. (Auftreten der Ketonbande) untersucht: 1.3-Dithiolan-1-oxide, *2.2-Bis-[p-methoxyphenyl]-*, 2n HCl, 18,4—41,8°, $k \cdot 10^3$ [min^{-1}] 2,1 (bei 18,4°), Aktivierungsenergie E_α 22,0 [kcal/Mol]; *2.2-Di p-tolyl-*, 4n HCl, 18,2—41,8°, 2,85 (18,2°), 23,3; *2.2-Diphenyl-*, 5n HCl, 19,1—42,6°, 0,96 (19,1°), 23,5; *2.2-Diphenylen-*, 6,2n HCl, 19,4—41,4°, 0,14 (19,4°), 25,4; 1.3-Dithian-1-oxide, *2.2-Bis-[p-methoxyphenyl]-*, 1n HCl, 19,0—41,7°, 2,23 (19,0°), 23,0; *2.2-Di-p-tolyl-*, 2,5n HCl, 18,2—41,8°, 2,54 (18,2°), 23,3; *2.2-Diphenyl-*, 3n HCl, 19,5—42,5°, 1,6 (19,5°), 22,9; *2.2-Diphenylen-*, 6,1n HCl, 19,4—42,6°; 0,86 (19,4°), 26,1. Es wird angenommen, daß prim. ein Proton an das Monosulfoxid addiert wird unter Bldg. eines Sulfoniumions, das unter Ringöffnung in ein Carboniumion übergeht (geschwindigkeitsbestimmender Rk.-Schritt); der weitere Ablauf führt zum Keton u. zur Sulfensäure bzw. zum polymeren Disulfid. Wesentlich zum Rk.-Ablauf sind die freien Elektronenpaare am sulfid. S-Atom. Mit methanol. NaOH reagieren die Dithiolan bzw. Dithian-Derivv. sehr unterschiedlich, u. nur wenige sind stabil. Die alkal. Spaltung von *2.2-Diphenyl-1.3-dithiolan-1.1.3.3-tetroxid* führt schon bei Raum-Temp. zu Benzhydryl-[β-methoxyäthyl]-sulfon u. Na_2SO_3 über eine β-Vinylsulfonsulfinsäure. In Ggw. von W., A. oder Piperidin wird durch Ringspaltung u. Addition der Reagentien an die Vinylgruppe das entsprechende Sulfon erhalten.

Versuche: Dithiolane: *2.2-Di-[p-tolyl]-* (**V**), $C_{17}H_{18}S_2$, F. 70—71° (Bzn.), durch Einleiten von HCl in eine Lsg. von 4.4'-Dimethylbenzophenon (**VII**) in **III** in Ggw. von $ZnCl_2$; 80% (Ausbeute). — *2.2-Dibenzyl-*, $C_{17}H_{18}S_2$, F. 87—88° (Methanol), aus Dibenzylketon (**XIV**) u. **III** analog **V**; 86%. — *2.2-Bis-[p-dimethylaminophenyl]-*, $C_{19}H_{24}N_2S_2$, F. 109 bis 110° (A.), aus 4.4'-Bis-[dimethylamino]-benzophenon u. **III** u. HCl; 59%. — *2.2-Bis-[p-methoxyphenyl]-*, $C_{17}H_{18}O_2S_2$, F. 81—82 (Bzn.), aus 4.4'-Dimethoxybenzophenon (**VIII**) in Eisessig mit **III** u. HCl; 83%. — 1.3-Dithiane: *2.2-Diphenylen-* (**VI**), $C_{16}H_{14}S_2$, F. 181—182° (Bzl./Cyclohexan), Sublimation bei 10^{-3} mm u. 135—145°, durch Einleiten von HCl in ein Gemisch von Fluorenon u. **IV** u. Zugabe von $ZnCl_2$; 91%. — *2.2-Di-[p-tolyl]-*, $C_{18}H_{20}S_2$, F. 134—135° (Bzn.), aus **VII** u. **IV** analog **VI**; 65%. — *2.2-Dibenzyl-*, $C_{18}H_{20}S_2$, F. 81—82° (Methanol), aus **XIV** u. **IV** analog **VI**; 84%. — *2.2-Bis-[p-methoxyphenyl]-*, $C_{18}H_{20}O_2S_2$, F. 96—97° (A.), aus **VIII** u. **IV** in Eisessig u. HCl; 87%. — 1.3-Dithiolan-1-oxide: *2.2-Diphenylen-* (**IX**), $C_{15}H_{12}OS_2$, F. 156—157° (A.), durch Zugabe der berechneten Menge 30%ig. H_2O_2 zum entsprechenden 1.3-Dithiolan in Eisessig u. 18std. Stehen bei Raum-Temp.; 83%. — Analog: *2.2-Diphenyl-*, $C_{15}H_{14}OS_2$, F. 131 bis 132° (A.); 76%. 1std. Erhitzen mit 1n methanol. NaOH → 86% Benzophenon (**XI**). — *2.2-Di-p-tolyl-*, $C_{17}H_{18}OS_2$, F. 112—113° (Bzl./PAe.), 12 Std.; 77%. — *2.2-Dibenzyl-*, $C_{17}H_{18}OS_2$, F. 134—135° (Methanol), 16 Std.; 77%. — *2.2-Bis-[p-methoxyphenyl]-*, $C_{17}H_{18}O_3S$, F. 81—82° (Ae.), in Chlf./Eisessig, 12 Std.; 49%. Daneben polymeres Äthylendisulfid u. **VIII**. — 1.3-Dithian-1-oxide: *2.2-Diphenylen-* (**X**), $C_{16}H_{14}OS_2$, F. 203—205° (Zers.; A.), analog **IX** in Chlf./Eisessig, 12 Std.; 85%. — *2.2-Diphenyl-*, $C_{16}H_{16}OS_2$, F. 136—137° (Bzl./Cyclohexan), analog **IX**, 12 Std.; 85%. — *2.2-Di-p-tolyl-*,

$C_{18}H_{20}OS_2$, F. 166—168° (Bzl./PAe.), analog **X**; 86%. — *2.2-Dibenzyl-*, $C_{18}H_{20}OS_2$, F. 145 bis 150° (A.), analog **X**, 16 Std.; 84%. — *2.2-Bis-[p-methoxyphenyl]-*, $C_{18}H_{20}O_3S$, F. 154 bis 155° (Bzl./Cyclohexan), analog **IX**, 24 Std.; 84%. — *2.2-Diphenyl-1.3-dithiolan-1.3-dioxid*, $C_{15}H_{14}O_2S_2$, *Form A*, F. 190—191° (Cyclohexan Bzl.); *Form B*, F. 205—206° (A.), durch Zugabe von Perhydrol zum Dithiolan in Eisessig unter Rühren u. 18std. Stehen bei Raum-Temp. u. Aufnehmen in Chlf., chromatograph. Trennung der Isomeren; 41 bzw. 49%. Spaltung der Form B mit 1n methanol. NaOH, 1 Std. unter Rückfluß → 50% **XI**. — *2.2-Diphenyl-1.3-dithian-1.3-dioxid*, $C_{16}H_{16}O_2S_2$, *Form A*, F. 189,5° (Bzl.); *Form B*, F. 177,5° (A., sintert ab 176°), durch Rühren des Dithians in einer Lsg. von Eisessig in der äquivalenten Menge H_2O_2 bis zur Lsg. bei Raum-Temp., 3 Tage langes Stehen u. Aufnehmen in Chlf., chromatograph. Trennung der Isomeren; 43 bzw. 42%. — *2.2-Diphenyl-1.3-dithiolan-1.1-dioxid* (**XIII**), $C_{15}H_{14}O_2S_2$, F. 162—163° (A.), durch Lösen von tert.-Na-Citrat in Eisessig, Erhitzen auf 80° unter Durchleiten von N_2 u. Versetzen mit 15%ig. $TiCl_3$-Lsg. u. dann mit I–1.1.3-Trioxid in heißem Eisessig unter Rühren u. 1std. Stehen bei 80°; 47%. — *2.2-Diphenyl-1.3-dithian-1.1-dioxid*, $C_{16}H_{16}O_2S_2$, F. 160 bis 161° (A.), analog vorst. Verb. aus **II**–1.1.3-Trioxid; 77%. — *2.2-Diphenyl-1.3-dithiolan-1.1.3-trioxid*, $C_{15}H_{14}O_3S_2$, F. 174° (A.), durch Zugabe von H_2O_2 in Essigsäure zu **I** in Chlf. u. 4std. Erhitzen auf 70°, chromatograph. Reinigung; 67%. 1std. Kochen in 0,1n methanol. NaOH → 70% **XI**. — *2.2-Diphenyl-1.3-dithian-1.1.3-trioxid*, $C_{16}H_{16}O_3S$; F. 188° (A.), analog vorst. Verb. aus **II**; 68%. — *2.2-Diphenyl-1.3-dithiolan-1.1.3.3-tetroxid* (**XII**), $C_{15}H_{14}O_4S_2$, F. 227—228° (Butanol), Sublimation kleiner Mengen bei 180—190°/10^{-3} Torr (größere Mengen als 100 mg zerfallen therm.), durch 4std. Erhitzen von **I** mit einem Überschuß an H_2O_2 in Eisessig auf 70°, weiterer Zusatz von H_2O_2 u. 4std. Erhitzen; 88%. — *2.2-Diphenylen-1.3-dithiolan-1.1.3.3-tetroxid*, $C_{15}H_{12}O_4S_2$, F. 295 bis 296° (Zers.), Sublimation kleiner Mengen bei 240—250°/10^{-3}-Torr, analog vorst. Verb. bei 3 bzw. 15std. Erhitzen bei 70°; 89%. — Benzhydrylalkylsulfone: *-[β-methoxyäthyl]-sulfon*, $C_{16}H_{18}O_3S$, $Kp._{10^{-3}}$ 155°, F. 109—110° (Dipropyläther), a) durch 1std. Erhitzen von **XIII** in 0,1n methanol. NaOH; 48%; b) durch Lösen von **XII** in 0,25n methanol. NaOH u. 5std. Stehen bei Raum-Temp. u. Abfiltrieren des ausgefallenen Na_2SO_3; 93%. — *-[β-äthoxyäthyl]-sulfon*, $C_{17}H_{20}O_3S$, F. 101—102°, $Kp._{10^{-3}}$ 160°, a) durch Lösen von **XII** in 0,25n äthanol. NaOH u. 5std. Stehen; 92%; b) durch 1std. Erhitzen von **XIII** in 1n äthanol. NaOH; 15%. — *-[β-hydroxyäthyl]-sulfon*, $C_{15}H_{16}O_3S$, F. 131°, $Kp._{10^{-3}}$ 140—150°, durch 1std. Erhitzen von **XII** in Dioxan u. 0,5n NaOH; 22%. — *-[β-piperidinoäthyl]-sulfon*, $C_{20}H_{25}NO_2S$, F. 121° (A.), durch 1std. Erhitzen von **XII** in Piperidin; 85%. W. Schramm. B 225□

Zerfall von Acylperoxiden in Säuren. G. A. Rasuwajew, W. N. Latjajewa und G. G. Petuchow. (Журнал Общей Химии [J. allg. Chem.] **31** (93), 268—74, Jan. 1961; Gorki, Univ., Chem. Forschungsinst.; russ.) — Bei der Zers. von *Acetylbenzoylperoxid* (**I**) in $C_6H_5\,^{14}COOH$ bei 90° nimmt mit abnehmender **I**-Konz. (ca. 13,3 bis 2%) der ^{14}C-Geh. im gebildeten CO_2 von 2,2 auf 6,4% zu; ähnliche Werte werden für *Dibenzoylperoxid* (**II**) in $C_6H_5\,^{14}COOH$ u. $CH_3\,^{14}COOH$ gefunden. *Bis-[m-nitrobenzoyl]-peroxid* (**III**) gibt mit 24,6% bei 70° in 0,8%ig. Lsg. in $CH_3\,^{14}COOH$ einen hohen Anteil an markiertem CO_2. Beim Zerfall von **I** in $C_6H_5{}^{14}COOH$ wird mit 70% eine hohe Ausbeute an Benzoesäuremethylester isoliert, dessen Bldg. vermutlich auf einen direkten mol. Mechanismus zurückgeht. Die Zers. von **II** u. **III** in CH_3COOD gibt ein zu 3 bzw. 1,2% deuteriertes Bzl. bzw. Nitrobenzol. Die gebildete $^{14}CO_2$-Menge ist erheblich größer als der Umfang dieser Deuterierung; bei **III** beträgt das Verhältnis $C_6H_4DNO_2/^{14}CO_2$ ca. 0,01. Die Bldg. des $^{14}CO_2$ wird auf eine „stafettenartige" Übertragung zwischen den Acyloxyradikalen u. der markierten Carbonsäure zurückgeführt; die resultierenden markierten Acyloxyradikale erfahren dann Decarboxylierung. H.-E. Toussaint. B 225□

Untersuchung des thermischen Zerfalls von Acetylcyclohexansulfonylperoxid in verschiedenen Lösungsmitteln. G. A. Rasuwajew, W. R. Lichterow und W. Ss. Etliss. (Журнал Общей Химии [J. allg. Chem.] **31**(93), 274—80, Jan. 1961; russ.) — Der Zerfall von *Acetylcyclohexansulfonylperoxid* (**I**) verläuft nach 1. Ordnung u. in der Reihenfolge der Lsgm. CCl_4/Bzl./Cyclohexan/Isopropanol mit zunehmender Geschwindigkeit. Neben dem radikal. Zerfall findet über einen „mol." Mechanismus eine direkte Eliminierung von CO_2 u. Bldg. von Cyclohexansulfonsäuremethylester (**II**) statt; die gebildete **II**-Menge hängt von der **I**-Ausgangs-Konz. prakt. nicht ab. In Isopropanol, Cyclohexan u. CCl_4 wird CO_2 quant., in Bzl. zu ca. 55% entwickelt. Hauptprod. der Zers. ist stets Cyclohexansulfonsäure [S-Benzylisothiuroniumsalz, F. 182—183° (wss. A.)]; ferner wird stets die Bldg. von Cyclohexensulfonsäure beobachtet. In Isopropanol, Cyclohexan u. Bzl. fällt CH_4, in CCl_4 Methylchlorid in bedeutender Menge an. In Cyclohexan wird kein **II**, sondern Cyclohexansulfonsäurecyclohexylester [F. 49,5—50,5°

(Cyclohexan)] isoliert. In der Lsg. des Zerfalls von I in Isopropanol sind ferner Aceton [2.4-Dinitrophenylhydrazon, F. 214° (A.)] u. wenig Essigsäure nachzuweisen; in Cyclohexan findet man Cyclohexen. Essigsäure tritt in beträchtlicher Menge auch bei der Zers. von I in Bzl. auf. In CCl_4 fallen Hexachloräthan (F. 184—185° in geschlossener Capillare) u. HCl an. H.-E. Toussaint. B 225□

Die thermische Zersetzung von Phenylessigsäure. Margaret H. Back und A. H. Sehon. (Canad. J. Chem. **38**, 1261—70, Aug. 1960; Montreal, Quebec, McGill Univ., Dep. of Chem.; engl.) — Die therm. Zers. von *Phenylessigsäure* (I) (F. 77°) wurde unter Anwendung der Toluol-Trägertechnik (vgl. Proc. Roy. Soc. [London], Ser. A **209**, [1951], 97) im Temp.-Bereich 587—722° untersucht. Die Prodd. der Pyrolyse waren CO_2, CO, H_2, CH_4, Dibenzyl u. Phenylketen. Die Kinetik der Zers. ergab, daß die Rk. I → $C_6H_5CH_2$ + COOH ein homogener Prozeß 1. Ordnung ist mit der Geschw.-Konst. $k = 8 \cdot 10^{12} \exp \cdot (-55000/RT) s^{-1}$. Diese Aktivierungsenergie entspricht der Dissoziationsenergie der $C_6H_5CH_2$—COOH-Bindung. Es lassen sich weiter daraus berechnen die Bldg.-Wärme des COOH-Radikals zu $\Delta H_f \sim -62$ kcal/Mol u. die Dissoziationsenergien D(COO — H) = 20 u. D(CO—OH) = 45 kcal/Molekül. Mögliche Rkk. der COOH-Radikale werden diskutiert. W. Schramm. B 225□

Die thermische Zersetzung von Diphenylessigsäure. Margaret H. Back und A. H. Sehon. (Canad. J. Chem. **38**, 1271—76, Aug. 1960; engl.) — Vgl. vorst. Referat. — Die Pyrolyse von *Diphenylessigsäure* (I; F. 140°) wurde analog l. c. im Temp.-Bereich 515—636° untersucht. Prodd. waren CO_2, CO, H_2, CH_4, Diphenylketen (?), 1.1.2.2-Tetraphenyläthan (?). Die Geschw.-Konst. der Rk. I → $(C_6H_5)_2CH$ + COOH betrug $k_1 = 8 \cdot 10^{12} \exp(-5200/RT) s^{-1}$. Die Gesamt-Zers.-Rk. war teilweise heterogen (Vers. im gepackten Gefäß), die Aktivierungsmenge kann daher nur mit Vorbehalten der entsprechenden Dissoziationsenergie gleichgesetzt werden. W. Schramm. B 225□

Über Reaktionen von „heißen" Methylradikalen in fester Phase bei niedrigen Temperaturen. R. A. Warbanskaja, B. N. Schelimow und N. W. Fok. (Доклады Академии Наук СССР [Ber. Akad. Wiss. UdSSR] **140**, 818—21, 1/10. 1961; Moskau, Univ.; russ.) — Es wurde die Photolyse von *Methyljodid, Azomethan, Acetaldehyd* u. *Aceton* bei 77° durch Bestrahlung mit einer Hg-Lampe in Methylcyclohexan (Konz. 0,02—0,15 Mol/Liter) untersucht. Die Bldg. u. die weitere Rk. der Methylradikale wurde durch Aufnahme der paramagnet. Elektronenresonanzspektren u. Analyse der gebildeten Gase verfolgt. — Azomethan liefert N_2 u. Äthan, daneben sehr wenig Methan. Die Bldg. von Methan erfolgt durch Rk. der „heißen" Radikale mit dem Lösungsmittel. Methyljodid liefert lediglich Methan, das aus Methylradikalen u. dem Lsgm. gebildet wird. Aceton zersetzt sich nicht. Acetaldehyd liefert nur wenig CH_4 u. CO, deren Bldg. entweder durch direkten Zerfall nach: $CH_3 \cdot CHO \rightarrow CH_4 + CO$ oder durch Disproportionierung der Radikale CH_3 u. CHO erfolgt. — Die Ansicht, daß sich Methan aus „heißen" Methylradikalen bildet, wird dadurch bestätigt, daß das Verhältnis von Methan/Äthan bei der Zers. von Azomethan mit ungefiltertem Licht bei 0,04 liegt u. sich beim Bestrahlen mit „kälterem" Licht > 3100 Å auf 0,02 erniedrigt, beim Bestrahlen mit „heißerem" Licht < 2900 Å jedoch auf 0,14 erhöht. Helmut Schäfer. B 226

Einige Beobachtungen bei der Photolyse von Acetylalanin bei 2537 Å. Eva F. Estermann, R. A. Luse und A. D. McLaren. (Radiat. Res. **5**, 1—8, Juli 1956; Berkeley, Calif., Univ. of California, Dep. of Soils and Plant Nutrition; engl.) — Vgl. C. **1958**, 4821. — Als Prodd. der mehrstd. UV-Bestrahlung ($\lambda = 2537$ Å) 0,3 m wss. Lsgg. von *Acetyl-DL-alanin* (I) wurden identifiziert: 0,05 (Quantenausbeute Φ) NH_3; 0,03 Acetaldehyd (**II**); 0,02 Pyruvat (**III**) u. nur Spuren (ca. 0,003—0,005) Alanin (**IV**). Es zeigte sich, daß $\Phi_{II} + \Phi_{III} = \Phi_{NH_3}$. Die Φ_{NH_3}-Werte wurden mit der Mikrodiffusions-Meth., mit der Ninhydrin-Meth. oder durch Austreiben des NH_3 mit N_2 bei 50° u. pH $\leqslant 10$ bestimmt. NH_3-Best. in Ggw. von starkem Alkali oder nach Erhitzen der bestrahlten Lsgg. mit 1n HCl oder NaOH (Zers. noch nicht identifizierter Zwischenprodd., u. a. möglicherweise Acetyliminopropionsäure u. Acetamid) ergaben Gesamt-Φ_{NH_3}-Werte von ca. 0,2; Säurehydrolyse lieferte außerdem noch etwas **III**. Der Mechanismus der **I**-Photolyse ist noch unklar. Er entspricht weder der Photolyse von Phenylacylalaninen (vgl. l. c.), wonach bes. Essigsäure u. **IV** hätten gebildet werden müssen, noch der Photolyse von **IV** selbst, da kein Lactat gefunden werden konnte. Unklar bleibt auch die Ursache für die bei der Bestrahlung beobachtete starke Zunahme der UV-Absorption; die gefundenen Prodd. u. die vermuteten Zwischenprodd. sind nur in geringem Umfang dafür verantwortlich. — Analoge Unterss. an *Phenylpropionylalanin* bestätigten frühere Ergebnisse (vgl. l. c.). Es ergaben sich auch hier Anzeichen für ein mit Alkali NH_2-bildendes Zwischenprodukt. — Peptidbindungen in Polypeptiden werden unter obigen Bedingungen nicht gespalten, wie ein 30std. Bestrahlungs-Vers. mit der

Fraktion A von oxydiertem Insulin erwies. Die dabei aber auftretenden spektroskop. Veränderungen können auf photochem. Umwandlungen am Tyrosylrest beruhen.
K. Prohal. B 226

Eine Untersuchung der Blitzphotolyse von Fluorescein. Lars Lindqvist. (Ark. Kemi **16,** Nr. 8, 79—138, 1960; Uppsala, Univ., Inst. of Phys. Chem.; engl.) — Vgl. Claesson u. Lindqvist, C. **1962,** 12776. — Vf. beschreibt die Lichtquelle u. das Spektrophotometer für die kinet. Verfolgung der Blitzphotolyse von *Fluorescein* (I), bei der eine Entladungsenergie von 6000 J u. nur der sichtbare Anteil des Blitzlichts angewendet wurden. Die Rkk. wurden bei 25° in luftfreien wss. Puffer-Lsgg. bei pH 0—13 verfolgt. Unter den Bedingungen gelingt die vollständige Umwandlung von I in den Triplettzustand; Dunkel-Rkk. führen, teilweise durch direkte Löschung des Triplettzustands, zum Grundzustand zurück. Daneben tritt auch eine chem. Rk. zwischen 2 Triplett-Moll. (T.) oder zwischen einem T.- u. einem nicht angeregten I-Mol. (S.) auf, die durch Elektronenübertragungen zur Bldg. von halbred. u. halboxydierten I-Radikalen oder -Radikalionen führt. Die Elektronenübertragungs-Rk. ist reversibel, durch die Rück-Rk. wird I teilweise zurückgebildet. Daneben erfolgt offenbar in gewissem Umfang eine Dimerisierung der semi-oxydierten Form (X.) von I; die Dimeren reagieren langsam mit der halbred. Zwischenstufe (R.) weiter. Die Spektren von I-T. u. von R. u. X. wurden bei verschiedenen Aciditäten aufgenommen. Die Photo-Red. von I in Ggw. von Allylthioharnstoff (II) wurde untersucht. II reagiert sowohl mit T. aber auch mit X.-Radikalen. Ferner wurde die Photooxydation von I mit O_2, Fe^{3+} u. $S_2O_8^{2-}$($K_2S_2O_8$) untersucht. In Ggw. von O_2 wird T. stark gelöscht, u. X. bildet sich nur in geringen Ausbeuten. Die Radikale werden unter Bldg. irreversibler Oxydations-Prodd. verbraucht. Auch Fe^{3+}-Ionen löschen T. wirksam, teilweise infolge einer Oxydationsreaktion. Fe^{3+}-Ionen reagieren auch mit R. sowie mit X., die beständige Photo-Prodd. liefern. $K_2S_2O_8$ hat dagegen nur eine geringe Löschwrkg. auf T., reagiert aber leicht mit R. unter Bldg. beständiger Prodd. in hoher Ausbeute. Ferner wurde die Inhibitor-Wrkg. von p-Phenylendiamin (III)-Zusätzen untersucht. Hierbei wird eine vollständige Umwandlung von I in R. während des Blitzvorgangs erzielt. Die Red. ist reversibel, u. I bildet sich schnell zurück. Die Geschw. dieser Rück-Rk. wird offenbar durch Diffusionsvorgänge kontrolliert. Daneben tritt auch die halboxydierte Form von III auf. Aus den Ergebnissen wird abgeleitet, daß photochem. Rkk. mit Xanthenfarbstoffen nicht nur über den Triplettzustand verlaufen, sondern daß Radikalformen von I, die durch Rkk. zwischen Farbstoff-Moll. im Triplett- u. im Grundzustand gebildet werden, in einigen Fällen eine noch bedeutendere Rolle spielen. Für die Vorgänge wird folgendes Rk.-Schema angegeben: T. → S., T. + T. → T. + S., T. + S. → S. + S., T. + T. → R. + X., T. + S. → R. + X., R. + X. → S. + S., X. + X. → X_2, X_2 + 2 R. → 4 S. In Ggw. von Substraten (A.) treten folgende Rkk. in Konkurrenz zu den vorst.: a) bei reduzierenden A. T. + A. → R. + $A._{ox}$, X. + A. → S. + $A._{ox}$; b) bei oxydierenden A.: T. + A. → X. + $A._{red}$, R. + A. → S. + $A._{red}$; bei A. mit Inhibitor-Wrkg. T. + A. → R. + $A._{ox}$, R. + $A._{ox}$ → S. + A. Durch Best. der pH-Abhängigkeit des Absorptionsspektrums von I in W. wurden die Dissoziationsstufen von I untersucht. In stark saurer Lsg. liegt I als Kation vor, zwischen pH 2 u. 4 die neutrale (chinoide), freie Carbonsäure, zwischen pH 4 u. 5 dissoziiert die COOH-Gruppe u. oberhalb pH 7 tritt I in Form des Dianions auf. Die UV-Spektren von I in abs. Dioxan sowie in wss. Lsg. bei pH 3,3 u. 5,5 sowie in 1 m H_2SO_4 u. in 0,01 m NaOH sind zwischen ca. 17000 u. 47000 cm^{-1} angegeben, ferner eine Reihe von Spektrenausschnitten der kinet. Untersuchungen.
B. Gnauck. B 226 □

Zur Bildung von Carbonylverbindungen aus gesättigten Fettsäuren unter der Wirkung von UV- sowie von ^{60}Cobalt-γ-Strahlung. K. Täufel und R. Zimmermann. (J. prakt. Chem. [4] **15(287),** 127—38, März 1962; Potsdam-Rehbrücke, Inst. für Ernährung der Dt. Akad. der Wiss. zu Berlin; dt.) — Durch UV-Bestrahlung von *Propion-Butter-, Valerian-, Capron-, Önanth-, Capryl-, Pelargon-, Caprin-, Palmitin-* u. *Stearinsäure* in Anwesenheit von O_2 bei 50° u. durch ^{60}Co-γ-Bestrahlung von vorst. Fettsäuren sowie von *Essigsäure* mit 1,5 Millionen rep. bei 20° werden Carbonyl-Verbb. u. Fettsäureperoxide gebildet, die mit der Thiobarbitursäure-Rk. nachgewiesen wurden. Als Rk.-Prodd. werden bes. angeführt: Acetaldehyd, Crotonaldehyd, Acrolein, Malondialdehyd, Succindialdehyd u. Heptadien-(2.4)-al. Die oxydativ-desmolyt. Prozesse werden durch die Ggw. von O_2 u. von W. gefördert, durch die Anwesenheit von N_2 dagegen eingeschränkt. α-Tocopherol, nicht dagegen Tocopherolacetat, hemmt den Abbau der Fettsäuren zu Carbonylverbindungen. U. Drehmann. B 226

Äthylen als Radikalfänger bei der Radiolyse von flüssigem Cyclopentan. Richard A. Holroyd. (J. physic. Chem. **66,** 730—33, April 1962; Pittsburgh, Pa., Mellon Inst.,

Radiation Res. Labor.; engl.) — Vf. untersucht die bei der Radiolyse von fl. *Cyclopentan* (I) in Ggw. von C_2H_4 entstehenden Prodd. in Abhängigkeit von der Temp. (—78 bis +46°), C_2H_4-Konz. (0—422·10^{17} Moll./ml) u. Dosisrate (18700—660 rad/h). Die Hauptprodd. der Radiolyse (^{60}Co) von reinem **I** sind H_2, Cyclopenten (**IV**) u. Cyclopentylcyclopentan. In Ggw. von C_2H_4 treten zusätzlich C_2H_6 u. Äthylcyclopentan (**III**) auf. C_2H_5-Radikale werden durch die Addition von H-Atomen an C_2H_4 gebildet. Cyclopentylradikale (**II**) addieren sich entweder an C_2H_4 oder kombinieren mit Radikalen in Abhängigkeit von der Dosisrate. Die Aktivierungsenergie der Addition von **II** an C_2H_4 beträgt 6,7 + $^1/_2$ E_4, wobei E_4 die Aktivierungsenergie der Rekombination von **II** in Lsg. darstellt. Bei relativ niedrigen Dosisraten ist die Bldg. Geschw. von **III** proportional dem Prod. von C_2H_4-Konz. u. der Quadratwurzel aus der Dosisrate. Unter Verw. von C_2D_4 wurde das Verhältnis der Geschw. der Rkk. C_2H_5 + **II** → C_2H_6 + **IV** u. C_2H_5 + **II** → **III** zu 1,7 bestimmt. Die Radikaladdition an ungesätt. KW-Stoffe wird eine bedeutende Sek.-Rk. bei der Radiolyse gesätt. KW-Stoffe bei niedrigen Dosisraten, wenn die Rk. bis zu hohen Umsatzgraden geführt wird. C. E. Doering. B 226□

Untersuchungen über den Einfluß von UV- und Röntgenstrahlen auf 3.4-Benzpyren. J. W. Woenckhaus, Ch. W. Woenckhaus und R. Koch. (Z. Naturforsch. **17b**, 295—99, Mai 1962; Freiburg/Breisgau, Univ., Radiol. Inst. u. Physiol.-Chem. Inst.; dt.) — Bei der UV-Bestrahlung von *3.4-Brenzpyren* (I) in Cyclohexan-Lsg. unter Luft oder Ar verschwindet die kennzeichnende UV-Absorption von **I**, wobei unter Luft u. Ar verschiedene Rk.-Prodd. (papierchromatograph. ermittelt) entstehen, Röntgenstrahlen bis 5 Millionen r verursachen keine Veränderungen. In einer wss. **I**-Emulsion verschwindet dagegen die UV-Absorption, u. es entstehen neue Rk.-Produkte. Es wurden keinerlei Rk.-Prodd. identifiziert. W. Wesly. B 226□

Zur strahlenchemischen Dimerisierung des Thymins. Adolf Wacker und Ernst-Randolf Lochmann. (Z. Naturforsch. **17b**, 351—52, Mai 1962; Frankfurt/Main, Univ., Inst. für Therapeut. Biochem.; Berlin, Freie Univ., 1. Phys. Inst.; dt.) — Die Bestrahlung einer eingefrorenen, 4·10^{-4}m, wss. Lsg. von $^{14}C_{(2)}$-*Thymin* (I) mit hoher Dosis Röntgenstrahlen bewirkt keinen Extinktionsverlust der Lsg., die chromatograph. einen mit **I** ident., radioakt. Fleck gibt. Die Bestrahlung bei Zimmer-Temp. führt zum Absinken der Extinktion u. zur Bldg. mehrerer radioakt. Bestrahlungs-Prodd., darunter Harnstoff. **I** wird durch Einw. von Röntgenstrahlen nicht dimerisiert. In wss. Lsg. liegt der Höchstwert der Bldg. von **I**-Dimerem bei Wellenlängen $>265\,m\mu$. Das Maximum des Aktionsspektrums der Dimerisierung scheint gegenüber dem UV-Absorptionsspektrum von *Thyamidylol-(3' → 5')-thymidin* (nach Gilham u. Khorana, vgl. C. **1959**, 16343; λ_{max} 267 mμ) etwas nach längeren Wellenlängen verschoben. W. Wesly. B 226□

Dehydrierung von Acenaphthen. M. M. Daschewski und G. P. Petrenko. (Журнал Прикладной Химии [J. angew. Chem.] **34**, 391—95, Febr. 1961; russ.) — Es wird die Dampfphasendehydrierung von Acenaphthen zu *Acenaphthylen* (I) ohne u. in Ggw. von Katalysatoren mit N_2, Luft, Wasserdampf u. CO_2 als Verdünnungsmittel untersucht. Die höchsten Ausbeuten an **I** werden am Zn-Al-Katalysator erzielt. Bei 600° wird ein 95—98%ig. **I** in 90%ig. Ausbeute erhalten. Helmut Schäfer. B 227

Selektive Hydrierung von Aldehyden zu Alkoholen. Ss. S. Lewin und A. S. Karpow. (Известия Высших Учебных Заведений (Иваново), Химия и Химическая Технология [Hochschulnachr. (Iwanowo), Chem. u. chem. Technol.] **3**, 364—68, 1960; Allunions-Forschungsinst. für petrochem. Prozesse; russ.) — Bei der Hydrierung von Butyraldehyd (I), C_6–C_8-Aldehyd- u. C_{12}–C_{17}-Aldehydgemischen am 2 NiS·WS_2-Kontakt wurde der Einfl. von H_2-Druck (50—300 at), Temp. (180—240°) u. Vol.-Geschw. auf den Hydrierungsgrad der Aldehyde u. die Ausbeute an Alkoholen untersucht. Für die Hydrierung von **I** u. den C_6-C_8-Aldehyden sind die optimalen Bedingungen: 150—300 at/200—220°, Vol.-Geschw. 2—4 Std.$^{-1}$. Der Hydrierungsgrad beträgt 95%, die Ausbeute an Alkoholen 100%, bezogen auf hydrierte Aldehyde, d. h., die Hydrierung verläuft selektiv u. Kondens.-Prodd. werden nicht beobachtet. Für die Hydrierung der C_{12}–C_{17}-Aldehyde sind die optimalen Bedingungen: 220°/300 at Vol.-Geschw. 2 Std.$^{-1}$. Der Hydrierungsgrad beträgt 98%, die Alkoholausbeute 100%. Bei 230 u. 240° werden die Aldehyde ebenfalls zu 100% hydriert, doch sinkt die Alkoholausbeute auf 95% bzw. 87%. Helmut Schäfer. B 227

Homogene destruktive Hydrierung von Kresolen bei höheren Wasserstoff-Drucken. M. G. Gonikberg und Guan-Njan Li. (Известия Академии Наук СССР, Отделение Химических Наук [Nachr. Akad. Wiss. UdSSR, Abt. chem. Wiss.] **1960**, 498 bis 504, März; Zelinsky-Inst. für org. Chem. der Akad. der Wiss. der UdSSR; russ.) — Es wurde die homogene destruktive Hydrierung von *Toluol, Phenol, o-, m-* u. *p-Kresol* bei 490°/100—300 at H_2-Druck im Autoklaven in Abwesenheit eines Katalysators untersucht. Die Demethylierung von Toluol zu *Bzl.* erfolgt etwa doppelt so schnell wie die Dehydroxylierung von Phenol. Aus den Kresolen können durch Demethylierung bis zu 30 Gew.-% Phenol erhalten werden. Die summar. Geschw. der Demethylierung u. Dehydroxylierung fällt in der Reihe o- > p- > m-Kresol. Gleichzeitig erfolgt bei den Kresolen wie bei Phenol eine Spaltung des aromat. Ringes, wobei die Neigung zur Spaltung in der Reihe p- > m- > o-Kresol abnimmt. Die gasförmigen Rk.-Prodd. bestehen (neben H_2) vor allem aus *Methan*, daneben geringen Mengen *Äthan, Propan, Butan*, *CO* u. CO_2. Helmut Schäfer. B 227

Über Umwandlungen der Carbonylverbindungen unter den Bedingungen der destruktiven Hydrierung. E. G. Ssalimgarejewa, M. F. Iwanowa, B. W. Trshzinskaja und I. W. Kaletschitz. (Известия Сибирского Отделения Академии Наук СССР [Nachr. sibir. Abt. Akad. Wiss. UdSSR] **1961**, Nr. 5, 115—17; Irkutsk, Inst. für org. Chem. der sibir. Abt. der Akad. der Wiss. der UdSSR; russ.) — Es wurden Benzophenon (I), Benzaldehyd (II) u. Cyclohexanon (III) der destruktiven Hydrierung unter techn. Bedingungen (160 at, 485°, 3 Std., in Ggw. von 5% eines techn. Fe-Katalysators) unterworfen. I, II u. III wurden vollständig umgewandelt. I lieferte in 96—99%ig Ausbeute ein Katalysat, das fast nur aus *Diphenylmethan* (Kp. 263°, F. 26—27°) bestand. — II lieferte in 87—90%ig. Ausbeute ein Katalysat, das zu 2,8% aus *Säuren* (vor allem *Benzoesäure*), 4,3% *Bzl.*, 45,7% *Toluol* u. 37,0% eines *Öls* (Kp. 114—252°) bestand (Ausbeuten bezogen auf eingesetztes I). — Die Fraktionierung des aus III erhaltenen Katalysats (61,2% Ausbeute, davon 7% W.) gab 13% *Cyclopentan*, 27,2% *Methylcyclopentan*, 26,5% *Cyclohexan* u. 17,1% Prodd. mit Kp. >80°. Cyclohexan gab unter den gleichen Hydrierungsbedingungen 86,7% Katalysat (hauptsächlich *Methylcyclopentan* u. wenig *Cyclopentan*). Helmut Schäfer. B 227

Alkylierung von Isopropylbenzol mit Propylen in Gegenwart eines Aluminiumsilicatkatalysators. G. M. Pantschenkow und I. M. Kolessnikow. (Журнал Прикладной Химии [J. angew. Chem.] **33**, 1425—27, Juni 1960; Moskau, Gubkin-Inst. der erdölchem. u. Gasind.; russ.) — Bei der Alkylierung von Isopropylbenzol (I) mit Propylen über einem Al_2O_3-Silicat-Katalysator bei 260° wird bei einem Ausgangsverhältnis der Komponenten von 2,5 : 1 Mol u. einer Vol.-Geschw. von 0,31 Vol. I je Vol. Katalysator u. Std. mit 71,5% eine maximale Ausbeute an *Diisopropylbenzolen* (86,8%, bezogen auf verbrauchtes Propylen) erhalten. Triisopropylbenzole fallen unter diesen Bedingungen nur zu 3% an. H.-E. Toussaint. B 227 □

Durch Metallchloride in wäßrigem Chlorwasserstoff katalysierte Isomerisationsreaktionen. Lucien Bonnot und Robert Jenny. (C. R. hebd. Séances Acad. Sci. **250**, 3179—80, 9/5. 1960; Rueil-Malmaison, Seine-et-Oise, Inst. Franç. du Pétrole; franz.) — Vgl. C. **1960**, 10166. — Benutzt man als Katalysatoren zur Isomerisation von aliphat. u. aromat. KW-Stoffen Metallchloride statt in wasserfreiem Medium in wss. HCl, so können katalyt. Wirksamkeit u. Selektivität sich erhöhen. Durch Erhitzen der KW-Stoffe in Ggw. von 1% tert.-Butylchlorid als Starter u. des entsprechenden Katalysators im Autoklaven oder Rohr wurden folgende Ergebnisse erzielt: *n-Butan*/$FeCl_3 \cdot 2\,H_2O$ (10 Min., 100°) → Isobutan (18% des Rk.-Prod.); *o-Xylol* (I)/$ZnCl_2 \cdot 1{,}25\,H_2O$ (4 Std., 200°) → p-Xylol (II; 10%) u. m-Xylol (III; 5%); I/$SnCl_4 \cdot 4\,H_2O$ (Raum-Temp.) → II (22%) u. III (30%); *Cyclohexan*/$ZnCl_2 \cdot 1{,}25\,H_2O$ (6 Std., 150°) → Methylcyclopentan (15%); *Mesitylen*/$ZnCl_2 \cdot 1{,}25\,H_2O$ (6 Std., 250°) → 1.2.3- (10%) u. 1.2.4-Trimethylbenzol (30%). H. Peter. B 227 □

Katalytische Isomerisierung von n-Pentan. G. N. Massljanski, N. R. Bursian, Ss. A. Barkan, W. A. Kobelew und W. G. Telegin. (Известия Высших Учебных Заведений (Иваново), Химия и Химическая Технология [Hochschulnachr. (Iwanowo), Chem. u. chem. Technol.] **3**, 359, 1960; Allunions-Forschungsinst. für petrochem. Prozesse; russ.) — Es wird ein Verf. für die katalyt. Isomerisierung von n-Pentan (I) zu *Isopentan* (II) beschrieben. Als geeignete Katalysatoren erwiesen sich WS_2 u. 0,6%ig. Pt/Alumosilicat. Bei ca. 400° beträgt die Ausbeute an II ca. 50%, bezogen auf eingesetztes I, u. ca. 95%, bezogen auf umgesetztes I. Ein wirksamer Katalysator scheint auch Pd/Alumosilicat zu sein. Für die Isomerisierung von *n-Hexan* eignen sich WS_2 u. Pt auf fluoriertem Al_2O_3. Helmut Schäfer. B 227

C. Präparative organische Chemie. Naturstoffe

Fortschritt der organischen Mikrosynthesen; 1959, 1960. Ödön K. J. Kovács. (Microchem. J. **5**, 439—508, Sept. 1961; Szeged, Hungary, Univ., Inst. of org. Chem.; engl.) — Überblick über die Entw. organ. Synth. im Mikromaßstab u. Angabe von Beispielen für Red., Oxydation, Dehydrierung, Alkylierung von C, O, N u. As, Einführung von Halogen, Acylierung, Hydrolyse, Eliminierungs-Rk., Isomerisierung u. Umlagerung, Abbau, Addition u. Kondens. mit Ausgangsmengen < 1 g. — 329 Literaturhinweise. A. M. Fretzdorff. 460□

Die Reduktion von Olefinen mittels Azodicarbonsäure in situ. E. E. van Tamelen, R. S. Dewey und R. J. Timmons. (J. Amer. chem. Soc. **83**, 3725—26, 5/9. 1961; Madison, Wis., Univ. of Wisconsin, Dep. of Chem.; engl.) — *Olefine* werden durch 3- bis 12std. Rühren mit Di-Na-Azodicarboxylat in Methanol u. Zugabe von 2 Äquivalenten Essigsäure bei 20° in die entsprechenden *gesätt. Verbb.* übergeführt. Elaidinsäure bzw. Ölsäure ergeben *Stearinsäure* [62 bzw. 51% (Ausbeute)]. Chinin ergibt *Dihydrochinin* (78%), Allylalkohol mit Di-K-Azodicarboxylat (I; 20%ig. Überschuß) in β-Äthoxyäthanol u. Zugabe von Octansäure *Propanol-(1)* (78%); analog ergibt Cyclohexen *Cyclohexan* (10%). Azobenzol ergibt mit I in Methanol/Essigsäure *Hydrazobenzol* (F. 125 bis 126,5°; 100%). W. Hampel. 460□

Ozonisierung von Azo- und Azomethin-Doppelbindungen. Robert E. Miller. (J. org. Chemistry **26**, 2327—30, Juli 1961; Dayton, Ohio, Monsanto Chem. Co., Res. and Engng. Div.; engl.) — Die Ozonisierung einiger Azine u. Schiffscher Basen zu *Carbonyl-Verbb.* u. a. Prodd. wird beschrieben. Rk.-Mechanismen werden diskutiert. Azobenzol läßt sich nicht ozonisieren, sondern wird (in CH_3COOH bei 22—34°) neben Spuren *Salicylaldehyd* [als *2.4-Dinitrophenylhydrazon*, $C_{13}H_{10}N_4O_5$, F. 252—255° (Zers.) isoliert] bzw. in Chlf. bei —40° neben Spuren *Glyoxal* zu 78—95% zurückgewonnen.

Versuche: *Benzaldehyd* (I), $Kp._4$ 44—48°, a) durch Einleiten von O_3/O_2 in eine Lsg. von N-Cinnamylidenanilin in abs. Essigester bei 14—17°, Einengen im Vakuum bei Raum-Temp., Zusatz von Ae., Waschen mit 20%ig. NaOH oder 20%ig. Na_2SO_3-Lsg., Einengen im Vakuum, Filtrieren [→ *Oxalsäuredianilid*; 5,7% (Ausbeute)] u. Dest.; 55,1%; b) analog a) aus Benzalazin bei 8—12°; 61,4%; daneben N_2O_3; c) analog a) aus Cinnamalazin in Chlf. bei 25°; 61%; daneben Spuren *Zimtaldehyd-N-formylhydrazon* (?) u. Verb. $(C_5H_7N_3O)_x$, F. 196,5—197°, gelb; d) analog c) in Essigester; 60,4%; e) analog a) aus N-Benzylidenanilin in CH_3OH bei —35°; 43%; daneben eine in Bzl. lösl. *Fraktion vom F. 105—110°* (Zers.) u. eine in Bzl. unlösl. *Fraktion vom F. 248—253°* (Zers.); f) analog e) bei 2—6°; 60%; g) analog a) aus N-Benzyliden-p-chloranilin in Essigester bei —18°; 36%; daneben 10% *p-Chlornitrobenzol* u. Spuren *4.4'-Dichloroxalsäuredianilid* (?), F. 289—291°; h) analog a) aus N-Benzyliden-p-nitroanilin in Essigester bei —18°; 41%; daneben 14% *p-Dinitrobenzol*, F. 174—175°, u. *4.4'-Dinitrooxalsäuredianilid* (?), F. 357—359°; i) analog a) bei 18—21°; 60,6%. *2.4-Dinitrophenylhydrazon*, F. 235—237°. — *Glyoxal*, a) analog I aus Azobenzol in Chlf. bei —40°; b) neben I nach d); c) neben I nach a) durch Ansäuern der alkal. Wasch-Fl., Filtrieren (→ 26,7% *Benzoesäure*), Extraktion mit Ae. (→ *Oxalsäure*, F. 188—189°; 16,8%) u. Fällen mit 2.4-Dinitrophenylhydrazin; Spuren. *Dioxim*, $C_2H_4N_2O_2$, F. 169—171°. *2.4-Dinitrophenylhydrazon*, F. 320—323° (Zers.). — *Cyclohexanon*, $Kp._{10}$ 36—40°, a) analog I aus Cyclohexanonazin in Essigester bei —45°; 60%; daneben N_2O_3; b) analog a) in CH_3OH bei —40°; 36%; daneben 18,4% *Adipindialdehyd* (*2.4-Dinitrophenylhydrazon*, F. 238—240°) u. 17,2% *Adipinsäuredimethylester*, $Kp._4$ 96—99°. — *Zimtaldehyd*, $Kp._4$ 105°, a) neben I nach c); Spuren; b) neben I nach i); Spuren; c) neben I nach a); Spuren. *2.4-Dinitrophenylhydrazon*, F. 254—255° (Zers.). — *Benzoesäure*, F. 121—122°, a) neben I nach d); 22,5%; b) neben I nach i); Spuren; daneben Spuren *Nitrobenzol* u. 28% *1.3-Diphenylharnstoff*. — *Oxalsäuredianilid*, $C_{14}H_{12}N_2O_2$, F. 247—248°, a) neben I nach i); 7,6%; b) neben I nach a); 5,7%; daneben *Formanilid*, F. 47—48,5°, $Kp._{3,5}$ 126—131°, 22,3%. — *1.4-Dinitrobenzol*, analog I aus p-Nitranilin in Essigester bei 9°; 17,9%; daneben *4.4'-Dinitroazobenzol*, F. 219—220,5°; 21,2%. H. Marschall. 460□

Zur Herstellung von S-35-Aminoäthylcystein. H.-Chr. Gabsch. (Naturwissenschaften **49**, 106, 1. März-H. 1962; Dresden, Med. Akad. „Carl-Gustav-Carus", Isotopenlabor. der Chirurg. Klin.; dt.) — α-Amino-β-chlorpropionsäure wurde mit ^{35}S-β-Mercaptoäthylamin (I) zu *^{35}S-β-Aminoäthylcystein* (II) in 30%ig. Ausbeute umgesetzt. Günstiger erwies sich jedoch die Rk. von N-Acetyl-α-aminoacrylsäure mit I zum II-*Monoacetyl-Deriv.* in schwach saurem Medium. Durch Kochen mit verd. Säure entsteht II (74%). Walter Werner. 480□

Molekulardissymmetrieanteil von symmetrisch angeordnetem Wasserstoff und Deuterium. G. R. Clemo und R. Raper. (Proc. chem. Soc. [London] **1961**, 333, Sept.; Newcastle-upon-Tyne, King's Coll.; Univ. of Durham; engl.) — (±)-α-Pentadeuterophenylbenzylamin ergibt ein (+)-Hydrogentartrat ($[\alpha]_D$ +13,2°), das in das *Oxalat* der (—)-*Base* {α_D^{17} —0,023° (c = 0,4%; A.); $[\alpha]_D^{17}$ —2,5°} übergeführt wird, aus welchem die freie (—)-*Base* {α_D^{16} —0,14° (c = 4,77%; A.); $[\alpha]_D^{16}$ —5,7°} erhalten wird. Analog

entsteht aus dem (−)-*Hydrogentartrat* ($[\alpha]_D$ −13,2°) über das (+)-*Oxalat*, {α_D^{16} 0,013°; $[\alpha]_D^{16}$ +2,05°} die freie (+)-*Base* {α_D^{16} 0,041° (c = 1,64%; A.); $[\alpha]_D^{16}$ +5°}.
W. Hampel. 480□

Die Einwirkung von Bromwasserstoffsäure auf konjugierte Enine. Jean-Claude Traynard. (Bull. Soc. chim. France **1962,** 19—22, Jan.; Marseille, Fac. des Sci., Labor. d'École de Chim. et de Chim. Ind.; franz.) — Bei der Dehydratisierung von 3-Methylpentin-(1)-ol-(3) (**I**) entsteht kein einheitlicher KW-Stoff, sondern es bilden sich 3 Verbb., von denen *3-Methylpenten-(3)-in-(1)* (**II**) u. *3-Äthylbuten-(3)-in-(1)* (**III**) identifiziert werden konnten. Bei der Einw. von HBr sowohl als trockenes Gas als auch in wss. Lsg. auf Enine entstehen Monobromide in vergleichbaren Mengenverhältnissen, jedoch lagern sich in ersterem Falle auch bei einem großen KW-Stoff-Überschuß bes. bei niedriger Temp. (−80°) leicht 2 Moll. HBr an. Die Identifizierung der Monobromide gelang durch Kombination chem. u. physikal. Methoden. Danach führt die Anlagerung von 1 Mol. HBr an Buten-(3)-in-(1) zu Prodd. der 3.4-, 1.4- u. 1.2-Addition nebeneinander, während man bei KW-Stoffen der Form R'CH=C(R)C≡CH nur *Dienbromide* beobachtet, wobei **II** zu 2 stereoisomeren Formen führt, wovon eine durch Umlagerung des 1.4-Additions-Prod. entstanden sein wird. 3-Methylbuten-(3)-in-(1) (**IV**) u. **III** addieren HBr ebenfalls vornehmlich in 1.4-Stellung. Äthinylcyclohexen-(1) (**V**) bildet nach 1.4-Addition u. Umlagerung gleichfalls ein einheitliches *Dienbromid.*

Versuche: *3-Methylbuten-(3)-in-(1)* (**IV**), Kp. 32,5°, durch 2std. Zufügen von 3-Methylbutin-(1)-ol-(3) zu einem eisgekühlten Gemisch aus Essigsäureanhydrid u. p-Toluolsulfonsäure unter Rühren bei <5° u. Erhitzen bis zum Sieden; n_D^{20} 1,4154; $D._4^{20}$ 0,7064. — *3-Methylpenten-(3)-in-(1)* (**II**), Kp. 68,5°, analog vorst. Verb. aus **I**; n_D^{24} 1,4340; $D._4^{24}$ 0,739; 74% (Ausbeute); daneben 18% *3-Äthylbuten-(3)-in-(1)* (**III**, Kp. 62,6°; n_D^{24} 1,4247; $D._4^{24}$ 0,7214) sowie 8% eines unbekannten KW-Stoffes, vermutlich einem geometr. *Isomeren* von **II**. — *Äthinylcyclohexen-(1)* (**V**), $Kp._{43}$ 63,5°, nach Hamlet (C. **1953,** 211); n_D^{20} 1,4960; $D._4^{20}$ 0,8842; 81%. — Bromalkenine, durch 3std. Zufügen von 62%ig. HBr zu dem auf −5 bis −10° abgekühlten KW-Stoff unter sehr lebhaftem Rühren u. 2std. Weiterrühren ohne Kühlung: Aus **IV**: *3-Brom-3-methylbutin-(1)*, $Kp._{80}$ 40—41°; n_D^{20} 1,4591; $D._4^{20}$ 1,255; 10%. Läßt sich in kaltem A. leicht mit n/2 KOH verseifen u. gibt durch Red. mit Zn/Cu *Dimethylallen.* — *2-Brom-3-methylbutadien-(1.3)*, $Kp._{40}$ 35—36°; n_D^{20} 1,5030; $D._4^{20}$ 1,330; 35%. Ist leicht polymerisierbar u. läßt sich nicht mit Zn/Cu red. oder mit alkohol. KOH verseifen; gibt mit Maleinsäureanhydrid (**VI**) *4-Brom-5-methylcyclohexen-(4)-dicarbonsäure-(1.2)*, F. 201°, dessen Br ebenfalls nicht durch alkohol. KOH verseifbar ist. — *4-Brom-3-methylbutadien-(1.2)*, $Kp._{21}$ 35—36°; n_D^{20} 1,5213; $D._4^{20}$ 1,347; 55%. Wird durch alkohol. KOH in der Kälte leicht verseift u. durch Zn/Cu red., wobei durch Umlagerung *Isopren* entsteht. — Aus **III**: *2-Brom-3-äthylbutadien-(1.3)*, $Kp._{31}$ 49°; n_D^{20} 1,4960; $D._4^{20}$ 1,263. — *4-Brom-3-äthylbutadien-(1.2)*, $Kp._{14}$ 45—46°; n_D^{20} 1,4850; $D._4^{20}$ 1,238. — Aus **II**: *2-Brom-3-methylpentadien-(1.3)*, $Kp._{32}$ 41°; n_D^{20} 1,4850; $D._4^{20}$ 1,238; 60%. Reagiert mit KOH in Glykol-Lsg. nur beim Erhitzen auf 150° unter Rückbldg. von **II**; wird von Zn/Cu zu *3-Methylpentadien-(1.3)* (Kp. 77°; n_D^{24} 1,4498; $D._4^{24}$ 0,726) red.; reagiert nicht mit **VI**. — *2-Brom-3-methylpentadien-(1.3)*, $Kp._{10}$ 39°; n_D^{20} 1,5185; $D._4^{20}$ 1,290; 40%. Mit Zn/Cu nicht reduzierbar; polymerisiert mit alkohol. KOH ohne Abspaltung von Br; gibt mit **VI** *3.4-Dimethyl-5-bromcyclohexen-(4)-dicarbonsäure-(1.2)*, F. 174—175°, deren Br mit alkohol. KOH nicht abspaltbar ist. — *1'-Bromvinylcyclohexen-(1)*, $Kp._{0,6}$ 42°; n_D^{20} 1,5540; $D._4^{20}$ 1,339, analog mit **V**; das chem. Verh. entspricht dem der anderen konjugierten Diene, jedoch wurde kein **VI**-Addukt erhalten. — Die charakterist. Banden der IR- u. UV-Spektren sind angegeben. Gerhard Müller/Bitterfeld. 530□

Kondensation von Aceton zu Mesityloxid und Phoron unter dem Einfluß von Brommagnesiumalkoholaten. Ju. Ju. Zmur. (Журнал Прикладной Химии [J. angew. Chem.] **34,** 1628—30, Juli 1961; Ushgorod, Univ.; russ.) — Bei der Darst. von *Mesityloxid* (**I**) u. *Phoron* (**II**) aus Aceton/HCl läßt sich die Ausbeute erhöhen, wenn Na_2SO_4 oder P_2O_5 in das $ZnCl_2$ enthaltende Rk.-Gemisch eingeführt werden. Bei der Grignard-Synth. von *Dimethyläthyl-* (**III**) u. *Dimethylbutylcarbinol* (**IV**) aus Aceton entstehen **II** u. **I** als Nebenprodukte. Kondens.-Mittel für Aceton ist das während der Rk. gebildete MgBr-Alkoholat; bei dessen Einw. auf Aceton kann in relativ kurzer Zeit **II** in 35%ig. Ausbeute erhalten werden.

Versuche: Man sättigt 1 Liter abs. Aceton u. 18 g Na_2SO_4 (oder P_2O_5) bei −20 bis −15° mit HCl, gibt 15 g $ZnCl_2$ zu u. läßt 10 Tage lang bei 0 bis −10° u. 2 Tage lang bei 20° stehen: *Mesityloxid* (**I**), Kp. 128—130°; 49,1% (Ausbeute). *Phoron* (**II**), Kp. 188—194°, F. 28°; grüngelb; 10,8%. — Man zersetzt die Grignard-Verb. aus 1 Mol Äthylbromid (Isopropylbromid) in Ae. mit 1,5 Mol A. (Isopropanol), gibt tropfenweise

2,5 Mol (2 Mol) Aceton zu u. läßt 48 Std. lang stehen: 27,5% (13,8%) I u. 33,5% (27,7%) II. — Man gibt zur Grignard-Verb. aus 5 Mol Äthylbromid (1 Mol Butylbromid) in Ae. 16,5 Mol (4 Mol) Aceton u. erhält (bezogen auf Aceton): 11,2% I, 13,4% II u. 16,5% III (bzw. 6,9% I, 19,9% II u. 10,3% IV). Helmut Schäfer. 700

Eine neue reduktive Spaltung der Formazane. E. Móczár und L. Mester. (Bull. Soc. chim. France **1962,** 186, Jan.; Gif-sur-Yvette, Inst. de Chim. des Subst. Natur, Centre Nat. de la Rech. Sci.; franz.) — N.N'-Diphenylformazane werden durch Butyl- (I) oder Benzylmercaptan reduktiv in *N'-Phenylamidrazone* (**A**) u. *Anilin* gespalten: *N'-Phenylbrenztraubensäureamidrazon*, F. 182—183°, durch 2std. Erwärmen einer alkohol. Lsg. von 1.5-Diphenyl-3-acetylformazan mit I; 66% (Ausbeute). — In der Reihe der Zucker sind die **A** offenbar sehr instabil, so daß man nur Hydrolysen-Prodd. isolieren kann. So gibt D-Galaktose-N.N'-diphenylformazan durch 16std. Erhitzen mit I in A. u. Chromatographie an Cellulose *D-Galaktonsäureamid* (F. 171°; 19,5%), *D-Galaktonsäurephenylhydrazid* (II; F. 204°; 13,6%), *D-Galaktonsäure-γ-lacton* (F. 133—135°; geringe Mengen) u. ein *Isomeres* von II, $C_{12}H_{18}O_6N_2$, F. 149°. — 1.3.5-Triphenylformazan reagiert nicht mit Mercaptanen. Gerhard Müller/Bitterfeld. 800□

Eine neue Methode der cis-Hydroxylierung von Olefinen. L. J. Morris. (Chem. and Ind. **1958,** 1291, 4/10; St. Andrews, Univ., Dep. of Chem.; engl.) — Durch 25tägiges Schütteln von 5 mMol Ölsäuremethylester mit 5 mMol J_2 u. $<$10 mMol $AgNO_3$ in Acetonitril bei Raum-Temp., 24std. Kochen, Abfiltrieren von AgJ, Eindampfen, Lösen in Eisessig, Erhitzen mit einem Zn- u. Fe-Pulvergemisch u. Extraktion mit Ae. wird *erythro-9.10-Dihydroxystearinsäuremethylester* [F. 101—102°; 68% (Ausbeute)] erhalten. Elaidinsäuremethylester liefert das *threo-Isomere.* L. Lamza. 850

Die Isomerisierung von 2.4-Dinitrophenylhydrazonen von α-Ketosäuren. Hirohiko Katsuki, Koichiro Sumizu, Tarumi Moriwaki und Shozo Tanaka. (Bull. chem. Soc. Japan **31,** 665, Juli 1958; Sakyo-ku, Kyoto, Kyoto Univ., Fac. of Sci., Dep. of Chem.; engl.) — Vgl. C. **1958,** 10464. — Untersucht wird die Isomerisierung von 2.4-Dinitrophenylhydrazonen von α-Ketosäuren. Die *Isomeren* von *Brenztraubensäure-2.4-dinitrophenylhydrazon* (I) werden im Gemisch nach der Meth. von Hayashi (Privatmitt.) bestimmt, nach der aus einer 0,1%ig. Na_2CO_3-Lsg., die 10% NaCl enthält, durch Essigester/Ae. (3:1) nur die *cis-Form* extrahiert wird. In weniger polaren Lsgm. (Essigester, Aceton, Ae.) erfolgt keine Isomerisierung; in polaren Lsgm. (W., Eisessig) wird unter teilweiser Zers. die cis- in die *trans-Form* umgewandelt. Sowohl die Isomerisierung als auch die Zers. wird durch H^+-Ionen beschleunigt (in 0,3n HCl bei 18° sind nach 5 Std. 30% I isomerisiert u. 60% zersetzt). In weniger polaren Lsgm. wird die Umwandlung durch H^+-Ionen in jeder Richtung bis zur Einstellung eines Gleichgewichts katalysiert (in mit 6n HCl gesätt. Essigester stellt sich bei 18° in ½ Std. ein Gleichgewicht aus 47% *trans-* u. 46% *cis-*I ein; 7% werden zersetzt). Bei der Auflösung von *Dimethylbrenztraubensäure-2.4-dinitrophenylhydrazon* (II) erfolgt sofortige Isomerisierung. Das *α-Isomere* von II [F. 198° (Zers.)] ist in wasserfreien, wenig polaren Lsgm. stabil, während das *β-Isomere* [F. 188° (Zers.)] in polaren Lsgm. stabil ist. Die leichte Isomerisierung von II ergibt sich auch daraus, daß das frisch in HCl dargestellte II in der *α-Form* vorliegt, sich aber in wenigen Std. in die *β-Form* umwandelt u. daß aus dem Na-Salz der β-Form durch Ansäuern mit verd. HCl II in der *α-Form* erhalten wird. K. Lange. 870

Beitrag zur Untersuchung der Carbazinsäureester. Raymond Delaby, Françoise Brustlein, Christian Warolin und Pierre Chabrier. (Bull. Soc. chim. France **1961,** 2056—60, Nov; Paris, Fac. de Pharm.; franz.) — Umsetzung von Mono- bzw. N.N-Dialkyl(aryl)-hydrazinen mit Glykolcarbonat (I) liefert *N'-Mono- bzw. N'.N'-Dialkyl(aryl)-carbazinsäure-β-hydroxyäthylester*, die mit $SOCl_2$ in die entsprechenden *β-Chloräthylester* übergeführt werden. Cyclisierung von N'.N'-Dimethylcarbazinsäure-β-chloräthylester (VI) mit Na-Äthylat gibt *3-Dimethylaminooxazolidon-(2)*. N'-Methylcarbazinsäure-β-hydroxyäthylester (II) liefert mit p-Nitrobenzoylchlorid *N'-p-Nitrobenzoyl-N'-methylcarbazinsäure-β-[p-nitrobenzoyloxy]-äthylester*; die entsprechende N'-Benzyl-Verb. (III) *N'-Benzylcarbazinsäure-β-[p-nitrobenzoyloxy]-äthylester.*

Versuche: Carbazinsäure-β-hydroxyäthylester: *N'-Methyl-* (II), $C_4H_{10}N_2O_3$, $Kp._{0,5}$ 140—142°, aus I in 96%ig. Methylhydrazin (1 Std.); $D._4^{20}$ 1,242, n_D^{20} 1,474. — *N'-Benzyl-* (III), $C_{10}H_{14}N_2O_3$, F. 71°, aus Benzylhydrazin u. I durch kurzes Erwärmen auf dem Wasserbad u. Stehenlassen bei Raum-Temp. (einige Std.); aus Ae. Nadeln; 50% (Ausbeute). — *N'-Phenyl-*, $C_9H_{12}N_2O_3$, F. 71°, aus Phenylhydrazin u. I bei 70° (24 Std.) u. Stehenlassen bei Raum-Temp. (1 Monat); aus Ae. Nadeln; 50%. — *N'.N'-Dimethyl-* (IV), $C_5H_{12}N_2O_3$, F. 102° (Bzl.), aus N.N-Dimethylhydrazin u. I auf dem Wasserbad (einige Min.) u. Stehenlassen bei Raum-Temp. (72 Std.). *Methojodid*, C_6H_{15}·

JN_2O_3, F. 117° (Aceton), aus **IV** u. CH_3J in sd. Aceton (einige Min.) u. Stehenlassen bei Raum-Temp. (24 Std.); 84%. — *N'.N'-Diäthyl-* **(V)**, $C_7H_{16}N_2O_3$, F. 73° (Bzl.), aus N.N-Diäthylhydrazin u. **I** bei 40—60° (mehrere Tage) u. Stehenlassen bei Raum-Temp. (24 Std.). *Methojodid*, $C_8H_{19}JN_2O_3$, F. 105° (Aceton), aus **V** u. CH_3J in sd. Aceton u. Stehenlassen bei Raum-Temp. (einige Std.); 45,5%. — Carbazinsäure-β-chloräthylester: *N'-Methyl-, Hydrochlorid*, $C_4H_{10}Cl_2N_2O_2$, F. 140—150° (Butanol oder Dioxan), aus **II** u. $SOCl_2$ unter Eiskühlung u. Stehenlassen bei Raum-Temp. (48 Std.). — *N'-Benzyl-*, $C_{10}H_{13}ClN_2O_2$, F. 64°, aus **III** u. $SOCl_2$ (24 Std.), Zers. mit W. u. Neutralisieren mit $NaHCO_3$-Lsg.; aus PAe. Nadeln; 76%. — *N'.N'-Dimethyl-* **(VI)**, $C_5H_{11}ClN_2O_2$, F. 50° (PAe.), aus **IV** u. $SOCl_2$ (24 Std.) u. Neutralisieren des *Hydrochlorids* (90%) mit 5%ig. alkohol. NaOH; 76%. — *N'.N'-Diäthyl-*, $C_7H_{15}ClN_2O_2$, F. 42° (PAe.), a) aus **V** u. $SOCl_2$ (48 Std.) über das *Hydrochlorid* (F. 129°; 73%); b) aus β-Chloräthylchlorformiat in Bzl. u. N.N-Diäthylhydrazin in Bzl. bei ca. 25° (1¼ Std.); Stehenlassen bei Raum-Temp. (24 Std.) über das *Hydrochlorid*; 87%. *Methojodid*, $C_8H_{18}ClJN_2O_2$, F. 104° (A.–Ae.), in sd. Aceton mit CH_3J (1—2 Min.) u. Stehenlassen bei Raum-Temp. (24 Std.); 74%. — *3-Dimethylaminooxazolidon-(2)*, $C_5H_{10}N_2O_2$, F. 72° (Ae.), aus **VI** mit alkohol. Na-Äthylat unter Eiskühlung u. 24 Std. bei Raum-Temp.; 87%. *Methojodid*, C_6H_{13}· JN_2O_2, mit CH_3J in sd. Aceton (einige Min.) u. Stehenlassen bei Raum-Temp. (24 Std.); 84%. — *N'-p-Nitrobenzoyl-N'-methylcarbazinsäure-β-[p-nitrobenzoyloxy]-äthylester*, $C_{18}H_{16}N_4O_9$, F. 171° (Ae.), aus **II** u. p-Nitrobenzoylchlorid auf dem Wasserbad (½ Std.); gelb. — *N'-Benzylcarbazinsäure-β-[p-nitrobenzoyloxy]-äthylester*, $C_{17}H_{17}N_3O_6$, F. 172°, aus **III** u. p-Nitrobenzoylchlorid durch 1 std. Kochen auf dem Wasserbad; aus 96%ig. A. Nadeln. H. Gleinig. 880□

Reaktion von Hydrazin mit Schwefelkohlenstoff. Versuche zur Synthese von Diisorhodan. A. Ja. Jakubowitsch und W. A. Ginsburg. (Журнал Общей Химии [J. allg. Chem.] **28 (90)**, 1031—35, April 1958; russ.) — Die Rk. von Hydrazin mit CS_2 in NaOH liefert das *Di-Na-Salz* der *Hydrazin-bis-[dithiokohlensäure]* **(I)**, das mit Chlorkohlensäureäthylester **(II)** bzw. $COCl_2$ zu *Hydrazin-bis-[dithiokohlensäure]-bis-[äthylkohlensäure]-dianhydrid* [**III**; $(NHCSSCOOC_2H_5)_2$] bzw. *Hydrazin-bis-[dithiokohlensäure]-bis-[chlorkohlensäure]-dianhydrid* **(IV)** reagiert. Die therm. Zers. von **III** führt nicht zum erwarteten Diisorhodan, SCN–NCS, sondern zu *2-Mercapto-5-carbäthoxymercapto-1.3.4-thiadiazol* **(V)**, das durch Hydrolyse in *2.5-Dimercapto-1.3.4-thiadiazol*, durch therm. Zers. in *Äthylrhodanid* übergeführt wird. Die Zers. von **IV** gibt auch in Ggw. von Basen kein Diisorhodan. Bei der therm. Zers. von Rhodankohlensäureäthylester **(VI)** bzw. -methylester **(VII)** entstehen *Äthyl-* u. *Methylrhodanid.*

Versuche: *Hydrazin-bis-[dithiokohlensäure]* **(I)**, *Di-Na-Salz*; man gibt zu 16 g CS_2 u. 16 ml 50%ig. NaOH unter kräftigem Schütteln 6 g Hydrazinhydrat in 10 ml W., erwärmt ½ Std. auf 40°, verd. unter Eis–NaCl-Kühlung mit Aceton, bis kein Öl mehr ausfällt u. gibt Impfkristalle hinzu, die man aus einer kleinen Probe mit Trockeneis–Aceton erhält; 23 g (Ausbeute). *Di-Ag-Salz*, $C_2H_2Ag_2N_2S_4$, aus dem Na-Salz u. $AgNO_3$ in Wasser. — *Hydrazin-bis-[dithiokohlensäure]-bis-[äthylkohlensäure]-dianhydrid* **(III)**, $C_8H_{12}N_2O_4S_4$, F. 87° (A.), man gibt zu 15 g **I**-Di-Na-Salz in 70 ml abs. Ae. 16 g **II**, rührt 2 Std. lang bei 50°, filtriert u. dampft ein; Nadeln; 12,5%. — *2-Mercapto-5-carbäthoxymercapto-1.3.4-thiadiazol* **(V)**, $C_5H_6N_2O_2S_3$, Kp.$_2$ 143—145°, durch ½ std. Erhitzen von 3 g **III** auf 140—150°; $D._{20}^{20}$ 1,299; 2 g. — *2.5-Dimercapto-1.3.4-thiadiazol*, F. 167°, man erhitzt 0,5 g **V** u. 5 ml 15%ig. HCl 5 Std. im Rohr auf 100° u. krist. aus Ae. mit Trockeneiskühlung um; Nadeln. — *Äthylrhodanid*, C_3H_5NS, Kp. 141—143°, $D._{20}^{40}$ 1,005—1,0071; n_D^{20} 1,4670—1,4675, a) durch trockenes Erhitzen von 8 g **V**; 1,5 g; b) man kocht 5 g **VI** 2 Std. lang unter Rückfluß u. fraktioniert; 2,0 g. — *Methylrhodanid*, C_2H_3NS, Kp. 132—133°, durch 2 std. Kochen von 5 g **VII**; $D._{20}^{20}$ 1,0730; n_D^{20} 1,47; 1,725 g. — *Hydrazin-bis-[dithiokohlensäure]-bis-[chlorkohlensäure]-dianhydrid* **(IV)**, $C_4H_2Cl_2N_2O_2S_4$, man gibt zu 10 g **I**-Di-Na-Salz in 50 ml Chlf. bei —5° 21 g $COCl_2$ in 100 ml Chlf., läßt 10 Std. lang stehen, filtriert u. dampft im Vakuum unter Feuchtigkeitsausschluß ein; gelb; hygroskop.; 5,5 g. Zersetzt sich beim Stehen an der Luft zu einem orangefarbenen Pulver (Zers. bei 100°). Helmut Schäfer. 880

Enamine. 8. Mitt. **Salze von Dienaminen.** Günter Opitz und Walter Merz. (Liebigs Ann. Chem. **652**, 139—58, 24/4. 1962; Tübingen, Univ., Chem. Inst.; dt.) — 7. vgl. C. **1962**, 15941. — Aus Crotonaldehyd **(I)** u. Diäthylamin **(II)**, Piperidin **(III)** bzw. Morpholin **(IV)** wurden fl. *1-Dialkylaminobutadien-(1.3)-Verbb.* erhalten, die mit $HClO_4$ in Eisessig titriert werden können u. im UV bei 268—278 mμ sowie im IR bei 1637 cm^{-1} stark absorbieren. Von den Dienaminen wurden die ziemlich instabilen krist. *Hydro-*

chloride (Hc) dargestellt, die anscheinend in Ggw. von wenig freiem Dienamin eine Selbstkondensation erleiden u. im UV bei 250—260 mμ absorbieren. Hieraus wird abgeleitet, daß die Hc als En-immoniumsalze, $RCH_2CH{=}CR'CH{=}N^+(R'')Cl^-$ vorliegen. Teilweise tritt ein Nebenmaximum bei 360—370 mμ auf, das höher ungesätt. Verunreinigungen zugeordnet wird. Die stabileren *Hexachlorostannate* (Hs) konnten nur z. T. rein erhalten werden. Aus **I** u. **IV**-Hs ist ebenfalls das entsprechende En-immonium-Hs zugänglich. Mit **II**- u. **III**-Hs verläuft diese Rk. weniger glatt. An der Instabilität der Hc scheiterten Umsetzungs-Verss. mit CH_2N_2 u. Na-Formiat (**XI**). Beim Vers. der Rückbldg. der freien Basen mit Triäthylamin (**XXIII**) wurden nur hochsd. bas. Harze erhalten. Aus den 1-Dialkylaminobutadien-(1.3)-Hc wurden mit Li-Alanat (**V**) *1-Dialkylamino-buten-(2)-Verbb.* gewonnen, analog verliefen die Rkk. mit metallorgan. Verbb. (CH_3J, C_6H_5Li). Bei den erhaltenen Basen handelt es sich stets um die isomerenfreien Prodd. der En-immoniumsalze. Aus 2-Äthylhexen-(2)-al (**VI**) u. Pyrrolidin (**VII**), **III** bzw. **IV** konnten *1-Pyrrolidino-* (**VIII**), *1-Piperidino-* (**IX**) u. *1-Morpholino-2-äthylhexadien-(1.3)* (**X**) dargestellt werden, die neben dem Maximum bei 272—289 mμ noch ein Nebenmaximum bei 220 mμ u. bei 1620 cm^{-1} eine starke sowie teilweise eine schwächere Bande bei 1620 cm^{-1} besitzen. Die Basen u. ihre Hc sind ziemlich beständig, ihre Hydrolyse sowie die der meist öligen Hs liefert **VI** quant. zurück. Bei der Ozonolyse der Hc in Acetonitril (An) entstanden *Äthylglyoxal* sowie ein 4:1-Gemisch aus *Butyr-* u. *Propionaldehyd.* Offenbar bestehen die Hc also nicht nur aus En-immoniumsalzen, sondern auch aus Dien-ammoniumsalzen $RCH{=}CR'{=}CH{-}N^+H(R'')_2Cl^-$ bzw. Immoniumsalzen $RCH{=}CHCHR'CH{=}N^+(R'')_2Cl^-$. Mit **IX**-Hc bildete CH_2N_2 72% Dienamin zurück. **X**-Hc ergab 7% Dienamin sowie als Hauptprod. eine nichtidentifizierte *Base vom Kp.*$_{0.001}$ *113—115°*. Mit C_6H_5Li lieferte **X**-Hc ein Gemisch aus ca. 90% *1-Morholino-1-phenyl-2-äthylhexen-(2)* u. 10% -*(3)*. **IX**-Hc ergab mit **XI** in An 21% eines Gemisches aus ca. 60% *1-Piperidino-2-äthylhexen-(2)* (**XXI**) u. 40% -*(3)*. Analog reagierte **X**-Hc mit **XI** sowie mit dem 2:5-Addukt aus **XXIII** u. Ameisensäure. $NaBH_4$ red. **X** prakt. nicht, wohl aber die Hc von **IX** u. **X**, wobei die entsprechenden Hexen-(2)- u. -(3)-Gemische entstanden. **IX** ergab mit Diboran nur 9% eines hydrolysestabilen Amins. Die Einw. von **V** auf **X**-Hc lieferte (bei —70°) mit frischem Salz 84% **X**, nach 19 Std. dagegen neben 12% **X** 73% eines 94:6-Gemisches aus den Hexen-(2)- u. -(3)-Derivaten. Aus weiteren Verss. ging hervor, daß das frisch bereitete **X**-Hc hauptsächlich das Dien-ammoniumsalz, das gealterte aber das En-immoniumsalz mit geringer Beimengung des Immoniumsalzes ist. Daraus folgt, daß bei **X** prim. N-Protonierung zum Dien-ammoniumsalz eintritt u. sich dieses dann in ein En-immonium–Immoniumsalz-Gemisch umlagert. Die Umlagerung tritt auch bei **IX** auf, doch treten stets größere Mengen an hochsd. Basen auf. **VIII**-Hc liefert dagegen mit **V** rasch ein 95:5-Gemisch an Hexen-(2)- u. -(3)-Produkten. **III**, **IV** u. **VII** konnten mit Isophoron (**XII**) zu den entsprechenden Dien-aminen umgesetzt werden. Ihre Struktur ergibt sich aus dem Prod. der Rk. des **VII**-Deriv. (**XIV**) mit Acrylnitril (**XIII**). Den Hc der Dienamine des **XII** wird nach den IR- u. UV-spektroskop. Daten En-immoniumstruktur zugeschrieben. Durch Einw. von **V** erhielt man *1-Dialkylamino-3.5.5-trimethylcyclohexene-(2)*. In der Ketonfraktion fanden sich neben **XII** auch bis zu 9% *Dihydroisophoron.*

Versuche: Nach Hünig u. Kahanek (C. **1957**, 6423) wurden dargestellt: Butadiene-(1.3): *1-Diäthylamino* (**XVI**), $C_8H_{15}N$, Kp.$_8$ 59°, n_D^{21} 1,5239; 61% (Ausbeute). *Hc*, durch Einleiten von HCl in **XVI** in Hexan (He) bei —70°; ca. 95%. *Hs*, $C_{16}H_{32}Cl_6N_2Sn$, F. 135—138° (Zers.), durch Zusatz von $SnCl_4$ zur Suspension des Hc in He bei —70°; ca. 90%. — *1-Piperidino-* (**XV**), $C_9H_{15}N$, Kp.$_{10}$ 89°, n_D^{21} 1,5494; 65%. *Hc*, $C_9H_{16}ClN$, hellgelb; ca. 95%. *Hs*, $C_{18}H_{32}Cl_6N_2Sn$, Zers. bei ca. 215°; ca. 90%. — *1-Morpholino-* (**XVIII**), $C_8H_{13}NO$, Kp.$_{10}$ 95,5°, n_D^{25} 1,5490; 77%. *Hc*, $C_8H_{14}ClNO$; ca. 95%. *Hs*, F. 136 bis 138° (unrein); ca. 90%. — 2-Äthylhexadiene-(1.3): *1-Pyrrolidino-* (**VIII**), $C_{12}H_{21}N$, Kp.$_{10}$ 116—117°, n_D^{20} 1,5307; 52%. — *1-Piperidino-* (**IX**), $C_{13}H_{23}N$, Kp.$_{10}$ 117—118°, n_D^{25} 1,5095; 75%. *Hc*, $C_{13}H_{24}ClN$; ca. 95%. — *1-Morpholino-* (**X**), $C_{12}H_{21}NO$, Kp.$_{10}$ 119 bis 120°, n_D^{19} 1,5094; 78%. *Hc*, $C_{12}H_{22}ClNO$; ca. 95%. *Hs*, $C_{24}H_{44}Cl_6N_2O_2Sn$; ca. 90%. *Methojodid*, $C_{13}H_{24}JNO$, ockerfarben; 23%. — 3.5.5-Trimethylcyclohexadiene-(1.3): *1-Pyrrolidino-* (**XIV**), $C_{13}H_{21}N$, Kp.$_{0,1}$ 111—113°, n_D^{21} 1,5519; 73%. *Hc*, $C_{13}H_{22}$·ClN; ca. 95%. — *1-Piperidino-*, $C_{14}H_{23}N$, Kp.$_{0,1}$ 105—107°, n_D^{22} 1,5282; 60%. *Hc*, $C_{14}H_{24}ClN$; ca. 95%. — *1-Morpholino-*, $C_{13}H_{21}NO$, Kp.$_{0,1}$ 112—114°, n_D^{21} 1,5275; 57%. *Hc*, $C_{13}H_{22}ClNO$; ca. 95%. *Methojodid*, $C_{14}H_{24}JNO$; 32%. — *1-Pyrrolidino-3.5.5-trimethyl-7-cyanbicyclo-[2.2.2]-octen-(2)*, Kp.$_{0,01}$ 140°, durch 5tägige Einw. von **XIII** auf **XIV** in Bzl. bei Raum-Temp. u. 12std. Erwärmen auf 60°; n_D^{25} 1,5153; 74%. *Pikrat*, $C_{22}H_{27}N_5O_7$, F. 187—188° (Zers.; gelbe Nadeln). — *N-Butylpiperidin*, Kp.$_{10}$ 57°, durch Hydrierung von **XV**-Hc in Ggw. von Raney-Ni in Methanol bei 20°; n_D^{20} 1,4509; 33%. *Pikrat*, F. 131—132°. — *N-[Buten-(2)-yliden-(1)]-morpholinium-Hs*, $C_{16}H_{28}Cl_6N_2$·

O_2Sn, F. 186—188° (Zers.; hellgelb), durch Erhitzen von **IV**-Hs mit **I** bis zur Lsg.; 85%. — *N-[Buten-(2)-yliden-(1)]-3.5.5-trimethylpyrazolinium-Hs*, F. 188° (Zers.), aus 3.5.5-Trimethylpyrazolinium-Hs u. **I**. — *N-[2-Äthylhexen-(2)-yliden-(1)]-3.5.5-trimethylpyrazolinium-Hs*, $C_{28}H_{50}Cl_6N_4Sn$, F. 62—64°, analog vorst. Verb. aus **VI** durch 3std. Kochen in A.; 38%. — *1-Diäthylaminobuten-(2)*, $C_8H_{17}N$, Kp.$_{38}$ 55—57°, a) durch 12std. Einw. von $LiAlH_4$ auf **XVI** in Ae. bei —70°; 44% (unrein); b) aus **II** u. Crotylbromid (**XVII**) in sd. Bzl.; n_D^{23} 1,4310; 77%. *Pikrat*, F. 82—83° (gelbe Nadeln aus A.). — *1-Morpholinobuten-(2)*, $C_8H_{15}NO$, Kp.$_9$ 65—66°, a) analog vorst. Verb. nach a); 28%; b) aus **XVII** u. **IV**; 74%; n_D^{25} 1,4609 bzw. n_D^{22} 1,4637. *Pikrat*, F. 108—109° (A.). — *2-Morpholinopenten-(3)*, $C_9H_{17}NO$, Kp.$_8$ 72,5°, aus **XVIII**-Hc u. CH_3MgJ in Ae. bei —70°; n_D^{20} 1,4681; 13%. *Pikrat*, $C_{15}H_{20}N_4O_8$, F. 77—78° (A.). — *1-Diäthylamino-1-phenylbuten-(2)*, $C_{14}H_{21}N$, Kp.$_2$ 92—93°, aus **XVI**-Hc u. C_6H_5Li in Ae. bei —70° u. Hydrolyse; n_D^{25} 1,5081; 18%. *Pikrat*, F. 137—139° (A.). — *1-Diäthylamino-1-phenylbuten-(2)*, $C_{14}H_{21}N$, Kp.$_1$ 90—91°, durch 12std. Einw. von PBr_3 auf 1-Phenylbuten-(2)-ol in CH_2Cl_2 bei 0°, Schütteln mit W. u. Einw. von **II** auf den unreinen Rückstand in Bzl.; n_D^{23} 1,5104; 60%. *Pikrat*, F. 137—139°. — *1-Morpholino-2-äthylhexen-(2)* (**XIX**), $C_{12}H_{23}NO$, Kp.$_{10}$ 110—111°, durch Red. von **VI** nach Meerwein-Ponndorf (→ *1-Hydroxy-2-äthylhexen-(2)*, Kp.$_8$ 75,5—78°, n_D^{20} 1,4643; 49%), 5std. Einw. von PBr_3 in CH_2Cl_2 bei 0° (→ *1-Brom-2-äthylhexen-(2)*, Kp.$_8$ 66—68°, n_D^{42} 1,4783; 70%) u. Erhitzen mit überschüssigem **IV** in Bzl.; n_D^{22} 1,4654; 90%. *Pikrat*, $C_{18}H_{26}N_4O_8$, F. 110,5 bis 111,5° (A.). Gemische von **XIX** mit *1-Morpholino-2-äthylhexen-(3)* (**XX**) wurden aus **X**-Hc mit **XI**, Triäthylammoniumformiat oder $NaBH_4$, solche aus **XIX**, **XX** u. **VI** aus **X**-Hc mit **V** erhalten. — *1-Piperidino-2-äthylhexen-(2)* (**XXI**), $C_{13}H_{25}N$, Kp.$_{10}$ 106 bis 107°, analog **XIX**; n_D^{22} 1,4664; 79%. *Pikrat*, $C_{19}H_{28}N_4O_7$, F. 73—74,5° (gelbe Tafeln aus A.). Gemische aus **XXI** mit *1-Piperidino-2-äthylhexen-(3)* sowie **VI** u. *2-Äthylhexen-(3)-al* u. *2-Äthylhexanal* (**XXII**) wurden analog **XIX** erhalten. — *1-Pyrrolidino-2-äthylhexen-(2)*, $C_{12}H_{23}N$, Kp.$_{10}$ 94—95° (verunreinigt mit 5% Δ^3-Isomeren), durch 12std. Rühren von **VIII**-Hc in Ae. bei —70° u. 3 Std. lang bei 20° u. Einw. von **V** bei —70°; n_D^{22} 1,4637; 78%; daneben 5% **VI** u. **XXII**. — *1-Morpholino-1-phenyl-2-äthylhexen-(2)*, $C_{18}H_{27}NO$, Kp.$_{0,001}$ 118° (verunreinigt mit 3% Δ^3-Isomerem), aus **X**-Hc u. C_6H_5Li in Ae. bei —70°; n_D^{24} 1,5193; 45%; daneben 14% **VI** u. *Biphenyl*. *Pikrat*, $C_{24}H_{30}N_4O_8$, F. 148—149° (A.). — *1-Pyrrolidino-3.5.5-trimethylcyclohexen-(2)*, $C_{13}H_{23}N$, Kp.$_8$ 109—111° (hellgelb), durch Zugabe von **XIV**-Hc zu **V** in Ae. u. alkal. Ae.-Extraktion; n_D^{23} 1,4875; 71%. *Pikrat*, $C_{19}H_{26}N_4O_7$, F. 170—171° (A.). — Analog: *1-Piperidino-3.5.5-trimethylcyclohexen-(2)*, $C_{14}H_{25}N$, Kp.$_8$ 119—121°, n_D^{24} 1,4895; 71%. *Pikrat*, $C_{20}H_{28}N_4O_7$, F. 146—147° (A.). — *1-Morpholino-3.5.5-trimethylcyclohexen-(2)*, $C_{13}H_{23}NO$, Kp.$_8$ 125—126°, n_D^{26} 1,4883; 88%. *Pikrat*, $C_{19}H_{26}N_4O_8$, F. 142—143° (A.). — Von den Basen sind die IR-Hauptbanden u. teilweise die UV-Maxima angegeben. B. Gnauck. 910□

Enamine. 9. Mitt. Addition von Stickstoffwasserstoffsäure an Dienamine. Günter Opitz und Walter Merz. (Liebigs Ann. Chem. **652**, 158—62, 24/4. 1962; dt.) — 8. vgl. vorst. Referat. — Bei der Zugabe von 1-Piperidino-2-äthylhexadien-(1.3) (**I**) zu HN_3 in Ae. entsteht ein Additions-Prod., das zur Aufklärung der Zus. mit Cyclohexylisocyanid (**II**) umgesetzt wird. Hierbei entsteht ein Öl, aus dem sich Kristalle vom F. 122—123° abscheiden. Durch Ozonolyse, IR-spektroskop. u. papierchromatograph. Unters. wird festgestellt, daß das Öl aus 50—60% *1-Cyclohexyl-5-[1-piperidino-2-äthyl-3-azidohexyl]-* (**III**), relativ viel *1-Cyclohexyl-5-[1-piperidino-2-äthylhexen-(2)-yl-(1)]-* (**IV**) u. wenig *1-Cyclohexyl-5-[1-piperidino-2-äthylhexen-(3)-yl-(1)]-tetrazol* (**V**) bzw. die Kristalle aus 75% **III**, 16,5% **V** u. 8,6% **IV** bestehen. Damit ergibt sich, daß bei der Rk. von **I** mit HN_3 überwiegend zunächst 1-Piperidino-2-äthyl-3-azidohexen-(1) gebildet wird, das mit HN_3 weiter in *1-Piperidino-2-äthyl-1.3-diazidohexan* umgewandelt wird. Daneben befinden sich im Additions-Prod. *1-Piperidino-1-azido-2-äthylhexen-(2)* u. -(*3*). Bei der Hydrolyse des Additions-Prod. erhält man ein untrennbares Gemisch aus *2-Äthylhexen-(2)-al* (**VIII**) u. *3-Azido-2-äthylhexanal*. Bei der Rk. von 1-Morpholino-2-äthylhexadien-(1.3) (**VI**) mit HN_3 u. folgender Umsetzung mit **II** entsteht dagegen ein Gemisch aus 93% *1-Cyclohexyl-5-[1-morpholino-2-äthylhexen-(3)-* (**VII**) u. 7% *-(2)-yl-(1)]-tetrazol*. **VII**, das 2 asymm. C-Atome enthält, kann durch langsames Eindunsten der PAe.-Lsg. in die beiden Racemate getrennt werden.

Versuche: *1-Cyclohexyltetrazol*, $C_7H_{12}N_4$, F. 48—49° (PAe.), durch Zugabe von 1,75m äther. HN_3 zu **II** (10 Tage bei Raum-Temp.); 52% (Ausbeute). — *1-Cyclohexyl-5-[1-piperidino-2-äthylhexen-(2)-yl-(1)]-tetrazol* (**IV**), Öl, durch 12std. Rühren von **VIII**, NaN_3, Piperidin u. **II** in 50%ig. Methanol bei pH 6—7 (H_2SO_4) bei 20° u. 10std. Kochen; 35%. *Pikrat*, F. 174—175° (A.). — *1-Cyclohexyl-5-[1-piperidino-2-äthyl-3-azidohexyl]-tetrazol* (**III**), $C_{20}H_{36}N_8$, F. 122—123° (A.), durch Zutropfen von 12,6 g **I** zu 1,75m äther. HN_3 bei 20°, 12std. Einw. u. 4std. Rühren des Rückstandes mit **II** in Ae.; 1,8 g. —

rac.-1-Cyclohexyl-5-[1-morpholino-2-äthylhexen-(3)-yl-(1)]-tetrazol (**VII**), $C_{19}H_{33}N_5O$, F. 139 bis 140° (PAe.), durch Zutropfen von **VI** zu 2,7 m äther. HN_3 bei 0°, ¼std. Einw., Zugabe von **II** in Ae. zum Rückstand u. 12std. Rühren; 40% (Rohausbeute). Daneben *diastereomeres Racemat*, F. 167,5—168,5°. B. Gnauck.910□

Enamine. 10. Mitt. **Einwirkung von Carbonsäuren auf Dienamine.** Günter Opitz und Walter Merz. (Liebigs Ann. Chem. **652,** 163—75, 24/4. 1962; dt.) — 9. vgl. vorst. Referat. — Verss. zur Red. von 1-Diäthylamino- u. 1-Morpholinobutadien-(1.3) mit Ameisensäure (**I**) ergeben nicht die erwarteten Amine, sondern hochsd., nicht trennbare Basen. Mit **I** können aber 1-Pyrrolidino- (**XII**), 1-Piperidino- (**VI**) u. 1-Morpholino-2-äthylhexadien-(1.3) (**VII**) red. werden, wobei unter starker Erwärmung u. heftiger CO_2-Entw. Gemische der entsprechenden Δ^3- u. Δ^2-ungesätt. Amine entstehen. Die Konstit. dieser Amine wurde durch Hydrierung, Ozonolyse der mit Dimethylsulfat quaternierten Basen, gas- u. papierchromatograph. nachgeprüft. 1-Pyrrolidino- (**IV**), 1-Piperidino- (**XIII**) u. 1-Morpholino-3.5.5-trimethylcyclohexadien-(1.3) (**V**) reagieren erst bei 150° mit **I**, wobei Gemische aus Δ^2-ungesätt. u. gesätt. Amin gebildet werden. Beim Zusatz von Eisessig (**II**) zu **IV** in wenig Ae. bildet sich ein Öl, in dem nach den UV-spektroskop. Daten ein wenig stabiles Salz vorhanden ist. Ähnlich verhält sich **V** gegenüber Benzoesäure (**III**), das Öl ergibt mit Li-Alanat 24% *1-Morpholino-3.5.5-trimethylcyclohexen-(2)*. Das Red.-Mittel greift also überwiegend an $C_{(1)}$ u. nur geringfügig an $C_{(3)}$ an. Das aus **V** u. **I** erhältliche ölige Formiat reagiert wie das Benzoat mit Cyclohexylisocyanid (**VIII**). Im Gegensatz zu den vorst. Dienaminen bilden die 1-Dialkylaminobutadien-(1.3)-Verbb. mit **II** oder **III** keine UV-spektroskop. nachweisbaren Salze. Durch Zusatz von Carbonsäure (**II**, **III** oder 3.5-Dinitrobenzoesäure) zu **VII** u. folgende Zugabe von **VIII** erhält man bei 0° ein Gemisch der schlecht kristallisierenden *2-Morpholino-3-äthylhepten-(3)-* u. *-(4)-säure-N-acyl-N-cyclohexylamide* (**A**), die daher desacyliert werden. Diese Rk. verläuft glatt u. nicht nur mit NaOH, sondern auch mit sek. Aminen [Pyrrolidin (**XV**), Morpholin (**IX**)]. Bei Anwendung von **I** als Carbonsäure erfolgt die Desacylierung spontan unter Abspaltung von CO. **VI** liefert mit **I** u. **VIII** analog *2-Piperidino-3-äthylhepten-(4)-* u. *-(3)-säurecyclohexylamid*. Die Konstit. dieser Basen wird durch Ozonolyse der quaternierten Rohprodd. nachgeprüft. Es ergibt sich, daß die Dienamine durch Carbonsäuren überwiegend am $C_{(2)}$- u. nur wenig am $C_{(4)}$-Atom protoniert werden. Durch folgende Verss. wird sichergestellt, daß das Primärprod. der Rkk. zwischen den Dienaminen u. Carbonsäuren als 1-Dialkylamino-2-äthylhexen-(3)- bzw. -(2)-yl-(1)-ester zu bezeichnen sind. Der Kondens.-Vers. von 2-Äthylhexen-(2)-al mit **IX** u. **VIII** in alkal. Medium schlägt fehl; bei pH 7 bildet sich aber ein papierchromatograph. trennbares 10 : 90-Gemisch aus *2-Morpholino-3-äthylhepten-(4)-* (**X**) u. *-(3)-säurecyclohexylamid*. Aus **VII** u. **VIII** entstehen bei pH 5—7 u. Raum-Temp. in wss. Methanol 17% **X** u. 36% *2-Hydroxy-3-äthylhepten-(4)-säurecyclohexylamid*. Unter Wasserausschluß ergeben dagegen 1-Morpholino-2-äthylhexen-(1) (**XI**) u. **III** mit **VIII** nach Entacetylierung 95% *2-Morpholino-3-äthylönanthsäurecyclohexylamid*. Vff. diskutieren einen Mechanismus, bei dem die Folge Dienammoniumsalz → Immoniumsalz → Enimmoniumsalz durchlaufen wird.

Versuche: Durch Erwärmen der Dienamine oder Enamine mit etwas überschüssiger wasserfreier **I**, 2std. Erwärmen auf 70° (bei den Isophoron-Derivv. auf 160°) u. Hydrolyse mit verd. H_2SO_4: *1-Pyrrolidino-2-äthylhexen-(2)* u. *-(3)* (49 : 51), $C_{12}H_{23}N$, Kp.$_{10}$ 94 bis 95°, aus **XII**; n_D^{24} 1,4600; 53% (Ausbeute). — *1-Piperidino-2-äthylhexen-(2)* u. *-(3)* (58,5 : 41,5), $C_{13}H_{25}N$, Kp.$_9$ 102—104°, aus **VI**; n_D^{24} 1,4644; 77%. *Pikrat der Δ^2-Verb.*, F. 73—74,5° (A.). — *1-Morpholino-2-äthylhexen-(2)* u. *-(3)* (61 : 39), $C_{12}H_{23}NO$, Kp.$_{10}$ 110 bis 111°, aus **VII**; n_D^{22} 1,4639; 63%. *Pikrat der Δ^2-Verb.*, F. 110,5—111,5° (A.). Ergibt durch Hydrieren in Ggw. von Pd in Tetrahydrofuran 57% *1-Morpholino-2-äthylhexan* (**XIV**), $C_{12}H_{25}NO$, Kp.$_8$ 105—106°; n_D^{24} 1,4501; *Pikrat*, F. 110—111°. — *Gemisch aus 1-Pyrrolidino-3.5.5-trimethylcyclohexen-(2)*, $C_{13}H_{23}N$, u. *-hexan*, $C_{13}H_{25}N$ (ca. 50—55 zu 45—50), Kp.$_{10}$ 111—113°, aus **IV**; n_D^{21} 1,4807; 55%. *Pikrat des gesätt. Amins*, $C_{19}H_{28}N_4O_7$, F. 188—189° (Zers.). — *1-Piperidino-3.5.5-trimethylcyclohexen-(2)*, $C_{14}H_{25}N$, u. *-hexan*, $C_{14}H_{27}N$ (70 : 30), Kp.$_8$ 119—121°, aus **XIII**; n_D^{22} 1,4861; 63%. *Pikrat*, F. z. T. bei 128 bis 131°, z. T. bei 143—144°. — *1-Morpholino-3.5.5-trimethylcyclohexen-(2)*, $C_{13}H_{23}NO$, u. *-hexan*, $C_{13}H_{25}NO$ (80 : 20), Kp.$_{10}$ 126—128°, aus **V**; n_D^{21} 1,4860; 56%. *Pikrat* (uneinheitlich?), F. 147—149°. — *1-Morpholino-2-äthylhexen-(1)* (**XI**), $C_{12}H_{23}NO$, Kp.$_{10}$ 111 bis 112°, durch 3std. Erhitzen von **IX** u. 2-Äthylhexanal in Toluol; n_D^{20} 1,4672; 91%. Ergibt mit **I** 89% **XIV**. — *1-Pyrrolidino-3.5.5-trimethylcyclohexen-(1)*, Kp.$_{12}$ 120—122° (hellgelb), durch 10std. Erhitzen von Dihydroisophoron u. **XV** in Bzl.; n_D^{24} 1,5020; 84%. Liefert mit **I** 84% *1-Pyrrolidino-3.5.5-trimethylcyclohexan*, $C_{13}H_{25}N$, Kp.$_{10}$ 104—106°; n_D^{24} 1,4723; *Pikrat*, F. 188—189° (Zers.). — *1-Morpholino-3.5.5-trimethylcyclohexen-(1)*, Kp.$_{10}$ 129—130°, analog vorst. Verb. (12 Std.); n_D^{24} 1,4952; 82%. Liefert mit **I** 77%

1-Morpholino-3.5.5-trimethylcyclohexan, $C_{13}H_{25}NO$, Kp.$_{10}$ 125—126°; n_D^{24} 1,4760; *Pikrat*, F. 149—151° (A.). — *2-Hydroxy-3-äthylhepten-(4)-säurecyclohexylamid*, $C_{15}H_{27}$·NO, F. 111,5—112,5° (PAe.), durch gleichzeitige Zugabe von **VII** u. verd. H_2SO_4 zu **VIII** in 60%ig. Methanol bei pH 5—7 u. 1std. Rühren; 36%; daneben 17% *2-Morpholino-3-äthylhepten-(4)-säurecyclohexylamid* (**X**), $C_{19}H_{34}N_2O_2$, F. 170—171° (Essigester), auch a) durch Desacylierung der Diacylbasen **A** (3std. Rühren mit **XV** bei 0°; 69%); b) durch Zugabe von **VIII** u. **II** zu **VII** in Ae. bei 0°, 12std. Rühren bei Raum-Temp. u. Zusatz von **XV** zum Ölrückstand bei 0°; 86%. — *2-Morpholino-3-äthylhepten-(3)-* u. *-(4)-säure-N-benzoyl-N-cyclohexylamid*, gelbliches Öl, aus **VII** mit **III** u. **VIII**; *Pikrat*, $C_{32}H_{41}N_5O_{10}$, F. 145—146° (Zers.; gelbe Prismen aus A.). — Analog: *2-Morpholino-3-äthylhepten-(4)-säure-N-[3.5-dinitrobenzoyl]-N-cyclohexylamid*, $C_{26}H_{36}N_4O_7$, F. 123—124° (Zers.; gelbliche Nadeln aus PAe.). Desacetylierung liefert **X**. — *2-Piperidino-3-äthylhepten-(4)-säurecyclohexylamid*, $C_{20}H_{36}N_2O$, F. 179—180° (Essigester), a) aus **VI** mit **III** u. **VIII** über die N-Benzoyl-Verb. u. Entacylierung mit wss.-methanol. KOH oder mit **XV**; 75% (verunreinigt mit 6% Δ^3-Isomerem) bzw. 80—82%; b) aus **VI** mit **I** u. **VIII** unter spontaner Abspaltung von CO; 89%. — *2-Morpholino-3-äthylönanthsäurecyclohexylamid*, $C_{19}H_{36}N_2O_2$, F. 110—118° (PAe.), aus **XI** mit **III** u. **VIII**; 95%. — Die IR-Hauptbanden der Verbb. sind meist angegeben. B. Gnauck. 910□

Die Synthese und Chemie von Fluorazoalkanen. W. J. Chambers, C. W. Tullock und D. D. Coffman. (J. Amer. chem. Soc. **84**, 2337—43, 20/6. 1962; Wilmington, Del., E. I. du Pont de Nemours & Co., Exp. Stat., Central Res. Dep.; engl.) — *Fluorierte Azoalkane* (**A**) wurden durch Umsetzung von Metallfluoriden (z. B. NaF, AgF) mit ClCN oder mit fluorierten oder chlorierten Nitrilen in Ggw. von Chlor oder Brom dargestellt. Mit CO geben sie *Fluoralkylisocyanate*, mit 1.3-Dienen substituierte *1.2.3.6-Tetrahydropyridazine*. Defluorierung der **A** mit einem Metallcarbonyl gibt *Bis-[fluoralkyliden]-azine*. *Bis-[perfluorpropyliden]-azin* (**VII**) gibt mit CH_3ONa das *symm.-Dimethoxy-* u. *Tetramethoxyderivat*. Polymerisations-Verss. von $CF_2{=}CF_2$ sowie Copolymerisations-Verss. von $CF_2{=}CF_2$ u. $CF_3CF{=}CF_2$ sowie von $CH_2{=}CF_2$ u. $CF_3CF{=}CF_2$ in Ggw. von fluorierten Alkylradikalen, die durch Zers. der **A** entstehen, sind beschrieben. Die Kernresonanz- u. IR-Spektren der neuen Verbb. sind ausführlich numer. angegeben.

Versuche (alle Synth. der **A** unter autogenem Druck u. Schütteln): *Hexafluorazomethan* (**I**), Kp. —32 bis —30°, durch Erhitzen von ClCN mit NaF u. Cl_2 (2 Std. bei 80°, dann 5 Std. bei 225°), Trennen der fl. Prodd. bei —70 bis —80°, Stehen des Rohprod. über S über Nacht u. Behandeln mit NaOH; 31% (Ausbeute, bezogen auf ClCN); ist explosiver als C_2H_2. Gibt durch allmähliches 6std. Erhitzen auf 483° unter autogenem Druck (gaschromatograph. u. IR-spektroskop. bestimmt) 20% CF_4, 3% **I** zurück, 30% $CF_3N{=}CF_2$, 30% **VI** u. kleine Mengen $(FCN)_3$, $(CF_3)_2NH$ u. COF_2, durch pyrolyt. Zers. unter CO bei 465° 90% C_2F_6, während es bei 336° unverändert bleibt, durch Rk. mit F_2 in Ggw. von He bei 162—164° 50% CF_4 u. wenig C_2F_6, durch Rk. mit Br_2 (4 Std. bei 325°) 23% $CBrF_3$ (Kp. —56 bis —55°) u. 29% **I** zurück sowie durch Rk. von 28,7 g mit sd. S (3 Std.) ein komplexes Gemisch, aus dem 3,1 g *Bis-[trifluormethyl]-trisulfid* ($C_2F_6S_3$, Kp. 80°) isoliert wurden. — Die Rk. von ClCN mit AgF u. Cl_2 (1 Std. bei 75°, dann 3 Std. bei 140°) gab ein Gemisch, aus **I**, CF_3Cl u. CF_3NCl_2 (disproportioniert bei 25° langsam, in 2 Monaten fast vollständig zu **I** u. Cl_2); daneben wenig CF_2Cl_2, $(CF_3)_2NH$ u. $(CF_3)_2NCl$. — *Perfluorazoäthan* (**II**), $C_4F_{10}N_2$, Kp. 18—20°, gelbgrüne Fl., aus CF_3CN, AgF u. Br_2 (1 Std. bei 100°, dann 1 Std. bei 150° u. 2 Std. bei 190°); 60%; daneben etwas $CF_3CF{=}NBr$ u. CF_3CF_2Br. — *N-Chlortetrafluoräthylidenimin*, C_2ClF_4N, Kp. 1—6°, durch Rk. von CF_3CN mit KF bzw. PbF_2 u. Cl_2 (1 Std. bei 100°, dann 1 Std. bei 150° u. 6 Std. bei 200°); 5 bzw. 30%; daneben **II** (11 bzw. 7%) u. C_2F_5Cl (Spur). — *N.N-Dichlorperfluoräthylamin*, $C_2Cl_2F_5N$, Kp. 44°, aus CF_3CN, AgF u. Cl_2 (1 Std. bei 50°, 2 Std. bei 75°). — *Perfluorazopropan* (**III**), $C_6F_{14}N_2$, aus 30 g C_2F_5CN, AgF u. Br_2 (1 Std. bei 100° u. 3 Std. bei 160°); 22%; daneben 1 g *N-Bromhexafluorpropylidenimin*, Kp. 51 bis 61°. — *Perfluorazobutan* (**IV**), $C_8F_{18}N_2$, Kp. 113°, aus C_3F_7CN, AgF u. Br_2 (1 Std. bei 100° u. 2 Std. bei 160°); 84%; daneben *N-Bromoktafluorbutylidenimin*, C_4BrF_8N, Kp. 75—77°. — *N-Chloroktafluorbutylidenimin*, C_4ClF_8N, Kp. 55°, aus C_3F_7CN, PbF_2 u. Cl_2 (1 Std. bei 100°, 1 Std. bei 150° u. 2 Std. bei 200°); 9%. — *Perfluorazooctan*, $C_{16}F_{34}N_2$, gelbgrüner, niedrigschm. Festkörper, Kp.$_{0,02}$ 67—75°, aus $C_7F_{15}CN$ (Isomerengemisch), AgF u. Cl_2 (1 Std. bei 100° u. 2 Std. bei 140°); 65%. — *3H.3'H-Dodekafluorazopropan*, $C_6H_2F_{12}N_2$, Kp. 106—108°, aus CHF_2CF_2CN, AgF u. Cl_2 (1 Std. bei 75° u. 1 Std. bei 125°); 43%; daneben 8% *N-Chlor-3H-pentafluorpropylidenimin*, C_3HClF_5N, Kp. 58°. — *5H.5'H-Eikosafluorazopentan* (**V**), $C_{10}H_2F_{20}N_2$, Kp.$_{28}$ 85—86°, a) aus CHF_2·$(CF_2)_3CN$, AgF u. Cl_2 (1 Std. bei 75° u. 1 Std. bei 125°); 37%; daneben 23% *N-Chlor-5H-nonafluorpentylidenimin*, C_5HClF_9N, Kp. 100—102°; b) analog mit Br_2 (2 Stdbei 100° u. 1 Std. bei 160°); 58%. — *1.1.1'.1'-Tetrafluor-2.2.2.2'.2'.2'-hexachlorazoäthan*, $C_4Cl_6F_4N_2$, Kp.₆ 77—79°, aus CCl_3CN, AgF u. Br_2 (2 Std. bei 100° u. 1 Std. bei 160°); 65%. — *Tetrakis-[trifluormethyl]-hydrazin* (VI), Kp. 28—32°, durch 8std. Erhitzen von I auf 325° unter autogenem Druck; 49% (roh). — *Trifluormethylisocyanat*, Kp. —36°, aus I u. CO (4 Std. bei 325°/650 at); 88%. — *Perfluorpropylisocyanat*, Kp. 24—28°, aus III u. CO (8 Std. bei 300°/800 at); 11% neben C_6H_{14}. — *1.2-Bis-[trifluormethyl]-1.2.3.6-tetrahydropyridazin*, $C_6H_6F_6N_2$, $Kp._{46}$ 45°, aus 6 g Butadien u. I (2 Std. bei 50° u. 2 Std. bei 100° im Rohr); $n_D^{24,5}$ 1,3528; 9,53 g. — *1.2-Bis-[trifluormethyl]-4.5-dimethyl-1.2.3.6-tetrahydropyridazin*, $C_8H_{10}F_6N_2$, $Kp._{22}$ 59°, aus 3,29 g 2.3-Dimethylbutadien u. I (30 Min. bei 100—137° im Rohr); $n_D^{24,5}$ 1,3740; 4,47 g. *Dibromid*, $C_8H_{10}Br_2F_6N_2$, F. 70° (unscharf), sublimiert bei 68°/0,1 mm, aus vorst. Verb. u. Br_2 in CCl_4. — *1.2-Bis-[perfluorbutyl]-1.2.3.6-tetrahydropyridazin*, $C_{12}H_6F_{18}N_2$, Kp.₄ 70,5°, aus IV u. Butadien (4 Std. bei 144° im Rohr); 66%. — *1.2-Bis-[5H-dekafluorpentyl]-1.2.3.6-tetrahydropyridazin*, $C_{14}H_8F_{20}N_2$. $Kp._{1,1}$ 105—106°, aus V u. Butadien (6 Std. bei 167° im Rohr); 55%. — *Bis-[difluormethylen]-azin*, $C_2F_4N_2$, Gas, instabil, aus 14 g I u. $Fe(CO)_5$ (6 Std. bei 200° im Rohr); 5,9 g. — *Bis-[perfluorpropyliden]-azin* (VII), $C_6F_{12}N_2$, $Kp._{131}$ 35°, a) aus III u. $Ni(CO)_4$, 6 Std. bei 170° im Schüttelrohr; 61%; b) aus III u. $Co_2(CO)_8$ (4 Std. bei 150° u. 4 Std. bei 200° im Rohr).— *Bis-[perfluorbutyliden]-azin*, $C_8F_{16}N_2$, $Kp._{41}$ 47°, a) aus 9,98 g IV u. $Co_2(CO)_8$ in Hexan (16std. Rühren bei 24—26° u. 1 Std. bei 45°); 2,86 g (Reinheit 89%); b) aus IV u. $Fe(CO)_5$ (4 Std. bei 160°). — *Bis-[5H-nonafluorpentyliden]-azin*, $C_{10}H_2F_{18}N_2$, $Kp._{14}$ 82—82,5°, aus V u. $Fe(CO)_5$ (4 Std. bei 160° im Schüttelrohr); 70%. — *Bis-[α-methoxypentafluorpropyliden]-azin*, $C_8H_6F_{10}N_2O_2$, $Kp._{25}$ 64—66°, aus VII u. CH_3ONa in sd. abs. Ae. unter N_2 (1std. Rühren, dann 16std. Stehen bei 24—26°); 38%; daneben 9% *Bis-[α.β-dimethoxytetrafluorpropyliden]-azin*, $C_{10}H_{12}F_8N_2O_4$, $Kp._{25}$ 117—119°. J. Rothe. 910 □

N-β-Mercaptoäthylierung von Aminosäureestern. L. G. Bulawin. (Известия Академии Наук СССР, Отделение Химических Наук [Nachr. Akad. Wiss.UdSSR, Abt. chem. Wiss.] **1961**, 2103, Nov.; Inst. für chem. Phys. der Akad. der Wiss. der UdSSR; russ.) — Durch 2—3std. Erhitzen von Äthylensulfid mit Aminosäureäthylestern auf 100° im Rohr lassen sich *N-β-Mercaptoäthylaminosäureäthylester* darstellen: *N-[β-Mercaptoäthyl]-glycinäthylester*, $C_6H_{13}NO_2S$, Kp.₂ 74—74,5°; $D._4^{20}$ 1,1252; n_D^{20} 1,4912. — *N-[β-Mercaptoäthyl]-α-alaninäthylester*, $C_7H_{15}NO_2S$, $Kp._{1,5}$ 75—75,5°; $D._4^{25}$ 1,0402; n_D^{25} 1,4671. Helmut Schäfer. 950

Über die Darstellung von Aminosäuren aus den entsprechenden Halogensäuren. Martin Olomucki. (C. R. hebd. Séances Acad. Sci. **249**, 286—88, 15/7. 1959; Inst. Nat. de Rech. Chim. Appl.; franz.) — Durch 24std. Rk. der entsprechenden chlorierten Säure in W. mit einem Überschuß an Dimethylamin bei Zimmer-Temp., Zufügen eines Überschusses an $Ba(OH)_2$, Eindampfen, Zugeben von H_2SO_4 u. Eindampfen zur Entfernung von HCl u. Fällen der SO_4^{2-}-Ionen mit $BaCO_3$-Lsg. wurden folgende Aminosäuren dargestellt: *N.N-Dimethylglykokoll*, F. 179°; 69% (Ausbeute). — *N.N-Dimethyl-β-alanin*, F. 143°; 54%. *Hydrochlorid*, F. 191—192°. — *Glykokoll*, F. 234° (Zers.), analog aus Chloressigsäure u. NH_3; 45%. — *ω-[N.N-Dimethylamino]-önanthsäure*, F. 43°; 53%; auch aus 7-Jodönanthsäure; 26%. *Hydrochlorid*, F. 131°. — *ω-[N.N-Dimethylamino]-octin-(2)-säure*, F. 191°; 50%. — *8-Chloroctin-(2)-säure*, $Kp._{0,5}$ 137°, aus 7-Chlorheptin-(1) durch Carboxylierung; n_D^{20} 1,4870. A. Kumm. 950 □

Darstellung von α-Aminosäuren über Furanderivate. 2. Mitt. Synthese von Asparaginsäure. A. P. Terentjew, R. A. Gratschewa und W. A. Dorochow. (Журнал Общей Химии [J. allg. Chem.] **29** (91), 3474—78, Okt. 1959; Moskau, Univ.; russ.) — 1. vgl. C. **1959**, 3442. — Aus Alkyl-[furyl-(2)]-ketonen werden durch Oximierung, Red. der Oxime zu Aminen, Benzoylierung u. $KMnO_4$-Oxydation der erhaltenen N-Benzoylamine im alkal. Medium *α-[Benzoylamino]-buttersäure*, *N-Benzoylleucin* u. *α-[Benzoylamino]-önanthsäure* dargestellt. N-Benzoylvalin konnte so nicht erhalten werden, da bei der $KMnO_4$-Oxydation des N-Benzoyl-α-[furyl-(2)]-β-methylpropylamins das Mol. weitgehend zerstört wird. *Alanin* entsteht aus α-[Furyl-(2)]-äthylamin über dessen N-Phthalyl-Deriv. durch $KMnO_4$-Oxydation u. anschließendes Kochen mit HCl. Aus N-Benzoyl-β-[furyl-(2)]-β-alanin bzw. N-Benzoyl-β-[furyl-(2)]-α-alanin wird durch akal. $KMnO_4$-Oxydation *N-Benzoylasparaginsäure* u. daraus *Asparaginsäure* dargestellt.

Versuche: [Furyl-(2)]-ketone: *Äthyl-*, $Kp._{13}$ 73—76°, Darst. vgl. l. c.; 57% (Ausbeute). — *Isopropyl-*, $Kp._{20}$ 91—92°; n_D^{20} 1,4885; 60%. — *Isobutyl-*, $Kp._{20}$ 95—98°; n_D^{20} 1,4890; 60%. — *Isoamyl-*, $Kp._{20}$ 115°; n_D^{20} 1,4842; 65%. — [Furyl-(2)]-ketoxime: *Äthyl-* (I), Kp.₅ 102—103°, F. 46—47°, Darst. vgl. l. c.; 80%. — *Isopropyl-*, $C_8H_{11}NO_2$, Kp.₇ 120—122°; 90%. — *Isobutyl-*, $C_9H_{13}NO_2$, Kp.₇ 130—132°; 91%. —

Isoamyl-, $C_{10}H_{15}NO_2$, Kp.$_{20}$ 144—145°; 90%. — Furfurylamine: *α-Äthyl-* (II), Kp.$_7$ 55 bis 56°, durch 3std. Kochen von 0,1 Mol I in 100 ml Methanol mit 25 g Zn u. 50 g Essigsäure; n_D^{20} 1,4770; D.$_4^{20}$ 0,9634; 50%. — *α-Isopropyl-*, $C_8H_{13}NO$, Kp.$_9$ 68—69°, analog II; n_D^{20} 1,4730; D.$_4^{20}$ 0,9625; 60%. — *α-Isobutyl-*, $C_9H_{15}NO$, Kp.$_{13}$ 86—87°; n_D^{20} 1,4708; D.$_4^{20}$ 0,9462; 62%. — *α-Isoamyl-*, $C_{10}H_{17}NO$, Kp.$_{15}$ 103—105°; n_D^{20} 1,4705; D.$_4^{20}$ 0,9307; 63%. — N-Benzoylfurfurylamine: *α-Äthyl-* (III), F. 51—52°; 97%. — *α-Isopropyl-*, $C_{15}H_{17}NO_2$, F. 79—80°; 85%. — *α-Isobutyl-* (IV), $C_{16}H_{19}NO_2$, F. 70—71°; 80%. — *α-Isoamyl-* (V), $C_{17}H_{21}NO_2$, F. 63—64°; 90%. — *α-[Benzoylamino]-buttersäure*, F. 144°, durch tropfenweises Zugeben von 8,2 g $KMnO_4$ in 250 ml W. zu 0,01 Mol III in 100 ml Aceton bei $<15°$ u. nochmalige Zugabe von 8,2 g $KMnO_4$, Filtrieren u. Einleiten von HCl; 71%. — *N-Benzoylleucin*, F. 138—140° (A.), analog aus IV; 75%. — *α-[Benzoylamino]-önanthsäure*, $C_{14}H_{19}NO_3$, F. 133—135°, analog aus V; 70%. — *N-Benzoyl-β-[furyl-(2)]-β-alanin* (VI), F. 179—180° (W.), durch 2std. Rühren von 0,02 Mol β-[Furyl-(2)]-β-alanin u. 1,8 g KOH in 80 ml W. mit 0,034 Mol Benzoylchlorid in der Kälte u. Ansäuern mit HCl; 80%. — *N-Benzoylasparaginsäure* (VII), $C_{11}H_{11}NO_5$, a) F. 165 bis 166°, durch Lösen von 0,009 Mol (in 100 ml W. suspendiertem) VI mittels 40%ig. NaOH, Zugabe von 7,4 g $KMnO_4$ in 200 ml W. in der Kälte, Filtrieren u. Einleiten von HCl; 74%; b) als *Hydrat* ($C_{11}H_{11}NO_5 \cdot H_2O$, F. 116—120°) durch analoge Oxydation von N-Benzoyl-β-[furyl-(2)]-α-alanin; 60%. — *Asparaginsäure*, $C_4H_7NO_4$, F. $>270°$ (Zers.), durch 6std. Kochen von 0,005 Mol VII-Hydrat mit 10 ml W. u. 1 ml konz. HCl; 85%. — *1-Phthalimido-1-[furyl-(2)]-äthan* (VIII), $C_{14}H_{11}NO_3$, F. 94—95° (A.), durch ½std. Erhitzen von 0,38 Mol 1-[Furyl-(2)]-äthylamin mit 0,38 Mol Phthalsäureanhydrid auf 125—130°; 80%. — *α-Alanin*, durch Zugabe von 1 ml 40%ig. NaOH u. 17 g $KMnO_4$ in 400 ml W. unter Kühlung zu 0,018 Mol VIII in 80 ml Aceton, Filtrieren u. 2std. Kochen des mit HCl kongosauer gemachten Filtrats; 46%. B. Celms. 950

Synthese von Peptiden (Analoga eines Kollagen-Fragmentes, die aus Glycin und Iminosäuren bestehen). K. T. Poroschin, W. A. Schibnew, T. D. Kosarenko und W. G. Debabow. (Высокомолекулярные Соединения [Hochmolekulare Verbind.] **3**, 122—30, Jan. 1961; Zelinsky-Inst. für organ. Chem. der Akad. der Wiss. der UdSSR; russ., Auszug: engl.) — Ausgehend von Cbo-glycylprolylhydroxyprolinmethylester (I) u. Cbo-glycylprolylprolinmethylester (II) wurden nach Decarbobenzoxylierung an Pd bzw. Hydrolyse mit NaOH die *Tripeptidmethylester* bzw. *Cbo-tripeptide* dargestellt u. mit Chlorkohlensäureäthylester (III)–Triäthylamin (IV) zu den entsprechenden *Hexapeptiden* kondensiert. Diese wurden durch weitere Kondens. in *Glycylprolylhydroxyprolylglycylprolylprolylglycylprolylprolylmethylester* (V) u. *Cbo-glycylprolylhydroxyprolylglycylprolylhydroxyprolylglycylprolylprolylglycylprolylprolinmethylester* (VI) übergeführt. V u. VI wurden durch HCl vollständig hydrolysiert. Die erhaltenen Aminosäuren wurden am Ionenaustauscher getrennt u. ihr Verhältnis durch Ninhydrinanalyse quant. bestimmt. Für VI wurde ein Verhältnis Glycin : Prolin : Hydroxyprolin von 2,02 : 3,28 : 1,09 gefunden, das fast dem theoret. Wert von 2 : 3 : 1 entspricht. — Während Kollagenase die Hexapeptide leicht spaltet, wirkt sie auf VI prakt. nicht ein. Es wird angenommen, daß mit zunehmender Länge der Peptidketten starke Konfigurationsänderungen auftreten, die den Angriff der Kollagenase unmöglich machen. Eine Bestätigung ist der Befund, daß die opt. Drehung in der Reihe Tri-, Hexa-, Nona- u. Dodekapeptid bei den Hexapeptiden ein starkes Maximum durchläuft. Da auch bei den Röntgenstruktur-Unterss. der synthet. Peptide keine dem Kollagen ähnlichen Reflexe erhalten wurden, ist eine Folge von Gruppen [—Gly—Pro—Hydroxypro—]$_n$ in der Struktur des Kollagens unwahrscheinlich.

Versuche: *Cbo-glycylprolylprolinmethylester* (II), F. 148—149° (W.), aus 5 g Cbo-glycylprolin u. 2,11 g Prolinmethylester; $[\alpha]_D^{23}$ —135,5° (Methanol); 85% (Ausbeute). — *Glycylprolylprolinmethylester* (XIII), *Semihydrat*, $C_{13}H_{21}N_3O_4 \cdot 0{,}5\ H_2O$, man hydriert 1,21 g II in 20 ml Methanol an 0,5 g Pd bis zur Aufnahme der theoret. Menge H_2, dampft im Vakuum bei 25—40° ein u. erhält eine stark hygroskop. Masse; $[\alpha]_D^{20}$ —123° (Chlf.); $[\alpha]_D^{23}$ —125° (Methanol); 92%. — *Cbo-glycylprolylprolin* (XIV), man gibt zu 1,5 g II in 40 ml Dioxan 40 ml 0,1n NaOH, läßt 40 Min. lang stehen, säuert das Filtrat gegen Kongo an u. extrahiert mit Chlf.; Pulver; $[\alpha]_D^{24}$ —126,5° (Methanol); 79%. — *Cbo-glycylprolylhydroxyprolinmethylester* (I), aus 1,86 g Cbo-glycylprolin u. 1,81 g Hydroxyprolinmethylesterhydrochlorid; $[\alpha]_D^{20,5}$ —112,5° (Methanol); $[\alpha]_D^{23}$ —119° (Methanol); $[\alpha]_D^{23}$ —116° (Methanol); 59,9%. — *Glycylprolylhydroxyprolinmethylester* (VII), *Semihydrat*, $C_{13}H_{21}N_3O_5 \cdot 0{,}5\ H_2O$, durch Hydrierung von I an Pd; gelblich, stark hygroskop.; $[\alpha]_D^{23}$ —114° (Methanol); 97%. — *Cbo-glycylprolylhydroxyprolin* (VIII), man hydrolysiert I in Aceton mit 0,1n NaOH u. fällt aus wenig Chlf. mit Ae.; $[\alpha]_D^{23}$ —124° (Chlf.); 50%. — *Cbo-glycylprolylprolylglycylprolylprolinmethylester* (IX), $C_{33}H_{44}N_6O_9$, erweicht bei 95—97°, man gibt zu 1,02 g **XIV** in 10 ml Chlf. 0,42 ml **IV** u. bei —15° 0,25 ml **III**, rührt ½ Std. lang bei —15°, versetzt mit 0,7 g **XIII** in 5 ml Chlf., rührt 1 Std. lang bei —15°, 2 Std. bei 0°, läßt über Nacht bei 20° stehen, verd. die Lsg. mit Chlf., wäscht u. dampft ein; Pulver; $[\alpha]_D^{23,5}$ —181,5° (Methanol); 88%. — *Glycylprolylprolylglycylprolylprolinmethylester* (**X**), $C_{25}H_{38}N_6O_7$, durch Hydrierung von **IX** an Pd in Methanol; amorph; $[\alpha]_D^{23,5}$ —183,5° (Methanol); $[\alpha]_D^{23,5}$ —165° (Methanol); 100%. — *Cbo-glycylprolylhydroxyprolylglycylprolylhydroxyprolinmethylester* (**XI**), $C_{33}H_{44}N_6O_{11}$, erweicht bei 125—130°, aus 0,9 g **VIII** u. 0,644 g **VII** mit **III**—**IV** u. Fällen mit Ae. aus Chlf.; $[\alpha]_D^{21}$ —141,5° (Methanol); 28,7%. — *Glycylprolylhydroxyprolylglycylprolylhydroxyprolinmethylester*, $C_{25}H_{38}N_6O_9$, durch Hydrierung von **XI** an Pd; amorph; $[\alpha]_D^{24}$ —135,8° (Methanol); 100%. — *Cbo-glycylprolylhydroxyprolylglycylprolylprolylglycylprolylprolinmethylester* (**XII**), $C_{45}H_{63}N_9O_{14}$, man gibt zu 0,107 g **VIII** in 2 ml Chlf. in Ggw. von 0,034 ml **IV** bei —15° 0,024 ml **III**, dann nach der Bldg. des gemischten Anhydrids 0,127 g **X**; $[\alpha]_D^{21}$ —153° (Methanol); 58,5%. — *Glycylprolylhydroxyprolylglycylprolylprolylglycylprolylprolinmethylester* (**V**), $C_{37}H_{55}N_9O_{11}$, durch Hydrierung von **XII** an Pd; amorph; $[\alpha]_D^{22,5}$ —156,5° (Methanol); 100%. — *Cbo-glycylprolylhydroxyprolylglycylprolylhydroxyprolylglycylprolylprolylglycylprolylprolinmethylester* (**VI**), $C_{57}H_{78}N_{12}O_{17}$, aus 55 mg **VIII**, 2 ml Chlf., 0,0184 ml **IV** u. 0,0123 ml **III** bei —15°, dann nach ½ Std. 94,8 mg **V**; $[\alpha]_D^{21,5}$ —92,5° (Methanol); 32,3%. Helmut Schäfer. 950

Darstellung von Bortriäthyl im Halbmikromaßstab. 2. Mitt. Mario Secci. (Ann. Chimica **49**, 1395—1402, Sept. 1959; Cagliari, Univ., Ist. di Chim.; ital.) — 1. vgl. C. **1962**, 9313. — Vf. beschreibt eine im Halbmikromaßstab durchführbare, mit einer Gesamtausbeute von 28,1% verlaufende Synth. von *Bortriäthyl* (**I**), die zur Gewinnung von mit ^{14}C markiertem **I** Verw. finden kann: Das aus $BaCO_3$ freigesetzte CO_2 wird durch $LiAlH_4$ zu *Methanol* red. [86% (Ausbeute)] u. mit HJ in *Methyljodid* (**II**; 93%) umgewandelt. Das aus **II** gewonnene CH_3MgJ liefert mit aus Trioxymethylen erhaltenem CH_2O u. Hydrolyse *Äthanol* (57%), das man mit HJ in *Äthyljodid* (**III**; 91%) überführt. **III** liefert über C_2H_5MgJ mit BF_3 **I** (70%). Zeichnung der App. im Original.
G. v. Waldeyer-Hartz. 980□

Die Reaktion von Dialkylaminosilanen mit Kohlendioxid und mit Schwefelkohlenstoff. H. Breederveld. (Recueil Trav. chim. Pays-Bas **81**, 276—78, März 1962; Eindhoven, TH, Dep. of chem. Engng.; engl.) — Vorl. Mitt. vgl. C. **1962**, 12265. — Dialkylaminotrimethylsilane (**c**) reagieren bei Raum-Temp. mit CO_2 oder CS_2 zu *Trimethylsilyl-N.N-dialkylcarbamaten* (**a**) bzw. *-dithiocarbamaten* (**b**). Da in Ggw. von Chlorsilanen keine, in Ggw. von Aminen jedoch beschleunigte Rk. auftritt, nimmt Vf. einen ion. Kettenmechanismus an, bei dem das katalysierende Amin (durch Spuren W. aus **c** entstehend) mit $CO_2(CS_2)$ zu Carbamat (bzw. Dithiocarbamat) reagiert, das mit **c** **a** (bzw. **b**) bildet. Der Strukturbeweis erfolgt durch Analyse, IR-Spektren u. durch Synth. von *Trimethylsilyldiäthyldithiocarbamat* (**I**) aus Diäthyldithiocarbaminsäurediäthylaminsalz (**II**) u. Trimethylchlorsilan (**III**). Während **a** therm. stabil sind u. keine Rk. mit $(C_2H_5)_2NH$ bei Raum-Temp. zeigen, zerfällt **I** bei 100° oder in Ggw. von $(C_2H_5)_2NH$ bei Raum-Temp., vermutlich ebenfalls über einen ion. Kettenmechanismus, in die Ausgangskomponenten.

Versuche: *Trimethylsilyl-N.N-diäthylcarbamat*, $C_8H_{19}NO_2Si$, Kp.$_{15}$ 74°, durch Einleiten von CO_2 in Diäthylaminotrimethylsilan (**IV**) u. Dest.; n_D^{20} 1,4193; 88% (Ausbeute). — *Dimethylsilyl-bis-[diäthylcarbamat]*, $C_{12}H_{26}N_2O_4Si$, Kp.$_3$ 125—127°, aus Bis-[diäthylamino]-dimethylsilan u. CO_2; n_D^{20} 1,4376; 78%. — *Trimethylsilyl-N.N-dimethyldithiocarbamat*, $C_6H_{15}NS_2Si$, Kp.$_{1-2,5}$ 98—105°, aus CS_2 u. Dimethylaminotrimethylsilan; n_D^{20} 1,5640; 20%. — *Trimethylsilyl-N.N-diäthyldithiocarbamat* (**I**), $C_8H_{19}NS_2Si$, Kp.$_{0,7}$ 92 bis 97°, a) aus CS_2 u. **IV**; n_D^{20} 1,5481; 79%, b) durch Zugabe von **III** in Bzl. zu **II** in Bzl. bei 20—25°, ½ std. Kochen u. Filtrieren; 15%; daneben 77% *Diäthylaminhydrochlorid*, *Diäthylaminotrimethylsilan* (**IV**), *Gemisch mit* CS_2, Kp. 50—130°, durch Dest. von **I** bei 1 at. U. Wannagat. 980□

Chemie einiger siliciumhaltiger Thiocyanate und Isothiocyanate. George R. Glowacki und Howard W. Post. (J. org. Chemistry **27**, 634, 9/2. 1962; Buffalo, N.Y., Univ. of Buffalo, Dep. of Chem.; engl.) — Die Addition von Dirhodan (**I**) an Trialkylvinyl- u. -allylsilane u. die Darst. von *Vinyl-*, *Allyl-* u. *p-Tolyltriisothiocyansilan* wird beschrieben. Bei der Umsetzung von p-Trimethylsilylphenol mit **I** tritt Si-C-Spaltung auf. Die IR-Spektren der gewonnenen Verbb. sind angegeben.

Versuche: *2.3-Dithiocyanpropyltrimethylsilan*, $C_8H_{14}N_2S_2Si$, Kp. 127—131°, durch 3tägiges Rühren von 0,087 Mol Trimethylallylsilan u. 0,09 Mol **I** in Ae. bei 10°; $n_D^{27,5}$ 1,4965; 34% (Ausbeute). — *1.2-Dithiocyanäthyltrimethylsilan*, F. 72—74°, analog vorst.

Verb.; 1,6%. — *Allyltriisothiocyansilan*, $C_6H_5N_3S_3Si$, Kp.$_{2,5}$ 126—128°, durch 1½ std. Kochen von 1,1 Mol Na-Rhodanid u. 1 Mol Allyltrichlorsilan; n_D^{26} 1,6140; 70%. — Analog: *Vinyltriisothiocyansilan*, $C_5H_3N_3S_3Si$, Kp.$_3$ 134—138°, n_D^{26} 1,6350; 82%. — *p-Tolyltriisothiocyansilan*, $C_{10}H_7N_3S_3Si$, Kp.$_{3,5}$ 182—185°, n_D^{26} 1,6490; 57%.
K. Rühlmann. 980□

Synthese von cyclischen und linearen Organosiloxanen mit gemischten aliphatischen Resten am Siliciumatom. K. A. Andrianow, M. A. Ssipjagina und T. A. Ugarowa. (Журнал Общей Химии [J. allg. Chem.] **29** (91), 4059—63, Dez. 1959; russ.) — Die wss. Hydrolyse von Methyläthyldichlorsilan (I) in Ggw. von Ae. oder in Abwesenheit von Lsgm. liefert ein Gemisch aus den an jedem Si-Atom eine CH_3- u. eine C_2H_5-Gruppe tragenden *Cyclotri-* bis *Cyclohexasiloxan*. Ähnliche Verbb. werden aus Methyl-n-butyldichlorsilan (II) erhalten. Aus dem Prod. der gemeinsamen wss. Hydrolyse von I u. Trimethylchlorsilan (III) wurde *3-Äthylheptamethyltrisiloxan* isoliert.

Versuche: Hydrolyse von I: a) durch langsames Zutropfen zu dest. W. bei 20 bis 22°; 79,6% (Ausbeute an öligem Rk.-Prod.); b) durch langsames Zutropfen zu dest. W./Ae. bei 0—2°; 73,1%. Aus dem nach b) erhaltenen Prod. wurden isoliert: *1.3.5-Trimethyltriäthylcyclotrisiloxan*, $C_9H_{24}O_3Si_3$, Kp.$_{767}$ 197,5°, $D._4^{20}$ 0,9360, n_D^{20} 1,4110; 45,1%. — *1.3.5.7-Tetramethyltetraäthylcyclotetrasiloxan*, $C_{12}H_{32}O_4Si_4$, Kp.$_{767}$ 243°, $D._4^{20}$ 0,9450, n_D^{20} 1,4164; 102,%. — *1.3.5.7.9-Pentamethylpentaäthylcyclopentasiloxan*, $C_{15}H_{40}O_5Si_5$, Kp.$_{767}$ 185,7°, $D._4^{20}$ 0,9583, n_D^{20} 1,4208; 0,69%. — *1.3.5.7.9.11-Hexamethylhexaäthylcyclohexasiloxan*, $C_{18}H_{48}O_6Si_6$, Kp.$_{767}$ 324,6°, $D._4^{20}$ 0,9661, n_D^{20} 1,4245; 0,31%. — Hydrolyse von II nach a) 59%, nach b) 51,5%: *1.3.5-Trimethyltri-n-butylcyclotrisiloxan*, $C_{15}H_{36}O_3Si_3$, Kp.$_{769,6}$ 260°, $D._4^{20}$ 0,9065, n_D^{20} 1,4200; 4,2%. — *1.3.5.7-Tetramethyltetra-n-butylcyclotetrasiloxan*, $C_{20}H_{48}O_4Si_4$, Kp.$_{769,6}$ 291°, $D._4^{20}$ 0,9230, n_D^{20} 1,4300; 4,5%. — *1.3.5.7.9-Pentamethylpenta-n-butylcyclopentasiloxan*, $C_{25}H_{60}O_5Si_5$, Kp.$_{769,6}$ 320°, $D._4^{20}$ 0,9464, n_D^{20} 1,4400; 7,5%. — 3-Alkylheptamethyltrisiloxane: *3-Äthyl-*, $C_9H_{26}O_2Si_3$, Kp.$_{767}$ 171,5°, durch Zutropfen eines Gemisches von I u. III zu dest. W. bei 90 bis 92°; $D._4^{20}$ 0,8204, n_D^{20} 1,3940; 13,8%. — *3-n-Butyl-*, $C_{11}H_{30}O_2Si_3$, Kp.$_{752}$ 210°, analog aus II u. III; $D._4^{20}$ 0,8302, n_D^{20} 1,4020. — *3-n-Hexyl-*, $C_{13}H_{34}O_2Si_3$, Kp.$_{741,5}$ 230—241, $D._4^{20}$ 0,8445, n_D^{20} 1,4107; 18,27%. — *3-Isohexyl-*, $C_{13}H_{34}O_2Si_3$, Kp.$_{737,5}$ 224—230°, $D._4^{20}$ 0,8507, n_D^{20} 1,4150; 19,5%.
H.-E. Toussaint. 980□

Einige Eigenschaften von Dialkylarsinsäureestern. Gilm Kamai und B. D. Tschernokalski. (Журнал Общей Химии [J. allg. Chem.] **30** (92), 1536—41, Mai 1960; Kasan, Chem.-Technol. Inst.; russ.) — Vgl. C. **1962**, 6739. — Durch Oxydation von Alkylestern von Diäthyl- (I), Methyl-n-butyl- (II) u. Di-n-propylarsinigsäure (III) mit SeO_2, O_2 bzw. HgO wurden die entsprechenden *Dialkylarsinsäuren* u. deren *Alkylester* erhalten. Aus den gemessenen Werten der Mol.-Refr. der Dialkylarsinsäurealkylester wurde als Mittelwert der Atom-Refr. des As in diesen Verbb. 8,19 ermittelt.

Versuche: *Methyl-n-butylarsinigsäure* (II), *n-Propylester*, $C_8H_{19}AsO$, Kp.$_{12}$ 73,5 bis 75°, durch 3std. Kochen von 15,43 g Bis-[methyl-n-butylarsin]-oxid in 30 g n-Propanol unter Entfernen von W. mit $CuSO_4$; $D._4^{20}$ 1,0584, n_D^{20} 1,4575; 60% (Ausbeute). — *Diäthyl-n-propyl-n-propoxyarsoniumjodid*, $C_{10}H_{24}AsJO$, F. 241—243°, durch 45 Tage langes Stehen von 1,83 g I-n-Propylester u. 1,62 g n-Propyljodid in verschlossener Ampulle bei Raum-Temp.; Nadeln; 24,6%. — *Diäthylarsinsäure* (IV), F. 136—137° (n-Butanol), a) durch 3std. Kochen von 53,31 g I-Äthylester (Kp. 140—141°, $D._4^{20}$ 1,1148, n_D^{20} 1,4600) u. 19,98 g SeO_2 in 600 ml Bzl. u. fraktionierte Dest.; 1,5%; b) analog aus I-n-Propylester (Kp.$_{13}$ 54,5—57°, $D._4^{20}$ 1,0904, n_D^{20} 1,4621) neben 16,6% *n-Propanol* (→ *3.5-Dinitrobenzoat*, F. 69—71°); 2,7%; c) analog aus I-n-Butylester neben 12,1% IV-*n-Butylester* ($C_8H_{19}AsO_2$, Kp.$_4$ 130—130,5°, $D._4^{20}$ 1,1922, n_D^{20} 1,4721) u. 2,0% *Äthylarsonigsäuredi-n-butylester* ($C_{10}H_{23}AsO_2$, Kp.$_{11}$ 98,5—101°, n_D^{20} 1,4522), der mit HJ *Äthyldijodarsin* (Kp.$_{12}$ 126,5°) gibt; 11,9%. — *Methyl-n-butylarsinsäure* (V), $C_5H_{13}AsO_2$, F. 127—128° (n-Butanol), a) analog IV aus II-Äthylester neben 26% V-*Äthylester* ($C_7H_{17}AsO_2$, Kp.$_2$ 110 bis 111°, $D._4^{20}$ 1,2265, n_D^{20} 1,4729); 11,1%; b) analog aus II-n-Butylester neben 6,1% *n-Butanol* (Kp. 116—118°, → *3.5-Dinitrobenzoat*, F. 62—63°) u. 24,9% V-*n-Butylester* ($C_9H_{21}AsO_2$, Kp.$_3$ 133—134°, $D._4^{20}$ 1,1507, n_D^{20} 1,4676); 5,5%; c) durch 2std. Einleiten von trockenem O_2 in II-n-Propylester. — *Di-n-propylarsinsäure, Äthylester*, Kp.$_3$ 116,5 bis 118°, durch 40std. Kochen von 17,8 g III-Äthylester u. 37,5 g HgO in 250 ml Chlf. unter Rühren, Abdekantieren von Hg u. Dest.; $D._4^{20}$ 1,1865, n_D^{20} 1,4718; leicht verseifbar mit W.; 18,8%. — Durch Erwärmen von II-n-Butylester (Kp.$_{11}$ 81—83°, n_D^{20} 1,4612) auf 210—280° 30,4% *n-Butanol* (Kp. 114,5—116,5°, → *3.5-Dinitrobenzoat*).
K. Hummel. 980□

Reaktion des Acetessigsäureäthylesters mit Hydraziden einiger Phenoxyessigsäuren. Irena Zawadowska. (Acta polon. pharmac. **18**, 401—07, 1961; Warszawa,

Akad. Med., Zakl. Chem. organ.; pol.) — Phenoxyessigsäure- u. 4-Nitrophenoxyessigsäurehydrazid reagieren mit Acetessigsäureäthylester (I) nur zu den entsprechenden *Hydrazonen*. Beim Erhitzen der Hydrazone auf Temp. oberhalb des F. werden *1.2-Bis-[aryloxyacetyl]-hydrazine* (**A**) gebildet. Ring-Bldg. zu *Pyrazolonen-(5)* tritt nur in geringem Ausmaß ein. Auch beim Erhitzen der Hydrazone in Cyclohexanol oder konz. H_2SO_4 bzw. o-Xylol tritt die Ringschluß-Rk. nur in unbedeutendem Umfang ein. Haupt-Prodd. der Rk. in polaren Lsgm. sind die *Methylester* der eingesetzten *Phenoxyessigsäure*, in unpolaren die **A**. Die von Aggarwal u. Ray [1930] beschriebene Rk. von Phenylessigsäurehydrazid mit I liefert nicht 1-Phenylacetyl-3-methyl-pyrazolon-(5), sondern ein Gemisch aus *1.2-Bis-[phenylacetyl]-hydrazin*, I-*Phenylacetylhydrazon* u. wenig *3-Methylpyrazolon-(5)*.

Versuche: *Acetessigsäureäthylester-4-nitrophenoxyacetylhydrazon* (II), $C_{14}H_{17}N_3O_6$, F. 142°, durch Verreiben von je 0,1 Mol 4-Nitrophenoxyessigsäurehydrazid u. I in Ggw. von katalyt. Mengen konz. HCl; Nadeln aus A.; 80% (Ausbeute). — *1.2-Bis-[p-nitrophenoxyacetyl]-hydrazin*, $C_{16}H_{14}N_4O_8$, F. 227°, durch Erhitzen von II auf 157°, Extraktion der Schmelze mit heißem W. u. fraktionierte Kristallisation des Rückstandes aus A.; Kristalle aus Dioxan; 70%; daneben *3-Methylpyrazolon-(5)* [F. 219—220° (A.); 3%], *3'.4-Dimethylpyrazolo-[4'.5':5.6]-α-pyron* [III; F. 226° (A.); 10%] u. *4-Nitrophenoxyessigsäureäthylester*, F. 76°; 10%. — *4-Nitrophenoxyessigsäuremethylester*, $C_9H_9NO_5$, F. 99°, durch 4std. Erhitzen von II in Cyclohexanol oder in konz. H_2SO_4 neben dem *Amid* (F. 157°). — *Acetessigsäureäthylesterphenoxyacetylhydrazon*, $C_{14}H_{18}N_2O_4$, F. 76°, durch Verreiben von je 0,5 Mol Phenoxyessigsäurehydrazid u. I mit katalyt. Mengen konz. HCl; aus alkohol. Lsg. bei Zusatz von Wasser Nadeln. — *1.2-Bis-[phenoxyacetyl]-hydrazin*, durch Erhitzen vorst. Verb. auf 150°; Nadeln aus A.; 70%; daneben 5% *3-Äthylpyrazolon-(5)* u. 1% III. F. Urban. 1060□

Untersuchungen über die Oxydation von organischen Sulfiden. 2. Mitt. Sterische Effekte bei der Oxydation von Sulfiden zu Sulfoxiden. Giorgio Modena. (Gazz. chim. ital. **89**, 834—42, März 1959; Bologna, Univ., Ist. di Chim. ind.; ital.) — 1. vgl. Gazz. chim. ital. **87**, [1957], 1306. — Vf. untersucht den Einfl., den Struktur u. Größe des Alkylrestes in *Benzylalkylsulfiden* (**A**) u. in *Phenylalkylsulfiden* (**B**) auf die Geschw. haben, mit der die **A** u. **B** in alkohol. Lsg. mit der berechneten Menge H_2O_2 in Ggw. von $HClO_4$ nach der beschriebenen Meth. (vgl. l. c.) zu *Sulfoxiden* oxydiert werden. Der Verlauf der Oxydation wird durch jodometr. Best. des nicht verbrauchten H_2O_2 verfolgt. Es werden theoret. Betrachtungen an Kugelmodellen angestellt. Die kinet. Messungen sind in einer Tabelle zusammengefaßt. Die Oxydations-Geschw. scheint mehr von der Größe als von der Struktur des Alkylrestes beeinflußt zu werden. Für die **B** sind die UV-Spektren graph. u. deren Maxima tabellar. wiedergegeben. Die **A** u. **B** werden in den meisten Fällen durch Umsetzung von Benzylmercaptan (I) u. von Thiophenol (II) mit entsprechenden Alkylhalogeniden in Ggw. von Na-Äthylat dargestellt. Die Einführung der CH_3-Gruppe erfolgt mit $(CH_3)_2SO_4$ in wss. Alkali. *Benzyl-tert.-butylsulfid* u. *Phenyl-tert.-butylsulfid* werden durch Anlagerung von I bzw. II an Isobutylen erhalten. Benzylsulfide: *Methyl-*, $Kp._{16}$ 96—97°. — *Äthyl-*, $Kp._{15}$ 102—104°. — *Propyl-*, $Kp._{15}$ 117—118°. — *Isopropyl-*, $Kp._{17}$ 122—123°. — *Butyl-*, $Kp._{15}$ 130—131°. — *Isobutyl-*, $Kp._{17}$ 122—123°. — *sek.-Butyl-*, $Kp._{15}$ 123—124°. — *tert.-Butyl-*, $Kp._{15}$ 117—118°. — Phenylsulfide: *Methyl-*, $Kp._{15}$ 78—79°. — *Äthyl-*, $Kp._{13}$ 86—87°. — *Propyl-*, $Kp._{15}$ 101—102°. — *Isopropyl-*, $Kp._{14}$ 89—90°. — *Butyl-*, $Kp._{14}$ 116—117°. — *Isobutyl-*, $Kp._{15}$ 108—109°. — *sek.-Butyl-*, $Kp._{16}$ 106—107°. — *tert.-Butyl-*, $Kp._{14}$ 92—93°. G. Platzer. 1090

Untersuchungen über die Oxydation von organischen Sulfiden. 3. Mitt. Oxydation von Arylalkyl- und Diarylsulfoxiden zu Sulfonen. Ado Cerniani und Giorgio Modena. (Gazz. chim. ital. **89**, 843—53, März 1959; ital.) — 2. vgl vorst. Referat. — Vff. beschreiben die Oxydation von *Arylmethylsulfoxiden* (**A**) u. *Arylphenylsulfoxiden* (**B**) zu *Sulfonen* (**C**) mit nach Kergomard u. Bigou (C. **1960**, 2495) aus Benzoylchlorid u. H_2O_2 in alkal. Medium gewonnener Perbenzoesäure (I) in Dioxan—W. (1:1) bei 25°. Der Verlauf der Oxydation, die als Rk. 2. Ordnung verläuft, wird durch jodometr. Best. der nicht verbrauchten I verfolgt. Die Substituenten im Arylrest haben einen zwar schwachen, aber merklichen Einfl. auf die Rk.-Geschw., indem Elektronendonatoren sie vergrößern u. Elektronenacceptoren sie verringern. Die kinet. Messungen sind in einer Tabelle zusammengestellt. Der Rk.-Mechanismus wird diskutiert. Die zur Rk. benötigten **A** u. **B** werden aus entsprechenden Sulfiden durch Oxydation mit H_2O_2 in geringem Überschuß in A. in Ggw. von H_2SO_4 oder $HClO_4$ (vgl. 1. u. 2. Mitt.), Einengen der alkohol. Lsg., Verdünnen mit 20%ig. NaCl-Lsg. u. Chlf.-Extraktion dargestellt. Als Neben-Prod. mit 3—6% entstehendes **C** wird durch chromatograph. Reinigung an Al_2O_3 entfernt: Arylmethylsulfoxide: *Phenyl-*, Kp. 144—145°. — *m-Tolyl-*, $C_8H_{10}OS$, $Kp._3$ 126—127°. —

p-Tolyl-, F. 42—43° (Ae.), Kp.$_2$ 113—114°. — *p-Methoxyphenyl-*, $C_8H_{10}O_2S$, F. 43°, Kp.$_5$ 153—154°. — *m-Chlorphenyl-*, C_7H_7ClOS, Kp.$_{0,1}$ 100—101°. — *p-Chlorphenyl-*, F. 47 bis 48°, Kp.$_5$ 135—136°. — *m-Nitrophenyl-*, $C_7H_7NO_3S$, F. 117—118° (A.). — *p-Nitrophenyl-*, F. 148—149° (A.). — Arylphenylsulfoxide: *Phenyl-*, F. 71° (PAe.). — *m-Tolyl-*, F. 46 bis 47° (PAe.). — *p-Tolyl-*, F. 71—72° (PAe.). — *p-Methoxyphenyl-*, $C_{13}H_{12}O_2S$, F. 55 bis 57° (PAe.), Kp.$_{0,005}$ 163—165°. — *m-Chlorphenyl-*, F. 39—40° (PAe.), Kp.$_5$ 190—192°. — *p-Chlorphenyl-*, F. 45—46° (Ae.). — *m-Nitrophenyl-*, F. 78—79° (A.). — *p-Nitrophenyl-*, F. 106—107° (A.) G. Platzer. 1090

Untersuchungen über die Oxydation von organischen Sulfiden. 4. Mitt. **Die Oxydation von Benzyl- und Phenylalkylsulfoxiden zu Sulfonen.** Ado Cerniani, Giorgio Modena und Paolo Edgardo Todesco. (Gazz. chim. ital. **90,** 3—11, Jan. 1960; ital.) — 3. vgl. vorst. Referat. — Die Oxydations-Geschw. von in den meisten Fällen noch nicht bekannten *Benzyl-* (**A**) u. *Phenylalkylsulfoxiden* (**B**) zu *Sulfonen* (**C**) wird unter Verw. von Perbenzoesäure (I) in Dioxan/W. (1:1) als Oxydationsmittel bei 25° gemessen (vgl. l. c.). Die kinet. Daten, die graph. u. tabellar. ausführlich wiedergegeben sind, zeigen, daß die Oxydations-Geschw. fast ausschließlich vom induktiven Effekt der am S gebundenen Alkylgruppe beeinflußt wird u. daß ster. Effekte von untergeordneter Bedeutung sind. Die UV-Spektren der **B** sind graph. u. ihre Maxima tabellar. aufgeführt. Die Darst. der für die Oxydation benötigten **A** u. **B** erfolgt durch Umsetzung der entsprechenden Sulfide mit H_2O_2 in CH_3OH in Ggw. von H_2SO_4 oder $HClO_4$, Isolierung aus dem Rohprodukt durch Chromatographie an Al_2O_3 mit Bzl./Ligroin, fraktionierte Elution mit Bzl. u. Chlf. u. Vakuum-Dest. oder Umkristallisation aus Petroläther. Die Oxydation der **A** u. **B** zu den **C** wird durch jodometr. Best. der nicht verbrauchten **I** verfolgt. Sulfoxide: *Benzylmethyl-*, $C_8H_{10}OS$, F. 57—58°, Kp.$_{0,02}$ 120—122°. — *Benzyläthyl-*, F. 54—55°, Kp.$_{0,01}$ 113—114°. — *Benzylpropyl-*, $C_{10}H_{14}OS$, F. 44—45°, Kp.$_{0,005}$ 114—115°. — *Benzylisopropyl-*, F. 38—39°, Kp.$_{0,01}$ 125—127°. — *Benzylbutyl-*, $C_{11}H_{16}$·OS, F. 63—64°. — *Benzylisobutyl-*, F. 66—67°. — *Benzylbutyl-(2)-*, Kp.$_{0,005}$ 115—116°. — *Benzyl-tert.-butyl-*, F. 71—72°. — *Phenylmethyl-*, Kp.$_{15}$ 144—145°. — *Phenyläthyl-*, Kp.$_{0,01}$ 101—102°. — *Phenylpropyl-*, $C_9H_{12}OS$, Kp.$_{0,005}$ 102—103°. — *Phenylisopropyl-*, Kp.$_{0,01}$ 101—102°. — *Phenylbutyl-*, $C_{10}H_{14}OS$, Kp.$_{0,01}$ 114—115°, — *Phenylbutyl-(2)-*, Kp.$_{0,00}$, 120—121°. — *Phenyl-tert.-butyl-*, F. 57—58°. G. Platzer. 1090

Organische Disulfide und verwandte Substanzen. 6. Mitt. **Eine einstufige Synthese von aromatischen Sulfinsäureestern aus Bleitetraacetat und aromatischen Disulfiden oder Thiolen.** Lamar Field, Charles B. Hoelzel und J. Michael Locke. (J. Amer. chem. Soc. **84,** 847—50, 5/3. 1962; engl.) — 5. vgl. J. org. Chemistry **26,** [1961], 4782; 4. vgl. C. **1962,** 15932. — Die Darst. verschiedener *Ester* (**A**) *von aromat. u. heterocycl. Sulfinsäure* (**B**) durch Oxydation der entsprechenden Disulfide oder Mercaptane mit Pb-Tetraacetat (**I**) in Chlf. in Ggw. eines Alkohols wird beschrieben. Durch Elektronenacceptoren am Phenylring wird die Ausbeute herabgesetzt, ster. Einfl. machen sich nur unwesentlich bemerkbar. Die Struktur der Sulfinsäureester wird durch Analyse, IR-Spektren, Mol.-Refr. u. durch die Best. des Verseifungsäquivalentes von *Benzolsulfinsäuremethylester* u. Umsetzung des entstandenen Na-Salzes zu *Phenyl-2.4-dinitrophenylsulfon* bewiesen. Bei der Darst. von *p-Chlorbenzolsulfinsäuremethylester* wird außerdem die 3fache Menge an Pb-Diacetat u. die 4,4fache Menge an Methylacetat (bezogen auf umgesetztes Disulfid) erhalten. Mögliche Mechanismen der Rk. werden diskutiert. Die Umsetzung von Allylalkohol mit Diphenyldisulfid (**II**) ergibt eine S-freie Verb., die nicht näher untersucht wurde. Verss., den aus **II** u. tert.-Butanol erhaltenen rohen Ester durch Dest. zu reinigen, führten im Vakuum bei 70° zur Zersetzung. Die fl. **A** erleiden an der Luft relativ rasch Hydrolyse zu **B** u. anschließende Oxydation zu Sulfonsäuren. Dagegen sind die festen **A** monatelang haltbar.

Versuche (FF. korr.): Sulfinsäuremethylester, a) durch langsame Zugabe von **I** in Chlf. zur sd. Lsg. des Disulfids u. des Alkohols in Chlf., 12std. Kochen, evtl. erneute Zugabe von **I** u. weiteres Erhitzen, Zers. mit W., Filtrieren u. Waschen mit dest. W.; b) durch 1std. Rk. des Mercaptans mit **I** in Chlf. bei 25° u. weiter wie bei **a**): *Benzol-*, Kp.$_{0,2}$ 47,5—51°, Kp.$_{0,1}$ 53—66°, nach a) bzw. b); D.$_4^{25}$ 1,1927; n_D^{25} 1,5437; 79 bzw. 62%; c) aus dem Phenylester (F. 68,5—69,5°) statt **II** nach a); 53%. — [*Naphthyl-(2)*]-, F. 43—44° (Pentan), nach a); 33%. — [*Benzothiazolyl-(2)*]-, F. 75,5—76 (Methanol, Isopropanol, Cyclohexanon), nach a); 61%. — *o-Methoxycarbonylbenzol-*, Kp.$_{0,15}$ 114°, nach a); n_D^{25} 1,5516; 30%. — *p-Chlorbenzol-*, Kp$_{0,2}$ 76°, aus Bis-[p-chlorphenyl]-disulfid nach a); n_D^{25} 1,5627; 62%; daneben *Pb-Diacetat* u. 1,5% *Essigsäuremethylester.* — *o-Toluol-*, Kp.$_{0,15}$ 66,5°, nach b); D.$_4^{25}$ 1,1561; n_D^{25} 1,5424; 72%. — *p-Toluol-*, Kp.$_{0,1}$ 60—65°, nach a); D.$_4^{25}$ 1,1558; n_D^{25} 1,5405—1,5408; 73%. — *2.6-Dimethylbenzol-*, Kp.$_{0,4}$ 97°, nach a); D.$_4^{25}$ 1,0955; n_D^{25} 1,5484; 79%. — *Benzolsulfinsäure-*

n-propylester, Kp.$_{1,4}$ 90°, nach a); D.$_{425}$ 1,1111; n_{D25} 1,5248; 87%. — *Benzolsulfinsäure-isopropylester*, Kp.$_{0,5}$ 110—117°, nach a); D.$_{425}$ 1,1185; n_{D25} 1,5222; 80%. — [*Benzothiazolyl-(2)*]*-sulfinsäure-tert.-butylester*, F. 77—78° (Pentan), nach a); 48%.
A. Trede. 1090□

Zur Synthese von Derivaten des Sulfonylbutylharnstoffs. W. A. Sassossow, T. N. Akifjewa und T. A. Wesselitskaja. (Медицинская Промышленность СССР [Med. Ind. UdSSR] **14,** Nr. 1, 7—12, Jan. **1960**; Chem.-Pharmazeut. Ordshonikidse-Allunions-Forsch.-Inst.; russ.) — Es werden verschiedene Verff. zur Darst. von *N*-[*4-Methylbenzolsulfonyl*]*-N'-n-butylharnstoff* (**I**) u. *N*-[*4-Aminobenzolsulfonyl*]*-N'-n-butylharnstoff* (**II**) untersucht u. als günstigste Meth. die Kondens. von p-Toluolsulfonylurethan (**III**) mit Butylamin (**IV**) bzw. von p-Aminobenzolsulfonylharnstoff (**V**) mit Butylammonium-butylcarbaminat (**VI**) gefunden.

Versuche: *Butylisocyanat* (**VII**), Kp. 113—117°, durch schnelles Erhitzen eines Gemisches aus 67 g KCNO u. 250 g Tributylphosphat (**VIII**) bis zum Beginn der Dest. u. Abdestillieren eines Gemisches aus **VII** u. **VIII**, das bei 50—60 mm fraktioniert dest. wird; 33,4—36,5 g (Ausbeute). — *p-Toluolsulfonylharnstoff*, F. 185—187°, durch Erhitzen eines Gemisches aus 200 ml Chlorbenzol u. 8,5 g 95%ig. NaOH innerhalb 30 Min. auf 60°, Zugabe von 34,2 g p-Toluolsulfamid (**IX**) u. 12,12 g Harnstoff u. 10std. Rühren bei 110—115°; 38 g. — *p-Toluolsulfonylurethan* (**III**), F. 105—107°, a) durch 1std. Erhitzen von 38 g vorst. Verb. in 180 ml abs. Methanol auf 64—65°, Zugabe von 5,2 ml 96%ig. H_2SO_4 während 20—23 Std. u. 2std. Rühren; 32,6 g; b) durch Erhitzen von 3,4 g **IX**, 50 ml Toluol u. 4 g 40%ig. NaOH zum Sieden, Abdestillieren von 15 ml eines Gemisches aus Toluol u. W., Abkühlen auf 35°, Zugabe von 2,3 g Chlorkohlensäuremethylester bei $<45°$ u. 2std. Erhitzen auf 35—40°; 2,65 g. — *N*-[*4-Methylbenzolsulfonyl*]*-N'-n-butylharnstoff* (**I**; *Butamid*), F. 127,5—128,5°, a) durch Erhitzen von 10,6 g Na- p-Toluolsulfamid, **4**,5 g **VII** u. 70 ml abs. Chlorbenzol unter Rühren auf 45—50°, 2 std. Erhitzen auf 75—80° u. Zugabe von 100 ml W. von 70—80°; 12,3 g; oder b) durch Erhitzen von 32,6 g **III** mit 125 ml Toluol zum Sieden, Abdestillieren von 10—15 ml Toluol, Abkühlung auf 50°, Zugabe von 12,36 g 96,62%ig. n-Butylamin (**IV**) u. 8—10std. Erhitzen auf 105—110°; 29 g. — *N*-[*4-Aminobenzolsulfonyl*]*-N'-n-butylharnstoff* (**II**; *Nadisan*), F. 136—138°, a) durch stufenweises Erhitzen von 28,3 g Na-N_4-Acetylsulfanilamid, 120 Nitrobenzol u. 9,9 g **VII** auf 60°, $^1/_2$std. Rühren bei 60—65°, $2^1/_2$std. Erhitzen auf 70—80°, Zugabe von 150 ml W. von 70—80°, Rühren bei dieser Temp. bis zur vollständigen Auflösung, Abtrennen des Nitrobenzols bei 60°, Neutralisieren bei 55—60° mit verd. HCl, Filtrieren u. $2^1/_2$std. Erhitzen des Nd. mit 100 g 10%ig. NaOH auf 80—95°: 16,3—19,3 g; b) durch 4std. Erhitzen von 10 g **V**, 5,5 g **VI** u. 125 ml abs. Butanol auf 95—100°, Abdestillieren von Butanol im Vakuum u. Erhitzen mit 60 ml 5%ig. NH_4OH auf 70°; 7,5 g.
M. Windt. 1090□

Substituierte Dicarbonsäuren. 3. Mitt. Synthese von 2-Methoxy-5-chlor-, 3-Chlor-4-methoxy-, 3.4- und 2.5-Dichlorphenylglutarsäure. D. K. Genge und J. J. Trivedi. (J. Indian chem. Soc. **36,** 677—78, Sept. 1959; Ahmedabad, M. G. Inst. of Sci., Chem. Dep.; engl.) — 2. vgl. J. Indian chem. Soc. **36,** [1959], 54; 1. vgl. C. **1960,** 3194. — Durch Kondens. der entsprechend substituierten Benzaldehyde mit Acetessigsäureäthylester nach Smith u. Kort (C. **1951,** I. 1584) u. alkal. Hydrolyse der erhaltenen *Benzyliden-bis-acetessigsäureäthylester* werden *β*-[*2-Methoxy-5-chlor-*, *β*-[*3-Chlor-4-methoxy-*, *β*-[*3.4-* u. *β*-[*2.5-Dichlorphenyl*]*-glutarsäure* dargestellt.

Versuche: *β*-[*2-Methoxy-5-chlorphenyl*]*-α.γ-diacetylglutarsäurediäthylester*, $C_{20}H_{25}\cdot ClO_7$, F. 114°; aus A. Nadeln. — *β*-[*2-Methoxy-5-chlorphenyl*]*-glutarsäure*, $C_{12}H_{13}ClO_5$, F. 178°; aus heißem W. Körnchen. *Di-p-toluidid*, $C_{26}H_{27}ClN_2O_3$, F. 210°; aus verd. A. Nadeln. *Dianilid*, $C_{24}H_{23}ClN_2O_3$, F. 208°; aus verd. A. Nadeln. *Imid*, $C_{12}H_{12}ClNO_3$, F. 135°; aus verd. A. Nadeln. *Anhydrid*, $C_{12}H_{11}ClO_4$, F. 85°; aus Bzl./PAe. glänzende Nadeln. *Mono-p-toluidid*, $C_{19}H_{20}ClNO_4$, F. 188°; aus verd. A. Nadeln. — *β*-[*3-Chlor-4-methoxyphenyl*]*-α.γ-diacetylglutarsäurediäthylester*, $C_{20}H_{25}ClO_7$, F. 135°; aus verd. A. Nadeln. — *β*-[*3-Chlor-4-methoxyphenyl*]*-glutarsäure*, $C_{12}H_{13}ClO_5$, F. 155°; aus heißem W. Körnchen. *Di-p-toluidid*, $C_{26}H_{27}ClN_2O_3$, F. 252°; aus verd. A. Nadeln. *Dianilid*, $C_{24}H_{23}\cdot ClN_2O_3$, F. 228°; aus verd. A. Nadeln. *Imid*, $C_{12}H_{12}ClNO_3$, F. 220°; aus heißem W. Nadeln. *Anhydrid*, $C_{12}H_{11}ClO_4$, F. 112°; aus Bzl./PAe. Nadeln. *Mono-p-toluidid*, $C_{19}H_{20}\cdot ClNO_4$, F. 143°; aus A. Pulver. — *β*-[*3.4-Dichlorphenyl*]*-α.γ-diacetylglutarsäurediäthylester*, $C_{19}H_{22}Cl_2O_6$, F. 148°; aus verd. A. Nadeln. — *β*-[*3.4-Dichlorphenyl*]*-glutarsäure*, $C_{11}H_{10}Cl_2O_4$, F. 157°; aus heißem W. Körnchen. *Di-p-toluidid*, $C_{25}H_{24}Cl_2N_2O_2$, F. 163°; aus verd. A. Nadeln. *Dianilid*, $C_{23}H_{20}Cl_2N_2O_2$, F. 166°; aus verd. A. Nadeln. *Imid*, $C_{11}H_9Cl_2NO_2$, F. 214°; aus heißem W. Nadeln. *Anhydrid*, $C_{11}H_8Cl_2O_3$, F. 198°; aus Bzl. Nadeln. *Mono-p-toluidid*, $C_{18}H_{17}Cl_2NO_3$, F. 166°; aus A. Nadeln. — *β*-[*2.5-Dichlorphenyl*]*-α.γ-diacetylglutarsäurediäthylester*, $C_{19}H_{22}Cl_2O_6$, F. 157°; aus Bzl./PAe. Nadeln. — *β*-[*2.5-*

Dichlorphenyl]-glutarsäure, $C_{10}H_{10}Cl_2O_4$, F. 181°; aus heißem W. Körnchen. *Di-p-toluidid*, $C_{25}H_{24}Cl_2N_2O_2$, F. 200°; aus A. Nadeln. *Dianilid*, $C_{23}H_{20}Cl_2N_2O_2$, F. 212°; aus A. Nadeln. *Imid*, $C_{11}H_9Cl_2NO_2$, F. 176°; aus W. Nadeln. *Anhydrid*, $C_{11}H_8Cl_2O_3$, F. 112°; aus Bzl./PAe. Nadeln. *Mono-p-toluidid*, $C_{18}H_{17}Cl_2NO_3$, F. 190°; aus A. Pulver. K. Lange. 1220

Verhalten der N-Acylderivate von o-Aminobenzophenon gegenüber Stickstoffwasserstoffsäure. Salvatore Palazzo. (Ann. Chimica **49**, 835—41, Mai/Juni 1959; Catania, Univ., Ist. di Chim. farmaceut. e tossicol.; ital.) — Bei der Rk. zwischen N-[n-Butyryl]- (**I**), N-Benzoyl- (**II**) bzw. N-[o-Nitrobenzoyl]-o-aminobenzophenon (**III**) u. HN_3 werden *N-Butyryl-N'-benzoyl-*, *N.N'-Dibenzoyl-*, bzw. *N-[o-Nitrobenzoyl]-N'-benzoyl-o-phenylendiamin* erhalten, während aus N-Acetyl-o-aminobenzophenon (**IV**) mit HN_3 zunächst *o-Acetamidobenzanilid* u. daraus durch Hydrolyse die *N-Acetylanthranilsäure* u. aus N-Propionyl-o-aminobenzophenon (**V**) mit HN_3 zunächst *N-Propionyl-o-aminobenzanilid* u. daraus durch Cyclisierung *2-Äthyl-3-phenylchinazolon-(4)* entstehen.

Versuche: *N-Acetylanthranilsäure*, $C_9H_9NO_3$, F. 182° (Bzl.), durch Unterschichten von **IV** in Chlf. mit konz. H_2SO_4, Zugeben von NaN_3, Dekantieren der Chlf.-Schicht nach 12 Std. u. Gießen auf Eis (Meth. **A**); daneben *o-Acetamidobenzanilid* [$C_{15}H_{14}N_2O_2$, F. 167° (Bzl.), durch Versetzen der angesäuerten Mutterlauge mit überschüssigem Na_2CO_3]. — *2-Äthyl-3-phenylchinazolon-(4)*, $C_{16}H_{14}N_2O_2$, F. 125° (verd. A.), aus **V** nach **A**. — *N-Benzoyl-N'-butyryl-o-phenylendiamin*, $C_{17}H_{18}N_2O_2$, F. 142° (verd. A.), aus **I** nach **A**. — *N.N'-Dibenzoyl-o-phenylendiamin*, $C_{20}H_{16}N_2O_2$, F. 301, aus **II** nach **A**; aus CH_3COOH gelbliche Kristalle. — *N-[o-Nitrobenzoyl]-N'-benzoyl-o-phenylendiamin*, $C_{20}H_{15}N_3O_4$, F. 231°, aus **III** nach **A**; aus verd. A. Nadeln. — *N-[o-Nitrobenzoyl]-o-aminobenzphenon*, $C_{20}H_{14}N_2O_4$, F. 130°, durch Zufügen von o-Nitrobenzoylchlorid zu o-Aminobenzophenon in wss. NaOH, $^1/_2$std. Rühren; aus A. gelbliche Kristalle. H. Knieß. 1310□

Borierung von Benzol. Z. J. Bujwid, W. Gerrard und M. F. Lappert. (Chem. and Ind. **1959**, 1091—92, 29/8.; London, Northern Polytechn.; engl.) — Durch 28std. Kochen von 1 Mol BBr_3 mit 8,67 g Bzl., Zugabe von 0,088 Mol $AlBr_3$ u. weiteres 15std. Kochen werden neben *Diphenylborbromid* 50% *Phenylbordibromid* ($C_6H_5BBr_2$, $Kp._{19}$ 100 bis 101°, F. 25—28°) erhalten. Die Borierung von Diphenyläther (**I**) gelingt auch ohne $AlBr_3$: durch 60std. Kochen von 4,14 g **I** mit 6,1 g BBr_3 werden 2,97 g *Phenoxyphenylbordibromid* ($C_{12}H_9BBr_2O$, $Kp._{0,1}$ 124—126°; n_D^{20} 1,644) gebildet, bei dessen Hydrolyse u. abschließender Dehydratisierung *Phenoxyphenylboronsäureanhydrid* ($C_{12}H_9BO_2$) erhalten wird. L. Lamza. 1380

Darstellung von Trimethylsilyläthern gehinderter 2.4.6-Trialkylphenole. Sidney Friedman, Marvin L. Kaufman und Irving Wender. (J. org. Chemistry **27**, 664—66, 9/2. 1962; Pittsburgh, Pa., U. S. Dep. of the Interior, Bureau of Mines; engl.) — Die *Trimethylsilyläther* (**A**) ster. gehinderter *Phenole* werden durch Umsetzung der Phenole mit Trimethylchlorsilan (**I**) u. Hexamethyldisalazan (**II**) in Dimethylformamid (DMF) erhalten. Der Einfl. von DMF auf die Rk. wird gedeutet. Die IR- u. UV-Spektren der gewonnenen **A** sind angegeben. Gegen hydrolyt. Einfl. sind die **A** stabiler als nicht gehinderter Phenoxytrimethylsilane.

Versuche: *2.4.6-Tri-tert.-butylphenoxytrimethylsilan*, $C_{21}H_{38}OSi$, F. 85—87,5° (PAe.), durch 5std. Kochen von 5 g 2.4.6-Tri-tert.-butylphenol, 25 ml **I** u. 25 ml **II** in 30 ml DMF; 6 g (Ausbeute). — *2.4.6-Tri-tert.-amylphenoxytrimethylsilan*, $C_{24}H_{44}OSi$, F. 24,5—25,5° (A.), analog vorst. Verbindung. — *4-Methyl-2.6-di-tert.-butylphenoxytrimethylsilan*, $C_{18}H_{32}OSi$, F. 122,8—124°, durch 14std. Kochen von 5 g 4-Methyl-2.6-di-tert.-butylphenol in 25 ml **II** u. 35 ml DMF; 4,5 g. K. Rühlmann. 1380□

Diphenylsilyllithium, ein neuer Typ einer Organosilylmetallverbindung. H. Gilman und W. Steudel. (Chem. and Ind. **1959**, 1094, 29/8.; Ames, Iowa, Iowa State Coll., Chem. Labor.; engl.) — Durch Umsetzung von symm.-Tetraphenyldisilan (**I**) bzw. von Diphenylchlorsilan (**II**) mit metall. Li in Tetrahydrofuran (THF) wird *Diphenylsilyl-Li* erhalten u. durch Red. mit Triphenylchlorsilan (**III**) unter Bldg. von *Pentaphenyldisilan* charakterisiert.

Versuche: *1.1.2.2-Tetraphenyldisilan* (**I**), $C_{24}H_{22}Si_2$, F. 77—79° (A./Bzl.), durch Rühren von 0,212 Mol **II** mit 0,12 g-Atom Mg bis zur Gelbfärbung bei Raum-Temp., Zugabe von THF, 24std. Kochen u. Hydrolyse mit verd. H_2SO_4; 83% (Ausbeute); gibt mit p-Tolyl-Li in Ae. *1.1.2.2-Tetraphenyl-1.2-di-[p-tolyl]-disilan*. — *Pentaphenyldisilan*, a) durch Zugabe von 5 ml einer Lsg. von 0,0588 Mol **II** in 100 ml THF zu 0,146 g-Atom Li unter Rühren, Filtration u. Umsetzung mit **III**; 11,3%; b) analog aus **I** in THF; 9,5%. L. Lamza. 1380

Phenylphosphordijodid und Diphenylphosphorjodid. N. G. Feschtschenko und A. W. Kirssanow. (Журнал Общей Химии [J. allg. Chem.] **31** (**93**), 1399—1400, April

1961; Inst. für org. Chem. der Akad. der Wiss. der UkrainSSR; russ.) — Phenyldichlorphosphin (I) reagiert mit LiJ in Bzl. unter Bldg. von *Phenyldijodphosphin* (II; *Phenylphosphordijodid*, F. 162—167°, aus Bzl. gelbe Prismen), das durch W. leicht in *Phenylphosphonigsäure*, durch Piperidin in deren *Dipiperidid* übergeführt wird. Ae. wandelt II in *symm.-Diphenyldijoddiphosphin* ($C_{12}H_{10}J_2P_2$, F. 170—171°, hellgelbe Nadeln) um, das auch direkt aus I u. LiJ in äther. Lsg. darzustellen ist. Aus Diphenylchlorphosphin u. LiJ wird in Bzl. ein *1:2-Komplex* aus *Diphenyljodphosphin* u. *LiCl* ($C_{12}H_{10}Cl_2JLi_2P$, F. 250°, Prismen) erhalten. H.-E. Toussaint. 1380□

Beitrag zur Untersuchung von Benzoylacrylsäureestern. Raymond Delaby, Simone Danton und Pierre Chabrier. (Bull. Soc. chim. France **1961**, 2061—64, Nov.; Paris, Fac. de Pharm.; franz.) — Durch azeotrope Dest. von β-Benzoylacrylsäure (I) mit verschiedenen Alkoholen in Bzl. wird eine Reihe von I-*Estern* dargestellt, deren Umsetzung mit Benzylamin zu *β-Benzylamino-β-benzoylpropionsäureestern* führt. I-Äthylester gibt durch Hydrierung u. Verseifung *β-Benzoylpropionsäure* u. liefert mit Thioharnstoff *2-Imino-4-oxo-5-phenacylthiazolidin*. Die Umsetzung von I-Äthylester mit Hydrazin führt zu I-*Hydrazonhydrazid* (II), das zu I-*Hydrazon* verseift wird. Durch Kondens. von II mit substituierten Benzaldehyden wird eine Reihe von I-*Benzalhydrazonbenzalhydraziden* dargestellt. Dagegen gibt II mit Ketonen I-*Hydrazonalkylidenhydrazide*, nur Cyclohexanon liefert das Dicyclohexylidenderivat. Formalin reagiert mit II zu I-*Methylenhydrazonmethylolhydrazid*. II gibt mit alkal. Jod-Lsg. *3-Phenyl-4-jodpyrazol*.

Versuche: *β-Benzoylacrylsäure* (I), F. 64°, aus dem Äthylester in sd. Essigsäure-HCl (3 Std.); daneben *α-Hydroxy-β-benzoylpropionsäure* (F. 125°). *Äthylester*, $C_{12}H_{12}O_3$, $Kp._{15}$ 165—167°, aus I u. A. in Bzl. in Ggw. von H_2SO_4 durch azeotrope Dest. (15 bis 16 Std.); n_D^{20} 1,5372; 60% (Ausbeute). *Isopropylester*, $C_{13}H_{14}O_3$, $Kp._5$ 157—160°, mit Isopropanol; n_D^{20} 1,5278. *n-Butylester*, $C_{14}H_{16}O_3$, $Kp._7$ 165—169°, mit n-Butanol; n_D^{20} 1,5240. *Isobutylester*, $Kp._8$ 179—181°, mit Isobutanol; n_D^{20} 1,5140. *Isoamylester*, $C_{15}H_{18}O_3$, $Kp._7$ 175—177°, mit Isoamylalkohol; n_D^{20} 1,5083. *β-Hydroxyäthylester*, $C_{12}H_{12}O_4$, $Kp._7$ 190—192°, mit Glykol. *Benzylester*, $C_{17}H_{14}O_3$, $Kp._9$ 219—221°, mit Benzylalkohol; n_D^{20} 1,5890. *β-Chloräthylester*, $C_{12}H_{11}ClO_3$, $Kp._{10}$ 168—170°, F. 51°, mit β-Chloräthylalkohol. *Hydrazon*, $C_{10}H_{10}N_2O_2$, F. 228° (W.), aus II in sd. wss. Soda-Lsg. (1 Std.); gelb; 75%. *Hydrazonhydrazid* (II), $C_{10}H_{12}N_4O$, F. 150° (A.), aus I-Äthylester u. 95%ig. Hydrazinhydrat in A. bei 90°; 90%. *Benzalhydrazonbenzalhydrazid*, $C_{24}H_{20}N_4O$, F. 230° (A.), aus II u. Benzaldehyd in abs. A. auf dem Wasserbad (30 Min.); 90%. *p-Dimethylaminobenzalhydrazon-p-dimethylaminobenzalhydrazid*, $C_{28}H_{30}N_6O$, F. 286°, aus II u. p-Dimethylaminobenzaldehyd. *o-Methoxybenzalhydrazon-o-methoxybenzalhydrazid*, $C_{26}H_{24}N_4O_3$, F. 190°, aus II u. o-Methoxybenzaldehyd. *Hydroxymethoxybenzalhydrazonhydroxymethoxybenzalhydrazid*, $C_{26}H_{24}N_4O_5$, F. 177°. *Cinnamalhydrazoncinnamalhydrazid*, $C_{28}H_{24}N_4O$, F. 203°, aus II u. Zimtaldehyd. *Methylenhydrazonmethylolhydrazid*, $C_{12}H_{14}N_4O_2$, F. 180°, aus II u. 30%ig. Formaldehyd in Wasser. *Hydrazonisopropylidenhydrazid*, $C_{13}H_{16}N_4O$, F. 155° (A.), aus II in Aceton auf dem Wasserbad (1 Std.). *Hydrazon-α-methylbenzylidenhydrazid*, $C_{18}H_{18}N_4O$, F. 210°, aus II mit Acetophenon. *Hydrazon-α-methylthenylidenhydrazid*, $C_{16}H_{16}N_4OS$, F. 211°, aus II u. Acetylthiophen. *Cyclohexylidenhydrazoncyclohexylidenhydrazid*, $C_{22}H_{28}N_4O$, F. 155° (A.), aus II u. Cyclohexanon; 80%. — *β-Benzoylpropionsäure*, F. 116°, durch Verseifung des Äthylesters. *Äthylester*, $Kp._{10}$ 163—165°, aus I-Äthylester in A. durch Hydrieren über Raney-Ni. — *β-Benzylamino-β-benzoylpropionsäure*, F. 207°, aus dem Äthylester in sd. Essigsäure-HCl. *Äthylester*, $C_{19}H_{21}NO_3$, F. 61° (A.), aus I-Äthylester u. Benzylamin in abs. A. (24 Std.). *Isopropylester*, $C_{20}H_{23}NO_3$, F. 55°, aus I-Isopropylester. *Butylester*, $C_{21}H_{25}NO_3$ F. 75°. *Isobutylester*, $C_{21}H_{25}NO_3$, F. 71°. *Benzylester*, $C_{24}H_{23}NO_3$, F. 55°. *β-Chloräthylester*, $C_{19}H_{20}ClNO_3$, F. 57°. — *2-Imino-4-oxo-5-phenacylthiazolidin*, $C_{11}H_{10}N_2O_2S$, F. 240° (Zers.), aus I-Äthylester u. Thioharnstoff in A. in Ggw. von Essigsäure durch 4std. Kochen; gelb. — *3-Phenyl-4-jodpyrazol*, $C_9H_7JN_2$, F. 136° (A.), aus II in 10%ig. Soda-Lsg. u. Jod-Lsg. (1 Std.); gelb; 90%. H. Gleinig. 1670□

3.4-Dimethylencyclobuten. A. T. Blomquist und P. M. Maitlis. (Proc. chem. Soc. [London] **1961**, 332, Sept.; Ithaca, N.Y., Cornell Univ., Labor. of Chem.; engl.) — *3.4-Dimethylencyclobuten* (I, Kp. 51°) wird in 1%ig. Ausbeute bei der therm. Zers. von 3.4-Bis[dimethylaminoäthyl]-cyclobuten-bis-methohydroxyd (aus 3.4-Dibromcyclobutan-1.2-dicarbonsäure) unter N_2 erhalten. Die katalyt. Hydrierung von I in Ggw. von Pd/Kohle ergibt ein Gemisch aus *cis-* u. *trans-1.2-Dimethylcylobutan*. Das IR-Spektrum u. die Maxima des UV-Spektrums von I sind angegeben. W. Hampel. 1810□

Untersuchungen auf dem Gebiet der Polymethylenringe. 37. Mitt. Über die Umwandlungen der Polyhalogenderivate des Cyclopentans. N. A. Domnin, N. W. Obeschtschalowa und R. Tsch. Kolinski. (Журнал Общей Химии [J. allg.

Chem.] **31 (93)**, 2768—73, Aug. 1961; Leningrad, Shdanow-Univ.; russ.) — 36. vgl. C. **1963**, 871. — Die Chlorierung von Cyclopentan (**I**) mit PCl_5 liefert *1-Chlorcyclopenten-(1)* (**II**) neben *1.1-Dichlorcyclopentan*. Bei der Rk. von **II** mit Br_2 erfolgen nebeneinander Substitution u. Addition unter Bldg. von *1-Chlor-1.2-dibromcyclopentan* (**III**) u. *1-Chlor-3-bromcyclopenten-(1)* (**IV**). Beim Behandeln von **III** mit Zn entstehen **II** u. *1.2-Dibromcyclopenten-(1)* (**V**), aus **IV** entstehen bei der Red. mit Zn **II**, *Cyclopenten* u. *Bis-[3-chlorcyclopenten-(2)-yl-(1)]* (**VI**). **II** u. **III** reagieren mit Na unter Bldg. von *Bis-[cyclopenten-(1)-yl-(1)]*, **VI** u. Na unter Bldg. von *Bis-[cyclopenten-(2)-yl-(1)]*. **V** wird an $Pd/CaCO_3$ zu *Dicyclopentyl* hydriert. Der Strukturbeweis wurde IR-analyt. u. durch Vgl. der Dipolmomente geführt.

Versuche: *1-Chlorcyclopenten-(1)* (**II**), C_5H_7Cl, Kp. 105—107°, man gibt zu 400 g PCl_5 in 150 ml PAe. unter Eis–NaCl-Kühlung tropfenweise 160 g **I** in gleichen Vol. PAe. u. zersetzt mit Eiswasser; $D._4^{20}$ 1,0395; n_D^{20} 1,4663; 53% (Ausbeute). Daneben *1.1-Dichlorcyclopentan*, $C_5H_8Cl_2$, Kp. 140—143°; $D._4^{20}$ 1,1828; n_D^{20} 1,4710; 20%. — *Bromierung von* **II**: Man gibt zu 135 g **II** in 135 ml Chlf. unter Kühlung 62 ml Br_2 in 90 ml Chlf., wäscht mit Na_2SO_3-Lsg. u. dest.: *1-Chlor-3-bromcyclopenten-(1)* (**IV**), C_5H_6BrCl, $Kp._6$ 60 bis 61°; $D._4^{20}$ 1,6076; n_D^{20} 1,5411; 20% (wird in W.–Bzl. durch $KMnO_4$ zu *Bernsteinsäure*, F. 182—184°, oxydiert), u. *1-Chlor-1.2-dibromcyclopentan* (**III**), $Kp._5$ 87—89°; $D._4^{20}$ 1,9588; n_D^{20} 1,5597; 39%. — *Rk. von* **IV** *mit Zn*: Man gibt zu 71 g Zn-Staub in 25 ml Dioxan unter N_2 bei 65° in 1½ Std. 28 g **IV**, rührt 5 Std. u. dest.: *Cyclopenten*, Kp. 46—48°; $D._4^{20}$ 0,7752; n_D^{20} 1,4267; 4,3%. **II**, Kp. 103—106°; $D._4^{20}$ 1,0378; n_D^{20} 1,4152; 33%. *Bis-[3-chlorcyclopenten-(2)-yl-(1)]*- (**VI**) $C_{10}H_{12}Cl_2$, $Kp._4$ 98—99°; $D._4^{20}$ 1,1970; n_D^{20} 1,5272; 33%. — *Dicyclopentyl*, Kp. 188—189°, durch Hydrierung von 25 g **VI** in 15 ml A. an $Pd/CaCO_3$; $D._4^{20}$ 0,8695; n_D^{20} 1,4655; 60%. — Bei der Rk. von 50 g **III** mit 150 g Zn in 50 ml Dioxan erhält man: **II** (39%) u. *1.2-Dibromcyclopenten-(1)* (**V**), $C_5H_6Br_2$, $Kp._3$ 51—54°; $D._4^{20}$ 1,9061; n_D^{20} 1,5550; 11%. **V** ($Kp._5$ 57°; $D._4^{20}$ 1,9282; n_D^{20} 1,5568) wird auch beim Erhitzen von **III** mit alkohol. KOH auf 40—50° erhalten. **V** liefert bei der Oxydation mit $KMnO_4$ in W.–Aceton *Glutarsäure*, F. 90—91°. — *Bis-[cyclopenten-(1)-yl-(1)]*, $Kp._3$ 42—52°; $D._4^{20}$ 0,9254; n_D^{20} 1,5237; a) man läßt 7,5 g Na, 30 ml Ae. u. 11,3 g **II** einige Std. lang stehen; 33%; b) aus 35 g **III** u. Na in Ae.; 4 g. — *Bis-[cyclopenten-(2)-yl-(1)]*, $Kp._2$ 40—55°, aus **V** u. Na in Ae.; $D._4^{20}$ 0,9102; n_D^{20} 1,4910. Liefert ein *Tetrabrom-Deriv.*, F. 178—179°. Helmut Schäfer. 1810□

Eine neue Methode zur Synthese von heteroanular disubstituierten Ferrocenen. R. C. Koestler und W. F. Little. (Chem and Ind. **1958**, 1589, 29/11.; Chapel Hill, N.C., Univ. of North Carolina, Venable Chem. Labor.; engl.) — Beschrieben wird die Darst. von heteroanular *disubstituierten Ferrocenen* durch Zugabe von Phenyl-Li (**I**) oder $LiAlH_4$ zu Fulvenen u. anschließende Behandlung mit $FeCl_2$. Durch Zugabe des nach Ziegler u. Schäfer [1934] aus Dimethylfulven (**II**) u. **I** in Ae. dargestellten *Dimethylbenzylcyclopentadienid-Li* zu $FeCl_2$ in Tetrahydrofuran wird *1.1'-Bis-[dimethylbenzyl]-ferrocen* ($C_{28}H_{30}Fe$, F. 133,5—135°) erhalten. Analog entsteht durch Behandlung von Diphenylfulven (**III**) mit **I** u. anschließende Zugabe zu $FeCl_2$ *1.1'-Bis-[triphenylmethyl]-ferrocen* (F. 174—175°, aus Aceton gelbe Kristalle). Es reagiert somit die exo-Doppelbindung der Fulvene mit **I**. Durch Behandlung von **II** mit $LiAlH_4$ in Ae. u. Zugabe zu $FeCl_2$ zu Tetrahydrofuran wird *1.1'-Diisopropylferrocen*, analog aus **III** *1.1'-Dibenzhydrylferrocen* dargestellt. K. Lange. 1810

Darstellung von Cyclooctatetraenen durch Photoaddition von Acetylenen an Benzol. D. Bryce-Smith und J. E. Lodge. (Proc. chem. Soc. [London] **1961**, 333—34, Sept.; Reading, Univ.; engl.) — 20std. Bestrahlung von 5 g Propionsäuremethylester in Bzl. auf 53° ergibt 0,8 g *Cyclooctatetraencarbonsäuremethylester*. Freie *Säure*, F. 72,5°. *Cyclooctatetraen-1.2-dicarbonsäuredimethylester* [$C_{12}H_{12}O_4$, F. 109,5—110,5°; 2 g (Ausbeute); *freie Säure*, $C_{10}H_8O_4$, F. 207,5—208,5° (Zers.)] entsteht durch 20std. Bestrahlung von 4 g Acetylendicarbonsäuredimethylester in 150 ml Bzl. auf 50—55°. Bei der katalyt. Hydrierung werden 4 Mol H_2 aufgenommen. 7 g Phenylacetylen ergeben durch 18std. Bestrahlung in Bzl. auf 56—58° unter N_2 0,2 g *Phenylcyclooctatetraen* neben wenig *1-Phenylazulen* als blaues Öl. *Cyclooctatetraen* entsteht in Spuren beim Sättigen von Bzl./Aceton mit Acetylen u. Bestrahlen auf 52—56°. Die Rk.-Mechanismen werden diskutiert. W. Hampel. 1810□

Synthesen und Reaktionen von 2-Brommethyltroponen. Katsuo Kikuchi. (Bull. chem. Soc. Japan **33**, 633—36, Mai 1960; engl.) — Vgl. C. **1962**, 18096. — Durch Br_2 in Eisessig werden die kernbromierten 2-Methyltropone in *7-Brom-* (**I**), *3.7-Dibrom-* (**II**) u. *3.5.7-Tribrom-2-brommethyltropon* (**III**) übergeführt, die über die *2-Acetoxy-* die *2-Hydroxymethyl-Verbb.* ergeben. Das Prod. aus **I** wird zu *7-Brom-2-formyltropon* oxydiert. Verd. NaOH lagert **II** u. **III** zu *4-Brom-* bzw. *4.6-Dibromphthalid* (**IV**) um.

Versuche: 2-Brommethyltropone: *7-Brom-* (**I**), $C_8H_6Br_2O$, F. 103—104°, aus 200 bzw. 520 mg 7-Brom-2-methyltropon a) durch ½ std. Rk. mit Br_2 in Eisessig bei 95° (Meth. **A**); 60 mg (Ausbeute); b) durch 4½ std. Rk. mit N-Bromsuccinimid in sd. CS_2 unter Bestrahlung; 500 mg; aus A. Nadeln. — *3.7-Dibrom-* (**II**), $C_8H_5Br_3O$, F 142 bis 143°, aus 0,1 g 3.7-Dibrom-2-methyltropon nach **A**; aus A. blaßgelbe Nadeln; 0,11 g. 1 std. Erhitzen von 100 mg **II** mit 1n NaOH auf 95° → 35 mg *4-Bromphthalid* [F. 98 bis 99°; katalyt. Debromierung → *Phthalid* (**V**), F. 70—71°]. — *3.5.7-Tribrom-* (**III**), $C_8H_4Br_4O$, F. 107—108°, aus 0,2 g 2-Methyl-3.5.7-tribromtropon nach **A**; aus A. blaßgelbe Platten; 0,22 g. Erhitzen von **III** in wss.-alkohol. NaOH → *4.6-Dibromphthalid* (**IV**), F. 112—113°. — *Tribrommethyltropon*, $C_8H_5Br_3O$, F. 133—134°, aus 50 mg **I** nach **A**; aus A. blaßgelbe Nadeln; 45 mg. Erhitzen mit verd. wss. NaOH → schwarzes Harz. — 2-Acetoxymethyltropone: *7-Brom-* (**VI**), $C_{10}H_9BrO_3$, F. 110—111°, aus 0,15 g **I** durch ¼ std. Erhitzen mit Essigsäure u. Ag-Acetat auf 95° (Meth. **B**); aus Bzl.–PAe. Nadeln; 0,13 g. — *3.7-Dibrom-* (**VII**), $C_{10}H_8Br_2O_3$, F. 88—89° (A.), aus 0,2 g **II** a) nach **B** mit Na-Acetat in 1½ Std.; 0,16 g; b) nach **B**; 0,15 g. — *3.5.7-Tribrom-*, $C_{10}H_7Br_3O_3$, F. 88—90°, aus 0,3 g **III** nach **B**; aus A. Nadeln; 0,24 g. 2 std. Kochen in A.–2n HCl → **IV**. — 2-Hydroxymethyltropone, aus den entsprechenden Acetoxy-Verbb. durch 1 std. Kochen in A.–2n HCl: *7-Brom-* (**VIII**), $C_8H_7BrO_2$, F. 120—121° (Zers.), aus 0,33 g **VI**; aus A. Nadeln; 0,26 g. ½ std. Erhitzen mit n NaOH auf 95° → **V**. — *3.7-Dibrom-*, $C_8H_6Br_2O_2$, F. 109—110° (Zers.; A.), aus 0,1 g **VII**; 70 mg. — *7-Brom-2-formyltropon*, $C_8H_5BrO_2$, F. 148—150°, a) durch 2 std. Stehen von **VIII** mit MnO_2 in Bzl. bei Zimmer-Temp.; 0,1 g; b) durch 1 std. Stehen von 0,1 g **VIII** mit CrO_3 in Eisessig–Acetanhydrid bei 35—40°; 40 mg; aus A. gelbe Nadeln. *Phenylhydrazon*, $C_{14}H_{11}BrNO_2$, F. 142° (Zers.), purpurfarbene Nadeln. *Azin*, $C_{16}H_{10}Br_2N_2O_2$, F. 147—148° (Zers.); gelb.

K. Lehmstedt. 1960□

Untersuchungen auf dem Gebiet der Polymethylenringe. 35. Mitt. **Synthese von Cyclohexandion-(1.2)- und Hexandion-(2.3)-dihydrazon.** N. A. Domnin, Ss. A. Issakowa und R. Tsch. Kolinski. (Журнал Общей Химии [J. allg. Chem.] **30** (**92**), 2480—84, Aug. 1960; Leningrad, Univ.; russ.) — 34. vgl. Журнал Общей Химии [J. allg. Chem.] **30** (**92**), [1960], 799; 32. vgl. C. **1961,** 11683. — Es werden *Cyclohexandion-(1.2)-* (**I**) u. *Hexandion-* (**II**) *(2.3)-dihydrazon* dargestellt.

Versuche: *Cyclohexandion-(1.2)* (**I**), *Dihydrazon*, $C_6H_{12}N_4$, F. 60—62°, man gibt zu 8 g Hydrazin in 20 ml abs. A. bei 0° tropfenweise 4 g **I** in 20 ml A., rührt 8 Std. u. dampft bei <40° ein; hellgelb; 45% (Ausbeute). *Ketazindihydrazon*, $C_{12}H_{20}N_6$, F. 178,5°, a) man gibt zu 4,1 g **I** in 18 ml abs. A. bei 10—12° tropfenweise 4 g Hydrazinhydrat, rührt 6—7 Std. lang bei 20°, dampft im Vakuum ein u. läßt das erhaltene Öl einige Monate lang über $CaCl_2$ stehen; Pyramiden; b) durch mehrwöchiges Stehen von **I**-Dihydrazon unter CCl_4. — *Hexandion-(2.3)* (**II**), Kp.$_{40}$ 42,5—44°, man gibt zu 20 g Hexanon-(2) u. 2 g Pt-Draht unter schwachem Erwärmen tropfenweise 42 g HNO_3 (D. 1,36), erwärmt noch 30—40 Min. lang u. fraktioniert die obere Schicht; D_4^{20} 0,9259; $n_D^{18,8}$ 1,4057; 7% (Ausbeute). *Dioxim*, F. 169—169,5°. *Dihydrazon*, $C_6H_{14}N_4$, F. 59,5—60,3° (Bzl.), aus 8 g Hydrazin u. 2,4 g **II** in 35 ml abs. A. unter Kühlung; 50%; liefert mit Phthalsäureanhydrid in Essigsäure eine *Verb.* $C_{14}H_{16}N_4O_2$, F. 270—275° (Zers.; A.); reagiert mit Pikrinsäure in A. zu *Hydrazinpikrat*, $C_6H_7N_5O_7$, F. 184,5°.

Helmut Schäfer. 1970□

Untersuchungen auf dem Gebiet der Polymethylenringe. 36. Mitt. **Über die Existenzfähigkeit des Siebenringes mit einer dreifachen Bindung (Cycloheptin).** N. A. Domnin und R. Tsch. Kolinski. (Журнал Общей Химии [J. allg. Chem.] **31** (**93**), 1799—1805, Juni 1961; russ.) — 35. vgl. vorst. Referat. — Es wurde die Rk. von Cycloheptandion-(1.2) (**I**) mit Hydrazin zu **I**-*Dihydrazon* sowie die Bldg. von **I**-*Ketazindihydrazon* untersucht. Unter den Prodd. der Oxydation von **I**-Dihydrazon wurden spektroskop. Verbb. mit Dreifach- u. Allenbindungen festgestellt. Diese konnten nicht rein isoliert werden, wodurch experimentell bestätigt wird, daß Cycloheptin wegen zu großer Spannungen im Mol. nicht beständig ist.

Versuche: *Cycloheptandion-(1.2)* (**I**), Kp.$_{13}$ 103—107°, durch Oxydation von Suberon mit SeO_2; n_D^{20} 1,4685. *Bis-[2.4-dinitrophenylhydrazon]*, F. 212—214°. *Chinoxalin-Deriv.*, $C_{13}H_{14}N_2$, F. 83,5—85°. *Dihydrazon*, $C_7H_{14}N_4$, F. 70—72° (Bzl.), man gibt zu 32 ml Hydrazin in 50 ml abs. A. bei 0—5° tropfenweise 31,5 g **I** in 50 ml A., rührt 3—4 Std. lang, läßt über Nacht stehen, dampft bei <40° im Vakuum ein u. läßt stehen; 57% (Ausbeute). *Ketazindihydrazon*, $C_{14}H_{24}N_6$, F. 200—204° (A., Bzl.), man gibt zu 13,8 g Hydrazinhydrochlorid u. 8 g NaOH in 45 ml W. u. 20 ml Methanol bei 0—5°, tropfenweise 6,3 g **I** in 40 ml Methanol, läßt über Nacht bei 0° u. 24 Std. bei 20° stehen, filtriert u. kühlt; 58%. — Die Oxydation von **I**-Dihydrazon mit HgO (Kochen bzw. Erhitzen in Bzl.,Toluol oder Ae. in Ggw. von KOH) liefert Harze, aus denen keine individuelle Verb. isoliert werden konnte. Helmut Schäfer. 1970

Zersetzung von Phenyldiazoniumborfluorid in Nitrobenzol in Gegenwart von Zink-, Cadmium- und Silberpulver. L. G. Makarowa und M. K. Matwejewa. (Известия Академии Наук СССР, Отделение Химических Наук [Nachr. Akad. Wiss. UdSSR, Abt. chem. Wiss.] **1961**, 1898—99, Okt.; Inst. für elementorg. Verbb. der Akad. der Wiss. der UdSSR; russ.) — Vgl. C. **1961**, 12061. — Beim Erhitzen von Phenyldiazoniumfluoroborat (I) in Nitrobenzol in Ggw. von Zn-, Cd- oder Ag-Pulver bilden sich in geringer Menge durch homolyt. Zerfall alle 3 *Nitrodiphenyle*, in Ggw. von Zn- u. Ag-Pulver außerdem *Azobenzol*. Zum Beispiel rührt man 164 g **I** in 415 g Nitrobenzol mit 87 g Zn-Staub 7 Tage (bis zur negativen Rk. auf Diazonium-Verbb.) u. erhält: 0,1 g *o-Nitrodiphenyl*, Kp.$_3$ 95—110°, F. 36—37° (Sublimation); 0,3 g *m-Nitrodiphenyl*, Kp.$_3$ 145—150°, F. 58—59° (Sublimation); 1,04 g *p-Nitrodiphenyl*, Kp.$_3$ 155—170°, F. 113—114° (A., Sublimation); 0,26 g *Azobenzol*, F. 66—68° (Methanol). Analoge Ergebnisse bei der Zers. von **I** in Ggw. von Cd oder Ag. Helmut Schäfer. 2210

Synthese und katalytische Umwandlungen von schwefelhaltigen ac-β-Tetralinderivaten am Aluminiumsilicatkatalysator. T. A. Danilowa und I. N. Titz-Skworzowa. (Вестник Московского Университета, Серия Математики, Механики, Астрономии, Физики, Химии [Nachr. Moskauer Univ., Ser. Math., Mechan., Astronom., Physik, Chem.] **13**, Nr. 2, 159—67, 1958; Moskau, Univ., Lehrstuhl für Erdölchem.; russ.) — Vgl. C. **1959, 9884**. — Beim Überleiten von 2-Mercapto- (**I**), 2-Nonylmercapto- (**II**) u. 2-Cyclopentylmercaptotetralin (**III**) bei 300° über einen Aluminiumsilicatkatalysator wird der Schwefel quant. abgespalten, wobei sich prim. *1.2-* oder *1.4-Dihydronaphthalin* (**IV**) u. H_2S, *Nonylmercaptan* (**V**) bzw. *Cyclopentylmercaptan* (**VI**) bilden. Die Dihydronaphthaline disproportionieren vollständig zu *Naphthalin* (**VII**) u. *Tetralin* (**VIII**); **V** geht z. T. in H_2S u. *Nonen*, das zu *Nonan* hydriert wird, über, **VI** z. T. in H_2S u. *Cyclopenten*. In Abwesenheit eines Katalysators sind **I** u. **II** bei 300° stabil. Aus **IV** wird bei 300° an Alumosilicat ein Gemisch aus **VII** u. **VIII** erhalten.

Versuche: *ac-β-Tetralol* [*Tetralol-(2)*], $C_{10}H_{12}O$, Kp.$_3$ 118—119°, Kp.$_6$ 123—124°, man hydriert β-Naphthol nach Stork [1947]; $D._4^{20}$ 1,0835; n_D^{20} 1,5611; 63,9%. *Phenylurethan*, F. 98—98,5°. — *2-Chlortetralin*, $C_{10}H_{11}Cl$, Kp.$_2$ 92,5—93°, aus vorst. Verb. u. konz. HCl nach Richtzenhain [1948]; $D._4^{20}$ 1,1168; n_D^{20} 1,5588; 52,5% (Ausbeute). — *2-Mercaptotetralin* (**I**; *ac-β-Thiotetralol*), $C_{10}H_{12}S$, Kp.$_2$ 101,5—102,5°, man gibt zu 56,8 g vorst. Verb. in 100 ml Ae. während 1¹/₄ Std. 8,2 g Mg (mit 0,5 ml Brom aktiviert), erhitzt 1 Std., gibt innerhalb von 50 Min. 10,9 g Schwefel zu u. erhitzt noch 1¹/₄ Std.; $D._4^{20}$ 1,0837; n_D^{20} 1,5800; 38,3%. — *Tetralyl-(2)-nonylsulfid* (**II**; *2-Nonylmercaptotetralin*), $C_{19}H_{30}S$, Kp.$_2$ 196,5—197°, aus 16,4 g **I**, 21,1 g Nonylbromid u. 5,6 g KOH in 50 ml A.; $D._4^{20}$ 0,9639; n_D^{20} 1,5306; 79,9%. — *Tetralyl-(2)-cyclopentylsulfid* (**III**; *2-Cyclopentylmercaptotetralin*), $C_{15}H_{20}S$, Kp.$_2$ 159—159,9°, aus 22,9 g **I**, 21,0 g Cyclopentylbromid u. 7,9 g KOH in 55 ml A.; $D._4^{20}$ 1,0586; n_D^{20} 1,5720; 78,1%. — *1.4-Dihydronaphthalin* (**IV**), Kp.$_{750}$ 205°, F. 24,5—25°, nach Hückel [1939]; 83,7%. — 18 g **I** liefern beim Überleiten über Aluminiumsilicat 3,35 g H_2S u. 11,7 g fl. Katalysat, aus dem 5,2 g **VIII** (Kp.$_3$ 67,5—68°; $D._4^{20}$ 0,9712; n_D^{20} 1,5469) u. 4,7 g **VII** (F. 80°; *Pikrat*, F. 149,5°) erhalten werden. — Analog: Aus 20,7 g **II** 1,09 g H_2S u. 15,6 g fl. Katalysat, das 5,0 g **V** (Kp.$_{10}$ 89—91°; $D._4^{20}$ 0,8408; n_D^{20} 1,4551), 4,0 g *Nonan* (Kp.$_{739}$ 146,3°; $D._4^{20}$ 0,7184; n_D^{20} 1,4074), 2,7 g **VIII** u. 1,9 g **VII** liefert. Aus 24,9 g **III** 2,41 g H_2S u. 18,9 g fl. Katalysat, aus dem erhalten werden: 5,4 g **VIII**, 4,9 g **VII**, 4,2 g *Cyclopenten* (Kp.$_{747}$ 45—46,2°; $D._4^{20}$ 0,7742; n_D^{20} 1,4210) u. 2,7 g **VI** (Kp.$_{747}$ 131—132°; $D._4^{20}$ 0,9471; n_D^{20} 1,4850). — Bei der therm. Umwandlung von **I**, **II** u. **III** werden neben den vorst. Verbb. in geringer Menge H_2, *Methan*, *Äthan* u. *Olefine* gebildet.

Helmut Schäfer. 2700

Santonin und verwandte Verbindungen. 16. Mitt. C-Methylierung von Δ^4-Oktalon-(3)-Systemen. Masaiti Yanagita, Minoru Hirakura und Fujio Seki. (J. org. Chemistry **23**, 841—43, 20/6. 1958; Shinjuku-Ku, Tokyo, Keio-Gijuku Univ., Med. School, Pharm. Labor.; engl.) — 15. vgl. J. org. Chemistry **23**, [1958], 690; 14. vgl. C. **1960**, 9886; 19. vgl. C. **1962**, 15243. — Die Rk. von 9-Methyl-Δ^4-oktalon-(3) (**I**) mit CH_3J u. K-tert.-Butylat ergibt als Hauptprod. *4.4.9-Trimethyl-$\Delta^{4a,5}$-oktalon-(3)* (**II**) neben wenig *2.4.4.9-Tetramethyl-$\Delta^{4a,5}$* (**III**) u. *4.9-Dimethyl-Δ^4-oktalon-(3)* (**IV**). Die analoge Methylierung von **IV** liefert neben **II** wenig **III**. **IV** wird außerdem durch Kondens. von 2-Methylcyclohexanon (**V**) u. Diäthylaminopentanon-(3) (**VI**) in Ggw. von Na synthetisiert. Die Methylierungs-Rk. wird an Hand von Resonanzstrukturen diskutiert.

Versuche: *4.4.9-Trimethyl-$\Delta^{4a,5}$-oktalon-(3)* (II), F. 31,5—32,5°, a) durch 5 Min. langes Kochen von 1,64 g I mit CH_3J in tert. Butanol in Ggw. von 3 Val K-tert.-Butylat, Filtrieren, Dest. u. Chromatographie an Al_2O_3; 46% (Ausbeute); b) analog a) in Ggw. von 1 Val K-tert.-Butylat; 25%; c) analog a) in Ggw. von 2 Val K-tert.-Butylat; 38%; d) durch 7 std. Kochen von IV mit CH_3J in Ggw. von 2 Val K-tert.-Butylat in tert.-Butanol; 24%; Blättchen. *2.4-Dinitrophenylhydrazon* (DNP), $C_{19}H_{24}N_4O_4$, F. 159—160°, aus A. gelbe Blättchen. Neben II: IV u. *2.4.4.9-Tetramethyl-$\Delta^{4a,5}$-oktalon-(3)* (III), nach a), Öl; 0,3 g; *DNP*, $C_{20}H_{26}N_4O_4$, F. 177,5—178°, orangefarbene Blättchen aus A.-Äthylacetat; 77%. — *4.9-Dimethyl-Δ^4-oktalon-(3)* (IV), Kp.$_1$ 99—100°, Kp.$_2$ 104—107°, durch 3 std. Erwärmen von V-Na-Salz mit VI auf 130—140°, Ansäuern u. Ausäthern; gelbes Öl, n_D^{20} 1,5256; 69%. W. Hampel. 2700□

Acenaphthenonaldehyd (2-Hydroxyacenaphthylen-1-aldehyd). Elisa Ghigi und Annamaria Drusiani. (Gazz. chim. ital. 89, 1427—36, Mai/Juni 1959; Bologna, Univ., Ist. di Chim. farm. e tossicol.; Ist. Chim. „G. Ciamician"; ital.) — Der nach Friedländer [1922] durch Spaltung von Thionaphthenacenaphthenindigo (Scharlach Ciba F 6; I) mit alkohol. KOH zugängliche *2-Hydroxyacenaphthylen-1-aldehyd* (*Acenaphthenonaldehyd*; II) kann auf analogem Wege aus Acenaphthen indolindigo (V), den man durch Erhitzen von Isatin (VI) mit PCl_5 u. Umsetzung des nicht isolierten *Isatinchlorids* mit Acenaphthenon (IV) erhält, darstellen. II entsteht ferner durch Einw. von Dimethylformamid (DMF) auf IV in Ggw. von $POCl_3$ über die Stufe des *2-Chloracenaphthylen-1-aldehyds* (III) u. dessen Behandlung mit alkohol. KOH. III liefert mit methanol. KOH den *Methyläther* von II. II u. sein Methyläther gehen beim Erhitzen mit Phenylhydrazin (VII) in ein u. dasselbe *Phenylhydrazon* über, das man in 3 verschiedenen Modifikationen isoliert. Bei der Oxydation von III mit $KMnO_4$ erhält man *Naphthalsäure-(1.8)*.

Versuche: *Acenaphthenindolindigo* (V), durch 15 Min. langes Kochen von 3,7 g VI mit 5,1 g PCl_5 in Bzl., Zugabe von 4,2 g IV in Bzl., 1 std. Kochen u. Umkristallisieren des in der Kälte ausgeschiedenen Rk.-Prod. aus Xylol; 3 g (Ausbeute). — *2-Hydroxyacenaphthylen-1-aldehyd* (*Acenaphthenonaldehyd*; II), $C_{13}H_8O_2$, F. 182° (Bzl.; gelbgrün), a) durch 3 std. Kochen von 5 g I mit 30%ig. alkohol. KOH, Lösen des abfiltrierten Rk.-Prod. in W. u. Ansäuern mit konz. HCl; gibt mit alkohol. $FeCl_3$ Grünfärbung; 0,7 g; b) analog aus 1 g V; 0,2 g; c) durch 8 std. Kochen von 4 g III mit 20%ig. alkohol. KOH u. Aufarbeitung analog a); 3,5 g; d) aus 2,5 g *Methyläther* analog c); 1,6 g. *Phenylhydrazon*, $C_{19}H_{14}N_2O$, F. 180—183° (Bzl.; gelbe Nadeln), F. 187—190° (A.-Bzl.), F. 176° (A.; rote Nadeln), a) durch $^1/_2$ std. Kochen von 0,6 g II mit VII in A. u. wenig Essigsäure; 0,7 g; b) analog aus dem *Methyläther*. *Methyläther*, $C_{14}H_{10}O_2$, F. 162° (CH_3OH), a) durch Kochen von 1 g III mit methanol. HCl bis zur vollständigen Lsg., 2tägiges Aufbewahren u. Abfiltrieren; 0,8 g; b) durch Lösen von 2 g II in heißem CH_3OH, Zugabe von konz. HCl u. 2tägiges Aufbewahren bei Raum-Temp.; 1,8 g. — *2-Chloracenaphthylen-1-aldehyd* (III), $C_{13}H_7ClO$, F. 159—162° (wss. A.), durch Zugabe von 10 g in DMF gelöstem IV zu dem auf 60° erwärmten Gemisch von 15 ml $POCl_3$ u. DMF, 1 std. Erwärmen auf 60°, Hydrolyse mit Eis u. Na-Acetat, 1 std. Kochen, Abkühlen u. Filtration; 11,1 g. *Oxim*, $C_{13}H_8ClNO$, F. 190° (wss. A.), aus 1 g III, $NH_2OH \cdot HCl$ u. Na_2CO_3 in A.; 0,8 g. — *Naphthalsäure-(1.8)*, F. 265—266° (A.), durch $^1/_4$ std. Kochen von 5 g III mit alkal. $KMnO_4$ u. Ansäuern der filtrierten Lsg. mit verd. H_2SO_4; 0,8 g; daneben werden durch Extraktion des MnO_2-Schlammes mit A. 1,2 g III zurückerhalten. G. Platzer. 2750□

Darstellung von 1-Methylanthrachinon durch Diensynthese. Wal. L. Plakidin, W. Ja. Fain und W. I. Trunow-Krassowski. (Журнал Прикладной Химии [J. angew. Chem.] 34, 1643—45, Juli 1961; Rubeshnoje, Filiale des Woroschilow-Forschungsinst. für org. Zwischenprodd. u. Farbstoffe; russ.) — Durch Dien-Synth. von Naphthochinon-(1.4) (I) mit Piperylen (II) u. Oxydation des gebildeten *1.4-Dihydro-1-methylanthrahydrochinons* wird *1-Methylanthrachinon* (III) dargestellt. Von den untersuchten Lsgm. erwies sich Butanol als am geeignetsten. Die Struktur von III folgt aus seiner Oxydation zu *Anthrachinon-1-carbonsäure*.

Versuche: *1-Methylanthrachinon* (III), $C_{15}H_{10}O_2$, F. 171—172° (Essigsäure), man kocht 5 g I u. 4,3 ml II in 45 ml Butanol $4^1/_2$ Std., dest. II bei 50—60° ab, gibt 50 ml 8%ig. methanol. KOH, dann bei 10° in $^1/_4$ Std. 10 ml 30%ig. H_2O_2 zu, rührt $^1/_2$ Std. u. verd. mit 250 ml W.; hellgelb; 69,8% (Ausbeute). Mit A., Methanol, Dioxan, Essigsäure oder Toluol; 57—65%, 42—46%, 73—76%, 40—42% bzw. 43—45%. — *Anthrachinon-1-carbonsäure*, F. 290—292°, durch 3 std. Erhitzen von 200 mg III u. 2,5 ml 55%ig. HNO_3 im Rohr auf 160°; 156 mg. Helmut Schäfer. 2800

Übergang von Tricyclohexenonen zu Tricyclohexenylaminen. M. N. Tilitschenko, N. Ss. Berbulessku und W. I. Wyssotzki. (Журнал Общей Химии [J. allg.

Chem.] 31 (93). 4058—59, Dez. 1961; Fernöstl. Univ.; russ.) — Tricyclohexenon [I; 2.3-Tetramethylenbicyclo-(3.3.1)-nonen-(2)-on-(9)] u. Methyltricyclohexenon [II; 4-Methyl-2.3-tetramethylenbicyclo-(3.3.1)-nonen-(2)-on-(9)] werden durch Einw. von Formamid u. Ameisensäure unter den Bedingungen der Leuckart-Rk. in die entsprechenden *Amine* übergeführt. — *Tricyclohexenylamin-[9-Amino-2.3-tetramethylenbicyclo-(3.3.1)-nonen-(2)]*, $C_{13}H_{21}N$, Kp.$_8$ 137—139°, aus I; $D._4^{20}$ 1,0282; n_D^{20} 1,5358. *N-Formylderiv.*, $C_{14}H_{21}NO$, F. 146,5° (70%ig. A.). *N-Benzylidenderiv.*, $C_{20}H_{25}N$, F. 82,7°. — *Methyltricyclohexylamin [9-Amino-4-methyl-2.3-tetramethylenbicyclo-(3.3.1)-nonen-(2)]*, $C_{14}H_{23}N$, Kp.$_1$ 154—155°, aus II; $D._4^{20}$ 1,0151; n_D^{20} 1,5320. *N-Acetylderiv.*, $C_{16}H_{25}NO$, F. 144—146° (Dioxan). — Die Amine wurden IR-analyt. untersucht. Helmut Schäfer. 2950

Das Tricyclo-[5.3.0.0$^{2.6}$]-decansystem. Die Photodimeren von Cyclopentenon. Philip E. Eaton. (J. Amer. chem. Soc. **84**, 2344—48, 20/6. 1962; Berkeley, Calif., Univ. of California, Dep. of Chem.; engl.) — Vgl. C. **1963**, 468. — Cyclopenten-(2)-on (II) wird durch UV-Bestrahlung in ein Gemisch zweier Photodimeren umgewandelt, deren Konstit. als *cis-trans-cis-Tricyclo-[5.3.0.0$^{2.6}$]-decandion-3.8* (III) bzw. *-3.10* (IV) bestimmt wurden. Folge-Rkk. sind beschrieben, z. B. Wolff-Kishner-Red., Enolacetylierung, Baeyer-Villiger-Oxydation. Bromierung u. anschließende Dehydrobromierung des Bis-enolacetats von III gab *cis-trans-cis-Tricyclo-[5.3.0.0$^{2.6}$]-decadien-(4.9)-dion-(3.8)* (I), ein möglicher Vorläufer für die Synth. des benzoiden aromat. KW-Stoffs Tricyclo-[5.3.0.0$^{2.6}$]-decapentaen.

Versuche: *cis-trans-cis-Tricyclo-[5.3.0.0$^{2.6}$]-decandion-(3.8)* (III), $C_{10}H_{12}O_2$, F. 125 bis 126,5° (CH_2Cl_2/Hexan; sublimiert bei 115°/0,5 mm), durch 24std. Bestrahlung von II mit einer Hg-Bogenlampe bei Raum-Temp.; 43—49% (Ausbeute). *Bis-äthylenketal*, $C_{14}H_{20}O_4$, F. 143—143,5°, aus CH_2Cl_2/Hexan Platten; 91%. — *cis-trans-cis-Tricyclo-[5.3.0.0$^{2.6}$]-decandion-(3.10)* (IV), $C_{10}H_{12}O_2$, F. 66—67° (Hexan), Kp.$_1$ 125°, aus den Mutterlaugen von III; 37—45%. — *cis-trans-cis-Tricyclo-[5.3.0.0$^{2.6}$]-decan*, $C_{10}H_{16}$ (gaschromatograph. Reinigung), aus 2 g III u. 85%ig. $N_2H_4 \cdot H_2O$ in Ggw. von KOH in Diäthylenglykol (190°; 1,1 g) oder analog aus IV. — *cis-trans-cis-3.9-Dioxatricyclo-[6.4.0.0$^{2.7}$]-dodecandion-(4.10)* (V), $C_{10}H_{12}O_4$, F. 156—157° (Bzl. oder CCl_4), aus III u. Monoperphthalsäure in Ae. unter Eiskühlung (exotherm, dann $^3/_4$std. Kochen); 60%. — *cis-trans-cis-Dioxatricyclo-[6.4.0.0$^{2.7}$]-dodecandion-(4.11)* (VI), $C_{10}H_{12}O_4$, F. 103—105°, analog aus IV; 55%. — *trans-1.3-Dihydroxy-trans-2.4-bis-[β-methoxycarbonyläthyl]-cyclobutan*, Öl, durch 15std. Kochen von V mit CH_3OH in Ggw. von Polystyrolsulfonsäure-Harz; Erhitzen gibt V zurück. — *trans-1.2-Dihydroxy-trans-3.4-bis-[β-methoxycarbonyläthyl]-cyclobutan*, Öl, analog aus VI; wird im Gegensatz zu vorst. Verb. durch $Pb(OOCCH_3)_4$ in feuchter CH_3COOH bei Raum-Temp. gespalten (Strukturbeweis für III u. IV). — *cis-trans-cis-Tricyclo-[5.3.0.0$^{2.6}$]-decadien-(3.8)-diol-(3.8)-diacetat*, $C_{14}H_{16}O_4$, F. 95—96° (Hexan), aus III u. Isopropenylacetat in Ggw. von p-Toluolsulfonsäure (24 Std. bei 90°); 58%. Gibt mit Na_2CO_3 in 50%ig. wss. CH_3OH III zurück (100 → 54 mg). — *3.4.8.9-Tetrabrom-3.8-diacetoxy-cis-trans-cis-tricyclo-[5.3.0.0$^{2.6}$]-decan*, aus 16 g vorst. Verb. u. Br_2 in CH_2Cl_2 bei —65°, dann Zugabe von CH_3OH, Abdampfen von CH_2Cl_2 u. 12std. Kochen; 13,4 g (roh). — *cis-trans-cis-Tricyclo-[5.3.0.0$^{2.6}$]-decadien-(4.9)-dion-(3.8)* (I), $C_{10}H_8O_2$, F. 231—233° (CH_2Cl_2/CCl_4), durch Kochen vorst. Verb. mit K-tert.-Butylat in tert.-Butanol über Nacht u. nachfolgendes Behandeln mit 3%ig. HCl bei 45°; 36% (bezogen auf vorvorst. Verb.). Gibt durch Hydrierung von 100 g an Pd-Kohle in Essigsäure bei Normaldruck 57 g III. — *4.9-Dibrom-cis-trans-cis-tricyclo-[5.3.0.0$^{2.6}$]-decandion-(3.8)-bis-äthylenketal*, $C_{14}H_{18}Br_2O_4$, F. 200° (Zers.), aus dem III-Bis-äthylenketal u. Pyridiniumbromidperbromid in Tetrahydrofuran (1std. Kochen); 54%. — *cis-trans-cis-Tricyclo-[5.3.0.0$^{2.6}$]-decadien-(4.9)-dion-(3.8)-bis-äthylenketal*, $C_{14}H_{16}O_4$, F. 177—178° (Prismen aus Hexan), aus vorst. Verb. u. K-tert.-Butylat in Dimethylsulfoxid (1 Std. bei 100°); 84%. Behandeln mit 0,1 n HCl in Tetrahydrofuran gibt I (91%). — *cis-trans-cis-Tetracarbomethoxycyclobutan*, F. 143—144° (CH_2Cl_2/PAe.), aus I u. O_3 in 90%ig. CH_3COOH, dann Zusatz von 30%ig. H_2O_2, $1^1/_2$std. Stehen u. Verestern mit CH_2N_2; 28%. J. Rothe. 2950□

Über schwefelhaltige und andere, aromatisch substituierte Mono- und Diepoxide. 4. Mitt. H. Hopff und R. Wandeler. (Helv. chim. Acta **45**, 982—96, 2/5. 1962; Zürich, ETH, Techn.-chem. Labor.; dt.) — 3. vgl. C. **1962**, 6760. — Die Darst. von 9 aromat. substituierten *Mono-* oder *Dichlorhydrinen* durch Meerwein-Ponndorf-Verley-Red. der entsprechenden α-Chlorketone wird beschrieben. *2-[α-Hydroxy-β-chloräthyl]-thiophen* wird außerdem aus 2-Bromthiophen (I) u. Chloracetaldehyd (III) nach Grignard erhalten. Aus 7 Chlorhydrinen können durch Behandlung mit KOH die entsprechenden *Mono-* oder *Diepoxide* gewonnen werden; ihre IR-Spektren sowie die von *Bis-[4-chloracetyl-*

phenyl]-sulfon u. *Bis-[4-(α-hydroxy-β-chloräthyl)-phenyl]-sulfon* sind abgebildet. Die therm. Beständigkeit der erhaltenen Epoxide ist unterschiedlich. Ein Teil scheint sich mit der Zeit, beim Umkristallisieren oder beim Erwärmen in die isomeren Aldehyde umzulagern. *[4-Epoxyäthylphenyl]-phenylsulfid* (**II**) wird mit Eisessig/Acetanhydrid in *[4-(1.2-Diacetoxyäthyl)-phenyl]-phenylsulfid* übergeführt, das mit H_2O_2 zum *Sulfon* oxydiert wird. In Ggw. von H_2SO_4 bildet **II** ein *Dimeres*, dessen NMR-Spektrum abgebildet ist, u. das wahrscheinlich als *2.5-Bis-[p-phenylmercaptophenyl]-dioxan* zu formulieren ist. *Bis-[4-epoxyäthylphenyl]-sulfid* bildet mit Hexamethylendiamin oder Phthalsäureanhydrid klare, gelbe Harze.

Versuche: *Bis-[4-chloracetylphenyl]-sulfid*, $C_{16}H_{12}Cl_2O_2S$, F. 106—106,5°, durch Zugabe von Diphenylsulfid u. Chloracetylchlorid in CS_2 zu $AlCl_3$, 3 std. Stehen bei Raum-Temp., 1/2 std. Kochen u. Eintragen in Eiswasser; hellgelbe Nadeln oder Prismen aus Aceton u. Aceton/PAe.; 55,1% (Ausbeute). — *Bis-[4-acetylphenyl]-sulfid*, $C_{16}H_{14}O_2S$, F. 89,5—91° (Aceton/PAe.), durch Zugabe von Fe-Pulver u. konz. HCl zu vorst. Verb. in 94%ig. A. bei 55—75°; 78%. — *Bis-[4-chloracetylphenyl]-sulfon*, $C_{16}H_{12}Cl_2O_4S$, F. 177 bis 178,5°, aus vorvorst. Verb. u. H_2O_2 in Eisessig bei 69—95°, Nädelchen aus Aceton u. Aceton/PAe.; 86,3%. — Chlorhydrine, durch Zugabe des α-Chlorketons zur warmen Lsg. von 1,5 Val Al-Isopropylat in Isopropanol, 3 std. Erhitzen unter gleichzeitiger Dest. des Isopropanol/Aceton-Gemisches bei 107—109°: *Bis-[4-(α-hydroxy-β-chloräthyl)-phenyl]-sulfid*, $C_{16}H_{16}Cl_2O_2S$, F. 108,2—109,2° (Ae./PAe., Bzl./PAe.); 45,5%. — *[4-(α-Hydroxy-β-chloräthyl)-phenyl]-phenylsulfid*, $C_{14}H_{13}ClOS$, F. 72,7—73,7°; Nadeln; 82,7%. — *Bis-[4-(α-hydroxy-β-chloräthyl)-phenyl]-sulfon*, $C_{16}H_{16}Cl_2O_4S$, F. 130—132°; Plättchen. — *4.4'-Bis-[α-hydroxy-β-chloräthyl]-diphenylmethan*, $C_{17}H_{18}Cl_2O_2$, F. 94—96°; Plättchen. — *2.6-Bis-[α-hydroxy-β-chloräthyl]-thianthren*, $C_{16}H_{14}Cl_2O_2S_2$, F. $<$ 128°; gelblicher Schaum. — *2.6-Bis-[α-hydroxy-β-chloräthyl]-diphenylendioxid*, $C_{16}H_{14}Cl_2O_4$, F. 139—141°; Nadeln. — *3.6-Bis-[α-hydroxy-β-chloräthyl]-dibenzofuran*, $C_{16}H_{14}Cl_2O_3$, F. 137—137,5°; Nadeln. — *1.4-Di-(α-hydroxy-β-chloräthyl)-benzol*, F. 163—164°. — *2-[α-Hydroxy-β-chloräthyl]-thiophen*, C_6H_7ClOS, Kp.$_{11}$ 121,5—122,5°, a) analog vorst. Verb.; n_D^{20} 1,5657; b) durch Zugabe von **I** zu Mg in Ae., 1/2 std. Kochen, Zutropfen von **III**, 1/2 std. Kochen u. Zers. mit 2n HCl bei 0°; $D.^{20}$ 1,356; n_D^{20} 1,5657; 48,1%. — Epoxide, durch Zugabe von wss. oder alkohol. KOH oder NaOH zur Lsg. des α-Chlorketons in A. bei Raum-Temp.: *Bis-[4-epoxyäthylphenyl]-sulfid*, $C_{16}H_{14}O_2S$, F. 72,5—73,5°, Plättchen aus Bzl./PAe. u. Ae./PAe.; 87,8%. — *Bis-[4-epoxyäthylphenyl]-sulfon*, $C_{16}H_{14}O_4S$, F. 104 bis 105,5° (Bzl./PAe.); 87%. — *2.6-Bis-[epoxyäthyl]-thianthren*, $C_{16}H_{12}O_2S_2$, F. unscharf. — *2.6-Bis-[epoxyäthyl]-diphenylendioxid*, $C_{16}H_{12}O_4$, F. 115—117°, Plättchen. — *3.6-Bis-[epoxyäthyl]-dibenzofuran*, $C_{16}H_{12}O_3$, F. 146,5—148°. — *[4-Epoxyäthylphenyl]-phenylsulfid* (**II**), $C_{14}H_{12}OS$, Kp.$_{0,09}$ 150—151°; $D._4^{25}$ 1,203, n_D^{25} 1,633. — *2-Epoxyäthylthiophen*, C_6H_6OS, Kp.$_{11}$ 80,5—81,5°; n_D^{24} 1,562. — *[4-(1.2-Diacetoxyäthyl)-phenyl]-phenylsulfid*, Kp.$_{0,1}$ 194°, durch 4 1/2 std. Kochen von 1,387 g **II** mit Eisessig/Acetanhydrid; hellgelbes Öl; 1,234 g. — *[4-(1.2-Diacetoxyäthyl)-phenyl]-phenylsulfon*, $C_{18}H_{18}O_6S$, F. 138,5—140°, durch 3 std. Kochen vorst. Verb. mit H_2O_2 in Eisessig/Acetanhydrid; Nadeln aus Aceton/PAe.; 600 mg. — *Dimeres [4-Epoxyäthylphenyl]-phenylsulfid*, $C_{28}H_{24}O_2S_2$, F. 166,5 bis 167°, durch Zutropfen von 9,63 g **II** in halbkonz. H_2SO_4 bei 102°, Gießen auf Eis, Lösen in Bzl., Waschen mit W. u. Chromatographie an Al_2O_3; Plättchen aus Bzl./PAe. u. Aceton/PAe.; 1,73 g. A. Trede. 3030□

Untersuchungen über das Benzofuran. 8. Mitt. **Darstellung von Benzofurylalkansäuren, besonders durch Anwendung der Willgerodt-Kindler-Reaktion auf 2- oder 3-Acylbenzofurane.** Emile Bisagni und René Royer. (Bull. Soc. chim. France **1962**, 86—90, Jan.; Paris, Fondat. Curie, Inst. du Radium, Labor. de Chim. Organ.; franz.) — 7. vgl. C. **1962**, 17738. — 2-Acetyl-, 2-Propionyl-, 2-Äthyl-3-acetyl-, 2-Äthyl-3-propionyl- u. 2-Äthyl-3-butylbenzofuran werden nach Willgerodt zu *Benzofuryl-(2)-essigsäure* (**I**), *β-[Benzofuryl-(2)]-propionsäure* (**II**), *[2-Äthylbenzofuryl-(3)]-essigsäure* (**III**), *β-[2-Äthylbenzofuryl-(3)]-propionsäure* (**IV**) u. *γ-[2-Äthylbenzofuryl-(3)]-buttersäure* (**V**) umgesetzt. Succinylierung von 2-Äthylbenzofuran gibt *β-[2-Äthylbenzofuroyl-(3)]-propionsäure* (**VI**) neben einer isomeren *β-[2-Äthylbenzofuryl-(α)]-propionsäure* (**VII**) mit α vermutlich = 6. Red. von **VII** nach Huang-Minlon liefert *γ-[2-Äthylbenzofuryl-(α)]-buttersäure*, Clemmensen-Red. von **VI** führt zu **V**. Alkal. Abbau von **VI** gibt **II**, während alkal. Abbau des Säuregemisches **VI** + **VII** u. Veresterung *2-Äthylbenzofuran*, **II**-*Äthylester* u. **VI**-*Äthylester* geben. **I** liefert mit $SOCl_2$ das entsprechende *Säurechlorid*, das mit Anisol in Ggw. von $AlCl_3$ nach Friedel-Crafts zu *4-[Benzofuryl-(2)-acetyl]-anisol* umgesetzt wird, welches mit Pyridinhydrochlorid zu *4-[Benzofuryl-(2)-acetyl]-phenol* entmethyliert wird. Analog gibt **III** über *4-[2-Äthylbenzofuryl-(3)-acetyl]-anisol* das entsprechende *Phenol*, **V** über *4-[γ-(2-Äthylbenzofuryl-(3)-butyryl]-anisol*, das von einem Prod. unbekannter Struktur begleitet ist, das entsprechende *Phenol*, während IV-Chlorid mit Anisol kein definiertes Prod. liefert. I-Äthylester liefert mit Acetylchlorid in Ggw. von $SnCl_4$ *3-Acetylbenzofuryl-(2)-essigsäureäthylester*, III-Äthylester in Ggw. von $AlCl_3$ u. mit nachfolgender Hydrolyse *2-Äthyl-α-acetylbenzofuryl-(3)-essigsäure*.

Versuche: *Benzofuryl-(2)-essigsäure* (I), F. 97°, aus 2-Acetylbenzofuran, S u. Morpholin nach Willgerodt-Kindler durch 8std. Kochen, Abkühlen, Zusetzen von HCl, Stehenlassen bei Raum-Temp. (18 Std.), Kochen mit alkohol. 10%ig. NaOH (6 Std.), Ansäuern mit HCl, Stehenlassen bei 15° (18 Std.), Kochen in mit HCl gesätt. A. (3 Std.) u. Verseifen des *Äthylesters* [$Kp._{17}$ 163—165°; n_D^{20} 1,5434; 29,5% (Ausbeute)] durch Kochen mit wss.-alkohol. KOH ($2^1/_2$ Std.); aus PAe.-Bzl. Nadeln. *Chlorid*, $Kp._{19}$ 150 bis 155° (Zers.), aus I u. $SOCl_2$ bei 15° (18 Std.) u. 1std. Erwärmen auf dem Wasserbad; gelb; 69%. — *β-[Benzofuryl-(2)]-propionsäure* (II), F. 108—109°. a) aus 2-Propionylbenzofuran, analog I über den *Äthylester* [$Kp._{12}$ 176—178°, $n_D^{20,5}$ 1,5361; 4%], b) aus 45 g VI- + VII-Äthylester durch 40 Min. langes Kochen in wss.-alkohol. NaOH, Zusetzen von sd. W., Einengen, Ansäuern mit HCl, Extraktion mit Bzl., Stehenlassen des Benzolrückstandes in mit HCl gesätt. A. bei Raum-Temp. (48 Std.), 3std. Kochen u. Verseifen; 3 g (Äthylester); daneben 4,5 g *2-Äthylbenzofuran* u. 8 g *[2-Äthylbenzofuryl-(3)]-essigsäure* (III), F. 84—85°, aus 2-Äthyl-3-acetylbenzofuran über den *Äthylester* [$Kp._{19,5}$ 169 bis 170°, $n_D^{19,5}$ 1,5380; 33,5%]. — *β-[2-Äthylbenzofuryl-(3)]-propionsäure* (IV), F. 70—71°, aus 2-Äthyl-3-propionylbenzofuran über den *Äthylester* [$Kp._{16}$ 183°, n_D^{21} 1,5370; 35%]. — *γ-[2-Äthylbenzofuryl-(3)]-buttersäure* (V), $Kp._{16}$ 220—222°, F. 77—78°, a) aus 2-Äthyl-3-butyrylbenzofuran über den *Äthylester* [$Kp._{0,3}$ 150°, n_D^{19} 1,5257; 15,5%]; b) aus VI in Toluol in Ggw. von Zn-Amalgam u. HCl durch 94std. Erhitzen; 74%. — *β-[2-Äthylbenzofuroyl-(3)]-propionsäure* (VI), $C_{14}H_{14}O_4$, F. 113—114°, aus 2-Äthylbenzofuran in Nitrobenzol u. Bernsteinsäureanhydrid unter Zusetzen von $AlCl_3$ (45 Min.), Zers. mit wss. Säure u. Wasserdampf-Dest.; aus Bzl.-Cyclohexan u. Cyclohexan cremefarben; 20%; daneben VII. *Äthylester*, $C_{16}H_{18}O_4$, $Kp._{14}$ 216°, n_D^{19} 1,5437. — *β-[2-Äthylbenzofuroyl-(x)]-propionsäure* (VII), $C_{14}H_{14}O_4$, F. 118—119°, aus 2-Äthylbenzofuran wie vorst., jedoch Stehenlassen des Rückstandes der Wasserdampf-Dest. in mit HCl gesätt. A. bei Raum-Temp. u. 3std. Kochen über den *Äthylester* ($C_{16}H_{18}O_4$, $Kp._{15}$ 234—235°, F. 58—59°, aus PAe. Nadeln; daneben VI-*Äthylester*] u. Verseifung; aus Cyclohexan-20% Bzl. Nadeln. — *γ-[2-Äthylbenzofuryl-(x)]-buttersäure*, $C_{14}H_{16}O_3$, $Kp._{16}$ 225—230°, F. 44—45°, aus VII u. Hydrazinhydrat in sd. Diäthylenglykol (15 Min.), Abkühlen, Zusetzen von KOH u. Erhitzen (30 Min.); aus PAe. Nadeln; 48,5%. — *4-[Benzofuryl-(2)-acetyl]-phenol*, $C_{16}H_{12}O_3$, Kp. 282—288°, F. 180°, aus dem Methyläther durch Erhitzen mit Pyridinhydrochlorid (55 Min.) u. Eingießen in verd. HCl; aus Bzl.-Cyclohexan cremefarben; 80%. *Methyläther*, $C_{17}H_{14}O_3$, F. 103°, aus I-Chlorid u. Anisol in CS_2 in Ggw. von $AlCl_3$ bei 15° (18 Std.) u. bei 60° (1 Std.); aus A. Nadeln; 18%. — *4-[2-Äthylbenzofuryl-(3)-acetyl]-phenol*, $C_{18}H_{16}O_3$, F. 213—214°, aus dem Methyläther u. sd. Pyridinhydrochlorid (40 Min.); aus Bzl.-10% A. beigefarbene Plättchen; 63%. *Methyläther*, $C_{19}H_{18}O_3$, $Kp._{12}$ 256—258°, F. 76°, aus III-Chlorid u. Anisol; aus A. Plättchen; 34,5%.— *4-[2-Äthylbenzofuryl-(3)-butyryl]-phenol*, $C_{20}H_{20}O_3$, F. 117°, aus dem Methyläther u. sd. Pyridinhydrochlorid (30 Min.); aus Cyclohexan u. 10% Bzl. Plättchen; 50%. *Methyläther*, $C_{21}H_{22}O_3$, $Kp._{14}$ 272—274°, F. 65—66°, aus V u. sd. $SOCl_2$ (35 Std.) u. Stehenlassen bei 15° (24 Std.), Lösen in CS_2 u. Stehenlassen mit Anisol u. $AlCl_3$ bei 15° (15 Std.) u. bei 60—70° (30 Min.); aus A. Plättchen.— *3-Acetylbenzofuryl-(2)-essigsäureäthylester*, $C_{14}C_{14}O_4$, $Kp._{17}$ 208—210°, aus I-Äthylester u. Acetylchlorid in Ggw. von $SnCl_4$ in Bzl. (1,25 Std.); n_D^{22} 1,5535; bernsteinfarben; 71%. — *2-Äthyl-x-acetylbenzofuryl-(3)-essigsäure*, $C_{14}H_{14}O_4$, F. 156 bis 157°; aus III-Äthylester u. Acetylchlorid in Ggw. von $AlCl_3$ in CS_2 bei 5° (18 Std.) u. Erhitzen des Esters in wss. alkohol. KOH (2 Std.); aus Cyclohexan u. verd. A. beigefarbene Nadeln. H. Gleinig. 3061 □

Das vermutete Cinnamylanalogon von Methadon. W. Wilson. (Chem. and Ind. **1959**, 194—95, 7/2.; Birmingham, Northfield; engl.) — Das durch Kondens. von Diphenylacetonitril mit N-Methyl-N-benzyl-1-methyl-2-chloräthylamin (vgl. Elpern u. Mitarbeiter, C. **1959**, 1775) erhältliche Prod. ist das zur Isomethadonreihe gehörende *N-Methyl-N-benzyl-2-methyl-3.3-diphenyl-3-cyanpropylamin* (F. 105—106°), das durch HCl zu *N-Methyl-2-imino-3.3-diphenyl-4-methylpyrrolidin* (I; 104—104,5°, *Hydrochlorid*, F. 239°) debenzyliert wird. Durch Rk. von I mit Cinnamylbromid u. Äthyl-MgBr entsteht *N-Methyl-2-äthyl-2-cinnamylamino-3.3-diphenyl-4-methylpyrrolidin*.
K. Zieloff. 3081

Die Sulfomethylierung von Indol. J. N. Coker. (J. org. Chemistry **27**, 1881—82, Mai 1962; Wilmington, Del., E. I. du Pont de Nemours and Co., Inc., Electrochem. Dep.; Res. Div.; engl.) — Die Darst. von *Na-Indolyl-(3)-methansulfonat* (I) wird beschrieben, aus dem mit Hilfe eines Ionenaustauschers die freie Säure erhalten wird. Diese ergibt mit NH_4OH das NH_4-Salz. Verss., die Säure oder ihr Na- oder ihr NH_4-Salz mit einem Alkalicyanid zu Indolyl-(3)-acetonitril umzusetzen, waren vergeblich. Ebenso ergebnislos waren Verss., I in Ggw. von $NaHSO_3$ oder $NaHSO_3$ + Alkalien darzustellen.

Versuche: *Na-Indolyl-(3)-methansulfonat* (I), $C_9H_8NNaO_3S$, durch Zugabe von 36,2% ig. wss. CH_2O zur sd. Lsg. von Indol u. Na_2SO_3 in W., 18std. Kochen, Abfiltrieren, Waschen mit Ae. u. CH_3OH, Lösen in wenig sd. W. u. Zugabe von gesätt. NaBr-Lsg.; 88% Ausbeute. A. Trede. 3081 □

Eine Verbesserung der Isaphenindarstellung. Ss. Ss. Kirijenko. (Медицинская Промышленность СССР [Med. Ind. UdSSR] **15**, Nr. **4**, 57, April 1961; Chem.-pharmaz. Lomonossow-Werk; russ.) — *Isaphenin* läßt sich in 92% ig. Ausbeute erhalten, wenn die Acetylierung von Diphenolisatin (I) mit Acetylchlorid in Eisessig–Äthylacetat an Stelle Acetanhydrid/H_2SO_4 durchgeführt wird: Man löst 30 g I in 193 g Eisessig u. 162 g Äthylacetat unter Kochen, kühlt auf 20—25°, filtriert, gibt 38 g Acetylchlorid zu u. kocht 5 Std. lang; 92% Ausbeute. G. Siewert. 3081 □

Reaktionen mit Diazoalkanen. 1. Mitt. Reaktion von Diazomethan mit N-Phenylmaleinimid, mit besonderer Beachtung der Pyrolyseprodukte des Pyrazolins. William Ibrahim Awad, Sayed Mohamed Abdel, Rahman Omran und Michael Sobhy. (J. org. Chemistry **26**, 4126—28, Okt. 1961; Abbassia, Cairo, A' in Shams Univ., Fac. of Sci., Chem. Dep.; engl.) — Vff. stellen im Gegensatz zu Mustafa u. Mitarbeitern (C. **1956**, 10937) fest, daß bei der Umsetzung von CH_2N_2 mit N-Phenylmaleinimid nicht Δ^2- (III), sondern *Δ^1-Pyrazolin-4.5-dicarbonsäurephenylimid* (I) entsteht. Die Pyrolyse von I liefert als Haupt-Prod. *N-Phenylcitraconimid* (II) vom F. 98° u. nicht das von Mustafa (l. c.) mit dem gleichen F. beschriebene *Cyclopropan-1.2-dicarbonsäurephenylimid* (IV); daneben werden III u. IV (F. 125°) isoliert. Die Ergebnisse werden durch Vgl. mit den authent. Verbb. u. durch die spektralen Daten gestützt (Abb. der UV-Spektren von II, N-Phenylitacon- (V), -malein-, -succin- u. Cyclopropan-1.2-dicarbonsäureimid). Bei ½std. Erhitzen von I auf 130° im Vakuum wird I unverändert zurückgewonnen; 1 std. Erhitzen von V > F. liefert das Ausgangs-Prod. zurück.

Versuche: *N-Phenylcitraconimid* (II), $C_{11}H_9NO_2$, F. 98°, durch 6std. Erhitzen von 0,5 g I auf 160—170°/0,2 Torr u. Extraktion mit heißem PAe.; hellgelbe Nadeln aus PAe.; 0,16 g (Ausbeute). — *Cyclopropan-1.2-dicarbonsäurephenylimid* (IV), $C_{11}H_9NO_2$, F. 125°, a) neben II aus dem Rückstand durch Extraktion mit PAe.; Nadeln aus PAe.; 0,04 g; b) nach Gregory u. Perkin [1903]. — *Δ^2-Pyrazolin-4.5-dicarbonsäurephenylimid* (III), $C_{11}H_9N_3O_2$, F. 212° (Zers.; Sublimation bei 200° im Vakuum), neben IV durch Kristallisation des Rückstandes aus Bzl.; 0,03 g. — *N-Phenylitaconimid* (V), $C_{11}H_9NO_2$, F. 110°, durch 1std. Erhitzen von Itaconsäuremonoanilid, geschmolzenem CH_3COONa u. überschüssigem Acetanhydrid auf 80—90° u. Gießen in Eiswasser; aus Bzl./PAe. gelbe Nadeln. H. Marschall. 3122 □

Darstellung und Eigenschaft einiger 3-Alkyl-4-phenyl-5-aminopyrazole. Carlo Alberti. (Gazz. chim. ital. **89**, 1017—32, April 1959; Paris, Ist. di Chim. farmaceut. e tossicol.; ital.) — Bei der Einw. von Hydrazinhydrat (I) auf die entsprechenden α-Phenyl-β-ketonitrile (**A**) in CH_3COOH werden *4-Phenyl-* (II), *3-Äthyl-4-phenyl-*, *3-Methyl-4-phenyl-*, *3-Propyl-4-phenyl-* bzw. *3.4-Diphenyl-5-aminopyrazol* erhalten. Die *1.4-Diphenyl-5-aminopyrazole* (**B**) werden analog aus den **A** mit Phenylhydrazin (III) erhalten. Die Verbb. sind krist., wenig lösl. in W., haben bas. Charakter u. bilden gut krist. *Hydrochloride*, *Pikrate* u. *Ag-Salze*. Die mit I dargestellten Verbb. reduzieren im Gegensatz zu **B** ammoniakal. $AgNO_3$ nicht. **B** geben die Knorr-Rk. mit violettroter Farbe. Alle erhaltenen Pyrazole lassen sich leicht diazotieren u. kuppeln in alkal. Lsg. mit β-Naphthol zu rot oder granatrot gefärbten *Azoverbindungen*. II wird auch nach längerem Kochen nicht von 20% ig. KOH hydrolisiert, d. h., es liegt nicht als tautomeres Iminopyrazolin vor. Das 3-Methyl-4-phenylpyrazolyl-(5)-diazoniumsalz gibt weder mit H_3PO_2 das 3-Methyl-4-phenylpyrazol noch mit $CuSO_4$ das 3-Methyl-4-phenylpyrazolon-(5). Vff. nehmen auf Grund der Bldg. von *3-Methyl-1.4-diphenyl-5-aminopyrazol* aus α-Acetyl-α-phenylacetonitrilphenylhydrazon in der Hitze an, daß sich bei der Einw. der Hydrazine auf die **A** zunächst die entsprechenden Hydrazone u. daraus unter Ringschluß die Pyrazole bilden.

Versuche: 5-Aminopyrazole: *4-Phenyl-*(II), $C_9H_9N_3$, F. 178—179° (W. oder A.); durch 2std. Kochen von α-Formyl-α-phenylacetonitril (IV) in CH_3COOH mit I u. Kochen mit wss. HCl (Meth. **A**); 78—80% (Ausbeute). *β-Naphtholazo-Deriv.*, F. 206—208° (A.). *Hydrochlorid*, $C_9H_9N_3 \cdot HCl$, F. 195—196° (abs. A. oder Ae.). *Pikrat*, $C_{15}H_{12}N_6O_7$, F. 205—207°; aus A. goldgelbe Prismen. — *3-Methyl-4-phenyl-*, $C_{10}H_{11}N_3$, F. 144 bis 145° (W.); aus α-Acetyl-α-phenylacetonitril (V) nach **A**; 93%. *Hydrochlorid*, $C_{10}H_{11}N_3 \cdot HCl$, F. 203—205° (abs. A. u. Ae.). *Pikrat*, $C_{16}H_{14}N_6O_7$, F. 174—176°; aus A. goldgelbe Kristalle. *β-Naphtholazo-Deriv.*, $C_{20}H_{16}N_4O$, F. 211—212°; aus A. rote Kristalle. — *3-Äthyl-4-phenyl-*, $C_{11}H_{13}N_3$, F. 171—172° (W., A. u. Bzl.); aus α-Propionyl-α-phenylacetonitril (**VI**); 80—85%. *Hydrochlorid*, $C_{11}H_{13}N_3 \cdot HCl$, F. 181—182° (abs. A. u. Ae.). *Pikrat*, $C_{17}H_{16}N_6O_7$, F. 176—177° (A.). *β-Naphtholazo-Deriv.*, F. 165 bis 166°; aus A. rote Kristalle. — *3-Propyl-4-phenyl-*, $C_{12}H_{15}N_3$, F. 83—84° (PAe.); aus α-Butyryl-α-phenylacetonitril (**VII**). *Hydrochlorid*, $C_{12}H_{15}N_3 \cdot HCl$, F. 170—172° (abs. A. u. abs. Ae.). *Pikrat*, $C_{18}H_{18}N_6O_7$, F. 174—175°; aus A. zitronengelbe Kristalle. *β-Naphtholazo-Deriv.*, F. 148—150°; aus A. granatrote Kristalle. — *3.4-Diphenyl-*, $C_{15}H_{13}N_3$, F. 147—148° (Bzl. oder verd. A.); aus α-Benzoyl-α-phenylacetonitril (**VIII**). *Hydrochlorid*, $C_{15}H_{13}N_3 \cdot HCl$, F. 192—193° (abs. A. u. abs. Ae.). *Pikrat*, $C_{21}H_{16}N_6O_7$, F. 237—238°; aus A. zitronengelbe Kristalle. *β-Naphtholazo-Deriv.*, F. 230—232°; aus A. granatrote Kristalle. — *1.4-Diphenyl-*, $C_{15}H_{13}N_3$, F. 140—141° (CH_3OH), aus **IV** u. **III** nach **A**; 64—75%. *Hydrochlorid*, $C_{15}H_{13}N_3 \cdot HCl$, F. 174—175° (abs. A. u. abs. Ae.). *Pikrat*, $C_{21}H_{16}N_6O_7$, F. 150—152°; aus A. zitronengelbe Kristalle. *β-Naphtholazo-Deriv.*, F. 175—177°; aus A. rote Kristalle. — 1.4-Diphenyl-5-aminopyrazole (**B**): *3-Methyl-*, $C_{16}H_{15}N_3$, F. 89—90° (A. u. W.), aus **V** u. **III** nach **A**. *Hydrochlorid*, $C_{16}H_{15}N_3 \cdot HCl$, F. 193—194° (abs. A. u. Ae.). *Pikrat*, $C_{22}H_{18}N_6O_7$, F. 160—161° (aus A. goldgelbe Kristalle). *β-Naphtholazo-Deriv.*, F. 120—122°; aus A. blutrote Kristalle. — *3-Äthyl-*, aus **VI** u. **III**. *Pikrat*, $C_{23}H_{20}N_6O_7$, F. 191—192°; aus A. zitronengelbe Kristalle. — *3-Propyl-*, $C_{18}H_{19}N_3$, F. 73—74° (W. u. CH_3OH); aus **VII** u. **III**; 40%. *Pikrat*, $C_{24}H_{22}N_6O_7$, F. 180—182°; aus A. zitronengelbe Kristalle. *β-Naphtholazo-Deriv.*, F. 125—126°; aus A. rote Kristalle. — *3-Phenyl-*, $C_{21}H_{17}N_3$, F. 171—172°; aus **VIII** u. **III**; aus A. oder Bzl. Nadeln; 93—97%. *Hydrochlorid*, $C_{21}H_{17}N_3 \cdot HCl$, F. 191—192° (abs. A. u. Ae.). *Pikrat*, $C_{27}H_{20}N_6O_7$, F. 162 bis 163°; aus A. goldgelbe Kristalle. *β-Naphtholazo-Deriv.*, $C_{31}H_{22}N_4O$, F. 215—216°; aus A. hellrote Kristalle. H. Knieß. 3122 □

Untersuchungen auf dem Gebiet aromatischer Verbindungen mit einer langen Seitenkette. 5. Mitt. Darstellung von in Wasser unlöslichen Azofarbstoffen. L. N. Nikolenko und K. K. Babijewski. (Журнал Прикладной Химии [J. angew. Chem.] **33**, 2373—74, Okt. 1960; russ.) — 4. vgl. C. **1962**, 4888. — Durch Kuppeln der in wss.-alkohol. HCl bei 0° mit wss. $NaNO_2$ diazotierten Aniline mit β-Naphthol bzw. 1-Phenyl-3-methylpyrazolon-(5) wurden die folgenden wasserunlösl. *Azofarbstoffe* dargestellt: 1-Benzolazonaphthole-(2): *1-[p-Acetylbenzolazo]-*, F. 179—179,5°; kirschrote Nadeln. — *1-[p-Capronoylbenzolazo]-*, F. 101,6—101,7°, aus Bzl.-Methanol rote Nadeln. — *1-[p-Capryloylbenzolazo]-*, F. 106,6—107°, aus Bzl.-Methanol rote Nadeln. — *1-[p-Lauroylbenzolazo]-*, F. 102,5—103°, aus Bzl.-A. rote Nadeln. — *1-[p-n-Hexylbenzolazo]-*, F. 69,5—70°, aus Methanol rote Nadeln. — *1-[p-n-Octylbenzolazo]-*, F. 72—72,6°, aus Methanol rote Nadeln. — *1-[p-n-Dodecylbenzolazo]-*, F. 77,6—78° (A.), rot. — *1-[p-n-Octadecylbenzolazo]-*, F. 91,5—92° (A.), rot. — 4-Benzolazo-1-phenyl-3-methylpyrazolone-(5): *4-[p-Acetylbenzolazo]-*, F. 138—138,5°, aus Essigsäure orangefarbene Tafeln. — *4-[p-Capronoylbenzolazo]-*, F. 134,5—135°, aus Essigsäure orangefarbene Nadeln. — *4-[p-Capryloylbenzolazo]-*, F. 97—97,2° (Essigsäure), gelb. — *4-[p-Lauroylbenzolazo]-*, F. 102,8—103°, aus Essigsäure orangefarbene Nadeln. — *4-[p-n-Hexylbenzolazo]-*, F. 80,7—81°, aus Essigsäure gelbe Nadeln. — *4-[p-n-Octylbenzolazo]-*, F. 65—65,5°, aus Essigsäure orangefarbene Nadeln. — *4-[p-n-Dodecylbenzolazo]-*, F. 64,8—65° (A.), orangefarben. — *4-[p-n-Octadecylbenzolazo]-*, F. 74—75° (Essigsäure), orangefarben. H.-E. Toussaint. 3122 □

Bildung von Phenanthro-[9′.10′:4.5]-pyrazolen aus 4-[o-Aminophenyl]-5-phenylpyrazolen. Carlo Alberti. (Gazz. chim. ital. **89**, 1033—49, April 1959; Pavia, Ist. di Chim. farmaceut.; ital.) — Das aus 3-Benzoylindol (**I**) bzw. 2-Methyl-3-benzoylindol (**II**) mit Hydrazinhydrat erhaltene *4-[o-Aminophenyl]-5(3)-phenylpyrazol* (**III**) bzw. *3(5)-Methyl-4-[o-aminophenyl]-5(3)-phenylpyrazol* (**IV**) wird diazotiert u. die entstandenen *Diazoniumsalze* geben mit 50% ig. H_3PO_2 u. Formaldehyd in alkal. Lsg. oder mit $NaHSO_3$ das *4.5(3.4)-Diphenyl-* (**V**) bzw. das *3(5)-Methyl-4.5(3.4)-diphenylpyrazol* (**VI**). Durch Kondens. von α-Hydroxymethylendesoxybenzoin bzw. 1.2-Diphenylbutandion-(1.3) (**VII**) mit Hydrazinhydrat wird ebenfalls **V** bzw. **VI** erhalten. Aus **III** bzw. **IV** entstehen über die Diazoniumsalze u. deren Red. unter Ringschluß *Phenanthro-[9′.10′:4.5]-pyrazol* bzw. *3-Methylphenanthro-[9′.10′:4.5]-pyrazol*. Die Struktur letztgenannter Verbb. wird durch die hohen FF., die geringe Löslichkeit in Säuren u. Alkali wie auch in organ. Lsgm. u. durch Vgl. ihrer IR-Spektren mit denen anderer Phenanthren-Derivv. bestätigt.

Versuche: *3-Benzoylindol* (**I**), $C_{15}H_{11}NO$, F. 245—247°, a) durch Zugabe von Indol in abs. Ae. zu Äthyl-MgBr in Ae., ½ std. Erhitzen, Abkühlen, Zutropfen von dest. Benzoylchlorid unter Rühren u. Kühlung, 12 std. Stehen u. Zers. mit Eis; aus A. flache Prismen; 30—32% (Ausbeute); daneben 12—13% *1.3-Dibenzoylindol*, $C_{22}H_{15}NO_2$, F. 172 bis 173° (aus Bzl. oder Bzl. mit wenig PAe. Nadeln); auch durch Benzoylierung von **I** in Pyridin; b) durch 1 std. Kochen von III mit KOH in 95%ig. Alkohol. — *4-[o-Aminophenyl]-5(3)-phenylpyrazol* (III), F. 144—145°, durch 3 std. Erhitzen von I im Autoklaven mit Hydrazinhydrat u. -hydrochlorid in A., Aufnehmen in verd. HCl u. Versetzen mit überschüssigem NH_3; aus A. weißrosa Kristalle; 98%. — *3(5)-Methyl-4-[o-aminophenyl]-5(3)-phenylpyrazol* (IV), F. 183—184°, analog aus II; aus A. rosa Kristalle; 94%. — *Phenanthro-[9'.10':4.5]-pyrazol*, $C_{15}H_{10}N_2$, F. 282—283°, a) durch Zutropfen von wss. $NaNO_2$ zu 4,7 g III in verd. HCl bei 0°, Zugabe von 50%ig. H_3PO_2 bei 0°, 24 std. Stehen im Eisschrank (Meth. A), aus 95%ig. A. cremefarbene Nadeln; 3 g; daneben *4.5(3.4)-Diphenylpyrazol* (V, F. 154—155°; aus PAe. prismat. Nadeln); b) durch Zutropfen der unter a) erhaltenen Diazoniumsalz-Lsg. zu alkal. Formaldehyd-Lsg. bei 0° u. ½ std. Stehen; daneben etwas V; c) durch Neutralisieren der unter a) erhaltenen Diazoniumsalz-Lsg. mit 20%ig. Na_2CO_3, Gießen in konz. Na_2SO_3-Lsg., 2—3 std. Erwärmen auf 60—70° u. Zugabe von konz. HCl u. daneben etwas V. *Hydrochlorid*, $C_{15}H_{10}N_2 \cdot HCl$, F. 255—257° (Zers.; abs. A./Ae.). *Pikrat*, $C_{21}H_{13}N_5O_7$, F. 253—254°; aus A. goldgelbe Prismen. — *3-Methylphenanthro-[9'.10':4.5]-pyrazol*, $C_{16}H_{12}N_2$, F. 283—284°, aus 5 g IV nach A; aus A. cremefarbene Nadeln; 2 g. *Hydrochlorid*, $C_{16}H_{12}N_2 \cdot HCl$, F. 256—258° (Zers.; abs. A./Ae.). *Pikrat*, $C_{22}H_{15}N_5O_7$, F. 215—216°; aus A. zitronengelbe Prismen. — *3(5)-Methyl-4.5(3.4)-diphenylpyrazol* (VI), F. 183—184°, durch ¼ std. Erhitzen von 3 g VII mit Hydrazinhydrat in A.; aus CH_3OH gelbliche Nadeln; 2 g. H. Knieß. 3122 □

Eine neue Synthese von 2-Arylaminoimidazolinen. Henry Najer, René Giudicelli und Jacques Sette. (Bull. Soc. chim. France **1961**, 2114—26, Nov.; Paris, Labor. Dausse, Serv. de Rech.; franz.) — Die Umsetzung von Imidazolidinon-(2) (II) mit PCl_5 in Chlf. liefert *Phosphorsäure-bis-[2-oxoimidazolidid]-chlorid* (I). I gibt durch kurzes Erhitzen mit prim. aromat. Aminen die entsprechenden *Phosphorsäuretriamide* (A), daneben bilden sich die *Diarylharnstoffe*, deren Menge bei langsamem Erhitzen auf Kosten der A anwächst. Dagegen liefert I beim langsamen Erhitzen mit aromat. Aminen in Xylol *2-[Arylamino]-imidazoline*. So wurden *2-[Phenylamino]-* (III), *2-[2-Methylphenylamino]-* (IV), *2-[4-Methylphenylamino]-* (V), *2-[2.4-Dimethylphenylamino]-* (VI) u. *2-[2-Methyl-3-chlorphenylamino]-imidazolin* (VII) erhalten, während mit 2.5-Dimethylanilin u. α-Naphthylamin Gemische der *Diarylharnstoffe* u. der A entstehen. III, IV, V u. VII werden auch aus 2-[Methylmercapto]-imidazolinhydrojodid (VIII) u. den aromat. Aminen synthetisiert. 2.4-Dimethylphenylthioharnstoff gibt mit CH_3J in sd. Methanol *N-[2.4-Dimethylphenyl]-S-methylisothiuroniumjodid*, das mit Äthylendiamin zu VI umgesetzt wird. Analog liefern 2.5-Dimethylphenyl- bzw. α-Naphthylthioharnstoff über die *Isothiuroniumsalze 2-[2.5-Dimethylphenylamino]-* bzw. *2-[α-Naphthylamino]-imidazolin*. Verss. zur Darst. des *2-[2.6-Dimethylphenylamino]-imidazolins* scheiterten nach allen Methoden. Die IR- u. Kernresonanzspektren der A u. von I sind abgebildet, die IR-Spektren der 2-[Arylamino]-imidazoline sind tabell. angegeben, ihre gefäßerweiternde Wirksamkeit wurde geprüft, für VII ergab sich eine Aktivität von 40% derjenigen des Naphthazolins.

Versuche: *Phosphorsäure-bis-[2-oxoimidazolidid]-chlorid* (I), $C_6H_{10}ClN_4O_3P$, F. 270° (Nitromethan), aus PCl_5 in Chlf. u. II (30 Min.), 6 std. Kochen, Stehenlassen über Nacht, Extrahieren mit Chlf. u. Ae. u. Behandeln des Rückstandes mit Eiswasser; 52% (Ausbeute). — Phosphorsäure-bis-[2-oxoimidazolidid]-amide (A), aus I u. einem Überschuß des entsprechenden aromat. Amins durch 15 Min. langes Erhitzen auf 140—150°; *-anilid*, $C_{12}H_{16}N_5O_3P$, F. 243°, mit Anilin; 82,5%. Bei 3 std. Erhitzen wird *N.N'-Diphenylharnstoff* (F. 238—239°) isoliert. — *-o-toluidid*, $C_{13}H_{18}N_5O_3P$, F. 269° (A.), mit o-Toluidin; 58%; daneben *N.N'-Bis-[o-tolyl]-harnstoff* [F. 255° (A.)], der bei 3 std. Erhitzen der Komponenten allein erhalten wird. — *-p-toluodid*, F. 269° (verd. Essigsäure), mit p-Toluidin; 71%; daneben *N.N'-Bis-[p-tolyl]-harnstoff* (F. 270—271°). — *-2.4-dimethylanilid*, $C_{14}H_{20}N_5O_3P$, F. 227° (verd. Essigsäure), mit 2.4-Xylidin; 80,5%. — *-2.5-dimethylanilid*, F. 257° (A.), mit 2.5-Xylidin; 59%; daneben *N.N'-Bis-[2.5-dimethylphenyl]-harnstoff* (F. 305—310°). — *-2-methyl-3-chloranilid*, $C_{13}H_{17}ClN_5O_3P$, F. 236° (Isopropanol—A.), mit 2-Methyl-3-chloranilin; 83%; daneben *N.N'-Bis-[2-methyl-3-chlorphenyl]-harnstoff* [$C_{15}H_{14}Cl_2N_2O$, F. 310° (verd. Essigsäure)]. — Imidazoline: *2-Phenylamino-* (III), F. 138° (W.), a) aus VIII u. Anilin durch 3 std. Erhitzen auf 195—205° unter N_2, Wasserdampf-Dest. u. Alkalisieren des Rückstandes mit 40%ig. NaOH; 58%; b) aus VIII u. Anilin in sd. A. (16 Std.); 14%; c) aus I u. Anilin in sd. Xylol (4 Std.) u. Wasserdampf-Dest.; 56%; daneben *N.N'-Diphenylharnstoff* [F. 242° (A.)]. *Hydrobromid*, $C_9H_{12}BrN_3$, F. 190° (Isopropanol), aus III mit HBr-Gas in Methyläthylketon. — *2-[2-Methylphenylamino]-* (IV), $C_{10}H_{13}N_3$, F. 142° (Cyclohexan/Bzl.), a) aus VIII u. o-Toluidin analog III nach a); 35%; b) aus I u. o-Toluidin analog III nach b) u. Reinigen über das *Hydrobromid* [$C_{10}H_{14}BrN_3$, F. 162—163° (Isopropanol)]; 63%; daneben *N.N'-Bis-[o-tolyl]-harnstoff*. — *2-[4-Methylphenylamino]-* (V), F. 129° (Cyclohexan/Bzl.), a) aus VIII u. p-Toluidin analog

III nach a); 74%; b) aus **VIII** u. p-Toluidin in sd. Amylalkohol (2,5 Std.); 19%; daneben *Äthylenthioharnstoff* [F. 203—204° (Methanol)]; c) aus **I** u. p-Toluidin analog **III** nach b) u. Reinigen über das *Hydrobromid*; 22%; daneben *N.N'-Bis-[p-tolyl]-harnstoff* [F. 272° (verd. Essigsäure)]. — *2-[2.4-Dimethylphenylamino]-* (**VI**), $C_{11}H_{15}N_3$, F. 112° (W.), a) aus **I** u. 2.4-Xylidin analog **III** nach b) u. Reinigen über das *Hydrobromid* [$C_{11}H_{16}BrN_3$, F. 161° (Methyläthylketon–Isopropanol)]; 5,5%; daneben *N.N'-Bis-[2.4-dimethylphenyl]-harnstoff* [F. 280—285° (verd. Essigsäure)]; b) aus 2.4-Xylidin in verd. HCl u. Ammoniumrhodanid durch 10std. Kochen über *2.4-Dimethylphenylthioharnstoff* [F. 186° (Äthylacetat); 64%], dessen Rk. mit CH_3J in sd. Methanol (3 Std.) zu *N-[2.4-Dimethylphenyl]-S-methylisothiuroniumjodid* [$C_{10}H_{15}JN_2S$, F. 134° (Äthylacetat–Methyläthylketon); 96%], Kochen mit Äthylendiamin in 90%ig. Methanol unter N_2 (16 Std.) u. Reinigen von **VI** über das *Hydrobromid*; 27%. — *2-[2.5-Dimethylphenylamino]-*, $C_{11}H_{15}N_3$, F. 142—143° (verd. Methanol), analog **II** nach b) aus 2.5-Xylidin über *2.5-Dimethylphenylthioharnstoff* [F. 136° (Bzl.); 25%; daneben *N.N'-Bis-[2.5-dimethylphenyl]-thioharnstoff*, F. 166—167° (A.)], *N-[2.5-Dimethylphenyl]-S-methylisothiuroniumjodid* [$C_{10}H_{15}JN_2S$, F. 146° (Methyläthylketon); 84%] u. Reinigen über das *Hydrojodid* [$C_{11}H_{16}JN_3$, F. 182° (Isopropanol)]; 42%; aus **I** u. 2.5-Xylidin werden nur das entsprechende **A** u. der Diarylharnstoff isoliert. — *2-[2-Methyl-3-chlorphenylamino]-* (**VII**), $C_{10}H_{12}ClN_3$, F. 129° (Cyclohexan), a) aus **VIII** u. 2-Methyl-3-chloranilin analog **III** nach a) u. Reinigen über das *Hydrobromid* [F. 200—202° (Isopropanol); 21%]; b) aus **I** u. 2-Methyl-3-chloranilin analog **III** nach b); 74%; daneben *N.N'-Bis-[2-methyl-3-chlorphenyl]-harnstoff*. — *2-[α-Naphthylamino]-*, *Hydrojodid*, F. 236—238° (A.), analog **VI** nach b); 56%; Rk. von **I** u. α-Naphthylamin liefert nur *Phosphorsäure-bis-[2-oxoimidazolidid]-α-naphthylamid* [$C_{16}H_{18}N_5O_3P$, F. 260° (A.)]. — *2.6-Dimethylphenylthioharnstoff*, F. 210° (A.), a) aus 2.6-Dimethylphenylisothiocyanat in mit NH_3 gesätt. A.; 79%; b) aus 2.6-Xylidin in verd. HCl u. Ammoniumrhodanid durch 12std. Kochen; 71%. — *N-[2.6-Dimethylphenyl]-S-methylisothiuroniumjodid*, $C_{10}H_{15}JN_2S$, F. 164° (Äthylacetat/Methyläthylketon), aus vorst. Verb. mit CH_3J in sd. Methanol (2 Std.); 66%. — *N-[2.6-Dimethylphenyl]-N'-[β-aminoäthyl]-thioharnstoff*, $C_{11}H_{17}N_3S$, F. 144° (W.), aus Äthylendiamin in Bzl. u. 2.6-Dimethylphenylisothiocyanat unterhalb 20° (1 Std.) u. 5 std. Rühren bei Zimmer-Temp.; 71%; daneben *N.N'-Bis-[2.6-dimethylphenylthiocarbamoyl]-äthylendiamin* [$C_{20}H_{26}N_4S_2$, F. 208° (Essigsäure)].
H. Gleinig. 3122 □

Synthese von 5.6-Dimethyl-2-[bis-(β-chloräthyl)-aminomethyl]-benzimidazol. O. F. Ginsburg, B. A. Porai-Koschitz, M. I. Krylowa und K. Ju. Marjanowskaja. (Химическая Наука и Промышленность [Chem. Wiss. Ind.] **4**, 548—49, 1959; Leningrad, Lensowjet-Inst. für Technol.; russ.) — Ausgehend von 5.6-Dimethyl-2-chlormethylbenzimidazol wurde über *5.6-Dimethyl-2-[bis-(β-hydroxyäthyl)-aminomethyl]-benzimidazol* (**I**) mit $SOCl_2$ *5.6-Dimethyl-2-[bis-(β-chloräthyl)-aminomethyl]-benzimidazol* erhalten.

Versuche: *5.6-Dimethyl-2-[bis-(β-hydroxyäthyl)-aminomethyl]-benzimidazol* (**I**), $C_{14}H_{21}N_3O_2$, F. 182—185°, durch 4std. Kochen von 13,4 g Diäthanolamin u. 8 g 5.6-Dimethyl-2-chlormethylbenzimidazolhydrochlorid in 80 ml abs. A. u. Stehenlassen in der Kälte; 5,83 g (Ausbeute). — *5.6-Dimethyl-2-[bis-(β-chloräthyl)-aminomethyl]-benzimidazolhydrochlorid*, $C_{14}H_{20}Cl_3N_3$, F. 180—182° (W.), durch Zutropfen von 15 ml $SOCl_2$ zu 5,83 g **I** bei Zimmer-Temp., Verdünnen mit 30 ml Chlf. u. 3std. Kochen. B. Celms. 3122

Das Verhalten einiger Acylisoxazole und Acylpyrrole gegenüber Stickstoffwasserstoffsäure. Salvatore Palazzo und Benedetto Tornetta. (Ann. Chimica **49**, 842—47, Mai/Juni 1959; Catania, Univ., Ist. di Chim. farmaceut. e tossicol.; ital.) — Bei der Rk. von 2.4-Dimethyl-3-acetylpyrrol (**I**) mit HN_3 entsteht *2.4-Dimethyl-3-acetylaminopyrrol*, dagegen reagiert 3.5-Dimethyl-2-acetylpyrrol unter gleichen Bedingungen nicht mit HN_3. Während in **I** die NH-Gruppe zwischen den Pyrrolkern u. die Acetylgruppe tritt, entstehen bei der Rk. zwischen Acetylisoxazol-Verbb. u. HN_3 *Isoxazolcarbonsäureamide* u. daraus durch alkal. Hydrolyse *Isoxazolcarbonsäuren*.

Versuche: *5-Phenylisoxazol-3-carbonsäureanilid*, $C_{16}H_{12}N_2O_2$, F. 192°, durch Unterschichten von 5-Phenyl-3-benzoylisoxazol in Chlf. mit konz. H_2SO_4, Zugeben von NaN_3, Dekantieren der Chlf.-Schicht nach 12 Std. u. Gießen auf Eis (Meth. **A**); aus PAe./Bzl. hellgelbe Kristalle. — Isoxazol-3-carbonsäuremethylamide: *5-Methyl-*, $C_6H_8N_2O_2$, F. 125° [Bzl./PAe. (1 : 1)]. — *4.5-Dimethyl-*, $C_7H_{10}N_2O_2$, F. 87° (aus W. Nadeln). — Isoxazol-3-carbonsäuren: *5-Methyl-*, $C_5H_5NO_3$, F. 175° (aus Bzl. Nadeln); durch kurzes Kochen des Amids mit konz. wss. KOH u. Ansäuern mit konz. HCl. — *5-Phenyl-*, $C_{10}H_7 \cdot NO_3$, F. 182° (A.). — *4.5-Dimethyl-*, $C_6H_7NO_3$, F. 154° (Bzl.). — *2.4-Dimethyl-3-acetylaminopyrrol*, $C_8H_{12}N_2O$, F. 205°, aus **I** nach **A**; aus W. gelbliche Nadeln. H. Knieß. 3132 □

Reaktionen von Stickstoffwasserstoffsäure in schwefelsaurer Lösung. 19. Mitt. **Bildung von Oxazolen und Isoxazolen.** Gaetano Caronna und Salvatore Palazzo,

(Gazz. chim. ital. **89,** 1009—16, April 1959; Catania, Univ., Ist. di Chim. farmaceut. e tossicol.; ital.) — 18. vgl. C. **1959,** 7104. — Durch Rk. von 5-Nitrosalicylaldehyd (**VI**) mit NaN_3 u. konz. H_2SO_4 entstehen *5-Nitro-1.2-benzisoxazol* (**I**) u. *2-Amino-5-nitrobenzoxazol* (**IV**). Auf analogem Wege bilden sich aus 5-Chlorsalicylaldehyd (**VII**) *5-Chlor-1.2-benzisoxazol* (**III**) u. *2-Amino-5-chlorbenzoxazol* u. aus 3.5-Dichlorsalicylaldehyd (**VIII**) *5.7-Dichlor-1.2-benzisoxazol* (**V**) u. *2-Amino-5.7-dichlorbenzoxazol.* Die Bldg. der *Benzisoxazole* aus den o-Hydroxyaldehyden erfolgt vermutlich über die Stufe der *o-Hydroxynitrile* (**A**) u. deren Umlagerung u. Cyclisierung. Bei der Bldg. der *2-Aminobenzoxazole* dürfen die **A** mit einem 2. Mol NaN_3 in *Carbodiimid-Derivv.* übergehen, die sich dann ebenfalls unter Ringschluß umlagern. Durch alkal. Hydrolyse werden **I, III** u. **V** zu *5-Nitro-2-hydroxybenzonitril* (**II**), *5-Chlor-2-hydroxybenzonitril* u. *3.5-Dichlor-2-hydroxybenzonitril* aufgespalten.

Versuche: *5-Nitro-1.2-benzisoxazol* (**I**), $C_7H_4N_2O_3$, F. 126—127° (A.; hellgelbe Nadeln), durch Überschichten von **VI** in Chlf. u. konz. H_2SO_4, portionsweise Zugabe von 2 Mol feinverteiltem NaN_3, 12std. Aufbewahren des Rk.-Gemisches, Gießen der abgetrennten, mehrmals mit Chlf. gewaschenen H_2SO_4-Phase auf Eis u. Filtration; beim Einengen der vereinigten Chlf.-Lsgg. erhält man eine 2. Fraktion; 85% (Ausbeute). — *5-Nitro-2-hydroxybenzonitril* (**II**), $C_7H_4N_2O_3$, F. 190—194° (W.; hellgelbe Nadeln), durch Aufkochen von **I** mit verd. NaOH u. Ansäuern der abgekühlten Lsg. ohne vorherige Abtrennung des ausgeschiedenen *Na-Salzes.* — *2-Amino-5-nitrobenzoxazol* (**IV**), $C_7H_5N_3O_3$, F. 288° (A.), durch Alkalisieren des schwefelsauren Filtrates von **I** mit Na_2CO_3, wiederholte Ae.-Extraktion u. Eindampfen der Ae.-Phase. — *5-Chlor-1.2-benzisoxazol* (**III**), C_7H_4ClNO, F. 70° (verd. A.; hellgelbe Nadeln), aus **VII** in Chlf., konz. H_2SO_4 u. NaN_3 analog **I.** — *5-Chlor-2-hydroxybenzonitril,* C_7H_4ClNO, F. 164—165° (W.; Nadeln), a) aus **III** analog **II**; b) durch Einengen der Chlf.-Phase von **III.** — *2-Amino-5-chlorbenzoxazol,* $C_7H_5ClN_2O$, F. 184° (Bzl.), durch Alkalisieren des schwefelsauren Filtrates von **III** analog **IV.** — *5.7-Dichlor-1.2-benzisoxazol* (**V**), $C_7H_3Cl_2NO$, F. 107° (verd. A.; Nadeln), aus **VIII** in Chlf., konz. H_2SO_4 u. NaN_3 analog **I.** — *3.5-Dichlor-2-hydroxybenzonitril,* $C_7H_3Cl_2NO$, F. 139° (verd. A.; Nadeln), aus **V** analog **II.** — *2-Amino-5.7-dichlorbenzoxazol,* $C_7H_4Cl_2N_2O$, F. 251° (Bzl.; hellgelbe Nadeln), aus dem schwefelsauren Filtrat von **V** analog **IV.** G. Platzer. 3132□

Substitution im Azolidinkern. 12. Mitt. **Einige S-Derivate cyclischer Thioharnstoffe und ihre Absorptionsspektren.** N. M. Turkewitsch und O. F. Lymar. (Украинский Химический Журнал [Ukrain. chem. J.] **27,** 503—06, 1961; Lwow, med. Inst.; russ.) — 11. vgl. C. **1961,** 16472. — Die Kondens. von Chloressigsäure (**I**) mit 2-Mercaptobenzimidazol (**II**), N.N'-Äthylenthioharnstoff [**III**; Imidazolidinthion-(2)] u. 2-Mercaptobenzothiazol (**IV**; Captax) liefert *Benzimidazolyl-(2)-thioglykolsäurelactam* (**V**), *Δ^1-2-Carboxymethylmercaptoimidazolin* (**VI**) bzw. *2-Carboxymethylmercaptobenzthiazol.* **V** u. **VI** hydrolysieren in konz. HCl zu *3-[o-Aminophenyl]-thiazolidindion-(2.4)* bzw. *3-[β-Aminoäthyl]-thiazolidindion-(2.4).* Die Unters. der UV-Spektren zeigte, daß **II, III** u. **IV** in alkohol. Lsg. überwiegend in der *Thionform* vorliegen.

Versuche: *Benzimidazolyl-(2)-thioglykolsäurelactam* (**V**; *2.3-Dihydro-2-ketothiazolo-[3.2:a]-benzimidazol*), $C_9H_6N_2OS$, F. 212° (A.), man kocht 5,0 g **I**, 7,5 g **II** u. 5,0 g Na-Acetat in 100 ml A. 2 Std. lang; 7,35 g (Ausbeute). — *3-[o-Aminophenyl]-thiazolidindion-(2.4), Hydrochlorid,* $C_9H_9ClN_2O_2S$, F. 182° (W.), man kocht 3,0 g **V** in 150 ml konz. HCl 20 Std.; 100%. — *Δ^1-2-Carboxymethylmercaptoimidazolin* (**VI**), $C_5H_8N_2O_2S\cdot 6\,H_2O$, F. 175° (W.), man kocht 1,89 g **I** u. 2,04 g **III** mit 2,72 g Na-Acetat in 50 ml A. 3 Std.; 42%. — *3-[β-Aminoäthyl]-thiazolidindion-(2.4), Hydrochlorid,* $C_5H_9ClN_2O_2S$, F. 215° (A.), man kocht 14 g **VI** u. 125 ml konz. HCl 4 Std.; 57%. — *2-Carboxymethylmercaptobenzthiazol,* $C_9H_7NO_2S_2$, F. 152° (Aceton), man kocht 3,4 g **I**, 3,4 g **IV** u. 3,4 g Na-Acetat in 100 ml A. 3 Std.; 75%. Helmut Schäfer. 3142

Thiazolcarbocyanine mit Arylresten im Thiazolkern. 8. Mitt. **Asymmetrische Thiazolcarbocyanine.** Je. D. Ssytsch. (Украинский Химический Журнал [Ukrain. chem. J.] **27,** 83—87, 1961; Inst. für organ. Chem. der Akad. der Wiss. der UkrainSSR; russ.) — 7. vgl. C. **1961,** 15010. — Durch Kondens. der 2-[β-Anilino- u. 2-[β-Acetanilidovinyl]-Derivv. von quaternisierten Benzthiazolen mit den quart. Salzen (bes. Äthotosylaten) von substituierten 2-Methylthiazolen wurden *asymm. Carbocyanine* dargestellt. Der Einfl. der Substituenten auf die Absorptionsmaxima (AM) wurde festgestellt. Die hypsochrome Verschiebung des AM (im Vgl. zu dem Mittel der entsprechenden symm. Carbocyanine) ist in den meisten Fällen gering.

Versuche: *2-[β-Acetanilido-* u. *2-[β-anilinovinyl]-Derivv.*: Man erhitzt äquimol. Mengen der quart. Base u. N.N'-Diphenylformamidin in Acetanhydrid 10—60 Min. auf 100—125°, fällt mit dem 6—10fachen Vol. Ae. aus u. krist. aus A. um: *2-[β-Acetanilido-*

vinyl]-benzthiazoljodäthylat (I), F. 230°; 71% (Ausbeute). — *2-[β-Acetanilidovinyl]-5-methoxybenzthiazoljodäthylat* (II), $C_{20}H_{21}JN_2O_2S$, F. 207°. — *2-[β-Acetanilidovinyl]-6-methoxybenzthiazoljodäthylat* (III), $C_{20}H_{21}JN_2O_2S$, F. 205°. — *2-[β-Anilinovinyl]-6.7-benzobenzthiazoläthotosylat* (IV), $C_{28}H_{26}N_2O_3S_2$, F. 270°. — *2-[β-Anilinovinyl]-4.5-benzobenzthiazoläthotosylat* (V), $C_{28}H_{26}N_2O_3S_2$, F. 249°; 40%. — *2 [β-Anilinovinyl]-6-nitrobenzthiazoläthotosylat* (VI), $C_{24}H_{23}N_3O_5S_2$, F. 272°; 38%. — *2-[β-Anilinovinyl]-5-nitrobenzthiazoläthotosylat* (VII), $C_{24}H_{23}N_3O_5S_2$, F. 292°; 44%. — *2-[β-Acetanilidovinyl]-5-phenylbenzthiazoläthotosylat* (VIII), $C_{32}H_{30}N_2O_4S_2$, F. 138°; 15%. — *2-[β-Acetanilidovinyl]-3-β-hydroxyäthylbenzthiazoliumjodid* (IX), $C_{19}H_{19}JN_2O_2S$, F. 217°; 20%. — [3-Äthylbenzthiazol-(2)]-[3'-äthylthiazol-(2')]-carbocyanine: Man erhitzt äquimol. Mengen der quart. Salze der 2-[β-Anilinovinyl]- u. 2-Methylthiazole $^1/_4$—1 Std. in Ggw. einiger Tropfen Acetanhydrid u. isoliert als Jodid, Perchlorat oder Tosylat. Die schmierig erhaltenen Rk.-Prodd. verreibt man mit A. u. krist. aus A. oder A.–Ae. um: *5'-Phenyl-*, *Jodid*, $C_{23}H_{23}JN_2S_2$, F. 260°, aus I u. 2-Methyl-5-phenylthiazoläthotosylat (X); dunkelgrün; 30%. — *5'-[p-Methoxyphenyl]-*, *Jodid*, $C_{24}H_{25}JN_2OS_2$, F. 240°, aus I u. 2-Methyl-5-[p-methoxyphenyl]-thiazoläthotosylat (XI); blaugrüne Prismen; 45,6%. — *5'-[β-Naphthyl]-*, *Jodid*, $C_{27}H_{25}JN_2S_2$, F. 232°, aus I u. 2-Methyl-5-[β-naphthyl]-thiazoläthotosylat (XII); grünblaue Prismen; 27,7%. — *5'-[p-Nitrophenyl]-*, *Jodid*, $C_{23}H_{22}JN_3O_2S_2$, F. 252°, aus I u. 2-Methyl-5-[p-nitrophenyl]-thiazoläthotosylat (XIII); grüne Prismen; 76%. — *5'-[p-Phenoxyphenyl]-*, *Jodid*, $C_{29}H_{27}JN_2OS_2$, F. 185°, aus I u. 2-Methyl-5-[p-phenoxyphenyl]-thiazoläthotosylat; dunkelgrüne Nadeln; 46,8%. — *5'-[p-Acetylaminophenyl]-*, *Jodiddihydrat*, $C_{25}H_{26}JN_3OS_2 \cdot 2\,H_2O$, F. 280°, aus I u. 2-Methyl-5-[p-acetylaminophenyl]-thiazoläthotosylat; grüne Nadeln; 67%. — *5-Methoxy-5'-phenyl-*, *Perchlorat*, $C_{24}H_{25}$·$ClN_2O_5S_2$, F. 239°, aus II u. X; blaugrün; 57,9%. — *5-Methoxy-5'-[β-naphthyl]-*, *Jodid*, $C_{28}H_{27}JN_2OS_2$, F. 232°, aus II u. XII; dunkelgrüne Prismen. — *5-Methoxy-5'-[p-nitrophenyl]-*, *Tosylat*, $C_{31}H_{31}N_3O_6S_3$, F. 255°, aus II u. XIII; grüne, golden glänzende Kristalle. — *6-Methoxy-5'-phenyl-*, *Jodid*, $C_{24}H_{25}JN_2OS_2$, F. 290°, aus III u. X; goldgrüne Kristalle; 7,9%. — *6-Methoxy-5'-[p-nitrophenyl]-*, *Tosylat*, $C_{31}H_{31}N_3O_6S_3$, F. 265°, aus III u. XIII; dunkelgrüne Nadeln. — *6-Methoxy-5'-[p-methoxyphenyl]-*, *Perchlorat*, $C_{25}H_{27}ClN_2O_6S_2$, F. 230°, aus III u. XI; dunkelgrüne Nadeln. — *6-Methoxy-5'-[β-naphthyl]-*, *Jodid*, $C_{28}H_{27}JN_2OS_2$, F. 184°, aus III u. XII; violette Nadeln. — *5-Nitro-5'-phenyl-*, *Jodid*, $C_{23}H_{22}JN_3O_2S_2$, F. 282°, aus VII u. X; rötliche grüne Nadeln; 41%. — *6-Nitro-5'-phenyl-*, *Jodid*, $C_{23}H_{22}JN_3O_2S_2$, F. 273°, aus VI u. X; dunkelgrüne Nadeln; 37%. — *[3-Äthylbenzthiazol-(2)]-[3'-methyl-5'-(p-dimethylaminophenyl)-thiazol-(2')]-carbocyaninjodid*, $C_{24}H_{26}JN_3S_2$, F. 253°, aus I u. 2-Methyl-5-(p-dimethylaminophenyl)-thiazolmethojodid; grüne Prismen; 46%. — *[3-(β-Hydroxyäthyl)-benzthiazol-(2)]-[5'-phenyl-3'-äthylthiazol-(2')]-carbocyaninperchlorat*, $C_{23}H_{23}ClN_2O_5S_2$, F. 235°, aus IX u. 2-Methyl-5-phenylthiazoläthotosylat; dunkelgrüne Prismen; 9,2%. — *[3-Äthylbenzthiazol-(2)]-[3'-(β-hydroxyäthyl)-5'-phenylthiazol-(2')]-carbocyaninperchlorat*, $C_{23}H_{23}ClN_2O_5S_2$, F. 239°, aus I u. 2-Methyl-5-phenylthiazol-β-hydroxyäthojodid; violette Nadeln; 62%. — *[3-Äthyl-6.7-benzobenzthiazol-(2)]-[3'-äthyl-5'-(p-methoxyphenyl)-thiazol-(2')]-carbocyaninjodid*, $C_{28}H_{27}JN_2OS_2$, F. 215°, aus IV u. XI; violettes Pulver; 57,3%. — *[3-Äthyl-6.7-benzobenzthiazol-(2)]-[3'-äthyl-5'-(β-naphthyl)-thiazol-(2')]-carbocyaninjodid*, $C_{31}H_{27}$·JN_2S_2, F. 231°, aus IV u. XII; blaugrüne Nadeln; 60%. Helmut Schäfer. 3142□

Kondensation phenolischer Mannichbasen mit Verbindungen mit aktivem H. 1. Mitt. Neue Synthese von 3-[Arylalkyl]-4-hydroxycumarinen. Darius Molho. (Bull. Soc. chim. France **1961**, 1417—23, Juli; Paris, Museum Nat. d'Histoire Naturelle, Labor. de Chim.; franz.) — Durch Erhitzen von phenol. Mannich-Basen mit 4-Hydroxycumarin (IX) ohne Katalysator u. Lsgm. wird eine Reihe *3-substituierter 4-Hydroxycumarine* dargestellt, so z. B. *3-[2-Hydroxybenzyl]-* (I), *3-[2-Hydroxy-5-methylbenzyl]-* (II), *3-[2-Hydroxy-3-methoxybenzyl]-* (III), *3-[2-Hydroxy-3.5-dichlorbenzyl]-* (IV), *3-[2-Hydroxy-5-methoxybenzyl]-* (V) u. *3-[2-Hydroxynaphthyl-(1)-methyl]-4-hydroxycumarin* (VI). Therm. Cyclisierung der Verbb. I—VI mit $POCl_3$ führt zu *Benzopyrano-[2'.3':4.3]-cumarin* (VII), *6'-Methyl-*, *8'-Methoxy-*, *6'.8'-Dichlor-*, *6'-Methoxybenzopyrano-[2'.3':4.3]-cumarin* u. *Naphtho-[1''.2'':5'.6']-pyrano-[2'.3':4.3]-cumarin.* VII wird auch durch Kondens. von IX mit Saligenin erhalten. Die *3-[2-Hydroxybenzyl]-4-hydroxycumarine* zeigen antikoagulierende Wirkung. Die Kondens. von IX mit 2-[Piperidinomethyl]-p-kresol u. Pyridin oder Essigsäure gelang nicht.

Versuche: 4-Hydroxycumarine: *3-[2-Hydroxybenzyl]-* (I), $C_{16}H_{12}O_4$, F. 238°, aus IX u. 2-[Diäthylaminomethyl]-phenol bei 180° (2 Std.), Abkühlen, Zusetzen von Essigsäure u. leichtes Erwärmen; aus Essigsäure Nadeln; 56% (Ausbeute). — *3-[2-Hydroxy-5-methylbenzyl]-* (II), $C_{17}H_{14}O_4$, F. 245°, analog I mit einer Mannich-Base aus p-Kresol in 4 Std. bei 190°; Nadeln; 55%. — *3-[2-Hydroxy-3-methoxybenzyl)-* (III), $C_{17}H_{14}O_5$, F. 204°, aus Guajacol; 1 Std. bei 160°; Nadeln; 40%. — *3-[2-Hydroxy-3.5-*

dichlorbenzyl]- (**IV**), $C_{16}H_{10}Cl_2O_4$, F. 270°, aus 2.4-Dichlorphenol, 0,25 Std. bei 180°; Nadeln; 80%. — *3-[2-Hydroxy-3-methylbenzyl]-*, $C_{17}H_{14}O_4$, F. 244° (Essigsäure), mit 2-[Piperidinomethyl]-6-methylphenol bei 180° (30 Min.); 35%. — *3-[2-Hydroxy-4-methylbenzyl]-*, F. 244° (Essigsäure), aus m-Kresol, 0,5 Std. bei 180°; 30%. — *3-[2-Hydroxy-5-methoxybenzyl]-* (**V**), $C_{17}H_{14}O_5$, F. 223° (Essigsäure), aus p-Methoxyphenol, 30 Min. bei 180°; 40%. — *3-[2-Hydroxynaphthyl-(1)-methyl]-* (**VI**), $C_{20}H_{14}O_4$, F. 253°, aus β-Naphthol, 0,25 Std. bei 180°; Nadeln; 80%. — *3-[2-Hydroxy-5-chlorbenzyl]-*, $C_{16}H_{11}ClO_4$, F. 265° aus p-Chlorphenol, 0,25 Std. bei 265°; 60%. — *3-[4-Hydroxy-2-methyl-5-isopropylbenzyl]-*, $C_{20}H_{20}O_4$, F. 225° (Essigsäure), mit 4-[Piperidinomethyl]-2-isopropyl-5-methylphenol bei 180° (2 Std.); 20%; daneben *Dicumarol* [F. 288° (Cyclohexan)]. — *3-[2-Hydroxynaphthyl-(1)-methyl]-4-hydroxy-6-methylpyron-(2)*, $C_{17}H_{14}O_4$, F. 220° (Essigsäure), aus 1-Piperidinomethylnaphthol-(2) (**VIII**) u. 4-Hydroxy-6-methylpyron-(2) bei 140° (10 Min.) 75%. — *3-[2-Hydroxynaphthyl-(1)-methyl]-4.7-dihydroxycumarin*, $C_{20}H_{14}O_5$, F. 310° (Essigsäure), aus 4.7-Dihydroxycumarin u. **VIII** bei 135° (10 Min.). — Benzopyrano-[2'.3':4.3]-cumarine: *Unsubstituiert* (**VII**), $C_{16}H_{10}O_3$, F. 186° (60%ig. A.), a) aus **I** in $POCl_3$ durch 10 Min. langes Erhitzen; 60%; b) aus 1,62 g 4-Hydroxycumarin (**IX**) u. o-Hydroxybenzylalkohol bei 170° (15 Min.) u. Zufügen von Essigsäure; 155 mg; daneben *Dicumarol* (F. 285°). — *6'-Methyl-*, $C_{17}H_{12}O_3$, F. 180° (60%ig. A.), aus **II** nach a). — *8'-Methoxy-*, $C_{17}H_{12}O_4$, F. 199° (60%ig. A.), aus **III** nach a). — *6'.8'-Dichlor-*, $C_{16}H_8Cl_2O_3$, F. 230° (60%ig. A.), aus **IV** nach a). — *6'-Methoxy-*, $C_{17}H_{12}O_4$, F. 189° (60%ig. A.), aus **V** nach a). — *Naphtho-[1''.2'':5'.6']-pyrano-[2'.3':4.3]-cumarin*, $C_{20}H_{12}O_3$, F. 245° (60%ig. A.), aus **VI** nach a). — *4'-Phenyl-5'.6'-naphtho-[1''.2'':5'.6']-pyrano-[2'.3':4.3]-cumarin*, $C_{26}H_{16}O_3$, F. 245° (Essigsäure), aus **IX** u. 1-[Benzylpiperidino]-naphthol-(2) (F. 193°) bei 190° (30 Min.) u. Zufügen von Essigsäure. — *4'-Phenyl-6'-methylbenzopyrano-[2'.3':4.3]-cumarin*, $C_{23}H_{16}O_3$, F. 230° (Essigsäure), aus **IX** u. 2-[Benzylpiperidino]-4-methylphenol. — *2-[o-Hydroxyphenyl]-3-carboxy-4-phenyl-6-methylbenzopyran*, F. 265° (A.), aus vorst. Verb. u. sd. 10%ig. alkohol. NaOH (0,5 Std.) u. Zugeben von HCl. H. Gleinig. 3211 □

Kondensation phenolischer Mannichbasen mit Verbindungen mit aktivem H. 2. Mitt. 3.3'-Spiro-bis-[5.6-benzo-3.4-dihydrocumarin]. Darius Molho und Marie-Cécile Gerphagnon. (Bull. Soc. chim. France **1961**, 1424—28, Juli; franz.) — 1. vgl. vorst. Referat. — Erhitzen von 1-[Piperidinomethyl]-naphthol-(2) u. Malonsäurediäthylester liefert *3.3'-Spiro-bis-[5.6-benzo-3.4-dihydrocumarin]* (**I**), mit 1-[Piperidinobenzyl]-naphthol-(2) entsteht analog *3.3'-Spiro-bis-[5.6-benzo-4-phenyl-3.4-dihydrocumarin]*. Zur Klärung der Struktur von I wird, ausgehend von 1-[Chlormethyl]-2-methoxynaphthalin (**V**), *[2-Methoxynaphthyl-(1)-methyl]-malonsäurediäthylester* (**III**) dargestellt u. erneut mit **V** in Ggw. von K-tert.-Butylat zum *disubstituierten Malonsäurediäthylester* (**IV**) dimerisiert. **IV** gibt beim Kochen von alkohol. KOH *Bis-[2-methoxynaphthyl-(1)-methyl]-essigsäure* (**II**). **II** wird auch durch Abbau von I mit Dimethylsulfat über **II**-*Methylester* erhalten. **IV** gibt mit **HJ** u. rotem P *3-[2-Hydroxynaphthyl-(1)-methyl]-5.6-benzo-3.4-dihydrocumarin.*

Versuche: *3.3'-Spiro-bis-[5.6-benzo-3.4-dihydrocumarin]* (I), $C_{25}H_{16}O_4$, F. 278° (Essigsäure), aus 1-[Piperidinomethyl]-naphthol-(2) u. Malonsäurediäthylester **IV** bei 180 bis 200° (3/4 Std.), Abkühlen u. Fällen mit A.; $[\alpha]_D$ + 0,0046°; 55% (Ausbelte). — *3.3'-Spiro-bis-[5.6-benzo-4-phenyl-3.4-dihydrocumarin]*, F. 240° (Essigsäure), analog I. — *Bis-[2-methoxynaphthyl-(1)-methyl]-essigsäure* (**II**), $C_{26}H_{24}O_4$, F. 195° (A.), a) aus 250 mg Methylester in sd. alkohol. 2n KOH (2 Std.); 190 mg; b) aus 100 mg **IV** in sd. alkohol. 2n KOH (2 Std.); 40 mg. *Methylester*, $C_{27}H_{26}O_4$, F. 105° (A.), aus 500 mg **I** u. Dimethylsulfat in sd. Aceton in Ggw. von K_2CO_3 (24 Std.); 300 mg. — *[2-Methoxynaphthyl-(1)-methyl]-malonsäurediäthylester* (**III**), $C_{19}H_{22}O_5$, F. 56°, aus **V** u. Diäthylmalonat. *Freie Säure*, F. 174°. — *β-[2-Methoxynaphthyl-(1)]-propionsäure*, F. 131°, aus vorst. Säure durch Decarboxylierung. — *Bis-[2-methoxynaphthyl-(1)-methyl]-malonsäurediäthylester* (**IV**), $C_{31}H_{32}O_6$, F. 95° (A.), aus **III** u. **V** in Ggw. von K-tert.-Butylat in sd. Bzl. (3 Std.) u. Behandeln mit verd. HCl u. wss. Na_2CO_3; 20%. — *3-[2-Hydroxynaphthyl-(1)-methyl]-5.6-benzo-3.4-dihydrocumarin*, $C_{24}H_{18}O_3$, F. 221° (A. u. Sublimation), a) aus 150 mg **IV** in sd. Essigsäure in Ggw. von **HJ** u. rotem P (2 Std.), Gießen in W. u. Behandeln mit $NaHSO_3$; 75 mg; b) wie a) aus **II**. H. Gleinig. 3211 □

Darstellung des vierten Racemates eines Flavandiols-(3.4). M. D. Kashikar und A. B. Kulkarni. (Chem. and Ind. **1958**, 1084—85, 16/8.; Bombay, Inst. of Sci., Dep. of Org. Chem.; engl.) — Die Darst. des letzten der vier möglichen *Racemate* von *6-Methyl-4'-methoxyflavandiol-(3.4)* (I) wird beschrieben. Verss. zur Darst. von I durch Entmethylieren von 6-Methyl-3.4'-dimethoxyflavanol-(4) waren erfolglos. Erstmals werden die zwei möglichen Racemate von *6-Methyl-4'-methoxyflavanol-(3)* (II) dargestellt. — *6-Methyl-4'-methoxyflavandiol-(3.4), viertes Isomeres* (I), $C_{17}H_{18}O_4$, F. 162° (A.), durch Hydrieren von 6-Methyl-4'-methoxyflavonol an Raney-Ni bei hoher Temp. u. hohem Druck. *Diacetyl-Deriv.*, $C_{21}H_{22}O_6$, F. 128—129° (A.). — *6-Methyl-4'-methoxyflavanol-(3)* (II), $C_{17}H_{18}O_3$, F. 135° (Bzl./PAe.), häufiges Nebenprod. von I. *Acetyl-Deriv.*, $C_{19}H_{20}O_4$, F. 150° (A.). *Isomeres* II, $C_{17}H_{18}O_3$, F. 120—121° (Bzl./PAe.), durch Red. von 6-Methyl-4'-methoxy-3-benzoyloxyflavon mit Metallhydrid u. Hydrieren des Komplexes in situ an Raney-Ni. *Acetyl-Deriv.*, $C_{19}H_{20}O_4$, F. 141—142°. — *6-Methyl-3.4'-dimethoxyflavanol-(4)*, $C_{18}H_{20}O_4$, F. 187—188° (A.), aus 6-Methyl-3.4'-dimethoxyflavon analog vorst. Verb.; ist isomer dem aus 6-Methyl-3-brom-4'-methoxyflavanol-(4) dargestellten *6-Methyl-3.4'-dimethoxyflavanol-(4)* [$C_{18}H_{20}O_4$, F. 106—108° (A.)] u. wahrscheinlich ein Deriv. von I. *Acetyl-Deriv.*, $C_{20}H_{22}O_5$, F. 107—109°. H.-J. Weigmann. 3211 □

Epimerisation am $C_{(4)}$ eines Flavandiols-(3.4). M. D. Kashikar und A. B. Kulkarni. (Current Sci. [Bangalore] **30**, 142, April 1961; Bombay, Inst. of Sci., Chem. Dep.; engl.) — Bei der Rk. von cis-6-Methyl-4'-methoxyflavandiol-(3.4) (F. 169°; 3e-OH, 4a-OH) mit $NaBH_4/BF_3$ erhielten Vff. statt des erwarteten Catechins *trans-6-Methyl-4'-methoxyflavandiol-(3.4)*, F. 193° (3e-OH, 4e-OH) in 40%ig. Ausbeute. $NaBH_4$ oder BF_3 für sich rufen keine Epimerisation hervor. Die allg. Anwendbarkeit der Meth. zur Darst. von diäquatorialen Flavandiolen wurde durch Überführen von cis-6-Methyl-3'.4'-dimethoxyflavandiol-(3.4) (F. 183—184°) in das *trans-Isomere* (F. 203—204°) geprüft. H.-J. Weigmann. 3211 □

Nichtbenzoide aromatische Heterocyclen. 2. Mitt. **Reaktion von Pyryliumsalz mit Kaliumhydrogensulfid.** Hiroshi Kato, Takatoshi Ogawa und Masaki Ohta. (Bull. chem. Soc. Japan **33**, 1467—68, Okt. 1960; Meguro-ku, Tokyo Inst. of Technol, Labor. of Organ. Chem.; engl.) — 1. vgl. C. **1960**, 16422. — Die Rkk. verschiedener Pyryliumsalze mit KHS bei verschiedenen Temp. werden beschrieben. Aus 2.6-Dimethyl-4-methoxypyryliumperchlorat (**II**) entsteht bei Raum-Temp. *2.6-Dimethyl-4-thiopyron* (**IV**), während bei Siede-Temp. *2.6-Dimethyl-1-thia-4-thiopyron* (I) erhalten wird. I entsteht ferner auf gleichem Weg aus 2.6-Dimethyl-4-methylmercaptopyryliumperchlorat (III). Die Verss. zur Darst. von 2.6-Dimethylpyron-(4) u. 2.6-Dimethyl-1-thiapyron-(4) aus **III** bzw. 2.6-Dimethyl-1-thiapyryliumperchlorat waren erfolglos.

Versuche: *2.6-Dimethyl-4-thiopyron* (**IV**), F. 145°, durch 1std. Stehen von 5 g **II** in methanol. KHS-Lsg. bei 20°; aus A. gelbe Nadeln; 2 g (Ausbeute). — *2.6-Dimethyl-1-thia-4-thiopyron* (I), F. 116—117°, a) durch 1std. Kochen von 10 g **II** mit methanol. KHS-Lsg. in Ggw. von H_2S; aus Ligroin rote Nadeln; 6,1 g; b) analog a) in Abwesenheit von H_2S; 1,7 g im Gemisch mit **IV**; c) analog a) aus **III**. W. Hampel. 3221 □

Nichtbenzoide aromatische Heterocyclen. 3. Mitt. **Umwandlung von Pyron-(4)-derivaten in Pyridon-(4)-derivate.** Hiroshi Kato, Takatoshi Ogawa und Masaki Ohta. (Bull. chem. Soc. Japan **33**, 1468—69, Okt. 1960; engl.) — 2. vgl. vorst. Referat. — Die Rk. von 4-[Dicyanmethylen]- (I) u. 4-[Äthoxycarbonylcyanmethylen]-2.6-dimethyl-4H-pyran (**II**) mit Aminen werden untersucht. Verss. zur Darst. von 1-Thiapyron-Derivv. aus **I** u. **II** mit KHS waren erfolglos.

Versuche: 4-Dicyanmethylen-2.6-dimethyl-1.4-dihydropyridine: *N-Phenyl-*, F. 314—315°, durch 1std. Kochen von **I** mit Anilin; aus Essigsäure Nadeln; 20% (Ausbeute). — *N-Benzyl-*, $C_{17}H_{15}N_3$, F. 242—245°, durch Erhitzen von **I** mit Benzylamin auf 150°; aus A. gelbe Nadeln; 34%. — *N-Amino-*, $C_{10}H_{10}N_4$, F. 291—292° (Zers.), durch Erwärmen von **I** mit Hydrazin auf 100°; aus Essigsäure Nadeln; 40%. *Benzal-Deriv.*, $C_{17}H_{14}N_4$, F. 294—295°, aus Essigsäure gelbe Nadeln. — *Unsubstituiert*, $C_{10}H_9N_3$, F. 330—331°, durch 1std. Erhitzen von 5 g **I** in Formamid auf 150°; aus Ameisensäure gelbe Nadeln; 1,7 g. — 4-Äthoxycarbonylcyanmethylen-2.6-dimethyl-1.4-dihydropyridine: *N-Benzyl-*, $C_{19}H_{20}N_2O_2$, F. 183—184°, aus **II** u. Benzylamin; aus A. Nadeln; 80%. — *N-Amino-*, $C_{12}H_{15}N_3O_2$, F. 217—218°, aus **II** u. Hydrazinhydrat; aus A. hellgelbe Nadeln; 71%. W. Hampel. 3231 □

Aminaryl- und -diarylborane: Derivate einer neuen Klasse substituierter Borane. M. F. Hawthorne. (Chem. and Ind. **1957**, 1242—43, 14/9.; Huntsville, Ala., Rohm & Haas Co., Redstone Arsenal Res. Div.; engl.) — Vgl. C. **1960**, 3837. — Durch Einw. von Pyridin (**II**) auf Diäthylphenylboronat oder Triphenylboroxin u. $LiAlH_4$ in Ae. bei —70° u. nachfolgende Hydrolyse mit W. entsteht *Pyridinphenylboran* [I; F. 80—83°; 53% (Ausbeute)]. I kann ferner bei 0° unter N_2 aus Phenylboran in Ae. in Ggw. von $LiAlH_4$ durch Zugabe von **II** erhalten werden. Auf diese Weise wird eine Anzahl von *Pyridinalkylboranen* u. *Pyridinarylboranen* dargestellt. *Pyridindiarylborane* gewinnt man analog aus Äthyl- oder Butyldiarylborinaten u. **II**.

Versuche: Pyridinborane: *p-Chlorphenyl-*, F. 61—62°; 17%. — *p-Anisyl-*, F. 78—79°; 61%. — *p-Tolyl-*, F. 63—65°; 34%. — *Naphthyl-(1)-*, F. 140—141°; 24%. — *Benzyl-*, F. 105—106°; 11%. — *Propyl-(2)-*, Öl; 25%. — *Butyl-*, Öl; 27%. — *Diphenyl-*

(III), F. 108—109°; 48%. — *Bis-[p-chlorphenyl]-*, F. 103—104°; 28%. — *Bis-[p-tolyl]-*, F. 110—113°; 43%. — *Bis-[p-anisyl]-*, F. 109—110°; 50%. — *Isobutyraldehyd-2.4-dinitrophenylhydrazon*, F. 173—176°, durch Red. von Isobutyrylchlorid mit III in sd. Ae. u. Fällen mit 2.4-Dinitrophenylhydrazin; 50%. W. Hampel. 3231□

Heterocyclische Verbindungen. Synthese von 2.5-Dimethyl-4-äthinyl (vinyl- und äthyl)-4-piperidolen. I. N. Nasarow, A. Sch. Scharifkanow, Ss. A. Jussupow und T. G. Ssarbajew. (Журнал Общей Химии [J. allg. Chem.] **30** (**92**), 3267—71, Okt. 1960; Kasach. Univ.; russ.) — Aus dem bei der Rk. von 2.5-Dimethylpiperidon-(4) (I) mit C_2H_2 anfallenden Isomerengemisch von *2.5-Dimethyl-4-äthinylpiperidol-(4)* (II) ließen sich durch fraktionierte Kristallisation die γ- u. *β-Form* sowie ein *fl. Isomeres* abtrennen. Ihre Hydrierung lieferte je 2 krist. u. eine fl. Form von *2.5-Dimethyl-4-vinyl-* (III) u. *-4-äthylpiperidol-(4)*.

Versuche: *2.5-Dimethylpiperidon-(4)* (I), Kp.$_5$ 77—80°, durch 6std. Erhitzen von 125 g eines Gemisches aus 2-Methylhexadien-(1.4)-on-(3) u. dem aus diesem mit Methanol erhaltenen β-Methoxyketon mit 25%ig. NH_4OH im geschlossenen Gefäß auf dem Wasserbad, Eindampfen, Ansäuern mit konz. HCl, Alkalisieren u. Ausäthern; n_D^{20} 1,4668 121 g (Ausbeute). — *2.5-Dimethyl-4-äthinylpiperidol-(4)* (**II**), *Isomerengemisch*, Kp.$_2$ 114 bis 118°, durch Sättigen von abs. Ae. in Ggw. von KOH-Pulver u. wenig abs. A. mit C_2H_2 bei —3°, Zutropfen von I, weiteres 3std. Einleiten von C_2H_2 bei —3—0°, Zers. mit W. u. Ausäthern; 87,5%. Durch Lösen in Bzl., Ausfällen mit Bzn. u. fraktionierte Kristallisation aus Bzl. wurden abgetrennt: *γ-Form*, $C_9H_{15}NO$, F. 93—94° (Bzl.); 42,5%. *Hydrochlorid*, $C_9H_{16}ClNO$, F. 191—192° (abs. A.). *β-Form*, $C_9H_{15}NO$, F. 131—132° (Bzl.); 14,2%. *Hydrochlorid*, $C_9H_{16}ClNO$, F. 234—235° (A.). *Fl. Isomeres*, $C_9H_{15}NO$, Kp.$_2$ 96—98°, D.$_4^{20}$ 0,9934, n_D^{20} 1,4905; 2,41%. *Hydrochlorid*, nichtkristallin. — *2.5-Dimethyl-4-vinylpiperidol-(4)* (**III**), *γ-Form*, $C_9H_{17}NO$, F. 125—126° (Bzl.), durch Hydrieren von 6,02 g γ-II in abs. A. über Pd/$BaSO_4$; 5,95 g. *Hydrochlorid*, $C_9H_{18}ClNO$, F. 199—200° (A.). *β-Form*, $C_9H_{17}NO$, F. 82—83° (Bzl.), analog aus 9 g β-**II**; 8,83 g. *Hydrochlorid*, $C_9H_{18}ClNO$, F. 182—183° (A.-Ae.). *Fl. Isomeres*, $C_9H_{17}NO$, Kp.$_2$ 93—95°, neben der β- u. γ-Form durch Hydrieren des **II**-Isomerengemisches; D.$_4^{20}$ 0,9833, n_D^{20} 1,4930; 17%. — *2.5-Dimethyl-4-äthylpiperidol-(4)*, *γ-Form*, $C_9H_{19}NO$, F. 135—136° (Bzl.), a) durch erschöpfendes Hydrieren von γ-**II** in abs. A. über Raney-Ni; 87%; b) analog aus 4,65 g γ-**III**; 4,5 g. *Hydrochlorid*, $C_9H_{20}ClNO$, F. 211—212° (A.-Ae.). *β-Form*, $C_9H_{19}NO$, F. 98—99° (Bzl.), a) aus β-**II**; 90,3%; b) aus 1,7 g β-**III**; 1,6 g. *Hydrochlorid*, $C_9H_{20}ClNO$, F. 172—173° (A.). *Fl. Isomeres*, $C_9H_{19}NO$, Kp.$_2$ 90—92°, D.$_4^{20}$ 0,9693, n_D^{20} 1,4865, a) aus dem fl. **II**-Isomer; 89%; b) aus 4,65 g des fl. **III**-Isomeren; 4 g; c) neben der γ-Form (63,4%) aus dem **II**-Isomerengemisch; 25%. H.-E. Toussaint. 3231□

Pyridiniumderivate der Dithioessigsäure. 1. Mitt. Fritz Kröhnke und Klaus Gerlach. (Chem. Ber. **95**, 1108—17, 22/5. 1962; Gießen, Univ., Chem. Inst.; dt.) — Bei der Einw. von CS_2 auf Phenacylpyridiniumbetain (**II**; $C_5H_5\overset{\oplus}{N}-\overset{\ominus}{C}H-COC_6H_5$) wird ein rotes, harziges Addukt (*α-Benzoyl-α-pyridiniodithioessigsäurebetain*) erhalten, aus dem mit CH_3J *α-Pyridinio-α-benzoyldithioessigsäuremethylesterbetain* entsteht u. das in Ggw. von Methanol Säurespaltung zu *Pyridiniodithioessigsäurebetain* (**I**) erleidet. **I**, das auch aus N-Phenacylpyridiniumbromid (**III**) u. CS_2 in CH_3OH durch Zugeben von methanol. NaOH bei Raum-Temp. erhalten wird, geht nach einiger Zeit, bes. beim Kochen in A., unter Abspaltung von Pyridin in ein schwarzes *Polymeres* der Zus. $[CH_2-CSS]_n$ über, bildet nur mit konz. Mineralsäuren Salze, wird in der Form des Perchlorats an der Luft zu *Bis-[pyridiniothioacetyl]-disulfiddiperchlorat* oxydiert u. wird durch CH_3J zu *Pyridiniodithioessigsäuremethylesterjodid* (**IV**) methyliert, dessen Konstit. durch Umsetzung mit Anilin zu Pyridiniothioacetatanilidjodid u. durch Rk. mit heißer 2n HCl zu *N-Carboxymethylpyridiniumchlorid* bewiesen wird. **IV** setzt sich an der akt. CH_2-Gruppe mit p-Nitrosodimethylanilin (**VI**) zu *N-[p-Dimethylaminophenyl]-α-methylmercaptothiocarbonylnitron*, mit p-Nitrobenzaldehyd (**VIII**) zu *α-Pyridinio-α-[p-nitro-α-hydroxybenzyl]-dithioessigsäuremethylesterbetain* um. Das aus **I** u. Phenacylbromid (**XVI**) erhältliche *α-Pyridiniodithioessigsäurephenylacylesterbromid* (**IX**) ist zur intramol. Aldol-Kondens. befähigt unter Bldg. eines Betains (**X**) der Thiophenreihe, das beim Erwärmen leicht unter Wasserabspaltung in *N-[2-Mercapto-4-phenylthienyl-(3)]-pyridiniumbetain* (**XVIII**) übergeht. Letzteres wird leicht, **X** erst nach Zusatz von Mineralsäure durch CH_3J in *N-[2-Methylmercapto-4-phenylthienyl-(3)]-pyridiniumjodid* übergeführt. Mit 3-N-Methylanilinopropenal (**XI**) bzw. 5-N-Methylanilinopentadien-(2.4)-al (**XII**; Zincke-Aldehyd) läßt sich **IV** schon bei Raum-Temp. beim Mol-Verhältnis 1 : 1 zu den tieffarbigen *Polymethinen α-[3-N-Methylanilinopropen-(2)-yliden]-* (**XIV**) bzw. *α-[5-N-Methylanilinopentadien-(2.4)-yliden]-α-pyridiniodithioessigsäuremethylesterjodid* (**XX**) umsetzen. **XIV** reagiert mit einem weiteren Mol **IV** weiter zu einem *Cyanin*, während

XX vorher zum „Aldehydbetain" (**XIII**) verseift werden muß. Die hohe Reaktivität der CH_2-Gruppe in **IV** u. **IX** wird durch die geringe Neigung des S zur Ausbildung von C=S-Doppelbindungen erklärt, die zur Positivierung des C-Atoms der Thiocarbonylgruppe führt. Dies erklärt auch, daß **IV** mit **VI** bzw. p-Dimethylaminobenzaldehyd (**XV**) ohne Basenzusatz, mit **VIII** bzw. mit Nitrosobenzol (**VII**) aber erst nach Alkalizugabe reagiert, da das entstehende Thion durch Mesomerie mit der Dimethylaminogruppe stabilisiert wird. Die Einw. von CS_2 auf Anilinoformylmethylpyridiniumchlorid (**XXI**-Chlorid) ergibt ein Salz, das mit $NaClO_4$ unter Abscheidung von **XXI**-*Perchlorat* reagiert u. sich mit CH_3J unter Abscheidung von **XXI**-Jodid zu *α-Phenylcarbamoyl-α-pyridiniodithioessigsäure* (**XXII**)-*Methylesterbetain* umsetzt, dessen Struktur durch Synth. aus Pyridiniodithioessigsäuremethylesterbetain (**V**) u. Phenylisocyanat (**XXIII**) bestätigt wird. Das Salz wird deshalb mit **XXI** als Kation u. dem Anion vom **XX**-Betain formuliert. Bei der Umsetzung (vgl. Zecher u. Kröhnke, Chem. Ber. **94**, [1961], 761) von **IV** mit Benzalacetophenon (**XIX**) in Ggw. von NH_4-Acetat entsteht *2-Mercapto-4.6-diphenylpyridin* (**XVII**), dessen Oxydation zum *Disulfid* u. reduzierende Entschwefelung zu *2.4-Diphenylpiperidin* beschrieben werden.

Versuche: *Pyridiniodithioessigsäurebetain* (**I**), $C_7H_7NS_2$, F. 110° (Zers.), a) durch Zugabe von 2n NaOH zu **III** u. CS_2 in Methanol bei Raum-Temp.; gelbe, rhomb. Tafeln aus W.; 93% (Ausbeute); b) durch Zutropfen von **II** in Chlf. zu CS_2/Methanol (1 : 10) u. Kochen; 73%. — *α-Pyridinio-α-benzoyldithioessigsäuremethylesterbetain*, F. 216—218°, durch Zugabe von CS_2 zu **II** in Chlf. u. Schütteln mit K_2CO_3 u. CH_3J; gelbe, rhomb. Tafeln aus Methanol; 22%. — *Pyridiniodithioessigsäurehydroxid, Perchlorat*, $C_7H_8Cl\cdot NO_4S_2$, F. 122° (Sintern ab 108°), aus **I** u. 60%ig. $HClO_4$; gelbe Prismen; 44%. *Bromid*, $C_7H_8BrNS_2$, F. 156° (Zers.), aus **I** u. 48%ig. HBr; hellgelbe Prismen; 20%. — *Bis-[pyridiniothioacetyl]-disulfiddiperchlorat*, $C_{14}H_{14}Cl_2N_2O_8S_4$, F. 208° (Dunkelfärbung ab 170°), durch Stehen von **I** u. 20%ig. $HClO_4$ bei 0° u. mehrere Tage bei Raum-Temp.; Pulver; 96%. — *Pyridiniodithioessigsäuremethylesterjodid* (**IV**), $C_8H_{10}JNS_2$, F. 158° (Zers.), aus **I** u. CH_3J in Methanol; gelbe Plättchen aus Methanol; 90%. — *Pyridiniodithioessigsäuremethylesterbetain* (**V**), $C_8H_9NS_2$, F. 97° (Zers.). aus **IV** u. 2n methanol. NaOH in Methanol bei 0°; rhomboedr. Tafeln aus CH_3OH; 87%. — *N-Carboxymethylpyridiniumchlorid*, F. 202° (Schäumen), aus dem **IV** entsprechenden Chlorid oder **V** u. 2n HCl durch 5std. Kochen; 79%. — *Pyridiniothioacetanilidhydroxid, Jodid*, F. 168°, aus **IV** u. Anilin unter Erhitzen, Nadeln aus A.; 70%; mit $HClO_4$ → *Perchlorat*, F. 199° (A.). — *N-[p-Dimethylaminophenyl]-α-methylmercaptothiocarbonylnitron*, $C_{11}H_{14}N_2OS_2$, F. 116°, aus **IV** u. **VI** in Methanol bei 0°; grüne Nadeln aus Essigester; 66%. — *N-Phenyl-α-methylmercaptothiocarbonylnitron*, $C_9H_9NOS_2$, F. 115° (Zers.), aus **V** u. **VII** in Methanol bei 0°; bräunlichgelbe Spieße aus A.; 73%. — *Pyridinio-α-[α-hydroxy-p-nitrobenzyl]-dithioessigsäuremethylesterbetain*, $C_{15}H_{14}N_2O_3S_2$, F. 120°, aus **IV** u. **VIII** in Methanol durch Zugabe von 2n NaOH bei 0°; ziegelrote Prismen; 77%. Entsprechendes *Bromid*, $C_{15}H_{15}BrN_2O_3S_2$, F. 118°, aus dem Betain u. konz. HBr in A.; gelbe Kristalle aus A.; 39%. — *α-Pyridiniodithioessigsäurephenacylesterbromid* (**IX**), $C_{15}H_{14}BrNOS_2$, F. 137°, (Zers.), aus **I** u. **XVI** in heißem Methanol; gelbe Tafeln aus Methanol; 87%. — *N-[2-Mercapto-4-hydroxy-4-phenyl-4.5-dihydrothienyl-(3)]-pyridiniumbetain* (**X**), $C_{15}H_{13}NOS_2$, F. 200° (Zers.), durch Zugabe von 2n methanol. NaOH zu **IX** in Methanol bei 0°; Prismen aus CH_3OH; 81%. — *N-[2-Mercapto-4-phenylthienyl-(3)]-pyridiniumbetain* (**XVIII**), $C_{15}H_{11}NS_2$, F. 216° (Zers.), analog **X** in der Hitze; weinrote Prismen aus Methanol), aus Chlf./PAe. flache Spindeln; 76%. — *Bis-[3-pyridinio-4-phenylthienyl-(2)]-disulfiddiperchlorat*, $C_{30}H_{22}Cl_2N_2O_8S_4$, F. 166°, durch Lösen von **X** oder **XVIII** in Methanol mit 2n $HClO_4$ u. Zugabe von 3%ig. H_2O_2 bei 0°; Nadeln aus CH_3OH; 100%. — *N-[2-Methylmercapto-4-phenylthienyl-(3)]-pyridiniumhydroxid, Jodid*, $C_{16}H_{14}JNS_2$, F. 155°, a) aus **X** u. CH_3J in A. durch Zusatz eines Tropfens HJ; gelbe Prismen aus A.); b) aus **XVIII** u. CH_3J ohne HJ; 92%. *Perchlorat*, F. 133°; aus A. gelbe Prismen. — *α-[3-N-Methylanilinopropen-(2)-yliden]-α-pyridiniodithioessigsäuremethylesterjodid* (**XIV**; „*1-Methylanilino-4-pyridinio-5-methylmercaptopentadien-(1.3)-thion-(5)-jodid*"), $C_{18}H_{19}JN_2S_2$, F. 200°, aus **IV** u. 1 Val **XI** in Acetanhydrid/Pyridin; karminrote Nadeln aus Methanol; 92%. — *α-[5-N-Methylanilinopentadien-(2.4)-yliden]-α-pyridiniodithioessigsäuremethylesterjodid* („*1-Methylanilino-6-pyridinio-7-methylmercaptoheptatrien-(1.3.5)-thion-(7)-jodid*") (**XX**), $C_{20}H_{21}JN_2S_2$, F. 190°, aus **IV** u. 1 Val **XII** in Acetanhydrid in 10 Min. auf dem Wasserbad; blaue Nadeln aus A.; 78%. — *α-[4-Formylbutadien-(1.3)-yl]-α-pyridiniodithioessigsäuremethylesterbetain* (**XIII**; „*6-Pyridinio-7-methylmercaptoheptatrien-(2.4.6)-al-(1)-thiolat-(7)*"), $C_{13}H_{13}NOS_2$, F. 207° (Zers.), durch Zugabe von 2n NaOH zur warmen Lsg. der vorst. Verb. in Methanol; violette Nadeln aus Methanol; 80%. — *1.5-Dipyridinio-1.5-bis-[methylmercaptothiocarbonyl]-pentadien-(1.3)-betainjodid* („*2.6-Dipyridinio-1.7-bis-methylmercaptoheptatrien-(1.3.5)-thion-(7)-thiolat-(1)-jodid*"), $C_{19}H_{19}\cdot$

JN_2S_4, F. 198°, a) aus 2 Val **IV** u. **XI** in Acetanhydrid bei 100°; grüne Nadeln aus Methanol; 80%; b) aus **XIV** u. 1 Val **IV** durch Erwärmen in Acetanhydrid; c) durch 2std. Kochen von 2 Val **IV** u. **XI** in A.; 21%. — *N-[3-N-Methylanilinopropen-(2)-yliden]-N-methylaniliniumjodid* („*1-Methylanilinopropen-(1)-al-(3)-methylaniljodid*"), $C_{17}H_{19}JN_2$, F. 203°, neben vorst. Verb. nach c). — *1.7-Dipyridinio-1.7-bis-[methylmercaptothiocarbonyl]-heptatrien-(1.3.5)-betainjodid* („*2.8-Dipyridinio-1.9-bis-[methylmercapto]-nonatetraen-(1.3.5.7)-thion-(9)-thiolat-(1)-jodid*"), $C_{21}H_{21}JN_2S_4$, F. 201°, aus **XIII** u. 1 Val **IV** in Acetanhydrid in 10 Min. auf dem Wasserbad; hellgrüne Nadeln aus Methanol; 56%. — *1-[p-Dimethylaminophenyl]-2-pyridinio-2-methylmercaptothiocarbonyläthylenjodid*, $C_{17}H_{19}\cdot JN_2S_2$, F. 201°, durch 8 Min. langes Erhitzen von **IV** u. **XV** in Acetanhydrid auf 100°; grüne Prismen aus A.; 68%. — *1-[p-Nitrophenyl]-2-pyridinio-2-methylmercaptothiocarbonyläthylenperchlorat*, $C_{15}H_{13}ClN_2O_6S_2$, F. 242—243° (Schäumen), durch 2std. Kochen von Pyridiniodithioessigsäuremethylesterperchlorat u. **VIII** in A./Pyridin; dunkelrote Blättchen aus A. bzw. W.; 12%. — *N-Phenylcarbamoylmethylpyridinium-[α-phenylcarbamoyl-α-pyridiniodithioacetat]-betain* (**XVI**), $C_{27}H_{24}N_4O_2S_2$, F. 150° (Zers.), durch Erwärmen von **XXI**-Chlorid u. CS_2 mit 2n methanol. NaOH in A./W.; rote Säulen aus Methanol; 90%. — *Anilinoformylmethylpyridiniumxanthogenat*, $C_{15}H_{16}\cdot N_2O_2S_2$, F. 142° (Zers.), durch Schütteln von **XXI**-Chlorid u. CS_2 mit 2n methanol. NaOH in W. unter Eiskühlung; cremefarbene Tafeln aus Methanol; 28%. — *α-Phenylcarbamoyl-α-pyridiniodithioessigsäure* (**XXII**)-*Methylesterbetain* [„*1-Anilino-2-pyridinio-3-methylmercaptopropen-(2)-on-(1)-thiolat-(3)*"], $C_{15}H_{14}N_2OS_2$, F. 185° (Zers.), a) durch Erwärmen von **V** u. **XXII** in Chlf.; gelbe Rhomboeder aus Methanol; 65%; b) durch Erwärmen von vorst. Verb. u. CH_3J in Methanol; 32%. — *Anilinoformylmethylpyridiniumjodid*, $C_{13}H_{13}\cdot JN_2O$, F. 151°, a) neben vorst. Verb. nach b); Nadeln aus Methanol; 59%; b) aus **XXI**-Chlorid u. KJ. — *α-Phenylthiocarbamoyl-α-pyridiniodithioessigsäuremethylesterbetain* [„*1-Anilino-2-pyridinio-3-methylmercaptopropen-(2)-thion-(1)-thiolat-(3)*"], $C_{15}H_{14}\cdot N_2S_3$, F. 173° (Zers.), durch Erwärmen von **V** u. Phenylsenföl; gelbe Nadeln aus Methanol. — *2-Mercapto-4.6-diphenylpyridin* (**XVII**), $C_{17}H_{13}NS$, F. 197°, durch 1std. Erhitzen von **IV**, **XIX** u. NH_4-Acetat in Eisessig; Nadeln aus A.; 18%. — *Bis-[4.6-diphenylpyridyl-(2)]-disulfid*, $C_{34}H_{24}N_2S_2$, F. 205°, aus **XVII** u. 3%ig. H_2O_2; aus A. Prismen. — *2.4-Diphenylpiperidin*, durch 2std. Erhitzen von **XVII** u. Raney-Ni in A.; 30%. *Pikrat*, $C_{23}H_{22}N_4O_7$, F. 193—194°, aus A. gelbe Tafeln. A. Trede. 3231 □

Pyridiniumderivate der Dithioessigsäure. 2. Mitt. Alkylierungen und Acylierungen. Fritz Kröhnke, Klaus Gerlach und Karl-Erwin Schnalke. (Chem. Ber. **95**, 1118—23, 22/5. 1962; dt.) — 1. vgl. vorst. Referat. — Die Einw. von CH_3J auf Pyridiniodithioessigsäuremethylesterbetain (**I**) führt zu *[2.2-Dimethylmercaptovinyl]-pyridiniumjodid*, dessen Konstit. durch Verseifung zu *N-Carboxymethylpyridiniumchlorid* (**II**) bewiesen wird. Durch Umsetzung von **I** mit C_2H_5J bzw. Benzylbromid (**IV**) werden die analogen Ketenmercaptale mit verschiedenen S-Alkylgruppen erhalten, während die cis–trans-isomeren Verbb. durch Methylierung von Pyridiniodithioessigsäureäthyl- bzw. -benzylesterbetain mit CH_3J erhalten werden. Die Struktur aller dieser Ketenmercaptale wird durch Verseifung zu **II** bewiesen. Das Auftreten von cis–trans-Isomeren zeigt, daß die zu alkylierenden Betaine in einheitlicher Konfiguration vorliegen, wobei der Pyridiniumrest u. das S⊖-Ion wahrscheinlich cis zueinander stehen. **I** reagiert mit Acetanhydrid (**V**) bzw. Benzoesäureanhydrid (**VIII**) zu *α-Acyl-α-pyridiniodithioessigsäuremethylesterbetainen* (**A**), aus denen mit $HClO_4$ der Acylrest unter Bldg. des **I** entsprechenden *Perchlorats* wieder abgespalten wird. Mit Acetyl- bzw. Benzoylchlorid reagiert **I** unter gleichen Bedingungen hingegen zu *[2-Methylmercapto-2-acylmercaptovinyl]-pyridiniumsalzen* (**B**), die als Perchlorate isoliert werden u. aus denen sich mit Alkalien **I** wiedergewinnen läßt. Für die angegebenen Konstit. von **A** u. **B** spricht, daß sie sich durch Einw. von Basen bzw. Säuren nicht ineinander überführen lassen, u. daß das Prod. aus **I** u. **V** auch durch Rk. von α-Benzoyl-α-pyridiniodithioessigsäurebetain u. CH_3J erhältlich ist. Das Jodid (**VI**) von **I** geht beim Erhitzen mit Propionsäureanhydrid (**IX**) bzw. **V** in Heterocyclen vom Typ der Pyridiniumbetaincyanine über. Das so aus **V** u. **VI** dargestellte *3.5-Dipyridinio-4-methyl-1-thiacyclohexadien-(2.4)-thion-(6)-thiolat-(2)-jodid* wird auch aus dem durch Rk. von Pyridiniodithioessigsäure (**X**)-Betain (**III**) mit C_2H_5J erhältlichen **X**-Äthylesterjodid (**VII**) u. **V** dargestellt.

Versuche: *[2.2-Dimethylmercaptovinyl]-pyridiniumjodid*, $C_9H_{12}JNS_2$, F. 168°, aus **I** u. CH_3J in Methanol; gelbe Rhomboeder aus Methanol; 83% (Ausbeute). — *N-Carboxymethylpyridiniumhydroxid, Chlorid* (**II**), $C_7H_8ClNO_2$, F. 200—202° (A.), a) durch 5std. Kochen vorst. Verb. in 2n HCl u. Behandlung mit AgCl; 55%; b) analog a) aus den **X**- u. **XI**-Diastereomeren. *Bromid*, $C_7H_8BrNO_2$, F. 204° (A.), durch 3std. Kochen von **XII** mit 2n HBr. — *Pyridiniodithioessigsäureäthylesterjodid* (**VII**), $C_9H_{12}JNS_2$, F. 155°, durch Erwärmen von **III** mit C_2H_5J in Nitrobenzol; gelbe, rhomboedr. Plättchen aus A.;

92%. — *[2-Äthylmercapto-2-methylmercaptovinyl]-pyridiniumjodid* (**X**), *Diastereomeres A*, $C_{10}H_{14}JNS_2$, F. 123—125°, durch Zugabe von 2n methanol. NaOH u. CH_3J zu **VII** in Methanol; fahlgelbe Tafeln aus A.; 74%. *B*, F. 111—113°, durch Erwärmen von **I** u. C_2H_5J in Methanol; leuchtendgelbe Blättchen aus A.; 94%. — *Pyridiniodithioessigsäurebenzylesterbromid*, $C_{14}H_{14}BrNS_2$, F. 165°, aus **III** u. **IV** in Nitrobenzol bei Raum-Temp.; gelbe Blättchen aus Methanol–Ae.; 96%. — *Pyridiniodithioessigsäurebenzylesterbetain*, $C_{14}H_{13}NS_2$, F. 100°, aus vorst. Verb. u. 2n methanol. NaOH; orangefarbene Prismen aus Methanol; 96%. — *[2-Benzylmercapto-2-methylmercaptovinyl]-pyridiniumhydroxid, Jodid* (**XI**), *Diastereomeres A*, $C_{15}H_{16}JNS_2$, F. 115—116°, aus vorst. Verb. u. CH_3J in Methanol; gelbe Prismen aus A.; 85%. *B*, F. 167°, aus dem Bromid u. NaJ in W. cremefarbene, dünne Rhomboeder aus A.; 100%. *Bromid* (**XII**), $C_{15}H_{16}BrNS_2$, F. 132°, aus **I** u. **IV** in Methanol; Spieße aus A./Ae.; 89%. — *α-Acetyl-α-pyridiniodithioessigsäuremethylesterbetain*, $C_{10}H_{11}NOS_2$, F. 192°, durch Erwärmen von **I** in **V**; gelbe Prismen aus A.; 84%. — *Pyridiniodithioessigsäuremethylesterperchlorat*, a) aus vorst. Verb. u. 60%ig. $HClO_4$ in Methanol, in 12 Std. bei Raum-Temp.; 93%; b) analog a) aus nachst. Verb.; 93%. — *α-Benzoyl-α-pyridiniodithioessigsäuremethylesterbetain*, $C_{15}H_{13}NOS_2$, F. 214°, durch Erwärmen von **I** u. **VIII** in Chlf. auf 40°; 35%; gelbe Prismen aus A.; 35%. — *[2-Methylmercapto-2-acetylmercaptovinyl]-pyridiniumperchlorat*, $C_{10}H_{12}\cdot ClNO_5S_2$, F. 132° (Zers.), durch Rk. von **I** u. CH_3COCl in Chlf., Lösen des Nd. in A. u. Zugabe von 2n $HClO_4$; Blättchen aus CH_3OH; 83%. — *[2-Methylmercapto-2-benzoylmercaptovinyl]-pyridiniumperchlorat*, $C_{15}H_{14}ClNO_5S_2$, F. 144° (Zers.), durch Rk. von **I** u. C_6H_5COCl in Chlf. unter Eiskühlung, Fällung mit Ae., Lösen in A. u. Zugabe von $HClO_4$; rechteckige Prismen aus A.; 62%; 1std. Stehen in 50%ig. CH_3OH mit 2n NaOH bei 0° → 65% **I**. — *3.5-Dipyridinio-4-methyl-1-thiacyclohexadien-(2.4)-thion-(6)-thiolat-(2)-jodid*, $C_{16}H_{13}JN_2S_3$, F. 279°, a) durch ½std. Erhitzen von **VI** in **V** auf 100°; orangerote Nadeln u. Blättchen aus Methanol; 27%; b) durch ¼std. Erhitzen von **VII** u. **V**; 29%. — *3.5-Dipyridinio-4-äthyl-1-thiacyclohexadien-(2.4)-thion-(6)-thiolat-(2)-jodid*, $C_{17}H_{15}JN_2S_3$, F. 252° (Zers.), durch ½std. Erhitzen von **VI** u. **IX** auf 100°; orangefarbene Tafeln aus Methanol; 41%. A. Trede. 3231 □

Die Reaktion von Pyridiniumbetainen mit α-Nitroso-β-naphthol. Klaus Gerlach und Fritz Kröhnke. (Chem. Ber. **95**, 1124—27, 22/5. 1962; dt.) — Vgl. vorst. Referat. — Bei der Einw. von α-Nitroso-β-naphthol (**I**) auf Pyridiniodithioessigsäuremethylesterbetain (**II**) wird *3H-Naphtho-[2.1:b]-1.4-oxazinthion-(3)-N-oxid* (**III**) erhalten, das auch aus **I** u. Pyridiniodithioessigsäurecarbäthoxymethylesterbetain entsteht. **I** u. p-Bromphenacylpyridiniumbetain (**IV**) reagieren zu *2-[p-Brombenzoyl]-naphtho-[1.2:d]-oxazol*, während aus α-Nitroso-β-naphthylamin (**V**) u. **IV** *3-p-Bromphenyl-7.8-benzochinoxalin-1-oxid* gebildet wird. Dessen Konstit. wird durch die Abwesenheit der Carbonylbande im IR-Spektrum u. der negativen Rk. mit Phenylhydrazin sowie durch die Synth. eines Isomeren aus **IV** u. β-Nitroso-α-naphthylamin (**VI**) bestätigt.

Versuche: *3H-Naphtho-[2.1:b]-1.4-oxazinthion-(3)-oxid-(1)* (**III**), $C_{12}H_7NO_2S$, F. 122°, a) aus **II** in Chlf. u. **I** in Methanol bei 0°; rote Nadeln aus Bzl.; 36% (Ausbeute); b) aus nachst. Verb. in Chlf. u. **I** in CH_3OH bei 0°; 22%. — *Pyridiniodithioessigsäurecarbäthoxymethylesterbetain*, $C_{11}H_{13}NO_2S_2$, F. 84° (Zers.), aus dem Bromid u. 2n methanol. NaOH in der Kälte; goldgelbe Blättchen aus Methanol. — Entsprechendes *Bromid*, $C_{11}H_{14}Br\cdot NO_2S_2$, F. 151°, aus Pyridiniodithioessigsäurebetain u. Bromessigsäureäthylester in Methanol bei Raum-Temp.; hellgelbe Spindeln aus A.; 88%. — *2-[p-Brombenzoyl]-naphtho-[1.2:d]-oxazol*, $C_{18}H_{10}BrNO_2$, F. 163°, aus **IV** u. **I** in Methanol bei 0°; hellgelbe Nadeln aus A.; 59%. *Phenylhydrazon*, $C_{24}H_{16}BrN_3O$, F. 214—216°, gelbe Nadeln aus Essigester; 90%. — *3-[p-Bromphenyl]-7.8-benzochinoxalin-1-oxid*, $C_{18}H_{11}BrN_2O$, F. 301°, durch Aufkochen von **V** u. **IV** in Methanol; Nadeln aus Bzl.; 45%. — *3-[p-Bromphenyl]-5.6-benzochinoxalin-1-oxid*, $C_{18}H_{11}BrN_2O$, F. 245°, aus **VI** u. **IV** analog vorst. Verb.; cremefarbene Nadeln aus Bzl.; 63%. A. Trede. 3231 □

Stickstoffanaloga von Cyclopentadienylidencycloheptatrien. J. A. Berson und E. M. Evleth. (Chem. and Ind. **1959**, 901—02, 11/7, Los Angeles, Calif., Univ. of Southern California, Dep. of Chem.; engl.) — Durch Dehydratisierung von 1-[Pyridyl-(2')]-indanol-(1) mit 12nHCl unter Bldg. von *1-[Pyridyl-(2')]-inden-(1)* [$C_{14}H_{11}N$; F. 80—81° (PAe.)], Überführen mit Dimethylsulfat ins *Methomethylsulfat* u. dessen Behandlung mit wss. Na_2CO_3-Lsg. wird *N-Methyl-1-[1.2-dihydropyridyliden-(2')]-inden* (**I**; $C_{15}H_{13}N$, F. 161—162°; aus PAe. rotviolette Nadeln) erhalten. Das aus 9-(Pyridyl-(2')]-fluorenol-(9) durch Red. mit 47%ig. HJ synthetisierte *9-[Pyridyl-(2')]-fluoren* [$C_{18}H_{13}N$, F. 77 bis 78° (PAe.)] liefert bei analoger Rk. *N-Methyl-9-[1.2-dihydropyridyliden-(2')]-fluoren* (**II**; $C_{19}H_{15}N$; F. 171—172°; aus Bzl./PAe. purpurfarbene Nadeln). **I** u. **II** sind stabil; **II** verändert sich in 4 Monaten an der Luft nicht. UV-Spektren von **I** u. **II** s. Original. L. Lamza. 3231

Von Diaryldiazomethanen abgeleitete Cyclopropane. 2. Mitt. **3-Azabicyclo-[3.1.0]-hexane und ihre Azaspiroquaternärsalze.** Richard Baltzly, Nariman B. Mehta, Peter B. Russell, Ronald E. Brooks, Eugene M. Grivsky und Anne M. Steinberg. (J. org. Chemistry **27**, 213—18, Jan. 1962; Tuckahoe, N.Y., Wellcome Res. Labors.; engl.) — 1. vgl. C. **1963**, 99. — *6.6-Diaryl-3-azabicyclo-[3.1.0]-hexane* können auf 2 Wegen erhalten werden: 1. aus Diaryldiazomethan durch Addition an N-substituierte Maleinimide bzw. Citraconimide zu *$\Delta^{1(2)}$-Pyrazolinen*, N_2-Abspaltung zu *2.4-Diketo-3-azabicyclo-[3.1.0]-hexanen* u. anschließende Red. u. 2. durch Cyclisieren von N.N-disubstituierten 1.1-Diaryl-2-hydroxymethyl-3-cis-aminomethylcyclopropanen durch Einw. von p-Toluolsulfonsäure (**V**)–Chlorid (**VI**), bes. zur Darst. quatern. Verbb.; die Rk. verläuft unter Erhaltung der cis-Konfiguration der Ausgangsverbindungen. — Verss., die Phenylreste oder den Dreiring von *N-Butyl-6.6-diphenyl-* bzw. von *N-Methyl-6.6-o-biphenylen-3-azabicyclo-[3.1.0]-hexan* in Eisessig bei 60° in Ggw. von Adams-Katalysator zu hydrieren, verliefen erfolglos. Einige quatern. Salze wirken als Lokalanästhetica oder Analgetica.

Versuche: Imide der 5.5-Diphenylpyrazolin-3.4-dicarbonsäure: *p.p'-Dimethyl-, N-n-Butylimid* (**I**), $C_{23}H_{25}N_3O_2$, F. 119° (Zers.), durch Zugeben von 0,016 Mol N-n-Butylmaleinimid zu 0,018 Mol Bis-p-tolyldiazomethan in abs. Ae., Erhitzen auf dem Wasserbad, Verdünnen mit n-Pentan u. Stehen bei Raum-Temp. über Nacht; 90% (Ausbeute). Analog: *N-Methylimid*, $C_{20}H_{19}N_3O_2$, F. 122°. *N-Propylimid*, $C_{22}H_{23}N_3O_2$, F. 122°. *N-Phenylimid*, $C_{25}H_{21}N_3O_2$, F. 146°. — *p.p'-Dichlor-, N-Phenylimid*, $C_{23}H_{15}Cl_2N_3O_2$, F. 132°. — *p.p'-Dimethoxy-, N-Phenylimid*, $C_{25}H_{21}N_3O_4$, F. 130°. — *Phenylimid*, $C_{23}H_{17}N_3O_2$, F. 150°. — *Cyclohexylimid*, $C_{23}H_{23}N_3O_2$, F. 146°. — *Benzylimid*, $C_{24}H_{19}N_3O_2$, F. 134°. — *4-Methyl-, Benzylimid*, $C_{25}H_{21}N_3O_2$, F. 124°. *N-Phenylimid*, $C_{24}H_{19}N_3O_2$, F. 138°. — 6.6-Bis-[p-tolyl]-2.4-dioxo-3-azabicyclo-[3.1.0]-hexane: *3-n-Butyl-* (**II**), $C_{23}H_{25}NO_2$, F. 78°, durch 3std. Kochen von 6 g **I** in Bzl., Einengen im Vakuum u. Zugeben von Pentan; Prismen; 5,5 g. — Analog: *3-Phenyl-*, $C_{25}H_{21}NO_2$, F. 159°. — *3-n-Propyl-*, $C_{22}H_{23}NO_2$, F. 110°. — *3-Methyl-*, $C_{20}H_{19}NO_2$, F. 136°. — 6.6-Diphenyl-2.4-dioxo-3-azabicyclo-[3.1.0]-hexane: *3-Carbamoyl-* (**III**), $C_{18}H_{14}N_2O_3$, F. 184°. — *3-Methyl-*, $C_{18}H_{15}NO_2$, F. 157°. — *3-Äthyl-*, $C_{19}H_{17}NO_2$, F. 194°. — *3-n-Propyl-*, $C_{20}H_{19}NO_2$, F. 110°. — *3-n-Butyl-*, $C_{21}H_{21}NO_2$, F. 136°. — *3-Phenyl-*, $C_{23}H_{17}NO_2$, F. 172. — *3-Cyclohexyl-*, $C_{23}H_{23}NO_2$, F. 176°. — *3-Benzyl-*, $C_{24}H_{19}NO_2$, F. 193°. — *1-Methyl-3-phenyl-*, $C_{24}H_{19}NO_2$, F. 186°. — *1-Methyl-3-benzyl-*, $C_{25}H_{21}NO_2$, F. 135°. — Weitere 2.4-Dioxo-3-azabicyclo-[3.1.0]-hexane: *6.6-Bis-[p-methoxyphenyl]-3-methyl-*, $C_{20}H_{19}NO_4$, F. 80°. — *6.6-Bis-[p-methoxyphenyl]-3-phenyl-*, $C_{25}H_{21}NO_4$, F. 152°. — *6.6-Bis-[p-chlorphenyl]-3-äthyl-*, $C_{19}H_{15}Cl_2NO_2$, F. 176°. — *6.6-Bis-[p-chlorphenyl]-3-benzyl-*, $C_{24}H_{17}Cl_2NO_2$, F. 213°. — *6.6-o-Biphenylen-3-carbamoyl-*, $C_{18}H_{12}N_2O_3$, F. 332°. — *6.6-o-Biphenylen-3-äthyl-*, $C_{19}H_{15}NO_2$, F. 204°. — *6.6-o-Biphenylen-3-phenyl-*, $C_{23}H_{15}NO_2$, F. 214°. — *6.6-o-Biphenylen-3-methyl-*, $C_{18}H_{13}NO_2$, F. 268° (Bzl.), durch Zugeben von 0,081 Mol N-Methylmaleinimid zu 0,073 Mol 9-Diazofluoren in abs. Ae., Verdünnen mit Hexan u. 1std. Stehen; Nadeln; 79%. — *1-Methyl-6.6-diphenyl-3-[2-diäthylaminoäthyl]-*, $C_{24}H_{28}N_2O_2$, F. 94° (Ae./Pentan), durch Zutropfen von Diäthylaminoäthylamin zu 1.1-Diphenyl-3-methylcyclopropan-2.3-cis-dicarbonsäureanhydrid (exotherme Rk.), 1 std. Erhitzen auf 100° u. 3 Std. auf 156°, Kühlen über Nacht u. Einengen im Vakuum; 85%. — 3-Azabicyclo-[3.1.0]-hexane: *6.6-Bis-[p-tolyl]-3-n-butyl-, Hydrochlorid*, $C_{23}H_{29}N \cdot HCl$, F. 174—175° (Aceton/Ae.), durch portionsweises Zugeben von 3 g **II** zu 2 g $LiAlH_4$ in Ae. unter Rühren, 24std. Kochen, Zers. mit W. u. 2 ml 10%ig. NaOH u. Einleiten von HCl in die Ae.-Phase; 2,2 g. — *6.6-Diphenyl-*, $C_{17}H_{17}N$, F. 101—102° (Ae./Hexan), durch portionsweises Zugeben von 35 g **III** zu 20 g $LiAlH_4$ in Ae. unter Rühren, 60std. Kochen unter Rühren, Zers. mit W. u. 5%ig. NaOH, Extraktion der Ae.-Phase mit 5%ig. HCl, Alkalisieren u. Extrahieren mit Ae. u. Zugabe von Hexan; Nadeln. *Hydrochlorid*, $C_{17}H_{17}N \cdot HCl$, F. 257° (CH_3OH/Aceton/Ae.), a) durch Zugeben äther. HCl zur Base bis pH 6 u. 3std. Trocknen des *Hemihydrats* [F. 250° (Zers.; Aceton/Ae); 26 g] bei 110°/5·10⁻⁴ Torr; b) durch Hydrieren von 6 g **IV** in CH_3OH an 10%ig. Pd/Kohle bei 2—3 at u. Raum-Temp. u. Eindampfen im Vakuum; 4 g. *3-Methyl-Deriv.*, $C_{18}H_{19}N$, F. 66; *Methotosylat*, $C_{19}H_{22}N \cdot C_7H_7SO_3$, F. 180°, aus 5 g 1.1-Diphenyl-2-hydroxymethyl-3-cis-dimethylaminomethylcyclopropan u. **VI** in Triäthylamin; 6 g; *Methojodid*, $C_{19}H_{22}JN$, F. 249°, a) durch Zugeben von NaJ in Aceton zum Methotosylat in Aceton, 24std. Rühren bei 40°, Einengen des Filtrats (→ 1 g Na-Tosylat) u. Kühlen; b) aus der tert. Base u. CH_3J; *Methopikrat*, $C_{19}H_{22}N \cdot C_6N_2N_3O_7$, F. 165°, aus dem Methotosylat bzw. dem Methojodid durch Freisetzen des quart. Hydroxids mit Amberlite IR-400 (OH^-) u. Neutralisieren mit Pikrinsäure. *3-Äthyl-Deriv.*, $C_{19}H_{21}N$, F. 60°; *Tartratmonohydrat*, $C_{23}H_{27}NO_6 \cdot H_2O$, F. 98°; *Äthotosylat* (**VII**), $C_{21}H_{26}N \cdot C_7H_7SO_3$, F. 152°,

a) durch Zugaben von **VI** zu 1.1-Diphenyl-2-hydroxymethyl-3-cis-diäthylaminomethylcyclopropan in Triäthylamin, 4½std. Kochen, Eindampfen im Vakuum, Verreiben mit Ae., Absublimation des $N(C_2H_5)_3 \cdot HCl$ bei 90°/5·10⁻⁴ Torr, Lösen in CH_3OH, Zugeben von Ae. u. 5std. Trocknen des *Monohydrats* (F. 142°) bei 110°/5·10⁻⁴ Torr; b) aus der tert. Base u. V–Äthylester; *Äthojodid*, $C_{21}H_{26}JN$, F. 204°. *3-Benzyl-Deriv.*, *Hydrochlorid* (IV), $C_{24}H_{23}N \cdot HCl$, F. 240°. *1-Methyl-3-benzyl-Deriv.*, $C_{25}H_{25}N$, F. 110°. *3-n-Butyl-Deriv.*, $C_{21}H_{25}N$, F. 43°; *Methojodid*, $C_{22}H_{28}JN$, F. 220° (Aceton/Ae.), durch 4std. Kochen von 2,5 g der tert. Base in Aceton mit CH_3J; 2 g. — *6.6-o-Biphenylen-, 3-Methyl-Deriv.*, $C_{18}H_{17}N$, F. 145°; *Methotosylat*, $C_{19}H_{20}N \cdot C_7H_7SO_3$, F. 182° (Aceton), a) durch Zugeben von V-Methylester zu 1 g der tert. Base in CH_3OH, 10 Min. langes Kochen u. Stehen bei Raum-Temp. über Nacht; 1 g. b) analog **VII** nach a) aus 1.1-o-Biphenylen-2-hydroxymethyl-3-cis-dimethylaminomethylcyclopropan u. 3std. Trocknen des *Monohydrats* (F. 59—60°) bei 90°/5·10⁻⁴ Torr *3-Äthyl-Deriv.*, $C_{19}H_{19}N$, F. 147°; *Hydrochlorid*, $C_{19}H_{19}N \cdot HCl$, F. 262°. — *6.6-Bis-[p-tolyl]-3-n-propyl-*, *Methojodid*, $C_{23}H_{30} \cdot JN$, F. 238°. — 3-Azoniabicyclo-[3.1.0]-hexantosylate: *1-Methyl-6.6-diphenyl-3.3-[3-aza-3-methylpentamethylen]-*, $C_{23}H_{29}N_2 \cdot C_7H_7SO_3$, F. 209° (Aceton/Ae.), durch Zugeben von **VI** zu 1.1-Diphenyl-2-[N-methylpiperazinomethyl]-3-methyl-3-cis-hydroxymethylcyclopropan in $N(C_2H_5)_3$, ¼std. Erwärmen auf dem Wasserbad, 1¼ Std. langes Kochen, Eindampfen im Vakuum, Verreiben mit Ae. u. Absublimieren des $N(C_2H_5)_3 \cdot HCl$ bei 95°/1,5·10⁻³ Torr; 62%. — Analog: *6.6-Diphenyl-3.3-[3-aza-3-methylpentamethylen]-*, $C_{22}H_{27}N_2 \cdot C_7H_7SO_3 \cdot H_2O$, F. 209°. — *6.6-Diphenyl-3.3-tetramethylen-*, $C_{21}H_{24}N \cdot C_7H_7SO_3$, F. 170°. — *6.6-Diphenyl-3.3-[3-oxapentamethylen]-*, $C_{21}H_{24}NO \cdot C_7H_7SO_3$, F. 220°. — *6.6-Bis-[p-tolyl]-3.3-tetramethylen-*, *Hemihydrat*, $C_{23}H_{28}N \cdot C_7H_7SO_3 \cdot {}^1/_2\, H_2O$, F. 170°.— *6.6-Bis-[p-tolyl]-3.3-[3-oxapentamethylen]-*, $C_{23}H_{28}NO \cdot C_7H_7SO_3$, F. 208°. — *6.6-o-Biphenylen-3.3-tetramethylen-*, *Hemihydrat*, $C_{21}H_{22}N \cdot C_7H_7SO_3 \cdot {}^1/_2\, H_2O$, F. 195°. — *1-Methyl-Deriv.*, $C_{22}H_{24}N \cdot C_7H_7SO_3$, F. 219° (W.). — *6.6-o-Biphenylen-3.3-pentamethylen-*, $C_{22}H_{24}N \cdot C_7H_7SO_3$, F. 248° (W.). — *6.6-o-Biphenylen-3.3-[3-oxapentamethylen]-*, $C_{21}H_{22}NO \cdot C_7H_7 \cdot SO_3$, F. 231°. — *3.3-o-Biphenylen-3.3-[3-aza-3-methylpentamethylen]-3-azoniabicyclo-[3.1.0]-hexanchlorid*, $C_{22}H_{25}ClN_2$, F. 280°. R. Schönfelder. 3231 □

Zur Kenntnis der Reaktionsfähigkeit des 2-Aza-3-oxoindolizidins. K. Winterfeld und G. B. Singh. (Arch. Pharmaz. **294/66**, 404—10, Juli 1961; Bonn, Univ., Pharmazeut. Inst.; dt.) — Durch Acylieren u. Alkylieren von *2-Aza-3-oxoindolizidin* (**I**) bzw. durch Mannich-Rk. werden verschiedene *Acyl-* u. *Alkyl-Derivv.* bzw. Mannich-*Basen* von **I** dargestellt. Die Acylierung erfolgt nur über das **1**-*Na-Salz*.

Versuche: 2-Aza-3-oxoindolizidine: *Unsubstituiert* (**I**), F. 73—75°, nach Winterfeld u. Schüler (Arch. Pharmaz. Ber. dt. pharmaz. Ges. **293/65**, [1960], 203); derbe Nadeln; 50% (Ausbeute). — *2-Acetyl-* (**II**), $C_9H_{14}N_2O_2$, F. 40° (Aceton), Kp.$_{0,05}$ 125—127°, durch Versetzen von **I** in Xylol mit Na, Erhitzen bis zum Sieden u. 20std. Schütteln mit Acetylchlorid (Druckflasche); 75%. — *2-Benzoyl-* (**III**), $C_{14}H_{16}N_2O_2$, F. 119—120° (W.), durch Zutropfen von Benzoylchlorid/Xylol zu **I**-Na (Suspension in Xylol); 53%. — *2-Benzolsulfonyl-*, $C_{13}H_{16}N_2O_3S$, F. 127—129° (W.), analog **III** mit Benzolsulfochlorid; 35,7%. — *2-Carbäthoxy-*, $C_{10}H_{16}N_2O_3$, F. 50° (Aceton), Kp.$_{0,2}$ 138—140°, analog **II** durch 2tägiges Schütteln mit Chlorkohlensäureäthylester; 72%. — *2-Methyl-*, $C_8H_{14}N_2O$, Kp.$_{0,01}$ 83 bis 85°, analog vorst. Verb. mit Methyljodid; 73%. — *2-Dimethylaminomethyl-* (**IV**), $C_{10}H_{19} \cdot N_3O$, Kp.$_{0,05}$ 96—98°, durch 8tägiges Stehen von **I** in A. mit 40%ig. wss. Dimethylamin u. 35%ig. Formalin (**F**) im Kühlschrank; 71%. *Pikrat*, F. 136—138°, durch Rk. in Äther. — *2-Diäthylaminomethyl-* (**VI**), $C_{12}H_{23}N_3O$, Kp.$_{0,01}$ 120—121°, analog **IV** mit Diäthylamin in Methanol; 71,4%; daneben im Dest.-Rückstand 18% **V** (s. unten). — *2-Hydroxymethyl-* (**VII**), durch 8tägige Rk. von **I** in W. mit **F** im Kühlschrank u. 1wöchiges Trocknen über P_4O_{10}. — *2-Piperidinomethyl-*, $C_{13}H_{23}N_3O$, Kp.$_{0,05}$ 134—135°, a) analog **VI** mit Piperidin; 80,1%; b) durch 1std. Erhitzen von **VII** mit Piperidin; 45%; daneben **V**; hygroskopisch. *Pikrat*, F. 132—134° (Ae.). — *2-Pyrrolidinomethyl-*, $C_{12}H_{21}N_3O$, Kp.$_{0,05}$ 132 bis 134°, analog **VI** mit Pyrrolidin; hygroskop.; 70,3%. *Pikrat*, F. 132—134° (Ae.). — *2-Morpholinomethyl-*, $C_{12}H_{21}N_3O_2$, F. 68—70° (Aceton), Kp.$_{0,01}$ 143—145°, a) analog **VI** mit Morpholin; b) durch 1std. Kochen von **VII** mit Morpholin; 52,4%; daneben **V**. — *2-Sulfanilamidomethyl-*, $C_{14}H_{20}N_4O_3S$, F. 95—98°, analog **VI** mit Sulfanilamid, 8 Tage langes Stehen im Kühlschrank, 10std. Rückflußkochen u. Abdestillieren der Lsgm.; 100%. — *2-[Benzoesäure-o-sulfimidomethyl]-*, $C_{15}H_{17}N_3O_4S$, F. 150—151° (Essigester), analog **VI** mit o-Benzoesäuresulfimid; 90%. *Pikrat*, F. 120—121°. — *2-Succinimidomethyl-*, $C_{12}H_{17}N_3O_3$, F. 160°, analog **IV** in A. mit Succinimid, Lösen des Rückstandes in Amylalkohol u. Fällen mit Pentan; hygroskop.; 83,3%. — *Bis-[2-aza-3-oxoindolizidyl-(2)]-methan* (**V**), $C_{15}H_{24}N_4O_2$, F. 116—117° (Ligroin), a) aus dem Dest.-Rückstand von **IV**; 20,3%; b) durch 2std. Kochen von **I** in Bzl. mit **F**; 88,8%. — *1.4-Bis-[2-aza-3-oxoindolizi-*

dyl-(2)-methyl]-piperazin, $C_{20}H_{34}N_6O_2$, F. 177—179° (Essigester), analog **VI** mit Piperazin; 80%. H.-J. Weigmann. 3231 □

Unsymmetrische Methincyanine aus Chinolin und Pyridin. Bhaskar Das und M. K. Rout. (J. Indian chem. Soc. **36**, 640—42, Sept. 1959; Cattack, Ravenshaw Coll., Mayurbhanj Chem. Labor.; engl.) — Zwei Reihen unsymm. Methincyanine, entstanden aus 4-Phenyl- (**I**), 4-[p-Bromphenyl]- (**II**), 4-[p-Äthoxyphenyl]-2-methylthiazol (**III**), 2-Methylbenzothiazol (**IV**) bzw. 1.2-Dimethylbenzimidazol (**V**) u. Chinolinäthojodid (**VI**) bzw. 2-Jodpyridinäthojodid (**VII**), werden beschrieben. Ihre Absorptionsmaxima werden gemessen, um die Abhängigkeit der Basizität von dem Wechsel der verschiedenen bas. Kerne zu untersuchen.

Versuche: [1'-Äthylchinolin-(4')]-monomethincyaninjodide: [*3-Methyl-4-phenylthiazol-(2)*]-, $C_{22}H_{21}JN_2S$, F. 245—246° (Zers.), durch 2std. Kochen des Methojodids von **I** u. **VI** in abs. A. u. 2mKOH auf dem Wasserbad; aus Methanol dunkelrote Kristalle; 45% (Ausbeute). — [*3-Methyl-4-(p-bromphenyl)-thiazol-(2)*]-, $C_{22}H_{20}BrJN_2S$, F. 248—252° (Zers.), durch 1½std. Kochen des Methojodids von **II** u. **VI** in abs. A. in Ggw. von KOH; aus Methanol dunkle Nadeln mit violettem Reflex; 35%. — [*3-Methyl-4-(p-äthoxyphenyl)-thiazol-(2)*]-, $C_{24}H_{25}JN_2OS$, F. 100° (Zers.), aus dem Methojodid von **III** u. **VI** in abs. A. mit KOH; aus Methanol gelbe Nadeln; 35%. — [*3-Methyl-4.5-benzothiazol-(2)*]-, $C_{20}H_{19}JN_2S$, F. 218—219° (Zers.), aus dem Methojodid von **IV** u. **VI**; aus Methanol dunkelrotbraune Kristalle; 55%. — [*1.3-Dimethyl-4.5-benzimidazol-(2)*]-, $C_{21}H_{22}JN_3$, F. 181—182° (Zers.), aus dem Methojodid von **V** u. **VI**; aus Methanol gelblichrote Kristalle; 50%. — [1'-Äthylpyridin-(2')]-monomethincyaninjodide, analog den vorst. Verbb. aus den Methojodiden von **I**, **II**, **IV** bzw. **V** mit **VII** durch Kochen mit KOH in A.: [*3-Methyl-4-phenylthiazol-(2)*]-, $C_{18}H_{19}JN_2S$, F. 172—174° (Zers.); dunkle Nadeln; 35%. — [*3-Methyl-4-(p-bromphenyl)-thiazol-(2)*]-, $C_{18}H_{18}BrJN_2S$, F. 250° (Zers.); braune Nadeln; 40%. — [*3-Methyl-4.5-benzothiazol-(2)*]-, $C_{16}H_{17}JN_2S$, F. 291—293° (Zers.); aus Methanol tiefgelbe Nadeln; 40%. — [*1.3-Dimethyl-4.5-benzimidazol-(2)*]-, $C_{17}H_{20}JN_3$, F. 239° (Zers.); orangegelbe Nadeln; 52%. P. Golinske. 3231 □

Beckmann-Umlagerung in flüssigem Schwefeldioxid. 4. Mitt. Synthese von 1-Methyl-3.4-dihydroisochinolin und 9-Phenylphenanthridin. Ritsuro Tada, Hisanori Sakuraba und Niichiro Tokura. (Bull. chem. Soc. Japan **31**, 1003—07, Dez. 1958; Katahira-cho, Sendai, Tohoku-Univ., Res. Inst. of Non-aqueous Solutions; engl.) — 2. vgl. C. **1958**, 5628; 3. vgl. Bull. chem. Soc. Japan **31**, [1958], 387. — Zur Darst. von *Isochinolin-* u. *Phenanthridin-Derivv.* durch Cyclodehydratisierung werden *Säureamide* gebraucht, die durch Beckmannsche Umlagerung von Ketoximen in fl. SO_2 mit P_2O_5 oder P_2O_5–$POCl_3$ bzw. $SOCl_2$-Gemischen erhalten werden. *1-Methyl-3.4-dihydroisochinolin* (**II**) wird am besten aus Benzylacetonoxim (**I**) mit P_2O_5–$POCl_3$ (1:5:10) bei 70° in 12 Std. dargestellt, wobei Umlagerung u. Cyclodehydratisierung gleichzeitig verlaufen. Aus o-Phenylbenzophenonoxim (**III**; nach Smith, vgl. C. **1955**, 9331) wird auf gleichem Wege *9-Phenylphenanthridin* (**IV**) erhalten.

Versuche: *Benzylaceton*, $Kp._{10}$ 105—110°, durch Claisen-Kondens. von 500 g Acetessigester u. Benzylchlorid in Ggw. von Na-Äthylat u. ½std. Hydrolyse des *2-Benzylacetessigsäureäthylesters* mit W. bei 250°; 160 g (Ausbeute). *Oxim* (**I**), F. 84—85°; 134 g. — *Benzylidenaceton*, $Kp._3$ 105—110°, aus Aceton u. 210 g Benzaldehyd; 180 g. *Oxim*, F. 114 bis 115° (60%ig. A.); 45 g. — *1-Methyl-3.4-dihydroisochinolin* (**II**), $C_{10}H_{11}N$, $Kp._{5-6}$ 95—105° durch 12std. Erhitzen von 5 g **I** mit P_2O_5–$POCl_3$ in fl. SO_2 auf 70°; 45,4%. *Pikrat*, $C_{16}H_{14}N_4O_7$, F. 188—189°, gelbe Nadeln. Neben **II** 4% *N-Phenyläthylacetamid*, Kp. 155 bis 157°. — *9-Phenylphenanthridin* (**IV**), $C_{19}H_{13}N$, F. 103—104° (A.), aus 5,4 g **III** analog **II** in 3 Std.; 29,4%. *Pikrat*, $C_{25}H_{16}N_4O_7$, F. 247—247,5° (Zers.), gelbe Nadeln. Neben **IV** 2,4 g *Fluorenon*, F. 83—84° (Ligroin). W. Hampel. 3231

Carbolinsynthese nach der Methode von Graebe-Ullmann. 1. Mitt. Paweł Nantka-Namirski. (Acta polon. pharmac. **18**, 391—99, 1961; Warszawa, Inst. Farmaceut.; pol.) — *1-Chlor-*, *1-Brom-* (**I**) u. *1-Jod-γ-carbolin* wurden in Analogie zur Graebe-Ullmann-Rk. in der Carbazolreihe aus 1'-Phenyl-5-halogentriazolo-[4'.5':3.4]-pyridinen (**A**) erhalten. Ausgangs-Prod. der Synth. ist 3-Nitro-4-hydroxypyridin (**II**), das zuerst in 5-Stellung halogeniert wird u. nach Überführung in die *4.5-Dihalogen-Verb.* mit Anilin in 4-Stellung kondensiert wird. Dabei reagiert nur das Halogenatom in 4-Stellung. Nach Red. der Nitrogruppe zur Aminogruppe nimmt die Reaktivität des 4-Halogenatoms ab. Die Kondens. mit Anilin verläuft nur noch bei höherer Temp. oder überhaupt nicht mehr. Die Aminogruppe wird darauf diazotiert unter Bldg. der **A**. Für den anschließenden therm. Abbau, der bei <300° erfolgen muß, ist die Anwendung reiner **A** notwendig, da sich sonst neben den erwarteten *γ-Carbolinen* auch *3-Halogen-4-anilinopyridine* bilden. **I** zeigt im Vgl. zu 1-Phenyl-2-hydrazinoäthan („Nardil") eine

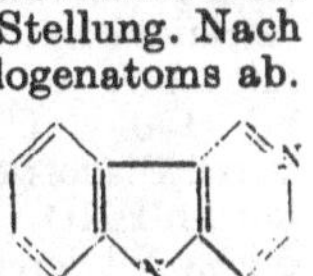

I

80%ig. Hemmung der Monoaminooxydase in isolierten Mitochondrien des Hirngewebes.

Versuche: *3-Nitro-4-hydroxy-5-chlorpyridin*, $C_5H_3ClN_2O_3$, F. 263° (A.), durch Chlorieren von 14 g **II** in 200 ml 50%ig. Essigsäure bei 25—30°; 46% (Ausbeute). — *3-Nitro-4.5-dichlorpyridin* (**III**), $C_5H_2Cl_2N_2O_2$, F. 43—47°, aus 17,5 g vorst. Verb. u. 25 g PCl_5 in 10 ml $POCl_3$, Dest. u. Extraktion des mit Na_2CO_3 neutralisierten Rückstandes mit Ae.; 68%. — *3-Nitro-4-amino-5-chlorpyridin*, $C_5H_4ClN_3O_2$, F. 181°, aus 1,9 g **III** in 15 ml Aceton u. 20 ml 25%ig. NH_4OH unter 2std. Erwärmen auf dem Wasserbad; hellgelbe Kristalle aus A.; 72%. — *3-Nitro-4-hydrazino-5-chlorpyridin*, $C_5H_5ClN_4O_2$, F. 199°, aus 1,9 g **III** u. 5 ml 80%ig. Hydrazinhydrat in 15 ml A. unter Erwärmen; goldgelbe Nadeln aus A.; 70%. — *3-Amino-4.5-dichlorpyridin*, $C_5H_4Cl_2N_2$, F. 108°, aus dem Nitrat mit wss. Na_2CO_3-Lsg.; aus W. Nadeln. *Nitrat*, $C_5H_4Cl_2N_2 \cdot HNO_3$, F. 169°, durch Red. von **III** mit $SnCl_2$ u. konz. HCl bei $<25°$, $^1/_2$std. Erwärmen auf dem Wasserbad, weiterer Zusatz von HCl, Zerlegen des gefällten Doppelsalzes mit $SnCl_2$ mit 20%ig. NaOH, Extraktion mit Ae. u. Ansäuern des äther. Extraktes mit konz. HNO_3; Kristalle aus A.; 73%. — *3-Nitro-4-anilino-5-chlorpyridin*, $C_{11}H_8ClN_3O_2$, F. 148—148,5°, a) durch 2std. Erwärmen von 19,3 g **III** mit 25 ml Anilin auf dem Wasserbad, Zugabe von NH_4OH, Wasserdampf-Dest., Ansäuern des Rückstandes mit HCl, Filtrieren u. Fällen des Filtrats mit NH_4OH; gelbe Kristalle aus A.; 50%; b) durch 2std. Erwärmen von **III** mit Anilin in Eisessig unter Zusatz von wasserfreiem Na-Acetat; 93%. — *3-Amino-4-anilino-5-chlorpyridin*, $C_{11}H_{10}ClN_3$, F. 149,5°, durch Red. von 25 g vorst. Verb. mit 75 g Na_2S in 300 ml W. bei 90—100°, Extraktion des gelben Nd. mit Ae., Ansäuern der äther. Lsg. mit HNO_3 u. Zerlegen des gebildeten Nitrats mit Na_2CO_3; Kristalle aus W.; 71%. — *1'-Phenyl-5-chlortriazolo-[4'.5' : 3.4]-pyridin*, $C_{11}H_7ClN_4$, F. 141—141,5°, durch Eintropfen einer Lsg. von 3,5 g $NaNO_2$ in 50 ml W. zu 11 g vorst. Verb. in 300 ml 50%ig. H_2SO_4 u. Alkalisieren mit NH_4OH; Nadeln aus wss. A.; 92%. — *1-Chlor-γ-carbolin*, $C_{11}H_7ClN_2$, F. 270°, aus dem Hydrochlorid mit Na_2CO_3; aus wss. A. Kristalle. *Hydrochlorid*, $C_{11}H_7ClN_2 \cdot HCl$, F. 311—312°, durch Erhitzen vorst. Verb. (9,6 g) in 30 ml konz. H_3PO_4 auf 290°, Eingießen in W., Zugabe von NH_4OH u. Extraktion mit Ae.; gelbe Kristalle aus W. oder wss. A.; 72%. — *3-Amino-4-chlor-5-brompyridin*, $C_5H_4BrClN_2$, F. 108,5°, aus dem Nitrat; aus W. Nadeln. *Nitrat*, $C_5H_4BrClN_2 \cdot HNO_3$, F. 176°, durch Bromieren von **II**, Umsetzen mit PCl_5 u. Red. mit $SnCl_2$/HCl; 78%. — *3-Nitro-4-anilino-5-brompyridin*, $C_{11}H_8BrN_3O_2$, F. 153,5—154°, durch Bromieren von **II**, Umsetzung mit PCl_5 u. Kondens. mit Anilin in Eisessig unter Zusatz von Na-Acetat bei 90°; gelbe Kristalle; 84%. — *3-Amino-4-anilino-5-brompyridin*, $C_{11}H_{10}BrN_3$, F. 144,3°, durch Red. von 29,5 g vorst. Verb. mit Na_2S; Nadeln aus 50%ig. A.; 79%. — *1'-Phenyl-5-bromtriazolo-[4'.5' : 3.4]-pyridin*, $C_{11}H_7BrN_4$, F. 149°, durch Diazotieren vorst. Verb.; Nadeln aus 50%ig. A.; 96%. — *1-Brom-γ-carbolin* (**I**), $C_{11}H_7BrN_2$, F. 240—241,5°, aus dem Hydrochlorid mit NH_4OH; aus 50%ig. A. Nadeln. *Hydrochlorid*, $C_{11}H_7BrN_2 \cdot HCl$, F. 301—303°, aus 2,8 g vorst. Verb. durch $^1/_2$std. Erhitzen in 20 ml konz. H_3PO_4 auf 290°; Nadeln; 70%. — *1-Jod-γ-carbolin*, $C_{11}H_7JN_2$, F. 242—243°, aus 6,5 g *1'-Phenyl-5-jodtriazolo-[4'.5' : 3.4]-pyridin* (F. 265,5°) durch 5 Min. langes Erhitzen auf 260° in 25 ml konz. H_3PO_4; Kristalle aus wss. A.; 42%. F. Urban. 3231 □

Carbolinsynthese nach der Methode von Graebe-Ullmann. 2. Mitt. **Synthese von Derivaten des 2.4-Dimethyl-γ-carbolins.** Paweł Nantka-Namirski. (Acta polon. pharmac. **18**, 449—60, 1961; pol.) — 1. vgl. vorst. Referat. — *2.4-Dimethyl-γ-carbolin* (**I**) u. seine *1-Halogen-Derivv.* wurden nach der Graebe-Ullmann-Rk. durch therm. Zers. von 1'-Phenyl-2.6-dimethyltriazolo-[4'.5' : 3.4]-pyridin (**VIII**) bzw. von 5-Halogen-Derivv. von **VIII** erhalten. Die Ggw. der Methylgruppe in 2-Stellung beeinflußt die Zers. von **VIII**. Das mit **VIII** isomere 1-[2'.6'-Dimethylpyridyl-(4')]-benzotriazol liefert nämlich beim Erhitzen in eindeutiger Rk. **I**. Das **I**-Nitrat zeigt im Vgl. zu 1-Phenyl-2-hydrazinoäthansulfat eine 35%ig. Hemmung der Monoaminooxydase isolierter Mitochondrien des Hirngewebes. Das aus einer Zwischenverb. der **I**-Synth. erhaltene 2.6-Dimethyl-3-amino-4-äthoxypyridin hat starke anästhet. Wirkung.

Versuche: *4-Amino-2.6-lutidin*, F. 192°, durch Red. von 16,8 g 4-Nitro-2.6-lutidin-N-oxid in 200 ml Aceton mit 75 g $Na_2S_2O_4$ in 600 ml W., Abdestillieren des Lsgm., Ansäuern mit HCl, Aufkochen bis zur vollständigen Entfernung von SO_2, Alkalisieren mit NaOH u. Extraktion des ausgefallenen Prod. mit Bzl.; Kristalle durch Sublimation bei 150—160°; 78% (Ausbeute). — *2.6-Dimethyl-4-hydroxypyridinnitrat*, F. 190°, durch Diazotieren vorst. Verb. in 30%ig. HNO_3 $<30°$ u. 2std. Kochen der Lsg.; Kristalle aus 3n HNO_3; 85%. — *2.6-Dimethyl-3-nitro-4-hydroxypyridin* (**II**), F. 259—260° (Zers.), durch Nitrieren von 93 g vorst. Nitrats mit einem Gemisch aus 250 ml HNO_3 (D. 1,5) u. 315 ml konz. H_2SO_4 u. 2std. Erwärmen auf 100°, Gießen auf Eis u. Neutralisieren mit NH_4OH (pH 6); 83%. *5-Chlor-Deriv.* (**III**), $C_7H_7ClN_2O_3$, F. $>320°$, durch Chlorieren von **II** in 50%ig. Essigsäure bei gewöhnlicher Temp.; 72%. *5-Brom-Deriv.* (**IV**), $C_7H_7BrN_2O_3$, F. 340—345° (Zers.), durch Bromieren von **II** in 50%ig. Essigsäure, Erwärmen des Gemisches auf 100° u. Verdünnen mit W.; 76%. *5-Jod-Deriv.* (**V**), $C_7H_7JN_2O_3$, F. 292 bis 295° (Zers.), durch Jodieren von **II**; Nadeln aus A.; 58%. — *2.6-Dimethyl-3-nitro-4-chlorpyridin* (**VI**), $C_7H_7ClN_2O_2$, F. 73°, durch Rk. von 16,8 g **II** mit 25 g PCl_5 in 25 ml $POCl_3$ in der Wärme, Gießen auf Eis, Zugabe von NH_4OH bis pH 6 u. von $NaHCO_3$ bis pH 7 u. Wasserdampf-Dest. des ausgefallenen Prod.; Nadeln; 88%. — *2.6-Dimethyl-3-nitro-4-äthoxypyridin* (**VII**), F. 99°, aus **VI** mit Na-Äthylat in abs. A. in der Wärme; Nadeln aus 50%ig. A.; 89%. — *2.6-Dimethyl-3-amino-4-äthoxypyridin*, $C_9H_{14}N_2O$, F. 62—63°, durch Red. von **VII** in Aceton mit wss. $Na_2S_2O_4$-Lsg.; Kristalle aus Bzl.; 76%. — *2.6-Dimethyl-3-nitro-4-hydrazinopyridin*, $C_7H_{10}N_4O_2$, F. 117—118°, aus 1,9 g **VI** in 25 ml A. u. 1 g 80%ig. Hydrazinhydrat bei 2std. Erwärmen; gelbe Blättchen aus Bzl./Bzn.; 60%. *N^4-Cyclohexylidenderiv.*, $C_{13}H_{18}N_4O_2$, F. 108—110°, aus vorst. Hydrazin-Verb. mit Cyclohexanon beim Erwärmen; gelbe Nadeln aus 50%ig. A.; 68%. *N^4-[2.2.6.6-Tetramethylpiperidyliden-(4)]-Deriv.*, $C_{16}H_{25}N_5O_2$, F. 143°, analog mit Triacetonamin beim Erwärmen in Essigsäure; Nadeln aus 50%ig. Methanol; 70%. — *2.6-Dimethyl-3-nitro-4-anilinopyridin*, $C_{13}H_{13}N_3O_2$, F. 109—110°, durch Erwärmen von 18,7 g **VI** in 200 ml Eisessig mit 10 ml Anilin in Ggw. von 9 g Na-Acetat auf 90—95°, Verdünnen mit W., Filtrieren mit Aktivkohle u. Zugabe von NH_4OH; goldgelbe Blättchen aus 70%ig. A.; 91%. — *2.6-Dimethyl-3-amino-4-anilinopyridin*, $C_{13}H_{15}N_3$, F. 174°, durch Red. vorst. Verb. mit $Na_2S_2O_4$; Nadeln aus W.; 73%. — *1'-Phenyl-2.6-dimethyl-triazolo-[4'.5':3.4]-pyridin* (**VIII**), $C_{13}H_{12}N_4$, F. 81—82°, durch Diazotieren vorst. Verb. in 2n H_2SO_4 bei gewöhnlicher Temp. u. Zugabe von NH_4OH; Nadeln aus W.; 93%. — *1-[2'.6'-Dimethylpyridyl-(4')-amino]-2-aminobenzol*, $C_{13}H_{15}N_3$, F. 180—181°, aus 0,1 Mol o-Phenylendiamin u. 0,1 Mol 2.6-Dimethyl-4-chlorpyridin bei 110—115°, Lösen des Prod. in 3n HCl, Zugabe von NH_4OH u. Filtrieren mit Aktivkohle; Kristalle aus Bzn./Ae.; 68%. — *1-[2'.6'-Dimethylpyridyl-(4')]-benzotriazol*, $C_{13}H_{12}N_4$, F. 115—116°, durch Diazotieren vorst. Verb. in 2n H_2SO_4 bei gewöhnlicher Temp.; Nadeln aus 50%ig. Aceton oder A.; 88%. — *2.4-Dimethyl-γ-carbolin* (**I**), $C_{13}H_{12}N_2$, F. 246—247°, aus dem Nitrat mit Na_2CO_3-Lsg.; aus 50%ig. A. Kristalle. *Nitrat*, $C_{13}H_{12}N_2 \cdot HNO_3$, F. 263, aus **VIII** oder besser aus vorst. Verb. (0,01 Mol) beim Erhitzen in 25 ml konz. H_3PO_4 auf 200°, Verdünnen mit W., Alkalisieren mit NaOH, Extraktion mit Ae. u. Ansäuern des Extraktes mit HNO_3; Nadeln; 70%. — *2.6-Dimethyl-3-nitro-4.5-dichlorpyridin* (**IX**), $C_7H_6Cl_2N_2O_2$, F. 51,5—52°, durch Rk. von **III** mit PCl_5; Nadeln aus wss. A.; 91,8%. *4-Hydrazino-Deriv.*, $C_7H_9ClN_4O_2$, F. 171—173°, aus **IX** mit Hydrazinhydrat; gelbe Kristalle aus W.; 73%. — *2.6-Dimethyl-3-nitro-4-chlor-5-brompyridin* (**X**), $C_7H_6BrClN_2O_2$, F. 85—86°, durch Rk. von **IV** mit PCl_5; Nadeln aus wss. A.; 94%. — *2.6-Dimethyl-3-nitro-4-chlor-5-jodpyridin* (**XI**), $C_7H_6ClJN_2O_2$, F. 114—115°, durch Rk. von **V** mit PCl_5; Nadeln aus wss. A.; 77%. — *2.6-Dimethyl-3-nitro-5-chlor-4-anilinopyridin* (**XII**), $C_{13}H_{12}ClN_3O_2$, F. 114—115°, durch Umsetzung von 22,1 g **IX** u. 10 ml Anilin in 200 ml Eisessig in Ggw. von 9 g Na-Acetat bei 115° u. Verdünnen mit W.; gelbe Kristalle aus 60%ig. A.; 92%. — *2.6-Dimethyl-3-nitro-5-brom-4-anilinopyridin* (**XIII**), $C_{13}H_{12}BrN_3O_2$, F. 134 bis 135°, analog **XII** aus **X**; gelbe Kristalle aus 60%ig. A.; 91%. — *2.6-Dimethyl-3-nitro-5-jod-4-anilinopyridin*, $C_{13}H_{12}JN_3O_2$, F. 135°, aus **XI**; gelbe Nadeln; 34%. — *2.6-Dimethyl-3-amino-5-chlor-4-anilinopyridin* (**XIV**), $C_{13}H_{14}ClN_3$, F. 199—200°, durch Red. von **XII** mit $Na_2S_2O_4$; Kristalle aus wss. A.; 71%. — *2.6-Dimethyl-3-amino-5-brom-4-anilinopyridin* (**XV**), $C_{13}H_{14}BrN_3$, F. 177—179°, durch Red. von **XIII** mit $Na_2S_2O_4$; Kristalle aus 50%ig. A.; 52%. — *1'-Phenyl-2.6-dimethyl-5-chlortriazolo-[4'.5':3.4]-pyridin* (**XVI**), $C_{13}H_{11}ClN_4$, F. 157—158°, durch Diazotieren von **XIV** in 2n H_2SO_4 bei gewöhnlicher Temp. u. Zugabe von NH_4OH; Nadeln aus 50%ig. A.; 49%. — *1'-Phenyl-2.6-dimethyl-5-bromtriazolo-[4'.5':3.4]-pyridin* (**XVII**), $C_{13}H_{11}BrN_4$, F. 144—145°, analog **XVI** aus **XV**; Nadeln; 43%. — *1-Chlor-2.4-dimethyl-γ-carbolin*, $C_{13}H_{11}ClN_2$, F. 220,5°, durch Erhitzen von 2,6 g **XVI** in 25 ml konz. H_3PO_4 bis 270°, Eingießen in W., Neutralisieren mit NH_4OH, Extraktion mit Ae. u. Fällen des Nitrats mit HNO_3, Lösen des Prod. in W. mit Aktivkohle in der Wärme u. nochmaliges Fällen mit NH_4OH; Nadeln aus 50%ig. A.; 61%. — *1-Brom-2.4-dimethyl-γ-carbolin*, $C_{13}H_{11}BrN_2$, F. 210—211°, analog vorst. Verb. aus **XVII** beim Erhitzen bis 300°; Nadeln aus wss. A.; 63%. *Hydrochlorid*, $C_{13}H_{11}BrN_2 \cdot HCl$, F. 350, Nadeln. F. Urban. 3231□

Pyranochinoline. 2. Mitt. K. Elliott und E. Tittensor. (J. chem. Soc. [London] **1961**, 2796—2800, Juli; Nottingham and District Techn. Coll.; Huddersfield Coll. of Technol.; engl.) — 1. vgl. C. **1959**, 16641. — Durch Cyclisierung von 3-Acetyl-4-hydroxychinolin (**Ia**), dessen 6-Methyl- (**Ib**) bzw. 6-Methoxy-Deriv. (**Ic**) mit Essigsäure- (**IIa**), Benzoesäure- (**IIb**), Zimtsäure- (**IIc**) bzw. 2-Furoesäureanhydrid (**IId**) nach Kostanecki-Robinson werden weitere 6'-substituierte *4'-Oxopyrano-[3'.2':3.4]-chinoline* (**P**) dargestellt. Die mit **IIa** u. **IId** erhaltenen **P** sowie die aus **Ic** mit **IIc** bzw. aus 3-Acetyl-6-brom-4-hydroxychinolin (**Id**) mit **IIa** entstehenden Prodd. sind im Gegensatz zu den mit **IIb** gebildeten **P** am $C_{(5')}$ acyliert; **IIc** reagiert nicht mit **Ib** u. gibt mit **Ia** nur *3-Cinnamoylacetyl-4-hydroxychinolin*; bei der Rk. von **IIa** mit 7-Chlor-, 6-, 7- oder 8-Nitro-3-acetyl-4-hydroxychinolin erfolgt keine Cyclisierung. Durch Kondens. von Benzaldehyd (**III**) mit **Ia** bzw. **Id** werden *5'.6'-Dihydro-4'-oxo-6'-phenylpyrano-[3'.2' : 3.4]-chinolin* (**IV**) bzw. dessen *6-Brom-Deriv.* (**V**) dargestellt; neben **V** entsteht *[6-Brom-4-hydroxychinolyl-(3)]-styrylketon* (**VI**); **IV** u. **V** lassen sich direkt oder über ihre *5'-Hydroxyimino-Derivv.* in *5'-Hydroxy-4'-oxo-6'-phenylpyrano-[3'.2' : 3.4]-chinolin* bzw. dessen *6-Brom-Deriv.* überführen. Die UV-Absorptionswerte der synthetisierten u. früher (l. c.) erhaltenen **P** sind angegeben u. werden mit denen von 6-Phenyl-, 5-Benzoyl-6-phenyl- u. 5-[Furoyl-(2)]-6-[furyl-(2)]-4-oxonaphtho-[1'.2' : 2.3]-pyran verglichen. Außerdem werden die Eigg. weiterer nach Claisen [1897] oder Snyder u. Jones (J. Amer. chem. Soc. **68**, [1946], 1253) dargestellter *α-Acetyl-β-anilinoacrylsäureäthylester* u. daneben oder ausschließlich entstehender *α-Acetyl-β-anilino-N-arylacrylamide* beschrieben.

Versuche: α-Acetylacrylsäureäthylester: *β-Anilino-*, F. 41—43° (PAe.), nach Claisen. — Analog: *β-[p-Toluidino]-*, $C_{14}H_{17}NO_3$, F. 50—51° (PAe.). — *β-[p-Anisidino]-*, F. 87—88° (Methanol). — *β-[p-Chloranilino]-*, $C_{13}H_{14}ClNO_3$, F. 87—89° (Methanol), nach Snyder u. Jones (l. c.). — Analog: *β-[o-Bromanilino]-*, $C_{13}H_{14}BrNO_3$, F. 92—94° (A.). — *β-[m-Bromanilino]-*, F. 94—96° (A.). — α-Acetylacrylsäureamide: *N-[p-Chlorphenyl]-β-[p-chloranilino]-*, $C_{17}H_{14}Cl_2N_2O_2$, F. 202—204° (Toluol). — *N-[o-Bromphenyl]-β-[o-bromanilino]-*, $C_{17}H_{14}Br_2N_2O_2$, F. 163—165° (Toluol). — *N-[m-Bromphenyl]-β-[m-bromanilino]-*, F. 155—156° (Toluol). — *N-Phenyl-β-anilino-*, $C_{17}H_{16}N_2O_2$, F. 156 bis 157° (Methanol). — *N-[o-Chlorphenyl]-β-[o-chloranilino]-*, F. 136—138° (Methanol). — *N-[o-Tolyl]-β-[o-toluidino]-*, $C_{19}H_{20}N_2O_2$, F. 170—171° (A.). — *N-[m-Tolyl]-β-[m-toluidino]-*, F. 132—134° (A.). — *N-[p-Tolyl]-β-[p-toluidino]-*, F. 174—175° (A.). — *N-[o-Methoxyphenyl]-β-[o-anisidino]-*, $C_{19}H_{20}N_2O_4$, F. 139—141° (A.). — *N-[m-Methoxyphenyl]-β-[m-anisidino]-*, F. 137—139° (A.). — *N-[p-Methoxyphenyl]-β-[p-anisidino]-*, F. 130 bis 132° (Methanol). — 4'-Oxopyrano-[3'.2' : 3.4]-chinoline (**P**): *6'-Phenyl-* (**VII**), $C_{18}H_{11}NO_2$, F. 231—232°, durch 2std. Rk. von 1,8 g **Ia** mit **IIb** in Ggw. von $(C_2H_5)_3N$ bei 170—180° u. Ausäthern; aus A. Nadeln; roh 0,9 g (Ausbeute). — *6-Methyl-6'-phenyl-*, $C_{19}H_{13}NO_2$, F. 216—218°, analog vorst. Verb. aus **Ib** u. **IIb**; aus A. Nadeln. — *6-Methoxy-6'-phenyl-*, $C_{19}H_{13}NO_3$, F. 202—204°, aus **Ic** u. **IIb** (3 Std.); aus A. Nadeln. — *5'-Cinnamoyl-6-methoxy-6'-styryl-*, $C_{30}H_{21}NO_4$, F. 250—252°, aus 2,2 g **Ic** u. **IIc** (3½ Std. bei 190—200°, Aufnehmen in Methanol); aus 2-Äthoxyäthanol gelbe Nadeln; roh 0,3 g. — *5'-[Furoyl-(2)]-6'-[furyl-(2)]-*, $C_{21}H_{11}NO_5$, F. 278—279°, aus 1,8 g **Ia** u. **IId** (Aufnehmen in Aceton); aus Nitrobenzol Nadeln; 1,6 g. — *5'-[Furoyl-(2)]-6'-[furyl-(2)]-6-methyl-*, $C_{22}H_{13}NO_5$, F. >300°, aus **Ib** u. **IId**; aus Essigsäure Nadeln. — *5'-[Furoyl-(2)]-6'-[furyl-(2)]-6-methoxy-*, $C_{22}H_{13}NO_6$, F. >300°, aus **Ic** u. **IId**; aus 2-Äthoxyäthanol Nadeln. — *5'-Acetyl-6'-methyl-*, $C_{15}H_{11}NO_3$, F. 270—275° (Zers.), durch 6std. Rk. von 1,8 g **Ia** mit **IIa** in Ggw. von $(C_2H_5)_3N$ bei 180—190°, Ausäthern u. Behandeln mit 2n NaOH; aus Propanol Prismen; 0,7 g. — *5'-Acetyl-6-brom-6'-methyl-*, $C_{15}H_{10}BrNO_3$, F. 275—277°, analog vorst. Verb. (3 Std. bei 160—170°) aus **Id** u. **IIa**; aus wss. A. Prismen. — *5'-Acetyl-6.6'-dimethyl-*, $C_{16}H_{13}NO_3$, F. >300°, aus **Ib** u. **IIa** (7½ Std. bei 200—220°); aus Propanol Prismen. — *5'-Acetyl-6-methoxy-6'-methyl-*, $C_{16}H_{13}NO_4$, F. >300°, aus **Ic** u. **IIa** (6 Std. bei 210—220°); aus Cyclohexanol Prismen. — *5'.6'-Dihydro-6'-phenyl-* (**IV**), $C_{18}H_{13}NO_2$, F. 269—271°, a) durch ½std. Rk. von **Ia** mit **III** in sd. Methanol/10%ig. wss. NaOH u. Ansäuern; aus Propanol Prismen; b) durch 48std. Rk. von **Ia** mit **III** in A./60%ig. wss. NaOH bei 0—5° u. Ansäuern; c) durch 3¾std. Kochen von **Ia** u. **III** in Ggw. von Piperidin in Äthanol; gibt mit N-Bromsuccinimid oder SeO_2 **VII**. — *6-Brom-5'.6'-dihydro-6'-phenyl-* (**V**), $C_{18}H_{12}BrNO_2$, F. 290—292°, analog **IV** nach a) aus **Id** u. **III**; aus Propanol Prismen; daneben aus der methanol. Mutterlauge durch Verdünnen u. Ansäuern *[6-Brom-4-hydroxychinolyl-(3)]-styrylketon* (**VI**), $C_{18}H_{12}BrNO_2$, F. 270—271°, aus 2-Äthoxyäthanol Prismen. — *5'.6-Dibrom-5'.6'-dihydro-6'-phenyl-*, $C_{18}H_{11}Br_2NO_2$, F. 258—260° (Zers.), a) durch Zugabe von Br_2 (in Chlf.) zu 2,3 g **V** in Chlf. u. Einengen; aus Methanol oder A. Prismen; 2,8 g; b) analog aus **VI**. — *6-Brom-6'-phenyl-*, F. 229—231°, a) durch ¼std. Erhitzen vorst. Verb. in Pyridin auf 9,5°; Nadeln; b) durch 1½std. Kochen von **V** in Ggw. von N-Bromsuccinimid u. Benzoylperoxid in Essigsäure, Zugabe von W., 3tägiges Stehen u. Aufnehmen des Nd. in Chlf.; c) durch 1¾std. Dehydrieren von **V** mit SeO_2 in sd. Dioxan u. Behandeln des Prod. mit A.; d) analog aus **VI**. — *5'-Brom-5'.6'-dihydro-6'-phenyl-*, $C_{18}H_{12}BrNO_2$, F. >300°, durch Rk. von **IV** mit Br_2 in Chlf.; wird in Pyridin zu **VII** dehydrobromiert. — *5'.6'-Dihydro-5'-hydroxyimino-6'-phenyl-*, $C_{18}H_{12}N_2O_3$, F. 190—191° (Zers.), durch Zugabe von HCl zu **IV** u. Pentylnitrit in A., 3std. Stehen bei 20° u. Alkalisieren mit NH_4OH;

aus A. gelbe Prismen. — *5'-Hydroxy-6'-phenyl-*, $C_{18}H_{11}NO_3$, F. 290—292°, a) durch 24std. Einw. von 30%ig. H_2O_2 auf **IV** in 1n NaOH/A. bei 20° u. Ansäuern; aus wss. Dioxan Prismen; b) durch $1^1/_2$std. Hydrolyse vorst. Verb. in sd. 50%ig. H_2SO_4. — *6-Brom-5'.6'-dihydro-5'-hydroxyimino-6'-phenyl-*, $C_{18}H_{11}BrN_2O_3$, F. 199—200° (Zers.), analog vorvorst. Verb. aus **V**; aus A. Prismen. — *6-Brom-5'-hydroxy-6'-phenyl-*, $C_{18}H_{10}BrNO_3$, F. 299—300°, analog vorvorst. Verb. aus **V** oder vorst. Verb.; aus Pyridin Nadeln. — *3-Cinnamoylacetyl-4-hydroxychinolin*, $C_{20}H_{15}NO_3$, F. 210—214° (Zers.), durch 3std. Rk. von **Ia** mit **IIc** in Ggw. von $(C_2H_5)_3N$ bei 190—200° u. Ausäthern; aus Propanol Prismen. — *5-[Furoyl-(2)]-6-[furyl-(2)]-4-oxonaphtho-[1'.2':2.3]-pyran*, $C_{22}H_{12}O_5$, F. 222—224°, durch 2std. Rk. von 2-Acetyl-1-naphthol mit **IId** in Ggw. von $(C_2H_5)_3N$ bei 170—180° u. Behandeln des entstandenen Öls mit Ae.-Aceton (9 : 1); aus A. Nadeln.

W. Hoffmann. 3231 □

Die Dieckmann-Reaktion: 1.3-Dithianderivate. Alfio Martani. (Ann. Chimica **49**, 1844—49, Okt./Nov. 1959; Perugia, Univ., Ist. di Chim. farmaceut. e tossicol.; ital.) — Vgl. C. **1960**, 14359. — Bei der Anwendung der Dieckmann-Rk. auf Methylen-bis-[thioglykolsäuremethylester] erhält man in guter Ausbeute *6-Carbomethoxy-1.3-dithianon-(5)* (**I**), welches bei der Rk. mit Phenylhydrazin (**II**) ein *Pyrazolon-Deriv.*, bei der Rk. mit Harnstoff (**III**) ein *Pyrimidin-Deriv.* u. bei der sauren Verseifung *1.3-Dithianon-(5)* (**IV**) liefert. Das Phenylhydrazon von **IV** geht bei der Fischer-Rk. in ein *Indol-Deriv.* über.

Versuche: *Methylen-bis-[thioglykolsäuremethylester]*, Kp.$_{10}$ 194—195°, aus Methylen-bis-[thioglykolsäure] u. CH_3OH in Ggw. von HCl-Gas; 90% (Ausbeute). — *6-Carbomethoxy-1.3-dithianon-(5)* (**I**), $C_6H_8O_3S_2$, F. 55° (A.), aus vorst. Verb. u. $NaOCH_3$ in abs. Bzl. durch 20 Min. langes Erwärmen auf 45—50° unter N_2; Nadeln; geht bei der Dest. im Vakuum über in **IV**. *Semicarbazon*, $C_7H_{11}N_3O_3S_2$, F. 167° (Zers., A.). *2.4-Dinitrophenylhydrazon*, $C_{12}H_{12}N_4O_6S_2$, F. 181° (Toluol); gelbe Prismen. — *2-Phenyl-1.3-dithiano-[5'.6':5.4]-pyrazolon-(3)*, $C_{11}H_{10}N_2OS_2$, F. 210° (Zers., A.), aus **I** u. **II** in A. durch $^1/_2$std. Kochen; Blättchen. — *1.3-Dithiano-[5'.6':6.5]-2.4-dihydroxypyrimidin*, $C_6H_6N_2O_2S_2$, F. 298° (Zers., Äthylenglykol), aus **I** u. **III** in A. in Ggw. von HCl; Nadeln. — *6-Carbomethoxy-5-[2-aminophenylimino]-1.3-dithian*, $C_{12}H_{14}N_2O_2S_2$, F. 114° (A.), aus **I** u. o-Phenylendiamin in A. durch 1std. Kochen; Nadeln. *Acetylderiv.*, $C_{14}H_{16}N_2O_3S_2$, F. 186° (A.); Prismen. — *1.3-Dithianon-(5)* (**IV**), $C_4H_6OS_2$, F. 105° (W.), aus **I** u. 10%ig. H_2SO_4 durch 3std. Kochen; Nadeln; 60%. *Semicarbazon*, $C_5H_9N_3OS_2$, F. 198° (A.; Zers.), Nadeln. *Phenylhydrazon* (**V**), $C_{10}H_{12}N_2S_2$, F. 148° (Zers.; A.); gelbe Prismen. — *1.3-Dithiano-[5'.6':2.3]-indol*, $C_{10}H_9NS_2$, F. 156° (A.), aus **V** in Eisessig durch $^1/_2$std. Kochen; Blättchen.

Walter Simon. 3262

Reaktion von Pyridin-3.4-dicarbonsäuren mit Hydrazin und Anilin. G. Ja. Kondratjewa und Tshi-chen Chuan. (Доклады Академии Наук СССР [Ber. Akad. Wiss. UdSSR] **131**, 94—97, 1/3. 1960; Zelinsky-Inst. für org. Chem. der Akad. der Wiss. der UdSSR; russ.) — 2.5.6-Trimethyl- (**I**) u. 2.5-Dimethylpyridin-3.4-dicarbonsäure (**II**) liefern bei kurzem Erwärmen mit Hydrazinhydrat (**III**) die entsprechenden *N-Aminoimide*, 2.6-Dimethyl- (**IV**), 5.6-Dimethyl- (**V**) u. 5-Hydroxy-2-methylpyridin-3.4-dicarbonsäure (**VI**) geben mit **III** dagegen die *cycl. Hydrazide* [*1.2.3.6-Tetrahydropyrido-[3'.4':4.5]-pyridazindione-(3.6)*]. Die aus **I** u. **II** erhaltenen N-Aminoimide lassen sich durch langes Kochen zu den cycl. Hydraziden isomerisieren. Überschüssiges **III** fördert die Isomerisierung. **I**, **II** u. **IV** reagieren mit Anilin (**VII**) zu den *N-Phenylimiden*, **V** zum *Dianilid*. Die UV-Spektren werden aufgenommen.

Versuche: *2.5.6-Trimethylpyridin-3.4-dicarbonsäure* (**I**), *N-Aminoimid*, $C_{10}H_{11}N_3O_2$, F. 211—212° (Methanol), durch $^1/_4$std. Erhitzen von 6 g **I** u. 1,5 g **III** in 10 ml Äthylenglykol; 60% (Ausbeute). *N-[o-Hydroxybenzylidenamino]-imid*, $C_{17}H_{15}N_3O_3$, F. 191—191,5° (Methanol), durch 2std. Kochen von 1,6 g vorst. N-Aminoimids u. 1,6 g Salicylaldehyd in A.; 89—92%. *N-[p-Hydroxybenzylidenamino]-imid*, $C_{17}H_{15}N_3O_2$, F. 233—234,5°; 80%. — *N-Phenylimid*, F. 152—154° (Methanol), durch 2—4std. Erhitzen von **I** u. **VII** (1 : 4) auf 160—180°; 62%. — *2.5-Dimethylpyridin-3.4-dicarbonsäure* (**II**), *N-Aminoimid*, $C_9H_9N_3O_2$, F. 175—178°, durch Extraktion des durch Erhitzen von **II** mit **III** erhaltenen Nd. mit heißem A.; 67,5%. *N-Phenylimid*, F. 133,5—134°, aus **II** u. **VII**; 51%. — 1.2.3.6-Tetrahydropyrido-[3'.4':4.5]-pyridazindione-(3.6): *2'.5'-Dimethyl-*, $C_9H_9N_3O_2$, F. 333° (Zers.; sublimiert im Vakuum), man kocht 4 g **II** u. 1 g **III** in 3 ml Äthylenglykol 1 Std., säuert mit verd. Essigsäure an u. wäscht mit heißem A.; 60%. — *2'.6'-Dimethyl-*, $C_9H_9N_3O_2$, F. 290—293° (Zers.), aus **III** u. **IV** in Äthylenglykol ($^1/_4$std. Kochen); 70%. — *5'.6'-Dimethyl-*, $C_9H_9N_3O_2$, F. 333° (Zers.), aus **III** u. **V** ($^1/_4$ Std. Erhitzen); 62,5%. Aus **V**-Dimethylester u. **III** 89%, aus **V**-Dianilid u. **III** 70,2%. — *5'-Hydroxy-2'-methyl-*, $C_8H_7N_3O_3$, F. 308° (Zers.), aus **III** u. **VI** (10 Min. Kochen); 78%. — *2'.5'.6'-Trimethyl-*, $C_{10}H_{11}N_3O_2$, F. 316° (Zers.), aus 5 g **I**-N-Phenylimid u. 14 g **III** in 20 ml Äthylenglykol (6 Std. Kochen); 73%. Aus I u. III (2 Std. Kochen) 20%, aus I–N-Aminoimid u. III 65%. — *2.6-Dimethylpyridin-3.4-dicarbonsäure* (IV), *N-Phenylimid*, F. 145—146°, aus IV u. VII; 52,8%. — *5.6-Dimethylpyridin-3.4-dicarbonsäure* (V), *N-Phenylimid*, F. 190 bis 192°, aus V u. VII; 40%. Helmut Schäfer. 3272

Synthese einiger asymmetrischer Thiuramsulfide mit aliphatischen und heterocyclischen Gruppierungen im Molekül. I. I. Eitingon. (Журнал Общей Химии [J. allg. Chem.] **30** (92), 4104—07, Dez. 1960; Forschungsinst. der Reifenind.; russ.) — Die Rk. der aus Piperidin u. Morpholin mit CS_2 u. Alkali erhaltenen Dithiocarbaminate mit N.N-Diäthylthiocarbamylchlorid (I) lieferte die entsprechenden asymm. *Tetraalkylthiurammonosulfide* aus Piperazin stellt man analog das *Bis-[thiurammonosulfid]* dar. Die Verbb. sind zur Unters. ihrer Aktivität als Vulkanisationsbeschleuniger von Interesse.

Versuche: *N.N-Diäthyl-N'.N'-pentamethylenthiurammonosulfid*, $C_{11}H_{20}N_2S_3$, gelbes Öl, durch Zutropfen von CS_2 zu Piperidin u. 10%ig. NaOH bei 18—20°, Lösen des Nd. in W., anteilweises Zugeben von I bei 20—25°, 1std. Erwärmen auf 60—65° u. Ausziehen mit Bzl.; 80% (Ausbeute). — *N.N-Diäthyl-N'.N'-oxydiäthylenthiurammonosulfid*, $C_{10}H_{18}N_2OS_3$, gelbes Öl, analog vorst. Verb. aus Morpholin; 76%. — *N.N'-Bis-[diäthylthiocarbamylmercaptothiocarbonyl]-piperazin*, $C_{16}H_{28}N_4S_6$, F. > 250°, aus Piperazin; 64%. — *N.N'-Bis-[dimethylthiocarbamylmercaptothiocarbonyl]-piperazin*, $C_{12}H_{20}$·N_4S_6, Zers. ab 250°; 63%. H.-E. Toussaint. 3272□

Umlagerung einiger Chinoxalincarbonsäureanilide. Isolierung eines Zwischenproduktes bei einer verwandten N-Oxid-Umlagerung. M. S. Habib und C. W. Rees. (Proc. chem. Soc. [London] **1961**, 167—68, Mai; London, King's Coll.; engl.) — Chinoxalin- bzw. Pyrazin-2-carbonsäureanilide u. ihre N-Oxide werden durch Mineralsäuren in *Spirolactame* umgelagert, wenn die o-Stellungen in der Anilidogruppe unbesetzt sind; elektronenentziehende Gruppen (z. B. NO_2 im p-Nitroanilid) verhindern die Umlagerung. Die Isolierung der postulierten intermediären *1-Hydroxyverb.* der N-Oxid-Umlagerung gelang in einem Fall. — *4-Methyl-3-oxo-1.2.3.4-tetrahydrochinoxalin-[2-spiro-3']-1'-methyloxindol*, a) durch Rk. von 4-Methyl-3-oxo-3.4-dihydrochinoxalin-2-carbonsäure-N-methylanilid mit eiskalter konz. H_2SO_4 (25% Ausbeute) oder mit sd. äthanol. HCl (quant.); b) aus 3-Oxo-3.4-dihydrochinoxalin-2-carbonsäure-N-methylanilid nach a) u. b) u. nachfolgende Methylierung; geht durch längeres Kochen mit äthanol. HCl in *4-Methyl-3-oxo-2-[o-methylaminophenyl]-3.4-dihydrochinoxalin* über. — *4-Methyl-3-oxo-1-hydroxy-1.2.3.4-tetrahydropyrazin-[2-spiro-3']-1'-methyloxindol*, durch 3std. Erhitzen von 4-Methyl-3-oxo-3.4-dihydropyrazin-2-carbonsäure-N-methylanilid-N^1-oxid mit äthanol. HCl; gibt mit H_2SO_4 *4-Methyl-3-oxo-2-[o-methylaminophenyl]-3.4-dihydropyrazin.* H.-J. Weigmann. 3272□

Purine. 3. Mitt. **Zur Methylierung des 9-Methylxanthins.** Wolfgang Pfleiderer. (Liebigs Ann. Chem. **647**, 161—66, 31/10. 1961; dt.) — 2. vgl. C. **1963**. 832; 4. vgl. C. **1963**, 124. — Die Methylierung von 9-Methylxanthin mit Dimethylsulfat in Ggw. von Alkali liefert nicht, wie von Biltz u. Sauer [1931] angenommen, *8.9-Dimethylxanthin* (I), sondern *7.9-Dimethyl-2.6-dioxotetrahydropuriniumbetain* (II; „*7.9-Dimethyldesoxyharnsäure*"), daneben in geringen Mengen *1.7.9-Trimethyl-2.6-dioxotetrahydropuriniumbetain* (III), *4-Methylamino-5-[N-formylmethylamino]-uracil* u. *1-Methyl-4-methylamino-5-[N-formylmethylamino]-uracil.* I wird durch Umsetzung von 5-Amino-4-methylaminouracil mit Orthoessigsäuretriäthylester in Acetanhydrid dargestellt. 1.9-Dimethylxanthin gibt mit p-Toluolsulfonsäuremethylester *1.7.9-Trimethyl-2.6-dioxotetrahydropurinium-p-toluolsulfonat*, das mit NH_3 in III übergeführt wird. *1.3.7.8-Tetramethylxanthin* wird aus 1.3-Dimethyl-4-methylamino-5-acetamidouracil u. Acetamid dargestellt. Die Strukturen der 2.6-Dioxotetrahydropuriniumbetaine werden an Hand der pK-Werte u. UV-Spektren diskutiert.

Versuche: *7.9-Dimethyl-2.6-dioxotetrahydropuriniumbetain* (II), F. 380° (Zers.), aus 5 g 9-Methylxanthin u. Dimethylsulfat in Ggw. von Alkali; Nadeln; 1,5 g (Ausbeute). — *8.9-Dimethylxanthin* (I), $C_7H_8N_4O_2 \cdot H_2O$, F. 355°, aus 1 g 5-Amino-4-methylaminouracil u. Orthoessigsäuretriäthylester in sd. Acetanhydrid (6 Std.); aus A.-W. Nadeln; 0,5 g. — *1.7.9-Trimethyl-2.6-dioxotetrahydropurinium-p-toluolsulfonat*, $C_8H_{10}N_4O_2 \cdot C_7H_8 \cdot O_3S$, F. 235°, aus 1 g 1.9-Dimethylxanthin u. p-Toluolsulfonsäuremethylester bei 130° (1 Std.); aus Methanol Nadeln; 1,5 g. — *1.7.9-Trimethyl-2.6-dioxotetrahydropuriniumbetain* (III), $C_8H_{10}N_4O_2$, F. 330—332°, aus 1,2 g vorst. Verb. in Methanol unter Durchleiten von NH_3 u. Kühlen im Eisschrank (mehrere Std.); aus A. Nadeln; 0,4 g. — *1.3.8.9-Tetramethylxanthin*, F. 263°, aus 2,5 g 1.3-Dimethyl-4-methylamino-5-acetamidouracil u. sd. Acetamid (15 Std.); aus A. Nadeln; 1 g. — *3.7.9-Trimethyl-2.6-dioxotetrahydro-*

purinium-p-toluolsulfonat, $C_8H_{10}N_4O_2 \cdot C_7H_8O_3S$, F. 257°, aus 0,5 g 3.9-Dimethylxanthin u. p-Toluolsulfonsäuremethylester bei 130° (30 Min.); aus Methanol Nadeln; 0,6 g.

H. Gleinig. 3272□

Derivate der Zuckermercaptale. 22. Mitt. Alkylthio-α-D-ribofuranoside und ihre Überführung in die Acetobrom-D-ribofuranose. Helmut Zinner, Axel Koine und Horst Nimz. (Chem. Ber. **93**, 2705—12, 3/11. 1960; Rostock, Univ., Inst. für Organ. Chem.; dt.) — 21. vgl. C. **1961.** 14658; 24. vgl. C. **1962,** 3818. — Bei der Einw. von $^1/_2$ Val $HgCl_2$ in Ggw. von 1 Val HgO auf Aldosemercaptale werden je nach Rk.-Geschw. *Thioaldoside* oder *Aldosen* im Gemisch mit Ausgangs-Verb. erhalten. Die Auftrennung erfolgt papierchromatograph., wobei aus *D-Mannose-* u. *D-Xylosemercaptalen* Gemische von *Aldose* u. nicht umgesetztem Mercaptal entstehen. *D-Lyxosediäthylmercaptal* (**I**) ergibt neben *D-Lyxose* u. I eine dritte Verb., wahrscheinlich *Äthylthio-α-D-lyxosid*. Die *D-Ribosemercaptale* ergeben glatt *Alkylthio-α-D-ribofuranoside* (**R**), die *Äthyl-* (**II**) u. *n-Propylverbb.* werden gut krist. erhalten. Der Strukturbeweis für **II** gelingt durch Synth. aus *5-Benzoyl-D-ribosediäthylmercaptal* (**III**). **III** ergibt mit 1 Val $HgCl_2$ in Aceton in Ggw. von $CdCO_3$ *5-Benzoyläthylthio-α-D-ribofuranosid* (**IV**), das mit Na-Methylat in Methanol **II** liefert. Die **R** lassen sich zu *2.3.5-Triacetylalkylthio-α-D-ribofuranosiden* acetylieren. Mit Br_2 ergeben diese eine *Acetobrom-D-ribofuranose* (**V**), die sich leicht unter Abspaltung von HBr zersetzt. Es wird angenommen, daß sich zunächst die *Acetobrom-β-D-ribofuranose* gebildet hat, die sich in die stabilere *α-Form* unter dem Einfl. von HBr umlagert. Aus **V** entsteht mit Acetanhydrid (AA) *Tetraacetyl-D-ribofuranose*, die durch Umkristallisieren aus verd. Methanol in die krist. *β-Form* u. die sirupöse *α-Form* aufgetrennt wird. Durch Einw. von K-Alkylmercaptiden auf *Acetobrom-β-L-arabopyranose* (**VIII**) entstehen *Triacetylalkylthio-α-L-arabopyranoside* (TA), die mit Na-Methylat zu *Alkyl-α-L-arabopyranosiden* entacetyliert werden. Analog entstehen aus *Acetobrom-α-D-xylopyranose* (**IX**) *Triacetylalkylthio-β-D-xylopyranoside* (TX) bzw. *Alkylthio-β-D-xylopyranoside*.

Versuche: *Methylthio-α-D-ribofuranosid* (**VI**), $C_6H_{12}O_4S$, Kp.$_{10^{-4}}$ 130—140° (Bad-Temp.), durch Zugabe von $HgCl_2$-Lsg. zu D-Ribosedimethylmercaptal u. HgO in W., 1 std. Stehen, Filtrieren, Versetzen mit wenig Pyridin (Py), 12 std. Stehen bei 0°, Absaugen des Hg-Komplexes u. Dest.; $[\alpha]_D^{21}$ +129,4° (c = 2,66; W.); 79% (Ausbeute). — *Äthylthio-α-D-ribofuranosid* (**II**), $C_7H_{14}O_4S$, F. 71—72°, a) aus Ribosediäthylmercaptal analog **VI**; 68%; b) durch 20 std. Stehen von **IV** mit 2n Na-Methylat in Methanol u. Neutralisieren an Austauscher Wofatit F; 20%; aus n-Propylmethylketon Blättchen, $[\alpha]_D^{20}$ +175° (c = 4,40; W.). — *n-Propylthio-α-D-ribofuranosid*, $C_8H_{16}O_4S$, F. 57°, aus D-Ribose-di-n-propylmercaptal analog **VI**; aus Ae. Nadeln, $[\alpha]_D^{20}$ +159,6° (c = 1,02; W.); 71%. — *Isopropylthio-α-D-ribofuranosid*, aus D-Ribosediisopropylmercaptal analog **VI**; wachsartig, $[\alpha]_D^{20}$ +61,8° (c = 4,8; W.); 76%. — *5-Benzoyläthylthio-α-D-ribofuranosid* (**IV**), $C_{14}H_{18}O_5S$, durch 24 std. Stehen von **III** mit $HgCl_2$ u. $CdCO_3$ in Aceton, Extraktion mit CCl_4, Waschen der Extrakte mit KJ-Lsg. u. Eindampfen im Vakuum; $[\alpha]_D^{21}$ +20,3° (c = 4,66; Py); 78%. — Alkylthio-2.3.5-triacetyl-α-D-ribofuranoside, durch Acetylieren der **R** mit AA in Py bei 0°, 16 std. Stehen bei 20°, Wasserzusatz, Extraktion mit Chlf. u. Dest. bei Kp.$_{10^{-4}}$ 120—130° (Bad-Temp.): *Methylthio-*, $C_{12}H_{18}O_7S$, Sirup, $[\alpha]_D^{20}$ +141,4° (c = 3,29; Chlf.); 83%. — *Äthylthio-* (**VII**), $C_{13}H_{20}O_7S$, F. 62°, $[\alpha]_D^{20}$ +205,7° (c = 2,04; Chlf.); 71%. — *n-Propylthio-* (**VII**), $C_{14}H_{22}O_7S$, F. 53—54°, $[\alpha]_D^{20}$ +199,3° (c = 1,68; Chlf.); 67%. — *Isopropylthio-*, Sirup, $[\alpha]_D^{20}$ +123,8° (c = 2,25; Chlf.); 74%. — *Acetobrom-D-ribofuranose* (**V**), $C_{11}H_{15}BrO_7$, durch Zugabe von Br_2 zu **VII** oder **VIIa** in Ae. bei 20° u. Eindampfen im Vakuum; bräunlicher Sirup, $[\alpha]_D^{21}$ +200° (c = 0,11; Chlf.); 95%. — *Tetraacetyl-β-D-ribofuranose*, F. 82° (verd. Methanol), durch 8 std. Rühren von rohem **V** mit AA in Ggw. von Na-Acetat, Wasserzusatz, Extrahieren mit Chlf. u. Eindampfen; $[\alpha]_D^{20}$ —12,9° (c = 2,4; Chlf.); 60%. — Alkylthiotriacetyl-α-L-arabopyranoside (TA), durch 3 std. Stehen von **VIII**, Mercaptan u. methanol. 2n-K-Methylat-Lsg. bei 20°, Eindampfen u. Rk. mit AA in Py: *Äthylthio-*, $C_{13}H_{20}O_7S$, F. 69°, $[\alpha]_D^{20}$ —7,2° (c = 2,09; Chlf.); 56%. — *n-Propylthio-*, $C_{14}H_{22}O_7S$, F. 56°, $[\alpha]_D^{20}$ —11,2° (c = 2,19; Chlf.); 58%. — *n-Butylthio-*, $C_{15}H_{24}O_7S$, Sirup, $[\alpha]_D^{20}$ —9,3° (c = 2,74; Chlf.); 70%. — *Isobutylthio-*, Sirup, $[\alpha]_D^{20}$ +6,0° (c = 2,56; Chlf.); 63%. — *Benzylthio-*, $C_{18}H_{22}O_7S$, Sirup, $[\alpha]_D^{20}$ —42,1° (c = 2,23; Chlf.); 82%. — Alkylthiotriacetyl-β-D-xylopyranoside (TX), durch Vermischen von **IX** mit K-Mercaptid in Methanol bei —60°, 3 std. Stehen bei Zimmer-Temp. u. Wasserzusatz; aus verd. A. Nadeln oder Blättchen: *Methylthio-*, $C_{12}H_{18}O_7S$, F. 90°, $[\alpha]_D^{20}$ —71,5° (c = 1,2; Chlf.); 62%. — *Äthylthio-*, $C_{13}H_{20}O_7S$, F. 95°, $[\alpha]_D^{20}$ —80,5° (c = 2,25; Chlf.); 65%. — *n-Propylthio-*, $C_{14}H_{22}O_7S$, F. 94°, $[\alpha]_D^{20}$ —71,2° (c = 2,28; Chlf.); 62%. — *Benzylthio-*, $C_{18}H_{22}O_7S$, F. 88°, $[\alpha]_D^{20}$ —124,9° (c = 0,54; Chlf.); 83%. — Alkylthio-α-L-arabopyranoside, durch 16 std. Stehen der entsprechenden TA mit Na-Methylat-Lsg. bei 20°, Neutralisieren mit Wofatit F u. Eindampfen; aus Aceton Nadeln oder Blättchen: *Äthylthio-*, $C_7H_{14}O_4S$,

F. 104°, $[\alpha]_D^{20}$ −0,1° (c = 2,66; W.); 85%. — *n-Propylthio-*, $C_8H_{16}O_4S$, F. 96°, $[\alpha]_D^{20}$ −13,4° (c = 3,19; W.); 90%. — *n-Butylthio-*, $C_9H_{18}O_4S$, F. 116°, $[\alpha]_D^{20}$ −17,3° (c = 1,96; W.); 80%. — *Isobutyl-*, F. 76°, $[\alpha]_D^{20}$ −8,4° (c = 1,43; W.); 82%. — *Benzylthio-*, $C_{12}H_{16}O_4S$, F. 109°, $[\alpha]_D^{20}$ −94,6° (c = 3,07; W.); 89%. — Alkylthio-β-D-xylopyranoside, analog vorst. Verbb. aus TX: *Methylthio-*, $C_6H_{12}O_4S$, F. 159° (W.), $[\alpha]_D^{20}$ −69,0° (c = 3,71; W.); 85%. — *Äthylthio-*, $C_7H_{14}O_4S$, F. 119° (Aceton), $[\alpha]_D^{20}$ −79,5° (c = 5,16; W.); 83%. — *n-Propylthio-*, $C_8H_{16}O_4S$, F. 93° (n-Propanol/Hexan), $[\alpha]_D^{20}$ −73,5° (c = 4,89; W.); 79%. — *Benzylthio-*, $C_{12}H_{16}O_4S$, F. 156° (A.), $[\alpha]_D^{20}$ −143,6° (c = 2,45; Py); 80%. — *Acetobrom-β-L-arabopyranose* (**VIII**), F. 138° (Ae.), analog **V** aus TA; $[\alpha]_D^{22}$+ 289,0° (c = 3,48; Chlf.); 78%. — *Acetobrom-α-D-xylopyranose* (**IX**), F. 98°, analog **V** aus TX; $[\alpha]_D^{22}$ +209,2° (c = 1,76; Chlf.); 81%. W. Hampel. 3400□

Die Reaktion von Methyl-2.3-anhydrohexosiden mit verdünnter Schwefelsäure. J. G. Buchanan. (Chem. and Ind. **1958**, 654—55, 31/5.; Newcastle-on-Tyne, King's Coll., Dep. of Chem.; engl.) — Methyl-2.3-anhydro-4.6-O-benzyliden-α-D-gulosid gibt mit verd. H_2SO_4 nicht, wie bei der Rk. mit verd. HCl, Methyl-α-D-idosid, α-D-galaktosid u. ihre Hydrolysen-Prodd., sondern als Hauptprod. *3.6-Anhydro-D-galaktose* (*Phenylosazon*, F. 214°). Diese Bldg. von 3.6-Anhydrozuckern aus 2.3-Anhydrozuckern ist bisher nur unter alkal. Bedingungen beobachtet worden. Um festzustellen, ob sich erst der 3.6-Anhydroring bildet oder sich erst die glykosid. Methoxylgruppe abspaltet, wurde Methyl-2.3-anhydro-4.6-O-benzyliden-α-D-talosid mit 0,1n H_2SO_4 erhitzt, wobei *3.6-Anhydro-D-idose* entstand. Es muß somit erst die Abspaltung der glykosid. Methoxylgruppe erfolgen. P. Becker. 3400

Die Aufspaltung von DL-Muscarin. C. A. Salemink und H. C. Cox. (Recueil Trav. chim. Pays-Bas **80**, 632—34, Juli 1961; Utrecht, Univ., Labor. for org. Chem.; engl.) — Die Debye-Scherrer-Diagramme von *Bis-[p-toluyl]-hydrogen-D(−)-tartraten* (**I**) verschiedener L(+)-Muscarin (**II**)-Proben werden verglichen: **Ia**, *Hemihydrat*, F. 166°, aus „natürlichem" L(+)-**II**. **Ib**, F. 166°, durch Aufspaltung synthet. DL-**II** (vgl. Cox u. Mitarbeiter, C. **1959**. 10909. *Tetrachloroaurat*, F. 85—86°). **Ic**, F. 151—152°, aus synthet. DL-**II** (isoliert als DL-Dinitrodiphenat. *Tetrachloroaurat*, F. 88—89°. *Tetraphenylboranat*, F. 175—176°). Die Diagramme von **Ia** u. **Ib** sind ident., das von **Ic** dagegen weicht stark ab. H.-J. Weigmann. 3500□

Über ein Nebenalkaloid aus Adhatoda vasica Nees. E. Späth und Friederike Kesztler-Gandini. (Mh. Chem. **91**, 1150—51, 30/12. 1960; Wien, Univ., II. Chem. Inst.; dt.) — Bei der Extraktion der Blätter von *Adhatoda vasica* Nees isolieren Vff. neben *Peganin* (*Vasicin*) (vgl. Späth u. Kesztler, Ber. dtsch. chem. Ges. **96**. [1936], 384) ein *Hydroxypeganin* (I), $C_{11}H_{12}N_2O_2$, F. 272—273°, das bei 0,03 Torr u. 230—270° (Luftbad-Temp.) sublimiert, $[\alpha]_D^{16}$ +45,8°. *Methyläther*, F. 150—151°, durch 8tägiges Stehen von I in abs. Methanol mit überschüssigem Diazomethan u. Dest. im Vakuum. Gottfried Schreiber. 3500□

Über die Konstitution eines Nebenalkaloides aus Adhatoda vasica Nees. F. Kuffner, G. Lenneis und H. Bauer. (Mh. Chem. **91**, 1152—61, 30/12. 1960; Wien, Univ., Organ.-chem. Inst.; dt.) — Vgl. vorst. Referat. — Vff. identifizieren das von Späth u. Kesztler-Gandini (l. c.) beschriebene Nebenalkaloid auf synthet. Wege als *6-Hydroxypeganin* nach dem Prinzip der Synth. von Southwick u. Casanova (C. **1958**, 7765).

Versuche: *2-Nitro-3-methoxytoluol* (I), F. 46—50°, durch 24std. Stehen von 107 ml m-Kresol mit Oleum u. rauchender NHO_3, Verdünnen mit W. u. Dest. mit Wasserdampf, Aufschlämmen in W. u. Digerieren mit Dimethylsulfat u. KOH; 100 g (Ausbeute). — *2-Nitro-p-toluidinsulfat*, durch Rk. von p-Toluidin mit konz. H_2SO_4 u. konz. HNO_3 u. Gießen auf Eis. — *2-Nitro-4-hydroxytoluol*, F. 77°, durch Lösen vorst. Verb. in H_2SO_4, Gießen auf Eis, Diazotieren bei 5—10° u. Eintropfen in siedende H_2SO_4, Absaugen u. Ausäthern; 40 g. — *2-Nitro-4-methoxytoluol* (II), F. 17°, durch Rk. vorst. Verb. mit Dimethylsulfat u. NaOH. — *2-Nitroso-5-hydroxytoluol*, durch Rk. von m-Kresol mit $NaNO_2$ in Eisessig u. H_2SO_4 bei 8—10° unter Rühren u. Gießen auf Eiswasser. — *2-Nitro-5-hydroxytoluol*, durch Rk. von vorst. Verb. mit HNO_3 bei 40—50°. — *2-Nitro-5-methoxytoluol* (III), $Kp._1$ 120—121°, F. 53—54°, durch Rk. von vorst. Verb. mit Dimethylsulfat u. NaOH. — *2-Nitro-6-aminotoluol*, F. 92°, durch mehrtägige Red. von 100 g 2.6-Dinitrotoluol mit H_2S in A. u. konz. NH_3; 73 g. — *2-Nitro-6-methoxytoluol*, F. 49—51°, durch Diazotieren vorst. Verb., Verkochen u. Methylieren. — *2-Nitro-5-methoxybenzylbromid* (IV), durch 7std. Erhitzen von III, N-Bromsuccinimid u. Dibenzoylperoxid in CCl_4, Erwärmen, Filtrieren u. Eindampfen; Öl. — *2-Nitro-5-methoxybenzylamin*, F. 90—91°, durch 2std. Erhitzen von vorst. Verb. mit Urotropin in $CHCl_3$, Absaugen des Urotropinsalzes (F. 165—170° Zers.), Erhitzen in HCl, Lösen des *Hydro-*

chlorids (F. 202—206°) in W. u. Zugabe von NaOH. — *1-[2-Nitro-5-methoxybenzyl]-4-carbäthoxy-2.3-dioxopyrrolidin* (**V**), F. 163—167° (A.), durch 24std. Stehen von 9,5 g vorst. Verb. in abs. A. mit Acrylsäureäthylester, Abdestillieren des A., 2std. Erhitzen des Rückstandes mit Äthoxalylchlorid, Zutropfen zur äthanol. Na-Äthylat-Lsg. bei 0—5°, 1/2std. Rühren bei 20°, Gießen in heißes W. u. Zugabe von konz. HCl; 12 g. — *1-[2-Nitro-5-methoxybenzyl]-2.3-dioxopyrrolidin* (**VI**), F. 130—133°, durch 2std. Erhitzen von 12 g vorst. Verb. in HCl u. A. unter Rühren, Filtrieren u. Ausschütteln mit $CHCl_3$; 2,5 g. — *1-[2-Nitro-5-methoxybenzyl]-3-hydroxypyrrolidon-(2)* (**VII**), F. 147—150° (Methanol), durch 20std. Stehen von 2,5 g vorst. Verb. mit $NaBH_4$ in abs. A., Zugabe von W., Eindampfen im Vakuum, Ansäuern mit HCl u. Extrahieren mit Chlf.; 1,6 g. — *rac.-6-Methoxypeganin* (**VIII**), F. 216—218°, durch 1std. Erhitzen von 0,6 g **VII** mit Fe-Spänen in Essigsäure, Zugabe von NaOH, mehrtägiges Extrahieren mit Chlf. u. Sublimieren; 300 mg. — *rac.-6-Hydroxypeganin* (**IX**), F. 270—273° (Zers.), durch 4std. Kochen von 30 mg vorst. Verb. in Eisessig mit HBr, Zugabe von $KHCO_3$, Extrahieren mit Ae. u. Sublimieren; 10 mg. — *2-Nitro-3-methoxybenzylbromid*, analog **IV** aus 32 g **I**; 21,5 g. — *2-Nitro-3-methoxybenzylamin*, Kp.$_{0,01}$ 90—100° (Luftbad-Temperatur). *Hydrochlorid* (**XIII**), $C_8H_{10}N_2O_3 \cdot HCl$, F. 199—201° (Zers.). — *1-[2-Nitro-3-methoxybenzyl]-4-carbäthoxy-2.3-dioxopyrrolidin* (**XIV**), $C_{15}H_{16}N_2O_7$, F. 147—150°, aus **XIII** analog **V**. — *1-[2-Nitro-3-methoxybenzyl]-2.3-dioxopyrrolidin* (**XV**), F. 153—154°, a) aus **XIV** analog **VI**; b) durch Rk. von **XIV** mit 20%ig. alkohol. KOH. — *1-[2-Nitro-3-methoxybenzyl]-3-hydroxypyrrolidon-(2)* (**XVI**), F. 136—142°, aus **XV** analog **VII**. — *rac.-4-Methoxypeganin*, F. 224—226°, aus **XVI** analog **VIII**. — *rac.-4-Hydroxypeganin*, F. 260—263° (Zers.), aus 30 mg vorst. Verb. analog **IX**; 10 mg. — *2-Nitro-4-methoxybenzylamin* (**X**), F. 28—31°. *Hydrochlorid*, $C_8H_{10}N_2O_3 \cdot HCl$, F. 212—215° (Zers.). — *1-[2-Nitro-4-methoxybenzyl]-4-carbäthoxy-2.3-dioxopyrrolidin*, F. 157—162°, aus vorst. Hydrochlorid analog **V**. — *1-[2-Nitro-4-methoxybenzyl]-2.3-dioxopyrrolidin*, F. 150—156°, aus 2 g vorst. Verb. analog **VI**; 0,6 g. — *1-[2-Nitro-4-methoxybenzyl]-3-hydroxypyrrolidon-(2)*, F. 141—143°, aus 0,6 g vorst. Verb. analog **VII**; 0.4 g. — *rac.-5-Methoxypeganin*, $C_{12}H_{14}N_2O_2$, F. 212—214°, aus vorst. Verb. analog **VIII**. — *2.4-Diaminobenzylamin*, *Trihydrochlorid*, $C_7H_{11}N_3 \cdot 3\,HCl$, F. >180° (Zers.), durch Hydrieren von 2.4-Dinitrobenzaldoxim in Essigsäure mit PtO_2 bei Zimmer-Temp., Zugabe von NaOH, Extrahieren mit Ae., Zugabe von wenig 2n HCl; Kristalle aus A. u. Dioxan; 26% (Ausbeute). — *2.4-Dinitrobenzylbromid*, F. 45—46°, durch 8std. Erhitzen von 12 g 2.4-Dinitrotoluol, Bromsuccinimid u. Benzoylperoxid in abs. CCl_4 unter Bestrahlung mit einer Quarzlampe; 5,6 g. — *2-Nitro-4-methoxybenzylbromid* (**XI**), $C_8H_8BrNO_3$, F. 66,5° (abs. A.), durch 7std. Erhitzen von **II**, Bromsuccinimid u. Benzoylperoxid in abs. CCl_4 analog vorst. Verb.; 68%. — *2-Nitro-4-methoxybenzoesäure*, F. 198—199°, durch $KMnO_4$-Oxydation von **XI**. — *[2-Nitro-4-methoxybenzyl]-phthalimid*, $C_{16}H_{12}N_2O_5$, F. 174° (Eisessig), durch 40 Min. langes Erhitzen von **XI** mit K-Phthalimid u. NaCl auf 140—180° u. Auslaugen mit kochendem W. u. Äthylalkohol. — *2-Amino-4-methoxybenzylamin*, Kp.$_{0,5}$ 90—100° (Luftbad-Temp.), a) durch 2std. Hydrieren von **X** in Essigsäure mit Pd/Kohle bei 20° u. 750 Torr; b) durch katalyt. Hydrieren von **XIII** analog **XII**. *Dihydrochlorid*, $C_8H_{12}N_2O \cdot 2\,HCl$, F. >200° (Zers., A./Dioxan). — *β-Chlorpropionaldehyddiäthylacetal*, Kp.$_{12}$ 59—60°, durch Zugabe von Acrolein (mit Hydrochinon stabilisiert) zu $CaCl_2$ in abs. A. u. Einleiten von HCl unter Kühlen u. Rühren, 12std. Stehen bei 0°, Einleiten von NH_3 in die untere fl. Phase unter Kühlen u. Rühren, Zugabe von wenig $NaHCO_3$ u. Dest.; n_D 1,4175, $D._{20}$ 0,979; 65%. — *m-Nitrobenzaldehyddimethylacetal*, Kp.$_{0,5}$ 103 bis 105°, durch 2std. Zutropfen von Benzaldehyd zu konz. H_2SO_4 u. rauchender HNO_3 bei 5°, 24std. Stehen, Gießen auf Eis, Filtrieren, Zugabe von Bzl., Abtrennen der benzol. Schicht, Eindampfen, Lösen in Methanol, 5tägiges Stehen, Zugabe von Na-Methylat u. Eindampfen; n_D 1,5224. — *m-Aminobenzaldehyddimethylacetal*, Kp.$_{1,5}$ 110—112°, durch 1½std. Hydrieren vorst. Verb. mit Raney-Ni in Methanol bei 70 at u. zunächst 40°, dann bis 85°; n_D 1,5377. — *m-Hydroxybenzaldehyd*, F. 103—104°, durch Zugabe von vorst. Verb. u. wss. $NaNO_2$-Lsg. zu 6 m H_2SO_4, Eintropfen der erhaltenen Diazonium-Lsg. in 2n H_2SO_4 u. Verkochen. — *2-Nitro-3-methoxybenzaldehyd*, F. 102° (Eisessig), durch Rk. vorst. Verb. mit Dimethylsulfat u. Nitrieren mit konz. HNO_3 u. H_2SO_4 bei —10°, Gießen in Eiswasser u. Trennung von den Isomeren durch Umkristallisieren aus Benzol. — *2-Amino-3-methoxybenzaldoxim*, F. 140,5°, durch Schütteln von 22 g vorst. Verb. mit $NaHSO_3$-Lsg., Zugabe von $FeSO_4 \cdot 7\,H_2O$ u. Na_2CO_3-Lsg., 2std. Kochen, Filtrieren, Zugabe von Hydroxylaminhydrochlorid u. Na_2CO_3-Lsg. zur alkohol. Lsg. des mit Ae. extrahierten *2-Amino-3-methoxybenzaldehyds*, 4std. Erhitzen u. Verdünnen mit Wasser. — *2-Amino-3-methoxybenzylamin* (**XII**), $C_8H_{12}N_2O$, Kp.$_{0,5}$ 90—100° (Luftbad-Temp.), durch 2std. Hydrieren vorst. Verb. mit Raney-Ni in A. bei 750 Torr; Öl. *Dihydrochlorid*, $C_8H_{12}N_2O \cdot 2\,HCl$, F. 206—209° (Zers.). — *2-Nitro-4-methoxybenzaldehyd*, F. 92—93° ($CHCl_3$/PAe.), durch Spaltung der nach a) dargestellten nachst.

Verb. mit $FeNH_4(SO_4)_2$; daneben *m-Nitroanisol*. — *2-Nitro-4-methoxybenzaldoxim*, F. 119—120°, a) Darst. nach Woodward u. Mitarbeitern (vgl. Tetrahedron [London] 2, [1958], 22); b) durch Rk. von 40 g vorst. Verb. mit Hydroxylaminhydrochlorid u. Na-Acetat in A.; 15 g. — *2-Amino-4-methoxybenzaldoxim* (XIII), F. 143° (Methanol), durch Red. von 15 g vorst. Verb. mit $FeSO_4$ in wss. NaOH, Filtrieren u. Einleiten von CO_2; 8 g. Gottfried Schreiber. 3500□

Steroidalkaloide. 7. Mitt. Überführung von Funtumin (3α-Amino-5α-pregnan-20-on) in die 5α-Androstanreihe. Maurice Marie Janot, Qui Khuong-Huu und Robert Goutarel. (Bull. Soc. chim. France **1960**, 1640—43, Aug./Sept.; Paris, Fac. de Pharm., Labor. de Pharm. galen.; franz.) — 6. vgl. C. R. hebd. Séances Acad. Sci. **251**, [1960], 559. — Oxydation von N-Acetylfuntumin mit Persäuren u. Behandlung des Rk.-Prod. mit Girard-Reagens T liefert *3α-Acetamido-17β-acetoxy-5α-androstan* (I), das sehr leicht zur *3α-Acetamido-17β-hydroxy-Verb.* u. erst bei 180° mit alkohol. KOH zu *3α-Amino-17β-hydroxy-5α-androstan* (II) verseift wird. Analoge Oxydation von N-Trifluoracetylfuntumin gibt *3α-Trifluoracetamido-17β-acetoxy-5α-androstan* (IV), das unter schonenden Bedingungen zu I verseift wird. Oxydation von II nach Ruschig liefert *17β-Hydroxy-5α-androsten-3-on* (III). Katalyt. Hydrierung von III-Oxim in Eisessig gibt II, das mit Acetanhydrid in I übergeführt wird. Red. von III-Oxim mit Na in sd. A. liefert *3β-Amino-17β-hydroxy-5α-androstan*. Hofmannscher Abbau von Trimethylfuntuminiumhydroxid gibt *Δ^2-5α-Pregnen-20-on*, während Abbau von II über *3α-Trimethylammonio-17β-hydroxy-5α-androstanhydroxid* zu *17β-Hydroxy-Δ^2-5α-androsten* führt.

Versuche (FF. korr.): *3α-Amino-5α-pregnan-20-on* (*Funtumin*), F. 126° (Äthylacetat), durch Oxydation des im Rohprod. enthaltenen Funtumidins mit CrO_3, Chromatographie an Al_2O_3; $[\alpha]_D$ +95° (c = 1,7; Chlf.). *N-Acetyl-Deriv.*, $C_{23}H_{37}NO_2$, F. 247° (A.), aus 100 g rohem Funtumin in Methanol u. Acetanhydrid bei 0° (über Nacht), Kochen des Rk.-Prod. mit CH_2Cl_2 (15 Min.) u. Chromatographie an Al_2O_3; $[\alpha]_D$ +99° (c = 1,5; Chlf.); 78 g; daneben als in CH_2Cl_2 unlösl. Anteil 9,65 g *N-Acetylfuntumidin* [$C_{23}H_{39}NO_2$, F. 307° (Methanol–CH_2Cl_2); $[\alpha]_D$+3° (c = 0,6; CH_2Cl_2–Methanol)]. *N-Trifluoracetyl-Deriv.*, $C_{23}H_{34}F_3NO_2$, F. 167°, aus 20 g Funtumin in Bzl. u. sd. Trifluoracetanhydrid (1 Std.); $[\alpha]_D$ +95° (c = 0,8; Methanol); aus Methanol Nadeln; 26 g. *N.N-Dimethyl-Deriv.*, $C_{23}H_{39}NO$, F. 128° (Äthylacetat u. Sublimation bei 110°/0,01 mm), durch 4std. Erhitzen von 3 g Funtumin in HCOOH u. 35%ig. HCHO auf dem Wasserbad, Kühlen u. Behandeln mit NaOH; $[\alpha]_D$ +93° (c = 2; Chlf.); 3,2 g; *Methojodid*, $C_{24}H_{42}JNO$, F. 270° (Methanol), aus dem Dimethyl-Deriv. in Methanol u. sd. CH_3J (20 Min.) u. Fällen mit Ae.; $[\alpha]_D$ +110° (c = 1,8; Methanol); 4,84 g; *Methylhydroxid*, aus 2 g Jodid in Methanol durch Filtration über IRA 410 (OH^-); 1,71 g. — *Δ^2-5α-Pregnen-20-on*, $C_{21}H_{32}O$, F. 125° (Methanol), aus 1,71 g vorst. quart. Base durch Sublimation bei 200°/0,01 mm; $[\alpha]_D$ +141° (c = 2,5; Chlf.); 1 g. — *3α-Amino-17β-hydroxy-5α-androstan* (II), $C_{19}H_{33}NO$, F. 171° (Äthylacetat), a) aus 11 g I in A. u. NaOH bei 180° (4 Std.); $[\alpha]_D$ +28° (c = 0,65; Chlf.); 8,06 g; b) aus 3,3 g IV in sd. 2n methanol. KOH (4 Std.); 5,7 g; c) aus 1,1 g III-Oxim in Essigsäure durch Hydrieren über PtO_2 (24 Std.); 1,04 g. — *3α-Acetamido-17β-acetoxy-5α-androstan* (I), $C_{23}H_{37}NO_3$, F. 185° (Aceton), a) aus 2 g N-Acetylfuntumin u. Perbenzoesäure in Chlf. bei Raum-Temp. (8 Tage) u. Kochen mit A. u. Essigsäure in Ggw. von Girard-Reagens T (3 Std.); $[\alpha]_D$ +32° (c = 1,2; Chlf.); 1,71 g; b) aus II u. Acetanhydrid in Pyridin auf dem Wasserbad (1 Std.). — *3α-Acetamido-17β-hydroxy-5α-androstan*, $C_{21}H_{35}NO_2$, F. 250° (Methanol), aus 1 g I in sd. methanol. H_2SO_4 (12 Std.); $[\alpha]_D$+33° (c = 1; Chlf.–Methanol); 0,81 g. — *3α-Trifluoracetamido-17β-acetoxy-5α-androstan* (IV), $C_{23}H_{34}F_3NO_3$, F. 181° (Methanol), aus 10 g N-Trifluoracetylfuntumin mit Trifluoracetanhydrid in CH_2Cl_2 u. 85%ig. H_2O_2 analog I; $[\alpha]_D$ +33° (c = 1,7; Chlf.); 10,18 g. — *3α-Dimethylamino-17β-hydroxy-5α-androstan*, $C_{21}H_{37}NO$, F. 173° (Methanol), aus 1,5 g II in HCOOH u. 35%ig. HCHO auf dem Wasserbad (4 Std.), Chromatographie an Al_2O_3 mit Bzl., Verseifen mit sd. methanol. KOH (1 Std.) u. Sublimation bei 150° im Vakuum; $[\alpha]_D$ +10° (c = 1,1; Chlf.); 1,05 g. *Methojodid*, durch 1std. Kochen in Methanol mit CH_3J u. Fällen mit Äther. — *17β-Hydroxy-Δ^2-5α-androsten*, $C_{19}H_{30}O$, F. 163° (A.), aus 736 mg der quart. Base aus vorst. Jodid durch Erhitzen im Vakuum; $[\alpha]_D$ +56° (c = 1; Chlf.); 460 mg. — *17β-Hydroxy-5α-androstan-3-on* (III), $C_{19}H_{30}O_2$, F. 181° (Aceton u. Sublimation), aus 4 g II in CH_2Cl_2 bei 0° u. N-Chlorsuccinimid über die Chloramin-Verb. (4,4 g), Kochen mit Na-Methylat (1 Std.) u. Behandeln mit 2n H_2SO_4 (24 Std.); $[\alpha]_D$ +32° (c = 0,9; Methanol); 3,06 g. *Oxim*, F. 215°, mit Hydroxylaminhydrochlorid in sd. Methanol in Ggw. von Na-Acetat. — *3β-Amino-17β-hydroxy-5α-androstan*, $C_{19}H_{33}NO$, F. 140° (Methanol), aus 920 mg III-Oxim u. Na in sd. A.; $[\alpha]_D$ +59° (c = 1; Chlf.); 6,62 mg. — *3β-Acetamido-17β-acetoxy-5α-androstan*,

$C_{23}H_{37}NO_3$, F. 278°, aus 550 mg vorst. Verb. mit Acetanhydrid in Pyridin auf dem Wasserbad; $[\alpha]_D$ −4° (c = 1; Chlf.); 475 mg. — Die IR-Spektren einiger Verbb. sind aufgeführt. H. Gleinig. 3500□

Steroidalkaloide. 8. Mitt. Aus Funtumin und Funtumidin, den Alkaloiden aus Funtumia latifolia Stapf (Apocynaceen) dargestellte Derivate von 5α-Pregnan. Maurice-Marie Janot, Qui Khuong-Huu, Xavier Lusinchi und Robert Goutarel. (Bull. Soc. chim. France **1960**, 1669—73, Aug./Sept.; Paris, Fac. de Pharm., Labor. de Pharm. Galen.; franz.) — 7. vgl. vorst. Referat. — Funtumin (I) gibt mit Na in A. *Funtumidin* (II). I wird auch durch CrO_3-Oxydation von Isofuntumidin (III) erhalten. CrO_3-Oxydation von II liefert I. Red. von I mit KBH_4 gibt III, das auch durch Hydrieren von 20β-Hydroxy-5α-pregnan-3-on (IV)-Oxim gewonnen wird. I u. äther. HClO bzw. N-Chlorsuccinimid (CNS) liefert *Allopregnandion*. Behandlung von II mit NCS gibt *20α-Hydroxy-5α-pregnan-3-on*, von III analog IV. Wolff-Kishner-Red. von I-Hydrazon liefert *Dihydrodesoxofuntumin* (V), das mit HCOOH/HCHO in das Dimethylamino-Deriv. übergeführt wird u. mit NCS *5α-Pregnan-3-on* liefert. *Δ^2-5α-Pregnen-20-on* wird aus I durch Hofmannschen Abbau gewonnen u. gibt durch Hydrieren über PdO *5α-Pregnan-20-on*.

Versuche (opt. Drehungen in Chlf.): *3α-Amino-5α-pregnan-20-on* (I; *Funtumin*), $C_{21}H_{35}NO$, F. 126° (Äthylacetat), a) aus II in Essigsäure u. CrO_3 in W. (24 Std.); $[\alpha]_D$ +94° (c = 1); b) aus 100 mg III wie a); 60 mg (Ausbeute). *Hydrazon*, $C_{21}H_{37}N_3$, F. 163° (A.), aus 10 g I in A. u. $N_2H_4 \cdot H_2O$ u. 3std. Kochen; $[\alpha]_D$ +26° (c = 1,7); 10,21 g. *N.N-Dimethyl-Deriv.* (Ia), F. 128°, $[\alpha]_D$ +93° (c = 2). — *3α-Amino-20α-hydroxy-5α-pregnan* (II; *Funtumidin*), $C_{21}H_{37}NO$, F. 182° (Äthylacetat), aus 403 mg I in sd. A. u. Na (2 Std.) u. Sublimieren unter 0,01 Torr bei 150°; $[\alpha]_D$ +10° (c = 1,8); 360 mg. — *3α-Amino-20β-hydroxy-5α-pregnan* (III; *Isofuntumidin*), $C_{21}H_{37}NO$, F. 170° (Äthylacetat), a) aus 4 g I in Methanol durch 4std. Zusatz von KBH_4 unter Rühren, Extrahieren mit CH_2Cl_2 u. Sublimieren unter 0,01 Torr bei 150°; $\alpha]_D$ −6° (c = 2,7); 3,78 g; b) aus 200 mg IV-Oxim in Essigsäure durch Hydrieren über PtO_2 (3 Std.); 150 mg. — *5α-Pregnan-3.20-dion* (*Allopregnandion*), $C_{21}H_{32}O_2$, F. 200° (CH_2Cl_2 u. Hexan), a) aus I in CH_2Cl_2 u. äther. HClO unter Rühren in Ggw. von Na_2SO_4 u. Behandeln des erhaltenen *Chloramins* mit sd. Na-Alkoholat (45 Min.), Gießen in 45%ig. H_2SO_4, Stehenlassen über Nacht, Zugabe von Ae. unter Rühren, Kochen des Nd. in alkohol. konz. HCl (½ Std.) u. Chromatographie an Al_2O_3 mit Bzl.; $\alpha]_D$ +125 ± 2° (c = 1,2); 71%; b) aus I in CH_2Cl_2 durch Zusetzen von NCS unter Eiskühlung u. Rühren (2 Std.) u. Aufarbeitung wie bei a). — *20α-Hydroxy-5α-pregnan-3-on*, $C_{21}H_{34}O_2$, F. 179°, aus 10 g II analog vorst. Verb. nach b); $\alpha]_D$ +36,6° (c = 0,8); 7,3 g. *Acetat*, $C_{23}H_{36}O_3$, F. 155° (A.), mit Pyridin–Acetanhydrid auf dem Wasserbad (1 Std.) u. Chromatographie an Al_2O_3; $[\alpha]_D$ +24° (c = 1,5); 156 mg. — *20β-Hydroxy-5α-pregnan-3-on* (IV), $C_{21}H_{34}O_2$, F. 185° (Heptan), aus III analog vorst. Verb.; $\alpha]_D$ +20° (c = 1,2); 2 g. *Acetat*, $C_{23}H_{36}O_3$, F. 148° (A.), aus 200 mg IV; $[\alpha]_D$ +57° (c = 1,9); 156 mg. *Oxim*, F. 216° (A.), aus 1 g IV mit Hydroxylaminhydrochlorid u. Na-Acetat in sd. Methanol (2 Std.); 1,05 g. — *3α-Amino-5α-pregnan* (V; *Dihydrodesoxofuntumin*), $C_{21}H_{37}N$, F. 111° (Hexan), durch 24std. Erhitzen von 10,2 g I-Hydrazon mit Hydrazin u. Na in Diäthxlenglykol auf 200°; $[\alpha]_D$ +21° (c = 2,2); 9,32 g. *N-Benzyliden-Deriv.*, $C_{28}H_{41}N$, F. 140° (Methanol), aus 45 mg V in Methanol u. Benzaldehyd auf dem Wasserbad (30 Min.); 25 mg. *N.N-Dimethyl-Deriv.*, $C_{23}H_{41}N$, F. 108° (Aceton), a) aus 220 mg V u. HCOOH mit 35%ig. HCHO auf dem Wasserbad (4 Std.); $[\alpha]_D$ +15,6° (c = 1,15); 33 mg; b) aus 165 mg Ia in Äthylenglykol mit Na u. Hydrazinhydrat bei 210° (6 Std.); 118 mg. — *5α-Pregnan-3-on*, $C_{21}H_{34}O$, F. 122—123° (95%ig. A.), aus 2,25 g V in CH_3Cl_2 durch Zusetzen unter Rühren von NCS in 20 Min., ½std. Rühren u. Aufarbeiten wie oben; $[\alpha]_D$ +43° (c = 2,5); 1,87 g. — *Δ^2-5α-Pregnen-20-on*, F. 125°, aus Ia durch Hofmannschen Abbau; $[\alpha]_D$ +141° (c = 2,5). — *5α-Pregnan-20-on*, $C_{21}H_{34}O$, F. 136° (Methanol), aus 1,05 g vorst. Verb. in Methanol durch Hydrieren über PdO (½ Std.); $[\alpha]_D$ +98° (c = 1); 1,05 g. H. Gleinig. 3500□

Untersuchung einiger Derivate des Phthalocyanins und Diskussion verschiedener Darstellungsmethoden. 1. Mitt. Phthalocyanine von mehr als zweiwertigen Elementen. Denise Colaitis. (Bull. Soc. chim. France **1962**, 23—26, Jan.; Paris, Sorbonne, Labor. de Chim. des Solides; franz.) — Vf. gelang die direkte Synth. der krist. Halogenide von kernhalogenfreien Phthalocyaninen dreiwertiger Metalle durch gemeinsames Erhitzen eines Überschusses an o-Cyanbenzamid (I) (an Stelle von Phthalodinitril) u. $AlCl_3$, $GaCl_3$, $InCl_3$ u. InJ_3 ohne Lsgm. auf 200—250°. Mit GeJ_4 führte die gleiche Rk. zu einem nicht krist. Prod., dessen J-Geh. unter dem erwarteten lag. Mit CJ_4 gelang die Rk. nicht. Die Derivv. des In u. Ge sind in Chlornaphthalin (II)-Lsg. unbeständig.

Die Lichtabsorption sowie deren Beeinflussung durch das Anion u. das Lsgm. werden untersucht u. diskutiert.

Versuche: *Phthalocyaninaluminiumchlorid, Dihydrat*, $C_{32}H_{16}N_8 \cdot AlCl \cdot 2\ H_2O$, durch Zufügen von 1 g $AlCl_3$ zu geschmolzenem I unter Rühren u. Temp.-Anstieg auf 210°, nochmaliges Zufügen von I u. $^1/_4$std. Rühren; dunkelblaue Kristalle aus II bzw. blaue Nadeln mit purpurnem Reflex durch Sublimation bei 600°, beständig gegen kochendes W. u. Alkali, lösl. in konz. H_2SO_4, woraus durch Verdünnen mit W. u. Neutralisation mit NH_4OH das entsprechende *Hydroxid* gefällt werden kann. Analog: *Phthalocyaningalliumchlorid*, $C_{32}H_{16}N_8 \cdot GaCl$, Kristalle mit purpurnem Reflex. — *Phthalocyaningalliumhydroxid*, $C_{32}H_{16}N_8 \cdot GaOH$. — *Phthalocyaninindiumchlorid*, $C_{32}H_{16}N_8 \cdot InCl$. — *Phthalocyaninindiumhydroxid*, $C_{32}H_{16}N_8 \cdot InOH$. — *Phthalocyaninindiumjodid*, $C_{32}H_{16}N_8 \cdot InJ$. — Die spektrograph. u. röntgenograph. Daten sind angegeben.

Gerhard Müller. 3550□

Über die Polymerisation von Dipenten und α-Pinen. A. M. Roshkow. (Известия Сибирского Отделения Академии Наук СССР [Nachr. sibir. Abt. Akad. Wiss. UdSSR] **1958**, Nr. 7, 23—28; Westsibir. Abt. der Akad. der Wiss. der UdSSR; russ.) — *Dipenten* (I) u. *α-Pinen* (II) polymerisieren zwischen 60 u. 100° in Ggw. von 1—2% (bezogen auf Terpen) $K_2S_2O_8$ Azodiisobutyronitril u. Dibenzoylperoxid nicht. Dagegen verläuft die Rk. von I u. II in Ggw. von $ZnCl_2$ bei 70 u. 178 (für I) bzw. 156° (für II) unter Bldg. eines Gemisches von *Dimeren* u. *Trimeren*. Die Rk. wird begleitet von einer Hydro-Dehydropolymerisation. In Ggw. von $CaCl_2$ findet keine Rk. statt. Das Dimere von II hat wie das Dimere von I monocycl. Aufbau. Ch. Weiske. 3600□

Die Photochemie von Verbenon. J. J. Hurst und G. H. Whitham. (J. chem. Soc. [London] **1960**, 2864—69, Juli; Birmingham, Univ., Chem. Dep.; engl.) — Die Bestrahlung von Verbenon (I) mit UV-Licht in Cyclohexan führt zu dem isomeren Keton *Chrysanthenon* (II). II liefert bei Red. mit $LiAlH_4$ *Chrysanthenol* (III) u. kann mit Pyridin–CrO_3 wieder zu II oxydiert werden. Bei dem Vers., das 3.5-Dinitrobenzoyl-Deriv. von III (IV) mit methanol. Alkali zu hydrolysieren, wird das isomere *4-Formyl-1.3.3-trimethylcyclohexen* erhalten. Die Spaltung gelingt aber schnell mit $LiAlH_4$. Die Bestrahlung von I in A. liefert II, *Geraniumsäureäthylester* (V) u. *3.7-Dimethyloctadien-(3.6)-säureäthylester* (VI). Hydrolyse von hydriertem V gibt *Tetrahydrogeraniumsäure*. Hydrierung von VI liefert *Tetrahydrogeraniumsäureäthylester* IX). Bei der Bestrahlung von I in wss. Ae. ist V das einzige saure Produkt. Bestrahlung von II in Ggw. von nucleophilen Lsgm. liefert dieselben Verbindungen. Ein Rk.-Mechanismus über die Zwischenstufe eines Ketens wird diskutiert. UV- u. IR-Banden sind angegeben.

Versuche: *Verbenon* (I), $Kp._{12}$ 102—105°, durch Schütteln von trans-Verbenol in PAe. mit MnO_2 bei Raum-Temp.; n_D^{18} 1,4957; 65% (Ausbeute). — *Chrysanthenon* (II), $C_{10}H_{14}O$, $Kp._{12}$ 88—89°, a) durch 3std. Kochen von I in Cyclohexan oder Ae. unter Bestrahlung mit UV-Licht u. Chromatographieren an Al_2O_3 in PAe. (Meth. **A**); n_D^{22} 1,4720; $[\alpha]_D$ +37° (c = 2,1; Chlf.); 47%; b) aus IV durch 16std. Pyridin–CrO_3-Oxydation. — *Chrysanthenol* (III), a) durch Red. von II mit $LiAlH_4$ in Ae. u. Chromatographieren an Al_2O_3 in PAe./Ae.; 62%; b) aus 0,93 g IV durch Kochen mit $LiAlH_4$ in abs. Ae. u. Chromatographieren an Al_2O_3; 0,3 g. *3.5-Dinitrobenzoat* (IV), $C_{17}H_{18}N_2O_6$, F. 114—116°; aus A. Nadeln. — *4-Formyl-1.3.3-trimethylcyclohexen*, durch 2std. Kochen von 0,33 g IV mit 5%ig. methanol. KOH; 0,1 g. *2.4-Dinitrophenylhydrazon*, F. 161—162°, aus A. Nadeln. — *3.7-Dimethyloctadien-(3.6)-säure* (VII), $C_{10}H_{16}O_2$, $Kp._{0,4}$ 100—102°, a) aus 1 g I in mit W. gesätt. Ae. nach **A**; 0,27 g; daneben *Chrysanthenon* (II); b) analog aus 150 mg II; 15 mg; c) durch 2std. Kochen von 173 mg II in Dioxan/W.; 61 mg. *Amid* (VIII), $C_{10}H_{17} \cdot NO$, F. 100—104,5° (PAe.), a) durch 4std. Bestrahlen von 1,3 g I in äther. NH_3 bei 30° mit UV-Licht; 0,27 g; daneben II; b) aus VII durch Rk. mit Oxalylchlorid u. dann mit NH_3; aus PAe. Blättchen. *Äthylester* (VI), a) aus I nach **A** in abs. A. neben *Geraniumsäureäthylester* (V; $C_{12}H_{20}O_2$, $Kp._{10}$ 114—116°) u. II; b) aus VII durch Rk. mit A. in Ggw. von H_2SO_4; c) aus II nach **A** in A. neben V; d) aus II durch Kochen in A. neben V. *Methylester*, aus II in Methanol durch Bestrahlen mit UV-Licht bei 30—35° daneben *Geraniumsäuremethylester*. — *Tetrahydrogeraniumsäure, Äthylester* (IX), durch Hydrieren von V in Ggw. von Adams-Katalysator in Eisessig (Meth. **B**). *Amid*, F. 103—105° (PAe.), a) aus IX durch Rk. mit 10%ig. alkohol. KOH u. Überführen ins Amid; b) aus 125 mg VIII nach **B**; 123 mg. *S-Benzylisothiuroniumsalz*, $C_{18}H_{30}N_2O_2S$, F. 154—155° (wss. A.). F. Klatt. 3600□

Versuche zur Totalsynthese von Terpenen. 2. Mitt. Die Synthese von dl-6-Keto-5.5.9-trimethyl-2-methylen-trans-dekalyl-(1α)-essigsäure und Derivaten. Robert F. Church, Robert E. Ireland und James A. Marshall. (J. org. Chemistry **27**, 1118—25, 12/4. 1962; Ann Arbor, Mich., Univ., Dep. of Chem.; engl.) — 1. vgl. C. **1962**,

13737. — Ausgehend von 5.5.9-Trimethyl-trans-dekalol-(1)-on-(6) (I) wurde in 11 Rk.-Stufen *2-Hydroxymethyl-5.5.9-trimethyl-trans-Δ^1-oktalon-(6)* in einer Gesamtausbeute von 26% erhalten. Durch Umätherung mit Äthylvinyläther (IV) wurde daraus der entsprechende *Vinyläther* (V) dargestellt. Pyrolyse desselben lieferte durch Claisen-Umlagerung *[6-Keto-2-methylen-5.5.9-trimethyl-trans-dekalyl-(1α)]-acetaldehyd*, der mit Ag_2O zur entsprechenden *Säure* (II) oxydiert wurde. **II**, ein möglicherweise nützliches Zwischenprod. für Total-Synth. von Triterpenen, wurde in die von Stork u. Mitarbeitern (C. **1960**, 9912) zur Synth. von Onocerin verwendete *[6β-Hydroxy-2-keto-5.5.9-trimethyl-trans-dekalyl-(1β)]-essigsäure* übergeführt. Die Einführung des axialen 1-Acetaldehydrestes durch die Claisen-Umlagerung wird diskutiert u. durch die Umlagerung der aus **II** durch Huang-Minlon-Red. oder aus **I** über das *2-n-Butylmercaptomethylen-Deriv.* erhältlichen *[2-Keto-5.5.9-trimethyl-trans-dekalyl-(1α)]-essigsäure* zum *1β-Epimeren* bewiesen. Verss., die aus dem **I**-Äthylenketal u. $HCOOC_2H_5$- erhältliche *2-Hydroxymethylen-Verb.* mit n-Butylmercaptan (**VIII**) in Ggw. von p-Toluolsulfonsäure (**VII**) in das 2-n-Butylmercaptomethylen-Derivv. überzuführen, führten nur zu Zers.-Produkten.

Versuche (FF. korr.): *6.6-Äthylendioxy-5.5.9-trimethyl-trans-dekalol-(1β)*, $C_{15}H_{26}O_3$, F. 108,5—109° (PAe.), aus **I** u. Äthylenglykol (**VI**) in Ggw. von p-Toluolsulfonsäure (**VII**) in sd. Bzl. (3 Std.; Wasserabscheider); 83% (Ausbeute). — *6.6-Äthylendioxy-5.5.9-trimethyl-trans-dekalon-(1)*, $C_{15}H_{24}O_3$, F. 126,5—128°, aus vorst. Verb. u. Jones-Reagens in Aceton <20°; aus PAe. Prismen; 75%. — *6.6-Äthylendioxy-5.5.9-trimethyl-2-hydroxymethylen-trans-dekalon-(1)*, $C_{16}H_{24}O_4$, F. 132—133°, aus vorst. Verb. u. $HCOOC_2H_5$ in Ggw. von CH_3ONa in abs. Bzl. unter N_2 (Rühren über Nacht bei Raum-Temp.; Platten aus PAe.; 81%. *Isopropyläther*, $C_{19}H_{30}O_4$, F. 85—86° (PAe.), aus vorst. Verb. u. Isopropyljodid in Ggw. von K_2CO_3 in Aceton; 87%. — *6.6-Äthylendioxy-5.5.9-trimethyl-2-isopropoxymethylen-trans-dekalol-(1)*, $C_{19}H_{32}O_4$, F. 125,5—127° (PAe.), aus vorst. Verb. u. $NaBH_4$ in wss.-methanol. NaOH; 70%. — *2-Carboxy-5.5.9-trimethyl-trans-Δ^1-oktalon-(6)*, $C_{14}H_{20}O_3$, F. 202—204° (CH_2Cl_2 oder wss. A.), a) aus vorst. Verb. durch 2std. Rühren mit 3n HCl/Ae. u. Rühren des erhaltenen rohen *α,β-ungesätt. Aldehyds* mit Ag_2O in wss. A. über Nacht; 90%; b) aus vorvorst. Verb. ohne Isolierung vorst. Verb.; 62%; daneben 20% eines *Ketoalkohols*, wahrscheinlich *5.5.9-Trimethyl-2-isopropoxymethyl-trans-dekalol-(1)-on-(6)*; Öl. — *6.6-Äthylendioxy-5.5.9-trimethyl-trans-Δ^1-oktalincarbonsäuremethylester-(2)*, $C_{17}H_{26}O_4$, F. 71—73° (PAe.), durch Rk. vorst. Säure mit CH_2N_2, Einengen u. Kochen mit **VI** u. **VII**; 93%. — *2-Hydroxymethyl-5.5.9-trimethyl-trans-Δ^1-oktalon-(6)*, $C_{14}H_{22}O_2$, F. 65—66° (Ae./PAe.), aus vorst. Verb. u. $LiAlH_4$ in abs. Ae.; 84%. *Vinyläther* (**V**), durch 5std. Kochen mit **IV** in Ggw. von Hg(II)-Acetat unter N_2; 70%. — *[6-Keto-2-methylen-5.5.9-trimethyl-trans-dekalyl-(1α)]-acetaldehyd*, $C_{16}H_{24}O_2$, F. 77—79° (PAe.), durch 4std. Erhitzen vorst. Äthers im Rohr bei Temp. des sd. **VI**; 75%. — *[6-Keto-2-methylen-5.5.9-trimethyl-trans-dekalyl-(1α)]-essigsäure* (**II**), $C_{16}H_{24}O_3$, F. 144—146° (Essigester/PAe.), aus vorst. Verb. u. Ag_2O in wss. A.; 85%. *Methylester*, aus **II** u. CH_2N_2 in Ae.; 85%. — *[6-βAcetoxy-2-methylen-5.5.9-trimethyl-trans-dekalyl-(1α)]-essigsäuremethylester*, $C_{19}H_{30}O_4$, F. 121—122° (PAe.), aus **II**-Methylester u. $NaBH_4$ in wss.-methanl. NaOH (1 Std. bei 20°) u. Acetylierung des rohen *Hydroxyesters*; 69%. — *[6β-Hydroxy-2-keto-5.5.9-trimethyl-trans-dekalyl-(1β)]-essigsäure*, F. 186—187° (Aceton/PAe.), aus vorst. Ester u. O_3 in CH_2Cl_2 im Trockeneis-Aceton-Bad (3 Min.), Zers. des Ozonids mit Zn/CH_3COOH (1½std. Rühren), Isolierung u. Verseifen mit sd. wss.-methanol. KOH (3 Std. unter N_2); 51%. — *2-Hydroxymethylen-5.5.9-trimethyl-trans-dekalon-(1)*, $C_{14}H_{22}O_2$, F. 40—41° (PAe.), aus 5.5.9-Trimethyl-trans-dekalon-(1) u. $HCOO \cdot C_2H_5/CH_3ONa$ in Benzol. — *2-n-Butylmercaptomethylen-5.5.9-trimethyl-trans-dekalon-(1)*, $C_{18}H_{30}OS$, F. 68—69° (PAe.), aus vorst. Verb. u. **VIII** in Bzl. in Ggw. von **VII**; 86%. — *5.5.9-Trimethyl-trans-Δ^1-oktalin-2-aldehyd* (**III**), durch Behandeln vorst. Verb. mit $NaBH_4$ in wss.-methanol. NaOH, Ansäuern u. Dampf-Dest. bei 125—140°; 100%. *Semicarbazon*, $C_{15}H_{25}N_3O$, F. 224—226° (A.). — *5.5.9-Trimethyl-trans-Δ^1-oktalin-2-carbonsäure*, $C_{14}H_{22}O_2$, F. 149—149,5° (CH_3OH), aus **III** u. Ag_2O. — *2-Hydroxymethyl-5.5.9-trimethyl-trans-Δ^1-oktalin*, $C_{14}H_{24}O$, Kp.$_{0,4}$ 104°, aus **III** u. $NaBH_4$ in wss. methanol. NaOH; 81%. *3.5-Dinitrobenzoat*, $C_{21}H_{26}N_2O_6$, F. 110—111° (CH_3OH). *Vinyläther*, analog **V** aus vorst. Verb. u. **IV**; 91%. —*[2-Methylen-5.5.9-trimethyl-trans-dekalyl-(1α)]-, acetaldehyd*, $C_{16}H_{26}O$, F. 37,5—38,5° (PAe.), aus vorst. Verb. durch Pyrolyse; 91%. *Semicarbazon*, $C_{17}H_{29}N_3O$, F. 199—200° (A.). — *[2-Methylen-5.5.9-trimethyl-trans-dekalyl-(1α)]-essigsäure*, $C_{16}H_{26}O_2$, F. 147—148° (Essigester/PAe.), a) aus vorst. Verb. u. Ag_2O; 17%; b) aus **II** durch Huang-Minlon-Red.; 92%. — *[2-Keto-5.5.9-trimethyl-trans-dekalyl-(1α)]-essigsäure*, $C_{15}H_{24}O_3$, F. 136,5—138° (Essigester/PAe.), aus vorst. Verb. u. O_3; 80%. *Methylester*, $C_{16}H_{26}O_3$ F. 71—72° (PAe.). *Enollacton* (*[2-Hydroxy-5.5.9-trimethyl-trans-Δ^1-oktalyl-(1)]-essigsäurelacton*), $C_{15}H_{22}O_2$, F. 91,5—92,5° (PAe.), aus der Säure u. sd. Acetanhydrid unter N_2 (90 Min., dann Zugabe von CH_3COONa u.

weiteres $2^1/_2$std. Kochen). — *[2-Keto-5.5.9-trimethyl-trans-dekalyl-(1β)]-essigsäuremethylester*, $C_{16}H_{26}O_3$, F. 63—64° (PAe.), aus vorst. Enollacton u. methanol. CH_3ONa ($2^1/_2$std. Kochen unter N_2); 66%. J. Rothe. 3600□

Die Hydrierung von Thujopsen zu Widdrol. Shizuo Nagahama. (Bull. chem. Soc. Japan **33**, 1467, Okt. 1960; Hakozaki, Fukuoka, Kyushu Univ., Fac. of Engng., Dep. of Organ. Synth.; engl.) — *Widdrol* [I; $C_{15}H_{26}O$, F. 98° (PAe.), Kp.$_5$ 124—129°, $[\alpha]_D$ +105° (c = 0,87); 25 g (Ausbeute)] wird durch 10std. Kochen von 100 g Thujopsen mit 50 g Oxalsäure in 50 ml W. u. 600 ml A. neben einem *KW-Stoff* (II; Kp.$_5$ 105—114°; 65 g) erhalten. Erneutes Kochen von II mit Oxalsäure ergibt neben 4 g I einen *KW-Stoff* (III; Kp.$_5$ 104—111°; 41 g). Erneutes Kochen von III führt zu einer *Verb. vom Kp.$_5$ 113—114°* (IV; n_D^{30} 1,5022, $D._4^{20}$ 0,9251; $[\alpha]_D$ +22,2°; 17 g). Die Maxima des IR-Spektrums von IV sind angegeben. W. Hampel. 3600□

Die Struktur von Ledol. L. Dolejš, M. Soucek, M. Horák und F. Šorm. (Chem. and Ind. **1958**, 494—95, 26/4.; Prague, Czechoslov. Acad. of Sci., Inst. of Chem., Dep. of Natural Prod.; engl.) — Auf Grund der Messung der IR-Spektren von *Ledol* (I), Dihydroleden (II), Tetrahydroleddien u. folgender Unterss. stellt I wahrscheinlich *3-Hydroxy-3.8-dimethyl-4.5-isopropylidendekahydroazulen* dar. Der Cyclopropanring von II wird mit HBr geöffnet u. das Rk.-Prod. mit Kollidin dehydrobromiert, der erhaltene ungesätt. KW-Stoff gibt durch Ozonolyse *Aceton, Formaldehyd* u. ein *höheres cycl. Keton.* Durch Oxydation von Leden (III) mit $KMnO_4$ wird in geringer Ausbeute ein fl. Prod. erhalten, das auf Grund seines IR-Spektrums als *2-Oxo-3-hydroxy-3.8-dimethyl-4.5-isopropylidendekahydroazulen* ($C_{15}H_{24}O_2$) anzusehen ist.

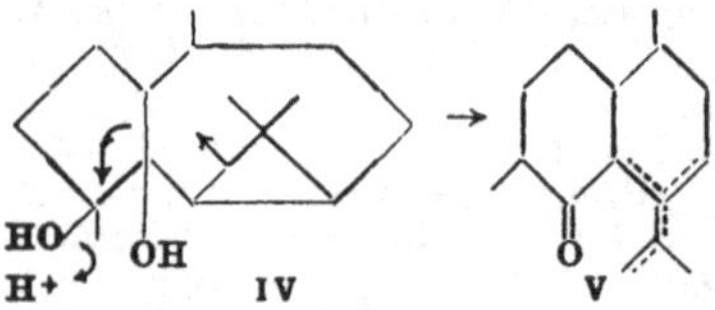

II wird durch $KMnO_4$ (?) zum *Glykol*, $C_{15}H_{26}O_2$, (IV) oxydiert, das durch verd. H_2SO_4 vermutlich nach folgendem Mechanismus unter Beteiligung des Cyclopropanringes zum *Dekalin-Deriv.* V umgelagert wird. Die Lage der Doppelbindung in V muß noch bestimmt werden. K. Lange. 3600

Untersuchungen über die Steroidkomponenten von einheimischen Pflanzen. 20. Mitt. **Die Struktur von Kogagenin.** 2. Mitt. Tokuo Kubota. (Chem. pharmac. Bull. [Tokyo] **7**, 898, Dez. 1959; Hyogo-ken, Amagasaki, Imafuku, Shionogi & Co. Ltd., Res. Labor.; engl.) — 19. bzw. 1. vgl. C. **1961**, 12469; 21. bzw. 3. vgl. C. **1961**, 12470. — Auf Grund folgender Verss. ist Kogagenin (I) *25D-Spirostan-1β.2β.3α.5β-tetrol.* I reagiert mit $COCl_2$ zum *1.2-Carbonat*, das durch Acetanhydrid (II) nur zum *3-Monoacetat* acyliert wird. Die Annahme, daß die tert. Hydroxylgruppe am $C_{(5)}$ nicht an der Bldg. der Carbonyldioxygruppe beteiligt ist u. daß das $COCl_2$ mit einem cis-α-Glykol am 1β u. 2β reagiert, wird durch Umsetzung von Tokorogenin (III) mit $COCl_2$ zum entsprechenden *1.2-Carbonat* gesichert. Die Stellung der Acetoxygruppen in Kogagenin-2.3-diacetat (IV) wird durch Überführen in das *1-Mesylat*, reduktive Abspaltung der Mesyloxygruppe, Reacetylierung der beiden entstandenen *isomeren Trioldiacetate*, Dehydratisierung u. Hydrierung zu *Yonogenindiacetat* bzw. *25D.5β-Spirostan-2α.3α-dioldiacetat* bestimmt.

Versuche: *25D-Spirostan-1β.2β.3α.5β-tetrol-1.2-carbonat*, $C_{28}H_{42}O_7$, F. 295—298° (Zers.), durch Suspendieren von 88 mg I in Chlf., Zugabe von Pyridin, Erwärmen bis zur Lsg., Zutropfen einer 10%ig. $COCl_2$–Toluol-Lsg. bei −18°, Erwärmen auf 13° innerhalb von 1 Std., 1std. Stehen bei 13—18°, Zers. mit Eis u. Ausäthern; $[\alpha]_D$ −37° [c = 0,93; Chlf./Methanol (1:1)]; aus Chlf./Methanol Nadeln; 90 mg (Ausebute). *3-Acetat*, $C_{30}H_{44}O_8$, F. 279—283°, durch mehrstd. Rk. des Carbonats mit II/Pyridin bei Raum-Temp.; aus Aceton Prismen; wird durch 1½std. Kochen mit II/Pyridin nicht weiter acetyliert. — *25D.5β-Spirostan-1β.2β.3α-triol-1.2-carbonat*, $C_{28}H_{42}O_6$, F. 305—309° (Zers.), durch Rk. von III mit $COCl_2$; $[\alpha]_D$ −46° [c = 1,0; Chlf./Methanol (1:1)]; aus Chlf./Methanol Nadeln. *3-Acetat*, $C_{30}H_{44}O_7$, F. 236—239°, durch mehrstd. Rk. des Carbonats mit II/Pyridin bei Raum-Temp.; aus Methanol Nadeln. — *25D-Spirostan-1β.2β.3α.5β-tetrol-1-mesylat-2.3-diacetat*, $C_{32}H_{50}O_{10}S$, F. 202—204°, durch Zutropfen von Methansulfonylchlorid zu 500 mg IV in Pyridin bei 0°, mehrstd. Stehen in der Kälte, Zers. mit Eis u. Extrahieren mit Ae./Chlf. (5:1); $[\alpha]_D$ −6° (c = 1,0; Chlf.); aus Ae. Nadeln; 515 mg. — *25D-Spirostan-2β.3α.5β-triol*, $C_{27}H_{44}O_5 \cdot 1/_4\,H_2O$, F. 292—295° (Zers.), durch Zutropfen von 480 mg vorst. Verb. in abs. Bzl. zu einer Suspension von $LiAlH_4$ in abs. Ae. unter Rühren, 5std. Kochen, Zers. mit W., Ansäuern mit 5%ig. HCl u. Extrahieren mit Chlf.; aus Methanol/Chlf. Platten; 113 mg. *2.3-Diacetat* (V), $C_{31}H_{48}O_7$, F. 258—262° (Zers.), a) durch Rk. des Triols mit II/Pyridin; $[\alpha]_D$ −14° (c = 1,0; Chlf.); aus Methanol Nadeln; b) durch Eindampfen der bei der Darst. des Triols erhaltenen Mutterlauge, 1std. Erhitzen mit II/Pyridin auf

100°, Extrahieren mit Ae., Chromatographie an Al_2O_3 u. Eluieren mit Bzl./Chlf. (4:1 bis 1:1); 19 mg; daneben durch Eluieren mit Bzl./Chlf. (1:1) u. mit Chlf. 32 mg *25D-Spirostan-2α.3α.5β-triol-2.3-diacetat* [**VI**; $C_{31}H_{48}O_7$, F. 168—170°, $[\alpha]_D$ —62° (c = 1,1; Chlf.); aus Methanol Prismen] — *Yonogenindiacetat* (*25D.5β-Spirostan-2β.3α-dioldiacetat*), F. 210 bis 212°, durch Zugabe von $SOCl_2$ zu **V** in Pyridin bei 0°, 40 Min. langes Stehen bei 0°, Zers. mit Eis, Ausäthern, Eindampfen, Lösen des erhaltenen öligen *Anhydro-Deriv.* in Eisessig u. 20 Min. langes Hydrieren in Ggw. von Adams-Katalysator; aus Methanol Platten. — *25D.5β-Spirostan-2α.3α-diolacetat*, F. 152—154°, durch Rk. von **VI** mit $SOCl_2$/Pyridin, Lösen des erhaltenen *Anhydro-Deriv.* [$C_{31}H_{46}O_6$, F. 199—202°; $\alpha]_D$+ 71° (c = 0,8; Chlf.); aus Methanol Nadeln]; in Eisessig u. 25 Min. langes Hydrieren in Ggw. von Adams-Katalysator; aus Methanol Nadeln. K. Lange. 3650

Gruppenwanderungs- und Ringverengungsphänomene in der Steroidreihe. N. L. Wendler und D. Taub. (Chem. and Ind. **1958**, 415—16, 5/4.; Rahway, N.J., Merck & Co., Inc.; engl.) — Unter den von Wendler u. Taub (C. **1962**, 12675) angewandten Bedingungen wird aus 3α.17α.21-Trihydroxypregnan-11.20-dion-3.21-diacetat *3α-Acetoxy-17α-hydroxy-17β-acetoxymethyl-D-homoätiocholan-11.17a-dion* [**I**; $C_{25}H_{36}O_7$, F. 172 bis 173°; $[\alpha]_D$ + 88° (Chlf.)] erhalten, das durch verd. Alkali unter milden Bedingungen zum entsprechenden *Triol* (**Ia**; $C_{21}H_{32}O_5$, F. 202—205°) verseift wird. Durch Behandlung von **I** mit sd. 10%ig. methanol. KOH wird infolge Wanderung der Hydroxymethylgruppe in 90%ig. Ausbeute *3α.17-Dihydroxy-16-methyl-Δ^{16}-D-homoätiocholen-11.17a-dion* (**II**; $C_{21}H_{30}O_4$, F. 238—243°. *3.17-Diacetat*, $C_{25}H_{34}O_6$, F. 220—222°) gebildet. Durch längeres Erhitzen von **I** oder **II** mit 20%ig. methanol. KOH entsteht unter Kontraktion des D-Ringes in fast quant. Ausbeute *3α.17β-Dihydroxy-11-keto-16β-methyl-17-isoätiansäure* (**III**; $C_{21}H_{32}O_5$, F. 277—280°). Red. sowohl von **III** wie von dessen Methylester mit $LiAlH_4$ u. anschließende Oxydation mit Na-Metaperjodat (**VII**) ergibt *3α.11β-Dihydroxy-16β-methylätiocholan-17-on* ($C_{20}H_{32}O_3$, F. 186—188°), das durch Acetylierung am $C_{(3)}$ u. anschließende CrO_3-Oxydation am $C_{(11)}$ *3α-Acetoxy-16β-methylätiocholan-11.17-dion* (**IV**; $C_{22}H_{32}O_4$, F. 206—209°) liefert. **IV** ist ident. mit der durch Hydrieren von *3α-Acetoxy-16-methylenätiocholan-11.17-dion* [$C_{22}H_{30}O_4$, F. 234—239°, aus 3α-Acetoxyätiocholan-11.17-dion nach Julian u. Mitarbeitern (J. Amer. chem. Soc. **70**, [1948.] 3872)] dargestellten Verb., womit die 16β-Konfiguration der Methylgruppe bewiesen ist. Die 17-iso-Konfiguration der Carboxylgruppe in **III** wird durch folgende Rkk. gesichert: Die Spaltung von **Ia** mit **VII** ergibt *3α.17-Dihydroxy-Δ^{16}-D-homoätiocholen-11.17a-dion* [**V**; $C_{20}H_{28}O_4$, F. 211—215°. *3.17-Diacetat* (**Va**), $C_{24}H_{32}O_6$, F. 211—215°]. **Va** wird durch $KMnO_4$ zu *3α-Acetoxy-11-ketoätiobiliansäure* oxydiert. Kochen von **V** mit 20%ig. methanol. KOH liefert in quant. Ausbeute *3α.17β-Dihydroxy-11-keto-17-isoätiansäure* ($C_{20}H_{30}O_5$, F. 252 bis 254°), die wie die $C_{(17)}$-epimere 3α.17α-Dihydroxy-11-ketoätiansäure durch Red. mit $LiAlH_4$ u. anschließende Spaltung mit **VII** *3α.11β-Dihydroxyätiocholan-17-on* gibt. **II** wird durch Rk. von *3α.17aβ-Dihydroxy-D-homoätiocholan-11.17-dion* (**VI**; $C_{20}H_{30}O_4$, F. 224—230°, durch Bromierung von 3α-Acetoxy-D-homoätiocholan-11.17a-dion u. anschließende alkal. Hydrolyse) mit der stöchiometr. Menge Formaldehyd dargestellt. **VI** gibt durch Oxydation mit Cu-Acetat **V**. K. Lange. 3700

Zur Umsetzung von 3α-Hydroxy-5β-steroiden mit Blei(IV)-acetat. H. Immer, M. Lj. Mihailović, K. Schaffner, D. Arigoni und O. Jeger. (Experientia [Basel] **16**, 530—32, 15/12. 1960; Zürich, ETH, Organ.-chem. Labor.; dt.) — Durch Rk. von 3α-Hydroxy-5β-steroiden mit Pb(IV)-Acetat werden *3α.9α-Endoxide* (**A**) gebildet. Die Ausbeuten nehmen ab in der Reihenfolge 11-Keto > $\Delta^{9,11}$- > Ring-C gesätt. Verbindungen. 3α-Hydroxy-17β-acetoxy-5β-androstan [(**I**), $C_{21}H_{34}O_3$] gibt unter gleichen Bedingungen kein **A**; wahrscheinlich infolge fehlender $C_{(11)}$-Ketogruppe.

Versuche: *11-Keto-20.20-äthylendioxy-5β-pregnan-3α.9α-endoxid* (**II**), $C_{23}H_{34}O_4$, F. 135—136°, durch Rk. von 3α-Hydroxy-11-keto-20.20-äthylendioxy-5β-pregnan ($C_{23}H_{36}O_4$) mit Pb(IV)-Acetat in Bzl.; $[\alpha]_D$ + 92° (c = 1,34; Chlf.); 71% (Ausbeute); bildet durch Entketalisierung *11.20-Diketo-5β-pregnan-3α.9α-endoxid*. — *11β-Hydroxy-3α-acetoxy-20.20-äthylendioxy-5β-pregnan*, $C_{25}H_{40}O_5$, F. 169—170°, durch partielle Acetylierung von 3α.11β-Dihydroxy-20.20-äthylendioxy-5β-pregnan; $[\alpha]_D$ + 63° (c = 1,10; Chlf.). — *3α-Acetoxy-20.20-äthylendioxy-$\Delta^{9,11}$-5β-pregnen*, $C_{25}H_{38}O_4$, F. 149—151°, durch Wasserabspaltung aus vorst. Verb.; $[\alpha]_D$ + 54° (c = 1,21; Chlf.). — *3α-Hydroxy-20.20-äthylendioxy-$\Delta^{9,11}$-5β-pregnen*, $C_{23}H_{36}O_3$, F. 175—176°, durch Verseifen vorst. Verb.; $[\alpha]_D$ + 35° (c = 1,42; Chlf.). — *11β-Acetoxy-20.20-äthylendioxy-5β-pregnan-3α.9α-endoxid*, $C_{25}H_{38}O_5$, F. 165—166°, analog **II** aus vorst. Verb.; $[\alpha]_D$ + 61° (c = 0,61; Chlf.); 18%. — *11β-Hydroxy-20.20-äthylendioxy-5β-pregnan-3α.9α-endoxid*, $C_{23}H_{36}O_4$, F. 135—136°, a) durch Rk. vorst. Verb. mit $LiAlH_4$; b) durch Rk. von **II** mit $NaBH_4$; $[\alpha]_D$ + 59° (c =

1,43; Chlf.). — *17β-Acetoxy-5β-androstan-3α.9α-endoxid*, $C_{21}H_{32}O_3$, F. 120—121°, durch Rk. von I in Cyclohexan mit Pb(IV)-Acetat bei Ggw. von Benzoylperoxid; $[\alpha]_D'$ +34° (c = 0,95; Chlf.); 4%; danebem ca. 4% *3α-Cyclohexyloxy-17β-acetoxy-5β-androstan.* — *17β-Hydroxy-3α-cyclohexyloxy-5β-androstan*, $C_{25}H_{42}O_2$, F. 115—117°; $[\alpha]_D$ +24° (c = 0,60; Chlf.). H.-J. Weigmann. 3700□

Gleichgewichtsbeziehung von D-Homoketolsystemen. N. L. Wendler, D. Taub und R. W. Walker. (Tetrahedron [London] 11, 163—70, Okt. 1960; Rahway, Merck & Co., Inc.; engl.) — Die Fähigkeit verschiedener D-Homoketolisomeren, die sich von 17-Hydroxy-20-ketosteroiden ableiten, unter alkal. u. sauren Bedingungen mit sich selbst Gleichgewichte zu bilden, wird diskutiert.

Versuche: *3α-Acetoxy-17β-hydroxy-17-isopregnan-11.20-dion* (I), $C_{23}H_{34}O_5$, F.120 bis 135° (Ae./PAe.) aus dem entsprechenden 3α-Hydroxy-17β-äthinylcarbinol (4,9 g) durch Acetylieren (*3α-Acetat*, F. 184—186°), 20std. Rühren mit $HgCl_2$ in Anilin/Bzl./W. u. Verteilungschromatographie; $[\alpha]_D$ +46° (Chlf.); 2,01 g. — *3α-Acetoxy-17aα-hydroxy-17aβ-methyl-D-homo-5β-androstan-11.17-dion* (II), F. 179—181°, durch 5 Min. langes Kochen von I mit 2%ig. methanol. KOH u. Acetylieren mit Acetanhydrid in Pyridin. — *3α-Acetoxy-17aβ-hydroxy-17aα-methyl-D-homo-5β-androstan-11.17-dion*, F. 220 bis 225°, a) durch 20std. Kochen von I mit 10%ig. methanol. KOH unter N_2 u. Acetylieren; daneben *3α-Acetoxy-17aβ-hydroxy-17aα-methyl-D-homo-5β-androstan-11.17-dion*; b) durch 24std. Behandlung von I in Bzl. mit Al_2O_3; c) durch Schmelzen von I bei 120 bis 130°; a) durch 20std. Kochen von 3α-Acetoxy-17β-hydroxy-17α-methyl-D-homo-5β-androstan-11.17a-dion mit Al-tert.-Butylat in Toluol (Meth. A). — *3α-Acetoxy-17α-hydroxy-17β-methyl-D-homo-5β-androstan-11.17a-dion*, a) durch 20std. Kochen von II nach A; 65%; daneben 35% II; b) in 35%ig. Ausbeute durch Kochen von II nach A; daneben 65% II. — *3α.11β-Dihydroxy-5β-androstan-17-on*, F. 231—234°, durch Kochen von I mit $LiAlH_4$ in Tetrahydrofuran u. Behandlung mit Na-Perjodat in wss. CH_3OH; in guter Ausbeute. Walter Simon. 3700

Gleichgewichtsbeziehung von D-Homoketolsystemen: Umlagerung von 17β-Hydroxy-20-oxo-17-isopregnanen. D. Taub und N. L. Wendler. (Chem. and Ind. **1959**, 902—03, 11/7.; Rahway, N.J., Merck & Co., Inc.; engl.) — Vorläufige Mitt. zu vorst. referierter Arbeit. L. Lamza. 3700

Gleichgewichtsbeziehungen von D-Homoketolsystemen. N. L. Wendler, D. Taub und R. W. Walker. (Chem. and Ind. **1959**, 903, 11/7.; Rahway, N.J., Merck & Co., Inc.; engl.) — Vorläufige Mitt. zu vorvorst. referierter Arbeit. L. Lamza. 3700

Die Steroidreihe. 4. Mitt. Einige basische Derivate. A. F. Chaplin, D. H. Hey und J. Honeyman. (J. chem. Soc. [London] **1959**, **3194—3202**, Nov.; Strand, London, Univ., King's Coll.; engl.) — 3. vgl. J. chem. Soc. [London] **1954**, 185; 2. vgl. C. **1956**, 6688. — *3α-Acetoxy-* (I), *3α.12α-Diformyloxy-* (II) u. *3α.7α.12α-Triformyloxycholansäure* (III), *3β-Acetoxybisnor-* (IV) u. *3β-Acetoxy-Δ^5-cholensäure* (V) werden in hohen Ausbeuten über die *Säurechloride* in die *Amide* übergeführt. *3α-Acetoxyhomocholanamid* (XVII) u. *3β-Acetoxynor-Δ^5-cholenamid* (XVIII) werden nach Arndt-Eistert aus den entsprechenden Chloriden hergestellt. Durch Red. mit $LiAlH_4$ werden alle Amide in die entsprechenden *Amine* übergeführt. Zur Darst. eines Ketosteroids mit einer bas. Gruppe in der $C_{(17)}$-Seitenkette wird *3α-Acetoxycholanamid* (VI) zu *3α-Hydroxycholanamid* verseift, das zu *3-Oxocholanamid* oxydiert wird. Das *Pyrrolidin-Deriv.* des Amids wird zum *Amin* red., das dann durch Verseifung *24-Aminocholan-3-onhydrochlorid* (VIII) gibt. Das Indolosteroid *24-Aminoindolo-[2'.3' : 3.4]-Δ^3-cholenhydrochlorid* wird durch Rk. von *3-Oxocholansäuremethylester* (VII) mit Phenylhydrazin (PH) in Eisessig, Hydrolyse des *Esters* zur *Säure*, Überführung ins *Amid* u. Red. mit $LiAlH_4$ erhalten. Ebenfalls erhält man es aus *24-Aminocholan-3-onhydrochlorid* (VIII) durch Rk. mit PH in Methanol. Ein Indolosteroid mit 2-Hydroxygruppen, *7α.12α-Dihydroxyindolo-[2'.3' : 3.4]-Δ^3-cholensäure*, liefert die Fischersche Indolsynth. mit *7α.12α-Diacetoxy-3-oxocholansäuremethylester* (IX) mit nachfolgender Hydrolyse in ausgezeichneten Ausbeuten. Ein Indolosteroid, das den heterocycl. Ring an $C_{(16)}$ u. $C_{(17)}$ trägt, kann nicht isoliert werden. *Dehydroepiandrosteron* (X) gibt mit PH in Eisessig *17ξ-Hydroperoxy-17ξ-phenylazo-Δ^5-androsten-3β-ol* (XI) mit PH in alkohol. HCl ein Gemisch des entsprechenden *Phenylhydrazons* mit XI. X-*Acetat* liefert mit PH in HCl-haltigem A. *Dehydroepiandrosteronacetatphenylhydrazon* (XII), das zum entsprechenden *Hydroperoxid* oxydiert werden kann. Dieses ergibt mit $LiAlH_4$ in Ae. *17ξ-Phenylazo-Δ^5-androsten-3β-ol* (XXII), das durch Mineralsäuren leicht in das isomere *Phenylhydrazon* umgelagert wird. Vers., aus XII ein Indol-Deriv. zu erhalten, schlugen fehl.

Versuche: *3α-Acetoxycholanamid* (VI), F. 193—196°, aus I durch 4std. Stehen mit $SOCl_2$ in Bzl.–Pyridin bei Zimmer-Temp., Einengen, Aufnehmen in Bzl. u. Einleiten von NH_3; 90% (Ausbeute). — Analog: *3α.12α-Diformyloxycholanamid* (XIII), aus II, Gummi; 93%. — *3α.7α.12α-Triformyloxycholanamid* (XIV), F. 183—187°, aus III;

98%. — *3β-Acetoxybisnor-Δ⁵-cholenamid* (**XV**), F. 223—225°, aus **IV**; 90%. — *3β-Acetoxy-Δ⁵-cholenamid* (**XVI**), $C_{26}H_{41}NO_3$, F. 217—218°, aus **V**; Platten aus verd. A.; 95%. — *3α-Acetoxyhomocholanamid* (**XVII**), $C_{27}H_{45}NO_3$, F. 166,5—167,5°, durch Überführen von 3,7 g **I** in das *Säurechlorid*, 3std. Rühren mit Diazomethan in Ae. bei 0°, 12std. Stehen bei Zimmer-Temp., Einengen, Lösen des rohen *Diazoketons* (F. 127,5 bis 128,5°) in Dioxan, Eintropfen in mit NH_3 gesätt. wss. Dioxan, Zutropfen von ammoniakal. $AgNO_3$-Lsg. unter Rühren, 2std. Erwärmen auf 60°, $^1/_2$std. Erwärmen auf 80°, Abkühlen, Zentrifugieren u. Chromatographie in Bz. an Al_2O_3; aus PAe. Nadeln, $[\alpha]_D^{20}$ +47° (Chlf.); 1,8 g. — *3β-Acetoxynor-Δ⁵-cholenamid* (**XVIII**), F. 281—283° (Zers.), analog **XVII** aus **IV**; Prismen aus Methylenchlorid–PAe.–Bzl.; 36%. — *3α-Hydroxycholanamid* (*Lithocholamid*), F. 214,5—216,5°, aus 4 g **VI** durch Hydrolyse mit sd. methanol. **KOH**; Nadeln aus Methanol; $[\alpha]_D^{20}$ +35° (A.); 3,4 g. — *3-Oxocholanamid* (**XIX**), $C_{24}H_{39}NO_2 \cdot H_2O$, F. 191—192°, durch 6std. Rk. von 2 g vorst. Verb. mit Na_2CrO_4 in Eisessig bei 35°; Blättchen aus wss. A., $[\alpha]_D$ +34° (Chlf.); 1,6 g. — *22-Aminobisnor-Δ⁵-cholen-3β-olhydrochlorid*, $C_{22}H_{37}NO \cdot HCl$, F. >300°, durch Red. von **XV** mit $LiAlH_4$ in sd. Ae., Aufarbeiten, Lösen in Ae. u. Einleiten von **HCl**; Nadeln aus A.–Ae.; 76%. — Analog: *23-Aminonor-Δ⁵-cholen-3β-olhydrochlorid*, $C_{23}H_{39}NO \cdot HCl \cdot H_2O$, F. ca. 300° (Zers.), aus **XVIII**; Nadeln aus A.–Ae.; 49%. — *24-Amino-Δ⁵-cholen-3β-olhydrochlorid*, $C_{24}H_{41}NO \cdot HCl \cdot H_2O$, F. ca. 300° (Zers.), aus **XVI**; Nadeln aus wss. A.; 75%. — *24-Aminocholan-3α-olhydrochlorid*, F. ca. 300° (Zers.), aus **VI**; Nadeln aus Ae.–A.; $[\alpha]_D^{20}$ +33,7° (A.); 73%. — *24-Aminocholan-3α.12α-diolhydrochlorid*, F. 275—277° (Zers.), aus **XIII**; Prismen, $[\alpha]_D^{20}$ +52,7° (A.); 61%. — *24-Aminocholan-3α.7α.12α-triolhydrochlorid*, F. 270° (Zers.), aus **XIV**; Nadeln aus Ae.–A., $[\alpha]_D^{20}$ +33° (A.); 64%. — *25-Aminohomocholan-3α-olhydrochlorid*, $C_{25}H_{45}NO \cdot HCl$, Zers. >250°, aus **XVII**, Prismen aus Ae.–A.; 58%. — *24-Aminocholanon-(3)-hydrochlorid* (**VIII**), $C_{24}H_{41}NO \cdot HCl$, durch 12std. Kochen von **XIX** mit Pyrrolidin in Bzl., mehrstd. Red. des rohen *Enamins* mit $LiAlH_4$ in sd. Ae., Aufarbeiten, Lösen in Ae. u. Einleiten von trockenem **HCl**; Nadeln aus wss. A.; 57%. — *Indolo-[2'.3' : 3.4]-Δ³-cholensäuremethylester*, $C_{31}H_{43}NO_2$, F. 158—160°, durch 1std. Erhitzen von 1,5 g **VII** mit PH in Eisessig auf 100°; Nadeln aus A.; $[\alpha]_D^{20}$ +152° (Chlf.); 1,2 g. — *Indolo-[2'.3' : 3.4]-Δ³-cholensäure*, $C_{30}H_{41}NO_2 \cdot H_2O$, F. 209°, durch 4std. Kochen von 0,3 g vorst. Verb. in wss.-methanol. **KOH**; Nadeln aus wss. A.; 0,22 g. — *Indolo-[2'.3' : 3.4]-Δ³-cholenamid*, F. 130—150° (roh), a) aus vorst. Säure analog **VI**; b) durch 1std. Erhitzen von **XIX** u. PH in Eisessig auf 100°. — *24-Aminoindolo-[2'.3' : 3.4]-Δ³-cholenhydrochlorid*, $C_{30}H_{44}N_2 \cdot HCl \cdot H_2O$ a) durch 12std. Red. vorst. Verb. mit $LiAlH_4$ in sd. Dioxan, Aufarbeiten, Lösen in Ae. u. Einleiten von **HCl**; b) durch $1^1/_2$std. Kochen von **VIII** u. PH in A. in Ggw. von **HCl**. — *7α.12α-Diacetoxyindolo-[2'.3' : 3.4]-Δ³-cholensäuremethylester* (**XXI**), $C_{35}H_{47}NO_6$, F. 238,5—240°, aus 1,2 g **IX** durch 1std. Erhitzen mit PH u. Eisessig auf 100°; Nadeln aus Bzl.–PAe.; $[\alpha]_D^{20}$ +218° (Chlf.); 0,98 g. *Desacetylierte freie Säure*, $C_{30}H_{41}NO_4$, F. 172 u. 210—212°, durch 4std. Kochen von 0,3 g Ester mit wss.-methanol. **KOH**; Nadeln aus wss. A.; 0,28 g. — *7α.12α-Diacetoxy-N-acetylindolo-[2.'3' : 3.4]-Δ³-cholensäure* (**XXI**), $C_{36}H_{47}NO_7$, F. 260—263° (Zers.), durch $^1/_2$std. Stehen von 0,14 g vorst. Säure in Essigsäure u. Acetanhydrid in Ggw. von $HClO_4$ bei Zimmer-Temp. u. Einrühren in Eiswasser; Nadeln aus wss. A.; 0,15 g. *Methylester*, $C_{37}H_{49}NO_7$, F. 224°, a) durch Rk. von **XX** mit Essigsäure, Acetanhydrid u. $HClO_4$; b) aus **XXI** mit Diazomethan; aus wss. A. Nadeln. — *17ξ-Hydroperoxy-17ξ-phenylazo-Δ⁵-androsten-3β-ol* (**XI**), $C_{25}H_{34}N_2O_3$, F. 151—151,5° (Zers.), a) durch 1std. Erhitzen von 0,3 g **X** u. PH in Eisessig auf 100° u. Gießen in verd. **HCl**; 0,13 g; b) analog a) durch Rk. in **HCl**-haltigem A. u. mehrfachem Umkristallisieren aus A.; 0,16 g (daneben das entsprechende *Phenylhydrazon*), aus Bzl.–PAe. gelbe Nadeln. — *Dehydroepiandrosteronacetatphenylhydrazon* (**XII**), $C_{27}H_{36}N_2O_2$, F. 137—142° (Zers.), durch Erwärmen von 2,5 g **X**-Acetat u. PH in A. in Ggw. von **HCl** auf 70° u. schnelles Umkristallisieren der 2,1 g *Kristalle vom F. 177—178°* aus A.; Nadeln; $[\alpha]_D^{20}$ +37° (Dioxan); 1,8 g. — *3β-Acetoxy-17ξ-hydroperoxy-17ξ-phenylazo-Δ⁵-androsten*, $C_{27}H_{36}O_4N_2$, F. 154,4—155°, durch 2std. Einleiten von O_2 in die benzol. Lsg. von 1 g **XII** in Ggw. von Benzoylperoxid; gelbe Blättchen, $[\alpha]_D^{20}$ −118° (Dioxan); 0,76 g. — *17ξ-Phenylazo-Δ⁵-androsten-3β-ol* (**XXII**), $C_{25}H_{34}N_2O$, F. 214—216°, a) durch 2std. Rk. von 0,2 g vorst. Verb. mit $LiAlH_4$ in sd. Ae.; 0,16 g; b) analog a) aus 0,4 g **XI**; 0,3 g; Nadeln aus A., $[\alpha]_D^{20}$ −8° (Dioxan). 1std. Kochen mit äthanol. **HCl** → **X**. *3β-Acetoxy-17ξ-phenylazo-Δ⁵-androsten*, $C_{27}H_{36}N_2O_2$, F. 173—174°, a) durch 24std. Stehen von 100 mg **XXII** in Acetanhydrid–Pyridin; 75 mg; b) durch $^1/_2$std. Rk. von 0,1 g **XXII** mit Essigsäure u. Acetanhydrid in Ggw. von $HClO_4$; 0,1 g; aus A. Nadeln. F. Klatt. 3700 □

Heterocyclische Untersuchungen. 8. Mitt. **Die Bildung von 1.2-Diazabicyclo-[3.2.0]-heptenonderivaten aus 21-Diazosteroid-16α.17α-pyrazolinen.** James A. Moore, William F. Holton und Eugene L. Wittle. (J. Amer. chem. Soc. **84**, 390—95, 5/2.

1962; Newark, Del., Univ., Dep. of Chem.; Ann Arbor, Mich., Parke, Davis & Co., Res. Labor.; engl.) — 7. vgl. J. Amer. Chem. Soc. 81, [1959.] 6049. — Rk. von 3β-Acetoxy-$\Delta^{5.16}$-ätiadienylchlorid mit CH_2N_2 bei 0° gibt *21-Diazo-$\Delta^{1'}$-pyrazolino-[4'.5' : 16α.17α]-Δ^5-pregnen-3β-ol-20-onacetat* (**II**), welches mit Säure zu *17β.1'-[α-Oxoäthano]-$\Delta^{2'}$-pyrazolino-[4'.5' : 16α.17α]-Δ^5-androsten-3β-ol* (**III b**)-*Acetat* (**III a**) cyclisiert wird, das auch durch Ringschluß des $\Delta^{2'}$-21-Jodanalogon von **II** entsteht. Der Mechanismus dieses Ringschlusses wird diskutiert. Einige verwandte 21-substituierte Pyrazoline u. eine Reihe von Rkk. von **III a** bzw. **III b** sind beschrieben, darunter mikrobiolog. 11α- bzw. 11β-Hydroxylierungen.

Versuche [α] = $[\alpha]_D$ in Chlf.; c = ca. 1): *3β-Hydroxy-$\Delta^{5.16}$-ätiadiensäure*, a) durch Erhitzen von 25 g $\Delta^{5.16}$-Pregnadien-3β-ol-20-on (I) mit J_2 in Pyridin über Nacht auf dem Dampfbad, 2std. Kochen des erhaltenen Pyridiniumsalzes (30 g) mit wss.-äthanol. KOH u. Ansäuern; 48% (Ausbeute); b) aus I über dessen *Acetat*, das *21-Jod-Deriv.* u. das Pyridiniumsalz; 72%. *3β-Acetat*, F. 256—258°, durch 20std. Kochen der Säure in Eisessig; Prismen aus CH_3OH; 88%. — *21-Diazo-$\Delta^{1'}$-pyrazolino-[4'.5' : 16α.17α]-Δ^5-pregnen-3β-ol-20-onacetat* (**II**), $C_{24}H_{32}N_4O_3$, F. 162—164° (Zers.), durch 3std. Kochen vorst. Acetats mit $SOCl_2$ in Bzl. u. Umsetzung des erhaltenen rohen *Säurechlorids* mit CH_2N_2 in Ae.; cremefarbene Prismen aus CH_3OH; [α] +135°; 89%. — *21-Diazo-$\Delta^{2'}$-pyrazolino-[4'.5': 16α.17α]-Δ^5-pregnen-3β-ol-20-on*, $C_{22}H_{30}N_4O_2$, F. 215—225° (Zers.), aus der $\Delta^{1'}$-Verb. u. wss.-methanol. KOH durch 6std. Stehen; Nadeln aus CH_3OH; $[\alpha]_D$ +197° (CH_3OH); 45%. — *17β.1'-[α-Oxoäthano]-$\Delta^{2'}$-pyrazolino-[4'.5' : 16α.17α]-Δ^5-androsten-3β-ol* (**III b**), $C_{22}H_{30}N_2O_2$, F. 235—237°, a) durch 1std. Stehen vorst. $\Delta^{2'}$-Isomeren in Eisessig; Nadeln aus A.; [α] +233°; 78%; b) durch Verseifung von **III a** mit wss.-alkohol. KOH bei 50°; 64%. *Methylhemiketal*, $C_{23}H_{34}N_2O_3$, F. 234—239°, durch Umkristallisation von **III b** aus CH_3OH; $[\alpha]_D$ +185° (Pyridin). *Acetat* (**III a**), $C_{24}H_{32}N_2O_3$, F. 194—195°, a) aus **II** u. CH_3COOH (30 Min. bei 100°, dann 2—3 Min. lang Kochen); [α] +219°; Prismen aus A.; 82%; b) durch Oxydation von 80 mg nachst. Verb. mit CrO_3 in Pyridin; 80 mg; c) durch Rk. von **V** in A. mit $AgNO_3$ in 90%ig. A., 3std. Stehen bei Raum-Temp., Eindampfen, Lösen in Ae., Waschen mit W., Eindampfen u. längeres Stehen in Ae.; 7%. *Methylhemiketal*, $C_{25}H_{36}N_2O_4$, F. 194—195°, aus **III a** u. CH_3OH in 6 Std. bei 50°; *Oxim*, $C_{24}H_{33}N_3O_3$, F. 267—271° (Zers.; Essigester); 58%. — *17β.1'-[α-Hydroxyäthano]-$\Delta^{2'}$-pyrazolino-[4'.5' : 16α.17α]-Δ^5-androsten-3β-ol-acetat*, $C_{24}H_{34}N_2O_3$, F. 296—298°, aus **III a** u. $NaBH_4$ in A. in 1 Std. bei 25° (Platten aus A.); 95%. — *21-Jod-$\Delta^{1'}$-pyrazolino-[4'.5' : 16α.17α]-Δ^5-pregnen-3β-ol-20-onacetat* (**IV**), $C_{24}H_{33}JN_2O_3$, F. 162—163° (Zers.) bzw. F. 154—155° (Zers.), aus 21-Jod-$\Delta^{5.16}$-pregnadien-3β-ol-20-on u. CH_2N_2 in Ae. (3 Tage bei Raum-Temp.); [α] +23°; Platten bzw. Nadeln aus Ae.; 81%. *$\Delta^{2'}$-Isomeres* (**V**), $C_{24}H_{33}JN_2O_3$, F. 166—168° (Zers.), durch 3 Min. langes Schütteln von **IV** in Ae. mit 6n HCl; Nadeln aus Ae.; [α] +114°; 93%. — *$\Delta^{2'}$-Pyrazolino-[4'.5' : 16α.17α]-Δ^5-pregnen-3β-ol-20-onacetat*, $C_{24}H_{34}N_2O_3$, F. 142—144° bzw. 154—158°, a) durch 2 Min. langes Schütteln von **IV** in Chlf. mit 47%ig. HJ; Blöcke aus CH_3OH bzw. Prismen aus Ae.; [α] +107°; 87%; b) analog **V** aus nachst. Acetat. — *$\Delta^{1'}$-Pyrazolino-[4'.5' : 16α.17α]-Δ^5-pregnen-3β-ol-20-on*, F. 177—179°, aus $\Delta^{5.16}$-Pregnadien-3β-ol-20-on u. CH_2N_2; [α] +22°. *Acetat*, F. 164—166°; [α] +13°. — *$\Delta^{1'}$-Pyrazolino-[4'.5' : 16α.17α]-Δ^5-pregnen-3β.21-diol-20-ondiacetat*, $C_{26}H_{36}N_2O_5$, F. 166—168° (Zers.) aus **IV** u. CH_3COOK in Aceton über Nacht bei Raum-Temp.; [α] —29°; Nadeln aus Ae.; 50%. *$\Delta^{2'}$-Isomeres*, $C_{26}H_{36}N_2O_5$, F. 163—164° (Zers.), a) aus **V** u. CH_3COOK in Aceton durch 40std. Stehen; Nadeln aus Ae.; [α] +100°; 61%; b) aus dem $\Delta^{1'}$-Isomeren u. HCl analog **V**; 75%. — *17β.1'-[α-Oxoäthano]-Δ^2-pyrazolino-[4'.5' : 16α.17α]-Δ^4-androsten-3-on* (**VI**), $C_{22}H_{28}N_2O_2$, F. 188—191° [CH_2Cl_2/PAe.], aus **III b** u. Cyclohexanon in Ggw. von Al-Isopropylat (45 Min. Kochen); $[\alpha]_D$ +350° (c = 0,61; A.); 58%. *11α-Hydroxy-Deriv.*, $C_{22}H_{28}N_2O_3$, F. 245—247° (CH_2Cl_2/Ae.), durch 72std. Schütteln von **VI** u. *Metarrhizium* sp. M 2313 in wss.-aceton. Nährlsg. bei 25°; [α] +392°; 67%. *11β-Hydroxy-Deriv.*, $C_{22}H_{28}N_2O_3$, F. 255—258° (Ae./CH_2Cl_2), a) aus **VI** u. *Cunninghamella* sp. M 2047 analog dem 11α-Analogon in 24 Std.; [α] +450°; 6%; b) aus 500 mg **VII** über dessen *3.20-Bis-semicarbazon* (F. <200°; 620 mg roh) durch 7std. Kochen mit KBH_4 in wss. Tetrahydrofuran u. Spaltung mit Brenztraubensäure in wss. THF/CH_3COOH; 10 mg. — *17β.1'-[α-Oxoäthano]-Δ^2-pyrazolino-[4'.5' : 16α.17α]-Δ^4-pregnen-3.11-dion* (**VII**), $C_{22}H_{26}N_2O_3$, F. 230—233°, aus vorst. 11α-Hydroxy-Deriv. u. CrO_3 in wss. CH_3COOH in 10 Min. bei 0°, dann 3 Std. lang bei 25°; Prismen aus Ae., [α] +440°; 65%. *3-Äthylenketal*, $C_{24}H_{30}N_2O_4$, F. 238—240° (Ae.), durch 6std. Kochen von **VII** u. Äthylenglykol in Bzl. in Ggw. von p-Toluolsulfonsäure unter Wasserabscheidung; [α] +202°; 45%. — *3.3-Äthylendioxy-Δ^2-pyrazolino-[4'.5' : 16α.17α]-Δ^5-pregnen-20β-ol-11-on*, $C_{24}H_{34}N_2O_4$, F. 305 bis 310° (Zers.), aus vorst. Ketal u. $NaBH_4$ in wss. CH_3OH bei 50° u. 7 Std. bei 25°; Nadeln aus wss. CH_3OH; [α] +195°; 70%. J. Rothe. 3700 □

Die Aufklärung der Struktur der Hyocholsäure. P. Ziegler. (Canad. J. Chem. **34**, 523—29, April 1956; Toronto, Ontario, Canada, Packers Ltd., Res. and Dev. Labor.; engl.) — Vgl. C. **1958**, 5090. — *Hyocholsäure* (I), eine neue aus Schweinegalle isolierte Gallensäure, wurde als *3α.6α.7α-Trihydroxycholansäure* identifiziert. Ein krist. Acetonid wurde nicht erhalten.

Versuche: *Hyocholsäuremethylestertriacetat* (II), $C_{31}H_{48}O_8$, F. 188—190°, durch 60std. Kochen von 1 Liter Schweinegalle mit 100 g NaOH, Ansäuern, Extrahieren mit Essigester, Einengen, Behandeln des erhaltenen Prod. von F. 150—160° (55 g) mit äther. Diazomethan, Kristallisation des rohen Methylesters aus Bzl., Abfiltrieren des *Hyodesoxycholsäuremethylester-Bzl.-Komplexes* (23 g), Erhitzen des Filtrats im Vakuum, 4std. Kochen des Rückstandes mit 50 ml Pyridin u. 250 ml Acetanhydrid, Eindampfen u. Extraktion mit Ae.; $[\alpha]_D^{20}$ +20,95° (c = 1,22; Dioxan); aus Ae./Hexan Platten; 15 g (Ausbeute). — *Hyocholsäure* (I), $C_{24}H_{40}O_5$, F. 183—185°, durch 2std. Kochen von II mit 4%ig. methanol. KOH; $[\alpha]_D^{24}$ +4,59 (c = 1,18; Dioxan); aus Essigester prismat. Nadeln. — *3-Ketothilobiliansäuretrimethylester* (III), $C_{27}H_{42}O_7$, F. 140—142°, durch Zutropfen von 2 g I in Essigsäure während 1 Std. zu 1,8 g Chromsäure in W./ Essigsäure bei 15—20°, 14std. Stehen bei 15—20° u. Methylieren des Rk.-Prod. mit äther. Diazomethan; aus Ae.-Hexan prismat. Nadeln; $[\alpha]_D^{25}$ —5,05° (c = 0,29; Dioxan); 0,854 g. — *Thilobiliansäuretrimethylester* (IV), $C_{27}H_{44}O_6$, F. 108—109° (Isooctan), durch Zugabe von 85%ig. Hydrazinhydrat zu 0,250 g III in Diäthylenglykol/KOH, 1std. Kochen, Dest. bis zu einer Innentemp. von 200°, 2std. Kochen, Verdünnen mit W., Ansäuern mit HCl, Ausäthern u. Methylierung mit Diazomethan; $[\alpha]_D^{24}$ —13,6° (c = 0,695; Dioxan); 0,082 g. — *3α-Hydroxythilobiliansäuredimethylesterlacton-(3 → 5)* (V) $C_{26}H_{40}O_6$, F. 157—159°, durch Zugabe von $NaBH_4$ zu 0,100 g III in Methanol bei 5°, mehrstd. Rk. bei 20°, Verdünnen, Ansäuern, Ausäthern u. Methylieren; aus Ae.-Hexan Platten; $[\alpha]_D^{24}$ —18,9° (c = 0,61; Dioxan); 0,047 g. P. Becker. 3700

17-Alkylierte 3-Desoxo-19-nortestosterone. M. S. de Winter, C. M. Siegmann und S. A. Szpilfogel. (Chem. and Ind. **1959**, 905, 11/7.; Oss, Netherlands, N. V. Organon, Res. Labor.; engl.) — Durch Behandlung von 19-Nortestosteron mit Äthandithiol-(1.2) u. BF_3 in Methanol wird dessen *3-Äthylenthioketal* ($C_{20}H_{30}OS_2$, F. 148—150°; $[\alpha]_D$ +105°) erhalten, das bei der Einw. von Na in fl. NH_3 *17β-Hydroxy-Δ⁴-östren* (I; $C_{18}H_{28}O$, F. 98,5—100°; $[\alpha]_D$ +58°) liefert. I wird durch CrO_3 in Aceton unter Bldg. von *Δ⁴-Östren-17-on* (II; $C_{18}H_{26}O$, F. 113—114°; $[\alpha]_D$ +150°) oxydiert, das durch Rk. mit den entsprechenden Grignard- oder Li-Reagentien nachst. 17α-Alkyl-3-desoxo-19-nortestosterone (**A**) liefert ($[\alpha]_D$ in Chlf.): *-Methyl-*, $C_{19}H_{30}O$, F. 145—147°; $[\alpha]_D$ +33°. — *-Äthyl-*, $C_{20}H_{32}O \cdot {}^1/_3\,H_2O$, F. 76—78°; $[\alpha]_D$ +31°. — *-n-Butyl-*, $C_{22}H_{36}O$, F. 98—100°; $[\alpha]_D$+13°. — *-Allyl-*, $C_{21}H_{32}O$, F. 79—80°; $[\alpha]_D$ +39°. — *-n-Propyl-*, $C_{21}H_{34}O$, F. 98—99°, durch partielle Hydrierung vorst. Verb.; $[\alpha]_D$ +24°. — *-Äthinyl-*, $C_{20}H_{28}O$, F. 158 bis 160°, durch Rk. von II mit K-Acetylid; $[\alpha]_D$ —13°. Sämtliche **A** zeigen Schwangerschaftswirksamkeit. L. Lamza. 3750

Macrolide Antibiotica. 9. Mitt. **Filipin.** Belig Berkoz und Carl Djerassi. (Proc. chem. Soc. [London] **1959**, 316—17, Okt.; Detroit, Mich., Wayne State Univ.; engl.) — 8. vgl. Tetrahedron [London] **4**, [1958], 369; 6. vgl. C. **1959**, 490. — *Filipin* (I) verbraucht bei der katalyt. Hydrierung 4,5—5 Val H_2 (Red. eines konjugierten Pentaenchromophors ?). I u. *Perhydrofilipin* (II) enthalten keine α.β-Glykolfunktion. Nach Lactonringöffnung mit Alkali verbraucht II unter Bldg. von Acetaldehyd 1 Val Perjodat. II-Oxydation mit HNO_3 gibt *Oxal-*, *Essig-*, *Propion-*, *Butter-*, *Adipin-*, *Hexan-* u. *2-Methylhendecandisäure* (III); analoge Rk. mit I liefert die gleichen Prodd. mit Ausnahme von III. In rohem III-Dimethylester konnten massenspektrograph. u. gaschromatograph. kleine Mengen *2-Methyldodecandisäuredimethylester* u. *2-Methyldecandisäuredimethylester* nachgewiesen werden. Bei Behandlung von I ldolmit KOH oder $Ba(OH)_2$ entsteht durch Retroaspaltung *Hexanal*. Als Konst. wird vorl. **Ia** diskutiert. K. Maier. 3900□

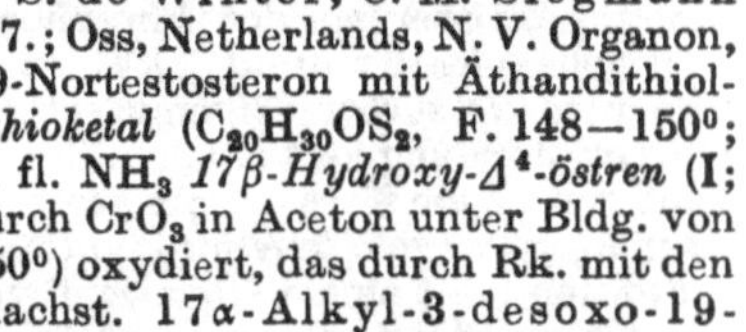

Ia

Die Struktur von Neamin. Herbert E. Carter, John R. Dyer, Paul D. Shaw, Kenneth L. Rinehart jun. und Martin Hichens. (J. Amer. chem. Soc. **83**, 3723—24, 5/9. 1961; Urbana, Ill., Univ. of Illinois, Dep. of Chem. and Chem. Engineering; engl.) — Neamin (I; $C_{12}H_{26}N_4O_6$) ergibt beim 9std. Kochen mit 48%ig. HBr in 83%ig. Ausbeute *Desoxystreptamin* ($C_6H_{14}N_2O_3$), das durch Benzoylierung *N.N'-Dibenzoyldesoxystreptamin* (II) (F. 312—313°) liefert. II bildet durch 2wöchiges Stehen mit 0,7n HCl in 95%ig. A. bei 20° *cis-2-Benzamidocyclohexanol*. Durch Acetylieren von I mit Acetanhydrid in

Methanol bei 0—5° entsteht *N.N'.N''.N'''-Tetraacetylneamin* (III), das beim 10std. Erhitzen mit 3n HCl auf 100° ein Gemisch organ. Basen [*Neosamin C, Dihydrochlorid*, $[\alpha]_D^{28}$ +65° (c = 1; W.); *N.N'-Diacetyl-Deriv.*, F. 209—221°, $[\alpha]_D^{28}$ +38° (c = 0,6; W.), Desoxystreptaminhydrochlorid u. *Neaminhydrochlorid*, $[\alpha]_D^{28}$ +82° (c = 1; W.)] ergibt. III u. das entsprechende Tetrabenzoyl-Deriv. werden einer Perjodatoxydation unterworfen, wobei eine vic.-Glykolspaltung beobachtet wird. Auf Grund von Rotationsvergleichen werden Strukturmöglichkeiten diskutiert. W. Hampel. 3900 □

Darstellung von Salzen des Diäthylaminoäthylesters von Phenoxymethylpenicillin. G. I. Kleiner und G. I. Ssokolow. (Антибиотики [Antibiotika] **3**, Nr. 3, 113—14, Mai/Juni 1958; Riga, Werke für medizin. Präparate; russ.) — Das *Hydrochlorid* (I) u. *Hydrojodid* des *Phenoxymethylpenicillin-β-diäthylaminoäthylesters* wurden dargestellt u. auf ihre Löslichkeit, Basizität, biol. Aktivität u. Toxizität untersucht.

Versuche: *Phenoxymethylpenicillin-β-diäthylaminoäthylester, Hydrochlorid* (I), $C_{22}H_{32}ClN_3O_5S$, F. 107—108° (Äthylacetat), durch 40std. Rühren von 0,02 Mol Kaliumphenoxymethylpenicillin in 100 ml Aceton mit 0,028 Mol β-Diäthylaminoäthylchlorid bei Raum-Temp., Ansäuern des nach Filtrieren u. Eindampfen des Filtrats erhaltenen u. in 7 ml abs. A. u. 50 ml Butylacetat gelösten Öls mit 1,5n HCl in Ae. bei 0° (pH 6,0 bis 6,2) u. Ausfällen mit Ae.; Nadeln; 48% (Ausbeute). *Hydrojodid*, $C_{22}H_{32}JN_3O_5S$, F. 150—151°, durch Zugabe von 0,022 Mol KJ in 5 ml W. zu 0,02 Mol I in 50 ml W. bei 0°; 91%. — B. Celms. 3900

Untersuchungen über Polynucleotide. 5. Mitt. Stufenweise Synthese von Oligonucleotiden. Darstellung von Thymidylyl-(5' → 3')-thymidylyl-(5' → 3')-thymidin und Desoxycytidylyl-(5' → 3')-desoxyadenylyl-(5' → 3')-thymidin. P. T. Gilham und H. G. Khorana. (J. Amer. chem. Soc. **81**, 4647—50, 5/9. 1959; Vancouver, Brit. Columbia, Res. Council, Chem. Div.; engl.) — 4. vgl. C. **1961**, 8704. — Auf der Grundlage der von Vff. entwickelten Meth. zur Herst. von $C_{(5')}$–$C_{(3')}$-Internucleotidbindungen durch direkte Aktivierung der Phosphorsäuremonoestergruppe eines Mononucleotids durch Dicyclohexylcarbodiimid (DCC) in Ggw. der entsprechenden Nucleotide oder Nucleoside wird versucht, Oligonucleotide („Trinucleosiddiphosphate") mit der typ. Internucleotidbindung herzustellen. Bei der Einführung einer 2. Phosphorsäurediesterbindung wird von einem Diester mit geeigneter Hydroxylgruppe u. einem Phosphorsäuremonoester ausgegangen. Thymidylyl-(5' → 3')-5'-O-tritylthymidin (II) wird in Pyridin (Py) 1 Std. lang mit einem Überschuß von DCC u. anschließend 2 Tage lang mit 2 Val 3'-O-Acetylthymidin-5'-phosphat (III) bei Zimmer-Temp. behandelt. Nach Versetzen mit Alkali werden die Prodd. papierchromatograph. getrennt. *Thymidylyl-(5' → 3')-thymidylyl-(5' → 3')-5'-O-tritylthymidin* (I) wird mit 68%ig. Ausbeute erhalten u. durch katalyt. Hydrogenolyse in das *freie Oligonucleotid* umgewandelt. Ein Oligonucleotid mit unterschiedlichen Desoxyribonucleotiden entsteht aus 5'-O-Tritylthymidin (VI) u. N.O³-Diacetyladenindesoxyribosid-5'-phosphat (IV) u. durch Rk. des daraus erhaltenen *Desoxyadenylyl-(5' → 3')-5'-O-tritylthymidins* mit N.O³-Diacetylcytosindesoxyribosid-5'-phosphat (V) in 31%ig. Ausbeute. Identifizierung erfolgt chromatograph. durch Nachw. der Abbau-Prodd. nach Enzymbehandlung. Die Verbb. werden mit Diesterase aus Milz in 0,25 ml Na-Succinat-Puffer hydrolysiert. Die Papierchromatographie wurde in den Lsgm.-Syst. Isopropanol/konz. NH_4OH/W. (7 : 1 : 2), n-Butanol/Essigsäure/W. (5 : 2 : 3), 2n HCl/n-Propanol (1 : 3) u. 80%ig. gesätt. $(NH_4)_2SO_4$-Lsg. + 2% Isopropanol, pH 6,0, absteigend durchgeführt.

Versuche (UV-Spektren sind angegeben): *Thymidylyl-(5' → 3')-thymidylyl-(5' → 3')-5'-O-tritylthymidin* (I), *Di-NH_4-Salz*, $C_{49}H_{52}N_6O_{19}P_2 \cdot 2\,NH_4$, durch 1std. Stehen von II (Pyridiniumsalz) u. DCC in Py, Zufügen von III, Eindampfen, 2tägiges Stehen in Py, Eindampfen, Mischen mit W. u. PAe., Alkalisieren der wss. Schicht, Chromatographie an Amberlite IR-120, Papierchromatographie u. Extraktion der Hauptbande; 68% (Ausbeute). — *Thymidylyl-(5' → 3')-thymidylyl-(5' → 3')-thymidin, Di-NH_4-Salz*, $C_{30}H_{38}N_6O_{19}P_2 \cdot 2\,NH_4$, aus I durch 3std. Hydrierung an PdO/$BaSO_4$ in A.; 83%. — *Desoxyadenylyl-(5' → 3')-5'-O-tritylthymidin, NH_4-Salz*, $C_{39}H_{39}N_7O_{10}P \cdot NH_4$, aus VI u. IV durch 2tägige Rk. mit DCC in Py; 56%. — *Desoxycytidylyl-(5' → 3')-desoxyadenylyl-(5' → 3')-5'-O-tritylthymidin, Di-NH_4-Salz*, $C_{48}H_{50}N_{10}O_{16}P_2 \cdot 2\,NH_4$, aus vorst. Verb. durch Rk. mit DCC u. mit V analog I; 37%. — *Desoxycytidylyl-(5' → 3')-desoxyadenylyl-(5' → 3')-thymidin*, durch 26std. Hydrolyse vorst. Verb. mit 80%ig. Essigsäure; 83%. L. Laschet. 3950 □

Untersuchungen über Polynucleotide. 6. Mitt. Versuche zur chemischen Polymerisation von Mononucleotiden. Oligonucleotide aus Thymidin-3'-phosphat. A. F. Turner und H. G. Khorana. (J. Amer. chem. Soc. **81**, 4651—56, 5/9. 1959.) — 5. vgl.

vorst. Referat. — *Thymidin-3'-phosphat* (I) wurde in *P*[1].*P*[2]*-Dithymidin-3'-pyrophosphat* umgewandelt u. mit Dicyclohexylcarbodiimid (DCC) polymerisiert. Durch Chromatographie an *Ecteola* (Chloridform) u. papierchromatograph. Trennung wurde eine Reihe von *linearen Thymidinoligonucleotiden* [*Di-*, *Tri-* (**VI**), *Tetra-* (**VII**) u. *Pentanucleotide*] mit 3'-Phosphatendgruppen u. *cycl. Oligonucleotide* erhalten, in denen die endständige 5'-Hydroxylgruppe mit der 3'-Phosphatgruppe am anderen Ende der linearen Kette verbunden ist. Das Verf. wird ausführlich beschrieben. Phosphorylierung von 5'-O-Tritylthymidin (II) mit p-Phosphorsäuredichlorid-p-nitrophenylester (III) liefert *5'-O-Tritylthymidin-3'-p-nitrophenylphosphat* (IV). Alkal. Abspaltung der p-Nitrophenylgruppe u. anschließende Entfernung der Tritylgruppe mit Säure führt in 75%ig. Ausbeute zu I. Behandlung von **IV** mit Säure ergibt *Thymidin-3'-nitrophenylphosphat*, dessen alkal. Hydrolyse über das *cycl. Thymidin-3'.5'-phosphat* (V) verläuft. **VI** u. **VII** wurden mit Schlangengift-Phosphodiesterase von *Crotalus adamanteus* abgebaut; die Hydrolyse erfolgt sehr langsam (2 Tage). Aus **VI** wurden dabei *Thymidin, Thymidin-5'-diphosphat, Thymidin-3'.5'-diphosphat* u. *5'-O-Phosphorylthymidylyl-(3' → 5')-thymidin-3'-phosphat* gebildet.

Versuche: *Phosphorsäuredichlorid-p-nitrophenylester* (III), F. 43,5—44,5°, $Kp._{0,02}$ 128°, durch 1std. Rk. von Na-p-Nitrophenolat u. $POCl_3$ unter Kühlung; explosiv; 40% (Ausbeute). — *Thymidin-3'-p-nitrophenylphosphat, NH_4-Salz,* $C_{16}H_{17}N_3O_{10}P \cdot NH_4$, durch 2std. Rk. von II u. III in Dioxan–Pyridin bei Zimmer-Temp., 20 Min. langes Erhitzen des Chlf.-Extrakts mit 80%ig. Essigsäure u. Aufarbeitung; 95%. 2std. alkal. Hydrolyse bei 100° → I; analoge 1std. Rk. → I u. V. — *Thymidin-3'-phosphat* (I), a) durch 36std. Stehen von II mit Phosphorsäuredibenzylesterchlorid in Pyridin bei —15°, Wasserzusatz, Einengen, 20 Min. langes Kochen mit Essigsäure, Einengen, Filtrieren der wss. Lsg. über Amberlite IR-120 (H^+-Form), Hydrieren an Pd/$BaSO_4$ in wss. Dioxan, Ausäthern, 10 Min. langes Erhitzen des Abdampfrückstandes in konz. HCl, Aufarbeiten u. Isolieren als *Ba-Salz*; 40%; b) durch Rk. von **II** mit **III**, Einengen, Lösen in 2n LiOH, 4std. Erhitzen auf 100° unter N_2, 3tägiges Stehen mit IR-120, (H^+-Form) in wss. Dioxan u. Aufarbeiten; 75%. L. Laschet. 3950□

Untersuchungen über Polynucleotide. 7. Mitt. Versuche zur Markierung der Endgruppen von Polynucleotidketten: Die Methylierung von Phosphorsäuremonoestergruppen. H. G. Khorana. (J. Amer. chem. Soc. **81**, 4657—60, 5/9. 1959; engl.) — 6. vgl. vorst. Referat. — Die Phosphorsäuremonoesterendgruppen in Polynucleotiden können durch deren Behandlung mit einem Überschuß von Dicyclohexylcarbodiimid (DCC) in Methanol selektiv methyliert werden. Vf. konnte zeigen, daß im Gegensatz dazu die Trialkylammoniumsalze der Phosphorsäurediester bei Zimmer-Temp. nur träge reagieren. Die Unterss. an Dinucleotiden führten quant. zu den *Methylestern* von *Thymidylyl-(5' → 3')-thymidin-5'-phosphat, Desoxycytidylyl-(5' → 3')-thymidin-5'-phosphat* u. *Adenylyl-(5' → 3')-adenosin-5'-phosphat*; ihre Struktur wurde durch Hydrolyse mit Alkali, Monoesterase bzw. Schlangengift-Diesterase aufgeklärt. — 1—5 mg der Salze von Oligonucleotiden werden über Dowex-50 (Pyridiniumform) in die Pyridiniumsalze übergeführt u. mit 1,5 ml Methanol, 0,05 ml Triäthylamin oder Tri-n-butylamin u. 0,25 ml einer 1 mol. Lsg. von DCC in Pyridin 24—48 Std. bei Zimmer-Temp. stehengelassen. Die Isolierung erfolgt durch Papierchromatographie im Syst. Isopropanol/NH_3/W. (7:1:2). L. Laschet. 3950□

D. Makromolekulare Chemie

Diffusion in Polymeres-Verdünnungsmittel-Systemen. Hiroshi Fujita. (Fortschr. Hochpolymeren-Forsch. **3**, 1—47, 1961; Maizuru, Japan, Kyoto Univ., Phys. Chem. Labor., Dep. of Fisheries; engl.) — Fortschrittsbericht über ausgewählte Probleme der klass. u. nichtklass. Diffusion in Hochpolymeren. — 58 Literaturangaben. J. Runge. 4000□

Die viscosimetrische Molekulargewichtsbestimmung von Polymeren. G. Meyerhoff. (Fortschr. Hochpolymeren-Forsch. **3**, 59—105, 1961; Mainz, Univ., Inst. für physikal. Chem.; dt.) — Zusammenfassende Übersicht mit 212 Literaturangaben. J. Runge. 4000□

Die Molekulargewichtsverteilung für polydisperse Systeme. Verne N. Schumaker. (J. Polymer Sci. **38**, 343—56. Aug. 1959; Philadelphia, Pa., Univ. of Pennsylvania, School of Med., Dep. of Biochem.; engl.) — Es werden Gleichungen entwickelt, die die Berechnung definierter mittlerer Molgew. u. Molgew.-Verteilungen für unfraktionierte, polydisperse, polymere Syst. aus den Ergebnissen von Sedimentations-, Viscositäts- u. Diffusionsmessungen gestatten. P. Becker. 4000

Die Bestimmung der Molekulargewichtsverteilung von verwandten monodispersen Polymeren durch chromatographische Fraktionierung. N. S. Schneider und L. G. Holmes. (J. Polymer Sci. **38**, 552—54, Aug. 1959; Natick, Mass., U.S. Army Quatermaster Res. and Engng. Center, Pioneer. Res. Div.; engl.) — Durch chromatograph. Fraktionierung wurde die Molgew.-Verteilung von *Polystyrol* bestimmt. Die Meth. ist für Routine-Best. geeignet. P. Becker. 4000

Anionische Polymerisation. J. E. Mulvaney, C. G. Overberger und Arthur M. Schiller. (Fortschr. Hochpolymeren-Forsch. **3**, 106—38, 1961; Tucson, Ariz., Univ., Dep. of Chem.; Brooklyn, N.Y., Polytechn. Inst., Dep. of Chem.; engl.) — Übersicht über die anion. Polymerisation mit Ausnahme der Polymerisation mit Ziegler-Natta-Katalysatoren. — 121 Literaturangaben. J. Runge. 4000□

Diels-Alder-Polymerisation. J. K. Stille. (Fortschr. Hochpolymeren-Forsch. **3**, 48—58, 1961; Iowa City, Iowa, Univ. of Iowa; engl.) — Übersicht mit 16 Literaturangaben. J. Runge. 4000□

Polymerisation von Äthylen am Chromoxid-Katalysator. M. A. Dalin, L. Ja. Wedenejewa und R. I. Schenderowa. (Доклады Академии Наук СССР [Ber. Akad. Wiss. UdSSR] **133**, 182—85, 1/7. 1960; russ.) — Es werden einige Faktoren untersucht, die die Qualität u. die Ausbeute von *Polyäthylen* (I) beeinflussen, das durch Polymerisation von Äthylen am Chromaluminiumsilicatkontakt bei 110—140°/45 at in 4 Std. erhalten wird. Es wird 99,2—99,6%ig. Äthylen verwendet, das frei von S-Verbb. ist. Eine poröse oder nichtporöse Struktur des als Träger verwendeten Al-Silicats beeinflußt die Ausbeute prakt. nicht. Ebenfalls ohne Einfl. ist die Variierung des Cr-Geh. von 4—8% mit 40—60% Cr^{6+}. Bei einer Reinigung des als Lsgm. verwendeten Handelsbenzins oder -cyclohexans mit H_2SO_4 oder am Katalysator wird die Ausbeute um das 2—2½fache erhöht. Mit einem gut gereinigten Lsgm. lassen sich Ausbeuten von 130 bis 170 g I je g Katalysator erzielen. Die Qualität von I verschlechtert sich stark (Viscosität, Streckbarkeit), wenn die Temp. von 110 auf 140° erhöht wird oder keine gereinigten Lsgm. verwendet werden. Helmut Schäfer. 4010

Über die Struktur der Copolymeren von Äthylen und Propylen. Th. A. Veerkamp und A. Veermans. (Makromolekulare Chem. **50**, 147—54, 1961; Geleen, Netherlands, Staatsmijnen in Limburg, Central Labor.; engl.) — Von *Copolymeren* (I) aus *Äthylen* u. *Propylen* (II) (hergestellt in Ggw. von $VOCl_3$ u. einer Al-Alkyl-Verb. als Katalysatoren) wurden unter Verw. einer opt. Kompensations-Meth. die Intensitäten der IR-Banden bei 13,7 u. 13,9 μ bestimmt; die 1. Bande tritt beim Vorliegen von 3 CH_2-Folgen u. die 2. Bande in Anwesenheit von mindestens 5 CH_2-Folgen in der Kette auf. Der Extinktions-Koeff. $\varepsilon_{13,9}$ wurde aus Aufnahmen an n-Heptan u. n-Hexadecan zu $0{,}26 \cdot 10^{-4}$ $Mol^{-1} \cdot ml^{-1} \cdot cm^{-1}$ bestimmt; der gleiche Wert wurde für $\varepsilon_{13,7}$ gefunden (Aufnahmen von 3-Methylheptan u. 2-Methylhexan). Mit Hilfe dieser Werte wurde von mehreren I-Proben mit verschiedenem II-Geh. (33—60 Mol-% II) die Verteilung der CH_2-Gruppen über Sequenzen von 3 bzw. von mindestens 5 CH_2-Gruppen bestimmt. Daraus folgt, daß die beiden Monomeren in I statist. eingebaut sind, in Übereinstimmung mit der von Natta u. Mitarbeitern (vgl. C. **1962**, 9740) aufgestellten Theorie. O. Fuchs. 4010□

Stereospezifische Katalysatoren für die Kopf-Schwanz-Polymerisation von Propylen zu einem kristallinen syndyotaktischen Polymeren. G. Natta, I. Pasquon und A. Zambelli. (J. Amer. chem. Soc. **84**, 1488—90, 20/4. 1962; Milano, Ind. del Politecnico, Ist. di Chim.; engl.) — *Propylen* wurde bei —78° in homogener Lsg. unter Verw. von V-Triacetylacetonat (I) bzw. VCl_4-Anisol (II) einerseits u. $Al(C_2H_5)_2Cl$ (III), $Al(iso\text{-}C_4H_9)_2Cl$ (IV) bzw. $Al(neo\text{-}C_5H_{11})_2Cl$ (V) andererseits als Katalysator-Syst. in Ggw. von Toluol als Lsgm. polymerisiert. Das so erhaltene *Polypropylen* (**VI**) besitzt syndyotakt. Struktur. Der relative Kristallisationsindex r von **VI** (bezogen auf r = 1 für die Polymerisation mit **II**/**III** mit einem Verhältnis $Al/V = \beta = 5$) beträgt: 0,65 (I/III, $\beta = 5$), 0 (I/III, $\beta = 10$), 0,90 (II/III, $\beta = 10$), >0 (II/III, $\beta = 2$), 1,30 (II/IV, $\beta = 5$), 1,85 (II/V, $\beta = 5$), 2,05 (II/IV u. II/V, je $\beta = 5$ u. bei Verw. von n-Heptan als Lsgm.). Bei Verw. von I (bzw. II) u. III ist r somit am höchsten, wenn β ca. 5 ist. Die Identitätsperiode von **VI** beträgt 7,4 Å; die Konst. der Elementareinheitszelle sind a = 14,5, b = 5,8 u. c = 7,4 Å. **VI** enthält kein kristallines isotakt. Polypropylen.
O. Fuchs. 4010□

Oxydation von isotaktischem Polypropylen. D. Ryschawy, L. Balaban, W. Slawik und Ja. Rusha. (Высокомолекулярные Соединения [Hochmolekulare Verbind.] **3**, 1110—15, Juli 1961; Brno, Forsch.-Inst. für makromol. Chem.; russ., Auszug: engl.) — Es wurde die Geschw. der Oxydation von isotakt. *Polypropylen* durch O_2 in Abhängigkeit von Temp. u. Rk.-Dauer bei 120—150° untersucht. Die Oxydations-Prodd. verlangsamen die Oxydations-Geschw., u. die Oxydation kommt bei 150° nach

Aufnahme von 0,7 Mol O_2 je Monomereinheit prakt. zum Stehen. In den Anfangsstadien der Oxydation entstehen hauptsächlich Alkohole durch Zers. der Hydroperoxide. Die effektive Aktivierungsenergie beträgt 29 kcal, für die Bldg. von Acetaldehyd 30,4 u. für flüchtige Säuren 22 kcal. Helmut Schäfer. 4010

Die Bestimmung der Schmelzwärme und Schmelzentropie einiger Polykohlenwasserstoffe. J. R. Schaefgen. (J. Polymer Sci. **38**, 549—52, Aug. 1959; Wilmington, E. I. du Pont de Nemours & Co., Textile Fibers Dep., Pioneer. Res. Labor.) — Es werden die Verdampfungswärmen von *Propan, 2-Methyl-, 2.2-Dimethylpropan, n-Butan, 2-Methylbutan, 2-Methyl-, 2.4-Dimethyl-, 3-Methyl-, 2.2.4.4-Tetramethylpentan, n-Hexan, 3-Äthyl-, 3.3-Dimethyl-, 2-Methyl-3-äthylhexan, 2.4-Dimethyl-, 2.4.6-Trimethyl-, 3.5-Dimethyl-, 2-Methyl-4-äthylheptan* u. *4-Methyloctan* bei 298° K sowie die Schmelzwärme von *p-Xylol* bestimmt. Durch Extrapolation können aus den Inkrementen die Werte für die Schmelzwärme u. Schmelzentropie von *Polypropylen, Polybuten-(1), Polyisobutylen, Polyisopropyläthylen, Polyisobutyläthylen* u. *Poly-p-xylylen* ermittelt werden. Die erhaltenen Werte werden mit denen von Polyäthylen u. Nylon 66 verglichen. P. Becker. 4010

Optisch aktive Vinylpolymere. 6. Mitt. Chromatographische Aufspaltung von linearen Polymeren von (R)(S)-4-Methylhexen-(1). Piero Pino, Francesco Ciardelli, Gian Paolo Lorenzi und Giulio Natta. (J. Amer. chem. Soc. **84**, 1487 bis 1488, 20/4. 1962; Pisa, Univ., Inst. of Ind. Organ. Chem.; Milano, Inst. of Ind. Chem. Polytechn.; engl.) — 4. vgl. C. **1961**, 16493. — Das rac. Gemisch von *Poly-4-methylhexen-(1)* (**I**) wurde unter Verw. von kristallinem (+)-Poly-(S)-3-methylhexen-(1) (**II**; Verw. der in sd. Dekalin unlösl. Fraktion von **II**) als Träger in verschiedenen Lsgm. chromatographiert. Von den Fraktionen wurde $[\alpha]_D^{40}$ in Bzl. gemessen. Folgende Fraktionen wurden nacheinander erhalten: Eluieren mit Aceton/Ae. (1:1) bei 25° $[\alpha]_D^{40}$ −23,0°, mit Diisopropyläther (**III**) bei 25° −13,6°, mit Ae. bei 56,2° −6,7°, mit **III** bei 56,2° −4,1°, mit Ae. bei 56,2° +4,8°, mit Bzl. bei 64,5° +25,0° u. mit Bzl. bei 77,1° +47,7°. Die Trenn-Wrkg. ist um so besser, je höher die stereoreguläre Struktur der I-Fraktion (höchster $[\alpha]_D^{40}$-Wert +97,5° für die Fraktion vom F. 146—148°). Daraus folgt, daß die (*R*)- u. (*S*)-*Formen* von **I** verschiedene Affinität zu **II** besitzen; die Affinität ist um so größer, je ähnlicher die Struktur von **I** u. **II** ist. O. Fuchs. 4010□

Herstellung und Eigenschaften von Polybenzyliden. C. E. H. Bawn, A. Ledwith und P. Matthies. (J. Polymer Sci. **33**, 21—26, Dez. 1958; Liverpool, Univ., Dep. of Inorgan. and Phys. Chem.; engl.) — Durch Zers. von Phenyldiazomethan (aus Benzaldehydhydrazon durch Oxydation mit HgO nach Staudinger u. Gaule [1916]) in Toluol bei −80° in Ggw. von BF_3-Ätherat wurde *Polybenzyliden* mit einem Polymerisationsgrad von 30—35 in 80—85%ig. Ausbeute erhalten. Die Unters. des IR-Spektrums bestätigt die „hängende" Polybenzylidenstruktur, welche in Analogie zu der Bldg. anderer Polyalkylidene aus den entsprechenden Diazoalkanen zu erwarten ist. Alkohole verzögern die Polymerisation. Es wird ein Boralkylkettenmechanismus für die Polymerisation vorgeschlagen. W. Mucke. 4010

Untersuchung der Styrolpolymerisation durch kernmagnetische Relaxationsmessungen. G. Bonera, P. de Stefano und A. Rigamonti. (Nuovo Cimento [10] **22**, 847—49, 16/11. 1961; Pavia, Univ., Ist. Fisica; engl.) — Vff. zeigen, wie man Informationen über Polymerisationsvorgänge durch Unters. der kernmagnet. Relaxation erhalten kann. Bei der *Styrol*-Polymerisation konnte beobachtet werden, daß die Polymerisat-Konz. mit der Zeit nach einem Exponentialgesetz zunimmt in Übereinstimmung mit den allg. Annahmen, die man über die Polymerisationskinetik machen kann, u. unter Berücksichtigung einer kurzen Induktionsperiode. Während der ersten 20 Std. der Polymerisation nimmt die Viscosität um mehrere Größenordnungen zu, während die längere Spin–Gitter-Relaxationszeit T_{1L} nur wenig abnimmt. Während der Polymerisation nimmt also T_{1L} nicht mit steigender Viscosität ab, wie durch die Theorie von Bloembergen u. Mitarbeitern (Physik. Ber. **73**, [1948], 679) gefordert wird. Obwohl die Monomer-Moll. zwischen den Polymer-Moll. eingefangen sind, behalten sie die meisten ihrer Freiheitsgrade bei. Die Werte der kürzeren Spin–Gitter-Relaxationszeit T_{1S} scheinen größer zu sein, als man aus Überlegungen über die Dimensionen der Makromoll. u. den sehr großen Viscositätswerten erwartet; daher ist es sehr wahrscheinlich, daß auch bei sehr hohen Polymerisat-Konzz. einige behinderte Bewegungen der Ketten möglich sind. R. Schäff. 4010□

Verzweigungsgrad und Viscositätszahl bei Polystyrolen. M. Cantow, G. Meyerhoff und G. V. Schulz. (Makromolekulare Chem. **49**, 1—12, 1961; Mainz, Univ., Inst. für Phys. Chem.; dt.) — Durch therm. Polymerisation von *Styrol* bei 60° u. Abbruch der Rk. nach einem Umsatz von 8 bzw. 80% wurden *Polystyrole* (**I**), die unverzweigt sind bzw. einen gewissen Verzweigungsgrad besitzen, hergestellt. Von I-Fraktionen wurde M_w (Sedimentation u. Diffusion) bestimmt. Nach Zimm u. Stockmayer (vgl. C. **1950**, II. 1580) ist $[\eta]/[\eta]_0 = g^z$, wobei $[\eta]$ bzw. $[\eta]_0$ = Staudinger-Indices für verzweigtes bzw. unverzweigtes **I**, $g = [(1 + m/7)^{1/2} + 4m/9\pi]^{1/2}$, m = PC_{pol} = Zahl der Verzweigungsstellen in einem Mol. des Polymerisationsgrads P nach 80% Umsatz, C_{pol} = relative Übertragungs-Konst. = $(1,9 \pm 0,5) \cdot 10^{-4}$ bedeuten. z ergibt sich so zu $0,65 \pm 0,15$, in guter Übereinstimmung mit dem von Zimm u. Kilb (vgl. C. **1961**, 503) berechneten Wert. O. Fuchs. 4010□

Stereoreguläre Polymere. 1. Mitt. Polymerisation von Styrol durch Triäthylaluminium–Titantetrachlorid-Katalysatoren. Shunsuke Murahashi, Shun'ichi Nozakura, Masao Sumi und Kōichi Hatada. (Bull. chem. Soc. Japan **32**, 1094—99, Okt. 1959; Nakanoshima, Osaka, Univ., Fac. of Sci., Dep. of Chem.; engl.) — Bei der Polymerisation von *Styrol* (I) mit den heterogenen Katalysatoren vom Ziegler-Typ, die unter verschiedenen Bedingungen hergestellt wurden, ergab sich, daß Stereospezifität u. katalyt. Aktivität des Gemisches im wesentlichen durch restliches $TiCl_4$, Äthylaluminiumchloride u. einige lösl. Al–Ti-Komplex-Verbb. sowie durch die kristalline Natur des festen Katalysators bedingt sind. Die ersten drei führen offensichtlich zur atakt. Polymerisation von **I**; sie können durch Waschen mit n-Heptan entfernt werden. Die Kristallinität des festen Katalysators scheint für seine hohe Stereospezifität u. katalyt. Aktivität notwendig zu sein. Da bei der Unters. mit Röntgenstrahlen gefunden wurde, daß die kristalline Komponente nicht $TiCl_3$ oder $TiCl_2$ entspricht, wird das Vorliegen einer Komplex-Verb. bei den Ziegler-Katalysatoren vermutet. Es ist anzunehmen, daß dies einen der wesentlichen Unterschiede gegenüber den Natta-Katalysatoren darstellt. S. Neue. 4010□

Über die dynamisch-mechanischen Eigenschaften von Polymeren bei Ultraschallfrequenzen und ihre Beziehung zu deren Glasumwandlungserscheinungen. Yasaku Wada, Hidenori Hirose, Taro Asano und Seita Fukutomi. (J. physic. Soc. Japan **14**, 1064—72, Aug. 1959; Tokyo, Univ., Fac. of Engng., Dep. of appl. Phys.; Oita, Univ., Fac. of Liberal Arts, Dep. of Phys.; engl.) — Nach der früher (vgl. Wada u. Hirose, J. appl. Physics **27**, [1958], 652; **28**, [1959], 374) beschriebenen Meth. wurden wurden die Real- (E' bzw. G') u. Imaginärteile (E'' bzw. G'') des Youngschen Moduls E bzw. der Steifheit G u. der Kompressionsmodul K' über einen größeren Temp.-Bereich t unter- u. oberhalb der Glasumwandlungs-Temp. t_g von *Polystyrol* (I), *Polymethylmethacrylat* (II), *Polyvinylacetat* (III) u. *Phenol–Formaldehyd-Harz* (IV) bestimmt; die Meßfrequenzen f betrugen 33, 66 u. 1000 kHz. t_g ergab sich aus der Messung der t-Abhängigkeit des spezif. Vol. v zu 81° (I), >100° (II), 28° (III) u. 53° (IV); daneben liegen weitere Umwandlungen t_g bei 56° (I), 67° (II) u. 3° (III) vor. Das Auftreten von t_g u. t_g' führen Vff. darauf zurück, daß die Umwandlung bei t_g' beginnt u. bei t_g beendet ist. Ergebnisse für I—III: E' fällt mit steigendem t oberhalb t_g stärker ab als vorher, unabhängig von f (bedingt durch die starke Abhängigkeit von E' von v). Auch t_g' macht sich in den (E', t)-Kurven bemerkbar. Das Verhältnis der Temp.-Koeff. von E' u. v ober- u. unterhalb t_g u. t_g' ist fast gleich groß. G''/G' steigt mit wachsendem t von t_g' ab etwas u. von t_g ab stark an. Ähnlich wie E' verhalten sich auch G' u. K'. E'/2 G' —1 von I—III ist prakt. unabhängig von t, während die Größe $(E'/2G') \cdot (E''/E' - G''/G')/[1 + (G''/G')^2]$ verschwindend klein ist. Bei **IV** konnte kein Einfl. von tg auf die mechan.-dynam. Eigg. gemessen werden (vermutlich durch die starke Vernetzung der Makromoll. innerhalb **IV** verursacht). O. Fuchs. 4010□

Die Adsorption von Makromolekülen. 2. Mitt. Messungen an Polystyrol und Polyvinylpyrrolidon. Franz Patat und L. Estupinan. (Makromolekulare Chem. **49**, 182—99, 1961; München, TH, Inst. für Chem. Technol.; dt.) — 1. vgl. Makromolekulare Chem. **44/46**, [1961], 643. — Nach der l. c. beschriebenen Meth. wurde die im Gleichgewicht adsorbierte Gew.-Menge M_p von folgenden Syst. bestimmt: *Polystyrol* (I) aus der Lsg. in Bzl. an Folien aus Polyäthylen (**II**), Polyäthylenterephthalat, Polyamid (**IV**) u. Cellophan (**V**); **I** aus Butanon an Graphit, **II** u. **IV**; **I** aus Cyclohexan (**III**) an **II** u. **V**; *Polyvinylpyrrolidon* (**VI**) aus W. an **V**; **VI** aus Methanol (**VII**) an **II** u. **V**; **VI** aus einem W.-**VII**-Gemisch an **II** u. **V**. Das Molgew. M_w von **I** betrug dabei 52000, 300000 u. 600000 u. das von **VI** 25000, 100000 u. 600000. Variiert wurden ferner die Anfangs-Konz. c u. die Temp. t. Für einige Syst. wurden auch Desorptionsmessungen (D_m) durchgeführt. Ergebnisse für **I**: Der Sättigungszustand wurde erreicht für **I** + Bzl. + **V**, **I** + **III** + **II** u. **I** + **III** + **V** (bei **III** nur für niedriges M_w). M_p steigt mit wachsendem M_w etwas an. Mit zunehmendem t fällt M_p ab, nicht bei **I** + Bzl. + **V** (Maximum zwischen 20 u. 30°). Ein klarer Zusammenhang zwischen M_p u. der Natur des Lsgm. (gek. durch die darin gemessenen $[\eta]$-Werte des betreffenden Polymeren) besteht nicht. D_m liegt bei Bzl. bei 100%, bei **V** zwischen 93 u. 97% u. bei **III** zwischen

90 u. 95% der adsorbierten Menge, unabhängig von Folienart, M_w u. t. Ergebnisse für **VI**: Die Adsorptionsisothermen erreichen bei allen Syst. den Sättigungswert. M_p fällt in der Reihenfolge W., W + **VII**, **VII** ab; [η] steigt in dieser Reihenfolge etwas an. Der Einfl. von M_w u. t ist der gleiche wie bei **I**. D_m beträgt fast 100%. Für **I** u. **VI** wird die Zahl der adsorbierten monomol. Schichten für die beiden Fälle, daß die Makromoll. in Borstenform (dichteste Packung) bzw. in Knäuelform (voluminöseste Packung) adsorbiert sind, berechnet. Daraus folgt, daß bei **I** u. **VI** eine Mehrschichtenadsorption vorliegen muß. Vgl. hierzu auch nachst. Referat. O. Fuchs. 4010□

Die Adsorption von Makromolekülen. 3. Mitt. **Sättigungsmengen und absorbierte Schicht.** F. Patat, E. Killmann und C. Schliebener. (Makromolekulare Chem. **49**, 200—09, 1961; dt.) — 2. vgl. vorst. Referat. — Die l. c. u. früher von Patat u. Mitarbeitern sowie weitere von anderen Autoren erhaltenen Ergebnisse über die Adsorption von Makromoll. an festen Oberflächen werden zusammenfassend diskutiert. Die Adsorptionsisotherme läßt sich darstellen durch $A = KM^{\alpha}$, wobei A = adsorbierte Menge, M = Molgew. u. K u. α Konst. bedeuten. α steigt mit M an u. fällt mit zunehmender Temp. ab. Die Abhängigkeit von A von der Temp. ist für die einzelnen Syst. aus gelösten Polymeren, Lsgm. u. Adsorbens sehr verschieden (Überlagerung einer Abnahme von A mit steigender Temp. u. einer Zunahme der Schichtungsfähigkeit der Makromoll. mit steigender Temp., wodurch Ab- u. Zunahme sowie das Auftreten von Maxima u. Minima qual. verständlich sind). Die Adsorptionsisothermen lassen sich nicht durch die Langmuir-Formel darstellen. Für die Dicke der adsorbierten Schicht berechnete Werte weichen z. T. beträchtlich von Literaturangaben ab. Insgesamt können die Ergebnisse nur durch das Vorliegen einer Adsorption in mehreren Schichten, wobei eine gegenseitige Durchdringung der einzelnen Schichten wahrscheinlich ist, gedeutet werden. O. Fuchs. 4010□

Lichtstreuung und Viscosität der Lösungen von Poly-β-vinylnaphthalin in Benzol. W. Je. Esskin und O. A. Korotkina. (Высокомолекулярные Соединения [Hochmolekulare Verbind.] **1**, 1580—85, Nov. 1959; Akad. der Wiss. der UdSSR, Inst. für hochmol. Verbb.; russ., Auszug: engl.) — An Lsgg. von 11 Fraktionen von *Poly-β-vinylnaphthalin* (**I**) in Bzl. werden die Lichtstreuung (mit λ = 4360 u. 5460 Å) u. die Grenzviscosität [η] gemessen. In Abhängigkeit vom Molgew. M (100000—1000000) ergibt sich $[\eta]$ zu $0{,}17 \cdot 10^{-4} \cdot M^{0,8}$. Der Koeff. Φ der Gleichung von Flory nimmt mit abnehmendem M von 10500 auf 3800 ab. Die mittlere Dimension der Knäuel von **I** steht zum Polymerisationsgrad n in der Beziehung $(\overline{h^2})^{1/2} = 3{,}08 \cdot 10^{-8} \sqrt{n}$ (Å). Aus dem 2. Virial-Koeff. A_2 ergeben sich prakt. konst. Werte von $A_2M/[\eta] = 1{,}1-1{,}5$. Vff. nehmen an, daß das Vorhandensein eines Naphthalinrings in den Seitenketten von **I** zu einer ziemlich ausgeprägten Starrheit der Makromoll. führt. R. K. Müller. 4010□

Die Auswirkung der Kettenverzweigung auf die dielektrischen Eigenschaften einer Polyvinylacetat-Lösung. Ichiro Murakami, Nagatoshi Isshiki und Hitoshi Yamamura. (J. Sci. Hiroshima Univ., Ser. A **23**, 257—62, Dez. 1959; Hiroshima Univ., Fac. of Sci., Dep. of Chem.; engl.) — Wie Messungen an verschiedenen Proben in Bzl. zeigen, haben Polymerisationsgrad u. Verzweigung bei *Polyvinylacetat* nur sehr geringen Einfl. auf die dielektr. Eigenschaften. P. Becker. 4010

Kristalliner Polyisobutylvinyläther. K. M. Roch und J. Saunders. (J. Polymer Sci. **38**, 554—55, Aug. 1959; Pontypool, Monmouthshire, British Nylon Spinners Ltd., Res. Dep.) — Einige chromhaltige Sandwich-Verbb. wurden auf ihre katalysierenden Eigg. bei der Polymerisation von *Isobutylvinyläther* untersucht. Dibenzolchrom, Dibenzolchromchlorid, Dibenzolchrom–$TiCl_3$, Dibenzolchromchlorid–$TiCl_4$ zeigen keine Wrkg., nur Dibenzolchrom–$TiCl_4$ hat katalysierende Eigenschaften. P. Becker. 4010

Über den Mechanismus des thermischen Abbaus gehärteter Epoxidharze. M. B. Neiman, B. M. Kowarskaja, A. Ss. Strishkowa, I. I. Lewantowskaja und M. Ss. Akutin. (Доклады Академии Наук СССР [Ber. Akad. Wiss. UdSSR] **135**, 1147—49, 11/12. 1960; Forsch.-Inst. für Plastmassen; russ.) — Vgl. auch C. **1961**, 14478. — Der therm. Abbau eines mit Maleinsäureanhydrid (**I**) oder Polyäthylenpolyamin (**II**) gehärteten *Epoxidharzes* wird auf Grund der Gas-Entw., des Gew.-Verlustes u. der Anreicherung von Radikalen graph. dargestellt. Aus den in den letzten Stadien des Abbaus aufgenommenen paramagnet. Resonanzspektren ergibt sich, daß der Prozeß Radikalcharakter hat. Die gehärteten Harze zeigen beim Abbau bei 350—405° eine deutliche Zunahme der Bldg. der freien Radikale mit der Zeit. Die Analyse der Gase ergibt CH_4, *CO*, CH_2O, *Acetaldehyd* u. *Acrolein*. Die Aktivierungsenergie der Gesamt-Rk. ergibt sich für das mit **I** gehärtete Harz aus der Gas-Bldg. zu 30 (kcal/Mol), aus dem Gew.-Verlust zu 26, aus der Radikal-Konz. zu 53. Bei dem mit **II** gehärteten Harz sind die entsprechenden Werte 25, 35 u. 44. R. K. Müller. 4010□

Synthese von Copolymeren des Styrols mit Formaldehyd. 2. Mitt. über Untersuchungen auf dem Gebiet cyclischer Acetale. N. W. Schorygina und A. G. Tschernowa. (Журнал Прикладной Химии [J. angew. Chem.] **33**, 251—53, Jan. 1960; russ.) — 1. vgl. C. **1959**, 10567. — Die Bldg. von *3-Phenyl-3-chlorpropanol* (**I**) aus Formaldehyd u. Styrol kann durch Verminderung der Formaldehydmenge u. Erhöhung der HCl-Menge auf 1 Mol/Mol Styrol auf 60% gesteigert werden, **I** ist wahrscheinlich Zwischenprod. bei der Bldg. von *Styrol–Formaldehyd-Copolymeren* mit Molverhältnissen 1:1 u. 4:7. Das letzte Copolymere reagiert mit Phenol zu einem *modifizierten Phenol–Formaldehyd-Harz.*

Versuche: *Styrol–Formaldehyd-Copolymeres 1:1*, $(C_9H_{10}O)_n$, aus 75 g Styrol u. 140 g 30%ig. Formalin durch 30—36std. Kochen mit 31 g W. u. 120 g konz. H_2SO_4 u. Waschen mit heißem u. kaltem Wasser. — *Styrol–Formaldehyd-Copolymeres 4:7*, $(C_{39}H_{46}O_7)_n$, analog aus 41,5 g Styrol u. 130 g Formalin durch 33std. Kochen mit 33 g W. u. 136 g konz. H_2SO_4. — *Phenol–Styrol–Formaldehyd-Copolymeres*, Tropfpunkt 135°, aus 25 g vorst. Verb. u. 50 g Phenol durch Kochen mit 1 ml konz. HCl; neben 45—41% unverändertem Phenol. A. Nowak. 4010□

Viscosimetrische Untersuchung von Lösungen der Polystyrolsulfonsäure. Masaaki Kato, Tsurutaro Nakagawa und Hideo Akamatu. (Bull. chem. Soc. Japan **33**, 322—29, März 1960; Hongo, Tokyo, Univ. of Tokyo, Fac. of Sci., Dep. of Chem.; engl.) — In Ggw. von Silbersulfat als Katalysator wurde Polystyrol (**I**; Molgew. 180000) mit konz. H_2SO_4 bei 100° 20 Std. bzw. bei Raum-Temp. viele Tage lang zu *Polystyrolsulfonsäure* (PSA-100 bzw. PSA-R) umgesetzt u. durch mehrfaches Waschen mit dest. W. sowie Dialyse u. Elektrodialyse von H_2SO_4 befreit. Im Gegensatz zu Lsgg. von linearen Polyelektrolyten mit geringer Ionenstärke zeigen die PSA-Lsgg. kaum Abhängigkeit der Viscosität von der Scher-Geschw., so daß davon abgesehen werden kann. Wss. PSA-Lsgg. haben ungewöhnlich große η_{sp}/c-Werte, verglichen mit gewöhnlichen nichtpolaren Polymerlösungen. In der Fuoß-Gleichung $\eta_{sp}/c = A/1 + B\sqrt{c}$ ist für *PSA-100* $A = 400$ u. $B = 28$, für *PSA-R* $A = 400$ u. $B = 41$ zu setzen. Unterss. von W./Dioxan-, Lsgg. zeigen, daß die red. Viscosität η_{red} mit abnehmender DK des Lsgm. abnimmt. In wss. NaCl-Lsgg. verringert sich η_{red} mit steigender NaCl-Konzentration. NaBr- u. Na_2SO_4-Lsgg. verhalten sich ähnlich. Die Viscositätsabnahme ist für NaBr u. Na_2SO_4 ungefähr gleich, aber kleiner als für NaCl. Aus der Lsg. von **I** in Methyläthylketon wurden durch sukzessive Fällung mehrere Fraktionen erhalten u. wie oben sulfoniert. Für ihre Intrinsicviscositäten $[\eta]$ (bei gleichem Sulfonierungsgrad, 85%) erhielten Vff. annähernd die Gleichungen $[\eta] = 6{,}35 \cdot 10^{-4}$ P (in 0,52n wss. HCl) u. $[\eta] = 5{,}75 \cdot 10^{-4}$ P (in 0,50n wss. NaCl), wobei P den Polymerisationsgrad bedeutet. S. Neue. 4010□

Copolymerisationsverhalten von m- und p-Styrolsulfonylfluorid. R. Hart. (Makromolekulare Chem. **49**, 33—40, 1961; Mortsel-Antwerp, Belgium, Gevaert Photo-Producten N.V., Chem. Res. Dep.; engl.) — *m-* (**I**; Kp.$_1$ 76°, n_D^{25} 1,5270) bzw. *p-Styrolsulfonylfluorid* (**II**), $C_8H_7FO_2S$, Kp.$_1$ 80°, n_D^{19} 1,5366, wurden durch katalyt. Red. der entsprechenden Acetophenone u. Dehydratation des daraus erhaltenen *m-* bzw. *p-Fluorsulfonylphenylmethylcarbinols* hergestellt; *Copolymere* von **I** u. **II** mit *Styrol* (**III**) u. *Methylacrylat* (**IV**) wurden durch Polymerisation bei 75° unter N_2 in Ggw. von Azodiisobutyronitril unter Verw. von Bzl. als Lsgm. für **I** + **III** u. von Butanon für die übrigen Syst. erhalten. r_1 u. r_2 ergaben sich zu 0,80 u. 1,25 (**III** + **I**), 0,25 u. 1,30 (**III**+ **II**), 0,14 u. 1,50 (**IV** + **I**), 0,20 u. 4,0 (**IV** + **II**). Die Q- u. e-Werte berechnen sich zu 1,3 u. —0,7 (**I**) bzw. 1,6 u. +0,2 (**II**). O. Fuchs. 4010□

Polyvinyl-trans-benzalacetophenon. C. C. Unruh. (J. appl. Polymer Sci. **2**, 358—62, Nov./Dez. 1959; Rochester, N.Y., Eastman Kodak Co., Res. Labor.; engl.) — *Polyvinyl-trans-benzalacetophenon* (**I**) wurde aus Polystyrol (**II**) hergestellt, das nach dem Verf. von Kenyon u. Waugh (vgl. C. **1962**, 5316) unter Isolierung des acetylierten Polystyrol–$AlCl_3$-Komplexes u. dessen Zers. mit W. in *Polyvinylacetophenon* übergeführt wurde, welches wiederum durch Kondens. mit Benzaldehyd in Ggw. von Eisessig unter der katalyt. Einw. von H_2SO_4 bei 25° u. Zugabe von Na-Acetat gegen Ende der Rk. zur Entfernung der H_2SO_4 je nach der Rk.-Dauer (4, 16, 48, 96 Std.) **II** mit 14, 43, 88 bzw. 100 Mol-% *trans-Cinnamoyl*-Einheiten [reines **I**, $(C_{17}H_{14}O)_n$] ergab. **I** ist lösl. in Bzl., Tetralin, Trichloräthylen, Äthylendichlorid, Chlf., Chlorbenzol, 2-Methoxyäthylacetat, 1.2-Dimethoxyäthan, 2-Äthoxyäthoxyäthylacetat, Äthylenglykolmonobenzyläther, Furfurol, Tetrahydrofuran, Benzylalkohol, Tetrahydrofurfurylalkohol, Furfurylalkohol, Dioxan u. Anisol; es ist unlösl. in A., Methanol, Butanol, 2-Äthoxyäthanol, 2-Methoxyäthanol, CCl_4, Eisessig, Acetonitril u. Essigsäureanhydrid; Quellung erfolgt in Toluol, Xylol u. Dekalin. **I** läßt sich im Dunkeln jahrelang unverändert aufbewahren; seine

Empfindlichkeit gegen UV-Bestrahlung bewirkt, daß dünne Schichten schon nach kurzer Bestrahlung unlösl. werden. Verglichen wird das UV-Spektrum von I mit denen von Polyvinylacetophenon, Polyzimtsäurevinylester, trans-p-Äthylbenzalacetophenon u. p-Äthylacetophenon. E. Uhlein. 4010□

Untersuchung der Benetzbarkeit einer festen Oberfläche durch Polymere. W. A. Kargin, M. B. Konstantinopolskaja und S. Ja. Beresstnewa. (Высокомолекулярные Соединения [Hochmolekulare Verbind.] **1**, 1074—76, Juli 1959; Physikal.-chem. Karpow-Inst.; russ., Auszug: engl.) — Für die Anwendung von Füllstoffen bei Polymeren ist die Benetzbarkeit fester Oberflächen durch Polymere von Bedeutung. Im Gegensatz zu niedrigmol. KW-Stoffen erleiden Polymere beim Zusammentreffen mit einer festen Oberfläche Änderungen der Kettenkonfiguration. Es werden Mikroaufnahmen von Präpp. gezeigt, die durch Mischen einer Lsg. eines Polymeren (*Polyacrylsäure, Na-Polyacrylat, Polyisobutylen, Polystyrol*) mit koll. Lsgg. u. krist. Al_2O_3 oder Cr_2O_3-Katalysator oder Ruß erhalten wurden. Die Änderungen der Kettenkonfiguration erfordern einen zusätzlichen Energieaufwand. Dadurch werden Analogien zwischen den Benetzungsenergien bei niedrigmol. KW-Stoffen u. bei Polymeren ausgeschlossen. Auch die Begriffe der Hydrophilie u. der Hydrophobie gelten bei Polymeren nicht. R. K. Müller. 4010□

Abhängigkeit der EPR-Spektren freier Radikalarten in Polymethylmethacrylat von der γ-Strahlungsdosis. R. Lenk. (Czechoslov. J. Physics **11**, 876—77, 1961; Czechosl. Acad. Sci., Nucl. Res. Inst.; engl.) — *Polymethylmethacrylat* wurde mit ^{60}Co der Dosis $1{,}17 \cdot 10^5 \cdot r/h$ bestrahlt u. das paramagnet. Elektronenresonanzspektrum mit einem App. mit 100 kHz Modulation aufgenommen. Bei Gesamtdosen über $2 \cdot 10^6$ beginnt die Hyperfeinstruktur abzunehmen. M. Wiedemann. 4010□

Polymere und Copolymere von Hydronopylacrylat. C. S. Marvel, Roland Schwen, R. W. Hobson und R. J. Coleman. (J. Polymer Sci. **33**, 27—37, Dez. 1958; Urbana, Ill., Univ. of Illinois, Noyes Chem. Labor.; Akron, Ohio, Goodyear Tire and Rubber Co.; engl.) — Durch direkte Veresterung von Hydronopol (I) mit Acrylsäure (II) wurde *Hydronopylacrylat* (III) synthetisiert, das durch Emulsionspolymerisation (Emulgator: ORR-Seifen-Lsg. oder eine Lsg. von Resin-731; Initiator: $K_2S_2O_8$; Modifikator: Laurylmercaptan) bei 50° ein benzollösl. *Homopolymeres* mit einer Inhärentviscosität von 0,5—0,6 gibt. Durch Copolymerisation mit *Styrol*, *Acrylonitril* (IV) u. *Butadien* (V) werden analog die entsprechenden *Bi-*, *Ter-* u. *Tetrapolymeren* dargestellt. Das Terpolymere, das gleiche Gew.-Teile III, IV u. V enthält, ist ein Kautschuk mit guter Ölbeständigkeit u. einer Zugfestigkeit, die doppelt so groß ist wie die eines IV/V-31:69-Copolymeren. Mit *Vinylchlorid* entsteht aus III nur ein Gemisch aus den Homopolymeren.

Versuche: *Hydronopol*, $Kp._{13}$ 127—129°, durch Hydrierung von Nopol in Ggw. von Raney-Ni bei 200°; n_D^{21} 1,4885; 78% (Ausbeute). — *Hydronopylacrylat*, $Kp._{0,1}$ 77 bis 78°, a) durch 18std. Kochen von II mit I in Toluol in Ggw. von Hydrochinon, p-Toluolsulfonsäure u. Kupferdraht; n_D^{26} 1,4817; 85%; b) in Ggw. von Dowex 50-X 8 u. $Fe(NH_4)_2(SO_4)_2$; 85%. W. Mucke. 4010

Oberflächenspannung und Spinnfähigkeit von geschmolzenem Poly-2-capronamid. Naoya Ogata. (Bull. chem. Soc. Japan **33**, 212—16, Febr. 1960; Minato-ku, Nagoya, Toyo Rayon Co., Ltd., Res. Dep.; engl.) — ε-Caprolactam (CL) wurde 15 Std. lang bei 257° in Ggw. von 5% ε-Aminocapronsäure (AC) u. 2, 1 oder 0,5 Mol-% Benzoesäure polymerisiert u. der Polymerisationsgrad $\overline{P}$ aus der Lsg.-Viscosität in m-Kresol nach $\overline{P} = 127\,[\eta]^{1,435}$ bestimmt. Die Oberflächenspannung wurde aus dem gemessenen maximalen Blasendruck berechnet. Als Maß der Spinnfähigkeit wurde die Länge eines aus der Schmelze bei konst. Geschw. gezogenen Fadens bis zum Abreißen angesehen. Die Fadenlänge L erwies sich als proportional dem Radius R_0 des zum Herausziehen benutzten Glasstabs. Sie wird durch $L = 4{,}13\, R_0(\mu V/\gamma)^{1/2}$ wiedergegeben, wobei μ die Schmelzviscosität in Poise, γ die Oberflächenspannung in dyn/cm, V die Zieh-Geschw. in cm/s angibt. Bei 252° ist für CL $\gamma = 18$, für AC $\gamma = 34$, bei der Temp. t für *Poly-ε-caprolactam* $\gamma = 10^{(0,0022\overline{P} + 1,53)} + 0{,}06 \cdot (257 - t)$. Nach der Gleichung von Ramsay-Shield ergibt sich die krit. Temp. von CL zu 463°. S. Neue. 4010□

Reaktion von Polyvinylchloracetat mit einigen Aminen. Je. N. Rosstowski, O. W. Schtschelkunowa und N. Ss. Bondarewa. (Высокомолекулярные Соединения [Hochmolekulare Verbind.] **3**, 971—75, Juli 1961; Inst. für hochmol. Verbb. der Akad. der Wiss. der UdSSR; russ., Auszug: engl.) — Polyvinylchloracetat (I) gibt bei der Einw. von überschüssigem Anilin (II) *Polyvinylanilinoacetat*, das beim Stehen langsam ein unlösl. räumliches Polymeres bildet. Äquimol. Mengen I u. II liefern ein Polymeres mit nur sehr geringem N-Geh., bei dem ein Teil der Chloracetylgruppen hydrolyt. abgespalten ist. **I** u. Piperidin (**III**) reagieren zu *Polyvinylpiperidinoacetat*, das sich in das *Methobromid* überführen läßt. Gleiche Mengen **I** u. **III** geben ein zähes Polymeres, das schnell unlösl. wird u. eine quart. Struktur besitzt. **I** u. Pyridin (**IV**) liefern *Polyvinylpyridinioacetatchlorid* (**V**). Wendet man **I** u. **IV** im gleichen Verhältnis an, so entsteht ein *Copolymeres* aus 2 Mol **I** u. 1 Mol **V**. Beide Polymere lösen sich leicht in W. u. organ. polaren Lsgm. u. zeigen das für Polyelektrolyte typ. Verh., daß die Viscosität ihrer Lsgg. mit zunehmender Konz. zuerst abnimmt. Beim Erhitzen strukturieren sie leicht u. werden unlöslich. Die Rk.-Geschw. der Amine steigt mit deren Basizität an: So reagieren **I** u. **II** erst bei 50—70°, **I** u. **IV** langsam bei 20° u. **I** u. **III** bei 20° in exothermer Reaktion.

Versuche: *Vinylchloracetat*, Kp.$_{12}$ 37,5—38°, durch Einleiten von C_2H_2 in Chloressigsäure in Ggw. eines Hg-Katalysators; n_D^{20} 1,4440; 54% (Ausbeute). — *Polyvinylchloracetat* (**I**), $[C_4H_5ClO_2]_x$, durch Polymerisation des Monomeren in Substanz bei 70° im Rohr unter N_2; 60—65%. — *Polyvinylanilinoacetat*, $(C_{10}H_{11}NO_2)_x$, man erhitzt **I** mit einem **II**-Überschuß 20 Std. auf 70°, fällt mit Methanol aus u. fällt aus Aceton mit Methanol um. Ist nach 7—10 Tagen unlöslich. — *Polyvinylpiperidinoacetat*, $[C_9H_{15}NO_2]_x$, man gibt zu 4,6 g **I** in 50 ml Tetrahydrofuran 20 g **III**, läßt 15 Std. lang Stehen u. fällt mit PAe. oder Ae. aus. — *Polyvinylpyridinioacetatchlorid* (**V**), $[C_9H_{10}ClNO_2]_x$, man läßt 1,5 g **I** in 10 ml **IV** 20—30 Std. lang stehen u. fällt aus Methanol mit Ae. um; 75—80%. — *Copolymeres aus 2 Mol* **I** *u. 1 Mol* **V**, $[C_{17}H_{20}Cl_3NO_6]_x$, man gibt zu 7,2 g **I** in 30 ml Aceton die äquimol. Menge **IV**, läßt 40 Std. lang bei 20° oder 2 Std. bei 55° stehen u. fällt aus Methanol mit Ae. um; 100%. Helmut Schäfer. 4010

Synthese und Eigenschaften von einigen aromatischen Polymeren. A. A. Berlin, B. I. Liogonki und W. P. Parini. (J. Polymer Sci. **55**, 675—82, Dez. 1961; Moskau, Inst. für Chem. Physik, Akad. der Wiss. der UdSSR; engl.) — Durch Zers. von *Biphenyl-4.4'-bis-diazoniumchlorid* (**I**), *3.3'-Dimethyl-* u. *3.3'-Dicarboxybiphenyl-4.4'-bis-diazoniumchlorid* (**II**) durch eine ammoniakal. wss. Lsg. von Cu(I) unterhalb 10° wurden Polymere der Struktur **A** hergestellt; sie sind orange bis braun, lösl. in konz. H_2SO_4, unlösl. in den meisten organ. Lösungsmitteln.

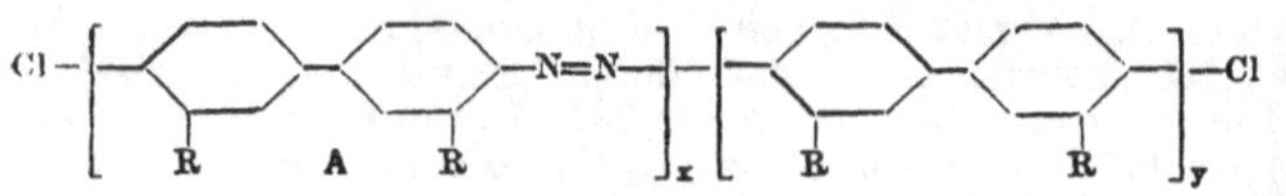

Auf 4—10 Benzolringe kommt eine Azogruppe; auf 10—20 Benzolringe treffen 2 Cl-Atome. Das Molgew. des Polymeren aus **II** beträgt ca. 3000; es decarboxyliert bei 400°, Zers. bei 450°. Die (η_{sp}/c, c)-Kurven der Polymeren zeigen zwischen c = 0,1 bis 1% einen anomalen Verlauf (z. T. starker Anstieg bei fallendem c, z. T. Auftreten eines Maximums u. Minimums). Die Zahl Z der ungepaarten Elektronen im Polymeren ergibt sich aus der Messung der Elektronenresonanz zu 10^{19}/g; durch Erhitzen steigt Z um 1—2 Größenordnungen an. Die elektr. Leitfähigkeit der Polymeren beträgt 10^{-13} bis 10^{-16} Ohm^{-1} cm^{-1} bei 20°, Aktivierungsenergie 20—30 kcal/Mol. Die IR-Spektren bestätigen obige Strukturformel. Die Messung der elektronenparamagnet. Resonanz u. der magnet. Susceptibilität zeigt das Vorliegen von freien Radikalen in den Polymeren. Niedermol. Fraktionen sind in Bzl. lösl.; sie reagieren mit Diäthinylbenzol unter Bldg. von nichtschm., thermostabilen, unlösl. Produkten. Die Polymeren aus **II** bilden mit Übergangselementen Salze (innere Komplex-Verbb.). Bei der Zers. von *N.N'-Dinitroso-N.N'-diacetylbenzidin* werden Polymere mit ähnlichen Eigg. erhalten, doch ist Z geringer als vorher. O. Fuchs. 4010□

Polymere mit Systemen von konjugierten Bindungen und Heteroatomen in der konjugierten Kette. A. A. Berlin. (J. Polymer Sci. **55**, 621—41, Dez. 1961; Moskau, Inst. für Chem. Physik; Akad. der Wiss. der UdSSR; engl.) — Literaturübersicht (40 Angaben) über Polymere mit konjugierten Bindungen u. mit Heteroatomen in der konjugierten Kette. Behandelt werden Darst. u. Eigg. (Löslichkeit, magnet. Susceptibilität, Molgew., Elektronenresonanzspektren, therm. Stabilität, elektr. Leitfähigkeit) von Polymeren mit acycl. konjugierten Syst. [Polymere von Acetylen u. Acetylen-Derivv., therm. Zers. von Polyvinyl-Verbb., z. B. von Polyvinylchlorid, Polyvinylalkohol u. a., Polykondensate der Struktur $R(CH{=}CH)_nR$ u. a.], von Polymeren mit aromat. Ringen in der konjugierten Kette (Polyphenylene, Polyazophenylen, Polyphenylenoxide, Polyphenylenchinone, Polyphenylenaminochinone, Polyxanthene), von Polymeren mit heterocycl. u. metallocycl. Ringen in der konjugierten Kette (z. B. Pyridinringe in erhitztem Polyacrylonitril, polymere Phthalocyanine, polymere Chelate). O. Fuchs. 4010□

Molekularstruktur, Kompressibilität, Oberflächenspannung und Viscosität einiger Polysiloxane. O. S. Golik und P. P. Tscholpan. (Український Фізичний Журнал [Ukrain. physik. J.] **5**, 242—51, März/April 1960; Kiew, Univ., Abt. für Molekularphysik; ukrain., Auszug: engl.) — Vff. untersuchen *Polymethyl-* (I) u. *Polyäthylsiloxane* (II) röntgenograph. u. bestimmen aus der Röntgenintensität die Elektronendichte u. aus dieser die Valenzwinkel, Bindungslängen u. Anordnung der Moll. im fl. Zustand. Die Ergebnisse zeigen, daß **I** u. **II** gleiche Struktur haben. Weiterhin werden in einem breiten Temp.-Intervall Dichte, Oberflächenspannung, Kompressibilität u. Viscosität gemessen. Dabei wird festgestellt, daß mit der Größe der intermol. Kräfte u. anwachsender krit. Temp. der untersuchten Fll. die Oberflächenspannung u. Viscosität wächst, die Kompressibilität dagegen fällt. Von **I** wurden isoviscose Fll. hergestellt. G. Engelhardt. 4010□

Molekularstruktur und physikalische Eigenschaften einiger Polysiloxane. 2. Mitt. Struktur und physikalische Eigenschaften von isoviscosen Polysiloxanen. O. S. Golik und P. P. Tscholpan. (Украïнский Фізичний Журнал (Киïв) [Ukrain. physik. J. (Kiew)] **5**, 843—49, Nov./Dez. 1960; Kiew, Univ.; ukrain., Auszug: russ., engl.) — Vff. untersuchen die physikal. Eigg. von *Oktamethyltrisiloxan, Dekamethyltetrasiloxan* u. *Hexaäthyldisiloxan* im Vgl. zu isoviscosen Mischungen linearer polymerer Methylsiloxane der Form $(CH_3)_{2n+2}Si_nO_{n-1}$ mit n = 2—7. Es wird gezeigt, daß die Kompressibilität, Ultraschall-Geschw. u. Oberflächenspannung solcher isoviscoser Stoffe gleich ist, wenn die Unterschiede in der Dichte der Fll. gering sind (0,3—0,5%). Ist dies nicht der Fall, so differieren die physikal. Eigg. merklich. Mit Hilfe von Röntgen-Unterss. wird festgestellt, daß die isoviscosen Fll. gleiche Struktur haben. G. Engelhardt. 4010□

Molekularstruktur und physikalische Eigenschaften einiger Polysiloxane. 3. Mitt. Viscosität, Kompressibilität und Struktur cyclischer Polysiloxane. O. S. Golik und P. P. Tscholpan. (Украïнський Физикний Журнал (Киïв) [Ukrain. physik. J. (Kiew)] **5**, 850—56, Nov./Dez. 1960; ukrain., Auszug: russ., engl.) — 2. vgl. vorst. Referat. — Es werden Viscosität, Dichte, Kompressibilität, Ultraschall-Geschw. u. Oberflächenspannung von *Oktamethylcyclotetrasiloxan, Dekamethylcyclopentasiloxan, Hexaäthylcyclotrisiloxan* u. *Oktaäthylcyclotetrasiloxan* bestimmt sowie die gleichen Eigg. ihrer gegenseitigen Mischungen. Im Vgl. zu den linearen Siloxanen lassen sich bei den cycl. Prodd. keine direkten Regelmäßigkeiten für die physikal. Eigg. feststellen. Röntgenograph. Unterss. ergeben, daß die Cyclosiloxane eine unterschiedliche Struktur aufweisen. G. Engelhardt. 4010□

Polymerisation von Dienen unter dem Einfluß homogener katalytischer Systeme, die Kobalt- und Nickel-Salze enthalten. B. A. Dolgoplossk, Je. N. Kropatschewa, Je. K. Chrennikowa, Je. I. Kusnetzowa und K. G. Golodowa. (Доклады Академии Наук СССР [Ber. Akad. Wiss. UdSSR] **135**, 847—48, 1/12. 1960; Allunions-Lebedew-Forsch.-Inst. für synthet. Kautschuk; russ.) — Als Katalysatoren für die *Butadien*-Polymerisation werden homogene Syst. aus Al-Alkylchloriden u. verschiedenen Co- u. Ni-Salzen verwendet. Die Rk. erfolgt in Bzl. in inerter Atmosphäre. Das Verhältnis von 1.2-, trans-1.4- u. cis-1.4-Gliedern (%) in den Polymeren beträgt bei Verw. von $CoCl_2 \cdot 4\, C_2H_5OH$ (**I**) + $(C_2H_5)_2AlCl$ (**II**) 4:3:93, von $CoCl_2$·Pyridin (**III**) + **II** 6:5:89, von **I** + (iso-$C_4H_9)_2AlCl$ (**IV**) 1:2:97, von **III** + **IV** 4:6:90, von **I** + (iso-$C_4H_9)_3$·Al (**V**) 40:0:60, von Co-Stearat (**VI**) + **V** 70:22:8, von 1% **VI** + **II** 12:15:73, von 0,05% **VI** + **II** 5:8:87, von 0,05% Co-Benzoat + **II** 17:12:71, von 0,05% Co-Naphthenat + **II** 3:5:92, von 0,05% Ni-Stearat + **II** 3:3:94, von 1% Fe-Stearat + **II** 22:31:47. Das höchste Molgew. (1000000) hat das mit **I** + **IV** erhaltene Polymere, das niedrigste (25000) das mit Ni-Stearat + **II** erhaltene (bei einigen Polymeren ist das Molgew. nicht bestimmt). Die Rk.-Geschw. ist bei Verw. von Fe-Stearat oder -Benzoat erheblich kleiner als bei Co- u. Ni-Salzen. R. K. Müller. 4030□

Methoden zur Modifikation der Celluloseester. Ja. L. Rasskin und R. M. Liwschitz. (Лакокрасочные Материалы и их Применение [Lacke Farben Anwend.] **1960**, Nr. 5, 33—37; russ.) — Überblick an Hand von 45 Literaturangaben, wobei behandelt werden: gemischte Ester, Einführung neuer funktioneller Gruppen u. Gewinnung von Block- u. Pfropfpolymeren. M. Ulmann. 4050□

Zum Mechanismus der Oxydation der Celluloseäther und -ester mit Sauerstoff. O. P. Kosmina. (Известия Академии Наук СССР, Отделение Химических Наук [Nachr. Akad. Wiss. UdSSR, Abt. chem. Wiss.] **1961**, 2226—33, Dez.; Inst. für hochmol. Verbb. der Akad. der Wiss. der UdSSR; russ.) — Übersicht an Hand der Literatur unter Hinweis auf die maßgebende Rolle, welche die Bldg. von Peroxid-Verbb. u. deren Zerfall bei der oxydativen Spaltung von Estern u. Äthern der Cellulose spielt. Es wird eine große Anzahl von Rk.-Schemata über die bei den Oxydationsprozessen möglichen Umwandlungen u. Spaltungen gebracht. Häufig liegt ein Radikal-Kettenmechanismus vor. — 13 Literaturangaben. M. Ulmann. 4050□

Über die Darstellung von phenylhydroxyäthylierten Derivaten des Polyvinylalkohols und der Stärke. Yves Merle. (C. R. hebd. Séances Acad. Sci. **249**, 2560 bis 2561, 9/12. 1959; Bellevue, Seine-et-Oise, C.N.R.S., Labor. de Chim. macromol.; franz.) — Vgl. C. **1961**, 14307. — *Polyvinylalkohol* (PVA) u. *Stärke* reagieren nach Vorbehandlung mit Soda mit Styroloxid bei 100° während mehrerer Std. unter Bldg. von *Polymeren* mit *β-Phenyl-β-hydroxyäthyläther*-Einheiten. Die Prodd. sind in der Hitze in den meisten organ. Lsgm. lösl., fallen aber in der Kälte als Koazervat aus. In Dimethylformamid sind sie sogar in der Kälte löslich. In W. lösen sie sich nicht. Sie erweichen über 80° u. schmelzen oberhalb 130°. Durch Nitrierung des aus PVA erhaltenen *Polyvinyl-β-phenyl-β-hydroxyäthyläthers* mit rauchender HNO_3 bei —10° erhält man ein gelbliches, nicht brennbares, in Aceton lösl. Prod. mit einem Geh. von 11,6% N, was einer Mononitrierung des Benzolkerns entspricht. S. Neue. 4050□

Additionspolymerisation von Anhydrozuckerderivaten. 5. Mitt. **Darstellung und versuchte Polymerisation von verschiedenen Lävoglucosanderivaten.** A. Jabbar Mian, Edwin J. Quinn und Conrad Schuerch. (J. org. Chemistry **27**, 1895—96, Mai 1962; Syracuse, N.Y., Syracuse Univ., State Univ. Coll. of Forestry, Dep. of Chem.; engl.) — 3. vgl. C. **1962**, 6802. — Zu einer Suspension von 10 g Lävoglucosan (**I**) in 25 cm³ Essigsäureanhydrid (**II**) wurde bei 0° eine Lsg. von 20 cm³ konz. HNO_3 in 50 cm³ **II** gegeben; die Temp. wurde auf 0° gehalten; nach 1 Std. wird durch Eingießen des Rk.-Gemisches in ein 1:1-Gemisch aus W. u. Äthylacetat (**III**) bei 0°, Abtrennen der **III**-Schicht, Neutralisation mit $NaHCO_3$, Waschen mit W., Trocknen mit Na_2SO_4 u. Abdampfen von **III** *1.6-Anhydro-β-D-glucopyranose-2.3.4-trinitrat* [**IV**; $C_6H_7N_3O_{11}$, F. 94 bis 95° (aus **III**), $[\alpha]_D^{20}$ —74° (c = 2,7; Chlf.)] erhalten. Zur Lsg. von 10 g **I** in 25 cm³ Pyridin wurde bei 0° eine Lsg. von 35 g Methansulfochlorid in 10 cm³ Chlf. gegeben; nach 1 Std. bei 0° u. 24 Std. bei 20° Zugabe von 5 cm³ W., Waschen der Chlf.-Schicht mit W. von 0°, dann mit 2%ig. H_2SO_4, $NaHCO_3$ u. wieder mit W. u. Trocknen mit $Na_2 \cdot SO_4$; daraus *1.6-Anhydro-2.3.4-tri-O-mesyl-β-D-glucopyranose* (**V**), $C_9H_{16}O_{11}S_3$, F. 170 bis 171° (Aceton), $[\alpha]_D^{20}$ —3,2° (c = 2,9; Aceton). *1.6 Anhydro-2.3.4-tri-O-tosyl-β-D-glucopyranose* [**VI**; F. 115—117° (Aceton), $[\alpha]_D^{20}$ —15,3 (c = 10; Chlf.)] wurde analog **V** hergestellt, jedoch durch 72std. Kochen mit p-Toluolsulfochlorid. Ferner wurden *1.6-Anhydro-2.3.4-tri-O-methyl-β-D-glucopyranose* [**VII**; F. 63—64°, $[\alpha]_D^{20}$ —63,7° (c = 2; W.)] u. *1.6-Anhydro-2.3.4-tri-O-acetyl-β-D-glucopyranose* [**VIII**; F. 109—110°, $[\alpha]_D^{20}$ —45,6° (c = 2; A.)] nach bekannten Meth. dargestellt. Die Verss., **IV—VIII** in Ggw. von verschiedenen Katalysatoren (F_3CCOOH, $H_2ClCCOOH$, $ZnCl_2$, $AlCl_3$, H_2SO_4, P_2Cl_5 u. a.) in verschiedenen Alkoholen (Butanol, Benzylalkohol, Äthylenglykol, Glycerin) bei erhöhter Temp. zu polymerisieren, schlugen fehl. Eine mögliche Erklärung wird gegeben. O. Fuchs. 4050□

Isolierung eines Glucomannans aus dem Holz der Weißbirke (Betula papyrifera). T. E. Timell. (Chem. and Ind. **1959**, 905—06, 11/7.; Montreal, Quebec, Canada, McGill Univ. and Pulp and Paper Res. Inst. of Canada; engl.) — Holocellulose aus Weißbirke liefert bei der Extraktion mit 24%ig. wss. KOH *4-O-Methylglucuronoxylan.* Aus dem Rückstand wird durch Extraktion mit 17,5%ig. NaOH, die 4% Borsäure enthält, ein Gemisch von Polysacchariden (P) isoliert, das *Glucose* (**I**), *Mannose* (**II**) u. *Xylose* im Verhältnis 1:1,05:0,33 enthält. Durch Fällung einer alkal. Lsg. von P mit $Ba(OH)_2$ wird ein P aus **I**, **II** u. Xylose (1:1,09:0,06) erhalten, aus Holocellulose durch analoge Rk. ein P aus den gleichen Zuckern im Verhältnis 1:1,11:0,06. Die erhaltenen P [$[\alpha]_D^{20}$ —35° (10%ig. NaOH)] sind elektrophoret. homogen. Sie verbrauchen 1,02 Mol Perjodat pro Anhydrohexoseeinheit u. stellen demnach ein echtes *Glucomannan* mit **I** u. **II** im Verhältnis 1:1,1 dar. L. Lamza. 4050

Dielektrische Eigenschaften von Polypeptid-Lösungen. Messung der dielektrischen Eigenschaften der α-Helix nach der Niederfrequenzbrückenmethode. Akiyoshi Wada. (Bull. chem. Soc. Japan **33**, 822—30, Juni 1960; Bunkyo-ku, Tokyo, Ochanomizu-Univ., Dep. of Chem.; engl.) — *Poly-γ-benzyl-L-glutamat* (**I**) wurde durch Polymerisation von γ-Benzyl-N-carboxy-L-glutamatanhydrid in Dioxan-Lsg. mit $NaOCH_3$ als Initiator bei Raum-Temp. hergestellt. Das Gew.-Mittel M_w des Molgew. wurde aus Lichtstreuungsmessungen in Dimethylformamid, in welchem die **I**-Moll. nicht assoziieren, abgeleitet, ebenso die Moleküllänge. Die DK wurde in Äthylendichlorid (**II**) u. Dioxan (**III**) bestimmt. In **II** wird die krit. Frequenz niedriger, wenn die spezif. Polarisation u. das Molgew. steigt. Die Mol.-Dipolmomente nehmen proportional dem Molgew. zu. Das Dipolmoment des Aminosäurerestes in der α-Helix berechnet sich zu 3,5 D; das ist in Übereinstimmung mit der Parallelorientierung des Dipolmoments der polaren Gruppen —NH—C=O in der α-Helix. Die Ergebnisse sprechen dafür, daß **I** in **II** als starres stäbchenförmiges Mol. existiert. In **III** befindet sich die α-Helix von **I** in einem assoziierten Zustand; die

Verteilung des Molgew. ist in höherem Grade polydispers. Zwischen Molgew. u. Moleküllänge besteht keine lineare Beziehung. In III, dem einzigen nichtpolaren Lsgm. für I, besitzt die α-Helix offensichtlich noch ein großes elektr. Dipolmoment. Die krit. Frequenz der Orientierungspolarisation läßt sich mit einem ellipsoiden Modell u. der aus Perrins-Gleichung abgeleiteten Gleichung für die rotator. Diffusions-Konst. in Übereinstimmung bringen. S. Neue. 4070□

Besonderheiten der Spektren der paramagnetischen Elektronenresonanz der synthetischen Polypeptidfilme und Proteine. M. K. Pulatowa, W. N. Rogulenkowa und L. P. Kajuschin. (Биофизика [Biophysik] **6,** 548—55, 1961; Moskau, Akad. der Wiss., Inst. für Biophysik; russ.) — Das paramagnet. Elektronenresonanzspektrum wurde an Filmen von *Poly-γ-methyl-L-glutamat* in der Schrauben- u. der ungeordneten Form, ferner bei verschiedenen Proteinen, darunter *Seidenfibroin, Eialbumin, Pepsin, Myosin, Actin, Actomyosin* untersucht, die vorher den γ-Strahlen von ^{60}Co oder Cs bzw. weichen Röntgenstrahlen ausgesetzt waren. Im Vakuum zeigen die nichtdenaturierten Proteine u. die Schraubenstruktur des Peptids ein Signaldublett, das sich bei Luftzutritt in ein Singulett umwandelt, während dieses Dublett beim ungeordneten Peptid u. den hitzedenaturierten Proteinen bei Luftzutritt erhalten blieb. Zur Deutung werden H-Brücken u. ihre Zerstörung bei der Denaturierung angenommen. M. Wiedemann. 4070□

Reversible Änderung der Struktur des β-Lactoglobulins durch Kupfer-Ionen. Dominique Pantaloni. (C. R. hebd. Séances Acad. Sci. **254,** 2847—49, 9/4. 1962; Paris, Fac. des Sci., Labor. de Biol. physicochim.; franz.) — Vf. verfolgt die Einw. von Cu^{2+} auf *Lactoglobulin* (I) durch UV-Spektroskopie, elektrometr. Titration u. Polarimetrie u. findet, daß oberhalb pH 7,3 nur die Imidazolgruppen von I mit Cu^{2+} reversibel unter Bldg. von Chelatkomplexen reagieren. Die Chelat-Bldg.-Konst. pK_{Cu} betragen bei pH 6: 7,92 für einen Chelatisierungsort an I u. 6,6 für zwei. $[\alpha]_{436}$ von I durchläuft in Abhängigkeit vom pH-Wert in Ggw. von Cu^{2+} ein Maximum bei pH 6; der Effekt ist reversibel u. wird durch EDTA unterdrückt. W. Walter. 4070□

Solubilisierungseffekt und Konfiguration der Eiweißmoleküle in Lösung. W. A. Ptschelin, W. N. Ismailowa und N. I. Sseraja. (Высокомолекулярные Соединения [Hochmolekulare Verbind.] **1,** 1617—24, Nov. 1959; Moskau, Lomonossow-Univ.; russ., Auszug: engl.) — Die Solubilisierung von Nitrobenzol (I) durch *Gelatine* (II)-Lsgg. bei 20° zeigt in Abhängigkeit vom pH der Lsg. ein Maximum beim isoelektr. Punkt; Vff. nehmen an, daß sie durch den globulären Zustand der II in Lsg. bedingt ist. In verd. Lsgg. ist die Solubilisierung am größten beim mol. Verhältnis I:II = 260:1. Bei steigender II-Konz. nimmt die red. Löslichkeit von I stark ab, vermutlich weil die Entw. einer Vol.-Strukturierung des Syst. die Wahrscheinlichkeit der Bldg. von II-Kügelchen vermindert. Bei der Unters. der Abhängigkeit der Solubilisierung von Bzl. u. I in II-Lsgg. von der Temp. zeigt sich bei 30° keine Abhängigkeit mehr vom pH des Mediums. In Lsgg. von thermolysierter II erfolgt keine Solubilisierung. Die Messung des Solubilisierungseffekts eignet sich zur Best. der Konfiguration von Eiweiß-Moll. in Lsg. u. ihrer Änderungen. R. K. Müller. 4070□

Über die Fluorescenz der Nucleinsäuren in Lösung. L. Ss. Agrosskin, N. W. Korolew, I. Ss. Kulajew und N. A. Pomoschtschnikowa. (Доклады Академии Наук СССР [Ber. Akad. Wiss. UdSSR] **136,** 226—29, 1/1. 1961; russ.) — Die Fluorescenzspektren von niederpolymerer u. hochpolymerer *Ribonucleinsäure* (I), *Desoxyribonucleinsäure* (II; niederpolymer u. hochpolymer), *Desoxyribonucleoproteid, Adenin, Guanin, Thymin, Uracil* u. *Cytosin* werden in 0,1n HCl (pH 1,1) bzw. in 0,1m Phosphatpuffer (pH 7,2) bei Zimmer-Temp. aufgenommen. I u. II zeigen in 0,1n HCl-Lsg. analoge Emissionsspektren mit 2 Maxima bei 248 u. 275 mμ, die sich von den entsprechenden Absorptionsspektren unterscheiden. Bei den Purin- u. Pyrimidinbasen luminescieren nur Adenin u. Guanin. Für die Fluorescenz der Nucleinsäuren ist bes. Guanin verantwortlich. In Phosphatpuffer wird bei I u. II eine kräftige Emissionslinie bei 300 mμ beobachtet, was auf das Vorhandensein von Strahlungszentren mit hoher Lichtquantenabgabe hinweist. H.-P. Pietsch. 4090□

Thermodynamische Modelltheorie der Polykondensation der Desoxyribonucleinsäure. W. M. Wolkenstein und Al. M. Jeljaschewitsch. (Доклады Академии Наук СССР [Ber. Akad. Wiss. UdSSR] **132,** 565—67, 21/5. 1960; Inst. für hochmol. Verbb. der Akad. der Wiss. der UdSSR; russ.) — Vgl. C. **1961,** 4379. — Bei der Synth. von *Desoxyribonucleinsäure* (I) findet eine Polykondens. statt, wobei sich Nucleotidtriphosphate (II) zu einer Kette vereinigen u. eine äquimol. Menge anorgan. Diphosphat (III; Pyrophosphat) in Lsg. geht. Wenn N die Zahl der II in einer Kette von I, L die Anfangszahl der III-Moll. in der Lsg. u. M die Zahl der II in der die Doppelschraube umgebenden Lsg. ist, hört bei L $\gg$ N die Reduplikation der I auf, sobald L/M $> 7 \cdot 10^2$ ist, falls die bei der Polykondens. von 1 Mol. II freiwerdende Energie zu 4, die mittlere Energie (ε_2) der H-Bindungen zwischen 2 II in I zu 7 kcal/Mol angenommen wird. Bei der nachfolgenden Reduplikation von I nimmt in der Lsg. der Geh. an III zu, der an II ab. Die durch $t = (M - 15 \cdot 10^{-4} L)/2 N$ charakterisierte I-Ausbeute hängt vom Verhältnis (Guanin + Cytosin)/(Adenin + Thiamin) ab. Man erhält [I] = [II] — $\alpha \cdot e^{-\beta x}$, wobei $\alpha = [III] \cdot 2 \cdot 10^{-2}$, $\beta = \Delta\varepsilon_2/2\,kT = 1{,}7$ ist. Die Bedingung der Denaturation von I hat dieselbe Form wie beim Polymerisationsmodell. Die Wahrscheinlichkeit falscher Anlagerung von II an die I-Kette ist verschwindend gering. R. K. Müller. 4090□

Hydrazinolyse von Nucleinsäuren. 1. Mitt. Bildung von Desoxyriboapyrimidinsäure von Heringssperma aus der Desoxyribonucleinsäure. Shosuke Takemura. (Bull. chem. Soc. Japan **32**, 920—26, Sept. 1959; Nagoya, Nagoya Univ., Fac. of Sci., Dep. of Chem.; engl.) — Vgl. C. **1960**, 15080. — Durch ½—2½ std. Erwärmen von lyophilisierten *Desoxyribonucleinsäure*-Proben (D) aus Heringssperma mit wasserfreiem Hydrazin auf 37—60° unter Ausschluß von Feuchtigkeit, Kühlen, Anreiben mit 5 Vol. abs. A., Zentrifugieren, Waschen mit abs. A. u. Ae. u. Trocknung werden feste Prodd. erhalten, die beim Lösen (unter Kühlung) in dest. W., 20 std. Dialysieren gegen fließendes W. u. 40 Std. gegen häufig wechselnde Proben von dest. W. von 4° u. Gefriertrocknung nichtdialysierbare hellgelbe Prodd. (P) liefern. Beim Lösen der A.-Ndd. der P in 0,2 m Phosphatpuffer bei pH 6, 16 std. Dialyse gegen die Puffer-Lsg., gegen fließendes W. u. zuletzt dest. W. werden schwach gelbe *Desoxyapyrimidinsäuren* (DA) erhalten. Zur Darst. der purin- u. pyrimidinfreien *Polydesoxyribosephosphate* werden die nach Tamm aus den D erhaltenen *Deoxyriboapurinsäuren* analog der Hydrazinolyse unterworfen bzw. die DA werden mit HCl bei pH 1,6 behandelt. L. Lamza. 4090

Hydrazinolyse von Nucleinsäuren. 2. Mitt. Die Bildung von Riboapyrimidinsäure aus Hefe-Ribonucleinsäure. Shosuke Takemura und Masazumi Miyazaki. (Bull. chem. Soc. Japan **32**, 926—31, Sept. 1959; engl.) — 1. vgl. vorst. Referat. — Durch 1 std. Einw. von 3 ml wasserfreiem Hydrazin auf 1,5 g *Heferibonucleinsäure*, Zugabe von 5 Vol. A. nach dem Abkühlen, Waschen des Nd. mit abs. A. u. Ae., Trocknung, Lösen in dest. W. von 0°, Ansäuern mit verd. HCl auf pH 1,5, Waschen des hellgelben Nd. mit A. u. Ae., Suspendieren in W., Lösen durch Zugabe von verd. Alkali, 3tägiges Dialysieren gegen häufig wechselnde Proben dest. W. von 4° u. Gefriertrocknung werden 88% gelbe *Riboapyrimidinsäure* erhalten. L. Lamza. 4090

E. Biologische Chemie. Physiologie. Medizin

E_1. Allgemeine Biologie und Biochemie

Der Zeitfaktor beim Wachstum lebender Substanzen. F. Gummert. (Experientia [Basel] **15**, 1—8, 15/1. 1959; Essen, Kohlenbiol. Forschungsstat. e. V.; engl.) — In Verbindung mit Unterss. über die Massenzucht von Algen werden die Frage der Zunahme organ. Substanz/Zeiteinheit bei den verschiedenen Lebewesen (Meßzahlen: Verdopplungsschritte), die Zunahme von Populationen im begrenzten Lebensraum (*Drosophila*), die Frage einer zunehmenden Tendenz der gesamten lebenden Substanz gegenüber der anorgan. auf der Erde, usw. behandelt. K. Maier. 4100□

Reinigung und Anreicherung von Farbstoff–Protein-Addukten durch Gelfiltration. W. George und K. W. Walton. (Nature [London] **192**, 1188—89, 23/12. 1961; Birmingham, Univ., Dep. of Experim. Pathol.; engl.) — Lsgg. von Protein–Farbstoff-Addukten, wie die aus *γ-Globulin* von Kaninchenantiserum u. *Rhodaminisothiocyanat* bzw. *Fluoresceinisothiocyanat*, lassen sich durch Gelfiltration an Dextrangel *Sephadex G 25* bei pH 7,4 in je zwei Proteinfraktionen auftrennen. Eine Fraktion besteht anscheinend aus vollständig mit Farbstoff indiziertem, die andere aus teilweise indiziertem Protein, wie sich aus Absorptionsmessungen der Fraktionen bei 280 mμ u. 490 mμ u. aus ihrer verschiedenen Antikörperaktivität ergibt. Vff. sehen in der Gelfiltration eine geeignete Meth., ursprüngliches Protein von dem mit Farbstoff indiziertem zu trennen oder in verd. Lsgg. anzureichern. K. Heyns. 4100□

Kobaltkomplexe von Proteinen und Polypeptiden. Jake Bello und Helene R. Bello. (Nature [London] **192**, 1184—85, 23/12. 1961; Buffalo, Riswell Park Memor. Inst., Dep. of Biophys.; engl.) — *Co^{2+}-Salze* (I) in Lsgg. von *Gelatine* (II) bilden auf Zusatz von Alkali (III) zwei von dem Mischungsverhältnis der Partner abhängige Co-Proteinkomplexe: *violetter Komplex A* (IV): II = 2—5%ig., III = 0,3—1,0. Überschreitet I:II das Verhältnis 1:10, so fällt langsam $Co(OH)_2$ aus. Ist III < 0,3 m, dann bildet sich ein Gel mit blauem $Co(OH)_2$. **IV** hat ein Absorptionsmaximum bei 560 mμ. Der *braune Komplex B* (**V**) bildet sich rasch aus **IV** beim Stehen an der Luft, ist aber im Vakuum bzw. unter Ausschluß von Luft längere Zeit haltbar. H_2O_2 beschleunigt die Umwandlung. **V** hat ein Absorptionsmaximum bei 460—470 mμ. Während Ansäuern reversibel Co^{2+} liefert, erhält man aus **V** nur eine braune Lösung. Vermutlich enthält **V** Co^{3+}-Ion. Ähnliche Komplexe mit Co^{2+} wie **II** bilden *Pepsin, Edestin, Lysozym, Chymotrypsinogen, Tetraglycin, Poly-DL-alanin.* Da zur Komplex-Bldg. eine hohe Aktivität nötig ist, mit *Poly-DL-prolin, Poly-DL-hydroxyprolin* u. *Poly-DL-sarkosin* jedoch keine entsprechenden Komplexe entstehen u. **II** im alkal. Milieu nur in Ggw. von Co^{2+} bis 0° nicht geliert, schließen die Vff., daß das Co^{2+} in Analogie zu Cu-Biuretkomplexen an der Peptidbindung gebunden ist. K. Heyns. 4100□

Die elektrischen Eigenschaften eines orientierten Lipids an einer biologischen Membran. Eine elektrolytische Diffusionsgrenze und Ionenpumpe. J. W. L. Beament. (Nature [London] **191**, 217—21, 15/7. 1961; Cambridge, Univ., Dep. of Zool.; engl.) — Übersicht. Elektrostat. Potential quer durch eine Membran (*Periplaneta*-Integument ohne Epidermiszellen), Ionenbewegung, Ursprung des elektrostat. Potentials in der Membran, Energie der Ionenpumpe. — 17 Literaturangaben. K. Maier. 4102□

Die Zerkleinerung von Hefezellen durch hohen Druck bei tiefer Temperatur. Lois B. Gehring und Jorma K. Miettinen. (Suomen Kemistilehti B **32**, 21—22, 1959; Helsinki, Biochem. Inst., Foundation for Chem. Res., Labor.; engl.) — Beschreibung einer Vorr., die bei —25 bis —40° u. einem Druck von mindestens 1500—2000 kg/cm² eine 100%ig. Zerkleinerung von Hefezellen ermöglicht. K. Maier. 4150□

Einige Eigenschaften des Osmiumtetroxides als eines Fixators von Zellstrukturen. P. W. Makarow. (Архив Анатомии, Гистологии и Эмбриологии [Arch. Anatom., Histol. Embryol.] **42**, Nr. 6, 111—19, Juni 1962; Leningrad. Univ., Lehrstuhl für Anatomie u. Histolog.; russ.) — Zur Fixierung der Zellstrukturen u. *Polysaccharide* der verschiedenen Organe des Frosches wurde 1%ig. OsO_4-Lsg. bei nachfolgender Anwendung von alkohol. Postfixatoren mit gutem Erfolg angewandt. OsO_4 dringt schnell in die Gewebe ein (Froschleber 200 μ 5 Min.) u. hat hohe Letal-Wrkg. schon in Konzz. von 0,001—0,1%. I. v. Kloch-Kornitz. 4150□

Das Färben von mit Schwefelsäure veresterten Mucopolysacchariden. I. D. Heath. (Nature [London] **191**, 1370—71, 30/9. 1961; Dundee, Univ. of St. Andrews, Queen's Coll., Dep. of Anat.; engl.) — Lsgg. bestimmter bas. Farbstoffe, bes. *Toluidinblau, Methylenblau, Neutralrot,* in Al-Sulfat-Lsgg. geben sehr spezif. Färbungen *sulfatierter Mucopolysaccharide* in Gewebeschnitten. Der entstehende Farbstoffkomplex (**I**) ist wahrscheinlich eine Koordinations-Verb. eines geeigneten Metallkations u. des Farbstoffs. Die Rk. zwischen Geweben u. **I** ähnelt dem Beizvorgang in der Textilfärberei. K. Maier. 4150□

Ein Vergleich verschiedener Mucopolysaccharidfärbungen angewandt auf Epiphysealknorpel von Hühnern. Leonard F. Bélanger und B. B. Migicovsky. (J. Histochem. Cytochem. **9**, 73—78, Jan. 1961; Ottawa, Ontario, Canada, Univ., School of Med., Dep. of Histol. and Embryol. and Dep. of Agricult., Animal Res. Inst.; engl.) — Verschiedene Färbe-Meth. für *Mucopolysaccharide* werden an epiphysealem Knorpel von Küken verglichen u. ihre Vor- u. Nachteile diskutiert. H.-G. Trüper. 4150□

Histochemische Untersuchungen der Hurlerschen Krankheit: Eine neue Methode zur Lokalisierung des sauren Mucopolysaccharids und eine Analyse der Bleiacetatfixierung. M. Daria Haust und Benjamin H. Landing. (J. Histochem. Cytochem. [Baltimore] **9**, 79—85, Jan. 1961; Cincinnati, Ohio, Univ. of Cincinnati, Coll. of Med. and Div. of Pathol. and Pediatrics of Children's Hosp. and Children's Hosp. Res. Found.; engl.) — Die Metachromasien der *sauren Mucopolysaccharide* der Hurler-Krankheit sind am besten demenstrierbar durch Färbung der Schnitte mit 0,5% *Toluidinblau* in 25% *Aceton* nach Fixierung in Tetrahydrofuran–Aceton (1:1). Durch Bleiacetat kann die Färbungsintensität modifiziert werden. H.-G. Trüper. 4150□

Lipoproteine in Formalinextrakten von menschlichen Lungen. R. Chayen und Shirley E. Hampson. (Biochem. J. **83**, 27P—28P, Juni 1962; London, Univ. Coll., Dep. of Chem. Engng.; engl.) — Unter Hinweis auf frühere Verss., wonach bei der Fixierung von Gewebe mit Formalin Lipidmaterial nuclearer Herkunft in Lsg. geht (Biochem. J. **81**, [1961], 11P), werden weitere Angaben in dieser Richtung gemacht. Im Formalinextrakt aus menschlichen Lungen finden sich mehrere Komponenten, die mit Säure bzw. mit Alkali oder aber nicht fällbar sind. Bei der Elektrophorese eines solchen Extraktes auf Celluloseacetatstreifen treten 4 in ihrer Wanderungsrichtung bzw. -Geschw. unterschiedliche Banden in Erscheinung. Eine Bande gibt positive

Rk. auf *Lipoprotein* u. *Phospholipid*, eine andere auf *Kohlenhydrat*, eine weitere wird als denaturiertes Protein betrachtet. Die kathod. wandernde Bande dürfte ein Lipidmaterial chromosomalen Ursprungs sein. Es wird vermutet, daß das Material von 3 Banden ident. mit den durch Säure bzw. Alkali bzw. nichtfällbaren Komponenten ist. K. Täufel. 4150 □

Elektronenmikroskopische cytochemische Untersuchungen. 2. Mitt. Bernsteinsäuredehydrogenase in Rattenspermatozoen. L. Nelson. (Exp. Cell Res. **16**, 403—10, Febr. 1959; Chicago, Ill., Univ. of Chicago, Dep. of Anat.; engl.) — 1. vgl. C. **1959**, **1161**. — Die elektronenmkr. Lokalisierung von *Succinodehydrogenase* (I) in gefriergetrocknetem Sperma aus Rattennebenhoden mittels polymeren Nitro-BT-Tetrazolium, p-Nitrotetrazolium u. K-Tellurit in Ggw. von Succinat (II) u. Na-Malonat ohne II ergab eine Konzentrierung in den 9 äußersten axialen Fasern des Spermaflagellums. Die Reagentien dienten in allen Fällen der Färbung. Die Ndd. erschienen einheitlich amorph, ohne erkennbare Granula- oder Kristallbildung. Die Befunde zeigen, daß bei der oxydativen Re-Synth. von Adenosintriphosphat möglicherweise beteiligte Syst. morpholog. eng mit Strukturen, die Adenosintriphosphataseaktivität besitzen, verknüpft sind. K. Maier. 4150 □

Das Wesen der differenzierten Kaliumkonzentrierung lebender Zellen. E. J. Conway. (Kalium Symposium [Bern] **1960**, 209—27, Dublin, Univ. Coll., Biochem. Dep.; engl.) — Die bevorzugte *K*-Konzentrierung durch lebende Zellen beruht auf dem zur Aufrechterhaltung des Gleichgew.-Zustandes („balanced stete") erforderlichen minimalen Bedarf an freier Energie, wobei die Zellen leicht dehnbare Membranen, ähnlich denen der ursprünglichen Zellen, haben. Der hohe K-Geh. der Zellen entwickelte sich vermutlich gleichzeitig mit der Entw. der Zelle zur Zeit der präcambr. Meere u. diente zum Ladungsausgleich der wahrscheinlich aus negativ geladenem Protein u. Phosphatestern gebildeten Membran. — 34 Literaturangaben. K. Maier. 4150 □

Die Biochemie des Kaliums. Hans H. Ussing. (Kalium Symposium [Bern] **1960**, 229—39; Copenhagen, Univ., Inst. of Biol. Chem.; engl.) — Übersicht. Chem. Zustand des *K* in lebenden Zellen, akt. K-Transport, K-Speicherung isolierter Froschhaut, K-Funktion bei enzymat. Vorgängen. — 41 Literaturangaben. K. Maier. 4150 □

Natrium- und Kalium-Transport in Zellkulturen von Hühnerembryonenherzmuskel. R. Burrows und J. F. Lamb. (J. Physiology **161**, 13P—14P, April 1962; Edinburgh, Univ. of Edinburgh, Dep. of Vet. Bacteriol. and Physiol.; engl.) — In Zellkulturen des Herzmuskels von 14 Tage alten Hühnerembryonen betrug der *Na*-Geh. der Zellen 16,0 mM/Liter Zellwasser u. der K-Geh. 186 mMol/Liter. Alles Na u. K der Zellen trat mit dem des Mediums in Austausch. Unter der Annahme, daß der Austausch durch die gesamte Zelloberfläche erfolgte, betrug das abs. Ausströmen bei 37,5° 13,6 $pMol/cm^{-2} \cdot sec^{-1}$ für Na u. 10,1 $pMol \cdot cm^{-2} \cdot sec^{-1}$ für K. Das Ausströmen von Na hing von der K-Konz. im Medium ab. K. Zingraf. 4150 □

Untersuchungen über die cellulären Kaliumaustauschvorgänge und deren biologische Auswirkungen, besonders unter dem Einfluß von Corticosteroidhormonen. Joseph Stolkowski. (Kalium Symposium [Bern] **1960**, 271—73; Paris, Fac. des Sci., Labor. de Physiol. Chim.; franz.) — Ausführliche Arbeit s. nachstehendes Referat. K. Maier. 4150 □

Untersuchungen über die cellulären Kaliumaustauschvorgänge und deren biologische Auswirkungen, besonders unter dem Einfluß von Corticosteroidhormonen. Joseph Stolkowski. (Kalium Symposium [Bern] **1960**, 635—768; franz.) — Vgl. vorst. Referat. — Direkte Wrkg. von *Corticosteroiden* (I) auf das Zell-*K*; biochem. Grundlagen dieser I-Wrkg. (Kohlenhydratstoffwechsel u. K-Bewegung, Eiweißstoffwechsel u. K-Bewegung, mögliche Funktion von K auf die durch I gesteuerte Kälteresistenz; Einfl. von K auf die Sekretion des corticotropen Hormons, I-Funktion; Kompensation einiger Wrkg. der Nebennierenrindenhormone durch große K-Dosen; Einfl. der Ionenverhältnisse des Milieus auf Wachstum, Entw. u. Geschlechts-Bldg. von *Discoglossus pictus* (Otth). — 222 Literaturangaben. K. Maier. 4150 □

Analyse von nucleolären Proteinen. A. M. Preumont, Elyane J. Baltus und E. Schram. (Arch. int. Physiol. Biochim. **69**, 754—55, Dez. 1961; Bruxelles, Univ. de Bruxelles, Labor. de Morphol. animale et Labor. de Chim. biol. et de la Nutr.; franz.) — In den Nucleolen der Eizellen von Seesternen wurden folgende *Aminosäuren* (I) nachgewiesen: Lysin, Histidin, Arginin, Asparaginsäure, Threonin, Serin, Glutaminsäure, Prolin, Glycin, Alanin, Cystin, Valin, Methionin, Isoleucin, Leucin, Tyrosin u. Phenylalanin. Während des Wachstums der Eizellen nimmt vor allem der Geh. an bas. I zu; das ist im Cytoplasma nicht der Fall. K. Zingraf. 4150 □

Ein Modell der Proteinsynthese. Richard W. Hendler. (Nature [London] **193**, 821—23, 3/3. 1962; Bethesda, Md., Nat. Inst. of Health, Nat. Heart Inst., Labor. of Coll. Physiol. and Metabolism; engl.) — Vf. weist darauf hin, daß Zellextrakte nur noch $^1/_{100}$—$^1/_{1000}$ der Fähigkeit zur Protein-Synth. im Vgl. zu intakten Zellen haben. Beobachtungen an intakten Zellen lassen sich so deuten, daß die Protein-Synth. im wesentlichen an der Zellmembran unter Mitwrkg. von *Ribonucleoprotein* (zwischen einer *Lipoprotein*-Membran u. einem Ribonucleoprotein-Film) erfolgt. Die *Aminosäuren* können von innen oder von außen herangeführt werden. Aus dem Zellinnern erfolgt der Transport mit Hilfe von lösl. Ribonucleinsäure. K. Heyns. 4150□

Sterinsynthese durch Zellen, welche im Serum von Wärmestress-behandelten Hühnern gezüchtet wurden. Kenneth D. Rose, Richard Maca und Donald M. Pace. (Proc. Soc. exp. Biol. Med. **108**, 282—85, Nov. 1961; Lincoln, Nebr., Univ. of Nebraska, Univ. Health Serv.; Dep. of Physiol., Inst. for Cell. Res.; engl.) — Junge Hühner, welche 24 Std. einer Wärme-Einw. von 102° F ausgesetzt werden, entwickeln im Blut einen Stressfaktor. Wenn Serum dieser Tiere einem Kulturmedium zugesetzt werden, so findet man im Cytoplasma von Zellen, die in diesem Medium gezüchtet werden, eine große Zahl kleiner Lipidtröpfchen, die aus *Sterin* (möglicherweise *Cholesterin*) bestehen. Sie werden von den Zellen nicht als Stoffwechselsubstrat benutzt, sondern stellen offenbar ein Nebenprod. eines veränderten Fettstoffwechsels der Zellen dar. K. Zingraf. 4150□

Werden Makromoleküle für das Wachstum einzelner isolierter Säugetierzellen benötigt? Ralph B. Gwatkin. (Nature [London] **186**, 984—85, 18/6. 1960; Philadelphia, Pa., Wistar Inst. of Anatomy and Biol.; engl.) — L-Zellen des Stammes *929 E* wachsen nicht in Nähr-Lsg. *CMRL-1066* (a) allein. Gibt man jedoch zu der Lsg. a 20% Pferdeserum oder 20% gegen a 24 Std. bei 5° dialysiertes Pferdeserum, so tritt kräftiges Wachstum ein. Das Wachstum der verwendeten L-Zellen ist etwa gleich stark, wenn a 24 Std. lang bei 5° gegen 2 Vol. Pferdeserum dialysiert wird. Daraus geht hervor, daß Serum als Ganzes für das Wachstum von L-Zellen nicht essentiell ist, sondern nur einen oder einige dialysierbare Wachstumsfaktoren liefern muß. Anscheinend sind in Abwesenheit von Protein gewachsene Zellen meist voneinander isoliert, während in Ggw. von Serum gewachsene Zellen untereinander zusammenhängen. S. Dittmann-Mitzscherlich. 4150□

Kontrolle des Wachstums von Säugerzellen in Kultur mittels Folsäure, Thymidin und Purinen. Irving Lieberman und Peter Ove. (J. biol. Chemistry **235**, 1119 bis 1123, April 1960; Pittsburgh, Pa., Univ. of Pittsburgh, School of Med., Dep. of Microbiol.; engl.) — Vgl. C. **1961**, 163. — Aus verschiedenen Kaninchenorganen (Leber, Niere, Lunge) angelegte Zellkulturen erfordern im Gegensatz zu den geprüften dauernd züchtbaren Säugerzellen (HeLa, AMK 2—2) zum Wachstum oder zur maximalen Wachstums-Geschw. relativ große Konzz. von *Folsäure* (**I**). Dieser Mangel der Primärkulturen beruht möglicherweise auf **I**-Reduktion. *5-Formyltetrahydrofolsäure* ist ca. 30fach wirksamer als die geprüften nichtred. Vitamine (**I**; *Pteroylglutaminsäure, 10-Formylfolsäure*). Inosit, Cholin, p-Aminobenzoesäure u. Vitamin B_{12} ersetzten **I** nicht u. wirkten nicht toxisch. Der **I**-Bedarf der Leberzellen wird durch eine Mischung von *Thymidin* (**II**), *Adenin* (**III**) u. *Glycin* gedeckt. Die Wachstums-Geschw. dieser Zellen ist durch das Vitamin leicht zu steuern, die Zellausbeute durch **II** u. **III**. **II** war nicht durch Thymin sowie andere Pyrimidine, Purine u. Derivv. derselben ersetzbar. Alle geprüften Purine u. Derivv., ausgenommen Guanin, vermögen offensichtlich **III** zu ersetzen. K. Maier. 4150□

Einige allgemeine Probleme der Polynucleotidchemie. Alexander Todd. (Proc. chem. Soc. [London] **1961**, 187—93, Juni; engl.) — Überblick über die chem., biochem., biophysikal. u. biolog. Arbeiten der letzten 10 Jahre auf dem Gebiet der Polynucleotide vom Standpunkt des Chemikers, vorgetragen auf dem Jahrestreffen der engl. chem. Gesellschaft in Liverpool 1961. — 22 Literaturangaben. L. Laschet. 4150□

Histochemische Untersuchung der Desoxyribonucleinsäure in den Nekroseherden. A. K. Agejew. (Архив Патологии [Arch. Pathol.] **23**, Nr. 5, 37—40, 1961; Leningrad, Militär-Med. Kirow-Akad., Lehrstuhl für pathol. Anatomie; russ., Auszug: engl.) — Histochem. Unterss. zeigten, daß es bei Nekroseprozessen des Gewebes infolge Karyolyse u. Karyorhexis zu intranuclearer Anhäufung von *Desoxyribonucleinsäure* kommt, die dann entlang der Nervenfasern u. Blutgefäße ins umliegende Gewebe diffundiert, um durch die nicht thrombosierten Blutgefäße in den Blutkreislauf zu gelangen u. die Nekrohormone zu stimulieren. I. v. Kloch-Kornitz. 4150□

Die Zellfunktion im Drosophila-Ovar. 2. Mitt. **Das Verhalten von Ribonucleinsäure.** J. L. Sirlin und J. Jacob. (Exp. Cell Res. **20**, 283—93, Aug. 1960; Edinburgh, Inst. of Animal Genetic; engl.) — Nach Verfüttern von $^{14}C_{(6)}$-*Orotsäure* (**I**) u. anschließend von unmarkierter I wurden „nurse"-Zellen (N.Z.) des Ovars, Oocyten u. Follikelzellen von *D. melanogaster* autoradiograph. untersucht. ^{14}C fand sich vorwiegend in der *Ribonucleinsäure* (RNS). In den N.Z.-Kernen nahm ^{14}C während der Stadien 6—9 zuerst zu, dann ab. Die RNS-Funktion war an der Kontaktstelle von RNS-Masse u. Chromatin sehr stark, die Chromonemata an dieser Stelle verdickt. Der ^{14}C-Geh. des Cytoplasmas von N.Z. u. Eizellen stieg kontinuierlich an. K. Maier. 4150 □

Strahlungsschäden in der Gewebekultur. G. Kellner, E. Broda, O. Suschny und W. Rücker. (Exp. Cell Res. **16**, 673—74, März 1959; Wien, Univ., Histolog.-embryolog. Inst. und I. Chem. Inst.; engl.) — In Gewebekulturen von Hühnerembryo-Mesenchym wurde ^{32}P eingebaut u. die abgetöteten Zellen gezählt. H.-G. Trüper. 4150 □

Strahlung und Gewebe-Desoxyribonucleotide. J. Soška, M. Skalka und L. Sošková. (Českoslov. Fysiol. **9**, 574—75, Nov. 1960; Brno, ČSAV, Biofys. ústav; tschech.) — Bei Ratten bewirkt Bestrahlung mit 600 r eine Zunahme der *Desoxyribonucleotide* u. *-nucleoside* des Lebergewebes, etwas stärker ist die Zunahme bei partiell hepatektomierten u. 1 Std. danach bestrahlten Ratten, noch stärker bei hepatektomierten Tieren ohne Bestrahlung. Bei Bestrahlung 24 Std. vor der Hepatektomie sind die Mengen etwas kleiner als ohne Hepatektomie, aber auch hier bei Hepatektomie ohne Bestrahlung am höchsten. R. K. Müller. 4150 □

Cytochemische Reaktionen von Ribonucleoproteiden der Mitochondrien und tigroiden Nervenzellen in den ersten Minuten nach einer Gammabestrahlung. A. L. Schabadasch, T. I. Selikina und N. D. Agratschewa. (Доклады Академии Наук СССР [Ber. Akad. Wiss. UdSSR] **136**, 222—25, 1/1. 1961; Akad. der Wiss. UdSSR, Inst. für biolog. Physik; russ.) — Vff. untersuchen an weißen Ratten die Wrkg. von γ-Strahlen (100 r/min) auf das zentrale Nerven-Syst. u. bestimmen die Zeit, nach der eine Störung der Neutronenstruktur beobachtet wird. Nach der γ-Bestrahlung findet eine Verschiebung des I.P. der *Ribonucleoproteide* (I) in den Mitochondrien u. der Tigroidsubstanz nach der alkal. Richtung statt. Die größte I.P.-Verschiebung wird bei den Mitochondrien der afferenten Ganglienzellen festgestellt. Eine Min. nach der Strahlen-Einw. tritt eine Verschiebung des pH um 0,9—1,0 ein, die nach 10 Min. auf 1,4 anwächst. Die elektrokoll. Eigg. der I der Tigroidsubstanz verändern sich wesentlich weniger als die der Mitochondrien. Eine minimale Veränderung ist bei den Tigroiden des Rückenmarks zu beobachten. H.-P. Pietsch. 4150 □

Der Ribonucleinsäuregehalt in den Mitochondrien in normalen und Geschwulstgeweben. L. Ss. Milman und W. A. Kusjajewa. (Цитология [Zytologie] **4**, 42 bis 51, Jan./Febr. 1962; Moskau, Akad. der Wiss. der UdSSR, Inst. für Veterinär-Morpholog., Abt. Biochemie der Zellstrukturen; russ., Auszug: engl.) — Vgl. C. **1961**, **2647**; 12497. — Der Geh. an *Ribonucleinsäure* (I) in den Mitochondrien (M), der durch Isolierung mit 15%ig. *Saccharose*-Lsg. u. *Ribonuclease*-Inkubation (60—70 mg/cm³, 20°, 25 Min.) bestimmt wurde, beträgt in Leber u. Nieren von normalen Ratten 10% des Gesamt-N-Geh. der M bei Walker-Carcinosarkom u. Ascitshepatom der Ratten u. ascit. Ehrlich-Carcinom der Mäuse 45—48%. Die hochpolymere I der M u. des Cytoplasmas zeigen verschiedenen Geh. an *Nucleotiden*. I. v. Kloch-Kornitz. 4150 □

Die Wirkung von Tumorsuspensionen auf menschliche rote Blutzellen. Lucie Adelsberger und H. M. Zimmermann. (Trans. New York Acad. Sci. [2] **23**, 148—54, Dez. 1960; New York, N.Y., Montefiore Hosp.; engl.) — Die Einw. von hochtourig zentrifugierten *Tumorzellsuspensionen* auf rote Blutkörperchen zeigt eine geringere Hämolyse-Wrkg. im Vgl. mit Suspensionen normaler Zellen. Die Hämolyse tritt oft erst nach Vorbehandlung u. zweiter Inkubation ein. Eine Veränderung der Antigen-Eigg. der roten Blutzellen kann eintreten. R. Preußmann. 4160 □

Wirkung von Encephalomyocarditis-Virus auf den Ribonucleinsäure-Stoffwechsel von Krebs-II-Mäuse-Asciteszellen. E. M. Martin. (Biochem. J. **76**, 30 P—31 P, Aug. 1960; London, Mill Hill, Nat. Inst. for Med. Res.; engl.) — Vgl. C. **1962**, **2399**. — Mit *Encephalomyocarditis-Virus* (EMC) infizierte Mäuseasciteszellen wurden osmot. aufgebrochen: der größte Teil EMC, dessen Auftreten 4 Std. nach Infektion beginnt, setzt sich beim Zentrifugieren mit der Mitochondrienfraktion ab. Durch die Vermehrung von EMC in dieser Fraktion bedingt, nimmt der Einbau von ^{14}C aus $^{14}C_{(6)}$*-Orotsäure* in *Ribonucleinsäure* (RNS) laufend zu u. erreicht nach 6 Std. 320% des Wertes der nichtinfizierten Zellen. Verh. der Mikrosomenfraktion ähnlich, jedoch weniger ausgeprägt, da der EMC-Geh. niedriger ist. Innerhalb der Asciteszelle ist der Zellkern der Ort der stärksten RNS-Synth. u. auch der größten Empfindlichkeit gegenüber EMC-Infektion. Innerhalb der Kern-RNS ist die Fraktion gegenüber EMC-Infektion am empfindlichsten, die in 0,1 m Phosphatpuffer vom pH 7,1 lösl. ist, während in dem Puffer unlösl. RNS durch

EMC-Infektion nur wenig beeinflußt wird. Dem Verlust von Kern-RNS entspricht nach Zellinfektion die Zunahme der Mitochondrien-RNS in ca. der gleichen Größenordnung.
S. Dittmann-Mitzscherlich. 4160□

Der Einfluß glykolytischer Fermente auf den Stoffwechsel von Tumorzellen. 4. Mitt. **Über die Wirkung von Fructose-1.6-diphosphatase und Codehydrasen auf Atmung und Glykolyse von Ehrlich-Ascites-Tumorzellen.** E. Heise und M. Görlich. (Z. Naturforsch. **17b**, 325—30, Mai 1962; Berlin-Buch, Inst. für Med. u. Biol. der Dtsch. Akad. der Wiss., Robert-Rössle-Klinik; dt.) — Vgl. C. **1959**, 6833 u. 6834; C. **1962**, 3489. — Atmung u. aerobe Glykolyse von Ascitestumorzellen in Krebs-Ringer-Phosphatpuffer sowie anaerobe Glykolyse in Ringer-Lsg. mit HCO_3^- u. *Glucose* (I) wurden manometr. u. durch Best. der gebildeten Milchsäure u. der verbrauchten I gemessen. 0,3 ml eines Extraktes aus Rinderleber (E) mit einer *Fructose-1.6-diphosphatase*-Aktivität von 35 μMol PO_4^{3-}-Abspaltung pro Std. pro ml hemmen die Glykolyse der Zellen, wenn sie pro 3 ml Inkubations-Fl. zugesetzt werden. Zusätzliche Einw. von 0,4 mg *Triphosphopyridinnucleotid* u. bes. *Diphosphopyridinnucleotid* (DPN) verstärkt die Wrkg. von E auf die anaerobe Glykolyse der Zellen. Atmung u. aerobe Glykolyse werden durch DPN nicht zusätzlich beeinflußt. 0,4 mg red. DPN (DPNH) pro 3 ml Fl. hemmen die anaerobe Glykolyse beträchtlich, E verstärkt die Hemmwrkg. nicht zusätzlich. 0,4 mg *Nicotinsäureamid*, an Stelle von DPN zu 3 ml Inkubations-Fl. zugesetzt, beeinflussen weder in Ggw. noch in Abwesenheit von E die anaerobe Glykolyse u. den I-Verbrauch der Zellen. Aus Extinktionsmessungen bei 360 mμ (Absorptionsbande von DPNH) folgt, daß DPN durch E nicht hydriert wird u. daß E nur wenig DPNH enthält. Die Hemmung der Glykolyse ist der *Fructose-1.6-diphosphatase*-Aktivität von E u. nicht dem *DPNH*-Geh. proportional. S. Dittmann-Mitzscherlich. 4160□

Korrelation zwischen strukturellen und Stoffwechseländerungen nach Zusatz von Kohlenhydraten zu Ehrlich-Ascites-Tumorzellen. Lester Packer und Richard H. Golder. (J. biol. Chemistry **235**, 1234—40, Mai 1960; Philadelphia, Pa., Univ. of Pennsylvania, Johnson Found. for Med. Physics; engl.) — Unters. der Wrkg. von *Glucose* (I), *Mannose* (II) u. *2-Desoxyglucose* (III) auf Atmung, Redoxzustand von *Cytochrom b* u. Lichtstreuung bei Mäuse-Ehrlich-Ascitestumorzellen ergab bei I—III-Zusatz eine Atmungsaktivierung u. gleichzeitig vermehrte Lichtstreuung. Eintritt u. Ende dieser Veränderung fiel weitgehend mit Atmungsbeschleunigung u. -hemmung zusammen. I—III bewirkten während der beschleunigten Atmungsphase einen O_2-Verbrauch, der mit der Zunahme der Streuung u. mit der *Adenosindiphosphat* (IV)-Bldg. während der Hexokinase-Rk. in Korrelation stand. Die durch Kohlenhydrate induzierten Veränderungen der Lichtstreuung waren von keiner Veränderung der Zellgröße (Zellvolum-Best.) begleitet. Es wird angenommen, daß die durch Kohlenhydrate bedingte Änderung der Lichtstreuung das Ergebnis einer intracellulären Strukturänderung infolge mitochondrialer Schrumpfung durch IV u. Adenosintriphosphat ist. Isolierte Ascitestumormitochondrien quellen in Ggw. oxydabler Substrate u. schrumpfen bei IV-Zusatz.
K. Maier. 4160□

Über den Umsatz der aromatischen Aminosäuren bei Kindern mit akuter Leukose. A. Ja. Djatschkowa und N. Ss. Kissljak. (Вопросы Медицинской Химии [Fragen med. Chem.] **8**, 144—49, März/April 1962; Minist. für Gesundheitswesen der RSFSR, Inst. für Pädiatrie, Biochem. Labor; Moskau, 2. Med. Pirogow-Inst., Lehrstuhl für fakultative Pädiatrie; russ., Auszug: engl.) — Bei Kindern mit akuter Leukose wurde der Geh. an *Phenylalanin* (I), *Tyrosin* (II), *Phenylbrenztraubensäure* (III), *Homogentisinsäure* (IV), freiem (V) u. gebundenem *Phenol* (VI), *Indikan*, Gesamt-N u. Amino-N im Harn bestimmt. Es zeigte sich eine Störung des I- u. II-Stoffwechsels mit Vermehrung der III bis zu 1465 mg (normal bis zu 182,9 mg täglich), IV bis zu 530 (normal bis zu 38,4), V bis zu 339 (normal bis zu 126) u. VI bis zu 880 (normal bis zu 263). Das Ausmaß der Stoffwechselstörungen u. die Schwere des Krankheitsprozesses verlaufen parallel. I. v. Kloch-Kornitz. 4160□

Die Eiweißfraktionen des Blutserums bei Kranken mit Magenkrebs vor der Operation und zu verschiedenen Zeiten nach der Magenresektion. A. G. Nadsharow und I. T. Abassow. (Советская Медицина [Sowjet-Med.] **25**, Nr. 11, 68—73, Nov. 1961; Aserbaidshan. Forsch.-Inst. für Röntgenolog.; russ., Auszug: engl.) — Bei 100 Kranken mit prim. Magenkrebs im 1. bis 4. Stadium erwies sich die Dysproteinämie (Verringerung des Geh. an Gesamt-*Eiweiß* u. der *Albumine*, Vermehrung der α_2 α_2-, β- u. γ-*Globuline*), die sich nach Magenresektion ohne spätere Recidiv- oder Metastasen-Bldg. normalisierte, als unspezif. charakterist. Kriterium für den klin. Krankheitsverlauf.
I. v. Kloch-Kornitz. 4160□

Der Charakter der Bence-Jones-Proteine. Chemische Ähnlichkeiten mit Polypeptidketten von Myelom-Globulinen und normalen γ-Globulinen. G. M. Edelman und J. A. Gally. (J. exp. Medicine **116,** 207—27, 1/8. 1962; Rockefeller Inst.; engl.) — Red. alkylierte Bence-Jones-Proteine verhielten sich bei Stärkegelelektrophorese in 8m *Harnstoff* (**I**) oder bei Chromatographie an Carboxymethylcellulose in 6m **I** ähnlich wie leichte Polypeptidketten des dissoziierten *Myelomproteins* von der gleichen Person; auch die Aminosäure-Zus., die Löslichkeit in der Wärme u. das spektrofluorometr. Verh. waren prakt. gleich. K. Zingraf. 4160□

^{14}C-Glycerin- und -Acetat-Einbau in Lipide in Zellteilung befindlicher Gewebe. Ralph M. Johnson und S. Albert. (J. biol. Chemistry **235,** 1299—1302, Mai 1960; Detroit, Mich., Detroit Inst. of Cancer Res., Richard Cohn Labor.; Wayne State Univ., Coll. of Med., Dep. of Physiol. Chem.; engl.) — Bei normalen u. teilweise hepatektomierten Ratten sowie solchen mit transplantablem Adenocarcinom, die intraperitoneal *Na-$^{14}C_{(2)}$-Acetat* (**I**) oder *DL-^{14}C-Glycerin*(**II**) erhielten, wurde der ^{14}*C*-Einbau in *Cephaline*(**III**), *Inositphosphatide* (**IV**), *Lecithine* (**V**), *Sphingomyeline* (**VI**), *Triglyceride* (**VII**) u. deren *Fettsäuren* (**VIII**) bestimmt. In der prämitot. Phase der Leberregeneration erfolgte verstärkt **I**-^{14}*C*-Aufnahme in **IV** u. **VI** u. verstärkt **II**-^{14}*C*-Aufnahme in alle geprüften Phospholipide u. **VII.** Während der mitot. Leberregenerationsphase wurde **I**-^{14}*C* verstärkt in **III, V** u. **VII** aufgenommen. Die spezif. Aktivität von **VIII** aller Lipide nahm zu; die Aufnahme von **II**-^{14}*C* in die Lipide änderte sich nicht. In Tumoren nahm die **I**-^{14}*C*-Aufnahme in **III** u. **VII** ab, die in **IV** zu, während die in **VI** unverändert blieb. Die spezif. Aktivitäten von **VIII** von Tumor-**III** u. -**VI** unterschieden sich nicht von der normalen, während die von **IV** u. **V** erhöht, die von **VII** erniedrigt waren. Die Aufnahme von **II**-^{14}*C* in alle Tumorlipide, ausgenommen **VI,** lag, verglichen mit normaler Leber, niedriger. K. Maier. 4160□

Die Ausscheidung der 17-Hydroxycorticosteroide im Urin von Patienten mit Krebs der Atmungswege oder des Verdauungstrakts. G. Piegari, V. Piegari und A. Janniruberto. (Helv. med. Acta **26,** 876—86, Dez. 1959; Neapel, Inst. für Krebsforsch., Biochem. Abt.; dt.) — Die *17-Hydroxycorticosteroid* (**I**)-Ausscheidung im 24 Std.-Harn von Patienten mit bronchogenem Krebs a) ohne, b) mit Metastasen war a) um 40% niedriger als bei den Kontrollen, b) ähnlich wie bei den metastasenfreien Patienten oder, verglichen mit den Kontrollen, verstärkt. Bei Patienten mit Krebs der Verdauungswege lag die **I**-Ausscheidung, bes. bei solchen mit Metastasen, niedriger als bei den Kontrollen. K. Maier. 4160□

Untersuchungen über den Mechanismus der Kohlenwasserstoff-Carcinogenese. Charles Heidelberger. (Unio int. Cancrum, Acta [Louvain] **15,** 107—13, 1959; Madison, Wis., Univ., McArdle Memorial Labor.; engl.) — Zusammenfassung früherer Arbeiten des Autors über Proteinbindung u. Stoffwechsel von carcinogenen Kohlenwasserstoffen, dargestellt am Beispiel des *1.2.5.6-Dibenzanthracens.* R. Preußmann. 4160□

Mechanismus der Carcinogenese: Die Bedeutung von Carcinogenmetaboliten. I. Berenblum. (Unio int. Cancrum, Acta [Louvain] **15,** 22—30, 1959; Rehovoth, Israel, Weizmann-Inst. of Sci., Dep. of exp. Biol; engl.) — Übersicht über die gegenwärtigen Kenntnisse bzgl. Metaboliten von chem. Carcinogenen (*Kohlenwasserstoffe, aromat. Amine, Azofarbstoffe, Urethan*) u. deren Bedeutung für den Mechanismus der Carcinogenese. Es wird darauf hingewiesen, daß sich dieses Gebiet gerade erst in der Anfangs-Entw. befindet u. weitreichende Schlüsse noch nicht gezogen werden können. — 37 Literaturangaben. R. Preußmann. 4160□

Die Wirkung verschiedener anorganischer Salze auf die Azofarbstoff-Carcinogenese. C. C. Clayton. (J. of Nutrit. **69,** 435—38, Dez. 1959, Richmond, Va., Med. Coll. of Virginia, Dep. of Biochem.; engl.) — Das Auftreten von Lebertumoren bei Ratten, die ein Futter mit *3'-Methyl-4-dimethylaminoazobenzol* (**I**) erhielten, wurde durch Zufuhr von (jeweils mg/kg in Form ihrer Salze) 0,01 bzw. 750 *Mn*, 3,000 *Zn*, 0,37 bzw. 91 *F*, 300 *Mo* u. 33 *Cd* nicht beeinflußt. Die Hemmung der Lebertumor-Bldg. durch Zufuhr von 50 *Co* u. 450 *Ni* beruht auf der katalyt. Zerstörung von **I** durch diese Salze. Die Geh. der Leber an **I** u. Riboflavin wurden durch die Verabreichung der Metallsalze nicht verändert. F. Krusen. 4160□

Die Wirkung von Parabiose und Flüssigkeitsrestriktion auf die Entwicklung azofarbstoffinduzierter Rattenlebertumoren. R. Flickinger. (Experientia [Basel] **17,** 90—91, 15/2. 1961; Iowa, Iowa, State Univ. of Iowa, Dep. of Zool.; engl.) — Bei Ratten kann die Entw. von *3'-Methyl-4-dimethylaminoazobenzol*-Lebertumoren durch Herst. einer Parabiose mit normalen Ratten verzögert werden; die Tumor-Entw. wird durch Fl.-Restriktion gestoppt. Analyse der Fütterungsbedingungen zeigte jedoch, daß die Verzögerung oder völlige Hemmung der Tumor-Entw. letztlich auf einer Verminderung der Nahrungszufuhr beruht. U. Tausendfreund. 4160□

In vitro-Kultur eines Leukämie erzeugenden Agens von spontaner Mäuseleukämie. Paul Lemonde und Margarida Clode. (Nature [London] **193,** 1191—92, 24/3. 1962;

Montreal, Univ., Inst. of Microbiol. and Hygiene; engl.) — Von Ak-Mäusen, einer Inzuchtlinie, die an lymphoider Leukämie in fortgeschrittenem Stadium erkrankt waren, wurde nach einer Meth. von Moloney (1960) ein zellfreies Konzentrat gewonnen. Dieses wurde auf Milzkulturen von C 3 Hf-Mäusen übertragen. Nach Rückübertragung auf C 3 Hf-Mäuse entwickelten 25% der behandelten Tiere Leukämien. Es wird angenommen, daß diese Leukämien durch ein Virus induziert waren. W. Gutsche. 4160□

Entstehung von Milchdrüsengeschwülsten bei Ratten nach parenteraler Zufuhr von Niob-95. W. I. Ponomarkow. (Бюллетень Экспериментальной Биологии и Медицины [Bull. exp. Biol. Med.] **52** (**26**), Nr. 11, 102—06, Nov. 1961; Akad. der Med. Wiss. der UdSSR; russ., Auszug: engl.) — Nach intraperitonealer Injektion von 6 mc ^{95}Nb/kg starben 11% von 210 untersuchten Mäusen an subakuter u. chron. Strahlenkrankheit, 38,8 zeigten Geschwulst-Bldg. an den Milchdrüsen: 56,5% Adenome, 23,9% Adenocarcinome, 17,4% Mastopathie, 2,2% polymorphnucleare Sarkome.
I. v. Kloch-Kornitz. 4160□

Beeinflussung von Spontantumoren bei Mäusen durch Lithospermum officinale. Fritz Kemper. (Arzneimittel-Forsch. **11**, 1067—68, Nov. 1961; Münster/W., Pharmakol. Inst. der Univ.; dt.) — Mäuse erhielten zur Diät 10% bzw. 20% Gefriertrockenextrakt oder 10% bzw. 30% Trockenblattpulver aus *Lithospermum officinale*. Die Anzahl der Tiere mit Tumoren betrug 15% (52,5%; Werte in Klammern beziehen sich auf die Kontrolltiere), das Lebensalter bei Auftreten des 1. Tumors 151 (109) Tage, Durchschnittsalter 221 (176) Tage. Am wirksamsten scheint der Gefriertrockenextrakt zu sein.
W. Hiller. 4160□

Hormone in der Krebsgenese. O. Mühlbock. (Unio int. Cancrum, Acta [Louvain] **15**, 62—66. 1959; Amsterdam, The Netherlands Cancer Inst.; engl.) — Übersicht über den derzeitigen Stand der Kenntnisse über carcinogene Wrkg. von Hormonen. R. Preußmann. 4160□

Über die Verwendung der Hormone bei der Krebstherapie. G. F. Gardini. (Boll. Soc. ital. Biol. sperim. **38**, 97—99, 15/2. 1962; Bologna, Reparto Oncol. della Lega Ital. per la lotta contro i tumori. Sezione Bolognese — Ospedale Malpighi; ital.) — Vf. setzte die erfolgreiche Krebstherapie durch *Testosteronpropionat* mit *Dihydrotestosteron-n-octylenolester* (**I**) fort. **I** verhindert die Ausbreitung des Brustcarcinoms durch 3-Methylcholanthren bei der Ratte, u. ist auf den Herd des Tumors u. die Lymphknoten wirksam. Es zeigt keine Nebenwirkungen. F. Kren. 4160□

Hormone und Krebs. Charles Dodds. (Unio int. Cancrum, Acta [Louvain] **15**, 56—61, 1959; London, Middlesex Hosp., Courtauld Inst. of Biochem; engl.) — Übersichtsreferat über die Auswrkg. des Hormonspiegels auf spontane, induzierte u. transplantierte Tumoren. Es wird bes. auf die Applikation von *Östrogenen*, *Androgenen* u. *Progestinen* u. die sich daraus ergebende Wrkg. auf Wachstum u. Verh. von Tumoren sowie auf die Bedeutung von Gonadektomie, Adrenalektomie u. Hypophysektomie eingegangen. R. Preußmann. 4160□

Die Wirkung von Injektionen verdünnten Tomurgewebes auf den Sarkom-1 A-Ascitestumor bei A/jax-Mäusen. Jonathan Kaplan. (Trans. New York Acad. Sci. [2] **22**, 634—37, Juni 1960; Bronx, New York, High School of Sci.; engl.) — Therapeut. Injektionen von mit *6-Mercaptopurin* versetztem Ascites bewirkt eine Lebensverlängerung bei Tieren, die Tumortransplantate mit diesem Ascites erhalten hatten.
R. Preußmann. 4160□

Tagesperiodische Schwankungen der cancerostatischen Wirkungsstärke von N-Oxid-Lost beim Ehrlich-Ascites-Carcinom der Maus. K. Pohle, E. Matthies und K. Meng. (Z. Krebsforsch. **64**, 215—23, 1961; Halle-Wittenberg, Univ., Pharmakol. Inst.; dt.) — Bei Chemotherapie mit *Mitomen* (*Methyl-bis-[2-chloräthyl]-amin-N-oxid*) am Ehrlich-Ascitescarcinom der Maus zeigt sich ein tageszeitlicher Unterschied im Wrkg.-Grad der Therapie, der in Zusammenhang gebracht wird mit analogen Tageszeitschwankungen der Mitoseaktivität. R. Preußmann. 4160□

Untersuchung über die wachstumshemmende Wirkung von bestimmten Thiopropionsäurederivaten in HeLa-Zellen. I. Fehér, A. Lengyel, I. Nász, V. F. Selmeci und J. Borvendég. (Acta physiol. Acad. Sci. hung. **15**, 273—78, 1959; Budapest, Med. Univ., Inst. of Pathophysiol. and Inst. of Microbiol.; engl.) — Zu HeLa-Kulturen wurde *Na-α-Methylmercaptopropionat* (**I**), *-Propylmercapto-* (**II**), *-Äthylmercapto-* (**III**) u. *Methioninsulfoximin* (**IV**) gegeben. Die Hemmung des Wachstums nahm in folgender Reihenfolge ab: **II**, **III**, **IV**, **I** u. mit steigender Konz. zu. Sie wurde teilweise verhindert durch *Methionin* u. *Glutaminsäure*, *Cystein*, *Asparagin* u. *Serin*. W. Hiller. 4160□

Die toxische Wirkung von 5-Bromdesoxyuridin auf Kulturen von Epithelzellen. John W. Littlefield und Elizabeth A. Gould. (J. biol. Chemistry **235**, 1129—33,

April 1960; Boston, Mass., Harvard Univ., Huntington Memorial Hosp., John Collins Warren Labor., and Massachusetts General Hosp.; engl.) — Bei 5—7tägiger Inkubation von HeLa- oder KD-(Kaninchennieren)-Zellen mit steigenden Konzz. von *5-Bromdesoxyuridin* wurde die Verb. zunehmend in *Desoxyribonucleinsäure* (I) (bis zu 49 bzw. 62% Ersatz von I-Thymin) eingebaut u. das Wachstum (gemessen an Zellzahl, Gesamtzellprotein) progressiv gehemmt. Mechanismen der tox. Wrkg. werden diskutiert. Das Vork. kleiner Mengen von *5-Methylcytosin*, nicht aber von 6-Methylaminopurin, in I der geprüften Zellinien wurde festgestellt. K. Maier. 4160□

Erste Untersuchungen über die experimentelle antineoplastische Wirksamkeit der Kombinationen von N-Diazoacetylaminosäuren und 6-Mercaptopurin. L. Baldini, G. Brambilla und F. Mattioli. (Arch. ital. Sci. farmacol. [3] **11**, 244—53, Juli 1961; ital.) — Am Galliera-Sarkom der Ratte u. am Ehrlich-Ascitescarcinom u. Ascitessarkom 180 der Maus wurde eine deutliche synergist. Wrkg. von *6-Mercaptopurin* (I) u. *N-Diazoacetylalaninäthylester* gegen die Tumor-Bldg. beobachtet. Kombinationen von I mit *Diazoacetylglycinamid* oder *Diazoacetylglycinäthylester* zeigten lediglich am Galliera-Sarkom eine schwache synergist. Antitumorwirkung.
K. Zingraf. 4160□

Über Synergisten von Mitosegiften. 14. Mitt. Hans Lettré. (Chemotherapia [Basel] **1**, 112—19, 1960; Heidelberg, Univ., Inst. für experim. Krebsforschg.; dt.) — 11. vgl. C. **1950/54**, 3967 S. — Die Bedeutung synergist. Effekte für die Chemotherapie der Tumoren u. die Definition des Begriffes „Synergismus" werden erörtert. Im Hinblick auf den Mechanismus des Synergismus als Konkurrenz um Verluststellen („competition at sites of loss") nach Veldstra werden frühere eigene Arbeiten angeführt u. durch in vitro-Verss. über die Wrkg. auf die Mitose von Hühnerfibroblasten gezeigt, daß zwischen *Colchicin* (I) u. dem chem. nahe verwandten *α-Methyl-α-phenyl-β-3.4.5-trimethoxyphenyläthylamin* (II) die Möglichkeit eines synergist. Effektes besteht, da selbst unterschwellige Dosen von I bei Ggw. von II eine starke mitosehemmende Wrkg. entfalten. K. Böhm. 4160□

Wirkungen des Dexamethason und der Kombination Dexamethason-Tetracyclin auf gewisse experimentell erzeugte Tumoren. Paolo Preziosi und Emilio Marmo. (Chemotherapia [Basel] **1**, 89—112, 1960; Naples, Univ. Inst. de Pharmacol.; franz.) — Auf lokale neoplast. Prozesse hat *Dexamethason* (I) eine günstige Wirkung. Es verringert bei der Maus den Ascites des Ehrlich-Tumors, u. bei der Ratte verhindert es das Wachstum des 256-Walker-Carcinosarkoms. Lebensverlängernd wirkt I aber bei den Tieren nicht. *Tetracycline* (II) beeinflussen beim experimentellen Carcinom das Wachstum nicht u. verbessern auch die mit I erzielten Ergebnisse nicht mehr. Nur auf die lokale Entw. des Walker-Tumors hatte die Kombination von II + I eine günstige Hemmwirkung. Bei den carcinomkranken Mäusen wird weder durch I, noch durch II, noch durch die Kombination von I + II die „Virulenz" der Ascites-Fl. herabgesetzt.
K. Böhm. 4160□

Krebschemotherapie. Antimetabolite und Antibiotica. Sidney Farber. (Unio int. Cancrum, Acta [Louvain[**15**, 35—41, 1959; Boston, Mass., Harvard Med. School, Children's Cancer Res. Found.; engl.) — Übersicht (Folsäureantagonisten, Purin- u. Pyrimidinanaloge, 5-Fluorpyrimidin u. dessen möglicher Wirkungsmechanismus). — 28 Literaturangaben. R. Preußmann. 4160□

Experimentelle Beurteilung von Actinomycin D. Joseph A. Di Paolo. (Ann. New York Acad. Sci. **89**, 408—20, 5/10. 1960; Buffalo, N.Y., Roswell Park Memorial Inst., Dep. of Exper. Pathol.; engl.) — Es wurden die meisten der geprüften transplantierbaren Mäuse- u. Rattentumoren durch *Actinomycin D* (I) gehemmt. Die chromophore Gruppe von I allein u. 5 andere verwandte Phenoxazinone erwiesen sich als unwirksam. Resistenz-Entw. von I-empfindlichen Tumoren konnte experimentell nicht beobachtet werden. Die cytostat. Wrkg. von I wurde durch Kombination mit anderen Substanzen nicht gesteigert; antagonost. auf die Aktivität von I, geprüft am Adenocarcinom C755, wirkte eine Kombination von I mit *Azaserin*. In einem Carcinogenese-Vers. traten bei 3 von 31 Mäusen nach 2mal wöchentlich 4 Monate lang erfolgter subkutaner Injektion von 200 μg I/kg Hauttumoren auf. W. Knöbel. 4160□

Die Wirkung von Actinomycin D auf ein Spektrum von Tumoren. Kanematsu Sugiura. (Ann. New York Acad. Sci. **89**, 368—72, 5/10. 1960; New York, N.Y., Sloan-Kettering Inst. for Cancer Res., Div. of Exper. Chemotherapy; engl.) — Die Wrkg. von *Actinomycin D* (I) wurde an soliden Tumoren von Mäusen, Ratten, Hamstern u. Hühnern, an Ascitestumoren u. an Friend-Virus-Leukämie von Mäusen geprüft. Heilungen einiger transplantierbarer tier. Tumoren durch Injektion von I u. zeitweilige Wirksamkeit gegen einige menschliche Neoplasmen lassen hoffen, daß eine erfolgreiche Verw. von I für gewisse Typen von Krebs beim Menschen möglich sein könnte. Die bei den gleichen Objekten geprüfte Wrkg. der *Actinomycine C* u. *J.* war im wesentlichen dieselbe wie die von I. W. Knöbel. 4160□

Die Wirkung von Actinomycinen auf experimentelle Tumoren. C. Hackmann. (Ann. New York Acad. Sci. **89,** 361—67, 5/10. 1960; Wuppertal-Elberfeld, Farbenfabriken Bayer A.G.; engl.) — Tier-Verss. zeigten einen ziemlich komplexen Wrkg.-Mechanismus der *Actinomycine* (I). Ihre Aktivität richtet sich, ähnlich wie die der Röntgenstrahlen, hauptsächlich u. in stärkerem Maße als bei anderen cytostat. Substanzen gegen Zellen u. Gewebe des lymphat. Syst., doch ist ihre Wrkg. auf die Bldg.-Zentren von roten u. weißen Blutzellen u. auf reproduktive Drüsen beträchtlich geringer als die von sog. radiomimet. Mitteln. Kennzeichnend ist die hämorrhag. Wrkg. bei den mit I behandelten Tieren, entscheidend für die vielfach beobachtete tumorhemmende Wrkg. der meisten I ist ihr Einfl. auf Tumorgewebe u. auf die Zellteilung. Die durch I veranlaßten morpholog. Veränderungen unterscheiden sich deutlich von den Wrkg. anderer cytostat. Substanzen. Sie sind bes. für langfristige Verabfolgung in Dosen geeignet, die der individuellen Verträglichkeit angepaßt sind. W. Knöbel. 4160□

Wirkung der aus sarkolysinresistenten Geschwülsten isolierten Nucleoproteide auf die Sarkolysinempfindlichkeit der Geschwulst. D. Ja. Podgajetzkaja, W. M. Bressler und Ju. M. Olenow. (Цитология [Zytologie] **4,** 59—61, Jan./Febr. 1962; Leningrad, Akad. der Wiss. der UdSSR, Inst. für Cytolog., Labor. für Cytolog. bösartigen Wuchses; russ., Auszug: engl.) — Bei Ratten mit experimentellem Sarkom-45-Transplantat wurde die *Sarkolysin*-Resistenz (5 mg/kg intraperitoneal 72std., 3—9mal) durch Injektion von 1 cm^3 nicht deproteinisiertem, aus sarkolysinresistentem Sarkom 45 isoliertem *Nucleoproteid* stark erhöht u. blieb erblich in mehreren Zellgenerationen erhalten. Die gleichen Ergebnisse zeigten sich bei Verss. in vitro.
I. v. Kloch-Kornitz. 4160□

Der gegenwärtige Stand und die weiteren Aussichten der Krebschemotherapie mit alkylierenden Agentien. L. F. Larionov. (Unio int. Cancrum, Acta [Louvain] **15,** 42—49, 1959; Moskau, Acad. of Med. Sci., Inst. of exp. Path. and Therapy of Cancer; engl.) — Übersichtsreferat. Am Beispiel des *Sarcolysins* wird dargelegt, wie durch chem. Veränderungen eine größere Spezifität der Wrkg. u. geringere Toxizität erreicht werden können. Die Bedeutung von Träger-Moll. für eine Spezifität der Wrkg. wird dargelegt. Gewisse *Sarcolysinpeptide* weisen selektive Wrkg. auf. Auf die Bedeutung eines chemotherapeut. | Schutzes bei Krebsoperationen wird hingewiesen.
R. Preußmann. 4160□

Über Wachstumshemmung und Chinonkatalyse. Lutz Kiesow. (Z. Naturforsch. **15b,** 291—93, Mai 1960; Berlin-Dahlem, Freie Univ., Physiol.-chem. Inst.; dt.) — Oxydationsmittel, wie *K-Ferricyanid*, steigern die wachstumshemmende Wrkg. von *Vitamin K_3* bei Zellen, z. B. Kulturhefe, die mit aerober Gärung wachsen. *Naphthochinon* u. seine Derivv. sind wegen der schnellen Red. in der Zelle wenig cytostat. u. bakteriostat. wirksam. Erst bei Bldg. von *Chinon* aus dem *Hydrochinon* durch ein geeignetes Oxydans kommt ersteres cytostat. zur Wirkung. K. Maier. 4160□

Über Orthophosphorsäure und Kohlensäure bei der Chinonkatalyse in der lebenden Zelle. Lutz Kiesow. (Z. Naturforsch. **15b,** 293—97, Mai 1960; Berlin-Dahlem, Freie Univ., Physiol.-chem. Inst.; dt.) — Vgl. auch vorst. Referat. — Die *Orthophosphorsäure* (I) lebender Zellen (z. B. Kulturhefe) ist durch *2-Desoxyglucose* reversibel bindbar. Wird I intakter Zellen gebunden, dann wird die Chinonkatalyse (reversible Red. des Chinons [*2-Methyl-1.4-naphthochinon*] in den Zellen; Reoxydation kann enzymat. mit O_2 oder nichtenzymat. durch Autoxydation oder Ferricyanid erfolgen) gehemmt. Hemmung der letzten erfolgt auch bei möglichst weitgehendem Entfernen von CO_2.
K. Maier. 4160□

E_2. Enzymologie. Gärung

Einige Verwendungen von Enzymen. Claude Boidin. (Ann. Falsificat. Fraudes **53,** 262—71, Mai 1960; Seclin; franz.) — Nach einem kurzen Überblick über die Klassifizierung u. den Ursprung der Enzyme werden die verschiedenen Verw.-Möglichkeiten u. die Analysen-Meth. kurz besprochen. Tabellar. sind die Verw.-Möglichkeiten in der Industrie u. bei der Darst. von Nahrungsmitteln zusammengestellt.
C. Gottfried. 4200

Cytochemie der oxydativen Enzymsysteme in den Leydigzellen des Rattenhodens und ihre funktionelle Bedeutung. Mikko Niemi und M. Ikonen. (Endocrinology **70,** 167—74, Febr. 1962; Helsinki, Univ. of Helsinki, Dep. of Anat.; engl.) — In den

Leydig-Zellen des Hodens ausgewachsener Ratten wurden *Diphosphopyridin-* u. *Triphosphopyridinnucleotiddiaphorase* sowie die Dehydrogenasen: *Bernsteinsäure-*, *Milchsäure-*, *Glutaminsäure-*, *α-Glycerophosphat-*, *β-Hydroxybuttersäure-* (I) u. *Steroid-3β-ol-* (II) nachgewiesen. Hypophysektomie, Hungern oder *Testosteron* setzten die Aktivität von I u. II herab. *Gonadotropin* erhöhte sie. Die Aktivität der übrigen Enzyme wurde nicht verändert. K. Zingraf. 4210□

Über die Aktivitätsänderung einiger Oxydationsfermente in den Wurzeln und im Saft von Buchweizen nach den Entwicklungsphasen. E. Ss. Awundshjan. (Известия Академии Наук Армянской ССР, Биологические Науки [Nachr. Akad. Wiss. ArmenSSR, biol. Wiss.] **12,** Nr. 10, 3—14, Okt. 1959; Botan. Inst. der Akad. der Wiss. der ArmenSSR; russ., Auszug: armen.) — Vgl. C. **1961,** 17245. — Nach dem Schnitt scheidet *Polygonum orientale* L. die größten Saftmengen in der Phase der Samen-Bldg., die geringsten in der des vegetativen Wachstums u. beim Vergilben der Blätter aus. Die Aktivität der Oxydationsfermente *Katalase, Peroxydase* u. *Polyphenoloxydase* erreicht ihr Maximum während der Blüte. Sie kennzeichnet die Gesamtaktivität des Wurzel-Syst. der Pflanze. Die Aktivitätsänderungen der Fermente stehen im Zusammenhang mit der Dauer der Saftausscheidung; sie ist in der mittleren Periode der Saftausscheidung am stärksten. Weiter verändert sich die Aktivität in Abhängigkeit von den Entw.-Phasen der Buchweizenpflanze: Der Pflanzensaft zeigt die höchste Aktivität während der Blüte, die geringste bei der Samenbildung. In der letztgenannten Phase fehlt die Polyphenoloxydase gänzlich. Tätige Wurzeln besitzen zunächst eine hohe Aktivität der Fermente, die im weiteren Verlauf stark abnimmt. M. Gordienko. 4210□

Untersuchungen über Histidinreste in Hämoproteinen in Beziehung zu deren Aktivität. 5. Mitt. **Die Photooxydation von Katalase in Gegenwart von Methylenblau.** Misako Nakatani. (J. Biochemistry [Tokyo] **49,** 98—102, Febr. 1961; Fukuoka, Kyushu Univ., Fac. of Agric., Dep. of Agric. Chem.; engl.) — 4. vgl. J. Biochemistry [Tokyo] **48,** [1960], 640. — Photooxydation von *Katalase* (I) in Ggw. von Methylenblau bewirkte Abnahme der enzymat. Aktivität u. Zerstörung von Aminosäuren. Das Quadrat der verbleibenden *Histidin* (II)-Reste war während der Oxydation der restlichen enzymat. Aktivität proportional, d. h., letztere erfordert 2 II-Reste. Photooxydation veränderte das I-Absorptionsspektrum, u. die Absorption bei 405 mμ nahm stark ab. Zwischen Geschw. dieser Abnahme u. I-Inaktivierung bestand ein enger Zusammenhang. K. Maier. 4210□

Weitere Untersuchungen über die Fraktionierung der Milchsäuredehydrogenase des Blutes. Borroughs R. Hill. (Ann. New York Acad. Sci. **75,** 304—10, 13/10. 1958; Duarte, Calif., City of Hope Med. Centre, Med. Res. Inst., Dep. of Biochem.; engl.) — Vgl. C. **1962,** 1640. — Vf. beschreibt eine einfache Meth. zur elektrophoret. Fraktionierung der *Milchsäuredehydrogenase* (I) des Serums u. gibt Schemata für Serum u. Formelemente des Blutes von normalen u. leukäm. Menschen sowie für Serum, Fll. u. Zellen von Ehrlich-Ascitestumoren (Maus). 3 der erhaltenen 4 Fraktionen erwiesen sich als sehr ähnlich. Die Hitzestabilität der I dieser Fraktionen wird durch Glutathion erhöht. A. Hesse. 4210□

Untersuchungen über die Wirkung von Makaradhwaja. 3. Mitt. **Der Einfluß auf die Oxydation von Tyrosin durch Rattenleberhomogenat.** K. R. K. Rao und B. Mukerji. (J. sci. ind. Res. [New Delhi] **18,** Sect. C, 82—84, April 1959; Lucknow, Central Drug Res. Inst.; engl.) — 2. vgl. C. **1962,** 13838. — Vff. untersuchten den Einfl. von *Makaradhwaja* (I) auf die Oxydation von *L-Tyrosin* (II) durch Rattenleberhomogenat u. verglichen diese Rk. mit der von rotem Mercurisulfid, Calomel u. Mercurichlorid. Diese Verbb. hemmten die Oxydation von II durch Rattenleberhomogenat in einem Ausmaß von 22,0, 16,7, 34,4 u. 73,5%. Da I die Oxydation von *Ascorbinsäure* (III) gleichfalls hemmt, sind Vff. der Ansicht, daß die Wrkg. von I auf die II-Oxydation durch Rattenleberhomogenat die hemmende Wrkg. von I auf die Coenzymfunktion der III zur Ursache hat. G. Bratfisch. 4210□

Die Elektronentransportsequenz der Methämoglobinreduktase. F. M. Huennekens, R. W. Caffrey und B. W. Gabrio. (Ann. New York Acad. Sci. **75,** 167—74, 13/10. 1958; Seattle, Wash., Univ. of Washington, Dep. of Biochem.; King County Central Blood Bank; engl.) — Vgl. C. **1958,** 153. — Übersichtsbericht mit Diskussion. — 20 Literaturangaben. A. Hesse. 4210□

Eine energiereiche Zwischenstufe der oxydativen Phosphorylierung. Gifford B. Pinchot. (Proc. nat. Acad. Sci. USA **46,** 929—38, 15/7. 1960; Baltimore, Johns Hopkins Univ., McCollum-Pratt Inst. and Dep. of Biol.; engl.) — Aus phosphorylierenden Partikeln (100000·*g*-Sediment) von *Alcaligenes faecalis* wurde während der Oxydation von DPNH eine lösl. energiereiche Zwischenstufe der oxydativen Phosphorylierung abgetrennt u. durch direkte Best. der ATP-Bldg. u. der Aufnahme anorgan. ^{32}P-Phosphats untersucht. K. Maier. 4210□

Entphosphorylierende Spaltung von Phosphagen (Phosphokreatin) durch Zirkonylionen. Tomomi Takurada. (J. Biochemistry [Tokyo] **49,** 91—97, Febr. 1961; Tokyo, Keio Univ., School of Med., Dep. of Biochem.; engl.) — *Zirkonylchlorid*, $ZrOCl_2 \cdot 8\,H_2O$, zersetzt *Phosphagen* (I; aus Froschmuskel) unter geeigneten Bedingungen quantitativ. Bei der azotometr. I-Best. nach Iwasaki (Mo- oder Zr-Meth.) u. kolorimetr. nach Folin wurden gut übereinstimmende Werte erhalten. Die I-Zers. durch $ZrOCl_2$ beruht offensichtlich in einer Entphosphorylierung. Vermutlich verhält sich die Hafnium-Verb. bzgl. I-Zers. ähnlich. K. Maier. 4210□

Die oxydative Phosphorylierung in den Leberhomogenaten von Ratten bei kurzzeitigem Hungern. G. Ss. Kitawin und Wen-mei Schen. (Вопросы Медицинской Химии [Fragen med. Chem.] **8,** 210—13, März/April 1962; Leningrad, Chem. Pharmazeut. Inst., Lehrstuhl für Biochem.; russ., Auszug: engl.) — Bei Ratten war nach 24 Std. Hunger das Körper-Gew. um 6% u. das relative Gew. der Leber um 10% vermindert. Infolge der starken Verminderung des *Glykogen*-Geh. von 6,84 auf 0,56 mg/cm^3 Leberhomogenat erhöhte sich der *Eiweiß*-Geh. von 34,1 auf 37,9 mg. Die *Katalase*-Aktivität der Leber war unverändert. Inkubation des Homogenates (25 Min. 30°) ohne Substratzugabe oder bei Ggw. von *Succinat*, *Pyruwat* oder *Ketoglutarat* erhöhte den O_2- u. verminderte den P-Verbrauch (um 15—20%) u. den P/O-Koeff. um $^1/_3$—$^1/_4$. 4 Std. Hunger hatten bei Substratzugabe keinen Einfl. auf den P/O-Koeffizienten.
I. v. Kloch-Kornitz. 4210□

Aktivität der alkalischen Phosphatase in den Granulocyten von bestrahlten Ratten. Ju. M. Saretzkaja. (Цитология [Zytologie] **4,** 76—79, Jan./Febr. 1962; Moskau, Akad. der med. Wiss. der UdSSR; russ., Auszug: engl.) — Unterss. des Geh. an *alkal. Phosphatase* in den Granulocyten des peripheren Blutes von Ratten nach der Gomori-Meth. in der Modifizierung von Biesele zeigten nach Totalröntgenbestrahlung mit subletaler Dosis von 350 r period. Vermehrung u. Verminderung, mit 600 r (DL_{50}) nach Erhöhung am 1. Tag progressive Verminderung. Nach Bestrahlung mit 350 u. 600 r waren die Granulocytenkerne am 3.—10. Tag intensiv dunkel gefärbt.
I. v. Kloch-Kornitz. 4210□

Anreicherung und Trennung der alkalischen Phosphatase aus menschlichen Geweben, durch Chromatographie an Ionenaustauschersäulen auf Cellulosebasis. A. L. Grossberg, E. H. Harris und M. Schlamowitz. (Arch. Biochem. Biophysics **93,** 267—77, Mai 1961; Buffalo, Roswell Park Memorial Inst., Dep. of Biochem. Res.; engl.) — Durch Chromatographie auf Cellulose–Austauscher-Säulen (DEAE-Cellulose, Eastman Kodak) kann die spezif. Aktivität von *alkal. Phosphatasen* (I) aus menschlichem Darm, Leber, Nieren u. Milz bei 50—60%ig. Gesamtausbeute auf das 15 bis 140fache angereichert werden. In allen Fällen erwies sich die gefundene I als aus mehreren Einzelkomponenten zusammengesetzt. E. Lück. 4210□

Die Kreatinphosphokinaseaktivität von normalem und arteriosklerotischem menschlichen Aortagewebe. John Esben Kirk. (J. Lab. clin. Med. **58,** 933, Dez. 1961; St. Louis, Mo.; engl.) — Vgl. C. **1961,** 13961. — Die Aktivität von *Kreatinphosphokinase* (I; *Adenosintriphosphatkreatintransphosphorylase*) in Aortaproben wird mittels Transphosphorylierung von Kreatinphosphat zu Adenosindiphosphat u. colorimetr. Messung des freigesetzten *Kreatins* (II) bestimmt. Die durchschnittliche I-Aktivität in normalem menschlichen Aortagewebe beträgt 0,095 mMol freigesetztes II/g Frischgewebe u. Stunde. Die I-Aktivität verringert sich mit zunehmendem Alter u. beträgt in arteriosklerot. Gewebepartien nur 54% der in normalem Gewebe, was auf die Bedeutung von I im Energiestoffwechsel hinweist. G. Kirsten. 4210□

Glucose-6-phosphatdehydrogenaseaktivität in der Nebennierenrinde der Natriummangelratte. Eine histochemische Untersuchung. Richard B. Cohen und John D. Crawford. (Endocrinology **70,** 288—90, Febr. 1962; Boston, Mass., Harvard Med. School, Dep. of Pathol. and Pediatr.; James Homer Wright Pathol. Labor.; Massachusetts Gen. Hosp., Children's Serv.; engl.) — *Na*-Mangel bewirkt bei der ausgewachsenen Albinoratte eine Vergrößerung der Zona glomerulosa der Nebennierenrinde, welche durch Proliferation kleiner Gruppen von Zellen im subkapsulären Gebiet, die durch hohe *Glucose-6-phosphatdehydrogenase* (I)-Aktivität u. geringen *Lipid* (II)-Geh. gekennzeichnet sind, zustande kommt. Die Zellen im inneren Teil der Zone besitzen wie die Zellen der normalen Glomerulosa eine geringe I-Aktivität u. einen relativ hohen II-Gehalt.
K. Zingraf. 4210□

Die „Primer"-Wirkung von mit Desoxyribonuclease behandelten Desoxyribonucleinsäurepräparaten in 2 Enzymsystemen zur in vitro-Synthese von Desoxy-

ribonucleinsäure. N. K. Sarkar. (Arch. Biochem. Biophysics **93**, 328—31, Mai 1961; Rochester, N.Y., Univ., School of Med. and Dent., Biochem. Dep.; engl.) — Vorbehandlung von nativer Kalbsthymus-*Desoxyribonucleinsäure* (I) mit *Desoxyribonuclease* (II) macht I als „Primer" für 2 Enzym-Syst. zur in vitro-Synth. von I geeignet. Wahrscheinlich spielt II für die I-Replikation in vivo keine Rolle. Die in vitro-Verss. zeigen, daß bei der enzymat. Polymerisation Teilstücke der I aufgebaut werden.
E. Lück. 4210□

Der Stoffwechsel der tonischen und tetanischen Muskeln. 1. Mitt. **Glykolytischer Stoffwechsel.** J. Domonkos. (Arch. Biochem. Biophysics **95**, 138—43, Okt. 1961; Szeged, Ungarn, Med. Univ., Inst. for Brain Res.; engl.) — Im Gegensatz zum ton. Muskel beobachtet man unter aeroben Bedingungen im tetan. Muskel die Bldg. von *Lactat* (I) u. *Pyruvat* (II) sowie einen höheren *Glykogen* (III)-Verbrauch. Unter aeroben Bedingungen steigt im alkal. Milieu die III-Verwertung sowie die I- u. II-Bldg. im tetan. Muskel, während im ton. Muskel kein II gebildet wird. Die II-Bldg. u. ihre Steigerung im alkal. Milieu ist charakterist. für Gewebe mit aerober Glykolyse. Steigerung des pH (von 6,8—7,8) erhöhte nicht die anaerobe Glykolyse in den beiden Muskeln.
B. Görlich. 4210□

Der Stoffwechsel der tonischen und tetanischen Muskeln. 2. Mitt. **Oxydativer Stoffwechsel.** J. Domonkos und L. Latzkovits. (Arch. Biochem. Biophysics **95**, 144—46, Okt. 1961; engl.) — 1. vgl. vorst. Referat. — Der O_2-Verbrauch des ton. Muskels ist ca. 3mal so hoch wie der des tetanischen. Ersterer verbraucht auch mehr *Pyruvat* (I) u. *α-Ketoglutarat.* Eine pH-Änderung beeinflußt nicht den O_2-Verbrauch u. die I-Verwertung der beiden Muskeln. Vff. nehmen an, daß diese Veränderungen im Stoffwechsel der beiden Muskel auf Unterschiede in der Lactatdehydrogenaseaktivität u. auf solche im oxydativen Decarboxylierungs-Syst. zurückzuführen sind.
B. Görlich. 4210□

Der Stoffwechsel der tonischen und tetanischen Muskeln. 3. Mitt. **Pyruvatstoffwechsel des tonischen und tetanischen Muskels.** J. Domonkos und L. Latzkovits. (Arch. Biochem. Biophysics **95**, 147—50, Okt. 1961; engl.) — 2. vgl. vorst. Referat. — Der tetan. Muskel bildet aus *Pyruvat* (I) mehr *Lactat* als der ton. Muskel. Letzter baut I größtenteils mittels oxydativer Decarboxylierung ab (vermutlich über den Citratcyclus). *Dicarbonsäuren* (Fumar- u. Bernsteinsäure) katalysieren die I-Verwertung u. den O_2-Verbrauch im tetan. Muskel, jedoch nur geringfügig im ton. Muskel.
B. Görlich. 4210□

Eine Untersuchung über die Rolle der intra- und extracellulären Enzyme bei der Produktion von Acetoin und 2.3-Butandiol durch Bacillus polymyxa. Krishna Bahadur und S. Ranganayaki. (Jap. J. Microbiol. **5**, 11—15, Jan. 1961; Allahabad, Allahabad Univ., Chem. Dep.; engl.) — *Bacillus polymyxa* wurde auf einem *Rohrzucker* (I)-haltigen Medium kultiviert u. in gewissen Zeitabständen in der Kultur-Lsg. die gebildeten *Acetoin* (II)- u. *2.3-Butandiol* (III)-Mengen ermittelt. III wird in einer Kultur, in der intra- u. extracelluläre Enzyme wirksam sind, um so weniger gebildet, je länger inkubiert wurde, nach 60 Tagen ist es wieder vollständig aus der Lsg. verschwunden. Der II-Geh. steigt bis zum 75. Tag u. die reduzierende Substanz bis zum 220. Tag laufend an. Der Gesamtzucker-Geh. zeigt in den einzelnen Kulturphasen große Unregelmäßigkeiten, wobei die Säure-Bldg. mit fortschreitender Kulturdauer laufend zunimmt. Besteht das Gemisch aus zellfreiem Kulturmedium u. *Toluol* (IV), dann findet unter der Wrkg. extracellulärer Enzyme nur eine geringe II-Produktion statt. Der Geh. an III steigt bis zum 60. Tag an, um anschließend wieder abzufallen. Der Geh. an reduzierender Substanz steigt mit der Länge der Kultur an, der Geh. an Gesamtzucker nimmt ab. Besteht das Gemisch nur aus Bakterienzellen, I, dest. W. u. IV, dann nimmt der Gesamtzucker bis zum 45. Tag ab, danach zeigen sich Unregelmäßigkeiten, die reduzierende Substanz steigt langsam an. Es werden weder II noch III gebildet. Die Ergebnisse zeigen, daß die Bldg. von II u. III auf der Wrkg. von Enzymen beruht, die von der Zelle ins Medium ausgeschieden werden.
M. Lorenz. 4210□

Der oxydative Kohlenhydratumsatz im Lungengewebe. I. W. Pawlowa. (Вопросы Медицинской Химии [Fragen med. Chem.] **8**, 186—92, März/April 1962; Moskau, Akad. der med. Wiss. der UdSSR, Inst. für Arbeitshyg. u. Prophylaxe; russ., Auszug: engl.) — In der Lunge findet in vitro eine anaerobe Spaltung u., wie Verss. mit *Aceton*-Gewebe-Präpp. zeigten, eine aerobe Oxydation der *Kohlenhydrate* statt, bei der es zur Bldg. von *Brenztraubensäure* u. zur Oxydation von *Milchsäure* im *Tricarbonsäure*-Cyclus kommt. Die Oxydationsprozesse sind mit der Bldg. energiereicher P-Verbb. verbunden, so mit der Bldg. von *Adenosintriphosphat* durch Oxydation von *Bernstein*- oder *α-Ketoglutarsäure.*
I. v. Kloch-Kornitz. 4210□

Die Lävansaccharase von Bacillus subtilis. R. Dedonder. (Bull. Soc. Chim. biol. **42**, 1745—61, 1960; Paris, Inst. Pasteur, Labor. des Polyosides; franz.) — Übersicht. Biosynth. von *Lävansaccharase* (I) bei *B. subtilis*, Enzym-Präpp., Unters. der enzymat. Aktivität. — 9 Literaturangaben. K. Maier. 4210□

Trans-α- und -β-Glucosylierungsreaktionen. D. J. Manners. (Bull. Soc. Chim. biol. **42**, 1789—98, 1960; Edinburgh, Univ., Dep. of Chem.; engl.) — Übersicht. Trans-α-Glucosylierung (Übertragung von α-Glucosylgruppen aus Maltose oder Maltosacchariden unter Bldg. höherer Oligosaccharide): Polysaccharidumwandlungsenzyme (Dextransaccharase, Amylomaltase, D-Enzym, *Bacillus macerans*-Amylase), Maltasen, trans-β-Glucosylierung: Cellobiose- u. Celluloseumwandlungsenzyme (Übertragung von β-Glucosylgruppen aus Cellobiose u. anderen Zuckern), Aryl-β-glucosidasen (Übertragung von β-Glucosylgruppen aus Aryl-β-glucosiden auf Alkohole); Mechanismus der Transglucosylierungsreaktionen. — 53 Literaturangaben. K. Maier. 4210□

Hydrolyse von Steroidglucuroniden mit β-Glucuronidase aus Präputialdrüsen der weiblichen Ratte. Bryan Hudson, June Sheath und Ausma Dulmanis. (Endocrinology **70**, 189—95, Febr. 1962; Melbourne, Australia, Alfred Hosp., Diabet. and Metabol. Unit.; engl.) — Die Präputialdrüse der ♀ Ratte liefert große Mengen einer *β-Glucuronidase* (I), welche Glucuronide von 17-Hydroxycorticosteroiden, 17-Ketosteroiden, Pregnandiol u. Pregnantriol im Harn hydrolysiert. Optimale Bedingungen: 300 Einheiten I/ml Harn mit 0,5m Acetatpuffer bei pH 4,5, 12 Std. oder länger bei 45°. K. Zingraf. 4210□

Die Transfructosylierung in Pflanzen, speziell in Helianthus tuberosus L. J. Edelman. (Bull. Soc. Chim. biol. **42**, 1737—44, 1960; London, Imperial Coll. of Sci. and Technol., Dep. of Plant Physiol.; engl.) — Übersicht über Unterss., die die Bldg. von Polymeren des *Inulin*-Typs in *H. tuberosus* durch Transfructosylierung betreffen. — 23 Literaturangaben. K. Maier. 4210□

Die Natur der Inhibitierung der Hefecarboxylase durch Acetaldehyd. M. Gruber und J. C. Wesselius. (Biochim. biophysica Acta [Amsterdam] **57**, 171—73, 12/2. 1962; Groningen, Niederlande, Univ., Biochem. Labor.; engl.) — Durch Gärungsvorgänge gebildeter oder zugesetzter *Acetaldehyd* (I) hemmt die *Carboxylase* (II), wobei auf 1 Mol I ein Teil II entfällt u. wobei gesätt. Brenztraubensäurespiegel zur Anwendung kommen, so daß 4 mm I durch die II-Rk. gebildet wurden. Zugesetzter I war bis zu 90% effektiv. Bei neueren Verss. wurde die I-Konz. durch 4 verschiedene Pyruvat-Konzz. variiert. Während die Ergebnisse eine nicht kompetitive Inhibitierung ausschlossen, konnten sie auch keinen Beweis für eine reine nichtkompetitive Inhibitierung erbringen. L. Macher. 4210□

Die Biosynthese der Sialsäuren im Gehirn und in der Magenschleimhaut. Ch. P. Lind. (Вопросы Медицинской Химии [Fragen med. Chem.] **8**, 140—44, März/April 1962; Tartu, Univ., Lehrstuhl für Biochem.; russ., Auszug: engl.) — Unterss. an Katzen, Meerschweinchen u. Hunden in vivo u. in vitro zeigten, daß die Biosynth. der *Sialsäure* in den Homogenaten von Hirn u. Magenschleimhaut in Ggw. von *ATP* aus *Pyruwat, Glucosamin, Glucose, Galaktose* u. *Glutamin* stattfindet. *Glucose-6-phosphat* besitzt eine bes. starke stimulierende Wirkung. Die Biosynth. erhöhte sich bei Katzen nach subkutaner Injektion von NH_3 oder NH_3 u. *Glutaminsäure* (je 1,5—2 g/kg) u. nach Anregung der Magensekretion mittels *Histamin* (um 23%). I. v. Kloch-Kornitz. 4210□

Einige Charakteristica der „Hyaluronidase" von Plasma und Harn. L. B. Cobbin und S. E. Dicker. (J. Physiology **161**, 11P—12P, April 1962; London, Univ. Coll., Dep. of Pharmacol.; engl.) — Einem Handels-Präp. (HP) von *Hyaluronidase* (I) u. der I aus menschlichem Plasma u. Harn war gemeinsam, daß sie durch Erhitzen oder Suramin inaktiviert werden konnten, daß sie stöchiometr. Rkk. ergaben u. daß ihre Aktivität durch die Temp. beeinfluß wurde, dagegen betrug das optimale pH für I aus Plasma u. Harn 4,0—4,2, für das HP dagegen 6,6. Die Aktivität der I des Harns war bei pH 4,1 in Ggw. von Citronensäure–Phosphat-Puffer höher als in Ggw. von Veronal–Acetat-Puffer (II-P), die Aktivität von Plasma-I war in beiden Puffern gleich. HP war bei pH 6,6 in II-P wirksamer. K. Zingraf. 4210□

Bildung und Verteilung von Esterase bei Gammariden. W. L. Doyle, R. Rappaport und M. E. Doyle. (Physiol. Zoöl. **32**, 246—55, Okt. 1959; Schenectady, N.Y., Biol. Dep. of Union Coll.; Chicago, Univ. of Chicago, Dep. of Anat.; Mount Desert, Island, Biol. Labor.; engl.) — Bei zwei nahe verwandten Arten von Meeresgammariden ist der Entw.-Ablauf einer *Aliesterase* auffallend verschieden. In der Species mit roten Eiern, *Marinogammarus obtusatus* ist der Esterase-Geh. während der Entw. gleichmäßig hoch. In der Species mit braunen Eiern, *M. finmarichicus* steigt ein geringer Anfangswert in der Hälfte der Entw. plötzlich auf das 10fache an. Es wird über bestimmte morpholog.

Begebenheiten zum Enzymanstieg berichtet. Eine Zeitskala für die Entw. des Embryos ist angefügt. H. Aman. 4210 □

Die Cholinesterase des Blutes und des Hirns mit experimenteller Fulguration. L. Tominz und P. Andreuzzi. (Boll. Soc. ital. Biol. sperim. **38,** 125—27, 15/2. 1962; Pavia, Univ., Ist. di Med. del Lavor.; ital.) — Die Fulguration wird an 20 Kaninchen durchgeführt. Die *Cholinesterase* von Blut u. Hirn dieser Tiere erleidet keine signifikanten Veränderungen. F. Kren. 4210 □

Der Aminosäureeinbau in das Protein isolierter Rattenleberribosomen. A. Korner. (Biochem. J. **76,** 28P, Aug. 1960; Cambridge, Univ., Dep. of Biochem.; engl.) — Ribosomen sind stabiler als Mikrosomen, aus denen sie erhalten werden, u. bauen nach dem Waschen akt. einige Std. lang Aminosäure (I) in Protein (II) ein. Bei Inkubation mit *DL-$^{14}C_{(1)}$-Leucin* in Ggw. eines Adenosintriphosphat (ATP)-bildenden Syst. (S) wird mehr in II der Ribosomen aufgenommen als in das Mikrosomen-II. Ein Teil des markierten II geht während der Inkubation der Ribosomen in den Überstand über. Der I-Einbau hängt großenteils von dem Zusatz der lösl. Zellfraktion oder eines pH-5-Enzym-Präp. ab. Ohne S ist voller Einbau durch Erhöhung der ATP-Konz. erzielbar. Eine gute direkte Korrelation bestand in Lsgg. verschiedener Mg^{2+}-Konzz. zwischen dem %-Satz bei ca. 78 s sedimentierender Ribosomen u. dem Umfang des I-Einbaus in Ribosomen-II. K. Maier. 4210 □

Transaminasen in Bandwürmern. Guta Wertheim, Rodrigo Zeledon und Clark P. Read. (J. Parasitology **46,** 497—99, Aug. 1961; John Hopkins Univ., School of Hyg. and Public Health, Dep. of Pathol.; engl.) — Vff. bestimmen in Homogenaten von *Hymenolepis diminuta* (Hd), *Hymenolepis citelli* (Hc) u. *Hymenolepis nana* (Hn) die *Transaminase*-Aktivität. Als Substrate für die Umwandung von *α-Ketoglutarsäure* in *Glutaminsäure* (I) werden von Hd u. Hc *Alanin* (II), *Asparaginsäure* (III) u. *Asparagin* (IV) verwendet, von Hn nur III u. IV. Für die Umwandlung von *Brenztraubensäure* in *Alanin* werden von Hd I, III, IV u. von Hc u. Hn nur I als Substrat verwendet. Vff. schlagen vor, die 3 engverwandten Arten durch ihre *Transaminase*-Aktivität zu unterscheiden. A. Gude. 4210 □

Einfluß von Steroiden in vitro auf die Transaminaseaktivität und die Unversehrtheit von Thymocyten. Carl Monder, Judith Ben-Ezzer und Abraham White. (Endocrinology **70,** 123—30, Febr. 1962; New York, N.Y., Yeshiva Univ., Albert Einstein Coll. of Med., Dep. of Biochem.; engl.) — *Testosteron, Progesteron, Desoxycorticosteron* u. *17α-Äthyl-19-nortestosteron* in Konzz. von ca. 10^{-4}m erhöhten in vitro die *Glutaminsäure–Asparaginsäure-Transaminase*-Aktivität in Rattenthymocyten, *Cortison* verringerte sie bzw. besaß keinen Einfluß. Die *Glutaminsäure–Alanin–Transaminase*-Aktivität wurde durch keine der Verbb. verändert. In Präpp. von zerbrochenen Zellen wurde die Transaminaseaktivität nicht beeinflußt. Es ergab sich, daß mit den verwendeten Meth. nicht die Enzymaktivität in den Zellen gemessen wurde, sondern die, welche von den Zellen ins Medium übergegangen war. Die Wrkg. der akt. Verbb. beruhte darauf, daß sie diesen Übergang förderten. K. Zingraf. 4210 □

Untersuchung der Arginaseaktivität bei Staphylococcus albus in vitro und während der Züchtung. M. W. Smirnowa, N. Je. Kutschinskaja, S. I. Lebedewa und W. I. Zarkowa. (Вопросы Медицинской Химии [Fragen med. Chem.] **8,** 181—86, März/April 1962; Moskau, Akad. der med. Wiss. der UdSSR, Gamaleja-Inst., Abt. für Biochem.; russ., Auszug: engl.) — Die Aktivität der *Arginase* (I) von pathogenen Stämmen von *Staphylococcus albus* (Staph.) war in vitro im Nährboden infolge des Zerfalls von Bakterienzellen höher als in der Kultur. In vitro wirkten *Ribonucleinsäure* (II) u. *Desoxyribonucleinsäure,* aus Staph. u. anderen Kulturen sowie 10^{-2}m Mn- u. Fe-Ionen hemmend auf die Aktivität der I, während Mn- u. Fe-Ionen in der Konz. 10^{-4}m sie um 15—25% steigerten. Zellkulturen mit hohem Toxintiter zeigten hohe Aktivität der I u. geringen II-Geh., mit geringem Toxintiter sowie bei Ggw. von Mn-Ionen geringe Aktivität der I u. hohen II-Gehalt. I. v. Kloch-Kornitz. 4210 □

Untersuchungen über die von einer Pseudomonas species gebildete α-Lysinacylase und ε-Lysinacylase. Shyozo Wada. (J. Biochemistry [Tokyo] **46,** 1541—50, Nov. 1959; Osaka, Takeda Pharm. Ind., Ltd.; engl.) — Eine aus dem Erdboden isolierte *Pseudomonas sp. KT-83* enthält *α-Lysinacylase* (I) u. *ε-Lysinacylase* (II), welche spezif. nur die α- bzw. nur die ε-Acylaminogruppe von Lysin hydrolysieren. pH-Optima für I bzw. II liegen bei pH 7,8 bzw. 6,0, Temp.-Optimum für I u. II bei 37—38°. I wird durch Co^{2+}, II durch Zn^{2+} aktiviert (optimale Konzz.: $1,10^{-3}$ m). — Aus Verss. an Derivv. von *DL-Lysin* (III), *DL-Ornithin* u. *D-Homolysin* ergibt sich, daß die nun als *α-Acylase* bezeichnete I im Substrat eine freie COOH-Gruppe, die nun als *ε-Acylase* bezeichnete II dagegen außerdem noch eine freie NH_2-Gruppe in α-Stellung benötigt. I u. II sind gegen aromat. Acylgruppen wirksamer als gegen aliphat. Acylgruppen; während I α-Acylaminogruppen verschiedener Aminosäuren angreift, ist II auf ε-Acylaminogruppen von III beschränkt. Hierzu wird angenommen, daß I sich mit den Substraten an 2 Punkten verbindet, II dagegen an 3 Punkten.

Versuche: *$N^δ$-Benzoyl-DL-ornithin*, $C_{12}H_{16}N_2O_3$, F. 254° (aus W.); hergestellt aus DL-Ornithinhydrobromid (2,0 g), Überführung in das Cu-Salz, Behandlung mit Benzoylchlorid u. Entfernen des Cu mittels H_2S; 1,8 g (Ausbeute). — *$N^α$.$N^δ$-Dibenzoyl-DL-ornithin* (**IV**), $C_{19}H_{20}N_2O_4$, F. 185° (A./W.), aus *DL-Ornithinhydrobromid* (1,5 g) durch Benzoylierung mit NaOH u. Benzoylchlorid; 1,5 g. — *$N^ε$-Acetyl-DL-lysin* (**XI**), $C_8H_{16}N_2O_3$, F. 256—257° (W./A.); aus DL-Lysinsulfat (2,0 g) durch Acetylierung des Cu-Salzes u. Entfernen des Cu mittels H_2S; 0,7 g. — *$N^α$.$N^ε$-Diacetyl-DL-lysin*, $C_{10}H_{18}N_2O_4$, F. 140° (CH_3OH/Äthylacetat); aus *DL-Lysinhydrochlorid* (**V**) (3,0 g) nach Entfernen des HCl mit Austauscherharz IR-120 durch Acetylierung; 2,8 g. — *$N^ε$-Benzoyl-DL-lysin* (**VI**), $C_{13}H_{18}N_2O_3$, F. 267° (W.); durch Benzoylierung von 2,0 g **V**; 1,9 g. — *$N^α$.$N^ε$-Dibenzoyl-DL-lysin* (**XII**), $C_{20}H_{22}N_2O_4$, F. 145° (A./W.), aus 1,5 g **V** analog wie **IV**; 1,6 g. — *$N^α$-Acetyl-$N^ε$-benzoyl-DL-lysin*, $C_{15}H_{20}N_2O_4$, F. 143° (W.), aus **VI** (2,0 g) durch Erhitzen mit Eisessig u. Essigsäureanhydrid; 1,3 g. — *$N^α$-Formyl-$N^ε$-benzoyl-DL-lysin*, $C_{14}H_{18}N_2O_4$, F. 167° (W.), durch Erwärmen von 5,0 g **VI** mit Ameisensäure u. Essigsäureanhydrid auf 30°; 0,7 g. — *$N^ε$-Carbobenzoxy-DL-lysin* (**VII**), $C_{14}H_{20}N_2O_4$, F. 254—255°, durch Behandlung des Cu-Salzes von 4,5 g **V** mit NaOH u. Carbobenzoxychlorid u. Entfernen des Cu mittels H_2S; 3,2 g. — *$N^α$-Benzoyl-$N^ε$-carbobenzoxy-DL-lysin* (**VIII**), $C_{21}H_{24}N_2O_5$, F. 133° (A./W.), aus **VII** (3,0 g) mit NaOH u. Benzoylchlorid; 2,8 g. — *$N^α$-Benzoyl-DL-lysin* (**IX**), $C_{13}H_{18}N_2O_3 \cdot H_2O$, F. 213° (W.), durch katalyt. Red. (Pd) von **VIII** (1,9 g) in methanol. HCl; 0,9 g. — *$N^ε$-Benzoyl-DL-lysinamidhydrochlorid* (**X**), $C_{13}H_{19}N_3O_2 \cdot HCl$, F. 241° ($CH_3OH$), aus **VI** (5,0 g) durch Veresterung mit wasserfreiem CH_3OH u. trockenem HCl, sofortiges Lösen des krist. Prod. in CH_3OH, Sättigen mit NH_3, 10 std. Erhitzen im Autoklaven bei 60°; 3,6 g. — *$N^α$-Benzoyl-DL-lysinamidhydrochlorid*, $C_{13}H_{19}N_3O_2 \cdot HCl \cdot 1/2\, H_2O$, F. 239°; aus **VIII** (2,0 g) wird mit Diazomethan der entsprechende Ester in Form eines weißen Harzes erhalten, der nach der bei Herst. von **X** beschriebenen Weise ein Prod. (1,5 g) mit F. 141° (CH_3OH/Ae.) liefert, das nach der bei Synth. von **IX** beschriebenen Weise behandelt wird; 1,2 g. — *$N^ε$-Acetyl-DL-lysinamidhydrochlorid*, $C_8H_{17}N_3O_2 \cdot HCl$, F. 242° ($CH_3OH$); aus **XI** (5,0 g) durch Amidierung; 3,2 g. — *$N^α$.$N^ε$-Dibenzoyl-DL-lysinamid*, $C_{20}H_{23}N_3O_3$, F. 206° (CH_3OH); aus 2,0 g **XII** erhält man durch Veresterung mit Diazomethan einen Ester, F. 113° (CH_3OH/Ae.; 1,7 g), der in üblicher Weise amidiert wird; 1,3 g. — *DL-Homolysinhydrochlorid* (**XIII**), $C_7H_{16}N_2O_2 \cdot HCl$, F. 271° (wss. A.) statt 176° laut Literatur; hergestellt nach Harris-Work (Biochem. J. **46**, [1950], 190). — *$N^ζ$-Benzoyl-DL-homolysin*, $C_{14}H_{20}N_2O_3$, F. 253° (W.); aus **XIII** (2,0 g) durch Benzoylierung des Cu-Salzes u. Entfernen des Cu mittels H_2S; 1,8 g. — *$N^α$.$N^ζ$-Dibenzoyl-DL-homolysin*, $C_{21}H_{24}N_2O_4$, F. 158° (wss. A.); aus **XIII** (1,5 g) durch Benzoylierung mit NaOH u. Benzoylchlorid; 1,5 g. A. Hesse. 4210 □

Aspekte des Wirkungsmechanismus gastrointestinaler Proteinasen. W. H. Taylor. (Bull. Soc. Chim. biol. **42**, 1313—18, 18/2. 1961; Liverpool, Unites Liverpool Hosp.; engl.) — Ausführliche Wiedergabe der C. **1961**, 1598 referierten Arbeit.
K. Maier. 4210 □

Die Wirkung von Methanol und Dioxan auf die Reaktion von Chymotrypsin mit L-Phenylalaninmethylester. S. Kuk-Meiri und N. Lichtenstein. (Experientia [Basel] **16**, 114, 15/3. 1960; Jerusalem, Hebrew Univ., Dep. of Biol. Chem.; engl.) — Vff. inkubieren *Chymotrypsin* (**I**) in Phosphatpuffer mit *L-Phenylalanin-* (**II**) bzw. *Benzoyl-L-phenylalaninmethylester* (**III**) in Ggw. von *Methanol* (**IV**) u. *Dioxan* (**V**) u. bestimmen den Anteil an verbrauchtem Ester nach der colorimetr. Hydroxamsäure-Meth. von Hestrin. Die Rk. von **I** mit **II** in Ggw. von 7,5—30 Vol.-% **IV** oder **V** wird vollständig inhibiert, während unter gleichen Vers.-Bedingungen kein Einfl. auf die Hydrolyse von **III** stattfindet. Aus den Ergebnissen wird geschlossen, daß die Spaltung von **II** durch **I** über einen Dipeptidester erfolgt, der dann einer raschen Hydrolyse unterliegt. Vorst. organ. Lsgm. hemmen daher vorwiegend die prim. stattfindende Bldg. sek. Peptidbindungen. P. Fahrnlaender. 4210 □

Die peptische Aktivierung von Acetyltrypsinogen: Physikochemische Eigenschaften des aktiven Derivates. T. Viswanatha und Irvin E. Liener. (Biochim. biophysica Acta [Amsterdam] **37**, 389—98, 29/1. 1960; St. Paul, Minn., Univ., Dep. of Agric. Biochem.; engl.) — Vff. kennzeichnen ein durch $(NH_4)_2SO_4$-Fällung u. Chromatographie an DEAE-Cellulose gereinigtes „*akt. Acetyltrypsinogen-Deriv.*“ (**I**), das durch pept. Behandlung von *Acetyltrypsinogen* gewonnen wurde, durch Sedimentations-Verh.,

Aminosäure (AS)-Zus., Substratspezifität u. Rk. mit *Diisopropyl-^{32}P-phosphofluoridat* (II) u. *p-Nitrophenylacetat* (III). — I ist in der Ultrazentrifuge offenbar mit einer Sedimentations-Konst. von 0,59 S einheitlich (Molgew. 5500—6500). Die AS wurden nach Hydrolyse mit 5,7n HCl, 18—20 Std. qual. papierchromatograph. (eindimensional Butanol–Eisessig–W. u. zweidimensional mit Lsgm.-Syst. nach Redfield [1953]) u. quant. mit Säulenchromatographie an Dowex 50-X 4 nach Moore u. Stein [1954] bestimmt. *Histidin* wurde außerdem nach den colorimetr. Verff. nach McPherson [1946] u. Cowgill [1956], mikrobiolog. u. durch Chromatographie an Amberlite IRC-50 nach Ishii [1956] bestimmt. AS-Zus. von I: Asp 0,83 (Mol/1000 g Protein), Thr 0,57, Ser 1,03, Pro 0,37, Glu 0,35, Gly 2,85, Ala 0,91, Val 0,47, Cystin 0,11, Leu + Ileu 0,70, Tyr 0,02, Phe 0,15, Lys 0,88, His 0,04 u. Arg 0. Auf Grund der AS-Zus. ergibt sich ein angenähertes Molgew. von 6650. Als hauptsächliche N-terminale AS wurde nach Fraenkel-Conrat u. Mitarbeitern *Phenylalanin* (0,95 Mol nach 30% ig. u. 10% ig. Korrektur, durch Hydrolyse- u. Chromatographieverluste bedingt) gefunden. Rk. von I mit II zeigt, daß 1 Mol P in 5500 g I eingebaut wird (zum Vgl. Trypsin: 1 m P/20000 g Protein). I steigert signifikant die Hydrolyse von III, obgleich keine rapide anfängliche Freisetzung von p-Nitrophenol wie beim Trypsin u. Acetyltrypsin zu beobachten ist. Die Substratspezifität (Substrate: *Benzoylargininäthylester*, *Benzoylargininamid*, *Tyrosinmethylester*, *Carbobenzoxyglutamyltyrosin* u. *oxydiertes Insulin*) entspricht ungefähr der des Chymotrypsins u. Trypsins. P. Teichgräber. 4210 □

Herstellung von reduziertem, aktivatorfreiem Papain durch p-Thiokresolbehandlung. Masami Soejima und Kensuke Shimura. (J. Biochemistry [Tokyo] **49**, 260 bis 261, März 1961; Sendai, Tohoku Univ., Dep. of Agric. Chem., Labor. of Biochem.; engl.) — Red. aktivatorfreies *Papain* (I) wird durch 5 Min. langes Schütteln einer Lsg. von oxydiertem I (50 mg) in 0,005m Citratpuffer, pH 5,0 (10 ml) im Thunberg-Gefäß mit *p-Thiokresol*-Lsg. (56 mg in 10 ml dest. Toluol) unter N_2 u. Filtrieren der emulgierten unteren Phase erhalten (Temp. $<10^0$). I bleibt unter anaeroben Bedingungen mehrere Tage voll wirksam. K. Maier. 4210 □

Einfluß von pH und Temperatur auf die Inaktivierung von Myosin. Gérard E. Pelletier und Ludovic Quellet. (Canad. J. Chem. **39**, 265—72, Febr. 1961; Ottawa, Ontario, Univ., Dep. of Chem.; Quebec, Univ. Laval, Dep. de Chim.; engl.) — Vff. untersuchten die *Triphosphatase*-Aktivität von Kaninchenmuskel-*Myosin* (I) in 0,6m KCl-Lsg. zwischen pH 7,0 u. 10,6 bei 5—40°. Die Rk.-Ordnung der Inaktivierung ist 1 bzgl. der Zeit u. 0,6—0,7 bzgl. der Konz. an I, Bei 34,7° ist die Inaktivierungs-Geschw. zwischen pH 7,0 u. 8,5 unabhängig vom pH, bei höheren pH-Werten nimmt sie stark zu, sie wird durch *Ca*-Ionen beeinflußt. Bei 11,8° ist die Inaktivierungs-Geschw. zwischen pH 10,3 u. 10,6 der 4,5. Potenz der Wasserstoffionen-Konz. proportional. Die Aktivierungsenergien betragen 56 kcal·Mol^{-1} bei pH 8,0 u. 58 kcal·Mol^{-1} bei pH 10,5. Aus den Daten ergeben sich für I folgende Halbwertszeiten: bei pH 10,5: 0°: 42000, 5°: 8000, 10°: 2000 Sekunden. Diskussion des Mechanismus der Desaktivierung. W. Walter. 4210 □

Die Funktion von Chelatbildung und Bindungsgleichgewichten beim Eisenstoffwechsel. Philip Charley, Morton Rosenstein, Ernest Shore und Paul Saltman. (Arch. Biochem. Biophysics **88**, 222—26, Juni 1960; Los Angeles, Calif., Univ. of Southern California, School of Med., Dep. of Biochem. and Nutrit.; engl.) — Die Geschw. der *Fe*-Aufnahme aus Serum-Transferrin durch Kaninchenleberschnitte nimmt in Ggw. von Chelatbildnern, wie Citrat, Äthylendiamintetraacetat, o-Phenanthrolin, 8-Hydroxychinolin, zu. Die Anfangs-Geschw. der Fe-Aufnahme hängt ferner direkt von der Verfügbarkeit u. Affinität der verschiedenen spezifisch am Fe-Stoffwechsel beteiligten Proteine ab. Vff. nehmen an, daß Fe^{3+} in Form eines lösl. niedermol. Chelats aus Serum in Leberzellen übergeht. K. Maier. 4210 □

Fraktionierung von Proteinen des Lysozyms. A. Barel und J. Léonis. (Arch. int. Physiol. Biochim. **69**, 740—41, Dez. 1961; Bruxelles, Univ. de Bruxelles, Labor. de Chim. général; franz.) — Eine weitgehende Fraktionierung der *Proteine* von *Lysozym* war durch doppelte Chromatographie, zunächst auf Amberlite IRC-50 u. anschließend auf Carboxymethylcellulose, möglich. K. Zingraf. 4210 □

Beweis für unterschiedliche Wege bei der Biosynthese von gesättigten und ungesättigten Fettsäuren durch das Enzymsystem des Avogatobirne. E. J. Barron und P. K. Stumpf. (J. biol. Chemistry **237**, PC613—14, Febr. 1962; Davis, Calif., Univ. of California, Biochem. and Biophys. Dep.; engl.) — Vgl. C. **1962**, 8295. — Es werden weitere Verss. (l. c.) mit einem an Mitochondrien reichen, aus dem Mesocarp der Avogatobirne gewonnenen Präp. durchgeführt, das in schon beschriebener Weise dargestellt, von den Mikrosomen befreit u. nach einem besonderen Verf. dialysiert worden ist; Vers.-Anordnung des Rk.-Syst. unter Einsatz von $^{14}C_{(1)}$-*Acetat* (I) bzw. $^{14}C_{(1)}$-*Acetyl-Coenzym A* (II) sowie von $^{14}C_{(1.3)}$-*Malonoyl-Coenzym A* (III) in schon mitgeteilter Weise. Es werden in Ggw. von III nur gesätt. Fettsäuren biosynthetisiert, in gleicher Weise wie von dem Gesamtpräp. aus dem Avogatoextrakt. Als vorherrschendes Prod. tritt nach den chromatograph. u. analyt. Ergebnissen eine radioakt. *Ölsäure* auf; bei Einsatz von I manifestieren sich zusätzlich noch nicht endgültig identifizierte Säuren, wahrscheinlich *gesätt. Hydroxysäuren*, die übrigens von dem Enzym-Syst. auch durch Umsatz von $^{14}C_{(1)}$-Ölsäure gebildet werden. Es wird experimentell gezeigt, daß die Biosynth. der gesätt. Fettsäuren wie der Ölsäure aus Acetat durch das Avogato-Präp. die Ggw. von *Biotin* voraussetzt; Zugabe von *Avidin* wirkt hemmend, bes. auf die Bldg. von Stearin- u. Palmitinsäure, während Ölsäure weiter entsteht, ebenso wie die noch nicht identifizierten Hydroxysäuren. Eine Bldg. ungesätt. Fettsäuren im Vers. mit dem Enzym-Präp. aus $^{14}C_{(1)}$-Stearat, $^{14}C_{(1)}$-Palmitat, $^{14}C_{(1)}$-10-Hydroxystearat, $^{14}C_{(1)}$-Stearoyl-Coenzym A u. $^{14}C_{(1)}$-Palmitoyl-Coenzym A wird nicht beobachtet. Zusammenfassend wird abgeleitet, daß Stearinsäure bei der Fettsäure-Synth. nicht der Vorläufer der Ölsäure sein kann. Eine Kettenverlängerung von $^{14}C_{(1)}$-Octanoat, $^{14}C_{(1)}$-Palmitat bzw. $^{14}C_{(1)}$-Palmitoyl-Coenzym A in Ggw. von nichtmarkiertem Acetat bzw. Acetyl-Coenzym A unter Einsatz der Enzym-Präpp. ist nicht feststellbar. Bei höheren Pflanzen vollzieht sich nach den mitgeteilten Ergebnissen die Synth. von Ölsäure auf einem anderen Wege als die der gesätt. Fettsäuren. K. Täufel. 4210☐

Über die Möglichkeit einer Synthese von anomaler Penicillinase unter dem Einfluß von 8-Azaguanin bei Bacillus cereus. J.-F. Pechère und J. Zanen. (Arch. int. Physiol. Biochim. **69**, 753—54, Dez. 1961; Bruxelles, Univ. de Bruxelles, Fac. des Sci., Labor. de Chim. biol.; franz.) — Es konnte keine Bldg. einer anomalen *Penicillinase* durch *Bacillus cereus* unter Einw. von *8-Azaguanin* allein oder zusammen mit *Guanosin* nachgewiesen werden. K. Zingraf. 4210☐

Herstellung und Kontrolle einer stabilen Penicillinase. Frances W. Bowman und Simon Holdowsky. (Antibiotics and Chemotherapy **10**, 508—14, Aug. 1960; Washington, D.C., U. S. Dep. of Health, Educat. and Welfare, Food and Drug Admin.; engl.) — Eine Anzahl von *Penicillinase* (I)-Handelskonzentraten unterschieden sich stark in der Aktivität. Die Unters. der I-Bldg. durch eine Spontanmutante von *B. cereus* ergab genet. Instabilität des Stammes, da dieser nach wenigen Passagen die Fähigkeit zur I-Bldg. verlor. Die Mutante war durch phänotyp. Selektion durch Züchtung in Ggw. steigender Penicillin-Konzz. reisolierbar. Mit Trypticase-Nähr-Lsg. u. Na-Citrat konnten höhere I-Titer erzielt werden. Fl. I-Präpp. waren bei $\geqq 25^0$ relativ labil, getrocknete nur bei $> 25^0$. Fl. Thioglykolatmedium zugesetzte I behielt bei 25^0 7 Tage die volle Wirksamkeit, während diese bei 37^0 um 21% abnahm. K. Maier. 4210☐

Untersuchungen über Thiaminokinase aus Bäckerhefe. 1. Mitt. Reinigung und Eigenschaften. Yoshito Kaziro. (J. Biochemistry [Tokyo] **46**, 1523—39, Nov. 1959; Tokyo, Univ. of Tokyo, Fac. of Med., Dep. of Biochem.; engl.) — Aus Bäckerhefe wurde ein als *Thiaminokinase* (I) bezeichnetes Enzym erhalten, das die Synth. von *Thiamindiphosphat* aus *Thiamin* (II) unter Transphosphorylierung mit Nucleosidtriphosphaten (IV) als Phosphatdonatoren katalysiert. Thiaminmonophosphat (III) wird dabei nicht gebildet. K_m der Rk. wurde für Adenosintriphosphat (ATP) bzw. II zu $1{,}0 \cdot 10^{-4}$ m bzw. $0{,}75 \cdot 10^{-4}$ m ermittelt. — Bei der Rk. sind 2wertige Kationen als Aktivatoren erforderlich; bes. wirksam sind Mn^{2+}, Mg^{2+} bzw. Ca^{2+}. I wirkt optimal bei pH 8,6 in Ggw. von $2 \cdot 10^{-3}$m Mn^{2+}. Reinigung von I erfolgt durch Hitzedenaturierung von Verunreinigungen im Hefeextrakt, Fällen von I mit Aceton, Dialyse des in W. suspendierten Nd. bei 0^0 gegen dest. W., Fraktionieren mit $(NH_4)_2SO_4$ u. Chromatographieren an DEAE-Cellulose. 100fach gereinigte I ist frei von Adenylsäurekinase u. Nucleosiddiphosphokinase. Gereinigte I wirkt spezif. mit II sowie ATP u. anderen IV; Adenosindiphosphat u. III sind als Substrate inaktiv. Als Rk.-Mechanismus wird der Transfer einer intakten Pyrophosphatgruppe angenommen. — Von den Analogen des II hemmen Neopyrithiamin u. Äthylthiamin stark, Hydroxythiamin dagegen nur schwach. A. Hesse. 4210☐

Ubichinon (Coenzym Q) in der keimfreien Ratte. John G. Bieri und Ernest G. McDaniel. (Biochim. biophysica Acta [Amsterdam] **56**, 602—03, 29/1. 1962; Bethesda, Md., Nat. Inst. of Health, Nat. Inst. of Arthritis and Metabol. Diseases, Labor. of Nutrit. and Endocrin.; engl.) — Ratten erhielten eine Diät aus einer Aminosäuremischung, Vitaminmischung, Harnstoff–Linoleinsäurekomplex, $NaHCO_3$ u. Saccharose. Diese Mischung wurde durch 3 Millionen rad sterilisiert. Die Bestrahlung hatte 42% Thiamin, 20% Riboflavin u. 12% Vitamin A zerstört. Die Diät wurde an keimfreie Ratten verfüttert. Herz u. Leber wurden auf die Geh. an *Ubichinon* (I), *Vitamin A* (II) u. *α-Tocopherol* (III) untersucht. Der I-Geh. nahm vom 21. zum 67. Tag (Alter der Tiere) in der Leber von 75 auf 883 μg (total) bzw. von 144 auf 300 μg/g zu. Die Werte für das Herz sind 15—76 bzw. 167—211. **II** u. **III** nahmen mit dem Alter der Tiere ebenfalls zu. Vff. schließen, daß **I** in den Geweben synthetisiert werden kann u. daß keine exogene Quelle für den Benzochinonring erforderlich ist. W. Hiller. 4210 □

Neues Fermentpräparat. A. N. Petrowa. (Вестник Академии Наук СССР [Nachr. Akad. Wiss. UdSSR] **32.** Nr. 3, 35—36, März 1962; russ.) — Das in den Skelettmuskeln von Kaninchen identifizierte Ferment-Präp. beteiligt sich an den Spalt- u. Bldg.-Prozessen, die an den Glucosidbindungen der Verzweigungsstellen der Polysaccharide (α-1.6-Bindungen) stattfinden. Entsprechend diesen Eigg. wird das Präp. als *Amyloseisomerase* (IA-Ferment) bezeichnet. S. Baryschnikow. 4210

Aktivitätsveränderungen der Uricase und Xanthinoxydase während des Lebenscyclus des Japankäfers (Popillia Japonica Newman). Donald J. Ross. (Physiol. Zoöl. **32,** 239—45, Fordham Univ., Dep. of Biol.; engl.) — *Uricase* ist während der embryonalen Entw. u. in allen Lebensstadien anwesend, nicht aber im präpuppalen, puppalen u. erwachsenen Stadium. *Xanthinoxydase* ist in allen Stadien des Lebenscyclus gegenwärtig. Es ist denkbar, daß sie an der Umwandlung von Harnsäure in das Nucleoprotein des erwachsenen Gewebes beteiligt ist. H. Aman. 4210 □

Zur Theorie der Prozesse der kontinuierlichen Gärung. K. G. Danilow. (Спиртовая Промышленность [Spiritus-Ind.] **28,** Nr. 1, 19—22, 1962; Patrice Lumumba-Univ. der Völkerfreundschaft; russ.) — Es werden unter der Annahme, daß die Geschw. der Hefevermehrung u. der Gärung nicht von der Standnummer der Batteriekammer abhängig ist, Näherungsgleichungen für die Berechnung der Gärungsprozesse abgeleitet. I. Weber. 4270 □

E₃. Mikrobiologie. Bakteriologie. Immunologie

Flüssigkeitsscintillationsmethode für die quantitative Messung von in Bakterien fixiertem Tritium. Sonia Apelgot und Maurice Duquesne. (J. Chim. physique Physico-Chim. biol. **58,** 774—77, Sept. 1961; Inst. du Radium, Labor. Curie; franz.) — Durch Anwendung von Membranfiltern nach Zsigmondi oder Elektrophoresemembranen konnte die Ausbeute der Radioaktivitätsmessungen an Flüssigkeitsscintillationszählern in Koinzidenzschaltung gegenüber der Anwendung von Filterpapierunterlagen verbessert u. unabhängig von der Fixierung des Tritiums inner- oder außerhalb der Bakterien gestaltet werden. Die Zählausbeute ist abhängig von dem Verhältnis der Reichweite der Tritium-β-Strahlung zu den Durchmessern der Fasern u. Bakterien. *Escherichia Coli B_3 thy-/Sr* wurden auf *^{3}H-Thymidin*-haltigen Nährböden gezüchtet u. für die Unterss. verwendet. U. Drehmann. 4300

Gesetzmäßigkeiten des Wachstums von Futterhefen auf Hydrolysenmedien. K. P. Andrejew. (Гидролизная и Лесохимическая Промышленность [Hydrolysen- u. holzchem. Ind.] **14,** Nr. 5, 3—6, 1961; russ.) — Als Kriterium der Zunahme der Biomasse von *Torulopsis utilis* wird eine Konstante K_s vorgeschlagen, deren Berechnung beschrieben wird. Sie hängt nicht von der Konz. des Substrats u. der Menge der Hefe ab u. bleibt konst., solange nur eine Zuckerart abgebaut wird. Sie ist bei Glucose (**I**) doppelt so hoch wie bei Xylose (**II**). Im Anfangsstadium wird im Gemisch **I** + **II** diejenige Zuckerart verbraucht, welche in der reinen Lsg. die höhere Konst. hat. Bei an **II** nicht gewöhnte Hefen erfolgt der Übergang der K_s vom **I**- zum **II**-Verbrauch unter sprunghafter K_s-Änderung. J. v. Schroeder. 4310 □

Untersuchung über die Chemie und die Immunchemie der Zellwände von Staphylococcus aureus. Stephen I. Morse. (J. exp. Medicine **116,** 229—45, 1/8. 1962; Rockefeller Inst.; engl.) — Die Zellwände eines Stammes 80/81 von *Staphylococcus aureus* (*NYH-6*) enthalten *Alanin, Glycin, Glutaminsäure, Glucosamin* (**I**) u. *Ribitylphosphat* (**II**). Durch Extraktion mit heißer 5%ig. Trichloressigsäure (**III**) wurden 94% des P u. 41% **I** beseitigt; der Rückstand (Mucopeptid), nicht aber die intakte Zellwand, war gegen Lysozym empfindlich. Aus kalten **III**-Extrakten von Zellwänden kann die *Teichosäure*, die fast vollständig aus **I** u. **II** besteht, isoliert werden. Die isolierte *Teichosäure* (**IV**) von Stamm NYH-6 wird leicht an gegerbte Schaferythrocyten gebunden u. diese sensibilisierten Zellen werden durch S. aureus-Antiseren agglutiniert; die Antigendeterminante von **IV** ist β-N-Acetylglucosamin. K. Zingraf. 4315 □

Nichtverseifbare Lipide typischer pleuropneumonieartiger Organismen. George H. Rothblat und Paul F. Smith. (J. Bacteriol. **82,** 479—91, Okt. 1961; Philadelphia, Pa., Univ. of Pennsylvania, School of Med., Dep. of Microbiol.; engl.) — Das Schicksal von *Cholesterin* (**I**) in verschiedenen PPLO-Stämmen wurde an Hand der unverseif-

baren Lipide in diesen Organismen ermittelt. Es wurden sowohl I-autotrophe (saprophyt.) als auch I-heterotrophe (parasit.) Stämme untersucht. Das von einem parasit. Kohlenhydrat (KH) nicht verarbeitenden Stamm aufgenommene I finder sich in der Zelle in der Hauptsache als I wieder. Der parasit. KH verarbeitende Stamm verwandelt I in *Cholesteryl-β-d-glucosid*. Aus den saprophyt. Stämmen konnten 3 Pigmente vom Typ der Carotinoide isoliert u. als *Neurosporin* oder Derivv. desselben identifiziert werden.
M. Lorenz. 4315□

Die aerobe Assimilation von Glucose durch Hefezellen. Frank W. Fales. (J. biol. Chemistry **235**, 1255—57, Mai 1960; Atlanta, Ga., Emory Univ., Dep. of Biochem.; engl.) — Der aerobe *Glucose*-Stoffwechsel nichtwachsender Backhefezellen wurde unter Durchleiten (Glasfritte) eines schnellen Luftstroms durch eine Suspension u. unter Belüftung durch Schütteln vergleichend untersucht. Bei dem höheren O_2-Druck im Belüfter war die aerobe Fermentation stark gehemmt, die Synth. cellularen Kohlenhydrats erhöht (maximal äquivalent 40% des Zuckerzusatzes) u. die Fett-Synth. vermindert. Im Schüttelgefäß herrschte intensiver aerober Stoffwechsel. Die Zunahme des Fettsäure-Geh. der Zellen lag $>$ 100% höher als bei den Durchströmungsversuchen. Der O_2-Verbrauch im Durchströmungs- u. im Schüttelvers. entsprach der Oxydation von ca. 30% u. 43% des zugesetzten Zuckers. K. Maier. 4320□

Respirationsstoffwechsel von P. chrysogenum während der üblichen Penicillinfermentation. V. L. Vinze und D. Ghosh. (J. sci. ind. Res. [New Delhi], Sect. B **18**, 73—76, April 1959; Pimpri, Hindustan Antibiotics (Private) Ltd., Antibiotics Res. Centre; engl.) — Vff. untersuchten den Respirations-Stoffwechsel von 4 verschiedenen handelsüblichen *Penicillium chrysogenum*-Stämmen mit verschiedener hoher u. geringer Ausbeute an *Penicillin* (I) in bezug auf Wachstum u. I-Produktion während der üblichen I-Fermentation. Stämme mit hoher Ausbeute an I zeigten während der Fermentation eine höhere O_2-Aufnahme. Diese Stämme synthetisieren im gleichen Verhältnis zum Wachstum fortlaufend Respirations-Enzyme. Vff. beobachteten keinen Zusammenhang zwischen der Menge an gebildeten Micellen u. produziertem I. G. Bratfisch. 4320□

Bakterieller Abbau von L-Fructose und L-Rhamnose. R. G. Eagon. (J. Bacteriol. **82**, 548—50, Okt. 1961; Athens, Ga., Univ. of Georgia, Dep. of Bact.; engl.) — 33 verschiedene Bakterienspecies wurden auf ihre Fähigkeit, die Methylpentosen *L-Fucose* (I) u. *L-Rhamnose* (II) zu verarbeiten, untersucht. 18 Species vermochten I oder II auszunutzen, 9 davon I u. II. Das deutet darauf hin, daß verschiedene Enzym-Syst. für den Abbau von I u. II erforderlich sind. Verss. mit zellfreien Extrakten solcher Bakterien die I u. II verarbeiteten, zeigten, daß die Pentosen von den meisten Bakterien zunächst in die entsprechenden Ketosen umgewandelt werden, die dann anschließend phosphoryliert werden. Für einige Bakterien muß jedoch ein anderer Abbauweg angenommen werden da weder eine *L*-Fuculose- noch eine *L*-Rhamnulose-Kinase in den betreffenden Bakterien aufgefunden werden konnte. M. Lorenz. 4320□

Über die Oxydation einiger organischer Säuren durch Micrococcus rubens. A. Temperli. (Arch. Mikrobiol. **30**, 318—24, 1958; Liebefeld/Bern, Eidg. Milchwirtschaftl. Versuchsanstalt; dt.) — Die Oxydation von organ. Säuren durch *Micrococcus rubens* wurde mit der Warburg-Meth. untersucht. Der Q_{O_2}-Wert (O_2-Aufnahme/Std. u. mg Bakterientrockensubstanz) sinkt in der Reihenfolge *Essig-*, *Propion-* u. *Buttersäure*. *Milchsäure*, *Brenztrauben-*, *Fumar-*, *Bernstein-* u. *l-Äpfelsäure* wurden gut oxydiert dagegen *Citronensäure* schlecht. *Glykol-* u. *α-Hydroxybuttersäure* wurde nicht oxydiert Bei allen Säuren handelt es sich um eine unvollständige Oxydation. W. Lock. 4320□

Abnormer Phosphatstoffwechsel in der Proteinfraktion eines mit UV-Licht bestrahlten Mycobakteriums. Michio Tsukamura. (Jap. J. Microbiol. **5**, 17—26, Jan. 1961; Chita, Obu, Obuso Nat. Sanatorium; engl.) — In Ggw. verschiedener H-Donatoren (Dextrose, Glycerin, Lactat, Pyruvat, Malat, Acetat, Succinat) waren die Stoffwechselaktivitäten (gemessen am Umfang der Red. von Pikrinsäure) von mit UV bestrahlten u. unbestrahlten Zellen von *Mycobacterium avium* gleich. Ebenso war der Geh. an Desoxyribonucleinsäure (DNS) u. Ribonucleinsäure (RNS) in der Nucleinsäurefraktion beider Zellgruppen gleich, wenn die Zellen in einem $^{32}PO_4^{3-}$ enthaltenden Medium bis zu 24 Std. inkubiert wurden. Wurden mit ^{32}P markierte, bestrahlte oder unbestrahlte Zellen in einen nichtradioakt. Phosphatpuffer gebracht, dann stieg bei beiden Zellgruppen die Radioaktivität in der säurelösl. Fraktion an, in der Nucleinsäurefraktion nahm sie ab. Unterschiede zeigten sich jedoch in der Protein-Fraktion beider Zellgruppen. Bei den unbestrahlten zeigte sich ein Abfall in der Radioaktivität, wenn der Kontakt mit ^{32}P eine Std. betrug, aber kein Abfall, wenn er 5 Std. betrug. Die bestrahlten Zellen zeigten diesen Abfall nicht, hier stieg die Aktivität, unabhängig von der Kontaktzeit, an. Aus den Ergebnissen wird geschlossen, daß nur in den unbestrahlten Zellen eine labile Phosphor-Verb. mit akt. Phosphorstoffwechsel vorhanden ist. In den bestrahlten Zellen scheint dagegen eine abnorme Protein-Synth. abzulaufen. M. Lorenz. 4320□

Citronensäuregärung auf mit Austauschern gereinigten Zuckern. Yuichi Noguchi und Marvin J. Johnson. (J. Bacteriol. 82, 538—41, Okt. 1961; Madison, Wis., Univ. of Wisconsin, Dep. of Biochem.; engl.) — Es wurde der Einfl. verschiedener Metalle bei der *Citronensäure* (I)-Gärung auf *Rohrzucker* (II) bzw. *Glucose* (III) durch *Aspergillus niger* (Stamm N 548) untersucht. Mit steigendem Fe^{2+}-Geh. in einer II-haltigen Nähr-Lsg. stieg die I-Ausbeute an, bei 0,1 mg Fe^{2+}/Liter wurde der höchste Wert erreicht, bei noch höherem Fe^{2+}-Geh. fiel die I-Ausbeute wieder ab. Bei Verw. eines III-haltigen Nährbodens (GN) waren die I-Ausbeuten gering, was auf die I-Gärung hemmende Stoffe in GN schließen läßt. Beide Zucker wurden mit Austauschern (Dowex A-1) behandelt. Es zeigte sich, daß beim Wachstum auf GN nur dann gute I-Ausbeuten erreicht wurden, wenn das Medium durch die mit dem Austauscher aus II entfernten Metalle ergänzt wurde. Die Analyse der mit Hilfe der Austauscher aus den Zellen gewonnenen Metalle ergab in GN einen recht hohen Geh. an Mangan. Diese Manganmenge ist für die schlechten I-Ausbeuten aus GN verantwortlich. Entfernt man aus GN selektiv Zn^{2+}, Fe^{2+}, Mn^{2+} oder Cu^{2+}, dann wurden nur dann gute I-Ausbeuten erzielt, wenn ohne Mangan gearbeitet wurde; schlechte Ausbeuten wurden erreicht, wenn die übrigen Metalle in der Nährlsg. fehlten.
M. Lorenz. 4320□

Experimentelle Untersuchung der antibakteriellen pharmakologischen und toxischen Eigenschaften der synthetischen Verbindungen vom Typ der Wuchshormone und anderer Stoffe. L. Popow, W. Petkow und P. Koshucharow. (Известия на Института по Експериментална Медицина, Българска Академия на Науките [Bull. Inst. Méd. exp., Acad. bulg. Sci.] 2, 461—83, 1957; bulg., Auszug: franz.) — Untersucht wurde die bakteriostat. u. bactericide Wrkg. von *β-Naphthylhydroxyessigsäure* (I), *β-Naphthylhydroxyessigsäuremethylester* (II), *Methyl-β-naphthylketon von* I (III), *Thymolhydroxyessigsäure* (IV), *8-Hydroxychinolin* (V) u. *Guajacolhydroxyessigsäure* (VI) an verschiedenen, auch sporenbildenden, aeroben, pathogenen u. apathogenen Bakterien (Staphylokokken, Streptokokken, Coli, Typhus-, Paratyphus-Gruppe, Salmonellen, verschiedenen Ruhrstäbchen, Pyocyaneus, Proteus, Corynebakterien, Anthra u. a.). Ihre konservierende Wrkg. wurde an Milch, verschiedenen Siruparten, Obst, Gemüse u. a. geprüft, I, II, III, IV, V u. VI zeigten eine gute bactericide u. konservierende Wrkg. u. waren gut verträglich. Eine bes. starke bactericide Wrkg. zeigte V. Es wird als Universalkonservierungsmittel für biolog. u. pharmazeut. Präpp., auch für Urin, empfohlen. Bei Hauterkrankungen, vor allem mitot. Natur erweisen sich I, II, III, IV, V u. VI therapeut. wirksam. Ihre toxikolog. Wrkg. wurde an weißen Mäusen, Ratten, Meerschweinchen, Kaninchen, Katzen u. Fröschen kontrolliert. F. du Mans. 4330□

Die Antimikrobenaktivität von Nitrofuranpräparaten: Furazolidon, Furadonin und Furacilin. A. B. Tschernomordik und A. D. Kowalenko. (Советская Медицина [Sowjet-Med.] 25, Nr. 7, 138—40, Juli 1961; Dnepropetrowsk, Inst. für Epidemiolog., Mikrobiolog. u. Hygiene; russ.) — Unterss. der bakteriostat. Wrkg. auf 510 Bakterienstämme zeigten ein breites antibakterielles Wrkg.-Spektrum von *Furazolidon* (I), *Furadonin* (II) u. *Furacilin* (III). Die Wrkg., die bei I am intensivsten war, erstreckte sich bes. auf hämolyt. Staphylokokken, enteropathogene Darmstäbchen u. *Salmonella* u. Dysenteriebakterien sowie auf Proteus u. ihre antibioticaresistenten Stämme. Pyoceaneus war gegen I, II u. III resistent. I. v. Kloch-Kornitz. 4330□

Kupferkomplexe von aromatischen Dithiocarbamaten und ihre antifungale Aktivität. William O. Foye, Ivan B. van de Workeen jun. und Joseph D. Matthes. (J. Amer. pharmac. Assoc., sci. Edit. 47, 556—58, Aug. 1958; Boston, Mass., Coll. of Pharmacy; engl.) — *Ammoniumphenyldithiocarbamat* (I), *Äthylphenyldithiocarbamat* (II), *Phenyl-p-nitrophenyldithiocarbamat* (III), *Pyridyl-(2)-ammoniumpyridyl-(2)-dithiocarbamat, Äthylpyridyl-(2)-dithiocarbamat* (V) u. *p-Nitrophenylpyridyl-(2)-dithiocarbamat* (VI) wurden hergestellt u. in Form stabiler Komplexe mit Cu^{2+}, wahrscheinlich Chelaten, auf ihre fungicide u. bactericide Aktivität geprüft. Getestet wurde gegen verschiedene Bakterien u. Pilze. Die Aktivität der Verbb. ist gering. Die Phenyl- u. Pyridyl-(2)-dithiocarbamate sind etwa gleich wirksam. Die Kupferkomplexe (VII) sind entgegen anderen Auffassungen unwirksam.

Versuche: *Ammoniumphenyldithiocarbamat* (I), F. 92—93°, wurde nach der Vorschrift von Dains, Brewster u. Olander [1941] hergestellt; 73% (Ausbeute). — Das *Äthyl-Analoge* (II), F. 58—60°, aus I u. Äthylbromid, 4 Std. rühren, das Filtrat unter vermindertem Druck dest., gelbgrüne Kristalle (Ae.), 41%. — Das *p-Nitrophenyl-Analoge* (III), F. 88—90°, aus I in W. u. p-Nitrochlorbenzol u. A., 1 Std. gekocht, hellgelbes

Pulver; 50%. — Das *Pyridyl-(2)-Analoge* (IV), $NaNH_2$ in Bzl. wurde mit 2-Aminopyridin in Bzl. behandelt u. das Gemisch 2 Std. gekocht, CS_2 in Bzl. zugefügt u. 4 Std. gekocht, gelber Nd.; 86%. — Pyridyl-(2)-dithiocarbamate: *Äthyl-* (V), aus Pyridyl-(2)-dithiocarbamat u. Äthylbromid durch 4std. Rühren, Dest. des Filtrats, rote, ölige Lsg., 68%. — *p-Nitrophenyl-* (VI), F. 128—130°, aus Pyridyl-(2)-dithiocarbamat in W. u. A. u. p-Nitrochlorbenzol durch 1std. Kochen, grünes Pulver; 10%. — Chelat-Bldg. mit Cu(II)-Ion: I in W. u. $CuSO_4$ in W. werden gerührt, gelber Nd.; 84%; das Prod. zersetzt sich bei 110°. K. Böhm. 4330□

Wirkung einiger Antibiotica auf die hämolytische Aktivität von Staphylococcus aureus. N. Orsi, D. Poggiolini und G. Terzani. (Nuovi Ann. Igiene Microbiol. **12**, 289—94, Juli/Aug. 1961; Roma, Univ., Ist. di Microbiol.; ital.) — Konzz. von *Chloramphenicol, Oleandomycin* u. *Tetracyclin,* die keine bakteriostat. Wrkg. besitzen, hemmten die Erzeugung von *α-Hämolysin* durch *Staphylococcus aureus.* Penicillin besaß diese Wrkg. nicht. K. Zingraf. 4340□

Bakterieller Abbau von Streptomycin. Dolph Klein und David Pramer. (J. Bacteriol. **82,** 505—10, Okt. 1961; New Brunswick, N.J., State Univ., Dep. of Agric. Microbiol.; engl.) — Aus Erde konnte ein Stamm von *Pseudomonas fluorescens* isoliert werden, der auf einem Salzmedium wachsen kann, dem als einzige C-, N- u. Energiequelle *Streptomycin* (I) zugefügt werden muß. Es wurde der Einfl. der Menge u. des Alters der einzusäenden Bakterien, des pH-Wertes, der Puffer-Konz., der Spurenelemente, der I-Konz., Temp., Belüftung u. N-Quelle auf den I-Abbau ermittelt. Während des I-Abbaus werden alle Bestandteile des I-Mol. chem. verändert. Bei 5° findet kein Abbau statt, bei 28° kann nach 3 Min. I in der Kultur-Lsg. nicht mehr nachgewiesen werden. Manometr. Unterss. zeigten, daß durch gewaschene Zellen I, *Dihydrostreptomycin* (II) u. *Hydroxystreptomycin* (III) rasch abgebaut werden, was darauf hindeutet, daß II u. III mögliche Zwischenglieder beim I-Abbau sind. Wesentlich geringer u. im Umfang gleich der endogenen Atmung war die O_2-Aufnahme in Ggw. von *Streptidin, N-Methyl-L-glucosamin, Mannosidostreptomycin* u. *Mannit.* M. Lorenz. 4340□

Bestimmung des Griseofulvins in Fermentationsflüssigkeiten. Antal Mizsei und Antal Szabó. (Acta pharmac. hung. **32,** 30—36, Jan. 1962; Budapest, Forsch.-Inst. pharmac. Ind.; ung.) — Es wurde eine Meth. zur quant. Best. des *Griseofulvins* (I) nach papierchromatograph. Reinigung in Ferment-Fll. entwickelt. I wird in Chlf. gelöst, auf mit Äthylenglykol–Methanol (30 : 70 Vol.) imprägniertes Papier (Machrey-Nagel, Nr. 214) gebracht u. nach der Rundfilter-Meth. mit CCl_4–n-Heptan–Äthylenglykol (65 : 25 : 15 Vol.) entwickelt. Die im UV-Licht akt. Zonen werden mit 83%ig. A. gelöst u. bei 239 nm photometriert. Die Sättigungs-Konzz. von I bei 25° betragen: in W. $7{,}6\cdot10^{-3}$(mg/ml); n-Heptan $7{,}6\cdot10^{-2}$; Äthylenglykol $7{,}2\cdot10^{-1}$; CCl_4 1,3; n-Butanol 1,8; Ae. 2,0; Bzl. 2,8; Eisessig 7,6; Dichloräthan 10; Chlf. 34; Aceton 40; Äthylenchlorid 66; Methylenchlorid 230. G. Ligeti. 4340

Untersuchungen über Trichomycin. 5. Mitt. Hiroshi Nakano. (J. Antibiotics [Tokyo], Ser. A **14,** 68—71, März 1961; Higashiyodogawa, Osaka, Fujisawa Pharmaceut. Co. Ltd.; engl.) — 4. vgl. C. **1960,** 10987. — Nachdem die Isolierung von *Trichomycin A* u. *B* durch Gegenstromverteilung in der 4. Mitt. (l. c.) beschrieben wurde, werden hier die Kristallisation von *Trichomycin A* (I), $C_{61}H_{86}N_2O_{21}\cdot 2\,H_2O$, u. die weiteren Eigg. mitgeteilt. Die gelbe Farbe von I geht bei 175° in orangerot später in braun über, ohne bis zu 320° zu schmelzen. I besitzt keine Methoxyl-, keine Acetyl-, 3—4 Methyl-, 12—13 acetylierbare u. 4 Carbonylgruppen. Die Absorptionsmaxima sind angegeben. Die Prozedur zur Gewinnung von krist. I wird beschrieben. W. Hiller. 4340□

Untersuchungen über Trichomycin. 6. Mitt. Hiroshi Nakano. (J. Antibiotics [Tokyo], Ser. A **14,** 72—85, März 1961; engl.) — 5. vgl. vorst. Referat. — Vf. klärt die Struktur von *Trichomycin A* (I) teilweise auf. I besitzt folgende Gruppen: Heptaenteil, Mycosamin, p-Aminobenzoyl-, β-Diketogruppe, Carboxyl-, Lacton- u. α-Glykolgruppe. I gehört zur Heptaengruppe der polyenen Antibiotica. Die Absorptionsspektren in UV u. IR sind angegeben.

Versuche: Mit *Trichomycin A* (I) wurden folgende Rkk. durchgeführt: Red. mit Na-Borhydrid ergab eine fahlgelbe Substanz, die in W. amphotere Eigg. zeigte. — Oxydation von I mit Cr_2O_3 ergab *2.4.6.8-Dekatetraen-1.10-dial,* F. 149—152°, u. eine *Verb.* $CH_3CO\cdot C_{19}H_{24}NO_3\cdot {}^1/_2\,H_2O$, F. 136—137°. — Alkal. Abbau von I ergab *p-Aminoacetophenon,* F. 98—102° (hellgelbe Nadeln). — Alkal. Abbau von acetyliertem I ergab *p-Acetylaminoacetophenon,* F. 158—161°. — Äthanolyse von N-[Dinitrophenyl]-perhydro-I ergab eine *Verb.* $C_{14}H_{19}N_3O_8\cdot C_6H_6$, F. 80—82°. W. Hiller. 4340□

Der gegenwärtige Stand der Erforschung der Polymyxine und der ihnen verwandten Antibiotica. Ss. M. Mamiofe und S. T. Ssinitzyna. (Антибиотики [Antibiotika] 6, 552—63, Juni 1961; russ.) — Übersicht. — 207 Literaturangaben.
O. Lebtag. 4340□

Über die Stimulierung der unspezifischen Immunität durch einige bakterielle Polysaccharide. S. W. Jermoljewa, G. Je. Waissberg, T. I. Afanassjewa, N. I. Giwental und T. N. Likina. (Бюллетень Экспериментальной Биологии и Медицины [Bull. exp. Biol. Med.] **52** (**26**), Nr. 8, 77—82, Aug. 1961; Moskau, Zentralinst. für Ärztefortbildung, Lehrstuhl für Mikrobiolog., Labor. für neue Antibiotica; russ., Auszug: engl.) — *Ziin* (I; hergestellt aus dem apathogenen Stamm Ac. xylinum; 200 γ) erhöht die Resistenz von Mäusen gegen Infektionen mit *Proteus vulgaris, Bact. coli, Bact. pyoceaneum* u. *Staphylococcus aureus.* Es gehört neben *K-12* u. *Zymosan* zu den Polysacchariden mit starker u. anhaltender antiinfektiöser Wrkg., während *Agar, Polyglycin, Pyrogenal* u. *Grisean* unbeständig u. kurzfristig wirken. I hat polyvalente Wrkg., indem es die lokalen Gewebe-Rkk., die phagocytäre Aktivität des Reticuloendothelialen Syst. u. die baktericide Aktivität des Blutes anregt. Die Wrkg. der intraperitonealen Injektion ist stärker als die der i.v. oder subkutanen. I. v. Kloch-Kornitz. 4370□

Über die mögliche Rolle der Ribonucleinsäure im Mechanismus der Tuberkuloseresistenz. 2. Mitt. **Ribonucleinsäure und Ribonucleaseaktivität in den Organen von Mäusen, die mit Tuberkulose infiziert und mit BCG-Vaccine immunisiert wurden.** Je. B. Lischnewskaja. (Бюллетень Экспериментальной Биологии и Медицины [Bull. exp. Biol. Med.] **52** (**26**), Nr. 11, 88—91, Nov. 1961; Leningrad, Wiss. Tuberkulose-Inst., Labor. für Biochemie; russ., Auszug: engl.) — 1. vgl. C. **1962,** 14919. — Bei Mäusen kam es nach einmaliger künstlicher Immunisierung (a; 1 mg BCG-Vaccine subkutan) u. experimenteller Tuberkuloseinfektion (b) zur Vermehrung des Geh. an *Ribonucleinsäure* (I) in der Lunge (a 8—19%, b 16—37%) u. der Leber (a 7—18%, b Verminderung um 6—16%) u. zu phas. Veränderungen der Aktivität der *Ribonuclease* (II) in der Lunge (a Vermehrung am 38. Tag um 21%, Verminderung am 48. Tag um 13%, b Verminderung am 28. Tag um 24%, Vermehrung am 65. Tag um 36%) u. der Leber (a normal, b am 4. Tag Verminderung um 20%, am 11. Tag Vermehrung um 35%). Nach der 2. Immunisierung blieb der I- u. II-Geh. normal. I. v. Kloch-Kornitz. 4370□

Eine modifizierte Technik bei der Perjodat-Inaktivierung von Serum-Mucoproteinen. Elliot C. Dick und William J. Mogabgab. (J. Lab. clin. Med. **58,** 776—78, Nov. 1961; New Orleans, La., Tulane Univ., School of Med., Dep. of Med.; engl.) — Die verwendeten *Perjodsäuresalze* (I) sind bei physiolog. pH nur wenig lösl.; in 0,1 n KOH sind die I löslicher; neutralisiert wird mit konz. HCl. Diese Abwandlung erlaubt eine Serumanfangsverdünnung von 1 : 2, statt sonst üblich 1 : 5 oder 1 : 7. Damit sind serolog. Diagnosen von *Myxovirus*-Infektionen bei einem Hämagglutinations-Inhibitor-Titer von 1 : 4 möglich. M. Metze. 4370□

Die maskierten Sulfhydrylgruppen der Polyeder verschiedenen Ursprungs. L. M. Tarassewitsch und N. Ss. Tereschtschenko. (Вопросы Вирусологии [Fragen d. Virusforsch.] **7,** 228—33, März/April 1962; russ., Auszug: engl.) — Mittels amperometr. Titrationen wurden die SH-Gruppen in Polyedern, die durch verschiedene Insektenviren erzeugt wurden u. verschiedenes Alter hatten, bestimmt. Bei der Aufbewahrung sinkt die Zahl der titrierbaren SH-Gruppen; die der maskierten steigt. Denaturierung mittels 0,1 n HCl, Harnstoff, Guanidinhydrochlorid u. 10%ig. Lsg. von Na_2SO_3 setzt SH-Gruppen frei. Frisch gewonnene Polyeder enthalten keine maskierten SH-Gruppen.
M. Wiedemann. 4374□

Influenzavirus-Sialidase. Calderon Howe, Lucille T. Lee und Harry M. Rose. (Nature [London] **188,** 251—52, 15/10. 1960; New York, N.Y., Columbia Univ., Coll. of Physic. and Surg., Dep. of Microbiol.; engl.) — Suspensionen von Influenza-Virus *A2*/Japan/305/57 besaßen eine wesentliche größere *Sialidase* (I)-Aktivität als solche der Stämme *NWS, FM 1* u. *PR 301.* Die spezif. enzymat. Aktivität war der Virus-Konz. proportional. Das pH-Optimum von *A2*-I lag zwischen 5,3 u. 6,1. Als Substrat diente ein durch wss. Extraktion (60—65°) aus chines. eßbaren Vogelnestern gewonnenes Mucoid (Nestverfestigungssubstanz von *Collocalia sp.*), das 10% sauer hydrolysierbare Sialsäure enthielt u. bei hohem Titer die Agglutination von Hühnererythrocyten durch „Indicator"-Virus hemmte. K. Maier. 4374□

Durch Spaltung der Nucleinsäuren einiger Tabakmosaikvirusstämme mit Pankreasribonuclease erhaltene Produkte. G. W. Rushizky und C. A. Knight. (Proc. nat. Acad. Sci. USA **46,** 945—52, 15/7. 1960; Berkeley, Calif., Univ., Virus Labor.; engl.) — Die *Nucleinsäuren* dreier Tabakmosaikvirus-Stämme wurden mit *Pankreasribonuclease* gespalten u. die Spaltprodd. (I) durch zweidimensionale Papierelektrophorese u. -chromatographie in 20 Fraktionen zerlegt. Die I-Verteilung war bei allen Stämmen sehr ähnlich. Quant. Analyse von I ergab zwischen den Stämmen M u. TMV keine, zwischen diesen u. HR mehrere deutliche Unterschiede, die auf verschiedenen Nucleotidsequenzen in den ursprünglichen Polynucleotidketten beruhen dürften. K. Maier. 4374☐

Synthese von Viren-spezifischen Polymeren in Zellen bei Infektion mit Adenoviren: Wirkung von 5-Fluordesoxyuridin. John F. Flanagan und Harold S. Ginsberg. (J. exp. Medicine **116,** 141—57, 1/8. 1962; Philadelphia, Pa., Univ. of Pennsylvania, School of Med., Dep. of Microbiol.; engl.) — Die Synth. von NaCl-lösl. *Desoxyribonucleinsäure* (I) u. die Erzeugung von infektiösen Viren in Adenovirus-infizierten HeLa-Zellen wurde durch Zusatz von *5-Fluordesoxyuridin* (II) bis zu 10 Std. nach Infektion vollständig gehemmt. Die Hemmwrkg. von II konnte durch Zusatz von 10^{-6}m Thymidin zum Medium aufgehoben werden. Die für die Virus-Erzeugung notwendige Synth. von I begann 10 Std. nach Infektion u. war 16 Std. nach Infektion abgeschlossen. K. Zingraf. 4374☐

Wirkung von Mitomycin C auf das Wachstum einiger tierischer Viren. E. Reich und R. M. Franklin. (Proc. nat. Acad. Sci. USA **47,** 1212—17. 15/8. 1961; New York, N.Y., Rockefeller Inst.; engl.) — Das Wachstum eines *Ribonucleinsäure* (*RNS*)-Virus (Mengo-Encephalomyelitis-Virus) u. *Desoxyribonucleinsäure* (*DNS*)-Virus (Vaccina) in Säugetierzellen wird in Ggw. oder nach Vorbehandlung mit geeigneten *Mitomycin C* (I)-Konzz. untersucht. 15 γ I pro ml unterdrücken nach 8 Std. die DNS-Synth. vollständig. Im Falle von Mengovirus ergibt sich, daß die Virus-RNS-Synth. nicht mit der Synth. von DNS zusammenhängt. Das Wachstum der Vaccine ist abhängig vom Kernzustand in der Wirtszelle, ein intaktes Wirtsgenom u. ein normal funktionierender Stoffwechsel (als Ausdruck des Genoms) scheinen für das normale Vaccine-Wachstum erforderlich zu sein. Die Ergebnisse zeigen auch, daß für das RNS-Viruswachstum u. die *Nucleinsäure*-Synth. biolog. intakte DNS nicht anwesend sein muß. Ch. Zimmer. 4374☐

Die Inhibitorwirkung des Novoembichins auf die Bakteriophagen und Viren. L. B. Borissow und G. Ss. Jakowlewa. (Вопросы Вирусологии [Fragen d. Virusforsch.] **7,** 148—52, März/April 1962; russ., Auszug: engl.) — Die inaktivierende Wrkg. von *Novoembichin* (I) wurde bei Konzz. bis zu 100 γ/ml untersucht. I ist ein Inhibitor für die kompliziert gebauten Influenza- u. Herpes-Viren, nicht dagegen für die kleinen einfachen Viren, vom Typ des Poliomyelitis-Virus. Die Wrkg. auf die Phagen, darunter T-Phagen, ist sehr unterschiedlich, was zur Charakterisierung dienen kann. Auf HeLa-Zellen bewirkt I erst in hohen Konzz. ca. 1000 γ/ml, Schädigungen. M. Wiedemann. 4374☐

Experimentelle Untersuchung der biologischen Aktivität der isolierten Nucleinsäuren der Phagen T 2 und T 7. B. N. Iljaschenko. (Вопросы Вирусологии [Fragen d. Virusforsch.] **7,** 152—56, März/April 1962; russ., Auszug: engl.) — Aus isolierten $T2r^+$-Phagen u. aus mit T7 infizierten Zellen von E. coli wurden durch Extraktion mit Phenol *Nucleinsäuren* gewonnen, die frei von Protein waren. Sie vermochten Protoplasten von E. coli, die mittels Lysozym gewonnen waren, nicht zu infizieren (sie lösten die Phagen-Synth. nicht aus). Ferner wurden keine Rekombinanten beobachtet, wenn die Desoxyribonucleinsäure aus T2h zusammen mit intakten T2r-Phagen auf Sphäroplasten gegeben wurden, die mittels Penicillin hergestellt wurden. Dagegen konnte auf diesen Sphäroplasten bei gemischter Infektion mit intakten T2h- u. T2r-Phagen genet. Rekombination beobachtet werden. M. Wiedemann. 4374☐

Zur Biologie und Biochemie von Cladophora siwaschensis Meyer. N. N. Alfimow und A. I. Proschkina-Lawrenko. (Доклады Академии Наук СССР [Ber. Akad. Wiss. UdSSR] **136,** 230—32, 1/1. 1961; Akad. der Wiss. der UdSSR, Botan. Komarow-Inst.; russ.) — Die chem. Zus. der Grünalge *Cladophora siwaschensis* Meyer wird in Abhängigkeit von den Standortbedingungen untersucht. Die Best. des Geh. an Asche, Ca, Fe, P, *Thiamin* (I), *Riboflavin* (II) u. *Nicotinsäureamid* (III) in Algen aus W. mit einem Salz-Geh. von 3—4° Bé (a) bzw. 8,5—12° Bé (b) ergibt große Unterschiede im Geh. an Mineralstoffen u. Vitaminen, je nach der Salz-Konz. des Mediums. Der Mineralstoff-Geh. liegt bei b 1,5—2 mal höher als bei a. Der I- u. III-Geh. ist bei a 3—4 mal so groß wie bei b. Das Verhältnis I : III : II beträgt bei a 12,5 : 7,5 : 1, bei b 1 : 0,8 : 1. H.-P. Pietsch. 4380☐

Untersuchung der chemischen Zusammensetzung der Grünalge Dunaliella salina Teod. G. P. Sserenko und M. W. Pachomowa. (Вестник Московского Университета, Серия VI Биология, Почвоведение [Nachr. Moskauer Univ., Ser. VI Biol. Bodenkunde] **16,** Nr. 3, 22—26, Mai/Juni 1961; Moskau, Univ., Lehrstuhl für Biochem. der Pflanzen; russ.) — Die chem. Analyse der Grünalge *Dunaliella salina Teod.* zeigte

in der Trockenmasse nach A.- u. Ae.-Extraktion (a), u. in der in A. lösl. u. in Ae. unlösl. Fraktion (b) folgende Werte: a 10,71% (zur Trockenmasse) Gesamt-N (I; 9,73% *Protein*, 0,98% *Nucleinsäure*), 1,59% Gesamt-P (II), 1,58% S, 0,68% *Dextrine*, 5,65% *Stärke*, 1,12% *Hemicellulose*; b 2,14% I, 0,26% II, 0,12% S, 0,77% *Monosen*, 8,2% *Rohrzucker*. Die *Proteine* enthalten: *Alanin, Asparaginsäure, Arginin, Valin, Glycin, Histidin, Glutaminsäure, Leucin, Lysin, Methionin, Serin, Tyrosin, Tryptophan, Threonin, Phenylalanin, Cystin, Prolin, α-Aminobuttersäure, Citrullin*. Der Gesamtgeh. an *Nucleinsäuren* beträgt nach der Unters.-Meth. von Ogur u. Rosen 6,37% (5,33% *Ribonucleinsäure*, 1,04% *Desoxyribonucleinsäure*) u. nach Schneider 6,14%.
I. v. Kloch-Kornitz. 4380□

Beobachtungen über das Pigment einer indischen Species von Blepharisma (Ciliata: Protozoe). B. R. Seshachar und A. V. S. Prabhakara Rao. (J. sci. ind. Res. [New Delhi], Sect. C **18,** 76—79, April 1959; Bangalore, Univ. of Mysore, Central Coll., Dep. of Zool.; engl.) — Vff. untersuchten die Eigg. des *Pigmentes* (I) einer ind. Species von *Blepharisma*. Das geeignetste Lsgm. zur Extraktion von I aus den Tieren ist 90 bis 100%ig. Äthanol. I wird leichter u. vollständiger aus mit W. benetzten Tieren extrahiert. I verliert zu einem Teil seine Farbintensität bei Lagerung bei Zimmer-Temp., in der Kälte u. auch bei Dunkelheit. I besitzt Absorptionsmaxima bei 340, 480, 540 u. 580 mμ. I ist im sauren u. neutralen Milieu purpur u. wird im alkal. Bereich grün.
G. Bratfisch. 4380□

E$_4$. Pflanzenchemie. Pflanzenphysiologie. Pflanzenpathologie

Einfluß der Bestrahlung auf die Permeabilität der Wurzelhaare von Vicia faba. T. G. Mamedow. (Биофизика [Biophysik] **5,** 85—87, 1960; Moskau, Univ., Biolog.-Bodenkundl. Fak.; russ.) — Die Wurzeln der Keimlinge von *Vicia faba* wurden mit γ-Strahlen in einer Dosis von 30 r/Min. behandelt, wonach man ihre Permeabilität (nach der Exosmose) untersuchte. Dabei konnten keine Veränderungen in der Absonderung der organ. Stoffe durch die behandelten Wurzeln ermittelt werden. Bei der Behandlung in Dosen von 150 r bzw. von 500 r wurden von den Wurzeln Stoffe abgesondert, die Veränderungen des Redoxpotentials im Substrat (Außenwasser) u. eine Verschiebung des pH in alkal. Richtung hervorriefen. Bei 150 r waren diese Veränderungen reversibel, bei 500 r irreversibel. M. Gordienko. 4404□

Einfluß der chronischen Bestrahlung mit ^{60}Co auf das Wachstum von Gladiolen und die Ausbildung vegetativer Anlagen. Ss. I. Issajew, I. W. Drjagina und I. M. Werschinkina. (Доклады Академии Наук СССР [Ber. Akad. Wiss. UdSSR] **135,** 1250—53, 11/12. 1960; Moskau, Lomonossow-Univ.; russ.) — Verss. mit Gladiolenzwiebeln, welche 4 Monate lang mit γ-Strahlen von ^{60}Co (0,17—13,5 r/h; Gesamtdosis 347—28301 r) behandelt wurden, ergaben eine relativ hohe Widerstandsfähigkeit der Gladiolen gegenüber der ionisierenden Bestrahlung. Die vegetative Vermehrung der bestrahlten Pflanzen war aber deutlich herabgesetzt. E. Rentz. 4404□

Strukturänderungen einiger hydrophiler Kolloide unter dem Einfluß von chemischen Stoffen, erkennbar an der Lichtabsorption im Ultraviolettgebiet. Iwan D. Popow und Anton Duschew. (Известия на Института по Биология „Методий Попов" (София) [Bull. Methodi Popoff Inst. Biol. (Sofia)] **9,** 175—87, 1958; bulg., Auszug: engl.) — Zugabe von verd. Lsgg. einiger anorgan. Salze (KBr, $MnSO_4$, $CoSO_4$) ruft in wss. Lsgg. hydrophiler Koll. (Pepton, Gelatine, Eialbumin, Stärke) Veränderungen im UV-Spektrum hervor, was durch Strukturänderungen bedingt ist. Die Ergebnisse werden im Hinblick auf die Saatgutstimulierung diskutiert. J. v. Schroeder. 4404□

Die Rohphenole in Blättern von Eucalyptus sideroxylon. W. E. Hillis und Masao Hasegawa. (Biochem. J. **83,** 503—06, Juni 1962; Melbourne, C.S.I.R.O., Div. of Forest Products; engl.) — Vff. fanden in einer neuen physiolog. Form von *Eucalyptus sideroxylon* größere Geh. an 3 Hydroxystilbenglucosiden u. geringere Geh. an einem Quercetinglykosid im Vgl. zur Normalform dieser Species. Die 3 identifizierten Hydroxystilbene sind: *3.5.4'-Trihydroxy-*, *3.5.3'-Trihydroxy-4'-methoxy-* u. *3.5.3'.4'.5'-Pentahydroxystilben*.

Versuche: *3.5.4'-Trihydroxystilben-3-glucosid* (I), $C_{20}H_{22}O_8$, F. 232°, $[\alpha]_D^{19}$ —66,0° (c = 0,5; Methanol), aus dem Äthylacetatextrakt der Blätter; Nadeln (W.). — *-hexaacetat*, $C_{32}H_{34}O_{14}$, F. 156—157°, $[\alpha]_D^{19}$ —21,2° (c = 0,4; Aceton); Nadeln (Methanol). — *3.5.4'-Trihydroxystilben* (*Resveratrol*), $C_{14}H_{12}O_3$, F. 263—264°, durch Hydrolyse von I mit 10%ig. H_2SO_4 auf kochendem Wasserbad für 35 Min.; Nadeln (6%ig. Essigsäure). — *-triacetat*, $C_{20}H_{18}O_6$, F. 109—110°; Platten (A.). — *5-Hydroxy-3.4'-dimethoxystilben*, $C_{16}H_{16}O_3$, F. 115—116°, durch Behandeln von I mit Dimethylsulfat u. K_2CO_3, Extraktion der harten Masse mit A., Hydrolyse mit 3%ig. H_2SO_4 auf einem kochenden Wasserbad für 2 Std. u. Extraktion mit Ae., Platten (Leichtpetroleum). — *3.5.3'-Trihydroxy-4'-methoxystilbenglucosid* (**II**; *Rhapontin*), $C_{21}H_{24}O_9$, F. 245°, $[\alpha]_D^{25}$ −65,5° (c = 1,1; 50% Aceton), aus dem Äthylacetatextrakt der Blätter. — *-hexaacetat*, $C_{33}H_{36}O_{15}$, F. 140°, $[\alpha]_D^{20}$ −23,4° (c = 1,8; Aceton); Nadeln (A.). — *3.5.3'-Trihydroxy-4'-methoxystilben* (*Rhapontigenin*), $C_{15}H_{14}O_4$, F. 187—189°, durch Hydrolyse von **II** auf kochendem Wasserbad mit A. enthaltender 3%ig. HCl, gelbliche Nadeln (aus verd. Methanol). —*triacetat*, F. 114—115°; Nadeln (A.). — *3.5.3'.4'.5'-Pentahydroxystilbenglucosid* (**III**), aus dem Extrakt der Blätter. — *3.5.3'.4'.5'-Pentahydroxystilben*, durch Hydrolyse von **III** mit nH_2SO_4 auf kochendem Wasserbad für 30 Minuten. W. Hiller. 4420□

Über das Vorkommen von Aminosäuren und Alliin in indischen Knoblaucharten. C. K. Atal und J. K. Sethi. (Current Sci. **30**, 338—40, Sept. 1961; Chandigarh, Indien, Punjab Univ., Pharm. Abt.; engl.) — In *Allium ampeloprasum* (A.a.), *Allium sativum* (A.s.), *Allium rubellum* u. a. Species wurde der relative Geh. an *Alanin, Arginin, Asparaginsäure, Asparagin, Histidin, Leucin, Methionin, Phenylalanin, Prolin, Serin, Threonin, Tryptophan* u. *Valin* neben einer nicht identifizierten Aminosäure papierchromatograph. bestimmt. Ferner wurde der Geh. an *Alliin* (**I**), einer Vorstufe des Allicins, ermittelt. Die rote Sorte von A.s. enthielt 1,0% **I**, die weiße 0,8% u. A.a. nur 0,4%. H. Liese. 4420□

Neuere Untersuchungen über Sojabohnenproteine. Nathan Sharon. (Bull. Res. Council Israel, Sect. C **9**, 158—62, April 1961; Rehovot, Weizmann Inst. of Sci., Dep. of Biophys.; engl.) — Übersicht. — Vf. geht nach einem allg. kurzen Überblick über die Proteinforschung auf die Zus. u. den Nährwert von *Sojabohneneiweiß* (**I**) ein u. schlägt für weitere Forschungen über **I** vor: 1. verbesserte Meth. zur Analyse von Sojabohnenmehl u. gereinigtem **I** zur exakteren Best. des Nährwertes, 2. extensivere Unterss. von **I** sowohl physikal. als auch chem. u. 3. Unterss. über chem. modifizierte **I**. P. Teichgräber. 4420□

Ultrazentrifugenunterschiede der Proteinzusammensetzung von Sojabohnen. W. J. Wolf, G. E. Babcock und A. K. Smith. (Nature [London] **191**, 1395—96, 30/9. 1961; Peoria, Ill., U. S. Dep. of Agric., Agric. Res. Serv., Northern Utilizat. Res. and Dev. Div.; engl.) — Aus Hexan-extrahiertem Sojaschrot wurden die *Proteine* mit K-Phosphat/NaCl-Puffer, pH 7,6, μ = 0,5, 0,01 m an Mercaptoäthanol, extrahiert. Der eingeengte u. gegen den gleichen Puffer dialysierte Extrakt wurde mit der Ultrazentrifuge untersucht. Es konnten 4 Fraktionen mit Sedimentations-Konst. von 2, 7, 11 u. 15 S beobachtet werden. Zwischen den in den USA bzw. in Japan gewachsenen Sorten zeigen sich erhebliche Unterschiede in den Mengenanteilen der einzelnen Fraktionen. P. Schwerdtfeger. 4420□

Eine Bemerkung zu den acetonlöslichen Lipiden von Gras- und Kleefutter. R. O. Weenink. (New Zealand J. Sci. **2**, 273—74, Juni 1959; Wellington, Dep. of Sci. and Ind. Res., Fats Res. Labor.; engl.) — Die acetonlösl. Lipide bestehen zu 60% aus *Galaktosyl-1-glycerinlinolensäureester*. P. Gregorzewski. 4420□

Anwendung der Gaschromatographie auf die Untersuchung der Fettsäuren von Rhodophyceen. Marie-Hélène Laur. (C. R. hebd. Séances Acad. Sci. **253**, 966—68, 7/8. 1961; Paris, Labor. de Lipochim. C.N.R.S.; Bellevue, Sorbonne, Labor. de Physiol. Végét.; franz.) — Es wurden die Methylester der Fettsäuren von 2 Süßwasserrhodophyceen (*Sacheria fucina, Lemanea nodosa*) u. 3 Meerwasserrhodophyceen (*Rhodymenia palmata, Furcellaria fastigiata, Polysiphonia elongata*) gaschromatograph. untersucht. Hierdurch konnten *Caprinsäure, Laurinsäure, Myristinsäure, Myristoleinsäure, Palmitinsäure, Palmitoleinsäure, polyungesätt.* C_{16}*-Säuren, Stearinsäure, Ölsäure, Linolsäure, Linolensäure* sowie C_{20}- u. C_{22}*-Säuren* nachgewiesen werden. Die im einzelnen angeführten unterschiedlichen Geh. sind nach Ansicht des Vf. sowohl auf die Umweltbedingungen (Süß- bzw. Salzwasser) als auch in stärkerem Maße auf den unterschiedlichen Entw.-Zustand zurückzuführen. P. Schwerdtfeger. 4420□

Die Flavon-C-Glykoside und Flavonol-O-Glykoside von Aspalathus acuminatus (Rooibos-Tee). B. H. Koeppen und C. J. B. Smit. (Biochem. J. **83**, 507—11, Juni 1962; Stellenbosch, Südafrika, Univ. of Stellenbosch, Dep. of Food Sci.; Grahamstown, Südafrika, Rhodes Univ., Leather Industries Res. Inst.; engl.) — Vff. isolierten aus den Blättern von Rooibostee (*Aspalathus acuminatus*) *Orientin* (**I**; *8-[α.3.4-Trihydroxy-5-hydroxymethyltetrahydrofurfuryl]-luteolin*; *Lutexin*), *Homoorientin* (*8-Hexahydroxyhexylluteolin*; *Lutonaretin*), *Isoquercitrin* (**IV**) u. *Rutin*. Vff. bestätigten die von Hörhammer, Wagner, Nieschlag u. Wildi (Arch. Pharmaz., Ber. dtsch. pharmaz. Ges. **292/64** [1959], 380) für *Orientin* u. *Homoorientin* aufgestellte Struktur.

Versuche: *Orientin* (I) (*Lutexin*), $C_{21}H_{20}O_{11}$, F. 265—267° (Zers.), $[\alpha]_D^{20}$ +18,4° (c = 1,14; Pyridin), aus dem Eluat eines durch Papierchromatographie getrennten Extraktes aus den Blättern, hellgelbe runde Büschel (50%ig. A.), Schmelze mit KOH verursacht Abbau in *Phloroglucin* u. *Protocatechusäure*. — *Okta-O-acetyl*-I, $C_{37}H_{36}O_{19}$, F. 196—197°, $[\alpha]_D^{22}$ —54,4° (c = 1,43; Aceton), durch Acetylierung mit Acetanhydrid, hellgelbe prismat. Nadeln (A.). — *Tetra-O-methyl*-I, $C_{25}H_{28}O_{11}$, F. 273—276° (Zers.), $[\alpha]_D^{22}$ +50,7° (c = 0,97; Aceton 50% + W.), a) durch Suspension von I in Methanol u. Methylieren mit Diazomethan in Ae. u. Halten bei —15° für 40 Std., u. Abtrennen der Verb. durch Papierchromatographie; b) durch 16std. Kochen von I mit Aceton, Dimethylsulfat u. wasserfreiem K_2CO_3 u. Trennen durch Papierchromatographie, Nadeln (A.). — *Tetra-O-acetyltetra-O-methyl*-I (III), $C_{33}H_{36}O_{15}$, F. 253—254,5°, aus vorst. Verb. mit Acetanhydrid u. Pyridin für 12 Std. bei 55°, Stäbchen (A.). — *Homoorientin* (II), *Lutonaretin*), $C_{21}H_{22}O_{12}$, F. 235°, $[\alpha]_D^{20}$ +30,8° (c = 1,20; Pyridin), aus dem Eluat eines durch Papierchromatographie getrennten Extrakts aus den Blättern, hellgelbe Nadeln (50%ig. A.), Abbau durch Alkalischmelze ergibt Phloroglucin u. Protocatechusäure. Durch Kochen mit 3n HCl u. A. konnte II in I übergeführt werden. — *Tetra-O-methyl*-II, $C_{25}H_{30}O_{12}$, F. 267—268°, $[\alpha]_D^{22}$ +37,8° (c = 1,21; 50% W. + 50% Aceton), analog der beiden Meth. zur Darst. von Tetra-O-methyl-I, hellgelbe Granula. — *Hexa-O-acetyltetra-O-methylhomoorientin*, $C_{37}H_{42}O_{18}$, F. 128—130°, analog III, seidenartige Nadeln (A.). — *Isoquercitrin* (IV), $C_{21}H_{20}O_{12}$, F. 221—222,5°, aus dem Eluat eines durch Papierchromatographie getrennten Extraktes aus den Blättern, hellgelbe Nadeln (W.). — *3'.4'.5.7-Tetra-O-methyl*-IV, F. 196—197°, durch Methylierung mit Diazomethan, cremefarbene Nadeln. — *3-Acetoxy-3'.4'.5.7-tetra-O-methylisoflavon*, $C_{21}H_{20}O_8$, F. 160—161°, durch Acetylierung vorst. Verb. mit Acetanhydrid, Nadeln (A.) — *Rutin*, $C_{27}H_{30}O_{16}$, F. 188—190°, aus dem Eluat eines durch Papierchromatographie getrennten Extraktes, gelbliche Nadeln (W.), Hydrolyse mit 2n HCl ergibt *Quercetin*, F. 312—314°. — *3'.4'.5.7-Tetra-O-methylquercetin*, F. 196—197°, aus vorst. Verb. durch Methylierung mit Diazomethan. — *3-Acetoxy-3'.4'.5.7-tetra-O-methylflavon*, $C_{21}H_{20}O_8$, F. 160—162°, durch Acetylierung vorst. Verb., gelbliche Rhomben. W. Hiller. 4420 □

Pflanzenlipide. 2. Mitt. **Freie und gebundene Sterine (Sterinester und Glykoside) in Phospholipiden in handelsüblicher Ölsaat.** F. Aylward und B. W. Nichols. (J. sci. Food Agric. **13,** 86—91, Febr. 1962; London, Borough Polytechnic, Dep. of Chem. und Food Technol.; engl.) — 1. vgl. C. **1962,** **11253.** — Die Phospholipidfraktionen von Erdnuß, Rapssamen u. Leinsamen enthielten 1,9; 2,1 u. 2,9% *Steringlykoside*, der Anteil an *nichtglykosid. Sterinen* betrug 0,24; 0,11 u. 0,20%. Die Glykoside der Erdnußphospholipide bestanden in der Hauptsache aus *β-Sitosterin-D-glucosid*, in geringeren Konzz. waren *Stigmasteringlucoside* u. gesätt. Sterine vorhanden. Die nichtglykosid. Sterine waren den glucosid. ähnlich. Zur Isolierung der freien u. veresterten Sterine aus den Rohphospholipiden wurde mit Erfolg Waschen in kaltem Aceton, Dialyse durch eine Gummimembran u. Chromatographie an Kieselsäure angewandt. Zur Beseitigung der Steringlykoside war diese Meth. nicht geeignet. W. Hiller. 4420 □

Pflanzenlipide. 3. Mitt. **Phosphatidsäure und Phosphatidylinosit in Getreidekörnern.** F. Aylward und A. J. Showler. (J. sci. Food Agric. **13,** 92—95, Febr. 1962; engl.) — 2. vgl. vorst. Referat. — Die Zus. der *Phosphatidylinosit*-Fraktion von Gerste, Hafer u. Roggen zeigt wenig unterschiedliche Werte (in % C 59,67—62,63; H 9,27—9,97; P 3,04—3,57; Fettsäuren 62,15—63,05; *Inosit* 22,96—23,61; *Glycerin* 11,71 bis 12,25). Die *Phosphatidsäuren* hatten folgende Zus.: in % C 61,67—66,12; H 9,82 bis 10,06; P 4,31—4,38; Fettsäuren 75,79—77,08. Bei Gerste u. Roggen waren $^2/_3$ der Fettsäuren *Linolsäure*, $^1/_4$ *Palmitinsäure*, in geringerem Maße wurden *Linolensäure* u. *Ölsäure* gefunden. Bei Hafer betrug der Anteil der *Ölsäure* über $^1/_3$, der Geh. an *Linol*- u. *Palmitinsäure* war dafür geringer als bei Gerste u. Roggen. W. Hiller. 4420 □

Alkaloide der chinesischen Droge Li-Lu, einer Veratrumart vom T'ienmu-Gebirge. Jen-Hung Chu und Yu-Hai Wang. (Acta chim. sinica **22,** 299—304, 1956; Shanghai, Inst. Mat. med.; chin., Auszug: engl.) — Aus der chines. Droge Li-Lu, einer Veratrumart vom T'ienmu-Gebirge in Chekiang werden 2 neue krist. Alkaloide, *Tienmulilmin* (III) u. *Tienmulilminin* (IV), isoliert u. durch Salze näher gekennzeichnet.

Versuche: 900 g der gepulverten lufttrockenen Droge aus der ganzen Pflanze werden mit 10%ig. NH_4OH durchfeuchtet u. zermahlen u. eine Woche lang mit kaltem Bzl. behandelt, der Auszug mehrmals mit 1% HCl bis zum Ausbleiben eines Nd. mit Mayer's Reagens ausgezogen u. dann die gesammelten HCl-Auszüge mit NH_3 alkalisiert, der entstandene Nd. mehrmals ausgeäthert. Aus den mit K_2CO_3 getrockneten Ae.-Auszügen werden 6,5 g (0,72%) Rohalkaloide isoliert. Deren Aceton-Lsg., mit HBr kongosauer gemacht, liefert auf Ae.-Zusatz 2,8 g krist. HBr-Salze, F. 205—214°, die sich in einen CH_3OH (kalt) unlösl. (I) u. einen größeren darin lösl. Anteil (II) aufteilen lassen. — *Tienmulilmin* (III), $C_{27}H_{43}NO$, F. 172—174°; aus wiederholt aus CH_3OH umkristallisiertem I mit Na_2CO_3 oder $AgNO_3$, Entfernung des AgBr u. des $AgNO_3$-Überschusses mit Soda u. Einengen der Lsg., lange Nadeln. $[\alpha]_D^{16}$ — 99,3° (0,644% in CH_3OH). Unlösl. in Ae., lösl. in Chlf., Bzl., Aceton u. heißen Alkoholen. — *Hydrochlorid*, $C_{27}H_{43}NO \cdot HCl$, F. 302°. Prismen, schwer in W. u. kalten Alkoholen, leichter in heißem CH_3OH löslich. — *Hydrobromid*, $C_{27}H_{43}NO \cdot HBr$, F. 306°, Löslichkeit ähnlich vorst. Verbindung. — *Methojodid*, $C_{27}H_{43}NO \cdot CH_3J$, F. 244°; leicht in CH_3OH, schwer in Aceton u. Ae. löslich. — Blätter u. Stengel enthalten mehr II als die Wurzel. — *Tienmulilminin* (IV), $C_{34}H_{51}NO_8$, F. 231°; aus der CH_3OH-Lsg. von II durch Reinigung mittels Ae.-Zusatz (wiederholt) u. Freisetzung der Base aus dem so gereinigten HBr-Salz (F. 226°) mit Soda, Ausziehen mit Ae. usw. wie bei III; Nadelbüschel; $[\alpha]_D^{13}$ + 24°. In konz. H_2SO_4 Rotfärbung. Leichtlösl. in Ae., Chlf., Bzl., weniger in Aceton u. CH_3OH, schwer in Petroläther. — *Hydrochlorid*, $C_{34}H_{51}NO_8 \cdot HCl$, F. 215°; leichtlösl. in W. u. CH_3OH, schwer in Aceton u. Äther. — *Hydrobromid*, $C_{34}H_{51}NO_8 \cdot HBr$, F. 226°; lösl. ähnlich vorst. Verbindung. — *Rhodanid*, $C_{34}H_{51}NO_8 \cdot HSCN$, F. 227°; aus der Benzol-Lsg. von IV mit konz. NH_4SCN, als Niederschlag. — *Pikrat*, $C_{34}H_{51}NO_8 \cdot C_6H_3N_3O_7$, F. 201° (Zers.), leichtlösl. in CH_3OH, schwer in Äther. — *Methojodid*, $C_{34}H_{51}NO_8 \cdot CH_3J$, F. 224° (Zers.). — Hydrolyse von IV mit 2% HCl oder 2% methanol. KOH ergibt das zugehörige *Amin*, *HCl-Salz*, F. 192°. — Eine in Shanghai gekaufte vermutliche Abart obiger Droge (500 g) liefert nicht die beschriebenen Alkaloide im Benzolauszug, sondern *gelbe Nadeln*, $C_{10}H_8O_3$, F. 172°, lösl. in Aceton, Chlf., Bzl. usw., unlösl. in 5% Na_2CO_3. A.-Lsg. gibt mit $FeCl_3$ Braunrotfärbung. — *Acetyl-Deriv.*, $C_{10}H_7O_3(CH_3CO)$, F. 176°. — *Brom-Deriv.*, $C_{10}H_7O_3Br$, F. 196°; durch Bromierung in Chlf.-Lsg. rosa Nadeln. L. Schuler. 4420 □

Ausarbeitung und Begründung eines technologischen Schemas zur Gewinnung von Hordecin aus Gerste. N. W. Nowotelnow und I. Ss. Jeshow. (Известия Высших Учебных Заведений, Пищевая Технология [Hochschulnachr., Nahrungsmittel-Technol.] **1961**, Nr. 1, 29—33; Leningrad, Technolog. Inst. für Kälteind., Lehrst. für Mikrobiol. u. Biochem.; russ.) — Vgl. C. **1962**, 18514. — Die Elektroneutralität von *Hordecin* (I) u. die Notwendigkeit, für seine Ausscheidung ein mol. Adsorbens (Sulfokohle aus Lignin) zu verwenden, wurden festgestellt u. als Elutionsmittel A. bes. empfohlen. I ist in wss. u. schwachen Säure- bzw. Alkali-Lsgg. beständig. Es wird ein Schema für die Gewinnung des I u. des 2. biogenen Faktors angegeben.
S. Baryschnikow. 4420

Astragalin und Paeonosid — die Hauptglykoside des Schneeballs (Viburnum opulus L.). Kurt Egger. (Z. Naturforsch. **17b**, 139—41, Febr. 1962; Heidelberg, Univ., Botan. Inst.; dt.) — In den Blüten von *Viburnum opulus* L. werden papierchromatograph. u. durch Farbrkk. 7 *Kämpferol*-Glykoside ($K_{(1-7)}$) u. 3 *Quercetin*-Glykoside ($Q_{(1-3)}$) nachgewiesen: K_1: R_F 0,07 (Partridge-Gemisch; Papier Macherey, Nagel & Co. 263), 0,62 (W. + einige Tropfen Essigsäure); K_2: R_F 0,20; 0,70; K_3: R_F 0,30; 0,52; K_4: R_F 0,41; 0,42; K_5: R_F 0,47; 0,32; K_6: R_F 0,55, 0,15; K_7: R_F 0,62; 0,20; Q_1: R_F 0,20; 0,40; Q_2: R_F 0,34; 0,42; Q_3: R_F 0,50; 0,16. Zur Abtrennung der Hauptglykoside K_3 u. K_7 werden 1 kg Viburnumblüten aufgearbeitet u. 1,2 g K_3 u. 0,9 g K_7 isoliert. K_3 wird durch direkten Vgl. als *Paeonosid*, F. 233°, sowie durch Hydrolyse zu *Populnin* (F. 246°) u. 1 Mol *Glucose* (I) bzw. K u. 2 Mol I identifiziert; K_7 wird als *Astragalin*, F. 178°, durch direkten Vgl. sowie Hydrolyse zu K u. 1 Mol I identifiziert. UV-Spektren s. Original.
F. Heller. 4420 □

Über Betacyane, die stickstoffhaltigen Farbstoffe der Centrospermen. Vorl. Mitt. H. Wyler und A. S. Dreiding. (Experientia [Basel] **17**. 23—25, 15/1. 1961; Zürich, Univ., Org.-chem. Inst.; dt.) — *Betacyane* (I) u. *Betaxanthine* (II) wird als Bezeichnung für die rotvioletten bzw. gelben Farbstoffe vorgeschlagen, die ausschließlich in 8 Familien (*Chenopodiaceen, Amazantaceen, Phytolaccaceen, Nyctaginaceen, Basellaceen, Aigoaceen, Portulaceen, Cactaceen*) der Centrospermenreihe vorkommen. I u. Anthocyane schließen sich im Vork. in der gleichen Pflanze oder sogar Familie anscheinend gegenseitig aus. Bei allen durch saure Hydrolyse aus I erhaltenen Aglykonen handelte es sich um die N-haltigen Verbb. *Betanidin* (violett) u. *Isobetanidin*. Als I- u. II-Hauptpigmente wurden festgestellt: *Betanin, Amarantin, Gomphrenin, Bougainvillein* (mehrere Verbb.), *Betaxanthin* (mehrere Verbb.), *Basellain* (mehrere Verbb.), *Betanidin, Isobetanidin, Monvillein, Amarantin, Parodin.* K. Maier. 4420 □

Inhaltsstoffe von Phyllocladus glaucus. E. G. Brooker. (New Zealand J. Sci. **2**, 212—14, Juni 1959. Univ. of Auckland, Dep. of Chem.; engl.) — Durch Dampf-Dest. wird aus den Blättern *Phyllocladen*, F. 94—95°, $[\alpha]_D^{23}$ + 14,6° (c = 1,16; Chlf.) isoliert. Der wss.-methanol. Extrakt der Borke liefert nach Säulenchromatographie an Al_2O_3 u.

Elution mit Bzl. ein farbloses *Wachs*, $C_{27}H_{54}O_2$, F. 53—54° (Methanol); nach Verseifung *aliphat. Alkohol* (I), $C_{25}H_{52}O$, F. 77—78° (Aceton), *Acetyl-Deriv.*, F. 55,5—57° (Methanol) u. *Essigsäure* (I wird als Gemisch aus *Lignocerylalkohol*, $C_{24}H_{50}O$, u. *Cerylalkohol*, $C_{26}H_{54}O$, angesehen). Weitere Elution mit Chlf. ergibt ein Wachs, $C_{35}H_{60}O_4$, F. 63,5 bis 64,5° (Methanol) u. dieses nach Verseifung I u. *Ferulasäure*, $C_{10}H_{10}O_4$, F. 169—171°.
P. Gregorzewski. 4420 □

Extrahierbare Stoffe aus Pomaderris elliptica Labill. B. F. Cain und R. C. Cambie. (New Zealand J. Sci. **2**, 240—43, Juni 1959; Univ. of Auckland, Dep. of Chem.; engl.) — Die Blätter werden mit 90%ig. wss. Aceton, PAe., Bzl., Ae., Essigester u. Methanol extrahiert u. die Extrakte chromatograph. getrennt. Folgende Substanzen werden identifiziert: *Essigsäuremyricylester*, $C_{32}H_{64}O_2$, F. 73—74°, *Kämpferol*, $C_{15}H_{10}O_6$, F. 277—279° (Zers.) u. *Quercetin*, $C_{15}H_{10}O_7$, F. 313—314° (Zers.) sowie deren *Glucose-*, *Xylose-* u. *Rhamnoseglykoside*. P. Gregorzewski. 4420 □

Extrahierbare Stoffe aus Vitex lucens T. Kirk. 2. Mitt. **Blätter und Borke.** R. C. Cambie. (New Zealand J. Sci. **2**, 230—36, Juni 1959; Univ. of Auckland, Dep. of Chem.; engl.) — 1. vgl. Briggs, Tetrahedron **3**, [1958], 269. — Aus der Rinde von *Vitex lucens* wird mit Methanol *Vitexin*, F. 262—263°, mit PAe. *Cerylalkohol*, $C_{26}H_{54}O$, F. 79—80,5°, u. *β-Sitosterin*, $C_{29}H_{50}O$, F. 137—138°, extrahiert. Die Blätter enthalten *Pentatriakontan*, $C_{35}H_{72}$, F. 74—75°, *Stearinsäure*, $C_{18}H_{36}O_2$, F. 69—69,5°, *β-Carotin* u. *p-Hydroxybenzoesäure*, $C_7H_6O_3$, F. 215—216°. P. Gregorzewski. 4420 □

Aus Aristotelia serrata-Holz extrahierbare Stoffe. R. C. Cambie. (New Zealand J. Sci. **2**, 257—59, Juni 1959; Univ. of Auckland, Dep. of Chem.; engl.) — Im Methanolextrakt werden *β-Sitosterin*, $C_{29}H_{50}O$, F. 136—137°, *β-Sitosteryl-D-glucosid*, $C_{35}H_{60}O_6$, F. 289—290°, *-tetraacetat*, $C_{43}H_{68}O_{10}$, F. 165—165,5° u. *Ellagsäure*, $C_{14}H_6O_8$, F. > 360°, *-tetraacetat*, $C_{22}H_{14}O_{12}$, F. 342—343°, *-tribenzoat*, $C_{35}H_{15}O_{11}$, F. 309°, nachgewiesen.
P. Gregorzewski. 4420 □

Inhaltsstoffe von Phebalium nudum Hook. 2. Mitt. **Alkaloide des Holzes.** R. C. Cambie. (New Zealand J. Sci. **2**, 254—56, Juni 1959; Univ. of Auckland, Dep. of Chem.; engl.) — 1. vgl. Briggs, Tetrahedron **2**, [1958], 256. — In PAe.-Extrakten werden *Dictamnin*, *Pikrat*, $C_{12}H_9NO_2 \cdot C_6H_3N_3O_7$, F. 163—164°, *Skimmianin*, *Pikrat*, $C_{14}H_{13}NO_4 \cdot C_6H_3N_3O_7$, F. 195—196°, *Kokusaginin*, *Pikrat*, $C_{14}H_{13}NO_4 \cdot C_6H_3N_3O_7$, F. 218°, *Ellagsäure*, $C_{14}H_6O_8$, F. > 360° u. *Citral*, Kp.$_{10}$ 108—112°, chromatograph. nachgewiesen u. isoliert.
P. Gregorzewski. 4420 □

Über die chemische Zusammensetzung der Blätter neuer selektiver Sorten des Maulbeerbaumes. I. K. Abdullajew und P. A. Gusseinowa. (Доклады Академии Наук Азербайджанской ССР [Ber. Akad. Wiss. AserbaidshanSSR] **17**, 723—26, 1961; russ., Auszug: aserbaidshan.) — Die Unterss. der Blätter von 7 Maulbeerbaumsorten ergaben: Feuchtigkeits-Geh. 69,73—72,60%; Eiweiß-N 2,94—4,33% (vom Trockengew.); Nichteiweiß-N 0,26—0,81%; Eiweiß 18,37—27,06%; Zucker 3,30—6,65%. Die Ergebnisse werden in ihrer Bedeutung für Wachstum u. Entw. der Seidenraupe u. Bldg. des *Fibroins* diskutiert. J. Lehmberg. 4420 □

Biochemische Untersuchung der Maulbeerbaumfrüchte unter den Bedingungen von Apscheron. N. I. Machmudbekowa. (Доклады Академии Наук Азербайджанской ССР [Ber. Akad. Wiss. AserbaidshanSSR] **17**, 621—26, 1961; russ., Auszug: aserbaidshan.) — Die Unterss. des Geh. an *Glucose*, *Fructose*, *Saccharose* (I), *Äpfel-* u. *Citronensäure* (II) u. *Vitamin C* (III) in den Früchten verschiedener Maulbeerbaumsorten (Morus alba: Schach, Schirwan, Ag, Bidana, Kara; Morus nigra: Char) zeigen, daß I bei Vollreife bis zu 16,9% des Trockengew., II bei Halbreife bis zu 0,9% u. III bei Vollreife bis zu 37,5% enthalten sind. J. Lehmberg. 4420 □

Zur Frage des Einflusses einer Stickstoffernährung auf die Biosynthese der Ascorbinsäure in Pflanzen. D. A. Alijew. (Доклады Академии Наук Азербайджанской ССР [Ber. Akad. Wiss. AserbaidshanSSR] **17**, 727—31, 1961; aserbaidshan., Auszug: russ.) — Düngungsverss. an Baumwollpflanzen, Tomaten u. Kohl zeigen, daß durch die N-Ernährung die Biosynth. der *Ascorbinsäure* (I) nicht gehemmt, sondern beschleunigt wird. Parallel mit dieser geht eine starke Oxydation der I vor sich, so daß im Effekt eine geringere Menge an I in der Pflanze vorhanden ist. Damit ist die These von Popowskaja (vgl. C. **1952**, 7356) widerlegt, wonach die I-Abnahme unter der Einw. von N auf einer Hemmung der I-Synth. beruhen soll. J. Lehmberg. 4425 □

Physiologie der intracellulären Symbionten von Stegobium peniceum L. unter besonderer Berücksichtigung des Aminosäurenbedarfs des Wirtes. Vorl. Mitt. N. C. Pant, P. Gupta und J. K. Nayar. (Experientia [Basel] **16**, 311—12, 15/7. 1961; New

Delhi, Indian Agric. Res. Inst., Div. of Entomol.; engl.) — Die intracellulären, hefeartigen Symbiosemikroorganismen spielen bei *Stegobium peniceum* eine wichtige Rolle bei der Versorgung mit Aminosäuren, da fast alle *essentiellen* u. die meisten der *nichtessentiellen Aminosäuren* von den Symbionten gebildet u. dem Wirtstier je nach Bedarf zur Verfügung gestellt werden. U. Tausendfreund. 4450 □

Das Verhalten isolierter Gerstenkeimlinge. L. Massart. (European Brewery Convent., Proc. Congr. **1955**, 168—71; Gand, Univ., Labor. de Biochim.; franz.) — Bei der Keimung von isolierten Gerstenembryonen entstehen in den ersten Std. Verluste an *Zuckern, Aminosäuren, Phosphaten* u. *Enzymen.* Einige Std. nach Beginn der Keimung können die Embryonen *Saccharose* hydrolysieren, später auch *Glucose* assimilieren. F. Krusen. 4455 □

Die Wirkung der Behandlung von Tungsamen (Aleurites fordii, Hemsl) vor der Aussaat. Salil Kumar Chatterjee. (Sci. and Cult. **26**, 130—31, Sept. 1960; Mungpoo, Darjeeling, Res. Lab.; engl.) — 12 std. Behandlung mit W. getränkter (12 Std.) Tungsamen (*A. fordii*) mit Lsgg. von *Indolylbuttersäure* (I), *Indolylessigsäure* (II), *Naphthylessigsäure, Indolylpropionsäure, Phenylessigsäure* oder *Ascorbinsäure* (III; 50 bis 500 ppm) vor der Aussaat erhöhte die Zahl der Keimlinge, bes. im Falle von I, II u. III, während *Trichlorphenoxyessigsäure* u. *2.4-Dichlorphenoxyessigsäure*, bes. bei größerer Konz., hemmten. Behandlung der feuchten Samen bei 30—50° (1—5 Min.) steigerte Geschw. u. %-Satz der Keimung, Behandlung bei 60° verzögerte sie. K. Maier. 4455 □

Der Stoffwechsel von Amiden in Rapskeimlingen. J. Bauerová und F. Šorm. (Collect. czechoslov. chem. Commun. **24**, 3483—90, Okt. 1959; Praha, Československá akademie věd, Chemický ústav, Biochemické oddělení; russ.) — Geschw. u. Art der Verwertung von in der Amidgruppe mit ^{15}N markiertem *Glutamin* (I) u. *Asparagin* (II) in den Keimpflanzen von Raps wurde untersucht. Größe u. Geschw. des Einbaues von I u. II in Lipide, Nucleinsäuren u. Proteine wurde verfolgt u. die Übertragung der Amidgruppe des I auf II wurde beobachtet. V. Knesslová/Prag. 4460

Kationenaustauschkapazitäten von Geweben höherer und niederer Pflanzen und ihre darauf bezogenen Uronsäuregehalte. A. H. Knight, W. M. Crooke und R. H. E. Inkson. (Nature [London] **192**, 142—43, 14/10. 1961; Craigiebuckler, Aberdeen, Macaulay Inst. for Soil Res.; engl.) — Vff. untersuchten die Beziehungen zwischen Kationenaustauschkapazität (KK) u. Geh. an *Uronsäure* (I) sowie deren Abhängigkeit vom Bodentyp. Die Pflanzen wurden in Blätter, Stengel u. Wurzeln geteilt, bei 80° getrocknet u. fein zermahlen. KK wurde mit der Säurewaschmeth. u. nachfolgender Titration mit 0,01n KOH, I mit einer Mikrodecarboxylierungs-Meth. bestimmt. Bei 80 untersuchten Angiospermen u. 23 Gymnospermen zeigte sich eine direkte Beziehung zwischen KK u. I, für die Wurzeln war die Relation bes. ausgeprägt. Durch unterschiedliche Bodentypen wurde das Ergebnis nicht signifikant beeinflußt. Die Blätter scheinen einen höheren Anteil an CO_2-abspaltenden Verbb. zu besitzen, die aber nicht zur Erhöhung der KK beitragen. H. Nürnberger. 4460 □

Saccharosesynthese aus Acetat in der keimenden Castorbohne: Kinetik und Weg. David T. Canvin und Harry Beevers. (J. biol. Chemistry **236**, 988—95, April 1961; Lafayette, Ind., Purdue Univ., Dep. of Biol. Sci.; engl.) — Die Verw. von $^{14}C_{(1)}$- (**Ia**) u. $^{14}C_{(2)}$-*Acetat* (**Ib**), von $^{14}C_{(1)}$- (**IIa**) u. $^{14}C_{(2)}$-*Succinat* (**IIb**) u. von ^{14}C-*Malat* (**III**) für die Synth. von *Saccharose* (**IV**) durch Castorbohnenkeimlinge wird untersucht. Das $C_{(1)}$ von **Ia** erscheint gleichmäßig verteilt in **IV** u. als $^{14}CO_2$, das $C_{(2)}$ von **Ib** erscheint ausschließlich in **IV**. Kinet. Unterss. zeigen, daß **I** zunächst in organ. Säuren eingebaut wird. Auf Grund der Verteilung des ^{14}C aus **I** auf die einzelnen Säuren u. der Art der Markierung der gebildeten markierten **III** wird **I** über den *Glyoxylsäure*-Cyclus inkorporiert. Aus **Ia** gebildete **IV** enthält 70% der Radioaktivität gleichmäßig verteilt auf $C_{(3)}$ u. $C_{(4)}$, aus **Ib** gebildete **IV** enthält 90% des ^{14}C gleichmäßig verteilt auf $C_{(1)}$, $C_{(2)}$, $C_{(5)}$ u. $C_{(6)}$. Die Verteilung des ^{14}C innerhalb des aus **IIb** gebildeten **IV**-Mol. ist ähnlich der aus **Ib**. Bei Verw. von **IIb** enthalten die Zucker die 7fache Menge des als $^{14}CO_2$ abgegebenen ^{14}C, mit **IIa** u. **III** verteilt sich die Radioaktivität gleichmäßig auf Zucker u. CO_2. Nach diesen Ergebnissen wird **IV** über C_4-Säuren durch eine *Decarboxylierung* u. Umkehr der *Glykolyse* gebildet. H.-J. Koch/Berlin. 4460 □

Biosynthese von Citrullin in Pflanzen. G. Reuter. (Nature [London] **190**, 447, 29/4. 1961; Halle/Saale, Dtsch. Akad. der Wiss. zu Berlin, Inst. für Biochem. der Pflanzen; engl.) — Rote (*Neomonospora furcellata* u. *Gracilaria conferoides*) u. grüne (*Cladophora prolifera* u. *Ulva lactuca*) Seealgen werden nach der Extraktion mit Trispuffer (pH 8) zentrifugiert u. die rohen Extrakte mit *Ornithin* (I) u. *Carbamylphosphat* (II) bei 30° inkubiert. Alle untersuchten Algen sind imstande, aus I u. II *Citrullin* (III) zu synthetisieren. Mit Extrakten der Braunalge *Taonia* findet dagegen keine III-Synth. statt. H.-J. Koch/Berlin. 4460 □

Biosynthese des Pyridinringes von Ricinin. George R. Waller und L. M. Henderson. (J. biol. Chemistry **236**, 1186—91, April 1961; Stillwater, Okla., State Univ., Oklahoma Agric. Exp. Stat., Dep. of Biochem.; engl.) — ^{3}*H*- u. ^{14}*C*$_{(7)}$-*Nicotinsäure* (I) sowie ^{3}*H*- u. ^{15}*N*$_{(NH_2)}$-*Nicotinamid* (II) werden von jungen Castorbohnenpflanzen zu 0,2—3,1% in das Alkaloid *Ricinin* (III) eingebaut, wobei der Pyridinring mit der Amidgruppe als ganzes für die III-Synth. verwendet wird. Der Cyan-N von III geht aus dem Amid-N von II hervor. Die III-Produktion wird durch Gaben von 0,71—328 μMol I oder II nicht beeinflußt. Zur Unters. der Biosynth. des Pyridinringes von III werden den Pflanzen eine Reihe von möglichen Vorläufern in markierter Form in der Nährlsg. angeboten: *Na-Formiat* (IV), *Glycin* (V), *Na-Acetat*, *β-Alanin*, *DL-Serin*, *L-Asparaginsäure*, *DL-Glutaminsäure* (VI), *L-Lysin*, *Tryptophan*, *D-Ribose* u. *D-Glucose*. Alle untersuchten Verbb. werden innerhalb 72 Std. von den Pflanzen aufgenommen, in keinem Falle zeigen sich tox. Wrkg. oder eine Beeinflussung der III-Synthese. Lediglich IV, V u. VI werden in merkbaren Mengen in das III-Mol. eingebaut. Für den Einbau von I u. II in III sind die Wurzeln der Pflanze nicht nötig. H.-J. Koch/Berlin. 4460 □

Die Biosynthese von Sclareol, β-Sitosterin und Oleanolsäure aus ^{14}C$_{(2)}$-Mevalonsäure. Harold J. Nicholas. (J. biol. Chemistry **237**, 1481—83, Mai 1962; Kansas City, Kansas, Univ. of Kansas Med. Center, Dep. of Obstetrics and Gynecol.; engl.) — ^{14}*C*$_{(2)}$-*Mevalonsäure* (I) wurde beschränkt, aber signifikant in *β-Sitosterin* (II) u. saure Triterpene [*Oleanolsäure* (III), *Ursolsäure*] von *Salvia sclarea* (var. *Vatican*) eingebaut. Der I-Einbau in das Diterpen *Sclareol* war unbedeutend. Wie bei früheren Unterss. an anderen Pflanzen war in den einzelnen Teilen das Biosynth.-Vermögen bzgl. Sterin u. Triterpen merklich verschieden. Die spezif. Aktivität von III war größer als die von II aus dem gleichen Pflanzenteil. K. Maier. 4460 □

Umwandlungen der Fusarinsäure in Tomatenpflanzen und Pilzkulturen. R. Braun und H. Kern. (Pathol. et Microbiol. [Basel] **23**, 575—80, 1960; Zürich, ETH, Inst. für spezielle Bot.; dt.) — Mit Hilfe der Isotopen-Meth. konnten Vff. nachweisen, daß Tomatensprosse in der Lage sind, das Welketoxin *Fusarinsäure* (I) durch biochem. Ab- bzw. Umbau teilweise zu entgiften. Hauptprod. ist *Fusarinsäureamidmethylat*, das weit weniger giftig ist als I. Die Bldg. von *3-Butylpyridin* konnte ausgeschlossen werden. Teilweise wird I in kleine Bruchstücke gespalten u. veratmet. Außerdem untersuchten Vff. die Umwandlung von I durch *Fusarium lycopersici*, indem markierte I der Kultur-Fl. zugesetzt wurde. Die Kultur-Fl. wurde nach verschiedenen Zeiten in eine Ae.-lösl. u. eine Ae.-unlösl. Fraktion geteilt u. papierchromatographiert. Nach 7 Tagen Inkubationszeit sind nur noch 25% des ^{14}C in der I enthalten, 70% dagegen in einer Verb., deren Reindarst. u. Identifizierung noch nicht abgeschlossen ist, bei der es sich aber um eine *Pyridincarbonsäure* mit geringerer Toxizität als I gegenüber Tomatensprossen handelt. P. Gregorzewski. 4460 □

Biosynthese und Abbau von Nicotin. Kazimierz Toczko. (Postępy Biochem. **6**, 43—58, 1960; Warszawa, Uniw., Kat. Biochem.; pol.) — Übersicht: Biosynth. des Pyridin- u. des Pyrrolidinringes u. der N-Methylgruppe von *Nicotin* in der Tabakpflanze; Prodd. des Abbaues von Nicotin in den Blättern während der Fermentation; Abbau durch Mikroorganismen. — 105 Literaturangaben. R. K. Müller. 4460 □

Die Wirkung von Licht auf das Wachstum von Plastiden von Phaseolus vulgaris var. „Black Valentine". John L. Mego und A. T. Jagendorf. (Biochim. biophysica Acta [Amsterdam] **53**, 237—54, 28/10. 1961; Baltimore, Md., Johns Hopkins Univ., Biol., Dep. and McCollum-Pratt Inst.; engl.) — Werden Plastiden von etiolierten Bohnenblättern kurz mit rotem oder weißem Licht behandelt, so sind sie in der Lage, im Dunkeln zu wachsen. Nachfolgende Bestrahlung mit IR beseitigt diese Induktion. Obgleich durch die Lichtinduktion die Plastiden bis zum doppelten Vol. wachsen, werden doch keine Grana gebildet. Belichtung mit rotem Licht von 1 Min. Dauer erhöht den Blatt-*Protein*-Geh. nach 3—7 Tagen auf das Doppelte. Der Protein-Geh. wird nach 1—2 Std. Belichtung gegenüber 1 Min. nicht mehr wesentlich erhöht. 1 Min., 1 Std. u. 2 Std. Belichtung haben gleichen Einfl. auf den *Chlorophyll*-Geh., er wird auf das 5—6fache erhöht. Der Plastiden-*N*-Geh. steigt nach einer Belichtung von 90 Min. u. nachfolgenden 5 Tagen Dunkelheit auf das Doppelte an. Die gleiche Höhe wird erreicht, wenn 5 Tage täglich 14 Std. belichtet wird. — 37 Literaturangaben. W. Hiller. 4460 □

Die abgeleiteten Absorptionsspektren in Algen und Blättern bei niedrigen Temperaturen. Yael F. Frei. (Biochim. biophysica Acta [Amsterdam] **57**, 82—87, 12/2. 1962; Stanford, Calif., Carnegie Inst. of Washington, Dep. of Plant Biol.; engl.) — Die Absorptionsbanden des *Chlorophyll a* (I) in lebendem Material sind kompliziert, weil I in verschiedenen Bindungen vorkommt. Um die Technik zu verbessern, wurden Absorptionsmessungen bei —180° (suspendiert in W. u. in Glycerin-Na-Sorbitborat) durchgeführt. Die Spektren bei Raum-Temp. u. —180° sind für verschiedene Algen u. Pflanzen angegeben. Die Spektren der einzelnen Organismen (600—750 mμ) waren untereinander verschieden. Bei —180° treten die Maxima u. Minima stärker u. schärfer hervor. Es treten hierbei auch Maxima u. Minima auf, die bei Raum-Temp. nicht wahrzunehmen sind. W. Hiller. 4460 □

Fluorescenz photosynthetischer Organismen bei Raumtemperatur und Temperatur des flüssigen Stickstoffs. Marcia Brody und Henry Linschitz. (Science [Washington] **133**, 705—06, 10/3. 1961; Waltham, Mass., Brandeis Univ., Dep. of Chem.; dt.) — Die Fluorescenzspektren von Algen (z. B. *Ochromonas danica*, *Chlorella pyrenoidosa*, *Euglena gracilis*, *Porphyridium cruentum*) u. höheren Pflanzen (z. B. *Prunus virginiana*, *Betula papyrifera*) zeigen 2 Banden, die der monomeren u. Aggregatform des *Chlorophylls* zugeschrieben werden. Bei tiefer Temp. nimmt die langwellige Emission stark zu u. häufig tritt eine neue Bande auf. Photosynthet. Bakterien (z. B. *Rhodospirillium rubrum*, *Rhodopseudomonas palustris*, *Chromatium d*) zeigen dagegen bei tiefer Temp. im untersuchten Bereich keine neuen Banden. Bei Algen tritt eine grüne Fluorescenz (ca. 515 mμ) auf, die Carotinoiden zugeordnet wird. K. Maier. 4460 □

Veränderungen in der Absorption während der Photosynthese im ultravioletten Spektralbereich. M. Klingenberg, A. Müller, P. Schmidt-Mende und H. T. Witt. (Nature [London] **194**, 379—80, 28/4. 1962; Marburg, Physiol.-Chem. und Physikal.-Chem. Inst.; engl.) — Bei Bestrahlung von Spinatchloroplasten mit Rotlicht treten Veränderungen in der Absorption bei 280 mμ von 1% ein. Sie finden statt in der Region der Absorptionsbande des *Plastochinons* (I) u. der kurzwelligen Bande des *Triphosphopyridinnucleotids* (II). Die Veränderung kann bei **II** ausgeschlossen werden, weil Mitochondrienfreie Chloroplasten keine Veränderungen im langwelligen Band des **II** bei 340 mμ zeigen. Vff. nehmen an, daß die Veränderungen auf die Red. des **I** zurückzuführen sind. W. Hiller. 4460 □

Einfluß von Röntgenstrahlen auf die TPN-Photoreduktion in isolierten Chloroplasten. S. von Falck und G. Jacobi. (Z. Naturforsch. **17b**, 207—09, März 1962; Hannover, Tierärztl. Hochschule, Biol. Inst.; dt.) — Vff. bestrahlten abzentrifugierte Spinatchloroplasten u. den Überstand. Sowohl die Partikel als auch der Chloroplastenextrakt wiesen nach Bestrahlung mit einer Dosis von 405000 rad Schäden auf. Chloroplasten aus jungen Blättern besitzen eine größere Strahlenresistenz als die aus älteren Blättern. Vff. nehmen an, daß die geschädigte Verb. in den Stromalamellen zu suchen ist. W. Hiller. 4460 □

Metabolische Regulierung der alkalischen Wirkung der Nitratnutzung in Pflanzen. W. Dijkshoorn. (Nature [London] **194**, 165—67, 14/4. 1962; Wageningen, Niederlande, Inst. for Biol. and Chem. Res. on Field Crops and Herbage; engl.) — Vf. beschäftigt sich mit der Regulierung der Elektroneutralität in Pflanzen. Der Überschuß an Alkaliionen beträgt ca. 1 Val pro kg Trockensubstanz. Er wird zum größten Teil durch von der Pflanze synthetisierte Carbonsäuren kompensiert. Die anderen noch bekannten Regulierungsmöglichkeiten werden erwähnt u. die quant. Verhältnisse besprochen u. abgeschätzt. W. Hiller. 4460 □

Über die Ansammlung von gebundenem Stickstoff durch Leguminosen. 1. Mitt. S. M. Jakowlewa. (Известия Академии Наук Казахской ССР Серия Ботаники и Почвоведения [Nachr. Akad. Wiss. KasachSSR, Ser. Bot. Bodenkunde] **1960**, Nr. 2, 61—67; russ., Auszug: kasach.) — Die den Atmosphären-N fixierende Tätigkeit der Leguminosen kann am besten nach der Bilanz-Meth. ermittelt werden, obwohl diese kompliziert ist u. nur annähernde Resultate liefert. Dabei müssen Bodenproben zu Beginn, dann Boden u. Pflanzen am Ende des Vers. analysiert werden. Best. auf hellem kastanienfarbigen Boden im Vorgebirge des Alma-Ata-Gebietes zeigten, daß die Anreicherung des Bodens mit N durch Luzerne u. Esparsette hauptsächlich in der Rhizosphäre der Pflanzen stattfindet. Berechnungen ergaben eine Anreicherung von ca. 100 kg/ha in einer Vegetationsperiode. Die morpholog., physiolog. u. N-fixierenden Eigg. der Knöllchenbakterien der beiden Pflanzen sind in verschiedenen Knöllchenzonen recht unterschiedlich. In Verss. mit markiertem N wurde festgestellt, daß stäbchenförmige Bakterien in der Spitzenzone den N intensiver fixieren als bakteroide Formen der mittleren Zone. M. Gordienko. 4470 □

Molybdän und Stickstoff-Fixierung in den Wurzelknöllchen von Myrica. G. Bond und E. J. Hewitt. (Nature [London] **190**, 1033—34, 10/6. 1961; Glasgow, Univ., Bot. Dep.; Bristol, Univ., Long Ashton Res. Stat.; engl.) — Aus Samen gezogene *Myrica gale* wurden in Wasserkultur mit u. ohne *Mo* gehalten. Sie erhielten zu Anfang eine geringe Gabe gebundenen N. In Abwesenheit von *Mo* wird die Ausbildung von Wurzelknöllchen sehr gehemmt. Die Pflanzen bleiben im Wuchs stark zurück u. zeigen typ. N-Mangelerscheinungen. U. Mothes. 4470□

Wirkung der Spurenelemente auf die fermentative Synthese und Hydrolyse der Saccharose in der Erdbeere. R. A. Asimow. (Доклады Академии Наук УзССР [Ber. Akad. Wiss. UsbekSSR] **1959,** Nr. 5, 43—45; Inst. für Genetik u. Pflanzenphysiol. der Akad. der Wiss. der UsbekSSR; russ., Auszug: usbek.) — Die Einw. von *B, Zn, Mn, Cu* u. *Mo* auf die Aktivität der *Invertase* bzw. auf die Hydrolyse u. Synth. der *Saccharose* in den Blättern u. unreifen Beeren von *Fragaria vesca* wird erörtert. S. Baryschnikow. 4470

Wirkung des Molybdäns auf die Entwicklung der Pflanzen auf Grasnarbe-Podsolboden und Roterde. P. I. Nikischkina. (Почвоведение [Bodenkunde] **1961,** Nr. 5, 76—87; Dokutschajew-Inst. für Bodenkunde der Akad. der Wiss. der UdSSR; russ., Auszug: engl.) — In Vegetations-Verss. auf lehmigem Grasnarbe-Podsolboden beeinflußte *Mo* die Entw. des Klees günstig, es förderte die Aufnahme von N durch die Pflanzen, in nichtgekalkten Varianten auch die von P. Der Mo-Geh. im Heu stieg in allen Varianten. Ohne Kalk war die Mo-Wrkg. nicht groß; sie sicherte nicht das normale Wachstum des Klees. Bei Erhöhung der N-Gaben verminderte sich die Mo-Wrkg., bei Erhöhung von P-Gaben stieg sie. Auch die Knöllchenmenge auf den Kleewurzeln wurde durch Mo bedeutend erhöht. Auf der Roterde reagierte Mais vor allem auf P mit einer starken Erhöhung der Trockensubstanzmenge. Die Mo-Wrkg. äußerte sich stärker auch auf der Roterde bei hohen P_2O_5-Gaben. M. Gordienko. 4470□

Die Wirkung von Spurenelementen auf die Atmung der Leitgewebe der Baumwollpflanze. D. A. Alijew. (Доклады Академии Наук Азербайджанской ССР [Ber. Akad. Wiss. AserbaidhanSSR] **17,** 613—16, 1961; aserbaidshan., Auszug: russ.) — Durch die Wrkg. von $Na_2B_4O_7$ u. bes. von $MnSO_4$ u. $CuSO_4$ wird im Stadium der Kapsel-Bldg. eine Steigerung der Atmung der Leitgewebe der Baumwollpflanze erreicht. Dadurch wird der Abtransport des Zuckers aus den Blättern u. die Fortleitung in die Stengel bedeutend beschleunigt. J. Lehmberg. 4470□

Gibberellinwirkung auf das Wachstum von Sämlingen in Abwesenheit von Photosynthese. Alan H. Haber, William L. Carrier und N. Jean Enochs. (Nature [London] **190,** 1034—35, 10/6. 1961; Oak Ridge, Tenn., Oak Ridge Nat. Labor., Biol. Div.; engl.) — Als Vers.-Material dienten 4 Tage alte Weizenkeimlinge. Sie wurden weitere 4 Tage im Dunkeln auf Filterpapier gehalten, welches mit *Gibberellsäure* (I) getränkt war. I-behandelte Pflanzen hatten, verglichen mit Kontrollen, im allg. ein höheres Sproß- u. ein niedrigeres Wurzel-Gew. bei gleichem oder höherem Gesamtgewicht. Zusätzliche Gabe von *Saccharose* verursachte keine wesentlichen Abweichungen. Die Zunahme von Total-C, lösl. Kohlenhydrat, Total-N u. Protein in I-behandelten Sprossen entsprach der I-induzierten Gew.-Zunahme. Die Verss. zeigen, daß I nicht direkt die photosynthet. CO_2-Fixierung aktiviert, sondern die Mobilisierung der Reservestoffe im Endosperm zugunsten der Blätter fördert. U. Mothes. 4485□

Länger dauernde Versuche mit Gibberellsäure bei Maispflanzen, die eines der dominanten Gene teopod und corn-grass besaßen. Norton H. Nickerson. (Amer. J. Bot. **47,** 809—15, Dez. 1960; St. Louis, Mo., Washington Univ., Henry Shaw School of Bot.; engl.) — Maispflanzen, die eines der beiden dominanten Gene corngrass (Cg) u. teopod (Tp) besaßen, wurden mit Lsgg. von 0—125 μg *Gibberellsäure*/ml vom 3 Tage alten Sämling bis zum Erscheinen der ♀ Blüte behandelt (14 Behandlungen). Ein Teil der Pflanzen wurde durch die Behandlung so beeinflußt, daß sie einen normalen Phänotyp annahmen. W. Hiller. 4485□

Oxydation von Indolyl-(3)-essigsäure durch Pilz-Laccase. Gösta Fähraeus. (Physiol. Plantarum [Copenhagen] **14,** 171—76, 1961; Uppsala, Roy. Agric. Coll., Inst. of Microbiol.; engl.) — *Indolyl-(3)-essigsäure* (I) wird durch gereinigte *Laccase* aus dem Pilz *Polyporus versicolor* oxydiert, unter Verbrauch von 1 Mol O_2 u. Abgabe von 1 Mol CO_2/Mol I. *Brenzcatechin* wirkt nicht hemmend, Mn^{2+} oder Phenol ist nicht erforderlich. *Indolyl-(3)-propionsäure* u. *Indolyl-(3)-buttersäure* werden ebenfalls durch diese *Laccase* oxydiert, wenn auch in geringerem Ausmaß. U. Mothes. 4485□

Korrelation der biologischen Aktivität von Phenoxyessigsäuren mit Hammett-Substitutionskonstanten und Verteilungskoeffizienten. Corwin Hansch, Peyton P. Maloney und Toshio Fujita. (Nature [London] **194,** 178—80, 14/4. 1962; Claremont, Calif., Pomona Coll., Dep. of Chem.; engl.) — Vff. untersuchen die Beziehungen der Wirksamkeit von *Phenoxyessigsäuren* u. der Hammett-Gleichung. Die für diesen Zweck modifizierte Gleichung lautet: $\log 1/c = k\pi + k'\pi^2 + \varrho\sigma + k''$. C ist in diesem Fall die Konz. in Mol/Liter an Auxin, die im Avenazylindertest 10% Wachstum erzeugt.

Die Konst. k, k', k'' u. ϱ für die beste Angleichung wurden aus Vers.-Daten berechnet, so daß die Gleichung $\log 1/C = 4{,}08\pi - 2{,}14\pi^2 + 2{,}78\,\sigma + 3{,}36$ resultierte. Die Gleichung zeigt, daß eine Steigerung der Aktivität eintritt, wenn σ ansteigt oder, wenn der Verteilungs-Koeff. (ist in π mit enthalten) größer wird u. σ konst bleibt ($\pi = \log P_x - \log P_H$; P_x = Verteilungs-Koeff. der substituierten u. P_H der der normalen Phenoxyessigsäure). Vff. geben in einer Tabelle für 20 substituierte Phenoxyessigsäuren σ, P, π, log 1/C berechnet u. log 1/C experimentell gefunden an. Die Übereinstimmung der berechneten u. gefundenen Werte ist in den meisten Fällen gut. W. Hiller. 4485□

Phenylborsäure (PBS) als dehnungsspezifische, wachstumsfördernde Substanz. Gertrud Ochs. (Z. Naturforsch. **16b**, 288—89, April 1961; Zürich; dt.) — *Phenylborsäure* hemmt in stärkeren (10^{-2} bis $8 \cdot 10^{-5}$ m) u. fördert in schwächeren Konzz. ($8 \cdot 10^{-6}$ bis $5 \cdot 10^{-7}$ m) das Längenwachstum von Kressewurzeln u. die Streckung der Wurzelzellen. Die optimal wirksamste Konz. ist 10^{-5} m, bei der die Wurzeln um 26,2% u. die Zellen um 100% länger sind als die in dest. W. gezogenen Kontrollen. E.-R. Lochmann. 4485□

Vergilbungshemmung bei Frühkartoffeln durch 2.3.5-Trijodbenzoesäure. Oswald Kiermayer. (Naturwissenschaften **48**, 309, 2. April-H. 1961; Linz, Österreichische Stickstoffwerke; dt.) — Behandlung junger Frühkartoffeltriebe mit einer wss. 1%ig. *2.3.5-Trijodbenzoesäure* verursacht eine vollständige Hemmung der Vergilbung. P. Gregorzewski. 4485□

Über die Wirkungen einiger Flavonoid-Pigmente auf Wachstum und Ionenresorption von Weizenwurzeln. Göran Stenlid. (Physiol. Plantarum [Copenhagen] **14**, 659—69, 1961; Uppsala, Royal Agric. Coll., Inst. of Plant Physiol; engl.) — Vf. untersucht die Wrkg. von *Naringenin, Hesperitin, Pinocembrin, Pinobanksin, Genistein, Biochanin A, Chrysin, Apigenin, Quercetin* u. *Morin* in verschiedenen Konzz. u. unter Zusatz der Inhibitoren *Indolylessigsäure, 2.4-Dichlorphenoxyessigsäure, Mannose, Galaktose* u. *2-Desoxy-D-glucose* auf Wachstum u. Ionenresorption bei Weizenwurzeln. Die Flavonoidkomponenten fördern in Konzz. von 10^{-6} bis 10^{-5} m das Wurzelwachstum u. mindern die Hemmwrkg. der Inhibitoren. Die Flavonoid-Verbb. hemmten in Konzz., die das Wachstum stimulierten (10^{-6} bis 10^{5} m), die Resorption von Cl^-, NO_3^- u. PO_4^{3-}, nicht aber die von Glucose. Die O_2-Aufnahme wurde nicht beeinflußt. W. Hiller. 4485□

Blütenbildung bei Lemna minor nach Zusatz von Östrogenen. Franz-Christian Czygan. (Naturwissenschaften **49**, 285—86, 2. Juni-H. 1962; Marburg a. d. Lahn, Bot. Inst. der Univ.; dt.) — Vf. führte seine Unterss. an *Lemna minor* Stamm A_2 u. Stamm B durch. B blühte 1958 nach Zugabe von *Ovibion* (I) bei Kultur in Nährlsg. (nach Pirson u. Seidel), 26° u. täglich 16 Std. Licht (4000 lx, HNT). 1960 konnten bei B durch I-Zusatz im August/September Blüten erhalten werden. 1961 blühte B von Mai bis Juli stark, bei A_2 bildeten sich vereinzelt Blüten u. Früchte aus. Zugabe von *Östradiol* (0,01—0,1 γ/ml) führte nur bei B zu geringer Blüten-Bldg., *Progesteron* führte nur (bei 0,1 γ/ml) bei B zu vereinzelter Blüten-Bldg. im Dezember. Ohne Zusatz von Sexogenen bzw. Ovarialextrakten konnten beide Stämme weder durch Zusatz von Saccharose, Äthylendiamintetraessigsäure, pH-Verschiebungen noch durch Schaffung geeigneter photoperiod. Bedingungen zur Blüte gebracht werden. W. Hiller. 4485□

Chloroplastenzahlen in Blättern normaler, mit Hessenfliege infizierter oder mit Maleinsäurehydrazid behandelter Weizenpflanzen. R. J. Robinson, B. S. Miller, H. L. Mitchell, H. C. Mussman, J. A. Johnson und E. T. Jones. (J. econ. Entomol. **53**, 560—62. Aug. 1960. Manhattan, Kansas State Univ., Dep. of Flour and Feed Milling Inds., Dep. of Chem. and Dep. of Bacteriol.; U. S. Dep. of Agric., Agric. Res. Serv., Crops Res. Div. and Entomol. Res. Div.; engl.) — Die Best. der Chloroplastenzahlen in den Blättern normaler, mit der Hess. Fliege (*Phytophaga destructor* Say) infizierter u. mit *Maleinsäurehydrazid* (I) behandelter Weizenpflanzen ergab bei letzteren eine Abnahme in den äußeren u. eine Zunahme in den inneren u. eine Zunahme in beiden Fällen bei den infizierten gegenüber den Kontrollen. Die dunkelblaugrüne Farbe der äußeren Blätter I-behandelter Pflanzen beruhte auf einer größeren Chlorophyll-Konz. pro Chloroplast. K. Maier. 4490□

Die Toxine der Pflanzenparasiten. P. Gambogi. (Agric. ital. 5 ([N. S.] **14**), 287 bis 320, 30/10. 1959; Pisa, Osservatorio per le Malattie delle Piantè; ital.) — Übersicht über Natur u. Bedeutung der durch pathogene Pflanzenmikroorganismen ausgeschiedenen Toxine. — 144 Literaturangaben. P. Gregorzewski. 4490□

Die Reduktion der Transpirationsgeschwindigkeit in Pflanzen mit Atrazin. Don Smith und K. P. Buchholtz. (Science [Washington] **136**, 263—64, 20/4. 1962; Madison, Wis., Univ. of Wisconsin, Dep. of Agron.; engl.) — Die Behandlung von Getreide mit einer wss. Lsg. von *Atrazin* (I; *2-Chlor-4-äthylamino-6-isopropylamino-symm.-triazin*) führte bei 20 ppm I zu einer Red. der Transpiration um 44%, während die I-empfindliche Sojabohne bei gleicher I-Konz. eine Hemmung von 67% aufwies, wobei das Maximum jeweils 4—6 Std. nach Behandlung gefunden wurde. Die Transpirations-Red. wird auf eine Verringerung der Spaltöffnung zurückgeführt, da I-behandelte Blätter nach Infiltration mit *Gentianviolett* in abs. A. eine geringere Aufnahme des Farbstoffes zeigten als nichtbehandelte Blätter. Der Feuchtigkeits-Geh. der Blätter wurde durch I nicht verändert, so daß die Hemmung der Wasseraufnahme in den Spaltöffnungen (stromata) erfolgen muß. Die Schließung der Spaltöffnungen schien das Ergebnis eines erhöhten CO_2-Geh. in den Schutzzellen („guard cells") u. substromataler Höhlen infolge gehemmter Photosynth. u. erhöhter Atmung durch I zu sein, da andere photosynthet. inhibierende Verbb., wie *Monuron* (*3-[4-Chlorphenyl]-1.1-dimethylharnstoff*) u. *Diuron* (*3-[3.4-Dichlorphenyl]-1.1-dimethylharnstoff*) ähnlich wirkten. Dagegen bewirkten die nicht die Photosynth. hemmenden Herbicide *Dalapon* (*2.2-Dichlorpropionsäure*) u. *Amitrol* (*3-Amino-1.2.4-triazol*) keine Red. der Transpiration. J. Boelter. 4495 □

E_5. Tierchemie. Tierphysiologie. Tierpathologie

Trennung von Lecithin und Phosphatidyläthanolamin mittels Chromatographie auf mit Zinksalzen imprägniertem Papier. R. Collier. (Nature [London] **194**, 771—72, 26/5. 1962; Sheffield, England, Univ., Cancer Res. Unit; engl.) — Es wird eine neue Arbeitsweise entwickelt, die sich der Komplex-Bldg. des *Lecithins* mit Metallen (*Cd*, *Al*, *Mg*, *Ba* u. *Zn*) bedient, die leichter erfolgt als mit Phosphatidyläthanolamin. Als am besten geeignet wird $ZnCl_2$ zur Imprägnierung des Papiers bezeichnet; als Fließmittel dient das wasserfreie Gemisch Di-n-butyläther–Propionsäure (2:1), gesätt. mit $ZnCl_2$. Das Papier (Whatman Nr. 1) wird zur Imprägnierung mit einer gesätt. wss. sauren Lsg. (3,5% HCl) von ZnO behandelt u. dann im Vakuum getrocknet; Angaben über die Durchführung der Analyse (absteigende Arbeitsweise); das fertige Chromatogramm wird nach Trocknung (warme Luft) nach der „Solochrome"-Technik entwickelt (Kennedy u. Mitarbeiter, wird erst veröffentlicht). Nach den im Chromatogramm sowie tabellar. (R_F-Werte) mitgeteilten Ergebnissen ist mittels der Arbeitsweise die Trennung eines Gemisches aus *Lysolecithin*, *Lysophosphatidyläthanolamin*, *Phosphatidyläthanolamin* u. *Lecithin* möglich; Angaben über das Chromatogramm eines Extrakts aus der Leber der Maus; Hinweis, daß das Verf. auch bei anderen Trennungen brauchbar sein dürfte. K. Täufel. 4500 □

Über den Pyrophosphatgehalt des Knochens und der Zahngewebe unter Wärmebehandlung. Huguette Herman. (Arch. int. Physiol. Biochim. **69**, 748—49, Dez. 1961; Liège, Univ., Inst. de Thérap. expérim.; franz.) — *Calciumphosphate* mit einem Ca/P-Verhältnis unter 2,15 enthalten Gruppen von *saurem Phosphat* (I), deren Menge dem Ca/P-Verhältnis umgekehrt proportional ist. Bei Erwärmen spalten diese Gruppen W. ab u. werden zum *Pyrophosphat* (II) umgewandelt; die Rk. beginnt bei ca. 120° u. ist erst bei 600° beendet. Im Knochen u. im Dentin findet man den maximalen II-Geh. bei Erwärmung auf 325° (3—7%). Die Mineralfraktion von Knochen u. Dentin besteht nicht ausschließlich aus Hydroxylapatit, sondern enthält saure I-Gruppen. Im Zahnschmelz von ausgewachsenen Rindern mit einem Ca/P-Verhältnis von 2,12 tritt der maximale II-Geh. zwischen 500 u. 600° auf; er beträgt jedoch höchstens 2,21%. K. Zingraf. 4520 □

Die chemische Natur von Augenflecken und anderen Gewebe-Pigmenten bei Cercarien. A. M. Nadakal. (J. Parasitology **46**, 475—81, Aug. 1961; Los Angeles, Calif., Univ. of California, Dep. of Biol.; engl.) — Vgl. C. **1962**, 5349. — Vf. findet mit histochem. Meth., daß die braunen oder schwarzen Pigmente in den Augenflecken u. Körpergeweben von 3 verschiedenen *Cercarien*-Arten der Indolgruppe angehören. Es wurde vor allem *Melanin* (I) u. als Vorläufer *Tyrosin* (II) nachgewiesen. Neun verschiedene *Cercarien* enthielten II, 3 der Arten mit I-Pigment enthielten II in höherer Konz. als die anderen. Tyrosinase konnte nicht eindeutig nachgewiesen werden. A. Gude. 4520 □

Struktur und Bildung von Amyloidsubstanz bei der experimentellen Amylose der Maus. Elektronenmikroskopische Untersuchung. Louis Fruhling, Jules Kempf und Aimé Porte. (C. R. hebd. Séances Acad. Sci. **250**, 1385—86, 15/2. 1960; Strasbourg, Fac. de Méd., Inst. d'Anat. pathol.; franz.) — Bei Mäusen wurde durch tägliche Injektionen von *Na-Caseinat*, vorteilhaft kombiniert mit Adjuvans von Freund, Amyloidentartung erzeugt. Mehrere Eigg. des *Amyloids* lassen sich aus der fibrillären Struktur erklären. Die Bldg. von Amyloiddepots steht mit einer plasmocytären u. endothelialen Überaktivität in Zusammenhang. K. Maier. 4520 □

Colorimetrische Bestimmung der Polyenfettsäuren in biologischem Material. Z. Placer und Z. Slabochová. (Českoslov. Fysiol. **9**, 562—65, Nov. 1960; Praha, Úst. pro výzk. výživy lidu; tschech.) — In biolog. Material können *Polyenfettsäuren* durch Titration mit *Thiobarbitursäure* (I) colorimetr. bestimmt werden. Nach Inkubation von 0,2 ml Gewebehomogenat, z. B. aus 1 Teil Gewebe u. 3 Teilen Phosphatpuffer (II) vom pH 5,9 mit 4 ml II + 1 ml 0,1%ig. Ascorbinsäure-Lsg. (pH 5,9) bei 38° (60 Min.), Entproteinierung mit 2 ml 10%ig. Trichloressigsäure-Lsg. u. (nach 10 Min.) Filtration setzt man zu 4 ml Filtrat 2 ml 1%ig. I-Lsg., erhitzt 10 Min. lang im sd. Wasserbad, kühlt ab, läßt 10 Min. lang stehen u. colorimetriert photometr. bei 545 mμ (Grün blaufilter). Ein Blind-Vers. wird mit nichtinkubiertem Gemisch durchgeführt. Zum Farbvgl. verwendet man 0,04—0,20 m $CoCl_2$-Lsg. (Eichkurve). Der angenommene Rk.-Mechanismus wird schemat. mitgeteilt. In einer Tabelle werden die gefundenen Aktivitäten von Homogenaten aus Geweben von 15 Organen (einschließlich Erythrocyten u. Serum) der Ratte angegeben. R. K. Müller. 4520 □

Isolierung, Struktur und Synthese von Pterinen aus Ephestia kühniella Zeller. (Vorl. Mitt.) M. Viscontini und H. Stierlin. (Helv. chim. Acta **44**, 1783—85, 16/10. 1961; Zürich, Univ., Org.-chem. Inst.; dt.) — Aus Köpfen von *Ephestia kühniella* (Mehlmotte) wurden drei weitere Pterine isoliert: 1. *Erythropterin* (I; vgl. Schöpf u. Becker, C. **1936**, II. 3110, mit der nach Pfleiderer aufgestellten Konstit.-Formel ω-[*2'-Amino-4'.6'-dihydroxypteridyl-(7')*]*-brenztraubensäure*); 2. *Lepidopterin*, rotgefärbt u. citronengelb auf Papier fluorescierend, synthetisiert aus I u. NH_3; 3. *Ekapterin* (II; α-*Hydroxy-*β-[*2'-amino-4'.6'-dihydroxypteridyl-(7')*]*-propionsäure*), welches aus perhydriertem I durch Luftoxydation entsteht. I läßt sich aus Xanthopterin u. Brenztraubensäure in alkal. Lsg. herstellen. Das synthet. I wird mit Pt/H_2 zum Tetrahydro-Deriv. hydriert u. anschließend zum rac. II an der Luft oxydiert. L. Heinisch. 4520

Trennung des Bradykinin-freisetzenden Enzyms vom Gerinnungsfaktor aus Bothrops jararaca-Gift. H. W. Raudonat und M. Rocha E Silva. (Naunyn-Schmiedebergs Arch. exp. Pathol. Pharmakol. **243**, 232—36, 1962; Ribeirão Preto, Brazil, Fac. of Med., Dep. of Pharmacol.; engl.) — Hitzedenaturiertes *Schlangengift* von *Bothrops jararaca* wurde papierelektrophoret. aufgetrennt. Alle enzymat. Fraktionen wanderten anodisch. Die eluierten Ionen wurden auf *Bradykinin* (I)-bildende, koagulierende u. esterolyt. Aktivität (Spaltung des Benzoyl-*l*-argininmethylesters) getestet. Die I-bildende Aktivität ließ sich von der koagulierenden scharf abtrennen. Die esterolyt. Aktivität fand sich in allen Fraktionen. M. Metze. 4520 □

Rolle der Unterschiede der intracellulären Aminosäurenkomponente für die Euryhalinität von Leander serratus F. und Leander squilla L. S. Bricteux-Grégoire, Jeuniaux und M. Florkin. (Arch. int. Physiol. Biochim. **69**, 744—45, Dez. 1961; Liège, Univ., Inst. Léon Fredericq, Biochim.; Finistère, Stat. biol. de Roscoff; franz.) — *Leander serratus* F. u. *Leander squilla* L. erzielen die Anpassung an das Brackwasser durch 2 Regulationsmechanismen (anisoosmot. u. isoosmot.). Die isoosmot. Regulation im Muskel erfolgt durch Konz.-Verringerung der freien *Aminosäuren*. Diese intracelluläre osmoregulator. Wrkg. ist in der Hauptsache das Ergebnis von Konz-Veränderungen von Glutamin, Glykokoll, Prolin u. bei L. serratus auch Alanin. K. Zingraf. 4550 □

Die Teilnahme des Tryptophans am Aufbau des aktiven Zentrums der Antikörper. I. A. Tarchanowa und A. Ja. Kulberg. (Вопросы Медицинской Химии [Fragen med. Chem.] **8**, 163—69, März/April 1962; Moskau, Akad. der med. Wiss. der UdSSR, Gamaleja-Inst. für Epidemilog. u. mikrobiolog., Abt. für Biochem.; russ., Auszug: engl.) — In den akt. Fragmenten der Antikörper von Kaninchen (gegen krist. humanes oder Pferdeserumalbumin), erhalten nach Spaltung mit *Papain*, war der Geh. an *Tryptophan* (I; 2,7mal), *Tyrosin*, *Phenylalanin*, *Serin* u. *Threonin* größer, der Geh. an *Arginin* u. *Prolin* geringer als in den unbeschädigten Antikörpern. Die oxydative Bromierung mit Hilfe von *N-Bromsuccinimid* zeigte die Teilnahme von 5 Resten des I am Aufbau der Antideterminanten der Antikörper. I. v. Kloch-Kornitz. 4551 □

Untersuchungen über die Cephalin-Cholesterin-Lecithin-Flockungsreaktion (CCLF-Reaktion). 2. Mitt. Wirkungen der Entfettung des Serums auf die CCLF-Reaktion. Ichiro Hara, Kyoko Hotta, Kosaku Yamano, Yoshio Matsumoto und Masaharu Kurokawa. (J. Biochemistry [Tokyo] **51**, 21—26, Jan. 1962; Tokyo, Tokyo Med. u. Dental Univ., Dep. of Chem.; Kitasato Inst.; engl.) — Entfernung von Lipiden aus Seren oder Ascites schwächte die positive *Cephalin* (I)–*Cholesterin–Lecithin* (II)-Flockungs-Rk. ab oder hob sie auf; sie konnte durch Zusatz von I oder II zu entfettetem Serum oder Ascites nicht wiederhergestellt werden. Die Unterschiede zwischen der CCLF-Rk. u. der serolog. Cardiolipin–Lecithin–Antigen-Rk. werden diskutiert. K. Zingraf. 4551 □

Untersuchungen über die Antigenwirkung der Hydatidflüssigkeit. Nachweis der Antigenkapazität unter Anwendung von Zymosan. A. Bruni. (Nuovi Ann. Igiene Microbiol. **12**, 313—20, Juli/Aug. 1961; Messina, Univ., Fac. di Sci., Ist. di Microbiol.; ital.) — Bei der Behandlung von Kaninchen mit Fl. von Hydatidcysten (Hundebandwurmfinne) konnten keine Antikörper nachgewiesen werden (nicht einmal bei der durch Gerbsäure bewirkten Hämagglutination). Der Nachw. gelang nach Vorbehandlung der Tiere mit *Zymosan*. K. Zingraf. 4551 □

Biochemische Veränderungen und ^{32}P-Einbau in isolierte Elemente der hyperplastischen Schädigung bei Geflügelpocken. Charles C. Randall, Lanelle G. Gafford, Barbara M. Walker und W. M. Todd. (Proc. Soc. exp. Biol. Med. **105**, 621—24, Dez. 1960; Jackson, Univ. of Mississippi, School of Med., Dep. of Microbiol.; engl.) — Die Kopfhaut normaler u. mit Geflügelpocken infizierter Küken wurde mittels Trypsins in Bindegewebe u. Epithel zerlegt, das infizierte Epithelgewebe in Oberflächenepithel u. Follikel. Normales Epithel u. Bindegewebe wiesen deutliche Unterschiede in *Phospholipid* (I) sowie im gesamten, freien u. veresterten *Cholesterin* auf. Im infizierten Bindegewebe u. Epithel waren diese Komponenten 2—3fach erhöht. Der Einbau von ^{32}*P* in I lag in den infizierten Geweben 1,5—1,7fach höher als bei den Kontrollen. K. Maier. 4552 □

Die Calcium-bindenden Eigenschaften eines Speicheldrüsen-Mucoides. S. Wah Leung und F. J. Draus. (Arch. oral Biol. **7**, 327—32, Mai/Juni 1962; Pittsburgh, Pa., Univ. of Pittsburgh, School of Dent.; engl.) — Ein aus einer submaxillaren Speicheldrüse isoliertes *Mucoid* (I) wird mit Hilfe der Ultrafiltrationstechnik auf seine *Ca*-Bindekapazität bei wechselnden Bedingungen untersucht. Eine 1%ig. I-Lsg. in Trispuffer bindet aus einer 6,5 mm Ca^{2+}-Lsg. proportional zum pH-Wert im Bereich pH 3—8 Ca^{2+}-Ionen. Innerhalb pH 8—9 nimmt die gebundene Ca^{2+}-Menge stark zu. Oberhalb pH 10 ist der Anstieg nicht mehr so steil. Allg. nimmt die gebundene Ca-Menge bei steigendem pH-Wert zu. Sie erhöht sich ebenfalls (bei gegebenem pH-Wert) bei steigender I-Konzentration. Die Menge von gebundenem Ca ist ebenfalls proportional der angebotenen Ca-Konz., jedoch nur bis zu einem Grenzwert, der der I-Sättigung entspricht. Die Sättigungswerte werden für die verschiedenen pH-Werte wie folgt angegeben: pH 6: 0,010 (mMol Ca/g I); pH 7: 0,015; pH 8: 0,021; pH 9:0,034. Die Sättigung von I wird merkwürdigerweise bei allen pH-Werten bei der gleichen Ca-Konz. von 10,3 mm Ca^{2+} erreicht. L. Träger. 4555 □

Die Trennung von Speichelproteinen durch Papierelektrophorese unter verschiedenen Bedingungen. C. J. Fischer, G. H. Wyshak und D. Weisberger. (Arch. oral Biol. **7**, 297—305, Mai/Juni 1962; Boston, Mass., Harvard Univ., Harvard School of Dent. Med., Dep. of Dent. Med.; engl.) — Speichel (Sp) wird bei 4° 20 Min. zentrifugiert u. entweder ohne weitere Bearbeitung elektrophoret. aufgetrennt, oder vorher dialysiert oder elektrodialysiert. Einer Probenreihe wird ferner NaCl zugegeben, bis die Lsg. 1m an NaCl ist. Bei den dialysierten Proben wird Sp insgesamt 100 Std. bei 3—4maligem täglichem Wechsel gegen dest. W. dialysiert. Ein ausfallender Nd., der möglicherweise aus *Mucinen* besteht, wird abgetrennt. Zur Elektrodialyse werden einzelne Sp-Proben 2 Std. bei 18 V elektrodialysiert. In diesem Zeitraum fällt der Strom von 400 auf 20 mA ab. Die so hergestellten oder unbehandelten Proben werden lyophylisiert u. in Veronalpuffer, pH 8,6, Ionenstärke 0,075, gelöst. Die Lsg. wird 30 Min. stehen-el assen, dann bei 2500 U/min 15 Min. lang bei 4° zentrifugiert. 0,03 ml Überstand ent-alten durchschnittlich 1,2 mg Protein u. werden anschließend auf einer Niederspannungselektrophorese aufgetrennt (17 Std., 8 mA, ohne Spannungsangabe). In einzelnen Streifen werden die Fraktionen vom Papier mit kaltem W. eluiert u. gegen W. 24 Std. dialysiert. Das lyophylisierte Dialysat wird zur Reinheitsprüfung erneut elektrophoret. aufgetrennt. Danach läßt sich Sp ohne Vorbehandlung nur in 5—6, dialysierter Sp in 9—10 u. elektrodialysierter in 12—13 Proteinkomponenten auftrennen. Danach stören also Ionen die Auftrennung der Proteinfraktionen bei der Elektrophorese. Auf dem Elektropherogramm von unbehandeltem Sp ist die *Amylase* (I)-Aktivität in einer großen Anzahl von Fraktionen zu finden, während die aus dialysiertem Sp eine ziemlich scharfe Lokalisierung aufweist. Elektrodialysierter Sp besitzt dagegen nur noch sehr geringe I-Aktivität. Sie läßt sich nicht durch Zusatz von NaCl, Ca^{2+}- oder Zn^{2+}-Salzen allein oder gemeinsam regenerieren. Demnach wird wahrscheinlich durch Elektrodialyse der Metall-Enzym-Komplex von I irreversibel zerstört. L. Träger. 4555 □

Einfluß des Thyreoidins auf die Milcheiweißsekretion bei der Büffelkuh. M. G. Alijew. (Известия Академии Наук Азербайджанской ССР, Серия Биологических и Медицинских Наук [Nachr. Akad. Wiss. AserbaidshanSSR, Ser. biol. med. Wiss.] **1962**, Nr. 1, 99—104; aserbaidshan., Auszug: russ.) — Durch tägliche perorale Zufuhr

von 0,2—3,0 g (in wachsender Menge) *Thyreoidin* (I) hervorgerufene Hypothyreose führte bei Büffelkühen in der 1. u. letzten Phase der Lactation zur Erhöhung der Milchproduktion u. des Geh. der Milch an *Casein* (II) u. *Albumin* (III). In der 2. Phase erhöhte Zufuhr von 2,0—3,0 g I dem II- u. III-Geh., ohne die Gesamtmenge der Milch zu verändern, während 0,2—3,0 g in wachsender Menge keinen Einfl. ausübten.
I. v. Kloch-Kornitz. 4555☐

Einfluß der Hormonpräparate auf die Ausscheidung von Thiamin, Riboflavin, N¹-Methylnicotinamid und 4-Pyridoxsäure mit dem Harn bei Kranken mit Infektionshepatitis. P. D. Starschow. (Вопросы Медицинской Химии [Fragen med. Chem.] **8**, 169—76, März/April 1962; Leningrad, Militär-Med. Kirow-Akad., Klin. für Infektionskrankheiten; russ., Auszug: engl.) — Die tägliche Ausscheidung von *Thiamin* (I), *Riboflavin* (II), *N¹-Methylnicotinamid* (III) u. *4-Pyridoxsäure* (IV) mit dem Harn (im Mittel 312, 456, 10,9, 2,4 mg täglich) ist bei gesunden u. an infektiöser Hepatitis erkrankten Personen starken individuellen Schwankungen unterworfen. Die II- u. III-Ausscheidung ist in der akuten Phase der Hepatitis bis auf 200% vermehrt u. ein Kriterium für die Schwere der Erkrankung, während sich die I- u. IV-Ausscheidung nicht verändern. Die Werte normalisieren sich nach der Krise u. auch bei Hormontherapie (800—1000 Einheiten *ACTH*, 2 g *Cortison*, 700—800 mg *Prednison* oder *Prednisolon* täglich, 23 Tage).
I. v. Kloch-Kornitz. 4558☐

Histochemische Untersuchungen über die innere Cervicalschleimhaut des Menschen beim Menstruationscyclus und nach der Menopause. 6. Mitt. Millon-Methode mit Trichloressigsäure für Gesamtproteine. F. Crainz. (Boll. Soc. ital. Biol. sperim. **38**, 106—09, 15/2. 1962; Novara, Scuola Ostetr.; ital.) — 5. vgl. C. **1962**, 2428. — Die Unterss. werden an 30 Frauen nach der Millon-Meth. mit Trichloressigäure u. Hg-Acetat durchgeführt. Es zeigt sich, daß die Konz. der gefärbten Stoffe (mit $NaNO_2$) vor der Ovulation von der ersten Hälfte zur zweiten Hälfte dieser Periode erhöht, in der ersten Hälfte nach der Ovulation u. weiter in der zweiten stark abnimmt u. während des Menstruationsflusses etwas zunimmt; nach der Menopause ist die Konz. recht hoch u. nur wenig geringer als in der zweiten Hälfte vor dem Follikelsprung. Die Streuungen innerhalb der Gruppen sind gering.
F. Kren. 4559☐

Untersuchung des Mechanismus, nach dem Steroidhormone Kaninchenleberaldehyddehydrogenase beeinflussen. Elizabeth S. Maxwell. (J. biol. Chemistry **237**, 1699—1703, Mai 1962; Bethesda, Md., Nat. Inst. of Arthritis and Metabolic Diseases; engl.) — Vgl. C. **1962**, 1262. — Die Geschw. einer *Steroid*-empfindlichen Aldehyddehydrogenase-Rk. wurde in Ggw. von Verbb., die die Konfiguration von Proteinen in wss. Lsg. verändern, bestimmt u. der Einfl. dieser Verbb. auf die Rk. gegenüber Steroiden untersucht. Bei optimalen Konzz. von Propionaldehyd u. *Diphosphopyridinnucleotid* (I) aktivieren niedrige Konzz. von *Harnstoff* (II), *Guanidinhydrochlorid* (V) oder *Na-Dodecylsulfat* (VI) die Rk. wie *Diäthylstilböstrol* (III), während höhere Konzz. wie *Progesteron* (IV) hemmen. Bestimmte Konzz. von II, V oder VI heben die Atkivierung durch III u. die Hemmung durch IV auf. 1,8m II sowie III hemmen die Rk. unter folgenden Bedingungen: Bei begrenzten Glycerinaldehyd-Konzz., in Ggw. des *Acetylpyridinanalogen* (VII) von I, im teilweise durch *p-Hydroxymercuribenzoat* (VIII) gehemmten System. Unter der 1. Bedingung bleibt die Hemmwrkg. von IV u. 3,5m II bestehen. Im VII-haltigen Syst. hemmt IV, wobei die Hemmung mit steigender II-Konz. abnimmt. Im VIII-gehemmten Syst. nimmt die Hemmung durch IV oder 3,5m II ab oder wird aufgehoben. Das pH-Optimum der Rk. wird von 1,8m II u. von III nach einem niedrigeren Wert verschoben. Bei pH 10 aktivieren diese Verbb. nicht. Vermutlich wirken die Steroide durch Änderung der Enzymkonfiguration. Das steroidbehandelte Enzym ließ beim Ultrazentrifugieren im Saccharosegradienten keine signifikante Veränderung erkennen.
K. Maier. 4559☐

Die Anwendung von ionisierender Strahlung und Östrogenbehandlung zum Nachweis der Hormonsynthese durch Sertolizellen. D. Lacy und B. Lofts. (J. Physiology **161**, 23P—24P, April 1962; London, St. Bartholomew's Hosp. Med Coll., Dep. of Zool. and Comp. Anat.; engl.) — Durch Anwendung ionisierender Strahlung oder durch *Östrogen*-Behandlung nahm die *Lipid* (I)-Bldg. in Sertoli-Zellen (im Hoden) von Ratten zu. Das Lipid ergab eine positive Rk. im Test von Hooker u. Forbes [1947] für *Progesteron* oder dessen Abbau-Produkte. Die Sertoli-Zellen erzeugen ein Hormon, das während der Spermatogenese verbraucht wird. Während der Ablagerung von I findet keine Spermatogenese statt. Wenn *Follikelreifungshormon* angewandt wird, verringert sich der I-Geh. der Zellen, u. die Spermatogenese kommt wieder in Gang.
K. Zingraf. 4559☐

Die Beziehungen zwischen Gonaden und Hirn. Wirkungen weiblicher Sexualhormone auf Elektroschock-Krämpfe bei der Ratte. Dorothy E. Woolley und Paola S. Timiras. (Endocrinology **70**, 196—209, Febr. 1962; Berkeley, Calif., Univ. of California, Dep. of Physiol.; engl.) — Bei Ratten erhöhte Ovarektomie vor der Pubertät, nicht jedoch nach Eintritt derselben sowie Verabreichung von *Östradiol* bei intakten reifen ♂, ovarektomierten oder hypophysektomierten Tieren oder Verabreichung von *Testosteron* u. *Methylandrostendiol* bei intakten ausgewachsenen ♂ Tieren die Empfindlichkeit für Elektroschock (Herabsetzung der Krampfschwelle), während *Progesteron* sie bei ♀, nicht jedoch bei ♂ Tieren, verringerte. K. Zingraf. 4559□

Frühe Reaktion der Vagina von 2 Mäusestämmen, die auf Grund der Keratinisierung des Vaginalepithels bei niedrigen und hohen Östrogendosen ausgewählt wurden. L. Martin. (J. Endocrinology **20**, 293—98, Juli 1960; Sydney, Univ. of Sydney, Dep. of Vet. Physiol.; engl.) — Der Unterschied der Empfindlichkeit zweier Mäusestämme gegenüber *Östrogenen*, die auf Grund der Keratinisierung des Vaginalepithels bestimmt wurde, beruht nicht auf einer unterschiedlichen Ansprechbarkeit auf die Hormone oder auf unterschiedlichem Hormonverlust durch das Epithel. Es wird nachgewiesen, daß sek. Erscheinungen, wie Keratin-Bldg. oder Leukocytose der Vagina, schwer als Kriterien für die prim. Östrogenaktivität heranzuziehen sind. U. Laschet. 4559□

Aufrechterhaltung der Schwangerschaft bei ovarektomierten Ratten mit 16α.17α-Dihydroxyprogesteron-Derivaten und anderen Progesteronen. Leonard J. Lerner, David M. Brennan, Euripides Yiacas, Michael DePhillipo und Aleck Borman. (Endocrinology **70**, 283—87, Febr. 1962; New Brunswick, N.J., Squibb Inst. for Med. Res.; engl.) — Bei Ratten, welche am 8. Schwangerschaftstag ovarektomiert wurden, konnte die Schwangerschaft durch subkutane Injektion des *Acetophenon* (**I**)- u. des *Acetonid*-Deriv. von *16α.17α-Dihydroxyprogesteron* (**II**), von *Progesteron* (**III**) oder *6α-Methyl-17α-hydroxyprogesteronacetat* (**IV**), nicht aber von 17α-Äthinyl-19-nortestosteron oder 17α-Hydroxyprogesteroncaproat aufrecht erhalten werden. Die Wrkg. von **III** oder des **I**-Deriv. von **II** wurde durch Östron erhöht. Das **I**-Deriv. von **II** oder **IV** war auch oral wirksam. K. Zingraf. 4559□

Der Unterschied in der östrogenen Wirksamkeit von α-Bromtriphenyläthylen und einem seiner pentadeuterierten Analogen. N. P. Buu-Hoï, N. D. Xuong und A. Beauvillain. (Experientia [Basel] **15**, 392—93, 15/10. 1959; Paris, Univ., Inst. de Radium; franz.) — Die östrogene Aktivität (Allen-Doisy-Test an der kastrierten Ratte) von *α-Brom-α.β-diphenyl-β-pentadeuteriophenyläthylen* war signifikant niedriger als diejenige der nichtdeuterierten Verbindung. Hinsichtlich der Präöstrus-hervorrufenden Wrkg. bestand zwischen beiden Verbb. kein merklicher Unterschied. K. Maier. 4559□

Vergleich einiger biologischer Charakteristica von Δ^1- und Δ^4-3-Ketosteroiden der Androstan-Reihe. Peter Ofner, Helen H. Harvey, Jenneth Sasse, Paul L. Munson und Kenneth J. Ryan. (Endocrinology **70**, 149—58, Febr. 1962; Boston, Mass., Lemuel Shattuck Hosp., Med. Serv., Oncol. Div., Steroid Labor.; Harvard School of Dental Med., Biol. Res. Labor.; Free Hosp. for Women, Fearing Res. Labor.; Harvard Med. School, Dep. of Med.; Pharmacol. and Obstetr. and Gynecol.; engl.) — Gereinigte *Δ^4-3-Ketosteroide* (**I**) der *5α-Androstan*-Reihe, nicht dagegen *Δ^1-3-Ketosteroide* (**II**) wurden durch das Enzym-Syst. der menschlichen Placenta in Östron umgewandelt. Die Ggw. von **I** in unzureichend gereinigten Präpp. von **II** konnte durch enzymat. Aromatisierungs-Rk. nachgewiesen werden. Die Androgen-Wirkstärke von *17β-Hydroxy-5α-androst-1-en-3-on* (**III**) u. *5α-Androst-1-en-3.17-dion* bei direkter Anwendung am Kamm des Kükens war etwa halb so hoch wie die von *Testosteron* (**IV**) u. *5α-Androst-4-en-3.17-dion*. Dagegen war die Wirkstärke der Propionate u. Acetate von **III** u. **IV** gleich. **III**-Propionat erhöhte die β-Glucuronidaseaktivität in der Niere der Maus. K. Zingraf. 4559□

Anwendung von Diäthylstilböstrol bei Atherosklerose. L. A. Mjassnikow. (Советская Медицина [Sowjet-Med.] **25**, Nr. 11, 90—95, Nov. 1961; Moskau, 2. Med. Pirogow-Inst., Klin. für Hospitaltherapie; russ., Auszug: engl.) — Injektionen von 1 cm³ *Diäthylstilböstrol* (**I**) in 1%ig. öliger Lsg. (2mal täglich, 20 Tage) führten bei Männern mit Coronar-Atherosklerose zu stärkerer Verringerung der *Cholesterin*-Ämie u. des Geh. an β-Lipoproteiden sowie Erhöhung des Geh. an Phospholipiden u. positiven Veränderungen der Eiweißfraktionen im Blutserum als bei Frauen. Bei Kaninchen mit experimenteller Atherosklerose (0,15 cm³ *Cholesterin*/kg täglich) führte Injektion von 1 cm³ **I** (0,1%ig. Lsg. subkutan, 100 Tage) bei männlichen Tieren zur Verringerung, bei weiblichen Tieren zur Verstärkung der Lipoidose der Aorta. I. v. Kloch-Kornitz. 4559□

Der Zinkgehalt von Rattenspermazellen aus dem Ejakulat, Samenleiter, Nebenhoden und Hoden. David Birnbaum, Theodore Hall und Richard Lee. (Proc. Soc. exp. Biol. Med. **108,** 321—24, Nov. 1961; New York City, N.Y., Sloan-Kettering Inst. for Cancer Res., Biophys. Div.; engl.) — Die *Zn*-Konzz. in Rattenspermatozoen aus dem Hoden, Nebenhodenschwanz, Samenleiter u. Ejakulat sind außergewöhnlich hoch. Zn scheint eine Rolle in der Befruchtung der Ratte zu spielen.
K. Zingraf. 4559□

Wirkung von Testosteronpropionat auf den Einbau von $^{14}C_{(2)}$-Glycin in Meerschweinchengewebe. Giovanni Costa, Charles D. Kochakian und John Hill. (Endocrinology **70,** 175—81, Febr. 1962; Birmingham, Ala., Univ. of Alabama Med. Center; engl.) — Kastration u. *Testosteronpropionat*-Behandlung hatten keinen Einfl. auf den Einbau von $^{14}C_{(2)}$-*Glycin* (I) in Gewebe des Meerschweinchens. Nach Verabreichung von I enthielten alle Organe I u. markiertes Serin (in verschiedenen Verhältnissen) sowie kleine Mengen Asparaginsäure u. Glutaminsäure. K. Zingraf. 4559□

Steroide und Knochenreifung bei jungen Mäusen: Relative Wirksamkeit von Dehydroepiandrosteron und Testosteron. Evelyn Howard. (Endocrinology **70,** 131—41, Febr. 1962; Baltimore, Md., Johns Hopkins Univ., School of Med., Dep. of Physiol.; engl.) — Vgl. C. **1962,** 532. — Bei 2 Tage alten Mäusen betrug die Wrkg. von *Dehydroepiandrosteron* (I) auf die Knochenreifung 42% derjenigen von *Testosteron,* die von *11β-Hydroxy-Δ^4-androstendion* bei Verabreichung der DL_{50} dagegen nur 2%. Ovarektomie oder Desoxycorticosteron in Erhaltungsdosen für adrenalektomierte Mäuse beeinflußten die Wrkg. von I nicht, wachstumshemmende Dosen von *Corticosteron* verringerten sie. Das Sulfat von I war weniger wirksam als das freie Steroid.
K. Zingraf. 4559□

Wirkung von Gonadotropinen und Androgenen auf die Geschlechtsorgane der Östrogen-behandelten männlichen Ratte. Robert J. Ryan. (Proc. Soc. exp. Biol. Med. **108,** 395—400, Nov. 1961; Univ. of Illinois, Coll. of Med., Dep. of Med.; engl.) — Bei *Östrogen*-behandelten unreifen ♂ Ratten bewirkte *Testosteron* (I) Wachstum der Samenblasen u. der ventralen Prostata, aber nur sehr hohe Dosen riefen eine Größenzunahme der Hoden hervor. Gereinigtes *Luteinisierungshormon* (II) von Schafen u. *Pregnenolon* (III) lösten ein Wachstum der ventralen Prostata aus, aber die Wrkg. war geringer als die von I, *Androstendion, 17α-Hydroxyprogesteron, Progesteron, Dehydroepiandrosteron* oder rohen Hypophysenextrakten. Nur sehr hohe Dosen von II u. III beeinflußten das Wachstum der Samenblasen, dagegen bewirkten niedrige Dosen, die kaum einen Einfl. auf das Wachstum der Prostata hatten, eine Größenzunahme der Hoden. K. Zingraf. 4559□

Steigerung der Prolactinerzeugung durch den Hypophysenvorderlappen der Ratte in vitro mittels Östrogen. Charles S. Nicoll und Joseph Meites. (Endocrinology **70,** 272—77, Febr. 1962; East Lansing, Mich., Michigan State Univ., Dep. of Physiol.; engl.) — Die *Prolactin* (I)-Abgabe von Hypophysenvorderlappen der Ratte ins Inkubationsmedium wurde durch Zusatz von 0,5 μg *Östradiol*/cm³ Medium um durchschnittlich 45% gesteigert. Die Drüsen erzeugten noch nach 3wöchiger Inkubation beträchtliche Mengen I. K. Zingraf. 4560□

Prolactinerzeugung durch die Rattenhypophyse in vitro. Joseph Meites, Raymond H. Kahn und Charles S. Nicoll. (Proc. Soc. exp. Biol. Med. **108,** 440—43, Nov. 1961; East Lansing, Michigan State Univ., Dep. of Physiol. and Pharmacol.; Ann Arbor, Mich., Univ., Dep. of Anatomy; engl.) — Vgl. vorst. Referat. — Nach Kultivierung von Rattenhypophysen bei 35 ± 1° über 6—14 Tage wurde der *Prolactin* (I)-Geh. des Mediums bestimmt. In einer Atmosphäre von 95% O_2 u. 5% CO_2 wurde der I-Geh. um das 5—10fache gesteigert u. war höher als in frischen Drüsen. Dieser Betrag konnte durch Ausschluß der inhibierenden Wrkg. des Hypothalamus weiter erhöht werden.
W. Damerau. 4560□

Einfluß von ACTH, Hydrocortison und Glukagon auf den Gehalt an unveresterten Fettsäuren im Plasma bei normalen Probanden und bei Patienten mit Leberkrankheiten. David A. Dreiling, Edwin L. Bierman, Albert F. Debons, Peter Elsbach und Irwin L. Schwartz. (Metabolism, clin. and exp. **11,** 572—78, Juni 1962; New York, N.Y., Mount Sinai Hosp., Pancreatic Res. Labor.; Rockefeller Inst. Hosp.; Univ. School of Med.; Hosp. of the Brookhaven Nat. Labor. Med. Res. Center; Birmingham, Ala., Veter. Admin. Hosp., Radioisotope Div.; engl.) — *Adrenocorticotropes Hormon* (*ACTH*; I), *Hydrocortison* (II) u. *Glukagon* (III) beeinflussen nicht nur den Kohlenhydratstoffwechsel, sondern auch die Konz. an *unveresterten Fettsäuren* (IV) im Plasma gesunder u. leberkranker Personen. Dazu erhalten Patienten mit viraler Hepatitis oder mit Lebercirrhosis sowie gesunde Probanden i.v. 40 Einheiten I oder 100 mg II oder 2 mg III. 30 Min. vor u. 3 Std. nach der Injektion werden Blutproben entnommen u.

der Geh. an *Glucose* (V) u. an IV bestimmt. Nach I-Injektion steigt der V-Geh. im Blut-Plasma sowohl bei Gesunden als auch bei Leberkranken an. Der IV-Geh. nimmt bei Leberkranken nach I-Injektion stark zu, während der IV-Geh. bei gesunden Personen zunächst um 32% abnimmt. Nach 2 Std. ist der Wert dann schließlich auf 43% über den Normalwert angestiegen. Ähnlich verlaufen die IV- u. V-Veränderungen nach II-Injektion. Nach III-Injektion nimmt dagegen die IV-Konz. sowohl bei Gesunden als auch bei Kranken stark ab. Der V-Geh. durchläuft nach III-Injektion bei beiden Personengruppen ein Maximum, um schließlich nach 2 Std. wieder auf den Normalwert abzufallen. L. Träger. 4560□

Einfluß des adrenocorticotropen Hormons auf den klinischen Verlauf der akuten Strahlenkrankheit von hypophysektomierten Ratten. A. A. Grafow. (Проблемы Эндокринологии и Гормонотерапии [Probleme Endokrinol. Hormontherap.] **8**, Nr. 2, 57–64, März/April 1962; russ., Auszug: engl.) — Injektionen von 3 Einheiten *ACTH* (I) täglich verbesserten die nach experimenteller Hypophysektomie bei Ratten verringerte Resistenz gegen Strahlenkrankheit (100 r), verminderten die Letalität von 37–40 auf 25–31%, normalisierten die Leukocytose u. verhinderten die Erythropenie nach Ektomie, während I bei gleichzeitiger Strahlenkrankheit die Leukopenie um 18% verstärkte u. keine Wrkg. auf die Erythropoese, den Blutdruck, die Temp. u. das Körper-Gew. hatte. I. v. Kloch-Kornitz. 4560□

Charakterisierung eines Kälberhypothalamusextraktes mit Adrenocorticotropin-freisetzenden Eigenschaften. Nachweis eines Angriffspunktes im Zentralnervensystem für die Hemmung der Adrenocorticotropin-Freisetzung durch Corticosteroide. S. E. Leeman, D. W. Glenister und F. E. Yates. (Endocrinology **70**, 249–62, Febr. 1962; Waltham, Brandeis Univ., Grad. Dep. of Biochem.; Boston, Mass., Harvard School of Dental Med., Biol. Res. Labor.; Harvard Med. School, Dep. of Physiol.; engl.) — *Morphin* hemmte bei Ratten die durch *Histamin* (I), Laparotomie, *Serotonin, Pitressin* (II), synthet. *Arginin–Vasopressin* u. Kälberhirnrindenextrakt bewirkte, nicht aber die durch Kälberhypothalamusextrakt (HE) ausgelöste Freisetzung von *Adrenocorticotropem Hormon* (IV). *Corticosteron* in physiolog. Mengen hemmte die durch I oder Laparotomie, nicht aber die durch II oder HE bewirkte Sekretion von IV. K. Zingraf. 4560□

Vergleichende Untersuchung der Wirkung des adrenocorticotropen Hormons und des Wachstumshormons auf die Resistenz von weißen Mäusen gegenüber Diphtherietoxin. N. A. Skuratowa. (Проблемы Эндокринологии и Гормонотерапии [Probleme Endokrinol. Hormontherap.] 8, Nr. 2, 38–42, März/April 1962; Allunions-Inst. für experiment. Endokrinolog., Abt. für Experimentalbiolog.; russ., Auszug: engl.) — Intraperitoneale Injektionen von 1 mg *Wachstumshormon* (3mal täglich in 1 cm^3 physiolog. NaCl-Lsg., 2 Tage u. 1 Tag vor u. am Tage der Intoxikation) steigerten die Resistenz der Mäuse gegen *Diphtherietoxin* (0,237–0,356 cm^3 i.m.) um 50%. *Adrenocorticotropes Hormon* (1,5–5 Einheiten 2mal täglich) hatte keine steigernde Wrkg. auf die Resistenz. I. v. Kloch-Kornitz. 4560□

Wirkung des Adrenalins auf die durch Kaliumchlorid und Proserin verursachten Kontrakturen des Musculus rectus abdominalis beim Frosch. R. Ss. Rybolowlew. (Бюллетень Экспериментальной Биологии и Медицины [Bull. exp. Biol. Med.] **52** (26), Nr. 11, 62–65, Nov. 1961; Leningrad, Militär-Med. Kirow-Akad.; russ., Auszug: engl.) — In Verss. in vitro hemmte *Adrenalin* (I) in den Konzz. $1 \cdot 10^{-10}$ bis $1 \cdot 10^{-8}$ bzw. $5 \cdot 10^{-7}$ die durch K^+ bzw. *Proserin* ($2 \cdot 10^{-5}$, 12 Min.) hervorgerufene Kontraktion des musculus rectus abdominalis beim Frosch nach 30–45 Minuten. Die Wrkg. des I wird wahrscheinlich durch Erhöhung der K-Ionenbindung in den Muskelproteinen hervorgerufen. I. v. Kloch-Kornitz. 4561□

Einfluß von Adrenalin auf die Milchsäure- und Brenztraubensäure-Produktion sowie auf den Milchsäureüberschuß beim gesunden Menschen. Nicholas M. Greene. (J. Lab. clin. Med. **58**, 682–86, Nov. 1961; New Haven, Conn., Yale Univ. School of Med., Dep. of Surg.; engl.) — Bei 4 erwachsenen Vers.-Personen wird nach i.v. Injektion von 0,15 μg *Adrenalin* (I)/kg/Min. (20 Min. lang) eine Erhöhung des *Milchsäure* (II)-Spiegels im Blut erzeugt. Die Unterss. ergeben, daß ein Teil der II-Erhöhung auf einen erhöhten Kohlenhydratstoffwechsel zurückzuführen ist (denn *Brenztraubensäure* ist auch erhöht) u. der andere auf einen erhöhten anaeroben Stoffwechsel, wobei nicht festzustellen ist, ob das O_2-Angebot in den Geweben zu gering oder der O_2-Verbrauch zu hoch ist. Auf alle Fälle ist der gemessene II-Überschuß ein Zeichen für eine Änderung der normalen Aktivität des *Milchsäuredehydrogenase*-Syst. durch I, das mol. O_2 zur Aufrechterhaltung des normalen Verhältnisses von $DPNH_2$ u. DPN benötigt.
M. Metze. 4561□

Ausscheidung von Dopamin bei Erkrankungen des Stammhirns. André Barbeau, Gerard F. Murphy und Theodore L. Sourkes. (Science [Washington] **133**, 1706—07, 26/5. 1961; Montreal, Quebec, Canada, Univ. de Montréal, Labor. des Sci. Neurol.; McGill Univ., Allan Mem. Inst. of Psych.; engl.) — Bei 16 Patienten mit Parkinsonismus verschiedener Genese konnte gegenüber der Norm eine signifikante Minderausscheidung von *3-Hydroxytyramin* (*Dopamin*) mit dem Harn konstatiert werden. Bei 16 Patienten mit verschiedenen Störungen, die von Corpus striatum ausgingen, war die Ausscheidung von Dopamin u. *Epinephrin* signifikant erhöht. Die *Norepinephrin*-Ausscheidung war in beiden Gruppen normal. Die niedrigsten Werte der Dopamin-Ausscheidung wurden bei postencephalit. Parkinson beobachtet, die höchsten bei Wilson-Erkrankung. U. Tausendfreund. 4561 □

Die Rolle der Niere bei der Nebennierenrindenreaktion auf Blutung bei hypophysektomierten Hunden. William F. Ganong und Patrick J. Mulrow. (Endocrinology **70**, 182—88, Febr. 1962; Univ. of California, Med. Center, Dep. of Physiol.; New Haven, Yale Med. School, Dep. of Int. Med.; West Haven, Conn., Veterans Administr. Hosp.; engl.) — Bei hypophysektomierten Hunden bewirkte Nephrektomie eine Herabsetzung der *Aldosteron* (I)-Sekretion u. verhinderte bei den meisten Tieren eine I-Zunahme nach Blutung. NaCl-Extrakte der Niere, nicht aber NaCl-Lsg. oder NaCl-Extrakte der Milz, bewirkten einen Anstieg der I-Sekretion auf das 10fache oder mehr u. eine geringe, submaximale Zunahme der Sekretion von *17-Hydroxycorticosteroiden* (II) u. *Corticosteron* (III). 1 I. E. ACTH steigerte die I-Sekretion ebenfalls u. bewirkte eine maximale Sekretion von II u. III. K. Zingraf. 4561 □

Bindung von Steroidhormonen an Vogelerythrocyten. Werner Winkelmann und Theodor Günther. (Naunyn-Schmiedebergs Arch. exp. Pathol. Pharmakol. **242**, 272—76, 1961; Berlin, Freie Univ., Physiol.-chem. Inst.; dt.) — Als Beitrag zur Klärung der Wirkungsweise von *Steroidhormonen* (I) wurde untersucht, ob u. auf welche Weise I an isolierte Zellen gebunden werden können. Vogelerythrocyten (Er) wurden mit *Desoxycorticosteronacetat* (II) u. a. I inkubiert u. die II-Aufnahme in die Er quant. bestimmt. Um zu entscheiden, ob eine Bindung an die Zellen oder ein Eindringen in die Zellen stattfindet, wurde die II-Aufnahme durch Er bei verschiedenen Zellkonzz. in Abhängigkeit von der II-Konz. untersucht. Die Ergebnisse zeigten: Die II-Aufnahme erfolgt mit sehr großer Geschw. u. ist innerhalb von 2 Min. beendet; sie gehorcht einer Adsorptionstherme; mit sinkender Temp. nimmt die sorbierte II-Menge etwas zu; verschiedene I werden in annähernd gleichem Ausmaß gebunden; die Aufnahme erfolgt vermutlich als Sorption an die Oberfläche (Membran) der Zellen. M. Metze. 4561 □

Einfluß von Steroidhormonen auf den aktiven Transport von Glykokoll in Vogelerythrocyten. Theodor Günther und Werner Winkelmann. (Naunyn-Schmiedebergs Arch. exp. Pathol. Pharmakol. **242**, 277—83, 1961; Berlin, Freie Univ., Physiol.-Chem. Inst.; dt.) — Vgl. auch vorst. Referat. — An Vogelerythrocyten wurde der Einfl. von *Steroidhormonen* auf den akt. Transport von *Glykokoll* (I) in die Zelle getestet. *Desoxycorticosteron* (II), *Hydrocortison*, *Testosteron*, *Östradiol* u. *Aldosteron* aktivieren den Transport, Cortison, Östron u. Progesteron nicht. Die I-Aufnahme ist nach 5 Min. beendet. Sie ist zwischen 6 u. 50 g II/ml unabhängig von der Hormon-Konz. im Außenmedium. Die Ergebnisse werden diskutiert u. in Beziehung gesetzt zur Wrkg. von Steroidhormonen auf den akt. Transport von K^+ in die Zelle. — 22 Literaturangaben. M. Metze. 4561 □

Betrachtungen über die Wahl und die Nebenwirkungen verschiedener Cortison-Derivate. G. Bickel. (Chemotherapia [Basel] **1**, 66—80, 1960; Genève, Suisse; franz.) — Übersicht über die Eigg. u. Nebenwrkg. von *Cortison*, *Hydrocortison*, *Fluorhydrocortison*, *Prednison*, *Prednisolon*, *Methylprednisolon*, *Triamcinolon* u. *Dexamethason*. Bei den neueren Verbb. fehlen weitgehend die Wasser- u. Salzretention, auch hypertensive u. neuropsychiatr. Nebenwrkg. sind seltener. Keine dieser Verbb. besitzt irgendeinen besonderen Vorteil gegenüber den anderen, alle führen zu Cushing-artigen Bildern oder bewirken Nebennierenrinden-Insuffizienz. K. Böhm. 4561 □

Cytotoxische Wirkung von Nebennierenrindenhormonen gegenüber normalen und malignen Lymphocyten des Menschen und der Ratte. Robert Schrek. (Proc. Soc. exp. Biol. Med. **108**, 328—32, Nov. 1961; Hines, Ill., Veterans Admin. Hosp., Res. and Surg. Serv., Tumor Res. Labor.; engl.) — *Cortisolsuccinat* (I), *Cortisol* u. *Corticosteron* verringerten die Lebensdauer von Lymphocyten aus Rattenblut u. Kaninchenthymus in vitro. Dagegen waren Lymphocyten von Normalpersonen oder nichtleukäm. Patienten gegen 10000fach höhere Konzz. von I resistent; Lymphocyten von Patienten mit Leukämie waren indessen empfindlicher. K. Zingraf. 4561 □

Der Corticosteroidgehalt in dem von der Nebenniere des Kaninchens mit experimenteller Thyreoidin-Toxikose abfließenden Blut. M. A. Larina. (Проблемы Эндо-

кринологии и Гормонотерапии [Probleme Endokrinol. Hormontherap.] **8**, Nr. 2, 26—30, März/April 1962; Allunions-Inst. für experiment. Endokrinolog., Biochem. Abt.; russ., Auszug: engl.) — Im venösen Blut der Nebennieren von Kaninchen mit experimenteller *Thyreoidin*-Toxikose (0,6—1,5 g täglich per os 3—6 Wochen) zeigten chromatograph. Unterss. neben dem bei gesunden Tieren in gleicher Menge (2,37 μg/kg/24 Std.) vorhandenen *Corticosteron* auch *Hydrocortison* (0,467 μg). Das abs. u. relative (7,5%) Gew. der Nebenniere zum Körper-Gew. vermehrte sich.
I. v. Kloch-Kornitz. 4562□

Jodidverwertung der Schilddrüse bei verschiedenen Schilddrüsenerkrankungen unter besonderer Berücksichtigung des nichttoxischen Kropfes. A. Dimitriadou, R. Fraser und J. D. H. Slater. (Sonderbände zur Strahlentherapie **45** (4), 358—66, 1960; London, Postgraduate Med. School; dt.) — Unters. des intrathyreoidalen *Jod*-Stoffwechsels bei Patienten mit nichttox. Kropf ergab, daß ^{131}J die vollständig jodierten Aminosäuren langsamer als normalerweise erreicht u. die Speicherung dieser Verbb. in der Drüse gering ist. Offensichtlich liegen bei nichttox. Kropf gestörte Synth. u. Speicherung des vollständig jodierten Hormons in der Drüse vor. Ein gestörter Jodierungsmechanismus stellt anscheinend einen wichtigen Faktor bei der Entstehung des nichttox. Kropfes dar. Jodzufuhr dürfte in diesen Fällen günstig wirken. Diskussion.
K. Maier. 4562□

Proteolytische Wirksamkeit des Schilddrüsenextraktes bei endemischem Kropf. C. Beckers und M. De Visscher. (Arch. int. Physiol. Biochim. **69**, 741—42, Dez. 1961; Louvain, Univ., Labor. de Patol. générale; franz.) — Die proteolyt. Aktivität in einem *Schilddrüsenextrakt* von Patienten mit endem. Kropf in Ggw. von Hämoglobin oder Thyreoglobulin war geringer als in Extrakten der Schilddrüse von Normalpersonen.
K. Zingraf. 4562□

Histochemische Untersuchung der Proteine, Nucleinsäuren und Polysaccharide im diffusen und nodularen Kropf bei Thyreotoxikose. W. B. Solotarewski. (Архив Патологии [Arch. Pathol.] **23**, Nr. 5, 40—46, 1961; Moskau, Med. Ssetschenow-Inst., 1. Lenin-Abt., Lehrstuhl für patholog. Anatomie u. Hospital-Chirurg. Klinik; russ., Auszug: engl.) — Histochem. Unterss. von Operationsmaterial zeigten in den prismat. Follikelepithelien (pF) des Strumagewebes, die bei Thyreotoxikose im Kropf vorherrschen, hohen Geh. an *Ribonucleinsäure* (I) u. erhöhte *Succindehydrase* (II)-Aktivität, in den kub. u. Deckepithelien der involutiven Follikel einen niedrigen Geh. an I u. geringe II-Aktivität. Die sich mit den dystroph. Prozessen in den pF entwickelnde Autoimmunisierung erschien morpholog. als lymphoide Infiltration. Die Schiffsche Perjodsäure-Rk. zum Nachw. der Kolloide war im Cytoplasma der pF. negativ, im Cytoplasma der inter- u. parafolikulären Inseln u. den darin formierten Mikrofollikeln positiv.
I. v. Kloch-Kornitz. 4562□

Ein neues Verfahren zur Bestimmung der Thyroxinsekretionsquote mit Radiojod. Yuichi Tanabe und Tetsuro Komiyama. (Endocrinology **70**, 142—48, Febr. 1962; Chiba-shi, Japan, Nat. Inst. of Agr. Sci., Dep. of Livestock; engl.) — Nach der beschriebenen Meth. wird die tägliche Sekretionsquote von *Thyroxin* (I) als die Menge von L-I bestimmt, welche die durch *Thiouracil* (II) bewirkte Beschleunigung der ^{131}J-Freisetzung durch die Schilddrüse hemmt u. die Retention von ^{131}J durch die Schilddrüse auf den Ausgangswert vor Beginn der II-Anwendung zurückführt. Die Sekretionsquoten (in μg L-I/100 g Körpergewicht) betrugen nach dieser Meth. 1,50—1,80 für 6—7 Wochen alte Hähnchen u. 0,58 für 12 Monate alte Hennen. K. Zingraf. 4562□

In vitro-Bindung von ^{131}J-Thyroxin an Serumproteine von Euthyreosen, Hyper- und Hypothyreosen. N. Lang und K. H. Gillich. (Sonderbände zur Strahlentherapie **45** (4), 367—81, 1960; Marburg a. d. L., Med. Univ.-Poliklin.; dt.) — Der von Hofmann-Credner u. von Albright empfohlenen diagnost. Anwendung der *Thyroxin* (I)-Bindungs-Best. durch Überwanderungselektrophorese kommt keine Bedeutung zu. Die I-Bindung durch das *spezif. I-bindende Serumglobulin* (II) ist physiol. interessant, da für die Steuerung des I-Blutspiegels u. a. die Konkurrenz zwischen II des Plasmas u. intracellulärem I-bindendem Globulin um I wichtig ist. Plasma-II übt vielleicht die Funktion eines Inhibitors für Diffusibilität u. Abgabe des Hormons an die Gewebe aus.
K. Maier. 4562□

Periphere Wirkungen von L-Thyroxin auf das Haarwachstum und die Färbung bei Rindern. A. Berman. (J. Endocrinology **20**, 288—92, Juli 1960; Rehovoth, Hebrew Univ., Fac. of Agricult.; engl.) — Nach 46tägiger täglicher perkutaner Behandlung eines 100 cm³ großen Bezirkes in der linken Lendenregion von Kühen mit 600 μg *l-Thyroxin* in 4 ml 0,14%ig. NaOH in 70%ig. A. wurde das Haarwachstum um 18% (Gewicht der abgeschorenen Haare nach Trocknung bei 105°) u. die Pigmentierung um

18,7% gesteigert. Aus den Ergebnissen wird gefolgert, daß die Schilddrüse eine Rolle im Jahresrhythmus des Haarwachstums u. der Fellfärbung bei Rindern hat.
U. Laschet. 4562□

Einfluß von D-Thyroxin auf das Bindegewebe der Gefäße beim Kaninchen. Ib Lorenzen. (Proc. Soc. exp. Biol. Med. **108,** 325—28, Nov. 1961; Copenhagen, Denmark, Univ. Inst. of Med. Anat., Conn. Tissue Res. Labor.; engl.) — *d-Thyroxin* (I) verstärkte die durch Epinephrin ausgelösten Veränderungen in der Aortenwand von Kaninchen, wodurch eine Zunahme des Hexosamin-Geh. u. der Aufnahme von ^{35}*S-Sulfat* (II) bewirkt wurde. I allein steigerte ebenfalls die Aufnahme von II. Die Wrkg. von I war schwächer als die von *l-Thyroxin* (III), dagegen besitzen I u. III eine gleich starke Hemmwrkg. gegenüber Thyreotropem Hormon. K. Zingraf. 4562□

Antimetabolische Aktivität eines Thyroxinanalogen: 3.5-Dijodthyroessigsäure. Thomas F. Frawley und Francis A. Zacharewicz. (Metabolism, clin. and exp. **11,** 579—88, Juni 1962; Albany, N.Y., Albany Med. Coll. of Union Univ., Endocr., Metabolism Clinic, Albany Med. Center Hosp.; engl.) — 5 ♀ Patienten mit Thyreotoxikose erhalten 9—20 Tage lang 2mal täglich 20 mg *3.5-Dijod-4-[4'-hydroxyphenoxy]-phenylessigsäure* (I); 1 Patientin erhält nur 2mal täglich 10 mg I. Nachdem der Grundumsatz wieder normal geworden ist, wird die Aufnahme von radioakt. *J* verfolgt. In Ggw. von I wird die J-Aufnahme auf den normalen Wert reduziert. Der *Cholesterin*-Geh. im Serum nimmt im gleichen Zeitraum zu u. überschreitet den der gesunden Kontrollen. Bei einem Teil der Patienten wird nach Erreichung des normalen Grundumsatzes eine subtotale Thyreoidektomie durchgeführt. Der nachoperative Verlauf ist in allen Fällen ohne Komplikationen geblieben. Der Wrkg.-Mechanismus von I erscheint bei den Patienten uneinheitlich u. komplex. Sowohl die J-Bindung als auch der *Thyroxin*-Abbau scheinen durch I beeinflußt zu werden. L. Träger. 4562□

Die Abhängigkeit der hyperglykämischen Wirkung von BAL und BAL + Insulin von der Brenzcatechinaminfreisetzung aus dem Nebennierenmark. H. Obenaus. (Naunyn-Schmiedebergs Arch. exp. Pathol. Pharmakol. **243,** 201—11, 1962; Wien, Univ., Pharmakol. Inst.; dt.) — Es wurde an Ratten der *Blutzucker*-Spiegel u. der *Brenzcatechinamin* (I)-Geh. der Nebennieren nach (a) Injektion von 45 mg *BAL* (*2.3-Dimercaptopropanol*; II)/kg, i.m. bzw. (b) 45 mg II i.m. + 0,8 I.E. *Insulin* (III)/kg. subkutan untersucht. Die Ergebnisse zeigen, daß der hyperglykäm. Effekt nach beiden Substanzen in der Hauptsache auf der Wrkg. der I, die durch II u. III aus der Nebenniere freigesetzt werden, beruht. Voraussetzung im b-Fall ist jedoch, daß II die hypoglykäm. Wrkg. von III (durch Red.) aufhebt, ohne dessen Effekt auf das Nebennierenmark zu beeinflussen.
M. Metze. 4564□

Gehalt der sympathomimetischen Amine in Nebennieren, Herz, Leber, Niere und Gehirn von weißen Ratten in der Norm und bei Alloxandiabetes. A.M. Baru. (Проблемы эндокринологии и гормонотерапии [Probleme Endokrinol. Hormontherap.] **8,** Nr. 2, 48—57, März/April 1962; Charkow, Ukrain. Inst. für Experimentalendokrinolog., Abt. Biochemie; Donezk, Inst. für Arbeitsphysiolog., Biochem. Labor.; russ., Auszug: engl.) — Bei experimentellem *Alloxan*-Diabetes (125 mg/kg; 5%ig. Lsg.) leichten Grades vermehrt sich der Geh. des nur in den Nebennieren (a) auftretenden *Adrenalins* (I) u. des *Noradrenalins* (II) im Gehirn (b). Schwere Fälle führen zur Verringerung des Geh. an I u. II in a sowie an II im Herzen (c) von 78 auf 45,1, in der Leber (d) von 26,5 auf 16,2 u. in den Nieren (e) von 42 auf 36,1%, während der Geh. an II in b unverändert bleibt. Der Geh. an Oxydations-Prodd. des II ist in b u. e wenig verändert, in c bis zum völligen Fehlen verringert u. in d vermehrt. I. v. Kloch-Kornitz. 4564□

Ein nichtreagierender Tyrosinrest im Insulin und die ausschließliche Jodierung der A-Kette. P. H. Springell. (Nature [London] **191,** 1372—73, 30/9. 1961; London, Mill Hill, Nat. Inst. for Med. Res.; engl.) — Bei pH 1 bewirkt Jodierung von *Insulin* bei hohen *J*-Konzz. vorwiegend eine D.substitution von 3 *Tyrosin* (I)-Resten, während einer mindestens während der ersten 5 Min. intakt bleibt. Eine andere I-Gruppe wird bei niedrigen J-Konzz. schwerer jodiert als die beiden übrigen. Die 2 weniger reaktionsfähigen I-Reste gehören sehr wahrscheinlich der *B*-Kette an; sie befinden sich offensichtlich in H-Brückenbindung. K. Maier. 4564□

Eine chemische Methode zur Bestimmung der Aktivität von Insulin. N. Krylowa und K. Basarowa. (Мясная Индустрия СССР [Fleisch-Ind. UdSSR] **31,** Nr. 1, 53—54, 1960; Allunions-Forsch.-Inst. der Fleisch-Ind.; russ.) — Die von Waugh (vgl. C. **1951.** I. 350) vorgeschlagene, auf dem Längenwachstum der *Insulin* (I)-Fibrillen u. der gravimetr. Best. beruhende Meth. zur Best. der I-Aktivität wird dahin modifiziert, daß die Fällungsbedingungen für das fibrilläre I präzisiert, die Bedingungen zur Erzielung eines Standard-Präp. in Ampullen aus sowjet. Mo-Glas (statt Pyrexglas) festgestellt, die Bedingungen der Gelhomogenisierung verändert u. die Trocknungszeit des Nd. verkürzt wird. Die Nachprüfung an 20 Pulvern u. 5 Lsgg. von I ergab eine gute Übereinstimmung mit der biolog. Methode. Die Abweichungen zwischen den Parallelen erreichen höchstens 0,6 Einheiten. O. Lebtag. 4564☐

Die Disprotidämie als potentielles Kriterium, das die Bestimmung der Insulin-Aktivität des Plasmas mit Hilfe des Zwerchfelltests der Ratte beeinflußt. S. C. Rizzo, L. Fratti und G. Turba. (Boll. Soc. ital. Biol. sperim. **38**, 121–23, 15/2. 1962; Pavia, Univ., Ist. di Patol. Med. e Metodol. Clin.; ital.) — Die Unterss. werden an 5 Plasmen von Personen mit Disprotidämie (mit quant. Abweichungen der einzelnen Fraktionen oder Auftreten abnormer Proteine) im Vgl. zum Plasma normaler Personen durchgeführt. In keinem Falle wurde ein Unterschied in der Aufnahme der *Glucose* bei beiden Personengruppen von statist. Signifikanz beobachtet; in 3 Fällen allerdings erreicht die Extra-Aufnahme (Unterschied zwischen beiden Plasmen) an Glucose beträchtliche Werte. F. Kren. 4564☐

Beobachtungen über den mittels Zwerchfelltest bei der Ratte nachweisbaren Insulineffekt. S. C. Rizzo, L. Fratti und G. Turba. (Boll. Soc. ital. Biol. sperim. **38**, 118–21, 15/2. 1962; Pavia, Univ., Ist. di Patol. Med. e Metodol. Clin.; ital.) — Vgl. vorst. Referat. — Die Unterss. werden am Zwerchfell von 2 Rattenstämmen durchgeführt. Der Zusatz von *Insulin* (I) vom Schwein (1 Einheit/ml) zum Inkubationssubstrat bewirkt immer einen I-Effekt, der der I-Dosis proportional ist, wobei übereinstimmende Resultate erhalten werden. Die untere Empfindlichkeitsgrenze beträgt 10^{-5}Einheiten I/ml. F. Kren. 4564☐

Untersuchungen zur Sulfhydrylgruppen-freilegenden Wirkung peroraler Antidiabetica. Wolfgang Rose und Christine Jähn. (Ärztl. Forsch. **15**, I/493–97, 10/11. 1961; Dresden, Med. Akad. „Carl-Gustav-Carus“, Med. Klin.; dt.) — Es wurde zu klären versucht, ob die vom *Harnstoff* oder *Guanidin* abzuleitenden Antidiabetica ähnliche SH-Gruppen-freisetzende Wrkg. entfalten, wie sie den in der Eiweißchemie verwendeten Muttersubstanzen zukommen. Dabei konnte tatsächlich nachgewiesen werden, daß *Carbutamid* (*BZ 55*), *Tolbutamid* (*D 860*; beide als 20%ig. Lsgg. des Na-Salzes) u. *Phenyläthylbiguanid* (I) aus nativem Eiweiß SH-Gruppen freizulegen vermögen. Dieser Vorgang läßt sich als Kriterium von Denaturierungsvorgängen bewerten. Die denaturierende Wrkg. von D 860 ist offenbar größer als die der gewöhnlichen chem. Denaturantien, die von BZ 55 ist wesentliche geringer (die Wrkg. von I konnte aus method. Gründen nicht mit derjenigen der beiden anderen verglichen werden, I besitzt jedoch auch beträchtliche SH-freisetzende Wrkg.). Für das unterschiedliche Verh. von D 860 u. BZ 55 bei naher chem. Verwandtschaft konnte keine Erklärung beigebracht werden. — Es ist möglich, daß diese Wrkg. auf die SH-Gruppen über Fermentblockierungen den Wrkg.-Mechanismus der Antidiabetica bedingen (möglich ist z. B. eine Hemmung der Insulinase-Wrkg.), gültige Erklärungen können jedoch noch nicht abgegeben werden. U. Tausendfreund. 4564☐

Ist die Anwendung von Sulfanilamidpräparaten bei der Behandlung von Kranken mit schwererer (insulinresistenter) Form der Zuckerkrankheit angezeigt? M. W. Wogralik. (Советская Медицина [Sowjet-Med.] **25**, Nr. 11, 128–30, Nov. 1961; Gorki, Med. Kirow-Inst., Lehrstuhl für Pathopysiolog. u. hospitaltherapeut. Klin.; russ.) — Nach den Ergebnissen an 96 Patienten ist die Therapie mit *Sulfanilamid*-Präpp. (*Rastinon*, *Nadison*, *Diaboral*) auch bei schwerem, insulinresistentem Diabetes nach vorangegangener Insulin-Diättherapie in Kombination mit herabgesetzterInsulindosierung angezeigt. I. v. Kloch-Kornitz. 4564☐

Histaminstoffwechsel bei fötalen und ganz jungen Katzen. N. G. Waton. (J. Physiology **161**, 12P–13P, April 1962; Mill Hill, London, Nat. Inst. for Med. Res.; engl.) — Bei Katzen konnte 18 Tage vor Geburt bis 54 Std. nach Geburt keine wesentliche *Histamin* (I)-Bldg. in Niere, Leber, Magen, Dünndarm oder Lunge nachgewiesen werden. Bei Föten beginnt 18 Tage vor Geburt der Abbau von I in Magen u. Dünndarm, 7 Tage vor Geburt auch in der Lunge. Bei Geburt u. kurz danach bauen diese Gewebe oder Placenta I nicht wesentlich ab. I wurde im Magen 3 Tage vor der Geburt u. in Dünndarm u. Lunge von der Geburt ab (nicht jedoch 10–18 Tage vor der Geburt) nachgewiesen, kam dagegen in der Niere nicht vor. K. Zingraf. 4569☐

Das Schicksal von 5-Hydroxytryptamin in einem glatten Muskel und im Bindegewebe. G. V. R. Born. (J. Physiology **161**, 160–74, April 1962; Oxford, Univ. of Oxford, Nuffield Inst. for Med. Res.; engl.) — *^{14}C-5-Hydroxytryptamin* (I), welches in vitro durch die Achillessehne von Meerschweinchen aufgenommen worden war, wurde intakt ausgeschieden in einer Geschw., die von der Dichte des Bindegewebes abhing. Die Taenia coli nahm I aus dem Medium bei 0 u. 37° ca. 120 Min. lang auf; dabei war die Radioaktivität in der Taenia bei 37°, nicht aber bei 0°, 5 mal höher als im Medium. Die

Radioaktivität im Gewebe nahm proportional zur I-Konz. im Medium zu. Die Radioaktivität wurde in nicht radioakt. Lsg. ausgeschieden, aber nur ein geringerer Teil davon stellte intaktes I dar; dieses wurde in 2 Phasen (Halbwertszeit 4 bzw. 32 Min.) ausgeschieden. Wenn Isopropylphenylhydrazin im Medium vorhanden war, stellte die gesamte ausgeschiedene Radioaktivität intaktes I dar; unter diesen Bedingungen war die I-Konz. in der Taenia 2,5mal höher als im Medium. K. Zingraf. 4569□

Calciphylaktische Muskeldystrophie infolge von Dihydrotachysterin in Kombination mit 5-Hydroxytryptamin. H. Selye, J.-M. Dieudonne und R. Veilleux. (Proc. Soc. exp. Biol. Med. **109**, 232—34, Jan. 1962; Montreal, Canada, Univ. of Montréal, Inst. de Méd. et de Chir. expérim.; engl.) — Bei Ratten, welche durch eine orale Einzeldosis von *Dihydrotachysterin* (I) sensibilisiert worden waren, löste eine einzige subkutane Dosis von *5-Hydroxytryptamin*, 2—4 Tage (manchmal auch noch 11 Tage) nach I verabreicht, eine ausgedehnte, oft tödliche Muskeldystrophie aus. K. Zingraf. 4569□

Die Kontrolle der Spezifität bei der Hämoglobinsynthese. J. Bishop, G. Favelukes, R. Schweet und E. Russell. (Nature [London] **191**, 1365—68, 30/9. 1961; Lexington, Ky., Univ. of Kentucky, Coll. of Med., Dep. of Biochem.; engl.) — Auf Grund von Unterss. mit Ribosomen u. lösl. Fraktionen von Kaninchen- u. Mäusereticulocyten wird gefolgert, daß eine spezielle Zellstruktur, das Ribosom, die Aminosäurenfolge des synthetisierten *Hämoglobins* direkt steuert, wobei offensichtlich *Ribonucleinsäure* eine wichtige Rolle spielt. K. Maier. 4572□

Das Fehlen der Glutathion-Instabilität der Erythrocyten bei Armeniern des Irans. J. E. Bowman und D. G. Walker. (Nature [London] **191**, 221—22, 15/7. 1961; Shiraz, Iran, Nemazee Hosp., Shiraz Med. Centre, Dep. of Pathol., u. Univ. of Shiraz, Dep. of Biochem.; engl.) — Von 163 untersuchten Armeniern (New Julfa, Isfahan; 152 Männer, 11 Frauen) zeigte nur ein Mann positiven *Glutathion*-Instabilitätstest der Erythrocyten. Dieser genet. Erythrocytendefekt besteht im Fehlen oder in einem Mangel an *Glucose-6-phosphatdehydrogenase* u. kommt in bestimmten Völkergruppen vor. K. Maier. 4573□

Ionaustauscher-Analyse von organischen Phosphat-Verbindungen in Erythrocyten bei Patienten mit neoplastischen Erkrankungen. Gordon C. Mills, Dorothy O. Bürger, Martin Schneider und William C. Levin. (J. Lab. clin. Med. **58**, 725, Nov. 1961; Galveston, Texas, Univ. of Texas Med. Branch, Hematol. Res. Labor.; Dep. of Biochem. and Nutrit., Radiol. and Med.; engl.) — Bei Patienten mit verschiedenen Neoplasmen wurde mittels Anionaustauscheranalyse festgestellt, daß *2.3-Diphosphoglycerinsäure, Uridindiphosphatglucose* u. *Uridindiphosphat-N-acetylglucosamin* sowie eine unbekannte Verb. in den Erythrocyten signifikant erhöht sind. — 29 Literaturangaben. M. Metze. 4573□

Kritische Beurteilung der Methoden zur Bestimmung der prozentualen Zusammensetzung der Serumproteinfraktionen. Das Problem der Normung und Standardisierung der Methoden. Jerzy Kowalczyk. (Postępy Biochem. **6**, 59—82, 1960; Gdańsk, Akad. Med., Centr. Labor. chem.-bakteriol. PSK; pol.) — Übersicht über die verschiedenen papierelektrophoret. Meth. der Trennung von *Protein*-Fraktionen des Serums, ihre Grundlagen, ihre prakt. Ausführung u. photometr. Auswertung. — 80 Literaturangaben. R. K. Müller. 4574□

Die Albumin-Adsorption in der Papierelektrophorese. Eine signifikante Variable bei der quantitativen Untersuchung von Serumprotein-Fraktionen. William J. Oliver, Charles Sloan und Krystyna Sporzynski. (J. Lab. clin. Med. **58**, 788—94, Nov. 1961; Ann Arbor, Mich., Univ. of Michigan Med. Center, Univ. Hosp.; engl.) — Vff. fanden, daß der Wert der *Albumin* (I)-Adsorption bei der papierelektrophoret. Technik (Serumproteine) nicht konst. ist, aber mit der absol. angewendeten I-Menge annähernd korreliert. M. Metze. 4574□

Stärkegel-Elektrophorese von Ratten-Serum-Eiweiß. 1. Mitt. Methode und Bezeichnung der Komponenten. George H. Beaton, Anne E. Selby und Audrey M. Wright. (J. biol. Chemistry **236**, 2001—04, Juli 1961; Toronto, Canada, Univ. of Toronto, School of Hyg., Dep. of Nutr.; engl.) — Die für menschliche Seren angewandte Meth. von Smithies wurde für die Unters. von Rattenseren modifiziert u. mit Papierelektrophorese kombiniert. Vff. schlagen eine Nomenklatur der erhaltenen über 17 Flekken vor. P. Hajdú. 4574□

Stärkegel-Elektrophorese von Ratten-Serum-Eiweiß. 2. Mitt. Langsames α_2-Globulin und andere Proteine in den Seren schwangerer, tumorkranker und junger Ratten. George H. Beaton, Anne E. Selby, Margaret J. Veen und Audrey M. Wright. (J. biol. Chemistry **236**, 2005—08, Juli 1961; engl.) — 1. vgl. vorst. Referat. — Mit Hilfe der beschriebenen Meth. konnte eine neue *Eiweiß*-Fraktion während der Gravidität (von der Halbzeit bis zum Werfen) entdeckt werden. Dieselbe Fraktion ist auch in den Seren neugeborener (bis zum Alter von 3 Wochen) u. mit Novikoff-Hepatom infizierter oder mit Methylcholanthren behandelter tumorkranker Ratten (von der Größe des Tumors abhängig) zu beobachten. Normalseren enthielten diese langsame α_2-Fraktion nicht. P. Hajdú. 4574 □

Individuelle Unterschiede im elektrophoretischen Verhalten der Serumproteine und -lipoproteine des Aals. Andrée Drilhon und Jean Fine. (C. R. hebd. Séances Acad. Sci. **250**, 4044—45, 13/6. 1960; franz.) — Agargel- oder Stärkegelelektrophorese des Serums gefangener Aale ergibt, je nach untersuchtem Individuum, eine Aufspaltung mehrerer Proteinzonen in eine oder mehrere Fraktionen. Das elektrophoret. Verh. dieser Fraktionen zeigt individuelle Schwankungen. Es ist unbekannt, ob letztere genet. bedingt sind oder nur bestimmte physiolog. Zustände widerspiegeln. K. Maier. 4574 □

Veränderungen der Eiweißzusammensetzung des Blutserums bei Thyreotoxikose. G. N. Ssaralidse. (Сообщения Академии Наук Грузинской ССР [Mitt. Akad. Wiss. GrusinSSR.] **25**, 225—32, Aug. 1960; Tbilissi, Med. Inst.; russ.) — Der Eiweißstoffwechsel ist bei Thyreotoxikose gestört. Es stellen sich Hypoproteinämie, mäßiger Anstieg des Rest-N bei schwereren Formen, Hypoalbuminämie u. Hyperglobulinämie ein. Die α- u. γ-Fraktionen sind vermehrt. Grad u. Stabilität dieser Verschiebungen hängen von der Schwere u. Dauer der Erkrankung ab. Ihre Ursachen sind sowohl der erhöhte Eiweißzerfall als auch die Störungen der Synth. im Körper.
F. du Mans. 4574 □

Über den Mechanismus der Störung der Eiweißzusammensetzung des Blutserums von Kaninchen bei Schädigung der Leber durch Tetrachlorkohlenstoff. Je. P. Smolitschew. (Архив Патологии [Arch. Pathol.] **23**, Nr. 5, 59—64, 1961; Stalinabad, Med. Avicenna-Inst., Lehrstuhl für patholog. Physiolog.; russ., Auszug: engl.) — Injektionen von CCl_4 (4mal 0,5 cm^3/kg jeden 2. Tag) führten bei Kaninchen zur Vermehrung des Geh. an *Gesamteiweiß* u. *β*- u. *γ-Globulinen* (I) u. Verminderung des Geh. an *Albumin* (II) im Blutserum. Der Einbau von ^{35}S u. damit die *Protein*-Synth., die normal in den I größer ist als in den II, verringert sich in II u. erhöht sich in I. Der onkot. Druck bleibt konst., bedingt durch die I-Zunahme. I. v. Kloch-Kornitz. 4574 □

Glucosamingehalt des Blutserums und seine Reaktion mit Diphenylamin als Kennzahlen der Aktivität des rheumatischen Prozesses. E. F. Kanajewa. (Советская Медицина [Sowjet-Med.] **25**, Nr. 7, 42—47, Juli 1961; Nowosibirsk, Med. Inst., Lehrstuhl für fakultative Therapie; russ., Auszug: engl.) — Bei 88 Kranken mit akutem Rheumatismus waren *Glucosamin* (I)-Geh. u. Intensität der *Diphenylamin* (II)-Rk. im Blutserum, je nach der Aktivität des Krankheitsprozesses, bis zu 300 mg% bzw. 1,0 Einheiten (E.) (normal 70 mg% bzw. 0,190 E.) erhöht. Die unspezif. Erhöhung des I-Geh. u. der II-Färbung, die auch bei anderen Entzündungskrankheiten auftreten u. nicht parallel zu den Erhöhungen der Temp., Blutsenkungs-Geschw. u. Leukocytose verlaufen, sind ein Kriterium für die Aktivität des rheumat. Prozesses.
I. v. Kloch-Kornitz. 4574 □

Thromboplastin- und fibrinolytische Aktivität großer menschlicher Gefäße. S. Coccheri und Tage Astrup. (Proc. Soc. exp. Biol. Med. **108**, 369—72, Nov. 1961; Washington, D.C., Washington Clin., James F. Astobell Mitchell Found.; Copenhagen, Denmark, Carlsberg Found., Biol. Inst.; Bologna, Italy, Univ., Ist. di Patol. Spec. Med.; engl.) — Bei Menschen wurden in der Intima großer Arterien höhere *Thromboplastin*-Konzz. u. geringere *Plasminogen*-Aktivator-Konzz. (gewöhnlich Null) gefunden als in der Intima großer Venen des Körperkreislaufs (Vena cava inferior.) In allen Gefäßen besaß die Adventitia eine hohe fibrinolyt. Aktivität. K. Zingraf. 4574 □

Wirkungen der Gerinnung und der Auflösung des Gerinnungspfropfens auf die Thrombocyten-Thromboplastin-Aktivität. Jessica H. Lewis und Carol L. Jeffreys. (Proc. Soc. exp. Biol. Med. **108**, 382—85, Nov. 1961; Pittsburgh, Pa., Univ. of Pittsburgh, Dep. of Med.; engl.) — Sedimente von Thrombocyten (Tc)-reichem Plasma, welches 1 Std. lang die Möglichkeit hatte zu gerinnen, enthielten die volle Tc-*Thromboplastin* (I)- oder *Faktor 3*-Aktivität. Sedimente von recalcifiziertem Tc-reichem Plasma in der Frühphase der Gerinnung enthielten *Thrombin* u. schienen die normale I-Bdg. zu hemmen.
K. Zingraf. 4574 □

Zur Methodik der Bestimmung der Prothrombinzahl im Blut. Je. D. Roshdesstwenskaja-Schmidt. (Советская Медицина [Sowjet-Med.] **25**, Nr. 7, 47—49, Juli 1961; Swerdlowsk, Med. Inst., Klin. für fakultative Therapie u. Inst. für Physiotherapie, Cardiolog. Abt.; russ., Auszug: engl.) — In vergleichenden Unterss. der *Prothrombin*-Zeit erwies sich die Meth. von Borowskaja mit *Thromboplastin-Vaccine* ungenauer (bis zu 37% höhere Werte) als die Meth. von Quick mit *Trockenthromboplastin* (II).
I. v. Kloch-Kornitz. 4574 □

Untersuchungen über Proteine, Glykoproteine und Mucopolysaccharide im normalen menschlichen Urin. Ingemar Berggård. (Acta Soc. med. Upsaliensis [N. S.] 66, 230—42, 1961; Uppsala, Univ., Inst. of Med. Chem.; engl.) — Vf. trennte durch 2 aufeinanderfolgende Ultrafiltrationen u. Dialyse die lösl. hochmol. Verbb. des menschlichen Urins in 3 Fraktionen mit verschiedenem mittlerem Molgewicht. Mittels Geldiffusion u. Elektrophorese wurde die Verteilung von Protein u. Kohlenhydraten ermittelt, wobei 3 Substanztypen, u. zwar *Proteine* (I), *Glykoproteine* (II) u. *Mucopolysaccharide* (III) nachgewiesen wurden. Der größte Teil der II u. III besteht aus Moll. mit relativ geringem Molgew., Verbb. mit einem mittleren Molgew. von 40000 bis 4000 enthielten mehr Kohlenhydrate als Proteine. Die Plasmaproteine werden mit Ausnahme der hochmol. größtenteils durch den Urin ausgeschieden. α_1-*Lipoprotein, Ceruloplasmin,* α_2-*Makroglobulin,* β_{1A}-*Globulin* u. *Fibrinogen* wurden erstmalig im normalen Harn identifiziert u. *Haptoglobulin* erstmalig durch direkte Fällung bestimmt. Menschliches Plasma enthält geringe Mengen eines niedermol. γ-Globulins (γ_L-Globulin), das sich immunolog. ident. erwies mit der entsprechenden Urinkomponente. Der Geh. des Urins an *Albumin* wurde mittels einer spezif. immunolog. Meth. ermittelt. Der durchschnittliche Geh. im 24-Std.-Urin betrug 7,8 mg. Bei den II wurden 2 charakterist. Fraktionen nachgewiesen. Die eine zeigte einen hohen Geh. an Kohlenhydraten (bes. an *Sialsäure*, ca. 30%), relativ niedrigen Peptid-Geh. u. hohe Beweglichkeit gegen die Anode bei pH 8,6 u. 4,5; die andere ein relativ niedriges Molgew., einen hohen Geh. an *Fucose* u. eine geringe elektrophoret. Beweglichkeit bei pH 8,6 u. 4,5. Vf. zeigte ferner die Ggw. von mindestens 4 III-Fraktionen im normalen Urin. Eine derselben ist vermutlich ein Gemisch von *Chondroitinsulfat A* u. *C*, eine andere wird auf Grund ihres elektrophoret. Verh. als *Hyaluronsäure* angesprochen. B. Görlich. 4577 □

Ein Schutzfaktor für Rinderspermatozoen gegen Kälteschock aus Roheilecithin. R. A. Bomstein und E. A. Steberl. (Exp. Cell Res. 16, 675—77, März 1959; Madison, Wis., American Found. for Biol. Res.; engl.) — Durch Kälteschock treten bei Rinderspermatozoen irreversible Schädigungen auf, die durch *Roheilecithin* weitgehend verhindert werden können. An Hand der Beweglichkeit, der Aufnahme von ^{32}P u. der Retention oxydativer Kapazität nach dem Kälteschock wurde gefunden, daß gereinigte Lecithine geringere Schutz-Wrkg. zeigten. H.-G. Trüper. 4582 □

Eisen in Zellen und Geweben von frühen Embryonen des Menschen. Ju. N. Schapowalow. (Цитология [Zytologie] 4, 80—83, Jan./Febr. 1962; Simferopol, Medizin. Inst., Lehrstuhl für Histolog. u. Embryolog.; russ., Auszug: engl.) — In menschlichen Embryonen war der Geh. an organ. gebundenem *Fe* infolge der stärkeren Oxydationsprozesse u. der Ggw. von Fe-Depots in den Zellkernen der Nervenfasern u. Epithelien der sich bildenden Organe u. in den Blutzellen höher als im Cytoplasma u. vermehrte sich mit zunehmender Entwicklung. Das ionisierte Fe, das im frühen Stadium nur in geringer Menge vorhanden war, vermehrte sich im Cytoplasma der Leber bis zum 50.—55. Tag. In den Chromosomen der mitot. sich teilenden Zellen war der Geh. an gebundenem Fe größer als in den interkinet. Kernen. I. v. Kloch-Kornitz. 4583 □

Verzögerte Nidation bei der Ratte durch Autotransplantation der Hypophyse mit Beschreibung eines Falles von „Asynchroner Implantation". Robert L. Cochrane, M. R. N. Prasad und Roland K. Meyer. (Endocrinology 70, 228—32, Febr. 1962; Madison, Wis., Univ. of Wisconsin, Dep. of Zool. and Anat.; engl.) Durch Verpflanzung des Hypophysenvorderlappens von Ratten in die Niere am 2. Schwangerschaftstag konnte die Nidation der Eier um 3—18 Tage verzögert u. durch tägliche Injektion von 1 μg *Östron* (I) willkürlich eingeleitet werden. Bei Tieren, welche am 2. Schwangerschaftstag hypophysektomiert u. vom 9. Schwangerschaftstag ab täglich mit 4 mg *Progesteron* u. 1 μg I behandelt wurden, erfolgte die Implantation nur selten, u. der Embryo starb dann sofort ab. Bei hypophysektomierten Tieren leitete Behandlung allein mit 1 μg I vom 9. oder 14. Schwangerschaftstag ab keine Implantation ein. K. Zingraf. 4583 □

Die Wirkung von normaler und von hoher Zufuhr von Ortho- und Metaphosphat bei Ratten. H. A. Dymsza, G. Reussner jun. und R. Thiessen jun. (J. Nutrit. 69, 419—28, Dez. 1959; Tarrytown, N.Y., Gen. Foods Corp., Res. Center; engl.) — Wachsende Ratten erhielten 150 Tage lang Futter mit 0,4 bzw. 1,2% *Ortho-* bzw. *Metaphosphat* (berechnet als P). Obwohl die Gruppe mit hoher Metaphosphatzufuhr langsameres Wachstum u. geringere Futter- u. Proteinausnutzung zeigte, wurde nachweislich das an Gew.-Zunahme u. Femurlänge gemessene Wachstum bei keiner Gruppe durch die Phosphatzufuhren beeinflußt. Bei allen Gruppen war die *P*-Resorption gleich, während die *Ca*-Resorption bei der Orthophosphatgruppe geringer war. Ca- u. P-Geh. des gesamten Körpers waren bei der Metaphosphatgruppe höher. Sonstige physiolog. Wrkg. wurden bei den Vers.-Tieren nicht beobachtet. F. Krusen. 4585 □

Beobachtungen über den Kupferstoffwechsel des Haushuhns und der Ente. A. B. Beck. (Austral. J. agric. Res. **12**, 743—53, Juli 1961; Australia, Dep. of Agric. of Western Australia, Animal Health and Nutrit. Labor. and Poultry Res. Stat.; engl.) — Vf. untersucht, ob die Konz. von *Cu* in der Leber vom Haushuhn u. der Ente durch eine Steigerung des Cu-Geh. im Futter erhöht werden könnte. Gruppen von beiden Tieren erhielten 12 Wochen lang das gleiche Grundfutter mit $CuSO_4$-Zusatz (doppelte u. 5fache Cu-Menge). Bei keiner Tierart wurde eine deutliche Steigerung der Cu-Konz. festgestellt. Wurde Cu i.v. injiziert, so wurde es rasch — bes. in der Galle — ausgeschieden. Beim Huhn wurde eine signifikante Menge durch den Blinddarm ausgeschieden. Es wurde nicht geklärt, ob diese Organe für die Cu-Speicherung wichtig sind. Bei der Ente wurde Cu-Speicherung schon im Alter von 3 Wochen festgestellt, beim Huhn noch nicht. P. Nachtwey. 4585 □

Die Anreicherung von Mischfutter mit Spurenelementen und deren Einfluß auf den Mineralgehalt von Lebensmitteln tierischer Herkunft. E. Tauzin und A. Swilane. (Известия Академии Наук Латвийской ССР [Nachr. Akad. Wiss. LettSSR] **1961**, Nr. 8, 75—81; Inst. für Biol. der Akad. der Wiss. der LettSSR; russ., Auszug: engl.) — Zusatz von Spuren *Cu, Co, Mn, Mo* u. *Zn* zu Mischfutter verbessert bei Rindern u. Geflügel die Gew.-Zunahme u. die Futterverwertung, die Milchleistung der Kühe u. die Legefreudigkeit der Hennen. Die von diesen Tieren stammenden Nahrungsmittel enthalten mehr Spurenelemente. M. Dittmar. 4585 □

Die Bewertung von Ammoniumcarbonat, Carbamid und Ammoniumbicarbonat als Futterzusatz. N. I. Risa-Sade. (Спиртовая Промышленность [Spiritus-Ind.] **28**, Nr. 1, 29—33, 1962; russ.) — Zur Ergänzung des Protein-Geh. im Futter wurden der täglichen Futterration 50—60 g *Carbamid*, 150—160 g NH_4HCO_3 (I) oder 220—240 g $(NH_4)_2CO_3$ (II) zugesetzt. Die durch den Geruch hervorgerufenen Schwierigkeiten in der Verfütterung von I u. II beseitigte man durch Lösen in Melasse. Am günstigsten entwickelten sich die Jungtiere, die II erhielten. I. Weber. 4585 □

Experimentelle Phenylketonurie bei Ratten. Hwa L. Wang und Harry A. Waisman. (Proc. Soc. exp. Biol. Med. **108**, 332—35, Nov. 1961; Madison, Wis., Univ. of Wisconsin, Med. School, Dep. of Pediatr.; engl.) — Junge Ratten, deren Futter 7% *L-Phenylalanin* (I) enthielt, zeigten eine konst. hohe I-Konz. im Plasma u. eine erhöhte Ausscheidung von *Phenylketonen* im Harn. Bei Verfütterung von 3,5, 5 oder 7% I in einem Raum, welcher alternierend 3 Std. beleuchtet u. verdunkelt wurde, trat eine Abnahme der *Phenylalaninhydroxylase*-Aktivität in der Leber ein. K. Zingraf. 4585 □

Aminosäure-Zusammensetzung und Nährwert von Proteinen. 1. Mitt. **Bedarf der wachsenden Ratte an essentiellen Aminosäuren.** P. B. Rama Rao, V. Chalam Metta und B. Connor Johnson. (J. Nutrit. **69**, 387—91, Dez. 1959; Urbana, Ill., Univ. of Illinois, Div. of Animal Nutrit.; engl.) — Im Wachstumstest wurde der für maximales Wachstum erforderliche minimale Bedarf entwöhnter Ratten an essentiellen Aminosäuren wie folgt ermittelt (in % des Futters): 0,9 *Lysin*, 0,21 *Histidin*, 0,11 *Tryptophan*, 0,55 *Isoleucin*, 0,69 *Leucin*, 0,56 *Valin*, 0,51 *Threonin*, 0,49 *Methionin* + *Cystin* u. 0,72 *Phenylalanin* + *Tyrosin*. F. Krusen. 4585 □

Über die spezifische Wirkung von Glycerin auf die Blutgefäßwandungen. Vorl. Mitt. V. N. Orekhovich und N. E. Plotnikov. (Arch. Biochem. Biophysics **93**, 180 bis 183, April 1961; Moscow, USSR Acad. of Med. Sci., Inst. of Biol. and Med. Chem.; engl.) — Inhaltlich ident. mit der C. **1961**, 16167 referierten Arbeit in russ. Sprache. U. Tausendfreund. 4585 □

Stärkediät. Einfluß auf den Cholesteringehalt. Daniel R. Farnell und Moore J. Burns. (Metabolism, clin. and exp. **11**, 566—71, Juni 1962; Auburn, Ala., Univ., School of Veter. Med., Dep. of Physiol. and Pharmacol.; engl.) — ♂ Ratten (Sprague-Dawley) erhalten 21 Tage lang Kornstärke (I)-freies Futter oder Futter mit 20% I u. werden dann nach Ae.-Anästhesie durch Ausblutung getötet. Der *Cholesterin* (II)-Geh. im Serum u. in der Leber wird nach Searcy bestimmt. Danach hat I keinen Einfl. auf die Gew.-Zunahme der Tiere. Jedoch erniedrigt I in der Diät den II-Geh. in der Leber von 867 mg/100 g Gewebe auf 702. Der II-Geh. im Serum bleibt unverändert oder ist sogar schwach erhöht. Unabhängig vom I-Geh. führt Futter auf *Casein*-Basis als einziger Proteinquelle zu kleineren II-Konzz. in Leber u. Serum als Futter auf Sojabohnenproteinbasis. L. Träger. 4585 □

Die Wirkung von Fett und Kohlenhydraten im Futter auf die Stickstoff- und Energieverwertung und auf Wachstum, Körperzusammensetzung und Serumcholesterin von Ratten. Mary W. Marshall, Hazel E. Hildebrand, Jacqueline L. Dupont und Madelyn Womack. (J. Nutrit. **69**, 371—82, Dez. 1959; Washington D.C., U. S. Dep. of Agric., Human Nutrit. Res. Div.; engl.) — ♂ Ratten hatten geringste Gew.-Zunahmen bei fettarmem u. die größten bei fettreichem Futter. Allg. bestand eine Korrelation zwischen Gew.-Zunahmen u. Calorienzufuhr. Die Stickstoffverwertung wird von Art u. Menge der Fettversorgung nicht beeinflußt. Körperfett-Geh. u. Serumcholesterin waren am höchsten bei hoher Fettzufuhr. F. Krusen. 4585 □

Die Resorbierbarkeit von als einfaches oder gemischtes Triglycerid gefütterter Stearinsäure. F. H. Mattson. (J. Nutrit. **69,** 338—42, Dez. 1959; Cincinnati, Ohio, Procter & Gamble Co.; engl.) — In Fütterungs-Verss. mit Ratten zeigte Vf., daß der Resorptions-Koeff. des im Futter enthaltenen Fettes mit steigendem Geh. an *Stearinsäure* (I) linear abnimmt, wenn die zugesetzte I als *Tristearin* (II) verwendet wurde. Weitere Unterss. ergaben, daß I, wenn sie als II vorliegt, nicht resorbiert wird, andererseits jedoch eine vollständige Resorption erfolgt, wenn I in *gemischten Triglyceriden* mit ungesätt. Fettsäuren vorliegt. F. Krusen. 4585 □

Die Wirkungen von essentiellen Fettsäuren, Vitamin B_{12}, Inosit und hydrolysiertem Glucosecycloacetoacetat auf die Blutkoagulationsfaktoren bei Kaninchen mit durch Fütterung von gesättigten Fetten verursachter Hyperlipämie. M. C. Nath und A. Saikia. (J. Nutrit. **69,** 403—11, Dez. 1959; Nagpur, Indien, Univ., Dep. of Biochem.; engl.) — Bei Kaninchen, die 12 Wochen lang ein Futter mit 20% gesätt. Fett (hydriertes Erdnußöl) erhielten, wurden Verkürzung von Blutungs-, Koagulations- u. Prothrombinzeit, Anstieg von Leberfett, von verestertem Cholesterin in Blut, Leber u. Herzgewebe u. der Zahl der Blutplättchen festgestellt. Der Veränderung der Blutgerinnungsfaktoren durch hohe Fettzufuhr wurde durch Zulagen von *Linol-* u. *Linolensäure, Inosit, Vitamin B_{12}* u. hydrolysiertem *Glucosecycloacetoacetat* entgegengewirkt. F. Krusen. 4585 □

Verringerte Nahrungsaufnahme Gesunder nach Glukagon. Sydnor Barksdale Penick und Lawrence E. Hinkle jun. (New England J. Med. **264,** 893—97, 4/5. 1961; New York Hosp., Cornell Med. Center, Dep. of Med. and Psychiatry; engl.) — *Glukagon* (1 mg i.m.) bewirkt eine bis 30% geringere Nahrungsaufnahme. Bei Dauer-Vers. zeigt sich außerdem Gew.-Verlust, negative N-Balance u. Glykosurie. P. Gregorzewski. 4585 □

Charakteristik des Thiaminumsatzes nach der Transketolaseaktivität der Erythrocyten. Ju. M. Osstrowski und R. W. Trebuchina. (Вопросы Медицинской Химии [Fragen med. Chem.] **8,** 149—54, März/April 1962; Grodno, Med. Inst., Lehrstuhl für Biochemie; russ., Auszug: engl.) — Die Best. der *Transketolase* (I)-Aktivität der Erythrocyten bei Tauben, Mäusen u. Ratten mit experimenteller Avitaminose, Hypervitaminose u. normaler Versorgung mit *Vitamin B_1* u. die Best. der I-Aktivität u. des Geh. an *Brenztraubensäure* bei Menschen u. *Aldopentose* im Blut von gesunden Menschen erwies sich als empfindliches Kriterium für den *Thiamin*-Stoffwechsel des Organismus. Sie gestattet eine frühzeitige Diagnostizierung von Hypovitaminosen aus geringen Blutmengen. I. v. Kloch-Kornitz. 4587 □

Die Verwendung von zufälligen Harnproben zur Bestimmung der Exkretionsgeschwindigkeiten von Thiamin, Riboflavin und N^1-Methylnicotinamid. I. C. Plough und C. F. Consolazio. (J. Nutrit. **69,** 365—70, Dez. 1959; Denver, Colo., Fitzsimons Army Hosp., US Army Med. Red. and Nutr. Labor.; engl.) — Zur biochem. Ermittlung des individuellen Ernährungszustandes ist es zweckmäßig, die urinäre Ausscheidung bestimmter Vitamine, wie *Thiamin* u. *Riboflavin,* bezogen auf die Kreatininexkretion, festzustellen. Am besten wird dazu der 24-Std.-Harn verwendet. Vff. zeigen jedoch, daß es zur Unters. größerer Gruppen auch ausreicht, den 6-Std.-Harn zu verwenden, wenn auch die Ergebnisse dadurch etwas vergröbert werden. F. Krusen. 4587 □

Einfluß des Thiamins auf die Cholinesteraseaktivität und Menge des Acetylcholins im Blutserum bei experimenteller Ascariasis. M. W. Dalin. (Медицинская Паразитология и Паразитарные Болезни [Med. Parasitol. parasit. Krankh.] **30** (39), 661—66, Nov./Dez. 1961; Moskau, Med. Ssetschenow-Inst., 1. Lenin-Abt., Lehrstuhl für allg. Biol.; russ., Auszug: engl.) — *Vitamin-B_1* (I)-Zufuhr führte bei Meerschweinchen (340—750 γ parenteral) u. Kaninchen (8,75 mg subkutan) mit experimenteller Ascariasis (300—1500 Eier) zu stärkerer Erhöhung (bis zu 4,5mal) des *Acetylcholin* (II)-Geh. nach 7 Tagen u. stärkerer Verringerung (bis auf 14%) nach 21 Tagen u. zur stärkeren Verringerung der *Cholinesterase*-Aktivität im Blutserum. I verhinderte bei Kaninchen die mit der allerg. Rk. nach subkutaner Injektion von 0,1 cm^3 Ascariden-Antigen verbundene starke Erhöhung des II-Gehaltes. I. v. Kloch-Kornitz. 4587 □

Biosynthese von Pyridin- und Flavinnucleotiden. Barbara Bułhak. (Postępy Biochemii **6,** 13—42, 1960; Warszawa, Uniw., Kat. Biochem.; pol.) — Übersicht mit besonderer Berücksichtigung des Mechanismus der Biosynth. des Pyridinringes der *Nicotinsäure* u. des Isoalloxazin-Syst. von *Riboflavin.* — 132 Literaturangaben. R. K. Müller. 4587 □

Über den Gehalt an Vitaminen in Futterhefen. N. I. Korottschenko und A. A. Balabanowa. (Гидролизная и Лесохимическая Промышленность [Hydrolysen- u. holzchem. Ind.] 14, Nr. 4, 3–5, 1961; russ.) — Die in der Hydrolysenindustrie erzeugten Futterhefen haben einen hohen Geh. an *Riboflavin* (bis 127 γ/g) u. *Pantothensäure*, was durch Verw. der Hefe *Candida sp.* der Rasse k2–9 verursacht wird. Die Menge der Vitamine in ein u. demselben Betrieb wechselt in Abhängigkeit von der Mikroflora u. Änderung im Betriebsverfahren. Die Hefen derselben Rasse aus verschiedenen Betrieben synthetisieren die gleiche Vitaminmenge. Auf Sulfitnährboden wird mehr Nicotinsäure, Pyridoxin, Cholin u. Riboflavin erzeugt als auf Glucosenährboden. J. v. Schroeder. 4587 □

Zusammenhänge zwischen Fett und zusätzlichem Riboflavin im Futter und dem Gehalt der Gewebe von Ratten an Cholesterin, Riboflavin und Gesamtlipiden. Inez Harrill, Anne M. Kylen, Adelia Weis und Elizabeth Dyar. (J. Nutrit. **69**, 356–64, Dez. 1959; Fort Collins, Colo., Colorado State Univ., Agric. Exp. Stat., Home Econ. Sect.; engl.) — Bei Ratten, die ein 20% Fett enthaltendes Futter erhalten, wurden höhere *Cholesterin* (I)-Geh. in der Leber festgestellt als bei Tieren mit 5% Fett im Futter, während auf den I-Spiegel im Serum der Fett-Geh. des Futters keinen Einfl. hatte. *Riboflavin* (II)-Zulagen von 30 oder 100 γ täglich verminderten I in der Leber u. erhöhten es im Serum. Steigende II-Zufuhr erhöhte den Gesamt-II-Spiegel im Serum, wobei die Zunahme hauptsächlich auf freies II u. *Flavinmononucleotid* (III) zurückzuführen war, während der *Flavinadenindinucleotid* (IV)-Geh. ziemlich konstant blieb. In der Leber stieg bei erhöhter II-Zufuhr nur IV deutlich an, während freies II u. III weitgehend unverändert blieben. Die Gesamtlipide der Leber nahmen mit steigender II-Zufuhr nur wenig ab. F. Krusen. 4587 □

Die Stickstoffexkretion bei Ratten mit Vitamin-B_6-Mangel. W. W. Hawkins, Verna G. Leonard und Carol Marie Coles. (J. Nutrit. **69**, 383–86, Dez. 1959; Halifax, N.S., Nat. Res. Council of Canada, Atlantic Reg. Labor.; engl.) — Bei Ratten, die eine *Vitamin-B_6*-Mangelkost mit 40% Protein erhielten, wurde eine erhöhte *Harnstoff*-Exkretion beobachtet, die Vff. auf gesteigerte Aminosäureoxydation zurückführen. F. Krusen. 4587 □

Alte und neue Aspekte des Vitamin B_{12} (Cyanocobalamin und Hydroxocobalamin). Enrico Adami. (Clin. terapeut. [Roma] **22**, 679–93, 30/4. 1962; Milano; ital.) — Übersicht über Best., Struktur, Stabilität u. Inaktivierung, Stoffwechsel, Wirksamkeit, Wrkg.-Mechanismus u. therapeut. Anwendung von Vitamin B_{12}. — 54 Literaturangaben. K. Zingraf. 4587 □

Die elektrophoretische Beweglichkeit des Plasma-Vitamin-B_{12}-bindenden Proteins des Menschen und anderer Vertebratenspecies bei pH 4,5. Aaron Miller und John F. Sullivan. (J. Lab. clin. Med. **58**, 763–71, Nov. 1961; Boston, Mass., Boston Univ., School of Med.; Veterans Admin. Hosp.; engl.) — Vgl. C. **1961**, 4069, 16507; **1962**, 7222. — Das *Plasma-Vitamin-B_{12}*-bindende *Protein* (B_{12}bP) des Menschen ist in *Sulfosalicylsäure* (I) lösl. u. wandert bei pH 5,4 zur Anode (Stärkeblockelektrophorese), das vom Rhesusaffen ist schwach I-lösl. u. wandert bei pH 4,5 nicht zur Anode. Hühnerplasma enthält ein Protein, das sehr große Mengen *^{60}Co-Vitamin B_{12}* bindet. Dieses Protein ist I-lösl. u. hat bei pH 4,5 eine ähnliche, aber nicht mit menschlichem B_{12}bP ident. elektrophoret. Beweglichkeit. M. Metze. 4587 □

Der Gehalt an Di- und Triphosphopyridinnucleotiden im Blut und an N¹-Methylnicotinamid im Harn bei epidemischer Hepatitis. N. Ss. Krassnowa. (Советская Медицина [Sowjet-Med.] **25**, Nr. 11, 85–87, Nov. 1961; Leningrad, 1. Med. Pawlow-Inst., Lehrstuhl für Infektionskrankh., Botkin-Krankenhaus; russ., Auszug: engl.) — Bei Kranken mit epidem. Hepatitis war der Geh. an *Di-* u. *Triphosphoypridinnucleotiden* (I) im Blutserum u. an *N^1-Methylnicotinamid* (II) im Harn, je nach der Schwere des Krankheitsverlaufes, bis zu 2,66 mg% I bzw. 14,8 mg II verringert. Nach *Nicotinsäure* (III)-Belastung (150 mg täglich, 10 Tage) stieg der Geh. an I u. bes. II bei Hepatitis schweren Grades bis zu 42,6, bei leichtem Grad bis zu 24 an, um bei Unterbrechung der III-Belastung wieder abzufallen. Die III-Belastung ist ein charakterist. Kriterium für die Störungen der Vitaminbilanz u. die Best. der therapeut. Dosierung der III. I. v. Kloch-Kornitz. 4587 □

Die Wirkung von Ascorbinsäure auf Synthese von Nebennierensteroiden in vitro. John S. Jenkins. (Endocrinology **70**, 267–71, Febr. 1962; London, St. George's Hosp., Med. Unit, Metabol. Labor.; engl.) — In Präpp. von Rindernebennierenrinde förderte *Ascorbinsäure* die Umwandlung von *11-Desoxycortisol* in *Cortisol* (I), beeinflußte aber andere Enzym-Syst. der Nebennierenrinde oder die Synth. von I u. *Corticosteron* aus Cholesterin nicht. K. Zingraf. 4587 □

Untersuchung des Einflusses von Vitamin C auf die neurovegetative Reaktivität nach der Methode des elektrophoretischen Dermogramms. D. Dasskalow, M. Markow, Je. Milarow und Z. Minew. (Известия на Института по Експериментална Медицина, Българска Академия на Науките [Bull. Inst. Med. exp., Acad. Sci. Bulg.] **3**, 187—98, 1960; bulg.; Auszug: dt.) — An 48 Personen mittels der Meth. des elektrophoret. Dermogramms durchgeführte Verss. ergaben, daß *Vitamin C* (I; in Dosen von 1 g i.v.) bei bestehender sympath. Hypotonie die neurovegetative Reaktivität steigert u. bei bestehender sympath. Übererregbarkeit diese vermindert. Aus den Verss. wird geschlossen, daß I sowohl die Gewebeempfindlichkeit gegenüber Adrenalin beeinflußt als auch auf die höheren vegetativen Zentren wirkt. E. Rentz. 4587 □

Modifiziertes Verfahren zur quantitativen Bestimmung von Vitamin A. György Géczy. (Élelmiszervizsgálati Közlemények [Lebensmittelanalyt. Mitt.] **8**, 49—54, Febr. 1962; Budapest, Phylaxia, Impfstoffprod. Inst.; ung.) — Futtermittel (Leber) werden mit Aceton–PAe. 2:8 extrahiert, der Extrakt bis zur Farblosigkeit geklärt, eingeengt u. der Rückstand in Chlf. gelöst. Ölige u. wachsartige Proben werden unmittelbar in Chlf. gelöst. Wasserlösl. Proben werden eingetrocknet u. der Rückstand in Chlf. gelöst. Die gewonnene Lsg. färbt sich mit 1% Acetylchlorid enthaltendem Glycerin-1.3-dichlorhydrin tiefblau. Da die Farbe schnell in Violett übergeht, muß die Extinktion binnen 2—3 Min. (bei 578 nm) gemessen werden. Das Verf. ist einfach u. für Reihenanalysen geeignet. K. Gärtner. 4587

Klinische Prüfung der Wirkung von Vitamin A bei Hypogalaktie. Giuseppe Chiota und Francesco Tudini. (Clinica terap. **22**, 737—40, 30/4. 1962; Latina, Osped. Civ.; ital.) — Bei 20 Fällen von prim. Hypogalaktie wirkten 100000 I.E. *Vitamin A* täglich i.m. lactationsfördernd u. erhöhten den Fett-Geh. der Milch. K. Zingraf. 4587 □

Das Präparat „Vitamycin". A. I. Korenjako und O. A. Gawrilowa. (Вестник Академии Наук СССР [Nachr. Akad. Wiss. UdSSR] **32**, Nr. 6, 80—82, Juni 1962; russ.) — Actinomyces bilden Carotinoide. Als Produzent wird zweckmäßig der Stamm 1306 angewandt. Die Gewinnung eines mycelhaltigen Präp. „Vitamycin" (I) wird erörtert. Durch Zugabe von 0,5 ml I zur täglichen Ration von Küken konnte der Geh. an *Vitamin A* (II) in der Leber der Vers.-Tiere in 2 Monaten von 0,0114 (Kontrolle) auf 0,0257% erhöht werden. Eine Zugabe von 10 ml I zur täglichen Ration von Leghennen erhöhte nach 2 Monaten den Geh. an II im Eigelb von 0,000725(%) auf 0,000910, den des Carotins von 0,00120 auf 0,00385 u. verbesserte den allg. Zustand der aus diesen Eiern geschlüpften Küken. S. Baryschnikow. 4587

Einfluß der an Vitamin A und Vitamin D_2 reichen Nahrung auf die bedingtreflektorische Tätigkeit bei Ratten. A. Chranowa. (Известия на Института по Експериментална Медицина, Българска Академия на Науките [Bull. Inst. Méd. éxp., Acad. Sci. Bulg.] **3**, 155—67, 1960; bulg., Auszug: dt.) — Fütterungs-Verss. an Ratten ergaben, daß eine an *Vitamin A* (I) oder *Vitamin D_2* (II) reiche Nahrung die bedingtreflektor. Tätigkeit im Sinne einer Verstärkung der Hemmungsprozesse in der Großhirnrinde verändert. Werden I u. II gleichzeitig verfüttert, so kommt es zu Beginn des Vers. zu einer Verstärkung der Hemmungsprozesse, danach aber bis zur Beendigung des Vers. zu einer geringen Verstärkung der Erregungsprozesse. Nach Einstellung der Fütterungs-Verss. kommt es zu einer Normalisierung der bedingtreflektor. Tätigkeit. Die Ergebnisse der Verss. werden durch das Geschlecht der Tiere u. den Typus ihrer höheren Nerventätigkeit variiert. E. Rentz. 4587 □

Wirkungsgrad von Vitamin D. Untersuchungen bei Calciummangelrachitis. G. V. G. Krishna Rao und V. N. Patwardhan. (Indian J. med. Res. **48**, 661—66, Sept. 1960; Hyderabad-7, A. P., Indian Counc. of Med. Res., Nutrit. Res. Labor.; engl.) — Bei der Calciummangelrachitis bei Albinoratten wird im Serum der *Ca*-Geh., sowie im Knorpelgewebe der *Citrat* (I)-Geh. u. die *Citrogenase* (II)-Aktivität erniedrigt. Nach der Verabreichung von *Vitamin D* (III) steigen Ca, I u. II an; bei Ca u. I wird ein Maximum nach 48 Std., bei II nach 96 Std. erreicht. Der Serum-I-Geh. zeigt keinen Unterschied zwischen III u. III-Mangeltieren; lediglich 72 Std. nach der III-Verabreichung tritt ein starker Serum-I-Abfall ein, der nach weiteren 24 Std. wieder ausgeglichen ist. So werden die Unterschiede der Ca-Mangelrachitis zur P-Mangelrachitis diskutiert. Es ist daraus zu schließen, daß bei III-Mangel die I-Bldg. an der Verkalkungsstelle herabgesetzt wird. H. Ackermann. 4587 □

Schicksal der Fructose im Verdauungstrakt der Schabe. M. K. K. Pillai und K. N. Saxena. (Physiol. Zoöl. **32**, 293—98, Okt. 1959; Delhi, India, Univ. of Delhi,

Dep. of Zoöl.; engl.) — Von *Periplaneta americana* L. aufgenommene *Fructose* (I) wird im Darm in *Glucose* (II) umgewandelt. II wird zuerst im Darmlumen angehäuft, bes. im Mittel- u. Blinddarm, schließlich in diesen beiden Abschnitten resorbiert. Ein Teil der aufgenommenen I wird auch direkt, ohne Umwandlung in II resorbiert. Der Mitteldarm ist als Hauptsitz der Umwandlung von I in II zu betrachten. H. Aman. 4594□

Der Einfluß einiger in den Zwölffingerdarm eingeführter Stoffe auf die Magensekretion. L. Glawtschewa. (Известия на Института по Експериментална Медицина, Българска Академия на Науките [Bull. Inst. Méd. exp. Acad. Sci. Bulg.] **3**, 199—212, 1960; bulg., Auszug: franz.) — Chron. Verss. an 5 Hunden mit kleinem Magen nach Pawlow u. isolierter Duodenalschlinge nach Thiry-Vella ergaben, daß eine Durchströmung der Darmschlinge mit $^1/_{20}$—$^1/_{10}$n *HCl*-Lsg. die Magensekretion hemmt. Der gleiche hemmende Effekt wird auch durch eine 20—40%ig. *Glucose*- u. eine 20%ig. *Pepton*-Lsg. erzielt. Durchströmung mit Fleischhydrolysat führt nur zu einer sehr geringen Zunahme der Magensaftmenge. Magensaft eines anderen mit Fleisch gefütterten Hundes übt keinen Einfl. aus. E. Rentz. 4594□

Enterohepatische Zirkulation von Bilirubin. Roger Lester und Rudi Schmid. (J. Lab. clin. Med. **58**, 938, Dez. 1961; Boston, Mass.; engl.) — Vgl. C. **1962**, 9052. — Mit Hilfe von *konjugiertem* u. *nichtkonjugiertem* ^{14}*C-Bilirubin* (I) wird die enterohepat. I-Rezirkulation an Ratten untersucht. Konjugiertes I wird durch i.v. Infusion von nichtkonjugiertem I in Ratten mit externer Gallenfistel erhalten u. in der natürlichen Gallen-Fl. gelöst verwendet. Nach intraduodenaler Zufuhr jeder der beiden I-Formen wird beachtliche Resorption u. Gallenausscheidung von I festgestellt. 20—40% des zugeführten I erscheinen innerhalb der Vers.-Zeit in der Galle, auch bei mit *Neomycin* vorbehandelten Tieren. Ein beachtlicher Anteil des ^{14}C erscheint außerdem im Harn. Im Anfangsstadium ist Resorption u. Ausscheidung von nichtkonjugiertem I etwas größer als von konjugiertem I. G. Kirsten. 4594□

Eine Untersuchung über die Trennung von substituierten Cholansäuren durch Gas-Flüssigkeitschromatographie. S. Sjövall, C. R. Meloni und D. A. Turner. (J. Lipid Res. **2**, 317—20, Okt. 1961; Baltimore, Md., Sinai Hosp., Dep. of Med., Biochem. Res. Div.; engl.) — Inter Verw. von siliconisiertem Gummi mit einem Geh. an Phenylgruppen als fl. Phase lassen sich *substituierte Cholansäuren* (Gallensäuren) gaschromatograph. trennen. Es werden Daten für ca. 40 Verbb. angegeben, meist von *Keto*- u. *Hydroxy-Derivv.* der *Cholansäure.* E. Lück. 4594□

Wasserhaushalt und Insektenleben. Gerhard H. Schmidt. (Naturwiss. Rdsch. **14**. 420—27, Nov. 1961; Würzburg, Univ., Inst. für Angew. Zool.; dt.) — Übersicht. — 75 Literaturangaben. P. Gregorzewski. 4596□

Der Kaliumtransport und seine Regulation. W. Wilbrandt. (Kalium Sympos. [Bern] **1960**, 241—70; Bern, Univ., Pharmakolog. Inst.; dt.) — Übersicht. *K*-Verschiebungen durch das Darmepithel, in der Niere, K-Austausch zwischen intrazellulärem u. extrazellulärem Raum (gekoppelter Transport von K u. *Na*, Mechanismus der Koppelung, biolog. Bedeutung des gekoppelten Kationentransports, Rolle der *Corticosteroide* für Ionentransporte außerhalb der Niere. — 47 Literaturangaben. K. Maier. 4596□

Die Verteilung des Kaliums im tierischen Organismus. H. Simonnet. (Kalium Sympos. [Bern] **1960**, 67—208; Paris, Inst. Nat. Agronom. et École Nat. Vét. d'Alfort; franz.) — Übersicht. Physikal., chem. Eig. des *K*, Isotope, Best.; K-Geh.: Blut (Säuger, Vögel, Reptilien); Bedeutung der Kaliämie, andere Körper-Fl., Gewebe, externe Sekrete; K^+-Verteilung u. Zustand von K im tier. Organismus, K^+-Lokalisierung; cycl. Änderungen des K-Geh. (Alter, Neoplasmen, ♀ Cyclus, Schwangerschaft, Lactation); Umgebungseinflüsse. — 712 Literaturangaben. K. Meier. 4596□

Menschliche Pathologie und Kalium. A. Reinberg. (Kalium Sympos. [Bern] **1960**, 289—347; Paris, Fac. des Sci., Labor. de physiol. chim.; franz.) — Übersicht. *K*-Geh. u. -Verteilung im gesunden erwachsenen Organismus, relative Stabilität der zellulären u. extrazellulären K-Konzz., K u. physiol. Funktionen; Meth. zur Unters. von K-Stoffwechselstörungen: Plasma-K (Kaliämie), Zell-K, elektrocardiograph. Merkmale der K-Stoffwechselstörungen; K-Mangelzustände: Klin. Beschreibung, Einteilung der K-Mangelerscheinungen, Kaliopenien; Hyperkaliämien. — 114 Literaturangaben. K. Maier. 4596□

Anwendungen von ^{42}K in der Klinik. R. A. Collet, R. Busset und C. Nagant de Deuxchaisnes. (Kalium Sympos. [Bern] **1960**, 435—45; Clin. univers. de thérap. et Labor. central, Dép. des radioisotopes; franz.) — Es existieren keine patholog. Zustände, wo das austauschbare *K* (K_e) vermehrt ist. Bei Lebercirrhose u. Herzkompensation ist K_e stets vermindert, wobei die Abnahme anscheinend der Schwere der Krankheit proportional geht. Bei den Herz- u. Cirrhosepatienten wird das Gleichgewicht zwischen injiziertem ^{42}K u. Zell-K erst nach 24 Std. erreicht. Selbst massive K-Gaben (oral, intraperitoneal) können diese K-Verarmung nicht beheben. In Fällen von K-Defizit (Diarrhöen usw.) ist die Zelle intakt u. der Organismus zur Aufnahme von zugeführtem K fähig. — 12 Literaturangaben. K. Maier. 4596□

Pathologie des Kaliums bei Tieren. L. Seekles. (Kalium Sympos. [Bern] **1960**, 349—79; Utrecht, State Univ., Labor. of Veterinary Med. Chem.; engl.) — Übersicht. Regulierung von *K*-Resorption u. -Ausscheidung unter anomalen Ernährungsbedingungen, K-Erschöpfung, -Überschuß, K-Stoffwechsel u. Magen–Darm-Funktion, Frage einer Funktion von K bei Entstehung der Ernährungstetanie, mögliche Beziehung zwischen K-Belastung u. Wrkg. schädlicher Stoffe enterogenen Ursprungs auf Körperfunktionen. — 55 Literaturangaben. K. Maier. 4596□

Schwefelstoffwechsel und diabetogene Hormone. George V. Mann. (Metabolism, clin. and exp. **11**, 600—13, Juni 1962; Nashville, Tenn., Vanderbilt Univ., School of Med., Dep. of Surg.; engl.) — Erhalten Hunde i.m. 100 mg *Cortisonacetat* (**I**) täglich, so werden weder Körper-Gew. der Hunde, noch Blutzucker-Geh. beeinflußt. Jedoch nimmt die ausgeschiedene Menge *Schwefel* als *Sulfat* im Urin stark zu. Ebenfalls erhöht sich die Ausscheidung von *Harnsäure* (**II**). Wird jedoch zusammen mit 100 mg **I** 2,5 mg *somatotropes Hormon* (**III**) verabreicht, so nimmt das Körper-Gew. u. der Blutzucker-Geh. zu mit hyperglykäm. Tendenz, u. die Sulfat- u. **II**-Ausscheidung im Urin ist vermindert. Demnach wirkt **III** entgegengesetzt zum **I**-Effekt. Nach 21 tägiger **I**-Gabe wird den Hunden 500 mg *Thiazolidin-4-carbonsäure* (**IV**) einmalig verabreicht. Danach steigt die Sulfatausscheidung wiederum an. **I** allein führt nicht zur Ausbildung eines Diabetes. Erhalten Kaninchen **I**, so wird Glykosurie beobachtet, nicht aber nach **III**-Gabe. Nach längerer **I**-Behandlung werden die Tiere hypercholesterinäm., obwohl die Tiere eine *Cholesterin*-freie Diät erhalten. Die **II**-Ausscheidung verläuft nach **I**-Angebot uneinheitlich u. bleibt durch **III** unbeeinflußt. Während **I** die Gesamtschwefelausscheidung schwach erhöht, vermindert **III** lediglich den Neutralschwefel im Urin (= Totalschwefelsulfat). Erhalten Kaninchen **I** zusammen mit **IV**, so wird die Ausbildung der Hypercholesterinämie verzögert. **I** vermindert darüber hinaus das Verhältnis N/S im Urin, so daß es sich um einen spezif. Abbau von gebundenem Schwefel handeln muß. Vf. vermutet, daß die diabetogenen Hormone eine Fehlsteuerung des *Cysteins* bewirken, wobei diese Aminosäure nicht mehr oder nur zu einem geringen Teil in der Lage ist, ihre notwendigen Funktionen auszuüben u. statt dessen als Schwefeldonator bei der *Mucopolysaccharid*-Synth. herangezogen wird. L. Träger. 4596□

Neuere Erkenntnisse aus der Biologie der Phospholipide. Klaus Simon. (Naturwiss. Rdsch. **14**, 433—35, Nov. 1961; Köln; dt.) — Ein Bericht über die Bedeutung der *Lecithine* u. *Cephaline* in Biologie u. Physiologie. — Literatur beim Verfasser. P. Gregorzweski. 4596□

Bindegewebedefekt beim Küken infolge von Kupfermangel. B. L. O'Dell, B. C. Hardwick, Genevieve Reynolds und J. E. Savage. (Proc. Soc. exp. Biol. Med. **108**, 402—05, Nov. 1961; Columbia, Mo., Univ. of Missouri, Dep. of Agric. Chem. and Poultry Husbandry; engl.) — Küken, welche 4 Wochen lang ein fettreiches *Cu*-armes Milchfutter erhielten, entwickelten leichte Anämie, Schwäche der Beine, Knochendeformitäten u. subkutane Blutungen. Die Mortalität betrug 23% (Grund: Innere Blutungen mit Ruptur größerer Gefäße). Histolog. ergab sich eine Störung des Bindegewebestoffwechsels (größte Defekte im elast. Gewebe). K. Zingraf. 4596□

Histochemische Analyse der Polysaccharide im Myocardstroma bei Grippe. F. L. Leitess. (Архив Патологии [Arch. Pathol.] **23**, Nr. 5, 46—51, 1961; Moskau, Städt. Krankenhaus Nr. 58, Abt. für patholog. Anatom.; russ., Auszug: engl.) — Histochem. Unterss. zeigten bei Virusgrippeinfektion analog den Störungen des peripheren Blutkreislaufes eine reversible Anhäufung von *Polysacchariden* (*Glykoproteide* perivasculär, *saure Mucopolysaccharide* intermuskulär) im Myocardstroma, die nicht zur Entw. sklerot. Prozesse führten. I. v. Kloch-Kornitz. 4596□

Hyperglykämie durch Galaktose beim normalen Menschen. G. Bucciante, C. Picone und M. Scarparo. (Boll. Soc. ital. Biol. sperim. **38**, 138—39, 15/2. 1962; Padua, Univ., Clin. Med. Gener.; ital.) — Um den funktionellen Zustand der Leber unter verschiedenen patholog. Bedingungen zu erforschen, wird in einer großen Anzahl Fälle der *Galaktose* (**I**)- u. *Glucose*-Spiegel des Blutes nach i.v. **I**-Gabe untersucht. Es zeigt sich, daß bei vielen Patienten abs. keine Hyperglykämie auftrat, u. daß auch dies bei einigen Kontrollpersonen der Fall war, die **I** erhielten; bei ihnen ergibt die Wiederholung des Tests kurz nach einer Kohlenhydratdiät einen normalen Blutzuckerspiegel. F. Kren. 4596□

Intravenöse Verabfolgung von Galaktose bei fettleibigen Personen. G. Bucciante, C. Picone und M. Scarparo. (Boll. Soc. ital. Biol. sperim. **38**, 139—40, 15/2. 1962; Padua, Univ., Clin. Med. Gener.; ital.) — 17 fettleibige ♀ Patienten erhalten 0,5 g/kg *Galaktose* (I) intravenös. In der überwiegenden Zahl der Fälle ist die Zeit des Verschwindens von I normal, u. nur in einigen Fällen ergibt sich nach 75 Min. eine Galaktosämie. F. Kren. 4596☐

Verhalten des Blutzuckers während der Verabfolgung von Galaktose bei fettleibigen Personen. G. Buccinate, C. Picone und M. Scarparo. (Boll. Soc. ital. Biol. sperim. **38**, 141, 15/2. 1962; Padua, Univ., Clin. Med. Gener.; ital.) — Die Unterss. werden an Frauen mit einem Übergewicht von 40—140% durchgeführt, die i.v. 0,5 g/kg *Galaktose* erhielten. Es zeigt sich, daß die Blutzuckerkurven von denen normaler Personen abweichen: Während die anfängliche Zunahme prakt. gleich ist, fehlt bei der der fettleibigen die folgende hypoglykäm. Phase ganz, u. man beobachtet eher eine Verstärkung der Hyperglykämie. F. Kren. 4596☐

Umwandlung von Cholesterin in Gallensäuren beim Menschen. S. Lindstedt und E. H. Ahrens jun. (Proc. Soc. exp. Biol. Med. **108**, 286—88, Nov. 1961; New York City, Rockefeller Inst.; engl.) — Bei 2 Patienten mit Hypercholesterinämie, welche eine Diät mit synthet. Fetten erhielten, wurde eine Zunahme der Halbwertszeiten der *Gallensäuren* u. eine Verzögerung des *Cholesterin*-Abbaus beobachtet. Die Bldg. von *Cholsäure* betrug nur 0,09 g/Tag (Verringerung auf $^1/_4$ des Normalwertes). Desoxycholsäure fehlte bei einem der Patienten vollständig. K. Zingraf. 4596☐

50 Jahre Reaktionstheorie der Atmung. Hans Winterstein. (Naturwiss. Rdsch. **14**, 413—15, Nov. 1961; München, Physiol. Inst.; dt.) — Zur 100. Wiederkehr des Geburtstages von J. S. Haldane. P. Gregorzewski. 4596☐

Isolierung eines Glykoproteins aus Ratten-Granulationsgewebe. A. F. Fishkin und G. S. Berenson. (Arch. Biochem. Biophysics **95**, 130—37, Okt. 1961; New Orleans, La., Univ., School of Med. Dep. of Med. and Biochem.; engl.) — Aus 7 Tage altem Granulationsgewebe isolierten Vff. ein homogenes, in der Hitze koagulierbares *Glykoprotein* (I) mittels Wasserextraktion, Dialyse u. Konzentrieren bei 80°. Die Reinigung erfolgte durch Zonenelektrophorese auf Stärke mit Borat–Sulfat-Puffer (pH 8,6), Ionenstärke: 0,1. I zeigt eine Sedimentations-Konst. von 2,2 S, eine elektrophoret. Beweglichkeit von $-6{,}0 \cdot 10^{-5}$ cm²/sec/V bei pH 8,6 in Veronalpuffer u. einen I. P. bei pH 3,8. Neben Galaktosamin u. Glucosamin konnten 16 Aminosäuren im I nachgewiesen werden. B. Görlich. 4597☐

Kein Einbau von Canavanin in Kaninchenmuskelprotein in vivo. D. J. Graves, R. E. Boldt und P. D. Boyer. (Biochim. biophysica Acta [Amsterdam] **57**, 165—67, 12/2. 1962; Minneapolis, Minn., Univ. of Minnesota, Med. School, Dep. of Physiol. Chem.; engl.) — Es konnte chromatograph. nachgewiesen werden, daß bei Kaninchen *Canavanin* selbst bei Verfütterung tox. Mengen (30 Tage lang 2,0% des Futters) nicht in Muskelproteine eingebaut wird. K. Zingraf. 4597☐

Elektrophoretische Untersuchung der Myocardproteine bei experimenteller Nebenniereninsuffizienz. B. Cuparencu, Je. T. Byrssan und A. Gewrusch. (Проблемы Эндокринологии и Гормонотерапии [Probleme Endokrinol. Hormontherap.] **8**, Nr. 2, 43—48, März/April 1962; Clush, Rumänien, Med. Pharmazeut. Inst., Lehrstuhl für Physiolog. u. med. Physik; russ., Auszug: engl.) — Doppelseitige Adrenalektomie führte nach 8—9 Tagen im Sarkoplasma des Myocards von Ratten zur Verminderung des *Myogens* (n-, m- u. l-Fraktion von 82,46 auf 72,89%), Vermehrung von *Phospholipase*, *Myoglobin* u. *Globulin X* (k_1 u. k_2 von 15,28 auf 22,54%) u. *Myoalbumin* (i u. h von 3,14 auf 4,54%). Elektrophoret. Unterss. des Edsall-Weber-Extraktes zeigten Verringerung des *Myogens* von 43,64 auf 35% u. Vermehrung der *Actomyosin*-Fraktion von 56,29 auf 64,85%, so daß der Geh. an *Gesamteiweiß* unverändert bleibt.
I. v. Kloch-Kornitz. 4597☐

Stillegung und Wiederherstellung der Herztätigkeit in situ durch Einführung von Alkali- oder Erdalkaliionen in den Luftsack bei Helix pomatia. A. Jullien, J. Ripplinger, J. Cardot, M. Joly und J. Duvernoy. (C. R. Séances Soc. Biol. Filiales **153**, 1805—08, 1959, herausgeg. 18/3. 1960; Besançon, Fac. des Sci., Labor. de Zool.; franz.) — Es ist möglich, das Herz von *Helix pomatia* in situ durch Tampons, die mit einer Lsg. von KCl getränkt sind u. auf die äußere oder innere Fläche der Lunge angebracht werden, anzuhalten. Der Stillstand tritt ein, wenn K^+-Ionen in das Myokard gelangen. Die Wiederherstellung des Herzrhythmus durch das *Ca*-Ion rührt nicht von einer einfachen Gegenwrkg. gegen das *K*-Ion her, sondern daher, daß sich *Ca*-Ionen auf der Membran oder Herzzellen festsetzen, ferner von einem Reizfaktor nervösen Ursprungs, den der Überschuß der *K*-Ionen zuvor verdrängt hatte. P. Nachtwey. 4597☐

Die Bestandteile der Leberlipide männlicher und weiblicher Ratten. 1. Mitt. Wirkungen des Fettmangel-Syndroms. R. A. Morton und A. A. Horner. (Biochem. J. **79**, 631—35, Juni 1961; Liverpool, Univ., Dep. of Biochem.; engl.) — Die *Vitamin-A*-Geh. der Lebern von ♂ u. ♀ Fettmangelratten unterscheiden sich mit 741 bzw. 897 I.E. nicht signifikant von denjenigen der Lebern von ♂ u. ♀ Ratten, die *Linolsäure* (I) als Baumwollsaatöl erhielten mit 704 bzw. 996 I.E. Dagegen waren die Werte der Gesamtlipide in den Lebern der ♂ u. ♀ Fettmangelratten höher als bei den Kontrollen, was auf höheren Geh. an *Cholesterinestern* (II) u. *Triglyceriden* (III) beruhte. Bei den ♂ Kontrolltieren, die 100 mg I täglich erhielten, waren die II- u. III-Werte beträchtlich höher als bei den ♀ Kontrollen, die täglich 25 mg I erhielten. Bei den Fettmangelratten waren die Gesamtgeh. an Dien- u. Tetraenfettsäuren niedriger, an Trienfettsäuren höher als bei den Kontrolltieren, wobei diese Änderungen hauptsächlich auf die Phospholipidfettsäuren zurückzuführen u. bei den Dien- u. Trienfettsäuren bei den ♂ Tieren ausgeprägter waren. F. Krusen. 4597□

Die Bestandteile der Leberlipide männlicher und weiblicher Ratten. 2. Mitt. Wirkungen des Fettmangel-Syndroms, verstärkt durch Cholesterinzufuhr. A. A. Horner und R. A. Morton. (Biochem. J. **79**, 636—42, Juni 1961; engl.) — 1. vgl. vorst. Referat. — Die *Vitamin-A*-Geh. in Lebern von ♂ Fettmangelratten, die 1% *Cholesterin* (I) im Futter erhielten, waren 48% niedriger als die der mit *Linolsäure* (II) versorgten Kontrolltiere, während bei entsprechenden Verss. mit ♀ Tieren keine signifikanten Unterschiede bestanden. Die Akkumulation von I-Estern in den Lebern der mit I gefütterten Fettmangelratten war bei ♂ Tieren erheblich größer u. durch 100 mg II täglich nicht zu beeinflussen, während bei ♀ Tieren 25 mg II die Akkumulation beträchtlich verminderten. Der Anstieg des Triglycerid-Geh. der Lebern bei Fettmangel wurde durch zusätzliche I-Zufuhr nicht verändert; jedoch kam es durch I zu einem Anstieg des Geh. an Polyenfettsäuren in den Triglyceriden, gleicherweise bei Fettmangelratten wie auch bei den Kontrollen. Bei den Kontrolltieren wurden durch I die Konzz. der Dien- u. Tetraenfettsäuren in den Leberphospholipiden vermindert, das Verhältnis Trienfettsäuren/Tetraenfettsäuren erhöht. F. Krusen. 4597□

Estergebundene langkettige Fettsäuren in Nervengewebe. R. W. R. Baker. (Biochem. J. **79**, 642—48, Juni 1961; London, Guy's Hosp. Med. School, Dep. of Chem.; engl.) — Vff. bestimmten die veresterten Fettsäuren der aus humanem Nervengewebe (gesamtes Gehirn, 5 einzelne Gehirnregionen, Rückenmark u. Nervus sciatus) isolierten Lipide durch Gaschromatographie der Methylester. Im Gehirn wurden durchschnittlich 20% *Palmitin-*, 20% *Stearin-*, 16% C_{20}-, 5% C_{22}-, 24% C_{24}-*Fettsäuren* u. der Rest von ca. 35% hauptsächlich *Ölsäure* gefunden. C_8—C_{14}-*Fettsäuren* waren nur in Spuren oder geringen Mengen vorhanden. F. Krusen. 4598□

E_6. Pharmakologie. Therapie. Toxikologie. Hygiene

Wirkungen der Röntgenbestrahlung auf den Nucleinsäuren- und Protein-Gehalt des Uterus und der Vagina nichtgeschlechtsreifer Mäuse bei experimentell erzeugter Hyperplasie. L. Ledoux und P. Charles. (Arch. int. Physiol. Biochim. **69**, 751—52, Dez. 1961; Mol, Centre d'Étude de l'Energie nucl., Dép. de Radiobiol.; franz.) — Injektion von 10 μg *Östradiolbenzoat* (I) bewirkte bei 20 Tage alten Mäusen eine starke Zunahme der *Desoxyribonucleinsäuren* (II), *Nucleinsäuren* (III) u. *Proteine* (IV) in Uterus u. Vagina. Vorherige oder unmittelbar darauffolgende Röntgenbestrahlung hemmte die Zunahme von II u. III, nicht aber von IV, nur schwach, wenn weniger als 750r angewandt wurden. Erfolgte die Bestrahlung 24 oder 48 Std. nach Injektion von I, so wurde die Zunahme des Geh. von II u. III unmittelbar unterdrückt. Ebenso unterblieb die Konz.-Zunahme von III im Uterus, nicht jedoch in der Vagina. K. Zingraf. 4601□

Über die Veränderungen der Serumproteine bei der Ziege nach Bestrahlung. 2. Mitt. **Über den Einfluß der Bestrahlung auf Serumproteine.** Ernst Waldschmidt-Leitz und Lorenz Keller. (Strahlentherapie **116**, 610—13, Dez. 1961; Heiligenberg/Baden, Heiligenberg-Inst., Chem. Abt.; dt.) — 1. vgl. C. **1961**, 15106. — Nach Bestrahlung von Ziegen mit 350r kommt es zur Abnahme des *Albumin*-Anteils u. zur Zunahme der *Globulin*-Anteile im Serum. Gleichzeitig erfolgen Veränderungen in der Aminosäuren-Zus. der Proteinkomponenten mit fast völligem Verschwinden von *Methionin* u. *Cystin* u. Vermehrung von *Histidin* u. *Lysin*; am wenigsten werden davon die Albumin- u. γ-Globulin-Fraktionen, am stärksten die β-Globulin-Fraktion betroffen; die gegensinnige Vermehrung von peptidartig gebundener *Cysteinsäure* läßt an eine Oxydation von Cystin noch im Peptidverband des Protein-Mol. denken.

U. Tausendfreund. 4601□

Experimentelle Oxydation von Hämoglobin und ihre Beeinflussung durch Strahlen bei der Ratte. W. K. Metcalf. (Nature [London] **194,** 783, 26/5. 1962; Bristol, Univ., Dep. of Anatomie; engl.) — Ratten wurden mit 500r einer ^{60}*Co*-γ-Strahlung bestrahlt. Invitro-Prüfung der Empfindlichkeit des *Hämoglobins* gegenüber der Oxydation durch Nitrite ergab, daß diese durch die Bestrahlung erhöht wird. Die Erhöhung tritt um so schneller ein, je älter das Tier ist. Subkutane Gaben von *Riboflavin* beeinflussen die Erhöhung nur bei gleichzeitiger Verabfolgung von *Adenosintriphosphat.* W. Reusse. 4601 □

Wirkung von Röntgenstrahlen auf Bilirubin. G. Barac, Marie-Louise Beaumariage, Claudine Cuvelier und W. Notay. (Arch. int. Physiol. Biochim. **69,** 95—96, Febr. 1961; Liège, Belgien, Univ., Labor. de Path. et de Thérap. gén., Labor. de Rech. pour la Protect. des Populat. civiles; franz.) — Vff. untersuchen, ob Röntgenstrahlen *Bilirubin* (I) in wss. Lsg. oxydieren u. ob gewisse Substanzen das Pigment unter bestimmten Bedingungen schützen können. Die Bestrahlung einer wss. Lsg. von 10 mg reinem I/Liter mit 5000—100000r zerstört I zu 98%. Die Lsg. wird prakt. farblos. Auch das aus der Galle stammende I wird in gleicher Weise zersetzt. Als Schutzsubstanzen — einige bereits in 0,001m. Lsg. wirksam — wurden festgestellt: *Ascorbinsäure, Cystein, Cystin, Cysteamin, Ergothionein, 5-Hydroxyindolylessigsäure, Thioacetamid, Thiosalicylsäure, Thiouracil, Methylthiouracil, Propylthiouracil, Tryptamin* u. *5-Hydroxytryptamin.* Unwirksam waren Thioharnstoff, Harnstoff u. Glucose. P. Nachtwey. 4601 □

Radioaktiver Kohlenstoff von Kernexplosionen, schwellenfreie und biologische Effekte. A. D. Ssacharow. (Атомная Энергия [Atomenergie] **4,** 576—80. Juni 1958; russ.) — Übersicht über die Bldg. von Neutronen bei Kernexplosionen, die Berechnung der Bestrahlungsdosis u. die schwellenfreien biolog. Strahlungs-Wrkg.: Gefahren der Genschädigung, der Zunahme der cancerogenen Effekte, der Herabsetzung der immunolog. Rkk. des Organismus, des Auftretens radioakt. Isotopen in den Niederschlägen. R. K. Müller. 4601 □

Strahlenschutz durch Schwefel und Schwefelverbindungen. A. Charlesby, P. G. Garratt und P. M. Kopp. (Nature [London] **194,** 782, 26/5. 1962; Shrivenham, Iwindon, Roy. Milit. Coll. of Sci.; engl.) — Fl. *Polydimethylsiloxane* u. wss. Lsgg. von *Polyvinylpyrrolidon* wurden γ-bestrahlt. Setzt man den zu bestrahlenden Fll. koll. Suspension von elementarem *S* (5—50μg/cm^3) zu, dann tritt ein Strahlenschutzeffekt ein. So muß die 2—3fache Dosis angewandt werden, um Gel-Bldg. hervorzurufen. Gleiche Wrkg. erzielt man mit *S*-Verbb.; dabei ist ungeklärt, ob auch hier der elementare *S* nach Abspaltung aus der Verb. strahlenschutzwirksam ist oder ob ein anderer Wrkg.-Mechanismus anzunehmen ist. W. Reusse. 4601 □

Radioangiographische Untersuchungen des Kreislaufs der mütterlichen Placenta des Rhesusaffens. Vorl. Mitt. Elizabeth M. Ramsey, George W. Corner jun., Martin W. Donner und Herbert M. Stran. (Proc. nat. Acad. Sci. USA **46,** 1003—08, Juli 1960; Washington, D. C., Carnegie Inst., Dep. of Embryol.; Baltimore, Md., Johns Hopkins Univ., Dep. of Obstetrics and Radiol.; engl.) — Die Radioangiographie (*Diatrizoat-Na, Hypaque*) stellt eine physiol. Meth. zur Unters. des Kreislaufs innerhalb der mütterlichen Placenta dar. Die bei trächtigen Affen gefundenen Ergebnisse stimmen mit denen nach anderen Meth. überein u. zeigen, daß der Placentakreislauf durch den Druck des mütterlichen arteriellen Syst. gesteuert wird. K. Maier. 4601 □

Chemisch-klinische Bemerkungen zur Pufferkapazität der Mineralwässer von Montecatini. P. Pazzini. (Nuovi Ann. Igiene Microbiol. **12,** 270—84, Juli/Aug. 1961; Roma, Univ., Ist. d'Ig. „G. Sanarelli"; ital.) — Die Wässer von Montecatini zeigten eine beträchtliche Pufferkapazität bei Zugabe von Säuren, nicht jedoch von Basen. Die Pufferkapazität nahm mit Zunahme des Trockenrückstandes ebenfalls zu. Die klin. Wrkg. der Wässer erstreckt sich nicht nur auf den Verdauungstrakt, sondern auch auf den intermediären Stoffwechsel der Organe u. Gewebe. K. Zingraf. 4603 □

Die Wirkung von Cadmiumchlorid auf die Reaktion des Uterus ovariektomierter Ratten auf Progesteron. Amiya B. Kar und R. P. Das. (J. sci. ind. Res. [New Delhi] **18,** Sect. C, 79—81, April 1959; Lucknow, Central Drug Res. Inst.; engl.) — An der Rk. des Uterus von ovariektomierten Ratten, die vorher mit *Östrogen* (I) behandelt wurden, zeigten Vff., daß $CdCl_2$ keine Wrkg. auf *Progesteron* (II) hatte. Typ. II-Veränderungen, eingeschlossen eine Mobilisierung von Glykogen, treffen übereinstimmend zusammen. Das Verh. von II gegenüber Cd steht im deutlichen Gegensatz zur hemmenden Wrkg. des Metalls auf I u. Androgen. G. Bratfisch. 4606 □

Durch Jodacetamid induzierte Magengeschwüre in Ratten. Joseph J. Lalich. (Proc. Soc. exp. Biol. Med. **109,** 905—08, April 1962; Madison, Wis., Univ., Med. School,

Dep. of Pathol.; engl.) — Nach oraler Verabreichung von *Jodacetamid* (I) (50 oder 100 mg I/100 ml W.) über eine Zeit von 20 u. mehr Tagen zeigten Ratten chron. Magengeschwüre, ohne daß jedoch Perforationen oder ernste Verdauungsstörungen auftraten. 50 mg *Jodessigsäure*/100 ml W. bewirkten dagegen keine Geschwüre u. waren toxisch. W. Damerau. 4607□

Hämodynamisches Verhalten bei der experimentellen Fulguration bei mit organischen Phosphaten intoxizierten Kaninchen. L. Tominz und P. Andreuzzi. (Boll. Soc. ital. Biol. sperim. **38,** 123—25, 15/2. 1962; Pavia, Univ., Ist. di Med. del Lavoro; ital.) — Die Fulguration wird an 5 Kaninchen durchgeführt, die i.v. 8mg/kg *Parathion* erhalten. Sofort kommt es zu einer fühlbaren arteriellen Druckabnahme (systol. u. diastol.), u. gleichzeitig sieht man am Pneumogramm deutliche respirator. Veränderungen, die allg. aus einer erhöhten Frequenz bestehen, der eine meist kurze Apnoe folgt. F. Kren. 4607□

Die Aufnahme von ^{35}S-Äthansulfonat-Ionen durch Muskelgewebe. P. J. Goodford und H. Lüllmann. (J. Physiology **161,** 54—61, April 1962; Oxford, Univ. of Oxford, Dep. of Pharmacol.; engl.) — Die Aufnahme der Radioaktivität von ^{35}*S-Äthansulfonat* (I) durch Skelett-, Vorhof- u. glatten Muskel von Ratten u. Meerschweinchen aus einer physiol. NaCl-Lsg. mit 3 mm I erfolgte in 2 Geschw.: Erst rasch u. dann sehr langsam. Nach 3 Std. entsprach die intracelluläre Konz. von I einem Drittel der Konz. im Medium. K. Zingraf. 4607□

Beitrag zur Untersuchung der biochemischen Wirkungen von Mercaptoäthanol. J. Brachet, M. Decroly und Nicole B. Six. (Arch. int Physiol. Biochim. **69,** 743—44, Dez. 1961; Bruxelles, Univ. de Bruxelles, Labor. de Morphol. animale; franz.) — Bei 20std. Inkubation von Froscheiern (*Rana temporaria, Rana fusca*) in 0,01 m ^{35}*S-Mercaptoäthanol* entsprach die Gesamtradioaktivität im Ei (wovon 25% in den *Proteinen* lokalisiert waren) einer Zunahme der lösl. SH-Gruppen um 30%. K. Zingraf. 4607□

Einfluß der Glutaminsäure auf die höhere Nerventätigkeit bei Ratten. A. Chranowa. (Известия на Института по Експериментална Медицина, Българска Академия на Науките [Bull. Inst. Méd. éxp. Acad. Sci. Bulg.] **3,** 169—76, 1960; bulg., Auszug: dt.) — Verss. an Ratten, deren ausgebildete bedingtreflektor. Tätigkeit im Laufe einiger Monate, während derer man mit ihnen nicht arbeitete, Störungen aufwiesen, erhielten täglich *Glutaminsäure* (I) per os, was, im Vgl. zu den Kontrollen, zu einer Wiederherstellung der bedingtreflektor. Tätigkeit führte. Wurde I parenteral verabreicht, so war die Besserung nur gering. Am besten reagierten auf I die männlichen Tiere sowie die Tiere vom schwachen Typus der höheren Nerventätigkeit. E. Rentz. 4607□

Experimenteller Lathyrismus in Truthahnembryonen. J. Malcolm Cameron. (Nature [London] **194,** 210—11, 14/4. 1962; Glasgow, Southern Gen. Hosp., Dep. of Pathol.; engl.) — 6 Tage nach der Inkubation von Truthahneiern wurden in den Dottersack 2 mg *Semicarbazidhydrochlorid* eingebracht. Dadurch kam es zu Deformationen des Schnabels u. der Halswirbelsäule. Auch Pseudonabelhernien wurden festgestellt. Die histol. Unters. des Skeletts u. der Aorta ergaben keine pathol. Befunde. G. Kimmerle. 4607

Die indirekte Wirkungsweise eines Spirolactons bei der Katze. Mary F. Lockett und C. N. Roberts. (J. Physiology **161,** 31P, April 1962; London, Chelsea Coll. of Sci. and Technol., Dep. of Physiol. and Pharmacol.; engl.) — 10 Min. nach i.v. Injektion von *Kalium-3-[3-oxo-17β-hydroxy-$\Delta^{1,4}$-androstadien-17α-yl]-propanoat* (*SC-1 1480*; I) trat bei Chloralose-narkotisierten Katzen eine Zunahme der Ausscheidung von W., Na^+, K^+ u. Cl^- im Harn u. eine Abnahme des K/Na-Quotienten ein. Die Kreatinin- u. p-Aminohippursäureclearance blieb allg. unbeeinflußt. Ähnliche Wrkg., aber von geringerem Grade wurden bei adrenalektomierten Tieren beobachtet. Bei hypophysektomierten Tieren zeigte I eine antidiuret. Wirkung. An der isolierten, mit Blut durchströmten Katzenniere zeigten 10 mg I/150 ml Blut dieselbe Wrkg. wie 5 µg DL-Aldosteronmonoacetat/150 ml Blut. Anscheinend hemmt I ein oder mehrere Hypophysenhormone. K. Zingraf. 4607□

Entwicklung von Katarakt bei Ratten nach Verfütterung von im Handel erhältlichem Quercetin. Yasushi Nakagawa, M. R. Shetlar und S. H. Wender. (Proc. Soc. exp. Biol. Med. **108,** 401—02, Nov. 1961; Oklahoma City, Univ. of Oklahoma School of Med., Dep. of Biochem.; Norman, Univ. of Oklahoma, Dep. of Chem.; engl.) — Innerhalb von 10 Wochen nach Verabreichung von 20 oder 100 mg eines im Handel erhältlichen, nicht jedoch eines chromatograph. reinen *Quercetins* in U.S.P.-Syrup mittels Magensonde entwickelten 50% der behandelten Ratten einen einseitigen Katarakt. Erkrankung beider Augen wurde nicht beobachtet. K. Zingraf. 4608□

Vergleichende pharmakologische Studien mit der Camphosulfonsäure. Klaus-Henning Chemnitius. (Wiss. Z. Friedrich-Schiller-Univ. Jena/Thür., math.-naturwiss. Reihe **5**, 49—59, 1955/56; Jena, Friedrich-Schiller-Univ., Inst. für Pharmakol.) — Vf. untersucht die Eigg. von *d-Camphersulfonsäure-(1)* (I; $C_{10}H_{16}O_4S$, F. 193°, Prismen), deren Na-Salz (II; $C_{10}H_{15}O_4SNa$, F. 232°) u. *Hexeton* [III; $C_{10}H_{16}O$, *1-Methyl-3-isopropylcyclohexen-(6)-on-(5)*; *m-Menthen-(6)-on-(5)*, Kp. 244°] im pharmakolog. Vgl.-Vers. unter bes. Berücksichtigung der analyt. Wrkg. sowie der Bedeutung als Lösungsvermittler. Im Gegensatz zu III, dessen akute DL_{50} 2,5 mg/kg (Maus i.v.), 12,5 (Maus, subkutan) u. 75 (Ratte, i.m.) beträgt, sind I u. II weit weniger tox. (DL_{50} 842 bzw. 5000; 4500 bzw. 7250; < 8000 bzw. 9000) u. rufen nur in tödlichen Dosen kurzdauernde Krämpfe hervor. Chron. Toxizität oder kumulierende Wrkg. werden an Ratten nach I u. II nicht beobachtet. Histolog. Unterss. der parenchymatösen Organe lassen patholog. Veränderungen an der Schilddrüse u. bes. nach I an der Leber, der Nierenrinde, der Lunge u. der Milz erkennen. I zeigt in Konzz. von 0,002—0,03% (II; 0,5—2,5%; III: 0,0001 bis 0,005%) erst positiv, dann negativ chronotrope Wrkg. am isolierten Froschherzen. Geringe Dosen II (60 mg/kg) bewirken bei Katzen eine geringe Blutdrucksenkung; mittlere Dosen (250) ebenso wie I (50) oder III (1) einen Anstieg; hohe Zufuhren (625 I, 750 II, 10 III) dagegen wieder eine Depression. Am kaudalen Rattendurchströmungs-Präp. zeigen niedere Konzz. I (0,50—1,0 mg), II (1,0—2,5) u. III (0,1—1,1) periphere Gefäßerweiterung; höhere dagegen Konstriktion. Die durch *Adrenalin* (IV, 1,25 γ) an diesen Präpp. induzierten Konstriktionen werden durch I, II u. III nicht beeinflußt, während IV die durch I u. III hervorgerufenen Dilatationen nicht aufhebt. Nur nach II ist IV als Constrictor wirksam. Am Meerschweinchenileum durch $BaCl_2$, *Lentin* oder *Histamin* induzierte Spasmen werden durch I u. II kaum vermindert, während III die stärksten antispast. Effekte aufweist. Im Gegensatz zu III besitzen I u. II keine diuret. u. nur schwache zentralerregende Wrkg., wobei II anfänglich sedative Effekte ausübt. Auf den respirator. Quotienten sind I u. II ohne Einfl., III steigert den Gaswechsel um 8—25%. Bei ♂ Ratten in *Eunarkon*-Narkose läßt sich durch Zufuhr von I u. II eine gute Weckwrkg. erzielen, gegen *Kalypnon* u. *Äthylurethan* sind vorst. Verbb. weniger stark wirksam; III weist geringere analyt. Effekte auf. Gegenüber der durch Morphin hervorgerufenen Atemlähmung am Kaninchen zeigen I u. III eine Schutz-Wrkg.; während II infolge Freisetzens von CO_2 Akapnie u. anschließende Apnoe bewirkt. In höheren Dosen zeigt I antikonvulsive Wrkg., bes. bei Pyrazolonkrämpfen, so daß diese Verb. als Lsg.-Vermittler für *Amidopyrin* dienen kann. Die antipyret. u. analget. Wrkg. der vorst. Verb. werden durch I gesteigert. Aus den Ergebnissen geht hervor, daß die therapeut. Dosen von I u. II im Gegensatz zu III sehr hoch sind. Die dadurch bedingten ungünstigen pH-Verhältnisse u. osmot. Werte schließen daher eine therapeut. Verw. aus.

P. Fahrnlaender. 4608 □

Neue substituierte Indolderivate mit sympathicolytischer und blutdruckaktiver Wirkung. H. L. Küng und W. Schindler. (Experientia [Basel] **15**, 66—69, 15/2. 1959; Basel, J. R. Geigy A.G., Forschungslabor.; dt.) — Ausgehend von der hypotensiven u. sympathicolyt. Wrkg. der Indol-Alkaloide aus Rauwolfia, Yohimba-Rinde u. Mutterkorn wurden folgende substituierte N-[Imidazolinyl-(2)-methyl]-indole: *2-Phenyl-*, *2-[p-Tolyl]-*, *2-[p-Äthylphenyl]-*, *2-[p-Chlorphenyl]-*, *2-[3.4-Dimethylphenyl]-*, *2-[Naphthyl-(2)]-* (I), *2-[1.2.3.4-Tetrahydronaphthyl-(2)]-* (II), *2-[p-Tolyl]-5-methyl-*, *2-[p-Chlorphenyl]-5-chlor-*, *2-[p-Tolyl]-5-chlor-*, *2-[p-Tolyl]-6-methoxy-*, *2-Phenyl-3-methyl-* (III), *2.3-Diphenyl-* u. die in gleicher Weise substituierten N-[Imidazolinyl-(2)-methyl]-indoline auf ihre sympathicolyt. Wrkg. gegenüber Adrenalin u. Arterenol an der Rattensamenblase sowie an den peripheren Gefäßen der isolierten Kaninchenhinterextremität untersucht, die Blutdruckbeeinflussung an der Numal-narkotisierten Katze geprüft u. mit *Ergotamintartrat* (Wrkg. = 1), *Yohimbin*, *Phentolamin* (IV), *Tolazolin*, *6-Acetoxythymoxyäthyldimethylamin* (V) bzw. *Reserpin*, IV, *Hydralazin* u. V verglichen. Die Indol-Derivv. zeigen bessere sympathicolyt. Wrkg. als die Indolin-Derivv., I ist am stärksten wirksam, III zeigt neben relativ schwacher sympathicolyt. Wrkg. einen tonussteigernden Effekt. *N-[Imidazolinyl-(2)-methyl]-2-[p-tolyl]-5-chlorindolin* weist neben guten hypotensiven Eigg. eine geringe Toxizität auf. Vor allen bei den Indol-Derivv. zeigen einige mit sympathicolyt. Wrkg. starke hypertensive Eigg., bei II ist der Effekt am stärksten.

W. Liebscher. 4608 □

Untersuchungen über die Wirkungsweise von lathyrogenen Verbindungen. C. I. Levene. (J. exp. Medicine **116**, 119—30, 1/8. 1962; Oxford, England, Univ. of Oxford, Sir William Dunn School of Pathol.; engl.) — Die lathyrogene Wrkg. von *Isonicotinsäurehydrazid* (I) bei Hühnerembryonen (erhöhte Extrahierbarkeit von *Kollagen* [II] aus den Knochen mit 1 m NaCl) kann in vitro durch Carbonyl-Verbb., bes.

durch *DL-Glyceraldehyd* (III) aufgehoben werden. Diese Wrkg. hängt von Dauer u. Temp. der Inkubation u. der Menge von III, nicht aber vom pH des Incubationsmediums, der opt. Form von III oder dem Stoffwechsel der Zellen ab. III hebt auch die lathyrogene Wrkg. von β-Aminopropionitril, Semicarbazid u. Hydrazinhydrat auf. Gereinigtes II von Meerschweinchen mit Lathyrismus nimmt weniger *2.4-Dinitrophenylhydrazin* (IV) auf als normales II; auch normales gereinigtes, mit I vorbehandeltes Meerschweinchen-II nimmt weniger IV auf als unvorbehandeltes; in beiden Fällen werden wahrscheinlich Gruppen, die für die Querverb. von den Tropokollageneinheiten erforderlich sind, blockiert, das zeigt sich in der Struktur der II-Fasern.

K. Zingraf. 4610□

Die Wirksamkeit der Behandlung von alimentären Toxikoinfektionen von Salmonella-Ätiologie mit Antibioticis und Sulfanilamidpräparaten. Ju. M. Michailowa und Je. G. Melnik. (Советская Медицина [Sowjet-Med.] 25, Nr. 7, 131—33, Juli 1961; Moskau, 1. Med. Ssetschenow-Inst., Lehrstuhl für Infektionskrankh., 1. Städt. Infektionskrankenh.; russ.) — *Synthomycin* (I), *Lävomycetin* (II) u. *Phthalazol* (III) hatten bei Therapie von gastrit., gastroenterit. u. gastroenterocholit. Formen der tox. Nahrungsinfektionen der *Salmonella*-Gruppe keinen Einfl. auf die Normalisierung von Stuhl, Temp. u. Bakterienausscheidung im Stuhl. Von 279 untersuchten *Salmonella*-Stämmen auf Empfindlichkeit gegen I, II, III u. *Norsulfazol* waren 97,4% gegen II u. 92% gegen I empfindlich u. 100% gegen *Sulfanilamid*-Präpp. unempfindlich.

I. v. Kloch-Kornitz. 4611□

Bicillin-3 und Erfahrungen bei dessen Anwendung. A. F. Bljuger, Ju. W. Anschelewitsch, O. Ja. Kowsch, E. P. Gaudynsch, O. A. Nowikowa, A. I. Pawlowskaja, L. I. Israilet und B. A. Landa. (Советская Медицина [Sowjet-Med.] 25, Nr. 7, 78—81, Juli 1961; Riga, Akad. der Wiss. der LettSSR, Inst. für organ. Synth.; Med. Inst.; Städt. Kinderkrankenh.; russ.) — Die Konz. im Blut betrug nach Injektion von 600000—1200000 E. *Bicillin-3*, das gut verträglich ist u. *K-*, *Novocain-* u. *Dibenzyläthylendiamin-Salze des Penicillins* zu gleichen Teilen enthält, nach 30 Min. 6,54, nach 3 Tagen 0,03 bzw. 0,07 E./cm³ u. war ausreichend für die Therapie von Erkrankungen mittlerer Schwere u. Prophylaxe gegen Komplikationen bei Virusinfektionen, schwerer Herz- u. Kreislaufinsuffizienz u. postoperativen Eiterungen.

I. v. Kloch-Kornitz. 4611□

Das Lävomycetin bei der Behandlung von Cholecystitiden und Cholangitiden. W. P. Ssilwesstrow und A. L. Jarosslawzew. (Советская Медицина [Sowjet-Med.] 25, Nr. 7, 81—86, Juli 1961; Militärmed. Kirow-Akad., 1. Lehrstuhl für Hosp.-Therapie u. Lehrstuhl für Biochem.; russ.) — *Lävomycetin* (I; je 0,5 g 4mal täglich 6—55 Tage) führte bei komplexer Therapie bei 75% von 68 behandelten Kranken durch Eindringen in das Lebergewebe u. hohe I-Konz. im Blut u. Duodenalsaft (26 bzw. 46 mg pro cm³) in Abhängigkeit von der Bakterienflora zu gutem Heilerfolg.

I. v. Kloch-Kornitz. 4611□

Über die Wirkung von Dihydrostreptomycin auf das Hörvermögen von Ratten. G. Kuschinsky, H. Lüllmann und W. Pracht. (Chemotherapia [Basel] 1, 80—86, 1960; Mainz, Univ., Pharmakol. Inst.; dt.) — Das Hörvermögen von Ratten, das mit Hörschreck- u. Hörklettertest geprüft wurde, wird trotz wochenlanger sukkutaner Injektionen von *Streptomycinsulfat* (200 mg Base/kg/Tag) u. *Dihydrostreptomycinsulfat* (200 mg Base/kg/Tag) nicht geschädigt. Es ist folglich auch nicht möglich, eine Schutz-Wrkg. der Pantothensäure nachzuweisen. Die in der Literatur angeführten Befunde konnten daher nicht bestätigt werden.

K. Böhm. 4611□

Klinische Erfahrungen mit Sigmamycin in der Pädiatrie. P. Schweier. (Chemotherapia [Basel] 1, 120—26, 1960; München-Schwabing, Städt. Kinderkrankenh.; dt.) — Es wird über die Behandlungsergebnisse bei 216 Kindern mit *Sigmamycin* (I) in Tropfen u. Sirupform (enthält das Oleandomycin in Form des Triacetats) bei verschiedenen bakteriellen Infektionen berichtet. Nur in 19 Fällen war die Behandlung nicht ausreichend. Von 50 weiteren Kindern mit prim. abscedierenden Staphylokokkenpneumonien wurden 24 mit I, 26 mit anderen Antibioticis (*Tetracyclin*, *Erythromycin*, *Penicillin/Streptomycin*) behandelt. Dabei zeigte sich I eindeutig überlegen.

K. Böhm. 4611□

Vergleich des Wirkungsmechanismus von Reserpin und einigen tranquillisierenden Stoffen (Aminazin, Diphacil, Antiphein, Strophanthidin und Sigethin). Ssi-Shui U. (Бюллетень Экспериментальной Биологии и Медицины [Bull. exp. Biol. Med.] 51 (26), Nr. 4, 76—81, April 1961; Leningrad, Inst. für experiment. Med. der Akad. der med. Wiss. der UdSSR, Abt. Pharmakolog.; russ., Auszug: engl.) — In Tier-Verss. hob *Monoaminoxydase* (I)-Blockade mittels 5 mg/kg *Phenylisopropylhydrazin* oder 110 mg/kg *Iproniazid* die sedative, hypotensive u. hypotherm. Wrkg. von *Reserpin* (II; 1—5 mg/kg) auf u. führte zu starker motor. Erregung. 5 mg/kg *Aminazin*, 40 mg/kg *Diphacil*, 20 mg/kg *Strophanthidin*, 50 mg/kg *Antifein* oder 200 mg/kg *Sigetin* behielten ihre Wrkg. nach I-Blockade. Während die Wrkg. von II durch Freisetzung von *Adrenalin*, *Noradrenalin* u. *Serotonin* in den verschiedenen Geweben hervorgerufen wird, haben die übrigen Stoffe, wie aus der Literatur bekannt ist, einen anderen Wirkungsmechanismus. I. v. Kloch-Kornitz. 4620□

Histologischer Beweis für eine neurale Rolle des Deserpidin und TM 10 bei der Ausschüttung der Nebennieren-Brenzcatechinamine. Ruven Greenberg, A. I. Jeffay und J. E. P. Toman. (J. Pharmacol. exp. Therapeut. **130**, 119—25, Okt. 1960; Chicago, Ill., Dep. of Physiol., Univ. of Illinois, Coll. of Med. and Dep. of Physiol. and Pharmacol. of the Chicago Med. School; engl.) — Histolog. Unterss. über die Ausschüttung der *Brenzcatechinamine* (I) des Nebennierenmarkes der Ratte durch *Deserpidin* (II; das 11-Desmethoxy-Analoge von *Reserpin*) zeigten, daß die chromaffinen Zellen zu Inseln gruppiert sind, die im Querschnitt 8—20 Zellen enthalten u. die als funktionelle Einheit zu wirken scheinen. Es gibt eindeutig identifizierbare Norepinephrininseln, die 20—30% des Querschnittgebietes in einem gegebenen Schnitt ausmachen u. die im Vgl. zu den verbleibenden Epinephrininseln getrennt reguliert zu sein scheinen. Alle diese Inseln werden stufenweise entleert u. wieder aufgefüllt u. anliegende Inseln scheinen unabhängig voneinander reguliert zu werden. Die histolog. Ausschüttung durch II wird blockiert, wenn die N. splanchnici vorher durchtrennt werden. Dies läßt vermuten, daß es dafür eine neurale Regulation gibt u. daß überhaupt jede Insel vermutlich als „Motor-Einheit" wirken kann Die Wiederauffüllung der Inseln ist also an die Inseln gebunden, sie ist aber unabhängig von der neuralen Regulation. Große Dosen von *TM 10* (*Cholin-2.6-xylylätherbromid*) wirken qual. ähnlich wie II, aber weniger vollständig. Es fehlt ferner die bei II vorhandene Tranquilisation. II bewirkt in der Nebenniere eine Stress-Rk., wie aus den Ascorbinsäure-Konzz. geschlossen werden kann. Durch vorherige Splanchnicotomie ist diese Rk. jedoch nicht zu verhindern. Hypophysektomie verhindert die Stress-Rk., aber nicht die I-Ausschüttung nach II. K. Böhm. 4620□

Einfluß adrenergisch stimulierend und blockierend wirkender Substanzen auf die elektrische Hirnaktivität curarisierter Tiere. Leonide Goldstein und Carlos Muñoz. (J. Pharmacol. exp. Therapeut. **132**, 345—53, Juni 1961; Atlanta, Ga., Emory Univ., Div. of Basic Health Sci., Dep. of Pharmacol.; engl.) — 1—5 μg *Epinephrin* (I), *Norepinephrin* (II)/kg oder 200—500 μg *Methoxamin* (III)/kg üben allein bei ca. 20% der Vers.-Tiere (curarebehandelte Kaninchen, Katzen, Hunde) eine stimulierende Wrkg. auf das Elektroencephalogramm aus; nach Vorbehandlung mit 4 mg *Dichlorisoproterenol* (IV)/kg ist diese Wrkg. bei allen Tieren zu konstatieren; die Wrkg. scheint von der Gefäß-Wrkg. unabhängig zu sein. Die α-blockierenden Substanzen gehören 2 Gruppen an: *Phenoxybenzamin* u. *Chlorpromazin* blockieren die Wrkg. von I, II u. III völlig; *Dihydroergotamin*, *Phentolamin* u. *Azapetin* führen zu keiner Veränderung. Die von *Isoproterenol* (V) ausgeübte stimulierende Wrkg. läßt sich durch IV, durch alle α-blokkierenden Substanzen u. durch Denervierung des Sinus caroticus blockieren. Nach Hemmung der indirekt bestimmten stimulierenden Wrkg. von V konnte depressive Wrkg. am Elektroencephalogramm mit großen Dosen von V erzielt werden. Unter Einfl. der ersten Gruppe der α-blockierenden Substanzen, die auch die Wrkg. von I, II u. III auf das Elektroencephalogramm blockieren, können mit I, nicht jedoch mit II, depressive Wrkg. auf das Elektroencephalogramm ausgeübt werden. Es existieren vermutlich zweierlei Rezeptoren im Gehirn. U. Tausendfreund. 4620□

Einfluß adrenergisch blockierender Substanzen auf die elektroencephalo-analeptische Wirkung von dl-Amphetamin bei wachen, unbehinderten Kaninchen. Carlos Muñoz und Leonide Goldstein. (J. Pharmacol. exp. Therapeut. **132**, 354—59, Juni 1961; Atlanta, Ga., Emory Univ., Div. of Basic Health Sci., Dep. of Pharmacol.; engl.) — *dl-Amphetamin* (I; 0,5—1,0 mg/kg) läßt bei mit Pentobarbital vorbehandelten Kaninchen sofort ein normales Elektroencephalogramm erscheinen; 0,25 mg/kg ist nur teilweise wirksam. Diese analept. Wrkg. von I wird durch 1,0—2,0 mg *Phenoxybenzamin* (II) oder *Chlorpromazin*/kg u. 10—20 mg *Dibenamin* (*N.N'-Dibenzyl-β-chloräthylaminhydrochlorid*)/kg gehemmt. 5—10 mg *Azapetin*/kg, 5 mg *Phentolamin*/kg oder 0,25—0,5 mg *Dihydroergotamin*/kg bewirken keine signifikanten Veränderungen. II, welches außer den analept. Wrkg. von I auch die von *Methylphenidat* blockiert, beeinflußt die von *Coffein* u. *Pentylentetrazol* nicht. II u. die beiden anderen I-blockierenden Stoffe üben allein eine depressive Wrkg. auf das Elektroencephalogramm aus; die anderen

α-blockierenden Substanzen führen nicht zu elektroencephalograph. Veränderungen. *Dichlorisoproterenol* (**III**) wirkt in Dosen von 4 mg/kg wie 0,5—1,0 mg **I**/kg; 1,0—2,0 mg **III**/kg steigern die analept. Wrkg. von **I**; diese Wrkg. von **III** wird durch **II** blockiert. **III** kehrt auch teilweise die elektroencephalograph. Depression nach *Reserpin* um. Es werden mögliche zentrale adrenerg. Mechanismen in Betracht gezogen.
U. Tausendfreund. 4620□

Einfluß der das Zentralnervensystem erregenden und hemmenden Stoffe auf die Menge und Qualität der Corticosteroide im Blut von Hunden und Meerschweinchen. N. P. Gontscharow. (Бюллетень Экспериментальной Биологии и Медицины [Bull. exp. Biol. Med.] **52** (**26**), Nr. 11, 76—79, Nov. 1961; Leningrad, Sanitär-Hygien. Med. Inst., Lehrstuhl für Pharmakolog.; russ., Auszug: engl.) — *Dibazol* (**I**) oder *Diphenin* (**II**; 30 bzw. 20 mg/kg) erhöhten den Geh. an *17-Hydroxycorticosteroiden* im Blutserum der Vena cava caudalis von Hunden auf das 2- bzw. 2,5fache. In elektrophoret. Unterss. des peripheren Blutserums nach Zufuhr von **I** u. **II** zeigte sich Vermehrung des *Corticosterons* u. bes. des *Hydrocortisons*. I. v. Kloch-Kornitz. 4620□

Keine Adrenalinsensibilisierung durch Cocain und Hexamethonium in vitro. D. Della Bella und F. Rognoni. (Arch. int. Physiol. Biochim. **69**, 737—39, Dez. 1961; Milan, Labor. Bioterap. Milanese Selvi & Co., Dep. of Res.; franz.) — Die Wrkg. von *Adrenalin* auf isolierte Aortenstreifen der Ratte wurde durch *Cocain* oder *Hexamethonium* nicht verstärkt. K. Zingraf. 4620□

Hexamethonium, Hypoxie und Wärmeerzeugung bei neugeborenen und saugenden Katzen und Hunden. R. E. Moore und Mary C. Underwood. (J. Physiology **161**, 30—53, April 1962; London, Royal Free Hosp. School of Med., Dep. of Physiol.; engl.) — 10 mg/kg *Hexamethonium* subkutan verringerte den O_2-Verbrauch u. die Rectal-Temp. bei jungen Katzen u. Hunden bei einer Umgebungs-Temp. von 30°; bei einer Umgebungs-Temp. von 35° war die Wrkg. sehr gering. Die Wrkg. nahm mit dem Alter ab u. konnte bei 52 Tage alten Katzen nicht mehr beobachtet werden. Hypoxie mit < 80 mm Hg pO_2 verringerte die Wärmeerzeugung noch weiter. Wiederherst. erfolgte bei jüngeren Tieren langsamer als bei älteren. K. Zingraf. 4620□

Untersuchung der Beziehung zwischen chemischer Struktur und pharmakologischer Wirkung der Abkömmlinge von Ephedrin (N-substituierte Phenylpropanolamine). 1. Mitt. K. Russinow und Sl. Atanassowa-Schopowa. (Известия на Института по Експериментална Медицина, Българска Академия на Науките [Bull. Inst. Méd. exp., Acad. Sci. Bulg.] **3**, 237—56, 1960; bulg., Auszug: engl.) — Vff. untersuchten den Einfl. von *1-Phenyl-2-methylaminopropanol* (**I**; *Ephedrin*) sowie der cis- u. trans-Formen von *1-Phenyl-2-äthyl* (**II**)-, *-allyl* (**III**)-, *-propyl* (**IV**)-, *-butyl* (**V**)- u. *-isobutylaminopropanol* (**VI**) auf den Blutdruck von Katze u. Kaninchen, das isolierte Froschherz u. das Katzenherz in situ, die Gefäße des isolierten Kaninchenohrs, die Nickhaut der Katze u. den isolierten Kaninchendarm u. fanden, daß die pressor. Wrkg. der genannten Substanzen in der angegebenen Reihenfolge abnimmt, wobei **V** deutlich hypotensiv wirkt. **VI** wirkt auf den Blutdruck wie **I** u. gefäßverengend stärker als **I**. Mit Ausnahme von **III** sind die trans-Formen, bes. jene von **VI**, wesentlich aktiver als die cis-Formen. In der gleichen Reihenfolge wird auch die Nickhaut der Katze beeinflußt. Alle Verbb. bewirken eine Tachyphylaxie u. beschleunigen die Herztätigkeit in kleinen Dosen, während höhere Dosen ($>$0,001 g/kg) vorübergehend die Herztätigkeit unterdrücken. Eine bedeutendere spasmolyt. Wrkg. kommt nur den **IV**- u. **V**-Derivv. zu, während die **VI**-Derivv. in einigen Fällen die Darmkontraktionen sogar stimulieren.
E. Rentz. 4620□

Untersuchung der Beziehung zwischen chemischer Struktur und pharmakologischer Wirkung der Abkömmlinge von Ephedrin (N-substituierte Phenylpropanolamine). 2. Mitt. K. Russinow und Sl. Atanassowa-Schopowa. (Известия на Института по Експериментална Медицина, Българска Академия на Науките [Bull. Inst. Méd. exp., Acad. Sci. Bulg.] **3**, 257—72, 1960; bulg., Auszug: engl.) — 1. vgl. vorst. Referat. — Vff. untersuchten die Abhängigkeit der motor. Aktivität weißer Ratten (aktograph. Registrierung) sowie der Dauer u. Tiefe des Evipanschlafes von der chem. Struktur von *1-Phenyl-2-methylaminopropanol* (**I**; *Ephedrin*) sowie der cis- u. trans-Formen von *1-Phenyl-2-äthyl* (**II**)-, *-allyl* (**III**)-, *-propyl* (**IV**)-, *-butyl* (**V**)- u. *-isobutylaminopropanol* (**VI**) sowie von *Phenylisopropylaminophosphat* (**VII**; *Actedron*) u. fanden, daß **III** in seiner cis-Form (0,01 u. 0,02 g/kg intraperitoneal) auf die motor. Aktivität der Ratten stärker stimulierend wirkt als **I**, jedoch schwächer als **VII**. Während die cis-Formen der **III**- u. **V**-Derivv. u. die trans-Formen der **II**- u. **IV**-Derivv. die motor. Aktivität verstärken, wirkt die trans-Form von **III** nur schwach stimulierend, die cis-Form von **II** u. die trans-Form von **V** wirken sogar hemmend. Die trans-Form von **VI** zeigt keine

konstante u. deutliche Wirkung. Der Evipanschlaf wird durch alle Verbb., mit Ausnahme von **VII**, verlängert u. vertieft. Nur unter der cis-Form von **III** ist der Evipanschlaf (ähnlich wie unter **VII**) nur oberflächlich, auch wird seine Dauer nicht verlängert.
E. Rentz. 4620□

Der Einfluß von Largactil auf die Magensekretion. 1. Mitt. L. Glawtschewa. (Известия на Института по Експериментална Медицина, Българска Академия на Науките [Bull. Inst. Med. exp., Acad. Sci. Bulg.] **3**, 213—20, 1960; bulg., Auszug: franz.) — Verss. an 5 Hunden (4 mit kleinem Magen nach Pawlow, davon 1 mit exstirpiertem Plexus solaris u. 1 Hund mit kleinem Magen nach Heidenhain) ergaben, daß *Largactil* (**I**; 1—2 mg/kg) die Menge des Magensaftes u. die Verdauungskraft des Pepsins herabsetzt, u. zwar auch nach Denervierung des Magens. Vf nimmt an, daß die Wrkg. von **I** über das parasympath. Nerven-Syst. erfolgt. E. Rentz. 4620□

Untersuchung des Mechanismus der Largactilwirkung auf die Magensekretion. 2. Mitt. L. Glawtschewa. (Известия на Института по Експериментална Медицина, Българска Академия на Науките [Bull. Inst. Méd. éxp., Acad. Sci. Bulg.] **3**, 221—28, 1960; bulg., Auszug: franz.) — 1. vgl. vorst. Referat. — Verss. an 3 Hunden mit kleinem Magen nach Pawlow ergaben, daß *Largactil* (**I**; 5 mg/kg i.m.), 5 Min. vor der Verabreichung von Nahrungsreizstoffen bzw. von *Insulin*, *Pilocarpin* oder *Histamin*, in allen Fällen die durch diese Stoffe normalerweise gesteigerte Magensaftsekretion hemmt. Aus den Verss. wird geschlossen, daß **I** direkt auf die Zellen der Verdauungsdrüsen, aber gleichzeitig auch über das parasympath. Nerven-Syst. auf die Magensekretion wirkt. E. Rentz. 4620□

Die Beziehungen zwischen der chemischen Struktur und der pharmakologischen Wirkung in der Reihe der Aminoester von 1-Phenylcyclopentan-1-carbonsäure. A. L. Mndshojan und W. M. Awakjan. (Известия Академии Наук Армянской ССР, Биологические Науки [Nachr. Akad. Wiss. ArmenSSR, biol. Wiss.] **12**, Nr. 9, 3—11, Sept. 1959; Inst. für spezielle organ. Chem. der Akad. der Wiss. der ArmenSSR.) — Untersucht wurde die Wrkg. von *Aminoestern der 1-Phenylcyclopentan-1-carbonsäure* (**I**) auf verschiedene Nervenreflexe der mit Urethan (1 g/kg) u. Nembutal (10 mg/kg) narkotisierten Katzen durch Injektion von 0,01—1,0%ig. Lsgg. der Präpp. in bidest. Wasser. Der Einfl. der Aminoester von **I** (Konz. $1 \cdot 10^{-6}$) auf die durch $2 \cdot 10^{-7}$ bis $1 \cdot 10^{-6}$ Acetylcholin hervorgerufene Kontraktion der quergestreiften Muskulatur wurde an lebenden Froschmuskeln untersucht. Die zentrale cholinolyt. Wrkg. der Präpp. wurde an mit Nicotin vorbehandelten weißen Mäusen gezeigt. Länge u. Bau der Alkylkette in den Aminoestern von **I** ist für die Aktivität der Präpp. von großer Bedeutung. Die Propylenkette zeigt bzgl. des Einfl. auf die peripheren u. zentralen Cholinreceptoren die größte Wirkung. Methylsubstitution in α,- $\alpha.\beta$- u. $\beta.\beta$-Stellung erniedrigt die Aktivität. Die Äthylamino-Derivv. sind wirksamer als die Dimethylaminoderivate. Der Übergang zu Jodalkylamino-Derivv. verstärkt meistens die Wirksamkeit der Präparate. Eine direkte Beziehung zwischen dem Bau der Aminoester u. der Aktivität der Präpp. konnte nicht gefunden werden. E. Heise. 4620

Chemie und Pharmakologie von Hydrotrichlorothiazid. G. de Stevens, L. H. Werner, W. E. Barrett, J. J. Chart und A. H. Renzi. (Experientia [Basel] **16**, 113—14, 15/3. 1960; Summit, N.J., CIBA, Res. Dep.; engl.) — Vff. erhalten durch Kondens. von *4-Amino-6-chlorbenzol-1.3-disulfonamid* mit *Dichloracetaldehyd* bzw. *Diäthyldichloracetyl* in wasserfreiem, mit katalyt. Mengen HCl versetztem *Diäthylenglykoldimethyläther* bzw. in 15%ig. HCl-Lsg. *6-Chlor-3-dichlormethyl-7-aminosulfonyl-3.4-dihydro-1.2.4-benzothiadiazin-1.1-dioxid* (*Hydrotrichlorothiazid*; **I**; $C_8H_8Cl_3N_3O_4S_2$, F. 248—250° [Zers.], Kristallpulver aus Methanol/Aceton/W. 1:1:1), dessen pharmakolog. Eigg. mit denen von *6-Chlor-7-aminosulfonyl-3.4-dihydro-1.2.4-benzothiadiazin-1.1-dioxid* (**II**; *Hydrochlorothiazid*) verglichen werden. Die Diurese u. Na-Exkretion beim Hund (a) ist nach oralen Gaben von **I** (1,25 u. 20 μg/kg) 20—22 mal größer als nach **II**-Zufuhr (20 u. 310). Bei der Ratte bewirkt **I** (0,08 u. 0,02 mg/kg) eine gegenüber **II** (0,32 u. 0,08) um das 6,3-, 3,8-, 4,6- u. 4,9fache gesteigerte Ausscheidung von W., Na^+, K^+ u. Cl^-. Auf den Blutdruck von a sind **I**-Dosen bis zu 9,0 mg/kg i.v. ohne Einw., bei anästhesierten Hunden verursacht **I** keine anticholinerg. oder adrenolyt. Wrkg., ebenso werden in vitro keine antispasmod. u. antihistamin. Eigg. festgestellt. Die inhibierende Wrkg. von **I** auf Carboanhydrase entspricht ca. 50% der des *Chlorthiazids* u. beträgt das 5fache der von **II**. P. Fahrnlaender. 4620□

Die Wirkung antidepressiv wirkender Pharmaka auf den Phosphatstoffwechsel des Rattenhirns in vivo. G. Van Petten und J. J. Lewis. (Biochem. J. **83**, 13P—14P, April 1962; Glasgow, Univ., Inst. of Physiol.; engl.) — *Methylamphetamin* u. *Coffein*, die das Zentralnerven-Syst. von Ratten stimulieren, erhöhen den *Adenosintriphosphat* (**I**)-Geh. des Hirns. Von den antidepressiv wirkenden Stimulantien *Iproniazid* (**II**), *Isoniazid* (**III**), *Phenelzin* (**IV**; Inhibitoren der Monoaminooxydase), *Amitriptylin* (**V**) u. *Imipramin* (**VI**) erhöhen 40 mg **II** oder **III**/kg den **I**-Geh. um ca. 0,5 μMol/g Hirn (gefroren) u. senkten den *Adenosindiphosphat* (**VII**)-Geh. um ca. 0,3 (Steigerung von **I**/**VII** von 3 auf ca. 6). Gleichsinnig, aber weniger ausgeprägt, wirkten 14 mg **II**, 5 mg **IV** oder 25 mg **V** (kg), während 25 mg **VI** keine signifikante Veränderung ergaben. Die Konzz. von Kreatinphosphat u. anorgan. Phosphat wurden von keiner dieser Verbb. beeinflußt. Die Gesamtmenge **I** + **VII** + Adenosinmonophosphat blieb stets konstant. Die in Form von **I** vermehrt vorhandene Energiemenge spielt möglicherweise bei der Wrkg. dieser Pharmaka eine Rolle. K. Maier. 4622 □

Angaben zur Pharmakologie des Analepticums Bemegrid. Ja. Schusster, R. Tscharnaja, D. Rosenberg, Ss. Ssolomonow und S. Schterns. (Известия Академии Наук Латвийской ССР [Nachr. Akad. Wiss. LettSSR] **1961**, Nr. 8, 105 bis 110; russ.) — In Verss. an Meerschweinchen u. weißen Mäusen wurde gezeigt, daß *Bemegrid* (**I**; β.β-Methyläthylglutarimid) die Hexenalnarkose verkürzt u. die Überlebensfähigkeit bei Applikation letaler Barbituratdosen erhöht. **I** ist von 9,3 mal größerer antinarkot. Wrkg. als Corazol (**II**), aber 1,7 mal tox. als **II**. Die DL_{50} beträgt bei weißen Mäusen für **I** 26,5, für **II** 45,5 mg/kg. Die Verw. als Barbituratantagonist u. in der Krampftherapie wird empfohlen. M. Dittmar. 4622 □

Antiserotonin-Antihistamin-Eigenschaften von Cyproheptadin. Clement A. Stone, Herbert C. Wenger, Carl T. Ludden, John M. Stavorski und Charles A. Ross. (J. Pharmacol. exp. Therapeut. **131**, 73—84, Jan. 1961; West Point, Pa., Merck Inst. for Therap. Res.; engl.) — *Cyproheptadin* (*1-Methyl-4-*(*5-dibenzo-*[*a.e*]*-cycloheptatrienyliden*)*-piperidinhydrochlorid*; **I**), F. 214—216°, besitzt Antihistamin- u. Antiserotoninwirksamkeit. Ein Vgl. mit den entsprechenden Eigg. von *Lysergsäurediäthylamid* (**II**) u. anderen einfachen Indol-Derivv., Chlorpromazin, Chlorpheniramin (**III**), Pyrilamin, Thenylpyramin u. Diphenhydramin ergab gleiche oder größere Antihistamin-Wrkg. verglichen mit **III** u. gleiche oder größere Antiserotonin-Wrkg. verglichen mit **II**, d. h. **I** besitzt beide Eigg. in relativ hohem Maße. K. Maier. 4625 □

Einfluß der Narkotica auf die Reaktivität des Skelettmuskels gegenüber Acetylcholin und Kaliumionen. Je. W. Morewa. (Бюллетень Экспериментальной Биологии и Медицины [Bull. exp. Biol. Med.] **52** (**26**), Nr. 11, 65—69, Nov. 1961; Leningrad, Akad. der med. Wiss. der UdSSR, Inst. für experimentelle Med., Abt. Pharmakolog.; russ.; Auszug: engl.) — In Verss. in vitro am Musculus rectus abdominalis des Frosches (a) u. am Diaphragma der Ratte (b) hemmten *Ae.* (a 1:100 bis 1:200), *Isoamylalkohol* (a 1:1000), *Amytal-Natrium* (a 1:10000, b 1:3000 bis 1:100), *Pentotal* (a 1:4000 bis 1:2000), *Neuronal* (a 1:4000, b 1:2000 bis 1:1000) u. *Hexenal* (b 1:750 bis 1:500) die die durch KCl verursachte Kontraktur des Muskels, nicht jedoch die durch Acetylcholin (**I**) verursachte. Die Wrkg. beruht auf der Ggw. einer Strukturkomponente in den Skelettmuskeln, die stärker auf K-Ionen als auf **I** reagiert u. durch Narcotica gehemmt wird. I. v. Kloch-Kornitz. 4627 □

Die Wirkung adrenergischer Blockade mittels Hydergins auf die Hyperglykämie bei hypothermen Hunden. Kaye H. Kilburn. (Amer. J. Physiol. **199**, 955—58, Nov. 1960; Denver, Col., U. S. Army Med. Res. and Nutrition Labor.; engl.) — Verminderung der Körper-Temp. auf 27—30° erhöhte bei Hunden die Serumglucosespiegel von 122/100 ml auf 174. 1,5 mg *Hydergin* (Gemisch gleicher Teile *Dihydroergocornin*, *Dihydroergocristin* u. *Dihydroergokryptin*)/kg hemmten die Hyperglykämie nicht, 4 mg/kg hoben diese während Hypothermie auf (Kontrolle 129, Hypothermie 120). Doppelseitige Adrenalektomie hemmte die Hyperglykämie weniger wirksam u. bewirkte bei Hypothermie eine mittlere Serumglucosekonzentration. Die Hyperglykämie bei Hypothermie beruht möglicherweise auf einer durch Kältestress ausgelösten Adrenalinausschüttung. K. Maier. 4627 □

Zum Stoffwechsel radioaktiv markierter Barbiturate und Thiobarbiturate. 5. Mitt. Beruht die kurze Narkosewirkung der Thiobarbiturate auf ihrer bevorzugten Speicherung im Körperfett? Wolfram Block und Irmgard Ebigt. (Arzneimittel-Forsch. **11**, 59—62, Jan. 1961; Hamburg, Chem. Fabrik Promonta GmbH, Isotopen-Abt.; dt.) — 4. vgl. C. **1962**, 12008. — Verss. mit radioakt.-markierten Barbituraten (*Neravan*; *5-Äthyl-5-*[*1-methylpropyl*]*-barbitursäure*; *Butabarbital*) u. Thiobarbituraten (**I**; *Inactin*; *5-Äthyl-5-*[*1-methylpropyl*]*-thiobarbitursäure* u. *Thiopental* oder *Trapanal*) bei Mäusen ergaben, daß die Narkosephase von **I** nicht eng mit dessen Aufnahme in das Körperfett zusammenhängt. Das Zusammenspiel mehrerer Faktoren ist für die Wrkg. von **I** ausschlaggebend. Als entscheidend für die pharmakolog. Wrkg. wird die Lipoidlöslichkeit angesehen. Sobald eine Verb. mit nur geringer Verzögerung aus dem Blut in das Gehirn tritt, bedingt durch veränderte Lipoidlöslichkeit, schlägt ihre narkot. Eig. in eine sedative um (Beispiel Inactin u. Neravan). So erweist sich die Brodiesche Theorie, daß die kurze Narkose-Wrkg. der I allein auf ihrer bevorzugten Speicherung im Körperfett beruht, als unhaltbar. G. Kimmerle. 4627

Die Umkehr der Hemmwirkung von Morphin auf die Sekretion von adrenocorticotropem Hormon beim Streß durch Nalorphin. B. Hugh Burdette, Susan Leeman und Paul L. Munson. (J. Pharmacol. exp. Therapeut. **132**, 323—28, Juni 1961; Boston, Mass., Harvard School of Dent. Med., Biol. Res. Labor.; Harvard Med. School, Dep. of Physiol. and Pharmacol.; engl.) — Die Hemmwrkg. von *Morphin* (I) auf die Sekretion von *adrenocorticotropem Hormon* (ACTH) beim Streß [hervorgerufen durch *Histamin* (II)-Injektion bei pentobarbitalnarkotisierten Ratten] läßt sich durch sofortige Nachinjektion von *Nalorphin* (III) wirksam antagonist. beeinflussen. Die III-Wrkg. ist nicht durch Potenzierung der II-Wrkg. zu erklären. Der III/I-Quotient entspricht dem bei anderen I-Wirkungen. Es kommt zu kompetitiver Hemmung an gleichen Rezeptoren. Der Ort der I-Wrkg. auf die ACTH-Sekretion u. der Ort der antagonist. II-Wrkg. liegen zweifellos im Zentralnerven-Syst.; die I-behandelte Ratte eignet sich als Testobjekt zur Unters. des postulierten *hypothalam. Sekretionsfaktors* für ACTH.
U. Tausendfreund. 4627 □

Untersuchung der Beständigkeit der Sowcainlösung für die Rückenmarkanästhesie. W. A. Martynowa und A. G. Ljukschenkow. (Аптечное Дело [Apothekenwesen] **10**, Nr. 1, 49—55, Jan./Febr. 1961; Labor. für Technol. der Arzneimittel u. galen. Präpp.; russ.) — Für die Bereitung der Lsg. von *Sowcain* (I; Percain) wird eine neue Anweisung gegeben, die auch für die industrielle Herst. geeignet ist. Die 1%ig. Lsg. des I wird unter Zusatz von 0,15 ml 0,1n Salzsäure mit doppelt dest. W. hergestellt u. sterilisiert. Eine ähnliche Vorschrift gilt für 0,3%ig. Dicainlösung. Die so bereiteten Lsgg. erwiesen sich klin. für die Lumbalanästhesie geeignet. G. Siewert. 4627 □

Ein Überblick über die Wirkung von Isoxsuprin auf die nichtvaskuläre glatte Muskulatur. P. M. Lish K. W. Dungan und E. L. Peters. (J. Pharmacol. exp. Therapeut. **129**, 191—99, Juni 1960; Evansville, Ind., Mead Johnson & Comp.; engl.) — An isolierten in Tyrode-Lsg. suspendierten Organen, wie Uterus von Ratte u. Kaninchen, Rattensamenblase, Darm, Gallenblase u. Luftröhre vom Meerschweinchen u. am Hundeureter wurden durch *Acetylcholin*, *Oxytoxin*, *$BaCl_2$*, *Histamin* u. elektr. Reizung Spasmen erzeugt u. ihre Hemmung durch *Isoxsuprin* [*1-[p-Hydroxyphenyl]-2-[1-methyl-2-phenoxyäthylamino]-propanol-(1)*] (I) vergleichend mit *Papaverin* (II) untersucht. Mit zwei Ausnahmen erwies sich I 0,2—2 mal stärker als II. Gegenüber Acetylcholinkontraktionen hatte I bei allen untersuchten Organen eine geringere antagonist. Wrkg. als II. Alle an der Darmmuskulatur ausgelösten Spasmen wurden durch II stärker als durch I gehemmt. Durch *L-Noradrenalin* an der Samenblase u. durch *Oxytocin* am Uterus verursachte Spasmen wurden durch I bes. wirksam gehemmt. Am intakten Tier hemmt I die Kontraktionen glattmuskulärer Organe, bei unterschiedlicher Intensität, für eine relativ lange Zeit. 0,2 mg I/kg, i.v. appliziert, hemmen Uteruskontraktionen bei der Ratte u. Katze. Beim Hund ist der Einfl. von I (1 mg/kg, i.v.) auf Darm- u. Ureterspasmen nur gering, sehr wirksam dagegen bei Spasmen der Bronchial-, Uterus- u. Gallenwegsmuskulatur. Der Wrkg.-Mechanismus von I wird diskutiert. H.-D. Schlabitz. 4628 □

Vergleichende Beurteilung der Wirkung von Periplocin und anderen Herzmitteln bei Kranken mit Kreislaufinsuffizienz. Je. A. Grusina. (Советская Медицина [Sowjet-Med.] **25**, Nr. 7, 38—42, Juli 1961; Odessa, Med. Pirogow-Inst., Lehrstuhl für Propädeutik der inneren Krankheiten; russ.; Auszug: engl.) — Bei Kranken mit Kreislaufinsuffizienz (II A; II B; III. Grad) führte einmalige i.v. Injektion von *Strophantin* (I; 0,5 cm³ 1:1000) nach 17 Min., *Corglykon* (II; 1 cm³ 0,06%ig) nach 24 Min., *Periplocin* (III; 1 cm³ 0,025%ig) nach 35 Min. oder *Kendosid* (1 cm³) nach 29 Min. zur Verringerung der Herztätigkeit um 24, 21, 13 bzw. 15 Schläge/Min. für die Dauer von 4 bis 5 Stunden. Es wird individuelle Anpassung bei der Wahl des Therapeuticums, bei schwerem Krankheitsverlauf Kombination von I mit III oder II mit III empfohlen.
I. v. Kloch-Kornitz. 4630 □

Die Wirkung einiger Fermentgifte auf den Herzmuskel bei verschiedenen Temperaturen. I. Ssabo, Je. Wasch und A. G. Gridnewa. (Бюллетень Экспериментальной Биологии и Медицины [Bull. exp. Biol. Med.] **52** (**26**), Nr. 11, 72—76, Nov. 1961; Tyrgu-Muresch/Rumänien, Med. Inst., Lehrstuhl für Physiol.; Akad. der Wiss. der Rumän. Volksrepublik; russ.; Auszug: engl.) — In Verss. am isolierten Frosch-

herzen war die negative chronotrope Wrkg. von *Monojodacetat* (I) bei 35° stärker als bei 10° (Senkung der Amplitude auf 50% nach 5 bzw. 14,75 Min.), die von *2.4-Dinitrophenol* u. *KCN* bei 35° u. 10° gleich (3,54 u. 3,48 bzw. 3,71 u. 7,22 Min.). Die auftretende Tachycardie bei 35° bzw. Bradycardie bei 10° verringerte sich bes. nach I.
I. v. Kloch-Kornitz. 4630 □

Einfluß der Antikoagulantien auf die Lipidspiegel des Blutes bei Kranken mit Atherosklerose. L. A. Mjassnikow und W. I. Pjatenko. (Советская Медицина [Sowjet-Med.] **25**, Nr. 7, 31—35, Juli 1961; Moskau, 2. Med. Pirogow-Inst., Hospital-Therap. Klinik; russ., Auszug: engl.) — Bei Kranken mit Atherosklerose der venösen Herzgefäße rief *Phenylin*-Therapie (15 Tage bis zu 2,5 Monaten) Verringerung des Geh. an *Cholesterin* (I) um 30,1%, *Lecithin* (II) um 21 mg%, Erhöhung des II/I-Koeff. von 0,7 auf 0,83 u. Verringerung der *β-Lipoproteide* (III) hervor; *Neodicumarin*- u. *Heparin* (IV)-Therapie bewirkte außer der 4%ig. Verringerung von III bei IV keine wesentlichen Veränderungen von I, II u. III im Blutserum. I. v. Kloch-Kornitz. 4630 □

Quecksilberdiurese bei Hunden mit Diabetes insipidus. Tracy B. Miller und Douglas S. Riggs. (J. Pharmacol. exp. Therapeut. **132**, 329—38, Juni 1961; Buffalo, N.Y., Univ. of Buffalo, School of Med., Dep. of Pharmacol.; engl.) — Da *Mercaptomerin* bei Hunden mit Diabetes insipidus u. maximaler Wasserdiurese nur geringfügige oder keine Veränderungen in der Clearance von freiem W. bewirkt, ist anzunehmen, daß der Hauptsitz der Hg-Diuretica im Nephron proximal vom Ort der fakultativen Wasserrückresorption zu suchen ist. Als Nebenbefund wurde eine unterschiedliche pH-Verminderung des Harns durch das Hg-Diureticum festgestellt. U. Tausendfreund. 4634 □

Aminophyllin und seine Beziehung zu einigen anderen diuretischen Stoffen bei Hunden. Bohdan R. Nechay. (J. Pharmacol. exp. Therapeut. **132**, 339—44, Juni 1961; Gainesville, Fla., Univ. of Florida, Coll. of Med., Dep. of Pharmacol. and Therapeutics; engl.) — Nach *Aminophyllin* (I) läßt sich ein ähnlicher Elektrolyt-Geh. im Harn wie nach *Hydrochlorothiazid* (II) nachweisen; die Rk. der Niere auf I ist von Stoffwechselacidose unabhängig u. wird wahrscheinlich durch Stoffwechselalkalose gesteigert. I, II u. *Mercaptomerin* zeigen (bei Verw. maximal wirksamer Dosen der beiden letzten) eine additive Wrkg. bzgl. Hemmung der tubulären Rückresorption von Na^+ u. Cl^-. Es gibt demnach offenbar wenigstens 4 verschiedene Möglichkeiten der Na^+- u. Cl^--Rückresorption: Je ein Mechanismus wird durch I, II u. Hg-Diuretica beeinflußt, wenigstens ein oder mehrere Mechanismen bleiben von den genannten Substanzen unbeeinflußt. Im Zusatz-Vers. zeigten maximal wirksame perorale Dosen von I u. *Trichlormethiazid* (*3-Dichlormethylhydrochlorothiazid*) ebenfalls additive renale Wirkungen.
U. Tausenfreund. 4634 □

Der Einfluß von Zinkoxid und Eugenol auf Dentin mit Hilfe von Mikrohärtebestimmungen. I. A. Mjör. (Arch. oral Biol. **7**, 333—36, Mai/Juni 1962; Birmingham, Ala., Univ. of Alabama Med. Center; Oslo, Norwegen, Inst. of Dental Res.; engl.) — Der Einfl. von *ZnO* u. *Eugenol* auf *Dentin* wird an Hand von Härte-Best. verfolgt. Danach erhöht ein *Eugenol*-Überzug die Zahnhärte erheblich. Dies wird auf die Steigerung der Mineralisation zurückgeführt. Der Wert ist jedoch niedriger als der von $Ca(OH)_2$-überzogenem Dentin. Amalgam-geschützte Zähne sind dagegen weicher als Eugenol-behandelte. L. Träger. 4655 □

Chemische Schmerzerreger in menschlichem Dentin und Dentalmark. D. J. Anderson und M. N. Naylor. (Arch. oral Biol. **7**, 413—15, Mai/Juni 1962; London, Guy's Hosp. Med. School, Physiol. Labor. and Dep. of Dent. Med.; engl.) — Eine große Anzahl von Verbb. wird auf ihre schmerzbildende Wrkg. bei Kontakt mit Dentin oder Dentalmark hin geprüft. Keine der untersuchten Verbb. erzeugt Schmerzen im Dentinkontakt. Dagegen rufen *Acetylchlorid*, *KCl*, *Histamin* oder *5-Hydroxytryptaminkreatininsulfat* in Dentalmark Schmerzen verschiedener Intensität hervor. Hypoton. *NaCl-Lsg.* u. *Tryptamin* sind ohne Wirkung. L. Träger. 4655 □

Untersuchungen über den möglichen kariostatischen Effekt von Natriummolybdat. R. Van Reen, C. A. Ostrom und V. J. Berzinskas. (Arch. oral Biol. **7**, 351—56, Mai/Juni 1962; Bethesda, Med., Nat. Naval Med. Center, Naval Med. Res. Inst., Dent., Div.; engl.) — Tragende u. säugende Ratten (Stamm NMRI-D) erhalten entweder in der Nahrung oder im Trinkwasser *Mo* als $Na_2MoO_4 \cdot 2\,H_2O$ (I). Der I-Geh. schwankt im Futter zwischen 3—4,8%, im Trinkwasser beträgt er 1%. Außerdem wird in einigen Fällen noch *NaF* zusätzlich gegeben. Die Ausbildung kariöser Defekte in den Muttertieren u. bei den jungen Ratten wird durch I-Gabe nicht reduziert. Der kariostat. Effekt von NaF ist in I-Ggw. unverändert. L. Träger. 4655 □

F. Pharmazeutische Chemie

Untersuchung der Qualitätsindices galenischer Zubereitungen und Arzneimittel. 6. Mitt. B. Granulierte Pulver. 1. Mitt. Feststellung der die Gleitfähigkeit beeinflussenden Faktoren. M. Melichar, J. Malý, J. Murcek und A. Jarmay. (Českoslov. Farmac. **9**, 223–28, Juni 1960; Brno, Comeniusuniv., Farmac. fak., úst. galen. farmac.; tschech.) — 4. vgl. C. **1957**, 7724; 5. vgl. Českoslov. Farmac. **7**, [1958], 505. — Vff. stellen fest, daß die Gleitfähigkeit der Pulver durch längeres Aufbewahren in Standgefäßen beeinflußt wird. — 16 Literaturangaben. E. Vevera. 4766

Untersuchung der Qualitätsindices galenischer Zubereitungen und Arzneimittel. 7. Mitt. B. Granulierte Pulver. 2. Mitt. zum Ausdruck und zur Auswertung des Gleitfähigkeitsindex. M. Melichar. (Českoslov. Farmac. **9**, 229–32, Juni 1960; tschech.) — 6. vgl. vorst. Referat. — Ableitung von Gleichungen für die rechner. Auswertung der Gleitfähigkeit für granulierte Pulver. E. Vevera. 4766

Untersuchung der Qualitätsindices galenischer Zubereitungen und Arzneimittel. 8. Mitt. B. Granulierte Pulver. 3. Mitt. zur Bestimmung des Gleitfähigkeitsindex. M. Melichar und J. Malý. (Českoslov. Farmac. **9**, 273–76, Juli 1960; tschech.) — 7. vgl. vorst. Referat. — Das bereits früher beschriebene Verf. nach Münzel u. Kägi [1954] zur Best. der Gleitfähigkeit granulierter Pulver durch Abschüttung wurde modifiziert. E. Vevera. 4766

Untersuchung der Qualitätsindices galenischer Zubereitungen und Arzneimittel. 9. Mitt. Granulierte Pulver. 4. Mitt. Vergleich und Auswertung der Wirksamkeit von einigen Gleitstoffen. M. Melichar, J. Malý, J. Murcek und A. Jarmay. (Českoslov. Farmac. **9**, 276–82, Juli 1960; tschech.) — 8. vgl. vorst. Referat. — Der Einfl. von 22 Gleitstoffen in der Konz. von 1, 3, 5 u. 10% auf die Gleitfähigkeit von granuliertem Milchzucker als Standard wurde geprüft, verglichen u. die Ergebnisse statist. ausgewertet. E. Vevera. 4766

Gewinnung von Quercetin aus Zwiebelschalen (Allium cepa L.). Adam Michaluk und Maria Oświecimska. (Farmacja polska **16**, 258–59, 10/7. 1961; Kraków, Akad. Med., Zakl. Farmakogn.; pol.) — Zwiebelschalen (100 g) werden mit W. ausgekocht, der Extrakt auf die Hälfte seines Vol. eingeengt u. dann kaltgestellt. Der braune Nd. wird in heißem 96%ig. A. gelöst, die Lsg. filtriert u. mit W. versetzt. Das gefällte Prod. ist chromatograph. einheitliches *Quercetin*, $C_{15}H_{10}O_7$, F. 302–304°, *Pentaacetyl-Deriv.*, F. 195°; 0,75–0,8 g Ausbeute. F. Urban. 4782□

Die Isolierung von Cymarin und Periplocymarin aus den Samen von Castilloa elastica Cerv. Gillian R. Adams und S. Wilkinson. (J. Pharmacy Pharmacol. **13**, 279–82, Mai 1961; Beckenham, Kent, Wellcome Res. Lab.; engl.) — Obwohl in der Latex von *Castilloa elastica* keine *Glykoside* (**I**) nachgewiesen werden konnten, waren sie mit Chlf. leicht aus den entfetteten Samen zu extrahieren. Papierchromatograph. Prüfung an Formamid (**II**)-imprägniertem Papier (Whatman Nr. 1) mit Methylisobutylketon–Diisopropyläther (100:25) — gesätt. mit **II** ergab eine Hauptkomponente mit R_F 0,45 (**III**), ein Nebenprod. mit R_F 0,66 (**IV**) u. eine Spur eines dritten **I** (**V**) mit R_F 0,25. Zur Isolierung von **I** wurden die Samen zuerst mit PAe. u. anschließend mit Chlf. perkoliert, bis mit alkal. m-Dinitrobenzol-Lsg. keine Blaufärbung mehr auftrat. Die Chlf.-Lsg. wurde im Vakuum eingeengt u. der gummiartige Rückstand mit Ae. verrieben, filtriert, mit Ae. gewaschen, in Bzl.–Chlf. (1:2) gelöst u. über eine Al_2O_3-Säule chromatographiert. Die 1. Fraktion enthielt ein gelbes Pigment, die 2. die Verb. **IV**, die 3. die Verbb. **IV** u. **III** u. die 4. Fraktion die Verb. **III**. Die 3. Fraktion wurde zur Auftrennung der Verbb. **III** u. **IV** nochmals in der gleichen Weise chromatographiert. Die isolierte Verb. **III** wurde als *Cymarin* identifiziert, $C_{30}H_{44}O_9 \cdot CH_3OH$, F. 141–143° aus Methanol/Ae.; **III**-*Sesquihydrat*, $C_{30}H_{44}O_9 \cdot 1\frac{1}{2} H_2O$, F. 184–185° aus verd. A.; Trocknung bei 120°/0,01 mm lieferte *wasserfreies* **III**, $[\alpha]_D^{22}$ +39,0° (c = 1,7; Chlf.). *Acetyl*-**III**, F. 175–176°, $[\alpha]_D^{22}$ +45,1° (c = 1; A.). Hydrolyse von **III** mit 0,1n HCl in 50%ig. Methanol ergab *Strophantidin* (**VI**), $C_{23}H_{32}O_6$, F. 230–233°, $[\alpha]_D^{22}$ +43,5 (c = 0,4; Methanol); **VI**-*Oxim*, F. 270° (Zers.); *3-Acetyl*-**VI**, F. 243–244°, $[\alpha]_D^{22}$ +57,7° (c = 0,45; Chlf.). Durch Mol.-Dest. wurde *Cymarose* (**VII**) isoliert u. gereinigt, F. 93–94° aus Ae. u. PAe., $[\alpha]_D^{20}$ +54,7° (c = 3,2; W., nach 24 Std.). Die isolierte Verb. **IV** wurde als *Periplocymarin*, $C_{30}H_{46}O_8$, F. 146–147° aus Methanol u. Ae., identifiziert; nach Trocknen bei 120°/0,001 mm F. 138 bis 140°, $[\alpha]_D^{22}$ +27,8° (c = 1,1; Methanol); *Acetyl*-**IV**, F. 129–130°, nach Trocknen bei 120°/0,01 mm $[\alpha]_D^{22}$ +45,25° (c = 0,44; Chlf.). Hydrolyse von **IV** lieferte **VII**, die sich papierchromatograph. im Syst. Butanol–Pyridin–W. (3:2:1,5) mit authent. **VII** ident. erwies, außerdem *Periplogenin* (**VIII**), $C_{23}H_{34}O_5 \cdot H_2O$, F. 233–235° aus wss. Methanol, nach Trocknen bei 120°/0,001 mm $[\alpha]_D^{22}$ +31,1°, $[\alpha]_{5461}^{22}$ +38,8° (c = 0,39; A.); *3-Acetyl*-

VIII, F. 242—244°, $[\alpha]_D^{22}$ +46,9 (c = 0,32; Chlf.). **V** konnte nicht in einer für die Identifizierung ausreichenden Menge isoliert werden. H. Althoff. 4782

Chemische Wertbestimmung von Oleanderextrakt. B. Görlich. (Planta med. [Stuttgart] **9**, 442—55, Dez. 1961; Ludwigshafen, Knoll A.-G., Forsch.-Abt.; dt.) — Aus getrockneten Blättern von *Nerium Oleander* (Herkunft Italien) wird unter schonenden Bedingungen ein A.-Auszug hergestellt. Mit Pb-Acetat wurden die *Flavonglykoside* (**I**) gefällt, während die *Steroidglykoside* (**II**) in der A.-Mutterlauge verblieben. **I** werden papierchromatograph. mit Essigester-Ameisensäure-W. (10:2:3) getrennt u. nach Römisch [1960] mit $AlCl_3$ in einer mit Pyridin-Eisessig gepufferten Lsg. colorimetr. bestimmt. Dabei wurden *Rutin* (**III**), *Kämpferol-3-rhamnoglucosid*, *Quercetin* u. 2 nicht identifizierte **I** erfaßt. Im Dünnschichtchromatogramm mit Kieselgel G (Merck) u. Essigester-Chlf. (9:1) blieben **II** am Start u. ließen sich erst nach Hydrolyse auftrennen; eine Auftrennung ohne Hydrolyse gelang mit Methyläthylketon-Toluol-W.-Eisessig-Methanol (40:5:3:1:2,5). Neben den Steroid-Monosiden *Oleandrin*, *Desacetyloleandrin* u. *Adynerin* enthielt das untersuchte Konzentrat noch eine Anzahl langsamer wandernder *Gluco-Oleandrine* (**IV**), die säulenchromatograph. über Kieselgel mit wassergesätt. Methyläthylketon + fallenden Konzz. Toluol (20—2,5%) abgetrennt werden konnten. Dabei wurden erstmals rein isoliert *Oleandrin-Monoglucosid*, $C_{38}H_{50}O_{14}$, F. 140—155°, $[\alpha]_D^{20}$ ca. —23° (c = 1,234; Methanol). *Oleandrin-Diglucosid*, $C_{44}H_{68}O_{19}$, F. 180—200°, $[\alpha]_D^{20}$ ca. +8,3 (c = 1,792; Methanol). Die quant. Best. der aus **II** aufgetrennten Einzelglykoside erfolgte mit dem Kedde-Reagens gegenüber Foliandrin als Vgl.-Glykosid. In 1 kg Droge wurden 5,0 g **I** u. 5,5 g **II** gefunden, wobei **I** zu ca. 90% **III** u. **II** ca. 90% wasserlösl. **IV** enthielt. H. Althoff. 4782

Chemische Untersuchungen der Blätter von Withania somnifera. N. S. Dhalla, M. S. Sastry und C. L. Malhotra. (J. pharmac. Sci. **50**, 876—77, Okt. 1961; New Delhi, Lady Hardings Med. Coll., Dep. of Pharmacol. and Therapeut.; engl.) — Aus getrockneten Blättern von *Withania somnifera* Dunal (Solanaceen) wurde *Withanon* (**I**) isoliert, eine neue Verb., die ein Steringerüst u. eine Lactongruppierung aufweist. Zur Isolierung wurden 5 kg gepulverte Droge mit siedendem A. extrahiert. Der Rückstand der eingeengten A.-Lsg. gab nach Extraktion mit Ae. eine Ae.-lösl. Fraktion (A) u. der dabei verbleibende Rückstand nach Behandlung mit W. eine wasserlösl. Fraktion (B), sowie eine unlösl. Fraktion (C). C wurde mit kaltem, 90%ig. A. gewaschen, mit Chlf. behandelt u. die Chlf.-Lsg. mit Tierkohle entfärbt. Der Rückstand der Chlf.-Lsg. ergab nach wiederholter Kristallisation aus abs. A. in einer Ausbeute von 0,102% **I** in rutenförmigen Kristallen, $C_{24}H_{32}O_5$, F. 263°. Die UV-Absorption wies ein Maximum bei 245 mμ auf. Im IR-Spektrum waren Carbonyl- u. Hydroxylbanden nachweisbar. Aus A wurde *Somnitol*, $C_{33}H_{46}O_7$, F. 248—250° isoliert u. identifiziert. In B wurden *Glucose* u. *anorgan. Salze* nachgewiesen. Mit 2%ig. H_2SO_4 wurden aus den Blättern *Alkaloide* (**II**) extrahiert, die mit Dragendorff-Reagens (Dr.R) gefällt u. mit frisch hergestelltem Ag_2CO_3 wieder zerlegt wurden. Nach Papierchromatographie im Syst. n-Butanol-Eisessig-W. (4:1:5) konnten im UV-Licht zwei Verbb. mit grüner Fluorescenz (R_F 0,31 u. 0,38) u. nach Besprühen mit Dr.R 3 weitere (R_F 0,50, 0,58 u. 0,80) nachgewiesen werden. Durch Extraktion des von Chlorophyll befreiten Blattpulvers mit 80%ig. A. wurde ein Gemisch von Aminosäuren erhalten, in dem papierchromatograph. festgestellt wurden: *Cystin*, *Glycin*, *Glutaminsäure*, *α-Alanin*, *Prolin* u. *Tryptophan*. H. Althoff. 4782

Über die Natur der Antimikrobenstoffe von Hypericum perforatum L. 1. Mitt. N. A. Derbenzewa, A. Ss. Rabinowitsch und Ss. I. Selepucha. (Фармацевтичний Журнал (Київ) [Pharmaz. J. (Kiew)] **15**, Nr. 4, 48—53, 1960; ukrain.) — Bei 20—23° wurde der Einfl. von Sonnen-, Quarz- u. elektr. Licht auf den aus *Hypericum perforatum L.* mit Aceton gewonnenen Extrakt (**I**), den mittels Aktivkohle gereinigten Extrakt (**II**), die Substanzen von Phenolcharakter (**III**), *Imanin* (**IV**) u. *Imanin A* (**V**) bei einer Einw. von 1—9 Std. untersucht u. festgestellt, daß bei **I**, **IV** u. **V** unter dem Einfl. der Bestrahlung die Aktivität gegenüber *Staphylococcus aureus* auf $^1/_{1000}$ sinkt. Bei **I** u. dem mit Aktivkohle behandelten **III** tritt hierbei keine Inaktivierung ein. Die hellgelbe Färbung bleibt erhalten. Das UV-Spektrum von **I**, **II**, **III**, **IV** u. **V** mit einer Aktivität von 1:100000—1:10000000 zeigt ein scharfes Maximum bei 275 mμ. Wo die Aktivität als Folge der Bestrahlung herabgesetzt wird, verschwindet dies Maximum. Aus den Verss. wird geschlossen, daß die antibakterielle Aktivität der Hypericum-Präpp. darauf beruht, daß sie den Zwischenprodd. der Hypericin-Synth. nahestehen.
O. Lebtag. 4782□

Untersuchungen von Luffa echinata. 3. Mitt. **Das Öl und das Sapogenin.** M. L. Khorana und K. H. Raisinghani. (J. pharmac. Sci. **50**, 687—89, Aug. 1961; Bombay, India, Univ., Dep. of Chem. Technol.; engl.) — Das Öl der Früchte enthält *Hentri-*

akontan, $C_{31}H_{64}$, F. 68—69°, das sich bei längerem Stehen des Öls (3 Monate) abscheidet. Aus dem A.-Extrakt wird ein *Saponin* (I), Zers. 225—230°, isoliert. I liefert bei der sauren Verseifung *Gypsogenin*, $C_{30}H_{46}O_4$, F. 268—269°; *Methylester*, F. 184 bis 185°; u. *Glucose*, *Rhamnose* u. *Xylose* im mol. Verhältnis 3:1:2.

P. Gregorzewski. 4782□

Über das rumänische Lavandinöl. E. Kopp, E. Kotilla, C. Csedö und S. Mátyás. (Pharmazie **15**, 126—30, März 1960; Tirgu Mures, Rumänien, Medizin.-pharm. Hochsch., Lehrst. für Pharmakogn.; dt.) — Die Unterss. wurden an 5 Jahre alten Lavandinpflanzen vorgenommen. Je Hektar wurden durchschnittlich 2100 kg Inflorescenzen (I) = 51,8 kg Öl erhalten. Der Öl-Geh. der frühmorgens oder spätabends geernteten I war in der Mitte der Blütezeit bes. groß. Beim Linalylacetat-Geh. des Öles wurden im ersten Drittel der Blütezeit die höchsten Werte u. danach eine fortwährende Abnahme gefunden. Da die Ölausbeute bei den einzelnen Stöcken annähernd gleich ist, sind Vff. der Ansicht, daß das verwendete Pflanzenmaterial durch Selektion nicht veredelt werden kann. In der Qualität liegt das erzeugte Lavandinöl zwischen dem engl. Lavandinöl u. dem französ. Lavendelöl. B. Tschiersch. 4782□

Wirkungen verbesserter Herstellung auf die Rheologie thixotroper Suspensionen. Thomas H. Simon, H. George DeKay und Gilbert S. Banker. (J. pharmac. Sci. **50**, 880—85, Okt. 1961; West Lafayette, Ind., Purdue Univ., School of Pharm.; engl.) — Mit 2 Suspensionsmitteln „Bentonite“ U.S.P. u. „Veegum“ HV u. 4 verschiedenen Dispersions-App. wurden mehrere rheolog. Parameter, wie thixotrop. Index, Ausbeute u. Viscosität berechnet u. ausgewertet. U. Drehmann. 4790

Zur Herstellung von wässerigen Augenarzneien. Zugleich ein Beitrag zum DAB 7. U. Bogs. (Pharmazie **15**, 603—09, Nov. 1960; Halle, Martin-Luther-Univ., Pharmazeut. Inst.; dt.) — Allg. Ausführungen über die an Augenarzneien zu stellenden Anforderungen u. die sich für die Praxis in der Apotheke für Herst. u. Abgabe daraus ergebenden Folgerungen; krit. Betrachtung der im Handel befindlichen Arzneispezialitäten für die Augenbehandlung; Vorschlag für eine Beschreibung „wässerige Augenarzneien“ im DAB 7. — 24 Literaturangaben. Ph. Fresenius. 4790□

Herstellung und Konservierung der Augenwässer. Carlo Runti. (Boll. chim. farmac. **99**, 376—432, Juni 1960; Trieste, Univ., Ist. di Chim. farmac.; ital.) — Übersicht. — 326 Literaturangaben. J. Lehmberg. 4790□

Über die Herstellung der Augenwässer aus Eserin–Salicylat. Egidio Bregani. (Boll. chim. farmac. **99**, 373—75, Juni 1960; Milano, Offic. Farmac. Farmila; ital.)

J. Lehmberg. 4790□

Darstellung und Eigenschaften neuer, gastrischer Antacida. 3. Mitt. **Aluminiumhydroxid–Glycin.** Stewart M. Beekman. (J. pharmac. Sci. **50**, 571—77, Juli 1961; Berkeley Heights, N.J., Reheis Co., Res. Labor.; engl.) — 2. vgl. C. **1961**, 11044. — Zwei neue, hochwirksame *Al-Hydroxid* (I)–*Glycin* (II)-Gele, werden durch Dispergieren von krist. **II** in hochakt. u. stabilem **I**-Gel bei Raum-Temp. hergestellt. Durch Sprühtrocknung oder Lufttrocknung bei niederer Temp. u. nachfolgendes Pulvern wurden die entsprechenden getrockneten Gele gewonnen. Im Gel F-4A ist das Verhältnis 0,5 **I**:1 **II** u. beim F-4B 1 **I**:1 **II**. Im Röntgendiagramm erwiesen sich die beiden getrockneten Gele als amorph. Das IR-Spektrum ergab, daß es sich vorwiegend um ein Gemisch von **I** u. **II** handelt u. nicht um eine neue chem. Verbindung. Der Geh. an **I**, **II** u. CO_2, das pH der wss. Suspension, das spezif. Gew., die Viscosität u. die Säurebindungskapazität der fl. u. getrockneten Gele werden bestimmt. Außerdem werden die Gele nach 4 in vitro-Rk.-Geschw.-Testen (nach Reheis, Mutch, Holbert u. a. sowie nach Fuchs) geprüft u. mit **I**-Gel U.S.P. u. *Al-Dihydroxyaminoacetat* (**III**) verglichen. Die Gele F-4A u. F-4B zeigten bei der Pufferung der Magenacidität sofortige u. langandauernde Wrkg. im optimalen pH-Bereich von 3—5. Getrocknetes Gel vom Typ F-4B erwies sich in den antaciden Eigg. gegenüber F-4A u. **III** überlegen. Eine Lagerung von 7 Jahren hatte die Aktivität der getrockneten Gele nicht verringert. Aus getrocknetem Gel F-4B hergestellte Tabletten wiesen einen angenehmen Geschmack auf. Ein getrocknetes, modifiziertes F-4B-Gel mit einem Gew.-Verhältnis 4 **I**:1 *Mg(OH)*$_2$: 1 **II** ergab im pH-Bereich 3—4,5 hervorragende antacide Eigg., ähnlich den fl., klin. wirksamen **I**–$Mg(OH_2)$-Gelen. H. Althoff. 4804

Darstellung und Eigenschaften neuer gastrischer Antacida. 4. Mitt. **Aluminiumhydroxid–Magnesiumtrisilicat.** Stewart M. Beekman. (J. pharmac. Sci. **50**, 577—80, Juli 1961; engl.) — 3. vgl. vorst. Referat. — *Al-Hydroxid* (I)–*Mg-Trisilicat* (II)-Gele werden hergestellt durch getrennte Fällung hochakt. **I**- u. **II**-Gele, anschließendes Mischen, Filtrieren u. Waschen. Zusätzlich werden daraus durch Sprühtrocknung u. Lufttrocknung Trockengele gewonnen. Es werden jeweils 5 Gele hergestellt, mit folgenden annähernden **I**:**II**-Gew.-Verhältnissen: 4:1; 2:1; 1:1; 1:2; 1:4. Die Säurebindungskapazität u. die antacide Aktivität werden nach einer Modifizierung des Verf. von Holbert u. a. geprüft u. verglichen mit reinem, getrockneten **I**-Gel U.S.P., u. **II** U.S.P. sowie deren Gemischen. Die antaciden Eigg. der 5 Gele u. Trockengele waren im optimalen pH-Bereich 3—5 ausgezeichnet, vor allem durch sofortige u. langandauernde Wirkung. Über 1 Jahr gelagerte Trockengele zeigten nur eine schwache Abnahme der antaciden Aktivität. Die trockenen Gemische von **I** u. **II** U.S.P. waren demgegenüber in der Wirksamkeit sehr schwach. H. Althoff. 4804

Untersuchungen über den Keimgehalt von Arzneigläsern. W. Odebrecht und J. Richter. (Pharmazie **16,** 612—14, Dez. 1961; Berlin, Staatl. Inst. für Arzneimittelprüfung; dt.) — Vff. empfehlen ein einfaches u. in den Apotheken durchführbares Verf. zur besseren Reinigung u. Keimfreimachung neuer u. gebrauchter Arzneiflaschen (**I**). Die nach üblichen Meth. gereinigten **I** werden danach entweder im Trockenschrank bei Temp. über 180° sterilisiert oder mindestens 3 Std. in einer 3% ig. C-4-Lsg. belassen u. nach nochmaligem Ausspülen im Trockenschrank getrocknet. Keimfreie Verschlüsse werden durch Erhitzen im Autoklav bei 120° 10 Min. lang oder durch ein 12—24std. Einlegen in eine 80% ig. Optal-Lsg. erhalten. Die **I** sind dann mit den keimfreien Verschlüssen zu verschließen u. auch so zu lagern. Es wird nachgewiesen, daß runde **I** leichter zu reinigen sind als eckige. Als Ergebnis der Unterss. wurde festgestellt, daß der Einsatz neuer **I** nicht in jedem Falle zu rechtfertigen ist. G. Mews. 4832□

Die Konservierung von Sanitätsmaterial aus Metall. 2. Mitt. L. Miczko. (Farmácia [Bratislava] **29,** 372—76, Dez. 1960; tschech.) — 1. vgl. Farmácia [Bratislava] **29,** [1960], 336. — Die Korrosionsverhütung bei Sanitätsmaterial aus Metall wird im Hinblick auf Reinigung, Entfettung, Trocknung u. Konservierung mit verschiedenen Konservierungsmitteln besprochen. E. Kisa. 4832

Beitrag zur mikroskopischen Charakterisierung und Identifizierung von Arzneimitteln. 3. Mitt. M. Brandstätter-Kuhnert und A. Kofler. (Österr. Apotheker-Ztg. **29,** 147—54, 30/9. 1961; Innsbruck, Univ., Pharmakogn. Inst.; dt.) — 2. vgl. Sci. Pharm. **28,** [1960], 7. — In Fortsetzung der „Thermomikro-Meth." von L. u. A. Kofler [1954] wird eine tabellar. Übersicht über die thermomkr. Kennzahlen u. des Verh. vieler Arzneimittel beim Erhitzen unter dem Mikroskop gegeben. U. Drehmann. 4880

Anwendung der Papierchromatographie und Elektrophorese zur Bestimmung pharmazeutischer Produkte. Herbert Schriftman und Robert C. Shultz. (J. pharmac. Sci. **50,** 332—36, April 1961; Radnor, Pa., Wyeth Labor., Inc.; engl.) — Die colorimetr. oder spektrophotometr. Best. verschiedener Arzneimittel (A) versagt oft, wenn diese mit anderen im Gemisch vorliegen. Vff. entwickelten daher Trenn-Meth. für eine Reihe von A mit Hilfe der Papierchromatographie bzw. Papierelektrophorese mit anschließender densitometr. Auswertung der eluierten Flecken. Für folgende A allein u. im Gemisch mit anderen sind tabellar. die verwendete Meth., Fließmittel, Reagentien, Fleckenfarbe u. Übereinstimmung mit konventionellen Verft. angegeben: *Phenylephrin-*, *Meperidin-*, *Procain-* u. *Tetracainhydrochlorid*, *Dextromethorphanhydrobromid*, *Chlorpheniraminmaleat*, *N-Acetyl-p-aminophenol*, *Atropin*, *Tropin*, *Tropinsäure* u. *Äthinylöstradiol*. Winfried Krüger. 4880□

Spektrophotometrische Bestimmung von o-[β-Diäthylaminoäthoxy]-phenylpropiophenonhydrochlorid in pharmazeutischen Präparaten. J. Giusti und G. F. di Paco. (Boll. chim. farmac. **100,** 425—29; Juni 1961; Pisa, Guidotti & Co., Labor. Ric.; ital.) — Der spektrophotometr. Nachw. von *o-[β-Diäthylaminoäthoxy]-phenylpropiophenonhydrochlorid* erfolgt durch Ausfällung als Reinecke-Salz u. Messung der Extinktion in Aceton (**I**)-Lsg. bei 395 mμ oder durch Ausfällung mit Phosphormolybdänsäure u. Messung in **I**-Lsg. bei 400 u. 450 mμ. K. Zingraf. 4880□

Polarographische Untersuchung und quantitative Bestimmung von Noradrenalon, Adrenalon und Aludron. E. Ramonţian, A. Gross und I. Schwarz. (Rev. Chim. [Bucureşti] **10,** 111—15, Febr. 1959; rum.) — Vff. untersuchen die polarograph. Best. von *Noradrenalon*, *Adrenalon* u. *Aludron* in verschiedenen Lsgm. u. bei verschiedenen pH-Werten. Die Verff. u. die Ergebnisse werden angegeben. H. Guischard. 4880□

Dehydratation von 1.1-Diphenyläthanol und 1-[p-Bromphenyl]-1-phenyläthanol und ihre Bestimmung. J. Körbl und F. Jančík. (Českoslov. Farmac. **10,** 419—21, 5/10. 1961; Praha, Výzk. úst. pro farm. a biochem.; tschech.) — Vff. beschreiben eine neue Meth. zur Best. von *1.1-Diphenyläthanol* u. *1-[p-Bromphenyl]-1-phenyläthanol*, die auf der Dehydratation dieser Stoffe in Eisessig beruht. Die entstandenen Olefine werden mit 0,1 n K-Bromat–Bromid-Lsg. potentiometr. bestimmt. H.-W. Wache. 4880□

Antihistaminsubstanzen. 48. Mitt. **Bestimmung von α-Methylbenzhydryläthern.** F. Jančík, J. Körbl und F. Buben. (Československ. Farmac. **10,** 416—18. 5/10. 1961; Praha, Výzk. úst. pro farm. a biochem.; tschech.) — 46. vgl. C. **1961,** 4686. — Die Best. der *α-Methylbenzhydryläther* mit antihistamin. Wrkg., *Alfadryl, Bromadryl* u. *Theadryl* wird auf der Grundlage der Spaltung dieser Stoffe mit $HClO_4$ in Eisessig, wobei das 1.1-Diphenyläthylen bzw. das p-Brom-Deriv. entsteht, durchgeführt. Die Olefine werden anschließend mit 0,1n bzw. 0,02n $KBrO_3$-Lsg. u. 1,2% KBr-Lsg. unter potentiometr. Kontrolle titriert. Bas. Komponenten von Äthern u. das 8-Chlortheophyllin stören die Best. nicht. Die beschriebene Meth. ist für Stoffe mit einer α-Methylgruppe spezifisch. H.-W. Wache. 4880□

Quantitative Bestimmung von 1.4-Dicaffeylchinasäure (Cynarin) in Wurzeln und Kraut von Cynara scolymus und Cynara cardunculus. Leonidas Samochowiec. (Farmacja polska **16,** 257—58, 10/7. 1961; Zabrze-Rokitnica, Śląska Akad. Med., Zakł. Farmakol.; pol.) — Aufgüsse der Wurzeln von *Cynara* (C) *scolymus* L. (I) u. *C. cardunculus L.* (II) werden zunächst auf Whatman-Nr. 1-Papier mit Methanol–Bzl.–Isoamylalkohol–W. (2:1:1:1) chromatographiert. *Cynarin* (III; R_F 0,41) wird entweder durch UV-Licht oder durch Besprühen mit ammoniakal. $AgNO_3$-Lsg. sichtbar gemacht. Der Fleck wird mit 50%ig. Methanol bei 38° eluiert u. die Lsg. spektrophotometriert. Die Auswertung erfolgt mit Hilfe der Extinktion bei 320 mμ. Das Lambert-Beersche Gesetz wird im Bereich 0,1—2 μg I/ml erfüllt. Gefunden wurde im Mittel in I im Kraut 0,022, in den Wurzeln 0,015 u. in II im Kraut 0,018 u. in den Wurzeln 0,008% III. F. Urban. 4880□

Methode der quantitativen Leukogenbestimmung. N. Ss. Gorjatschewa und W. A. Kortschagina. (Аптечное Дело [Apothekenwesen] **9,** Nr. 3, 33—35, Mai/Juni 1960; Moskau, Chem.-Pharmazeut. Ordshonikidse-Forsch.-Inst; russ., Auszug: engl.) — *Leukogen* (I), 2-[α-Phenyl-α-carbäthoxymethyl]-thiazolidin-4-carbonsäure, ist ein sowjet. Präp. zur Verhütung von Röntgenstrahlenschäden. Zur quant. Best. benutzt man die hydrolyt. Spaltung zu Cystein (II) u. α-Formylphenylessigsäureäthylester (III). III wird mit Wasserdampf abdestilliert. Im Rückstand wird II mit Bromid–Bromat in salzsaurer Lsg. potentiometr. titriert. Dabei wird II quant. zu Cysteinsäure oxydiert. 0,1—0,11 g des Präp. werden mit 50 ml W. 1 Std. gekocht u. III abdestilliert. Nach dem Abkühlen bringt man den Rückstand quant. in einen Meßkolben u. füllt zur Marke mit W. auf. 5 ml Lsg. werden mit 50 ml W., 60 ml 4%ig. HCl u. 10 ml 0,1m KBr-Lsg. gemischt u. potentiometr. mit 0,001m $KBrO_3$-Lsg. bei Anwendung einer Pt-Elektrode titriert. 1 ml 0,001m $KBrO_3$-Lsg. entspricht 0,0002954 g I. Analog wird die quant. I-Best. in Tabletten durchgeführt. G. Siewert. 4880□

Über eine Farbreaktion tertiärer Amine und Basen durch Bildung von Furoxanen. Jaroslav Bartos. (Ann. pharmac. franç. **19,** 610—11, Sept./Okt. 1961; Roussel-Uclaf, Centre de Rech.; franz.) — Durch Zusatz von Phenylisocyanat in Nitroäthan zu tert. Aminen (I) in Nitromethan, Erwärmen u. Zugabe von Piperazinhexahydrat in Dimethylformamid nach dem Abkühlen entsteht *3.4-Dimethylfuroxan,* dessen orange Färbung in alkal. Milieu zur Identifizierung der tert. I benützt werden kann. Triäthanolamin u. aromat. tert. I ergeben keine Reaktion. K. Zingraf. 4880□

Zur Papierchromatographie barbituratfreier Sedativa. H.-P. Klöcking. (Pharmazie **16,** 604—11, Dez. 1961; Rostock, Univ., Pharmakolog. Inst.; dt.) — Vf. gibt eine Übersicht über die zur Zeit gebräuchlichen papierchromatograph. Meth. zum Nachw. einiger barbituratfreier Sedativa. Zur Ausarbeitung einer klin. Schnell-Meth. dieser Gruppe von Sedativa wird das Verh. bei Benutzung des wasserfreien Lsgm.-Syst. Dimethylformamid–PAe.–Dioxan u. Verw. verschiedener Papiersorten geprüft. Die Erfassungsgrenze der untersuchten Verbb. wird für eine Reihe bekannter u. einer Anzahl neuer Nachw.-Reagentien angegeben. — 46 Literaturangaben. H. Kala. 4880□

Chromatographisches Verhalten einiger Phenazin-Farbstoffe mit Antituberkulosewirkung. E. Ragazzi. (Boll. chim. farmac. **100,** 402—10, Juni 1961; Padova, Univ., Ist. di Chim. Farmaceut.; ital.) — Die chromatograph. Trennung von 2-[p-Chloranilino]-5-[p-chlorphenyl]-3.5-dihydro-3-isopropyliminophenazin (B 663), 2-[p-Chloranilino]-5-[p-chlorphenyl]-3.5-dihydro-3-iminophenazin, 2-Amino-5-[p-chlorphenyl]-3-[p-chlorphenylimino]-3.5-dihydrophenazin u. 2′.2′-Dimethyl-5.2′-dihydro-5.1′-bis-[p-chlorphenyl]-glyoxalino-[5′.4′:2.3]-phenazin erfolgte auf dünnen Schichten von Kieselsäure zuverlässiger als auf Papier (Lsgm.: Chlf., Aceton, Ligroin, Essigsäure, W.). K. Zingraf. 4880□

Eine einfache Methode zur Erkennung einiger substituierter Phenothiazine. M. Deviller. (Ann. pharmac. franç. **19,** 131—35, Febr. 1961; Usine de Saint-Fons, Soc. Parisienne d'Expansion Chim., Labor. de controle; franz.) — Zusammenstellung von Farb-Rkk. nahe verwandter substituierter *Phenothiazine* mit Uranylnitrat, Eisenchlorid, Na-Persulfat, Ag-Nitrat, Pd-Chlorid, PbO_2 u. MnO_2, die ihre Identifizierung erleichtern. U. Drehmann. 4880

Über die Morphinbestimmung in Dower-Pulver. Adolf Fiebig und Janina Kozłowska. (Farmacja polska 16, 213—15, 10/6. 1961; Gdańsk, Akad. Med., Zakł. Farmac. stosow; pol.) — Die Meth. von Mannich [1935, 1942] zur Best. von Morphin wird modifiziert, um vollständige Kristallisation des Dinitrophenylmorphinäthers innerhalb 24 Std. zu erzielen. Zu diesem Zweck muß der Acetonzusatz auf 15 ml red. u. die Menge an 1-Chlor-2.4-dinitrobenzol auf 0,1 g begrenzt werden. F. Urban. 4880□

Die gravimetrische Bestimmung flüchtiger Bestandteile in Drogen und pharmazeutischen Präparaten. E. Schulek und M. Szakács-Pintér. (Ann. Univ. Sci. Budapestinensis Rolando Eötvös nominatae, Sect. Chim. 2, 599—606, 1960; Budapest, L.-Eötvös-Univ., Inst. für anorgan. u. analyt. Chem.; dt.) — Vff. beschreiben eine App. (Abb.), in der äther. Öle (A) der Wasserdampf-Dest. u. Pentan (I)-Extraktion in einer Stufe unterworfen werden können. Evtl. in den Kühler durch I-Dämpfe mitgerissene A-Anteile werden an Aktivkohle adsorbiert, die vor der quant. A-Best. mit I ausgewaschen werden muß. Aus dem A-I-Gemisch wird I durch Erwärmen bzw. mit strömender Luft abgetrieben u. der A-Rückstand gewogen. Vff. bestimmten so 10 A sowie den A-Geh. in 6 offizinellen Heilpflanzen. Die Abweichungen liegen maximal um $\pm 1\%$ bei Einwaagen von 0,15—0,5 g A. Bei Salben macht sich störend bemerkbar, daß Vaselinanteile mit I neben A flüchtig sind. Winfried Krüger. 4880□

Chromatographische Technik zur Identifizierung von Steroidhormonen in pharmazeutischen Präparaten: Ölige Lösungen und Suppositorien mit zwei Hormonen. E. Lytwyn und R. Pérault. (Ann. pharmac. franç. 19, 598—603, Sept./Okt. 1961; Albert-Rolland, Labor., Centre de Rech.; franz.) — 1 oder 2 Hormone (Östron, Östradiol, Testosteron, Progesteron, Desoxycorticosteron, Folliculin) in öliger Lsg. (Olivenöl) oder in Suppositorien (mit Kakaobutter als Grundlage) können durch absteigende Chromatographie mit dem Lsgm.-Gemisch Methanol–Isooctan (1:1) identifiziert werden. K. Zingraf. 4880□

Biologische Methoden in Anwendung auf den Nachweis von Inaktivatoren von Antibioticis. Halina Koniar. (Farmacja polska 16, 219—21, 10/6. 1961; Gdańsk, Państw. Szpital klin. Nr. 1; pol.) — Übersicht über qual. u. quant. biolog. Methoden. — 16 Literaturangaben. F. Urban. 4880□

VEB Farbenfabriken Wolfen (Erfinder: Manfred Möhring), Wolfen, Kr. Bitterfeld, **Herstellung injizierbarer, von Ballaststoffen freier Sulfonamidsuspensionen.** Man verwendet die *Salze von Alkalimetallen, Erdalkalimetallen oder organ. Aminen mit sulfonsäuregruppentragenden Sulfonamiden als Suspensionshilfen.* (**D. A. S. 1 128 598** Kl. 30h vom 28/4. 1961, ausg. 26/4. 1962.) K. Koebke. 4787

Farbwerke Hoechst Akt.-Ges., vormals Meister Lucius & Brüning (Erfinder: Karl Schmitt, Frankfurt/M., Ingeborg Hennig, Kelkheim/Taunus, Ernst Lindner, Frankfurt/M., und Heinrich Ott, Eppstein/Taunus), **Narkotisch wirksame α.β-Alkensäureamide** der allg. Formel $R-C(R_1=C(R_2)-CO-NH-CH_2-C(R_3)(R_4)-C_6H_4-R_5$ (R = gerad- oder verzweigtkettiges Alkyl mit höchstens 5 C-Atomen; R_1 u. R_2 = H, Methyl, Äthyl; R_3 u. R_4 = gerad- oder verzweigtkettiges Alkyl mit höchstens 4 C-Atomen; R_5 = H oder Alkoxyrest mit höchstens 4 C-Atomen) erhält man durch Rk. von Aminen der allg. Formel $H_2N-CH_2-C(R_3)(R_4)-C_6H_4-R_5$ mit Alken-(2)-säuren der allg. Formel $R-C(R_1)=C(R_2)-COOH$, deren Säurechloriden, Anhydriden, Estern oder Aziden in üblicher Weise oder indem man aus den entsprechenden α- oder β-Hydroxysäureamiden bzw. deren Estern von anorgan. oder organ. Säuren W. bzw. die den Estern entsprechenden Säuren in üblicher Weise abspaltet oder indem man aus den entsprechenden α.β-Dihalogensäureamiden die Halogenatome in üblicher Weise entfernt oder indem man β.γ-Alkensäureamide zu den α.β-Alkensäureamiden in üblicher Weise isomerisiert. Die Rkk. können in An- oder Abwesenheit von Lsgm. (Ae., Tetrahydrofuran, Dioxan, fl. Ketone, KW-Stoffe, Dimethylformamid) durchgeführt werden. Zur Halogenbindung dient überschüssiges Amin oder tert.-Amin, die auch gleichzeitig Lsgm. sind, Alkali- oder Erdalkalihydroxid oder -carbonat. — Aus 12 g β-Methylcrotonsäurechlorid in 100 ml Ae. u. 17,7 g 2-Äthyl-2-phenylbutyl-1-amin in 16 ml Triäthylamin u. 100 ml Ae. zuerst unter Eiskühlung, dann bei Raum-Temp. → *β-Methylcrotonsäure-[2-äthyl-2-phenyl-1-butyl]-amid*, das nach Animpfen krist.; aus wss. Methanol, F. 88—90° — β-Methylcrotonsäureäthylester oder -chlorid + 2-Äthyl-2-[m-methoxyphenyl]-butyl-

1-amin → *β-Methylcrotonsäure-[2-äthyl-2-(m-methoxyphenyl)-1-butyl]-amid*, F. 68—70°. — Crotonsäurechlorid → *Crotonsäure-[2-äthyl-2-phenyl-1-butyl]-amid*, aus PAe., F. 65—67°. — cis-β-Neopentylcrotonsäurechlorid → *cis-β-Neopentylcrotonsäure-[2-äthyl-2-phenyl-1-butyl]-amid*, F. 66—68°. — 2-Isopropyl-2-[m-methoxyphenyl]-hexyl-1-amin → *β-Methylcrotonsäure-[2-isopropyl-2-(m-methoxyphenyl)-1-hexyl]-amid*, F. 76—78°. — 2-Äthyl-2-[p-methoxyphenyl]-butyl-1-amin → *β-Methylcrotonsäure-[2-äthyl-2-(p-methoxyphenyl)-1-butyl]-amid*, aus Dibutyläther, F. 75—76°. — trans-β-Neopentylcrotonsäurechlorid → *trans-β-Neopentylcrotonsäure-[2-äthyl-2-phenyl-1-butyl]-amid*, aus Essigsäureäthylester, F. 117—118°. — 2-[m-Methoxyphenyl]-2-äthylbutyl-1-amin → *Crotonsäure-[2-äthyl-2-(m-methoxyphenyl)-1-butyl]-amid*, $Kp._{0,07}$ 155—160°; F. 65—67°. — Tiglinsäurechlorid → *Tiglinsäure-[2-äthyl-2-phenyl-1-butyl]-amid*, $Kp._{0,15}$ 134—136°. — 2-Äthylhexen-(2)-säurechlorid → *2-Äthylhexen-(2)-säure-[2-äthyl-2-(m-methoxyphenyl)-1-butyl]-amid*, $Kp._{0,05}$ 155—160°. — Crotonsäureazid → *Crotonsäure-[2-äthyl-2-(m-methoxyphenyl)-1-butyl]-amid*, F. 64—67°. — Ferner können umgesetzt werden: 2-o-, -m- oder -p-Äthoxyphenyl-2-methylbutyl-, Methoxy- oder -Propoxyphenyl-2-äthylbutyl-, 2-Phenyl-2-propylbutyl-, 2-Butoxyphenyl-2-propylbutyl-, 2-Phenyl-2-butylbutyl-, 2-Isobutoxyphenyl-2-isobutylbutyl-, 2-Phenyl-2-sek.-butylbutyl-, -propyl-, -amyl- oder -hexyl-1-amin mit α.β-Dimethyl-, α- oder β-Äthyl-, α-Methyl-β-äthyl-, β-Propyl-, β-sek.-Butylcrotonsäure, β-Äthyl-α.β-pentensäure u. α-Methyl-α.β-isoheptensäure. — *Hexen-(2)-1-säure-[2-phenyl-2-äthyl-1-butyl]-amid.* — *Hexen-(2)-1-säure-[2-(m-methoxyphenyl]-2-äthyl-1-butyl]-amid.* — *Wenig giftige Beruhigungs-, Schlaf- u. Betäubungsmittel*; Wrkg. vgl. Tabelle. (**D. A. S. 1 122 939** Kl. 12o vom 8/8. 1958, ausg. 1/2. 1962.) G. Krauß. 4807

Farbwerke Hoechst Akt.-Ges., vormals Meister Lucius & Brüning, Frankfurt/M., **Sulfonylharnstoffe** der allg. Formel $R-SO_2-NH-CO-NH-R_1$ (in der R = ein oder mehrfach durch Alkyl-, Alkoxygruppen oder Halogen substituierter Phenyl- oder Naphthylrest, Diphenyl-, Phenoxyphenyl-, Phenylalkyl- oder Tetranaphthalin- oder ein aliphat. oder cycloaliphat. Rest mit bis zu 12 C-Atomen ist u. R_1 ein Alkyl-, Cycloalkyl, Phenylalkyl- oder Phenylrest, wobei der aliphat. Teil auch durch Sauerstoffatome unterbrochen sein kann) werden hergestellt, indem man Alkalisalze von Sulfonsäurechloramiden mit Formamiden der allg. Formel $H-CO-NH-R_1$ umsetzt. — 144 (g) 4-Methylbenzolsulfonsäurechloramidnatriumtrihydrat, 50,5 Isobutylforamid u. 71 $Na_2CO_3 \cdot 2\,H_2O$ werden 1 Std. auf dem Dampfbad erhitzt. Die Rk. zeigt sich durch Blasen-Bldg. an. Man löst in 750 warmem W., gibt einen Tropfen Formaldehydnatriumsulfoxylat-Lsg. zur Red. nicht umgesetzten Ausgangsmaterials zu, filtriert u. säuert das erkaltete Filtrat mit HCl an. Man erhält *N-(4-Methylbenzolsulfonyl)-N'-isobutylharnstoff*, F. 169—171°. — In analoger Weise werden folgende Harnstoffe hergestellt: *N-(4-Methylbenzolsulfonyl)-N'-n-butyl-*, F. 125—127°; *N-(4-Methylbenzolsulfonyl)-N'-cyclohexyl-*, F. 170—172°; *N-Benzolsulfonyl-N'-isobutyl-*, F. 131—133°; *N-(2-Methyl-6-chlorbenzolsulfonyl)-N'-allyl-*, F. 192—194°; *N-(3.4-Dimethoxybenzolsulfonyl)-N'-isobutyl-*, F. 195—196°; *N-Cyclohexansulfonyl-N'-(β-phenyläthyl)-*, F. 128—130°. — *Antidiabetica.* (**D. A. S. 1 066 575** Kl. 12o vom 30/11. 1957, ausg. 8/10. 1959.) A. Dandl. 4807

Farbwerke Hoechst Akt.-Ges., vormals Meister Lucius & Brüning, Frankfurt/M. (Erfinder: Walter Aumüller, Kelkheim/Taunus, und Heinz Herr, Frankfurt/M.), **Sulfonylharnstoffe** der allg. Formel $R-SO_2-NH-CO-NH-R^1$ (R = ggf. ein- oder mehrfach durch Alkyl, Alkoxy oder Halogen substituierter Phenyl- oder Naphthylrest, Diphenyl, Phenoxyphenyl, Phenylalkyl, Tetrahydronaphthyl, Alkyl, Cycloalkyl mit bis zu 12 C-Atomen; R^1 = gesätt. oder ungesätt. Alkyl, Cycloalkyl, Phenylalkyl oder Phenyl; der aliphat. Rest kann auch durch O unterbrochen sein) werden hergestellt durch Rk. der Alkalisalze von Sulfonsäurebromamiden der Formel $X-SO_2-NNaBr$ (X = organ. Rest) mit Formamiden der Formel $H-CO-NH-R^1$ bei 90—130° in Ggw. von Salzen oder tert. Aminen. — Eine Mischung aus 4-Methylbenzolsulfonsäurebromamid-Na, N-Isobutylformamid u. Na_2CO_3 wird auf dem Dampfbad 5 Min. erwärmt. Man erhält *N-(4-Methylbenzolsulfonyl)-N'-isobutylharnstoff*, F. 169 bis 171°. — Analog werden hergestellt: *N-(4Methylbenzolsulfonyl)-N'-butylharnstoff*, F. 125—127°; *N-(4-Methoxybenzolsulfonyl)-N'-cyclohexylharnstoff*, F. 181—183°; *N-(3-Methyl-4-methoxybenzolsulfonyl)-N'-β-phenyläthylharnstoff*, F. 148—150°. — *Antidiabetica.* (**D. A. S. 1 081 001** Kl. 12o vom 11/6. 1958, ausg. 5/5. 1960. **Zusatz zu D. A. S. 1 066 575; s. vorst. Ref.**) A. Dandl. 4807

Lepetit S. p. A. (Erfinder: Gaetano Melone und Alerto Vecchi), Mailand, Italien, **4-Cyanzimtaldehyd, β-[4-Cyanthienyl-(2)]-crolein und ihre α-Halogen-Derivate.** Zu D. A. S. 1 082 272; C. **1960,** 17207 ist nachzutragen: Durch Rückflußerhitzung von 4-Cyanbenzaldehyd mit einem großen Überschuß von Acetaldehyd im alkal. Medium in Ggw. von Essigsäureanhydrid erhält man in 69%ig. Ausbeute 4-Cyanzimtaldehyd, F. 135—137°, u. aus dieser Verb. durch Behandlung mit Br_2 in Eisessig u. anschließendes ½std. Rückflußerhitzen in Ggw. von K_2CO_3 in 94%ig. Ausbeute *4-Cyan-α-bromzimtaldehyd*, F. 156—157°. (**Aust. P. 222614** vom 11/9. 1957, ausg. 6/8. 1959. It. Prior. 14/9. 1956.) O. Roick. 4807

G. D. Searle & Co., Chicago, übert. von: Roy H. Bible jun., Morton Grove, Ill. V.St.A., **Polyhydrophenanthrenverbindungen** der allg. Formel I erhält man bei der Rk. eines Harzsäure-Deriv., z. B. eines Alkyl-O-alkylpodocarpats mit einem Säurechlorid R'—COCl in Ggw. von $AlCl_3$ als Kondens.-Katalysator u. anschließende Oxydation des acylierten Rk.-Prod. mittels CrO_3 in wss. Essigsäure, wobei die Oxogruppe in 9-Stellung entsteht. In den Formeln bedeuten: R = H oder eine niedermol. Alkylgruppe, R' = eine niedermol. Alkyl- oder eine aromat. Gruppe mit 9 C-Atomen u. R'' = H oder eine niedermol. Alkylgruppe. Die Alkylgruppen können auch verzweigtkettig sein. — Methyl-O-methyl-7-acetylpodocarpat in Essigsäure wird bei 5—10° mit CrO_3 in wss. Essigsäure versetzt u. 30 Min. lang nach erfolgter Zugabe gerührt. Man läßt bei 5—10° 48 Std. u. anschließend bei 25° 72 Std. stehen. Nicht reagiertes CrO_3 wird mittels A. zersetzt, das Gemisch mit W. verd. u. anschließend das Unlösl. filtriert u. gewaschen. Man erhält *1.12-Dimethyl-6-methoxy-7-acetyl-9-oxo-1.2.3.4.9.10.11.12-oktahydrophenanthren-1-carbonsäuremethylester*, F. 248—249°. Wird der Methylester im redest. Pyridinhydrochlorid unter Rückfluß 10 Min. erhitzt u. anschließend in W. geschüttet, erhält man die *1.12-Dimethyl-6-hydroxy-7-acetyl-9-oxo-1.2.3.4.9.10.11.12-oktahydrophenanthren-1-carbonsäure*, F. 182—186°. — Methyl-O-methylpodocarpat in Chlorbenzol wird bei 5—10° ca. 10 Min. mit $AlCl_3$ behandelt. Anschließend setzt man innerhalb von 30 Min. Benzoylchlorid, in Chlorbenzol gelöst, zu, erwärmt das Rk.-Gemisch auf normale Temp. u. hält auf ca. 25° während 18 Std., worauf man das Rk.-Gemisch in Eiswasser schüttet, welches mit HCl angesäuert ist. Man dest. Chlorbenzol unter vermindertem Druck ab u. extrahiert den Rückstand mehrmals mit Äther. Die vereinigten Ae.-Extrakte werden mit 10%ig. HCl, anschließend mit W. u. mit 10%ig. NaOH-Lsg. gewaschen. Man trocknet u. krist. aus wss. Essigsäure u. anschließend aus wss. CH_3OH den *Methylester* der *1.12-Dimethyl-6-methoxy-7-benzoyl-1.2.3.4.9.10.11.12-oktahydrophenanthren-1-carbonsäure*, F. 114—119°. Auf analoge Weise erhält man folgende 1.2.3.4.9.10.11.12-Oktahydrophenanthren-1-carbonsäuren: *1.12-Dimethyl-6-methoxy-7-benzoyl-9-oxo-*, *Methylester*, F. 174—176°. — *1.12-Dimethyl-6-methoxy-(o-äthylbenzoyl)-9-oxomethylester.* — *1.12-Dimethyl-6-methoxy-7-(p-chlorbenzoyl)-*, *Methylester*, F. 140—144°. — *1.12-Dimethyl-6-methoxy-7-(p-chlorbenzoyl)-9-oxo-*, *Methylester*, F. 262—264°. — *1,12-Dimethyl-6-methoxy-7-(2.5-dibrom-4-methylbenzoyl)-9-oxo-*, *Methylester.* — *1.12-Dimethyl-6-methoxy-7-(o-methoxybenzoyl)-*, *Methylester*, F. 118 bis 121°; *1.12-Dimethyl-6-methoxy-7-(o-methoxybenzoyl)-9-oxo-*, *Methylester*, F. 175 bis 176°. — *1.12-Dimethyl-6-methoxy-7-(p-äthoxybenzoyl)-9-oxo-*, *Methylester.* — *1.12-Dimethyl-5-äthoxy-7-butyryl-9-oxo-*, *Äthylester.* — *1.12-Dimethyl-6-methoxy-7-acetyl-9-oxo-*, F. 195—196,5°. — *Arzneimittel*, bes. zur Behandlung erhöhten Blutdrucks. (**A. P. 2854474** vom 19/7. 1956, ausg. 30/9. 1958.) G. König. 4807

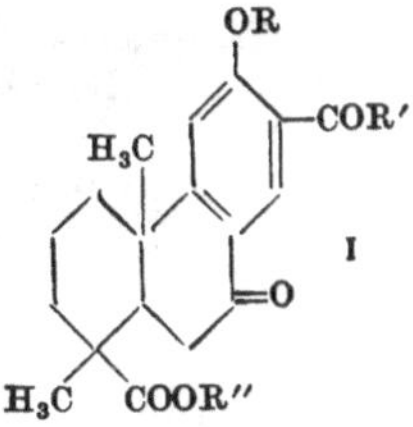

I

G. D. Searle & Co., Chicago, übert. von: Willard M. Hoehn, Wilmette, und Roy H. Bible jun., Morton Grove, Ill., V.St.A., **Herstellung von 2-Arylmethylen-4a-methyl-6-hydroxy-1.2.3.4.4a.9.10.10a-oktahydrophenanthronen-(1)** der allg. Formel I erfolgt bei der Rk. von Äthern der allg. Formel II in einem alkohol. oder wss.-alkohol. Medium in Ggw. eines bas. Kondens.-Katalysators, wie Alkalihydroxiden oder Alkoxiden, mit einem aromat. Aldehyd der allg. Formel Ar—CHO bei normaler Temp. bis 100° u. Trennung der Rk.-Prodd. nach deren Löslichkeit u. phenol. oder nichtphenol. Konstitution. — Eine Lsg. von 4a-Methyl-6-methoxy-1.2.3.4.4a.9.10.10a-oktahydrophenanthron-1-u. frisch dest. Benzaldehyd in abs. A., werden mit Na in A. gelöst 7 Tage bei normaler Temp. im geschlossenem Gefäß gemischt. Man verd. mit Ae. u. schüttet in eine größere Menge Wasser. Man trennt von der organ. Schicht u. extrahiert die wss. Schicht mit Äther. Die vereinigten organ. Schichten werden bis zur Neutralität mit W. gewaschen, über wasserfreiem $CaSO_4$ getrocknet u. das Lsgm. abdestilliert. Man erhält *2-Benzyliden-4a-methyl-6-meth-*

I

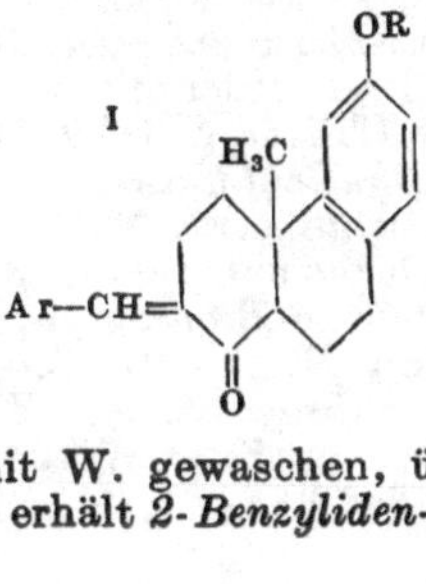

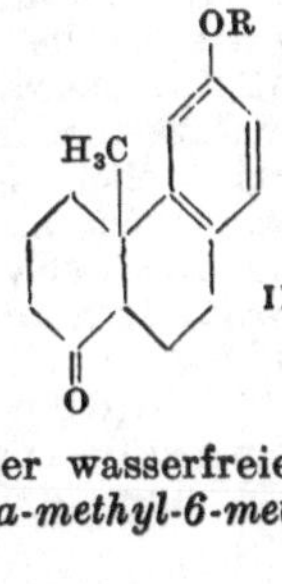

II

oxy-1.2.3.4.4a.9.10.10α-oktahydrophenanthron-(1), $Kp._{0,08}$ 190—200°. — Auf analoge Weise werden folgende 1.2.3.4.4a.9.10.10a-oktahydrophenanthrone-(1) hergestellt: *2.4-Dinitrophenylhydrazon* des *2-Benzyliden-4a-methyl-6-methoxy-*, F. 113—123°. — *2-(p-Methylbenzyliden)-4a-methyl-6-hydroxy-*. — *2-(o.p-Dimethylbenzyliden)-4a-methyl-6-hydroxy-*. — *2-(α-Naphthylmethylen)-4a-methyl-6-methoxy-*. — *2-(o-Fluorbenzyliden)-4a-methyl-6-hydroxy-*. — *2-(p-Jodbenzyliden)-4a-methyl-6-äthoxy-*. — *2-(p-Brombenzyliden)-4a-methyl-6-äthoxy-*. — *2-Benzyliden-4a-methyl-6-benzyloxy-*. — *2-(3'.4'-Dichlorbenzyliden)-4a-methyl-6-methoxy-*. — *2-(2'-Chlor-1'-naphthylmethylen)-4a-methyl-6-methoxy-*. — *Schutzmittel* gegen UV-Strahlen, *Mittel* mit *hormonaler Wrkg.* zur Korrektion metabol. Disfunktion, *Antidiuretica*. (**A. P. 2 832 805** vom 24/1. 1957, ausg. 29/4. 1958.)

G. König. 4807

G. D. Searle & Co., Chicago, übert. von: Willard M. Hoehn, Wilmette, Ill., V.St.A., **Herstellung von Polyhydrophenanthrencarbonitrilen** der allg. Formel **I**, erhält man bei der Rk. eines Phenanthrencarbonitrils der allg. Formel **II** mit einem aromat. Aldehyd, wie Benzaldehyd oder alkoxysubstituiertem Benzaldehyd, in Ggw. eines alkal. Rk.-Mediums aus z. B. in einem niedrigmol. Alkanol gelöstem Alkalihydroxid oder Alkalialkoxid, wobei eine spontane Wasserabspaltung unter Bldg. des ungesätt. Ketons in der 9-Stellung erfolgt. In den Formeln bedeuten Z eine Carbonyl- oder eine Methylengruppe u. Ar = aromat. Rest, wie eine Phenyl- oder eine Alkoxygruppe der Formel $-C_6H_4-O$-niedrigmol. Alkyl, wobei die Alkylgruppe weniger als 9 C-Atome aufweist u. auch verzweigtkettig sein kann. — Dehydroabietonitril in Essigsäure, wird auf 70° erhitzt u. allmählich CrO_3 in wss. Essigsäure zugesetzt. Man hält 7—8 Std. auf dieser Temp. u. kühlt anschließend. Zu der Rk.-Lsg. setzt man CH_3OH u. W. zu u. dest. Essigsäure ab. Man löst den Rückstand in Ae. u. wäscht den Extrakt mit W. u. 2% ig. NaOH-Lösung. Nach erfolgtem Trocknen nimmt man mit A. auf u. erhält daraus krist. *1.4a-Dimethyl-7-acetyl-9-oxo-1.2.3.4.4a.9.10.10a-oktahydrophenanthren-1-carbonitril*, F. 167—168°. 2 Teile dieses Carbonitrils werden mit 1 Teil Benzaldehyd in Methanol u. in Ggw. von Na-Methylat unter Rückfluß ca. 5 Min. lang erhitzt. Man trennt den semikrist. Nd. ab u. krist. aus CH_3OH *1.4a-Dimethyl-7-cinnamoyl-9-oxo-1.2.3.4.4a.9.10.10a-oktahydrophenanthren-1-carbonitril*. Auf analoge Weise erhält man folgende 1.2.3.4.4a.9.10.10a-Oktahydrophenanthren-1-carbonitrile: *1.4a-Dimethyl-7-(p-methoxycinnamoyl)-9-oxo-*, F. 160—162°. *1.4a-Dimethyl-7-acetyl-*, F. 115—116,5°; *1.4a-Dimethyl-7-acetyl-*, F. 115—116,5°; *1.4-Dimethyl-7-(o-äthoxycinnamoyl)-*; *1.4a-Dimethyl-7-(p-methoxycinnamoyl)-*; *1.4a-Dimethyl-7-cinnamoyl-*, F. 120—121°. — *Arzneimittel*, bes. in Verbindung mit Hormonen, Bactericide. (**A. P. 2 832 796** vom 10/4. 1957, ausg. 29/4. 1958.)

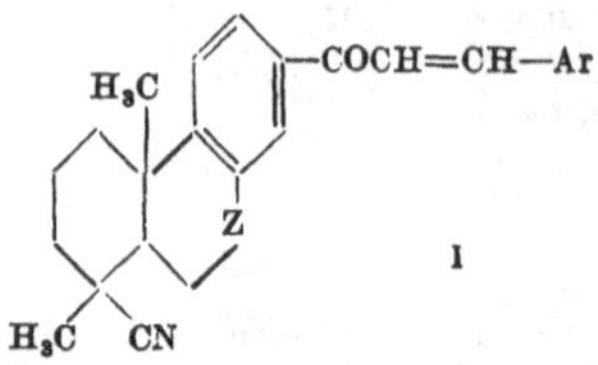

I

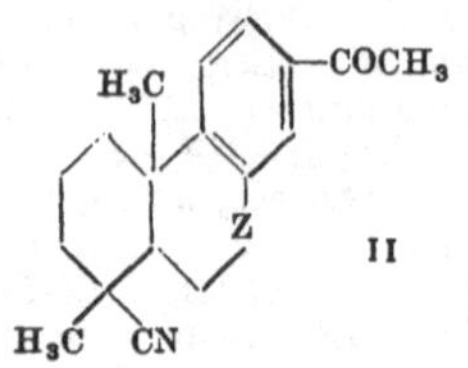

II

G. König. 4807

G. D. Searle & Co., Chicago, übert. von: Willard M. Hoehn, Wilmette, Ill., V.St.A., **Herstellung von durch Halogencarbonsäurereste substituierten 1.4a-Dimethyl-7-isopropyl-1.2.3.4.4a.9.10.10a-oktahydrophenanthren-1-carbonitrilen** erfolgt durch Rk. des Dehydroabietonitrils mit einem Carbonsäurehalogenid nach Friedel-Crafts in Ggw. eines Verdünnungsmittels. — Jodierte Verbb. erhält man aus den entsprechenden Cl-Verbb. durch Rk. der Cl-Verb. mit einem Alkalijodid. — 1.4a-Dimethyl-7-isopropyl-1.2.3.4.4a.9.10.10a-oktahydrophenanthren-1-carbonitril, Acetylchlorid u. Nitrobenzol werden bei —5 bis +8° 2—3 Tage lang mit $AlCl_3$ verrührt. Man schüttet anschließend in W., welches mit Ae. soweit verd. wird, daß die organ. Phase eine kleinere Dichte als die wss. Phase aufweist. Die organ. Phase wird abgetrennt, mit W., 2% ig. NaOH u. anschließend wieder mit W. gewaschen. Die Lsgm. werden im Vakuum entfernt, der Rückstand mit Chlf. u. A-Kohle behandelt u. anschließend das Filtrat mit CH_3OH verd., wobei *1.4a-Dimethyl-6-acetyl-7-isopropyl-1.2.3.4.4a.9.10.10a-oktahydrophenanthren-1-carbonitril* auskristallisiert, F. 156—158°. — Auf analoge Weise werden folgende 1.4a-Dimethyl-7-isopropyl-1.2.3.4a.9.10.10a-oktahydrophenanthren-1-carbonitrile hergestellt: *6-Bromacetyl-*, F. 103—104,5°; *6-Chloracetyl-*, F. 145—146°; 6-(α-Chlorpropionyl)- mit NaJ → *6-Jodacetyl-*; *6-Butyryl-*, $Kp._{0,3-0,5}$ 210—215°, F. 113 bis 114° (CH_3OH); *6-(α-Brombutyryl)-*, F. 117—118°, u. *6-(α-Jodbutyryl)-*, F. 152—154°. — *Arzneimittel*, mit bes. cardialer Wrkg. u. Zwischenprodukte. (**A. P. 2 854 471** vom 24/12. 1956, ausg. 30/9. 1958.)

G. König. 4807

Asta-Werke Akt.-Ges., Chemische Fabrik (Erfinder: Herbert Arnold, Norbert Brock und Engelbert Kuhas), **Spasmolytische Mittel** sind: *β-Dimethylaminoäthyl-(6-methyl-2.5-endomethylen-Δ^3-tetrahydrobenzhydryl)-äther*, Kp.$_{0,4}$ 132—135°, Hydrochlorid, F. 123—127°, der entsprechende *β-Diäthylaminoäthyl-(6···)-äther*, Kp.$_{0,4}$ 136—139°, Hydrochlorid, F. 82—86°, der entsprechende *β-Piperidinoäthyl-(6···)-äther*, Kp.$_{0,8}$ 165—169°, Hydrochlorid, F. 185—187°, der entsprechende *β-Morpholinoäthyl-(6-···)-äther*, Kp.$_{0,4}$ 158—162°, Hydrochlorid, F. 209—212°, der entsprechende *β-Pyrrolidinoäthyl-(6···)-äther*, Kp.$_{0,6}$ 144—147°, Hydrochlorid, F. 179—184°; ferner *β-Dimethylaminoäthyl-(2.5-endomethylen-Δ^3-tetrahydro-α-methylbenzhydryl)-äther*, Kp.$_{0,7}$ 138—142°, Hydrochlorid, F. 173—174°, der entsprechende *β-Diäthylaminoäthyl-(2.5-···)-äther*, der entsprechende *β-Piperidinoäthyl-(2.5···)-äther*, Kp.$_{0,6}$ 157—165°, Hydrochlorid, F. 178 bis 180°, der entsprechende *β-Morpholinoäthyl-(2.5···)-äther*, Kp.$_{0,8}$ 168—172°, Hydrochlorid, F. 165—167°, der entsprechende *β-Pyrrolidinäthyl-(2.5-···)-äther*, Kp.$_{0,2}$ 153—158°, Hydrochlorid, F. 165—167°; ferner *β-Dimethylaminoäthyl-(4'-chlor-2.5-endomethylen-Δ^3-tetrohydro-α-methylbenzhydryl)-äther*, Kp.$_{0,2}$ 140—145°, Hydrochlorid, F. 162—163°, ferner *β-Dimethylaminoäthyl-(6-methyl-2.5-endomethylen-Δ^3-tetrahydro-α-methylbenzhydryl)-äther*, Kp.$_{0,4}$ 123—135°, Hydrochlorid, F. 169—171°, u. *β-Dimethylaminoäthyl-(6-methyl-2.5-endomethylenhexahydro-α-methylbenzhydryl)-äther*, Kp.$_{0,6}$ 154—158°, Hydrochlorid, F. 197—198°. (**Aust. P. 224 266** vom 13/6. 1958, ausg. 29/10. 1959. D. Prior. 29/6. 1957.) H. Möllering. 4807

Cilag-Chemie Ltd., Schaffhausen, Schweiz, **1-Aza-2.3;5.6-dibenzocycloheptadienderivate** der allg. Formel **I**, in der R_1 = Alkylen mit 2—4 C-Atomen, Am = sek. oder tert., ggf. cycl. Aminorest, werden durch Einführung des Aminoalkylrestes Am—R_1- in 1-Aza-2.3;5.6-dibenzocycloheptadien-Derivv. der allg. Formel **II**, in der **X** = H oder Metall bedeutet, hergestellt. Zur Substitution des X sind geeignet Verbb. der Formel Am—R_1—Hal, in denen Hal = Halogen, z. B. Cl. Die **I** können ferner dargestellt werden durch Red. eines am Aza-N hängenden Restes —CO—R_1—Am, z. B. mittels $LiAlH_4$ in Ae. oder Tetrahydrofuran. — 1-Aza-2.3;5.6-dibenzocycloheptadien wird in Xylol mit $NaNH_2$ versetzt u. 3-Dimethylaminopropylchlorid zugegeben. Man erhält *1-(3'-Dimethylaminopropyl)-1-aza-(2.3:5.6)-dibenzocycloheptadien*, Kp.$_{0,01}$ 141 bis 143°; dessen *Hydrochlorid*, F. 176—178°; dessen *Methojodid*, F. 189—190°. — Analog werden folgende 1-Aza-2.3;5.6-dibenzocycloheptadiene hergestellt: *1-(2'-Diäthylaminoäthyl)-*, Kp.$_{0,01}$ 140—145°; *Dihydrochlorid*, F. 162—164°; *Monomethojodid*, F. 209—210°; *1-(Diäthylaminoäthyl)-*, Kp.$_{0,01}$ 140—145°; *1-(3'-Pyrrolidinopropyl)-*, Kp.$_{0,01}$ 151—153°; *Dimethylaminoäthyl-*, Kp.$_{0,01}$ 147—153°; *Hydrochlorid*, F. 195—198°, *Pikrat*, F. 171 bis 172°; *Methojodid*, F. 221—222°; *Piperidinoäthyl-*, Kp. 145—148°, *Dihydrochlorid*, F. 208 bis 210°, *Methojodid*, F. 200—201°; *Morpholinoäthyl*, Kp.$_{0,02}$ 161—164°, *Methojodid*, F. 225°; *Pyrrolidino-β-methyläthyl-*, Kp.$_{0,01}$ 152—153°; *Diäthylaminopropyl-*, Kp.$_{0,015}$ 161—162°; *Piperidinopropyl-*, Kp.$_{0,02}$ 165—166°, *Dihydrochlorid*, F. 199—201°; *4-Methylpiperazinoäthyl-*, Kp.$_{0,01}$ 160—163°; *N-Methylpyrrolidino-(3)-methyl-*, Kp.$_{0,02}$ 152—154°; *N-Äthylpyrrolidino-(3)-methyl-*, Kp.$_{0,01}$ 165—168°. — *Antihistaminica, Antipyretica, Analgetica, senken Blutdruck, Puls u. Atmungsgeschwindigkeit.* (**E. P. 834 281** vom 21/12. 1956, ausg. 4/5. 1960. Schwz. Prior. 28/12. 1955.) A. Dandl. 4807

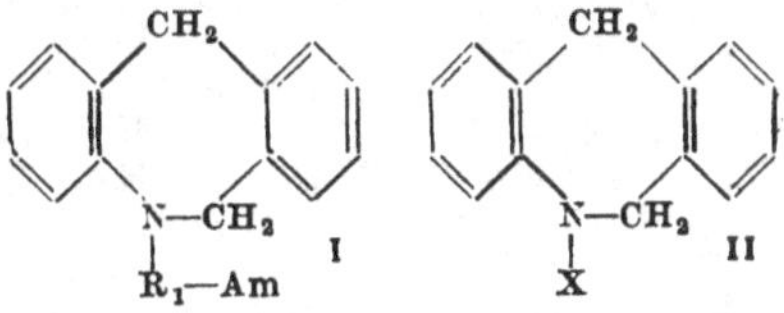

I II

Upjohn Co., Kalamazoo, Mich., V.St.A., **Herstellung von 2-Spiro-substituierten Pyrrolidinen** der allg. Formel **I** worin R' u. R'' = H oder CH_3, R''' ein Hydroxyalkyl der Formel —C_nH_{2n}—OH oder eine Halogenalkylgruppe bedeutet u. m = 1 oder 2 u. n = 2—6 ist, dad. gek., daß man z. B. Nitrocyclohexan mit einer olefin. Verb., wie Methylacrylat in Ggw. von Benzyltrimethylammoniumhydroxid, NaOH, KOH oder Piperidin, Pyrrolidin oder Morpholin als Kondens.-Mittel zum Methyl-β-(1-nitrocyclohexyl)-propionat (Kp.$_{0,05}$ 96,5°) u. durch Hydrieren in Ggw. von Raney-Ni zum Spiro-[cyclohexan-1.2'-pyrrolidon-(5')], F. 131—133°, umsetzt u. daraus durch Red. mit Li-Al-Hydrid in Tetrahydrofuran das *Spiro-[cyclohexan-1.2'-pyrrolidin]* herstellt, Kp.$_{42}$ 99—104°. Durch Umsetzen mit Äthylenchlorhydrin → *β-Spiro-[cyclohexan-1.2'-pyrrolidyl-(1')]-äthanol*, Kp. 138°, *Hydrochlorid*, F. 177,5—179°. Analog werden hergestellt aus Nitrocyclopentan u. Methylacrylat aber das β-(1-Nitrocyclopentyl)-propionat (Kp.$_{0,1}$ 92—98°) u. Spiro-[cyclopentan-1.2'-pyrrolidon-(5')] (F. 125—128°) das *Spiro-[cyclopentan-1.2'-pyrrolidin]*,

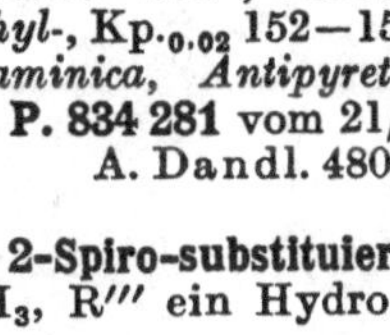

I

$Kp._{30}$ 80°. Das *γ-Spiro-[cyclohexan-1.2'-pyrrolidyl-(1')]-propanol*, $Kp._{11,5}$ 155°; *β-Spiro-[cyclohexan-1,2'-pyrrolidyl-(1')]-äthylchloridhydrochlorid*, F. 239—240°; *γ-Spiro-[cyclohexan-1.2'-pyrrolidyl-(1')]-propylchloridhydrochlorid*, F. 225—227°. — Bes. *pharmazeut.* Zwischenprodukte. (**E. PP. 825 562** u. **825 564** vom 13/7. 1956, ausg. 16/12. 1959. A. Prior. 18/7. 1955.) W. Heyer. 4807

Eli Lilly & Co., übert. von: Eugene J. Fornefeld und Edmund C. Kornfeld, Indianapolis, Ind., V.St.A., **9-Amino-7-methyl-Δ¹⁰-ergolene und deren Acylderivate.** N-Benzoylindolin-3-propionsäure (hergestellt nach Robinson, J. Chem. Soc. **1931**, 3158) gibt mit $SOCl_2$ N-Benzoylindolin-3-propionylchlorid, aus dem durch Erhitzen mit $AlCl_3$ in trockenem CS_2 u. Zers. mit HCl N-Benzoyl-5-keto-1.2.2a.3.4.5-hexahydrobenz-(c:d)-indol entsteht, aus Bzl.–PAe., F. 146—147°; daraus erhält man mit Eisessig in Ggw. von Pyridinhydrobromidperbromid bei 55—60° N-Benzoyl-4-brom-5-keto-1.2.2a.3.4.5-hexahydrobenz-(c.d)-indol, aus Essigsäure–Ae., F. 180,5—181,5°. Dieses gibt mit Methylaminoacetonäthylenketal (Hydrochlorid, F. 165—167°, aus Chloracetonäthylenketal u. fl. Methylamin bei 160—165° unter Druck) N-Benzoyl-5-keto-4-(N-methyl-N-acetonyl)-amino-1.2.2a.3.4.5-hexahydrobenz-(c.d)-indoläthylenketal, aus Aceton, F. 135—137°, aus dem mit einer Mischung aus gleichen Teilen konz. HCl u. W. bei 37° unter N_2 5-Keto-4-(N-methyl-N-acetonyl)-amino-1.2.2a.3.4.5-hexahydrobenz-(c.d)-indol entsteht, aus Bzl., F. 109—110°. Dieses gibt mit Na-Methylat in abs. A. unter N_2 bei —10° 9-Keto-7-methyl-Δ^{10}-ergolen, F. 145—147°, das sich mit $NaBH_4$ im wss. Methanol zu *9-Hydroxy-7-methyl-Δ^{10}-ergolen* (**I**) reduzieren läßt, F. 210—220°. Dieses gibt mit fl. HCN in Ggw. von BF_3-Ätherat bei 25° *9-Formamido-7-methyl-Δ^{10}-ergolen* (**II**), $C_{16}H_{19}N_3O$, aus Dimethylformamid–Methanol, F. 242—244° (Zers.). **I** gibt beim Behandeln mit Essigsäureanhydrid in A. bei Raum-Temp. *4-Acetyl-***I**, F. 182—184° (Zers.); daraus entsteht mit fl. HCN in Ggw. von BF_3-Ätherat *4-Acetyl-9-formamido-7-methyl-Δ^{10}-ergolen*, $C_{18}H_{21}N_3O_2$, aus Dimethylformamid–Methanol, F. 225—226° (Zers.), aus dem man mit wasserfreiem Hydrazin unter Rückfluß *4-Acetyl-9-amino-7-methyl-Δ^{10}-ergolen*, $C_{17}H_{21}N_3O$, erhält, aus W. F. 178—179°; dieses gibt mit konz. HCl unter Rückfluß u. N_2 *9-Amino-7-methyl-Δ^{10}-ergolentrihydrochlorid*, $C_{15}H_{19}N_3 \cdot 3$ HCl, F. 291—292°; daraus mit wss. $NaHCO_3$ freie Base (**III**), $C_{15}H_{19}N_3$, aus Äthylacetat, F. 165—166°; auch erhältlich aus **II** mit konz. HCl unter Rückfluß u. N_2 oder aus dem 4-Acetyl-**II** mit wss. KOH unter N_2. **III** gibt mit 3.4.5-Trimethoxybenzoylchlorid in Ggw. von Pyridin bei 0° *7-Methyl-4-(3'.4'.5'-trimethoxybenzoyl)-9-(3'.4'.5'-trimethoxybenzamid)-Δ^{10}-ergolen*, $C_{35}H_{39}N_3O_8$, aus Dimethylformamid u. Methanol, F. 275—280°. — 4-Acetyl-**I** u. Acetonitril in Ggw. von BF_3-Ätherat → *9-Acetamido-4-acetyl-7-methyl-Δ^{10}-ergolen*, aus wss. Methanol, F. 112—114° (Zers.), auch erhältlich aus 4-Acetyl-**III** u. Essigsäureanhydrid. — 4-Acetyl-**I** + Benzonitril → *4-Acetyl-9-benzamido-7-methyl-Δ^{10}-ergolen*, $C_{19}H_{23}N_3O_2$, aus wss. Methanol, F. 228—229° (Zers.). — **I** + Essigsäureanhydrid → *9-Acetamido-7-methyl-Δ^{10}-ergolen*, aus wss. Methanol, F. 230—232°. — Die Verbb. wirken als *Wehenmittel*, wie Ergonovin; *Mittel* zur *Erniedrigung* der *Körpertemperatur*. (**A. P. 2 864 822** vom 22/10. 1956, ausg. 16/12. 1958.) G. Krauß. 4807

Magyar Tudományos Akadémia Kisérleti Orvostudományi Kutató Intézet (Erfinder: Karl Lempert, Magda L. Sréter, Stephan Patacky und Klara Pfeiffer), Budapest, Ungarn, **In 3-Stellung substituierte 2-Iminoimidazolidinone-(4)** der allg. Formel I erhält man, wenn man 2 Mol bas. substituierte Alkylhalogenide der Formel **II** X—A—B mit 1 Mol 2-Thiohydantoinen der Formel **III**, u. das erhaltene 1-Aminoalkyl-2-aminoalkylmercapto-Δ^2-imidazolinon-(5) mit R''NH_2-Aminen zu **I** umsetzt. Man kann auch **IV** mit **II** umsetzen u. anschließend mit R''NH_2 **I** erhalten.

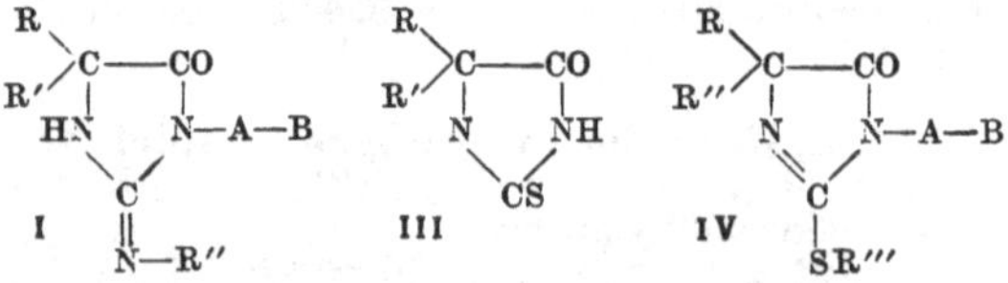

Mit Säure erhält man aus **I** in W. neutral lösl. Salze. — In den Formeln stehen: R u. R' für KW-Reste, R'' für H, niedrig,mol. Alkyl- oder Hydroxyalkylgruppen, A für gerad- oder verzweigtkettige, 2—5 C-Atome enthaltende Alkylengruppen, B für sek. Amingruppen, wie Dimethylamino-, Piperidino-, Morpholinogruppen, X für Halogen; z. B. wird 5.5-Diphenyl-2-thiohydantoin in A. suspendiert, mit NaOH versetzt u. nach erfolgter Lsg. γ-Diäthylaminopropylchlorid in alkohol. Lsg. zugefügt, das Ganze nach mehrstd. Stehen 1 Std. lang gekocht. Man setzt W. zu, nimmt das ausgeschiedene Öl mit Bzl. auf, trocknet u. entfernt Bzl. u. erhält rohes *1-(γ-Diäthylaminopropyl)-2-(γ-diäthylaminopropylmercapto)-4.4-diphenyl-Δ^2-imidazolinon-(5)*. Man löst diese Verb. in ammoniakal. A. u. erhitzt das Rk.-Gemisch auf 150—160° 8—10 Std. lang, verdampft die Lsgm. u. nimmt den Rückstand in Bzl. auf. Den verbleibenden Rückstand entfernt man; er besteht aus *2-Imino-5.5-diphenylimidazolinon-(4)*. Die Bzl.-Lsg. wird mit n/1-HCl behandelt, die salzsaure Lsg. mit NH_4OH alkal. gemacht u. das sich ausscheidende Öl mit Ae. aufgenommen. Die äther. Lsg. wird konz., vorteilhaft nach Zugabe von Bzn., wobei weiße Kristalle von *2-Imino-3-(γ-diäthylaminopropyl)-5.5-diphenylimidazolinon-(4)* anfallen, F. 154—156°. Auf gleiche Weise erhält man bei der Verw. von β-Aminoäthanol *2-(β-Hydroxyäthylamino)-3-(γ-diäthylaminopropyl)-5.5-diphenylimidazolidinon-(4)*, F. 132—133°. — 2-Methylmercapto-4.4-diphenyl-Δ^2-imidazolinon-(5) u. β-Morpholinoäthylchloridhydrochlorid → *1-(β-Morpholinoäthyl)-2-methylmercapto-4.4-diphenyl-Δ^2-imidazolinon-(5)*, F. aus W. 132—133°. Daraus mit A.–NH_3 → *2-Imino-3-(β-morpholinäthyl)-5.5-diphenylimidazolinon-(4)*, F. aus Chlorbenzol–Bzn., F. 195—196°. — *Arzneimittel.* (**Ung. P. 144 811** vom 9/5. 1957, ausg. 15/3. 1959.) G. König. 4807

Magyar Áll'am' (Erfinder: Karl Nádor, Emmerich Bacsó und Johann Pórszász), Budapest, Ungarn, **Herstellung von Aminoketonen** der allg. Formel I $R_1—C_6H_4—CO—CH(R_4)—CH_2—NR_2R_3$, erfolgt bei der Rk. von Aminoketonen II der allg. Formel $R_1—C_6H_4—CO—CH_2(R_4)$ mit CH_2O, dessen Polymeren oder während den Rk.-Bedingungen CH_2O abgebenden Verbb. u. sek. Aminen der allg. Formel HNR_2R_3 oder deren Salze, ggf. in Ggw. eines Lösungsmittels. Bei der Rk. soll das Keton gegenüber dem sek. Amin im Überschuß vorhanden sein. Das Kondens.-Prod. wird in W. gelöst, mit NH_3 alkalisiert, die sich ausscheidende Aminoketonbase wird mit einem mit W. nicht mischbarem Lsgm. extrahiert u. anschließend aufbereitet. Zum Beispiel werden p-Methylpropiophenon, Dimethylaminhydrochlorid u. Paraformaldehyd in abs. A. gelöst u. 3 Std. lang schwach im Kochen gehalten. Man setzt nochmals Paraformaldehyd u. 2 Tropfen konz. HCl zu u. kocht 2 Std. lang, konz. anschließend, bis sich ein Kristallbrei bildet, nimmt ihn in A.–Ae. auf u. läßt auskristallisieren. Man erhält *1-(p-Tolyl)-3-dimethylamino-2-methylpropanon-(1), Hydrochlorid*, F. 131°. — Es werden ferner hergestellt: *1-(p-Tolyl)-3-piperidino-2-methylpropanon-(1), Hydrochlorid*, F. aus Aceton–A.: F. 170°. — — *1-(m-Tolyl)-3-piperidino-2-methylpropanon-(1), Hydrochlorid; 1-(p-Tolyl)-3-piperidino-2-äthylpropanon-(1), Hydrochlorid*, F. aus A. 184°; *1-(p-Methoxyphenyl)-3-pyrrolidino-2-methylpropanon-(1), Hydrochlorid*, F. (Zers.) 156°. — *Arzneimittel.* (**Ung. P. 144 997** vom 12/7. 1956, ausg. 31/7. 1959.) G. König. 4807

Edgar A. Ferguson jun., Brooklyn, N.Y., V.St.A., **Herstellung von Carboxyhistadyl** u. analoge Verbb., dad. gek., daß man z. B. α-Aminopyridin bromiert, das erhaltene 2-Amino-5-brompyridin in Toluol u. in Ggw. von $NaNH_2$ als Katalysator mit β-Dimethylaminoäthylchlorid umsetzt, das Rk.-Prod. (= N.N-Dimethyl-N'-[3- oder 5-brompyridyl)-(2)]-äthylendiamin; $Kp._4$ 112—115°) mit 2-Chlormethylthiophen in Ggw. von Na-Äthylat unter Rückfluß kondensiert, das entstehende bromierte Methapyrilen mit NaCN in einem wasserfreien bas. Lsgm., wie Pyridin, umsetzt u. das Rk.-Prod. mit W. u. verd. Säure hydrolysiert → *N.N-Dimethyl-N'-[5-carboxypyridyl-(2)]-N'-(2'-methylthienyl)-äthylendiamin.* — Analog *N.N-Dimethyl-N'-[α-carboxypyridyl-(3)]-N'-(3'-methylthienyl)-äthylendiamin.* — *Antihistaminica.* (**A. P. 2 844 587** vom 14/1. 1957, ausg. 22/7. 1958.) W. Heyer. 4807

Bristol Laboratories, Inc., Syracuse, übert. von: Yvon Gaston Perron, East Syracuse, N.Y., V.St.A., **Herstellung von Trialkoxybenzoesäureamiden.** Durch Rkk. zwischen 3.4.5-Trialkoxybenzoesäurehalogeniden, -aziden oder -estern mit Aminoalkylaminen (tert.) erhält man Verbb. der allg. Formel I. Hierbei ist R ein niedrigmol. Alkylrest, R_1 ein H-Atom, ein niedrigmol. Alkyl- oder ein Benzylrest, A ist ein zweiwertiger gesätt. KW-Stoff-Rest mit 2—6 C-Atomen, B ist ein Piperidin-, Morpholin-, Pyrrolidin-, Pipecolin-, Dibenzylamin-, N'-Alkylpiperazin-, Alkylamin- oder N-Alkyl-N-benzylaminrest mit niedrigmol. Alkylresten. Die Rkk. werden durch Mischen der Komponenten in Chlf. bei normaler Temp. durchgeführt. Beispiele: N-(3.4.5-Trimethoxybenzoyl)-aminoäthylmorpholin, $C_{16}H_{24}N_2O_5$ {= 4-[2-(3.4.5-Trimethoxybenzamido)-äthyl]-morpholin}, farblose Kristalle, F. 147—148°; 4-[N-(3.4.5-Trimethoxybenzoyl)-N-methyl-β-aminoäthyl]-morpholin; N-[5-Diäthylaminophenyl-(2)]-3.4.5-trimethoxybenzamid; 4-[N-(3.4.5-Trimethoxybenzoyl)-N-benzyl-β-aminoäthyl]-morpholin; N-(3.4.5-Trimethoxybenzoyl)-aminopropylmorpholin, $C_{17}H_{26}N_2O_5$ (= 4-[3-(3.4.5-Trimethoxybenzamido)-propyl]-morpholin), F. 134—135°; N-(3.4.5-Trimethoxybenzoyl)-aminoäthylpiperidin; weiterhin folgende 3.4.5-Trimethoxybenzamide (II): N-[5-Di-n-propylaminopentyl)]-II; N-Äthyl-N-[6-di-n-hexylaminohexyl-(1)]-II; N-n-Butyl-N-β-pyrrolidyläthyl-II, N-(β-Di-n-hexylaminoäthyl)-II; N-Benzylmethylaminoäthyl-II; ferner: N-(3.4.5-Trimethoxybenzoyl-

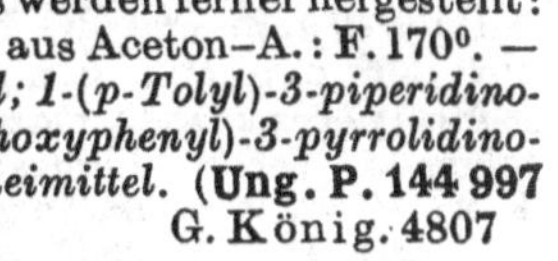

I

aminoäthyl)-2-methylpiperidin, -pyrrolidin u. -1-butyl-N'-methylpiperazin. Verw. z.B. als *Analgetica, Lokalanästhetika*, bes. in Form von Salzen. (**A. P. 2 870 145** vom 9/9. 1955, ausg. 20/1. 1959.) A. Kalix. 4807

Chinoin Gyógyszer és Vegyészeti Termékek Gyára (Erfinder: Ladislaus Forgács), Budapest, Ungarn, **Piperazinverbindungen** der allg. Formel **I** u. **II**, wobei R_1 Alkyl-, Aralkyl oder substituierte Arylreste u. R_2 H, Alkyl, Aralkyl- oder Arylgruppen, Keto- oder Thiogruppen darstellen, erhält man durch Einw. von a) Benzolsulfocarbaminsäure-Derivv., wie Halogenide, Urethane, Thiourethane oder deren Salze, auf Piperazin; b) Piperazincarbaminsäure-Derivv., wie Halogenide, Urethan, Thiourethan

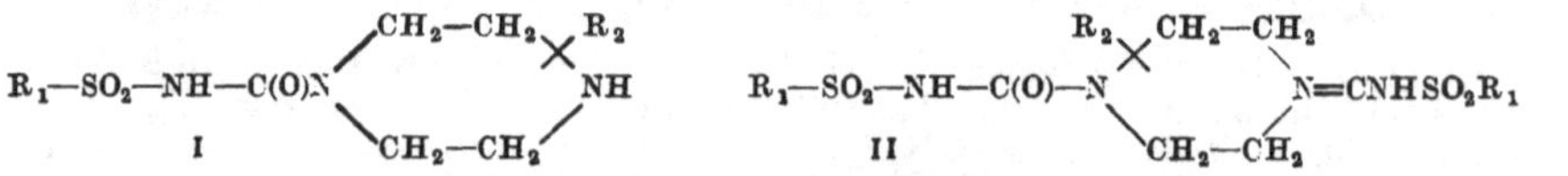

oder deren Salze auf Benzolsulfamid; oder c) durch Rk. von Piperazin mit einem substituierten Benzolsulfocyanat, d) oder bei der Rk. eines Piperazinhalogenids mit einem Benzolsulfoisocarbamidäther, u. anschließende Hydrolyse der erhaltenen Rk.-Prodd., oder man oxydiert Benzolsulfothiocarbaminoylpiperazin, oder man hydrolysiert N-Benzolsulfo-N_1-piperazinoguanidin, oder läßt Piperazin auf ein N-Benzolsulfocarbamid einwirken, oder man setzt ein N-Piperazinocarbamid mit einem Benzolsulfamid um. Man verwendet bei diesen Rkk. äquimol. Mengen. — 15 g p-Methylbenzolsulfoäthylurethan, in abs. A. gelöst, wird bei 40—50° mit Piperazinhexahydrat, in abs. A. gelöst, versetzt u. im Vakuum bei 35—40° konz., wobei ein fester Körper entsteht. Man wäscht den Rückstand mit wenig A., filtriert u. trocknet über P_2O_5 im Vakuum. Man erhält das Salz des *Tosylurethanpiperazins*, F. 132—134°. Erhitzt man das Salz im Vakuum 4 Std. lang auf 130° u. nimmt es mit NaOH auf u. stellt mittels Eisessig auf pH 5, so erhält man *p-Methylbenzolsulfocarbaminoylpiperazin*, F. 288—290°. Entsprechend werden noch folgende Verbb. hergestellt: *N.N'-Bis-(p-methylbenzolsulfocarbaminoyl)-piperazin*, F. 284°. — *Ditosylurethanpiperazin*, F. 139—140°, u. daraus *N.N'-Bis-(tosylcarbaminoyl)-piperazin*, F. 282—284°. — *Arzneimittel*. (**Ung. P. 145 714** vom 21/3. 1958, ausg. 15/12. 1959.) G. König. 4807

J. R. Geigy Akt.-Ges., Basel, Schweiz, **Herstellung von 10.11-Dihydrodibenz-[b.f]-azepin-Derivaten.** Man erhitzt ein dichlorsubstituiertes 2.2'-Diaminodibenzyl oder das Diphosphat davon mit Polyphosphorsäure (I) auf 220—300°. — Zum Beispiel erhitzt man 100 (Gew.-Teile) 2.2'-Diamino-4.4'-dichlorbenzyl (II)-diphosphat (F. 246°, erhalten durch Oxydation von 2-Nitro-4-chlortoluol mit 2-Amylnitrit zu 2.2'-Dinitro-4.4'-dichlordibenzyl, F. 192—194°, u. katalyt. Hydrierung dieser Verb. zu II, F. 143°) mit 300 I 40 Min. lang auf 280°, gießt in W. u. extrahiert mit Ae. → *3.7-Dichlor-10.11-dihydrodibenz-[b.f]-azepin*, F. 114—115°. — Analog: 2-Nitro-6-chlortoluol → 2.2'-Dinitro-6.6'-dichlordibenzyl, F. 135° → 2.2'-Diamino-6.6'-dichlordibenzyl, F. 216—218° → *1.9-Dichlor-10.11-dihydrodibenzyl-[b.f]-azepin*, F. 114—115°. — *Pharmakolog. wirksame Verbindungen*. (**Niederl. P. 99 031** vom 14/9. 1955, ausg. 15/9. 1961. Schwz. Prior. 22/9. 1954.) F. Böhm. 4807

California Institute Research Foundation, Pasadena, übert. von: Edgar J. Smutny, Berkeley, und John D. Roberts, Altadena, Calif., V.St.A., **Phenylcyclobutendione** erhält man durch Rk. von Phenylacetylen u. einem halogenierten Äthylen durch ca. 31 std. Erhitzen auf 100—125° im Bombenrohr, Hydrolyse des erhaltenen halogensubstituierten Phenylcyclobutens, z. B. des 1.1.2-Trifluor-2-chlor-3-phenylcyclobutens, $Kp._{0,4}$ 52—54°; Ausbeute 79%, mit überschüssiger 90—92%ig. H_2SO_4 auf dem Dampfbad, Isolieren des ausgefallenen *3-Phenylcyclobutendions-(1.4)* (I), Umkristallisieren aus Aceton, F. 152,4—153,2° (Zers.), u. Überführen in Derivate. Zum Beispiel erhält man durch Chlorieren von I in Eisessig bei Normal-Temp. u. Abkühlen zitronengelbe Kristalle von *4-Chlor*-I, F. 113,8—114,8° (aus CCl_4). — Analog erhält man *4-Brom*-I, hellgelbe Kristalle aus CCl_4, F. 128—129°; Ausbeute 53%. — Rk. mit NaJ in Aceton liefert daraus *4-Jod*-I, aus Bzl., F. 162,5—165,5° (Zers.). — 4-Brom-I liefert beim Kochen in abs. CH_3OH unter Rückfluß in 71%ig. Ausbeute *4-Methoxy*-I, F. 151—152,2°, das beim Erhitzen mit W. *4-Hydroxy*-I, F. 208—211°, gibt, welches auch durch Erhitzen von 4-Brom-I mit W. unter Rückfluß in 87%ig. Ausbeute entsteht. — Aus 4-Brom-I u. NH_3-Gas in benzol. Lsg. erhält man in 82%ig. Ausbeute weiße Kristalle von *4-Amino*-I, F. (aus verd. A. oder CH_3COOH) 282—283°, unlösl. in KW-Stoffen, wenig lösl. in 50%ig. H_2SO_4, lösl. in konz. H_2SO_4. — Beim Erwärmen von 4-Amino-I mit 10%ig. wss. NaOH erhält man *4-Hy-*

droxy-I, $pK_a = 0{,}37$, das stärker sauer als Pikrinsäure ($pK_a = 0{,}7$) ist. – Behandeln von I mit 30%ig. H_2O_2 in Chlf. liefert Phenylmaleinsäureanhydrid. – Oxydation von I mit $NaMnO_4$ liefert nach Zerstörung des MnO_2 mit $NaHSO_3$ Benzoesäure. – Red. von I mit Zn-Amalgam u. HCl liefert Phenylcyclobutan. – *Heilmittel* zur Bekämpfung von *Amöbenruhr*, *E. histolytica* u. *M. tuberculosis*. (**A. P. 2 957 918** vom 1/6. 1956, ausg. 25/10. 1960.) R. Hauß. 4807

Ciba Soc. An., Basel, Schweiz, **Ester von Disacchariden** erhält man bei der Rk. der Disaccharide, deren Salzen oder deren reaktionsfähigen Estern, wie Ester der Sulfonsäure, mit mindestens 2 hochmol. Carbonsäuren oder deren Derivv., z. B. Säurechloride, -anhydride, Salze, bei etwas erhöhten Temperaturen. OH-Gruppen, welche nicht verestert werden sollen, werden blockiert u. nach erfolgter Veresterung wird die Blockierung durch schwache Säuren aufgehoben. Bei der Herst. von in 2.2'-Stellung acylierten Verbb. muß man die OH-Gruppen in 6.6'-Stellung schützen, im umgekehrten Fall ist eine Blockierung nicht notwendig. – 1,8 (g) Dihydrat der Trehalose werden in Dimethylformamid gelöst, Bzl. zugesetzt u. im Vakuum getrocknet. Den Rückstand nimmt man in Dimethylformamid auf, setzt Pyridin zu u. erhitzt auf 70–80°. Man setzt 3,95 Behensäurechlorid zu u. hält 18 Std. lang auf 50–55°. Man gießt in Eiswasser u. krist. aus Essigester *6.6'-Dibehenoyl-α.α'-trehalose*, F. 78–80°, aus A. rekrist. F. 71 bis 73°. – Trehalose u. Benzaldehyd in Ggw. von $ZnCl_2$ ergeben *4.6.4'6'-Dibenzyliden-α.α'-tetralose*, F. 195–198°. Daraus mit Stearoylchlorid erhält man *2.2'-Distearoyl-4.6.4'.6'-dibenzyliden-α.α'-tetralose*, F. zweimal aus A. rekrist. 188–190°. Diese Verb. in Dioxan mit 6,5n Salzsäure 1–2 Min. lang gekocht ergibt *2.2'-Distearoyl-α.α'-trehalose*, F. 175–185°. – Dibenzylidentrehalose u. Behensäurechlorid ergeben *2.2-Dibenoyl-4.6.4'.6'-dibenzyliden-α.α'-trehalose*, F. aus Isopropyläther 179–182°, u. daraus *2.2'-Dibehenoyl-α.α'-trehalose*, F. aus Alkohol 125–127°. – Trehalose u. 2-Eikosyl-3-acetoxytetrakosanoylchlorid → *6.6'-Bis-(2''-eikosyl-3''-acetoxytetrakosanoyl)-trehalose*, F. 53–55°, neben

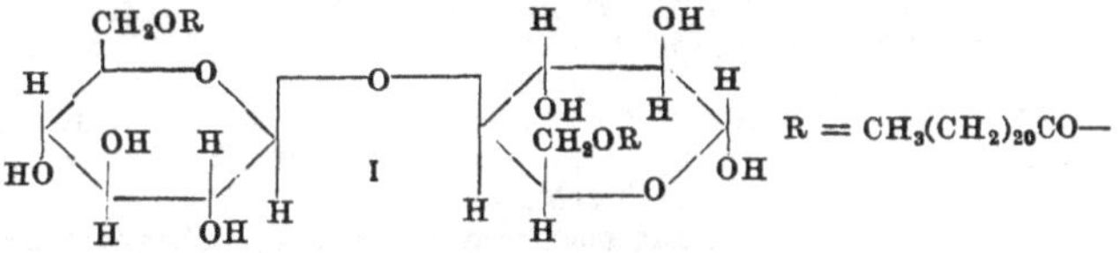

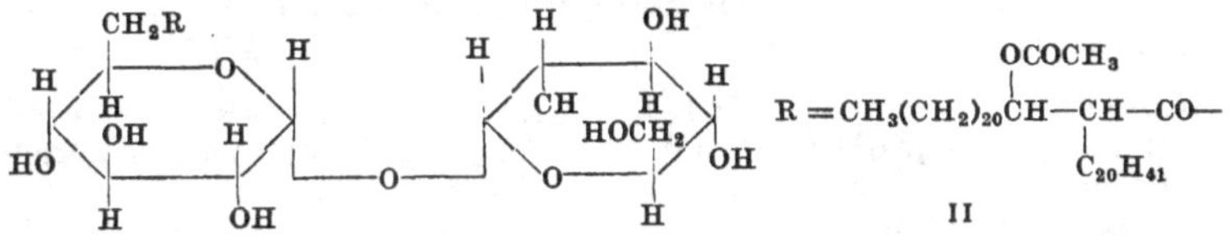

6.6'.2-Tris-(2''-eikosyl-3''-acetoxytetrakosanoyl)-trehalose, F. aus Ae. u. Methanol 51°. – 6.6'-Ditosylhexaacetyltrehalose u. 2-eikosyl-3-hydroxytetrakosansaures-K → *6.6'-Bis-(2''-eikosyl-3''-hydroxytetrakosanoyl)-hexaacetyltrehalose*, F. aus Ae. u. Methanol 55°. Die Deacylierung ergibt *6.6'-Bis-(2''-eikosyl-3''-hydroxytetrakosanoyl)-trehalose*, F. 124–125°. – 6.6'-Ditosylhexaacetyltrehalose u. 3-α-Dihydroxymycolansaures Kalium ($C_{87}H_{173}O_4K$) → *6.6'-Bis-(3''.α-dihydroxymycolanoyl)-hexacetyltrehalose*, F. 40°, daraus durch Deacylierung *6.6'-Bis-(3''.α''-dihydroxymycolanoyl)-trehalose* ($C_{186}H_{366}O_{17} \pm 10\ CH_2$), F. 42°. – α-Methoxy-3-acetoxymycolansäurechlorid u. wasserfreie Trehalose → *6.6'-2(?)-Tris-(3''-acetoxy-α''-methoxymycolanoyl)-trehalose*, F. 37–38°; *6.6'-Bis-(3''-acetoxy-α''-methoxymycolanoyl)-trehalose*, F. aus Ae. u. Methanol 35–37°. – Es werden ferner hergestellt: *3-Acetoxy-α-methoxymycolansäure*, F. 37°; *6.6'-Bis-(2''-eikosyltetrakosen-(2'')-oyl)-trehalose*, F. aus Äthylacetat 97–100°; *6.6'-2(?)-Tris-(2''-eikosyltetrakosen-(2'')-oyl)-trehalose*, F. 72 bis 73°. – *6.6'-Bis-(3''-α-dihydroxymycolanoyl)-2.3.4.2'.3'.4'-hexaacetyltrehalose*, F. 38 bis 39°. – *6.6'-Di-(3''.α''-dihydroxymycolanoyl)-trehalose*, F. 40–41°. – *6.6'-Bis-(3''-acetoxy-α''-methoxymycolanoyl)-trehalose*, F. 38°; *-3''-acetoxy-α''-methoxymycolanoyltrehalose*, F. 37°. – *6.6'-Bis-(3''-hydroxy-α''-methoxymycolanoyl)-2.3.4.2'.3'.4'-hexaacetyltrehalose*, F. 39°. – *6.6'-Bis-(3''.α''-dihydroxymycolanoyl)-trehalose*, F. 42°; – *6.6'-Dimycoloylhexaacetyltrehalose*, F. 38–46°; *6.6'-Dibehenoylhexaacetyl-α.α'-trehalose*, F. aus A. + Äthylacetat 51°; – *6.6'-Dipalmitoyl-α.α'-trehalose*, F. 63–65°; – *Tristearat der Trehalose*, F. 74°. – *6.6'-Dimontanoyl-α.α'-trehalose*, F. 92–97°; – 6.6'-Dibehenoylcellobiose, F. 118 bis 119°, der Formel I. *6.6'-Distearoyllactose*, F. aus A. 78–82°, *1.1'.6'-Tribehenoylsaccharose*, F. aus A. 80–82°. – *Tristearoylmaltose*, F. aus Äthylacetat 83–85°. Auf die gleiche Weise erhält man die Ester von Glucopyranosylglucopyranosiden, wie *6-[2''-Eikosyl-3''-acetoxytetrakosanoyl]-trehalose*, der Formel **II**, F. 208°. Mit 3% ig. Hydroxylamin-

Lsg. in Ae. einige Min. erhitzt, ergibt *6-[2''-Eikosyl-3''-hydroxytetrakosanoyl]-trehalose*, F. 190°. — *6-[3''-Acetoxy-α''-methoxymycolanoylt]-trehalose*, F. 115°. — *6-[2''-Eikosyltetrakosen-(2'')-oyl]-trehalose*, F. 200°. — *Tuberkuloseheilmittel.* (**Belg. PP. 549 741** vom 20/7. 1956, ausg. 4/12. 1959. Schwz. Prior. 20/7., 4/8. 1955 u. 5/5. 1956 u. **549 742** vom 20/7. 1956, ausg. 4/12.1959. Schwz. Prior. 4/8., 22/9. 1955 u. 5/5. 1956.) G. König. 4807

Chinoin Gyógyszer és Vegyészeti Gyára R. T. (Erfinder: Emmerich Halmos und Eva Somfai), Budapest, Ungarn, **Thiaminpolyphosphorsäureester.** Aus H_3PO_4 erhält man bei ca. 340° Pyrophosphorsäure, welche mit gepulverten thiaminmethylen-bis-naphthoesaurem Salz bei 120° auf dem Ölbade umgesetzt wird. Das anfallende breiartige Gemisch wird durch Zugabe von Eis gekühlt u. die ausgeschiedenen Methylen-bis-oxynaphthoesäure abfiltriert. Das Filtrat wird mit Aceton versetzt, wobei sich eine ölige Fl. abscheidet. Man dekantiert u. wäscht mehrmals mit Aceton u. vermengt das ölige Prod. mit Äthylalkohol. Der auskristallisierende Stoff ist hygroskop. u. besteht hauptsächlich aus *Thiaminpyrophosphorsäureesterpyrophosphat.* Dieses wird in W. gelöst u. mit in W. peptisiertem $BaCO_3$ neutralisiert. Vom ausfallenden Ba-Salz wird abfiltriert, in Lsg. befindliche Ba-Salze werden mittels verd. H_2SO_4 ausgefällt u. entfernt. Das Filtrat wird mit Aceton versetzt u. eine ölige Fl. ausgefällt. Man dekantiert u. gießt Aceton ab. Der Rückstand wird mit n/10 Salzsäure versetzt, das ausgeschiedene Öl mit Aceton gewaschen, der Rückstand mit A. vermengt u. bei 50° im Vakuum getrocknet. Man erhält eine Masse mit cocarboxylaseartiger Wirkung. (**Ung. P. 144 678** vom 3/8. 1956, ausg. 15/3. 1959.) G. König. 4809

Nopco Chemical Co. (Erfinder: Howard C. Klein), **Derivate der Pantothensäure** erhält man durch Rk. von *α.γ-Dihydroxy-β.β-dimethylbutyramid* (**I**) in Ggw. polarer Lsgm., wie CH_3OH, mit Salzen oder Estern des *β-Alanin.* — 14,7 (g) **I** (99,1% Reinheit) werden in 80 CH_3OH mit 10,9 Alanin-Ca umgesetzt. Man dampft CH_3OH ab u. erhält 21,8 farbloses dl-Ca-Pantothenat mit 91,6% Ausbeute. (**Aust. P. 224 657** vom 8/8. 1958, ausg. 12/11. 1959. A. Prior. 9/9. 1957.) H. Möllering. 4809

Merck & Co., Inc. (Erfinder: Lewis Hastings Sarett), **Retrocortinverbindungen für die Arthritisbehandlung** ohne metabol. Effekt werden aus *Retrocortin* oder aus *Hydroretrocortin* über die 21-Methansulfonate durch Rk. mit Jodiden als *21-Jod-(hydro)-retrocortine* erhalten. Geht man von *9-Fluor(hydro)retrocortin* aus, so erhält man *9-Fluor-21-jodretrocortin* bzw. *9-Fluor-21-jodhydroretrocortin.* (**Aust. P. 224 351** vom 8/7. 1957, ausg. 29/10. 1959.) H. Möllering. 4809

Gyógyszeripari Kutató Intézet (Erfinder: Andreas Hegyeli, Ilona Szabó und Stephan Molnár), Budapest, Ungarn, **Reinigung des adrenocorticotropen Hormons** erfolgt durch fraktioniertes Aussalzen, indem man die rohen Hormone mit wss. organ. Säure (Essigsäure) über 50° (80°) erwärmt u. vor dem Erwärmen oder während desselben 2—6%, vorteilhaft 3% NaCl zugibt. Der während des Abkühlens auf ca. 30° ausfallende Ballaststoffe enthaltende Nd. wird abfiltriert. Dem Filtrat wird NaCl bis zur Sättigung zugesetzt u. das ausgeschiedene Hormon abfiltriert. Man kann die 1. Behandlung des Hormons mit der essigsauren Lsg. an Stelle mit NaCl auch mit Ae. ausführen. (**Ung. P. 144 928** vom 23/4. 1956, ausg. 15/6. 1959.) G. König. 4809

Jocelyn Fielding Douglas und Eugene Robert Lawrence Gaughran, **Proteolytisches von Peroxydase freies Enzym,** bes. zur *Bekämpfung von Ascariden.* Saft von *Ficus laurifolia, F. glabrata* oder *F. carica* wird filtriert oder zentrifugiert u. das Enzym mit wss. 30—40%ig. $(NH_4)_2SO_4$-Lsg. ausgefällt. Das Enzymsediment wird in einer Puffer-Lsg. von **pH** 5 mit Citronensäure u. Na_2HPO_4 aufgenommen, durch Cellophanmembrane dialysiert, filtriert, ausgefroren u. getrocknet. Auch K-Sulfat, -Phosphat, NaCl u. Mg-Sulfat sind als Fällungsmittel geeignet. (**Aust. P. 224 685** vom 2/1. 1958, ausg. 12/11. 1959.) H. Möllering. 4809

Magyar Állam (Erfinder: Michael Ürmössy und Geisa Takács), Budapest, Ungarn, **Penicillinverbindungen** der allg. Formel R—NH(P)—$(CH_2)_2$—NH(P)—R (**I**) erhält man bei der Rk. von Penicillinsäure oder deren Salzen in wss. oder organ. oder wss.-organ. Lsg. mit stöchiometr. oder auch erhöhten Mengen von N.N'-Bis-dehydro-, -dihydro- oder -tetrahydroabietyläthylendiaminen oder deren Salzen. In **I** bedeuten P Penicillin, R Dehydro-, Dihydro -oder Tetrahydroabietylreste u. R' H, oder Dehydro-, Dihydro- oder Tetrahydroabietylreste. — Zu einer Suspension eines Penicillinsalzes z. B. des N-Äthylpiperidin- oder Procainsalzes in A. fügt man unter Rühren in einem organ. Lsgm. gelöstes N.N'-Bis-(dehydroabietyl)-äthylendiamin zu. Nach erfolgter Abkühlung setzt man W. zu u. erhält als Nd. *N.N'-Bis-(dehydroabietyl)-*

äthyldiamindipenicillin, $C_{42}H_{64}N_2 \cdot 2\,HCl \cdot H_2O$, F. 295—297° (Zers.), entsprechend die *N.N'-Bis-(dihydroabietyl)-Verb.*, $C_{42}H_{72}N_2 \cdot 2\,HCl \cdot H_2O$, F. 293—295° (Zers.), das *N.N'-Bis-(tetrahydroabietyl)-äthylendiamindihydrochloridmonohydrat*, $C_{42}H_{76}N_2 \cdot 2\,HCl \cdot H_2O$, F. 291—293° (Zers.); *N.N'-Bis-(dehydroabietyl)-äthylendiamindipenicillin-G*, $C_{74}H_{100}N_6O_8S_2$, F. 170—173° (Zers.). — Arzneimittel. (**Ung. P. 144 642** vom 9/8. 1956, ausg. 15/11. 1958.) G. König. 4811

Olin Mathieson Chemical Corp., New York, N.Y., V.St.A., **Amorphes Fungicidin** (I, = *Nystatin*, erhältlich z. B. nach E. P. 714 189; C. **1955**, 6346) wird dadurch wasserlösl. gemacht, daß man 1 Teil davon in trockenem Zustand mit 0,1—5 Teilen eines anion., oberflächenakt. Mittels, bes. Verbb. der allg. Formel $R—O—A(O—A)_n—O—A—SO_3M$ (R = Aryl; A = Alkylen mit wenigstens 2 C-Atomen; n = 0 oder 1; M = Metall; erhältlich nach A. P. 2 115 192; C. **1938**, II, 625), wie Na-p-tert.-Octylphenoxyäthoxyäthylsulfonat (= „Triton X-200") u. Na-N-Lauroylsarcosinat, behandelt. Man kann das behandelte I auch in W. lösen, die Lsg. auf pH 6—8, bes. 6,8—72, einstellen u. sie nach dem Filtrieren gefriertrocknen. — 3 g I werden mit 3 g Na-Laurylsulfat zuerst gemischt u. dann zu 100 cm³ W. gelöst; das pH wird mit n/10 NaOH auf 6,8 eingestellt u. die Lsg. filtriert, aus der beim Gefriertrocknen ein bei Raum-Temp. beständiges Pulver gewonnen wird, das sich leicht in W. löst. — *Fungicid* wirkendes *Antibioticum*. (**E. P. 809 105** vom 11/6. 1957, ausg. 18/2. 1959. A. Prior. 8/6. 1956.) G. Krauß. 4811

A/B Ferrosan, Malmö, Schweden (Erfinder: S. Welin), **Mittel zur Vorbehandlung des Dickdarmes bei Röntgenaufnahmen**, bestehend aus einem Gerbmittel für die Darmschleimhaut, z. B. Tannin, u. einem laxierenden Mittel, z. B. Diphenolisatin oder α-Pyridyl-di-(p-oxyphenyl)-methan. (**Schwed. P. 158 329** vom 3/12. 1954, ausg. 26/3. 1957.) K. H. Kähler. 4825

A/B Ferrosan, Malmö, Schweden (Erfinder: G. Ekström und G. Stenvall), **Präparat für Röntgenkontrastaufnahmen des Dickdarmes.** Zwecks Vorbehandlung des Darmes für die Röntgenaufnahme wird eine Mischung von einem laxierenden Präp., z. B. α-Pyridyl-di-(p-acetoxyphenyl)-methan, gelöst in Aceton, u. einem die Darminnenwand gerbenden Stoff, z. B. Tannin, in den Darm eingeführt. Das Lsgm. kann in einer Menge von 0,42% in der Mischung verbleiben. (**Schwed. P. 162 210** vom 26/10 1955, ausg. 18/2. 1958. **Zusatz zu Schwed. P. 158 329; s. vorst. Ref.**) K. H. Kähler. 4825

General Aniline & Film Corp., New York, N.Y., übert. von: William A. Hosmer, Pittsfield, Mass., V.St.A., **Herstellung von Desinfektionsmitteln.** Man mischt eine Polyvinylpyrrolidin-Jod-Verb. mit wasserfreiem $NaHCO_3$ (Mischungsverhältnis z. B. 10 : 1) u. löst das Gemisch in Wasser. Die Lsg. ist beständig gegen einen Wechsel des pH-Wertes u. gegen den Abfall des Jodgehaltes. (**A. P. 2 826 532** vom 22/9. 1954, ausg. 11/3. 1958.) K. Koebke. 4833

Franklin H. Westcott, New York, N.Y., V.St.A., **Desodorierungsmittel** zum inneren Gebrauch aus Chlorophyll A durch Digerieren mit einer Mineralsäure-Lsg. (z. B. HCl), Neutralisation auf mindestens pH 8 u. Eindampfen. (**Can. P. 553 277** vom 19/8. 1950, ausg. 18/2. 1958.) H.-J. Nitzschke. 4833

G. Analyse. Laboratorium

Ein System zur Gasprobenahme aus benutzten Transistoren. C. Gordon Peattie, G. R. Kornfuehrer, R. E. Trueb und J. R. Moreland. (Analytic. Chem. **31**, 1125—26, Juni 1959; Dallas, Tex., Texas Instruments, Inc.; engl.) — Es wird eine App. beschrieben, mit deren Hilfe sich das von einem in einem abgeschlossenen Syst. arbeitenden Transistor entwickelte Gas zur Analyse einem Massenspektrometer zuführen läßt. W. Betcke. 5012 □

Präzisions-Druckmeßgerät für den Bereich 0 bis 30 mm Quecksilber. E. H. Hirsch. (J. sci. Instruments **36**, 477, Nov. 1959; Salisbury, South Australia, Weapons Res. Establ.; engl.) — Beschreibung eines Manometers, bei dem die Höhendifferenz der Hg-Spiegel in kugelförmigen Ausweitungen kommunizierender Röhren durch Anvisieren luftdicht eingeführter Kontaktspitzen gemessen wird. Die Meßgenauigkeit beträgt bei 0—10 mm Hg ± 2 μ, bei Drücken bis ca. 30 mm Hg 0,1%. W. Betcke. 5016 □

Das Tensimeter, ein neues Vakuum-Meßgerät. R. C. Anderson, G. M. Cooke, L. C. Kenyon jun. und R. L. Mathiasen. (Rev. sci. Instruments **32**, 780—83, Juli

1961; Sarnia, Ontario, Imp. Oil Ltd., Res. Labor.; engl.) — Es wird ein Gerät beschrieben, das eine Druckmessung im Bereich von 760—0,1 mm Hg erlaubt. Hierzu wird die Druckabhängigkeit des Kp. einer Fl. benutzt, indem die Temp. ihres Dampfes mit einem Thermoelement gemessen wird. Die App. ist gegen kondensierbare Dämpfe, z. B. Wasserdampf, im Gasraum unempfindlich. Sie ist handlich, bedarf keiner Nacheichung u. keiner besonderen Aufsicht. Die elektr. Temp.-Messung erlaubt außerdem den Anschluß eines Schreibers. R. Ristow. 5016 □

Schmelzpunktapparat für die gleichzeitige Beobachtung von Proben im durchscheinenden und im reflektierten Licht. H. E. Ungnade, E. A. Igel und B. B. Brixner. (Analytic. Chem. **31**, 1432—33, Aug. 1959; Los Alamos, N.Mex., Univ. of California, Los Alamos Sci. Labor.; engl.) — Beschreibung eines Cu-Block-F.-App., bei dem das Proberöhrchen mit dem von einer Kondensorlinse verstärkten Licht einer 200-W-Lampe durch ein Quarzfenster hindurch beleuchtet wird u. der durchscheinende u. der reflektierte Strahl über ein Syst. von Projektionslinsen u. Spiegeln nebeneinander auf einen schwarzen Projektionsschirm geleitet werden, so daß beide Bilder gleichzeitig zu sehen sind. Der App. eignet sich auch zur Beobachtung explosiven Materials. W. Betcke. 5018 □

Kryoskopischer Molekulargewichts-Bestimmungsapparat. M. Schnitzer und J. G. Desjardins. (Chemist-Analyst **50**, 117, Dez. 1961; Ottawa, Canada Dep. of Agric.; engl.) — Genaue Beschreibung einer kryoskop. Molgew.-Best.-App., die zur Verw. mit hochsd. organ. Fll. geeignet ist, da bei der Ganzglasausführung die Gefahr einer Lösung von Gummibestandteilen ausgeschaltet ist. Die Möglichkeit zum Spülen mit trocknem N_2 vermeidet das Einschleppen von Wasserdampf. R. Ristow. 5018 □

Beitrag zur Mikro-Kryoskopie. Ursula Faass und Bernhard Schrader. (Mikrochim. Acta [Wien] **1962**, 436—40; Berlin, TU, Inst. für organ. Chem.; dt.) — Bei der kryoskop. Molgew.-Best. läßt sich das Beckmann-Thermometer durch ein Thermistorthermometer ersetzen. Die Best. wurde mit 3—5 mg in 1 ml Lsgm. ausgeführt u. durch die automat. Registrierung der Abkühlungskurve vereinfacht. Für die Einzelmessung wurden ca. 15 Min. benötigt. F. Sarfert. 5018 □

Schwefelwasserstoff-Entwickler für das Laboratorium. K. Th. Zimmermann. (Angew. Chem. **74**, 151, 21/2. 1962; München; dt.) — App. zur Darst. von 300 Liter H_2S/Std. aus S-Dampf u. H_2 bei 400° an Molybdänsulfidkontakt. Ch. Weiske. 5048 □

Eine an die Wasserstrahlpumpe angeschlossene Haube. Wilbur D. Moore. (J. chem. Educat. **36**, 407, Aug. 1959; New Orleans, La., Dillard Univ.; engl.) — Zum Absaugen von schädlichen Gasen wird ein Megaphontrichter über dem Rk.-Tiegel angebracht u. an eine Wasserstrahlpumpe angeschlossen. W. Betcke. 5048 □

Automatische Drehvorrichtung für Absperrhähne. David N. Hume und John L. Paige. (Analytic. Chem. **31**, 1286, Juli 1959; Cambridge, Mass., MIT, Dep. of Chem. and Labor. for Nucl. Sci.; engl.) — Der Hahn wird von dem Rotor eines Elektromotors bewegt, der sich durch Umschalten von einem Stromkreis auf einen zweiten in zwei um 60° gegeneinander gedrehte Gleichgewichtslagen einstellt. W. Betcke. 5048 □

Fehlerrechnung und Statistik in der analytischen Chemie. 3. Mitt. **Auswertung und Anlage von Gemeinschaftsversuchen.** Klaus Doerffel. (Z. analyt. Chem. **184**, 81—91, 1961; Leuna-Merseburg, TH für Chem., Inst. für analyt. Chem.; dt.) — 2. vgl. C. **1958**, 11030. — Bei der statist. Auswertung der Analysenwerte einer Substanz von mehreren verschiedenen Labor. findet man verschiedenartige Verteilungen der Ergebnisse. Im Idealfalle folgen diese Resultate einer Gauß-Verteilung, jedoch nur, wenn genügend viele Daten (>30) einer in allen beteiligten Labor. „eingefahrenen" Analysen-Meth. vorliegen. Vf. zeigt, wie man unter Anwendung der mathemat. Statistik die aus Gemeinschafts-Verss. erhaltenen Werte prüft u. Aussagen über den aufgetretenen Zufallsfehler erhält. Hinweise für die Anlage von Gemeinschafts-Verss. werden gegeben. H. Nentwig. 5050 □

Rechenschieber zum Umrechnen von Prozentanteilen in Molenbrüche. C. R. Masson. (Analytic. Chem. **31**, 1122—24, Juni 1959; Halifax, N.S., Canada, Nat. Res. Council, Atlantic Reg. Labor.; engl.) — Angaben über einen Rechenschieber zur Umrechnung der Zus. eines Gemisches oder einer Verb. von den prozentualen Anteilen der Komponenten in deren Molenbrüche. W. Betcke. 5050 □

Apparatur für kombinierte thermische Analyse und Dilatometrie. J. H. Pearce und P. G. Mardon. (J. sci. Instruments **36**, 457—60, Nov. 1959; Harwell, Berks., AERE, Metallurg. Div.; engl.) — Beschreibung eines App. mit Schreiber für gleichzeitige thermoanalyt. u. dilatometr. Messungen bei automat. Temp.-Kontrolle, der die

Analyse kleiner Metallproben bei Temp. bis 1200° im Vakuum gestattet, sowie Diskussion der Fehlerquellen. W. Betcke. 5052 □

Ein Differentialthermoanalysegerät. F. W. Wilburn. (J. sci. Instruments **35,** 403—07, Nov. 1958; St. Helens, Lancs., Pillington Bros. Ltd.; engl.) — Es wird eine automat. DTA-App. von hoher Empfindlichkeit beschrieben, mit der sich noch Temp.-Differenzen von 0,1° nachweisen lassen. Es wurden $CaCO_3$, $Al(OH)_3$, Dolomit, Kaolin u. Quarz untersucht. Wolfgang Krüger. 5052 □

Die Anwendung der Infrarot-Heizung bei der Differentialthermoanalyse. J. A. Hill und C. B. Murphy. (Analytic. Chem. **31,** 1443—44, Aug. 1959; Schenectady N.Y., Gen. Electr. Co., Gen. Engng. Labor.; engl.) — Als Probenhalter dient ein Graphitzylinder, in den zwei Mulden zur Aufnahme des Probe- u. des Vgl.-Materials eingebohrt sind. Die Thermoelemente werden durch seitliche Bohrungen eingeführt. Der Zylinder wird in porösen Mullitstein eingebettet, der eine kon. Bohrung zur Fokussierung der IR-Strahlung enthält. W. Betcke. 5052 □

Gaschromatographie. Stephen Dal Nogare und Richard S. Juvet jun. (Analytic. Chem. **34,** 35R—47R, April 1962; Wilmington, Del., E. I. du Pont de Nemours & Co.; Urbana, Ill., Univ. of Illinois; engl.) — Zusammenfassende Übersicht über die Weiterentw. der Gaschromatographie unter Berücksichtigung der 1960 u. 1961 (bis November) erschienenen Arbeiten im Anschluß an den vorangegangenen Bericht (C. **1961,** 1665). In der Hauptsache werden Arbeiten berücksichtigt, bei denen das Methodische im Mittelpunkt steht. Gerhard Schulze. 5062 □

Gaschromatographie. Der Einfluß des Gasdiffusionseffektes auf den Massentransport in gefüllten Trennsäulen. Richard Kieselbach. (Analytic. Chem. **33,** 23—28, Jan. 1961; Wilmington, Del., E. I. du Pont de Nemours & Co., Engng. Dep.-Engng. Res. Labor.; engl.) — Nach der van-Deemter-Gleichung, die die Abhängigkeit der Trennstufenhöhe (HTS) einer gefüllten gaschromatograph. Trennsäule von der Trägergasdurchfluß-Geschw. beschreibt, soll HTS für eine gegebene Trennsäule u. Substanzen mit sehr großem oder sehr kleinem Verteilungs-Koeff. bei zunehmender Durchfluß-Geschw. konst. bleiben. In der Praxis durchläuft HTS hierbei jedoch immer ein Minimum. Die Vers.-Ergebnisse lassen sich nur empir. auswerten, wenn zusätzlich zu den 3 Faktoren der van-Deemter-Gleichung 2 ursprünglich von van Deemter u. Jones angegebene Faktoren für das Gasdiffusionsvermögen berücksichtigt werden. Diese Gleichung mit 5 Faktoren gilt nicht streng. Die Werte deuten darauf hin, daß weitere Unterss. zu einer Gleichung führen könnten, deren Form der Golay-HTS-Gleichung entspricht. Für den Einfl. der Korngröße der Trennfüllung u. der Beladung mit Trenn-Fl. werden experimentell ermittelte Werte angegeben. W. Hein. 5062 □

Prinzipen der Hochgeschwindigkeits-Gaschromatographie mit gefüllten Trennsäulen. B. O. Ayers, R. J. Loyd und Donald D. DeFord. (Analytic. Chem. **33,** 986—91, Juli 1961; Bartlesville, Okla., Phillips Petroleum Co., Process Dev. Div.; Evanston, Ill., Northwestern Univ., Dep. of Chem.; engl.) — In einer theoret. Betrachtung werden Gleichungen zur Berechnung der optimalen Trennsäulenlänge u. Trägergas-Geschw. ermittelt. Die quant. Beziehung zwischen der Analysenzeit, den Trennsäulenparametern u. den Arbeitsbedingungen ist komplex, jedoch können einige allg. anwendbare Regeln zur Verringerung der Analysenzeit aufgestellt werden. Der Kapazitätsfaktor muß zwischen 2 u. 3 liegen, u. der Trennungsfaktor muß so groß wie möglich sein. Die Massentransport-Konst. C der van-Deemter-Gleichung muß klein sein. Kleine C-Werte können bei Einsatz geringer %-Geh. der fl. Phase (ca. 5—10%), relativ feinkörniger Trägermaterialien (ca. 100 mesh) u. Trägergase mit einem hohen Diffusionsvermögen erhalten werden. Das Trägergas muß eine geringe Viscosität besitzen, bes. wenn sehr lange Trennsäulen notwendig sind. W. Hein. 5062 □

N.N-Bis-[2-cyanäthyl]-formamid als flüssige Phase in der Gaschromatographie. Gino J. Frisone. (Nature [London] **193,** 370—71, 27/1. 1962; Philadelphia, Pa., Rohm & Haas Co., Res. Labor.; engl.) — Die Retentionszeiten einiger KW-Stoffe u. Ester wurden an Trennsäulen mit Ziegelmehl (30—60 mesh), beladen mit 20% N.N-Bis-[2-cyanäthyl]-formamid (I), bei 80° u. einem He-Trägergasstrom von 75 ml/min bestimmt. Folgende Werte wurden gefunden: *n-Pentan* 0,25, *n-Hexan* 0,5, *n-Decan* 2,75, *2.2.4-Trimethylpentan* 1,0, *Cyclohexan* 0,75, *Bzl.* 5,0, *Toluol* 8,0, *Äthylbenzol* 12,5, *Styrol* 28,5, *Methylacetat* 5,0, *Äthylacetat* 5,5, *n-Propylacetat* 8,0, *n-Butylacetat* 12,5, *Isopropylacetat* 4,5, *tert.-Butylacetat* 3,5, *Acrylsäuremethylester* 7,5, *Acrylsäureäthylester* 8,0, *Methacrylsäuremethylester* 8,5, *Methacrylsäureäthylester* 9,25, *Acrylsäureisopropylester* 7,0, *Acrylsäure-sek.-butylester* 10,5, *Methylenchlorid* 4,5, $CHCl_3$ 6,0, CCl_4 2,0. I ist bis 125° stabil. R. Krämer. 5062 □

Trennflüssigkeiten für die Gaschromatographie von polaren Verbindungen. E. M. Bevilacqua, E. S. English und J. S. Gall. (Analytic. Chem. **34**, 861—62, Juni 1962; Wayne, N.J., U. S. Rubber Co., Res. Center; engl.) — Die Eignung der im Handel erhältlichen fl. Polymeren P 84 (Äthylenoxid-Propylenoxid-Copolymerisat) u. XF 1150 (Propionitrilgruppen enthaltendes Polysiloxan) u. des synthet. erhaltenen 1.1.1-Tris-[3-methylenoxypropionitril] als Trenn-Fll. bei der gaschromatograph. Analyse von Aldehyden, Ketonen, Ringäthern u. Alkoholen wurde untersucht. Die Retentionszeiten von *Acetaldehyd, Furan, Propionaldehyd, Acrolein, Aceton, Sylvan, Tetrahydrofuran, Methanol, Methacrolein, Butyraldehyd, A., Butanon, Butenon, Propanol, W.* u. *Valeraldehyd* sind aufgeführt. W. Betcke. 5062 □

Flüssigkeitsverteilung auf gaschromatographischen Trägermaterialien. Beziehung zur Trennstufenhöhe. J. Calvin Giddings. (Analytic. Chem. **34**, 458—65, April 1962; Salt Lake City, Utah, Univ. of Utah, Dep. of Chem.; engl.) — Für die Wechselbeziehungen zwischen der Leistungsfähigkeit eines Gaschromatographen u. der Struktur eines festen Trägermaterials oder der Oberfläche in Füllkörper-, Capillar- u. Glasperlentrennsäulen leitet Vf. eine theoret. Näherung ab. Die Formulierung eines neuen mathemat. Ansatzes erwies sich als nötig, da die früheren Anschauungen über die Fl.-Verteilung zu stark vereinfacht u. oftmals fehlerhaft waren. Die bisher allg. verwendete Theorie der Trennstufenhöhe gestattet keine physikal. befriedigende Erfassung der Fl.-Konfiguration. Diese Mängel in der theoret. Behandlung der Gaschromatographie werden teilweise einmal durch Formulierung der die Rolle der adsorbierten u. in den Capillaren befindlichen Fll. u. deren Beziehungen untereinander beschreibenden Gleichungen u. zum anderen durch Verw. einer allgemeineren Trennstufenhöhentheorie beseitigt. Die wichtigsten Schlußfolgerungen im Hinblick auf die verschiedenen Trennsäulen sind: für Capillartrennsäulen ist das Modell eines gleichförmigen Films physikal. unhaltbar, diese Tatsache vermag auch teilweise die experimentell auftretenden anomalen Trennstufenhöhen zu erklären; eine typ. Füllkörpertrennsäule enthält wenig adsorptiv u. viel capillar gebundene Fl., diese aber trägt wesentlich zum Gesamtwert der Trennstufenhöhe bei; die die Berührungspunkte der Glasperlen umgebende Fl. bestimmt im allg. die Trennstufenhöhe, dieser unerwünschte Zustand kann jedoch durch Einschneiden feiner Furchen mit berechneten Dimensionen beseitigt werden. Die sich hieraus ergebenden prakt. Notwendigkeiten werden diskutiert. — 21 Literaturangaben. W. Hein. 5062 □

Gemahlenes, ungeschmolzenes Vycor als Trägermaterial für die Gaschromatographie. L. B. Rogers und Jeffrey C. Spitzer. (Analytic. Chem. **33**, 1959—60, Dez. 1961; Cambridge, Mass., MIT, Dep. of Chem. and Labor. for Nucl. Sci.; engl.) — Vycor erweist sich als geeignet zur Verw. als Träger- u. Füllmaterial gaschromatograph. Trennsäulen. W. Hein. 5062 □

Geometrische und chemische Modifizierung von Silicagel für die Gaschromatographie. W. Ss. Wassiljewa, I. W. Drogalewa, A. W. Kisselew, A. Ja. Korolew und K. D. Schtscherbakowa. (Доклады Академии Наук СССР [Ber. Akad. Wiss. UdSSR] **136**, 852—55, 1/2. 1961; Moskau, Lomonossow-Univ., Inst. für physikal. Chem. der Akad. der Wiss. der UdSSR; russ.) — Die geometr. Modifizierung des Silicagels der Marke SchSK erfolgte durch 19½ std. Behandlung mit W. im Autoklaven bei 275°, die chem. Modifizierung durch anschließende Behandlung der so erhaltenen Probe mit fl. Trimethylchlorsilan. Es wurden Ad- u. Desorptionsisothermen mit Bzl. als Adsorbat aufgenommen. Die Isotherme wird durch die hydrothermale Behandlung stark nach rechts u. unten verschoben. Der Beginn der Capillar-Kondens. wird von $p/p_s = 0{,}2$ nach $p/p_s = 0{,}75$ verschoben. Der mittlere Durchmesser der Globula wird durch die hydrothermale Behandlung fast vervierfacht. Die chem. Modifizierung führt zu einer starken Abnahme der Benzolabsorption bis zum Beginn der Capillar-Kondens. (auf $^1/_{30}$ u. weniger). Es wird ein sehr grobporiges Silicagel erhalten, das sich für die chromatograph. Trennung von Bzl. u. Hexan eignet. Diese Trennung erfolgt rascher als bei der üblichen Gasverteilungschromatographie. O. Lebtag. 5062 □

Über die Rolle des Adsorbenten bei gaschromatographischen Trennungen. Ödön Szabadka, Gábor József, Judit Komlósi und G. Soóki-Tóth. (Veszprémi Vegyipari Egyetem Közleményei [Mitt. Univ. chem. Ind. Veszprém] **5**, 53—62, 1961; Lehrstuhl für physikal. Chem.; ung.) — Mittels eines Adsorbententrägers auf Al-Silicatbasis, dessen spezif. Oberfläche durch Glühen ohne Änderung der Porenstruktur verändert werden kann, wurde nach Anreicherung mit Dimethylformamid, Dibutylphthalat, Siliconöl u. Paraffinöl die gaschromatograph. Trennung von KW-Stoffen (3—4 C-Atome) untersucht. Es konnte festgestellt werden, daß der Logarithmus der Janakschen spezif. Retentions-Vol.-Werte in Abhängigkeit des Anreicherungsgrades — mit Ausnahme des

Paraffinöls infolge dessen apolaren Charakters — an zwei sich überschneidenden Geraden liegen. Im Knickpunkt ist der Träger durch eine monomolekulare Fl.-Schicht bedeckt, u. es kann hierdurch die spezif. Oberfläche des Trägers bestimmt werden.
J. Plank. 5062

Adsorptionserscheinungen und ihre Effekte auf die analytische Genauigkeit bei der Gaschromatographie. Alan Weinstein. (Analytic. Chem. **33**, 18—22, Jan. 1961; University Park, Pa., Pennsylvania State Univ., Dep. of Fuel Technol.; engl.) — Bei der Aufnahme von Eichkurven mit reinen Substanzen für gaschromatograph. Analysen ist der Adsorptionseffekt häufig die Ursache systemat. Fehler. In einer theoret. Unters. dieses Effekts wird festgestellt, daß die Banden mit den kürzesten Retentionszeiten analyt. am stärksten beeinflußt werden. Bei Verw. adsorbierter Trägersubstanzen kann eine große Zahl von Banden gestört werden. Vf. gibt prakt. Hinweise zur Verhinderung oder Verminderung solcher Fehler an. W. Hein. 5062 □

Einfluß einer Vorerwärmer-Verunreinigung auf die gaschromatographische Analyse stark adsorbierter Substanzen. Edgar D. Smith und Aubrey B. Gosnell. (Analytic. Chem. **34**, 646—48, Mai 1962; Little Rock, Ark., Univ. of Arkansas, Graduate Inst. of Technol.; engl.) — Die Verunreinigung der Vorerwärmereinheit eines Gaschromatographen durch C-haltige Zers.-Prodd. führt zu erheblichen Analysenfehlern. An Hand der Analyse von Fettsäuren u. Aminen wird diese Fehlerquelle untersucht.
W. Betcke. 5062 □

Ein vielfacher Fraktionssammler für die Gaschromatographie. I. M. Napier und H. J. Rodda. (Chem. and Ind. **1958**, 1319, 11/10.; Adelaide, Australia, Org. Chem. Dep.; engl.) — Zur Sammlung mehrerer Fraktionen bei gaschromatograph. Arbeiten werden zwei Verbindungsstücke aus Messing beschrieben, die hinter den Detektor geschaltet, als Verteiler bzw. Haltevorr. für die Ausfriergefäße dienen.
W. Luchsinger. 5062 □

Der Einfluß des Probeneintrittsvolumens in der präparativen Chromatographie. P. C. Haarhoff, P. C. Van Berge und Victor Pretorius. (Trans. Faraday Soc. **57**, 1838—43, Okt. 1961; Pretoria, S.A., Univ., Dep. of Phys. Chem.; engl.) — Vff. behandeln mathemat. die gaschromatograph. Trennung zweier Substanzen A u. B in Abhängigkeit vom Vol. der in die Säule injizierten Probe. Es werden hierbei drei Eluatfraktionen erhalten, u. zwar A (bzw. B) mit einem gegebenen Reinheitsgrad (Mengenanteil an B bzw. A) sowie eine AB-Mischung. Die Menge des mit vorgeschriebener Reinheit erhältlichen Prod. A oder B ist pro Durchlauf bei kleinen Probe-Voll. zunächst dem Vol. proportional, nähert sich aber mit steigendem Vol. asymptot. einem Endwert.
E. Moisar. 5062 □

Ein Seifenblasen-Stömungsmesser für die Gaschromatographie. D. Morison Smith und R. G. Campbell. (Chemist-Analyst **50**, 80—81, Sept. 1961; Ottawa, Canada, Food and Drug Directorate; engl.) — Beschreibung eines Horizontalströmungsmessers. Durch einen seitlich am Strömungsrohr angebrachten Tropftrichter wird etwas Seifen-Lsg. in den Gasstrom abgelassen. Es bilden sich Seifenblasen, die vom Strom mitgenommen u. an Markierungen vorübergeführt werden. W. Betcke. 5062 □

Ein Instrument zum Austreiben von Gasen mit Hilfe eines Gasstroms und zur gaschromatographischen Bestimmung von in Flüssigkeiten gelösten Gasen. D. D. Williams und R. R. Miller. (Analytic. Chem. **34**, 657—59, Mai 1962; Washington, D.C., U. S. Naval Res. Labor., Chem. Div.; engl.) — Beschreibung einer App., die es gestattet, ein in W. gelöstes Gas mit Hilfe eines He-Stroms auszutreiben u. gaschromatograph. zu bestimmen. W. Betcke. 5062 □

Theorie des Minimalzeitbedarfes bei der Gaschromatographie. J. Calvin Giddings. (Analytic. Chem. **34**, 314—19, März 1962; Salt Lake City, Utah, Univ. of Utah, Dep. of Chem.; engl.) — Unter besonderer Berücksichtigung der Rolle des Druckabfalls entlang gaschromatograph. Trennsäulen entwickelt Vf. eine Theorie der Minimalanalysendauer für Füllkörper- u. Capillartrennsäulen. Unter Verw. einer früher abgeleiteten Gleichung, die den Einfl. der Druckgradienten auf die Trennstufenhöhe beschreibt, ergibt die mathemat. Behandlung, das zur Erzielung optimaler Verhältnisse der Trennsäulenausgang unter Vakuum gehalten werden muß. Der Druck am Trennsäuleneingang muß etwas höher als der sog. krit. Druck p_s sein, das ist der Druck, unter dem eine Trennung unmöglich ist. Unter Zugrundelegung dieser optimalen Ein- u. Ausgangsdrücke folgt, daß das beste Trägergas das mit dem größten Wert für das Verhältnis zwischen Diffusionsvermögen u. Viscosität ist. Geordnet nach zunehmender Eignung erhält man dann die Reihe Ar, CO_2, N_2, He u. H_2. Zusätzlich kann mit Hilfe dieser Theorie die optimale Filmdicke der Fl.-Schicht in Capillartrennsäulen ermittelt werden. Der direkt auf die Filmdicke bezogene Kapazitätsfaktor k ist in manchmal uneinheitlicher Weise variabel. — 18 Literaturangaben. W. Hein. 5062 □

Eine einfache Methode für die Temperaturprogrammierung bei der Gaschromatographie. Harmon Borfitz. (Analytic. Chem. **34**, 167, Jan. 1962; Norwich, N.Y., Norwich Pharmacal Co.; engl.) — Vf. nimmt Bezug auf seine frühere Arbeit (C. **1962**, 6149) u. macht einige ergänzende Bemerkungen. R. Krämer. 5062 □

Kompakter Zweisäulen-Gaschromatograph für Flammenpyrolyse-Untersuchungen. Stanley B. Martin und Robert W. Ramstad. (Analytic. Chem. **33**, 982—85, Juli 1961; San Francisco, Calif., U. S. Naval Radiol. Defense Labor.; engl.) — Vff. beschreiben Konstruktion, Ausführung u. Einsatzmöglichkeiten eines kompakten, transportablen Zweisäulen-Gaschromatographen, der die direkte Messung komplexer Flammenpyrolyse-Rk.-Prodd. erlaubt. Die App. wurde erfolgreich zur Unters. von *Dimethyläther Ae.*, *Diisopropyläther*, *Di-n-propyläther*, *Methyl-n-butyläther*, *Methyl-n-amyläther*, *Di-n-butyläther*, *Acetaldehyd*, *Propionaldehyd*, *Acrolein*, *Crotonaldehyd*, *Methylformiat*, *Äthylformiat*, *Methylacetat*, *Äthylacetat*, *Methylpropionat*, *Methyl-n-butyrat*, *Aceton*, *Methyläthylketon*, *Diacetyl*, *Methylisopropylketon*, *Diäthylketon*, *Mesityloxid*, *Methanol*, *A.*, *Propanol-(2)*, *Propanol-(1)*, *tert.-Butanol*, *W.*, *Furan*, *1.4-Dioxan* u. *Mesitylen* bei hohen Temp. benutzt. Ein großer Vorteil dieser Vers.-Anordnung ist, daß die Flammenpyrolyse-Rk. direkt im Trägergasstrom kurz vor der ersten der beiden zu Beginn miteinander verbundenen Trennsäulen vorgenommen wird. Die mit He-Trägergas gemischten Rk.-Prodd. gelangen direkt in die erste mit Trenn-Fl. (Polypropylenglykol) gefüllte Trennsäule u. dann in die zweite Adsorptionstrennsäule (aktivierte Holzkohle). Die beiden Trennsäulen werden dann voneinander getrennt. Die erste Trennsäule erlaubt die Best. der Prodd. mit höherem Molgew., während die zweite die Best. der adsorbierten Gase gestattet. Zur genauen Überwachung des Drucks wurde ein spezieller elektr. Durchflußmesser entwickelt. Eine maximale Komponentendichte wurde dadurch erreicht, daß die Trennsäulen der Form eines kleinen Dewar-Gefäßes angepaßt waren. W. Hein. 5062 □

Neuere Entwicklungen auf dem Gebiet der gaschromatographischen Detektoren. Gerhard Schomburg. (Z. analyt. Chem. **189**, 14—50, 1962; Mülheim/Ruhr, MPI für Kohlenforsch.; dt.) — Vf. bespricht in Form einer Übersichtsarbeit Neuerungen auf dem Gebiet der gaschromatograph. Detektoren u. behandelt bes. die Entw. vom quant. Detektor u. den Ansprechproblemen zu den strukturspezif. anzeigenden oder qual. Detektoren. Im einzelnen werden erörtert: Beurteilung von Detektoren (Empfindlichkeit, linearer dynam. Bereich, Ansprechzeit u. effektives Detektor-Vol., Beziehungen zwischen Detektorsignal u. Mol.-Struktur), quant. Detektoren (Wärmeleitfähigkeitszelle, Martinsche Gasdichtewaage, Flammenionisationsdetektor, Argondetektoren), qual. Detektoren (Flammenemissionsdetektor, Elektroneneinfangdetektor, Kombinationen mit Massenspektrometern u. Kombinationen mit IR-Spektrometern) sowie weitere neue Detektortypen (andere Ionisationsdetektoren, Detektoren mit Ultraschall oder akust. Meßprinzipien, Detektoren, die auf DK-Messungen beruhen, Detektoren mit katalyt. Verbrennung u. coulometr. Detektoren sowie Detektoren für radioakt. Verbb.). — 101 Literaturangaben. Gerhard Schulze. 5062 □

Bemerkung über eine sehr empfindliche Bestimmung permanenter Gase durch Gaschromatographie mit Hilfe eines mit angeregtem Helium arbeitenden Detektors. Joseph Serpinet. (Analytica chim. Acta [Amsterdam] **25**, 505—06, Nov. 1961; Pierre-Benite, Rhône, Soc. d'Electrochim. et des Acieries Electr. d'Ugine, Centre de Rech. de Lyon; franz.) — Vf. beschreibt eine einfache App. zur Reinigung von handelsüblichem 99,9%ig. He, das als Trägergas bei der Gaschromatographie verwendet wird u. Ar ersetzen soll. He wird über Molekularsiebe geleitet. Bei Verw. so gereinigten He wird die Empfindlichkeit des Gaschromatographen auf 0,1—1 Vpm erhöht.
H. Fries. 5062 □

Ein einfacher Verbrennungsdetektor für die Gaschromatographie. St. Behrendt. (Z. physik. Chem. [Frankfurt/M.] [N. F.] **30**, 357—59, Dez. 1961; Göttingen, Univ., Inst. für Phys. Chem.; engl.) — Es wird ein Detektor beschrieben, der den bei der Verbrennung organ. Dämpfe über erhitztem Kupferoxid im N_2-Strom bei Atmosphärendruck erfolgenden Vol.-Zuwachs mit Hilfe einer waagerechten Mikrobürette (Capillare mit beweglichem Hg-Tropfen) registriert. Der N_2-Strom wird durch 2 Capillaren mit hohem Strömungswiderstand konst. gehalten. Die erfolgende Gasverstärkung im Detektor wird vom Molgew. der zu analysierenden Substanz, vermindert um einen Faktor, der von den Strömungsverhältnissen im Detektor abhängig ist, bestimmt. Trotz seiner integralen Anzeige arbeitet der Detektor differential u. erinnert damit an den Strömungswiderstandsdetektor oder die übliche dynam. Meth. der Gasanalyse.
D. Zschummel. 5062 □

Ein Ionisationsdetektor für die Gaschromatographie. H.-K. Bothe. (Isotopentechnik **1**, 163—64, Mai 1961; Leipzig, Inst. für angewandte Radioaktivität; dt.) —

Vf. beschreibt den Aufbau eines Ar-Ionisationsdetektors. Als radioakt. Präp. wird $^{90}Sr + ^{90}Y$ (10 mc) verwendet. Bei einer Spaltbreite von 1 mm zwischen Innen- u. Außenelektrode beträgt das wirksame Vol. ca. 0,1 cm^3. Infolge der Homogenität des Feldes können >1300 V Spannung angelegt werden, ohne daß es zu elektr. Überschlägen kommt. Die Nachw.-Empfindlichkeit liegt bei 10^{-11} g Substanz pro ml Trägergas. Zur Verringerung des wirksamen Vol. bei Verw. des Detektors an Capillarsäulen wird dem aus der Säule austretenden Gasstrom durch eine Düse Trägergas zugemischt. C.-E. Döring. 5062□

Konstruktion und Arbeitsweise eines einfachen Flammenionisationsdetektors für die Gaschromatographie. D. J. Morgan. (J. sci. Instruments **38,** 501—03, Dez. 1961; Pontypool, Mon., Britisch Nylon Spinners, Res. Dep.; engl.) — Beschrieben wird ein leicht herzustellender Flammenionisationsdetektor aus Glas, als Anode dient eine Injektionsnadel, darüber befindet sich in 7 mm Entfernung ein Pt-Draht als Kathode. Bei einer angelegten Spannung von 250 V ist die Anzeigeempfindlichkeit mit der eines käuflichen β-Strahlenionisationsdetektors zu vergleichen. G. Bock. 5062□

Ein verbesserter Flammenionisationsdetektor ohne Beheizung. W. Leipnitz und H. G. Könnecke. (J. prakt. Chem. [4] **18,** 110—12, 1962; Leipzig, Inst. für Verf.-Techn. der org. Chem.; Berlin, Dt. Akad. der Wiss., Forsch.-Gemeinsch. der naturwiss., techn. u. med. Inst.; dt.) — Beschreibung eines neuen Flammenionisationsdetektors mit seitlich eingeführten Elektroden. W. Betcke. 5063□

Einige Fragen der flammenphotometrischen Analyse. D. N. Iwanow. (Почвоведение [Bodenkunde] **1962,** Nr. 4, 62—70, April; Dokutschajew-Inst. für Böden; russ., Auszug: engl.) — Vgl. C. **1961,** 3755. — Untersucht wurde die Wechselwrkg. von Alkalimetallen (**I**) auf ihre Strahlungsintensität (I) in verschiedenen Flammen sowie der Einfl. von Al, H_2SO_4 u. H_3PO_4 auf die I von Erdalkalimetallen (**II**). Die Meth. der flammenphotometr. Analyse der Böden zwecks Best. ihres Geh. an **I** u. **II** werden erörtert. Es wird gezeigt, daß durch die Ggw. von Li, Rb u. Cs die Na- bzw. K-Best. nicht gestört wird. Die Genauigkeit der K- oder Na-Best. in den Böden wird durch die Ggw. von Na bzw. K prakt. nicht beeinflußt. Der Ionisationseffekt bei der K- u. Na-Best. wird durch die Ggw. von **I** nicht erhöht. Da durch die Ggw. von Na u. K die Analysenergebnisse für Li, Rb u. Cs stark erhöht werden, müssen bei der Best. dieser Metalle bes. analyt. Meth. angewandt werden. Die flammenlöschende Wrkg. von Al, H_2SO_4 u. H_3PO_4 bei der Ca-Best. wird ermittelt. S. Baryschnikow. 5063

Verwendung organischer Lösungsmittel in der Spektrometrie begrenzter Flammenräume. Bruce E. Buell. (Analytic. Chem. **34,** 635—40, Mai 1962; Bera, Calif., Union Oil Co. of California, Union Res. Center; engl.) — Bei Benutzung von organ. Lsgm. in einer O_2—H_2-Flamme können durch sorgfältige Auswahl der zu untersuchenden Flammenbereiche die Linien—Untergrund-Verhältnisse vergrößert u. damit die Anwendungsmöglichkeiten der Flammenphotometrie erweitert werden. Durch die Anwendung organ. Lsgm. wird der Bereich der Emissions- u. Anregungspotentiale in der Flamme vergrößert u. außerdem die Emission verringert. Für einige Elemente (Ca, Na, V, Mg, Al, B, Pb, Zn) werden in Abhängigkeit vom Lsgm. die Verteilungen der Emission in der Flamme untersucht. Am Beispiel des Pb wird gezeigt, wie die Höhe des Emissionsmaximums von den organ. Bestandteilen der Pb-Probe abhängt. Aus theoret. Betrachtungen wird geschlossen, daß für den Einfl. des Lsgm. größtenteils die Chemiluminescenz verantwortlich ist. Es wird untersucht, inwieweit N mit Hilfe der CN-Bandenmaxima bestimmt werden kann. J. Peters. 5063□

Neues elektronisches pH-Meßgerät. Etele Csanády. (Erdészettudományi Közlemények [Forstwiss. Mitt.] **1961,** 127—38, Okt.; Sopron, Hochsch. Forsting.; ung.) — Vf. entwickelte ein neues Gerät zur fortlaufenden pH-Messung von Bodenproben. Neuartig ist die Gitterstromverminderung, indem dieser in eine Gleich- u. eine Wechselstromkomponente geteilt u. letztere vom Meßkreis abgesperrt wird. J. Plank. 5066

Elektroden aus Natrium—Barium-Silicatgläsern zur Messung von pH-Werten. G. T. Petrowskij und F. Čuta. (Collect. czechoslov. chem. Commun. **26,** 2289—97, Sept. 1961; Praga, Chim.-technol. inst., Katedra spezialnych anal. metodow; russ., Auszug: dt.) — Es wurden 76 Proben von Na—Ba-Silicatgläsern verschiedener Zus., einige mit Zusätzen von F, P_2O_5, B_2O_3, CuO, SrO, BeO, TiO_2, ZrO_2, CeO_2 u. UO_2, hergestellt. Die Gläser wurden zu Glaselektroden verarbeitet u. ihr Potentialverlauf in Abhängigkeit vom pH-Wert der Lsg. gemessen. Der pH-Wert, bei dem der Unterschied zwischen den Potentialen der H-Elektrode u. der untersuchten Glaselektrode 10 mV beträgt (sog. alkal. Fehler), wurden bestimmt. Die besten Eigg. weisen die Gläser mit einem Geh. von 14—17 Mol-% Na_2O u. 7,5—10 Mol-% BaO auf. Die aus diesen Gläsern hergestellten Elektroden zeigen eine lineare pH-Potentialabhängigkeit bei 25° bis zu pH 13,5 (50°, pH 11; 80°, pH 10). Die untersuchten Elektroden sind zur Messung bei höheren Temp. besser geeignet, denn ihr Widerstand nimmt mit der Temp. wesentlich ab, jedoch wird der alkal. Fehler schon bei niedrigeren pH-Werten deutlich. Der Zusatz von Metalloxiden setzt den pH-Wert des alkal. Fehlers in derselben Folge herab, in der die chem. Resistenz der Gläser erhöht wird, nämlich: BaO, SrO, CaO, (PbO), MgO, BeO, ZnO, TiO_2, Al_2O_3, ZrO_2 (maximale Resistenz). I. Frič/Prag. 5066

a) Elemente und anorganische Verbindungen

Ein papierchromatographischer Trennungsgang zum Nachweis von Metallionen. A. S. Ritchie. (J. chem. Educat. **38**, 400—05, Aug. 1961; Newcastle, Australia, Univ. of New South Wales; engl.) — Vf. gibt genaue Arbeitsvorschriften für den qual. Nachw. von Metallionen mit Hilfe der Papierchromatographie an. Für 4 verschiedene Laufmittel werden die R_F-Werte sämtlicher Metallionen aufgeführt. W. Hein. 5106□

Papierelektrophorese von Metallionen in zweiwertigen Säuren und in ihren Salzen. H. C. Chakrabortty. (J. electroanalyt. Chem. [Amsterdam] **2**, 261—62, Mai/Juni 1961; Calcutta, Bose-Inst.; engl.) — 1. vgl. C. **1962**, 1336. — Vf. untersuchte das elektrophoret. Verh. von Fe(III) in einem Na_2SO_4-H_2SO_4-Gemisch u. stellte fest, daß es sich in den Gemischen 30:70 bis 40:60 isoelektr. verhält. Ferner wurden zahlreiche Metallionen in einem Gemisch von 1/6m $Na_2(COO)_2$ u. n/10 $(COOH)_2$ nach der Glasplatten-Meth. 1 Std. lang mit 420 V der Elektrophorese unterworfen. H. Nentwig. 5106□

Eine einfache Prüfreaktion auf Salpetersäuredämpfe. Alfred Chan jun. (J. chem. Educat. **38**, 412, Aug. 1961; Whittier, Calif., Whittier Coll.; engl.) — Beim Eindampfen von Lsgg. mit H_2SO_4 zur Entfernung von HNO_3 kann der Endpunkt leicht durch Einbringen von Kraftpapier in den Dampf erkannt werden. Stickstoffoxide oder HNO_3 ergeben auf dem Papier braune Flecke. W. Hein. G 243□

Bestimmung von Nitrationen in Mischsäuren und Salpetersäureestern durch elektrometrische Verfahren. W. C. Easterbrook. (J. appl. Chem. **9**, 410—17. Aug. 1959; Stevenston, Ayrshire, Imp. Chem. Ind. Ltd., Res. Dep.; engl.) — Beschrieben wird ein elektrometr. Verf. zur Best. von NO_3^- in Mischsäuren, bei dem die Endpunkt-Best. mit $(NH_4)_2Fe(SO_4)_2$ erfolgt. An Stelle der Beobachtung des auftretenden Farbumschlages kann der Endpunkt auch elektron. durch eine App. (Schaltskizze) angezeigt werden. Von den verwendeten Bimetallelektroden, Pt/Cr-Ni-Fe-Leg., Pt/Cr-Ni-Leg. u. Pt/W, ist die erste am geeignetsten. Das Verf. ist ebenfalls anwendbar zur Best. von NO_3^- in den durch Behandeln mit H_2SO_4 erhaltenen Hydrolysaten von Nitrocellulose, Nitroglycerin u. Nitroglykol. Vgl. mit der Best. nach Lunge u. der alkal. Verseifung mit anschließender Red. zu NH_3 fallen zufriedenstellend aus.
F.-M. Friedrich-Anderseck. G 243□

Bestimmung von Ammoniak in Wasser. L. Krieger. (Ann. pharmac. franç. **15**, 731—33, Dez. 1957; Châtillon-en-Bazois [Nièvre], Labor. de l'auteur; franz.) — Es wird eine Best.-Meth. von Ammoniak (I) in W. mit Neßlers-Reagens unter Verw. des von Fleury entwickelten App. „*Micro-Schloesing*", der auf dem Prinzip der Mikrodiffusion aufgebaut ist, beschrieben. Konzz. an I bis zu 1 μg/ml können bestimmt werden. *Arbeitsvorschrift*: 33,3 ml zu untersuchendes W. werden in das große Gefäß des Fleury-App., 1 ml n/100 H_2SO_4 in das kleine gefüllt. Nach Verschließen der App. wird 30 Min. lang auf dem Wasserbad (37°) erwärmt, schnell 1 ml einer Lsg. von 10 g NaOH, 20 g Na_2CO_3 u. 60 g W. zugefügt, umgerührt, die App. wieder verschlossen, weitere 24 Std. lang auf dem Wasserbad erwärmt, 1 ml Neßlers Reagens in das kleinere Gefäß gegeben, umgerührt, mit Hilfe einer Pipette diese Lsg. in ein 10-ml-Meßglas umgefüllt, mit W. nachgespült, auf 10 ml mit W. aufgefüllt, geschüttelt u. die Extinktion der Lsg. gemessen. Die gesuchte NH_3-Menge wird einer Eichkurve entnommen. H. Fries. G 243□

Die Analyse von Halogengemischen durch Mikrodiffusion in Verbindung mit einer Isotopenverdünnungsmethode. Karl Johan Öbrink und Maj Ulfendahl. (Acta Soc. med. Upsaliensis [N.S.] **64**, 384—91, 1959; Uppsala, Univ., Inst. of Physiol.; engl.) — Beschreibung einer modifizierten Form der Mikrodiffusionsanalysen-App. nach Conway zur getrennten Best. von Cl^-, Br^- oder J^- sowie einer Kombination mit der Isotopenverdünnungsmethode. Gemische von 2 Halogenen, außer Cl^- oder J^- in Br^-, sind bestimmbar, während das bisherige Verf. nur Br in einem Gemisch der 3 Halogene zu bestimmen erlaubte. K. Maier. G 245□

Die analytische Bedeutung des Chlorcyans. E. Pungor und E. Schulek. (Ann. Univ. Sci. Budapestinensis Rolando Eötvös nominatae, Sect. Chim. **2**, 99—100, 1960; Budapest, Eötvös Univ., Inst. für anorg. u. anal. Chem.; dt.) — Das bei der jodometr. Best. von Br^- nach dessen Überführung über ClBr in BrCN mit überschüssigem Cl_2 entstehende ClCN reagiert nach einer gewissen Zeit nicht mehr mit J^-, sofern ein ausreichender CN^--Überschuß vorhanden ist. Als Ursache konnte die Bldg. eines Komplexes CN·ClCN in einer Zeit-Rk. 1. Ordnung festgestellt werden, durch welche die Entstehung von J·ClCN aus J^- u. ClCN verhindert wird. W. Betcke. G 245□

Eine neue Fluorescenzreaktion auf Silicium. George Elliott und J. A. Radley. (Analytic. Chem. **33**, 1623—24, Okt. 1961; Reading, Berks., Radley Res. Inst.; engl.) — Vff. beschreiben eine Fluorescenzanalyse zum Nachw. von Si bis zu 2 μg. Das Verf., das eine lineare Eichkurve zwischen 2 u. 10 μg Si liefert, wird durch As u. P in mg-Mengen nicht gestört. Man isoliert Si als Na-Silicat in wss. Lsg., dampft die Lsg. zur Trockne ein, löst den Rückstand in 1 ml W. u. 0,5 ml 15%ig. NaOH, löst 0,03 g Mannit in dieser Lsg., versetzt mit 15 ml Formamid, 0,5 ml einer gesätt. Lsg. von Benzoin in CH_3OH sowie 0,5 ml einer 2%ig. wss. Lsg. von $NH_2OH·HCl$ u. füllt auf 25 ml mit Formamid auf. Die Messung der Probe u. einer Blindprobe erfolgt nach ca. 60 Min. bei 366 mμ. J. Kraetsch. G 261□

Optimale Bedingungen für die colorimetrische Mikrobestimmung von Silicium. Bestimmung von Silicium in biologischem Material und in Mineralien. Jiři Tůma. (Mikrochim. Acta [Wien] **1962,** 513—23; Brno, ČSSR, Clinic of Professional Diseases; engl.) — Vf. ermittelte die optimalen Bedingungen für die Bldg. von Molybdatokieselsäure u. ihre Red. zu Molybdänblau in Ggw. von PO_4^{3-}, Fe u. anderen störenden Substanzen. Die Meth. eignet sich zur colorimetr. Best. von 20—50 μg SiO_2 in Ggw. von höchstens 4,5 mg PO_4^{3-} u. 3 mg Fe mit einer Genauigkeit von ca. ± 1 μg SiO_2. K, Na, Ca, Mg, Al, Cl^-, NO_3^-, SO_4^{2-} stören nicht. Organ. Säuren, wie Oxal-, Wein-, Citronen-, Milchsäure u. EDTA stören; NO_2^- stört in größeren Mengen. CH_3COOH u. HCOOH scheinen in größeren Mengen (über 50 mg) einen verzögernden Einfl. auf die Zerstörung der Molybdatophosphorsäure mit H_2SO_4 u. auf die Red. der Molybdatokieselsäure zu haben. Die Alkalischmelze ist das geeignetste Verf. zum Überführen des SiO_2 aus Mineralien u. biolog. Materialien in monomeres wasserlösl. Silicat. P. Kurzmann. G 261□

Methode zur Analyse flüchtiger Siliciumverbindungen. W. J. McAleer, M. A. Kozlowski, P. I. Pollak und R. G. Denkewalter. (J. electrochem. Soc. **109,** 138—40, Febr. 1962; Rahway, N.J., Merk, Sharp & Dohme, Electron. Chem. Res. Dep., Res. Labor.; engl.) — Durch Zers. flüchtiger Si-Verbb. im H_2-Strom an einem durch Induktionsheizung auf 1150° erhitzten, in einem Quarzrohr isoliert aufgehängten Siliciumplättchen (16 × 14 × 2 mm) höchster Reinheit läßt sich auf diesem ein Film von Si auftragen, dessen elektr. Widerstand durch mitzersetzte u. eingelagerte Donator- oder Acceptor-Moll. stark absinkt. Nach Best. der Schichtdicke des frisch aufgetragenen Films u. einer Widerstandsmessung läßt sich mit 25%ig. Genauigkeit der Anteil an beigemischten Acceptor- oder Donator-Moll. bis herab zu 1 ppb bestimmen. Vff. beschreiben ausführlich App. u. Meßvorgang zur Best. von Spuren PCl_3 in $HSiCl_3$. In handelsüblichem $HSiCl_3$ fanden sie ca. 10 ppb Donator-Moll. als Verunreinigung, die nach Dest. im Rückstand verblieben, wobei das Destillat bis auf 1 ppb Verunreinigungen gereinigt wird. H. Bürger. G 261□

Zum papierchromatographischen Nachweis von Polyphosphaten. Franz Bukatsch. (Mikrokosmos **48,** 276—78, Sept. 1959; München.) — Beschreibung eines einfachen papierchromatograph. Nachw. von Polyphosphaten mit A.–Essigsäure–W. (35:5:10) als Laufmittel u. salpetersaurer NH_4-Molybdat-Lsg. (je 7,5%) oder $K_2S_2O_5$ u. Na_2SO_3 u. Metol (12,5 g u. 0,5 g u. 0,1 g in 50 ml W.) als Entwickler. Es konnten H_3PO_4, $H_4P_2O_7$ sowie Tri, Tetra- u. Hexaphosphorsäure getrennt werden. W. Betcke. G 264□

Zum Nachweis von Thiophosphorsäurederivaten und ähnlichen Verbindungen auf Chromatogrammen. H. Petschik und E. Steger. (J. Chromatogr. [Amsterdam] **7,** 135—36, Jan. 1962; Dresden, TH, Inst. für anorgan. u. anorgan.-techn. Chem.; dt.) — Beschreibung einer Meth. zur Sichtbarmachung der Flecke von Thio- u. Seleno-Verbb., bes. Seleno- u. Thiophosphorsäure-Verbb. auf Chromatographiepapier oder Dünnschichtchromatogrammen. Die evtl. noch feuchten Chromatogramme werden mit einer Mischung von Perchlorsäure u. Perjodsäure besprüht u. sofort in 5%ig. Stärke-Lsg. gebracht, um die Zerstörung des Papiers zu verhindern. Die organ. Verbb. werden unter J_2-Abscheidung zersetzt, es bilden sich mit Stärke scharfgezeichnete blaue Flecke auf weißem Grund. Empfindlichkeit 0,6—200 μg. M. Finke. G 264□

Eine Methode zur spektrographischen Bestimmung von Lithiumspuren in metallischem Calcium mit Hilfe des Lichtbogens. Julian Czakow und Eugeniusz Weźranowski. (Chem. analit. [Warszawa] **3,** 9—12, 1958; Warszawa, PAN, Inst. Bad. jadr., Zakł. analit.; pol.) — Die mit Graphit tablettierte Probe von $CaCl_2$ u. LiCl wird an der Cu-Hilfselektrode befestigt. Die obere Elektrode ist aus Graphit. Der Funken wird mit dem Primärstrom 110 V, 40 A erregt. Die Auswertung des Funkenspektrums erfolgt mit Hilfe der Linie Li 6707,84 Å. Der erfaßbare Bereich ist 0,3—10 ppm Li in Ca. Die Genauigkeit beträgt $\pm 4\%$. F. Urban. G 273□

Bestimmung von Natrium in silicatischen Mineralien und Gesteinen durch Neutronenaktivierungsanalyse. Gerald L. Schroeder und John W. Winchester. (Analytic. Chem. **34,** 96—99, Jan. 1962; Cambridge, Mass., MIT, Dep. of Geol. and Geophysics; engl.) — Zur Best. des Na-Geh. von Silicatgesteinen ohne chem. Aufarbeitung mit einer Genauigkeit von 1—2% werden die Proben mit langsamen Neutronen beschossen. 1—2 Tage nach der Bestrahlung sind ^{24}Na u. ^{42}K die häufigsten Nuclide. Die energiereiche γ-Strahlung des ^{24}Na kann ohne Störung durch die ^{42}K-Strahlung gemessen werden, wenn man einen Scintillationszähler u. einen Integraldiskriminator, der die Strahlung mit einer Energie $E_\gamma < 2,6$ MeV ausschaltet, benutzt. In Reaktoren, wo das Verhältnis von schnellen zu langsamen Neutronen sehr hoch ist, u. in Proben, die viel Al u. Mg enthalten, kann ^{24}Na durch $^{24}Al(n, \alpha)^{24}Na$ u. $^{24}Mg(n, p)^{24}Na$ gebildet werden. Diese Möglichkeit kann durch Messung der mit u. ohne Cd-Abschirmung entstandenen ^{24}Na-Aktivität geprüft werden. R. Krämer. G 274□

Über die Anwendung der Kompensationsmethode bei der flammenphotometrischen Analyse. D. N. Iwanow. (Заводская Лаборатория [Betriebs-Lab.] **27,** 297—99, 1961; Dokutschajew-Boden-Inst. der Akad. der Wiss. der UdSSR; russ.) — Vff. beschreiben die Anwendung der Kompensations-Meth. bei der flammenphotometr. Best. von *Na* neben Ca (0—1000 mg/Liter), wenn als Kompensations-Lsg. eine Ca-Lsg. mit 500 mg/Liter verwendet wird. D. Hoene. G 274□

Der Einfluß von Fremdionen auf die Bestimmung von Kalium als Tetraphenylborat. J. D. R. Thomas. (Analyst **87,** 151—52, Febr. 1962; Cathays Park, Cardiff, Welsh Coll. of Advanc. Technol., Dep. of Chem. and Biol.; engl.) — Zur Unters. des Einfl. einiger Fremdionen bei der K-Best. nach der Tetraphenylborat (I)-Meth. wurde je 1 ml der Lsg. des zu prüfenden Salzes (100 mg Substanz in 10 ml W. u. 0,4 ml konz. HCl) mit 3 Tropfen 1%ig. Na-I-Lsg. in 0,01n NaOH versetzt. Keinen Nd. geben: Trinatriumcitrat, NaH_2PO_2, Na_2HPO_3, $Na_4P_2O_7$, NaHCOO, Natriumtartrat, $NaClO_4$, $Ca(C_2H_5COO)_2$, $VOSO_4$, $Zr(SO_4)_2$, $MgHPO_2$, $Ce_2(C_2O_4)_3$ u. Harnstoff. $NaJO_4$ u. $Na_2S_2O_8$ geben eine geringe Menge weißen Nd., der sich beim Erwärmen löst, ebenso $NaClO_4$ in größerer Konzentration. Der Einfl. der letztgenannten 3 Anionen wurde quant. untersucht. W. Betcke. G 275□

Flammenphotometrische Rubidiumbestimmung mit vorhergehender chemischer Isolierung als Tetraphenylborat. Ivan Rubeška. (Z. analyt. Chem. **186,** 300—05, 1962; Prag, Geol. Zentralinst.; dt.) — Vf. beschreibt eine Meth. zur flammenphotometr. Best. von Rb. Rb wird nach gemeinsamer Fällung mit K u. Cs durch eine 2%ig. wss. Lsg. von Na-Tetraphenylborat in einer Mischung von 70 (Vol.-%) Methyläthylketon, 10 Methanol u. 20 W. gelöst u. in der Lsg. flammenphotometr. bestimmt. Die möglichen Störungen werden durch Einhalten einer bestimmten, gleichbleibenden K-Konz. beseitigt. Die Meth. wurde zur Rb-Best. in Graniten u. anderen Silicatgesteinen verwendet. Die Empfindlichkeit beträgt 0,01% unter den angegebenen Bedingungen; sie kann noch gesteigert werden, nur darf das Verhältnis K zu Rb den Wert 1000 nicht überschreiten. Die Reproduzierbarkeit beträgt 6%. F. Sarfert. G 276□

Verteilung von Metallchelaten mit in 7-Stellung substituierten 8-Hydroxychinolinderivaten zwischen Wasser und Chloroform. 3. Mitt. **Bestimmung kleiner Mengen Magnesium mit dem CMAB-Oxin.** F. Umland, B. K. Poddar und K.-U. Meckenstock. (Z. analyt. Chem. **185,** 362—72, 1962; Hannover, TH, Inst. für Anorgan. Chem.; dt.) — 2. vgl. C. **1961,** 15141. — Vff. entwickelten eine selektive Meth. zur photometr. Best. geringer Mengen Mg neben einem Überschuß anderer Elemente mittels 7-[α-(o-Carbomethoxyanilino)-benzyl]-8-hydroxychinolin (I). Mg wird dazu mit einer Lsg. von I in $CHCl_3$ aus stark alkal. Lsg. unter Tartrat-, Cyanid- u. trimerem Formaldoximzusatz bei einem pH-Wert von 12,5—12,9 extrahiert, zur Reinigung wird es in wss. Boratpuffer-Lsg. von pH 8 zurückgeschüttelt u. erneut unter gleichen Bedingungen (pH 12,5—12,9) extrahiert. Man mißt nach 10 Min. die Extinktion der organ. Phase bei 405 nm; im Bereich von $2 \cdot 10^{-5}$ bis $1,2 \cdot 10^{-4}$m Mg wird das Beersche Gesetz erfüllt. In mehr als 500fachem Überschuß muß vorher aus 6n HCl-saurer Lsg. ausgeäthert werden. Mn (Gew.-Verhältnis Mn:Mg < 50:1) u. Pb (< 20:1) stören u. können unter Zusatz von $K_2S_2O_8$ aus 0,25m schwefelsaurer Lsg. gleichzeitig ausgefällt werden. Alle anderen Elemente lassen sich bis zu einem 1000fachen Überschuß tolerieren. H. Nentwig. G 282□

Photometrische Bestimmung von Zink in Meteoriten. Masakichi Nishimura und E. B. Sandell. (Analytica chim. Acta [Amsterdam] **26,** 242—48, März 1962; Minneapolis, Minn., Univ. of Minnesota, School of Chem.; engl.) — Vff. beschreiben eine spektrophotometr. Meth. zur Best. von Zn in Fe- u. Silicatmeteoriten mit Dithizon. Fe^{3+}, Ni^{2+}, Co^{2+}, Cu^{2+} u. andere Elemente werden vorher mit einem Austauscherharz (Dowex I-X8) abgetrennt. Wegen der ungleichmäßigen Verteilung des Zn können in einigen Fällen bei Einwaagen von 1 g keine reproduzierbaren Werte erhalten werden. J. Peters. G 288□

Analytische Anwendung der hängenden Quecksilbertropfen-Elektrode. Bestimmung von Verunreinigungen in Zink hohen Reinheitsgrades. W. Kemula, Z. Kublik und S. Głodowski. (J. electroanalyt. Chem. [Amsterdam] **1**, 91—100, Aug. 1959; Warsaw, Univ., Pol. Acad. of Sci., Dep. of Inorg. Chem., Inst. of Phys. Chem.; engl.) — Eine Best.-Meth. geringster Mengen solcher Metalle in reinem Zn, deren Red.-Potentiale positiver als das des Zn sind u. die zur Amalgam-Bldg. befähigt sind, wird beschrieben. Die in HCl gelöste Zn-Probe wird an einer durch einen hängenden Hg-Tropfen (vgl. C. **1960**, 3646) gebildeten Kathode bei einem Potential von —0,8 V (gegen Kalomelelektrode) elektrolysiert, wobei die Spurenelemente als Amalgam in das Hg übergehen. Nach ca. 3 Min. langer Elektrolyse wird in Richtung auf positive Potentiale polarographiert. Die Höhen der Stromminima bei der anod. Oxydation der Spurenelemente ist deren Konz. proportional. Bestimmt wurden: $6{,}4 \cdot 10^{-5}$ % (in Zn) Pb, $8{,}2 \cdot 10^{-6}$ % Cd, $2 \cdot 10^{-5}$% Sb, $6{,}8 \cdot 10^{-4}$% In, ferner Bi, Sn u. Cu. E. Moisar. G 288□

Spektralanalyse von luminophorreinem Zinksulfid und -sulfat unter Anwendung chemischer Anreicherung. W. N. Wassiljewa, L. A. Dworshetzkaja, L. Ja. Markowski und L. Ja. Chlebnikowa. (Известия Академии Наук СССР, Серия Физическая [Nachr. Akad. Wiss. UdSSR, physik. Ser.] **23**, 1153—54, Sept. 1959; Staatl. Inst. für angewandte Chem.; russ.) — Zur Verbesserung der Best. von Mikromengen an Schwermetallen in ZnS (I) u. $ZnSO_4$ (**II**; Ausgangs-Prod. für Darst. von I) wird folgende Meth. angegeben: 10 g I werden in HCl gelöst u. in $ZnSO_4$ übergeführt. Die Mikrobeimengungen an Fe, Ni, Co u. Cu werden mit α-Nitroso-β-naphthol, Cupferron u. Dimethylglyoxim gefällt, u. die metallorgan. Verbb. mit Isoamylalkohol extrahiert. Danach werden die organ. Bestandteile durch Erhitzen entfernt. Analog wird die Anreicherung bei der Analyse von **II** durchgeführt. Ihr Anreicherungsgrad (bezogen auf Zn) beträgt bei **I** ca. 100 u. **II** ca. 50. Die erhaltenen Proben werden als wss., schwach saure Lsgg. von $ZnCl_2$ u. der Chloride von Cu, Fe, Ni u. Co der Spektralanalyse durch Verdampfen im Kohlebogen unterworfen. Als analyt. Linien dienten für Fe 3059; Ni 3050; Co 3044 u. Cu 3274 Å. Die Spektren wurden mit dem Spektrographen ISP-28 aufgenommen, u. die Schwärzungskurven mit dem Mikrophotometer MF-2 gemessen. Die Empfindlichkeit bei der Analyse von I beträgt $2 \cdot 10^{-6}$ Ni, $4 \cdot 10^{-6}$ Co, ca. 10^{-6} Fe, ca. 10^{-8} (%) Cu u. von **II** $4 \cdot 10^{-6}$ Ni, $7 \cdot 10^{-6}$ Co, ca. 10^{-6} Fe, ca. 10^{-8} (%) Cu. Der mittlere, arithmet. Fehler bei der Co-Best. beträgt 15, von Ni u. Fe 25%. Die Cu-Analyse ergab keine befriedigenden Resultate, der Fehler beträgt bis zu 60%. U.-L. Rau. G 288□

Über einige Bestimmungsmethoden für Cadmium (analytisch-statistische Untersuchung). Andrzej Rokosz. (Zeszyty naukowe Uniw. jagiellońskiego, Ser. Nauk mat.-przyrodniczych, Mat., Fizyka, Chem. **1956**, 93—123; Kraków, Uniw. Jagiell. Zakł. Chem. nieorgan.; pol., Auszug: engl.) — Nach der statist. Analyse hat die gravimetr. Cd-Best. als $CdSO_4$ nach Treadwell einen systemat. Fehler von $1{,}2 \pm 0{,}2$‰, der durch Einschluß von H_2SO_4 u. durch das schwach hygroskop. Verh. der Verb. verursacht wird. Die Genauigkeit beträgt 1,9‰. Andere Varianten dieser Meth. sind ungenauer. Bei der Best. als CdS durch Fällung mit H_2S beträgt die Genauigkeit 12‰, nach Glühen von CdS im H_2S-Strom dagegen 5,37‰. Die gravimetr. Best. mit 8-Hydroxychinolin besitzt einen systemat. Fehler von —0,3 mg (Löslichkeit u. Verluste) u. eine Genauigkeit von 0,7 mg. Bei anschließender bromatometr. Titration verbessert sie sich auf 0,3 mg. Die Best. mit β-Naphthochinolin als $R_2H_2CdJ_4$ nach Lang hat eine Genauigkeit von 1 mg, nach Berg (Aceton-Meth.) 0,5 mg. Die abs. Angaben bei den letztgenannten Meth. sind wegen der Unabhängigkeit des Fehlers von der Größe der Einwaage möglich. — 18 Literaturangaben. F. Urban. G 289□

Eine neue gravimetrische Methode für die Schnellbestimmung von Cadmium mit Hydrazin-N.N′-bis-thiocarbonsäuremonoallylamid. 2. Mitt. E. Popper, L. Popa, V. Iunie und L. Roman. (Rev. Chim. [Bucureşti] **9**, 300—02, Juni 1958; rum.) — 1. vgl. Rev. Chim. [Bucureşti] **8**, [1957], 717. K. Lange. G 289

Eine neue gravimetrische Methode für die Schnellbestimmung von Cadmium mit einem Reagens vom Mercaptan-Typ. 3. Mitt. E. Popper, L. Popa, V. Iunie und L. Roman. (Rev. Chim. [Bucureşti] **9**, 302—05, Juni 1958; rum.) — 2. vgl. vorst. Referat. — Die gravimetr. Best. von *Cd* mit 2-Mercapto-5-anilino-1.3.4-thiodiazol wird beschrieben. K. Lange. G 289

Fluorometrische Bestimmung von sehr kleinen Aluminiummengen. W. T. Rees. (Analyst **87**, 202—06, März 1962; Poole, Dorset, Holton Heath, Admiralty Materials Labor.; engl.) — Die Fluorescenz des Al-Oxinats wird zur Best. von Al-Spuren in Quarz u. sehr reinen Säuren benutzt. Wegen der hohen Empfindlichkeit dürfen nur besonders gereinigte Reagentien u. Pt- bzw. Quarzgeräte verwendet werden. In einer Pt-Schale säuert man 2,5 ml der Unters.-Lsg. mit 1 ml 0,1n H_2SO_4 an, fügt 0,5 ml einer 0,1% ig. Oxin-Lsg. in 0,04n Essigsäure u. 5 ml einer Puffer-Lsg. (0,05n HCl u. 1m Na-Acetat-Lsg., durch Extraktion mit Oxin-Chlf.-Lsg. u. Chlf. gereinigt) hinzu. Nach Neutralisation mit 1 ml 0,1n NH_4OH extrahiert man das Al in einem 50-ml-Quarzschütteltrichter mit 20 ml frisch dest. $CHCl_3$. Nach Filtration durch Quarzwolle wird die Fluorescenzintensität gemessen. Als Erregerfrequenz dient die Hg-Linie bei 405 nm. Ga u. In bilden ebenfalls mit $CHCl_3$ extrahierbare fluorescierende Oxinate, deren Störung rechner. berücksichtigt werden kann. Fe, Zn, Co, Ni, Cu, Cd, Sn(II), Bi, Tl, MoO_4^{2-} u. UO_2^{2+} können bis zu einem 20fachen Überschuß anwesend sein. In 1-g-Proben lassen sich noch 0,02 ppm Al bestimmen. Die Reinigung der verwendeten Reagentien wird beschrieben. J. Peters. G 294□

Polarographische Untersuchung des Salicylatkomplexes des Galliums. A. I. Seljanskaja und N. W. Baussowa. (Известия Сибирского Отделения Академии Наук СССР [Nachr. sibir. Abt. Akad. Wiss. UdSSR] **1958**, Nr. 3, 52—59; Uraler Zweigstelle der Akad. der Wiss. der UdSSR; russ.) — Es werden bisher bekannte polarograph. Arbeitsvorschriften für die Ga-Best. krit. betrachtet u. eine neue, vorteilhaftere beschrieben. Sie beruht auf Komplex-Bldg. des Ga mit Salicylat [$(Ga(sal'')_3)^{3-}$]. Bei pH 2,5—3,8 werden gute polarograph. Stufen erhalten ($E_{1/2}$ = 0,988 V). W. Hödt. G 295□

Komplexometrische Titrationen (Chelatometrie). 50. Mitt. **Titanbestimmung gegen Xylenolorange in Gegenwart von Wasserstoffperoxyd.** B. Bieber und Z. Večeřa. (Collect. czechoslov. chem. Commun. **26**, 2081—84, Aug. 1961; Brno, Staatl. Forschungsinst. für Material u. Technol.; dt.) — 49. vgl. C. **1962**, 2842. — Es wird ein komplexometr. Verf. zur Best. von Ti beschrieben, welches die bei der Hydrolyse von Ti^{4+} bzw. undeutlichem Farbumschlag des Indicators bestehenden Mängel der bisherigen Meth. beseitigt: Ca. 100 ml Probe-Lsg. [am besten $Ti(SO_4)_2$] werden mit 1—2 ml 30% ig. H_2O_2 u. einem bekannten Überschuß an 0,05m Komplexon-III-Lsg. (I) versetzt, unter Kühlen mit verd. NH_3 alkal. gemacht, mit Essigsäure (II) sehr schwach angesäuert u. mit weiteren 1—2 ml II im Überschuß versetzt. Nach Abkühlen u. Zugabe von Xylenolorange (III) in festem Gemisch mit NaCl (1 : 100) wird die überschüssige I bei $<20^0$ gegen 0,05m $Bi(NO_3)_3$-Lsg. (IV) bis zum scharfen Umschlag von Gelb nach Rot zurücktitriert. Für 0,5—60,0 mg Ti beträgt die mittlere Abweichung bei 95% ig. Sicherheit ±0,24 mg Ti. Bei der Ti-Best. in Schlacken, Erzen, Silicaten, Ferrotitan u. a. stören nur Fe(III) u. Al. In solchen Fällen werden Ti u. Fe durch Extraktion ihrer Cupferronate aus schwach saurer Lsg. mit Ae. von Al abgetrennt, der äther. Auszug wird durch konz. HNO_3 zersetzt u. die freigesetzten Ti^{4+}- u. Fe^{3+}-Ionen werden in wss. Lsg. übergeführt, wonach Fe gegen I mit Sulfosalicylsäure als Indicator bei 70^0 titriert wird. Alsdann wird die Lsg. abgekühlt, mit H_2O_2 u. überschüssiger I versetzt u. das pH mit NH_3 u. II wie beschrieben eingestellt. Nach Zugabe von III wird die Fl. bei $<20^0$ gegen IV titriert. Bei Titrationen der Gemische mit dem Verhältnis Ti : Fe wie 1 : 50 bis 2 : 1 beträgt die mittlere Abweichung bei 95% ig. Sicherheit ±0,35 mg Ti bzw. ±0,24 mg Fe. Eine eingehende Arbeitsvorschrift für prakt. Anwendung der Meth. ist angeschlossen. K. Kámen/Prag. G 321

Bestimmung von Zirkonium mit N-Benzoylphenylhydroxylamin. I. P. Alimarin und Tze Yung-Schaing. (Talanta [London] **9**, 9—13, Jan. 1962; Moskau, Lomonossow-Univ.; engl.) — Vff. beschreiben eine Meth. zur gravimetr. Best. von Zr mit N-Benzoylphenylhydroxylamin (I). Eine saure $ZrOCl_2$-Lsg. wurde mit einem Überschuß einer wss. I-Lsg. versetzt, ca. 15 Min. lang erhitzt, abgekühlt, der Nd. mit 0,1- bis 1% ig. HCl u. 0,05% ig. I-Lsg. gewaschen, bei 1000—1100° bis zur Gew.-Konstanz geglüht u. als ZrO_2 ausgewogen. Der Einfl. verschiedener Mineralsäuren sowie von Tartrat u. H_2O_2 wurde untersucht u. dabei die Vollständigkeit der Zr-Fällung festgestellt. Auch in Ggw. von Al, Cr, Ti, Nb, Ta u. der Seltenerdmetalle wurde nur Zr gefällt. Fe wird in geringer Menge mitgefällt. Die Zus. des Nd. wurde ermittelt zu Zr : organ. Rest = 1 : 4, wenn aus stark saurem Medium gefällt wurde. Thermogravimetr. Unterss. ergaben, daß der Nd. bis 240° stabil ist. F. Sarfert. G 322□

Die spektrophotometrische Bestimmung von Zirkonium in Uran. Masayoshi Kanno und S. Kokubo. (Nippon Kinzoku Gakkai-Si [J. Japan Inst. Metals] **25**, 128—31, 1961; jap., Auszug: engl.) — Zur Zr-Best. in U kann das gefärbte Rk.-Prod. von ZrO^{2-} u. Alizarinsulfonat (I) herangezogen werden, das ein Absorptionsmaximum bei 520 mμ hat u. in HCl beständig ist. Die Störung durch den U–I-Komplex wird durch Oxydation von U^{4+} zu UO_2^{2+} mit H_2O_2 eliminiert. Für 1 Teil U sind 10 Teile I erforderlich. Die zur Entw. der Färbung nötige Zeit beträgt 60 Minuten. Die HCl-Konz. beeinflußt die Best. im Konz.-Bereich 0,1—0,5n nicht. Die Best. wird durch Mengen < 15 mg Zn^{2+}, 40 mg Mg^{2+}, 100 mg Na^+, 100 mg K^+, 1 mg Fe^{3+} u. 5 mg Al^{3+} nicht gestört. W. Wesly. G 322 □

Die Verwendung organischer Reagentien bei der polarographischen Bestimmung von Uran und Zirkonium. Masayoshi Ishibashi, Taitiro Fujinaga und Kosuke Izutsu. (J. electroanalyt. Chem. [Amsterdam] **1**, 26—38, Aug. 1959; Kyoto, Univ., Fac. of Sci., Inst. of Chem.; engl.) — Die in Acetatpuffer, pH 5,3, bei —0,3 V (gegen gesätt. Kalomelelektrode) liegende polarograph. Red.-Stufe des Azofarbstoffes Mordantblau 2 R (Na-Salz von 2-[5-Chlor-3-sulfo-2-hydroxybenzolazo]-5-sulfo-1-naphthol; I) wird durch UO_2^{2+}-Ionen z. T. zu negativen Potentialwerten (—0,45 V) unter Bldg. einer Doppelstufe verschoben. Die neu auftretende negative Stufe ist der UO_2^{2+}-Konz. proportional u. kann daher zur quant. UO_2^{2+}-Best. verwendet werden. In Ggw. störender anderer Ionen kann die UO_2^{2+}-Verb. durch Extraktion mit Ae. isoliert werden. Ähnlich ist auch die Best. von ZrO^{2+}-Verbb. möglich, die in einer mit $HClO_4$ auf pH 1,5 eingestellten I-haltigen Lsg. erfolgt. Eine vorherige Abtrennung der ZrO^{2+}-Ionen durch Fällung mit Mandelsäure ist ratsam, da die polarograph. Best. durch zahlreiche andere Ionen gestört wird. Aus einer Unters. der Stufenhöhe in Abhängigkeit von der UO_2^{2+}- bzw. ZrO^{2+}-Konz. sind Farbstoffkomplexe im Mol-Verhältnis 1 U : 1 I bzw. 1 Zr : 2 I anzunehmen. E. Moisar. G 339 □

b) Organische Verbindungen

Über die Zersetzung organischer Verbindungen im schnellen Sauerstoffstrom unter den Bedingungen der Elementaranalyse. W. A. Klimowa und T. A. Antipowa. (Журнал Аналитической Химии [J. analyt. Chem.] **16**, 343—47, Mai/Juni 1961; Moskau, Zelinsky-Inst. für organ. Chem. der Akad. der Wiss. der UdSSR; russ., Auszug: engl.) — Verbrennungs-Verss. von Paraffin, $C_{28}H_{58}$, $C_6H_5(CH_2)_3CH_3$, Naphthalin u. Bzl. bei Bedingungen der Mikroelementaranalyse (O_2-Strom von 20—40 ml/min) widerlegen die frühere Vermutung der Vff. der vorher stattfindenden Verharzung des Stoffes. Die Bldg. von „akt. Splittern" (Aldehyde, ungesätt. freie Reste, H_2 usw.) wird bestätigt. Der Verbrennungsprozeß im Reagensrohr (übliche App.) verläuft gemäß der allg. Verbrennungstheorie, nicht aber (frühere Vermutung) in getrennten Pyrolyse- u. Oxydationsstadien. S. Baryschnikow. 5352

Elementaranalyse durch Bestimmung der Absorption ionisierender Strahlungen. L. Wiesner. (Atomwirtschaft **6**, 278—83, Mai 1961; Hannover, Inst. für Erdölforsch.; dt.) — Vf. beschreibt ein Verf., das Elementaranalysen organ. Stoffe mittels Absorption ionisierender Strahlung durchzuführen gestattet. Als Strahlenquellen werden Radionuclide (^{90}Sr, ^{90}Y, ^{3}H, ^{55}Fe, ^{109}Cd) verwendet. Vorzüge des Verf. sind größere Schnelligkeit u. Genauigkeit gegenüber den üblichen Methoden. H. Schroeder. 5352 □

Die Bestimmung von Halogenen in organischen Stoffen. E. Schulek und Zs. Remport-Horvath. (Ann. Univ. Sci. Budapestinensis Rolando Eötvös nominatae, Sect. Chim. **2**, 123—28, 1960; Budapest, L.-Eötvös-Univ., Inst. für anorgan. u. analyt. Chem.; dt.) — Bei der Verbrennung organ. Stoffe für die Halogen-Best. wurde eine modifizierte Form der Berthelotschen Calorimeterbombe verwendet. Zur Prüfung des Verf. wurde 4-Jodantipyrin im Gemisch mit einem ca. 10fachen Überschuß Saccharose in Ggw. von wss. H_2SO_3-Lsg. unter 30 atm O_2-Druck verbrannt u. der J-Geh. nach Oxydation mit Cl_2-Wasser bestimmt. Weiter wurden Cl- einiger Mineralöle u. J-Geh.-Best. von Lebertran im Mikromaßstab durchgeführt. W. Betcke. 5352 □

Submikromethoden der organischen Analyse. 14. Mitt. Die Bestimmung von Chlor. R. Belcher, P. Gouverneur und A. M. G. Macdonald. (J. chem. Soc. [London] **1962**, 1938—42, Mai; Birmingham, Univ.; engl.) — 13. vgl. C. **1961**, 16581. — Zur Best. von Cl^- im Submikromaßstab wird die Probe (30—80 μg) in einer O_2-Bombe verbrannt u. Cl^- nach Absorption der Verbrennungs-Prodd. in salpetersaurer, 80%ig. alkohol. Lsg. mercurimetr. mit Diphenylcarbazon als Indicator bestimmt. Bei der Analyse von 9 Verbb. mit Cl-Geh. von 6—75% lag der Fehler zwischen <1 u. 2%. W. Betcke. 5352 □

Ein einfacher Apparat zur Mikrobestimmung von Methan. Sidney Toby. (Analytic. Chem. **31**, 1444—45, Aug. 1959; New Brunswick, N.J., Rutgers Univ., Chem. Dep.; engl.) — Eine Glas-App. zur Verbrennung von CH_4 an CuO bei 670° wird beschrieben. Die Verbrennungsgase werden mit einer Hg-Diffusionspumpe abgesaugt u. passieren eine mit fl. Luft gekühlte Kühlfalle, in der das CO_2 kondensiert wird. Proben bis 30 μMole werden in 2 Std. vollständig verbrannt. W. Betcke. G 510 □

Beiträge zur Acetylenbestimmung in Carbid. O. Frehden und M. Beclereanu. (Rev. Chim. [Bucureşti] **9**, 333—34, Juni 1958; rum.) K. Lange. G 530

Allgemeine Methode zur quantitativen Bestimmung von Carbonsäureanhydriden und -chloranhydriden. L. M. Litwinenko, D. M. Alexandrowa und W. G. Napadailo. (Журнал Аналитической Химии [J. analyt. Chem.] **16**, 226—28, März/April 1961; Charkow, Gorki-Univ.; russ., Auszug: engl.) — Eine allg. Meth. zur quant. Best. von Carbonsäureanhydriden (**I**) u. -chloranhydriden (**II**) wird erörtert. Die Meth. beruht auf der Behandlung der zu untersuchenden Substanz im Gemisch mit einem inerten Lsgm. u. Essigsäure (Katalysator) mit einem Überschuß von m-Chloranilin (**III**) u. der potentiometr. Rücktitration von **III** mit $NaNO_2$-Lösung. Die Meth. ermöglicht eine Schnellbest. von Mikro- u. Makromengen von **I** bzw. **II** mit einer Fehlergrenze von $\leq 1\%$. S. Baryschnikow. G 800

Bestimmung der Methylen-bis-thioglykolsäure. A. Miss und A. Arsene. (Rev. Chim. [Bucureşti] **9**, 331—33, Juni 1958; rum.) K. Lange. G 850

Spezifischer Nachweis von m-Nitroanilin in der Tüpfelanalyse. F. Feigl und V. Anger. (Z. analyt. Chem. **182**, 13—15, 1961; Rio de Janeiro, Ministério da Agric., Labor. da Prod. Mineral; Wien, Lobachemie, Forschungslabor.; dt.) — *m-Nitranilin* (I) wird mit Essigsäureanhydrid in der Wärme acetyliert u. bei 120° mit konz. HNO_3 behandelt. Es entsteht das o-Dinitro-Deriv., welches mit Red.-Mitteln, wie Phenylhydrazinchlorhydrat in 2n NaOH eine intensive Violettfärbung gibt. Erfassungsgrenze: 5 μg **I**. Die o- u. p-Isomeren stören den Nachw. nicht. E. Faulhaber. G 1310 □

Zur Kenntnis der „Keller-Reaktion" und ihre Anwendung zur spektrophotometrischen Bestimmung von Indolen. H. P. Rieder und M. Böhmer. (Experientia [Basel] **14**, 463—65, 15/12. 1958; Basel, Univ., Psychiatr. Klinik u. Neurolog. Poliklinik, Forschungslabor.; dt.) — Die Keller-Rk. zum Nachw. von Indolen (Unterschichten einer essigsauren, $FeCl_3$-haltigen Lsg. mit H_2SO_4 u. Beobachtung der Farbtönungen) wurde zum quant. spektrometr. Verf. ausgebaut. Zur Analyse werden 0,5 ml Probe-Lsg. mit 1,0 ml Na-Glyoxalat-Lsg., die 10 mg% $FeCl_3$ enthält, versetzt u. unter Schütteln langsam mit 2,0 ml H_2SO_4 vermischt. Die Lsg. wird 3 Min. lang auf dem kochenden Wasserbad erhitzt. Analysenergebnisse werden für Tryptamin (Absorption bei 555 mμ) mitgeteilt. W. Betcke. G 3081 □

d) Medizinische und toxikologische Analyse

Biochemische Analyse. Paul B. Hamilton. (Analytic. Chem. **34**, 3R—13R, April 1962; Wilmington, Del., Alfred I. du Pont Inst. of the Nemours Found.; engl.) — Vf. gibt einen Überblick über die Weiterentw. der biochem. Analyse in der Zeit vom 1. Januar bis zum 31. Dezember 1961. Im einzelnen werden behandelt: Neue Bücher u. Zeitschriften, voltametr. Meth., Verw. von Zentrifugen, Dialyse, Gegenstromtrennung, Fraktionierung durch Schäume, Elektrophorese, Gaschromatographie, Säulenchromatographie (Ionenaustausch u. Gelfiltration), Papier- u. Dünnschichtchromatographie, IR-Spektrophotometrie, Fluorometrie, Turbidimetrie, Spektrophotometrie im sichtbaren u. UV-Bereich, Rotationsdispersion, Flammenphotometrie, Emissions- u. Absorptionsspektrometrie, Elektronenmikroskopie, Mikroanalyse durch Röntgenemission nach Elektronenbeschuß, Elektronenspinresonanz, kernmagnet. Resonanz, Massenspektrometrie, Röntgenspektrometrie u. Röntgenbeugung, radiochem. Best., Gerätekunde u. Automatisierung, Verw. der Elektronik, der Ringofentechnik u. manometr. Messungen sowie einige spezielle Meth. zur Dichte-Best., zur Extraktion mit Hilfe von Ultraschall u. zur Anwendung der Lichtstreuung. — 394 Literaturangaben.
Gerhard Schulze. 5725 □

Problematische Aspekte bei der Analyse komplexer Medien mit Hilfe eines Autoanalysators. F. M. Russo-Alesi und Jacques M. Kelly. (Trans. New York Acad. Sci. [2] **21**, 497—504, April 1959; New Brunswick, N.J., Squibb Inst. for Med. Res.; engl.) — Besprechung der Vorteile u. der auftretenden Schwierigkeiten bei weitgehender Automatisierung der klin. Analyse komplexer Medien (Blut, Harn) mit Hilfe eines Autoanalysators. — Beispiel: Vgl. einer colorimetr. Penicillin-Best. mit Hydroxylamin im Autoanalysator mit einer mikrobiolog. Diffusionsmethode.
A.-M. Fretzdorff. 5725 □

Spezifische enzymatische Bestimmung von Alkohol in Blut durch eine automatische spektrophotometrische Reaktionsgeschwindigkeitsmethode. H. V. Malmstadt und T. P. Hadjiioannou. (Analytic. Chem. **34**, 455—58, April 1962; Urbana,

Ill., Univ. of Illinois, Dep. of Chem. and Chem. Engng.; engl.) — *A.* wird in Ggw. von Alkoholdehydrogenase u. Diphosphopyridinnucleotid selektiv oxydiert, wobei DPNH gebildet wird. Im Anfangsstadium der Rk. ist die Rk.-Geschw. der A.-Konz. proportional. Zur Konz.-Best. wird die für eine bestimmte Änderung der DPNH-Absorption benötigte Zeit automat. gemessen. Im Bereich 0,015—0,3 g A./100 ml Blut beträgt der mittlere Fehler 2—3%. W. Betcke. 5727□

Schnellbestimmung von Blutalkohol durch Diffusion und Oxydation im Hochvakuum. H. S. Mahal. (Analytic. Chem. **31,** 1908—09, Nov. 1959; Bombay, Forensic Sci. Labor.; engl.) — 0,5 g Blut werden in ein kleines Kölbchen mit 1 g wasserfreiem Na_2CO_3 gegeben. Das Kölbchen wird mit einem Dreiwegehahn verbunden, an den noch ein größerer Kolben (Inhalt 2,5 ml 0,1n $K_2Cr_2O_7$-Lsg. u. 10 ml konz. H_2SO_4) angeschlossen u. über die dritte Zuleitung auf 1 mm Hg evakuiert wird. Dann wird die Verb. zwischen den beiden Kolben hergestellt u. der kleine 45 Sek. in heißes W. getaucht. Die unverbrauchte $K_2Cr_2O_7$-Lsg. wird jodometr. zurücktitriert u. aus dem Verbrauch auf den A.-Geh. des Blutes geschlossen. W. Betcke. 5727□

Modifikation der ADH-Methode zur Bestimmung von Blutalkohol. Antti R. Alha und Veikko Tamminen. (Ann. Med. exp. Biol. fenn. **38,** 121—25, 1960; Helsinki, Univ., Dep. of Forensic Med., Chem. Sect.; engl.) — Beschreibung einer Modifikation der ADH-Meth. zur Best. von Blutalkohol, bei der die A.-Diffusion in die Enzym-Lsg. in einem Widmark-Kölbchen bei Zimmer-Temp. erfolgt. Ph. Fresenius. 5762□

Extraktion und Identifizierung von Barbituraten. Milton T. Bush. (Microchem. J. **5,** 73—90, März 1961; Nashville, Tenn., Vanderbilt Univ., School of Med., Dep. of Pharmacol.; engl.) — Vf. beschreibt die fraktionierte Extraktion zur Isolierung u. Identifizierung von Barbituraten u. ihrer Stoffwechsel-Prodd. aus organ. Material. Die saure Droge wird aus dem biolog. Material bei niedrigem pH (ca. 6) in das organ. Lsgm. (Ae., Methylenchlorid oder 1-Chlorbutan) übergeführt, der Extrakt gereinigt u. die Droge wieder in einen wss. Puffer bei hohem pH (ca. 10) übergeführt u. konzentriert. Dieser wss. Extrakt wird spektrophotometr. untersucht. A.-M. Fretzdorff. 5762□

Bestimmung von Thallium in Haaren. Witold Manikowski, Janusz Downarowicz, Maria Kapczyńska und Lech Niezgodzki. (Poznańskie Towarzystwo Przyjaciół Nauk, Wydział lekarski, Prace Komisji farmac. **2,** 39—45, 1960; Poznań, Akad. Med., Zakł. Chem. Toksykol. i Sad., Zakł. Med. Sąd.; pol.) — Bei Vergiftung mit Tl-Salzen zeigen Haare dunkle Flecken in der Nähe der Haarwurzel. Zur Best. von Tl in Haaren werden diese mit Seifenwasser gewaschen, getrocknet u. die dunklen Flecke aus 100 Haaren herausgeschnitten. Die Probe wird 6 Tage mit 25 ml 1,2%ig. HNO_3 bei normaler Temp. ausgelaugt. 10 ml des Extraktes werden mit 0,2 g Al_2O_3 (oder CaO) versetzt u. bei 80° eingedampft. Der Rückstand wird spektrograph. (Cu-Elektroden) untersucht. F. Urban. 5764□

Ergebnisse einiger Versuche zur Imprägnierung von Haar mit Arsen. Louis Truffert, Michel Favart, Yvonne Le Gall und Claudine Wallon. (Ann. Falsificat. Fraudes **49,** 52—64, Febr. 1956; Paris, Labor. Municip. de la Préfect. de Pol. et Labor. de Méd. Lég. de la Fac. de Méd.) — Die Verss. bilden den Ausgangspunkt zur theoret. Klärung bisher nur mangelhaft bekannter u. deshalb vielumstrittener Tatsachen, die bei der Deutung gewisser toxikolog. Gutachen eine Rolle spielen. Die Fixierung von As in 10—100facher Konz. der angewandten Imprägnier-Lsg. gelingt nach dem beschriebenen Verf. mit reduzierenden Substanzen, wie sie zur Kaltwelle Verw. finden: Thioglykolsäure (I), Thiomilchsäure (II) u. Thioglykol, wogegen $(NH_4)_2S$ (III) keine Wrkg. zeigt, da diese offenbar an die —SH-Gruppe gebunden ist. In diesem Sinne hängt der Erfolg einer Behandlung von Haar mit in Fäulnis übergegangenem Organbrei (Herz, Leber, Lunge, Eingeweide usw.) als reduzierender Substanz von ihrem Geh. an Schwefelproteinen ab. Umgekehrt bindet der angewandte Organbrei dabei geringe As-Mengen. Imprägnierungs-Verss. reduktiv vorbehandelter Haare mit Na_3AsO_4-Lsg. führen zu negativen Resultaten, da die AsO_4^{3-}-Lsg. oxydierend auf das Keratin wirkt u. damit die reduzierende Form, in der es das As fest bindet, verliert. Die Behandlung mit reduzierenden Substanzen u. As kann gleichzeitig oder sukzessiv erfolgen. Der Zusatz von Netzmitteln begünstigt die Fixierung des As, jedoch nur in Ggw. reduzierender Substanzen.

Versuche: Nach Einweichen von 1 g Haar in100 ml wss. Lsg. eines auf pH 10 mit NH_3 eingestellten Red.-Mittels **I, II** oder **III**, Waschen mit W., verd. HCl, A., Aceton u. Ae. bzw. Einweichen mit demselben wie oben angegeben, aber außerdem eine bestimmte Menge AsO_4^{3-} enthaltenden Mitteln, gefolgt von Waschen mit den gleichen Mitteln, Trocknen u. Auflösen nach dem $H_2SO_4 + H_2O_2$-Verf. wird das Ergebnis der As-Best. photograph. festgelegt. J. Malpricht. 5764□

H. Angewandte Chemie

H_1. Allgemeine chemische Technologie

Elektronische Methoden in der Chemie. 3. Mitt. **Elektronische Regelung größerer Leistungen.** Josef Pokorný und Jaroslav Bukovnický. (Chem. Listy **55,** 1294–96, Nov. 1961; Praha, Vys. škola chem. techn., Katedra anorgan. chem.; tschech.) — 2. vgl. C. **1960.** 17554. — Es wird ein Thyratronenregler beschrieben, der kontinuierliche Spannungsregelung im Bereich von 20–200 V bei Dauerstrombelastung bis zu 10 A ermöglicht u. bes. für Fernbedienung gut geeignet ist.
M. Ryba/Prag. 5800

Korrosion und Schutz der Apparatur chemischer Fabriken. W. A. Titow, W. L. Sotow und Ss. F. Medwedewa. (Химичекая Промышленность [Chem. Ind.] **1961,** 286–88, April; Moskau, Stalin-Stahlinst.; russ.) — Vff. behandeln die Probleme der Wahl korrosionfester metall. Werkstoffe für die Reaktoren der Melaminfabrikation u. für Rektifizierkolonnen zur Trennung eines Gemisches von 15,3(%) HCl, 61,9 Methanol u. 22,8 Wasser. Im ersten Falle werden Auskleidungen aus 18-8-Ti-Stahl u. Al empfohlen, im zweiten haben sich Ta–Nb-Legierungen am besten bewährt.
R. K. Müller. 5804□

Anwendung von Fluoroplast bei der Essigsäureherstellung. Je. A. Fedorow. (Гидролизная и Лесохимическая Промышленность [Hydrolysen- u. holzchem. Ind.] **13,** Nr. 5, 23, **1960**; Sjawa, Holzchem. Kombinat; russ.) — In holzchem. Werken läßt sich bei Armaturen u. App. die Bronze durch Fluoroplast (Polytetrafluoräthylen) als Werkstoff ersetzen. An korrosionsgefährdeten Stellen, wo Bronzeteile schnell zerstört werden, werden Teile aus Fluoroplast überhaupt nicht angegriffen.
Helmut Schäfer. 5804

Über den Ersatz von Kupfer bei der Essigsäure- und Butylacetatherstellung. P. I. Kulakow. (Гидролизная и Лесохимическая Промышленность [Hydrolysen- u. holzchem. Ind.] **13,** Nr. 5, 24–26, 1960; Dmitrijew, Holzchem. Werk; russ.) — Durch Verw. von Teilen aus Glas, Keramik u. Igurit (mit Phenolformaldehydharz behandelter u. verfestigter Graphit) an Stelle von Cu u. anderen Metallen lassen sich bedeutende Mengen Cu, andere Buntmetalle u. legierte Stähle einsparen. Die vorgeschlagenenen Werkstoffe wurden in Kolonnen u. Kühlern, die bei der Herst. von Essigsäure u. Butylacetat verwendet werden, erfoglreich erprobt. Helmut Schäfer. 5804

Materialaustrag aus Drehöfen. Je. I. Chodorow. (Химическая Промышленность [Chem. Ind.] **1961,** 416–20, Juni; russ.) — Für die Berechnung der Konz. von Feststoffteilchen in den Abgasen eines Drehofens wird eine Gleichung abgeleitet u. an Modellöfen u. techn. Öfen geprüft. Bei konst. Zufuhr eines homogenen Feststoffes u. konst. Gas-Temp. ist die mitgerissene Feststoffmenge der 4. Potenz der Eintritts-Geschw. des Gases proportional.
R. K. Müller. 5812□

Anwendung der Theorie der Wärmeleitfähigkeit von festen Stoffen. Arthur D. Holt. (Chem. Engng. **69,** Nr. 1, 107–14, 116, 8/1. 1962; Jeffrey Manuf. Co.; engl.) — An verschiedenen prakt. Beispielen wird nachgewiesen, daß bei Beachtung der grundlegenden Theorien über die Wärmeleitfähigkeit fester Stoffe rationelle App. für die indirekte Wärmeübertragung entwickelt werden können. F. Rosendahl. 5816□

Zweitemperaturmethode der Trennung von Ionen einer feststehenden Ionenaustauscherschicht. B. M. Andrejew, G. K. Boresskow und Ss. G. Katalnikow. (Химическая Промышленность [Chem. Ind.] **1961,** 389–93, Juni; russ.) — Die Adsorption von Ionen an Ionenaustauschern kann dadurch selektiver gestaltet werden, daß man z. B. in einem Ringraum einen Teil der Ionenaustauscher auf niedrigerer, einen anderen auf höherer Temp. hält (schemat. Abb.) oder bei kontinuierlicher Arbeitsweise bewegliche Temp.-Zonen vorsieht. Eine gute Trennung verschiedener Kationen ist möglich, wenn zwischen den Trennungs-Koeff. α bei verschiedenen Temp. genügende Unterschiede bestehen. Verss. mit einer Kaltzone bei 5–7° u. einer Heißzone bei 65° ergeben eine befriedigende Trennung für die Syst. Li^+–NH_4^+ (α kalt 0,60, heiß 0,76) u. Na^+–Cs^+ (2,94 bzw. 1,93). Der Wrkg.-Grad der Trennung ist ähnlich wie bei der Chromatographie, als Vorteil kommt die Möglichkeit eines kontinuierlichen Arbeitens hinzu.
R. K. Müller. 5826□

Theoretische Grundlage der Flotation durch Erzeugung von Gasblasen. V. I. Klassen. (Int. Mineral Processing Congr., London **1960,** 309–22; Moscow, Acad. of Sci., Inst. of Mining, Labor. of Mineral Dressing; engl.) — Die Erzeugung von Gasblasen u. deren Ausscheidung aus der Lsg. können den Wrkg.-Grad von Flotations-Verff. erhöhen. Bei Übersättigung treten Blasen an den Stellen der Lsg. auf, wo die Mol.-Bindungen schwach sind. Für die thermodynam. u. kinet. Verhältnisse dieser

Effekte werden Gleichungen abgeleitet. Eine techn. Anwendung des Verf. auf die Flotationstrennung von Mineralteilchen $< 5\,\mu$ wird beschrieben. Das Verf. verbessert die Wrkg. der Vakuumflotation erheblich. W. Wesly. 5828□

Kinetik der Sorption der Flotationsreagentien. O. S. Bogdanov, A. K. Podnek, V. J. Hainman und N. S. Mikhailova. (Int. Mineral Processing Congr., London **1960,** 221—32; Leningrad, Inst. Mekhanobr.; engl.) — Unterss. über die Kinetik der Sorption von Flotationsreagentien unter Verw. radioakt. Spurenelemente bei Kontaktzeiten von 3 Sek. bis zu mehreren Min. zwischen Reagentien u. Mineralien zeigen, daß die Sorptions-Geschw. von Xanthaten u. $CuSO_4$ bei geringer Sorption von der Konz. der Reagentien abhängt u. von ihrer Valenz unabhängig ist. Kin. Gesetze der Flotation von Zinbklende in Ggw. von Cu-Sulfiden u. Faktoren, die die Stabilität des Drückungsvorganges bei Verw. von KCN u. $K_2Zn(CN)_4$ bestimmen, werden behandelt. W. Wesly. 5828□

Physikalische Stabilität von Sammleradsorptionsschichten auf Mineraloberflächen und Verfahren zu ihrer Zerstörung. V. A. Glembotsky. (Int. Mineral Processing Congr., London **1960,** 235—50; Moskau, Acad. of Sci., Inst. of Mining, Labor. of Flotation and Flotation Regents; engl.) — Das Ergebnis der Flotation hängt zum großen Teil von der physikal. u. chem. Stabilität der Sammleradsorptionsschichten an der Mineraloberfläche ab. Im Falle der selektiven Flotation mit Drückern sind stabile Adsorptionsschichten unerwünscht. Die Möglichkeit der Verbesserung der selektiven Flotation von Massenflotationskonzentraten wird unter Verw. mehrerer Verff. einschließlich Anwendung von Ultraschall, hohen Temp., elektr. Strömen von normaler u. Hochfrequenz u. Reibung untersucht. Die Stabilität der Adsorptionssammlerschichten u. die Möglichkeit ihrer Zerstörung werden durch Flotations-Verss., das radioakt. Isotopen-Verf. u. potentiometr. Titration bestimmt. W. Wesly. 5828□

Untersuchung der Oberflächenschichten von Flotationsreagentien an Mineralien und der Einfluß der Struktur der Mineralien auf ihre Wechselwirkung mit den Reagentien. I. N. Plaksin. (Int. Mineral Processing Congr., London **1960,** 253—68, Moscow, Acad. of Sci., Inst. of Mining, Sect. of Mineral Dressing; engl.) — Die Verteilung von Flotationsreagentien auf der Oberfläche von Mineralien u. die Stabilität der Haftung u. Beweglichkeit von Reagentienschichten in bezug auf die Komponenten der gasförmigen Phase werden bestimmt. Die Kristallstruktur von sulfid. u. nichtsulfid. Mineralien (Kalkspat, Flußspat, Ilmenit, Zirkon) beeinflußt die Wrkg. von Gasen u. die Wechselwrkg. mit den Reagentien. Bei der Flotation ändert sich das Mineraloberflächenpotential an verschiedenen Punkten, wodurch sich die Verteilung der Reagentien an kleinsten Oberflächenteilen u. die Schwimmfähigkeit ähnlicher Teilchen ändern. Theoret. Vorstellungen ermöglichen eine Anwendung von O_2, N_2, Oxydationsmitteln u. bestimmten Reagentien für eine wirkungsvollere Trennung selektiv nicht trennbarer Mineralien. W. Wesly. 5828□

Abscheidung feindisperser Pulverfraktionen in einer Serie von Cyclonen. R. Ss. Fraiman, W. G. Ssyrkin und W. L. Wolkow. (Химическая Промышленность [Chem. Ind.] **191,** 494—98, Juli; russ.) — In einer Labor.-App. mit 4 hintereinandergeschalteten Cyclonen abnehmender Dimensionen, die nach einer Gleichung für die Höhe des zylindr. Teils des Cyclons in Abhängigkeit von seinen übrigen Dimensionen u. den Dimensionen der abzutrennenden Feststoffteilchen (FT) berechnet sind, wird mit 4 Proben von Carbonyl–Fe-Pulver mit verschiedenem Anteil an sphär. Teilchen u. Konglomeraten gezeigt, daß eine genügend scharfe Abtrennung der feindispersen Pulverfraktionen möglich ist. Eine Änderung des Gew.-Anteils an FT im eintretenden Gasstrom u. der granulometr. Zus. der FT ist ohne Einfl. auf die Trennung. Durch Erhöhung der Gas-Geschw. gelingt es, engere Fraktionen der FT abzuscheiden. Bei wiederholter Trennung wird zwar die Menge der abgeschiedenen FT erhöht, die granulometr. Zus. der Fraktionen aber verschlechtert. R. K. Müller. 5828□

Über Arbeiten zur Herstellung und Anwendung neuer selektiver Adsorbentien (Molekularsiebe) in der Sowjetunion. A. W. Agafonow, M. M. Dubinin, B. A. Onussaitiss und N. Ss. Torotscheschnikow. (Химическая Промышленность [Chem. Ind.] **1961,** 470—74, Juli; russ.) — Zusammenfassender Bericht über die Arbeiten verschiedener Institute der UdSSR auf den Gebieten der Darst. von Zeolithen u. porösen Gläsern, der Unters. ihrer Struktur u. ihrer Adsorptions-Eigg. u. ihrer Anwendung bei der Trocknung u. Trennung von Gasen. R. K. Müller. 5848□

Untersuchung der Filmabsorption bei hohen Gasgeschwindigkeiten. B. I. Konobejew, W. A. Maljussow und N. M. Shaworonkow. (Химическая Промышленность [Chem. Ind.] **1961,** 475—81, Juli; russ.) — Auf Grund von Verss. in einer Labor.-Anlage (Abb.) werden die Absorptions-Koeff. K bei der Auswaschung von CO_2 aus Luft mit W. in dünnem Film in Gleichstrom ermittelt. Bei Abwärtsstrom mit der Gas-Geschw. U_g (m/s) ergibt sich mit der Reynolds-Zahl Re die Gleichung $K = 3{,}15 \cdot 10^{-3}\ Re^{1/3}$.

$U_g^{3/2}$ (m/h), im Gegenstrom ist $K = 0{,}0425 \cdot \psi \cdot Re^{0,7}$, wobei für $U_g = 11{,}6$ $\psi = 0{,}895$, für $U_g = 39$ $\psi = 1{,}12$ ist. Wenn der Fl.-Film Wellen der Länge λ u. der Amplitude α bildet, ist $K = 6{,}76 \cdot \alpha^2/\lambda^{1,21}$. Bei Abwärtsströmung ist $\alpha = f(U_g)$, bei Aufwärtsströmung strebt α mit zunehmendem U_g einem Maximum zu; λ nimmt in beiden Fällen bei Zunahme von U_g ab. K nimmt bei Abwärtsstrom mit Zunahme von U stark zu, bei Aufwärtsstrom erst von α_{min} an. Experimentell wird $K = 1{,}4 \cdot 10^{-4} Re^{0,7} U_g^{1,5}$ gefunden, wenn $U_g > 50$ ist. R. K. Müller. 5848□

Reinigung der Luft von Dämpfen quecksilberorganischer Verbindungen. I. F. Semskow. (Химическая Промышленность [Chem. Ind.] **1961,** 290—93, April; russ.) — Ein Gas-Luft-Gemisch kann von Dämpfen von *Hg(C₂H₅)₂* in einem 4stufigen kontinuierlichen Verf. mit einer Wirbelschicht von akt. Kohle bei einem Ausgangs-Geh. von 30 auf einen End-Geh. von 0,2 mg/m³ befreit werden. Der Verlust an Kohle durch Staub-Bldg. beträgt 20 mg/m³. Durch Berieselung mit W. unter Zusatz von 0,1% Netzmittel u. Durchblasen von Luft kann der Staub zu 90% entfernt werden. Die verbrauchte Kohle wird durch Regeneration von 99% des aufgenommenen Hg befreit. R. K. Müller. 5850□

Reinigung der Kohlenwasserstoffgase von Schwefelverbindungen. E. G. Rosanzew und I. I. Berger. (Химическая Промышленность [Chem. Ind.] **1961,** 339—40, Mai; russ.) — Mit Na-Silicat granuliertes MgO reagiert mit CS_2 u. COS bei 350—400° unter Bldg. von MgS u. CO_2. MgS kann mit Wasserdampf oder Luft–O_2 wieder zu MgO (neben H_2S bzw. SO_2) regeneriert werden. Bei äthylenhaltigen Gasen bewirkt jedoch MgO eine Zers. des C_2H_4. Dieser Nachteil bleibt aus, wenn MgO ohne Bindemittel auf akt. Al_2O_3 aufgetragen wird. Mit diesem Chemosorbens (mit 20% MgO) gelingt die S-Reinigung schon bei 250—300°, selbst bei einem COS-Geh. von 15 mg/m³. Die Regeneration mit Wasserdampf oder Luft–O_2 bei erhöhter Temp. führt auch hier zur vollständigen Wiederherst. des Sorptionsvermögens. R. K. Müller. 5850□

Stoffübertragung in Einspritz-Extraktionskolonnen. N. I. Gelperin und M. G. Assmuss. (Химическая Промышленность [Chem. Ind.] **191,** 348—50, Mai; russ.) — Aus Kriteriengleichungen wird eine Gleichung für den Koeff. K_y der Stoffübertragung in einem Teil einer Injektorextraktionskolonne abgeleitet, in dem kein Einfl. des Endeffektes vorliegt. R. K. Müller. 5862□

Sulfolane und einige Aussichten ihrer industriellen Anwendung. E. G. Rosanzew. (Химическая Промышленность [Chem. Ind.] **1961,** 456—60, Juli; russ.) — In Tabellen werden die Löslichkeiten von 60 Stoffen in *Sulfolan* (**I**) von 18 Polymeren in **I** u. von 6 Polymeren in ***Methylsulfolan*** mitgeteilt. Anlagen zur Darst. von Dimethylsulfolan aus Diacetonalkohol über Methylpentadien werden in Abb. gezeigt. In einem Schema werden die aus **I** erhältlichen Prodd. dargestellt. Die physikal. Eigg. von **I**, Zwischenprodd. seiner Darst., Sulfolen, Dimethylsulfolan u. -sulfolen u. Diäthylenglykol (zum Vgl. als Lsgm.) werden tabellar. zusammengestellt. Die Verw. von **I** bei der Extraktion von aromat. Stoffen (Abb.) wird beschrieben. — 33 Literatur- u. Patenthinweise. R. K. Müller. 5862□

Zur Berechnung von Kolonnen für die Vakuumrektifikation von binären Gemischen. W. R. Rutschinski. (Химическая Промышленность [Chem. Ind.] **1961,** 344—47, Mai; russ.) — In einem Diagramm wird die Abhängigkeit der für die Trennung von bin. Gemischen von 7 organ. Stoffpaaren verschiedener Flüchtigkeit in einer Vakuumrektifizierkolonne erforderlichen Übertragungseinheiten (ÜE) vom Druck wiedergegeben. Für die Berechnung der ÜE werden Näherungsgleichungen bei Annahme eines über die Kolonnenhöhe konst. hydraul. Widerstands ΔP der Kolonneneinsätze u. genaue Gleichungen unter Berücksichtigung der Änderung von ΔP mit der Höhe entwickelt. R. K. Müller. 5864□

Bestimmung der in Bödenkolonnen mitgerissenen Flüssigkeitsmenge. Ju. W. Poplawski. (Химическая Промышленность [Chem. Ind.] **1961,** 279—80, April; russ.) — In Kolonnen mit Glocken- oder Siebböden besteht immer eine optimale Gas-Geschw., oberhalb derer eine weitere Zunahme des Stoffübertragungs-Koeff. die durch das Mitreißen von Fl. durch das Gas eingetretene Minderung des Wirkungsgrades nicht mehr kompensiert. Es werden auf Grund von Gleichungen Diagramme für die Best. der maximal zulässigen Gas- bzw. Dampf-Geschw. im freien Querschnitt einer Glockenbodenkolonne mitgeteilt. Auf Grund solcher Diagramme kann die Wirksamkeit neuer Konstruktionen von Böden beurteilt werden. R. K. Müller. 5864□

Zur Berechnung der Prozesse der heteroazeotropen Rektifikation. I. Ja. Gorodetzki und W. M. Olewski. (Химическая Промышленность [Chem. Ind.] **1961,** 350—54, Mai; russ.) — Vgl. C. **1962,** 11512. — Auf Grund des Phasengleichgewichts (gegenseitige Löslichkeit u. Fl.-Dampf-Gleichgewicht) wird für das Syst. *Cyclohexa-*

non (I)-*Cyclohexanol* (II)-W. (W. als Trennmittel) eine graph. Analyse der heteroazeotropen Rektifikation bei vollständiger Berieselung durchgeführt. In Dreieckdiagrammen werden das Phasengleichgewicht bei 90°, die Dampf-Zus. bei I:II = 1:1 mit verschiedenen Wasserzusätzen u. die Zahl der zur Trennung erforderlichen theoret. Böden dargestellt. Aus den Kurven des Trennwirkungsgrades ergibt sich, daß die Trennung mit Zusatz von W. bei 760 u. 40 mm prakt. gleich ist. In Verss. wird aus einem Gemisch von 39 (Gew.-%) I, 41 II u. 20 W. ein Destillat mit 42,3 I, 1,2 II u. 56,5 W., also auf wasserfreies Gemisch berechnet, 97,3 I u. 2,7 II erhalten. R. K. Müller. 5864 □

Eine erprobte Methode zur Materialvorbereitung zum Messen der spezifischen Oberfläche mittels der Luftdurchlässigkeit. T. H. Hughes. (J. appl. Chem. **9**, 360—63, Juli 1959, Stevenage, Herts., Warren Spring Labor.; engl.) — In einer App. nach Ridgen u. Fairs wurde die Durchlässigkeit von Pulvern in einer Absorptionssäule in der Weise gemessen, daß an die waagerecht liegende Säule ein U-Rohr angeschlossen wurde, in dem sich Öl befand. Mittels einer Pumpe wurde das Öl auf einer Seite des senkrecht stehenden U-Rohres etwas angehoben, wodurch es sich auf der anderen Seite entsprechend senkte. Nach Lösung der Verbindung zur Pumpe wurde die Zeit gemessen, in der so viel trockene Luft durch das Pulver strömte, bis das Niveau im U-Rohr wieder ausgeglichen war. Untersucht wurden gepulvertes $NaHCO_3$ (spezif. Oberfläche σ = 1715 cm^2/g) u. verschiedene Kohlesorten (σ = 3050—9413). Die Reproduzierbarkeit betrug im Mittel 0,8—1,5%. E. Roeder. 5888 □

Der Detektor für Spaltprodukte. 2. Mitt. **Versuche in französischen Reaktoren.** André Roguin. (Trans. Soc. Instrument Technol. **13**, 160—63, Sept. 1961; C.E.A., Dép. d'électronique; engl.) — Ein hochempfindlicher Detektor zum Auffinden undichter Brennstoffpatronen wird beschrieben, aus denen gasförmige Spalt-Prodd. in das Kühlgas (CO_2) übertreten können. Unter den Spalt-Prodd. gehen Kr u. Xe unter β- u. γ-Ausstrahlung in positiv ionisierte Rb- u. Cs-Atome über; diese werden in einem elektrostat. Feld auf einer rotierenden Trommelelektrode niedergeschlagen. Ihre Radioaktivität wird in Oscillationszählern gemessen (Dauer der Gesamtmessung 1 Min.). Ausführungen über die Verw. im Reaktor zur Feststellung erster Undichtigkeiten in den Brennstoffhüllen, bei der Überwachung der weiteren Rißausbldg. sowie bei einer Brennstofferprobung. M. Hagedorn. 5894 □

Bemerkungen zur Tesaříkschen Beziehung zwischen dem Reibungskoeffizienten und der Reynolds-Zahl bei Wirbelschichten. B. Andersson. (Collect. czechoslov. chem. Commun. **26**, 2957—58, Nov. 1961; Stockholm, Royal Inst. of Technol.; engl.) — Kritik an der von Tesařík (Rozpravy Čs. akademie ved, Ser. TV **1956**, No. 6, 1, Acta techn. **2**, [1957], 410) vorgeschlagenen Darst. der hydrodynam. Verhältnisse bei Wirbelschichten. M. Ryba/Prag. 5904

Über ein neues Verfahren zur Beschreibung der Ausdehnung einer Wirbelschicht. Pál Szolcsányi. (Химическая Промышленность [Chem. Ind.] **1961**, 267—69, April; Veszprém, Vegyipari Egyetem; russ.) — Vgl. C. **1959**, 15796. — Die Berechnung der Ausdehnung einer Wirbelschicht wird auf eine „Lochtheorie" gegründet, wonach sich die Geschw. U_b der Verschiebung der Leerräume aus der Mitreiß-Geschw. U_M, der Anfangs-Geschw. der Wirbelschicht-Bldg. U_M, der linearen Geschw. U des Mediums, bezogen auf den Schichtquerschnitt, dem Anteil des freien Raumes der Wirbelschicht (ε) u. der kompakten Schicht (ε_m) ergibt: $(U - U_m)/(U_M - U_m) = \varepsilon(\varepsilon - \varepsilon_m)/(1 - \varepsilon_m)$. Eine weitere Annäherung wird durch die Berücksichtigung des Mechanismus der Verschiebung der Leerräume erreicht. Meist genügt die Gleichung $U_b = 0{,}5\,(U_M - U_m)$ bzw. $U_b = \varepsilon(U_M - U_m)$. R. K. Müller. 5904 □

Untersuchung der hydrodynamischen Prozesse in einer Wirbelschicht von festen Teilchen unter hohem Druck. O. Ss. Tschechow, W. N. Anochin, B. N. Schekun und R. S. Chiterer. (Химическая Промышленность [Chem. Ind.] **1961**, 492—94, Juli; russ.) — Als Grundlage für die Durchführung von Hochdruckprozessen in einer Wirbelschicht wird die Hydrodynamik einer Wirbelschicht fester Teilchen bei 1—300 at u. 25—30° in einem stöchiometr. Gemisch von $N_2 + 3\,H_2$ mit Koksteilchen u. Al- oder Bronzespänen bzw. -plättchen als fester Phase untersucht. In Reynolds- u. Archimedes-Kriterien werden Gleichungen für die krit. Gas-Geschw. w_{kr} bei laminaren, turbulenten u. Zwischenbedingungen gegeben. Die Beziehungen zwischen w_{kr} u. dem Druck u. zwischen Re u. Ar u. der Einfl. von w auf die relative Wirbelschichthöhe H_{rel} werden in Diagrammen dargestellt. Für die Berechnung von w_{kr}, H_{rel} u. ε (Porosität der Wirbelschicht) werden Anweisungen gegeben. R. K. Müller. 5904 □

Ein Beitrag zur Theorie der mehrstufigen Fluidisierung. 2. Mitt. **Temperaturführung in mehrstufigen Wirbelreaktoren.** Klaus Rose und Gerhard Winterstein. (Chem. Techn. **13**, 658—61, Nov. 1961; Leipzig, VEB KIB-Chemie; dt.) — 1. vgl.

C. **1962,** 8015. — Vff. untersuchten die Frage des Wärmeaustausches in Verbindung mit den Problemen der Verweilzeit, wobei nur die Wärmeabgabe zwischen Stoffen berücksichtigt wird, aber nicht die Rkk., bei denen Wärme entsteht oder verbraucht wird. Es wird eine mathemat. Ableitung zur Lösung des Problems gegeben.
F. Rosendahl. 5904 □

Inhomogenität einer Katalysatorwirbelschicht. I. Ja. Tjurjajew, A. L. Zailingold und A. B. Builow. (Химическая Промышленность [Chem. Ind.] **1961,** 356—59, Mai; Forsch.-Inst. für Monomere für synthet. Kautschuk; russ.) — Der Einfl. der Gas-Geschw. bzw. der red. Gas-Geschw. $W = W_l/W_{kr}$ (W_l = lineare Gas-Geschw. im freien Querschnitt des Reaktors, W_{kr} = krit. Gas-Geschw., bei der Durchschlag des Gases erfolgt), der Breite der Fraktions-Zus. des Katalysators (mittlerer Teilchendurchmesser d), des Reaktordurchmessers D u. des Verhältnisses H/D (H = Schichthöhe) auf die Inhomogenität, d. h. die Durchsetzung mit Gasblasen, bei einer Katalysatorwirbelschicht wird untersucht u. in Diagrammen dargestellt. Als Näherungsgleichung für den Inhomogenitätsindex ergibt sich $K = 76 \cdot d^{2,35} (W - 1)^{1,3}$. Die danach berechneten K-Werte stimmen mit einer Genauigkeit von ±20% mit den aus einem Oscillogramm der Schwankungen des Druckabfalls über eine bestimmte Zeit ermittelten überein.
R. K. Müller. 5904 □

Die Anwendung der Fluidisierung zum Anfeuchten von Gasen. Norman Epstein. (Chem. Engng. **68,** Nr. 26, 81—82, 84, 25/12. 1961; British Columbia, Univ.; engl.) — Zur Durchführung der Befeuchtung von Gasen mit fluidisierten Stoffen wird die Tatsache benutzt, daß in der dichten Phase eines Gaswirbelbettes das therm. u. Diffusionsgleichgewicht zwischen der Oberfläche der Teilchen u. dem Gas sich in kurzem Abstand voneinander einstellen. Dieser Abstand beträgt im allg. 1—3 Zoll. Nur dann kann das Gas mit Erfolg befeuchtet werden. Prakt. Erfahrungen mit dieser Art der Gasbefeuchtung u. ihre Vorteile werden erörtert.
F. Rosendahl. 5904 □

Monsanto Chemical Co., St. Louis, Mo., übert. von: Kenneth J. Shaver, Stoneham, Mass., V.St.A., **Erhöhen der Fließbarkeit von wässerigen industriellen Mineralschlämmen,** z. B. von Rohzement, Ton, $BaSO_4$- oder TiO_2-Pigmenten oder mineral. Papierbeschwerern, durch Zusatz von Alkalipolyphosphatsulfaten (I) der allg. Formel $x\,M_2O \cdot y\,P_2O_5 \cdot z\,SO_3$, worin M = Na oder K, x, y u. z = Zahlen folgenden Verhältnisses: $x:(y+z)$ = ca. 0,4 bis < 1 sind. Als I sind Verbb. folgender Zus. aufgeführt: $5\,Na_2O \cdot 3\,P_2O_5 \cdot 3\,SO_3$, $4\,Na_2O \cdot 3\,P_2O_5 \cdot 2\,SO_3$, $6\,Na_2O \cdot 3\,P_2O_5 \cdot 4\,SO_3$, $4\,Na_2O \cdot 3\,P_2O_5 \cdot 3\,SO_3$ u. $5\,Na_2O \cdot 3\,P_2O_5 \cdot 4\,SO_3$. Zu ihrer Herst. geht man z. B. von Na-Tripolyphosphat oder Na-Pyrophosphat aus, die nach Erhitzen auf 100° mit wasserfreiem SO_3 behandelt werden. Unter Selbsterwärmung schmilzt die Mischung u. man erhält eine klare glasige Masse. — Beispiele. Tabellen. (**A. P. 2 900 266** vom 18/2. 1957, ausg. 18/8. 1959.)
H. Schindler. 5825

Bran & Lübbe, Hamburg, **Reinigen von Flüssigkeiten über Ionenaustauscher.** Innerhalb des Ionenaustauscherbettes sind Kanäle vorgesehen, so daß von oben u. unten zu diesen hin filtriert werden kann. Über die Kanäle kann auch regeneriert werden. — Abbildung. (**Belg. P. 558 973** vom 4/7. 1957, ausg. 8/4. 1960.)
H. Blachetzki. 5827

Merck & Co., Inc. (Erfinder: Frank J. Wolf, Irving Putter, James Gillin und George V. Downing jun.), **Gewinnung von ionischen organischen Stoffen aus ihren Lösungen durch Adsorption mittels Ionenaustauscherharzen** u. anschließende Elution (I), dad. gek., daß man zur I ein Gemisch aus W., einem mit W. mischbaren organ. Lsgm. u. einem in diesem lösl. ion. Salz verwendet. — Man löst 1 g Methylorange (II) unter Zugabe von NH_3 in W. u. läßt die Lsg. über „Amberlite IR-45", einem aminisierten Polystyrolharz, fließen, wobei 0,61 g **II** adsorbiert werden. Durch Behandlung des Ionenaustauschers mit 93%ig. Methanol (**III**) werden nur 0,1 (%), mit 93%ig. **III**/5 NH_4Cl aber 35% des **III** eludiert. — Weitere Beispiele für Penicillin, Na-Novobiocin, Gibberellinsäure, Zn-Insulin, Desoxycholsäure. (**Aust. P. 230 691** vom 6/5. 1958, ausg. 3/11. 1960. A. Prior. 21/5. 1957.)
C. Lüttgen. 5827

Hans Müller, Erlenbach, Schweiz, **Behandeln von chemischen Rückständen.** Diese werden nach vorherigem Abtrennen, z. B. durch Zentrifugieren, über einen, in einem Gehäuse angeordneten Stapel von drehbaren u. ringförmigen Filterscheiben geleitet, auf denen die Rückstände chem. weiterbehandelt u. danach abgetrennt werden. — Abbildung. (**Belg. P. 562 605** vom 22/11. 1957, ausg. 3/6. 1960. Schwz. Prior. 7/12. 1956, 8/1., 6/2., 14/2. u. 13/5. 1957. **Schwz. P. 352 658** vom 14/2. 1957, ausg. 28/4. 1961. **Zusatz zu Schwz. P. 333 492; C. 1959, 13596.**)
H. Blachetzki. 5829

Agathe Schranz geb. Zimmermann, Hahnenklee, Hans-Joachim Schranz, Wilhelmshaven, Gisela Czowalla geb. Schranz, Grünwald bei München, und Gerhard Schranz, Rheinberg/Rhld. (Erfinder: Hubert Schranz †, Clausthal-Zellerfeld), **Reinigen von Steinsalz** durch Flotation bes. von durch Sulfationenhaltige u. tonige Stoffe verunreinigtem Steinsalz. Als Flotationsmittel für das Aufschwimmen der Verunreinigungen werden kationenakt. Sammler, wie prim., gesätt. oder ungesätt. Amine u./oder deren Salze verwendet. Als Schäumer werden belebende, drückende oder den pH-Wert regelnde Mittel benutzt. (**D. A. S. 1 122 015** Kl. 1c vom 1/2. 1958, ausg. 18/1. 1962.) W. Hauswald. 5829

Magyar Állam (Erfinder: Simon Károlyi), Budapest, Ungarn, **Gasmembrane** aus Leder erhält man durch Behandlung von 1 mm starker Lederfolie mit einem Lsg.-Gemisch aus Seifen u. rohem Klauen- sowie Türkischrotöl. Nach Zwischenschaltung einer Trocknung wird mit $Al_2(SO_4)_3$ imprägniert. Nach Lagerung u. gleichzeitiger Trocknung folgt die Fertigung des Leders auf die gewünschte Stärke u. anschließende Schlußbehandlung mit Stearinsäure u. $Al_2(SO_4)_3$. (**Ung. P. 144 930** vom 28/9. 1956, ausg. 15/6. 1959.) G. König. 5831

Stubnitz Greene Corp., Adrian, übert. von: Lionginas Peciura, Ann Arbor, Mich., V.St.A., **Dichtungsmasse für Luftfilter aus phenolformaldehydharzimprägniertem Papier,** bestehend aus einem Plastisol von Polyvinylchlorid, Copolymeren von Vinylchlorid u. Vinylacetat, u. Copolymeren von Vinylchlorid u. Vinylidenchlorid, 20—40% Weichmacher (Trikresylphosphat, Dioctylphthalat u. -sebacat, Dicaprylphthalat) u. 0,5—5,0% CaO. (**A. P. 2 956 976** vom 7/10. 1957, ausg. 18/10. 1960.) P. Mayer. 5851

United Kingdom Atomic Energy Authority, London, England (Erfinder: Roy Alfred Ulfketel Huddle und David Raymon Victor Silvester), **Uranlegierung als Brennstoff für Kernreaktoren** besteht aus *U* mit einem oder mehreren der Metalle *Ti, Zn, V, Nb, Ta, Cu* u. *Fe* in Mengen von 0,5—3%. (**E. P. 823 392** vom 8/3. 1956, ausg. 11/11. 1959.) G. Apel. 5895

California Research Corp., San Francisco, übert. von: Augustus H. Batchelder und Robert P. Sieg, Berkeley, Calif., V.St.A., **Entgiften von Auspuffgasen.** Nach Zusatz von 100—200% der stöchiometr. erforderlichen Luftmenge werden die Abgase über einen Katalysator geleitet, der 2—30% $K_2Cr_2O_7$ auf aktiviertem Al_2O_3 enthält. Das im Brennstoff enthaltene Tetraäthyl-Pb soll den Katalysator nicht vergiften. Bei Fahrten im Stadtverkehr soll der Katalysator geheizt werden. (**A. P. 2 942 933** vom 10/6. 1957, ausg. 28/6. 1960.) O. Steil. 5905

Universal Oil Products Co., übert. von: William G. Nixon, Westchester, Ill., V.St.A., **Reaktivierung eines Edelmetallkatalysators,** bes. eines Pt-Katalysators, der auch noch andere akt. Komponenten enthalten kann (Pd, Cr, Rh, Ni, W, Ru, Ag, V, Fe, Au, Re) u. auf einem schwer schmelzbaren anorgan. Oxid (Al_2O_3, SiO_2, ZrO_2, Al_2O_3–SiO_2, SiO_2–ThO_2 u. a.) als Träger aufgebracht ist, durch Oxydation mit Luft bei 300—700°, anschließende Behandlung mit einem oder mit mehreren N-Oxiden (N_2O_3, NO_2, N_2O_5), Abstreifen des N-Oxyds mit einem Gas (z. B. Luft) u. anschließende reduzierende Behandlung in H_2-Atmosphäre bei 25—1000°. (**A. P. 2 963 444** vom 29/5. 1958, ausg. 6/12. 1960.) H. Roos. 5905

Union Oil Co. of California, Los Angeles, übert. von: Rowland C. Hansford, Fullerton, Calif., V.St.A., **Herstellung von basischen Metallfluoriden,** bes. des Al, Zr u. Ti, durch Hydrolyse des entsprechenden Metallalkoxids mit wss. HF-Lsg. mit 0,5—10 Gew.-% HF-Geh. u. Abtrennung des ausgefällten bas. Fluorids. Beispiele der erhaltenen Endprodd.: $AlF(OH)_2$, $AlF_2(OH)$, $ZrF(OH)_3$, $ZrF_2(OH)_2$, $ZrF_3(OH)$, $TiF(OH)_3$, $TiF_2(OH)_2$ u. $TiF_3(OH)$. — *Katalysatoren.* (**A. P. 2 959 557** vom 13/5. 1957, ausg. 8/11. 1960.) H. Nebelsiek. 5905

Petrochemicals Ltd., London, England (Erfinder: Norman Stanley Daly und Nicholaas Dost), **Katalytische Polymerisation von Olefinen und Katalysatoren hierfür.** Bei der katalyt. Niederdruckpolymerisation von Olefinen, bes. Äthylen, verwendet man einen Katalysator, den man durch Vermischen einer Verb. eines Metalls der Gruppen IVa, Va, VIa, VIIa oder VIII des Period. Syst. mit einer organ. Al-Verb. herstellt, die eine mindestens 1 H-Atom enthaltende Aminogruppe am Al-Atom besitzt. — Zum Beispiel leitet man NH_3 in Al-Triisobutyl bei 20—25° ein, wobei Isobutan entweicht. Man erhält in ca. 80%ig. Ausbeute Al-Aminodiisobutyl, das in einem Petroleum-Dest. vom Kp. ca. 100° mit $TiCl_4$ im Mol-Verhältnis von 0,1:1 bis 10:1 bei 35—50° vermischt wird. Nach Alterung von ca. 20 Min. wird der Katalysator dem Reaktor zugeführt. (**E. P. 837 055** vom 18/4. 1958, ausg. 9/6. 1960.) K. Sarre. 5905

Dow Corning Corp. (Erfinder: Robert E. Sullivan und William T. Gregory), ***Antischaummittel für wässerige Systeme.*** **(Aust. P. 230 697 vom 29/10. 1958, ausg. 3/11. 1960. A. Prior. 20/2. 1958. — C. 1962, 1743 [F. P. 1 219 641].)**

Deutsche Gold- und Silber-Scheideanstalt vormals Roessler, Frankfurt/M., *Herstellung von Verdickungs- oder Verfestigungsmitteln.* (**Oe. P. 214 903** vom 21/8. 1959, ausg. 10/5. 1961. D. Prior. 4/9. 1958. — C. **1961**, 10318 [D. A. S. 1 066 552].)

Dow Corning Corp., Midland, Mich., V.St.A., *Herstellung von Polysiloxane enthaltenden Emulsionen.* (**Niederl. P. 100 779** vom 11/11. 1958, ausg. 15/3. 1962. A. Prior. 20/2. 1958. — C. **1962**, 1743 [F. P. 1 216 641].)

Rohm & Haas Co., V.St.A. (Erfinder: **Jesse Chia Hsi Hwa**), *Herstellung von Anionenaustauscherharzen.* (**F. P. 1 193 700** vom 28/11. 1957, ausg. 4/11. 1959. A. Prior. 28/11. 1956. — C. **1960**, 249 [D. A. S. 1 058 262].)

Rohm & Haas Co., V. St.A. (Erfinder: **Jesse Chia Hsi Hwa**), *Herstellung von Anionenaustauscherharzen.* (**F. P. 1 196 963** vom 28/11. 1957, ausg. 27/11. 1959. A. Prior. 28/11. 1956. — C. **1960**, 249 [A. P. 2 862 893].)

Rohm & Haas Co., V.St.A. (Erfinder: **Jesse Chia Hsi Hwa**), *Herstellung von Anionenaustauscherharzen.* (**F. P. 1 196 964** vom 28/11. 1957, ausg. 27/11. 1959. A. Prior. 28/11. 1956. — C. **1960**, 249 [A. P. 2 862 894].)

Rohm & Haas Co., V.St.A. (Erfinder: **George Alvin Richter jun.**, **Charles Hamilton McBurney** und **Benjamin Berryl Kine**), *Herstellung polymerer Ionenaustauscher.* (**F. P. 1 179 363** vom 29/5. 1957, ausg. 22/5. 1959. A. Prior. 29/5. 1956. — C. **1962**, 9104 [Aust. P. 223 387].)

Metallgesellschaft Akt.-Ges., Frankfurt/M., *Wirbelschichtverfahren.* (**Niederl. P. 100 660** vom 6/1. 1956, ausg. 15/3. 1962. D. Prior. 17/1. 1955. — C. **1957**, 10029 [D. A. S. 1 001 241].)

North Western Gas Board und Clayton Aniline Co. Ltd., Manchester, England (Erfinder: **Thomas Nicklin**, **Ernest Brunner**, **Anthony William Sommerville** und **Robert Isherwood**), *Entfernung von Schwefelwasserstoff aus Kohlenwasserstoffen.* (**E. P. 878 251** vom 14/5. 1959, ausg. 27/9. 1961. — C. **1962**, 6535 [D. A. S. 1 105 089].)

North Western Gas Board und Clayton Aniline Co. Ltd., Manchester, übert. von: **Thomas Nicklin**, Davyhulme, **Anthony W. Sommerville**, Whalley Range, Manchester, **Ernest Brunner**, Wilmslow, und **Robert Isherwood**, Sale, England, *Entfernung von Schwefelwasserstoff aus Kohlenwasserstoffen mit Anthrachinonsulfonsäuren.* (**A. P. 2 997 439** vom 3/5. 1960, ausg. 22/8. 1961. E. Prior. 14/5. 1959. — C. **1962**, 6535 [D. A. S. 1 105 089].)

General Dynamics Corp., New York, N.Y., übert. von: **Andrew Wetherbee McReynolds**, La Jolla, und **Lieuwe J. Dijkstra**, San Diego, Calif., V.St.A., *Kernbrennstoffelement.* (**A. P. 3 019 176** vom 21/11. 1957, ausg. 30/1. 1962. — C. **1962**, 3216 [D. A. S. 1 092 139].)

H_2. Betriebsschutz. Feuerschutz

Die Verwendung von Membranfiltern bei den Staubmessungen im Bergbau. Martin Landwehr. (Staub **21**, 328—33, 1/7. 1961; Bochum, Silicoseforsch.-Inst. Bergbau-Genossensch.; dt.) — Der Wert der Membranfilter ergibt sich aus einer Auswertung nach Teilchen/cm³ oder bei Sammlung größerer Staubmengen nach mg/m³. Aufgefangene geringe Staubmengen können unter dem Mikroskop qual. untersucht werden. Die Verw. von Membranfiltern in Geräten, die über eine längere Zeit den Staub auffangen können, gestattet die Sammlung größerer lungengängiger Feinstaubmengen, die als Material für die Qualitätsbest. nach mineralog., chem., röntgenograph. Meth. dienen. J. Eggert. 5932 □

Über Methoden zur Prüfung hochwertiger Schwebstoffilter zur Abscheidung radioaktiver Aerosole und für den persönlichen Schutz. (Erfahrungen und Ausblicke.) Dieter Hasenclever. (Staub **21**, 281—85, 1/7. 1961; Bonn, Staubforsch.-Inst. Hauptverb. gewerblicher Berufsgenossenschaften; dt.) — Drei Prüfanlagen für Schwebstoffilter zur Abscheidung radioakt. Aerosole werden beschrieben: Quarzstaubanlage, Ölnebelanlage, Anlage mit radioakt. indizierten Aerosolen. Die Anforderungen an Staubmasken gegen radioakt. Stäube bzgl. der Filterleistung u. Prüfergebnisse an Reaktorfiltermaterialien werden besprochen. Dabei zeigt sich, daß die Prüfung mit Aerosolen einer Größe oder aus einem engen Größenbereich nicht ausreicht. Abschließend wird auf eine vierte im Bau befindliche Prüfanlage für Hochleistungsfilterzellen mittels Ölnebel bis zu einer Beaufschlagung von 3000 m³/h hingewiesen. J. Eggert. 5932 □

Sonderausführungen der elektronischen Mikrowaagen für thermogravimetrische Untersuchungen und gravimetrische Oberflächenbestimmungen. Bruno Kassner. (Staub **22**, 123—28, 1/3. 1962; Göttingen; dt.) — Vgl. C. **1961**, 16944. — Übersicht über Bau, Arbeitsweise u. Anwendung der elektron. Mikrowaage, der Mikrothermowaage, des Sorptionsgerätes u. der Vakuum-Schwebewaage u. ihre Verw. zur Staubanalyse. W. Wesly. 5940 □

Ein praktisches Gerät zur Probenahme von Schornsteingasen. John F. Stephens. (Amer. ind. Hyg. Assoc. J. **22**, 377—84, Okt. 1961; Warren, Mich., General Motors Corp., Techn. Center, Ind. Hyg. Dep.; engl.) W. Wesly. 5948 □

Auergesellschaft Akt.-Ges., Berlin (Erfinder: Hermann Heidrich und Walter Lemcke), **Herstellung einer Atemfiltermasse zum Schutz gegen Phosphorwasserstoffe und Arsenwasserstoff.** Auf eine trockene akt. Kohle wird wss. Alkalichromat- bzw. -bichromat-Lsg. in Mischung mit ammoniakal. Ag_2CrO_4-Lsg. (Verhältnis

Alkalichromat zu $AgCrO_4$ zwischen 10:1 u. 25:1) aufgebracht, derart, daß die fertige Masse ca. 5—6% Chromatsalze enthält. Die Masse wird oberhalb 150° aktiviert u. anschließend auf 10—20% gefeuchtet. (**D. A. S. 1 084 137** Kl. 61b vom 18/7. 1958, ausg. 23/6. 1960.) E. Miessgang. 5937

Auergesellschaft G. m. b. H., Berlin (Erfinder: Walter Lemcke und Günter Koh), **Herstellung einer Atemfiltermasse zum Schutz gegen Phosphorwasserstoffe und Arsenwasserstoff.** Das Verf. nach D. A. S. 1 084 137 wird dahin abgeändert, daß die eingesetzte akt. Kohle 0,5—5% Cu-Ionen enthält, bzw. daß der Behandlungs-Fl. die entsprechende Cu-Menge zugefügt wird. (**D. A. S. 1 099 360** Kl. 61b vom 15/9. 1959, ausg. 9/2. 1961. **Zusatz zu D. A. S. 1 084 137; vgl. vorst. Referat.**) E. Miessgang. 5937

N. V. de Bataafsche Petroleum Mij., Den Haag, Niederlande, *Überzugsöl für Luftfilter.* (**Belg. P. 558 446** vom 17/6. 1957, ausg. 25/3. 1960. A. Prior. 18/6. 1956. — C. **1958**, 12794 [D. A. S. 1 026 921].)

H_3. Elektrotechnik

Dielektrische Verluste in heterogenen Dielektriken. J. A. Kok. (Ingenieur ['s-Gravenhage] **74,** Ch16—Ch19, 23/2. 1962; Eindhoven, N. V. Philips' Gloeilampenfabrieken, Natuurk. Labor.; niederl.) — Die Stabilisierung der koll. Suspension von Verunreinigungen in Isolieröl kann durch Seifen, Harze oder aromat. Moll. verursacht werden, die im Öl vorhanden sind oder von zugesetzten aromat. Inhibitoren stammen. Diese natürlichen oder synthet. Inhibitoren sind lösl., haftende Verbb., die die Verunreinigungen mit einem Schutzfilm gegen Ausflockung versehen. W. Wesly. 5956 □

Anwendung der thermomagnetischen Eigenschaften von Werkstoffen für die Steuerung und den Schutz von elektrischen Stromkreisen. T. F. Alkér. (Acta techn. Acad. Sci. hung. **38,** 370—86, 1962; Res. Inst. of the Hungarian Post Office; engl.) — Die von der Temp. abhängigen Eigg. der ferromagnet. Stoffe, die Temp.-Verteilungen in einem Zylinder, der an jedem Oberflächenpunkt gleichmäßig erwärmt wird, die Zusammenhänge zwischen Erwärmung u. Strömungsdichte u. die Möglichkeiten der prakt. Anwendung von Sicherheits- u. Regel-Vorr. werden beschrieben. Die Grundlagen für den Bau eines Geräts zur automat. Steuerung von elektr. Strömen u. Spannungen werden erörtert, wobei 2 Möglichkeiten bestehen: Die von der Temp. beeinflußte Ziehkraft u. die Induktivität. W. Wesly. 5958 □

Diffusion von Cäsium durch eine heiße Tantalwand. Jean-Michel Rocard. (C. R. hebd. Séances Acad. Sci. **254,** 2307—09, 26/3. 1962; Los Angeles, Calif., Electro-Radiation, Inc.; franz.) — Beschreibung einer Cs-Diode, bei der der Cs-Dampf durch eine heiße Ta-Wand diffundiert. A. Blaschette. 5974 □

Stromausbeute und Spannung im Chlorbad vom Diaphragmatyp von großer Höhe. A. T. Kolotuchin und Je. W. Mulin. (Химическая Промышленность [Chem. Ind.] **1961,** 313—16, Mai; russ.) — Vgl. C. **1962,** 11687. — Bei der *NaCl*-Elektrolyse nach dem Diaphragma-Verf. ist es möglich, bei gleichmäßiger Verteilung der Stromdichte (SD) über die Elektrodenoberfläche (Stromzufuhr an mindestens 2 Stellen der Anode, Umlaufkanal im Anodenraum, SD im Kathodenraum: SD an der Kathode = 1—2 cm^{-1}) u. konst. Filtrationsdruck über die Diaphragmahöhe in hohen Bädern mit gefülltem Kathodenraum unter Erhaltung einer hohen Stromausbeute eine Konz. von 140 g NaOH/Liter zu erreichen. Es ist zweckmäßiger, die Leistung eines Elektrolyseurs durch ein höheres Bad zu steigern als durch Erhöhung der SD; bei doppelter Badhöhe nimmt die Badspannung um $<$0,1 V, als $<$3% zu, bei doppelter SD um 20%. Durch Verdoppelung der Badhöhe u. Verminderung der SD um 30 A/m^2 läßt sich eine Erhöhung der Leistung um 90% ohne Mehrverbrauch an Energie erreichen. R. K. Müller. 5992 □

Elettrocarbonium S. p. A., Mailand (Erfinder: Paul Conrath, Narni), Italien, **Hochleistungs-Lichtbogenkohle** enthält in Docht oder Mantel 0,5—2,5 Gew.-% W-Carbid. (**D. A. S. 1 117 752** Kl. 21f vom 5/8. 1959, ausg. 23/11. 1961.) H. Kessel. 5953

General Electric Co., New York, übert. von: George L. Gaines jun., Scotia, N.Y., V.St.A., **Herstellung von Glimmerpapier.** Ein wss. Brei von feinvermahlenen Glimmerteilchen wird mit einer wss. K-Silicat-Lsg. mit 1,5—4mol SiO_2 auf 1 Mol K_2O versetzt, eine nasse papierartige Schicht geformt u. bei einer Temp. bis ca. 150° getrocknet. — *Isolierpapier.* (**A. P. 2 914 107** vom 24/9. 1956, ausg. 24/11. 1959.) P. Mayer. 5957

Bell Telephone Laboratories, Inc., New York, N.Y., übert. von: Neal D. Newby, Leonia, N.J., V.St.A., **Schaumstoff-Isoliermaterial.** Zur Herst.

wird ein Aerogel aus Silicagel (Teilchen-∅ 0,5—50 μ), das eine organ. Fl. (**I**, z. B. Chlorbenzol) adsorbiert enthält, in einem organ. Polymer (**II**, z. B. Polyäthylen) dispergiert, dessen Zers.-Temp. höher ist als der Kp. von **I**. Die Masse wird auf den zu isolierenden Körper (z. B. einen Leitungsdraht) aufgebracht u. dann so erhitzt, daß **I** unter Bldg. eines **II**-Schaumstoffs verdampft. (**A. P. 2 907 075** vom 9/5. 1957, ausg. 6/10. 1959.) H. Kessel. 5957

Allis-Chalmers Mfg. Co., Milwaukee, Wis., übert. von: Milan P. Getting jun., Pittsburgh, Pa., V.St.A., **Ferromagnetisches Bandmaterial** trägt Isolierschichten aus feinverteilten feuerfesten Oxiden (bes. CaO u. MgO) mit Carboxymethylhydroxyäthylcellulose als Bindemittel. (**A. P. 2 871 143** vom 29/6. 1956, ausg. 27/1. 1959.) H. Kessel. 5959

A/B Tudor, Stockholm, Schweden (Erfinder: E. G. Sundberg und K. G. Söderberg), **Akkumulatorelektrode.** Das Gitter besteht aus einer Pb-Leg., die 3—12(%) Sb, 0,2—2,0 As, 0,1—0,4 Sn, 0,03—0,6 Ag, 0,01—0,1 Co, 0,01—0,1 Si u. 0,07 Cu enthält. (**Schwed. P. 166 373** vom 12/2. 1957, ausg. 3/3. 1959.) K. H. Kähler. 5971

N. V. Philips' Gloeilampenfabrieken (Erfinder: Hein Koelmans und Catharina Maria Cunera Verhagen), Eindhoven, Niederlande, **Leuchtstoff für Niederdruck-Quecksilberdampfentladungslampen** besteht aus einem mit Pb aktivierten Germanat von der Zus. 2 MO·1 NO·2·GeO_2:x-Pb, wo M Be u./oder Sr, N Zn u./oder Mg darstellen u. $10^{-3} < x < 10^{-1}$. (**D. A. S. 1 096 497** Kl. 21f vom 16/3. 1960, ausg. 5/1. 1961. **F. P. 1 251 701** vom 18/3. 1960, ausg. 24/4. 1961. Beide Niederl. Prior. 20/3. 1959.) H. Kessel. 5973

N. V. Philips' Gloeilampenfabrieken (Erfinder: Willem Lambertus Wanmaker und Cornelis Bakker), Eindhoven, Niederlande, **Leuchtstoff,** bes. für *Hochdruck-Quecksilberdampfentladungslampen,* hat die Zus. aSrO·bMeO·cP_2O_5·pCu_2O·qSnO. Hierin ist Me die Summe von Al, Mg, Zn, Cd u. B; p u. q der Geh. an Aktivatoren; ferner $2,5 < a + b + p + q/c < 3,0$; $0,002 < p/c < 0,4$; $0,001 < q/c < 0,3$; $0,003 < b/c < 0,9$; $0,4 < q/p < 2,25$. (**D. A. S. 1 106 419** Kl. 21f vom 8/6. 1960, ausg. 10/5. 1961. Niederl. Prior. 12/6. 1959.) H. Kessel. 5973

Egyesült Izzólámpa és Villamossági R. T. (Erfinder: Emmerich Gál, Franz Nágel und Andreas Oldal), Budapest, Ungarn, **Vorratskathode mit Schichten verschiedener Dichte** aus porösem W u. Mo, wobei die untere u. die oberste Schicht aus W. besteht. (**Ung. P. 144 882** vom 27/9. 1956, ausg. 31/5. 1959.) G. König. 5975

VEB Werk für Fernseheelektronik (Erfinder: Kurt Richter), Berlin, **Elektronenröhre.** Die Steuerelektrode wird zur Verhinderung von therm. Elektronenemission während des Betriebs aus einem in der Röhre angeordneten erhitzten Depot mit Au, Ag oder Sn bedampft. (**D. A. S. 1 099 651** Kl. 21g vom 22/10. 1956, ausg. 16/2. 1961. **D. P.** [**DDR**] **18 908** Kl. 21g vom 21/10. 1956, ausg. 20/5. 1960.) H. Kessel. 5975

ELGER 1. Alpenländisches Unternehmen für Neonlichttechnik Dr. Horst Ebhardt (Erfinder: Horst Ebhardt), Graz, Österreich, **Nicht geheizte Elektrode,** bes. für *Niederspannungsleuchtstofflampen.* Die Zr, Ta oder W u. ein Peroxid (z. B. BaO_2) enthaltende Emissionsmasse ist als fester Körper in einen Hohlraum des metall. Trägers eingepreßt. (**D. A. S. 1 120 016** Kl. 21f vom 2/5. 1960, ausg. 21/12. 1961. Oe. Prior. 9/5. u. 1/6. 1959 u. 3/2. 1960.) H. Kessel. 5975

N. V. Philips' Gloeilampenfabrieken (Erfinder: Martinus Henricus Adrianus van de Weijer), Eindhoven, Niederlande, **Na-Dampfentladungslampe** mit innerer Boratglasschicht [Zus.: 10—30 (Gew.-%) B_2O_3, 0—15 K_2O, 20—60 (CaO + BaO), 10—40 Al_2O_3] u. Ne-Füllung mit Ar-Zusatz. Bei der Herst. wird vor dem Einbringen der endgültigen Metall- u. Gasfüllung eine Entladung in einer Ar-Füllung von ca. 0,1—0,15 Torr erzeugt. (**D. A. S. 1 106 866** Kl. 21f vom 5/12. 1959, ausg. 18/5. 1961. **F. P. 1 244 615** vom 7/12. 1959, ausg. 25/1. 1961. Beide Niederl. Prior. 9/12. 1958.) H. Kessel. 5975

Westinghouse Electric Corp., East Pittsburgh, Pa. (Erfinder: Barnett Rosenberg, New York, N.Y.), V.St.A., **Farbkorrigierte Hochdruckentladungslampe,** deren in einem Quarzkolben zentral angeordnete Strahlungsquelle UV-, sichtbare u. IR-Strahlung abgibt, wobei der kurzwellige Anteil mit einem organ. Leuchtstoff modifiziert wird. Zwischen dem Entladungsgefäß u. dem äußeren Lampenkolben ist ein organ. Leuchtstoff angeordnet, der in einem bestimmten, sich beim Betrieb der Lampe einstellenden höheren Temp.-Bereich auch unter UV-Strahlung als stabiler fluorescierender Dampf vorliegt. Er besteht z. B. aus Perylen, Decacyclen, Perylen-3.4.9.10-

tetracarboxyldianhydrid, Fluoranthen, Coronen, 1.12-Benzperylen, 3.4-Benzpyren, 4.10-Diaminoperylen, Porphyrin, Tetracen, Zethren oder Ovalen. (**D. A. S. 1 110 305** Kl. 21f vom 16/2. 1960, ausg. 6/7. 1961. A. Prior. 25/2. 1959.) H. Kessel. 5975

International Rectifier Corp., El Segundo, übert. von: Milo V. Macha, Los Angeles, Calif., V.St.A., **Trockengleichrichter.** Als Oberflächenschutz wird eine Schicht aus einem organ. amphoteren hydrophilen Koll. (z. B. eine wss. koll. Lsg. von Aminosäuren, bes. unter Verw. von Casein oder Gelatine) aufgebracht u. zur Bldg. einer in W. unlösl. Schicht erhitzt. (**A. P. 2 891 882** vom 5/7. 1957, ausg. 23/6. 1959.) H. Kessel. 5977

N. V. Philips' Gloeilampenfabrieken, Eindhoven, Niederlande, *Herstellung eines Halbleiterkörpers*. (**Niederl. P. 100 917** vom 5/11. 1955, ausg. 16/4. 1962. — C. **1960**, 9680 [Aust. P. 215 049].)

Dr. Beck & Co. G.m.b.H., Hamburg, *Herstellung von Polyesteramiden*. (**Niederl. P. 100 956** vom 27/9. 1956, ausg. 16/4. 1962. D. Prior. 3/11. 1955. — C. **1959**, 5596 [Oe. P. 198 522].)

National Lead Co., New York, N.Y., V.St.A., *Herstellung von reinem Bariummetatitanat*. (**Niederl. P. 100 654** vom 1/11. 1955, ausg. 15/3. 1962. A. Prior. 3/11. 1954. — C. **1959**, 250 [D. A. S. 1 026 287].)

General Electric Co., übert. von: **Herman C. Froelich**, Cleveland Heights, Ohio, V.St.A., *Elektrolumineszierender Leuchtstoff*. (**A. P. 2 987 485** vom 17/1. 1955, ausg. 6/6. 1961. — C. **1961**, 7704 [D. A. S. 1 051 401].)

General Electric Co. Ltd., London, England (Erfinder: **Alfred Hamilton McKeag** und **Brian Everard Hunt**), *Erdalkalihalophosphatleuchtstoffe*. (**E. PP. 877 535** vom 11/3. 1957 u. **877 536** vom 1/5. 1957, beide ausg. 13/9. 1961. — C. **1962**, 3584 [Aust. P. 227 285].)

H_4. Wasser. Abwasser

Versuche zur Vorreinigung von Oberflächenwasser mittels Mikrosiebfilter. Walter Bartzsch. (Wasserwirtsch.-Wassertechn. **11**, 425—30, Sept. 1961; Karl-Marx-Stadt; dt.) — Die mit Perlongewebe (50 μ) bespannte Vers.-Siebtrommel gewährleistete einen befriedigenden Grobaufbereitungseffekt. Es werden einige Hinweise zur Verbesserung der konstruktiven Durchbldg. derartiger Reinigungsanlagen gegeben. G. Bauer. 6014□

Gesichtspunkte und Richtlinien für die Einleitung und Behandlung gewerblicher Abwässer (Industrieabwasser) in städtische Kanalisationsanlagen. Heinz Schroeder. (Wasserwirtsch.-Wassertechn. **11**, 431—38, Sept. 1961; Berlin; dt.) — Vf. erläutert u. ergänzt die bestehenden gesetzlichen Bestimmungen u. Vorschriften. G. Bauer. 6036□

Die Aufbereitung der sanitären Abwässer von Industriebetrieben. J. R. Lee und H. R. Grady. (Water Sewage Works **108**, 444—45, Nov. 1961; Vanadium Corp. of America; engl.) — Vff. beschreiben eine Anlage für einen Industriebetrieb ohne Anschluß an das städt. Abwassersystem. H. Völz. 6036□

Untersuchungen über die Bodenbehandlung von Gaswerksabwässern. Willi Krüger. (Wasserwirtsch.-Wassertechn. **11**, 203—07, Mai 1961; Berlin; dt.) — Am Beispiel von 44 Städten wird die Möglichkeit aufgezeigt, Schwel- u. Gaswässer bei der Landbehandlung der städt. Abwässer mit zu verwerten. F. Rosendahl. 6036□

Abwasserreinigung durch Aschefiltration. Georg Günther und Oswald Frotscher. (Wasserwirtsch.-Wassertechn. **11**, 416—19. Sept. 1961; Magdeburg; dt.) — Durch die Filtration wird eine wesentliche Abnahme des BSB, $KMnO_4$, der wasserdampfflüchtigen Phenole u. der absetzbaren Schwebestoffe erreicht, wobei der pH-Wert sprunghaft ansteigt, so daß er als Kriterium der Filterwirksamkeit angesehen werden kann. G. Bauer. 6040□

Über die Reinigung der Abwässer von Färbereien. G. W. Wassiljew. (Текстильная Промышленность [Textil-Ind.] **21**, Nr. 8, 77—80, Aug. 1961; russ.) — Es werden die Abwässer der verschiedenen Färberei- u. Ausrüstungsbetriebe beschrieben u. die Zus. solcher Abwässer angegeben. Die Vor- u. Nachteile der einzelnen Reinigungs-Meth. (mechan., chem., biolog.) werden aufgezeigt. Die biochem. Art der Abwässerreinigung als die intensivste u. effektivste wird ausführlich behandelt. H. Bieber. 6042□

Untersuchung der Möglichkeit einer wiederholten Anwendung eines Teiles der Waschwässer in Entsalzungsanlagen. W. I. Atroschtschenko, Ja. I. Assnin und S. A. Nikitskaja. (Химическая Промышленность [Chem. Ind.] **1961**, 66—68, Jan.; russ.) — Am Beispiel der Reinigung der Abwässer einer NH_4NO_3-Fabrik wird gezeigt, daß die Absorptionskapazität des verwendeten Kationenaustauscherfilters nicht vermindert wird, wenn man statt dest. W. die Waschwässer des vorhergehenden Cyclus mit 2,65% HNO_3 u. 0,92% NH_4NO_3 zur Regeneration verwendet. Analog kann man bei der Regeneration des Anionenaustauschfilters auch Waschwässer mit 0,8% NH_3 u. 0,76% NH_4NO_3 verwenden. R. K. Müller. 6042□

Reinigung von sauren Wässern bei der Herstellung von synthetischen Fettsäuren. L. A. Alferowa und I. F. Tschisstow. (Маслобойно-Жировая Промышленность [Öl- u. Fett-Ind.] **27**, Nr. 6, 19—24, Juni 1961; Zentr. Forsch.-Inst. für Forsttechnik; russ.) — Die Meth. der azeotropen Rektifikation von sauren W. der Paraffinoxydation unter Anwendung von Isoamylformiat ermöglicht die Abtrennung der gesamten organ. Verbb. in konz. Form. Die gewonnene Rohsäure (**I**) hat die SZ. 705—802 (Ameisen-, Essig-, Propion- u. Buttersäure) u. enthält 2,30—10,73% unter Anwendung von nichtflüchtigem Rückstand. Das entsprechende azeotrope W. enthält 0,06—0,18% Ameisensäure u. 0,20—0,46% Aldehyde u. Ketone (auf Formaldehyd umgerechnet).
S. Baryschnikow. 6042

Beitrag zum Problem der Abwasserreinigung von Erdölverarbeitungsbetrieben. Gerhard Voigt. (Wasserwirtsch.-Wassertechn. **11**, 411—15, Sept. 1961; Berlin; dt.) — Es wird im wesentlichen über Verss. zur biochem. Reinigung von Entsalzungswässern aus Romaschkiner Erdöl berichtet. Das Abwasser wurde bei zweistufiger Verf.-Weise in einem Modellbelebungsbecken behandelt. Bei längeren Belüftungszeiten ist ein Abbau von Geruchsbildner durch biolog. Behandlung in gewissen Grenzen möglich.
G. Bauer. 6044□

Die Stabwalze — ein Belüftungselement für Belebungsanlagen und Oxydationsgräben. Otto Scharfe. (Wasserwirtsch.-Wassertechn. **11**, 420—24, Sept. 1961; Erfurt; dt.) — Auf Grund der Vers.-Ergebnisse konnten die Zuverlässigkeit des Verf. u. seine Eignung nachgewiesen werden. Nähere Beschreibung der Vers.-Anlage.
G. Bauer. 6044□

Über die Reinigung der Abwässer der holzchemischen Fabrik Wygoda. Ju. Ss. Demjanenko. (Гидролизная и Лесохимическая Промышленность [Hydrolysen- u. holzchem. Ind.] **14**, Nr. 2, 26—27, 1961; russ.) — Vf. schlägt die Reinigung der phenolhaltigen Abwässer durch Zerstäubung u. Verbrennung vor.
J. v. Schroeder. 6050□

Untersuchungen des Mineralwassers „Pergoli" aus Tabiano (Salsomaggiore). Renato Andrisano, Loredana Amoretti und Gian Carlo Artusi. (Chimica [Milano] **36**, 189—93, April 1960; ital.) — Die Ergebnisse chem. u. physikal.-chem. Analysen werden mitgeteilt, die an dem Mineralwasser des „Pergolibrunnens" in Tabiano-Salsomaggiore (Parma) durchgeführt wurden. Das analysierte W. kann nach der Klassifikation von Marotta u. Sica als Bisulfid–Sulfat-Kalkmineralwasser betrachtet werden.
B. Franz. 6058□

Edward R. Williams und Ella E. Williams, Pittsburgh, Pa., V.St.A., **Zusatzmittel für Schwimmbäder.** Zur Verstärkung der baktericiden Wrkg. von zugesetzten Cl_2 wird ein Gemisch aus Na_2SiO_3, einem neutralen Petroleumsulfonat (**I**), das aus 84—98,5 **I** u. 1,5—16% Na_2SO_4 besteht, u. Na-Xylolsulfonat in Mengen von 1 auf 4—6 Teilen **I** zugesetzt. Der KW-Stoff-Rest des **I** soll ca. 16 C-Atome enthalten. Der bei der Herst. des Gemisches entstehende Nd. wird abfiltriert u. die Fl. verwendet. (**A. P. 2 915 463** vom 6/6. 1958, ausg. 1/12. 1959.) H. Schindler. 6019

Herbert L. Thompson, Birmingham, Ala., V.St.A., **Frischwasser aus Seewasser** erhält man durch Ausfrieren des W., Abzentrifugieren des Eises u. Tauen mittels Frischwassers im Wärmeaustausch-Verf. .Der ganze Vorgang ist kombiniert mit einer Absorptionskälteerzeugungsanlage, wobei alle im Verf. auftretenden Temp.-Unterschiede für den Betrieb ausgenutzt werden. Das Ausfrieren erfolgt bei 24 ± 4° F. Die äußersten Temp. betragen 8° F Unterschied. — Beschreibung der Anlage u. Zeichnung. (**A. P. 2 896 419** vom 20/12. 1955, ausg. 28/7. 1959.) H. Schindler. 6035

Maxim Silenser Co., Hartford, Conn., V.St.A., *Verdampfen von Seewasser.* (**Belg. P. 564 841** vom 14/2. 1958, ausg. 15/7. 1960. — C. **1962**, 15725 [E. P. 826 989].)

Gebrüder Sulzer Akt.-Ges., Winterthur, Schweiz, *Reinigen von Flüssigkeiten, insbesondere Wasser.* (**Schwz. P. 336 804** vom 7/12. 1955, ausg. 30/4. 1959. — C. **1962**, 9109 [D. A. S. 1 045 980].)

H_5. Anorganische Industrie

Ausbrennen von Methan aus Gemischen mit inerten Gasen. L. I. Kasarnowskaja N. M. Dychno und Je. W. Wagin. (Химическая Промышленность [Chem. Ind.] **1961**, 29—32, Jan.; russ.) — Bei der Gewinnung von *Kr* durch Anreicherung eines $Kr-N_2-CH_4$-Gemisches an einem Adsorbens tritt das Problem der Befreiung solcher Gemische von CH_4 auf. Von den untersuchten Katalysatoren ist ein Gemisch von 80% CuO + Fe_2O_3 (99:1) mit 20% Kaolin wirksamer als Mn-Erze oder Ni. Dieser Katalysator bewirkt einen hohen Ausbrennungsgrad des CH_4 aus Gemischen mit N_2

oder $N_2 + O_2$. Die optimalen Bedingungen sind 700° u. eine Raum-Geschw. von 70 Liter/kg · Stunde. Die Aktivität des Katalysators bleibt auch nach mehreren Cyclen erhalten. Ein Ni-Katalysator verliert in Ggw. von O_2 u. bei höheren CH_4-Konzz. an Aktivität, kann aber bei CH_4-Geh. bis 5% in Abwesenheit von O_2 verwendet werden. Mn-Erz ist ungeeignet. R. K. Müller. H 234□

Über die Definition der Konzentration der Schwefelsäure in Nitrose. M. L. Warlamow und Je. L. Kritschewskaja. (Известия Высших Учебных Заведений, Химия и Химическая Технология [Hochschulnachr., Chem. u. chem. Technol.] **2**, 904—08, 1959, Odessa, Polytechn. Inst., Lehrstuhl für Technol. u. Automatisierung chem. Produktion; russ.) — Die Angabe „*Ausgangs-Schwefelsäure*" in Nitrose wird bei der Charakterisierung physikochem. Eigg. der Nitrose nicht eindeutig verwendet. Vff. schlagen die Anwendung des Begriffes „Ausgangsschwefelsäure als Lsgm. von N_2O_3" vor. Die physikochem. Eigg. von Nitrose werden zweckmäßig in rechtwinkligen Koordinaten in Abhängigkeit vom Nitrose-Geh. u. der Gesamt-Konz. an H_2SO_4 dargestellt. H. Jäger. H 243□

Der Wasserdampfdruck über Nitrosen. W. I. Gladuschko. (Известия Высших Учебных Заведений, Химия и Химическая Технология [Hochschulnachr., Chem. u. chem. Technol.] **2**, 909—12, 1959; Dnepropetrowsk, Chem.-Technol. Inst., Lehrstuhl für Technol. anorg. Stoffe; russ.) — Der Einfl. von Temp., N_2O_3-Konz. u. Konz. der Ausgangs-H_2SO_4 auf den Wasserdampfdruck über industriellen Nitrosen des Turm-Verf. wurde untersucht. Mit steigendem N_2O_3-Geh. in Nitrosen erhöht sich p_{H_2O} infolge der Rk. $2\,H_2SO_4 + n\text{-}H_2O + N_2O_3 \rightleftharpoons 2\,HNSO_5 + (n+1)\,H_2O$. Für 0—10% N_2O_3 u. 30—100° wird ein Nomogramm wiedergegeben. H. Jäger. H 243□

Neue Aufbereitungstechnologien im Spatbergbau der Deutschen Demokratischen Republik. Johannes Löhn. (Neue Hütte **7**, 129—38, März 1962; Eisleben; dt.) — Die Trennung von *Flußspat* u. *Kalkspat* kann durch Schwimm- u. Sink-Verf. u. die Flotation mit Ölsäure u. Fichtenrindenextrakt durchgeführt werden. Es erscheint möglich, Schwerspat u. Flußspat mit Alkylsulfaten u. schaumregulierenden Mitteln zu sortieren. Nach dem Ausschwimmen des Schwerspates kann der Flußspat mit Ölsäure abflotiert werden. Mit Ölsäure u. hohen Wasserglaszusätzen kann Brauneisen vom Schwerspat durch Flotation getrennt werden. F. Vier. 6148□

Food Machinery & Chemical Corp., New York, N.Y., V.St.A., **Herstellung eines festen Alkali- oder Erdalkali-Peroxodisulfates.** $(NH_4)_2S_2O_8$ u. NaOH bzw. Na_2CO_3 werden in wss. Lsg. bei 0—45° u. 5—90 mm Hg unter lebhaftem Rühren gemischt, u. die Verweilzeit im Rk.-Gefäß wird so geregelt, daß aus dem Rk.-Gemisch neben NH_3 hinreichend W. verdampft, um das gebildete Alkali- bzw. Erdalkalisalz in fester Form abzuscheiden. An Stelle von NaOH können die Hydroxide des Li, K, Rb, Cs, Sr oder Ba, an Stelle von Na_2CO_3 können die Carbonate des K, Rb u. Cs verwendet werden. — 2 Abbildungen. (**Oe. P. 213 839** vom 30/6. 1959, ausg. 10/3. 1961.) W. Wittholz. H 253

American Potash & Chemical Corp., übert. von: Willard D. Peterson, San Marino, Calif., V.St.A., **Herstellung von Natriumborhydrid, Diboran oder Dimethoxyborin (I).** In ein Gefäß, das ständig gerührtes, auf 200—400° gehaltenes feinteiliges NaCl enthält, das durch eine H_2-Atmosphäre auf einen nur wenig über 1 at liegenden Druck gehalten wird, wird in solchen zunehmenden Mengen geschmolzenes Na u. H_2 eingeführt, daß der vorgegebene Druck konstant bleibt, worauf in das Gefäß bei Herst. von $NaBH_4$ allein BCl_3, bei Herst. von B_2H_6 bzw. **I** ein aus BCl_3 (**II**) u. Trimethylborsäureester (**III**) bestehendes Gemisch (Mol-Verhältnis **III**:**II** = 8:1) eingeleitet wird. Dem Verf. liegen die Umsetzungen $4\,Na + 2\,H_2 \rightarrow 4\,NaH$; $4\,NaH + BCl_3 \rightarrow NaBH_4 + 3\,NaCl$; $3\,NaBH_4 + BCl_3 \rightarrow 2\,B_2H_6 + 3\,NaCl$; $3\,NaBH_4 + BCl_3 + 8\,B\cdot(CH_3O)_3 \rightarrow 12\,BH(CH_3O)_2 + 3\,NaCl$ zugrunde. — Schemata. (**A. P. 2 974 015** vom 20/8. 1957, ausg. 7/3. 1961.) K. Wolk. H 258

Farbenfabriken Bayer Akt.-Ges., Leverkusen (Erfinder: Alois Heitmann), **Abkühlung arsenhaltiger Röstgase,** die bei der Abröstung von As enthaltendem Pyrit entstehen, bei gleichzeitigem Wärmegewinn aus den Röstgasen. Der Wärmeaustausch wird bei Temp. der Wärmeaustauscherflächen > ca. 260° (bes. 270—310°) durchgeführt. (**D. A. S. 1 117 551** Kl. 12i vom 7/3. 1959, ausg. 23/11. 1961. **E. P. 879 702** vom 24/2. 1960, ausg. 11/10. 1961. D. Prior. 7/3. 1959.) E. Miessgang. H 265

Wacker-Chemie G. m. b. H., München, **Herstellung von reaktionsträgem Calciumoxid,** bes. für die *Herst. von CaC_2*. Die Ausgangsstoffe, wie feinkörniges u./oder pulverförmiges $CaCO_3$, $Ca(OH)_2$ oder CaO, werden brikettiert, zur Entfernung von CO_2 u. W. einige Zeit < 1000° erhitzt, anschließend durch raschen Temp.-Anstieg auf 1100—1600° gesintert, u. das Prod. wird laufend aus dem Ofen abgezogen. (**Oe. P. 213 847** vom 22/5. 1959, ausg. 10/3. 1961. D. Prior. 3/6. 1958.) W. Wittholz. H 283

Peter Spence & Sons Ltd., Widnes, England, **Herstellung von amorpher Tonerde.** Man hydrolysiert reines Al-Alkoholat bei 0—22°, z. B. 2 Std., in einem aus entionisiertem W. u. H_2O_2 bestehenden Medium, wobei die Konz. an $H_2O_2 > 3$, bes. 6 Gew.-%, beträgt. (**E. P. 862 846** vom 2/7. 1958, ausg. 15/3. 1961.) K. Demmler. H 294

Anaconda Co., New York, N.Y., übert. von: Francis L. Holderreed, Anaconda, und Robert E. Sullivan, Butte, Mont., V.St.A., **Herstellung von kieselsäurefreier Tonerde.** Ein Gemisch aus im Verhältnis zur Al_2O_3 nur wenig SiO_2 enthaltendem Rohmaterial, Na_2CO_3 u. bzgl. der Bldg. von Dicalciumsilicat überschüssigem CaO wird bei >1700, bes. 1900°, gesintert, das Sinter-Prod. mit einer wss.-alkal. Fl. ausgelaugt u. aus der eisen- u. kieselsäurefreien Aluminiumlauge reines Al_2O_3 gewonnen. (**A. P. 2 947 606** vom 21/5. 1957, ausg. 2/8. 1960.) K. Demmler. H 294

Kasimierz Jozef Bril und Pawel Krumholz, Brasilien, **Abtrennen des Yttriums von den anderen Elementen der Seltenen Erden.** Die mit W. verd. HCl- oder HNO_3-saure Lsg. eines Gemisches der Seltenen Erden wird bei ca. 75° nach Zugabe von $K_2Cr_2O_7$ mit KOH, NH_4OH oder Na_2CO_3 fraktioniert gefällt, wodurch eine Anreicherung des *Y* erfolgt. — Tabellen. (**F. P. 1 207 953** vom 1/9. 1958, ausg. 19/2. 1960. Brasil. Prior. 2/9. 1957.) W. Wittholz. H 300

Laporte Titanium Ltd., London, England (Erfinder: James Thomson Richmond und George Geoffrey Durrant), **Herstellung von Rutil-Titandioxid.** Man calciniert Anatas-TiO_2, z. B. mit einer Korngröße nicht größer als 1 μ, mit 0,1 bis 5,0 Gew.-% BPO_4, bezogen auf Anatas-TiO_2, bei 830—1100°, bes. 870—960°, bis wenigstens 90 Gew.-% des Anatas-TiO_2 in Rutil-TiO_2 umgewandelt sind. (**E. P. 865 327** vom 3/12. 1958, ausg. 12/4. 1961.) K. Demmler. H 321

Montecatini Soc. Gen. per l'Industria Mineraria e Chimica, Italien (Erfinder: Eraldo Fornasieri und Aldo Forni), **Herstellung von Titantrichlorid** aus $TiCl_4$ u. H_2 bei 750—1700° u. gewöhnlichem Druck, wobei das mol. Verhältnis H_2:$TiCl_4$ zwischen 5 u. 50 liegt. Die Abkühlung des Rk.-Gases erfolgt bei einer oberhalb des Taupunktes von $TiCl_4$ liegenden Temp., aber nicht über 200°. — Anlageschema; Zeichnung; Diagramm. (**F. P. 1 205 462** vom 15/4. 1958, ausg. 3/2. 1960. It. Prior. 16/4. 1957.) W. Wittholz. H 321

National Research Corp., Cambridge, übert. von: Milo P. Hnilicka jun., Concord, Mass., V.St.A., **Herstellung von eisenfreiem Zirkoniumtetrachlorid.** Man bringt Fe-haltiges ZrO_2 in einem Fließbettreaktor mit Cl_2 zur Rk., kondensiert die $ZrCl_4$- u. $FeCl_3$-Dämpfe in einem Fließbettkondensator, bringt das noch heiße Kondens.-Prod. in eine 3. Fließbettzone, red. dort mit H_2 $FeCl_3$ zu $FeCl_2$ u. trennt das niedrig sd. $ZrCl_4$ von dem höher sd. $FeCl_2$. — Verfahrensschema. (**A. P. 2 946 654** vom 27/12. 1956, ausg. 26/7. 1960.) K. Demmler. H 322

Oskar Glemser (Erfinder: Oskar Glemser und Adolf v. Baeckmann), Göttingen, **Trennen von Zirkonium- und Hafniumverbindungen** durch Fl.-Extraktion zwischen einer wss. Lsg. u. einem organ. Lösungsmittel. Dabei verteilt man deren Chloride zwischen einer wss. Cl-Ionen enthaltenden Lsg. u. einem organ. Lsgm., z. B. Chlf., in welchem ein organ. Amin, z. B. Tribenzylamin, gelöst ist. Das in der organ. Phase angereicherte Zr bzw. Hf wird mit mittelstarker (6n) HCl rückextrahiert. (**D. A. S. 1 118 179** Kl. 12m vom 15/4. 1959, ausg. 30/11. 1961.) H. Nebelsiek. H 323

Pechiney Comp. de Produits Chimiques et Électrométallurgiques, Paris (Erfinder: Bernard Baboin Saint Jean de Maurienne, Savoyen), Frankreich, **Herstellung von reinem Nioboxid** aus wss. Lsgg., die neben Verbb. des Nb in anion. Form noch solche anderer Metalle der Gruppen III, IV, V u. VIII des Period. Syst. enthalten, durch Behandeln der Lsgg. mit einem Anionenaustauscher, Eluieren des fixierten Nb mit wss. Lsgg., Ausfällen von Nb(V)-Oxidhydrat u. Glühen zu Nb_2O_5. Dabei verwendet man zum Eluieren die wss. Lsg. eines neutralen Salzes, wie NaCl, u. fällt das Nb(V)-Oxidhydrat aus dem von Fremdionen, bes. Fe, freien Teil des Eluates. Das zum Schluß erhaltene Nb_2O_5 erweist sich in der Spektralanalyse als reines Produkt. (**D. A. S. 1 118 180** Kl. 12m vom 11/7. 1959, ausg. 30/11. 1961. F. Prior. 11/7. 1958.) H. Nebelsiek. H 331

Ethyl Corp., New York, N.Y., übert. von: Harold E. Podall, Baton Rouge, La., V.St.A., **Gewinnung von Hexacarbonylen des Molybdäns und Wolframs** durch Rk. eines Salzes der genannten Metalle, CO u. metall. Al oder Na in Ggw. einer geringen Menge einer Organometall-Verb., z. B. Triäthylaluminium, in inerter Lsg., z. B. Tetrahydrofuran, bei 0—200° u. einem Druck bis zu 4000 lbs./sq.in. (**A. P. 2 952 523** vom 29/12. 1958, ausg. 13/9. 1960.) H. Nebelsiek. H 336

United States Atomic Energy Commission, übert. von: Alan T. Gresky, Oak Ridge, Tenn., V.St.A., **Reinigen von Uranlösungen,** bes. Entfernen von Ru. Man fügt zu einer wss., salpetersauren Uransalz-Lsg. wenigstens 0,5 Vol.-% eines Ketons mit 3—5 C-Atomen, bes. Aceton, u. digeriert einige Std. bei 90—100°, bis der Überschuß an Keton abdest. ist. Anschließend extrahiert man in üblicher Weise, z. B. mit einer Hexonlösung. (**A. P. 2 945 740** vom 27/1. 1956, ausg. 19/7. 1960.) H. Nebelsiek. H 339

Mallinckrodt Chemical Works, St. Louis, Mo., übert. von: William M. Leaders, Webster Groves, Donald E. Rhodes und Carl W. Kuhlman jun., St. Louis, und Gerard C. Hamkens, Overland, Mo., V.St.A., **Gewinnung von Urandioxid** in F-freier Form durch therm. Zers. von NH_4F-haltigem NH_4-Diuranat in Gefäßen aus einer Ni-Leg. im H_2-haltigen Dampfstrom bei ca. 850° zu U_3O_8 u. anschließend im H_2-Strom bei ca. 850° zu F-freiem *UO_2*. (**A. P. 2 953 430** vom 11/3. 1957, ausg. 20/9. 1960.) H. Nebelsiek. H 339

Texas Gulf Sulphur Co., New York, N.Y., übert. von: James R. West und Edgar L. Kochka, Pittsburgh, Pa., V.St.A., **Herstellung von Urandioxid** aus einer O enthaltenden U-Verb. mit einer Wertigkeit des $U > 4$, z. B. U_3O_8 oder $(NH_4)_2U_2O_7$, durch Erhitzen mit fl. S auf 350—400° während 3—8 Stunden. (**A. P. 2 955 912** vom 2/10. 1957, ausg. 11/10. 1960.) K. Demmler. H 339

United States Atomic Energy Commission (Erfinder: John Walker Stevenson und Robert George Werkema), Washington, D.C., V.St.A., **Rückgewinnung von Uranverbindungen** aus MgF_2-Schlacken, die bei der Red. von UF_4 mit Mg erhalten worden sind. Die feingemahlenen Schlacken werden oxydierend geröstet, um U in die Oxide zu überführen, u. anschließend mit einer wss. Lsg. aus Na_2CO_3 u. $NaHCO_3$, der etwas H_2O_2 zugesetzt ist, unter CO_2-Druck gelaugt. Durch den H_2O_2-Zusatz zu der wss. Lauge wird die Extraktions-Wrkg. für U erhöht. (**E. P. 865 095** vom 3/5. 1957, ausg. 12/4. 1961.) H. Nebelsiek. H 339

United States Atomic Energy Commission, übert. von: Norman R. Davidson, Sierra Madre, Calif., und Joseph J. Katz, Chicago, Ill., V.St.A., **Herstellung von Plutoniumtrihalogeniden und -oxyhalogeniden** bzw. deren Gemischen. Man erhitzt PuO_2 mit einem Halogenwasserstoff in Ggw. eines Red.-Mittels (H_2, NH_4J, NH_4Br) auf 300—1000°. (**A. P. 2 926 068** vom 9/6. 1947, ausg. 23/2. 1960.) K. Demmler. H 343

Henkel & Cie. G.m.b.H., übert. von: **Alfred Köster** und **Karl-Heinz Worms**, Düsseldorf, *Herstellung von Stickstoff-Phosphorsäure-Verbindungen.* (**A. P. 2 996 357** vom 4/6. 1957, ausg. 15/8. 1961. D. Prior. 8/6. 1956. — C. **1959**, 10033 [D. A. S. 1 048 266].)

VEB Farbenfabrik Wolfen, Wolfen/Kr. Bitterfeld (Erfinder: **Friedrich Wolf**, Leipzig, und **Reinhard Korn**, Wolfen), *Katalysatoren für die katalytische Oxydation von Chlorwasserstoff.* (**D. P. [DDR] 21 467** Kl. 12g vom 3/1. 1959, ausg. 27/6. 1961 [Wirtschaftspatent]. — C. **1961**, 973 [D. A. S. 1 088 933].)

Studiengesellschaft Kohle m.b.H., Mülheim/Ruhr, *Herstellung von festen Borwasserstoffverbindungen.* (**E. P. 870 099** vom 1/12. 1958, ausg. 14/6. 1961. D. Prior. 4/12. 1957. — C. **1959**, 16124 [D. A. S. 1 054 438].)

VEB Farbenfabrik Wolfen, Wolfen/Kr. Bitterfeld (Erfinder: **Hans Niehuus**, Bitterfeld, **Willy Schickel** und **Harry Hahn**, Wolfen), *Chloralkalielektrolyse nach dem Diaphragmaverfahren.* (**Schwz. P. 355 134** vom 30/3. 1957, ausg. 15/8. 1961. D. Prior. 27/10. 1956. — C. **1959**, 4275 [D. A. S. 1 034 605].)

Pechiney Comp. de Produits Chimiques et Électrométallurgiques, Paris, übert. von: **Paul Soudan** und **Jean O. Breton**, Aix-en-Provence, Frankreich, *Gewinnung von Alkali- und Erdalkalihydroxidlösungen neben Tonerde.* (**A. P. 2 992 893** vom 15/1. 1958, ausg. 18/7. 1961. F. Prior. 15/1. 1957. — C. **1960**, 2654 [D. A. S. 1 061 756].)

Knapsack-Griesheim Akt.-Ges. (Erfinder: **Erich Bauer**, **Hans Ebert**, **Willi Forst** und **Hans Pieper**), Knapsack, *Gewinnung von Magnesiumchlorid.* (**E. P. 874 974** vom 22/10. 1958, ausg. 16/8. 1961. — C. **1961**, 16970 [D. A. S. 1 109 156].)

Soc. d'Études Chimiques pour l'Industrie et l'Agriculture, Paris, Frankreich, *Herstellung von Bariumbromit.* (**E. P. 864 285** vom 12/6. 1959, ausg. 29/3. 1961. F. Prior. 25/6. 1958. Zusatz zu E. P. 843 558; C. 1961, 12964. — C. **1960**, 14485 [D. A. S. 1 076 096].)

Pechiney Comp. de Produits Chimiques et Électrométallurgiques, Paris, Frankreich, *Gewinnung von Tonerde.* (**E. P. 868 928** vom 29/7. 1957, ausg. 25/5. 1961. F. Prior. 31/7. 1956. — C. **1960**, 5284 [D. A. S. 1 068 682].)

Aluminium Laboratories Ltd., Montreal, Canada, *Reinigen von Tonerde.* (**E. P. 864 009** vom 4/10. 1957, ausg. 29/3. 1961. A. Prior. 24/10. 1956. — C. **1960**, 11778 [A. P. 2 887 361].)

Rohm & Haas Co., Philadelphia, übert. von: **Newman M. Bortnick**, Oreland, Pa., V.St.A., *Additionsprodukte von heterocyclischen Amiden.* (**A. P. 2 972 618** vom 5/12. 1956, ausg. 21/2. 1961. — C. **1961**, 15928 [F. P. 1 195 270].)

Kurt Peters, Wien, Österreich, *Trennung und Reingewinnung von schwerlöslichen, Oxalate bildenden Elementen, insbesondere der Seltenen Erden.* (**E. P. 866 715** vom 26/4. 1957, ausg. 26/4. 1961. — C. **1959**, 15476 [D. A. S. 1 052 956].)

Laporte Titanium Ltd., Luton, Bedfordshire, England (Erfinder: **James Thomson Richmond** und **Howard Arthur Stanley Bristow**), *Reinigung von Titan- und Zirkoniumtetrachlorid.* (**E. P. 866 771** vom 18/5. 1956, ausg. 3/5. 1961. — C. **1961**, 10706 [F. P. 1 175 364].)

Ciba Ltd., Basel, Schweiz, *Trennen von Niob und Tantal aus deren Pentahalogenidgemischen.* (**E. P. 864 883** vom 7/11. 1957, ausg. 12/4. 1961. Schwz. Prior. 13/11. 1956 u. 31/1. 1957. — C. **1960,** 2655 [D. A. S. 1 063 135].)

Ciba Akt.-Ges., Basel (Erfinder: **Walter Scheller**, Münchenstein), Schweiz, *Fraktionierte Trennung von wasserfreien Halogeniden, insbesondere von Niob- und Tantalhalogeniden.* (**Schwz. P. 357 712** vom 15/8. 1956, ausg. 15/12. 1961. — C. **1960,** 4316 [D. A. S. 1 066 194].)

Esso Research and Engineering Co., Elizabeth, N.J., V.St.A., *Gewinnung von Uran aus wässerigen Lösungen.* (**Niederl. P. 99 344** vom 28/12. 1956, ausg. 16/10. 1961. A. Prior. 29/12. 1955. — C. **1959,** 7257[E. P. 799 627].)

E. I. du Pont de Nemours & Co., Wilmington, Del., V.St.A., *Gewinnung von Urantrifluorid.* (**E. P. 865 270** vom 27/4. 1959, ausg. 12/4. 1961. A. Prior. 28/4. 1958. — C. **1960,** 17243 [D. A. S. 1 080 991].)

Schering Akt.-Ges., Berlin (Erfinder: **Horst Niemann** und **Kurt Herrmann**, Wolfenbüttel), *Kontinuierliche Herstellung von Kupfer(I)-chlorid-Lösungen.* (**Oe. P. 214 902** vom 16/11. 1959, ausg. 10/5. 1961. D. Prior. 15/12. 1958. — C. **1960,** 17573 [D. A. S. 1 080 088].)

Kaiser Aluminum & Chemical Corp., Oakland, übert. von: **Alva C. Byrns**, Lafayette, Calif., V.St.A.. *Herstellung von Kryolith.* (**A. P. 2 994 582** vom 16/7. 1956, ausg. 1/8. 1961. — C. **1961,** 11851 [D. A. S. 1 099 509].)

Union Carbide Corp., New York (Erfinder: **Donald W. Breck**, Tonawanda, und **Nancy A. Acara**, Kenmore), N.Y., V.St.A., *Herstellung kristalliner Zeolithe.* (**A. P. 2 991 151** vom 5/12. 1957, ausg. 4/7. 1961. — C. **1961,** 11083 [D. A. S. 1 099 512].)

H_6. Silicatchemie. Baustoffe

Fortschritte der Mineralindustrie. S. P. Verma. (Centr. Glass ceram. Res. Inst., Bull. [Calcutta] **8,** 164—69, Okt./Dez. 1961; New Delhi, Ministry of Commerce and Ind., Dev. Wing; engl.) H. Noack. 6160

Fortschritte in der Chemie von Glas und ähnlichen Materialien. S. Kumar. (Centr. Glass ceram. Res. Inst., Bull. [Calcutta] **8,** 146—51, Okt./Dez. 1961; Calcutta, Central Glass and Ceram. Res. Inst.; engl.) — Übersicht an Hand von 29 Literaturangaben über niedrigschm., gegen chem. Angriff stabile Glas-Zus., chem. Widerstandsfähigkeit u. Auflösung von Alkalien im Glas, Wärmeausdehnung, Färbung der Gläser durch Ionen u. Koll. u. Schnellanalysenverfahren. H. Noack. 6168

Fortschritte der Farbglasindustrie. S. N. Prasad und V. K. Vaish. (Centr. Glass ceram. Res. Inst., Bull. [Calcutta] **8,** 170—73, Okt./Dez. 1961; Calcutta, Central Glass and Ceram. Res. Inst.; engl.) — Übersicht an Hand von 15 Literaturangaben unter Berücksichtigung folgender Artikel: Glasringe, -perlen, Spielzeug, Glühbirnen, Glas für Verkehrslampen, Sonnenbrillen, Tafelglas u. a., Normen u. Prüf-Meth. werden angegeben. H. Noack. 6168

Untersuchungen über Glashäfen zum Schmelzen von optischen Gläsern. 5. Mitt. **Wirkung der Brenntemperatur von Schamottepaste und Grünkörper auf die physikalischen Eigenschaften von Glashäfen zum Schmelzen optischer Gläser.** Masao Ōno. (J. ceram. Assoc., Japan [Yogyo Kyokai Shi] **69,** Nr. 791, 383—92, 1961; Tokio, Nippon Kogaku kogyo Co. Ltd.; jap., Auszug: engl.) — 4. vgl. C. **1958,** 7234. — Die Unterss. betreffen die Abnahme der Bindungskräfte von Schamottegut- u. Bindetonmassen bei verschieden hohen Temp. u. nachfolgendem Abschrecken. R. Kaiser. 6174□

Die keramischen Rohstoffe Indiens. R. V. Lele, S. B. Roy und Sudhir Sen. (Centr. Glass ceram. Res. Inst., Bull. [Calcutta] **8,** 174—80, Okt./Dez. 1961; Calcutta, Central Glass and Ceram. Res. Inst.; engl.) — Es werden Tone, plast. Tone, Feldspat, Quarz, Cyanit, Sillimanit, Tonerde, Kalk u. Gips, Talk, Pyrophyllit u. Wollastonit behandelt. — 17 Literaturangaben. H. Noack. 6208

Das Glasieren von Wandplatten. Eine kleine Glasurmaschinenkunde. Dietrich R. Bothge. (Euro-Ceramic [Düsseldorf] **10,** 338—42, Nov. 1960; Montabaur/Württ.; dt.) — Es werden die Vor- u. Nachteile bekannter Verff. der Glasierungstechnik beschrieben u. diskutiert sowie Anregungen zur Herst. einwandfreier Glasuren gegeben. N. Peters. 6212□

Forschung an feuerfesten Materialien. J. C. Banerjee. (Centr. Glass ceram. Res. Inst., Bull. [Calcutta] **8,** 152—63, Okt./Dez. 1961; Calcutta, Central Glass and Ceram. Res. Inst.; engl.) — Übersicht. — 141 Literaturangaben. H. Noack. 6218

Feuerfeste Baustoffe für die Glasindustrie. J. C. Banerjee. (Centr. Glass ceram. Res. Inst., Bull. [Calcutta] **8,** 183—85, Okt./Dez. 1961; Calcutta, Central Glass and Ceram. Res. Inst.; engl.) H. Noack. 6218

Die zentrale Regelung der Versuchsöfen im Laboratorium der PCA. Phil J. Tatman. (J. PCA Res. Development Lab. **3,** Nr. 2, 22—26, Mai 1961; engl.) I. Koschitzki. 6222

Fortschritte auf dem Gebiet der Chemie des Portland-Zementes (1887—1960). Harold H. Steinour. (J. PCA Res. Development Lab. **3,** Nr. 2, 2—11, Mai 1961; engl.) I. Koschitzki. 6222

Antisulfat — ein neuer, gegen Sulfatangriff resistenter, hochwertiger Portlandzement. Anton Koch. (Betonstein-Ztg. **27,** 468—71, Sept. 1961; Heidelberg; dt.) — Neben dem säurebeständigen Hochofenzement HOZ 275 „Duratherm" werden die Eigg. eines neuen sulfatbeständigen Portlandzementes PZ 375 „Antisulfat" beschrieben. Er zeichnet sich durch eine hohe Anfangsfestigkeit aus u. eignet sich bes. für den Winterbau. Auffallend ist der geringe Tonerdemodul von 0,64. Mkr. Unterss. ergaben keinen Geh. an Tricalciumaluminat. H. Schumann. 6222□

Wahl des Mineralisators und des Mineralisationsverfahrens bei der Erzeugung von Zementfibrolit. L. Schmidt. (Строительные Материалы [Baumaterialien] **4,** Nr. 12, 20—22, Dez. 1958; russ.) — Als Mineralisator wurden bei der Herst. von Zementfibrolit (ZF), Wasserglas (**I**), $CaCl_2$ (**II**) u. $Al_2(SO_4)_3$ (**III**), als Faserstoff aus genügend gelagertem Kiefernholz hergestellte Holzwolle gewählt. Die Prüfkörper aus 1 (Gew.-Teil) Holzwolle u. 2 Zement hatten ein Vol.-Gew. von 400 kg/cm³. Es wurde der Einfl. des Verhältnisses W/Z u. der Bearbeitungsweise mit **I** u. **II** auf die Festigkeit des 1 Tag alten ZF sowie des Mineralisators nach 28 Tagen Härtungszeit u. der Holzart untersucht, wobei sich erwies, daß die Mineralisation in allen Fällen am zweckmäßigsten durch Eintauchen zu erfolgen hat. Bei der Erzeugung von ZF aus Laubholz- oder nicht genügend gelagerter Nadelholzwolle (N) kann als Imprägniermittel eine Lsg. von **III** der Konz. 1,03—1,04, bei gelagerter Nadelholzwolle aber eine **II**-Lsg. gleicher Konz. empfohlen werden. E. v. Pezold. 6222

Schnellbindender Zement für Spannbeton. V. Gorgol. (Stavivo **38,** 115—18, April; 195—97, Juni 1960; Praha, Stavby silinic a železnic, n. p.; tschech.) — In Tabellen werden die Festigkeitswerte schnellbindender Zemente mitgeteilt. Ihre Verw. für vorgespannten Beton hat sich bes. bei Brückenbauten bewährt. R. K. Müller. 6224□

Technologie und Eigenschaften von porösem Silicat auf der Grundlage von Kalkstein feinster Vermahlung. I. T. Kudrjaschew und Je. Ss. Grodsenskaja. (Строительные Материалы [Baumaterialien] **6,** Nr. 7, 18—21, Juli 1960; russ.) — Durch feinste Aufmahlung (bis auf eine spezif. Oberfläche von 5—7000 cm²/g) u. gute Durchmischung läßt sich allein aus Kalk u. Sand (ohne Verw. von Zement) unter Zusatz von Gasbildnern Leichtbeton herstellen. Kalk u. Sand werden im Verhältnis 1:1 gemischt u. gemahlen, darauf groberer Sand hinzugesetzt, bis der Anteil an akt. CaO 15—25% beträgt. Die fertige, gelöschte Mischung wird einer 11std. Dampfbehandlung bei 8 atü ausgesetzt. Das Raum-Gew. des fertigen Betons beträgt 700 kg/m³, die Druckfestigkeit 47—89 kg/cm². Die Beständigkeit des Betons gegen Frost u. Feuchtigkeit ist gut. Horst Braun. 6224□

Innere Hydrophobierung von Werkstücken aus Autoklaven-Schaumaschebeton. M. N. Plungjanskaja und L. M. Rosenfeld. (Строительные Материалы [Baumaterialien] **6,** Nr. 7, 37—38, Juli 1960; russ.) — Die hohe Wasserabsorption (40—50%) von Schaumaschebeton wurde durch Zugabe von 1,5% Paraffin zur Betonmischung vermindert. Es wurde eine Suspension aus 50% Paraffin, 15% Seife u. 35% W. verwendet. Die Betonproben wurden auf Druckfestigkeit, Wasseraufnahme u. Frostbeständigkeit untersucht. Es ergab sich eine Verbesserung der Wasseraufnahme um das 2—3fache. Die Erhöhung der Hydrophobie im Inneren ist besser als die Verw. eines hydrophoben Überzuges, da letzterer leicht durch Riß-Bldg. zerstört wird. Als Härtungsbeschleuniger wurden $Al_2(SO_4)_3$, $CaCl_2$ u. Gips erprobt. Nur Gips erwies sich als tauglich, da die beiden anderen die Paraffinsuspension zur Koagulation brachten. Horst Braun. 6224□

Der Einfluß von Erschütterungen und ähnlichen Störungen auf Beton während seines Erstarrens und seiner anfänglichen Erhärtung. Georg Back. (Betonstein-Ztg. **27,** 464—67, Sept. 1961; Nürnberg; dt.) — Betonproben wurden bis zu 16 Std. den Erschütterungen eines ständig fahrenden Transportgerätes ausgesetzt. Nach anfänglicher geringer Nachverdichtung mit Festigkeitszunahme wurde diese durch länger andauernde Erschütterungen über 6 Std. hinaus wieder kompensiert. Beton, der 16 Std. der Einw. des Fahrzeuges ausgesetzt war, zeigte nach 28 Tagen eine Festigkeitsminderung von 8%. H. Schumann. 6224□

Zugfestigkeit und diagonaler Spannungswiderstand von Leichtbeton. J. A. Hanson. (J. Amer. Concrete Inst., Proc. **58,** 1—39, Juli 1961; Detroit, Mich., Amer. Concrete Inst.; engl.) — Es wird über Unterss. des diagonalen Spannungswiderstandes an Leichtbetonträgern größerer Spannweite u. niedrigen Stahl-Geh. berichtet u. eine Beziehung zwischen der Spaltzylinderprobe u. der Scher-Bldg. bei diagonaler Riß-Bldg. abgeleitet. Der diagonale Spannungswiderstand von Leichtbeton liegt zwischen 60 u. 100% von Normalbeton in Abhängigkeit von den Zuschlagstoffen. H. Noack. 6224

Eigenschaften eines dehnbaren Betons für chemische Vorspannung. Alexander Klein, Tsevi Karby und Milos Polivka. (J. Amer. Concrete Inst., Proc. **58,** 59—82, Juli 1961; Detroit, Mich., Amer. Concrete Inst.; engl.) — Für dehnbaren Zement, bestehend aus einer Portlandzement- u. einer Ca-Sulfoaluminatanhydritkomponenten, werden Ausdehnungs- u. Druckfestigkeitswerte bestimmt u. unter Konstanthaltung der chem. Zus. die Faktoren, die die Ausdehnungs-Rk. beeinflussen, wie Mischungsverhältnis, Nachbehandlung, Schrumpfung, untersucht. Der dehnbare Zement ist für Bauzwecke u. zur Herst. chem. vorgespannter Bauteile geeignet. H. Noack. 6224

Vorschlag einer Methode zur Bestimmung der Mahlbarkeit von Kalksteinen. K. Klement. (Stavivo **38,** 119—21, April 1960; Brno, Geol. průzkum; tschech.) — Zur Kennzeichnung der Mahlbarkeit von Kalkstein dient einerseits das Gew.-Verhältnis von Mahlgut u. Mahlkörpern, andererseits die Siebanalyse. R. K. Müller. 6226□

Untersuchung über die Abbindeexpansion von Stuckgips. Hajime Miyazu und Etsuzo Nakamura. (Gypsum & Lime [Tokyo] **1956,** Nr. 22, 1169—75, Shofu Dental MFG Co.; jap., Auszug: engl.) — An verschiedenen Verhältnissen W.: Stuckgipspulver wird die Abbindeexpansion (AE) von α- u. *β-Gips* bestimmt u. mit den theoret. aus der Kontraktion errechneten Werten verglichen. α-Gips zeigt ca. 0,7% lineare AE, die β-Form ca. 0,3% bei freiem Erhärten. Außerdem werden der Druck bei der Expansion u. die Druckfestigkeit bestimmt. L. Schuler. 6226□

Intensivierung des Trocknungsprozesses von flachen Baumaterialien aus Gips. O. A. Kremnew, W. R. Borowski und I. M. Pijewski. (Строительные Материалы [Baumaterialien] **6,** Nr. 7, 13—16, Juli 1960; russ.) — Um die Trocknungsdauer von Gipsplatten zu verringern, wurden halbtechn. Verss. durchgeführt, bei denen Geschw., Feuchtigkeits-Geh. u. Temp. der Trockenluft verändert wurden. Während die beiden ersten Parameter geringeren Einfl. haben, führt eine Erhöhung der Temp. zu einer starken Verringerung der Trocknungsdauer. Doch müssen die anderen Parameter angepaßt werden, da sonst eine Dehydratation des Gipses eintritt. Auf Grund der Verss. wurde ein Verf. entwickelt, bei dem die Temp. der Trocknungsluft 365°, ihre Feuchte 140—150 g/kg trockener Luft u. ihre Geschw. 1,5—2 m/s beträgt. Die Trocknungsdauer verringert sich von bisher 55—65 Min. auf 9,5—10,5 Minuten. Eine Trocknungseinrichtung wird beschrieben. Horst Braun. 6226□

Untersuchung der Sande und der technologischen Parameter bei der Herstellung von Zement–Sand-Dachziegeln. K. Ss. Kutateladse und K. B. Tandilowa. (Строительные Материалы [Baumaterialien] **6,** Nr. 7, 33—35, Juli 1960; russ.) — Sande aus verschiedenen Vork. wurden auf ihre Eignung als Zuschlag bei der Dachziegel-Herst. untersucht. Die Probeplatten aus Portlandzement u. Sand in verschiedenen Mischungsverhältnissen wurden auf Biegefestigkeit u. Frostbeständigkeit untersucht. Dabei wurden neben den speziellen Eigg. der Sande einige allg. Tatsachen festgestellt: Die Erhärtung der Ziegel in feuchtem Milieu verringert die Festigkeit. Pressung der Zement–Sand-Mischung verringert den Zementverbrauch u. erhöht die Festigkeit. Die zusätzliche Beimischung von Schlacken u. deren Aktivierung durch Aufmahlung mit W. sowie die Beigabe von 2% $CaCl_2$ haben den gleichen Effekt. Horst Braun. 6228□

Leichtes Autoklavenmaterial aus örtlichem Rohstoff. N. A. Kalnina, Je. N. Kropatschewa und W. P. Legaschewa. (Строительные Материалы [Baumaterialien] **6,** Nr. 7, 35—36, Juli 1960; russ.) — Zur Herst. von Leichtbauwänden wurde eine Mischung verwendet, die aus 60—70% Lößlehm, 10% Sägespänen sowie Kalk u./oder Zement besteht. Die Mischung mit 40% Feuchte wurde im Autoklaven bei 8 atü mit Dampf behandelt. Probekörper von 10×10×10 u. 10×10×30 cm wurden auf ihre Festigkeits-Eigg. untersucht. An Probekörpern von 30×30×30 cm wurde eine Art der Dampfbehandlung entwickelt u. ausprobiert, bei der keine Risse durch Temp.-Spannungen entstehen. Das als *Silicatorganik* bezeichnete Material erwies sich als geeignet für seinen Verw.-Zweck. Horst Braun. 6228□

Nutzbarmachung der Abfallschlacke und Flugasche aus dem Kraftwerk in Oslavany für die Erzeugung von Formsteinen. Z. Karkan. (Stavivo **38,** 110—14, April 1960; Brno, Jihomoravská Prefa; tschech.) — Die Abfallschlacke u. die Flugasche eines Kraftwerks werden als leichte Füllstoffe für Formsteine verwendet. Vf. beschreibt ihre Eigg., die Technik ihrer Gewinnung u. die Dimensionen u. Festigkeitswerte der erhaltenen Formsteine. R. K. Müller. 6228□

Bituminierung von Baumaterialien aus Kalk–Sand-Gemischen. B. Besobrasow und I. Chint. (Строительные Материалы [Baumaterialien] **4,** Nr. 12, 17—20, Dez. 1958; russ.) — Eine tiefe Bituminierung der sonst wenig widerstandsfähigen Erzeugnisse aus kalkhaltigem Sand, Brennschieferasche u. anderen mineral. Kunststoffen setzt deren Wasseraufnahmefähigkeit auf Null herab, macht sie säurefest u. steigert wesentlich deren Druck- u. Zerreißfestigkeit, so daß sie als Wasserleitungsrohre u. Fundamentblöcke zu verwenden sind. Es wird ein Verf. angegeben, mit dessen Hilfe es gelingt, fl. Bitumina niederer Marken in feste Bitumina hoher Marken umzuwandeln. Es besteht in einer therm. Behandlung der bituminierten Erzeugnisse bei 240—245° im Laufe von 30 Min. Anwärmezeit u. 6 Std. Verweilzeit bei dieser Temp. bzw. bei 210—220°, 20 Min. u. 4 Stunden. Zum Imprägnieren wurden die BS-O, BS-I, BS-III u. Schieferöl benutzt, wobei die Wasseraufnahme der geprüften Kalksandmaterialien von 12,2—24,7 auf 1,24—1,73% fiel, nach der therm. Behandlung aber auf 2,7—3,41% stieg. Die therm. nicht behandelten Proben sind gegen Säuren (HCl u. H_2SO_4) viel weniger beständig als die behandelten, wobei beträchtliche Mengen an Imprägniermittel in Lsg. gehen, was bei letzteren wesentlich herabgesetzt wird oder überhaupt nicht vorkommt. Die techn. Ausführung des Verf. wird beschrieben. E. v. Pezold. 6228

Untersuchung der hydrothermalen Reaktion zwischen dem System Asbest–CaO–SiO_2, und die Anwendung von (SiO_2 + CaO) auf Grund der hydrothermalen Reaktion an Stelle von Zement bei der Herstellung von Asbest–Zement-Platten. Adnan Göksel. (Istanbul Üniv. Fen Fak. Mecmuasi [Rev. Fac. Sci. Univ. Istanbul], Ser. C **23**, Nr. 3—4, 197—200, Juli/Okt. 1958; Istanbul, Univ., Inst. für chem. Technik; dt.) — Es wird über Verss. zur Herst. von Asbestzementplatten nach dem Zentrifugal-Verf. berichtet. Statt Zement wird eine homogene Mischung von dampfgehärtetem CaO + SiO_2 als Bindemittel vorgesehen. Auf diese Weise werden aus dem Dreistoff-Syst. Asbest—CaO—SiO_2 ausgezeichnete Bauplatten mit hoher Biegefestigkeit hergestellt. N. Peters. 6228□

Einführung einiger moderner Untersuchungsmethoden in der Glas- und Keramikforschung in Indien. B. M. Bishui und J. Prasad. (Centr. Glass ceram. Res. Inst., Bull. [Calcutta] **8**, 137—45, Okt./Dez. 1961; Calcutta, Central Glass and Ceram. Res. Inst.; engl.) — Literaturübersicht. — 139 Literaturangaben. H. Noack. 6240

Radioisotopenapparat zur Messung der Tonschlammdichte. J. Oppelt. (Stavivo **38**, 121—23, April 1960; Praha, Úst. pro výzk. a využiti radioizotopů; tschech.) — Mit ^{137}Cs als γ-Strahlenquelle wird eine Ionisationskammer konstruiert, mit der die Messung des spezif. Gew. von Tonschlamm in den Grenzen 100—1300 g/Liter auf Grund einer Eichkurve erfolgt. R. K. Müller. 6248□

Getrennte Bestimmung von Aluminium und von Lithium, Natrium und Kalium in Feuerton, Silicatrohstoffen und feuerfesten Steinen durch Chromatographie mit Kationenaustausch. Walton O. Osborn. (J. Amer. ceram. Soc. **44**, 527—32, 1/11. 1961; Curwensville, Pa., North Amer. Refractories Co., Res. Center; engl.) — Zur Schnellbest. von SiO_2, Al_2O_3, Li_2O, Na_2O, K_2O werden die Ionenaustausch-Verff. mit Dowex-50-X-Präpp. eingehend beschrieben. Als Aufschlußmittel dienen für Silicasteine HF, HNO_3 u. H_2SO_4, für Flint-Tone u. plast. Tone HF u. H_3PO_4, für Al_2O_3-reiche Steine hoher Feuerfestigkeit die Aufschlußschmelze nach Lawrence-Smith. Für die Durchführung aller Best. unter Einsatz von 10 g Probematerial werden 3 Tage benötigt. R. Kaiser. 6248□

Auszüge aus den Vorschriften für die Zementanalyse. C. L. Ford. (J. PCA Res. Development Lab. **3**, Nr. 2, 13—19, Mai 1961; engl.) I. Koschitzky. 6252

Adalbert Lengyel, Adalbert Csákvári und Franz Till, Budapest, Ungarn, **Glas für Elektroden** erhält man aus einem Gemisch von Li, Ba-, Si- u. U-Verbb., die bei 1350° überschreitenden Temp. in reduzierender Atmosphäre verschmolzen werden. Um diese sicherzustellen, wird U-Acetat verwendet. Die Ba-Verbb. können ganz oder teilweise durch Mg-Verbb. ersetzt werden. — Vorteilhafte Schmelzflußmischungen bestehen aus 10—35 (Mol-%) Li_2O, 0,5—6 UO_2, 3—8 BaO oder MgO u. Rest SiO_2 auf 100. (**Ung. P. 144 808** vom 26/9. 1957, ausg. 31/5. 1959.) G. König. 6201

Ministerul Constructiilor si Materialeror de Constructie (R. P. R.) Bukarest, Rumänien (Erfinder: P. D. Has und L. N. Stelian), **Keramische glasige Massen aus Schmelzen,** die billiger u. leichter herzustellen sind als Porzellan u. die gleichen mechan., chem., therm. u. elektr. Eigg. aufweisen wie dieses, werden hergestellt aus Schmelzen der Zus. SiO_2—Al_2O_3—MgO—CaO—BaO—ZnO—PbO—Na_2O—K_2O. Darin wird ein Teil des O durch F ersetzt. Das Mol-Verhältnis $SiO_2 + Al_2O_3$: MgO + CaO + BaO + ZnO + PbO + Na_2O + K_2O liegt zwischen 1,5 u. 4, dasjenige von O : F zwischen 5 u. 15. Im erkalteten Zustand u. nach dem Härten ist eine selektive Kristallisation von Silicaten, die von F-Salz-Kernen ausgeht, vorhanden. Die Zus. beträgt 70—85 (%) $SiO_2 + Al_2O_3$, 0—10 $Na_2O + K_2O$, 10—25 MgO + CaO + BaO usw. u. 3—8 F. Die Schmelz-Temp. liegt zwischen 1300 u. 1500°, die Härte-Temp. bei 600 u. 1000°. (**Belg. P. 556 740** vom 16/4. 1957, ausg. 26/2. 1960. Rumän. Prior. 8/7. 1954.) G. Frikell. 6215

Pechiney Comp. de Produits Chimiques et Électrométallurgiques, Paris, Frankreich (Erfinder: José Hernandez und Henri Cartoux), **Hochfeuerfeste Ofenauskleidung.** Als Auskleidungsmasse wird ein Gemisch aus zerkleinerten hochfeuerfesten Stoffen, wie MgO, Mg-Spinellen, CeO_2, ZrO_2, BeO u. dgl., u. als Bindemittel werden ca. 7% Teer benutzt. (**F. P. 1 215 235** vom 12/11. 1958, ausg. 15/4. 1960.) Hans Hoffmann. 6219

R. Van Rolleghem, Brüssel, Belgien, **Hochfeuerfester Zement** zur Verw. in Hochöfen u. anderen metallurg. Öfen wird hergestellt aus Tonerdezement u. Kalk mit Füllstoffen, wie MgO (F. 2000°, D. 3,5), ThO_2 (F. 2400°, D. 5,75), amorphem Graphit, Ee_3O_4, TiO_2 (F. 1700°, D. 5). Ein anderes hochfeuerfestes Prod. wird erhalten aus einem Gemisch von Elektrozement, Kunstzement u. Tonerdezement mit Zusätzen von Al_2O_3 (E. 2000°, D. 3,25), Cr_2O_3 (F. 2140°, D. 5) u. Korund (F. 2000°). (**Belg. P. 555 428** vom 1/3. 1957, ausg. 12/2. 1960.) G. Frikell. 6223

J. L. Jensen, Aarhus, Dänemark, **Zusatzmittel für Zement und Kalkmörtel.** Die Abbinde-Geschw., mechan. Festigkeit, Beständigkeit gegen die Wrkg. von ungeeigneten Temp. u. von Säuren u. die Haftfestigkeit wird verbessert durch den Zusatz von 10—1000 (g) eines Gemisches von 50—95% Na_2CO_3 u. 5—50 Weinsäure zu 1000 Zement oder 3000 Kalkmörtel. (**Belg. P. 562 927** vom 4/12. 1957, ausg. 3/6. 1960.) G. Frikell. 6223

Marius Jules Joseph Duriez und René Edouard Auguste Lezy, Frankreich, **Herstellung von Mörtelmischungen.** Zur Abwendung der Silicosegefahr bei der Herst. von Mörtelmischungen unter Verw. feinverteilter Puzzolane, wie granulierten u. gemahlenen Hochofenschlacken, werden diese durch Zusatz von 36—40% W. in einem Brei übergeführt, der in dieser Form transportiert u. an der Verbrauchsstelle unter weiterem Zusatz von W. mit Füllstoffen u. kalkhaltigen Stoffen, wie Zement, zu einem *Mörtel* verarbeitet wird. Dem Brei können von vornherein die gebräuchlichsten Verflüssigungsmittel, Abbindebeschleuniger u. dgl. zugesetzt werden. (**F. P. 1 217 064** vom 19/11. 1958, ausg. 2/5. 1960.) Hans Hoffmann. 6227

Gebrüder Knauf Westdeutsche Gipswerke (Erfinder: Bruno Wandser), Iphofen/MFr., **Gips- oder Anhydritmassen.** Zur Vermeidung der Schaum-Entw., wie sie bei Zusatz von Sulfitablauge als W. einsparendes Mittel leicht erfolgt, wird der Masse beim Anrühren ein schaumverhütendes Mittel, z. B. Laurinsäureester, in Mengen > 0—1% zugesetzt. — Zum Beispiel werden gemischt: 100 (g) Anhydrid, 100 Sand fein, 200 Sand grob, 1,8 Sulfatanreger, 0,25 Sulfitablaugepulver, 0,01 Laurinsäureester, 44 W. (**D. A. S. 1 120 348** Kl. 80b vom 4/9. 1959, ausg. 21/12. 1961.) G. Frikell. 6227

Rofusa N. V., Willemstad, Curacao, Niederländische Antillen, übert. von: Hellmut Hanusch, Neustadt/Weinstraße, **Gewinnung von synthetischem Anhydrit** als *Baumaterialbinder.* Der noch etwas wasserfreie H_2SO_4 enthaltende, aus der Herst. von HF durch Einw. von H_2SO_4 auf CaF_2 stammende $CaSO_4$-Rückstand wird mit der erforderlichen, bes. überschüssigen Menge an CaO zwecks Neutralisation der restlichen H_2SO_4 versetzt. (**A. P. 2 937 926** vom 14/3. 1957, ausg. 24/5. 1960. D. Prior. 29/12. 1956.) K. Demmler. 6227

Carborundum Co., Niagara Falls, N.Y., V.St.A., *Dichte Siliciumcarbidkörper.* (**Ind. P. 64 761** vom 25/7. 1958, ausg. 19/11. 1960. — **C. 1961**, 12610 [D. A. S. 1 090 565].)

Th. Goldschmidt Akt.-Ges. (Erfinder: **Hugo Arens**), *Hydrophober Asbestzement.* (**Aust. P. 228 790** vom 5/9. 1958, ausg. 14/7. 1960. D. Prior. 20/11. 1957. — **C. 1961**, 3783 [D. A. S. 1 080 010].)

H_7. Agrikulturchemie. Schädlingsbekämpfung

Die gleichzeitige Gewinnung von Soda und Ammoniumsulfat in Kokereibetrieben. A. A. Radilowski. (Кокс и Химия [Koks u. Chem.] **1959**, Nr. 3, 42—44; Woroschilow, Kokerei; russ.) — Vf. schlägt vor, analog dem Ammoniaksoda-Verf., natürliches Na_2SO_4 (Mirabilit) mit NH_3 u. CO_2 zu Soda umzusetzen u. das anfallende $(NH_4)_2SO_4$ als Düngemittel zu verwenden. Zur Gewinnung von konz. NH_3-Wasser sollen die Pyridinbasen durch Bzl.-Extraktion erhalten werden. CO_2 wird durch Sodawäsche aus Kokereigasen gewonnen. Weiterhin schlägt Vf. vor, durch eine analoge Umsetzung von Sylvinit $NH_4Cl \cdot KCl$ als hochwertiges Düngemittel herzustellen. F. Otto. 6284□

Mikronährstoffe in Düngemitteln. A. Stojkovska und G. W. Cooke. (Chem. and Ind. **1958**, 1368, 18/10.; Harpenden, Herts., Rothamsted Exp. Stat., Chem. Dep.; engl.) — Vff. untersuchten Handels- u. Wirtschaftsdünger engl. u. jugoslaw. Provenienz auf ihren Geh. an den Mikronährstoffen *B, Mn, Cu, Zn, Co* u. *Ni.* M. Winiker. 6290□

Böden von West Bengal. 3. Mitt. **Distrikt-24 Pargonas.** S. K. Mukerji. (Proc. Nat. Acad. Sci. India, Sect. A **27**, 124—32; Mai 1958; engl.) — Die Böden des Distriktes-24 Pagonas werden nach ihrer Entstehung eingeteilt u. beschrieben. F. Rang. 6304□

Untersuchung über die Adsorptionsfähigkeit von Böden. 2. Mitt. Adsorptionsintensität von Böden für Calcium- und Ammoniumionen. Minoru Yoshida. (J. Sci. Soil Manure, Japan [Nippon Dozyo-Hiryo-Gaku Zassi] **27**, 241—44, Sept. 1956; jap., Auszug: engl.) — 1. vgl. C. **1955**, 6369. — Ein diluvialer Boden (A-Horizont) aus vulkan. Asche u. ein alluvialer Boden (A-Horizont) werden mit n- u. 0,1n $CaCl_2$- bzw. NH_4Cl-Lsg. ins adsorptive Gleichgewicht gebracht u. die Entnahme aus der Lsg. wird bestimmt. Außerdem werden verschiedene Salz-Lsgg. bei pH 7, 6, 5 u. 4 zum Austausch gebracht u. wird die Abnahme der Basenadsorption als Maß der Intensität der Fixierung von austauschbaren Kationen gegen Säuerung bewertet. Die Intensitäten der Adsorption für Ca^{2+} u. NH_4^+ gehen bei beiden Böden nicht parallel. Im allg. adsorbiert Bodenhumus Ca^{2+} stärker als NH_4^+, was möglicherweise nicht spezif. für Humus ist. Mineral. Ton hat eine spezif. Adsorptionsfähigkeit für NH_4^+, die durch die Kristallstruktur bedingt scheint. L. Schuler. 6304□

Untersuchung über die Beziehung zwischen Bodentypen und Formen von Bodenhumus. 6. Mitt. Über das Verfahren der Sulfacetolyse. Jiro Kosaka und Chikabumi Honda. (J. Sci. Soil Manure, Japan [Nippon Dozyô-Hiryô-Gaku Zassi] **26**, 376—80, Jan. 1956; jap., Auszug: engl.) — 5. vgl. C. **1950/54**, 5674 S. — Mittels *Sulfacetolyse* wird bei Hochlandböden (HB) u. braunen Waldböden (WB) die „*wahre Huminsäure*" (I) von den übrigen Humusstoffen unterschieden. In den HB enthält das Podsol wenig **I**, bes. im A_0-Horizont. Die WB werden unterschieden in vulkan. u. nichtvulkanische. Erstere enthalten viel Humus mit reichlich **I** (16—78%), wahrscheinlich als Al-Verb.; die nichtvulkan. enthalten nur 7—9% **I**. Der %-Geh. an I in Humussäuren, die durch 0,5% NaOH extrahiert wurden, nimmt mit dem Fortschritt der Humifizierung zu (von 0—91%). L. Schuler. 6304□

Untersuchungen über den Stickstoff in dem wäßrigen Extrakt in Zersetzung begriffener organischer Rückstände. J. Livens und R. Vanstallen. (Agricultura [Louvain] [2] **9**, 25—43, März 1961; franz.) — Blätter verschiedener Bäume, Tannennadeln, Torf, Stroh, natürliche Dünger, verrottete Streu aus Wald u. Garten werden unter laboratoriumsmäßigen Bedingungen zur Zers. gebracht. Zu diesem Zweck werden die Proben während 10 Monaten wöchentlich mit W. bespritzt u. die durchgeseihten Fll. auf ihren Geh. an C, Nitrat-N, NH_3-N u. organ. N untersucht. Die Vers.-Ergebnisse sind graph. u. tabellar. wiedergegeben. C. Gottfried. 6304

Untersuchungen von Mangan-Mangelböden. 6. Mitt. Düngewirkung phosphatischer Düngemittel mit einem Gehalt an citronensäurelöslichem Mn auf Gerstenpflanzen auf Manganmangelböden. Kikuo Kawaguchi, Akira Sakagami und Shigehisa Hashimoto. (J. Sci. Soil Manure, Japan [Nippon Dozyô-Hiryô-Gaku Zassi] **26**, 355—58, Jan. 1956; jap., Auszug: engl.) — 4. vgl. Hashimoto, Katsumata u. Kawamori, C. **1956**, 3685. — *Mn*-Mangelböden vom Fuße des Fujisan (mit z. B. 1,15 mg% in 2%ig. Citronensäure lösl. Mn) geben in Topf-Verss. erhöhte Gerstenerträge, wenn *Thomasphosphat* (mit 1,95% citronensäurelösl. Mn) oder *Schmelzphosphat* (I; mit 2,05% citronensäurelösl. Mn) verabreicht wird. Letztere Düngung ist jener aus I + $MnSO_4$ in der Wrkg. überlegen. L. Schuler. 6304□

Magnesium-Düngungsversuche auf leichten Böden. F. Nieschlag. (Landwirtsch. Forsch., Sonderh. Nr. **13**, 75—81, 1959; Oldenburg, Landwirtsch. Unters.- u. Forschungsanst.; dt.) — In 2 Fruchtfolge-Verss. auf 2 altdiluvialen, sauren Sandböden wurde die Wrkg. einer kombinierten Kalk- u. Mg-Düngung geprüft, bes. die Mg-Wrkg. von dolomit. Kalken. Die dolomit. Kalke, sowohl in gebrannter als auch in ungebrannter Form, waren den reinen Kalken in ihrer Wrkg. auf den Ertrag überlegen. Die Wrkg. des Mg im Dolomit war der Wrkg. von Mg aus Kieserit gleichwertig. Es konnte keine sichere Abhängigkeit der erzielten Mehrerträge von der Boden-Rk. u. dem Geh. des Bodens an austauschbarem Mg festgestellt werden. Auf dem N-reichen Vers.-Boden konnte der Geh. an austauschbarem Mg durch die Mg-Düngung nachhaltig, in dem N-armen Boden dagegen nur vorübergehend verbessert werden. Es wird vermutet, daß die Sorptionsfähigkeit für Mg sehr stark von der Humusqualität abhängt. Wilfried Werner. 6304□

Die Wirkung magnesiumreicher Düngekalke auf Boden und Pflanze. L. Schmitt. (Landwirtsch. Forsch., Sonderh. Nr. **13**, 81—87, 1959; Darmstadt, Landw. Versuchsanst.; dt.) — Vf. gibt eine zusammenfassende Auswertung der in den Jahren 1951—54 von den landwirtschaftlichen Vers.-Stationen Darmstadt, Oldenburg u. Ebstorf durchgeführten Feld-Verss. zur Prüfung der Wrkg. Mg-reicher Düngekalke. Auf den stark sauren Vers.-Böden erbrachte die Kalkdüngung deutliche Mehrerträge, die bei Hackfrüchten zwischen 10 u. 25% lagen. Die Mg-haltigen Kalke erzielten die größten Ertragssteigerungen, bes. der kohlensaure Mg-Kalk. Auch in seiner neutralisierenden Wrkg. erreichte Mg-reicher, kohlensaurer Kalk deutlich bessere Effekte als kohlensaurer Kalk,

Branntkalk oder Mg-Branntkalk. Entgegen der bisherigen Auffassung ist damit nachgewiesen, daß sich die Mg-Düngekalke zur raschen Gesundungskalkung saurer Böden ebenso gut eignen wie die reinen Düngekalke. Wilfried Werner. 6304□

Untersuchung des seit 70 Jahren in die Böden eingeführten Kupfers mit Hilfe der Methode der Isotopenverdünnung. Jean Delas, Jacques Delmas und Christiane Demias. (C. R. hebd. Séances Acad. Sci. **250,** 3867—69, 8/6. 1960; franz.) — Vff. nehmen Bezug auf eine Arbeit von Delas u. Mitarbeitern (vgl. C. **1961, 3453**), nach der während der letzten 70 Jahre durch Bespritzen der Weinstöcke den Böden der Weinberge von Bordeaux schätzungsweise 800 mg Cu pro kg Erde zugeführt worden sind, das fast ganz in den Böden zurückgehalten wird. Giftig für die Pflanzen würde dieses Cu wirken, wenn es in die Wurzeln eindiffundieren könnte. Mit Hilfe der Meth. des Isotopenaustausches (^{64}Cu) untersuchten Vff. an einer Reihe von sandigen Weinbergsböden mit pH-Werten von 4—5,5 u. einem Austauschvermögen von 3,1—5,9 Milliäquivalenten pro 100 g Boden, die in Ggw. einer 0,015n $CaCl_2$-Lsg. 48 Std. gerührt wurden, ob das Cu durch die elektronegativen Teilchen des Bodens adsorbiert werden u. demnach noch diffundieren könnten, oder ob das Cu in Form von Verbb. fixiert wird, so daß das Cu nur in dem Maße diffundieren könnte, wie diese Verbb. sich auflösen. Im ersteren Falle würde die freie Energie der Cu^{2+}-Ionen u. demgemäß ihre Giftigkeit kontinuierlich mit der zurückgehaltenen Menge größer werden; im zweiten Falle wäre die Giftigkeit durch die Löslichkeit der gebildeten Verbb. begrenzt. Aus den Verss. ergab sich deutlich, daß ersterer Fall vorliegt. C. Gottfried. 6304□

Die Bekämpfung von Phytoptus ribis Nal. B. D. Smith. (Annu. Rep. agric. horticult. Res. Stat., Long Ashton, Bristol **1960,** 124—29; engl.). — Die besten Erfolge bei Verss. zur Bekämpfung des Schädlings wurden mit *Schwefelkalk*-Sprays erzielt. Auch *Netz-S* erwies sich als geeignet. Hingegen waren *Schradan, Mevinphos, Dimefox, Methyldemeton, Dimethoate* u. *Fluoracetamid* (Bodenbehandlungen u. Blattsprays) wirkungslos. M. Winiker. 6312□

Die Anwendung von Schwefelkalk zur Bekämpfung von Phytoptus ribis Nal. N. G. Morgan und B. D. Smith. (Annu. Rep. agric. horticult. Res. Stat., Long Ashton, Bristol **1960,** 129—33; engl.) — Bericht über erfolgreiche Freiland-Verss. zur Bekämpfung der Gallmilbe Phytoptus ribis Nal. M. Winiker. 6312□

Chemische Mittel für die Wintersprühung von Obstbäumen. Marija Bedeković. (Kem. u Ind. [Zagreb] **9,** 99—100, April 1960; Zagreb, Zavod za zaštitu bilja; kroat.) — Übersicht über die Verw. von Insekticidölen, Mineralölen, Teerölen u. Präpp. auf der Basis von Dinitro-o-kresol u. Dinitro-o-phenol bei der Winterspritzung von Obstbäumen. R. K. Müller. 6312□

Insektenbekämpfung bei Apfelbäumen während des Jahres 1955. C. R. Cutright. (Proc. annu. Meeting Ohio State horticult. Soc. **109,** 51—58, 15./17. Febr. 1956; engl.) — *Parathion, EPN* u. verwandte Präpp. versagten teilweise bei der Bekämpfung der europäischen roten Milbe. F. Rang. 6312□

Anwendung von Hexachloran in insekticiden Begasungsmitteln. G. P. Lutschinski, K. Ss. Tolstow und P. A. Korolew. (Химическая Промышленность [Chem. Ind.] **1961,** 235—37, April.; russ.) — Um den Übergang von *γ-Hexachlorcyclohexan* (**I**) in schwer kondensierbaren Dampf bei der Schädlingsbekämpfung durch Zerstäuben von **I** zu verhindern, setzt man dem **I** zweckmäßig 5% Al-Pulver u. 5% Dicyandiamid (**II**) zu. **II** verstärkt die insekticiden Eigg. von **I** u. verleiht ihm acaricide Wirkung. Außerdem bewirkt **II**, daß auch Gemische mit dem nichttox. α-**I** als Insekticide u. Acaricide wirken, daß die Dämpfe bei niedrigerer Temp. übergehen u. daß **I** weniger zersetzt wird. Da α-, β- u. γ-**I** im Verhältnis 75 : 5 : 12 erhalten werden, ist die Verwendbarkeit von α-**I** bei Zusatz von **II** von großer Bedeutung für die weitere Verbreitung der Zerstäubungsmethode. R. K. Müller. 6312□

Anbau von Pfirsichen, Aprikosen und Süßkirschen in Ontario. O. A. Bradt. (Proc. annu. Meeting Ohio State horticult. Soc. **109,** 97—105, 15./17. Febr. 1956; Vineland, Ontario, Hort. Exp. Stat.; engl.) — Ausführungen über die Kultivierung von Pfirsichen, Aprikosen u. Süßkirschen, u. a. über Düngung u. Auslichten mit *Dinitro*-Verbb. u. Wachstumsregulatoren. F. Rang. 6312□

Biologie und Bekämpfung des Eierfruchtstengelbohrers — Euzophera perticella Rag. (Lepidoptera, Pyralididae). B. P. Srivastava. (Madras agric. J. **48,** 429—33, Nov. 1961; Jobner, Jaipur, Rajasthan, Govern. Coll. Agric.; engl.) — Zur Bekämpfung wird neben der Verhütung des Ausschlagens der Eierfrucht u. der Vernichtung der befallenen Pflanzenmasse nach der Ernte die Behandlung mit 0,02% *Endrin* als Spritzmittel sofort nach Auftreten des Schädlings empfohlen. Die Spritzung ist in 3 wöchigen Abständen bis 1 Monat vor der Ernte zu wiederholen. Ebenso bewährt hat sich 0,25% *DDT*, das alle 2 Wochen gespritzt werden muß. Wilfried Werner. 6312□

Thiophosphorsäurederivate des Hydrolysenlignins und deren insekticide Wirkung. B. W. Tronow, L. A. Perschina, W. M. Morosowa, A. W. Kowalenok und A. I. Galotschkin. (Гидролизная и Лесохимическая Промышленность [Hydrolysen- u. holzchem. Ind.] **14,** Nr. 5, 10—11, 1961; Tomsk, Polytechn. Inst.; russ.) — Aus Hydrolysenlignin u. dessen NO_2, Cl oder NO_2 u. Cl enthaltenden Derivv. wurden durch Einw. von Thiophosphortrichlorid u. Diäthylchlorthiophosphat 10 Präpp. (keine näheren Angaben) hergestellt, von denen ein Teil in Verss. mit Musca domestica, Siphonaphis padi L. u. Chortippus albomarginatus letal wirkte. J. v. Schroeder. 6312□

Volumetrisches Verfahren zur direkten Bestimmung von pflanzenverfügbarem Phosphor in Düngemitteln. W. M. Hoffman und R. J. Ferretti. (J. Assoc. off. agric. Chemists **44,** 229—32, Mai 1961; Beltsville, Md., Dep. of Agric., Soil and Water Conserv. Res. Div.; engl.) — Ein Vgl. des Verf. zur volumetr. direkten Best. von pflanzenverfügbarem P nach Hoffman u. Jacob (C. **1962,** 1380) (mit 3 Varianten) in 8-24-16-Mischdünger, KH_2PO_4, Superphosphat u. Baumwollsamenmehl mit der amtlichen amerikan. Vorschrift zeigt, daß die direkte Arbeitsweise geeignet ist. W. Wesly. 6322□

Bodenrespirationsmesser. Jiří Vacek. (Sborník českoslov. Akad. zemědělských Věd, rostlinná Výroba **8** (**38**), 773—80, Juni 1962; Opocno, výzk. úst. lesn. hosp. a mysl., výzk. stan.; tschech.) — Beschreibung des Geräts u. seiner Arbeitsweise. F. Vevera 6324□

Ein Mörseraggregat zur Vorbereitung des Bodens für die mechanische Analyse unter Verwendung von Natriumpyrophosphat. L. N. Bogussewitsch. (Известия Академии Наук Казахской ССР, Ботаники и Почвоведения [Nachr. Akad. Wiss. KasachSSR, Bot. u. Bodenkunde] **1959,** Nr. 2, 69—72; russ., Auszug: kasach.) — Zum Zerreiben der Bodenproben vor der Analyse wird ein Aggregat mit 4 Stößeln vorgeschlagen, welches die Leistungsfähigkeit im Vgl. zur Handarbeit um das 10fache erhöht. Die Konstruktion wird beschrieben. — In jeden von 4 Mörsern werden 10 g lufttrockner Boden, dann (als Dispergator) 10 ml gesätt. $Na_4P_2O_7$-Lsg. gegeben. Bei an mineral. bzw. organ. Koll. reicheren Böden wird (neben $Na_4P_2O_7$) etwas W. zugesetzt. Nach einleitendem kurzem Zerreiben mit der Hand wird der Motor eingeschaltet. Die maximale Ausbeute von feindispersen Fraktionen erzielt man durch Zerreiben im Laufe von 15 Minuten. Parallele Analysen von gleichen Bodenproben ergeben gute Übereinstimmung. M. Gordienko. 6324□

Schnelle und einfache elektrometrische Methode zur Bestimmung der Sulfatversalzung von Böden und Untergrund. D. Je. Galkin, L. N. Rosanowa, I. B. Pinajewa und L. W. Alexandrowa. (Почвоведение [Bodenkunde] **1960,** Nr. 2, 97—100, Febr.; Tomsk, Univ.; russ.) — Die zerkleinerte, durch ein 1-mm-Sieb gesiebte Bodenprobe (100 g) wird 5 Min. mit 500 ml dest. W. geschüttelt u. filtriert. 20—50 ml werden zur Carbonat-Zers. mit HNO_3 angesäuert u. mit 1 ml 0,1 m $K_3Fe(CN)_6$-Lsg., 0,1 ml 0,005 m $K_4Fe(CN)_6$-Lsg. u. 20—50 ml 96%ig. A. versetzt, dann werden Pt–Ag-Elektroden mit Galvanometer u. Rührwerk in die Lsg. eingeführt. Unter ständiger Zufuhr von 0,1 n $Pb(NO_3)_2$-Lsg. wird bis zum 1. Sprung des Galvanometerzeigers titriert. Die Dauer der Analyse beträgt 10—12 Min., ihre Genauigkeit ist für prakt. Zwecke ausreichend. M. Gordienko. 6324□

Vergleichende Untersuchung der Bestimmungsmethoden für adsorbiertes Natrium in Carbonatböden. P. G. Grabarow und M. N. Gorbowskaja. (Известия Академии Наук Казахской ССР, Ботаники и Почвоведения [Nachr. Akad. Wiss. KasachSSR, Bot. u. Bodenkunde] **1959,** Nr. 2, 46—53; russ., Auszug: kasach.) — Die Meth. von Gedroitz (**A**) Verdrängung des Na aus dem Boden durch $CaCO_3$) erfordert viel Zeit, die von Godlin (**B**) ermöglicht eine viel raschere Ausführung der Analyse, ergibt aber verminderte Werte u. beträchtliche Unterschiede bei parallelen Analysen. **B** kann durch Ersatz der Kalkmilch durch Kalkwasser verbessert werden, wobei sowohl die Werte von parallelen Analysen als auch die Unterschiede zu den nach **A** erzielten Ergebnissen merklich ausgeglichen werden. Gute Übereinstimmung mit den nach **A** sowie bei parallelen Best. erzielten Ergebnissen liefert die von Vff. etwas modifizierte Meth. von Puri (**C**). Bei Best. von adsorbiertem Na in versalzten Böden nach **C** muß jedoch eine Korrektur vorgenommen werden, die man durch Analyse des Wasserauszuges ermittelt. M. Gordienko. 6324□

Vergleichende Untersuchung der Methoden zur Bestimmung des Gesamtstickstoffs im Boden. P. G. Grabarow und B. N. Wischnewskaja. (Известия Академии Наук Казахской ССР, Серия Ботаники и Почвоведения [Nachr. Akad. Wiss. KasachSSR, Ser. Bot. Bodenkunde] **1960,** Nr. 2, 55—60; russ., Auszug: kasach.) — Die Meth. von Kjeldahl (**a**), Tjurin (**b**), Golubew (**c**) u. Pinewitsch (**d**) zur Best.

von Gesamt-N im Boden wurden nachgeprüft u. in bezug auf ihre Genauigkeit verglichen. Nach **a** erhält man (mit Se als Katalysator) sichere, bei parallelen Analysen gut überreinstimmende Resultate. Im Durchschnitt können pro Tag 16—18 Analysen erledigt werden; **b** ermöglicht eine vollständige Veraschung der organ. Stoffe des Bodens, die Übereinstimmung der Ergebnisse bei parallelen Analysen ist jedoch etwas weniger gesichert als bei **a**. Die Übereinstimmung mit **a** ist gut. Durchschnittlich können täglich 20 Analysen erledigt werden. Nach **c** erhält man verminderte Werte (90—92% des tatsächlichen N-Geh. des Bodens), was sich durch unvollständige Veraschung der organ. Substanz erklärt. Außerdem erfordert **c** viel Zeit (täglicher Durchschnitt nur 10—12 Analysen); **d** zeigt größere Schwankungen der Ergebnisse von parallelen Analysen. Bei stürm. Sieden der alkal. Lsg. erhält man zu hohe Werte. Es wird **a**, in den schlechter ausgerüsteten Laboratorien **b** empfohlen. M. Gordienko. 6324□

Methoden der Untersuchung der organischen Substanz in Torf-Moorböden. W. W. Ponomarewa und T. A. Nikolajewa. (Почвоведение [Bodenkunde] **1961**, Nr. 5, 88—95; Dokutschajew-Inst. für Bodenkunde der Akad. der Wiss. der UdSSR; russ., Auszug: engl.) — Für Torfböden schlagen Vff. eine Modifikation der S–Cr-Meth. von Anstett zur Best. von C u. N in Böden vor, die darin besteht, daß zur Oxydation der organ. Substanz ein abgekühltes Gemisch von 12%ig. wss. CrO_3-Lsg. u. konz. H_2SO_4 angewandt wird. Weiter werden Formeln zur vereinfachten Berechnung des prozentualen H-Geh. in der organ. Substanz bei Best. der inneren Oxydation sowie bei annähernder Best. der Zus. der Stoffe mit niedrigem Geh. an Aschenelementen (beides nach der S–Cr-Meth.) vorgeschlagen. Zur Unters. der Fraktionen der organ. Stoffe in Torfböden wurden in die Meth. von Tjurin für mineralog. Böden einige Sonderbest. eingeführt, die die Spezifik der organ. Substanz der Torfböden berücksichtigen. Weiterhin wurde eine Schnellmeth. zur Best. der Humifizierung der organ. Torfsubstanz ausgearbeitet. Die Humifizierung der in den 0,1n NaOH-Auszug übergehenden Stoffe ist um so geringer, je größere Abweichungen C : N in 0,1n NaOH von C : N im Torf selbst aufweist. Auf dieser Grundlage wird von Vff. eine Formel zur Berechnung der Humifizierung der organ. Substanz der Torfböden vorgeschlagen. M. Gordienko. 6324□

Eine neue Farbreaktion für Dieldrin und Endrin. E. J. Skerrett und E. A. Baker. (Chem. and Ind. **1959**, 539, 25/4. 1959; Univ. of Bristol, Long Ashton Stat. engl.) — Zum Nachw. von *Dieldrin* u. *Endrin* in Insekticiden werden diese mit BF_3-Ätherat in Bzl. erhitzt u. die *2.4-Dinitrophenylhydrazone* der hierbei entstehenden Ketone mit Tetraäthylammoniumhydroxid in alkohol. Lsg. behandelt. Die auftretenden Rotfärbungen gestatten den Nachw. in 10 μg-Proben. L. Lamza. 6328

Nachweis und Bestimmung von insekticiden Phosphorsäureestern in pflanzlichen Stoffen. Emil Sándi. (Élelmiszervizsgálati Közlemények [Lebensmittelanalyt. Mitt.] **8**, 17—27, Febr. 1962; Budapest, Verpflegungs- u. Ernährungswss. Inst.; ung.) — Vf. beschreibt ein colorimetr. Näherungs-Verf. u. eine auf Agar–Agar-Diffusion beruhende Meth., die sich für Reihen-Unters. bes. eignet. Die Empfindlichkeit bei der Meth. genügt den Ansprüchen des Pflanzenschutzes. K. Gärtner. 6328

Fluorometrisches Verfahren zur Bestimmung von Rückständen von Bayer-22408. Paul A. Giang. (J. agric. Food Chem. **9**, 42—44, Jan./Febr. 1961; Beltsville, Md., Dep. of Agric., Agric. Res. Serv., Entomology Res. Div.; engl.) — Das im einzelnen beschriebene Verf. beruht darauf, daß *Bayer-22408* (*O.O-Diäthyl-O-naphthalimidophosphorthioat*), gemischt mit NaOH, in CH_3OH gelöst, u. Dioxan in Ggw. von H_2O_2 eine der Konz. der Verb. proportionale Fluorescenz zeigt. W. Wesly. 6328□

Tennessee Valley Authority, übert. von: Marcus M. Striplin jun., Florence, John M. Stinson, Sheffield, und John M. Potts, Florence, Ala., V.St.A., **Herstellung von flüssigen Düngemitteln.** In mit Rührern versehenen Behältern werden bei ca. 13—52° W., NH_3 u. „Superphosphorsäure" unter raschem u. innigem Durchmischen derart zur Rk. gebracht, daß das spezif. Gew. der erhaltenen Lsgg. bei ca. 27° 1,26—1,45 u. ihr pH 5,0—6,65 betragen. Die verwendete „Superphosphorsäure" besteht aus einem Gemisch aus H_3PO_4 u. Polyphosphorsäuren, bes. Pyro-, Tripoly-, Tetrapoly-, Pentapoly-, Hexapoly-, Heptapoly-, Octapoly- u. Nonapolyphosphorsäure oder höheren Polymeren dieser Säure, u. enthält ca. 69,81—84,95% P_2O_5. Den erhaltenen Lsgg. können noch geeignete Mengen an NH_4NO_3, $CO(NH_2)_2$ oder KCl u. dgl. zugesetzt werden. Sie sind stabil, nicht korrosiv u. können in Behältern versandt oder verschifft werden. Ihr Geh. an $N + P_2O_5$ oder $N + P_2O_5 + K_2O$ beträgt ca. 33—60%. Nach Verdünnung mit W. werden die Lsgg. auf die zu düngenden Kulturböden verspritzt. Sie sind längere Zeit lagerbeständig u. kristallisieren nicht aus. — Fabrikationsschema. (**A. P. 2950961** vom 23/11. 1956, ausg. 30/8. 1960.) H. Karst. 6275

Imperial Chemical Industries Ltd. (Erfinder: Douglas Norton Buttrey), London, England, **Düngemittel auf Basis Harnstoff–Formaldehydharz** mit verzögerter N-Abgabe erhält man durch Rk. von wss. Harnstoff–Formaldehyd Kondens.-Prodd. mit 1,2—3,5 Mol CH_2O pro Mol Harnstoff unter sauren Bedingungen, ggf. in kontinuierlicher Arbeitsweise, zu unlösl. Harzen mit einem Harnstoff–CH_2O-Verhältnis von 1,2 : 1—1,8 : 1. (**E. P. 869 362** vom 7/8. 1958, ausg. 31/5. 1961.) E. Dörfel. 6285

American Cyanamid Co., übert. von: Albert R. Frank, New York, N.Y., V.St.A., **Überführung von Calciumcyanamid in ein freifließendes Produkt.** Roher Kalkstickstoff mit ca. 8—12% Geh. an freiem Kalk u. geringem Geh. an CaC_2 wird mit ca. 18,5—25,5 (%) Torfmull innig vermischt, dessen H_2O-Geh. ca. 35 beträgt. Der Geh. des Gemisches an W. soll ca. 6—9 betragen. Das Gemisch wird ca. 2 Std. lang in 5 cm hohen Schichten gelagert, wobei die Temp. auf ca. 60—80° steigt. Nach Beendigung der Hydratisierung wird die Masse gekühlt, zur Verhinderung des Staubens mit geringen Mengen Öl versetzt u. gesiebt. Man erhält ohne N_2-Verluste u. ohne Dicyandiamid-Bldg. granulierte, freifließende, lagerbeständige u. nicht staubende *Düngemittel*, mit einem Geh. an Gesamt-N_2 von ca. 18,5—23%. Sie weisen außerdem bodenverbessernde Eigg. auf. (**A. P. 2 964 395** vom 19/4. 1957, ausg. 13/12. 1960.) H. Karst. 6285

Soc. de Produits Chimiques et Engrais d'Auby, Frankreich, **Herstellung von Komplexdünger** durch Neutralisieren des mit Säure, z. B. HNO_3, aufgeschlossenen Rohphosphatbreies mit gasförmigem oder fl. NH_3, wobei die zur Neutralisation erforderliche Menge NH_3 so zu bemessen ist, daß eine Wiedergewinnung von überschüssigem NH_3 vermieden wird. Man kann auch das staubförmige, mit NH_3 übersätt. Endprod. oder dieses teilweise durch bas. Thomasschlacke ersetzen. — Tabellen; Vorr. (3 Abbildungen). (**F. P. 1 204 404** vom 27/3. 1958, ausg. 26/1. 1960.) W. Wittholz. 6291

Soc. d'Études Chimiques pour l'Industrie et l'Agriculture, Frankreich, **Herstellung von nicht hygroskopischem Komplexdünger.** Man vermischt K_2CO_3 oder $KHCO_3$ mit in dem Kristallwasser geschmolzenen Ca-Nitrat. Die pastenförmige Masse wird durch Zufügen von aus einer vorhergehenden Charge stammendem Material granuliert. Wenn das Ca-Nitrat in Lsg. vorliegt, kann das Carbonat bzw. Bicarbonat der Lsg. zugesetzt werden u. wie vorst. weiter aufgearbeitet werden. Wird ein Dünger mit NH_3–N hergestellt, so leitet man vor Zugabe des K-Salzes NH_3 oder $NH_3 + CO_2$ ein. (**F. P. 1 215 516** vom 22/9. 1956, ausg. 19/4. 1960.) W. Wittholz. 6291

Ammonia, Frankreich, **Herstellung von ternärem Kalk-Salpeter-Düngemittel mit über 15% Gesamt-Stickstoff** u. guter Lagerfähigkeit. Zu einer ammoniakal. Ca-Nitrat-Lsg. fügt man ca. 10% $NaNO_3$ (berechnet auf das Endprod.) u. konz., bis das Gemisch nur 9% W. enthält. Der N-Geh. des Endprod. beträgt 17% Gesamt-N, davon 15,25% Nitrat-N u. 1,75% NH_3-N. (**F. P. 1 212 368** vom 13/10. 1958, ausg. 23/3. 1960.) W. Wittholz. 6291

Pechiney Comp. de Produits Chimiques et Électrométallurgiques, Frankreich (Erfinder: Francois d'Ogny), **Unkrautvernichtungsmittel** enthalten Monohalogenacetat (I), 3-Amino-1.2.4-triazol (2—40%, bezogen auf das Gewicht des Monohalogenacetats) u. ggf. $NaClO_3$. Als I können die Fluor-, Chlor- oder Bromacetate des K, Ca, Ba, Sr oder eines anderen Metalls, des NH_4 oder Aminsalze verwendet werden. — Man streut z. B. ein Gemisch von 20 (kg) Na-Monochloracetat, 40 $NaClO_3$ u. 1 3-Amino-1.2.4-triazol je ha aus. (**F. P. 1 206 404** vom 20/8. 1958, ausg. 9/2. 1960.) W. Wittholz. 6313

Amchem Products, Inc., V.St.A. (Erfinder: Anthony Joseph Tafuro und John Russell Bishop), **Auslichten von Steinobst,** wie Pfirsich, Aprikose, Kirsche, während u. 30 Tage nach der Blüte durch Behandlung mit α-[3-Chlorphenoxy]-propionsäure, ihren Salzen, Estern, Amiden, in einer Konz. von 25—625 Teile je Million. Genannt sind die Na-, K-, NH_4-, Alkyl- oder Alkanolaminsalze niederen Molgew., ferner die Methyl-, Äthyl-, Propyl-, Isopropyl- oder Butylester, sowie der wenig flüchtige Ester eines Polyglykolmonoäthers der Formel $R(OC_nH_{2n})_mOH$ (R = Alkyl mit 1—4 C-Atomen; n = 2 oder 3; m = 1—3). (**F. P. 1 214 377** vom 17/11. 1958, ausg. 8/4. 1960. A. Prior. 19/11. 1957.) W. Wittholz. 6313

Dow Chemical Co., übert. von: Laurence A. Puisglove, Midland, Mich., V.St.A., **Jodtolylbenzoesäureester** der allg. Formel I (X u. X' = unabhängig voneinander H, NO_2, Cl, Br) die als *Baktericide*, *Insekticide* u. *Fungicide* dienen, erhält man, indem man z. B. 49,2 (g) α-Chlor-o-tolylbenzoesäureester mit einer Dispersion von 30 NaJ in 200 cm³ Aceton (II) 1 Std. lang unter Rück-

I

fluß zum Sieden erhitzt, abgeschiedenes NaCl abfiltriert, **II** aus dem Filtrat abdampft, den Rückstand in 95%ig. A. aufnimmt u. aus diesem umkristallisiert. Man erhält *α-Jod-o-tolylbenzoat*; F. 74,5—75,5°. (**A. P. 2 965 673** vom 3/9. 1958, ausg. 20/12. 1960.) O. Müller-Meiningen. 6313

Farbenfabriken Bayer Akt.-Ges., Deutschland (Erfinder: Winfried Kruckenberg und Bernhard Homeyer), **Bekämpfung von Nematoden im Erdboden** durch Verw. *halogenierter aliphat. Nitrile*, welche mindestens 1 Halogenatom in α-Stellung besitzen, als Begasungsmittel. Genannt sind: *Chloracetonitril*, *Dichloraceto-*, *α.β-Dichlorpropio-*, *α.α.β-Trichlorpropio-*, *α-Chloracryl-*, *α.β-Dichlorbutyro-*, *α-Bromaceto-*, *α-Brompropio-* u. *α.β-Dibrompropionitril*. (**F. P. 1 209 662** vom 26/8. 1958, ausg. 3/3. 1960. D. Prior. 30/8. 1957.) W. Wittholz. 6313

Food Machinery & Chemical Corp., New York, N.Y., übert. von: Howard A. Jones, John A. Garman, Baltimore, Md., und Berton C. Dickinson, Lyndonville, N.Y., V.St.A., **Insekticides Mittel**, enthaltend ein synergist. wirkendes Gemisch von O.O-Dimethyl-S-(1.2-dicarbäthoxyäthyl)-dithiophosphat u. 3-Methylphenyl-, 4-Methylphenyl- oder 3.5-Dimethylphenyl-N-äthylcarbamat. (**A. P. 2 955 069** vom 24/3. 1955, ausg. 4/10. 1960.) C. Lüttgen. 6313

Aktieselskabet Agro-Kemi, Dänemark, **Insekticid**, bes. gegen *Fliegen*, welches außer dem Wirkstoff, wie 1.1.1-Trichlor-2.2-bis-[p-chlorphenyl]-äthan, O.O-Diäthyl-O-[2-isopropyl-4-methylpyrimidyl-(6)]-monothiophosphat, 1.2.4.5.6.7.8.8-Oktachlor-4.7-endomethylen-3a.4.7.7a-tetrahydroindan, γ-HCH, O.O-Dimethyl-S-[1.2-dicarbäthoxyäthyl]-dithiophosphat, O.O-Diäthyl-O-[p-nitrophenyl]-monothiophosphat, 1-Hydroxy-2.2.2-trichloräthylphosphonsäurediäthylester, Tetraäthylpyrophosphat, 1.2.2.2-Tetrachloräthyldiäthylphosphat, 3-Chlor-4-nitrophenyldimethylthiophosphat, noch Lockstoffe, z. B. Rohrzucker, enthält. (**F. P. 1 204 901** vom 15/10. 1958, ausg. 18/1. 1960. Dän. Prior. 16/10. 1957.) W. Wittholz. 6313

Badische Anilin- & Soda-Fabrik Akt.-Ges., Deutschland (Erfinder: Heinz Pohlemann, Harald Schroeder, Heinrich Adolphi und Herber Stummeyer), **Schädlingsbekämpfungsmittel**, die als Wirkstoffe P-Verbb. der allg. Formel $(R_1O)(R_2O)P(:X)-O-CO-(CH_2)_n-COOR_3$ enthalten (R_1 u. R_2 = Alkylreste, R_3 = H oder Dialkoxyphosphor- bzw. thiophosphorsäurerest; X = O oder S; n = 1 bis 6). Die Methylengruppen können ein- oder mehrfach durch Alkyl-, Aryl-, Cycloalkylreste u. oder Halogen, OH u. auch durch den Dialkoxyphosphor- bzw. -thiophosphorsäurerest substituiert sein. Genannt sind *α-Hydroxysuccinyltris-[diäthoxythionophosphat]* u. *α.β-Dihydroxysuccinyl-[diäthoxythionophosphat]*. Die Wirkstoffe können für sich oder zusammen mit anderen Insekticiden als Stäube-, Spritzmittel oder als Fraßgifte gegen Fliegen, Läuse, rote Spinne u. dgl. verwendet werden. (**F. P. 1 212 802** vom 26/7. 1958, ausg. 25/3. 1960. D. Prior. 26/7. 1957.) W. Wittholz. 6313

Farbenfabriken Bayer Akt.-Ges., Deutschland (Erfinder: Gerhard Schrader), **Herstellung von Schädlingsbekämpfungsmittel**, dad. gek., daß man Aminothionophosphorsäure-O-alkylesterhalogenide mit Phenolen oder Mercaptanen oder Amino-O-alkyldithiophosphorsäuren in Form ihrer Salze mit Alkyl- oder Arylhalogeniden zu Aminothionophosphorsäure-O-alkyl-O- oder -S-alkyl- oder -arylestern umsetzt. — 0,25 (Mol) p-Methylmercaptophenol-Na werden in 100 cm³ Methyläthylketon bei 50° unter Rühren mit 0,25 Dimethylaminothionophosphorsäureäthylesterchlorid (Kp.₁ 60°) versetzt, 1 Std. lang bei 60° belassen, mit Bzl. wird verd. u. mit W. gewaschen: *Ester* **I**, Kp.$_{0,01}$ 60°; Ausbeute 72%. — Weitere *Ester* der allg. Formel **II**, worin X u. R folgende Bedeutung haben: *O*, C_6H_3-*p*-SCH_3-*m*-CH_3, aus 4-Methylmercapto-3-methylphenol-Na. — *O*, $CH_2CH_2SC_2H_5$, Kp.$_{0,01}$ 73°, aus β-Äthylmercaptoäthanol. — *S*, C_6H_5, Kp.$_{0,01}$ 95°, aus Thiophenol. — *S*, CH_2CN, Kp.$_{0,01}$ 86°, aus N-Dimethyl-O-äthylthionothiolphosphorsäure-K-Salz u. α-Chloracetonitril. — *S*, $CH_2CH_2SC_2H_5$, Kp.$_{0,01}$ 98°, aus β-Äthylmercaptoäthylchlorid. — *O*, $CH_2CH_2N(C_2H_5)_2$, Kp.$_{0,01}$ 75°. — *S*, $C_6H_4Cl(p)$. — *S*, $C_6H_4CH_3(p)$. — *S*, $C_6H_3Cl_2(m, p)$. — *S*, *Cyclohexyl*, Kp.$_{0,01}$ 83°. — *S*, $C_{12}H_{25}$. — *S*, $CH_2CH_2N(C_2H_5)_2$. — *S*, C_2H_5, Kp.$_{0,01}$ 55°. — *S*, C_6H_{13}, Kp.$_{0,01}$ 65°. — *S*, CH_2CH_2CN, Kp.$_{0,01}$ 95°. — *S*, $CH_2SC_2H_5$, Kp.$_{0,01}$ 90°. — *S*, CH_2-*S*-*Cyclohexyl*. — *S*, $CH_2SC_6H_5$. — *S*, $CH_2SC_6H_4Cl(p)$. — *S*, CH_2-(*2-Methylmercapto-5-methylphenyl*). — *S*, $CH(CH_3)COOC_2H_5$, Kp.$_{0,01}$ 85°. — *S*, $CH_2COOC_2H_5$, Kp.$_{0,01}$ 82°. — *S*, CH_2CH_2-*S*-$C_6H_4Cl(p)$. — *S*, $CH_2CH_2SC_6H_5$. — *S*, $CH_2SC_6H_4CH_3(p)$. — *S*, $CH_2CH_2CH_2$-SC_2H_5, Kp.$_{0,01}$ 94°. —

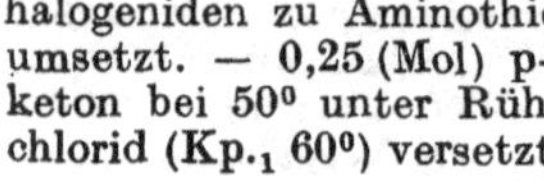

I

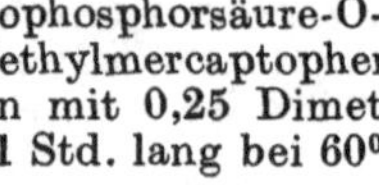

II

S, $CH_2OC_2H_5$, Kp.$_{0,01}$ 73°. — *S*, $CH_2OCH_2SP(=S)(OC_2H_5)$-$N(CH_3)_2$. — *S*, $CH_2SP(=S)(OC_2H_5)$-$N(CH_3)_2$. — *S*, CH_2COCH_2-$SP(=S)(OC_2H_5)$-$N(CH_3)_2$. (**F. P. 1 233 342** vom 18/8. 1959, ausg. 12/10. 1960. D. Prior. 20/8. 1958.) S. Böttcher. 6313

Fisons Fertilizers Ltd., Felixstowe, Suffolk, England (Erfinder: **John Kenneth Bradley, Thomas Pride Dee** und **William Francis Sheldrick**), *Herstellung von Phosphatdüngemitteln.* (**E. P. 876 564** vom 10/1. 1957, ausg. 6/9. 1961. — C. **1961,** 3789 [D. A. S. 1 089 783].)

Fisons Pest Control Ltd., Felixstowe, übert. von: **Rudolf Koloman Pfeiffer**, Cambridge, England, *Herbicide Mittel und Verfahren zur Bekämpfung von Unkräutern in Getreidekulturen.* (**A. P. 2 992 913** vom 6/5. 1957, ausg. 18/7. 1961. E. Prior. 18/5. 1956. — C. **1960,** 9006 [D. A. S. 1 073 238].)

C. F. Boehringer & Soehne G.m.b.H., Mannheim, *Mittel zur Beeinflussung des Pflanzenwachstums.* (**Oe. P. 218 046** vom 16/5. 1960, ausg. 10/11. 1961. D. Prior. 16/6. 1959. — C. **1961,** 13695 [D.A.S. 1 104 254].)

Soc. d'Études et d'Applications Biochimiques, übert. von: **Pierre Lallouette**, Jouy-en-Josas, Seine-et-Oise, Frankreich, *Wachstumsfördernder Stoff.* (**Can. P. 556 398** vom 15/9. 1953, ausg. 22/4. 1958. F. Prior. 16/9. 1952 u. 31/7. 1953. — C. **1957,** 12587 [Schwz. P. 315 467].)

American Cyanamid Co., New York, N.Y. (Erfinder: **Richard Parke Welcher**, Old Greenwich, Conn.), V.St.A., *Cyanformamid.* (**D. A. S. 1 120 443** Kl. 12o vom 25/1. 1957, ausg. 28/12. 1961. **Schwz. P. 357 062** vom 25/1. 1957, ausg. 15/11. 1961. Beide A. Prior. 27/1. 1956. — C. **1961,** 1013 [A. PP. 2 804 470 u. 2 804 471].)

Farbenfabriken Bayer Akt.-Ges., Leverkusen, *Nitrophenolabkömmlinge.* (**E. P. 872 184** vom 13/7. 1959, ausg. 5/7. 1961. D. Prior. 26/7. 1958. — C. **1961,** 990 [D. A. S. 1 089 208].)

Farbenfabriken Bayer Akt.-Ges., Leverkusen, *Hydroxyarylalkylthioäther.* (**E. P. 875 464** vom 10/4. 1958, ausg. 23/8. 1961. D. Prior. 13/4. 1957. — C. **1960,** 15194 [D. A. S. 1 063 177].)

Farbenfabriken Bayer Akt.-Ges., Leverkusen (Erfinder: **Gerhard Schrader**, Wuppertal), *Herstellung von Phosphorsäureestern.* (**Niederl. P. 99 399** vom 15/11. 1957, ausg. 16/10. 1961. D. Prior. 26/9. 1957. — C. **1959,** 10381 [D. A. S. 1 027 660] u. C. **1960,** 1306 [D. A. S. 1 058 050].)

Farbenfabriken Bayer Akt.-Ges., Leverkusen, *Thiophosphorsäureester.* (**E. P. 874 570** vom 14/10. 1959, ausg. 10/8. 1961. D. Prior. 18/10. 1958. — C. **1960,** 8317 [D. A. S. 1 071 696].)

Chas. Pfizer & Co., Inc., New York, N.Y., V.St.A. (Erfinder: **A. Bavley** und **D. P. Cameron**), *Dithiophosphorsäureester.* (**Belg. P. 565 551** vom 10/3. 1958, ausg. 15/7. 1960. **E. P. 862 123** vom 4/3. 1958, ausg. 1/3. 1961. Beide A. Prior. 11/3. 1957. — C. **1962,** 2881 [F. P. 1 202 246].)

Farbenfabriken Bayer Akt.-Ges., Leverkusen (Erfinder: **Gerhard Schrader**, Wuppertal), *Herstellung von Thionophosphorsäureestern.* (**Niederl. P. 99 404** vom 9/12. 1957, ausg. 16/10. 1961. D. Prior. 13/12. 1956. — C. **1960,** 3013 [D. A. S. 1 059 444].)

H_9. Metallurgie. Korrosion

Untersuchung der Reaktion von Reagentien mit Hämatit mit Hilfe radioaktiver Isotopen. W. I. Klassen und Zsi-fan Mao. (Известия Высших Учебных Заведений, Горный Журнал [Hochschulnachr., Bergbau-J.] **1960,** Nr. 9, 137—40, Moskau, Stalin-Inst. für Bergbau; russ.) — Für die radiometr. Unters. der bei der Flotation von *Hämatit*-Erzen ablaufenden Rkk. wurden als Sammler mit ^{14}C markiertes *Na-Tridecylat* (I) u. als Zusätze *Wasserglas* u. *$FeSO_4$* verwendet. Die Adsorption von I durch das Erz steht in direkter Abhängigkeit von der Anfangs-Konz. der I-Lsg. (bis 200 g/Liter). Eine maximale Adsorption von I erfolgt bei einem pH-Wert von 6 der Lösung. Die aktivierende Wrkg. geringer Konzz. von Wasserglas auf die Flotation von Hämatit wird durch den Abfall des elektrokinet. Potentials der Oberfläche u. Zunahme der Adsorption des I erklärt. N. Hviid. 6362 □

Ein komplexes Verfahren zur Aufarbeitung von Pyritabbränden. I. I. Sabereshny, I. M. Rafalowitsch und Je. G. Fominych. (Цветные Металлы [Nichteisenmetalle] **3,** Nr. 3, 29—37, März 1960; Forsch.-Inst. für Nichteisenmetalle; russ.) — Der im Labormaßstab untersuchte Prozeß der Verarbeitung von Pyritabbränden durch Abtreiben der *Chloride* gestattet in einem Gang Agglomerate herzustellen, die für die Hochofenbeschickung geeignet sind, wobei *Buntmetalle, Seltene Erdmetalle* sowie *Ag* u. *Au* als *Chloride* gewonnen werden. Der Prozeß besteht im Zerkleinern der Abbrände, Versetzen mit 8% *$CaCl_2$*, Trocknen bei 150—180°, Glühen im Schachtofen bei 1180°, Auffangen der Chloride in Waschtürmen u. Zementation des *Cu*. Aus Abbränden mit 0,35—0,40 (%) Cu, 0,35—0,45 Zn, 0,03—0,05 Pb, 3—6 S, 47,18—51,7 Fe, 18,2—22,0 SiO_2 u. außer geringen Mengen an Co, As, Sn, W, Al, CaO u. MgO 1,4—2,4 g/t Au u. 12—20,0 g/t Ag wurde ein Agglomerat mit 0,08 (%) Cu, 0,08 Zn, 0,15 S, 45 Fe, 5,5 g/t Ag u. 0,35 g/t Au erhalten; ausgebracht wurden 79 (%) Cu, 75 Zn, 78 Ag u. 68 Ag. J. Tůmová. 6380 □

Cyclonschmelzung von Kupfersulfidkonzentraten. A. W. Tonkonogi, I. A. Onajew, I. P. Bassina, M. I. Wdowenko, Ju. K. Pobedonosszew, A. N. Poljakow, W. B. Meijerowitsch, M. G. Rewasaschwili, I. G. Durnowo und W. W. Zyganow. (Цветные Металлы [Nichteisenmetalle] **33,** Nr. 3, 20—28, März 1960;

Balchasch, Hüttenkombinat; Projektierungsinst. für Betriebe der NE-Metallurgie der Kasach. SSR., Akad. der Wiss. der KasachSSR; russ.) — Der Ofen für die Cyclonschmelzung von Cu-Konzentraten (Sulfiden) besteht aus einem Zylinder mit 1m ∅ u. einer Gesamthöhe von 2,74 m. Im unteren Teil setzen sich Schlacke u. Stein ab, während ein Teil *Pb*, *Zn* u. a. Komponenten im Flugstaub aufgefangen werden. Die Abgase enthalten das zur H_2SO_4-Erzeugung verwendete SO_2. Die zugeführte Luftmenge (vorgewärmt auf 400—510°) besitzt eine Geschw. von 160—170 m/s, der Luftüberschuß-Koeff. beträgt 1,05, als Heizung dient Masut (15,3% des Einsatzes), die Verbrennungs-Temp. beträgt 1280—1320° u. die Leistung 3,6—4,5 t/Stunde. Das Konzentrat enthält 18,21 (%) *Cu*, 2,3 Fe, 30,2 S, 13,1 SiO_2, 5,4 CaO, der Stein 40,7 Cu, (Ausbringen 98,2), 29,2 Fe, 25,4 S, die Schlacke 0,87 Cu, 21,5 Fe, 39 SiO_2, 15,8 CaO, der Staub 12,43 Cu, 29,53 Fe, 7,46 S, 1,46 Zn, 14,77 Pb. Das Verf. ist wirtschaftlicher als die bisherigen Methoden. J. Tůmová. 6380 □

Autoklavenextraktion von Gold und Silber aus Produkten komplizierter Zusammensetzung. A. I. Ssinelnikowa und I. N. Plakssin. (Известия Высших Учебных Заведений (Орджоникидзе), Цветная Металлургия [Hochschulnachr. (Ordshonikidse), Nichteisenmetalle] **3**, Nr. 5, 95—98, 1960; Krasnojarsk, Inst. für Nichteisenmetalle; Lehrstuhl für Metallurgie der Edelmetalle; russ.) — 200 g Flotationskonzentrat mit 66,72 (%) SiO_2; 13,31 Al_2O_3; 0,88 *CaO*; 1,16 *MgO*; 0,072 *Cu*; 0,21 *Zn*; 5,80 *Fe*; 0,46 *As*; 0,15 *Sb*; 5,51 *S* u. 516 g/t *Au* u. 490 g/t *Ag* werden mit 1500 ml 33 bis 35%ig. NH_4OH unter 15—16 atü O_2 bei Temp. von 170—175° 24—30 Std. lang ausgelaugt. Au wird zu 99,5 u. Ag zu über 85% ausgezogen u. von den anderen in Lsg. gegangenen Stoffen mit Anionenaustauscher *AN-18* abgetrennt. W. Pötsch. 6380 □

Vervollkommnung der Verarbeitungstechnologie von Schlamm der Elektrolyse von Nickel und Kupfer. W. P. Gluchow. (Цветные Металлы [Nichteisenmetalle] **35**, Nr. 1, 28—31, Jan. 1962; russ.) — Das derzeitige Verarbeitungs-Verf. von Elektrolysenschlamm der elektrolyt. Raffinierung von *Cu* u. *Ni* hat den Nachteil, daß der technolog. Kreisprozeß 45—40 Tage dauert, wobei eine große Menge der Metalle der Pt-Gruppe, wie *Ir*, *Ru* u. *Rh*, verloren geht. Zur Erhöhung der komplexen Extraktion dieser Metalle wird die Autoklaven-Meth. des Ausziehens der Metalle aus Sulfat-Lsgg. empfohlen. Die Behandlungsdauer wird dabei um ein Vielfaches (3- bis 5fache) verkürzt; der Auszug von Ir, Ru u. Rh in zur Weiterverarbeitung geeignete Konzentrate wird bis 99% ohne Beeinträchtigung des Pt-Auszuges u. ohne Qualitätsverschlechterung der Konzentrate erhöht. H. Hochstein. 6380 □

Die Wirksamkeit von Zonen-Reinigungsverfahren. L. W. Davies. (Trans. metallurg. Soc. AIME **215**, 672—75, 1959, herausgeg. 1960; Murray Hill, N.J., Bell Telephone Labor.; engl.) — Für eine gegebene gleichförmige Verteilung einer Verunreinigung durch einen gelösten Stoff in einem Metallblock scheint das Zonenreinigungs-Verf. u. die hierdurch bedingte Konz. des gelösten Stoffes an dem einen Blockende von besonderer Bedeutung zu sein. Es wird theoret. nachgewiesen, daß die optimalen Bedingungen für die Lsgm.-Reinigung u. die Konz. des gelösten Stoffes ident. sind. Wenn der gelöste Stoff ursprünglich gleichmäßig verteilt ist, ergibt eine Best. des optimalen Verhältnisses von Zonenlänge zur Blocklänge die Werteinheit u. $\lesssim$ 0,3 für die wirksamste Passage der ersten beiden Zonen. H. Hochstein. 6380 □

Die technische Überwachung in der Gießerei. Philippe Lapadu-Hargues und Jean Léger. (Fonderie **1962**, 115—38, April; Centre Techn. des Ind. de la Fonderie; Automobiles Peugeot; franz.) — Ausführlicher Überblick über die Überwachung des gesamten Gießereibetriebes. K. Hillinger. 6382 □

Lösung einiger Instrumentations- und Automatisierungsprobleme in der Leichtmetallgießerei zu Ajka. Imre Bartók. (Kohászati Lapok [Ung. Z. Hüttenwes.] **95**, Nr. 4, Öntöde **13**, 91—96, April 1962; Ajka, Aluminiumhütte; ung.) — Die zur richtigen Einstellung der Gießgeschw. sowie zum Messen der Temp. u. der Menge des Kühlwassers beim halbkontinuierlichen Blockguß konstruierten Instrumente u. ihr Betrieb werden beschrieben. Es wird eine zur Automatisierung der Metallniveauregelung ausgearbeitete Meth. u. Einrichtung — eigentlich ein 2armiger Waagebalken — beschrieben. L. Zombory. 6382

Eine mit der Schalenformerei (Shell molding) in Italien gemachte Erfahrung. Angelo Azzolini. (Fonderia ital. **10**, 11—20, 1961; ital.) — Ausführlicher Bericht über Verss. des Vf. mit einer in Italien entwickelten Sandblase-App. zur Herst. der Schalengußformen. A. Sander. 6382 □

Formschlichten für die Stahlgießerei. James M. Middleton und Paul G. McIllroy. (Gießerei **48**, 378—85, 29/6. 1961; Sheffield; dt.) — Vgl. C. **1962**, 2149. — Unterss. über den Einfl. mehrerer Variabeln auf die Eigg. der Formschichten bei Raum-

Temp. zeigen, daß Art u. Menge des Suspensionsmittels eine große Wrkg. auf die Suspensions-Eigg., die Dichte der aufgetragenen Schlichteschicht u. ihre Riß- u. Abblätterungsanfälligkeit beim Trocknen ausüben. Das Reißen wird beeinflußt durch Art u. Menge des Bindemittels in der Schlichte, Korngröße u. -verteilung des feuerfesten Stoffes, Festigkeit u. therm. Beständigkeit der darunterliegenden Sandschicht. Die Wahl der Binder zur Verbesserung der Härte des getrockneten Schlichteüberzuges wird durch die Temp. der geschlichteten Formen beim Trocknen bestimmt. Bei hoher Temp. ausgeführte Gieß-Verss. zeigen, daß nur dicke Schlichteschichten u. hochfeuerfeste Stoffe (Al_2O_3, ZrO_2, Quarz) enthaltende Schlichten das Eindringen von Metall bei hohen ferrostat. Drucken verhindern. Dünne Überzüge dieser Schlichten u. dicke Schlichten mit Grundstoffen, die stark mit Formsand reagieren (Olivin, TiO_2), bieten keinen Schutz gegen das Eindringen von Metallen. W. Wesly. 6382 □

Moderne Verfahren der Säuberung und Fertigstellung von Gußstücken. Sebastião A. Jannini. (Bol. Assoc. brasil. Metais **16**, 187—200, Jan. 1960; São Paulo, SOFUNGE S.A.; port.) — Vergleichende Übersicht über die neueren Meth. der Herst. glatter, gratfreier Gußstücke. R. K. Müller. 6382 □

Hitzebeständige Stähle und Legierungen. Die ihre Verwendung beherrschenden Grundsätze. R. Neyret. (Chim. et Ind. **84**, 879—90, Dez. 1960; **85**, 73—85, Jan. 1961; franz. — C. **1961**, 9958 u. C. **1962**, 286.) H. Hochstein. 6388 □

Das Schmelzen im Kupolofen mit brikettiertem Koks und mit Pechkoks. Tsch. Podshutzki und Ja. Woitassik. (Литейное Производство [Gießerei-Betr.] **1961**, Nr. 12, 4—5, Dez.; russ.) — Bei der Verw. von grobstückigen Koksbriketts im Kupolofen wird außer einer starken Erniedrigung des *S*-Geh. kein wesentlicher Unterschied in der chem. Zus. von *Gußeisen* gegenüber einem normalen Kokssatz festgestellt. Auch werden bei dem nach beiden Verff. hergestellten Gußeisen kein Unterschiede der Festigkeits-Eigg. für die Marken *3l 14*, *3l 18* u. *3l 22* ermittelt. Es werden Angaben über den Koksverbrauch bei Verw. von brikettiertem grobstückigem Koks in Kupolöfen mit Ø 500, 600 u. 700 mm gemacht (ca. 16% bei 130 N m^3/Min./m^2-Wind u. einer Abstich-Temp. des Gußeisens von 1400°). Bei der Verw. von Pechkoks wird die Aufkohlung des Gußeisens stark erhöht u. seine Sättigung an *S* erniedrigt, so daß Pechkoks als hochwertiger Brennstoff für die Herst. von Gußeisen mit erhöhtem *C*- u. niedrigem *S*-Geh. angesehen werden kann. H. Hochstein. 6402 □

Einflüsse der Calciumcarbidbeschickung beim Kupolofenbetrieb. Takashi Sakuma und Seiichi Sonoda. (Imono, J. Japan Foundrymen's Soc. **33**, 867—71, Dez. 1961; jap., Auszug: engl.) — Ein Zusatz von 1% CaC_2 zur Kupolofenfüllung erhöht die Schmelztemp. von Gußeisen um 20°, von 2% um 40—50°. Bei der Herst. von Gußeisen *FC 30* wird das Koksverhältnis von 16% durch 1% CaC_2-Zusatz auf 11% gesenkt. Der *FeO*-Geh. der Schlacke beträgt <1%; der *S*-Geh. des Gußeisens fällt von 0,11 auf 0,08%. W. Wesly. 6402 □

Bemerkungen zur Herstellung von bearbeitbarem Kokillengrauguß. J. Sturm. Kohászati Lapok [Ung. Z. Hüttenwes.] **95**, Nr. 4, Öntőde **13**, 73—83, April 1962; Freiberg/Sa.; ung.) — Die bei der ausführlichen Unters. der eine Härteschicht-Bldg. hervorgerufenen Faktoren erworbenen Erkenntnisse für die Herst. von einwandfreien Gußstücken werden besprochen. Alle behandelten Faktoren sollen berücksichtigt werden, da die Härteschicht-Bldg. nur in solcher Weise zu vermeiden ist. L. Zombory. 6402

Über eine rationale Technologie der Umarbeitung von Kertsch-Gußeisen. Ss. I. Lebedewa, A. W. Rudnewa und A. Je. Chlebnikow. (Известия Академии Наук СССР, Отделение Технических Наук, Металлургия и Топливо [Nachr. Akad. Wiss. UdSSR, Abt. techn. Wiss., Metallurgie Brennstoffe] **1960**, Nr. 4, 85—94, Juli/Aug.; Moskau; russ.) — Zerkleinerung, Vermischung, Brikettierung u. Sinterung von Erz, Zunder, Kalk u. Bauxit beschleunigen die Entphosphorung, Entkohlung u. den Temp.-Anstieg des Metalls beim O_2-Blasen von oben des aus Kertsch-Erz gewonnenen Halbprod., nach einer *V*-Entfernung im Zusammenhang mit einer schnelleren Auflsg. des Kalks in der Schlacke sowie mit der Herst. einer bas. u. in bezug auf die chem. Zus. u. Makrostruktur gleichmäßigeren Schlacke. Dieser Einfl. der vorbereiteten Materialien wird offenbar durch die größre Leichtflüssigkeit der Schlackengemische, durch die größere Rk.-Oberfläche der Bestandteile, durch den geringeren Widerstand der gleichmäßigeren Schlacke gegenüber dem durchströmenden O_2, durch die bessere O_2-Übernahme sowie durch die größere Rk.-Geschw. zwischen Wind, Schlacke u. Metall bedingt. Die verstärkte Oxydation des C erhöht das Durchwirbeln des Metalls u. der Schlacke. Eine beschleunigte C- u. P-Oxydation gewährleistet auch eine schnellere Temp.-Zunahme des Metalls u. der Schlacke. Alle diese Maßnahmen ermöglichen ihrerseits eine weitgehende Auflsg. von Kalk in der Schlacke. Der Einfl. der Schlackenbestandteile zeigt sich in der Hauptsache im Anfangsstadium der Entphosphorung. Der Ersatz von Erz durch *Zunder* in den Schlackengemischen führt zur Bldg. einer bas. Schlacke mit erhöhtem P_2O_5-Geh. u. mit erniedrigtem SiO_2- u. FeO-Geh. zu Beginn der Entphosphorung. Die Unters. der Schlackenmikrostruktur zeigte, daß unter den verwendeten Varianten der Schmelze zwei P-haltige Phasen zugegen sind, nämlich *Silicokarnotit* ($5\,CaO \cdot P_2O_5 \cdot SiO_2$) u. *Whitlockit* ($\beta\,3\,CaO \cdot P_2O_5$). Während des O_2-Durchblasens tritt eine gesetzmäßige Erhöhung des Silicokarnotits auf. Die untersuchten Schlacken liegen nahe bei der Gleichgewichtskristallisation. Von den untersuchten Maßnahmen steht die Sinterung in der Wirksamkeit an erster u. die Brikettierung an zweiter Stelle. Am wirksamsten erwies sich ein Sintergemisch aus Kalk u. Zunder mit der Zus. 15 (%) *CaO*, 65 *FeO* u. 7,35 SiO_2. Die Entphosphorungsperiode wurde um 27% im Vgl. zu einer Verw. eines Erz–Kalk-Gemisches verkürzt. Die Endschlacken-Zus. betrug: 23,94 (%) P_2O_5, 15,54 FeO u. 9,01 SiO_2 bei einer Stahl-Zus. am Ende der Entphosphorung mit 0,15 C u. 0,1 P. H. Hochstein. 6408□

Kinetische Untersuchungen über die Stahlerzeugungsreaktion. 2. Mitt. Über die Geschwindigkeit der Oxydation des Kohlenstoffs in flüssigem Eisen durch Einblasen von Sauerstoff. Kichizo Niwa, Mitsuo Shimoji, Tamiya Kishida und Yukiyoshi Itoh. (Tetsu to Hagane [J. Iron Steel Inst. Japan] **47**, 111—15, Febr. 1961; jap., Auszug: engl.) — 1. vgl. Tetsu to Hagane [J. Iron Steel Inst. Japan] **46**, [1960], 12. — Beim Einblasen von O_2 in fl. Eisen spielt sich die Rk. $C + {}^1/_2\,O_2 = CO$ ab. Die beobachtete Rk.-Geschw. zeigt, daß die zugeführte O_2-Menge bei allen Gas-Geschw. völlig verbraucht wird. Bei hohem O_2-Druck ist die Geschw. der C-Oxydation konstant. Für die aus fl. Fe durch Oxydation beseitigte C-Menge wird (bei hohem O_2-Druck) eine Gleichung abgeleitet. W. Wesly. 6408□

Ursachen der Überhitzung und Verbrennung von Stahl. Jiří Elfmark und Lubomír Toman. (Hutnické Listy **15**, 200—07, März 1960; Ostrava, VŽKG.; tschech.) — Unters. der Bruchflächen von 9 C- u. niedriglegierten Baustählen nach Erhitzen auf hohe Temp. auf Erscheinungen der Überhitzung (verminderte Dehnung u. Kerbschlagzähigkeit, steinartiger Bruch). Beim Erwärmen auf die Solidus-Temp. kommt es zur Anreicherung von *S* an den Korngrenzen u. nach Abkühlen zur Ausscheidung von Sulfiden. Ist die Ausscheidung groß, so wird das ferrit. Gitter bei der weiteren Warmbehandlung nicht mehr beseitigt. Wird die Solidus-Temp. überschritten, so wandert in die fl. Korngrenzen außer S auch P. Der verbrannte Stahl bleibt spröde. J. Tůmová. 6408□

Die nichtmetallischen Bestandteile von Stahl. Clarence E. Sims. (Trans. metallurg. Soc. AIME **215**, 367—93, 1959, herausgeg. 1960; Columbus, Ohio, Battelle Mem. Inst.; engl.) — Es wird ein umfassendes u. vereinfachtes Bild von dem Ursprung, den Bldg.-Arten u. den Kennzeichen nichtmetall. Einschlüsse im Stahl gegeben. Einschlüsse von außerhalb des Stahles, die durch mechan. Mitreißen oder heterogene Rk. gebildet werden, haben ihre Hauptquelle in den feuerfesten Pfannenmaterialien. Eine mechan. Emulsion wird nicht für einen wahrscheinlichen Mechanismus gehalten. Endogene Einschlüsse, die aus homogenen Rkk. stammen, werden hauptsächlich während der Abkühlung u. Erstarrung gebildet. Sie sind hauptsächlich *Oxide* u. *Sulfide*, umfassen aber auch einige *Nitride* u. *Carbide*. Die Desoxydation beeinflußt sowohl die Menge u. den Charakter solcher oxid. Einschlüsse u. beeinflußt in starkem Maße die Größe u. Form der Sulfide. Die Bedeutung von Einschlüssen in ihrem großen Einfl. auf die mechan. Eigg. von Stahl wird erörtert. — 69 Literaturangaben. H. Hochstein. 6408□

Das Schmelzen von Stahl G13L im Konverter mit Aufblasen von Sauerstoff von oben. M. P. Kwitko und Ju. Ss. Kriwtschenko. (Литейное Производство [Giesserei-Betr.] **1962**, Nr. 2, 33—35, Febr.; russ.) — Die Durchführung des an sich bekannten O_2-Aufblas-Verf. im Konverter wird bei der Herst. des Stahles *G13 L* beschrieben u. hierbei Angaben über die Roheisen-Zus., Schlackenführung, Entkohlung, Entschwefelung u. Entphosphorung, Mn-Abbrand, Schrott- u. O_2-Verbrauch, über die Leg. des Stahles u. seinen Abguß gemacht. Die mechan. Eigg. des im O_2-Aufblas-Verf. im Konverter hergestellten *G13 L* werden mitgeteilt. Seine Feinstruktur besteht aus reinem Austenit mit einer Korngröße, die der Nr 3 u. 4 der Körnungskennwerte nach GOST entspricht, bei vollständigem Fehlen von Carbiden. H. Hochstein. 6410□

Eigenschaften und Schweißbarkeit von Stahl St. 3 kp mit erhöhtem Arsengehalt. N. P. Schtschapow, A. I. Krassowski, E. Ss. Wolochwjanskaja, M. M. Kraitschik, W. N. Maximow, W. L. Kotelnikow und W. A. Kusnetzow. (Сварочное Производство [Schweisstechn. Betr.] **1962**, Nr. 2, 1—7, Febr.; russ.) — Die Erhöhung des *As*-Geh. im Stahl erniedrigt in mehrfacher Hinsicht die Stahlqualität. Diese Erhöhung führt zum Auftreten von Fehlern auf der Walzoberfläche sowie zur Ausbldg. einer lamellaren Struktur, die durch eine dendrit. As-Seigerung u. durch ihre ungleichmäßige Verteilung hervorgerufen wird u. auch mit einer erhöhten Neigung zur Spannungs-Konz. u. einer Anisotropie der Eigg. zusammenhängt. Bei über 0,2% As im Stahl wird eine Senkung der Schlagzähigkeit des Grundmetalls u. der Schwingungsfestigkeit der Schweißverbindungen festgestellt, u. es tritt eine Neigung zur Abnahme der Sprödfestigkeit bei Temp. unter 0° auf. Ein wesentlicher Einfl. von As auf die mechan. Stahl-Eigg. bei der Best. mit den üblichen Prüfmeth. trat nicht auf. Bei As-Geh. bis zu 0,24% wurde auch die Schweißbarkeit des Stahles nicht verschlechtert, jedoch war die Schlagzahl bis zur Zerstörung geschweißter Träger um 30% geringer als bei solchen für Träger aus Stahl mit 0% oder 0,165% As. Der schädliche Einfl. von As ist in gewisser Beziehung analog dem Einfl. von P, O u. S sowie auch von C, d. h. von Elementen, deren Geh.-Senkung im Stahl erreichbar ist. Bei dem As-haltigen Stahl ist eine Eig.-Verbesserung des Grundmetalls u. der Schweißverbindungen (Erniedrigung der Kaltbrüchigkeit u. Alterungsneigung) durch eine Wärmebehandlung möglich. Eine Festigkeitssteigerung geschweißter Konstruktionen unter Arbeitsbedingungen bei mehrfachen Schlagbeanspruchungen wird durch eine Verbesserung der Form der Schweißnaht u. der mechan. Bearbeitung ihrer Oberfläche erzielt. H. Hochstein. 6410□

Nichtrostender Automatenstahl. W. A. Bogoljubow, W. W. Nagowitzyn, W. P. Taratynow, D. A. Teimer und M. A. Filjand. (Металловедение и Термическая Обработка Металлов [Metallkunde therm. Metallbearb.]**1961,** Nr. 11, 41—43, Nov.; Zentr. Forsch.-Inst. für das Eisenhüttenw.; russ.) — Zusätze von *S* oder *Se* zum Stahl *1Ch18N9* verbessern seine Bearbeitbarkeit so, daß sie der von unlegierten Stählen gleich wird. Von diesen beiden Zusätzen verschlechtert nur Se in einer Menge von 0,15—0,30% nicht die Korrosionsbeständigkeit unter Bedingungen eines warmen u. feuchten Klimas, einer durch S-haltige Gase verunreinigten Atmosphäre, bei Einw. von menschlichem Schweiß u. von Seenebel. H. Hochstein. 6410□

Die von der Carbidausscheidung in austenitischen Stählen abhängige Schwankung der Cr-Konzentration. Teishiro Oda, Shoji Ueda und Makoto Nakamura. (Nippon Kinzoku Gakkai-Si [J. Japan Inst. Metals] **25,** 761—66, 1961; jap., Auszug: engl.) — Unterss. über die Konz. der Cr-erschöpften Zone in austenit. Stählen, anstoßend an die Korngrenzen u. in Abhängigkeit von der Carbidausscheidung, zeigen, daß die Cr-Konz. in der vorrückenden Grenzfläche $<1\%$ beträgt. W. Wesly. 6410□

Das Kriechverhalten eines austenitischen nichtrostenden Stahles bei der Ausscheidung von Carbiden auf Versetzungen. F. Garofalo, F. von Gemmingen und W. F. Domis. (Trans. Amer. Soc. Metals **54,** 430—44, Diskussion: 824—26, März/Dez. 1961; Monroeville, Pa., U.S. Steel Corp.; engl.) — Eine Vorspannung eines austenit. *316*-Stahles bei Raum-Temp. mit nachfolgender Behandlung bei 900 u. 1300°F bewirkt eine Ausscheidung von $M_{23}C_6$-Teilchen auf den Versetzungsstellen. Im allgemeinen nimmt die Anzahl der Teilchen je Flächeneinheit zu, wenn die Vorspannung auf 25% erhöht wird. Für eine größere Vorspannung wird eine gewisse Anhäufung festgestellt. Vorspannen mit nachfolgender Carbidausscheidung verbessert die Kriecheigg. bei 1100, 1300 u. 1500°F u. einer Spannungshöhe von 20000 lbs./sq.in., die geringste Kriechgeschw. nimmt ab u. die Haltbarkeit nimmt mit wachsender Vorspannung bis zu 30—35% zu, worauf sich die Einfl. umkehren. H. Hochstein. 6410□

Additive Einflüsse von Legierungselementen auf die mechanischen Eigenschaften von austenitischen Gußlegierungen bei 1500° F. D. L. Sponseller, R. W. Kraft und R. A. Flinn. (Trans. Amer. Soc. Metals **54,** 526—38, Diskussion: 846—47, März/Dez. 1961; Ann Arbor, Mich., Univ.; East Hartford, Conn., United Aircraft Corp.; engl.) — Eine wärmebeständige *Fe*-Guß-Leg. wurde entwickelt, welche die dreifache Bruchfestigkeit bei 1500°F der üblichen Guß-Legg. mit ähnlichen *Ni*- u. *Cr*-Gehh. besitzt. Bestimmt werden zunächst die Eigg. einer einfachen einphasigen austenit. Grund-Leg. (18% Ni, 18% *Cr*, Rest Fe) u. darauf die Veränderungen im Gefüge u. in den Eigg. bei Einzelzusatz von *B, C, Mo, Al, Nb, Ti* u. *N* ermittelt. Aus diesen Werten werden Legg. errechnet, die Kombinationen der am meisten versprechenden Zusatzelementen enthalten. Überraschenderweise waren in vielen Fällen die individuellen Einfl. völlig additiv. Auf diesem Wege wurde eine Leg.-Zus. mit 18 (%) Ni, 18 Cr, 0,3 C, 1,25 B u. 5 Mo, Rest Fe entwickelt, welche bei 1500°F annähernd 30000 lbs./sq.in. Zerreißfestigkeit im 100-Std.-Vers. besaß. Eine zufriedenstellende Verformbarkeit wurde bei der Unters. der Einfl. von Weichglüh-Wärme-Behandlungen u. Veränderungen in der Analyse auf das Gefüge u. die Eigg. erhalten. H. Hochstein. 6410□

Einfluß von metallurgischen Faktoren auf die mechanischen Eigenschaften der Gußstücke aus Chromstahl mit 13% Cr, der im Induktionsofen geschmolzen wurde. Jaroslav Koutský. (Hutnické Listy **15,** 179—88, März 1960; Plzeň, Závody

V. I. Lenina; tschech.) — Die oftmals zu niedrigen Werte der Kerbschlagzähigkeit von 13%ig. Cr-Stählen für Wasserturbinen [maximal 0,15(%) *C*; 11,5—14 *Cr*; 0,5—1,0 *Ni*] können durch folgende metallurg. Eingriffe verbessert werden: den C- u. Cr-Geh. möglichst niedrig u. das Cr- u. Ni-Äquivalent auf gleicher Höhe halten. Ein δ-Ferrit-Geh. bis 20% ist annehmbar. Den *Ferrochrom*-Zusatz vorwärmen u. eine feinkörnigere Sorte wählen; vor dem Abstich wärmen. Die Desoxydation mit *CaSi* in der Pfanne vornehmen; *Al* ist weniger günstig. Umschmelzen verbessert gleichfalls die Kerbschlagzähigkeit. J. Tůmová. 6410□

Korngrenzenwanderung in sehr reinem Blei und verdünnten Blei-Legierungen mit feinverteiltem Zinn. K. T. Aust und J. W. Rutter. (Trans. metallurg. Soc. AIME **215,** 119—27, 1959, herausgeg. 1960; Schenectady, N.Y., General Electric, Res. Labor.; engl.) — Die Bewegung von individuellen Korngrenzen unter einer konst. Treibkraft wurde für zonengereinigtes *Pb* mit u. ohne geringe Zusätze von *Sn* untersucht. Die Geschw. der Korngrenzenwanderung hängt stark vom Sn-Geh. u. von dem Orientierungsverhältnis zwischen den Nachbarkörnern ab. Die Unters.-Ergebnisse werden mit der Theorie über durch Verunreinigung geregelte Korngrenzenwanderung, wie sie von Lücke u. Detert entwickelt wurde, verglichen. Es wird ein Nachw. dafür gefunden, daß Korngrenzen, welche Körner mit den Kronberg-Wilson-Beziehungen von 38 u. 22° um die (111)-Achse u. von 28° um die (100)-Achse trennen, Grenzen von hoher Beweglichkeit entsprechen. Die Ergebnisse werden in bezug auf die Bldg. von Glühtexturen in Metallen u. die Struktur von Großwinkelgrenzen erörtert. H. Hochstein. 6430□

Temperaturabhängigkeit der Kornwanderung in sehr reinem, geringe Zinnzusätze enthaltendem Blei. K. T. Aust und J. W. Rutter. (Trans. metallurg. Soc. AIME **215,** 820—31, 1959, herausgeg. 1960; engl.) — Vgl. vorst. Referat. — Die Temp.-Abhängigkeit der Geschw. der Korngrenzenwanderung wurde in Doppelkristallen von zonengereinigtem *Pb*, das 20 bis weniger als 1 ppm *Sn* enthält, gemessen. Die scheinbare Aktivierungsenergie in dem Temp.-Bereich von 320 —200° ist stark von der Konz. des gelösten Sn u. von der Orientierungsbeziehung der der Korngrenze anliegenden Körner abhängig. Die quant. experimentellen Feststellungen werden mit den Voraussagen von verschiedenen Theorien der Korngrenzenwanderung verglichen. — 28 Literaturangaben. H. Hochstein. 6430□

Korngrenzenwanderung von sehr reinem Blei während des Kriechens und des Kornwachstums. R. C. Gifkins. (Trans. metallurg. Soc. AIME **215,** 1015—22, 1959, herausgeg. 1960; Victoria, Australien, Univ. of Melbourne; engl.) — Die mittlere Korngrenzenwanderung hängt linear von der Kriechdehnung unter verschiedenen Bedingungen ab. Ein verlängertes Glühen oder das Gießen an Luft erhöht den Anteil von unbeweglichen Grenzen bei einer bestimmten Prüfstufe. Kornwachstum während des Glühens folgt einem Kraftgesetz. Die Vereinigung von Wanderung u. Gleiten beim Kriechen wird überprüft u. Modelle für die Wanderung der Korngrenzen aufgestellt u. hierfür die Aktivierungsenergien berechnet. Eine *O*-Ausseigerung an den Korngrenzen scheint ein die Wanderung regelnder Faktor zu sein. H. Hochstein. 6430□

Legierungen von Kupfer, Nickel und Tantal. Cyril Stanley Smith. (Trans. metallurg. Soc. AIME **215,** 905—09, 1959, herausgeg. 1960; Chicago, Ill., Univ.; engl.) — Die Löslichkeit von *Ta* bei 1100° beträgt 0,025% in reinem *Cu*, 1,2% in Cu mit 20(%) *Ni* u. 2,7% in Cu mit 30 Ni. Die Löslichkeit nimmt mit der Temp. ab u. die Legg. sind aushärtbar. Eine 79/20/1 *Cu-Ni-Ta*-Leg. erreicht ihre höchste Härte nach einer Alterung bei ca. 750° u. rekristallisiert nach einer Kaltverformung nicht unterhalb dieser Temperatur. Die Legg. besitzen gute Zugfestigkeits-Eigg. bei mäßig erhöhter Temp. u., da sie etwa wie Cupronickel leicht warm- u. kalt verarbeitet werden können, dienen sie als Werkstoffe bei Temp., die oberhalb der für Cu in Frage kommenden Grenzen liegen. H. Hochstein. 6432□

Verfestung von Kupferlegierungen durch innere Oxydation. M. Safdar Ali und V. A. Phillips. (Trans. metallurg. Soc. AIME **215,** 340—14, 1959, herausgeg. 1960; Sheffield, Univ.; Schenectady, General Electric Co.; engl.) — Die Zugfestigkeits-Eigg. von *Cu*-Leg. mit 0,20 (%) *Al* oder 0,45 *Mg* oder 0,27 *Cr* oder 0,22 *Be* im Mischkristallzustand wurden bei —196, 18, 250 u. 500° an bei 900 u. 1000° innerlich oxydierten Drähten bestimmt. Die innere Oxydation bewirkte eine ausgesprochene Erhöhung der Streckgrenze im Vgl. zu reinem Cu, bes. bei —196°. Die Streckgrenze nahm mit einer Zunahme der Temp. in einem viel größeren Ausmaß ab, als dies durch die augenblicklichen Aushärtungstheorien vorausgesagt werden kann. Der verfestigende Einfl. der inneren Oxydation beeinflußte das gesamte Spannungs-Dehnungs-Schaubild, aber da ein deutlicher Verlust der Verformbarkeit bei allen Prüftemp. auftrat, waren nur mäßige Zunahmen in der Zugfestigkeit feststellbar. H. Hochstein. 6432□

Ausglühen von Berylliumbronzen bei niedriger Temperatur. Ss. I. Berman. (Цветные Металлы [Nichteisenmetalle] **33,** Nr. 6, 74—80, Juni 1960; russ.) — Zur Vermeidung des bei der Herst. von langen *Be-Bronzebändern* komplizierten Härtens wurde der Einfl. eines längeren Glühens (5—8 Std. bei 530—570°) auf die mechan. Eigg. *kaltgehärteter Bronzen* (I) mit variiertem *Be*-Geh., z. B. 2,4 (%) *Be* + 0,3 *Ni* u. 1,97 *Be* + 0,46 *Ni*, untersucht. Es zeigte sich, daß nach dem Spannungsfreiglühen die I im Vgl. zu gehärteten prakt. die gleiche Festigkeit u. Plastizität, eine geringere relative Dehnung u. höhere Härte aufweisen u. daß die Entfestigung für eine weitere Kaltverformung vollständig genügt. Der Einfl. der Temp. u. Dauer des Spannungsfreiglühens auf die mechan. Eigg. der I werden tabellar. u. graph. u. die Mikrostruktur in Bildern gebracht. Else Heinemann. 6432

Modifizierung von Gußstrukturen einiger Spritzguß-Bronzen. D. I. Lainer und I. M. Nikolskaja. (Цветные Металлы [Nichteisenmetalle] **33,** Nr. 6, 70—74, Juni 1960; russ.) — Zur Verbesserung der Struktur u. der technolog. Eigg. von *Bronzen* wurde der Einfl. von 0,01—0,5% *Li, Fe, B, Zr* u. *Ti* auf die Kornfeinung an Blöcken von 10—15 kg untersucht, wobei als Ätzmittel für die Makrostruktur 75 (%) HNO_3 + 25 *Eisessig* u. für die Mikrostruktur ein Gemisch aus NH_3 + H_2O_2 + $FeCl_3$ in *HCl* diente. Es zeigte sich, daß eine Zugabe von 0,10% *Zr* die Qualität der Bronzen verbessert u. Poren- u. Rißfestigkeit gewährleistet. 0,1—0,5% *Ti* bewirken Porosität der Oberfläche. *Li* verursacht Warmrisse, *B* bis 0,10% dagegen zeigt positiven Einfl., da es als Flußmittel wirkt u. das Metall vor Oxydation schützt. Im Ergebnis werden Zusätze von 0,02 bis 0,10 (%) B u. 0,02—0,20 Zr empfohlen. Else Heinemann. 6432

Zur Frage der Verbesserung der Eigenschaften von Elektrolyt-Magnesium. K. D. Mushshawlew und O. A. Lebedew. (Известия Высших Учебных Заведений (Орджоникидзе), Цветная Металлургия [Hochschulnachr. (Ordshonikidse), Nichteisenmetallurgie] **3,** Nr. 5, 89—94, 1960; Leningrad, Polytechn., Inst.; Allunions-Inst. für Aluminium u. Magnesium; russ.) — Durch unbedeutende Änderungen an der Zelle u. in der Technologie der Elektrolyse kann *Mg* mit der Reinheit von raffiniertem Mg gewonnen werden, die der Gost-Norm für die Marke *MG-1* entspricht. W. Pötsch. 6444 □

Der Einfluß einer Vakuumbehandlung auf die Gußeigenschaften der Legierung AL10. A. W. Kurdjumow und G. A. Stekolnikowa. (Литейное Производство [Giesserei-Betr.] **1962,** 28—30, Febr.; russ.) — Eine Vakuumbehandlung beim Gießen der Al-Leg. *AL10* bei dem verhältnismäßig niedrigen Druck von 10 mm Hg beeinflußt die Guß-Eigg. dieser Leg. in vorteilhafter Weise; bes. wird die Neigung zur Riß-Bldg. bei erschwerter Schwindung verringert. Die Anwendung der Vakuumbehandlung führt bei der Herst. massiver Gußstücke zur Abnahme oder Beseitigung der Gasporosität u. Erhöhung der Dichte des Gußstückes. H. Hochstein. 6446 □

Warmhärte und andere Eigenschaften einiger binärer intermetallischer Aluminium-Verbindungen. E. R. Petty. (J. Inst. Metals **89,** 343—49, Mai 1961; Banbury, Oxon. Aluminium Labor. Ltd.; engl.) — Aus den Unterss. zwischen Raum-Temp. u. 600° ergibt sich, daß die Härte intermetall. Al-Verbb. offenbar im Zusammenhang mit ihrem F. u. ihrer Bildungswärme steht. Überblick über die Beziehungen zwischen Härte u. Brüchigkeit der Verbb. von *Al* mit *Cu, Mg, Cr, Mn, Fe, Co* u. *Ni.* — 19 Literaturangaben. F. Vier. 6446 □

Der Einfluß einiger Faktoren auf die Sorption des komplexen Ions $[IrCl_6]^{2-}$ durch Anionenaustauscher unter statischen Bedingungen. A. A. Korobkin. (Известия Высших Учебных Заведений (Орджоникидзе), Цветная Металлургия [Hochschulnachr. (Ordshonikidse), Nichteisenmetallurgie] **3,** Nr. 5, 99—104, 1960; Krasnojarsk, Inst. für Nichteisenmetalle; Lehrstuhl für Metallurgie der Edelmetalle; russ.) — Es wurde das Adsorptionsverhalten von $[IrCl_6]^{2-}$ an den Anionenaustauschern *EDE-10 P* u. *AN-2 F* sowie der Einfl. der Berührungszeit, der Temp.-, der *Ir*- u. der HCl-Konz. untersucht. Die Trennung von *Pt* u. *Pd* ist möglich. Das sich unter schwach reduzierenden Bedingungen bildende $[IrCl_6]^{3-}$ wird nicht adsorbiert. W. Pötsch. 6466 □

Vorschlag eines Mechanismus für die Verfestigung von Legierungen vom SAP-Typ. G. S. Ansell. (Trans. metallurg. Soc. AIME **215,** 294—95, 1959, herausgeg. 1960; Troy, N.J., Rensselaer Polytechnic Inst.; engl.) — Für die außergewöhnlich niedrigen Kriechgeschw. einer Al-Sinter-Leg. vom SAP-Typ *MD 2100* wird ein Mechanismus angenommen, nach dem die feinverteilte Sekundärphase nur gegen inaktivierte Versetzungsquellen in der Leg. während der Herst. wirkt. Auch scheint es, daß die SAP-Legg. keine wahren ausgehärteten Legg. im eigentlichen Sinne sind, da die feinverteilte Sekundärphase nur bewirkt, daß die Erzeugung von Versetzungen vermieden wird, während in einer ausgehärteten Leg. die Dispersion eine Versetzungsbewegung behindert. H. Hochstein. 6474 □

Untersuchung der Chlorierungsbedingungen von Titan–Niobcarbid. G. A. Mejersson, A. N. Selikman, L. W. Beljajewskaja, N. Ja. Zeitina und G. F. Kirillowa. (Известия Высших Учебных Заведений (Орджоникидзе), Цветная Металлургия [Hochschulnachr. (Ordshonikidse), Nichteisenmetallurgie] **3,** Nr. 5, 108—15, 1960; Krasnojarsk, Inst. für Nichteisenmetalle, Lehrstuhl für Metallurgie der seltenen Metalle; russ.) — Die Kinetik der Chlorierung kompakter, techn. *Ti–Nb-Carbide* (I) mit 46,88% Ti, 13,91 Nb, 2,62 Si, 8,79 $C_{gebunden}$, 12,32 C_{frei}, 3,76 *N*, 11,72 O wurde bei 400, 600 u. 800° untersucht. Es erwies sich, daß eine kontinuierliche Chlorierung der pulverförmigen I in der Wirbelschicht sowohl mit Cl_2 als auch mit Cl_2 u. O_2 unter Entfernung des C in letzterem Fall als CO oder CO_2 ohne Wärmezufuhr möglich ist. W. Pötsch. 6476□

Gegossenes Bimetall Stahl–Aluminium. N. A. Busche und M. Je. Ssemenow. (Литейное Производство [Giesserei-Betr.] **1962,** Nr. 2, 15—16, Febr.; russ.) — Der Prozeß der Verbindung einer *Al*-Leg. mit *Stahl* besteht aus nachst. Operationen: Entfettung, Flußmittelbehandlung, Alitierung u. Aufgießen einer Al-Lager-Leg. auf die alitierte Stahloberfläche. Das Verf. wird in seiner Ausführung im einzelnen besprochen, bes. wird dabei der Einfl. geringer Zusätze auf die Form des Ausscheidens des Bestandteils *$FeAl_3$* in einer Al-Leg. mit 6% Fe behandelt. Hierbei wird festgestellt, daß Zusätze, wie *Ti, Mo, Nb, Ta* u. *Zr* die nadelartige Form der $FeAl_3$-Ausscheidungen verändern. Metallograph. Unterss. von in einer Schmelze bei 730° alitierten Proben zeigten, daß Zusätze von Ti, Zr, Nb, Ta u. Mo in einer Menge von je 0,2% zu einer Abnahme der Dicke der Übergangszone führen. Die kleinste Übergangszone wurde bei Zusatz von 0,2 (%) Ti u. 5 Zn sowie auch bei Alitierung in einer Al-Leg. mit 9 Sn u. 2 Cu erhalten. Die Mikrohärte der Übergangsdiffusionszone ist in den Grenzen von 700—800 kg/mm prakt. unabhängig von der bei der Alitierung verwendeten Legierung. Für die Heißalitierung ist $K_2[ZrF_6]$ ein gutes Flußmittel. Geringe Zusätze von Ti, Mo, Zr, Nb, Ta u. S, Ni, Cu zum Al verändern nur die Tiefe der Diffusionsübergangszone ohne merkliche Abnahme ihrer Härte. Je geringer die Abmessungen der Zone sind, desto höher ist die Festigkeit der Bimetallverbindung. H. Hochstein. 6478□

Das Fließverhalten von bestimmten legierten Stählen bei niedrigen Dehnungswerten. G. S. Reichenbach, D. A. Brown und P. G. Russell. (Trans. Amer. Soc. Metals **54,** 413—29, Diskussion: 824, März/Dez. 1961; Cambridge, Mass., Inst. of Technol. u. Alloyed Corp.; engl.) — Das Fließ-Verh. einer Gruppe legierter Stähle wurde unter Anwendung von drei Arten von Dehnungsmeß-Syst. bestimmt. Hierbei zeigte sich, daß alle geprüften Stähle plast. Dehnungen bei Spannungen von nur 20 bis 30% der konventionellen Streckgrenze aufwiesen. Es schien dabei ein tatsächlicher elast. Bereich nicht zu existieren, sondern vielmehr ein asymptot. Annäherung der Kurven an die permanente Nulldehnung bei einer Spannung Null. Kein negatives Dehnungs-Verh. konnte gemessen werden. Die Ergebnisse von Torsions- u. Zugprüfungen standen in guter Übereinstimmung. H. Hochstein. 6480□

Untersuchungen über die Beziehungen zwischen Belastung und Zeit bei der Kerbschlagprobe. 2. Mitt. **Über die Umwandlungstemperatur von spannungsgealtertem Schmiedeeisen.** Seita Sakui, Tadahisa Nakamura und Masanobu Ohmori. (Tetsu to Hagane [J. Iron Steel Inst. Japan] **46,** 1538—43, Nov. 1960; jap., Auszug: engl.) — 1. vgl. C. **1961,** 15906. — Unterss. über das Verh. eines beruhigten Stahles mit 0,17% C nach 1std. Glühen bei 920° im Vakuum bei Schlag–Biege-Belastung zeigen: Die Spannungsalterung nach 3 u. 10% Reckung in 3—100 Tagen bei Raum-Temp. ändert die Umwandlungs-Temp. (25°) nicht. Sie bleibt bestehen, auch wenn die Proben 60—120 Min. bei 100° gealtert sind. Nach 60—120 Min. langer Alterung bei 200° steigt die Umwandlungs-Temp. auf 40°. Die die Abhängigkeit der Absorptionsenergie von der Temp. wiedergebenden Kurven für 10% gereckte u. spannungsgealterte Proben fallen plötzlich bei 2 Temp. u. zeigen dann waagerechten Verlauf. Proben mit 3% Rekkung u. spannungsgealterte Proben zeigen dieses Verh. nicht so deutlich. Mit zunehmender Kaltbearbeitung fällt die auf die Probe einwirkende Last nach Erreichen der Höchstlast steil ab. Die durch Kaltbearbeitung ausgelöste Sprödigkeit unterscheidet sich von der durch Abschreck- u. Spannungsalterung verursachten Sprödigkeit. Die Alterung erhöht die Umwandlungs-Temp., was die Kaltbearbeitung nicht vermag.
W. Wesly. 6480□

Einfluß der elektrolytischen Abscheidung einer binären Legierung auf den verzögerten Sprödbruch von Stahl mit ultrahoher Festigkeit. Walter Beck und E. J. Jankowsky. (J. electrochem. Soc. **109,** 490—94, Juni 1962; Philadelphia, Pa., Naval Air Material Center, Aeronaut. Materials Labor.; engl.) — Vff. verwenden für gekerbte Proben aus hochfestem AISI SAE-Stahl *4340* an Stelle von Cd-Überzügen *Sn–Cd*-Leg.-Ndd., die a) durch gemeinsame Abscheidung aus dem Fluoroboratelektrolyten sowie vergleichsweise b) durch getrennte Abscheidung von *Sn* aus dem Stannatbad u. von Cd aus dem cyanid. Bad mit anschließender Temperung hergestellt wurden. Bei Behandlung nach b ist die Versprödung beträchtlich größer als bei Abscheidung nach a. Der verzögerte Sprödbruch von im Watts-Bad vernickeltem hochfesten Stahl, der anschließend cyanid. cadmiert u. bei relativ hohen Temp. getempert wurde, ist zu vernachlässigen. Die aus der stat. Dauerstandfestigkeit abgeleitete relative Bruchfestigkeit stellt ein Maß für die Versprödung des Stahles dar. Vff. beziehen die beträchtlichen Unterschiede im Spannungsbruch-Verh. der Proben auf unterschiedliche Bedeckung mit adsorbierten H-Atomen u. erörtern diese mit Hilfe einer erweiterten kinet. Theorie der Rißfortpflanzung beim verzögerten Bruch. — 18 Literaturangaben. P. Frenzel. 6480□

Schätzung der Empfindlichkeit der Verformungsgeschwindigkeit von Metallen bei Eindruck mit konischen Eindruckkörpern. C. D. Davis und S. C. Hunter. (J. Mechan. Physics Solids **8**, 235—54, Nov. 1960; Fort Halstead, Armament Res. Dev. Establ.; engl.) — Vff. beschreiben einen Stoßeindruck-Vers. zur Unters. des Verh. von Metallen u. Legg., die Druck- bzw. Stoßbelastungen von einer Dauer einiger Milli-Sek. ausgesetzt wurden. Es wurden theoret. Beziehungen abgeleitet zwischen den Eindruckdimensionen, der Kontaktdauer u. der Fall-Geschw., die experimentell bestätigt wurden. Untersucht wurden *Al*, *Cu*, *Mo*, 2 *Al-Legg.*, *DSP* u. *FSP*, *Fe*, verschiedene techn. *Stähle*, eine gesinterte *W-Leg.* mit zusammen 1% *Ni* u. *Co* sowie eine *Fe–Ni-Leg.*, *Nilo 36*, mit 36% Ni. Die Ergebnisse sind graph. u. tabellar. wiedergegeben. — 18 Literaturangaben. C. Gottfried. 6480

Kriechen einer ausgehärteten Al-Legierung. G. S. Ansell und J. Weertman. (Trans. metallurg. Soc. AIME **215**, 838—43, 1959, herausgeg. 1960; engl.) — Das Kriechverh. einer mit einer feindispersen Phase aus Al_2O_3 gehärteten *Al*-Leg. wurde untersucht. Diese Leg. zeigt ein annähernd stetiges Kriechen, wobei die Kriechgeschw. exponentiell von der angelegten Spannung abhängt. Die Aktivierungsenergie des Kriechens ist annähernd 150000 cal/Mol. Die rekristallisierte Al-Leg. zeigt kein stetiges Kriechen. H. Hochstein. 6480□

Einfluß von Richtkräften während des Walzens auf die Texturen von anfänglich (0 0 1) [1 0 0] orientierten Kristallen aus einer Eisenlegierung mit 3% Si. R. G. Aspden. (Trans. Metallurg. Soc. AIME **215**, 986—91, 1959, herausgeg. 1960; Pittsburgh, Pa., Westinghouse Res. Labor.; engl.) — Kristalle mit einer (0 0 1) [1 0 0]-Anfangsorientierung einer Fe-Leg. mit 3% Si wurden mit u. ohne Anwendung von Richtkräften (constraints) kaltgewalzt. Die mit Richtkräften gewalzten Kristalle zeigten eine größere Neigung zur Bldg. von Verformungsbändern als ohne Richtkräfte gewalzte Kristalle. Die stabile Endorientierung betrug (0 0 1) [1 1 0], wenn keine Verformungsbänder während des Walzens gebildet wurden. Trat aber eine solche Bldg. während des Walzens auf, so wurden zwei symm. Komponenten festgestellt, die durch Drehen (0 0 1) [1 1 0] bis zu 12° in beiden Richtungen um die Walzfläche beschrieben werden konnten. Die Komponenten in der Glühtexturen wurden in Beziehung zu den Verformungstexturen durch ⟨1 1 0⟩ u. ⟨1 0 0⟩-Drehungen von 20—30° gebracht. Der Hauptunterschied in den Glühtexturen wurde zwischen mit u. ohne Richtkräfte gewalzten Kristallen festgestellt. Die ⟨1 0 0⟩-Drehungen ergeben fast (0 0 1) [1 2 0]-Typ Komponenten für ohne Richtkräfte gewalzte Kristalle u. fast (0 0 1) [1 0 0] für mit Richtkräften gewalzte Kristalle. H. Hochstein. 6490□

Kaltwalztexturen von Eisenlegierungen mit 3—12% Aluminium. R. G. Aspden, J. A. Berger und R. S. Mateer. (Trans. metallurg. Soc. AIME **215**, 251—53, 1959, herausgeg. 1960; Pittsburgh, Pa., Univ., Westinghouse Res. Labor.; engl.) — H. Hochstein. 6490□

Der Einfluß einer Verformung von unterkühltem Austenit auf die Eigenschaften von Stählen nach einer Abschreckung. L. I. Kogan und R. I. Entin. (Металловедение и Термическая Обработка Металлов [Metallkunde therm. Metallbearb.] **1962**, Nr. 1, 3—9, Jan.; Zentr. Forsch.-Inst. für das Eisenhüttenwes.; russ.) — Eine thermomechan. Behandlung (Tmb), die aus einer Verformung von unterkühltem *Austenit* bei den Temp. seiner hohen Beständigkeit u. aus einer nachfolgenden Abschreckung besteht, erhöht die Bruchfestigkeit u. Streckgrenze des Stahles. Die höchsten Werte wurden bei Verss. nach einem Anlassen der so behandelten Stähle bei 200° erhalten. In Stählen mit einem Anlaßhärteeffekt nach der Tmb ist eine Beibehaltung der hohen Festigkeit bis zu Anlaß-Temp. von ca. 500° möglich. Die Erhöhung der Festigkeitswerte infolge der Tmb ist besonders stark in Stählen, die aus reinen Einsatzmaterialien durch Vakuumschmelzung hergestellt sind. Diese höheren Festigkeitswerte hängen offenbar mit einer Erhöhung des Formänderungsvermögens im austenit. Zustand sowie auch nach der Abschreckung im Martensit zusammen. Dies vermindert die Wahrscheinlichkeit einer örtlichen Spannungs-Konz. u. einer Bldg. von die Stahl-Eigg. verschlechternden Mikrorissen. Man kann annehmen, daß die Abnahme der Abmessungen der Martensitkristalle u. Blöcke nicht die Hauptursache der Festigkeitserhöhung infolge der Tmb ist. Bei der Verformung während der Tmb tritt eine Austenitverfestigung ein, die vom Verformungsgrad, der Verformungs-Temp. u. dem C-Geh. im Stahl abhängt. Mit einer Erhöhung des Verfestigungseffektes des Austenits wird die relative Zunahme der Festigkeits-Eigg. erhöht. Die Gefügeveränderung infolge der Austenitverformung bedingt eine Dichteveränderung u. die Fehlerverteilung in den sich bei der nachfolgenden Abschreckung bildenden Martensitkristallen. H. Hochstein. 6490□

Untersuchung über Blechbarren aus Aluminium(-Legierungen). 4. Mitt. **Über den Einfluß von Titan.** Toziro Kobayashi und Hisao Otuji. (Light Metals [Tokyo] **11**, Nr. 5 (50), 5—12, Sept. 1961; jap., Auszug: engl.) — 3. vgl. vorst. Referat. — Unterss. über das Grob- u. Feingefüge von Blechbarren aus Al (-Legg.) mit kleinen Mengen Ti nach anod. Oxydation zeigen: Ein feineres Makrogefüge ergibt sich durch Zusatz von 0,04% Ti. Lange, dendrit. Kristalle u. breite Gitter zeigen sich nach Ti-Zusätzen nicht, weil diese das Kristallwachstum verhindern. Auch das Auftreten von „Fiederkristallen" wird durch Ti-Zusätze verhindert. Die Beziehung zwischen Kristallen u. Körnern wird durch ihr Makro- bzw. Mikrogefüge erläutert. W. Wesly. 6490□

Untersuchung über Blechbarren aus Aluminium(-Legierungen). 5. Mitt. **Über die Beziehung zwischen Gußgefüge und verformtem Gefüge.** Toziro Kobayashi und Hisao Otuji. (Light metals [Tokyo] **12,** Nr. 1 (Nr. 51), 5—13, Jan. 1962; jap.; Auszug: engl.) — 4. vgl. vorst. Referat. — Druckprüfungen zeigen, daß das Verh. von Al-Blechbarren zur Zeit der Dickenabnahme mit der Mikro-, nicht aber mit der Makrostruktur in Beziehung steht. Ein Barren mit feiner Mikrostruktur ergibt Blech mit feiner Korngröße. W. Wesly. 6490□

Der Einfluß einer thermomechanischen Behandlung auf die Festigkeit von Stahldraht. W. Ja. Subow, Ss. W. Gratschew und Ju. P. Ssurkow. (Металловедение и Термическая Обработка Металлов [Metallkunde therm. Metallbearb.] **1962,** Nr. 1, 20—22, Jan.; Uraler Polytechn. Inst.; russ.) — Durch Verss. an einer Anzahl von *Stahl*-Drahtsorten wird nachgewiesen, daß die Anwendung der thermomechan. Behandlung beim Ziehen der Stahldrähte der üblichen Stahlsorten die Möglichkeit zur Festigkeitssteigerung auf über 300 kg/mm² bietet. H. Hochstein. 6490□

Die thermomechanische Behandlung von Kugellagerstahl. M. L. Bernstein, E. L. Demina und K. E. Ssafonowa. (Металловедение и Термическая Обработка Металлов [Metallkunde therm. Metallbearb.] **1962,** Nr. 1, 23—25, Jan.; Moskau, Stahlinst.; russ.) — Die Ergebnisse einer Unters. über den Einfl. einer thermomechan. Behandlung (Tmb) auf den Kugellagerstahl *SchCh15* mit 1(%) *C*, 1,3 *Cr*, 0,3 *Mn*, 0,2 *Si*, 0,01 *S* u. 0,02 *P* zeigen, daß diese Tmb mit größeren Verformungsgraden den Einfl. der Anlaß-Temp. auf die Blockabmessungen im Gefüge verringert. Die fein zerkleinerten Blöcke nehmen bis zu höheren Anlaß-Temp. nicht zu. Es ist möglich, daß diese Erscheinung in irgendeiner Weise den beständigen Einfl. der Kaltverfestigung u. die Umkehrbarkeit der Tmb erklärt. H. Hochstein. 6490□

Die thermomechanische Behandlung von hitzebeständigen Legierungen. D. Ja. Kagan. (Металловедение и Термическая Обработка Металлов [Metallkunde therm. Metallbearb.] **1962,** Nr. 1, 40—42, Jan.; russ.) — Werkstücke aus der hitzebeständigen Leg. *EI437B* u. ihrer Ersatz-Legg. *EI787* u. *EI696*, die Betriebs-Temp. von 550—650° ausgesetzt sind, werden zweckmäßig einer thermomechan. Behandlung (Tmb) unterworfen, die durch die Kombination einer Gesenkschmiedung mit nachfolgender Abkühlung an Luft verwirklicht wird. Die so behandelten Teile besitzen entweder ganz oder teilweise eine Rekristallisationsstruktur. Die Anwendung der Tmb für bei 550—650° arbeitende Stahlteile ermöglicht unter Beibehaltung eines hohen Formänderungsvermögens die Erhöhung der Festigkeit u. Warmfestigkeit sowie die Erniedrigung der Kerbempfindlichkeit u. der Neigung zur Warmversprödung.
H. Hochstein. 6490□

Die thermomechanische Behandlung von Titanlegierungen. A. Ss. Schigarew. (Металловедение и Термическая Обработка Металлов [Metallkunde therm. Metallbearb.] **1962,** Nr. 1, 42—44, Jan.; russ.) — Die besten Ergebnisse einer thermomechan. Behandlung (Tmb) einer *Ti*-Leg. *WTS-1* werden nach einer Verformung bei 850° mit nachfolgendem Anlassen erzielt. Nach einer beliebigen Tmb sind die mechan. Eigg. der Ti-Legg. höher als bei den ohne Verformung wärmebehandelten Ti-Legierungen.
H. Hochstein. 6490□

Der Einfluß einer Wärmebehandlung und der Nitrierung auf die magnetischen Eigenschaften von austenitischen Stählen. M. M. Belenkowa, A. W. Kosstenko,

M. N. Michejew, E. E. Stoinskaja, T. M. Pogrebetzkaja und A. A. Jurgensson. (Металловедение и Термическая Обработка Металлов [Metallkunde therm. Metallbearb.] **1960**, Nr. 11, 16—20, Nov.; russ.) — Eine Veränderung der Normalisierungs-Temp. des Stahls *EI123* von 1070 auf 1150⁰ sowie eine zusätzliche Alterung von 8 Std. bei 800⁰ verändert prakt. nicht die magnet. Susceptibilität dieses Stahls. Eine starke Nitrierung verändert die Permeabilität der untersuchten Stähle. Die Nitrierschicht von zwei untersuchten austenit. Stählen ist ferromagnet., was durch die Bldg. der Nitride, durch die Verarmung des Austenits an Leg.-Elementen u. durch dessen Zerfall bedingt ist. Infolge der Nitrierung erlangt der Stahl EI123 eine höhere Permeabilität (etwa das 3fache) im Vgl. zum austenit. Cr-Ni-Stahl *1Ch18N9T*. Eine Vergrößerung der Eindringtiefe der nitrierten Schicht bewirkt eine Zunahme der magnet. Permeabilität. Mit der Vergrößerung der relativen Tiefe der Nitrierschicht von EI123 von 23 auf 48,5% nimmt die Maximalpermeabilität um mehr als das 2fache zu; bei 1Ch18N9T wächst die Maximalpermeabilität bei einer Zunahme der relativen Eindringtiefe von 50 auf 93,65% von 3,7 auf 19,8 Gauß/Oe. Die Überwachung der Tiefe der Nitrierschicht einer Reihe austenit. Stähle kann durch eine elektromagnet. Meth. erfolgen.
H. Hochstein. 6492□

Wärmebehandlung von kohlenstoffarmem elektrotechnischem Stahl. N. P. Shetwin, L. N. Podwoisski, A. I. Paissow und Je. P. Kapusstina. (Металловедение и Термическая Обработка Металлов [Metallkunde therm. Metallbearb.] **1960**, Nr. 11, 20—24, Nov.; Werk „Sichel und Hammer“; Moskau, Inst. für Technologie des Flugzeugbaus; russ.) — Das Glühen von niedriggekohltem elektrotechn. Stahl muß in einem entkohlenden Mittel durchgeführt werden. Das auf einzelnen Werken ausgeübte Glühen in gußeisernen Spänen vermindert die Möglichkeit der Erzielung einer geringen Koerzitivkraft. Zur Vermeidung einer Oxydation der Teile beim Glühen wird an Stelle von gußeisernen Spänen ein Gemisch empfohlen, das aus einem Teil Späne aus *weichem Stahl* u. aus zwei Teilen *Sand* besteht. Stahl aus unberuhigten Schmelzen muß oberhalb des oberen krit. Punktes geglüht werden. Hierbei ermöglicht eine Temp.-Steigerung von 900—920⁰ auf 950—980⁰ eine Kornvergröberung, Entkohlung u. Erzielung niedrigerer Koerzitivkraftwerte. Ein einmaliges Glühen von beruhigtem Stahl bei 850—870⁰ ergibt eine niedrigere Koerzitivkraft als ein Glühen bei 920⁰; mehrmalige Glühungen werden rationeller bei 920⁰ durchgeführt. Nach dem Glühen muß der Stahl bis auf 600⁰ mit einer Geschw. von ≦40⁰/Std. mit nachfolgender Abkühlung an Luft erkalten. Eine Reinigungsglühung im H_2 erniedrigt die Koerzitivkraft bedeutend, verringert die Neigung zur magnet. Alterung u. ermöglicht eine Verhütung oder Beseitigung von der dem unberuhigten Stahl eigenen Sprödigkeit.
H. Hochstein. 6492□

Die Verwendung einer Gasatmosphäre für die Wärmebehandlung nichtrostender hitzebeständiger und titanhaltiger Materialien. A. Ja. Ischtschenko und W. I. Koltschinski. (Металловедение и Термическая Обработка Металлов [Metallkunde therm. Metallbearb.] **1960**, Nr. 11, 25—28, Nov.; russ.) — Eine Halogenierung (Verw. von *NH_4F*) von aufkohlenden oder nietrierenden Mitteln in Anwendung auf nichtrostende u. wärmebeständige Stähle gewährleistet die Erzielung hochwertiger Diffusionsschichten mit einem geringeren Zeitaufwand. H. Hochstein. 6492□

Wärmebehandlung im Kohlensäuregas. W. A. Schebanow. (Металловедение и Термическая Обработка Металлов [Metallkunde therm. Metallbearb.] **1960**, Nr. 11, 37—38, Nov.; Cherson, Schiffsreparatur- u. Schiffbauwerk; russ.) — Das Metall, das durch den Elektrodenstahldraht *Ssw-08G2SsA* [0,20(%) C, 0,91 Mn, 0,46 Si] in einer CO_2-Atmosphäre auf den Stahl *45* (0,43 C, 0,57 Mn, 0,26 Si) aufgetragen wird, unterscheidet sich hinsichtlich der chem. Zus. vom Grundmetall wesentlich, jedoch sind die mechan. Eigg. der beiden Stähle gleich. Nach einer Wärmebehandlung werden die Eigg. u. die Struktur des Schweißgutes u. des Grundmetalls in gleichartigem Maße verändert. H. Hochstein. 6492□

Erhöhung der Festigkeit von in einer cyanhaltigen Gasatmosphäre behandeltem Stahl. B. A. Stetzenko. (Металловедение и Термическая Обработка Металлов [Metallkunde therm. Metallbearb.] **1960**, Nr. 11, 46—47, Nov.; Gorki, Automobilwerk; russ.) — Unterss. über die Veränderung der Festigkeits-Eigg. eines in einem cyanhaltigen Gas bei 815⁰ 90 Min. behandelten Zahnradstahls ergaben, daß das Verhältnis der dem Behandlungsofen zugesetzten *Petroleum-* u. *NH_3*-Menge einen Einfl. auf den C- u. N-Geh. in der carbonitrierten Schicht sowie auf die Festigkeit des behandelten Stahls ausübt. Die Härte der carbonitrierten Oberfläche nahm bei allen Verss. ausreichend hohe Werte an u. ist prakt. gleichmäßig. Das günstigste Verhältnis der Biegefestigkeit u. der Kerbschlagzähigkeit wurde bei einem Zusatz von 25—30 Tropfen

Petroleum je Min. u. von 2 Liter NH_3/Min. erzielt. Bei dieser Betriebsweise wurde die Oberflächenschicht auf 0,78% C u. 0,25 N angereichert. Niedrigere Festigkeitswerte der Proben u. Zahnräder wurden bei einem Betrieb mit 50—60 Tropfen Petroleum je Min. u. 6 Liter NH_3/Min. erreicht. H. Hochstein. 6492□

Ableitung einer Formel zur Berechnung der Entkohlungstiefe. Ju. I. Artschakow. (Журнал Прикладной Химии [J. angew. Chem.] **33**, 2553—57, Nov. 1960; russ.) — Ermittelt wird eine empir. Gleichung zur Berechnung der *Entkohlungstiefe* an Stahlrohren, die bei H_2-Drücken von 100—800 kg/cm² u. Temp. von 350—600° geprüft werden. Mittels dieser Gleichung kann die Anzahl der Unterss. bei der Stahlauswahl für App. u. Rohrleitungen, die der zerstörenden Einw. von H_2 unterliegen, verringert werden. H. Hochstein. 6492□

Untersuchung über die Schweißbarkeit beim Hochfrequenzinduktionsschweißen. 1. Mitt. Einfluß des Preßdruckes. Shunichi Okamura. (Light Metals [Tokyo] **11**, Nr. 5 (50), 18—26, Sept. 1961; Sanko Shindo Kogyo K. K., Fabr. Enterprise Dep.; jap., Auszug: engl.) — In dem Maße, wie der Preßdruck steigt, erhöht sich die höchste Schweißfestigkeit. Bei konst. Schweißgeschw. zeigt der Preßdruck Schwankungen in Abhängigkeit von der Schweißstromstärke. W. Wesly. 6506□

Untersuchung über die Schweißbarkeit beim Hochfrequenzinduktionsschweißen. 2. Mitt. Einfluß der Schweißstromstärke und Schweißgeschwindigkeit beim Hochfrequenzinduktionsschweißen. Shunichi Okamura. (Light Metals [Tokyo] **11**, Nr. 5 (50), 27—32, Sept. 1961; jap., Auszug: engl.) — 1. vgl. vorst. Referat. — Unterss. über die Festigkeit geschweißter Teile bei verschiedener Schweißstromstärke u. -Geschw. zeigen, daß die erforderliche Mindeststromstärke bei jeder Schweißgeschw. die höchste Schweißwirksamkeit aufweist. Mit steigender Schweißgeschw. fällt die erforderliche Stromstärke. Die Breite u. Festigkeit der geschweißten Teile sind einander fast proportional. W. Wesly. 6506□

Untersuchung über die Schweißbarkeit beim Hochfrequenzinduktionsschweißen. 3. Mitt. Einfluß des Zusatzes von Elementen zu 2SAl. Shunichi Okamura. (Light Metals [Tokyo] **11**, Nr. 5 (50), 33—36, Sept. 1961; jap., Auszug: engl.) — 2. vgl. vorst. Referat. — Die elektr. Leitfähigkeit der Leg. *29 Al* mit 0,05 (%) *Cu*, 0,05 *Mn*, 0,05 *Fe*, 0,1 *Si*, Rest *Al* steigt durch Zusatz von *Mg* u. *Mn*. Mit der elektr. Leitfähigkeit schwankt die krit. Schweißstromstärke. W. Wesly. 6506□

Sollen Großkessel gebeizt werden? Erfahrungen beim Anfahren neuer Kessel. R. Kretzer. (Mitt. Vereinig. Großkesselbesitzer **1962**, 83—86, April; Frimmersdorf; dt.) — Die durch Auskochen nach der Atmungs-Meth. aus dem Kessel zu entfernenden Fe- u. Kieselsäuremengen betrugen weniger als $^1/_3$ derjenigen Mengen, die durch die Beizung herausgeholt wurden. Das Auskochen eines Kessels nimmt jedoch mehr Zeit in Anspruch als das Beizen. Durch das Beizen wird die erforderliche Dampfreinheit früher erreicht, was Zeitersparnis u. Leistungsgewinn erbringt. H. Czech. 6512□

Die elektrochemische Reinigung der Metalloberflächen von Erdölprodukten. W. G. Gleim, W. I. Shischtschenko, E. M. Lawrowa und Ss. G. Tereschtschenko. (Извесия Высших Учебных Заведений (Баку), Нефть и Газ [Hochschulnachr. (Baku), Erdöl Gas] **5**, Nr. 1, 87—91, 1962; Rostow/Don, Inst. für Eisenbahntransport-Ing.; russ.) — Die *elektrochem. Reinigung* ist für die Kathoden- u. Anodenprozesse verschieden. Bei der Kathodenreinigung wird das Ablösen der Erdöl-Prodd. vom Metall durch den Benetzbarkeitswert des Elektrodenmetalls mit der Lsg. des Elektrolyten bestimmt. Diesen Prozeß des Freiwerdens des Metalls von der Ölschicht fördert die Ausscheidung von H_2: er lockert die Ölschicht, erleichtert die Benetzung der Elektrode mit dem Elektrolyten u. emulgiert das Öl. Bei der Anodenreinigung dominiert das mechan. Ablösen der Erdöl-Prodd. durch O_2, dessen Menge u. die Ausmaße der Blasen hierbei von Bedeutung sind. Nicht so wesentlich ist der Einfl. der Oberflächenspannung an der Grenze zwischen dem Öl u. dem Elektrolyten u. der Benetzungserscheinung. W. Hantzsch. 6514□

Elektrolytische Überzüge auf Titan. G. N. Smolenskaja, N. T. Kudrjawzew und W. M. Karatajew. (Металловедение и Термическая Обработка Металлов [Metallkunde therm. Metallbearb.] **1960**, Nr. 11, 42—44, Nov.; russ.) — Erarbeitet werden die Vorbehandlungs- u. die elektrolyt. Herst.-Bedingungen für Metallüberzüge auf einer polierten Oberfläche von *Ti* u. seinen Legierungen. Die Metallüberzüge blättern beim Schleifen, Polieren u. bei einer Erwärmung nicht ab u. halten ein Löten mit Weichloten aus. Die Wärmebeständigkeit eines solchen Überzugs gewährleistet ein Löten bei Temp. bis 500°. Hierdurch wird eine Stufenlötung im Temp.-Bereich bis 500° ermöglicht. Nach der Polierung der *Cu*- oder *Ni*-Ndd. kann man in Abhängigkeit von den Betriebsbedingungen die Gegenstände mit *Ni*, *Cr*, *Rh*, *Au*, *Ag* u. dgl. elektrolyt. überziehen. H. Hochstein. 6516□

Entwicklung und Anwendung eines neuen chemisch resistenten chlorierten Polyäther-Überzugs-Werkstoffes. B. H. Mahlman und E. J. Kaatz. (Corrosion [Houston] **17,** 404t—408t, Aug. 1961; Wilmington, Del., Hercules Powder Co., Coatings Div.; engl.) — Vff. besprechen die physikal. u. chem. Eigg. von *Penton*, eines chlorierten Polyäthers (CP) der Zus. *Poly-(3.3-bis-[chlormethyl]-oxacyclopropan. Penton* ist eine krist., hydrophobe Substanz mit einem mittleren Molgew. zwischen 250000 u. 400000, F. 358° F, D. 1,4 g/cm³, Elastizitätsmodul bei 73° F 150000 lbs./sq.in., Bruchdehnung bei 73° F 130%. Zerreißfestigkeit bei 73° F 6000 lbs./sq.inch. Wasseraufnahme vernachlässigbar. Weitgehend beständig gegen Säuren, Salze, Laugen u. organ. Lösungsmittel. Auf Grund dieser Eigg. ist CP gut geeignet als korrosionsfester dünner Film oder dicker Überzug. Die Anwendung von CP in Lsg., Dispersion u. als trocknes Pulver wird beschrieben. — Diskussion. H.-J. Taschow. 6528□

Gespritzte Aluminiumüberzüge auf Stahl in Seeatmosphäre. F. C. Porter. (Aluminium **37,** 515—17; Engineer **211,** 906—07, Aug. 1961; London, Aluminium Dev. Assoc.; dt.) — Überblick über die Korrosionsbeständigkeit gespritzter Al-Überzüge auf Stahl an Hand des Schrifttums. — 22 Literaturangaben. F. Vier. 6538□

Schutz perlitischer Stähle vor Hochtemperatur-Gaskorrosion. A. W. Rjabtschenkow und W. I. Welemitzina. (Металловедение и Термическая Обработка Металлов [Metallkunde therm. Metallbearb.] **1960,** Nr. 11, 39—42, Nov.; Zentr. Forschungsinst. für Technol. u. Maschinenbau; russ.) — Untersucht wird das Verh. des Stahls *15 ChMFKR* mit 0,15 (%) *C*, 0,21 *Si*, 0,48 *Mn*, 1 *Cr*, 1,1 *Mo*, 1,4 *Co*, 0,3 *V*, 0,006 *B*, 0,02 *S*, 0,03 *P*, der mit einem *Ni*-Schutzüberzug nach Beizen in einer 50% ig. HCl überzogen ist, gegenüber Luft u. überhitztem Wasserdampf bei 650° bei einer Unters.-Dauer von 50—1000 Stunden. Der Ni-Überzug enthielt infolge einer Ni_3P-Bldg. 7,5—9% P. Das Korrosions-Verh. wurde durch Gew.-Best. beurteilt. Die Unters. der Korrosionsbeständigkeit der Proben mit einer verschiedenen Stärke des Ni–P-Überzugs ergab, daß die Korrosions-Geschw. in Luft in der Anfangsperiode größer als in überhitztem Dampf ist; jedoch hört der Oxydationsprozeß in diesen Mitteln allmählich auf, wobei er in Luft rascher abklingt als im Dampf. Nach der 1000std. Haltezeit der Proben bei 650° behält der Überzug unter der Schicht der Oxidhaut noch einen ziemlich hohen Härtewert bei, so daß die Anwendung solcher Schutzüberzüge für bei Reibung bei normalen u. erhöhten Temp. arbeitende Maschinenteile zweckmäßig erscheint. Ein Ni-P-Überzug mit einer Dicke von 30—50 μ gewährleistet einen stabilen Schutz gegen Gaskorrosion bei den niedriglegierten, warmfesten perlit. Stählen, die bei Betriebs-Temp. von 650° unter Luftzutritt oder in einer Wasserdampfatmosphäre arbeiten. Bei der Oxydation der chem. vernickelten Proben bildet sich auf ihrer Oberfläche, bes. bei Einw. von überhitztem Wasserdampf, eine Oxidhaut mit sehr hoher Härte. Solche Teile eignen sich bes. als Werkstoff für Dampfturbinenarmaturen. H. Hochstein. 6538□

Die Morphologie von Korngrenzen-Carbiden und ihr Einfluß auf die interkristalline Korrosion von nichtrostendem 304-Stahl. R. Stickler und A. Vinckier. (Trans. Amer. Soc. Metals **54,** 362—80; Diskussion: 807—16, März/Dez. 1961; Pittsburgh, Pa., Westinghouse Res. Labor.; engl.) — Die Korngrenzencarbide in einer Anzahl von nichtrostenden *304*-Stählen (0,038% C) werden nach verschiedenen Wärmebehandlungen zwecks Anfälligmachen für eine interkristalline Korrosion untersucht. Zur Prüfung auf interkristalline Korrosion wurden die Stahlproben in eine Straußsche Lsg., bestehend aus 100 g $CuSO_4$, 100 ml H_2SO_4, dest. W. zur Auffüllung auf 1 Liter Prüflsg., eingetaucht. Bei der Unters. zeigte sich, daß ein unmittelbarer Zusammenhang zwischen dem Korrosions-Verh. u. der Morphologie des Korngrenzencarbids besteht; eine geringe interkristalline Korrosionsbeständigkeit wird bei den bei tieferen Temp. miteinander zu Lagen verbundenen Korngrenzencarbidteilchen festgestellt, während bei höheren Temp. die isolierten dendrit. Teilchen bei einer guten interkristallinen Korrosionsbeständigkeit vorhanden sind. In allen Proben wird die die einzelnen Carbidteilchen unmittelbar umgebende Grundmasse z. T. aufgelöst; hieraus entwickelt sich in allen Proben ein elektrochem. Korrosionsmechanismus. Das interkristalline Korrosions-Verh. kann auch ohne Annahme einer Cr-Verarmung an den Korngrenzen vollauf erklärt werden; danach ist die Korrosion eine elektrochem. Rk. zwischen den Carbidteilchen u. der Grundmasse, welche schnell in die Proben längs der Korngrenzen eindringt, wenn dort ein durch die Lagen der miteinander verbundenen kleinen Carbidteilchen geschaffener kontinuierlicher Weg vorhanden ist. Ähnliche Proben wurden anfällig für interkristalline Korrosion gemacht, darauf bei —320° F abgeschreckt. Der Martensitanteil nimmt mit dem steigenden Anteil an ausgeschiedenem Carbid zu. Der Martensit tritt dann leichter auf, wenn in der Grundmasse Spannungen durch die Ggw. der Carbidteilchen vorhanden sind. Entweder tritt in den untersuchten nichtrostenden *304*-Stählen eine Cr-Verarmung nicht auf oder ist nur so gering, daß sie keinerlei Bedeutung besitzt. — 24 Literaturangaben. H. Hochstein. 6538□

Versagen von Hochdruckschrauben vom Typ 410 in durch Ammoniak verunreinigtem Wasser. H. W. Wilten. (Corrosion [Houston] **17,** 10—11, Aug. 1961; Beaumont, Tex., Lamar State Coll. of Technol.; engl.) — Vf. berichtet über das Versagen von Flanschschrauben vom Typ 321 u. 410 durch Spannungsrißkorrosion in einer Ammoniakanlage. Der Flansch befand sich in einem Kühlwassermantel. Während der 18/9-Cr–Ni-Stahl nach 18 Monaten versagte, brachen die Schrauben aus 13-Cr-Stahl nach 21tägiger Laufzeit beim erneuten Anziehen. NH_3-Austritte durch die Dichtungen sorgten für ein Medium, welches bei spannungsbeanspruchtem gehärtetem 410-Stahl bei mehr als 230—250 Brinell-Härteeinheiten interkristallinen Angriff erzeugte. Das Kühlwasser enthielt neben NH_3 u. HNO_3 40—60 ppm Chloride. H.-J. Taschow. 6538□

Eine Methode zur Verhinderung der Wasserstoffsprödigkeit von Tantal in wässerigen Lösungen. Claude R. Bishop und Milton Stern. (Corrosion [Houston] **17,** 379t—385t, Aug. 1961; Indianapolis, Ind., Div. of Union Carbide Corp., Res. Labor. of the Linde Co.; engl.) — Der Reinheitsgrad, die Vorgeschichte, mechan. Beanspruchung u. Wärmebehandlung sind ohne Einfl. auf die Empfindlichkeit von Ta für die Wasserstoffversprödung in aggressiven reduzierenden Säuren. Vff. beschreiben Labor.-Verss. zum vollständigen Schutz von Ta vor Wasserstoffversprödung durch Berührung mit *Platin.* Die Korrosions-Geschw. des Ta wird nicht erhöht. Auch bei Pt ist die Korrosions-Geschw. in Berührung mit Ta vernachlässigbar gering. H.-J. Taschow. 6538□

Korngrenzen-Angriff bei Aluminium durch flüssiges Gallium. C. Elbaum. (Trans. metallurg. Soc. AIME **215,** 476—78, 1959, herausgeg. 1960; Cambridge, Mass., Harvard Univ.; engl.) — Beim Überdecken einer Oberfläche von festem *Al* mit einer dünnen Schicht von fl. *Ga* durchdringt das Ga mit sehr großer Geschw. die großwinkligen Korngrenzen des Al u. bewirkt so eine Trennung längs dieser Grenzen. Diese Erscheinung wird an einem Beispiel erläutert u. Angaben über die Grenzschichtenergien gemacht. H. Hochstein. 6538□

Verringerung der Korrosion in Kondensatorrohren von Hochdruckanlagen durch Eisen II-sulfat. Thomas W. Bostwick. (Corrosion [Houston] **17,** 12, 13, 14—16, 18, 19, Aug. 1961; Jacksonville, Fla., Electric and Water Utilities Dep.; engl.) — Vf. berichtet über die Bekämpfung der Korrosion von Al–Messing (Al–Ms)-Rohren in Hochdruckanlagen, die mit dem W. des St. John's River gekühlt werden. Zusatz von $FeSO_4$ verhinderte in allen Kondensatoren Schäden. Die Geschw. des Wärmeaustausches durch Al–Ms wird durch $FeSO_4$-Zusatz nicht ernsthaft beeinflußt, wenn die Chlorung fortgesetzt wird. Bei Verw. von $FeSO_4$ kann die Cl_2-Menge red. werden. Nachdem sich der Eisenoxidfilm aufgebaut hat, kann die $FeSO_4$-Zugabe über 1 Woche ohne Schaden unterbrochen werden. Frisch berohrte Kondensatoren werden vor Inbetriebnahme 48 Std. mit einer schnell zirkulierenden $FeSO_4$-Lsg. behandelt, um den Eisenoxidfilm aufzubauen. Bei Verw. von $FeSO_4$-Zusätzen wird der Gew.-Verlust der Mg-Opferanoden um mehr als 50% reduziert. — Diskussion. H.-J. Taschow. 6538□

Umstände, die mit der Korrosion von bleiummantelten Kabel zusammenhängen. K. G. Compton. (Corrosion [Houston] **17,** 409t—412t, Aug. 1961; Murray Hill, N.J., Bell Telephone Labor.; engl.) — Vf. diskutiert die Korrosionsursachen, wie Streuströme, galvan. Elemente, Ionen-Geh. des Erdbodens, chem. Korrosion u. Kontakt mit Schlacken. Außerdem wird auf stahlbandummantelte Kabel u. den kathod. Schutz eingegangen, der wirksam ist, wenn die Bodenstruktur den Schutzstrom zur Umhüllung läßt. In den meisten Medien wird Pb passiv u. bleibt relativ frei von Korrosion. H.-J. Taschow. 6538□

Mikrobiologische Korrosion in Wasserschichten. J. M. Sharpley. (Corrosion [Houston] **17,** 386t—390t, Aug. 1961; Memphis, Tenn., Petroleum Sect., Buckman Labor.; engl.) — Vf. entwickelt eine Hypothese für die bakterielle Lochfraßkorrosion u. regt eine Meth. zur Best. möglicher Beziehungen zwischen der mikrobiol. Flora u. den Mikroorganismen, die imstande sind, Lochfraßkorrosion hervorzurufen, an. Außerdem wird die bakterielle Sulfat-Red., die Beziehung zwischen bakteriolog. Unterss. u. Korrosionsschäden, das Arbeiten mit Kulturen, Labor.- u. Feld-Verss. sowie die Best. von festsitzenden Mikroorganismen besprochen. — Diskussion. H.-J. Taschow. 6538□

Die Untersuchung der Erdbodenkorrosion durch Verwendung des Potentials zwischen Rohrleitung und Erde. B. Husock. (Corrosion [Houston] **17,** 391t—395t, Aug. 1961; engl.) — Vf. berichtet über die Unterscheidung der Korrosion durch vagabundierende Ströme u. der galvan. Korrosion. Es werden generelle Regeln für die Auswertung der Potentialmessungen zur Feststellung einer Erdbodenkorrosion ohne vagabundierende Ströme aufgestellt. In verschiedenen Entfernungen seitlich der Rohrleitungen wurden mit einem $Cu/CuSO_4$-Halbelement Potentialprofile erhalten u. bei galvan. Korrosion kathod. Schutz der Rohrleitung, Schutz durch Überzug u. Zweimetallelement-Bldg. besprochen. Zusammen mit anderen Standardmessungen u. Beachtung sämtlicher Bedingungen können die meisten Korrosionsprobleme erfolgreicher gelöst werden. — Diskussion. H.-J. Taschow. 6540□

Vergleich des Korrosionswiderstandes von basischem Sauerstoff- und Siemens-Martin-Stahl. R. C. Talbot, R. N. Hobbs und W. A. Szymanski. (Corrosion [Houston] **17**, 377t—378t, Aug. 1961; Niagara Falls, N.Y., Hooker Chem. Corp.; engl.) — In 40-Tage-Verss. wurde die Korrosions-Geschw. unter Einw. von *NaOH* + *NaCl*, NaCl, *Dampf*, *Kondenswasser*, *Leitungswasser*, *KOH*, Cl_2, $HClO_4$ u. H_2SO_4 bestimmt. Beide Stähle zeigten fast das gleiche Korrosions-Verh., nur gegen $HClO_4$ u. Cl_2 war bas. O_2-Stahl etwas beständiger. H.-J. Taschow. 6540□

Untersuchung der Geschwindigkeit der Wasserstoffkorrosion von Rohren aus Kohlenstoffstahl. Ju. I. Artschakow. (Журнал Прикладной Химии [J. angew. Chem.] **33**, 2547—52, Nov. 1960; Allunions-Forschungsinst. für erdölchem. Prozesse; russ.) — Auf Grund experimentell erhaltener Werte werden die funktionellen Abhängigkeiten zwischen der *Entkohlungstiefe* von Rohren aus unlegiertem Stahl u. den Parametern, wie Druck, Temp., Wandstärke u. innerer Rohrradius, bei einer Prüfung der Rohre in einer H_2-Atmosphäre u. bei Temp. von 50—600°, bes. 525°, festgestellt. H. Hochstein. 6540□

Eine Untersuchung der Korrosionsgeschwindigkeit von Aluminium und Stahl im Boden über 16 Monate hin mit Hilfe der Polarisationstechnik. W. J. Schwerdtfeger. (J. Res. nat. Bur. Standards, C **65**, 271—76, Okt./Dez. 1961; engl.) — Nach der vom Vf. (vgl. J. electrochem. Soc. **99**, [1952], 407) beschriebenen Polarisations-Meth. werden folgende Unterss. durchgeführt: gesäuberte Stahl- bzw. Al-Rohre werden gewogen, an Cu bzw. Pb-Leitungen angeschlossen, abgedichtet, innen vor Rost geschützt u. eingegraben in einen Boden mit 7500 Ω/cm. In regelmäßigen Abständen wurde die kathod. u. anod. Polarisation gemessen u. am Ende der Gew.-Verlust. Der gemessene Gew.-Verlust stimmt mit dem aus den Polarisationskurven berechneten überein. Stahl u. Al korrodierten in den ersten Monaten schneller als in den späteren. Die Geschw. der Korrosion verringert sich beim Al schneller u. in stärkerem Maße als beim Stahl, während die Korrosions-Geschw. des Stahls stärker von der Temp. u. vom Regen beeinflußt wird. H.-G. Moslé. 6540□

Metallgesellschaft Akt.-Ges., Frankfurt/M. (Erfinder: Franz Schytil und Hubert Krollmann, Frankfurt/M.), **Röstung von feinkörnigen arsenhaltigen Pyriten in einer aufgewirbelten Flugstaubwolke.** Der Pyrit wird in eine Wirbelschicht aus inertem Material eingetragen u. das geröstete Gut mit dem Trägergas aus dem Röstschacht ausgetragen. In der unteren Zone des Röstofens wird eine Temp. von weniger als 500° u. im darüber befindlichen Schacht eine Temp. von mindestens 800° aufrechterhalten u. die Röstluftmenge so eingestellt, daß vorwiegend *Magnetit* erhalten wird, der mittels eines Heißabscheiders bei so hoher Temp. abgeschieden wird, daß keine Umwandlung in *Hämatit* möglich ist. (**D. A. S. 1 116 251** Kl. 18a vom 21/7. 1959, ausg. 2/11. 1961.) M. Neckermann. 6379

Allied Chemical Corp., New York, N.Y., übert. von: Allen C. Amdur, Hanover Township, Morris County, und Curtis B. Hayworth, Morristown, N.J., V.St.A., **Pyritröstung.** Geröstete Pyrite mit ca. 1—5% S werden in einem Gasstrom, bestehend aus 5—50 Vol.-% *HF* u. 10—50 Vol.-% O_2 bei ca. 700° F behandelt, wobei der *S*-Geh. des gerösteten Pyrits auf ca. 0,1% sinkt. (**A. P. 2 984 561** vom 15/4. 1960, ausg. 16/5. 1961.) M. Neckermann. 6379

P-M Associates, Cleveland, Ohio, übert. von: Fred D. De Vaney, Duluth, Minn., V.St.A., **Herstellung von Eisenerzkonzentrat** aus Erzen mit saurer Gangart im Überschuß. Das feuchte Konzentrat wird mit C-haltigem Brennstoff u. Kalkstein gemischt, die Mischung zu Pellets verformt u. mit O_2-haltigen, 2000—2100° F heißen Gasen gebrannt. Hierbei calciniert das Carbonat u. verschlackt die saure Gangart, so daß widerstandsfähige, selbstgehende u. für die Verhüttung geeignete Eisenerzpellets entstehen. — Graph. Darstellung. (**A. P. 2 990 268** vom 4/9. 1958, ausg. 27/6. 1961.) M. Neckermann. 6391

Demag Elektrometallurgie G. m. b. H., Duisburg (Erfinder: Borut Marinček, Zürich, Schweiz, und Hans Ernst, Duisburg), **Vorreduktion von Eisenerzen** auf dem Sinterband. Das vorred. u. erhitzte Gut wird mittels einer elektr. Beheizung so hoch nacherhitzt, daß eine bis zu 90% gehende Vorred. erfolgt. — Abbildung. (**D. A. S. 1 117 619** Kl. 18a vom 16/1. 1960, ausg. 23/11. 1961.) M. Neckermann. 6391

Minister of Mines for the State of Australia, Australien, **Eisengewinnung aus Erzen.** Die zu enteisenenden Erze, z. B. *Ilmenit*, werden nach Zerkleinerung zunächst oxydierend geröstet, um die Fe-haltigen Bestandteile in Fe_2O_3 überzuführen, welches in einem zweiten Arbeitsgang durch Cl_2-Behandlung als $FeCl_3$ verflüchtigt u. schließlich durch Oxydation als Fe_2O_3 niedergeschlagen wird. Vorr. zur Durchführung des Verf. werden beschrieben. — Abbildungen. (**F. P. 1 250 394** vom 10/3. 1960, ausg. 31/3. 1961. Aust. Prior. 10/3. 1959.) Hans Hoffmann. 6391

Metallgesellschaft Akt.-Ges., Frankfurt/M. (Erfinder: Hartmut Pietsch, Frankfurt/M.), **Naßmetallurgische Reduktion von Hämatit zu Magnetit.** Eine Aufschlämmung des gemahlenen Hämatits in einer sauren wss. Lsg., welcher feinverteiltes *Fe* als Katalysator zugesetzt ist, wird mit reduzierenden Gasen bei erhöhter Temp. u. erhöhtem Druck behandelt. (**D. A. S. 1 116 250** Kl. 18a vom 23/4. 1960, ausg. 2/11. 1961.) M. Neckermann. 6391

National Smelting Co. Ltd. (Erfinder: Colin John Swanson), London, England, **Herabsetzung der Schwundporosität bei gegossenem Blei.** Zu diesem Zweck wird dem *Pb* 0,6—1,4% *As* in Form einer *Pb–As*-Leg. beigegeben. Zugleich wird auch die Duktilität vermindert u. die Festigkeit u. Härte des Pb erhöht. (**E. P. 864 196** vom 30/1. 1959, ausg. 29/3. 1961.) C. Götze. 6431

Matei Pruna, Georges Réné Jean Lafeuille und Pierre Lafeuille, Frankreich, **Kupferlegierung** nach F. P. 1 227 205 mit 0,01—1 (%) *Zr* u. 0,005—0,5 *P* enthält noch 0,1—2, vorzugsweise 0,6—1,2, *Cd.* Diese Leg. ist nach Kaltschmieden von guter Härte. Außerdem besitzt sie eine gute elektr. Leitfähigkeit u. gute Wärmeleitfähigkeit. Die Brinell-Härte liegt bei 115—140 kg/mm². (**F. P. 73 344** vom 8/3. 1957, ausg. 30/11. 1960. **Zusatz zu F. P. 1 227 205; C. 1962, 3970.**) W. Hauswald. 6433

Albert von Ostermann, Salach, Baden-Württemberg, **Härten von Kupfer und Kupferlegierungen** durch Behandeln mit fl. Luft. Eine Lsg. aus 81 (%) *Cu*, 1,8 *Sn*, 17,2 *Zn* u. Spuren von *Fe* u. *Pb* z. B. hat nach der Behandlung eine um 15—20% höhere Verschleißfestigkeit. (**E. P. 842 888** vom 9/10. 1956, ausg. 27/7. 1960.) G. Apel. 6433

Institut Dr. Ing. Reinhard Straumann Akt.-Ges. (Erfinder: Reinhard Straumann), Waldenburg, Schweiz, **Uhrenbestandteil,** z. B. Rad, Unruhe, Zeiger, Platine u. Brücke, besteht aus 80—89 (%) *Cu*, 9—11 *Ni*, 3—5 *Al* u. 1—2 *Si.* (**Schwz. P. 344 848** vom 30/12. 1958, ausg. 14/4. 1960.) G. Apel. 6433

Isabellen-Hütte K. G. (Erfinder: Otto Heusler), Dillenburg, **Herstellung ausgehärteter Gegenstände aus Kupfer–Nickel–Mangan–Zink-Legierungen.** Zwecks Herst. ausgehärteter Gegenstände mit Geh. von 7—80 (%), bes. 70—80, *Ni*, 6—30, bes. 6—20, *Mn*, bei ca. 10 N-Geh., >3, bes. 7—40, *Zn* u. $\geqq 10$, bes. 70—80, *Cu* sowie einem Zusatz spanbrechender Stoffe, wie 0,1—3 *Pb*, wird nach einer Lösungsglühung von 500—800° eine Aushärtungsglühung von 250—450° vorgenommen. Zwischen den beiden Glühungen kann eine Kaltverformung eingeschoben werden. Pb-freie Legg. lassen sich mit *Au* doublieren. (**D. A. S. 1 092 218** Kl. 40d vom 20/12. 1952, ausg. 3/11. 1960.) Hans Hoffmann. 6433

Union Carbide Corp., V.St.A. (Erfinder: William Harrison Faulkner), **Kobalt-Legierungen** bestehen aus 0,5—0,75 (%) *C*, 6—11 Fe, 20—30 *Ni*, einzeln oder zu mehreren, Rest mindestens 70 *Co*. Enthalten die Legg. Fe + Ni, so wird die geringste Menge dieser Elemente durch die Gleichung $\% \text{ Fe} + \sqrt{\% \text{ Ni}} = 4{,}7$ ausgedrückt, wobei eines dieser Elemente mindestens 1% betragen muß. Die Legg. lassen sich gut kalt bearbeiten, z. B. zu dünnen Blechen, Drähten u. dergleichen. (**F. P. 1 248 840** vom 17/2. 1960, ausg. 13/3. 1961. A. Prior. 25/3. 1959.) C. Götze. 6435

International Nickel Co. (Mond) Ltd., London, England, **Herstellung von Nickel–Chrom-Legierungen,** die bei Temp. $> 850°$ einen hohen Kriechwiderstand besitzen. Man stellt eine Leg. her, die 8—12 (%) *Cr*, 10—30 *Co*, 0,001—0,01 *B*, 0,01—2 *Zr*, 0,5—6 *Ti*, 0,8—6 *Al*, höchstens 2 *Mo*, höchstens 0,3 *C* u. kein *Nb* enthält u. zum Rest aus *Ni* besteht, u. in der die Summe des Al- u. Ti-Geh. nicht >8 ist. Die Menge Al, die mindestens in die Leg. aufgenommen werden muß, hängt vom Ti- u. C-Geh. entsprechend den abgebildeten Kurven ab. (**Niederl. P. 98 982** vom 9/7. 1953, ausg. 15/9. 1961.) F. Böhm. 6435

Československá Socialistická Republika (Erfinder: Miloš Vystyd, Josef Vodsedálek und Miloslav Šicho, Prag, und Drahomír Suchomel, Brünn), Tschechoslowakei, **Glühbeständige Legierung auf Nickel–Chrom-Basis für Abdrücke** mit einem Geh. von 18—21 (%) *Cr*, 2,6—3 *Ti*, maximal 0,1 *C* u. 1,0 *Si*, 1,0 *Mn*, 15 *Fe*; den Rest bilden *Ni* u. Verunreinigungen mit maximal 0,5 *Al*, 0,2 *Zr*,

0,1 *B*; die beiden letzteren für sich oder zusammen verbessern die Legierung. Man glüht bei 1150—1200° u. läßt bei 700—750° aushärten. (**Tschech. P. 97 752** vom 27/3. 1959, ausg. 15/12. 1960.) L. Macher. 6435

Mond Nickel Co. Ltd. (Erfinder: John Brian Barber, Harry Lewis und Arthur William Franklin), London, England, **Nickel-Chrom-Kobalt-Legierungen** bestehen aus 13,5—15,75 (%) *Cr*, 0,05—0,5 *C*, bis 0,02 *B*, bis 0,5 *Zr*, 10—55 *Co*, mindestens 4 *Al*, 0,5—2 *Ti*, wobei Al + Ti 10,5 nicht überschreitet u. Al zu Ti sich verhält wie mindestens 2:1, 0—10 *Mo*, 0—10 *Fe*, 0—5 *W*, 0—1 *Mn*, 0—2,5 *Si*, 0—2 *Nb*, 0 bis 2 *Ta*, 0—3 *Be*, wobei W + Mn + Si + Nb, + Ta + Be 10 nicht überschreitet, Rest *Ni* mit Verunreinigungen. Die Legg. sind kriechfest sowohl über als auch unter 900° u. widerstandsfähig gegen Korrosion. (**E. P. 857 299** vom 14/5. 1958, ausg. 29/12. 1960.) C. Götze. 6435

Universal-Cyclops Steel Corp., Bridgeville, übert. von: James D. Nisbet, Bridgeville, Edward G. Vogt, Bethel, und Francis M. Richmond, Canonsburg, Pa., V.St. A., **Herstellung hitzebeständiger Legierungen.** *Cr*, *Ni* u./oder *Co* u. zur Desoxydation *C* werden geschmolzen, eins oder mehrere der Elemente *Si*, *V*, *Al* u. *Ti* u. zuletzt *B* u. *Zr* in einer Menge zugesetzt, daß die Endschmelze noch 0,0005—0,05 (%) B u. 0,05—0,5 Zr enthält. In den Endlsg. sind dann enthalten 4—30 Cr, 0—0,5 C, 0—3,0 Si, 0—3,0 V, 0—8 Ti, 35—90 Ni u./oder Co. Außerdem können enthalten sein: 0—30 *Fe*, 0—30 *Mo*, 0—15 *W*, 0—6 *Nb* u./oder *Ta*. Die Legg. sind hochhitzebeständig u. haben hohe Kriechfestigkeit u. Duktilität. — Zeichnungen. (**A. P. 2 920 956** vom 8/10. 1956, ausg. 12/1. 1960.) G. Apel. 6435

Vacuumschmelze Akt.-Ges. (Erfinder: Rudolf Reinbach), Hanau, **Verwendung einer Eisen-Mangan-Nickel-Legierung** aus 2—45 (%) *Fe* 20—60 *Mn* u. 20—65 *Ni* in ausgehärtetem Zustand für federnde Gegenstände, z. B. *Membranen*. Die Leg. kann außerdem bis zu 11,25 eines oder mehrere der Elemente *Al*, *Co*, *Cr*, *Cu*, *Mo*, *Nb*, *Si*, *Ta*, *Ti*, *V* u. *W* enthalten. — Zeichnung. (**Schwz. P. 344 563** vom 30/6. 1955, ausg. 31/3. 1960. D. Prior. 14/7. 1954.) G. Apel. 6435

Westinghouse Electric Corp. (Erfinder: Robert G. Aspden und Narayana J. Ananthanarayanan), East Pittsburgh, Pa., V.St.A., **Herstellung von Blechen oder Bändern für magnetische Zwecke aus einer Nickel-Eisen-Legierung,** bestehend aus 40—80 (%) *Ni*, 0,1—2 *Mn* u./oder *Al* u./oder *Si*, wobei Mn, Al u. Si ganz oder teilweise durch bis zu 0,5 *Cr* ersetzbar sind, Rest *Fe* mit den üblichen Verunreinigungen, wonach anschließend an ein Kaltwalzen mit einem Abwalzgrad von mindestens 90% schlußgeglüht wird, dad. gek., daß das kaltgewalzte Blech oder Band zunächst bei 800—1300° unter schwach oxydierenden Bedingungen in einer Atmosphäre geglüht wird, deren O_2-Partialdruck an der Oberfläche der Leg. bei der unterhalb der Sekundärrekristallisatons-Temp. liegenden Glüh-Temp. oberhalb des Zers.-O_2-Partialdrucks der Oxide mindestens eines der Elemente Mn, Al, Si u. Cr liegt, u. abschließend bei 1000—1400° in einer neutralen oder reduzierenden Atmosphäre geglüht wird, deren O_2-Partialdruck an der Oberfläche der Leg. bei der ebenfalls unterhalb der Sekundärrekristallisations-Temp. liegenden Glüh-Temp. nunmehr dem Zers.-O_2-Partialdruck der jeweils vorhandenen Oxide der Elemente Mn, Al, Si u. Cr gleich ist oder unterhalb desselben liegt, wobei einerseits die erste Stufe der Schlußglühung kontinuierlich in die zweite Stufe übergeht, andererseits nach der ersten Stufe zunächst ein Abkühlen bis nahe Raum-Temp. erfolgen kann. Die kalt zu einem Blech oder Band gewalzte Ausgangs-Leg. aus 45—55 Ni, 0,1—0,6 Si u./oder 0,1—0,8 Mn u./oder bis zu 0,6 Al, insgesamt 0,3—2%, wobei Mn, Al u. Si ganz oder teilweise durch bis zu 0,5 Cr ersetztbar sind, Rest Fe wird zunächst bei 850—950° für ½—1 Std. in feuchtem H_2 u. dann in trockenem H_2 bei 1000—1400° ¼—6 Std. geglüht. — Zeichnung. (**D. A. S. 1 108 443** Kl. 40d vom 16/12. 1958, ausg. 8/6. 1961. A. Prior. 12/2. 1958.) G. Apel. 6435

Glacier Metal Co. Ltd., Alperton, Wembley, England (Erfinder: Peter Garnett Forrester, Colin Norman Bradshaw und George Douglas Denyer), **Aluminium-Zinn-Legierungen** bestehen aus 15—25 (%) *Sn*, 1—3 *Cu*, 0,25—1 *Pb*, Rest *Al*. Die Legg. können außerdem noch 0,5—2 *Ni* u. bis zu 2 normalerweise in handelsüblichem Al vorkommenden Verunreinigungen enthalten, sind Guß-Legg. u. als *Lagermetall* verwendbar. (**E. P. 828 816** vom 17/7. 1956, ausg. 24/2. 1960.) G. Apel. 6447

Ethyl Corp., New York, N.Y., übert. von: Julian M. Avery, Greenwich, Conn., V.St.A., **Herstellung von schwerschmelzbaren Metallen.** Durch Red. der *Metallhalogenide* mittels *Alkalimetallamalgam* mit einer Alkalimetall-Konz. von 3—10%. In der Rk.-Zone wird die Temp. über den Kp. des Amalgams, aber nicht über 1500° gesteigert. Die Temp. wird aufrechterhalten durch die gleichzeitig entwickelte Rk.-Wärme u. die wärmeverbrauchende Verdampfung des Hg aus dem Amalgam. Beispie:

Herst. von *Ti, Zr, Hf, Th, Cr, V* u. *U*. — Abbildung. (**A. P. 2 956 872** vom 23/1. 1956, ausg. 18/10. 1960.) M. Neckermann. 6457

N. H. Brundin, Recife, Brasilien, und U. Ö. H. Wiberg, Västerås, Schweden, **Herstellung von feinkörnigem Metallpulver.** Ein grobes Metallpulver wird mittels Walzen in Flocken- oder Blättchenform übergeführt, die dann fein vermahlen werden. (**Schwed. P. 166 936** vom 9/11. 1956, ausg. 21/4. 1959.) K. H. Kähler. 6475

Westinghouse Electric Corp., East Pittsburgh, Pa., übert. von: Paul E. Revere, West Orange, und George H. Keith, East Orange, N.J., V.St.A., **Herstellung von duktilen zylindrischen Gegenständen aus Molybdän und seinen Legierungen.** Aus Mo-Pulver, dem evtl. geringe Mengen von *Co, Ni, Fe* oder *W* zugesetzt werden können, wird ein zylindr. Preßkörper hergestellt, der nach dem Sintern durch Schmieden auf geringeren Durchmesser gebracht wird. Das erhaltene Schmiedestück wird über die Rekristallisations-Temp. (auf 1400—1475°) erhitzt, an der Luft abgeschreckt, 15 Min. in einer H_2-Atmosphäre unterhalb der Rekristallisations-Temp. (bei 950—1050°) getempert u. erneut geschmiedet. Der letzte Arbeitsgang (Abschrecken, Tempern, Schmieden) wird des öfteren wiederholt, bis schließlich der entstandene stabförmige Körper nach dem letzten Tempern auf Raumtemp. abgekühlt wird. Er besitzt ein gleichmäßiges, feinkörniges Gefüge sowie hohe Härte u. Festigkeit neben geringer Porosität. (**A. P. 2 903 385** vom 20/11. 1953, ausg. 8/9. 1959.)
Hans Hoffmann. 6475

Minnesota Mining & Mfg. Co., St. Paul, Minn. (Erfinder: William Siddall Barnhart, Cranford, N.J., und Robert Harold Wade, West Paterson, N.J.), V.St.A., **Verringerung der Oberflächenspannung wässeriger Lösungen zur Oberflächenbehandlung von Metallgegenständen** u. somit Verzögerung des Auftretens von Korrosionserscheinungen beim Galvanisieren, Beizen, Ätzen u. Reinigen durch Zusatz von *Perhalogencarbonsäuren* der Formel $Cl(CF_2—CFCl)_n \cdot CF_2 \cdot COOH$, worin n eine ganze Zahl von 1—5 bedeutet, u./oder von Salzen dieser Säuren, in einer Menge von 0,001—5 g/Liter Behandlungsflüssigkeit. (**D. A. S. 1 127 170** Kl. 48d vom 4/8. 1956, ausg. 5/4. 1962. A. Prior. 4/8. 1955.) H. Baur. 6513

Württembergische Metallwarenfabrik (Erfinder: Hans Schlegel), Geislingen/Steige, **Herstellung einer korrosionsbeständigen Oberfläche auf Messerklingen aus Chromstahl** im fabrikneuen, polierten u. gepließten Zustand durch Tauchen in eine Fl., in der das Klingenmaterial ein positives Potential annimmt, z. B. in eine wss. Lsg. von 20%ig. reiner oder techn. HNO_3 bei ca. 20° in 5 Minuten. Zum Erkennen der erzielten Passivierung werden die Klingen mit einer aus H_2SO_4, *Thioharnstoff* u. *Füllmitteln*) ggf. hygroskop. Stoffen, bestehenden Paste behandelt. Beispiel: Eine Lsg. aus 49,8 (%) W., 49,8 *Glycerin*, 0,2 H_2SO_4 u. 0,2 *Thioharnstoff* wird mit einer Mischung aus 95 *Quarzmehl* u. 5 *Aerosil* zu einer Paste verarbeitet. (**D. A. S. 1 122 802** Kl. 48d vom 17/11. 1956, ausg. 25/1. 1962.) H. Baur. 6513

Aluminum Co. of America, V.St.A., **Herstellung gekneteter gas- und lunkerfreier Aluminium-Gegenstände** durch Behandeln mit einem Fluoriddampf, bes. BF_3, bei über 399°, bes. mindestens 16 Std. bei über 454°. (**F. P. 1 210 309** vom 17/9. 1958, ausg. 8/3. 1960. A. Prior. 18/9. 1957, 26/3. u. 21/7. 1958.) G. Apel. 6513

H_9. Organische Industrie

Über die Oxydation niedrigmolekularer hydroxylhaltiger Verbindungen durch Stickstoffoxide. N. Ja. Lenschina, M. F. Denikejewa und W. I. Iwanow. (Известия Академии Наук СССР, Отделение Химических Наук [Nachr. Akad. Wiss. UdSSR, Abt. chem. Wiss.] **1961,** 1899—1900, Okt.; Zelinsky-Inst. für org. Chem. der Akad. der Wiss. der UdSSR; russ.) — Vgl. C. **1962,** 17057; C. **1961,** 12112. — Die Oxydation von Äthylenchlorhydrin (**I**) mit N-Oxiden liefert *Chloressigsäure* (**II**). Die Ausbeute an **II** erhöht sich mit zunehmender Rk.-Zeit u. der Menge an N-Oxiden u. erreicht maximal ca. 74,9%. — **II,** $C_2H_3ClO_2$, $Kp._{22}$ 104°, man gibt zu 0,25 Mol **I** in 50 ml CCl_4 2 Mol N-Oxide, rührt 1—2 Std. u. läßt 24—192 Std. stehen; Ausbeute maximal 74,8%.
Helmut Schäfer. 6582

Kontinuierliche Regenerierung von Äthylacetat und Äthylalkohol aus den Wässern der Äthylacetatherstellung. D. I. Tschetwerikow, A. G. Tarassowa und A. A. Ssemenow. (Гидролизная и Лесохимическая Промышленность [Hydrolysen- u. holzchem. Ind.] **13,** Nr. 7, 15—17, 1960; Ascha, Holzchem. Kombinat; russ.) — Für die Aufarbeitung der bei der Herst. von *Äthylacetat* (**I**) anfallenden Wässer wird eine leistungsfähige, kontinuierlich arbeitende App. beschrieben. Die Zus. der **I**- u. A.-Fraktionen werden tabellar. angegeben. Durch weitere techn. Maßnahmen läßt sich die A.-Konz. im Abwasser noch senken u. die Qualität des A.-Regenerats verbessern.

Helmut Schäfer. H 810

Herstellung von Furfurol und anderen chemischen Produkten aus Pflanzenabfällen. 1. Mitt. **Versuche mit Laboratoriums- und Kammeranlagen.** W. G. Panassjuk, W. P. Repka, L. W. Panassjuk und T. I. Truba. (Гидролизная и Лесохимическая Промышленность [Hydrolysen- u. holzchem. Ind.] **13,** Nr. 5, 6—7, 1960; Dnepropetrowsk, Landwirtschaft. Inst.; russ.) — Durch Tränken von Maisstrünken mit dem 2fachen Vol. 6% ig. HCl, 1 std. Hydrolysieren bei 100° u. anschließendes Dest. wurden Destillate erhalten, die ~ 14—16% *Furfurol* (I) u. 8,6% flüchtige Säuren (bezogen auf Trockensubstanz), enthielten. Die Ausbeute an I erreichte 60—62% der theoret. möglichen, die Konz. im wss. Destillat ca. 6%. Bei Rohmaterial aus Sonnenblumen erreichte die Ausbeute an I 11,6—12% u. an flüchtigen Säuren 6—8%, bezogen auf das trockene Ausgangsmaterial. Die Destillate enthielten 4—5,2% HCl, 2,6—3,2% flüchtige Säuren u. 0,6—1,1 Methanol–Aceton. Nach Abdest. von Aceton–Methanol wurde zwischen 96—98° W.–Furfurol mit etwas Ameisensäuren erhalten, aus dem durch mehrmalige Dest. hochkonz. Furfurol erhalten wurde. — Der Rückstand besteht zu ca. 12% aus abgebauter Cellulose u. fast 65% Lignin. Nach Vermischen mit der gleichen Menge Anthracenöl können aus ihm durch vakuum-therm. Zers. noch 4% *Phenole,* 10% *Bzn.–Ligroin,* 0,5% *Aceton,* 1% *Methanol* u. 12% *Aktivkohle,* bezogen auf die Trockensubstanz des Ausgangsmaterials, gewonnen werden.

Helmut Schäfer. H 3061

Selektive Extraktion von Furfurol aus wässerigen Destillaten der Holzpyrolyse. W. P. Ssumarokow und S. M. Wolodutzkaja. (Гидролизная и Лесохимическая Промышленность [Hydrolysen- u. holzchem. Ind.] **13,** Nr. 5, 7—9, 1960; russ.) — Das bei der Holzpyrolyse anfallende wss. Gemisch aus *Furfurol* (I), Essigsäure (II), Methanol, Phenolen u. a. Prodd. enthält I u. II im Gewichtsverhältnis ca. 4 : 10. Die Abtrennung von I u. II ist möglich, indem zuerst I mit Bzl. (Verteilungs-Koeff. von I 3,86, von II 0,032), dann II mit z. B. Äthylacetat (VK 0,848) extrahiert wird. Infolge des günstigen Verhältnisses der VK erfolgt zugleich eine weitgehende Trennung von I u. II. Im Vers. wurde mit H_2SO_4 getränktes Birkenholz pyrolysiert u. das Destillat mit dem halben Vol. Bzl. 4 Std. extrahiert. Der Extraktionsgrad für I betrug 93,1%, der Säure-Geh. in der wss. Phase erniedrigte sich um 0,61% bzw. 7,8%, vor allem auf Kosten der Mitextraktion der Homologen von II.

Helmut Schäfer. H 3061

Metal Hydrides, Inc., Beverly, übert. von: Robert W. Bragdon, Marblehead, Mass., V.St.A., **Über längere Zeit stabile, für die Reduktion organischer Verbindungen, wie Aldehyde, Ketone und Säurehalogenide, verwendbare wässerige Natriumborhydridlösungen.** Sie enthalten 9,35—12,9 (Gew.-%) $NaBH_4$ u. 35 bis 46,9 NaOH, gelöst in Wasser. — Butyraldehyd → *Butanol.* — Zimtaldehyd → *Zimtalkohol*; Ausbeute 84%. (**A. P. 2970114** vom 27/1. 1958, ausg. 31/1. 1961.)

K. Wolk. 6585

Wallace & Tiernan, Inc., Belleville, New Jersey, N.J., V.St.A., **Herstellung von Azoverbindungen** der allg. Zus. R—CO—N=N—CO—R ($R = O-R^1$ oder R^2-N-R^3; R^1 = Alkyl C_1-C_{18}, Cycloalkyl C_4-C_7; R^2 u. R^3 = H, wie R^1, Aryl oder Aralkyl C_7-C_{18}) erhält man durch Rk. der entsprechenden Hydrazoverbb. der Zus. R—CO—NH—NH—CO—R mit 1,3—3 (Mol) NH_4-, Alkali- oder Erdalkalinitrat in CH_3COOH-Dispersion u. in Ggw. von mindestens 1 (Teil) eines Cu-, Co-, Ni-, Fe- oder Mn-Ionen liefernden Katalysators je 5 Nitrat. — Man erhitzt z. B. ein Gemisch aus 5—6 Hydrazodicarbamid, 5 NH_4NO_3, 0,1 $(CH_3COO)_2Cu \cdot H_2O$ u. 50 Eisessig 10 Min. unter Rückfluß unter Abtreiben der N-Dioxid-Dämpfe, kühlt auf 45° u. erhält nach Abfiltrieren, Waschen mit W. u. Trocknen 86—90% *Azo-bis-formamid* (98% ig.). — *Azodiameisensäurediäthylester.* — *1.6-Di-n-decylazo-bis-formamid,* F. 144—146° (Zers.) aus Äthanol. — *1.6-Diphenyl*-Verb., F. 176—178° (Zers.) aus Aceton. — Schmiermittelzusätze, Polymerisationsinitiatoren, Vernetzer u. Blähmittel für plast. Massen. (**E. P. 873597** vom 1/1. 1960, ausg. 26/7. 1961. A. Prior. 5/1. 1959.) O. Müller-Meiningen. H 460

Union Oil Co. of California, Los Angeles, übert. von: Raymond N. Fleck, Whittier, und Carlyle G. Wight, Fullerton, Calif., V.St.A., **Trennung von geradkettigen Kohlenwasserstoffen mit einem Zeolithmolekülsieb und einem H_2S-Desorbens.** Bei der Abtrennung von geradkettigen KW-Stoffen (I) mit 4—12 C-Atomen aus einer KW-Stoffmischung (II) leitet man die II in der Dampfphase über ein festes körniges Adsorbens (teilentwässertes zeolith. Metall-Al-Silicat) (III) mit einheitlichem Kerndurchmesser von 4,5—5,5 Å bei 0—700°. Man erhält ein Raffinat, arm an **I** u. ein mit **I** beladenes **III**. Weiterhin behandelt man das beladene **III** mit einem Verdrängungsmittel, z. B. H_2S, u. erhält so einen Extrakt, bestehend aus **I** u. H_2S. Schließlich trennt man die **I** von dem H_2S. — Zeichnung. (**A. P. 2 974 179** vom 3/2. 1958, ausg. 7/3. 1961.) P. Unger. H 500

Imperial Chemical Industries Ltd. (Erfinder: Hugh Leithead Roberts), London, England, **Herstellung von Chlorfluorkohlenwasserstoffen** durch Rk. von Cl_2 mit einem Gemisch aus einem Metallcarbid (von Ca, Al oder Fe) u. einem Metallfluorid (von Na, K, Ca, Sr oder Ba) bei 350—500° entsprechend z. B. dem Rk.-Schema CaC_2 + NaF + Cl_2 → CF_nCl_{4-n} + $CaCl_2$ + NaCl. Bei Verw. von Al-Carbid (1,2 g), NaF (21,5 g) u. trocknem Cl_2 (10 g) bei 425° entsteht ein Gemisch aus 5 (%) CF_3Cl, 49,5 CF_2Cl_2 u. 45,5 $CFCl_3$. (**E. P. 874 099** vom 24/6. 1959, ausg. 2/8. 1961.) W. Gräger. H 500

Phillips Petroleum Co., übert. von: Harold J. Hepp und Lewis E. Drehman, Bartlesville, Okla., V.St.A., **Kombination von Alkylierung und Isomerisieren von Kohlenwasserstoffen.** In einer 1. Zone wird Isobutan mit Äthylen alkyliert, während in einer anderen Zone n-Pentan, n-Hexan oder n-Heptan bei 30—150° in Ggw. von Isobutan isomerisiert wird. Hierzu wird ein Katalysator aus $AlCl_3$ oder $AlBr_3$ verwendet. Die Konz. von Isobutan bei der Isomerisierung wird auf 1,1—1 Mol je Mol Alkan eingestellt. Der Katalysator aus der Isomierisierungszone gelangt in die Alkylierungszone. — Zeichnung. (**A. P. 2 968 684** vom 16/6. 1958, ausg. 17/1. 1961.) E. Kahles. H 510

Stratford Engineering Corp., übert. von: David H. Putney, Kansas City, Kans., V.St.A., **Alkylieren von Isoparaffinen** unter Verw. von HF als Katalysator. Das Rk.-Gemisch, welches den HF enthält, wird aus der Rk.-Zone abgezogen u. in einer Trennzone in die KW-Stoffphase u. die Säurephase zerlegt, wobei der Druck so eingestellt wird, daß das Ganze fl. bleibt. Der Druck in der KW-Stoffphase wird entspannt u. dabei durch Wärmeaustausch das HF abdest. u. aus der HF-freien KW-Stoffphase werden die Isoparaffine abgetrennt. — Zeichnung. (**A. P. 2 977 397** vom 30/3. 1959, ausg. 28/3. 1961.) E. Kahles. H 510

Sinclair Refining Co., New York, N.Y., übert. von: Owen H. Thomas, Chicago, und Glenn O. Michaels, Park Forest, Ill., V.St.A., **Alkylieren von Paraffinkohlenwasserstoffen.** C_4—C_{10}-KW-Stoffe werden unter Alkylierungsbedingungen in Ggw. von Halogenwasserstoff bei 150—450° mit einem niedrigmol. Olefin umgesetzt. Das Verhältnis von H zum Olefin beträgt 0,01—0,25 : 1, wobei ein Katalysator aus 0,01—2% Pt-Metall, 2—50% $AlCl_3$ u. 40—95% akt. Tonerde verwendet wird. (**A. P. 2 972 649** vom 31/1. 1958, ausg. 21/2. 1961.) E. Kahles. H 510

Phillips Petroleum Co., übert. von: Robert A. Findlay, Bartlesville, Okla., V.St.A., **Isomerisieren von Heptan.** $AlCl_3$ wird bei 100—300° F in Isobutan gelöst u. diese Lsg. in eine unter vermindertem Druck stehende Rk.-Zone eingebracht, in welcher sich das zu isomerisierende Heptan befindet. Das Isobutan verdampft, wobei der Katalysator fein verteilt u. dispergiert wird. Die Rk.-Temp. wird zwischen 0—100° F gesenkt. — Zeichnung. (**A. P. 2 974 181** vom 18/8. 1958, ausg. 7/3. 1961.) E. Kahles. H 510

Food Machinery & Chemical Corp., New York, N.Y., V.St.A. (Erfinder: Erik Saller), **Reinigung von Tetrachlorkohlenstoff.** Das Rohprod., welches CS_2, SCl_2 u. Chlf. als Verunreinigungen enthält, wird in Ggw. von Chlorierungskatalysatoren (Fe, $FeCl_3$) bes. bei 40—75° mit Cl_2 zwecks Rk. der S-Verbb. zu SCl_2 behandelt, darauf mit einer alkal. Lsg. (Alkalihydroxid oder -carbonat oder Erdalkalihydroxid), bes. vom pH 8—11 bei 50—60° u. dann mit W. gewaschen, worauf das in dem Prod. noch enthaltene Chlf. bei 40—60° photochem. mit Cl_2 zu CCl_4 umgesetzt wird. Nach dieser Rk. folgt eine 2. Alkaliwäsche wie die 1. zwecks Neutralisation des gebildeten HCl u. Trennung des CCl_4 mittels Dampf-Dest. von nichtflüchtigen Stoffen, worauf das hierbei aufgenommene W. entfernt wird. — Zeichnung. (**E. P. 874 607** vom 16/5. 1960, ausg. 10/8. 1961. A. Prior. 15/6. 1959.) W. Gräger. H 510

Soc. Chimica dell'Aniene S. p. A., Rosignano Solvay, Livorno, Italien, **Herstellung von Chlorbrommethanen** durch Einw. eines Gemisches von Cl_2 u. Br_2 im mol. Mischungsverhältnis von ca. 1 : 1 bis ca. 1 : 1,3 auf Chlormethan bei 200—450°, bes. 332—343°, wobei das mol. Verhältnis von Br_2 zu CH_3Cl zwischen 0,01—0,35 betragen soll, welches jedoch auf 1—1,5 erhöht wird, wenn statt CH_2ClBr $CHClBr_2$ oder $CClBr_3$ gewonnen werden soll. Man kann auch die Rk. in inertem Lsgm. bei entsprechender Temp. mit Hilfe von akt. Strahlen durchführen. (**E. P. 874 062** vom 31/3. 1960, ausg. 2/8. 1961. Belg. Prior. 28/8. 1959.) W. Gräger. H 510

E. I. du Pont de Nemours & Co., Wilmington, Del., V.St.A. (Erfinder: Hugh Harper Gibbs), **Herstellung von Fluorolefinen** der allg. Formeln XC_nF_{2n-1}

oder $C_{n+2}F_{2(n+2)-2}$, in denen X für H oder F steht u. n eine Zahl > 1 bedeutet, durch Rk. von dampfförmigen Fluorcarbonsäurehalogeniden der allg. Formeln $XC_nF_{2n}COY$ oder $C_{n+2}F_{2(n+2)}(COY)_2$ [Y = Halogen] bei 200—500°, bes. 300—400°, in Ggw. eines Katalysators aus den Silicaten, Oxiden oder O-haltigen Salzen (Sulfate, Sulfite, Phosphate, Phosphite, Nitrate, Nitrite) der Metalle der Gruppen IA u. IIA des Period. Syst. (Li, Na, K, Rb, Cs, Be, Mg, Ca, Sr, Ba) u. bes. aus SiO_2, BaO, Na_2SO_4 oder $BaSO_4$ während einer Kontaktzeit von $^1/_2$—30 Min., bes. unter Verw. von Perfluoroctanoylfluorid oder Perfluorbutanoylfluorid. Man erhält so: Perfluorhepten-(1) oder -(2), ω-Hydroperfluorocten-(1), Perfluorpropylen u. Perfluor-1.3-butadien. Geeignet zur Herst. von Homo- u. Mischpolymerisaten bes. mit Tetrafluoräthylen oder anderen äthylen. ungesätt. fluorierten Monomeren. (**E. P. 874 867** vom 3/12. 1959, ausg. 10/8. 1961. A. Prior. 4/12. 1958.) W. Gräger. H 520

Distillers Co. Ltd. (Erfinder: Edwin George Edward Hawkins und Henry Malcolm Hutchinson), Edinburgh, Schottland, **Herstellung von Vinylchlorid** u. HCl durch Erhitzen von 1.2-Dichloräthan auf > 150°, bes. auf ca. 250°, in Ggw. eines Hydrochlorids von tert. Aminen (Triäthanol-, Tributyl-, Trioctyl- oder Tridodecylamin, Chinolin, Collidin oder Pyridin) oder deren quatern. Ammoniumchlorid-Salzen als Katalysatoren. (**E. P. 874 561** vom 29/7. 1959, ausg. 10/8. 1961.) W. Gräger. H 520

Imperial Chemical Industries Ltd. (Erfinder: Brian Gordon Dutton und Frederick William Kirkbride), London, England, **Stabilisieren von Trichloräthylen** durch Zusatz von 0,001—2 Gew.-%, bes. 0,02—0,3%, Pyrazol oder N-Alkylpyrazol (N-Methylpyrazol). (**E. P. 873 261** vom 29/6. 1959, ausg. 19/7. 1961.) W. Gräger. H 520

Esso Research and Engineering Co., Elizabeth, N.J., übert. von: Rhea N. Watts, St. Francisville, und Ralph Burgess Mason, Denham Springs, La., V.St.A., **Äthylalkohol** gewinnt man aus Diäthyläther beim Überleiten eines Teilstromes einer Ae.-W.-Mischung bei 350—800° u. erhöhtem Druck über einen Katalysator (I), wobei man die den Reaktor verlassenden Dämpfe, bestehend aus 25—35 (Vol.-%) A., 5—15 Ae., 55—65 W. u. geringen Mengen übelriechender KW-Stoffe nach erfolgter Kühlung der Schichtung unterwirft. Man trennt die wss., an A. reiche untere Schicht von der oberen, den Ae. u. KW-Stofffe enthaltenden Schicht u. mischt sie im Verhältnis 10 : 1 bis 10 : 4 mit dem Eingangsstrom in einem Ätherextraktor u. gewinnt hierbei als Kopf-Prod. den Ae. mit den Verunreinigungen u. geringen Mengen an A. u. als Boden-Prod. den W.-haltigen A., der fast frei von Verunreinigungen ist. Man leitet den A. in eine Fraktionierkolonne u. gewinnt den A. als Kopfprodukt. Das Boden-Prod. wird abgelassen. Die obere Schicht des Ätherextraktors leitet man in eine Ae.-Extrakt-Fraktionierkolonne, wobei als Kopf-Prod. der Ae. erhalten wird. Das Boden-Prod. besteht aus den Verunreinigungen. Eine wahlweise Behandlung besteht darin, daß man das aus dem Reaktor strömende Dämpfegemisch über einen Wärmeausgleicher in eine Fraktionierkolonne leitet, als Kopf-Prod. ein aus Ae., A., W. u. KW-Stoffe bestehendes Azeotrop in die gemeinsame Ae.-Extrakt-Fraktionierkolonne leitet, das Boden-Prod., bestehend aus A. u. W., mit geringen Verunreinigungen wird wie oben weiterbehandelt. — Skizze. (**A. P. 2 974 175** vom 29/9. 1958, ausg. 7/3. 1961. **E. P. 868 396** vom 20/5. 1959, ausg. 17/5. 1961. A. Prior. 29/9. 1958.) G. König. H 560

Allied Chemical Corp., New York, übert. von: Marvin Koral, Buffalo, N.Y., V.St.A., **Primäres 2-Hydroxyäthylphosphit** erhält man bei der Einw. von mindestens 2 (Mol) Äthylenglykol auf 1 PCl_3 bei < 80°, wobei HCl mittels eines inerten Gasstromes entfernt wird. Ggf. wird in Ggw. eines inerten, organ. Lsgm. gearbeitet. (**A. P. 2 974 159** vom 10/6. 1959, ausg. 7/3. 1961.) G. König. H 590

Distillers Co. Ltd., Edinburgh, Schottland (Erfinder: Edward James Gasson), **Herstellung ungesättigter Aldehyde frei von Selen.** Man leitet gasförmige Olefine, bes. Propylen, zusammen mit O_2 u. Se über Schwermetallkatalysatoren u. adsorbiert das Se, ggf. nach Vorkühlung der Rk.-Gase auf 20—100°, bei 40—120°, bes. bei 50—80° an *Holzkohle* (I), die ggf. mit Oxalsäure oder H_3PO_4 vorbehandelt wurde. Die ungesätt. Aldehyde werden aus den Rk.-Gasen durch Waschen mit W. gewonnen, wobei diese wss. Lsgg. <1 ppm. Se enthalten. Man kann die gereinigten Rk.-Gase auch in einer 2. Rk.-Zone mit NH_3 zu ungesätt. Nitrilen umsetzen. Das an I adsorbierte Se wird durch Extraktion mit organ. Lsgm. wiedergewonnen (Essigsäure, Aceton, Methanol, Äthanol, Butanol, CCl_4, $CHCl_3$, Hexan, Bzl.). (**E. P. 875 160** vom 17/9. 1958, ausg. 16/8. 1961. **Zusatz zu E. P. 694 356; C. 1955, 6191.**) A. Jahn. H 660

Shell Oil Co., New York, N.Y., übert. von: Harry de V. Finch, Berkeley, Calif., V.St.A., **Reinigung von α.β-ungesättigten aliphatischen Aldehyden,** die gesätt. aliphat. Aldehyde in geringer Menge enthalten, indem man das Aldehydgemisch mit einer katalyt. Menge (ca. 0,1—1 Mol-%) eines Al-Alkoholats, bes. mit 1—10 (3—8) C-Atomen im Alkylrest [Al-Äthylat, -Methylat, -Propylat, -Isopropylat, -Isobutylat, -Allylat, -4-Methylpentanol-(2)-at, -Cyclohexylat], bei etwa —25 bis +50°, bes. 0—30°, unter wasserfreien Bedingungen umsetzt, u. den von gesätt. Aldehyden befreiten ungesätt. Aldehyd aus der Rk.-Mischung abdestilliert. — Zu Acrolein mit einem Geh. von 3,7 Gew.-% Propionaldehyd gibt man 0,35 Mol.-% Al-Äthylat u. rührt die Mischung 45 Min. bei 20°. Nach dem Abdest. des Acroleins im Vakuum enthält dieses < 0,2 Gew.-% Propionaldehyd. Wiedergewinnung an Acrolein = 92,5%. (**A. P. 2 991 233** vom 24/7. 1959, ausg. 4/7. 1961.) A. Jahn. H 660

Allied Chemical Corp., übert. von: Mearl A. Kise, Portsmouth, Va., V.St.A., **Absorption von Formaldehyd in alkalischer Harnstofflösung.** — Formaldehyd (I) in gewerblich verwertbarer Form erhält man aus I enthaltenden gasförmigen Mischungen, die bes. bei der Herst. von Harnstoff (II)–I-Harzen anfallen, indem man diese Dämpfe im Gegenstrom durch einen Absorptionsturm schickt, in welchem eine wss. alkal. [NaOH, $Ca(OH)_2$, $Ba(OH)_2$] Lsg. von II mit einem Feststoff-Geh. von höchstens 60%, bes. 35—60%, einem pH-Wert von 9—12, bes. 10—11, u. einer Temp. von 25—100°, bes. 35—45°, über Füllkörper herabfließt. Man bringt die Absorptions-Lsg. mit I bei einem Druck von 30—769 mm, bes. 40—60 mm, bei einer Gas-Geschw. von 50—1100 lbs./h/sq.ft. so lange im Kreislauf in Berührung, bis das Mol-Verhältnis von I : II ca. 0,8 : 1 beträgt, wobei I in wenigen Sek. zu 98% aus dem Gasstrom absorbiert wird. (**A. P. 2 977 386** vom 8/4. 1955, ausg. 28/3. 1961.) A. Jahn. H 670

Mitsubishi Kasei Kogyo Kabushiki Kaisha, Tokyo, übert. von: Makoto Niwa, Yoshiaki Kikuchi, Tokyo, Shigeo Kamimura und Masaru Onishi, Kawasaki-shi, Kanagawa-ken, Japan, **Sauerstoffhaltige organische Verbindungen,** bes. Propion- u. Butyraldehyd nach dem Oxo-Verf. erhält man durch Rk. von Olefinen mit CO u. H_2 bei 125—300° u. 50—1000 at, in Ggw. eines anion. Co-Carbonylkomplexes der allg. Formel $M[Co(CO)_4]_n$ ($M = K, Na, NH_4, Ba, Ca, Co, Zn, Fe, Cu, Cr$; n = Wertigkeit von M), der sich bes. in wss. Lsg. vom pH 3—9 in einer Konz. von <0,5 g/Liter Co befindet. Man erhält Ausbeuten von 50—90%. — Man gibt in einen 200 cm^3-Autoklav 50 cm^3 einer wss. Lsg. von $Na[Co(CO)_4]$, die 3 g/Liter Co enthält, preßt ein Gemisch aus $CO + H_2$ + Äthylen im Verhältnis 1 : 1 : 1 auf 200 at auf u. erhitzt die Mischung 30 Min. auf 180°. Man erhält 2,1 g *Propionaldehyd* (I), Ausbeute 75%. — Führt man die gleiche Rk. im 2 Liter-Autoklav bei 160° u. 200 at mit $K[Co(CO_4)]$ in einer Konz. von 2 g/Liter durch, so erhält man 40 g I + 8 g *α-Methyl-β-äthylacrolein.* (**A. P. 2 992 275** vom 21/11. 1957, ausg. 11/7. 1961. Jap. Prior. 22/11. 1954.) A. Jahn. H 670

Distillers Co. Ltd., Edinburgh, Schottland (Erfinder: John Lynn Barclay, David James Hadley und David Gordon Stewart), **Acrolein oder Methacrolein** erhält man durch Rk. von Propylen (I) oder Isobutylen (II) mit O_2 ggf. in Ggw. von Verdünnungsmitteln (N_2, Wasserdampf), wobei die Gasmischung bes. 2—10 Vol.-% I oder II u. 2—15 Vol.-% O_2 enthält, bei 300—500° an Festbett- oder Fließbettkatalysatoren, die aus einer Mischung von W-Oxiden mit Ag-, Bi- oder Sn-Oxiden u. bzw. oder einer Verb. von Ag, Sn oder Bi mit W u. O bestehen, bes. *Ag-*, *Sn-* oder *Bi-Wolframat* (III). Die Katalysatoren können auf Trägern (SiO_2) aufgebracht sein u. durch therm. Zers. von III hergestellt werden. — Zu einer Dispersion von 58,9 g *$(NH_4)_2SnCl_6$* in 150 g W. gibt man eine Lsg. von 88 g *$Na_2WO_4 \cdot 2\,H_2O$* in 150 g W., erhitzt den Nd. 3 Std. auf 400° in Luft u. dann 16 Std. auf 540°, u. granuliert ihn. Über 34,4 g dieses Katalysators leitet man bei 480° eine Gasmischung aus 9,9 Vol.-% I, 49 Vol.-% Luft u. 41,2 Vol.-% Wasserdampf 1 std. bei einer Verweilzeit von 3,9 Sekunden. 8,6% des I wurden in Acrolein, 0,9% in CO_2 umgewandelt. Ausbeute 48 Mol.-%. (**E. P. 873 712** vom 13/2. 1959, ausg. 26/7. 1961.) A. Jahn. H 670

Research Corp., New York, N.Y., übert. von: Harold Hart, Auburndale, Mass., V.St.A., **1.7-Dihalogen-4-heptanone** der allg. Formel Halogen-$CH(R)CH_2CH_2$—$C(:O)$—$CH_2CH_2CH(R)$—Halogen (I) (R = H oder niedermol. Alkyl; Halogen = Cl, Br) erhält man durch Hydrolyse der γ-Dibutyrolactone der allg. Formel II mit HCl oder HBr.

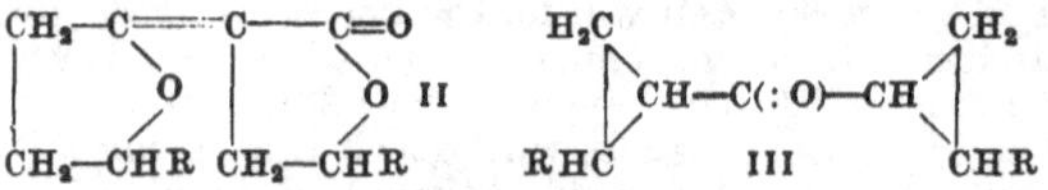

Durch weitere Rk. von I mit starken Alkalien erhält man Dicyclopropylketone der allg. Formel III. — Zu einer Lsg. aus 23 (g) Na in 400 ml abs. Methanol gibt man 172 γ-Butyrolacton u. erhitzt die Mischung 3 Std. unter Rückfluß. Nach dem Abdest. des Lsgm. im Vakuum gibt man unter Kühlen u. Rühren 500 ml konz. HCl zu, erhitzt, die Mischung 15 Min. unter Rückfluß, extrahiert das Rk.-Gemisch mit Ae., u. erhält 19 *1.7-Dichlor-4-heptanon* (IV), Kp.$_4$ 106—110°, n_D^{25} 1,4734. — Man erhitzt eine Mischung aus 600 ml 20%ig. NaOH-Lsg. u. 165 g IV 30 Min. unter Rückfluß u. erhält nach dem Aufarbeiten 69 g *Dicyclopropylketon* (V), Kp.$_{20}$ 69°, n_D^{25} 1,4654, *2.4-Dinitrophenylhydrazon,* F. 191,5 bis 192°. Durch Red. von 44 g **V** mit 6 g $LiAlH_4$ in Ae. (1 Std. bei Rückfluß) erhält man *Dicyclopropylcarbinol*, Kp.$_3$ 48°, n_D^{25} 1,4620. – Erhitzt man 35 g **V** in 300 ml Diäthylenglykol mit 40 g KOH u 40 ml 85%ig. *Hydrazinhydrat* 1 Std. auf 130°, so erhält man *Dicyclopropylmethan*, Kp. 102°, n_D^{25} 1,4228. (**A. P. 2 979 529** vom 12/12. 1955, ausg. 11/4. 1961.) A. Jahn. H 710

Union Carbide Corp., New York, N.Y., V.St.A., **Herstellung von Diepoxyestern.** Man läßt z. B. zu 126 (g) Allylcrotonat, das mit 2 Phenyl-β-naphthylamin stabilisiert wurde, bei 70° innerhalb 2 Std. 935 einer 25,4%ig. Lsg. von Peressigsäure (**I**) in Essigester (**II**) tropfen, hält dann weitere 6 Std. bei dieser Temp., gibt das vorher gekühlte Rk.-Gemisch in unter Rückfluß sd. $C_6H_5 \cdot C_2H_5$ (**III**) ein u. dest. bei einer Temp. bis zu 70° ein Gemisch aus **I**, **II**, CH_3COOH u. etwas **III** u. schließlich die Hauptmenge an **III** ab u. erhält durch Schnelldest. über eine Einbodenkolonne 81 (57%) *2.3-Epoxypropyl-2.3-epoxybutyrat*, $C_7H_{10}O_4$; Kp.$_{1,5}$ 96–97°; n_D^{30} 1,4480; D_{25} 1,158. – α-Äthyl-β-propylacrylsäureallylester (Kp.$_5$86–87°; n_D^{30} 1,4512–1,4527) → *2.3-Epoxypropyl-2-äthyl-2.3-epoxyhexanoat*, $C_{11}H_{18}O_4$; Kp.$_2$ 114–115 ; n_D^{30} 1,4470; D_{26} 1,054. – 6-Methyl-3-cyclohexenylmethyl-α-äthyl-β-propylacrylat (Kp.$_{0,8}$ 110–112°; n_D^{30} 1,4748–1,4762) → *6-Methyl-3.4-epoxycyclohexylmethyl-2-äthyl-2.3-epoxyhexanoat*; Kp.$_2$ 154–162°; n_D^{30} 1,4704–1,4710. – *6-Methyl-3.4-epoxycyclohexylmethyl-2.3-epoxybutyrat*, $C_{12}H_{18}O_4$; Kp.$_1$ 142°; n_D^{30} 1,4734. – Zwischenprodd., Bestandteile von Polymerisationsgemischen, Stabilisatoren für Chlorkautschuk. (**E. P. 872 977** vom 16/11. 1958, ausg. 19/7. 1961. A. Prior. 13/11. 1957.) O. Müller-Meiningen. H 800

Shell Internationale Research Mij. N.V., Den Haag, Niederlande, **Herstellung von Carbonsäuren** (**I**) durch Rk. von Olefin-Verbb., bes. Monoalkenen, mit CO u. W. in Ggw. eines stark sauren anorgan. Katalysators (**II**) erfolgt bei –10 bis +150°, bes. 40–100°, u. >20 at, bes. bei 50–150 at. Der **II** besteht aus H_3PO_4 u. BF_3 im Molverhältnis 0,8–1,2 : 1,2–0,8 mit einem Wasser-Geh. von 5–11 Gew.-% (bezogen auf die Gesamt-**II**-Menge). Das Rk.-Gemisch trennt man in einer geeigneten Vorr. in eine **I**- u. eine **II**-haltige Schicht, entfernt letztere ganz oder teilweise aus der Trennvorr., verd. sie mit W. oder einer wasserhaltigen Fl., trennt organ. Prodd. ab u. führt die **II**-Phase wieder in das Syst. zurück. Das W. kann man vor dem Verdünnen der **II**-Schicht oder man kann diese selbst nach dem Verdünnen zum Waschen der rohen **I** verwenden. – Fließbilder. (**E. P. 873 738** vom 29/12. 1959, ausg. 26/7. 1961. Niederl. Prior. 31/12. 1958.) O. Müller-Meiningen. H 810

Universal Oil Products Co., Des Plaines, übert. von: Louis Schmerling, Riverside, und Walter G. Toekelt, Downers Grove, Ill., V.St.A., **Herstellung höhermolekularer Carbonsäuren** erfolgt durch Rk. von α-Alkali- oder α-Erdalkali-Derivv. der entsprechenden carbonsauren Salze mit einem Monoolefin bei 50–300° u. in Ggw. eines Lsgm., z. B. n-Heptan, Bzn., Cyclohexan, Tributylamin. – Beispiele: $NaCH_2COONa$ (**I**) oder $LiCH_2COOLi$ + C_2H_4 → *2.2-Diäthylbuttersäure*, F. 36°; Kp.$_{1,4}$ 84–85°; NZ 142,8. – $CH_3 \cdot CHNa \cdot COONa$ + C_2H_4 → *2.2-Diäthylpropionsäure*, Kp.$_{0,9}$ 63–65°. – **I** + C_3H_6 → *2.2-Dipropylvaleriansäure*. – α-Na-Na-Stearat + C_2H_4 → *2.2-Diäthylstearinsäure*, F. 42–44°; Kp. 198–200°. – *Zwischenprodukte*. (**A. P. 2 988 560** vom 2/6. 1958, ausg. 13/6. 1961.) O. Müller-Meiningen. H 810

Archer-Daniels-Midland Co., Hennepin County, übert. von: Russell J. Stenberg, St. Paul, und Alfred E. Rheineck, Minneapolis, Minn., V.St.A., **Nitrile höhermolekularer Fettsäuren** erhält man durch Rk. der freien geradkettigen gesätt., ungesätt. oder cycloaliphat. Monocarbonsäuren oder ihrer Ester mit C_1–C_8-Alkoholen mit NH_3 bei 100–320° in Ggw. von 0,01–1,5 Gew.-% eines Ti-Tetraalkoholats. Die Endprodd. dienen als *Zwischenprodd.* zur Herst. von Insekticiden u. Aminen, als Weichmacher, Kautschuk-„softener", als Zusätze zu Schmierfetten u. -ölen oder als solche selbst. (**A. P. 2 993 926** vom 30/10. 1957, ausg. 25/7. 1961.)
O. Müller-Meiningen. H 810

American Cyanamid Co., New York, übert. von: John A. Brockman jun., Pearl River, N.Y., V.St.A., **Herstellung von 6.8-Dihalogenoctansäuren** der allg. Formel XCH_2–CH_2–CH(X')–$(CH_2)_4$–COOH (X u. X' = Halogen) erfolgt z. B. in folgender Weise: 108 (g) 5-Hexen-1-ol + 121 PBr_3 bei –25 bis –30° in Ggw. von 24,7 cm³ Pyridin → 106,4 (60,5%) 5-Hexenylbromid (**I**), Kp. 148–153°. 148 **I** + 273,5 cm³ Malonsäurediäthylester (**II**) + 0,899 Mol C_2H_5ONa in 1 Liter A. → 171,3 (78%) 5-Hexenyl-**II** (**III**). 171 **III** + 40,2 $LiAlH_4$ in 1740 cm³ abs. Ae. → 96,59 (86,7%) 2-Hydroxymethyl-7-octen-1-ol, Kp.$_{1,5-2,5}$ 127–140°. Dessen Lsg. in 400 cm³ abs. A. + 58,3 NaH in 600 cm³ Ae. + 255,5 p-Toluolsulfonylchlorid in 1 Liter Ae. → 155,5 (55%) 2-p-Toluolsulfonoxymethyl-7-octenyl-p-toluolsulfonat (**IV**); F. 48,5° (CH_3OH). 154 **IV** + 148,3 NaJ + 1483 cm³ Aceton → 122,6 (98%) 2-Jodmethyl-7-octenyljodid. Dieses wird mit 84,6 Zn-Staub in 124 cm³ A. u. 14 cm³ W. unter Rückfluß erhitzt → 34,8 (85%) 6-Cyclopropylhexen-(1) (**V**), Kp. 140—146°. Man behandelt 42,58 **V** in 175 cm³ PAe. mit O_3-haltigem O_2, zersetzt das gebildete Ozonid mit alkal. Ag_2O-Suspension u. erhält 35 (71,5%) δ-Cyclopropylvaleriansäure (**VI**); F. 6—7°; $Kp._{7,4}$ 126 bis 127°; n_D^{20} 1,4447; $D._{20}$ 0,972. 7,1 **VI** + 10,82 JCl in 75 cm³ CCl_4 → 11,45 (75%) *Jodchloroctansäure.* — 7 **VI** + 7,89 Br_2 in 65 cm³ CCl_4 → 13,6 (91%) rohe, sirupöse *6.8-Dibromoctansäure* (**VII**), $C_8H_{14}Br_2O_2$, NZ 298 gefunden, 304 berechnet; VZ 104 gefunden, 101 berechnet. — 11,45 **VI** + 100 cm³ A. + 7,15 $CS(NH_2)_2$ + 5,65 NaJ nach 64std. Erhitzen unter Rückfluß, Verseifen des Rk.-Gemisches mit Alkali, Extraktion mit Chlf. u. Dest. → 0,67 6.8-Dithiooctansäure, F. 60—62° (Cyclohexan). Sie dient zur Unterstützung des Wachstums einer Reihe von Mikroorganismen u. als Oxydationsinhibitor. Man kann sie auch aus **VII** über die 6.8-Dithioloctansäure ($Kp._{0,9}$ 135—151°) erhalten. (**A. P. 2 970 161** vom 6/11. 1953, ausg 31/1. 1961.) O. Müller-Meiningen. H 810

E. I. du Pont de Nemours & Co., Wilmington, Del., übert. von: Ralph Fredrick Gilby jun., Charleston, W. Va., Charles Edward Hoberg, Orange, Tex., V.St.A., und Murray Kenneth Phibbs, Kingston, Ontario, Canada, **Kontinuierliche Trennung von Gemischen aus Bernstein-, Glutar- und Adipinsäure (I),** die zusammen mit Monocarbonsäuren (**II**) bei der katalyt. Luftoxydation von Cyclohexan u. anschließender Behandlung des Oxydats mit HNO_3 erhalten wurden, erfolgt nach Auskristallisieren der Hauptmenge von **I** durch Abdestillieren von W., **II** u. N-Oxiden bei 165—175°, worauf man in einer Entwässerungskolonne bei 10—400 mm u. einer Blasen-Temp. von 190—280°, Kopf-Temp. 140—250° ein Gemisch aus *Glutar-* u. *Bernsteinsäureanhydrid* zusammen mit dem Rk.-Wasser abtreibt, die Anhydride durch Teil-Kondens. voneinander trennt, das Sumpf-Prod. nach Verdünnen mit W. durch Filtrieren von teerigen Prodd. trennt, mit einem Kationenaustauscherharz zur Entfernung von Metallionen (**III**) u. anschließend mit HNO_3 behandelt u. aus der Lsg. durch Kristallisation **I** gewinnt. Das Entfernen der **III** kann auch zu Beginn des Prozesses durch Dest. erfolgen. (**A. P. 2 971 010** vom 26/6. 1958, ausg. 7/2. 1961.) O. Müller-Meiningen. H 820

Lonza Electric & Chemical Works Ltd., Gampel und Basel, Schweiz, **Reinigung von Adipinsäure** erfolgt durch Filtrieren einer wss. Lsg. der Rohsäure (1 Teil Säure: 1—10 W.) durch ein Filtermaterial der Porenweite von 1—15 μ, bes. 1—5 μ, bei 55—96°, wobei man ggf. Adsorptions- u./oder Filtrierhilfsmittel, z. B. A-Kohle bzw. Celluloseschnitzel, die die Porenweite nicht $< 1\,\mu$ reduzieren, zusetzt. Vor oder nach der Filtration kann man die Lsg. mit einem Ionenaustauscher behandeln, außerdem kann man die rohe Lsg. vorher durch ein Filter der Porenweite von mindestens 20 μ, bes. von 20—100 μ geben. Das Filtermaterial besteht z. B. aus „Teflon" oder „Hostaflon". (**E. P. 874 407** vom 14/8. 1959, ausg. 10/8. 1961. Schwz. Prior. 16/8. 1958.) O. Müller-Meiningen. H 820

C. P. Hall Co., Akron, übert. von: Norman C. Hill, Akron, Ohio, V.St.A., **Entfernen von Metallsalzen aus Dicarbonsäuren.** Man erhitzt die wss. Lsg. der rohen Säuren mit einem nicht- oder schwachpolaren Lsgm., bes. o-Dichlorbenzol, verdampft dann das W., trennt die ausgefällten Metallsalze ab u. gewinnt aus der Lsg. die reinen Dicarbonsäuren. (**A. P. 2 971 023** vom 24/5. 1955, ausg. 7/2. 1961.) L. Stadelmann. H 820

Esso Research and Engineering Co., übert. von: Rudolph R. Leverberg, Metuchen, und Frederick Neil Baumgartner, Plainfield, N.J., V.St.A., **Erhöhung der Löslichkeit monobasischer Aluminiumseifen** der allg. Zus. $(RCOO)_2 \cdot AlOH$, die als Verdicker für KW-Stoffe dienen u. durch Rk. eines wasserlösl. anorgan. Al-Salzes mit einem fettsauren Alkalisalz C_9—C_{10} erhalten werden, erfolgt durch Dispergieren der Seife z. B. Al-Di-2-äthylhexanoat in einem Medium, in dem sie unlösl. ist, z. B. in W., worauf man soviel einer Fettsäure $> C_9$, z. B. Cocosölfettsäure zusetzt, daß das Molverhältnis zwischen OH u. freier Carbonsäure = 0,05 : 1,0 beträgt, worauf man die Seife abfiltriert, mit W. wäscht u. trocknet. (**A. P. 2 978 411** vom 22/10. 1956, ausg. 4/4. 1961.) O. Müller-Meiningen. H 820

Kyowa Hakko Kogyo Co. Ltd., Tokyo, Japan (Erfinder: Kakuo Kitahara), **l-Äpfelsäure** oder ihre Salze erhält man durch enzymat. Synth. aus wss. Lsgg. von Ca-, Mg- oder Zn-Fumarat unter Einw. von Fumarase, z. B. aus *Lactobacillus brevis, L. delbrueckii* oder *Escherichia coli,* bei 15—45° u. einem pH von 5—8 innerhalb 16 Std. bis 3 Tage. — Man erhält so z. B. aus Ca-Fumarat bei 25° innerhalb 20 Std. *l*-äpfelsaures Ca, das man mit Oxalsäure in die freie Säure zerlegen kann. (**E. P. 874 580** vom 8/12. 1959, ausg. 10/8. 1961.) O. Müller-Meiningen. H 850

Nopco Chemical Co., Harrison, N.J., übert. von: Howard C. Klein, Brooklyn, N.Y., und Richard Griffith, Middletown, N.J., V.St.A., **α-Hydroxy-β.β-dimethyl-γ-butyrolacton** (**I**; „Pantolacton") erhält man durch Dest. von α.γ-Dihydroxy-

$\beta.\beta$-dimethylbutyramid (II; „Pantamid") bei 240—245° oder durch Erhitzen von **II** in einem inerten organ. Lsgm., wie einem KW-Stoff, Alkohol, Ester oder Amid, auf > 100°, jedoch nicht > 140°. — Beispiel: Dest. von *l*(—)-**II** → *dl*-**I**; $[\alpha]_D$ 3,97° (c = 5% in CH_3OH). — Erhitzen von d(+)-**II** in „VMP-Naphtha" auf 110—130° → *d*(—)-**I**; $[\alpha]_D$ —30,46° (c = 5% in W.). — Erhitzen von dl-**II** in CH_3OH unter Rückfluß (65°) → *dl*-**I**. (**A. P. 2 976 298** vom 4/12. 1958, ausg. 21/3. 1961.) O. Müller-Meiningen. H 850

Ajinomoto Co., Inc., Tokyo, übert. von: Jiro Kato und Hachiro Wakamatsu, Tokyo, und Hitoshi Ishiwara, Nishihemicho, Yokosuka, Japan, **β-Cyanpropionaldehyd aus Acrylsäurenitril durch Oxoreaktion** erhält man, indem man eine Lsg. von Acrylsäurenitril in einem polaren Lsgm. (Aceton, Methanol, A., n- u. Isopropanol, n-, sek.- u. tert.-Butanol, Dioxan, Äthylenglykolmonoäthyläther) bei ca. 120—130° u. 150—200 kg/cm² Druck in Ggw. von Cobaltcarbonyl als Katalysator mit einer Mischung von etwa gleichen Teilen CO + H_2 behandelt. Ausbeuten von 51 bis 82%. — Zwischenprod. für die Glutaminsäuresynthese. (**A. P. 2 978 481** vom 7/10. 1957, ausg. 4/4. 1961. Jap. Prior. 31/7. 1957.) A. Jahn. H 860

N. V. Chemische Fabriek „Naarden", Naarden, Niederlande, **ε-Ketocarbonsäuren** erhält man durch Dieckmann-Kondens. eines Dialkylesters der Adipinsäure (I) mit K- oder Na-Metall zum entsprechenden Alkalisalz des 2-Ketocyclopentancarbonsäurealkylesters, das man mit einem aliphat. Carbonsäurehalogenid umsetzt, worauf man das Rk.-Prod. unter Ringöffnung u. partieller Decarboxylierung alkal. verseift u. das erhaltene Alkalisalz der ε-Ketocarbonsäure ansäuert. Man gibt z. B. 202 (g) I-Diäthylester zum Gemisch aus 25 feinverteiltem Na, 1000 Toluol u. 2 abs. A. u. erhitzt unter azeotropem Abdestillieren des gebildeten A., tropft nach 3 std. Erhitzen 223 Undecen-10-oylchlorid (**II**) bei 0° zu, rührt 4 Std., wobei in den ersten beiden Std. die Temp. auf 50° steigt, gießt dann das Rk.-Gemisch in 500 cm³ Eiswasser, dampft die organ. Schicht im Vakuum ein, erhitzt den Rückstand 14 Std. mit einer Lsg. von 127 Na_2CO_3 in 1500 W., kühlt, macht kongosauer u. erhält nach Umkristallisieren aus PAe. 171 *6-Ketohexadecen-15-säure*, F. 68—69°. Aus der Mutterlauge lassen sich durch Dest. 72 Undecensäure, bes. in Form ihres Chlorids (mit $SOCl_2$) isolieren. Verwendet man an Stelle von **II** Butyrylchlorid, so erhält man 44% *6-Ketononansäure* (**III**), $Kp._4$ 150—153°; mit Isovalerylbromid → 47% *8-Methyl*-**III**, $Kp._6$ 164—166°; F. 39—40°. — Mit Stearylchlorid → 65% *6-Ketotrikosansäure*, F. 101—102°; mit 10-Acetoxydecanoylchlorid → 60% *15-Hydroxy-6-ketopentadecansäure* (F. 87—88°) neben 10-Hydroxydecansäure; mit 11-Bromundecanoylchlorid → 53% *16-Hydroxy-6-ketohexadecansäure* (F. 91—92°) neben 11-Hydroxyundecansäure; mit 9-Äthoxycarbonylnonanoylchlorid 48% *5-Ketotridecandicarbonsäure* (F. 108 bis 109°) neben Sebacinsäure. (**E. P. 873 455** vom 3/3. 1959, ausg. 26/7. 1961. Niederl. Prior. 11/3. 1958.) O. Müller-Meiningen. H 870

Monsanto Chemical Co., St. Louis, Mo., übert. von: Fred Applegath und Raymond A. Franz, El Dorado, Ark., V.St.A., **Harnstoff** erhält man bei der Rk. von 1 (Mol) COS mit mindestens 2 NH_4HS bei ca. 60—300°, ggf. in einem KW-Stoff-haltigen Medium u. unter verschiedenen Drucken. An Stelle des instabilen NH_4HS kann man die Bldg. aus NH_3 u. H_2S in situ vornehmen. (**A. P. 2 979 527** vom 21/5. 1958, ausg. 11/4. 1961.) G. König. H 880

Monsanto Chemical Co., St. Louis, Mo., übert. von: William R. Rolingson, Texas City, Tex., V.St.A., **Cyanamidgewinnung** durch Erhitzen von HCN u. NH_3 (1 : 5—5 : 1) in Ggw. von akt. Al_2O_3, SiO_2, Fullererde, Kieselgur u. dgl. bei normalem Druck auf 400—1000°, bes. 500—750°. (**A. P. 2 971 820** vom 22/9. 1958, ausg. 14/2. 1961.) H. Nebelsiek. H 890

Monsanto Chemical Co., St. Louis, Mo., übert. von: William R. Rolingson, Texas City, Tex., V.St.A., **Cyanamidgewinnung** durch Erhitzen von HCN u. NO_2 (3 : 1—10 : 1) in Ggw. von akt. Al_2O_3, SiO_2 oder Kieselgur auf 400—1000°, bes. 550—750°. (**A. P. 2 975 030** vom 22/9. 1958, ausg. 14/3. 1961.) H. Nebelsiek. H 890

Monsanto Chemical Co., St. Louis, Mo., übert. von: William R. Rolingson, Texas City, Tex., V.St.A., **Cyanamidgewinnung** durch Erhitzen von HCN in Ggw. von Al_2O_3, SiO_2, Kieselgur oder Fullererde auf ca. 575—1000°, bes. 600—950°. (**A. P. 2 975 031** vom 6/11. 1958, ausg. 14/3. 1961.) H. Nebelsiek. H 890

Monsanto Chemical Co., St. Louis, Mo., übert. von: William R. Rolingson, Texas City, Tex., V.St.A., **Cyanamidgewinnung** durch Erhitzen eines aliphat. KW-Stoffs, bes. CH_4 oder Naturgas, u. NH_3 in Ggw. von Al_2O_3, SiO_2, Kaolin, Fullererde u. dgl. auf ca. 400—1000°, bes. 550—800°. (**A. P. 2 975 032** vom 12/11. 1958, ausg. 14/3. 1961.) H. Nebelsiek. H 890

Farbenfabriken Bayer Akt.-Ges., Leverkusen, **Alkyl- oder Arylhydrazine** erhält man aus durch Rk. von NH_3, Alkalihypochlorit u. einem Amin entstehenden Lsgg. durch Zugabe von wss. Alkalihydroxid bis dessen Konz. 10—40, bes. 20—30 Gew.-% beträgt, worauf man mit einem aromat. Amin, bes. Anilin, einer aromat. Hydroxyverb., bes. Phenol, oder einem aliphat. Amin $> C_6$, bes. Octylamin, z. B. im Gegenstrom extrahiert u. das Hydrazin aus dem Extrakt unter Zusatz von festem Ätzalkali zur Bindung geringer Wassermengen abdestilliert. Beispiele zur Isolierung von asymm. *Dimethyl-* u. *Monomethylhydrazin* (Kp. 60—65° bzw. 82—85°). (**E. P. 873 447** vom 25/8. 1959, ausg. 26/7. 1961. D. Prior. 4/9. 1958.) O. Müller-Meiningen. H 910

United States Rubber Co., New York, N.Y., V.St.A., **Herstellung substituierter Hydrazinderivate** erfolgt nach der allg. Gleichung $R^1R^2N—NHR^3 + MeH + R^4X \rightarrow R^1R^2N—NR^3R^4 + MeX + H_2$ bei —20 bis +200° in Ggw. eines inerten Lsgm. (R^1, R^2, R^3 = H, Alkyl, Aryl $C_6—C_{18}$, Aralkyl $C_7—C_{18}$ oder Cycloalkyl $C_5—C_8$; Me = Alkalimetall; R^4X = prim. Alkyl-, prim. Aralkylbromid oder -jodid, Allyl-, Aralkyl- oder Propargylchlorid, wobei R^4 1—18 C-Atome enthält). — Ein Gemisch aus 100 cm^3 Äthylenglykoldimethyläther u. 26,5 (g) einer 27%ig. Mineralöldispersion von 7,2 Na-Hydrid wird unter Rückfluß (85—90°) innerhalb 5 Min. mit 28,8 1.1-Di-n-butylhydrazin, dann mit 27,4 n-Butylbromid im gleichen Zeitraum versetzt, bis zur Beendigung der Gas-Entw. mehrere Std. erhitzt, unter 65° gekühlt, NaH-Überschuß durch Zugabe von 3,5 CH_3OH zerstört, von anorgan. Salzen abfilteriert u. durch Vakuum-Dest. 21,7 (54%) *1.1.2-Tri-* u. 13 *1.1-Di-n-butylhydrazin* erhalten. 1.1-Dimethylhydrazin (I) + Octylbromid → 47,7% *1.1-Dimethyl-2-n-octylhydrazin*, $Kp._{19,5}$ 103—105°; n_D^{27} 1,4310, neben 27% 1-Octen. — I + $C_6H_5CH_2Cl$ → 26,7% *2-Benzyl-I*, $Kp._{10}$ 88—89°; n_D^{27} 1,5130. — I + n-Octadecylbromid → 51% *1.1-Dimethyl-2-octadecylhydrazin*, F. 86—87°, neben 26% 1-Octadecen; $Kp._1$ 160°. — Hydrazin + n-Butylbromid → 30,8% *1.1-Di-n-butylhydrazin*; hieraus mit n-Butylbromid → 79,2% *Tri-n-butylhydrazin* neben 6% *Tetra-n-butylhydrazin*. (**E. P. 875 152** vom 30/10. 1959, ausg. 16/8. 1961. A. Prior. 31/12. 1958.) O. Müller-Meiningen. H 910

Koichi Yamada, Tokyo, Japan, **Erzeugung von *l*-Glutaminsäure,** dad. gek., daß man nach A. P. 2 978 383 *Brevibacterium divaricatum* NRRL B-2311 submers u. aerob bei ca. 10—37° u. pH 6—9 in einem wss., assimilierbare Kohlenhydrat- u. N-Verbb. enthaltenden Nährmedium so lange (ca. 72 Std.) wachsen läßt, bis das Nährmedium mit *l*-Glutaminsäure angereichert ist. Das Medium enthält z. B. 3 (%) Glucose, 0,5 Harnstoff, 0,1 K_2HPO_4, 0,05 $MgSO_4 \cdot 7\,H_2O$, 0,2 Bouillonextrakt u. 2 Weizenkleienextrakt (5%ig.). Nach A. P. 2 978 384 wird in völlig analoger Weise der Stamm *Brevibacterium divaricatum* NRRL B-2312 verwendet. Die beiden Bakterienstämme werden aus Abwässern, Feld-, Wald- oder Ackerböden isoliert. — Mengenbeispiele, Tabellen. (**A. PP. 2 978 383** vom 25/1. 1960 u. **2 978 384** vom 24/11. 1959, beide ausg. 4/4. 1961.) G. Vogel. H 950

E. I. du Pont de Nemours & Co., Wilmington, Del., V.St.A. (Erfinder: Robert D. Emmick und Thomas Edward Londergan), **Herstellung von α.α'-Diaminopimelinsäure.** Man erwärmt ein Gemisch aus 32 (g) 2-Äthoxy-3.4-dihydro-2H pyran, 200 cm^3 W. u. 2,5 cm^3 konz. HCl unter Rühren 1 Std. auf 40°, kühlt die erhaltene Glutaraldehyd-Lsg. im Eisbad, setzt 20 cm^3 fl. HCN u. 34 $(NH_4)_2CO_3$ zu u. erhitzt 4 Std. im Carius-Rohr (I) auf 100°, konz. das Rk.-Gemisch u. erhält 90% *Trimethylen-bis-(5.5')-hydantoin*, $C_9H_{12}N_4O_4$, F. 232—236° (A.-W.). — 5 dieser Verbb. erhitzt man 4 Std. mit 15 cm^3 37%ig. HCl auf 180° im I, verd. das Rk.-Gemisch auf 500 cm^3, behandelt die Lsg. mit 250 cm^3 Kationenaustauscherharz (Dowex 50-X 8), wäscht die Austauschersäule mit W., neutralisiert mit 1%ig. NH_3 u. eluiert mit 15%ig. NH_3, kocht das stark alkal. Eluat bis zur Beendigung der NH_3-Entw., entfärbt mit A-Kohle („Darco") u. erhält beim Eindampfen 3,65 (92%) *α.α'-Diaminopimelinsäure*. — Zwischenprod. zur Herst. von Lysin. (**E. P. 875 353** vom 5/2. 1960, ausg. 16/8. 1961.) O. Müller-Meiningen. H 950

Olin Mathieson Chemical Corp., übert. von: Eugene J. De Lorenzo, Niagara Falls, und John P. Faust, Kenmore, N.Y., V.St.A., **Herstellung von flüssigen Borkohlenwasserstoffen.** Man leitet Diborangas, ein gasförmiges Diolefin mit 3 bis 5 C-Atomen u. ein inertes Verdünnungsgas, wie H, N oder Ar, in ein auf 100—250° gehaltenes fl. oder geschmolzenes Metall, wie Hg, Woods-Metall oder Lötzinn, ein u. gewinnt aus den Abgasen durch Kondens. die B-KW-Stoffe. — Vorrichtung. (**A. P. 2 977 389** vom 21/2. 1956, ausg. 28/3. 1961.) J. Mühleisen. H 980

United States of America, Secretary of Army, V.St.A., übert. von: Leland K. Beach, Sunbury on Thames, Middlesex, England, **Reinigung von Methylphosphonsäure-O-isopropylester-fluorid (I)** von Pyromethylphosphonsäurediisopropylester (**II**) u. freien Säuren (**III**) erreicht man, indem man das Rohprod. ggf. gelöst in einem niedermol. Dialkyläther (**IV**) durch eine Kolonne schickt, die mit wassergesätt. SiO_2 gefüllt ist, die Kolonne dann mit **IV** auswäscht, wobei **I** gelöst wird. Die Verunreinigungen **II** u. **III** bleiben in der Kolonne zurück u. lassen sich mit W. auswaschen. — Zeichnung. (**A. P. 2 991 302** vom 27/5. 1958, ausg. 4/7. 1961.) A. Jahn. H 980

United States of America, Secretary of Agriculture, übert. von: Daniel Swern, Philadelphia, Pa., V.St.A., **Phosphonate** der Formel R′O—C(:O)—CH(R)—P(:O)(OR″)$_2$ (**I**) (R = Alkyl mit 2—16 C-Atomen; R′ = CH_3, C_2H_5, n-C_4H_9, n-C_6H_{13}, 2-Äthylhexyl oder Vinyl; R″ = CH_3, C_2H_5, n-C_4H_9, n-C_6H_{13}) u. deren Hydrolysen-Prodd. erhält man durch Rk. von *Trialkylphosphiten* der Formel (R″O)$_3$P mit *α-Bromfettsäureestern* der Formel R—CH(Br)—C(:O)(OR′) bei 160—190° in N_2-Atmosphäre (ca. 4—5 Std.) u. ggf. selektive Hydrolyse der des Carboxylesterrestes, mit verd. Lauge (0,2n KOH in 95% A.) bzw. völlige Hydrolyse der 3 Esterreste durch Kochen mit 20—35%ig. HCl. — Man erhält Verbb. der Formel **I**: R = CH_3—(CH_2)$_6$, R′ = R″ = C_2H_5, Kp.$_4$ 168°, n_D^{30} 1,4359, $D._4^{30}$ 0,9994; — R = CH_3—(CH_2)$_9$, R′ = R″ = C_2H_5, Kp.$_{0,1}$ 153—156°, n_D^{30} 1,4398, $D._4^{30}$ 0,9782; — R = CH_3—(CH_2)$_{11}$, R′ = R″ = C_2H_5, Kp.$_{0,1}$ 173 bis 176°, n_D^{30} 1,4420, $D._4^{30}$ 0,9658; — R = CH_3—(CH_2)$_{13}$, R′ = R″ = C_2H_5, Kp.$_{0,2}$ 185 bis 187°, n_D^{30} 1,4432, $D._4^{30}$ 0,9562; — R = CH_3—(CH_2)$_{15}$, R′ = R″ = C_2H_5, Kp.$_{0,2}$ 185 bis 187°, n_D^{30} 1,4452, $D._4^{30}$ 0,9497; — R = CH_3—(CH_2)$_9$, R′ = C_2H_5, R″ = C_4H_9, Kp.$_{0,18}$ 210°, n_D^{30} 1,4413, $D._4^{30}$ 0,9547; — R = CH_3—(CH_2)$_9$, R′ = C_2H_5, R″ = n-C_6H_{13}, Kp.$_{0,25}$ 173°, n_D^{30} 1,4440, $D._4^{30}$ 0,9394; — R = CH_3(CH_2)$_9$, R′ = R″ = C_4H_9, Kp.$_{0,6}$ 182°, n_D^{30} 1,4426, $D._4^{30}$ 0,9462; — R = CH_3(CH_2)$_3$, R′ = R″ = n-C_6H_{13}, Kp.$_{0,15}$ 139°, n_D^{30} 1,4405, $D._4^{30}$ 0,9344; — R = CH_3(CH_2)$_9$, R′ = R″ = CH_3, Kp.$_{0,7}$ 156°, n_D^{30} 1,4440, $D._4^{30}$ 1,0203; — R = CH_3(CH_2)$_9$, R′ = n-C_4H_9, R″ = C_2H_5, Kp.$_{0,3}$ 186°, n_D^{30} 1,4416, $D._4^{30}$ 0,9644; — R = CH_3(CH_2)$_{15}$, R′ = 2-Äthylhexyl, R″ = C_2H_5, Kp.$_{0,4}$ 215°, n_D^{30} 1,4507, $D._4^{30}$ 0,9326; — R = CH_3(CH_2)$_{15}$, R′ = C_4H_9, R″ = C_2H_5, Kp.$_{0,4}$ 195°, n_D^{30} 144,66, $D._4^{30}$ 0,9402; — R = CH_3(CH_2)$_5$, R′ = n-C_4H_9, R″ = n-C_6H_{13}, Kp.$_{0,3}$ 163—171°, n_D^{30} 1,4427, $D._4^{30}$ 0,9438; — R = CH_3(CH_2)$_{15}$, R′ = Phenyl, R″ = C_2H_5, Kp.$_{0,4}$ 210—235°, n_D^{30} 1,466; — R = H, R′ = Vinyl, R″ = C_2H_5, Kp.$_{0,25}$ 98—100°, n_D^{30} 1,4348, $D._4^{30}$ 1,1245; — R = Äthyl, R′ = Vinyl, R″ = Äthyl, Kp.$_7$ 133—134°, n_D^{30} 1,4368, $D._4^{30}$ 1,0761; — R = n-Butyl, R′ = Vinyl, R″ = Äthyl, Kp.$_{7-8}$ 158—159°, n_D^{30} 1,4370, $D._4^{30}$ 1,0436; — R = n-Octyl, R′ = Vinyl, R″ = Äthyl, Kp.$_{0,15}$ 146—148°, n_D^{30} 1,4423, $D._4^{30}$ 0,9990; — R = CH_3(CH_2)$_9$, R′ = Vinyl, R″ = Äthyl, Kp.$_{0,05}$ 152—153°, n_D^{30} 1,4443, $D._4^{30}$ 0,9836; — R = CH_3(CH_2)$_{11}$, R′ = Vinyl, R″ = Äthyl, Kp.$_{0,15}$ 172—174°, n_D^{30} 1,4459, D_4^{30} 0,9736; — R = CH_3·(CH_2)$_{13}$, R′ = Vinyl, R″ = Äthyl, Kp.$_{0,1}$ 200—202°, n_D^{30} 1,4478, $D._4^{30}$ 0,9659; — R = CH_3(CH_2)$_{15}$, R′ = Vinyl, R″ = Äthyl, Kp.$_{0,05}$ 204—206°. — *Weichmacher, Schmierfette.* (**A. P. 2 973 380** vom 14/1. 1958, ausg. 28/2. 1961.) A. Jahn. H 980

British Petroleum Co. Ltd., London, und John Gilbert Hale, Peter Thomas White und Frederick William Bertram Porter, Sunbury-on-Thames, England, **Herstellung von Alkylaryl-Kohlenwasserstoffen.** Geradkettige Paraffine oder Olefine mit 14—26 C-Atomen werden bei 350—500° mit einem Dehydrocylisierungskatalysator in Kontakt gebracht. (**E. P. 874 555** vom 15/8. 1958, ausg. 10/8. 1961.) E. Kahles. H 1010

Esso Research and Engineering Co., übert. von: Charles Newton Kimberlin jun. und William Judson Mattox, Baton Rouge, La., V.St.A., **Herstellung von Aromaten durch katalytische Dehydrierung von naphthenischen Kohlenwasserstoffen** unter gleichzeitiger Hydrierung eines Olefins. Ein Naphthen-KW-Stoff u. ein Olefin werden bei 350—850°F u. 750 lbs./sq.in. mit einem Katalysator aus Tonerde–Kieselsäure mit Poren von 10—13 Å u. Na, V, Zr, Metallen der Gruppe IIa, IIb, VIb, VIIb u. VIII des Period. Syst. in Kontakt gebracht. (**A. P. 2 976 331** vom 31/7. 1957, ausg. 21/3. 1961.) E. Kahles. H 1010

Union Oil Co. of California, Los Angeles, übert. von: William D. Schaeffer, Pomona, und Frank H. Seubold jun., Claremont, Calif., V.St.A., **Entchlorieren von chlormethylierten aromatischen Kohlenwasserstoffen.** Diese werden mit H_2 in Ggw. eines Katalysators aus einem Edelmetall, wie Pd oder Pt, auf einem Träger von $BaSO_4$, $CaSO_4$, $MgSO_4$, $SrSO_4$ oder $CaCl_2$, bei 100—350° behandelt. — Zeichnung. (**A. P. 2 977 395** vom 24/2. 1959, ausg. 28/3. 1961.) E. Kahles. H 1010

Pure Oil Co., Chicago, übert. von: John B. Braunwarth, Crystal Lake, Ill., V.St.A., **Phenole** erhält man durch direkte Umsetzung von aromat. KW-Stoffen (**I**), die wenigstens 1 nichtsubstituiertes Kern-H-Atom enthalten, mit W. in Ggw. eines Alkaliphosphats (**II**) u. eines Cu-Salzes (**III**) ($CuSO_4$ u. dessen Pentahydrat) bei ca. 350 bis 710°F unter Überdruck nach $CuSO_4 + ArH + H_2O \rightarrow Cu + ArOH + H_2SO_4$ (Ar = Rest des aromat. KW-Stoffes). Pro Mol **III** sollen 1—10 Mol **I** u. 0,01—0,2 Mol **II** verwendet werden. — So erhält man z. B. durch 2std. Erhitzen eines Gemisches aus 23,5 g dest. W., 12,75 g $CuSO_4 \cdot 5\,H_2O$, 23,5 g Bzl. u. 1 g $Na_3PO_4 \cdot 12\,H_2O$ im Autoklaven auf

580° F ein Rk.-Gemisch, aus dem *Phenol* in einer Ausbeute von 41 Mol-% gewonnen werden kann. Oxydiert man ohne Phosphatzusatz, so beträgt die Phenolausbeute nur 25%. Eine ähnliche Ausbeutesteigerung durch den Phosphatzusatz erfolgt bei der analogen Oxydation von Toluol zu *Kresol*. (**A. P. 2 976 329** vom 30/9. 1958, ausg. 21/3. 1961.)
A. Mohr. H 1060

Union Carbide Corp., übert. von: Samuel W. Tinsley, South Charleston, W.Va., V.St.A., **p-Nitrobenzaldehyd** (I) **und p-Nitrobenzoesäure** (II) erhält man nebeneinander, wenn man 1 Teil *p.β-Dinitrostyrol* (III) mit mindestens 5, bes. 8—15 Teilen, mindestens 70%ig. H_2SO_4, bes. 96%ig. H_2SO_4, oder mit Oleum auf 80—150°, bes. 100—120°, erhitzt, u. die Rk.-Mischung bei erhöhter Temp., bes. bei 100°, mit überschüssigem W. hydrolysiert. Bei höheren Temp. u. Anwendung von Oleum (20% SO_3) erhält man weniger Aldehyd u. mehr Säure. Die Trennung der beiden Verbb. erfolgt durch Wasserdampfdestillation. — Beispiel. (**A. P. 2 971 980** vom 3/5. 1957, ausg. 14/2. 1961.)
A. Jahn. H 1120

Crown Zellerbach Corp., San Francisco, Calif., übert. von: Jonas Kamlet, New York, N.Y., V.St.A., **Protocatechualdehyd** erhält man, indem man Vanillin bei 0—120° mit einer $AlBr_3$-Komplex-Verb. der Formel $Ar(Al_nBr_{3n-1})HBr$, in der Ar ein aromat. Rest u. n eine ganze Zahl von 1—5 ist, behandelt, welche durch Rk. von ggf. mit Cu oder Hg aktiviertem Al mit Br in Ggw. von ArH (Bzl., Toluol, Xylol, Cumol bzw. deren Nitro-Verbb.) bei 0—50° erhalten wurde, u. Zers. des Rk.-Gemisches mit Wasser. — F. 151—153°. Beispiel. Zwischenprodukt. (**A. P. 2 975 214** vom 5/3. 1959, ausg. 14/3. 1961.)
A. Jahn. H 1140

American Cyanamid Co., New York, übert. von: Nicholas Chomitz, Yonkers, und William R. Rathjens, Hollis, N.Y., V.St.A., **Zur Oxydation von Naphthalin zu Phthalsäureanhydrid** in der Dampfphase verwendet man einen Flüssigbettkatalysator, der durch Aufbringen von 5—20% V_2O_3 u. 20—50% K_2SO_4 auf 40 bis 75% Silicagel, das eine Oberfläche von 200—700 m^2/g u. einen Porendurchmesser von 50—350 Å hat, hergestellt wurde. Der fertige Katalysator hat eine Oberfläche von 20 bis 75 m^2/g u. ist von hoher Wirksamkeit. (**A. P. 2 973 371** vom 20/11. 1957, ausg. 28/2. 1961.)
L. Stadelmann. H 1220

Distillers Co. Ltd., Edinburgh, Schottland (Erfinder: Ernest Charles Newman), **Alkylisophthalate** erhält man in hoher Ausbeute durch Erhitzen einer Aufschlämmung von Isophthalsäure in dem Alkylisophthalat, das hergestellt werden soll, in Ggw. eines Veresterungskatalysators, mit einem Alkanol auf 125—175°. — Beispiel: Eine Mischung aus 667 (g) Isophthalsäure, 1000 Dimethylisophthalat u. 33 konz. H_2SO_4 werden auf 150° erhitzt u. dann 700 Methanol/Std. zugeführt. Nach 4 Std. erhält man 1667,5 *Dimethylisophthalat* (92,3% Ausbeute). (**E. P. 875 041** vom 14/1. 1959, ausg. 16/8. 1961.)
L. Stadelmann. H 1220

Standard Oil Co., Chicago, Ill., übert. von: Delbert H. Meyer, Highland, Ind., V.St.A., **Dimethylterephthalat** erhält man in einem 2-Stufen-Verfahren: Man mischt zunächst Methanol mit Terephthalsäure im Verhältnis 2—5:1 bei ca. 240° 20 Min. ohne Katalysator u. erhitzt dann die Rk.-Mischung sehr schnell auf ca. 300° u. hält diese Temp. ca. 20 Minuten. In Ggw. von 0,1—1% Zn, ZnO_2 oder Sb_2O_3 beträgt die Rk.-Zeit jeweils nur 10 Minuten. (**A. P. 2 976 030** vom 20/5. 1957, ausg. 21/3. 1961.)
L. Stadelmann. H 1220

Eastman Kodak Co., Rochester, N.Y., übert. von: Carl L. Wilson und Joseph A. Moriarty, Kingsport, Tenn., V.St.A., **Reinigung von Dimethylterephthalat.** Man führt ein Gemisch aus Xylol, Dimethylterephthalat (D), Methyl-p-toluat, p-Toluylsäure, Terephthalsäure u. Monomethylterephthalat einer Dest.-Kolonne (I) zu, die am Boden bei 120 mm/190° u. an der Spitze bei 15 mm/40° arbeitet, entfernt niedriger sd. Verunreinigungen aus I u. nimmt am Kopf Xylol ab. D u. höher sd. Bestandteile werden aus dem Boden von I in einen Erhitzer geführt, der außer mit I noch mit einer weiteren Dest.-Kolonne (II) verbunden ist, an deren Kopf sich ein Dephlegmator befindet. Aus II wird als Seitenstrom reines fl. D entnommen, während ein Teil D als Rückfluß zusammen mit höher sd. Verunreinigungen am Boden von II abgenommen u. ein geringer Teil D in Dampfform über den Dephlegmator in I an einer solchen Stelle eingeführt wird, an der die Temp. über dem F. von D liegt u. wo der Druckunterschied gegenüber dem Erhitzer größer ist als in II. Hierdurch wird die Sublimation von D verhindert. Das Verf. wird kontinuierlich durchgeführt. — Vorr.-Zeichnung. (**A. P. 2992168** vom 9/7. 1959, ausg. 11/7. 1961.)
L. Stadelmann. H 1220

Parke, Davis & Co., übert. von: Charles A. Miller, Detroit, Mich., V.St.A., **Phenylbernsteinsäureanhydrid** (F. 49—52°, $Kp._9$ 185—200°) erhält man durch Red. von z. B. in einem niedermol. Fettsäureester, einem Dialkyläther, PAe., Dioxan oder

Tetrahydrofuran gelöstem Phenylmaleinsäureanhydrid mit H_2 in Ggw. eines Pt-Oxid-Katalysators bei 15—125°, bes. 20—30°, u. 1—100 at. (**A. P. 2 995 580** vom 2/5. 1955, ausg. 8/8. 1961.) O. Müller-Meiningen. H 1220

Standard Oil Co., Chicago, übert. von: Hsiang P. Liao, Park Forest, und Philip H. Towle, Chicago, Ill., V.St.A., **Trimellitsäureanhydrid** erhält man durch Erhitzen von Trimellitsäure auf 170—250° in Ggw. von strömendem inertem Gas, bes. N_2, u. selektive Extraktion des Anhydrids mit aromat. KW-Stoffen, bes. o-Xylol. (**A. P. 2 971 011** vom 27/2. 1958, ausg. 7/2. 1961.) L. Stadelmann. H 1230

Callery Chemical Co., Pittsburgh, übert. von: James W. Shepherd, Mars, Pa., V.St.A., **Gemische aus Dibenzyl- und Benzylmethylcarbonat** erhält man durch Rk. von mindestens 2 (Mol) $C_6H_5CH_2Cl$ mit 1 Na-Methylcarbonat in Ggw. eines tert. Amins, bes. $(C_2H_5)_3N$, als Katalysator bei Rückflußtemperatur. — *Zwischenprodd.* u. Weichmacher. (**A. P. 2 983 749** vom 10/11. 1958, ausg. 9/5. 1961.) O. Müller-Meiningen. H 1280

American Cyanamid Co., New York, N.Y., V.St.A., **Herstellung von Diphenylamin.** Anilindampf wird bei 400—550° u. 100 lbs./sq.in. Druck über einen Katalysator geleitet, der aus Al_2O_3 besteht, das mit einer Lsg. einer Verb. imprägniert ist, die F-Ionen abgeben kann, z. B. Alkalifluoride, NH_4F oder HF, bes. mit einer 2% ig. Lsg. von NH_4F. Die entstehenden Dämpfe, bestehend aus NH_3, Anilin (I) u. Diphenylamin werden fraktioniert u. I in die App. zurückgeleitet. (**E. P. 874 863** vom 22/9. 1959, ausg. 10/8. 1961. A. Prior. 6/10. 1958.) A. Kalix. H 1310

Union Carbide Corp., New York, N.Y., V.St.A. (Erfinder: Enrico James Pepe), **Aminomethylphenylsilicium-Verbindungen** mit den Struktureinheiten der Formel $(Z_2NCH_2C_6H_4)_a—SiR_b$, worin Z H oder ein Alkyl-, Aryl- bzw. Aralkylrest, R ein Alkyl-, Aralkyl-, Alkoxy- oder Aroxyrest, a 1 oder 2, b 0, 1 oder 2 ist u. die restlichen Valenzen des Si durch OR^1-Reste, in denen R^1 ein Alkyl-, Aryl- oder Aralkylrest ist, oder durch an Si-Atome gebundene O-Atome abgesättigt sind, erhält man durch Hydrierung von Si-Verbb. mit den Struktureinheiten der Formel $(NCC_6H_4)_a—SiR_b$, worin R, a u. b die obige Bedeutung haben, wobei die prim. Amine entstehen, die mit KW-Stoff-Halogeniden in die sek. oder tert. Amine umgewandelt werden können. — 0,25 Mol p-Cyanphenyltriäthoxysilan, gelöst in 70 cm^3 A. werden in Ggw. von 3 g Raney-Ni mit H_2 von einem Druck von 113,3 at 3 Std. auf 125° erhitzt. Man erhält in 80% ig. Ausbeute *p-Aminomethylphenyltriäthoxysilan*, $Kp._{0,6}$ 119°; n_D^{21} 1,4839. Analog erhält man die *m-Amino-Verb.*, $Kp._{0,4}$ 104—105°. — *Zwischenprodd.* zur *Herst.* von *Siloxanen, Schmierölen* u. *Überzugsmitteln.* (**E. P. 874 150** vom 24/2. 1960, ausg. 2/8. 1961. A. Prior. 25/3. 1959.) J. Mühleisen. H 1380

Dow Chemical Co., Midland, übert. von: Elmer L. McMaster und William K. Glesner, Midland, Mich., V.St.A., **Vinylbenzyl-dialkylphosphonate** erhält man durch Rk. von 1 Mol Vinylbenzylchlorid mit 1—5, bes. 3 Mol Trialkylphosphit, in dem jede Alkylgruppe bis zu 8 C-Atome enthält, bei 75—115°, bes. in Ggw. eines Polymerisationsverzögerers. — Man rührt eine Mischung aus 1713 g Triäthylphosphit u. 831 g eines Gemisches aus 32% o- u. 68% p-Vinylbenzylchlorid u. 8,5 g Dinitro-o-kresol 10 Std. bei 90°. Man erhält ein Gemisch aus o- u. p-Vinylbenzylphosphonsäurediäthylester, $Kp._{0,5}$ 116—126°; $D._4^{25}$ 1,095. (**A. P. 2 980 721** vom 12/12. 1958, ausg. 18/4. 1961.) A. Jahn. H 1380

Chas. Pfizer & Co., Inc., New York, N.Y., übert. von: William E. Stieg, Mystic, und John D. Gillis jun., Groton, Conn., V.St.A., **C_{14}-Aldehyde der Formeln I oder II** erhält man nach dem Darzen's-Verf. durch Rk. von *β*-Jonon mit einem Alkylchloracetat (Alkyl mit 1—4 C-Atomen) in Ggw. geringer Mengen wasser- u. alkoholfreier Alkalimetallalkoholate u. in Ggw. von Dimethylformamid, Pyridin, α-, β- oder γ-Picolin, Dimethylacetamid, N-Äthylacetamid bei niederer Temp. u. weiterer Umsetzung des Rk.-Gemisches mit methanol. NaOH. Durch die Anwendung der speziellen Lsgm. wird die Ausbeute der 1. Rk.-Stufe um 24% verbessert. — Zu einer auf —5° gekühlten Mischung aus 234 g *β-Jonon*, 260 g *Chloressigsäuremethylester* u. 380 g wasserfreiem *Dimethylformamid* gibt man anteilweise 134 g 95% ig. Na-Methylat unter Schütteln u. Konstanthalten einer Temp. von 0 bis —5°. Dann gibt man eine vorgekühlte Lsg. von 117,8 g NaOH in 800 ml Methanol während 1/2 Std. bei 0 bis —5° zu, rührt die Mischung noch 1/2 Std. unter N_2 u. gibt das Rk.-Gemisch in 1400 ml Wasser. Die wss. Lsg. wird 4 mal mit je 800 ml Hexan extrahiert, die vereinigten Extrakte

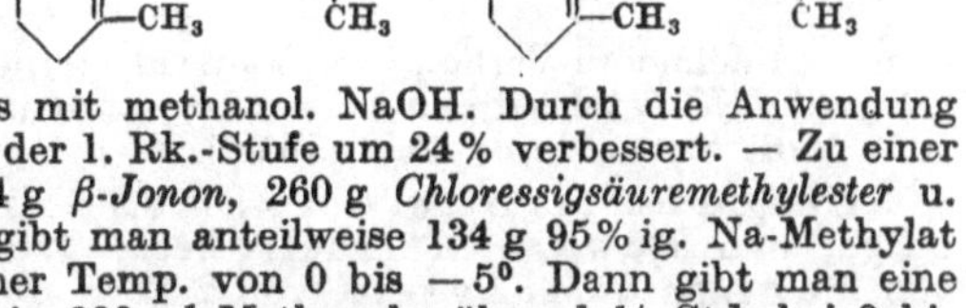

mit auf pH 6,5 angesäuertem W. gewaschen u. das Lsgm. abdestilliert. Man erhält den C_{14}-Aldehyd in 84,8%ig. Ausbeute; n_D^{20} 1,5110. (**A. P. 2 987 550** vom 25/9. 1958, ausg. 6/6. 1961.) A. Jahn. H 1920

Sinclair Refining Co., New York, N.Y., übert. von: Bernard S. Friedman, Chicago, und Sherwood M. Cotton, Harvey, Ill., V.St.A., **Ester** erhält man durch Rk. von unverzweigten Monoolefinen, bes. C_3—C_{20} mit CO in Ggw. eines HF–W.-Gemisches, das bes. 2—5 (Mol) HF je 1 Olefin u. 1—15% W. enthält, bei 10—200°F u. einem Druck bei dem die Rk. in fl. Phase verläuft. Man erhält so z. B. aus Cyclohexen 48% *Cyclohexancarbonsäure* u. 33% des *Cyclohexylesters* dieser Säure. (**A. P. 2 975 199** vom 2/6. 1957, ausg. 14/3. 1961.) O. Müller-Meiningen. H 2010

Farbenfabriken Bayer Akt.-Ges., Leverkusen, **Hydrierende Spaltung von Bis-(hydroxyphenyl)-alkanen oder -cycloalkanen.** Das bekannte Verf. zur Aufspaltung von Bis-(hydroxyphenyl)-alkanen (I) oder -cycloalkanen (II) durch Druckhydrierung mittels H_2 in Ggw. von Ni-Katalysatoren bei erhöhter Temp. zwecks Gewinnung der entsprechenden Alkylphenole u. Phenole wird hinsichtlich der Ausbeute der Spaltprodd. dadurch verbessert, daß man Gemische aus I- oder II-Dämpfen u. H_2 u. ggf. Wasserdampf über Ni-Sulfid/Cr_2O_3/Al_2O_3-Katalysatoren, die zusätzlich Cu-Sulfid, W-Sulfid u./oder Mo-Sulfid enthalten können, bes. bei 250—400° leitet. — Führt man z. B. bei 330° über 500 cm^3 eines Ni-Sulfid/Cr_2O_3/Al_2O_3/Mo-Sulfid-Katalysators (35,7% Ni; 6,7% Cr; 3,1% Al; 15,6% Mo; 26,8% S) ein dampfförmiges Gemisch, das aus 13,3 Vol.-% 1.1-Bis-(4-hydroxyphenyl)-äthan (III), 46,7 Vol.-% H_2 u. 40,4 Vol.-% Wasserdampf besteht, mit einer solchen Geschw., daß den Katalysator pro Std. 100 Gew.-Teile III passieren, so erhält man nach 4 Std. 386 (Gew.-Teile) Rk.-Prod., aus dem 208 *4-Äthylphenol* u. 65 *Phenol* durch Fraktionieren isoliert werden können. — Analog gewinnt man durch Aufspaltung von 2.2-Bis-(4-hydroxyphenyl)-propan *4-Isopropylphenol* neben *Phenol* in Ausbeuten von ca. 97%, u. durch Aufspaltung von 2.2-Bis-(4-hydroxyphenyl)-butan *4-sek.-Butylphenol* neben *Phenol* in 95 bzw. 97% Ausbeute. (**E. P. 880 300** vom 16/3. 1959, ausg. 18/10. 1961. D. Prior. 31/3. 1958.) A. Mohr. H 2260

Monsanto Chemical Co., St. Louis, übert. von: David J. Beaver, Richmond Heights, Mo., und Richard O. Zerbe, Nitro, W.Va., V.St.A., **Dihydroxydiarylmethane** der allg. Formel I (R = Aryl; R^1 = Alkyl C_4—C_{12}; R^2 = Alkyl $< C_3$) erhält man durch Rk. von 2 Mol eines in 2-Stellung halogen- oder alkyl-, in 5- oder 6-Stellung alkylsubstituierten Phenols mit 1 Mol eines Aldehyds. — Man erhitzt z. B. ein Gemisch aus 98,4 (g) 6-tert.-Butyl-m-kresol (II; Kp.$_{20}$ 130°), 24 Butyraldehyd u. 6 konz. HCl 8 Std. unter Rückfluß auf 100—105°, entfernt aus dem Rk.-Gemisch flüchtige Verbb. durch Dest. mit Wasserdampf, nimmt in Bzl. auf, wäscht die Benzol-Lsg. mit W. säurefrei u. erhält durch Eindampfen u. Umkristallisieren *4.4'-Butyliden-bis-***II**, F. 210,2—210,9°. — *4.4'-Isobutyliden-bis-***II**, F. 229,8—230,7° (Bzl. u. Heptan). — *4.4'-Benzyliden-bis-***II**, F. 199,3—199,8°. — *4.4'-(p-Hydroxybenzyliden)-bis-***II**, F. 262,4—263,1°. — *o-Hydroxy-Verb.*, F. 216,7—217° (Toluol). — *4.4'-(3.4-Dimethoxybenzyliden)-bis-***II**. — *Antioxydantien* bes. für *Kautschuk*, *Antiseptica* u. *Germicide*. (**A. P. 2 970 151** vom 26/10. 1951, ausg. 31/1. 1961.)

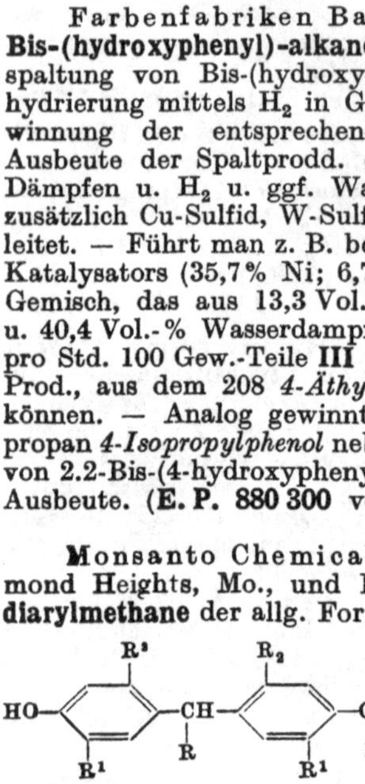

I

O. Müller-Meiningen. H 2260

Inventa Akt.-Ges. für Forschung und Patentverwertung, Luzern, Schweiz, **Bivanillyl (I)** erhält man durch Red. von Hydrovanilloin (II) mittels H_2 in Ggw. eines Hydrierungskatalysators, zweckmäßig bei erhöhten Temp. u. Drucken. II erhält man durch elektrolyt. Red. von Vanillin. — So entstehen bei 2—3std. Behandlung von 100 g II in 600 ml A. in Ggw. von 6 g Cu-Chromit (III) mit H_2 unter 150—170 atü bei 175° 80 bis 85 g reines I, F. 160—161°. Anstelle von III können Edelmetall-Verbb., wie Pt-Oxid, ferner Raney-Ni oder auf Kieselgur aufgebrachte Ni-Katalysatoren verwendet werden. (**E. P. 877 882** vom 20/11. 1959, ausg. 20/9. 1961. Schwz. Prior. 2/12. 1958.) A. Mohr. H 2260

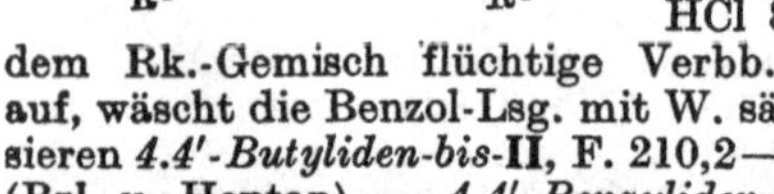

I

United States Steel Corp., N.J., übert. von: John O. Hawthorne, Pittsburgh, und Edward L. Mihelic sen., Wilkinsburg, Pa., V.St.A., **Herstellung von Fluorenon** durch Pyrolyse von 2-Formylbiphenyl-2'-carbonsäure. — 4 g dieser Säure werden mit 200 ml Mineralöl (Kp. 330—390°) 6$^1/_2$ Std. auf 350—360° erhitzt. Nach Abkühlung wird mit 6mal 100 ml Eisessig extrahiert, die vereinigten Lsgg. werden auf 100 ml konz., mit Aktivkohle behandelt, mit 500 ml 10%ig. $NaHSO_3$ versetzt u.

filtriert. Das Filtrat wird nach Zusatz von 70 ml konz. H_2SO_4 mit 3mal 100 ml $CHCl_3$ extrahiert → *Fluorenon* (44%). — *Anticonvulsans* u. *Herbicid*. (**A. P. 2 971 982** vom 5/3. 1959, ausg. 14/2. 1961.) A. Debo. H 2750

Allied Chemical Corp., New York, N.Y., übert. von: Willard J. McClements, Hopewell, und Richard C. Datin, Petersburg, Va., V.St.A., **Äthylenoxid** erhält man bei der Oxydation von C_2H_4 mittels O_2 in Ggw. einer Ag-Erdalkali-Leg. als Katalysator, bei einer Gas-Geschw. von 14000—25000/Std. u. 175—230° sowie 100 bis 300 lbs./sq.in., wobei der Geh. an C_2H_4 0,25—3% u. an O_2 1—4,5% während 15—30 Std. aufrechterhalten wird. Anschließend erhöht man während der nächsten 40—60 Std. auf 3,5—5,5% C_2H_4 u. 4,5—8% O_2 bei gleichzeitiger Erhöhung der Temp. auf 230—300° u. führt die Rk. unter diesen Bedingungen weiter. Die Ag-Katalysatoren können aktiviert werden, z. B. durch Behandeln im Autoklav bei 200—250° 2 Std. u. anschließende Behandlung mit 20%ig. Essigsäure mit folgendem Waschen u. Trocknen. Vorteilhaft trägt man die Leg. auf rostfreien Stahl auf. — Skizze. (**A. P. 2 974 150** vom 20/2. 1959, ausg. 7/3. 1961.) G. König. H. 3030

Olin Mathieson Chemical Corp., übert. von: William I. Danton, Cheshire, Conn., V.St.A., **Herstellung von Pyridin** durch Rk. von NH_3 mit Tetrahydrofurfurylalkohol im Mol.-Verf. 2 : 1 bis 10 : 1, bes. 3 : 1 bis 7 : 1, bei 450—550° u. einem Druck von 0,1—20, bes. 0,5—10 at, in Ggw. eines Katalysators, der auf Basis von aktiviertem Al 6—20% Vanadinoxid, bes. V_2O_5, enthält u. ggf. noch 0,1—15% K_2O. (**A. PP. 2 972 615** u. **2 972 616** vom 1/6. 1959, ausg. 21/2. 1961.) W. Heyer. H 3231

Phillips Petroleum Co., Bartlesville, Okla., V.St.A., **Alkylpyridine** wie 2-Methyl-5-äthylpyridin, 2-Äthyl-4-äthylpyridin, 3-Isopropylpyridin, 2-Methyl-4-isobutylpyridin, 2-Isopropyl-4-(3-methylbutyl)-pyridin, 2-n-Amylpyridin u. ähnliche werden dehydriert, wenn man den Ausgangsstoff in der Dampfphase bei 1000—1400°F über einen *Katalysator* leitet, der aus 20—68 (%) Chromoxid, 1—10 Fe-Oxid u. 22—79 KOH, K_2O oder K_2CO_3 besteht. (**E. P. 873 998** vom 6/5. 1959, ausg. 2/8. 1961. A. Prior. 12/5. 1958.) W. Heyer. H 3231

Hoffmann-La Roche, Inc., Nutley, N.J., V.St.A., übert. von: Nathan Charwick Hindley, Welwyn Garden, England, **Herstellung des Racemats von L-1-[p-Methoxybenzyl]-2-methyl-1.2.3.4.5.6.7.8-oktahydroisochinolin,** dad. gek., daß die opt.-akt. Substanz in CH_3OH bei 100—170° u. einem H_2-Druck von ca. 30—40 at in Ggw. von Cu/Raney-Co als Katalysator erhitzt, filtriert u. das Lsgm. abgedampft wird. (**A. P. 2 974 145** vom 21/11. 1958, ausg. 7/3. 1961. E. Prior. 29/11. 1957.) W. Heyer. H 3231

E. I. du Pont de Nemours & Co., Wilmington, übert. von: Harold F. Porter, Newark, Del., V.St.A., **Paraformaldehyd** erhält man kontinuierlich in körniger Beschaffenheit u. frei von Staub, indem man eine wss. mindestens 65%ig. Formaldehyd-Lsg., der man ggf. als Polymerisationskatalysator NaOH zusetzt, auf ein in Bewegung u. auf einer Temp. von 50—105° gehaltenes Bett von Paraformaldehydteilchen fließen läßt u. den körnigen Paraformaldehyd von einheitlichem Durchmesser abzieht. — Zeichnungen. (**A. P. 2 992 277** vom 28/4. 1959, ausg. 11/7. 1961.) A. Jahn. H 4010

Minnesota Mining & Mfg. Co., St. Paul, Minn., V.St.A., *Herstellung von Perfluorhalogenkohlenstoffverbindungen durch Elektrolyse.* (**E. P. 877 331** vom 10/2. 1958, ausg. 13/9. 1961. — C. **1962,** 1790 [F. P. 1 199 547].)

Cellulose-Polymères et Déerivés „Cepede" Soc. An., Brüssel, Belgien, und **Red-G.m.b.H.**, Hamburg, *Herstellung von 1.4-Dibrombutan.* (**E. P. 876 921** vom 26/8. 1957, ausg. 6/9. 1961. F. Prior. 4/3. 1957. — C. **1960,** 2690 [F. P. 1 168 788].)

Imperial Chemical Industries Ltd. (Erfinder: **Anthony Arthur Leonard Challis**), *Herstellung von niederen Alkengemischen.* (**Aust. P. 228 985** vom 20/1. 1959, ausg. 21/7. 1960. E. Prior. 19/2. 1958. — C. **1961,** 2786 [E. P. 837 362].)

Badische Anilin- & Soda-Fabrik Akt.-Ges. (Erfinder: **Kurt Eder, Helmut Nonnenmacher** und **Paul Schmulder**), Deutschland, *Herstellung von olefinreichen Crackgasen.* (**F. P. 1 234 606** vom 7/9. 1959, ausg. 18/10. 1960. D. Prior. 6/9. 1958. — C. **1962,** 10635 [D. A. S. 1 111 168].)

Farbwerke Hoechst Akt.-Ges., vormals Meister Lucius & Brüning, Frankfurt/M., *Abtrennung von Kohlenmonoxid und Olefinen aus Gasgemischen.* (**Oe. P. 210 052** vom 14/2. 1958, ausg. 11/7. 1960. D. Prior. 16/2. 1957. — C. **1961,** 7747 [D. A. S. 1 091 559].)

Sicedison S.p.A., Mailand, Italien, *Stabilisieren von Trichloräthylen.* (**E. P. 879 802** vom 9/2. 1959, ausg. 11/10. 1961. It. Prior. 13/6. 1958. — C. **1961,** 6312 [D. A. S. 1 084 713].)

British Oxygen Co. Ltd. (Erfinder: **John Baxter Gardner**), *Abtrennen von Acetylen aus Gasgemischen.* (**Aust. P. 228 947** vom 21/2. 1958, ausg. 21/7. 1960. E. Prior. 5/3. 1957. — C. **1961,** 16651 [F. P. 1 191 581].)

Union Carbide Corp., New York, N.Y., V.St.A. (Erfinder: **Donald George Leis** und **Eldon Charles Stout**), *Stabilisierung von Polyoxyalkylenen.* (**E. P. 874 234** vom 10/7. 1958, ausg. 2/8. 1961. A. Prior. 11/7. 1957. — C. **1962,** 16131 [A. P. 2 942 033].)

Mobay Chemical Co., Pittsburgh, Pa., V.St.A., übert. von: **Christian Wegner**, Leverkusen, **Hans Holtschmidt**, Köln, und **Kurt Hess**, Leverkusen, *Triäthylendithio-, Tetraäthylentrithioglykol und deren Homologe aus Thiodiglykol, Äthylenoxid und CS_2, COS und H_2S.* (**A. P. 2 916 519** vom 29/5. 1957, ausg. 8/12. 1959. D. Prior. 14/6. 1956. — C. **1959**, 3969 [D. A. S. 1 028 990] u. C. **1962**, 4722 [E. P. 805 779].)

Farbenfabriken Bayer Akt.-Ges., Leverkusen, *Reinigung von Alkylsulfochloriden.* (**E. P. 878 845** vom 20/4. 1960, ausg. 4/10. 1961. D. Prior. 25/4. 1959. — C. **1961**, 13715 [D. A. S. 1 103 323].)

Eastman Kodak Co. (Erfinder: **Charles Donald Robeson und Albert James Chechak**), V.St.A., *Herstellung von Octen-(4)-dion-(2.7).* (**F. P. 1 210 686** vom 16/4. 1958, ausg. 10/3. 1960. A. Prior. 17/4. 1957. — C. **1962**, 4723 [D. A. S. 1 103 916].)

Studiengesellschaft Kohle m.b.H., Mülheim/Ruhr, *Gemische gesättigter Fettsäuren durch Olefin-Carbonylierung.* (**E. P. 883 243** vom 11/11. 1959, ausg. 29/11. 1961. D. Prior. 13/11. 1958. — C. **1961**, 953 [D. A. S. 1 095 802].)

Vinyl Products Ltd. (Erfinder: **John Edwin Oakley Mayne, Henry Warson und Robert John Parsons**), Carshalton, Surrey, England, *Herstellung von Vinylestern.* (**E. P. 877 103** vom 30/1. 1957, ausg. 13/9. 1961. — C. **1962**, 5095 [D. A. S. 1 102 729].)

Cellulose-Polymères et Dérivés „Cepede" Soc. An., Brüssel, Belgien, und **Red-G.m.b.H.**, Hamburg, *Adiponitril aus Butadien.* (**E. P. 876 922** vom 26/8. 1957, ausg. 6/9. 1961. F. Prior. 4/3. 1957. — C. **1960**, 5003 [A. P. 2 880 228] u. C. **1960**, 3377 [F. P. 1 168 790].)

Montecatini Soc. Gen. per l'Industria Mineraria e Chimica, Mailand, Italien, *Herstellung des β-Hydromuconsäurehalbnitrils und dessen Ester.* (**Oe. P. 209 325** vom 28/1. 1959, ausg. 25/5. 1960. It. Prior. 10/6. 1958. — C. **1962**, 9516 [F. P. 1 220 279].)

Ben L. Sarett, übert. von: **Don Scott**, Chicago, Ill., V.St.A., *Enzymatisches Verfahren.* (**Can. P. 557 807** vom 19/3. 1954, ausg. 20/5. 1958. A. Prior. 21/4. 1953. — C. **1957**, 5415 [A. P. 2 758 934].)

E. I. du Pont de Nemours & Co., V.St.A. (Erfinder: **David Maley Marquis**), *Herstellung von Thiocarbonylfluorid.* (**F. P. 1 223 929** vom 25/8. 1959, ausg. 13/10. 1960. A. Prior. 26/8. 1958. — C. **1961**, 17751 [D. A. S. 1 108 189].)

Stamicarbon N. V., Niederlande, *Herstellung von Harnstoff.* (**F. P. 1 234 419** vom 6/8. 1959, ausg. 17/10. 1960. Niederl. Prior. 8/8. 1958. — C. **1962**, 5096 [E. P. 853 220].)

F. Hoffmann-La Roche & Co. Akt.-Ges., Basel, Schweiz, *Bis-isothioharnstoffe.* (**Ind. P. 64 682** vom 17/7. 1958, ausg. 21/4. 1960. — C. **1962**, 5472 [F. P. 1 200 577].)

Röhm & Haas G.m.b.H., Darmstadt, *Oxydation von Blausäure.* (**E. P. 883 110** vom 13/5. 1958, ausg. 22/11. 1961. D. Prior. 15/5. 1957. — C. **1959**, 7294 [D. A. S. 1 040 521].)

Imperial Chemical Industries Ltd., London, England (Erfinder: **Dennis Marshall und Peter Smith**), *Herstellung von Alkylboranen.* (**E. P. 879 241** vom 28/3. 1958, ausg. 11/10. 1961. — C. **1962**, **5474** [F. P. 1 219 140].)

American Potash & Chemical Corp., V.St.A., *Herstellung von Organodihalogenboranen.* (**F. P. 1 234 154** vom 10/3. 1960, ausg. 14/10. 1960. — C. **1962**, 1410 [E. P. 853 379].)

Institut für Silicon- und Fluorcarbon-Chemie, Radebeul (Erfinder: **Siegfried Sliwinski**, Dreden), *Herstellung von mit Trimethylgruppen endblockierten Dimethylsilikonölen.* (**Schwz. P. 355 297** vom 17/3. 1956, ausg. 15/8. 1961. — C. **1958**, 4931 [D. A. S. 1 011 420].)

Solvay & Cie., Brüssel, übert. von: **Max Gonze**, Forest-Brüssel, Belgien, *Konzentrierte Lösungen von Alkalimetallsalzen von Alkylchlorphenoxyessigsäuren.* (**Can. P. 559 412** vom 26/12. 1951, ausg. 24/6. 1958. Belg. Prior. 8/1. 1951. — C. **1954**, 6830 [Oe. P. 175 889].)

Cowles Chemical Co., Cleveland, Ohio, übert. von: **Clinton W. MacMullen**, Fayetteville, und **Alfred Marzocchi**, Camillus, N.Y., V.St.A., *Organotrihalogensilane.* (**Can. P. 556 923** vom 18/9. 1950, ausg. 6/5. 1958. A. Prior. 21/9. 1949. — C. **1955**, 1840 [E. P. 700 553].)

Distillers Co. Ltd., Edinburgh, Schottland, übert. von: **Edwin George Edward Hawkins**, Lower Kingswood, England, *3-Ketotetrahydrofuran.* (**A. P. 2 944 066** vom 13/10. 1958, ausg. 5/7. 1960. E. Prior. 25/10. 1957. — C. **1960**, 10409 [D. A. S. 1 079 651].)

Smith, Kline & French Laboratories Ltd., London, England, *Herstellung von 1-Aminohydantoinderivaten.* (**Ind. P. 65 396** vom 30/9. 1958, ausg. 15/11. 1960. E. Prior. 23/10. 1957. — C. **1962**, 9520 [D.A.S. 1 113 936].)

Badische Anilin- & Soda-Fabrik Akt.-Ges. (Erfinder: **Hans Weidinger und Joachim Kranz**), Ludwigshafen/Rh., *Herstellung von 1.3.4-Oxdiazolen.* (**Oe. P. 209 341** vom 2/3. 1959, ausg. 25/5. 1960. D. Prior. 20/3. 1958. — C. **1962**, 8064 [F. P. 1 222 050].)

Hoffmann-La Roche Ltd., Montreal, Quebec, Canada, übert. von: **Hans H. Inhoffen und Horst Pommer**, Braunschweig, *Verbindungen mit β-Carotin-Gerüst.* (**Can. P. 557 339** vom 1/5. 1951, ausg. 13/5. 1958. D. Prior. 24/5. 1950. — C. **1953**, 5081 [D. B. P. 841 914].)

Bergwerksgesellschaft Hibernia Akt.-Ges., Herne, *Hydroperoxide der Terpenkohlenwasserstoffe.* (**E. P. 874 603** vom 30/4. 1959, ausg. 10/8. 1961. D. Prior. 28/6. 1958. — C. **1962**, 15773 [D. A. S. 1 082 255].)

Eastman Kodak Co., V.St.A., *Gewinnung von Stigmasterin.* (**F. P. 1 260 564** vom 24/10. 1955, ausg. 29/8. 1961. A. Prior. 7/10. 1954. — C. **1959**, 2289 [E. P. 775 835].)

H_{10}. Färberei. Organische Farbstoffe

Über die Beziehung zwischen der Konfiguration, der Färbung und der Substantivität von Farbstoffen (Derivaten des Benzanilids). B. M. Krassowitzki, B. I. Osstrowskaja und D. G. Perejasslowa. (Доклады Академии Наук СССР [Ber. Akad. Wiss. UdSSR] **106**, 72—75, 1/1. 1956; Charkow, Gorki-Univ.; russ.) — Die durch Di- bzw. Tetrazotierung von 4-Aminodiphenyl u. 13 Derivv. von Diaminobenzaniliden u. Kupplung mit H-Säure u. Chicago-Säure hergestellten *Bis-diazofarbstoffe* werden auf Absorption u. Substantivität untersucht. Die Substantivität hört fast völlig auf, wenn die Amidgruppe methyliert wird, wenn ein heterocycl. Ring in die Mol.-Kette eingebaut wird, wenn sterische Hinderung an der Amidgruppe eintritt oder eine Azogruppe in m-Stellung zur Amidgruppe steht. Daraus kann auf die Bldg. einer tautomeren Imidolform geschlossen werden, deren Imid-H H-Bindungen mit der Faser eingeht. — Die Absorptionsmaxima werden in W. u. auf Cellophan (in Klammern) bestimmt: *4.4'-Bis-[1-amino-8-hydroxy-3.6-disulfonaphthyl-(7)-azo]-benzanilid*, 63% (Substantivität); 550 (575) (λ_{max} in mμ). — *-N-methylbenzanilid*, 3%; 530 (540). — *-benz-2-methylanilid*, 51%; 550 (575). — *-benz-2-bromanilid*, 55%; 535 (560). — *-benz-2.6-dibromanilid*, 30%; 525 (535). — *3.4'-Bis-[1-amino-8-hydroxy-3.6-disulfonaphthyl-(7)-azo]-benzanilid*, 24%; 525. — *4.3'-Bis-[1-amino-8-hydroxy-3.6-disulfonaphthyl-(7)-azo]-benzanilid*, 27%; 530. — *3.3'-Bis-[1-amino-8-hydroxy-3.6-disulfonaphthyl-(7)-azo]-benzanilid*, 13%; 520. — *4-[1-Amino-8-hydroxy-3.6-disulfonaphthyl-(7)-azo]-benzanilid*, 23%. — *4'-[1-Amino-8-hydroxy-3.6-disulfonaphthyl-(7)-azo]-benzanilid*, 22%. — *4-[1-Amino-8-hydroxy-3.6-disulfonaphthyl-(7)-azo]-diphenyl*, 5%. — *4.4'-Bis-[1-amino-2.4-disulfo-8-hydroxynaphthyl-(7)-azo]-benzanilid*, 56%, 550 (570). — *-N-methylbenzanilid*, 2%, 525 (530). — *3.4'-Bis-[1-amino-2.4-disulfo-8-hydroxynaphthyl-(7)-azo]-benzanilid*, 20%; 530. — *3'.4-Bis-[1-amino-2.4-disulfo-8-hydroxynaphthyl-(7)-azo]-benzanilid*, 23%; 530. — *3.3'-Bis-[1-amino-2.4-disulfo-8-hydroxynaphthyl-(7)-azo]-benzanilid*, 9%; 520. — Außerdem wurden untersucht: *N-Methylsalicylanilid*, *4.4'-Bis-[1-amino-8-hydroxy-3.6-disulfonaphthyl-(7)-azo]-N-phenylphthalimin*, *-N-phenylnaphthylimid*. A. Nowak. 7002□

Über die Beziehung zwischen der Struktur und einigen Eigenschaften einer Reihe von Azofarbstoffen, welche die Amidgruppe enthalten. B. M. Krassowitzki, R. M. Matzkewitsch und T. M. Nikischowa. (Доклады Академии Наук СССР [Ber. Akad. Wiss. UdSSR] **108**, 91—94, 1/5. 1956; Charkow, Gorki-Univ.; russ.) — Vgl. vorst. Referat. — Durch Kupplung aromat. Amine, die Amidgruppen enthalten, mit H-Säure werden 11 Bis-azofarbstoffe dargestellt. Diese u. 2 Anthrachinonfarbstoffe werden auf Absorption u. Substantivität untersucht. Die gegenseitige Vertauschung von Amino- u. Carbonylgruppen in den Amiden sowie der Ersatz eines p.p'-Diphenylenrestes durch den p-Phenylenrest sind prakt. wirkungslos. Die Einführung einer Hydrazingruppierung statt einer p-Phenylendiamingruppe führt zu starker Abnahme der Substantivität. Die Absorptionsmaxima wurden in W. u. auf Cellophan (in Klammern) bestimmt: *N.N'-Bis-{4-[1-amino-8-hydroxy-3.6-disulfonaphthyl-(7)-azo]-benzoyl}-benzidin*, 70% (Substantivität). — *N.N'-Bis-[1-amino-8-hydroxy-3.6-disulfonaphthyl-(8)-azo]-diphenyl-4.4'-dicarbonsäurediamid*, 67%; 530 (565) (λ_{max} in mμ). — *N.N'-Bis-[1-amino-8-hydroxy-3.6-disulfonaphthyl-(7)-azo]-terephthalsäurediamid*, 68%; 530 (565). — *N.N'-Bis-[1-amino-8-hydroxy-3.6-disulfonaphthyl-(7)-azo]-oxalsäurediamid*, 53% 540 (570). — *N.N'-Bis-{4-[1-amino-8-hydroxy-3.6-disulfonaphthyl-(7)-azo]-benzoyl}-phenylendiamin*, 61%. — *N.N'-Bis-{4-[1-amino-8-hydroxy-3.6-disulfonaphthyl-(7)-azo]-benzoyl}-hydrazin*, 32%. — *N.N'-Bis-{4-[1-amino-8-hydroxy-3.6-disulfonaphthyl-(7)-azo]-benzoyl}-harnstoff*, 4%. — *N.N'-Bis-[1-amino-8-hydroxy-3.6-disulfonaphthyl-(7)-azo]-diphensäurediamid*, 10%; 520 (525). — 4- u. *4'-[1-Amino-8-hydroxy-3.6-disulfonaphthyl-(7)-azo]-benzanilid*, 22% bzw. 23%. — *4.4'-Bis-[1-amino-8-hydroxy-3.6-disulfonaphthyl-(7)-azo]-benzanilid*, 63%; 550 (575). — *N.N'-Bis-[anthrachinonyl-(1)]-diphenyl-4.4'-dicarbonsäurediamid*, 53% (bei 50°). — *-diphensäurediamid*, 21% (bei 50°). A. Nowak. 7002□

Reaktivfarbstoffe. Eine neue Färbemethode. I. D. Rattee. (Res. appl. in Ind. **12**, 15—27, Jan. 1959; Manchester, Imp. Chem. Ind., Dyestuffs Div.; engl.) — Überblick über Geschichte u. Eigg. reaktiver Woll- u. Baumwollfarbstoffe. — 22 Literaturhinweise. G.-D. Gollnisch. 7020□

Faktoren, die die Anwendung von Direktfarbstoffen erfolgreich beeinflussen. E. M. Taylor. (Rass. chim. **11**, Nr. 4, 22—25, Juli/Aug. 1959; Gen. Aniline & Film Corp.; Gen. Dyestuff Co.; ital. — C. **1959**, 1611.) G. Platzer. 7020□

Anwendung von Immedialfarbstoffen Hydrosol in der Apparate- und Stückfärberei. Chr. Klopfstock und W. Titzka. (Färgeriteknik **36**, 78—81, Mai 1960; schwed. — C. **1960**, 10070.) R. K. Müller. 7020□

Standfast Dyers & Printers Ltd., England, **Kontinuierliches Färben von Pflanzenfasern mit Küpenfarbstoffen** durch Imprägnieren des Fasermaterials mit einer Suspension eines sauren Leuko-Deriv. des Farbstoffes u. anschließende Behandlung mit einer alkal. Fl., z. B. NaOH oder einem Gemisch von NaOH u. Na-Hydrosulfit, um die vorhandene Leuko-Verb. in eine Alkalileuko-Verb. überzuführen. Danach wird das Fasermaterial auf ca. 95° erhitzt, um die Fixierung des Farbstoffes zu vollenden. — Beispiel: Zur Herst. der Farbstoffsuspension werden 250 (g) des blauen Küpenfarbstoffs Trichlor-N-dihydro-1.2;1'.2'-anthrachinonazin, 5 des Di-Na-Salzes der Methylen-bis-naphthalinsulfonsäure als Dispergiermittel, 1 Na-Anthrachinon-2-sulfonat, 5 Na_2HPO_4

u. 50 Thioharnstoffdioxid zu einem Liter mit W. gelöst u. 5 Min. lang zum Sieden gebracht. Nach dem Abkühlen auf 60° wird ein Baumwollgewebe mit der Suspension getränkt. Danach wird das Gewebe in der Färbemaschine bei 90—95° mit NaOH versetzt u. das Färben durch Oxydation, Seifen u. Waschen beendet. — Vgl. E. P. 778 945; C. **1958,** 4936. (**F. P. 1 219 844** vom 8/4. 1959, ausg. 19/5. 1960. E. Prior. 8/4. 1958.)
M. F. Müller. 7021

Ciba Soc. An., Schweiz, **Färben von Textilien aus Cellulose und regenerierter Cellulose** mit wss. Lsgg. von Azofarbstoffen oder ihren Bldg.-Komponenten, welche wenigstens eine Isothiocyanat- u. eine saure Gruppe enthalten, welche das Prod. wasser-

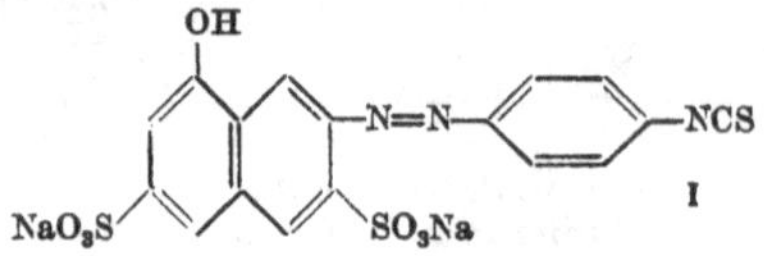

I

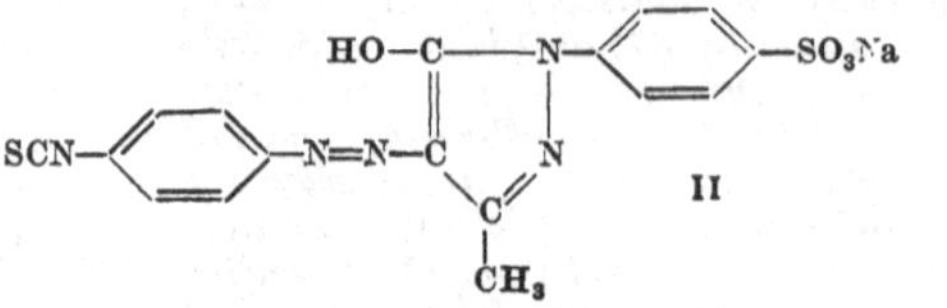

II

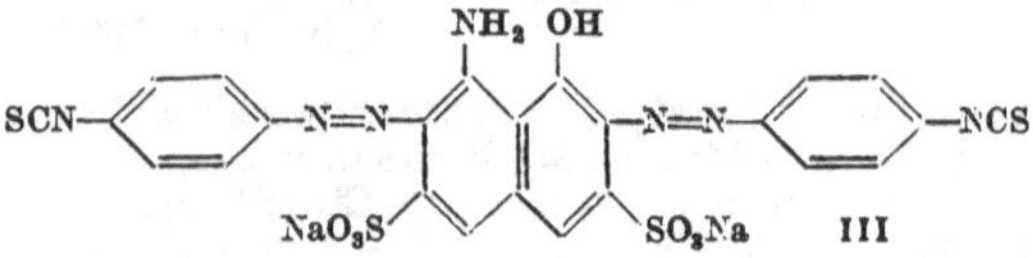

III

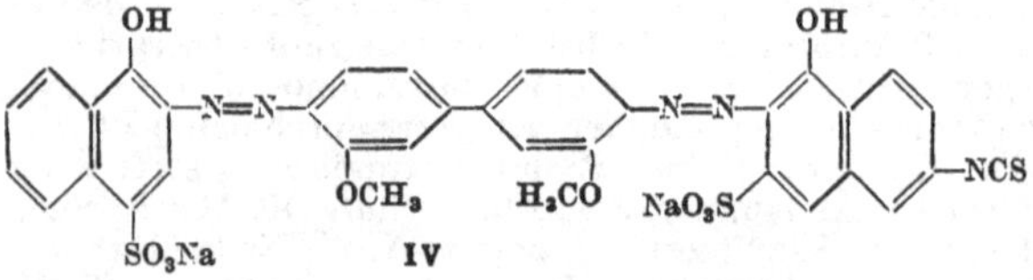

IV

lösl. macht. Das mit der Farblsg. in Ggw. einer bas. Substanz imprägnierte Material wird auf 100—150° erhitzt. Ggf. wird das mit der Farblsg. imprägnierte Material getrocknet u. mit einer alkal. Salz-Lsg. imprägniert u. zur Trockne gedampft. — In die Lsg. von 1 (Teil) Farbstoff **I** in 100 W. wird ein Baumwollgewebe eingetaucht u. auf 75% Gew.-Zunahme abgepreßt. Nach dem Trocknen wird das Gewebe mit einer Lsg. durchfeuchtet, die im Liter 10 g NaOH u. 300 g NaCl enthält, u. innerhalb 1 Min. bei 100—101° zur Trockne gebracht wird. Nach dem Spülen mit 0,5%ig. $NaHCO_3$-Lsg. wird mit W. gewaschen. Das Gewebe ist rotblau gefärbt. — Weitere verwendbare Mono- u. Diazofarbstoffe sind z. B. die Verbb. **II—IV.** (**F. P. 1 223 110** vom 30/4. 1959, ausg. 15/6. 1960. Schwz. Prior. 6/5. 1958.)
M. F. Müller. 7021

Ciba Soc. An., Schweiz, **Verbesserung von polyhydroxyliertem Fasermaterial,** bes. Cellulosematerial, welches Chlortriazinreste als Substituenten, aber keine NH_2-Gruppen enthält beim Färben, durch Einw. von Aminen oder Aminsalzen unter Erwärmen, ggf. durch Einw. von Farbstoffen, welche eine acylierbare Aminogruppe enthalten. Als Amine kommen in W. lösl. aromat. Amine u. aliphat. Diamine in Betracht. Als Chlortriazinreste enthalten die Cellulosefasern z. B. 2-Halogen- oder 2-Alkoxy- oder 2-Hydroxy-4-chlor-1.3.5-triazinreste. Als Aminogruppen enthaltende Farbstoffe kommen z. B. in Betracht: Azo-, Stilben-, Oxazin-, Azin-, Acridin-, Triphenylmethan-, Anthrachinon-, Phthalocyanin- u. Cu-, Co- oder Cr-haltige Azofarbstoffe, welche acylierbare Aminogruppen enthalten. Bei Verw. von wasserlösl. Farbstoffen der Phthalocyanin-, Azo- u. Anthrachinonreihe enthalten diese bes. Monochlor-1.3.5-triazinreste, welche außerdem noch eine NH_2-, OH- oder verätherte Mercaptogruppe enthalten. — Beispiel: In eine Lsg. von 80 (Teilen) des Na-Salzes von Cyanuryldichlorid in 800 W. werden 200 Harnstoff u. 20 Na_2CO_3 eingetragen. Mit dieser Lsg. wird ein Baumwollgewebe imprägniert, auf 75% Gew.-Zunahme abgepreßt u. getrocknet. Das Gewebe wird dann 5 Min. lang einer trocknen Wärme von 140° ausgesetzt, mit kaltem u. warmem W. gewaschen u. getrocknet. Daneben wird ein Färbebad hergestellt, welches in 100 W.

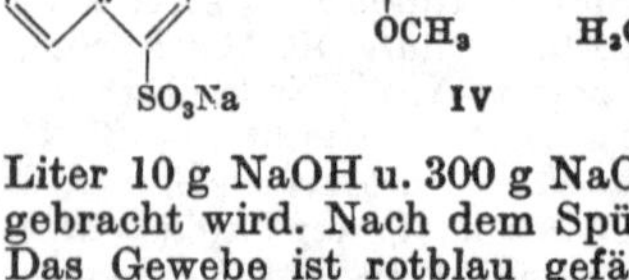

I

1 Na-Salz des Farbstoffes **I** enthält, außerdem 40 Na_2SO_4 u. 1 Essigsäure (40%ig.). Damit wird das Baumwollgewebe bei 40—50° u. nach einiger Zeit bei 80—90° behandelt. Man erhält eine kochfeste orange Färbung. — Weitere Beispiele. (**F. P. 1 226 954** vom 9/6. 1959, ausg. 18/8. 1960. Schwz. Prior. 16/7. 1958 u. 21/1. 1959.)
M. F. Müller. 7021

Chemstrand Corp., V.St.A., **Färben von Fasergemischen aus Acrylonitrilpolymeren und Wolle,** bes. eines Polymerengemisches aus mehr als 80 (Gew.-%) Acrylonitril u. 2—10 Vinylpyridin zusammen mit Wolle, unter Verw. eines Färbebades, welches einen Wollfarbstoff, ferner 0,5—6 H_2SO_4, 0,25—2,5 eines Kondens.-Prod. von

Äthylenoxid mit einer Fettsäure oder einem höhermol. Fettalkohol (Oleylalkohol) u. 0,1—2 eines Rk.-Prod. (I) von Äthylenchlorhydrin mit dem Kondens.-Prod. von äquimol. Mengen Hydroxyäthyläthylendiamin u. Stearinsäure enthält. — Ein Trikotgewebe, bestehend aus Wolle u. Acrylfasern in Form eines Gemisches der Polymeren aus 89 (%) Acrylonitril u. 6 2-Methyl-4-vinylpyridin, wird mit einem Färbebad behandelt, das 0,5 festes Scharlachrot BA, 1,5 Kondens.-Prod. aus 1 Mol Oleylalkohol u. 20 Mol Äthylenoxid, ferner 3 einer wss. Paste des Rk.-Prod. I, die 65% W. enthält, u. 40 H_2SO_4 im Liter enthält. Das Gewebe wird in dem Bad 15 Min. lang bei 25°, anschließend innerhalb 30 Min. auf 100° steigend u. danach 30 Min. lang bei 100° verrührt. — Anstelle von I sind in gleicher Weise anwendbar die Rk.-Prodd. von Stearinsäure mit 1-[2-Hydroxyäthyl]-2-heptadecylimidazolin, ferner die Monostearoyl-Verb. von symm. Bis-[2-hydroxyäthyl]-äthylendiamin, das Stearat vom Monostearyläthylhydroxyäthylendiamin das N-Stearoyl-N'-[β-hydroxyäthyl]-äthylendiamin u. das Distearinsäureamid aus Hydroxyäthyläthylendiamin. (**F. P. 1 220 730** vom 21/4. 1959, ausg. 27/5. 1960.)
M. F. Müller. 7021

Filatures Prouvost & Cie., La Lainière de Roubaix, Frankreich, **Färben von Textilien** aus Kunststoffen mit unzersetzt verdampfbaren Farbstoffen, die auf Papier aufgebracht werden u. von dort in Dampfform auf den Textilstoff übertragen werden. Der Kunststoff muß befähigt sein, die Farbstoffdämpfe leicht aufzunehmen (Celluloseacetat, Hexamethylendiaminpolyadipat, Poly-ε-caprolactam, Poly-ω-aminoundecancarbonsäure, Polyäthylenglykolterephthalat, Polyvinylchlorid, Copolymere aus Acrylonitril u. Vinylchlorid, Kondens.-Prodd. niedermol. Alkylenoxide mit Polyacrylonitril oder mit anderen Verbb., die ein bewegliches H-Atom besitzen). — Herst. einer Farbpaste: 10 (g) Acetochinon-Lichtgelb, 20 Resolinrot FB (Bayer) u. 30 Johannisbrotbaumgummi (Caroube) werden mit W. auf 1 Liter gebracht u. miteinander verknetet. Eine Filterpapierbahn wird mit 250 g pro m^2 mit der Paste gleichmäßig überzogen u. vollständig getrocknet. Dann wird ein Gewebe aus „Tergal", einem Polymeren von Äthylenterephthalat, daraufgelegt u. über eine auf 200° elektr. geheizte Platte hinweggeleitet; Erhitzungsdauer 1 Minute. Das Gewebe wird dabei einseitig gefärbt. — In gleicher Weise wird ein Gewebe aus 45% Wolle u. 55% „Tergal" durch Auflegen von 2 Blatt von mit dem Farbstoff imprägniertem Papier u. Erwärmen unter Hindurchleiten zwischen 2 Metallplatten gefärbt, wobei die Wolle den Farbstoff nicht annimmt. Für den Fall des Färbens der Wolleanteile werden diese vorher oder nach dem beschriebenen Färbevorgang für sich gefärbt. (**F. P. 1 223 330** vom 29/10. 1958, ausg. 16/6. 1960.) M. F. Müller. 7021

Sandoz Soc. An., Schweiz, **Färben von Geweben aus Copolymeren** von Acrylonitril (I) u. Vinylacetat (II) oder Vinylpyridin (III), ggf. mit Gemischen von anderen Fasern, z. B. Wolle, unter Verw. von sauren Wollfarbstoffen, Chromfarbstoffen oder Metallkomplexfarbstoffen. Das Fasergewebe enthält im allg. 80—90 (%) **I** u. 20—10 **II** oder **III**. Das zu färbende Material wird vor, während oder nach dem Färben mit einem hochsulfonierten Ester einer hochmol. ungesätt. Fettsäure versetzt, u. dem Färbebad wird eine Säure zugesetzt, z. B. Ameisen-, Essigsäure oder H_2SO_4. Hochsulfonierte Ester sind z. B. sulfoniertes Ricinusöl (80% Sulfonierungsgrad) oder ein Sulfooleat (99% Sufonierungsgrad). — Beispiel: 100 (Teile) Acrilan werden in 5000 eines Färbebades eingetaucht, welches 2 Lanasyne BL grün, 25 eines 80%ig. Sulforicinats u. 2 Essigsäure (80%ig.) enthält. Das Färbegut wird innerhalb 30 Min. auf 98—100° erhitzt, worauf 2 85%ig. HCOOH zugesetzt werden u. 2 Std. lang die Temp. gehalten wird. Das Gewebe ist leicht- u. waschecht grün gefärbt. (**F. P. 1 223 456** vom 22/1. 1959, ausg. 17/6. 1960. Schwz. Prior. 24/1. 1958.) M. F. Müller. 7021

Farbwerke Hoechst Akt.-Ges., vormals Meister Lucius & Brüning, Deutschland, übert. von: Bobingen Akt.-Ges. für Textil-Faser, **Herstellung von gefärbtem und dauerhaft geschrumpftem Polyesterfasermaterial.** Zu E. P. 812 362; C. **1960,** 13851, ist zu ergänzen: Als Farbstoff verwendet man indigoide Farbstoffe, Leuko-Derivv. von Küpenfarbstoffen in saurer Form, wasserlösl. Derivv. von wasserunlösl. Farbstoffen, ferner die leicht dissoziierbaren Ester von Azofarbstoffen oder Aminoanthrachinonen mit akt. OH-Gruppe. Zur Erleichterung der Dissoziation der Farbstoffe werden der Färbelsg. bas Prodd. zugesetzt, z. B. Harnstoff u. Derivv. davon, Alkalicyanate oder $Mg(OH)_2$. Als Dispersionsfarbstoffe sind z. B. Spezialfarbstoffe für Acetatseide, ferner halogenierte Indigofarbstoffe, Thioindigo-Derivv., H_2SO_4-Ester von Leuko-Derivv. von Küpenfarbstoffen oder ihre Salze, ferner Ester von diacetyliertem Leukothioindigo, sowie durch Wärme dissoziierbare Farbstoffe, welche Thiuroniumgruppen enthalten, genannt. Zur Verbesserung der Schrumpfwrkg. ist es vorteilhaft, den Farblsgg. Quellmittel zuzusetzen, z. B. chlorierte aromat. KW-Stoffe, o- u. p-Hydroxydiphenyl, Methylphenylcarbinol, Thiodiglykol, Benzoe- u. Chlorbenzoesäure, chloressigsaures Na. Die Schrumpfwrkg. wird durch Zusatz von flüchtigen Stoffen unterstützt, z. B. von Chlorbenzol oder o-Chlortoluol. Zur Steigerung der antistat. Wrkg. werden der Färbelsg., z. B. Triäthanolaminstearat, sulfonierte Öle u. Fette, sowie höhere Fettsäuren, Fettsäureamide u. höhere Fettalkohole zugesetzt. Als Verdickungszusatzmittel sind genannt: Methylcellulose, Carboxymethylcellulose, Alginate u. Pflanzengummi, wasserlösl. polymere Vinyl-Verbb., z. B. Polymethacrylsäure, Polyvinylalkohol, partiell verseiftes Polyvinylacetat, hydrolysierte Copolymerisate von Maleinsäureanhydrid, sowie die Na-Salze von sulfoniertem Polystyrol u. sulfoniertem Polyvinylbutyral. — Beispiel: Zur Verbesserung der Schrumpfwrkg. im Zuge des Färbens eines Faserstranges wird dieser Strang, welcher aus 18000 Fäden aus Polyäthylenglykolterephthalat besteht, in einer Wasserdampfkammer bei 100° verstreckt. Danach wird der Strang mit einer Lsg. imprägniert, welche 20 (g) Farbstoff Perliton brillant blau B (BASF), 7 schwach sulfonierten Talg u. 8 Alkylolamine von hydroxyäthyliertem Palmöl enthält, u. zwischen 2 Walzen von der überschüssigen Lsg. befreit. Der aus der Trockenkammer kommende heiße Strang wird einer mechan. Schrumpfung bei 50° unterworfen u. dann in Stücke von 40 mm Länge zerschnitten. Das zerschnittene Gut wird 40 Min. lang einer Wasserdampfbehandlung von 130° unterworfen. Die erhaltene blaue Färbung ist reibecht. — Zeichnung. (**F. P. 1 228 005** vom 30/7. 1955, ausg. 26/8. 1960. D. Prior. 30/7. 1954.) M. F. Müller. 7021

Badische Anilin- & Soda-Fabrik Akt.-Ges., Deutschland (Erfinder: Werner Scheuermann, Gert Frerker und Günter Uhl), **Erzeugung von Transparentdrucken auf Textilien** unter Verw. von härtbaren, verätherten u. wasserunlösl. Harnstoff-Formaldehydharzen, u. zwar in Form einer Öl-in-W.-Emulsion, welche 25—45% Harnstoffharz enthält. Als organ. Lsgm. dienen z. B. KW-Stoffe. Als Emulgierungsmittel dienen z. B. die Rk.-Prodd. von 1 Mol eines höhermol. Fettalkohols mit 8—40 C-Atomen mit 10—50 Mol Äthylenoxid oder von 1 Mol Ricinusöl mit 35—45 Mol Äthylenoxid. — 230 (Teile) eines aliphat. KW-Stoff-Gemisches (Kp. 140—220°) werden mit einem Gemisch von 110 W., 40 6%ig. Tragant-Lsg. u. 120 20%ig. Lsg. des Umsetzungs-Prod. von 1 Mol Spermacetialkohol mit 25 Mol Äthylenoxid emulgiert, worauf 500 70%ig. Butanol-Lsg. eines härtbaren, verätherten u. in W. unlösl. Harnstoff-Formaldehydharzes eingerührt werden. Man erhält eine stabile viscose u. mit W. verdünnbare Emulsion, mit welcher die Transparentdrucke auf Textilien erzeugt werden. Das bedruckte Gut wird 3 Min. lang bei 120° in trockner Luft erhitzt. Das Fertigprod. hat einen weichen Griff u. klebt nicht, wohl dagegen wenn mit einer organ. Lsg. des Harzes gearbeitet wird. (**F. P. 1 220 469** vom 9/4. 1959, ausg. 25/5. 1960. D. Prior. 12/4. 1958.) M. F. Müller. 7023

Farbwerke Hoechst Akt.-Ges., vormals Meister Lucius & Brüning, Deutschland, **Färben und Bedrucken von Fasermaterial,** bes. Fixieren von Pigmenten auf Papier, natürliche oder regenerierte Cellulose, Acetylcellulose, tier. Fasern, vollsynthet. Fasern aus Polyvinylnitril, Polacrylochlorid, Superpolyamiden, Polyestern, Glasfasern, Asbest, Kunstleder u. Blattmaterial aller Art. Zum Fixieren der Pigmente werden Dispersionen von Polyvinylacetalen, ggf. zusammen mit den Vorkondens.-Prodd. von Aminoplasten oder ihren Derivv. verwendet. Letztere sind in W. u. in Öl lösl. u. werden erhalten aus Harnstoff, alkylierten Harnstoffen oder Melamin durch partielle Rk. mit HCHO oder CH_3·CHO; andere Verbb. sind z. B. Tetramethylolacetylendiharnstoff u. die Rk.-Prodd. von Dicyandiamid mit Aldehyden. Ggf. werden vorteilhaft andere polymere Harze mit verwendet. Dazu gehören homo- oder copolymere Verbb. von Vinyl- oder Acrylestern, von Vinyl- oder Vinylidenchlorid, Styrol, Butadien, Acrylonitril, Isobutylen. Es werden organ. oder Mineralpigmente verwendet. — Beispiel: 1-Amino-2-methyl-4-chlorbenzol wird mit 1-[2'-(3')]-Hydroxynaphthoylamino]-2-methyl-4-chlorbenzol gekuppelt. Der entstandene Pigmentfarbstoff wird in Form einer 40%ig. wss. Suspension angewandt. 50 (Teile) davon werden mit 70—100 einer 30%ig. wss. Dispersion des gemischten Acetals aus Benzaldehyd u. 2-Äthylenhexanal mit Polyvinylalkohol u. mit 20—40 einer 50%ig. wss. Lsg. eines teilweise mit Methanol verätherten Hexamethylolmelamins gemischt u. mit W. auf 1 Liter aufgefüllt. Mit der Farblsg. wird ein Cellulosegewebe aus regenerierter oder synthet. Faser getränkt u. 5—10 Min. bei 102—105° gedämpft. Man erhält eine wasch-, koch- u. reibfeste Färbung. (**F. P. 1 223 103** vom 30/4. 1959, ausg. 15/6. 1960. D. Prior. 30/4. 1958.) M. F. Müller. 7023

Farbwerke Hoechst Akt.-Ges., vormals Meister Lucius & Brüning, Deutschland, **Bedrucken von Textilprodukten** aus Polyestern, z. B. Polyäthylenglykolterephthalat, oder aus Celluloseestern, z. B. Cellulosedi- oder -triacetat oder -butyrat oder aus Gemischen davon. Die Druckpaste enthält neben Farbstoffen ein Bindemittel u. ein in W. lösl. Hilfsmittel. Als Farbstoffe werden die bekannten Papierdruckfarbstoffe verwendet, wie sie im Polychromdruck, Reliefdruck, Kreuzdruck oder Offsetdruck benutzt werden. Die Druckpaste ist wasserfrei u. enthält organ. Lösungsmittel. Als Bindemittel dienen Firnisse, Gummilacke, Wachse, Seife, Kolophonium, Leinöl, synthet. Harze. Als zusätzliches Quellungsmittel ist der β-Naphtholdiglykoläther genannt. — Beispiel: 7,5 (Teile) des Farbstoffs **I** werden mit A. angepastet u. 92,5 eines Copolymerisats aus 90—95 Vinylacetat u. 10,5 Crotonsäure zugesetzt. Das Gemisch wird mit 50 A. verrieben. Mit der Druckpaste wird ein Textilgewebe bedruckt, u. der Druck wird durch Erhitzen auf 105—200° fixiert. Nachbehandlung durch Seifen, Spülen u. Trocknen liefert einen reinen Druck. Die Druckpaste kann auch mit Lsgm. verd. werden, z. B. mit A., Terpentinöl oder Estern, u. man erhält ein fl. Prod., welches mit der Spritzpistole aufgetragen wird. Anschließend Thermofixieren u. ggf. Nachspülen. (**F. P. 1 223 894** vom 11/5. 1959, ausg. 21/6. 1960. D. Prior. 10/5. 1958.)

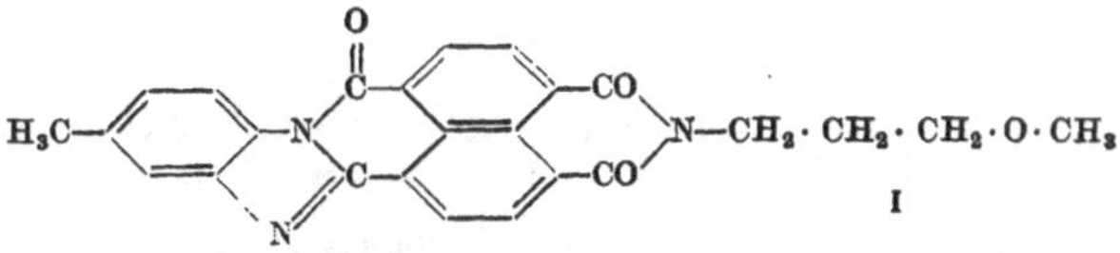

I

M. F. Müller. 7023

Farbenfabriken Bayer Akt.-Ges., Deutschland (Erfinder: Walter Wunder, Max Coenen und Oskar Weissel), **Färben und Bedrucken von Gebilden aus Polyacrylonitril oder Copolymeren aus Acrylonitril und Acetatseide,** bes. von Fasern, Fäden, Garnen oder Geweben, unter Verw. von Cyaninfarbstoffen der allg. Formeln **I** u. **II**, worin A u. B Glieder sind, um einen heterocycl. 5- oder 6-Ring zu

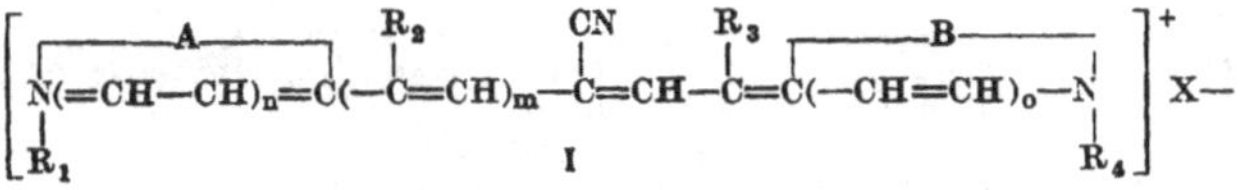

I

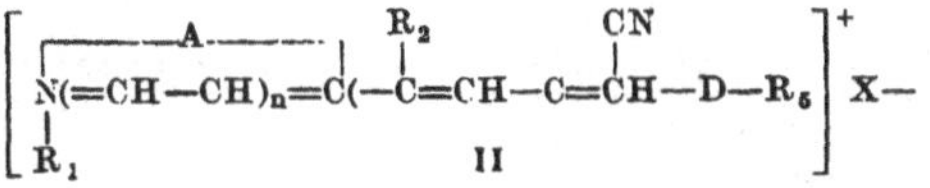

II

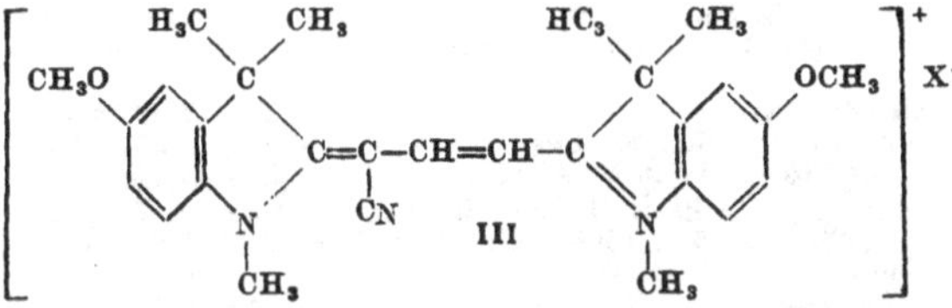

III

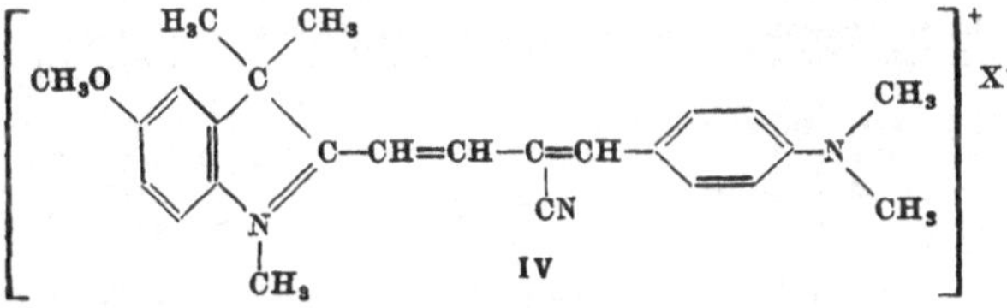

IV

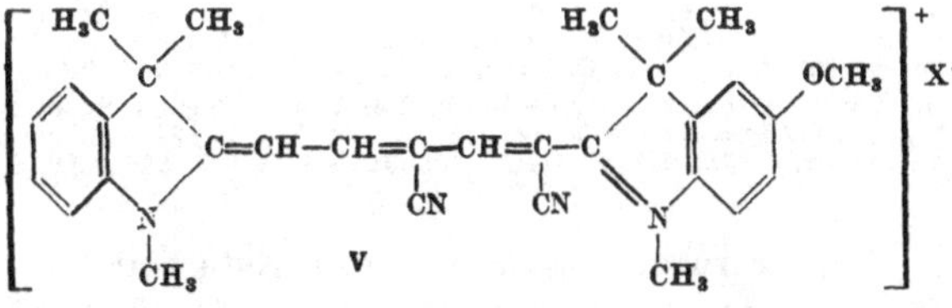

V

schließen; R_1 u. R_4 = Alkyl; R_2 u. R_3 = H, CN oder andere Substituenten; R_5 = Alkyl-N-Alkyl oder -Aryl oder —O-Alkyl—, O-Aryl, —NO_2 oder ein anderer Substituent; D = Arylen; X = organ. oder mineral. Anion; n, m, o = 0 oder 1. — Beispiel: (1 Gew.-Teil) Farbstoff **III** wird in 3000 W. gelöst, worauf 3 30%ig. Essigsäure u.

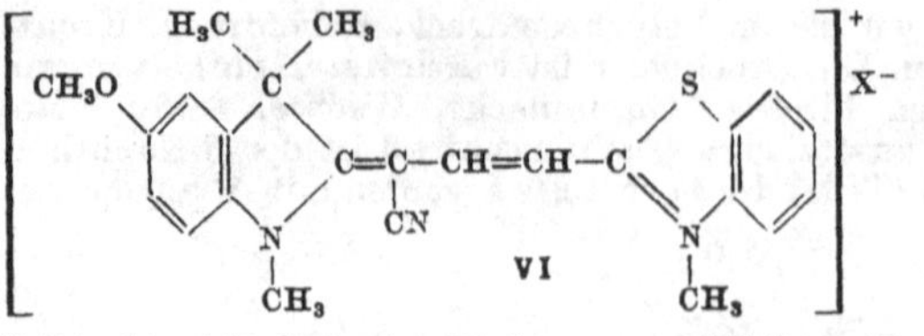

1 Na-Acetat zugefügt werden. In die Farblsg. werden 100 eines Gewebes aus Polyacrylonitril bei 50° eingetaucht, worauf die Lsg. innerhalb 20—30 Min. zum Sieden gebracht wird u. dabei 1—1½ Std. lang gehalten wird. Danach wird gespült u. getrocknet. Das Gewebe besitzt eine lichtechte bläulichrote Färbung. — Weitere Farbstoffe sind z. B. die Verbb. **IV—VI.** (**F. P. 1 228 156** vom 3/3. 1959, ausg. 26/8. 1960. D. Prior. 16/4. 1958.)

M. F. Müller. 7023

Sandoz Soc. An., Schweiz, **Färben und Bedrucken von hydrophoben Fasern** unter Verw. von Dispersionsfarbstoffen. Nachtrag zu D. A. S. 1 090 172; C. **1961,** 14838: Als hydrophobes Fasermaterial sind z. B. genannt: Celluloseester, synthet. Polyamide u. Polyester, bes. die Kondens.-Prodd. von Terephthalsäure u. Äthylenglykol. Als Farbstoffe sind bes. Indandione der allg. Formel **I** genannt, worin X = Alkyl-, Cycloalkyl-, Aralkyl- oder Arylrest, der keine wasserlösl. machenden Substituenten enthält; der Ring **A** kann durch nicht wasserlösl. machende Gruppen substituiert sein. (**F. P. 1 222 237** vom 23/4. 1959, ausg. 8/6. 1960. Schwz. Prior. 25/4. 1958 u. 24/3. 1959.)

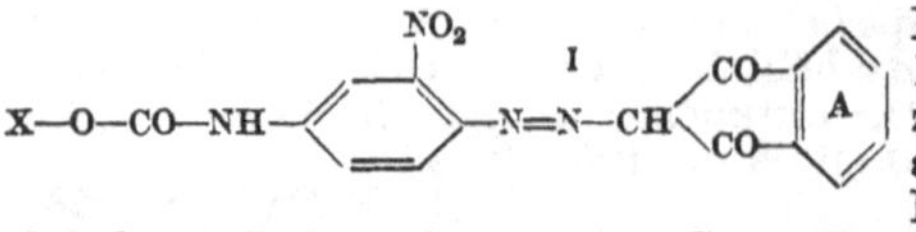

M. F. Müller. 7023

American Rock Wool Corp., Chicago, Ill., übert. von: **William H. Owens**, Wabash, Ind., V.St.A., *Behandeln und Färben von Mineralwolle.* (**Can. P. 557 880** vom 11/3. 1955, ausg. 27/5. 1958. A. Prior. 8/2. 1955. — C. **1960,** 12509 [A. P. 2 841 858].)

Ciba Soc. An., Schweiz, *Färben und Bedrucken von Fasermaterial aus Polyäthylenterephthalat.* (**F. P. 1 198 732** vom 5/2. 1958, ausg. 9/12. 1959. Schwz. Prior. 8/2. u. 26/11. 1957. — C. **1962,** 8796 [Belg. P. 564 621].)

Badische Anilin- & Soda-Fabrik Akt.-Ges., Ludwigshafen/Rh., *Herstellung und Verwendung von metallhaltigen Azofarbstoffen.* (**F. P. 1 176 798** vom 19/6. 1957, ausg. 15/4. 1959. D. Prior. 19/6. 1956. — C. **1959,** 12703 [D. A. S. 1 045 363].)

United Merchants & Manufacturers, Inc., New York, N.Y., V.St.A., *Öl-in-Wasser-Emulsion für den Textildruck.* (**Ind. P. 64 256** vom 2/6. 1958, ausg. 20/7. 1960. — C. **1961,** 1021 [A. P. 2 894 801].)

Imperial Chemical Industries Ltd., London, England, *Färben und Bedrucken von cellulosehaltigen Textilien.* (**Ind. P. 65 502** vom 14/10. 1958, ausg. 9/12. 1960. E. Prior. 23/10. 1957. — C. **1960,** 3047 [D.A.S. 1 058 016].)

Imperial Chemical Industries Ltd., England (Erfinder: **Frederick Richard Alsberg** und **Arthur George Hall Michie**), *Bedrucken von Geweben aus Polyesterfasern.* (**F. P. 1 237 105** vom 4/5. 1954, ausg. 23/11. 1960. E. Prior. 4/5. 1953 u. 30/4. 1954. — C. **1957,** 4539 [E. P. 748 895].)

Farbenfabriken Bayer Akt.-Ges. (Erfinder: **Helmut Kleiner** und **Heinrich Gutjahr**), *Eisfarben für Textildruck.* (**Aust. P. 228 951** vom 5/5. 1958, ausg. 21/7. 1960. D. Prior. 4/5. 1957. — C. **1959,** 12060 [D. A. S. 1 044 029].)

Sandoz Soc. An., Schweiz, *Egalisier- und Abziehmittel für die Färberei.* (**F. P. 1 198 703** vom 3/2. 1958, ausg. 9/12. 1959. Schwz. Prior. 5/2. 1957. — C. **1962,** 11743 [Schwz. P. 353 013].)

Sandoz Soc. An., Basel, Schweiz, *Herstellung von Dispersionsfarbstoffen.* (**Belg. P. 559 324** vom 17/7. 1957, ausg. 8/4. 1960. Schwz. Prior. 18/7., 7/9. 1956, 17/5. u. 7/6. 1957. — C. **1961,** 9986 [D.A.S. 1 061 927].)

J. R. Geigy Soc. An., Basel, Schweiz, *Herstellung von Azopigmenten.* (**F. P. 1 172 780** vom 1/3. 1957, ausg. 16/2. 1959. Schwz. Prior. 2/3. 1956. — C. **1960,** 16601 [D. A. S. 1 044 317].)

J. R. Geigy Akt.-Ges., Basel, übert. von: **Hans Ackermann**, Riehen, und **Guido Schetty**, Basel, Schweiz, *Metallisierbare Monoazofarbstoffe.* (**Can. P. 556 968** vom 24/2. 1956, ausg. 6/5. 1958. Schwz. Prior. 25/2. 1955. — C. **1961,** 9213 [Schwz. P. 331 522].)

J. R. Geigy Soc. An., Basel, Schweiz, *Verbessern der Waschechtheit von Metallacken.* (**Belg. P. 559 297** vom 16/7. 1957, ausg. 8/4. 1960. Schwz. Prior. 17/7. 1956. — C. **1960,** 1002 [D. A. S. 1 040 156].)

J. R. Geigy Akt.-Ges., Basel (Erfinder: **Otto Bitterlin**, Basel, und **Werner Bossard**, Riehen), Schweiz, *Herstellung von kupferhaltigen Trisazofarbstoffen.* (**Schwz. P. 357 128** vom 20/3. 1958, ausg. 15/11. 1961. Zusatz zu Schwz. P. 355 241; C. 1962, 16500. — C. **1962,** 16500 [F. P. 1 205 430].)

J. R. Geigy Akt.-Ges., Basel (Erfinder: **Otto Bitterlin**, Basel, und **Werner Bossard**, Riehen), Schweiz, *Herstellung von kupferhaltigen Trisazofarbstoffen.* (**Schwz. P. 358 174** vom 20/3. 1958, ausg. 30/12. 1961. Zusatz zu Schwz. P. 355 241; C. 1962, 16500. — C. **1962,** 16500 [F. P. 1 205 430].)

H_{11a}. Farben. Anstriche. Lacke. Naturharze

Weltweiter Überblick über das Jahr 1961. Anonym. (Paint Varnish Product. **52,** Nr. 4, 59, 61, 63, 65—69, 72—74, 77, 79, 81, 83, 85—87, 89—92, 95, 97—103, 105, 107—09, 111—15, 117—23, 125, 127, 129—31, März 1962; engl.) — Überblick über die 1961 auf dem Gebiet der Farben, Lacke u. Anstriche erzielten Fortschritte.

M. Winiker. 7090 □

Epoxidharze in wärmehärtbaren Acrylharzen. D. D. Applegath. (Ind. Engng. Chem., int. Edit. **53**, 463—65, Juni 1961; Midland, Mich., Dow Chem. Co.; engl.) — Inhaltlich ident. mit C. **1962**, 10653. M. Hagedorn. 7096□

Wärmehärtbare Acrylharze. Howard L. Gerhart. (Ind. Engng. Chem., int. Edit. **53**, 458—59, Juni 1961; Springdale, Pa., Pittsburgh Plate Glass Co.; engl.) — Kurze Übersicht u. Begriffsabgrenzung. M. Hagedorn. 7096□

Wärmehärtbare Lackansätze aus Reaktionsprodukten von Acrylamid-Copolymerisaten und Formaldehyd. R. M. Christenson und D. P. Hart. (Ind. Engng. Chem., int. Edit. **53**, 459—61, Juni 1961; Springdale, Pa., Pittsburgh Plate Glass Co.; engl.) — Inhaltlich ident. mit C. **1962**, 10653. M. Hagedorn. 7096□

Wärmehärtbare Lackansätze auf der Basis von sauren, mit Diepoxiden vernetzten Copolymerisaten. J. D. Murdock und G. H. Segall. (Ind. Engng. Chem., int. Edit. **53**, 465—66, Juni 1961; McMasterville, Quebec, Canad. Ind. Ltd.; engl.) — Inhaltlich ident. mit C. **1962**, 10653. M. Hagedorn. 7096□

Lackanstriche auf Basis von Acrylamid-Copolymerisaten. H. A. Vogel und H. G. Bittle. (Ind. Engng. Chem., int. Edit. **53**, 461—63, Juni 1961; Springdale, Pa., Pittsburgh Plate Glass Co.; engl.) — Inhaltlich ident. mit C. **1962**, 10654. M. Hagedorn. 7106□

Mit Aminharzen vernetzte Acryllackanstriche. John C. Petropoulos, Charles Frazier und Leonard E. Cadwell. (Ind. Engng. Chem., int. Edit. **53**, 466—68, Juni 1961; Stamford, Conn., American Cyanamid Co.; engl.) — Inhaltlich ident. mit C. **1962**, 10654. M. Hagedorn. 7106□

Eine neue Technik zur Erzeugung von Anstrichfilmen ohne Untergrund. Aristides Stamulis und Robert Glover. (Amer. Paint J. **45**, Nr. 37, 90—97, 22/5. 1961; Washington, D.C., U. S. Naval Res. Labor.; engl.) — Vf. benutzt abstreifbare Schutzüberzüge, die vorher auf einen Metalluntergrund angebracht u. getrocknet wurden. Darüber können mehrere Farbschichten aufgebracht werden, die nach genügender Trocknung abgezogen werden können. Die neue Meth. besitzt gegenüber der herkömmlichen Hg-Meth. gewisse Vorteile. R. Zeisberger. 7106□

Kontrastreiche Pigmente als Indicatoren für die mikroskopische Verfolgung grenzflächenenergetischer Vorgänge an Flüssigkeitspaaren (Beispiel: Lack). H. Jebsen-Marwedel. (Z. wiss. Mikroskop. mikroskop. Techn. **65**, 12—15, April 1961; Tutzing; dt.) — Um einen Einblick in den inneren Aufbau von Lackschichten zu bekommen, verwendete Vf. einen weißen Grundlack (B) u. einen schwarzen Decklack (A), wobei $\varrho_A < \varrho_B$ u. $\sigma_A > \sigma_B$ war, wenn ϱ die Dichte u. σ die Oberflächenspannung bedeutet. Mkr. Unters. eines Schnittes durch eine solche 0,25 mm dicke Lackschicht zeigte, daß der weiße Lack mit der geringeren Oberflächenspannung u. der größeren Dichte infolge grenzflächenenerget. Schubspannungen bis unter die hautförmig verfestigte Schicht an der Oberfläche durchgebrochen war u. sich laminar aufgerollt hatte. Es kommt demnach eine völlige Neuorientierung zustande mit einer Durchmischung beider Schichten nach dem Prinzip der „Schlierenwirbel", die sich durch den Farbkontrast beider Partner in allen Einzelheiten verfolgen lassen. C. Gottfried. 7158

Titangesellschaft m. b. H., Deutschland (Erfinder: Warren Rodgers und Charles R. Trampier), **Herstellung von Anhydrit-Pigment** aus gemahlenem $CaCO_3$ oder Kalkhydrat durch Überführung mit verd. H_2SO_4 in Form von 6%ig. H_2SO_4, die 6% $FeSO_4$ enthält, bei 30—60° in eine $CaSO_4$-Suspension. Das gewaschene Prod. wird in einen Preßkuchen übergeführt, der ca. 50% $CaSO_4$ enthält. Daraus stellt man durch Zugabe von W. eine 45%ig. Suspension her, die bei 35—40° mit 78%ig. H_2SO_4 kräftig gerührt wird; die Temp. steigt dabei auf 55°. Nach dem Zusammengeben wird unter Zuleiten von Wasserdampf auf 100° erhöht, bis aller Gips in Anhydrit übergeführt ist. Das Prod. dient zur *Pigment-Herst.*, bes. zusammen mit TiO_2 u. $CaSO_4$. Es besitzt die erforderliche Reinheit u. Feinheit. (**F. P. 1 211 916** vom 22/12. 1958, ausg. 18/3. 1960. A. Prior. 26/12. 1957.) M. F. Müller. 7093

Titangesellschaft m. b. H., Deutschland, **Verbesserung der photochemischen Stabilität von Rutilpigmenten.** Das Rutilpigment wird mit W. angepastet u. mit einem Silicat, einem Al-Salz u. einem in W. lösl. Cersalz versetzt. Nach dem Neutralisieren des Gemisches mit einer Base wird filtriert, gewaschen, getrocknet u. gemahlen. Die zusätzlichen Mengen betragen 0,05—1% Cer, berechnet als CeO_2, u. 0,5—3% Al u. Si, berechnet als Al_2O_3 u. SiO_2. — Eine Rutilpigmentdispersion, welche 300 g TiO_2 im Liter enthält, wird bei 60° mit 28,5 ml 19%ig. SiO_2-Lsg. in Form einer Na_2SiO_3-Lsg. verrührt, danach mit einer Al-Sulfat-Lsg., welche 37 g $Al_2(SO_4)_3 \cdot 18\ H_2O$ in 100 ml enthält, u. mit einer Ce-Sulfat-Lsg., welche 2,12 g $Ce(SO_4)_2 \cdot 4\ H_2O$ in 10 ml W. enthält,

20 Min. verrührt. Nach Zusatz von verd. NH_3-Lsg. bis pH 8,1 wird 30 Min. weitergerührt. Dabei wird immer wieder auf pH 8,1 eingestellt. Danach wird das Gemisch abgesaugt, mit W. gewaschen u. 15—20 Std. bei 120° getrocknet. Das erhaltene Prod. besitzt eine erhöhte photochem. Stabilität. (**F. P. 1 218 185** vom 3/3. 1959, ausg. 9/5. 1960. D. Prior. 22/3. 1958.) M. F. Müller. 7093

American Cyanamid Co., New York, N.Y., übert. von: Earl W. Nelson und James E. Bondurant, Lynchburg, Va., und Guy C. Marcot, Bound Brook, N.J., V.St.A., **Herstellung von Titandioxidpigmenten.** Man läßt ein homogenes gasförmiges Verbrennungsgemisch aus $TiCl_4$ u. O_2 in eine sich selbst unterhaltende, aus diesem Gemisch gebildete Flamme einströmen, wobei das Verbrennungsgemisch eine durchschnittliche Strömungs-Geschw. von $^2/_3$ bis $^4/_3$ seiner axialen Strömungs-Geschw. aufweist. — Zeichnungen. (**A. P. 2 957 753** vom 5/11. 1958, ausg. 25/10. 1960.) K. Demmler. 7093

Badische Anilin- & Soda-Fabrik Akt.-Ges., Ludwigshafen/Rh., **Herstellung von Phthalocyaninpigmentpräparaten.** Metallfreie u. Cu-Phthalocyanine werden zwecks Verminderung ihrer Neigung, in Ggw. von organ. Lsgm. auszuflocken, mit bis zu 25%, bes. 2—5%, V-Phthalocyanin vermischt. (**E. P. 851 494** vom 19/9. 1957, ausg. 19/10. 1960. D. Prior. 24/11. 1956.) F. Böhm. 7093

Farbwerke Hoechst Akt.-Ges., vormals Meister Lucius & Brüning, Frankfurt/M. (Erfinder: Fritz Winkler, Kelkheim, und Johann Wolfgang Zimmermann, Frankfurt/M.), **Phosphorhaltige Polyvinylacetale** stellt man her, indem man Vinylalkoholeinheiten der Verseifungs- bzw. Alkoholyse-Prodd. von Mischpolymerisaten aus Vinylestern mit Alkenylphosphonsäureestern unter der Einw. von Säuren mit reaktionsfähigen Aldehyden umsetzt. Die Acetalisierung kann auch in einem Arbeitsgang mit der Verseifung bzw. Alkoholyse vorgenommen werden. — 300 (Teile) eines Copolymerisats aus Vinylacetat mit 4,6% Äthenylphosphonsäurediäthylester werden bei 50° in 700 Eisessig gelöst; dann werden 260 Formaldehyd-Lsg. (30% ig) eingerührt, die vorher mit 21 konz. HCl versetzt worden waren. Man hält 6 Std. bei 80° u. fällt dann bei 50° mit W. am Schnellrührer. — *Lackrohstoffe, Korrosionsschutzmittel.* (**D. A. S. 1 116 905** Kl. 39c vom 23/12. 1959, ausg. 9/11. 1961.) A. Dandl. 7097

Svenska Oljeslageri A/B, Göteborg, Schweden (Erfinder: B. Widegren), **Verbesserung der katalytischen Wirkung von Sikkativen,** bestehend aus Metallsalzen von organ. Säuren. Dem Sikkativ, z. B. Mn-Octanoat in Heptan gelöst, wird *Nitroäthan* zugesetzt u. dieses dann mit einem Öl, z. B. Leinöl, vermischt, wobei das Öl vorher auf eine Peroxidzahl von 50 oxydiert wird. (**Schwed. P. 166 534** vom 24/3. 1954, ausg. 17/3. 1959.) K. H. Kähler. 7097

Kaichi Ohashi, Osaka, Japan, **Tiefschwarze Anstrichmittel, Druckfarben und Farbpasten,** erhält man durch Verw. des durch Erhitzen auf 120—130° erhaltenen Rk.-Prod. aus einem (Mol) einer Fe-Verb. (I) mit 1—3 „Urushiol" als Farbkörper. Geeignete I sind z. B.: Fe-Hydroxid, Fe-Pulver, Fe-Acetat. Durch Lösen des Fe-Urushiolats in einem KW-Stoff-Lsgm. u. Filtration kann man reinere Prodd. gewinnen. Das Rk.-Prod. kann z. B. in Öllacke oder Lacke aus ölmodifizierten Alkydharzen, Phenolharzen, Epoxyharzen, Siliconharzen oder Harnstoffharzen eingesetzt werden. (**A. P. 2 891 978** vom 18/9. 1956, ausg. 23/6. 1959.) P. Krug. 7107

Farbenfabriken Bayer Akt.-Ges., Leverkusen (Erfinder: Ulrich Bahr, Günther Nischk, Erwin Müller, Leverkusen, und Gerhard Mennicken, Köln), **Lufttrocknende Lacke** auf der Grundlage von ungesätt. Polyester u. mischpolymerisationsfähigen monomeren Allyl- u./oder Vinyl-Verbb. unter Zusatz üblicher Peroxide u. Schwermetallsalze, dad. gek., daß sie solche Polyester enthalten, die mindestens 2 Acetalgruppen im Mol. aufweisen. Die Filme zeigen sehr gute Lsgm.-Beständigkeit, Härte u. Kratzfestigkeit. (**D. A. S. 1 130 101** Kl. 22h vom 11/4. 1958, ausg. 24/5. 1962.) M. Böttcher. 7107

Magyar Állam (Erfinder: Laura Magyar), Budapest, Ungarn, **Äthoxylinlacke** mit verbesserten elektr. Eigg. erhält man bei der Rk. von Äthoxylinharzen mit Melamin oder Dicyandiamid bzw. deren Harzen oder Derivv. mit Carbonsäuren oder dergleichen. — 31,5 (g) Melamin, 30 Oxalsäure, 200 W. werden mit heißer 40% ig. CH_2O-Lsg. vermischt u. langsam auf 100° erhitzt. Das ausgekühlte Rk.-Prod. wird in einer 75% ig. Äthoxylin-Lsg. gelöst. Man erhält einen Lack, welcher 30 trockenes Äthoxylinharz enthält. (**Ung. P. 144 838** vom 28/3. 1956, ausg. 31/5. 1959.) G. König. 7107

E. I. du Pont de Nemours & Co. (Erfinder: Jules Blake), **Überzugskomposition,** bestehend aus einem organ. Lsgm. u. — als wesentliche filmbildende Materialien — aus wenigstens 50 (Gew.-%) eines oder mehrerer Methylmethacrylatpolymerisate, aus bis zu 50 modifizierten Alkydharzes u. bis zu 35 Celluloseacetatbutyrat, wobei wenigstens eines der Polymerisate den Rest $-CH_2-(CH_3)\overset{|}{C}-COO-CH_2-CH(R)-CH_2(R)$ enthalten soll, in dem das eine R einen OH-Rest oder ein O-Anion u. das andere R einen NH_3- oder Monoaminrest bedeuten u. der ca. 0,2—20 Gew.-% des Methylmethacrylatpolymerisats betragen soll. — Beispiel: 6,3 (Teile) Polymerisat eines Glycidylmethacrylatreste enthaltenden Methylmethacrylatpolymerisats, 11,5 Homopolymerisat des Methacrylats, 7,7 Celluloseacetatbutyrat, 15,4 Benzylbutylphthalat, 59,1 Lösungsmittel. (**Aust. P. 228 232** vom 11/9. 1958, ausg. 9/6. 1960.) K. Demmler. 7107

Ciba Ltd., Basel, Schweiz, *Herstellung von in wässerigen Medien, dispergierbaren pigmentierten Kunstharzlacken.* (**E. P. 870 460** vom 18/2. 1958, ausg. 14/6. 1961. Schwz. Prior. 18/2. u. 29/5. 1957. — C. **1961**, 11911 [Belg. P. 564 882].)

La Ponce Industrielle Française, Paris, Frankreich, *Anstrichmittel auf Basis von Alkalisilicaten.* (**Belg. P. 555 974** vom 20/3. 1957, ausg. 26/2. 1960. F. Prior. 22/3. 1956. — C. **1960**, 13205 [D. A. S. 1 075 247].)

American-Marietta Co., Stoner-Mudge Co. Division, Chicago, Ill., übert. von: **Naaman F. Barr**, Ross Township, und **Henry J. Bach**, Mount Lebanon Township, Allegheny County, Pa., V.St.A., *Überziehen von Metallblech-Behältern.* (**A. P. 2 966 874** vom 27/1. 1956, ausg. 3/1. 1961. — C. **1960**, 12514 [E. P. 811 951].)

Thatcher Glass Mfg. Co., Inc., Elmira, N.Y., V.St.A. (Erfinder: **Roy Samuelson Arrandale und Robert George Dreyfuss**), *Überzugsmassen, insbesondere für Glas.* (**E. P. 837 323** vom 19/2. 1957, ausg. 9/6. 1960. — C. **1959**, 11740 [A. P. 2 827 440].)

Farbwerke Hoechst Akt.-Ges., vormals Meister Lucius & Brüning, Frankfurt/M., *Feuerbeständige Überzüge auf Basis von Polyvinylestern.* (**E. P. 874 762** vom 28/10. 1957, ausg. 10/8. 1961. D. Prior. 27/10. 1956. — C. **1961**, 1025 [Oe. P. 207 487].)

Farbenfabriken Bayer Akt.-Ges., Leverkusen, *Herstellung von Kondensationsprodukten aus Triarylcyanuraten und Polyhydroxylverbindungen.* (**E. P. 872 803** vom 31/7. 1959, ausg. 12/7. 1961. D. Prior. 4/8. 1958. — C. **1961**, 18142 [D. A. S. 1 096 031].)

H_{11b}. Plaste (Kunstharze. Plastische Massen)

Die mechanochemische Modifikation von Hochpolymeren. R. C. Ceresa. (Rubber Plastics Age **42**, 517—19, Mai 1961; London, Nat. Coll. Rubber Technol.; engl.) — Bei Schereinw. (Mastifikation) werden Makromoll. unter Bldg. kleinerer Makromoll. mit radikal. Endgruppen aufgespalten. Die Möglichkeiten der Modifikation von Polymeren durch einen mechanochem. Abbau u. nachfolgende Rkk. mit anderen Komponenten werden besprochen. R. Schäff. 7170□

Permeabilität von Kunststoffen. I. Phillips und D. V. Bartlett. (Brit. Plastics **34**, 533—38, Okt. 1961; Barry, Glamorgan, Brit. Geon. Ltd.; engl.) — Unters.-Ergebnisse von Messungen der Permeabilität zahlreicher *handelsüblicher Kunststoffe* für verschiedene Gase u. Dämpfe werden mitgeteilt. — Diskussionsbemerkungen. R. Schäff. 7170□

Stabilität industriell gefertigter Teile aus wärmehärtbaren Harzen. H. Plasson. (Ind. Plast. mod. **13**, Nr. 4, 61—63, Mai 1961; Soc. l'Ébénoid; franz.) — Die Form- u. Gew.-Beständigkeit sowie Schlag- u. Biegefestigkeit verschieden behandelter Teile aus therm. härtbaren Harzen (aus *Preßpulver P. 11* u. *P. 21*, *Melaminharz*, *Harnstoffharz* mit *Cellulose*- bzw. *Holzmehl*-Füllung) wurden untersucht. R. Schäff. 7170□

Flammfestmachung von Kunststoffen. C. H. Carpenter und G. P. Mack. (Brit. Plastics **34**, 541—42, Okt. 1961; Rathway, N.J., Metal & Thermit Internat.; engl.) — Kurze Übersicht über die neueren Entw. auf dem Gebiet flammfester Kunststoffe. — Zahlreiche Literaturangaben. R. Schäff. 7170□

Einfluß der Zuggeschwindigkeit auf die Fließgrenze von gewalztem und bestrahltem Polyäthylen. Yoshinori Tsunekawa, Jōbu Awantani und Kōhei Kojima. (Trans. Japan Soc. mechan. Engr. **28**, 559—64, April 1962; jap., Auszug: engl.) — Die Fließgrenze von γ-bestrahltem, 1 Std. in sd. W. stabilisiertem, gewalztem Polyäthylen (I) steigt mit steigender Preßholm-Geschw.; aber das Verhältnis der Fließgrenzen von bestrahltem zu nichtbestrahltem I wird kleiner, wenn die Zugprüfung bei höherer Geschw. ausgeführt wird. W. Wesly. 7172□

Wärmestabilisierte, flammfeste Polyäthylene für Drähte und Kabel. P. M. Cook, R. W. Muchmore und H. Rapp. (Rubber Plastics Age **42**, 522—25, Mai 1961; California, Raychem Corp.; engl.) — Ein neues flammfestes, wärmestabilisiertes u. vernetztes *Polyäthylen* für Isolationszwecke wird beschrieben. R. Schäff. 7172□

Fußböden aus Vinylharzen. S. Mottram und R. Anthony. (Brit. Plastics **35**, 334—38, Juli 1962; Brit. Geon Ltd.; engl.) — Die Zus., Eigg. u. Oberflächengestaltung von *Vinylharzen* für Fußbodenbelag werden besprochen. G. Heintz. 7172□

Bewertung der Izod-Schlagprüfung von Kunststoffen. Beitrag verschiedener Faktoren zur gemessenen Schlagfestigkeit. C. E. Stephenson. (Brit. Plastics **34,** 543—49, Okt. 1961; Welwyn, Imp. Chem. Ind., Plast. Div., Res. Dep.; engl.) — Auf Grund von 3 Prüfreihen (Fall-Gew.-, Pendel- u. Biegemeth.) an *Perspex* wird die Izod-Schlagzähigkeits-Meth. krit. bewertet. R. Schäff. 7172□

Verwendung und Verarbeitung von Acetalharz. W. R. Reinbacher. (Gummi Asbest-plast.Massen **14,** 332, 334, 336—43, April 1961; dt.) — Übersicht über die Eigg. von *Delrin-Acetalharzen.* H. Drechsel. 7176□

Universelles Gießharzsystem für elektronische Anwendungen. H. G. Manfield. (Brit. Plastics **34,** 539—40, Okt. 1961; Gt. Malvern, Worcs., Min. of Aviat., Royal Radar Establ.; engl.) — Ein Allzweck-*Epoxid*-Gießharz-Syst. u. dessen Anwendung (therm. u. elektr. Eigg.) wird beschrieben. R. Schäff. 7176□

Neue Erfahrungen mit Polycarbonat. H. Streib. (Gummi Asbest-plast. Massen **14,** 304, 306, 310, 312, 314, 316, 318, 320, April 1961; Farbenfabriken Bayer Akt.-Ges., Anwendungstechn. Abt.; dt.) — Inhaltlich ident. mit C. **1961, 6323.** H. Drechsel. 7176□

Das Temperaturverhalten von Polycarbonat. Günter Peilstöcker. (Brit. Plastics **35,** 365—68, 369, Juli 1962; Leverkusen, Farbenfabriken Bayer Akt.-Ges.; engl.) — *Makrolon S* (Spitzgußqualität) wird hinsichtlich seiner Eigg. in Abhängigkeit von der Temp. untersucht. Zwischen tiefen Temp. u. der Raum-Temp. ist die hohe Schlagzähigkeit bemerkenswert, die bis -100^0 erhalten bleibt. Zwischen Raum-Temp. u. der Umwandlung II. Ordnung ($140-150^0$) wird der Einfl. der Temperung auf die Eigg. untersucht. Zwischen der Umwandlung II. Ordnung u. der I. Ordnung (220^0) wird die Kristallisation beschrieben u. oberhalb der Umwandlung I. Ordnung bis zur Zers. (320^0) werden die Temp.-Abhängigkeit der Schmelzviscosität u. Verarbeitungshinweise angegeben. G. Heintz. 7176□

Die Zusammensetzung von Schellack-Dimethylolharnstoff-Formmassen. P. K. Ghosh und S. C. Sen Gupta. (J. sci. ind. Res. [New Delhi], Sect. A **18,** 318—22, Juli 1959; Ranchi, Namkum. Indian Lac Res. Inst.; engl.) I. Koschitzki. 7180

Die Bromaufnahme von Phenolen, Phenolalkoholen und Phenol-Formaldehyd-Kondensationsprodukten. K. Probsthain. (Z. analyt. Chem. **182,** 409—21, 1961; Groß-Umstadt/Odenwald, H. Römmler G. m. b. H.; dt.) — Vf. benutzt eine Variante der jodometr. Formaldehyd-Best. zur quant. Erforschung der Formaldehydabspaltung bei der Bromierung einer Reihe Phenolalkohole in saurer wss. Lösung. Er stellt fest, daß **2** Rkk. auftreten, die beide zu Formaldehydverlusten führen, sich aber in ihrem Einfl. auf die Br-Aufnahme der betreffenden Phenolalkohole kompensieren: Die Oxydation von Formaldehyd zu Ameisensäure u. der Einbau von Formaldehyd als Brücke zwischen den Phenolkernen. Diese Neben-Rkk. treten um so mehr hervor, je mehr Methylolgruppen je Phenolkern vorhanden sind. p-Kresoldialkohol verhält sich anomal, da er kaum Formaldehyd abspaltet. Dimethylenätherbrücken ($-CH_2O-CH_2-$) liefern ebenso wie Methylenbrücken bei der Bromierung kein Formaldehyd. Die Br-Aufnahme der Phenolalkohole entspricht annähernd der Annahme, daß Br alle ortho- u. paraständigen Stellen der Phenolkerne substituiert, die nicht durch Brücken oder Alkylgruppen besetzt sind, wobei allerdings ortho- u. paraständige Alkylgruppen zu anomal hoher Br-Aufnahme führen. Unterss. an Harzen aus Phenolen u. Paraformaldehyd in verschiedenen Stadien der Polykondens. ergaben, unter Berücksichtigung dieser Tatsache, daß die Br-Aufnahme ein Maß des mittleren Polymerisationsgrades darstellt, der in guter Übereinstimmung mit der Zunahme des freien W. in diesen Harzen steht. H. Nentwig. 7210□

Farbenfabriken Bayer Akt.-Ges., Leverkusen (Erfinder: Erwin Weinbrenner, Leverkusen, Karl Breer, Köln, und Peter Hoppe, Troisdorf), **Herstellen von Kunststoffen,** indem die Komponenten im Gegenstrom durch Einspritzen mindestens einer Komponente in den laufenden Strom einer Hauptkomponente gemischt werden u. dann nachgemischt werden, dad. gek., daß zwischen Vormischung u. Nachmischung eine plötzliche Entspannung des Gemisches vorgenommen wird. Durch die direkt hinter der Vereinigungsstelle der Komponenten vor sich gehende plötzliche Entspannung, die zur Turbulenz führt, wird für die zu mischenden Kunststoffkomponenten, u. zwar sowohl für solche zur Herst. von Kunststoffschäumen als auch für solche zur Herst. von homogenen Kunststoffen, eine wesentliche Verbesserung der Komponentenmischung u. somit eine Erhöhung der Rk.-Bereitschaft der Komponenten erreicht. (**D. A. S. 1 114 313** Kl. 39a vom 15/4. 1955, ausg. 28/9. 1961.) H. Nather. 7171

E. I. du Pont de Nemours & Co., Wilmington, Del., V.St.A., **Filmbildende Mischungen,** bestehend aus Polyvinylfluorid (**I**) selbst oder dessen Copolymeren, die bes. 75—80% **I** u. 25—20% Äthylen, Propylen, Isobutylen, Styrol, Vinylchlorid,

1.1-Dichloräthylen, Difluor- oder Trifluorchloräthylen, Tetrafluoräthylen, Difluorisobutylen, Vinylester u. Vinyläther, Vinylketone, N-Vinylimide, Acrylsäure, Acrylester, Acrylamide u. Acrylonitrile enthalten, u. mindestens einem Lacton mit 3—8 C-Atomen u. 2—5 C-Atomen im Ring (β-Propiolacton, β.β-Dimethylpropiolacton, β.β-Methyläthylpropiolacton, γ-Butyrolacton, Crotonsäurelacton, α-Methyl-γ-butyrolacton, α.β-Dimethyl-γ-butyrolacton, γ-Caprolacton, α.α.γ-Trimethyl-γ-butyrolacton, γ-n-Heptolacton, δ-Valerolacton, α-Methyl-δ-valerolacton, δ-n-Caprolacton, ε-Caprolacton). Die Mischungen lassen sich durch Extrudieren in selbsttragende Filme überführen ohne Gefahr eines therm. Abbaus. (**E. P. 837 839** vom 18/8. 1958, ausg. 15/6. 1960. A. Prior. 22/8. 1957.) A. Jahn. 7171

Union Carbide Corp. (Erfinder: Richard Allen Walther), New York, N.Y., V.St.A., **Herstellung von Harzpolymerisatpartikeln** hohen Vol.-Gewichts aus Harzpulvern niedrigen Vol.-Gew., dad. gek., daß man die Pulver mit einem Lsgm. (Toluol, Xylol, Hexan, Heptan oder Kerosin) mischt, um eine gelartige bis fl. Lsg. zu erhalten, die Lsg. mit einer inerten Fl., bes. W., rührt, in der sich Harz u. Lsgm. beim Erhitzen auf eine Temp. <F. des Harzes nicht lösen, das Rühren so regelt, daß die gelartige bis fl. Lsg. in einer inerten Fl. Tropfen von durchschnittlich 0,02—0,25 in. Ø bildet, das Lsgm. aus den Tropfen bei Temp. <F. des Harzes verdampft, das Zweiphasen-Syst. durch Ersatz der mitverdampften inerten Fl. aufrechterhält u. die Harzpartikel, bes. Poly-α-olefine oder Polyvinylchlorid, mit einem Vol.-Gew. bis zu 31 lbs./cu.ft. (bei Polyäthylen) aus der inerten Fl. abtrennt. — Mengenbeispiele. (**E. P. 840 899** vom 1/8. 1957, ausg. 13/7. 1960. A. Prior. 3/8. 1956.) G. Vogel. 7171

General Aniline & Film Corp., New York, N.Y., übert. von: Harry D. Anspon, Easton, Pa., V.St.A., **Behandlung polymerer α-Chloracrylsäureester,** die aus einem Ester (I) der α-Chloracrylsäure mit einem Alkohol mit 1—6 C-Atomen oder einem Phenol bestehen oder einem Copolymeren von mindestens 25 Mol-%, bes. mindestens 50 Mol-%, I mit Acrylsäurenitril, Vinylidenchlorid, Acryl- u. Methacrylsäureester, -amid oder -nitril, Vinylisobutyläther, Allylalkohol, Vinylchlorid, Vinyltrichlorsilan, Allylchlorid, Vinylcarbazol, Acrolein, Allylglycidyläther u. Methylpentadien, mit Wasserdampf bei 250—260° F u. Überdruck, wobei feine u. gebleichte Schäume entstehen. Erhitzt man dieses vorgeschäumte Material in Formen auf 320—338° F, so erhält man Formstücke mit weißen, glatten Oberflächen u. etwa dem 27fachen des ursprünglichen Volumens. (**A. P. 2 947 036** vom 17/1. 1957, ausg. 2/8. 1960.) A. Jahn. 7171

American Cyanamid Co., New York, N.Y., V.St.A., **Trennen von Polymerisaten oder Copolymerisaten in Partikelform aus Lösungen,** dad. gek., daß man das Polymere im Extruder transversal in einen Strom einer Fl. ausstößt, in der das Polymere unlösl., diese Fl. aber in dem zur Herst. der Polymeren verwendeten Lsgm. mindestens teilweise lösl. ist, so daß das Polymer vom Fl.-Strom in Segmente zerteilt wird, die man von der Fl. u. dem Lsgm. trennt. — Man pumpt z. B. pro Min. 1,5 lbs. einer aus 41 Teilen Acrylsäureamid (I) hergestellten wss. viscosen Polyacrylsäureamid-Lsg. (Feststoff-Geh. ca. 8%, Brookfield-Viscosität ca. 2×10^6 cP) durch den Extruder, den sie mit 40 g wss. 80%ig. Methanols/Min. verläßt, wobei ca. $^1/_2$—$^3/_4$ in. lange u. ca. $^1/_{16}$ in. dicke Partikel des Polymeren erzeugt werden, die nach 1 std. Verweilzeit in Tanks erhärtet sind u. nach dem Waschen mit Methanol zu Krümeln getrocknet werden. — Verw. als *Sedimentiermittel* bei der Erzflotation. — Analog erhält man z. B. aus einem I-Acrylsäure (85 : 15 Mol.-%)-Mischpolymerisat *Mittel zur Erhöhung der Trockenfestigkeit von Papier.* Genannt sind noch bes. Polymethylstyrol u. dessen Mischungen mit Styrol–Butadien-Copolymerisaten bzw. als die Polymeren nicht lösenden Mittel KW-Stoffe, bes. Petroläther, Aceton–W.(85 : 15)-Mischungen bzw. 82%ig. Äthanol. — Beispiele, Zeichnung. (**E. P. 859 493** vom 14/5. 1959, ausg. 25/1. 1961. A. Prior. 26/5. 1958.) G. Vogel. 7171

British Insulated Callender's Cables Ltd., London, England (Erfinder: Robert Tadeusz Puckowski), **Stabilisator gegen die thermische Oxydation von Polyäthylen-Formmassen** besteht aus Phenothiazin oder substituiertem Phenothiazin, wie Benzophenothiazin, Methylphenothiazin, Alkoxyphenothiazin, in dem die Alkoxyl-Gruppe 1—12 C-Atome enthält. (**E. P. 874 331** vom 23/10. 1958, ausg. 2/8. 1961.) F. Markhoff. 7171

Colgate-Palmolive Co., Jersey City, übert. von: Philip Weiss, Nutley, N.J., V.St.A., **Wasserlösliche, nichtionogene Copolymerisate** erhält man aus: a) Styrol oder Styrolen, die durch inerte Reste mit mindestens 2 C-Atomen substituiert sind u. b) Estern von α.β-äthylen. ungesätt., nicht mehr als 2 Carboxylgruppen enthaltenden, aliphat. Carbonsäuren u. einwertigen Alkoholen. Mindestens 5 Mol.-% des Alkohols bestehen aus einem endständigen Monoäther eines Polyoxyalkylenglykols, der durch inerte Reste substituiert sein kann. Der Monoäther kann ein Alkyl- oder Aryläther sein; das Glykol muß mindestens 5 Alkylenoxyeinheiten aufweisen. Das Copolymerisat besitzt keine ionogenen Gruppen u. seine Carboxylgruppen sind prakt. vollständig durch den Alkohol verestert. Als Komponente b eignen sich bes. die Ester von ungesätt. Dicarbonsäuren, bes. der Maleinsäure mit Polyoxyäthylenglykolmonoalkyläthern, die 8—30 Äthoxyl-Gruppen u. bis zu 6 C-Atomen im Monoalkyläther-Rest aufweisen. Das mol. Verhältnis von Styrol : Ester liegt vorzugsweise zwischen 1 : 1 u. 10 : 1. Die Herst. erfolgt durch Umesterung des Copolymerisats aus Styrol u. ungesätt. Ester mit einem Polyoxyalkylenglykolmonoäther vermittels Katalysatoren. — Emulgier-, Netz-, Verdickungs- u. antistat. Mittel. (**A. P. 2 938 887** vom 15/11. 1955, ausg. 31/5. 1960.) M. Maierhauser. 7173

Imperial Chemical Industries Ltd., London, England (Erfinder: Arthur William Birley, Kenneth Barry Jarrett und Arthur Alan Williams), **Thermoplastische Masse,** gek. durch eine Mischung aus Polyvinylchlorid u. einer harzartigen Masse, die durch Polymerisieren von Methylmethacrylat (I) mit oder ohne Zusatz einer geringen Menge einer anderen, die Gruppe $CH_2{=}C{<}$ enthaltenden, Verb. in Ggw. von Polybutadien oder eines gummiartigen Mischpolymerisats aus Butadien-(1.3) u. I hergestellt ist, wobei die harzartige Masse eine Erweichungs-Temp. von $\geqq$ 65° besitzt u. die Mischung $\geqq$ 5% harzartige Masse enthält. — Man füllt z. B. 180 (Teile) W., 25 **I**, 5 Na-Laurylsulfat (**II**), 0,1 $K_2S_2O_8$ u. 0,34 tert. Laurylmercaptan (**III**) in einen Autoklav, evakuiert O_2 unter N_2-Zufuhr, pumpt 75 Butadien-(1.3) ein, hält die Temp. 18 Std. bei 50°, setzt weitere 300 **I**, 360 W., 1 **II**, 0,8 $K_2S_2O_8$ u. 1,8 **III** zu, rührt 16 Std. bei 45°, koaguliert mit heißer Salzsole, filtriert, wäscht u. trocknet den Nd., mahlt z. B. 70 oder 30 davon bei 160° (Walzen-Temp. 150°) mit 30 oder 50 Polyvinylchloridpulver (K-Wert 65) u. preßt die Masse bei 180° zu dicken Schichten. Statt der 300 **I** (wie vorst.) kann man auch eine Mischung aus 270 **I** + 30 Acrylsäurenitril oder Äthylacrylat bzw. eine Mischung aus 240 **I** + 60 Äthylacrylat zuführen. Das Prod. wird durch Gießen, Spritzen oder Pressen zu rohr- oder stabförmigen Gegenständen mit erhöhter Schlagfestigkeit ohne wesentliche Veränderung der Erweichungs-Temp. verarbeitet. — Beispiele, Tabellen. (**E. P. 844 325** vom 3/2. 1958, ausg. 10/8. 1960.) G. Vogel. 7173

Monsanto Chemical Co., St. Louis, Mo., übert. von: Joachim Dazzi, Dayton, Ohio, V.St.A., **Harzmasse,** die $\geqq$ 70% Vinylchlorid enthält, dad. gek., daß sie als Weichmacher ein N.N.N-N'-Tetraalkyldiamid (mit 1—8 C-Atomen im Alkylrest) einer dimeren polyolefin. oder olefin. Hydroxyfettsäure mit 10—24 C-Atomen, bes. das N.N.N'.N'-Tetramethyldiamid von dimerer Linolsäure, enthält. Behandelt werden bes. Polyvinylchlorid u. Copolymerisate aus Vinylchlorid. *Stabilisatoren* gegen Hitze. — Beispiel. (**A. P. 2 965 591** vom 4/3. 1955, ausg. 20/12. 1960.) G. Vogel. 7173

Monsanto Chemical Co., St. Louis, Mo., übert. von: Gail H. Birum, Dayton, Ohio, und Tracy M. Patrick jun., Kirkwood, Mo., V.St.A., **Harzmasse,** dad. gek., daß sie aus Polyvinylchlorid, Copolymerisaten aus $\geqq$ 70% Vinylchlorid u. $\leqq$ 30% eines anderen monoäthylen. ungesätt. Monomeren u. Stearinsäure-[10-carbobutoxy]-butylester ggf. aus Stearinsäure-[9-carbobutoxy]-butylester oder einer Mischung beider Stearate als Weichmacher besteht. Die neuen Ester selbst sind als *Verflüssigungsmittel, Lsgm., Herbicide* u. *Insecticide* geeignet. — Beispiele. (**A. P. 2 965 598** vom 1/6. 1956, ausg. 20/12. 1960.) G. Vogel. 7173

Esso Research and Engineering Co., Elizabeth, N.J., V.St.A., **Polymerisation von Olefinen** in Ggw. von organ. Metall-Verbb., bes. $Al(C_2H_2)_3$ oder $AlCl(C_2H_5)_2$, u. einem Halogenid eines Metalls der Gruppen IVa—VIII des Period. Syst., bes. $TiCl_4$, u. in einem inerten organ. fl. Verdünnungsmittel (**I**), bes. n-Heptan. Vor Beginn der Polymerisation wird dem **I** 0,1—1,5 Gew.-% eines C_{4-18}-α-Olefins, bes. Octen-(1), Tetradecen oder Hexen-(1), zugesetzt, Beispiele mit Äthylen u. Propylen als Monomeren, deren Polymerisat-Molgew. in weiten Grenzen schwanken kann. Wesentlich ist die durch den Zusatz erzielte Verringerung der Schlammdicke, wodurch bessere Trennung der Polymerisate u. Katalysatorrückstände erzielt wurden. — Mengenbeispiele, Tabellen. (**E. P. 836 633** vom 17/5. 1957, ausg. 9/6. 1960. A. Prior. 14/6. 1956.) H. Schindler. 7173

Sun Oil Co., Philadelphia, Pa., V.St.A., **Olefinpolymerisation** in inakt. KW-Stoff-Lsgm. mit durch Al-Alkyl aktiviertem MoS_2 oder Cu-Chromit zur Gewinnung fester Polymerer. — 20 (Teile) Cu-Chromit werden im evakuierten Behälter mit 242 Isooctan u. 10 Triisobutyl-Al (als 24,3 Gew.-%ig. Isooctan-Lsg.) versetzt; man leitet unter

Rühren Äthylen ein u. erwärmt dann auf 80° bei 300 lb/in². Wenn der Druck fällt, erhitzt man allmählich auf 166°, drückt Äthylen period. auf 300—500 lb/in² nach, bricht nach 1 Std. ab, gibt 160 CH_3OH zu, filtriert, erhitzt die Filtermasse mit HNO_3-Isopropylalkohol-Mischung unter Rückfluß, filtriert u. wäscht das feste Prod. mit n-Pentan. (**Jap. A. S. 7094/1960** vom 20/8. 1957, ausg. 14/6. 1960. A. Prior. 21/8. u. 6/9. 1956.) M. Pankow. 7173

Esso Research and Engineering Co., Elizabeth, N.J., V.St.A., **Kontinuierliche Polymerisation von C_{2-6}-Olefinen.** Die als Aufschlämmung im Verdünnungsmittel anfallenden, durch Rk. der Monomeren (I) mit $TiCl_4$ u. $AlCl(C_2H_5)_2$ oder $AlCl_2(C_2H_5)$ erhaltenen Polymeren wurden vor der Filtration in eine Absetzzone geleitet, wo sie bei 130—150° 15—60 Min. verweilen. Hierdurch wird die Entfernung überschüssiger I erleichtert. Beispiel mit Äthylen in n-Heptan. — Vorr., Zeichnung. (**E. P. 835 727** vom 12/12. 1957, ausg. 25/5. 1960. A. Prior. 31/12. 1956.) H. Schindler. 7173

Esso Research and Engineering Co., Elizabeth, N.J., V.St.A., **Niederdruckpolymerisation von Olefinen** erfolgt in Ggw. eines Halogenids des Ti, Zr, Hf, Th, U, V, Nb, Ta, Cr, Mo, W, Mn, Fe oder Cu u. einer Organo-Al-Verb. unter Zusatz von 100—5000 (Gew.-Teilen) BF_3 je 1000000 Olefin. Beispiele mit Äthylen u. $TiCl_4$, $AlCl\cdot(C_2H_5)_2$ u. BF_3 als Katalysator-Syst. in n-Heptan. — Tabelle. Erhöhung der Raum-Zeit-Ausbeute. (**E. P. 846 731** vom 15/3. 1957, ausg. 31/8. 1960. A. Prior. 30/3. 1956.) H. Schindler. 7173

Esso Research and Engineering Co., Elizabeth, N.J., V.St.A., **Niederdruckolefinpolymerisation** erfolgt bei 80—200° F u. in Ggw. bekannter Katalysator-Kombinationen, z. B. $TiCl_4$ oder $TiBr_4$ u. $Al(C_2H_5)_3$, u. eines (halogenierten) C_{3-8}-KW-Stoffes als Verdünnungsmittel (I), z. B. n-Hexan, u. bei 1—100 at. Das Besondere des kontinuierlichen Verf. besteht darin, daß die Rk.-Wärme durch das frische Monomere aufgenommen wird, wobei das verdampfte I als Wärmeüberträger dient u. gleichzeitig auf Temp. $<$ als die Polymerisations-Temp. abgekühlt wird. Ausführliche Beschreibung u. Zeichnungen verschiedener App.-Anordnungen für Äthylenpolymerisation. (**E. P. 847 113** vom 25/4. 1957, ausg. 7/9. 1960. A. Prior. 1/5. 1956.) H. Schindler. 7173

Esso Research and Engineering Co., Elizabeth, N.J., V.St.A., **Niederdruckpolymerisation von α-Olefinen** mit mindestens 3 C-Atomen erfolgt in einem inerten Verdünnungsmittel, z. B. n-Heptan, u. in Ggw. eines Katalysator-Syst. aus a) einer reduzierbaren Verb. eines Metalls der Gruppen IVa, Va, VIa, VIIa oder VIII des Period. Syst., b) einer Organometall-Verb. u. c) einem Metall, dessen Legg. oder Hydriden, der Gruppen Ia oder IIa. Die Komponente c wird in Form einer Dispersion eingesetzt. In den Mengenbeispielen wird von $TiCl_4$ ausgegangen, das auf verschiedene Weise, bes. mit Al-Pulver oder $Al(C_2H_5)_3$, red. wird, sodaß zur Verw. ein Mischkristall-Prod. $TiCl_3$–$AlCl_3$ vorliegt. Diesem wird dann z. B. Na in einem Isoparaffinöl dispergiert zugesetzt. Als Vorteil des Verf. ist der geringe Anteil an niedrigmol. Nebenprodd. u. Aschefreiheit des Polymerisats, z. B. Polypropylen, angeführt. — Tabelle. (**E. P. 853 195** vom 4/5. 1959, ausg. 2/11. 1960. A. Prior. 6/8. 1958.) H. Schindler. 7173

Dow Chemical Co., Midland, Mich., V.St.A., **Vernetzen von Olefinpolymerisaten,** dad. gek., daß man das Polymerisat mit einem, mehrere reaktionsfähige Gruppen enthaltenden Monomeren, bes. Divinylbenzol (I), einem Mono-, Di-, Tri- oder Tetraäthylenglykoldiacrylat, Vinyl- oder Allylacrylat oder einem der entsprechenden Dimethacrylate, Diäthylenglykoldivinyläther, Diallylmaleat, -itaconat oder -malonat, Diallylbenzolphosphonat, Triallylphosphat oder -cyanurat, Glycerintriacrylsäureester, einem Homologen oder Mischungen vorst. Verbb. mischt u. die Mischung, ggf. in der Gießform, einem Feld hochaktin. Strahlen aussetzt. Man bestrahlt z. B. lineares oder verzweigtes Hochdruck-Polyäthylen, lineares hochmol. Niederdruck-Polyäthylen (Molgew. ca. 35000) oder Polypropylen (Molgew. 60000) mit 40000 r/Std. nach Zusatz von I. Man weicht z. B. Hochdruckpolyäthylen (Schmelzindex 19,3 nach A.S.T.M. D 1238-52T) 4 Tage in 90% I, so daß es 14,5 I absorbiert, bestrahlt in einem Van de Graff-Generator mit 2 Mrep u. erhält ein in Decahydronaphthalin bei 120° unlösl. vernetztes Prod., das mit gleichen Eigg., jedoch ohne I-Zusatz hergestellt, 50 Mrep erfordern würde. — Beispiele, Festigkeits- u. Bestrahlungstabellen, Kurven. (**E. P. 844 231** vom 19/2. 1958, ausg. 10/8. 1960. A. Prior. 1/3. 1957.) G. Vogel. 7173

Petrochemicals Ltd., London, England (Erfinder: Kenneth Leonard Fletcher und Edward William Duck), **Polymerisation von Olefinen und Katalysatoren hierfür.** Zwecks Herst. von Katalysatoren zur Polymerisation von Olefinen, bes. Äthylen, nach dem Ziegler-Verf. vermischt man die Verb. eines Übergangsmetalls in mindestens IV. Wertigkeit, die durch Red. in KW-Stoffen unlösl. wird, u. einer red. organ. Verb. eines Metalls der Gruppen II, III oder IV des Period. Syst., die mindestens 2 Metall-C-Bindungen enthält, in einem KW-Stoff, setzt noch die erstere Verb. hinzu u.

leitet den so erhaltenen Katalysator, ggf. mit Zusatz von A., in den Reaktor ein. Zum Beispiel verwendet man ein Gemisch von Al-Diäthylchlorid u. $TiCl_4$. Solche Katalysatoren vermindern das Absetzen des Polymers an den Wandungen des Reaktors. (**E. P. 837 538** vom 29/12. 1958, ausg. 15/6. 1960.) K. Sarre. 7173

Esso Research and Engineering Co., Elizabeth, N.J., V.St.A., **Herstellung eines Katalysators für Olefinpolymerisation.** Zunächst wird ein Halogenid von Metallen der Gruppen IVa, Va, VIa oder VIII des Period. Syst. teilred. in einer Kugelmühle auf trockenem Wege unter N_2 bei Raum-Temp. mit Al-Pulver in stöchiometr. Mengen. Dann wird das Mischkristall-Prod. $TiCl_3 \cdot AlCl_3$ mit $Al(C_2H_5)_3$ aktiviert u. zur Polymerisation von Propylen, Buten-(1), Hexen-(1), Hepten-(1), Octen-(1), Decen-(1), Hexadecen-(1) u. Octadecen-(1) in Xylol eingesetzt. Aus 11 Mengenbeispielen u. 4 Tabellen, in denen die Polymerisationsbedingungen u. physikal. Eigg. der Prodd. angegeben sind, geht hervor, daß letztere eine hohe Kristallinität bei sehr hohen Ausbeuten besitzen. Auch Copolymerisation von α-Olefinen führt zu ähnlichen Produkten. (**E. P. 850 910** vom 17/4. 1959, ausg. 12/10. 1960. A. Prior. 27/6. 1958.) H. Schindler. 7173

Esso Research and Engineering Co., Elizabeth, N.J., V.St.A., **Herstellung eines Katalysators für α-Olefin-Polymerisation,** bes. Äthylen u. Propylen, durch Rk. von z. B. $Al(C_2H_5)_3$ u. $TiCl_4$ in einem inerten Verdünnungsmittel (**I**) u. unter N_2 durch Erhitzen auf 60—80° u. abschließend auf 100—300°. Als **I** dient bes. Nujol, ein naphthen. Isoparaffin-KW-Stoff, der frei von aromat. u. n-Paraffin-KW-Stoffen ist, eine SSU-Viscosität bei 37,5° von 349,5, ein Kp.-Bereich von 350—425° u. einen Viscositätsindex von 83 besitzt. Die reduzierende u. die reduzierbare Metall-Verb. sollen im stöchiometr. Verhältnis angewendet werden, um z. B. eine stärkere Red. von $TiCl_4$ über $TiCl_3$ zum instabilen $TiCl_2$ zu vermeiden. Die Endprodd. sind hochkristalline Polyolefine. (**E. P. 841 807** vom 19/5. 1958, ausg. 20/7. 1960. A. Prior. 22/5. 1957.)
H. Schindler. 7173

Esso Research and Engineering Co., Elizabeth, N.J., V.St.A., **Herstellung eines Katalysators für Niederdruckolefinpolymerisation** durch Red. eines Übergangsmetallhalogenid (**I**) mit einer reduzierenden Metallverb. unter solchen Bedingungen, daß ein Gemisch aus einem red. **I** mit einem Halogenid eines Metalles der Gruppen II u. III des Period. Syst. entsteht, das durch eine Alkyl-Verb. eines Metalls der gleichen Gruppen aktiviert wird, z. B. Al-Triäthyl, -Tripropyl oder -Triisobutyl. Als Halogenide dieser Gruppen sind $AlCl_3$, $AlBr_3$, $MgCl_2$, $MgBr_2$, $ZnCl_2$ u. $ZnBr_2$ genannt, die durch Metalle der Gruppen II u. III u./oder der Gruppen IVa, Va, VIa oder VII bei der Red. gebildet werden u. auch noch zusätzlich gegeben werden können. Die Red. wird bei 150—600°, bes. 250—500°, u. bei 1—50 at durchgeführt. Rk.-Komponenten sind nach den Beispielen $TiCl_4$, Ti u. $AlCl_3$, $TiCl_4$, Al u. $AlCl_3$ sowie $TiCl_4$, Ti u. Al. In jedem Falle wird ein Gemisch von $TiCl_3$ u. $AlCl_3$ erhalten, die als Katalysatoren für Propylen in Xylol nach Zusatz von $Al(C_2H_5)_3$ dienen. Man erhält wesentliche Mengen kristallinen Polypropylens. (**E. P. 847 661** vom 20/3. 1957, ausg. 14/9. 1960. A. Prior. 16/4. 1956.)
H. Schindler. 7173

Du Pont of Canada Ltd., Montreal, Quebec, Canada (Erfinder: Murray Kenneth Phibbs), **Katalysator für α-Olefinpolymerisation,** bes. Äthylen u./oder Propylen, bestehend aus einem in Cyclohexan gelösten $TiCl_4$ unter Zusatz einer freien Cl bindenden Verb., z. B. Cyclohexen oder Äthylen, u. Bestrahlung der Lsg. mit Licht von > 1800 Å. Die Polymerisation kann bei 25° u. 1 at durchgeführt werden u. gibt Polymerisate von 10000—25000 Molgewicht. Eine zusätzliche geringe Menge $AlBr_3$ als Cokatalysator steigert das Molgew. auf 70000—120000. — Mengenbeispiele. (**E. P. 834 381** vom 18/4. 1958, ausg. 4/5. 1960. A. Prior. 20/4. 1957.) H. Schindler. 7173

Esso Research and Engineering Co., Elizabeth, N.J., V.St.A., **Mischen der Katalysatorkomponenten zur Olefinpolymerisation.** Die aus $TiCl_4$ u. $Al(C_2H_5)_3$ u./oder $AlCl(C_2H_5)_2$ bestehenden Ausgangsstoffe wurden vor der Einführung in die Rk.-Zone bei 10—90° während 1—120 Min. entweder in 2 aufeinanderfolgenden Rk.- u. Mischbehältern oder in einem Rohr, dessen Durchmesser : Länge sich wie 1 : 100000—300000 verhält, zur Rk. gebracht. Die Polymerisation der C_{2-6}-Olefine, bes. Äthylen oder Propylen, wird bei 30—500° F u. ca. 500 lbs./sq.in. kontinuierlich durchgeführt. Tabellen, Beschreibungen u. Zeichnungen der Mischvorrichtungen. (**E. PP. 841 638** vom 4/6. 1957, ausg. 20/7. 1960 u. **845 100** vom 4/6. 1957, ausg. 17/8. 1960. Beide A. Prior. 20/6. 1956.)
H. Schindler. 7173

Goodrich-Gulf Chemicals, Inc., Cleveland, Ohio, V.St.A., **Inaktivieren von Katalysatorgemischen nach der Olefinpolymerisation** durch Behandeln der Polymerisat-Lsg. in einem inerten KW-Stoff-Lsgm., z. B. Heptan, mit einer Stickstoffbase, bes. NH_3, prim., sek. oder tert. Aminen mit < 10 C-Atomen, Alkanolaminen, Aminophenol oder einem Amid. Die Menge soll äquivalent dem Katalysatorgemisch (I) oder dem darin enthaltenen Halogen sein. I besteht z. B. aus $TiCl_4$ u. Triisobutyl-Al, oder $TiCl_4$ u. AlH-Diisobutyl, Beispiele mit Polybutadien, Polyisopropen, Polyäthylen u. Poly-(penten-(1) u. Octen-(1)) u. verschiedenen Basen. Die Behandlung ermöglicht eine leichtere u. schnelle Vulkanisation der Polymerisate. (**E. P. 841 290** vom 30/1. 1957, ausg. 13/7. 1960. A. Prior. 21/2. 1956.) H. Schindler. 7173

Hercules Powder Co., Wilmington, Del., V.St.A., **Stabilisierte Polyolefine** z. B. *Polypropylen.* Als Stabilisierungsmittel nimmt man einen Thiodipropionsäuredialkylester u. 4- oder 2-[2'-Hydroxyphenyl]-2.4.4-trimethyldialkylchroman u./oder Alkyliden-bis-[alkylphenol], wie 2.2'-Isobutyliden-bis-[4-nonylphenol]. — Durch Kondens. von techn. Nonylphenol mit Aceton in Ggw. von wasserfreiem HCl bei 60° in 70 Std. erhält man ein Rk.-Prod. mit ca. 23% 2-[2'-Hydroxyphenyl]-2.4.4-trimethyl-5'-6-dinonylchroman u. ca. 34% 2.2'-Isopropyliden-bis-[4-nonylphenol]. Man mischt 0,5% dieses Prod. u. 0,5% Thiodipropionsäuredilaurylester in krist. Polypropylen mit F. ca. 165°. Andere stabilisierende Stoffe, wie Ca-Stearat u. -Phosphit, können mit verwendet werden. (**Oe. P. 210 625** vom 6/4. 1959, ausg. 10/8. 1960. A. Prior. 4/4. 1958.) M. Pankow. 7173

N. V. de Bataafsche Petroleum Mij., Den Haag, Niederlande (Erfinder: Nicolaas Dost und Franciscus Johannes Fredericus van der Plas), **Reinigung von Polyolefinen, die durch Niederdruckpolymerisation von Olefinen erhalten wurden,** indem man dem Rk.-Gemisch Komplexbildner (I) für Al u. Ti bei pH 6—11, bes. zwischen pH 6—8 zugibt u. die Polyolefine von der die Metalle gelöst enthaltenden Lsg. abtrennt. — Beispiele für I: *Malonsäure, Oxalsäure, Gluconsäure, Zuckersäure, Glykolsäure, Milchsäure, Salicylsäure, Citronen-* u. *Weinsäure, Äthylendiamin, N-Dimethyläthylendiamine, Diäthylentriamin, Triäthylentetramin, Äthylendiamin-N.N'-diessigsäure, Äthylendiamintetraessigsäure, Äthylendiamindipropionsäure, Äthylendiamintetrapropionsäure, Trimethylendiamintetraessigsäure, Tetramethylendiamintetraessigsäure, Mono-, Di-* oder *Triäthanolamin.* — Man leitet in eine Katalysatormischung aus 0,95 (Teilen) $TiCl_4$ u. 0,67 $(C_2H_5)_2AlCl$ in 1000 Isooctan 45000 Äthylen/Std. ein, gibt zu der Suspension 20 Methanol u. 20 Monoäthanolamin u. rührt sie 15 Minuten. Nach dem Absitzen der unteren blauen Lsg. zentrifugiert man das Polymer ab, das einen Asche-Geh. von 0,09% hat. (**E. P. 841 314** vom 30/7. 1956, ausg. 6/7. 1960.) A. Jahn. 7173

Esso Research and Engineering Co., Elizabeth, N.J., V.St.A., **Bestrahltes Polyäthylen** mit F. > 200° (nach Nalge) erhält man durch Mischen von Polyäthylen (Molgew. > 10000) mit 0,5—20% eines aromat. KW-Stoffes mit 2 nichtkonjugierten Vinylresten bes. o-, m- oder p-Divinylbenzol oder -naphthalin, u. anschließende ionisierende Bestrahlung (mit γ-, Röntgen- oder β-Strahlen, α-Teilchen oder Neutronen).— Man quillt z. B. 6 (g) Polyäthylen (F. 128°), das mit einem Al-Diäthylchlorid u. $TiCl_4$ enthaltenden Katalysator bei Raum-Temp. u. normalem Druck hergestellt wurde, einige Tage in 33 n-Heptan, löst in letzterem 1 einer handelsüblichen 50%ig. Divinylbenzol-Lsg. durch heftiges Schütteln u. bestrahlt die Masse 120 Std. bei ca. 25° in N-Atmosphäre mit 335000 r/Std. aus einer ^{60}Co-Quelle mit ca. 2700 c. Das gewaschene Prod. hat einen F. von 275° (unbestrahlt 134°). — Herst. von *Rohren, Drahtisolierungen, Schläuchen, Behältern, Küchenutensilien, Möbeln, Textilstoffen, Bodenbelag* u. *Baustoffen.* — Beispiele. (**E. P. 840070** vom 21/2. 1958, ausg. 6/7. 1960. A. Prior. 29/3. 1957.) G. Vogel. 7173

Imperial Chemical Industries Ltd., London, England (Erfinder: Peter Lionel Clegg und Stanley Turner), **Polyäthylenmasse,** gek. durch eine Mischung aus einem Polyäthylen mit D. > 0,935, bes. 0,935—0,96, einem Schmelzindex > 0,1, bes. 1—0,1 u. einem Polyäthylen mit D. ≦ 0,922 u. einem Schmelzindex ≦ 2,0, bes. 2,0—0,07 (gemessen nach A.S.T.M-1238-52T). Zähe Masse mit hohem Elastizitätsmodul zur Herst. von Gegenständen. — Tabellen. (**E. P. 843 697** vom 3/1. 1957, ausg. 10/8. 1960.) G. Vogel. 7173

Petrochemicals Ltd., London, England (Erfinder: Edward Derek Garnett), **Katalytische Niederdruckpolymerisation und Herstellung von Katalysatoren hierfür.** Zwecks Polymerisation von Olefinen, bes. Äthylen, zu hochmol. festen Prodd. nach dem Ziegler-Verf. verwendet man Katalysatoren, die man durch Vermischen von 2 Komponenten u. zwar einer Verb. eines Metalls der Gruppen IVa, Va, VIa, VIIa oder VIII des Period. Syst. u. einem Metall oder dessen Verb. der Gruppen I, II oder III erhält. — Zum Beispiel vermischt man Al-Diisobutylnonoxid mit $TiCl_4$ im Verhältnis von Al : Ti = 0,65 : 1 in einem KW-Stoff u. überläßt das Gemisch unter Vibration bei 85° ca. 1 Std. der Alterung, worauf der so gebildete Katalysator kontinuierlich oder portionsweise in den Reaktor eingespeist wird. Zeichnungen. (**E. P. 837 053** vom 23/12. 1957, ausg. 9/6. 1960.) K. Sarre. 7173

Phillips Petroleum Co. (Erfinder: Donald Reinhold Witt), Bartlesville, Okla., V.St.A., **Polymerisieren von Äthylen** oder dessen Mischungen mit Olefinen mit 3—8 C-Atomen bei 100—325° mit Katalysatoren aus Cr-Oxyd mit wenigstens teilweise 6wertigem Cr u. wenigstens einem weiteren anderen Oxyd von Mn, Co oder Ni auf SiO_2–Al_2O_3-Träger. — Der Katalysator enthält z. B. 2,5 (Gew.-%) Cr u. 1,25 Mn, Co oder Ni, 13 Al_2O_3, Rest SiO_2; man inprägniert den porösen SiO_2-Al_2O_3-Träger mit Cr_2O_3 u. wss. Lsgg. der Nitrate der anderen Metalle, trocknet bei 300° u. erhitzt 5 Std. bei 1400° in Luft. (**Jap. A. S. 7586/1960** vom 8/1. 1959, ausg. 21/6. 1960. A. Prior. 13/1. 1958.) M. Pankow. 7173

Union Carbide Corp., New York, N.Y., V.St.A. (Erfinder: Henry William Mock), **Polyäthylenmasse,** gek. durch eine Mischung aus 0,001—0,15 % eines ungesätt. Fettsäureamids mit 18—22 C-Atomen, F. 20—75° u. Kp. > 225°, als ausschwitzbares Gleitmittel, 0,001—0,15 eines ausschwitzbaren wachsartigen, gesätt. Fettsäureamids mit 10—22 C-Atomen, F. 70—150° u. Kp. > 225°, 0,001—1 eines Antioxydans [Di-tert.-butyl-p-kresol (I)], 0,01—0,5 einer Si-Verb. mit durchschnittlicher Partikelgröße von 0,5—0,7 μ, 0,5—10 Polyäthylen, dessen Schmelzindex um ≧ 10% höher liegt als der Schmelzindex des restlichen Polyäthylens mit Schmelzindex 0,5—12, das den Rest der Masse auf 100 ausmacht. — Man mischt z. B. 86 (Teile) klares Polyäthylenharz (D. 0,923, Schmelzindex ca. 2) zuerst mit 1 % I durch Dampf von 100 lbs./sq.in. u. dann mit 10 Diatomeenerde, 1,5 Ölsäureamid, 1,5 einer Mischung aus 70% Stearinsäureamid u. 30% Palmitinsäureamid bei Temp. bis 120—130°, insgesamt 5—6,5 Min., mischt 1% des erhaltenen Konzentrats (D. 0,983, Schmelzindex 2,8) bei 118—123° in 99% des ursprünglichen Polyäthylens ein u. gießt aus der Masse *Filme* mit *geringer Reibung, elektr. Aufladung, Gas-, Dampf-, Fettdurchlässigkeit* usw. — Beispiele, Tabellen. (**E. P. 851 975** vom 20/8. 1958, ausg. 19/10. 1960. A. Prior. 21/8. 1957.) G. Vogel. 7173

Union Carbide Corp., übert. von: Henry W. Mock, Plainfield, N.J., V.St.A., **Polyäthylenfilme ohne Verklebungseigenschaften** enthalten außer Polyäthylen (I) noch 0,001 bis 0,15 Gew.-% ungesätt. Fettsäureamid (F. 20—75°; Kp. ≧ 225°) sowie gleiche Mengen Wachsfettsäureamid (F. 90—150°; Kp. ≧ 225°), die bei der Verarbeitung des I zu Filmen an die Oberfläche ausschwitzen, diese gleitfähig machen u. ein Kleben an den Walzen verhindern, ferner 0,001—1 Gew.-% eines Antioxydationsmittels u. 0,001—1 Gew.-% Kieselsäure (∅ 0,7—7 μ). — Man mischt 86 (Teile) klares I (D. 0,923 u. Schmelzindex von 2), 1 Di-tert.-butyl-p-kresol, 10 Diatomeenerde, 1,5 Ölsäureamid u. 1,5 einer 70 : 30-Mischung aus Stearin- u. Palmitinsäureamid gründlich 5—6,5 Min. bei 120—130°. Danach hat die Mischung eine Dichte von 0,983 u. einen Schmelzindex von 2,8 u. kann zu sehr dünnen, selbsttrocknenden Filmen auf dem Kalander ohne Verklebungseigenschaften verarbeitet werden. (**A. P. 2 956 035** vom 21/8. 1957, ausg. 11/10. 1960.) A. Jahn. 7173

Stamicarbon N. V., Heerlan, Niederlande, **Katalysator für Äthylen-(co)-polymerisation,** bestehend aus dem Rk.-Prod. von Ti-tetrahalogenid mit Dialkyl-AlH u./oder Trialkyl–Al, wobei das Verhältnis Al : Ti = 0,5 : 1—2 : 1 ist. Während der Polymerisation kann das Verhältnis 0,5 : 1 bis 1 : 1 oder 1 : 1 bis 2 : 1 betragen, während es zu Beginn 1 : 1 bis 2 : 1 oder 0,5 : 1 bis 1 : 1 beträgt. Als Rk.-Komponenten sind in den Mengenbeispielen $TiCl_4$ u. $TiBr_4$ einerseits u. Triisobutyl–Al, Diisobutyl–AlH u. $Al(C_2H_5)_3$ andererseits genannt. Die Rk. wird in inerter Fl., z. B. Heptan, ausgeführt u. die erhaltene Katalysatorsuspension in das Polymerisationsgefäß eingeführt. Arbeits-Temp. 55—60°. (**E. P. 847 787** vom 22/5. 1959, ausg. 14/9. 1960. Niederl. Prior. 22/5. 1958.) H. Schindler. 7173

Imperial Chemical Industries Ltd., London, übert. von: Anthony Graham Marshall Last, Welwyn Garden City, England, **Verbessern der Klarheit von Polyäthylen** durch Zusatz von 0,001—5% eines Polyurethans aus einem Polyisocyanat, bes. Hexamethylendiisocyanat, u. einer aliphat. Polyhydroxyverb., bes. Butandiol-(1.4), dessen Mol.-Kette in gestrecktem Zustand länger als 200 Å u. dessen Elementarzellen-Abstand ähnlich dem des Polyäthylens ist. Die Zumischung erfolgt z. B. auf dem Walzenstuhl, dessen Walzen auf 190—200° geheizt sind. (**A. P. 2 955 098** vom 21/10. 1958, ausg. 4/10. 1960. E. Prior. 30/10. 1957.) C. Lüttgen. 7173

Du Pont of Canada Ltd., Montreal, Quebec, Canada (Erfinder: Anthony Bertram Callear), **Modifizieren von linearem Polyäthylen** durch Rk. mit Äthylen u./oder Vinylacetat in Bzl. u. in Ggw. von tert. Butylperbenzoat oder Di-tert.-Butylperoxid. Das Verf. wird bei 130—175° u. Drücken bis zu 4000 lbs./sq.in. durchgeführt. — Mengenbeispiele. — Die Endprodd., die als Pfropfpolymerisate anzusehen sind, zeigen erhöhte Widerstandsfähigkeit gegen Formveränderungen. (**E. P. 840 033** vom 31/10. 1956, ausg. 6/7. 1960.) H. Schindler. 7173

Zellstofffabrik Waldhof (Erfinder: Walter Schoch und Hans Georg Deutscher), Mannheim, **Erhöhung der Gleitfähigkeit von durch Heißsiegelung zu**

verklebenden, polyäthylenbeschichteten Trägermaterialien durch Aufbringen eines pulverförmigen Stoffes auf die Polyäthylenschicht, dad. gek., daß als pulverförmiger Stoff Polyäthylen, vorzugsweise mit einer Korngröße von 1—10 μ, verwendet wird. (**D. A. S. 1 101 751** Kl. 39a vom 22/3. 1957, ausg. 9/3. 1961.) H. Nather. 7173

N. V. de Bataafsche Petroleum Mij., Den Haag, Niederlande, **Polyvinylchloridpräparat,** enthaltend 3—25 Teile [pro 100 Teile Polyvinylchlorid (I)] eines Butadien-Styrol-Copolymerisats mit < 35 Gew.-% Styrol. Die Mischungen zeigen erhöhte Schlagfestigkeit bei gleicher Härte u. etwas geringerer Zugfestigkeit u. Wärmedeformation. — Man mischt z. B. 100 (Teile) I (Emulsionspolymeres vom K-Wert ca. 71) mit 11 Butadien–Styrol-Copolymerisat mit 23 Gew.-% Styrol, 2 Stabilisiermittel u. 2 Schmiermittel auf der Walze 15 Min. bei 165°. (**Jap. A. S. 6890/1960** vom 25/3. 1958, ausg. 10/6. 1960. Niederl. Prior. 27/3., 10/7. u. 17/7. 1957.) M. Pankow. 7173

Imperial Chemical Industries Ltd., London, England (Erfinder: Gordon Davey Wilson), **Polyvinylchloridpolymerisate und -copolymerisate mit Zellstruktur** erhält man, indem man Polyvinylchlorid oder ein Copolymerisat mit Vinylacetat oder Vinylidenchlorid mit einem Weichmacher (*Trikresylphosphat, Diester* der *Adipin-, Sebacin-* oder *Phthalsäure* mit *Butanol, 2-Äthylhexanol, 3.5.5-Trimethylhexanol*) zu einem Plastisol vermischt, Alkali- oder Erdalkalimetallalkarylsulfonat (Ca-Stearat), das in dem Weichmacher lösl. ist, zusetzt u. in diese Mischung im geschlossenen Gefäß unter Inertgasdruck (*CO_2, N-Oxide, Dichlordifluormethan, Dichlortetrafluoräthan*) oder eine flüchtige inerte Fl. (*$CClF_3$, 1.1.2-Trifluor-1.2.2-trichloräthan, CCl_2F_2* bei 5° u. 40 lbs./sq.in.) einleitet. Man läßt die Mischung unterhalb der Gelierungs-Temp. als Schaum in Formen austreten u. geliert sie durch Erhitzen, wobei ein Gebilde mit einheitlichen Zellen entsteht. (**E. P. 855 933** vom 30/10. 1957, ausg. 14/12. 1960.) A. Jahn. 7173

Kureha Kasei Kabushiki Kaisha, Tokyo (Erfinder: Hiromichi Watanabe und Yasuo Amagi, Nakoso), Japan, **Herstellung hochkristalliner Polymerer.** Man läßt Vinylchlorid (I) oder Mischungen von I u. a., ungesätt. Bindungen enthaltenden copolymerisierbaren Stoffen bei +10 bis —50° in W. oder wss.-alkohol. Lsg. unter Verw. von Peroxidpolymerisationsanregern u. Katalysatoren aus Ascorbinsäure u./oder Isoascorbinsäure u. Schwermetallsalzen polymerisieren. — 0,45 (Teile) Ascorbinsäure u. 0,8 Na-Dodecylsulfonat werden in 200 50 Vol.-%ig. CH_3OH-W.-Lsg. gelöst u. auf —30° gekühlt. Man gibt 100 Vinylchlorid unter N_2, 0,1 35%ig. H_2O_2 u. 0,005 1%ig. wss. Lsg. von $FeSO_4 \cdot 7\,H_2O$ zu u. hält während der heftigen Polymerisation die Temp. bei —30°. Nach 2 Std. wird mit NaCl-Lsg. koaguliert. (**Jap. A. S. 7588/1960** vom 26/9. 1957, ausg. 21/6. 1960.) M. Pankow. 7173

Monsanto Chemical Co., St. Louis, Mo., übert. von: Ludwig A. Beer, Agawam, Mass., V.St.A., **Poröse Filme aus Vinylchloridpolymerisaten** erhält man, indem man einer Dispersion von Polyvinylchlorid (I) in einem Weichmacher (II) eine wss., ca. 20—65 Gew.-% enthaltende Harz-Lsg. (Melamin–Formaldehyd-, Harnstoff–Formaldehyd- oder Phenol–Formaldehydharz) in einer Menge zugibt, daß auf 100 (Teile) I + II 2—20 W. treffen, u. dann die Mischung auf mindestens 150° erhitzt, wobei [I + II] schmilzt u. sich feine Kanäle ausbilden. — Man dispergiert 100 (Teile) I der Größe 1 μ u. 2 eines gemischten Ba- u. Cd-Stabilisators in 60 Phthalsäure-bis-[2-äthylhexyl]-ester u. vermischt 100 dieser Mischung mit 10 einer 50%ig. wss. Lsg. eines Melamin–Formaldehydharzes. Man überzieht eine Metallplatte mit dieser Dispersion, erhitzt den nassen Film zuerst 15 Min. auf 100° vor u. dann 15 Min. bei 165°. — *Luftdurchlässiges Verpackungsmaterial, Polstermaterial.* (**A. P. 2 946 095** vom 15/4. 1957, ausg. 26/7. 1960.) A. Jahn. 7173

Styrene Products Ltd., London, England (Erfinder: Ernest Seifo, Alec Norman Roper und Edward George Barber), **Schlagfeste Massen aus vinylaromatischen Polymeren,** gek. durch eine Mischung aus ca. 5—40 (Teilen) eines synthet. Elastomeren mit hohem Gel-Geh. u. 95—60 des vinylaromat. Polymeren, die man dad. erhält, daß man eine Mischung von wss. Dispersionen beider Polymeren koaguliert, das feste Prod. abtrennt u. bei erhöhten Temp. zu Prodd. mit guter Farbe u. Oberfläche formt. Dem Koagulat setzt man zweckmäßig weiteres vinylaromat. Polymer zu, so daß letzteres im Prod. 75—95% ausmacht. Das synthet. Elastomere wird bes. aus Styrol u. Butadien bei 50° in Ggw. von 10% Divinylbenzol hergestellt. — Man mischt z. B. 743 Latex eines Styrol–Butadien(75 : 25)-Mischpolymerisats mit einem Gel-Geh. (Toluolunlöslichem) von 78,5% u. einem Quellverhältnis von 14 : 1 mit 1950 Polystyrollatex (mit 780 Feststoff), setzt 65 NaCl in 7700 W. zu, rührt u. rahmt die Mischung durch gradweisen Zusatz von 1500 (Vol.-Teilen) einer 10%ig. NaCl-Lsg. auf, koaguliert mit 500 einer 1% ig. H_2SO_4-Lsg. bei einem End-pH von 3, filtriert, wäscht u. trocknet den Nd., mischt 500 (Teile) des Nd. mit 750 Polystyrolperlen, die 3,5% Butylstearat enthalten, 2,5 Antioxydans u. 1,25 Zn-Stearat. — Beispiele, Festigkeitstabellen. (**E. P. 843 729** vom 28/8. 1958, ausg. 10/8. 1960.) G. Vogel. 7173

Zaidan Hojin Nippon Kagaku Seni Kenkyujo und Bridgestone Tire Co. Ltd., Kyoto (Erfinder: Junji Furukawa, Kyoto, Teiji Tsuruta, Kawachi, Takayuki Fueno, Osaka, Ryozo Sakata, Kakogawa, und Kazuo Ito, Kobe), Japan, **Polymerisieren von Vinylverbindungen** mit einem Katalysator aus Hydrochinonen oder Chinonen u. $(Alkyl)_2Cd$. — In 10 cm^3 Methylmethacrylat löst man 0,52 g p-Benzochinon u. gibt unter N_2 bei Raum-Temp. 0,5 cm^3 $(C_2H_5)_2Cd$ zu: Grüner Nd., Viscositätszunahme u. nach $4^1/_2$ Std. eine ca. 70% ig. Polymerisationsausbeute. (**Jap. A. S. 8946/1960** vom 13/3. 1958, ausg. 11/7. 1960.) M. Pankow. 7173

Chemstrand Corp., Dekatur, Ala. (Erfinder: Charles Houston Campbell, Miss.), V.St.A., **Polymerisationskatalysator zur Polymerisation von Vinylverbindungen** aus einem Redox-Syst. aus $KMnO_4$ u. einem Red.-Mittel aus einer aliphat. Mono-, Di- oder Tri-C_{2-10}-Carbonsäure mit wenigstens einer Amino- oder OH-Gruppe in α-Stellung oder deren wasserlösl. Alkalisalzen (Glycin, Hydroxyessigsäure). — Zu 1250 ml W. u. 3 ml konz. H_2SO_4 gibt man in 2 Std. unter N_2 bei 50° eine Mischung aus 250 g 94% ig. Acrylonitril u. 6% Vinylacetat u. gleichzeitig eine Lsg. von 5 g $KMnO_4$ in 120 ml W. u. 5 g Citronensäure in 120 ml W., rührt 45 Min. bei 50° u. filtriert das Polymere ab. Die so erhaltenen Polymeren lassen sich mit bes. Farbstoffen bes. gut färben. (**F. P. 1 219 531** vom 27/3. 1959, ausg. 18/5. 1960. A. Prior. 31/5. 1958. **Jap. A. S. 6391/1960** vom 30/3. 1959, ausg. 3/6. 1960. A. Prior. 30/3. 1958.) M. Pankow. 7173

Food Machinery & Chemical Corp., San José, Calif., übert. von: Frank P. Greenspan, Williamsville, N.Y., V.St.A., **Weichmacher und Stabilisatoren für Polyvinylverbindungen** sind epoxydierte Tetrahydrophthalsäuredialkylester, deren Alkylreste 1—10 C-Atome besitzen. Die Verbb. sind gut verträglich mit Vinylpolymeren (bes. Polyvinylchlorid u. Polyvinylacetat u. deren Copolymere), schwitzen nicht aus u. stabilisieren die Polymeren gleichzeitig gegen Licht u. Hitze. (**A. P. 2 956 975** vom 8/12. 1954, ausg. 18/10. 1960.) A. Jahn. 7173

Dow Chemical Co., Midland, übert. von: Carl B. Havens und Gerald A. Clark, Midland, Mich., V.St.A., **Mit Diestern aliphatischer Dicarbonsäuren und Hydroxybenzophenonen stabilisierte Halogenäthylenpolymerisate,** bes. solche mit mindestens 50% Vinylidenchlorid u. außerdem Vinylchlorid. Man setzt diesen 1—10, bes. 1—3, Gew.-% einer Verb. der Formel I (n = ganze Zahl von 1—8; X = H, Halogen,

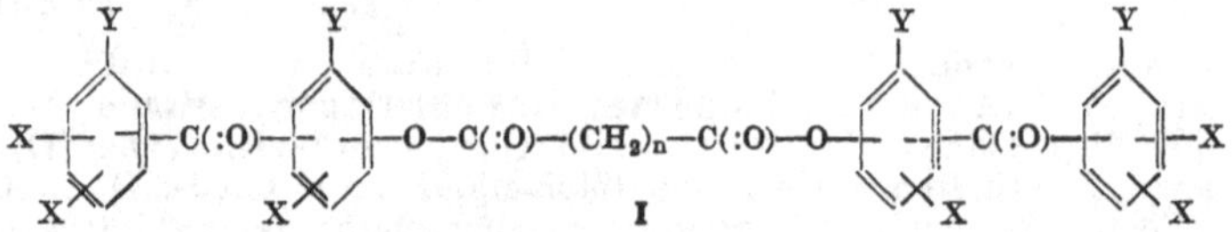

Alkyl; jeweils 1 Y jeder Benzophenongruppe = H, das andere OH) zu, bes. Adipinsäure- oder Bernsteinsäure-bis-[(p-salicyloxyl)-phenyl]-ester, Adipinsäure-bis-[3-hydroxy-4-(4-chlorbenzoyl)-phenyl]-ester, Adipinsäure-bis-[3-hydroxy-4-(4-methylbenzoyl)-phenyl]-ester, Adipinsäure-bis-[3-hydroxy-4-benzoyl-6-chlorphenyl]-ester. — Lichtstabilisatoren. (**A. P. 2 943 076** vom 2/8. 1956, ausg. 28/6. 1960.) A. Jahn. 7173

Monsanto Chemical Co., St. Louis, Mo., übert. von: William E. Weesner, Dayton, Ohio, V.St.A., **Durch Triester der Pimelinsäure weichgemachte Vinylchloridpolymerisate und -copolymerisate,** die mehr als 70% Vinylchlorid u. bis zu 30% anderer polymerisierbarer Monoäthylen-ungesätt. Monomere, wie Monocarbonsäurevinylester, Acrylsäurenitril, Vinylidenchlorid oder -fluorid, enthalten. Man wendet 5—60% eines Weichmachers der Formel I an (R_1, R_2 u. R_3 = Alkylreste mit 4—10 C-Atomen), bes. Pimelinsäure-bis-[4-acetyl-(2′-äthylhexyl)-4-äthyl-(2′-carbohexoxy)]-äthylester, Pimelinsäure-bis-[4-acetyl-4-äthyl-(2′-carbobutoxy)]-butylester, Pimelinsäure-bis-[4-acetyl-4-äthyl-(2′-carbäthoxy)]-äthylester, Pimelinsäure-bis-[4-acetyl-4-äthyl-(2′-carbodecyloxy)]-decylester. (**A. P. 2 961 422** vom 24/6. 1957, ausg. 22/11. 1960.) A. Jahn. 7170

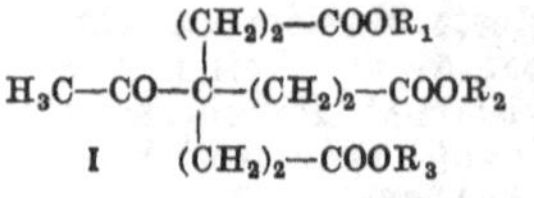

Dow Chemical Co., Midland, übert. von: Billy E. Burgert und David A. Gordon, Midland, Mich., V.St.A., **Stabilisierungsmittel für thermoplastisches Material,** bes. von Copolymeren aus mindestens 50% Vinylidenchlorid u. einem anderen

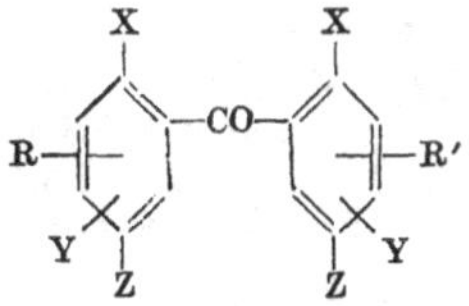

Monomeren (Vinylchlorid) gegen Hitze- u. Licht-Einw. sind 2.3-Epoxypropoxybenzophenone der Formel I (R = 2.3-Epoxypropoxy, R' = H oder R; X = H oder OH, wobei mindestens 1 Rest X OH bedeutet; Y = H oder OH; Z = H oder Benzoyl), die man in einer Menge von 1—10 Gew.-% zugibt. Beispiele sind die *Benzophenone*: *4-[2.3-Epoxypropoxy]-2-hydroxybenzophenon, 4'-[2.3-Epoxypropoxy]-2-hydroxybenzophenon, 4-[2.3-Epoxypropoxy]-2.2'-dihydroxybenzophenon, 4.4'-Bis-[2.3-epoxypropoxy]-2-hydroxybenzophenon, 4.4'-Bis-[2.3-epoxypropoxy]-2.2'-dihydroxybenzophenon, 3-[2.3-Epoxypropoxy]-5-benzoyl-2.4-dihydroxybenzophenon, 4-[2.3-Epoxypropoxy]-3-benzoyl-2.6-dihydroxybenzophenon* u. *4-[2.3-Epoxypropoxy]-3'-[4-(2.3-epoxypropoxy)-2-hydroxybenzoyl]-2-hydroxybenzophenon.* (**A. P. 2 922 777** vom 2/8. 1956, ausg. 26/1. 1960.) A. Jahn. 7173

American-Marietta Co., Stoner-Mudge Co. Division (Erfinder: Gerald Philip Roeser), **Lösungsmittelgemische,** die bes. gut *zum Lösen von Copolymeren von Vinylchlorid u. Vinylacetat* geeignet sind, bestehen aus 2-Pyrrolidon (I) oder aus I, das am N mit nicht mehr als 4 C-Atome enthaltenden aliphat. KW-Stoff-Resten substituiert ist oder Gemischen dieser beiden u. aromat. KW-Stoffen, wie Bzl., Toluol oder Xylol, wobei die Lsgm.-Gemische, bezogen auf das Gesamtgew., mindestens 7% an I bzw. 10% an N-substituierten I, aber nicht mehr als 50% enthalten sollen. (**Aust. P. 225 784** vom 24/1. 1958, ausg. 14/1. 1960. A. Prior. 31/1. 1957.) O. Roick. 7173

Chemische Werke Hüls Akt.-Ges., Marl, Kr. Recklinghausen, **Stabilisieren von chlorhaltigen Polymeren,** bes. Polyvinylchlorid, Polyvinylidenchlorid oder deren Mischungen, dad. gek., daß man diesen Massen eine kleinere Menge einer Kombination aus Harnstoff, Thioharnstoff oder Biuret u. einer Sn-Verb. einverleibt, deren Sn-Atom an zwei Reste einer Carbonsäure gebunden ist. Genannt sind bes. Sn-Dilaurat, -Dioleat, -Distearat, Dibutyl-Sn-Dilaurat oder -Distearat, Dioctyl-Sn-Distearat u. -Dilaurat, bes. in Form von Addukten mit vorst., die tox. Wrkg. herabsetzenden, N-Verbindungen. — Man granuliert z. B. eine Mischung aus 100 (Teilen) Polyvinylchlorid, 10 Diphenylsulfon-3.3'-sulfhydrazid der Formel $(NH_2—NH—SO_2—C_6H_4)_2SO_2$ u. 3 einer Mischung von n-Dibutyl-Sn-Stearat u. Harnstoff (1 : 1,5), erhitzt in einer Form 20 Min. auf 200°, kühlt u. versprüht die Masse in heißes W. zu einem blaßgelben, einheitlichen harten Schaum. Unverfärbt bleiben bes. Prodd. aus Polyvinylchlorid + 25% Dioctylphthalat u. 1% eines Sn-Dioleat–Biuret-Adduktes. — Beispiele. (**E. P. 835 518** vom 21/4. 1958, ausg. 25/5. 1960. D. Prior. 15/11. 1957.) G. Vogel. 7173

Ferro Chemical Corp., Bedford, Ohio, V.St.A., **Stabilisieren chlorhaltiger Vinylharze** gegen Licht- u. Wärme-Einw., sowie gegen den Verlust an Füllstoffen u. Pigmenten bei Berührung der Oberfläche von Walz-, Spritz- u. Gießvorrichtungen. Man mischt in das Vinylharz Cd-9-, -10- oder -12-Hydroxystearat oder deren Mischungen. (**Jap. A. S. 7582/1960** vom 10/5. 1958, ausg. 21/6. 1960. A. Prior. 29/10. 1957.) M. Pankow. 7173

Esso Research and Engineering Co., Elizabeth, N.J., V.St.A., **Hochmolekulare Polypropylene** erhält man bei ≦ 90° in Ggw. von (Oxy-)Halogeniden, Oxyden, Hydroxyden, Alkoholaten, Acetaten, Benzoaten oder Acetylacetonaten von Metallen der Gruppen IVa, Va, VIa oder VIII u. Organometallhalogeniden von Metallen der Gruppen II oder III des Period. Syst.), deren organ. Reste Alkyl, Aryl oder Alkaryl sein können. Das Verf. wird bei 10—100 at z. B. mit $AlCl(C_2H_5)_2$ u. $TiCl_4$ (Al : Ti = 1 : 1) derart durchgeführt, daß die Polymerisate einen F. von ≧ 190° besitzen. Wesentlich ist das Vorhandensein von $TiCl_3$ im Katalysator, das auch durch Rk. von $TiCl_4$ mit Ti-Pulver bei 450° erreicht wird. Mengenbeispiele, Tabellen. (**E. P. 836 333** vom 24/6. 1958, ausg. 1/6. 1960. A. Prior. 16/8. 1957.) H. Schindler. 7173

Montecatini Soc. Gen. per l'Industria Mineraria e Chimica, Mailand, Italien, **Thermoplastisches Material** erhält man durch Mischen von isotakt. Polypropylen mit bes. 5—40 Gew.-% isotakt. Polybuten, bes. bei 160—180° (z. B. 10 Min.). — Zur Herst. von *Rohren, Dichtungen, Überzügen für Metalle u. Drähte.* (**E. P. 835 330** vom 3/9. 1957, ausg. 18/5. 1960. It. Prior. 5/9. 1956.) A. Jahn. 7173

E. I. du Pont de Nemours & Co., Wilmington, Del., V.St.A., **Propylenpolymerisation** erfolgt oberhalb der krit. Temp. bei 100—200°, bes. 110—130° u. den entsprechenden Drücken von 1667—15000 lbs./sq.in., in Cyclohexan u. in Ggw. eines (Oxy-)Halogenids eines Metalls der Gruppen IVa, Va oder VIa des Period. Syst. u. einer Organometallverbindung. Nach den tabellar. Beispielen werden folgende Kombinationen eingesetzt: $TiCl_4$ u. Al-(Isobutyl)$_3$ u. $TiCl_4$, $VOCl_3$ u. Al-(Isobutyl)$_3$ in wechselnden Mengenverhältnissen, Temp. u. Drücken. Kristalline Polypropylene. (**E. P. 853 127** vom 12/7. 1957, ausg. 2/11. 1960. A. Prior. 25/7. 1956.) H. Schindler. 7173

Union Carbide Corp., New York, N.Y., V.St.A. (Erfinder: Charles Wesley McGary jun.), **Polypropylen** wird erhalten durch Druckerhitzung eines Gemisches aus dem Monomeren u. einer Katalysatormischung aus 2—5 (Mol) Al-Triisobutyl je 1 $TiCl_3$ auf 100—170°, bes. 110—150°, in Heptan oder Cyclohexan. Das auf 25° abgekühlte Polymerisat wird durch Lsg. des amorphen Bestandteiles in einem inerten nichtpolaren organ. Lsgm., z. B. Bzl., von diesem befreit, so daß reines kristallines Polypropylen erhalten wird. — Mengenbeispiele u. Tabellen der physikal. Eigenschaften. (**E. P. 835 837** vom 14/2. 1958, ausg. 25/5. 1960. A. Prior. 15/2. 1957.) H. Schindler. 7173

Union Carbide Corp. (Erfinder: Charles Wesley McGary jun.), **Herstellung von hochkristallinem Polypropylen** durch Polymerisation von Propylen bei 100—170°, bes. 110—150°, in Ggw. ein es Katalysators aus $TiCl_3$ u. Triisobutyl-Al, bes. im mol. Verhältnis von 1 : 0,1 bis 1 : 12, u. eines inerten Lsgm., bes. Heptan oder Cyclohexan. (**Aust. P. 230 624** vom 31/1. 1958, ausg. 3/11. 1960. A. Prior. 15/2. 1957.) C. Lüttgen. 7173

Esso Research and Engineering Co., Elizabeth, N.J., V.St.A., **Herstellung von Polymerisationskatalysatoren.** Nach dem Beispiel werden $TiCl_4$ u. $AlCl_3$ in Ggw. von H_2 u. Pt verdampft, wobei $TiCl_4$ zu $TiCl_3$ red. wird. Die erhaltene $TiCl_3$–$AlCl_3$-Verb. wird unter N_2 abfiltriert, mit trocknem n-Heptan gewaschen u. dann im Vakuum getrocknet. Der Katalysator wird schließlich aus einer Aufschlämmung von $TiCl_3$–$AlCl_3$ u. $Al(C_2H_5)_3$ in Xylol gebildet, wobei das Verhältnis $TiCl_3/Al(C_2H_5)_3 = 2:3$ ist. Beispiel mit Propylenpolymerisation bei 165° F. (**E. P. 843 385** vom 16/12. 1958, ausg. 4/8. 1960. A. Prior. 3/2. 1958.) H. Schindler. 7173

Imperial Chemical Industries Ltd., London, England (Erfinder: Vivien Reid), **Stabilisieren von festem Polypropylen gegen Oxydation,** dad. gek., daß man es in feiner Verteilung mit einer Lsg. mischt, die PAe. mit Kp. $<$ 80° u. ein Diarylamin enthält, das in einer Arylgruppe mindestens einen aliphat. KW-Stoff-Rest mit mindestens 2 C-Atomen als Substituenten besitzt. — Man rührt z. B. 100 (Teile) Polypropylenpulver mit 1000 PAe. (Kp. 60—80°) u. 1 des Diarylamins „Agerite Stalite", hergestellt nach E. P. 687 532; C. **1955,** 4458, leitet in die schlammige Masse Dampf ein, bis der PAe. abdest. ist, filtriert die wss. Dispersion u. trocknet das Polymere bei 60° im Vakuumofen bis zur Gew.-Konstanz. — Mengenbeispiele. (**E. P. 838 732** vom 11/9. 1957, ausg. 22/6. 1960.) G. Vogel. 7173

American Cyanamid Co., übert. von: Mary L. Miller, New York, N.Y., V.St.A., **Polymerisation von Acrylonitril,** ggf. in Mischung zu mindestens 25% mit anderen Monomeren wie (Meth-)Acrylamid, (Meth-)Acrylsäure, Methacrylnitril, Äthyl-(meth-)acrylat, erfolgt in einer wss. Lsg. von Alkali- oder Erdalkaliperchloraten u. in Ggw. eines Peroxidkatalysators, z. B. $(NH_4)_2S_2O_8$ bei erhöhter Temp., wobei das Verhältnis Perchlorat : W. = 1 : 1 bis 4 : 1 betragen soll. Die Mol.-Gew. der Endprodd. betragen ca. 100000. Die homogenen Lsgg. können zu *Fäden, Filmen, Formkörpern, Überzügen* u. *Bohrschlammzusätzen* verarbeitet werden. (**A. P. 2 963 457** vom 22/8. 1956, ausg. 6/12. 1960.) H. Schindler. 7173

Dow Chemical Co., Midland, Mich., V.St.A., **Herstellung von (Pfropf-) Co- oder Homopolymerisaten von Acrylonitril (I).** Entweder wird I für sich oder in Mischung mit anderen monoäthylen. ungesätt. Verbb., z. B. Allylalkohol, Vinylacetat, Vinylpyridin, Derivv. der Acrylsäure oder Vinylsulfonsäure, in Ggw. von z. B. Persulfatkatalysatoren, gelöst in Dimethylsulfoxid (co-)polymerisiert. In gleicher Weise kann I mit Polyacrylonitril, Polyvinylpyrrolidon, Polyvinylacetat, Polyvinylalkohol oder einem Copolymerisat aus Vinylpyrrolidon u. Vinylacetat pfropfpolymerisiert werden. Die erhaltenen Endprodd. eignen sich bes. zur Herst. von *Fasern* u. *Filmen* aus der Lsg. oder Dispersion, aus denen diese in einer wss. Koagulier-Fl. erhalten werden. Als weitere Lsgm. sind Äthylencarbonat u. Butyrolacton genannt. — Beispiele. (**E. PP. 834 523** u. **834 524** vom 16/4. 1957, ausg. 11/5. 1960. Beide A. Prior. 23/4. 1956.) H. Schindler. 7173

E. I. du Pont de Nemours & Co., Wilmington, Del., V.St.A., **Kontinuierliche (Co-)Polymerisation von Acrylonitril** erfolgt in einem Lsgm., das auch das Polymerisat löst, u. einem Verdünnungsmittel, in dem das Polymere nicht lösl. ist. Eine solche Mischung besteht z. B. aus Dimethylformamid u. W., das 4—20% des Rk.-Gemisches ausmacht. Arbeits-Temp. 35—80°. Als Comonomere werden ungesätt. Sulfonsäuren u. deren Salze mit organ. Aminen, die ihrerseits auch im Lsgm. lösl. sind, bevorzugt, z. B. Triäthylammoniumäthylensulfonat oder -styrolsulfonat, ferner Methacrylat zu Vgl.-Zwecken. Als Lsgm. sind in den zahlreichen Tabellen noch Butyrolacton, Dimethylsulfoxid, Dimethylacetamid, Tetramethylensulfon, Äthylencarbonat u. Methyläthylketon aufgeführt. Als Katalysatoren dienen organ. Per- u. Azo-Verbb. sowie Redoxsysteme. Die in Lsg. anfallenden Prodd. sind unmittelbar zu Filmen vergießbar u. spinnfähig u. zeigen gute Anfärbbarkeit. Dreiecksdiagramm für die günstigsten Monomeren-, Wasser- u. Lsgm.-Mengen. (**E. P. 848 614** vom 3/11. 1958, ausg. 21/9. 1960. A. Prior. 4/11. 1957.) H. Schindler. 7173

E. I. du Pont de Nemours & Co., übert. von: William J. Linn, Wilmington, Del., V.St.A., **Hochmolekulares Polyacrylonitril** erhält man in wss. Medium bei einem pH <2, dem ggf. Dimethylformaldehyd zugesetzt ist, u. in Ggw. von Halogeniden des V, Fe, Ti u. einem Alkaliborhydrid. Nach den Mengenbeispielen werden VCl_3 u. $LiBH_2$, $TiCl_4$ u. $LiBH_2$ oder $FeCl_3$ u. $LiBH_2$ verwendet. Der pH-Wert wird bes. aus HCl eingestellt. Farblose Polymerisate. (**A. P. 2 961 433** vom 29/11. 1956, ausg. 22/11. 1960.) H. Schindler. 7173

Chemstrand Corp., Decatur, Ala., übert. von: Hobson D. De Witt, New Wilmington, Pa., V.St.A., **Mit Tetrakis-[hydroxymethyl]-phosphoniumchlorid stabilisierte Acrylsäurenitrilpolymerisate,** die mindestens 80% Acrylsäurenitril u. 20% eines Monoolefins (Acrylsäuren, α-Chloracrylsäuren, Acrylsäureester, Methoxymethylmethacrylat, β-Chloräthylmethacrylat, Vinylchlorid, -bromid, -fluorid, Vinylidenchlorid, 1-Chlor-1-bromäthylen, Methacrylsäurenitril, Acrylamide, Methylvinylketon, Carbonsäurevinylester, wie Vinylacetat, Vinylchloracetat, Vinylpropionat, Vinylstearat, N-Vinylphthalimid, N-Vinylsuccinimid, Malonsäureester, Itaconsäure u. deren Ester, N-Vinylcarbazol, Vinylfuran, Vinylsulfonsäure, Citracon- u. Mesaconsäurediäthylester, Styrol, Vinylnaphthalin, Vinylpyridine, Vinylimidazole) enthalten. (**A. P. 2 889 303** vom 19/12. 1956, ausg. 2/6. 1959. **Belg. P. 567 989** vom 23/5. 1958, ausg. 12/8. 1960. A. Prior. 19/12. 1956.) A. Jahn. 7173

General Aniline & Film Corp., New York, N.Y., übert. von: Harry D. Anspon, Easton, und Frank E. Pschorr, Phoenixville, Pa., V.St.A., **Herstellung von klaren Gießmassen aus Methyl-α-chloracrylaten,** durch Ausgießen des Monomeren zwischen zwei Glasoberflächen u. Polymerisieren der Masse durch Hitze, dad. gek. daß man die Adhäsion zwischen Masse u. Glas vermindert, um Glasbruch usw. zu vermeiden, indem man dem Monomeren vor der Polymerisation 0,001—1% eines anhydr. oberflächenakt. Mittels, bestehend aus dem Kondens.-Prod. aus 1 (Mol) Nonylphenol u. 4 Äthylenoxid zusetzt. — *Herst. von transparenten Schichten.* — Beispiele. (**A. P. 2 964 488** vom 11/4. 1956, ausg. 13/12. 1960.) G. Vogel. 7173

Farbenfabriken Bayer Akt.-Ges., Leverkusen (Erfinder: Anton Robert Heinz und Dietrich Rosahl, Köln, Wilhelm Graulich, Dormagen, und Paul Esser, Leverkusen), **Trocknen von koagulierten Chlorbutadien-Emulsionspolymerisaten,** dad. gek., daß Polychlorbutadienlatices, die mit Hilfe von wss. Lsgg. von Gemischen aus Al- u./oder Ti-Salzen mit Alkali- u./oder Erdalkalisalzen koaguliert worden sind, unter vermindertem Druck u. bei erhöhter Temp. einem kontinuierlichen, Knetprozeß unterworfen werden. Die Temp. wird ca. auf 110—200° gehalten, der Druck auf ca. 0,01—300 Torr. (**D. A. S. 1 111 804** Kl. 39a vom 3/3. 1959, ausg. 27/7. 1961.) H. Nather. 7173

Zaidan Hojin Nitto Rikagaku Kenkyujo (Erfinder: Masao Yoshizawa), Urawa, Japan, **Herstellung von Polyacrylamid** durch Polymerisation von Acrylamid in abs. oder <10% W. enthaltendem tert.-Butanol. — Zu einer Lsg. von 5 g Acrylamid in 50 cm^3 mit 5% W. versetztem tert.-Butanol gibt man 0,1 g Azo-bis-[isobutyronitril] u. hält die Lsg. 3 Std. bei 50°, wobei das Polymere als feines Pulver anfällt. Relative Viscosität der 1%ig. wss. Lsg. bei 30°: 4,5. (**Jap. A. S. 7591/1960** vom 27/2. 1958, ausg. 21/6. 1960.) M. Pankow. 7173

United States Rubber Co., New York, N.Y., übert. von: Lewis Dewey, Mishawaka, Ind., V.St.A., **Härten von Fluorelastomeren.** Die Härtezeit von kautschukartigen Copolymerisaten aus Fluorvinyliden (**I**) u. Hexafluorpropylen oder **I** u. Monochlortrifluoräthylen mit einem Aminhärter, z. B. Triäthylentetramin oder Hexamethylendiamincarbamat, läßt sich erheblich verkürzen, wenn man die Härtung bei 150—350° F in einer Atmosphäre, die 4—33% NH_3 enthält, unter einem Druck von >1 atü vornimmt. (**A. P. 2 941 987** vom 19/3. 1958, ausg. 21/6. 1960.) C. Lüttgen. 7173

B. F. Goodrich Co., New York, N.Y., übert. von: Lawrence F. Arnold, Avon Lake, Ohio, V.St.A., **Thermoplastische Masse** mit hohem F., bestehend aus

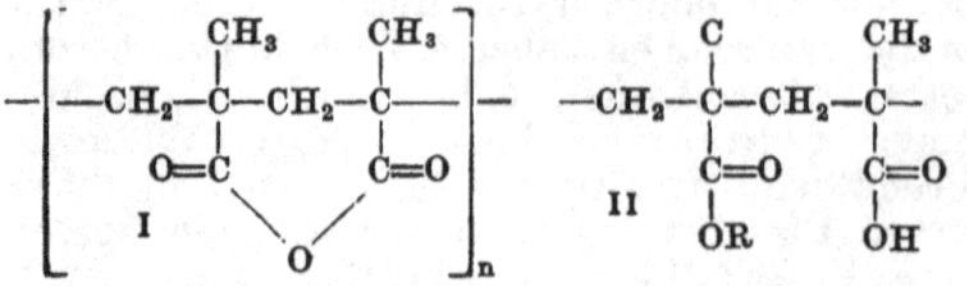

75—95 (Teilen) Polymethylmethacrylat u. 5—25 eines Polymerisats (**III**), das Ester- u. Carboxylgruppen an der polymeren Hauptkette in solcher Verteilung aufweist, daß ≦1 Acylgruppe von jeder Anhydridgruppe eines als Ausgangsmaterial benutzten Polyanhydrids der Formel **I** verestert ist, u. das 10—100% Einheiten der Formel **II**, bezogen auf die Anhydrideinheiten, aufweist. In den Formeln bedeutet R einen C_1—C_4-Alkylrest u. n ≧ 2. Man erhält die **III**, indem man Polymethacrylsäureanhydrid in einem inerten Lsgm. mit prim. oder sek. Alkoholen in Ggw. von Pyridin bei 50—100° umsetzt. (**A. P. 2 958 674** vom 11/8. 1958, ausg. 1/11. 1960.) C. Lüttgen. 7173

Daiichi Kogyo Seiyaku Kabushiki Kaisha (Erfinder: Mitsu Konishi und Seiichi Hirao), Kyoto, Japan, **Herstellung von copolymeren Polyoxyalkylenpolyalkoholalkyläthern.** Mit einer Verb. mit wenigstens 2 akt. H-Atomen, wie Alkylenglykol, setzt man 2 Alkylenoxide um u. läßt die erhaltene Verb. mit Alkylhalogenid reagieren. — Eine 140° heiße Lsg. von 30 (g) wasserfreier KOH in 80 Propylenglykol vermischt man mit 1460 Propylenoxid u. nach dessen Absorption mit 1000 Äthylenoxid, neutralisiert nach beendeter Rk. mit H_2SO_4, filtriert K_2SO_4 ab u. gibt zu 2000 des Rk.-Prod. langsam 21 Na u. 163 Dodecylchlorid (Rk.-Temp. dauernd 140°). Nach 2—4 Std. hat der Alkali-Geh. einen gleichbleibenden Wert angenommen, worauf man die Rk. beendet. — Die erhaltenen Kondens.-Prodd. können, sofern sie nach den „random"-Polymerisations-Verf. erhalten wurden, für *Schmiermittel, Faserbehandlungsmittel, Fl. in Öldruckanlagen, Antischaummittel, Emulsionszerstörer* u. *Wärmeaustauschermedium,* die Blockpolymeren können als wenig schäumende *Netzmittel, Spülmittel, Dispergiermittel* u. *Emulgiermittel* verwendet werden. — Bei der Blockpolymerisation stellt man das Ausgangsmaterial durch aufeinanderfolgende Additions-Rk., z. B. von Äthylenoxid u. danach von Propylenoxid mit Äthylenglykol, bei der „random"-Polymerisation durch gleichzeitige Kondens. des Glykols mit den beiden Oxiden her. (**Jap. A. S. 7594/1960** vom 20/5. 1958, ausg. 21/6. 1960.) M. Pankow. 7177

Devoe & Raynolds Co., Inc., New York, N.Y., übert. von: John E. Masters, Darrel D. Hicks und William J. Belanger, Louisville, Ky., V.St.A., **Epoxidharze** werden hergestellt, indem man einen Glycidylpolyäther (**I**) eines mehrwertigen Phenols, das Anhydrid einer Polycarbonsäure (**II**), z. B. Phthalsäureanhydrid, u. ein mehrwertiges Phenol (**III**), z. B. Bisphenol, bei 80—250° zusammenschmilzt. Die Komponenten werden in solchen Mengen umgesetzt, daß 2 Epoxyäquivalente des **I** auf 0,2—1,5 Hydroxyläquivalente des **III** u. 0,5—2 Anhydridäquivalente des **II** kommen, wobei ein Epoxyäquivalent des Gramm-Gew. des **I** pro Epoxygruppe, ein Hydroxyläquivalent das Gramm-Gew. des **III** pro phenol. Hydroxylgruppe u. ein Anhydridäquivalent das Gramm-Gew. des **II** pro Anhydridgruppe ist. Die so gebildeten Harze können nach Zusatz eines bas. Katalysators, z. B. NaOH oder Tributylamin, zu harten, aber nicht spröden Massen gehärtet werden. *Verw. in der Kunststoffindustrie.* — Vgl. A. P. 2 908 664; C. **1961,** 6701. (**A. P. 2 934 521** vom 11/6. 1956, ausg. 26/4. 1960.) K. Sarre. 7177

Devoe & Raynolds Co., Inc., Louisville, Ky., übert. von: Sylvan Owen Greenlee, Racine, Wis., V.St.A., **Mit mehrwertigen Phenolen umgesetzte Epoxyharze.** Niedrigschm. Epoxidharze, z. B. aus Bisphenol (**I**) u. Epichlorhydrin, werden durch Erhitzen mit einem 2wertigen Phenol, das keine anderen reakt. Gruppen als phenol. Hydroxyle besitzt, z. B. mit **I** oder p.p-Dihydroxydiphenylsulfon, in hochschm. Harze übergeführt, die, ggf. nach Zusatz eines alkal. Katalysators, wie C_6H_5ONa, durch weiteres Erhitzen mit einem 2wertigen Phenol in ein unlösl. u. unschmelzbares Prod. übergeführt werden können. *Verw. in der Kunststoffindustrie.* — Vgl. A. P. 2668807; C. **1955,** 3019. (**A. P. 2 945 004** vom 29/5. 1956, ausg. 12/7. 1960.) K. Sarre. 7177

Takeda Yakuhin Kogyo Kabushiki Kaisha, Osaka (Erfinder: Junji Ogura, Toyonaka, und Kokki Matsumoto, Kyoto), Japan, **Herstellung von nicht brennenden Copolymeren.** Man copolymerisiert ungesätt. funktionelle Gruppen aufweisende Verbb. u. ungesätt. Polyesterharze, die unter Mitverw. von Dichlorbernsteinsäure, deren Anhydrid (**I**) oder Ester hergestellt sind. — 84,5 (Teile) **I**, 49 Maleinsäureanhydrid u. 68,2 Äthylenglykol werden unter Entfernung von Dest.-Prodd. 1 Std. bei 160—165°, 1 Std. bei 180—185° u. ½ Std. bei Unterdruck u. 180—185° gehalten. 100 des Polyesterharzes werden, in 25 Styrol gelöst, mit Benzoylperoxid u. Dimethylanilin bei Raum-Temp. gehärtet. (**Jap. A. S. 10 546/1960** vom 23/8. 1957, ausg. 3/8. 1960.) M. Pankow. 7177

Hooker Electrochemical Co. (Erfinder: Richard Hazen Kimball und George Willard Darling), **1.4.5.6.7.7-Hexachlor-bicyclo-[2.2.1]-hepten-(5)-dicarbonsäure-(2.3)** (I) gewinnt man aus dem entsprechenden Anhydrid (II), [erhältlich aus Hexachlorcyclopentadien u. Maleinsäureanhydrid in sd. Monochlorbenzol (III) oder Xylol] in heller Farbe u. großer Reinheit, in hohem Grade geeignet *zur Herst. prakt. farbloser Polyesterharze*, wenn man das III u. II enthaltende Rk.-Gemisch mit W. im Überschuß der Menge, die erforderlich ist, um II zu hydrolysieren (zweckmäßig beträgt das Verhältnis W.:III 3:1 bis 1:3) mischt, I auskristallisieren läßt, filtriert, mit dem W. u. III-Gemisch wäscht u. die Kristalle bei erhöhter Temp. trocknet. Die Herst. von I aus II kann auch allg. so erfolgen, daß man das fertige II im W. verseift, dann ein in W. prakt. nicht lösl. Lsgm., wie III, Bzl., CCl_4, Perchloräthylen, Nitromethan u. dgl. zusetzt, aus diesem Lsgm.-W.-Gemisch I auskristallisieren läßt u. wie oben aufarbeitet. (**Aust. P. 222 601** vom 5/4. 1957, ausg. 6/8. 1959. A. Prior. 26/4. 1956.) O. Roick. 7177

Quaker Oats Co., Chicago, übert. von: Lloyd H. Brown, Crystal Lake, Ill., V.St.A., **Pulverisierbare furfurylierte Phenolharze.** Die wss. Suspension eines Novolaks wird durch Zugabe von Alkali auf einen pH von 2,4—3,2 eingestellt, entwässert u. alsdann mit Furfurylalkohol (I) im mol. Verhältnis des entwässerten Novolaks zum I = 0,5—1,5 bei 100—130° unter kontinuierlicher Abdestillation von W. umgesetzt. Mahlbare, mit Paraformaldehyd oder dergleichen härtbare, *in der Kunststoffindustrie verwendbare Harze.* (**A. P. 2 965 601** vom 13/6. 1958, ausg. 20/12. 1960.) K. Sarre. 7177

Gesellschaft für Teerverwertung m. b. H. (Erfinder: Hans Wille und Helmut Stanke), Duisburg, **Herstellung rasch härtender, gegebenenfalls durch Weichmachung härtungsverzögerter Resole,** dad. gek., daß man die Kondens. von Phenol u. Aldehyd in Ggw. von in o- u./oder p-Stellung alkylsubstituierten Pyridin- u./oder Chinolinbasen bzw. Isochinolin (I) u. dessen Alkylhomologen oder auch Gemischen dieser Basen miteinander in einer Menge von 0,5—10%, bes. von ca. 4—8%, bezogen auf das Gew. der Phenole, ausführt. — Zum Beispiel stellt man aus 100 (Teilen) Kresol DAB 4 M (35% m-Kresol), 106,5 30%ig. CH_2O-Lsg., 5 25%ig. NH_4OH-Lsg. u. 5 2.4-Lutidin (techn.; II) ein Resol her, das nur $^1/_3$ der Härtezeit benötigt wie das gleiche Resol ohne Zusatz von II. An Stelle von I u. II kann man auch von prim. Basen freie Gemische tert., von 150—250° sd. Steinkohlenteerbasen verwenden. (**D. A. S. 1 121 331** Kl. 39c vom 22/3. 1957, ausg. 4/1. 1962.) K. Sarre. 7177

Dow Chemical Co., Midland, Mich., V.St.A., **Kunstharzmasse,** gek. durch eine Mischung aus einem alkenylaromat. Harz u. einem Polyester aus einer Carbonsäure u. einem aromat. Diol. Es werden bes. 0,05—20 (Teile) eines, ggf. kautschukmodifizierten, Styrol-Acrylsäurenitril-Copolymerisats mit 1 Polybisphenolcarbonat gemischt. — Herst. von blasenfreiem *Spritzguß* mit niedriger Schmelzviscosität u. hohem Elastizitätsmodul. — Beispiele, Mischungstabellen. (**E. P. 854 475** vom 13/5. 1959, ausg. 16/11. 1960. A. Prior. 21/5. 1958.) G. Vogel. 7177

Franz Evva, Budapest, Ungarn, **Polyäthyleniminiminopropionsäure** erhält man bei der Rk. von Polyäthylenimin u. Acrylonitril im wss. Medium unter Erwärmen u. Rühren mit anschließender Hydrolysierung des erhaltenen Polyäthyleniminopropionitrils im schwefelsaurem Medium. (**Ung. P. 144 858** vom 26/1. 1956, ausg. 31/5. 1959.) G. König. 7181

Monsanto Canada Ltd. (Erfinder: Ctirad Podesva), **Bei niedriger Temperatur beständiger Melaminharz-Sirup** wird in üblicher Weise durch Einkondensieren von *2-Imidazolidinäthion* (I) erhalten. — 126 (g) Melamin, 25 Äthylenglykol, 26 I u. 283,5 CH_2O-Lsg. (37%ig.) werden bei pH 9 unter Rückfluß erhitzt. (**Aust. P. 224 629** vom 22/4. 1958, ausg. 12/11. 1959. Can. Prior. 18/9. 1957. A. Prior. 24/2. 1958.) H. Möllering. 7181

VEB Stickstoffwerk Piesteritz, Lutherstadt Wittenberg (Erfinder: Alfred Rieche, Berlin, Lothar Zipfel und Albert Bachmann, Wittenberg), **Herstellung von Triazin-(co-)polymeren,** dad. gek., daß acylierte Cyanursäuren der Formeln I oder II für sich allein oder im Gemisch miteinander oder mit einem oder mehreren andersartigen (co-)polymerisierbaren Verbb., z. B. (Meth-) Acrylaten, Vinyl- oder Allyl-Verbb. polymerisiert werden. In den Formeln bedeuten: R′ einen ungesätt. aliphat. oder einen aromat. Rest mit einer oder mehreren polymerisationsfähigen Vinylgruppen,

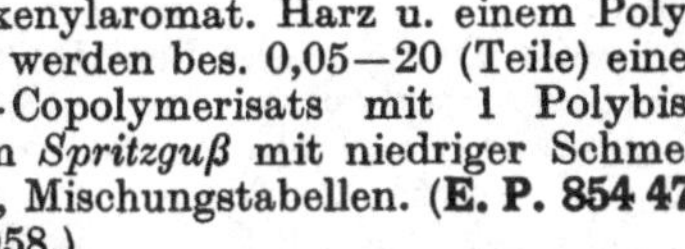

I

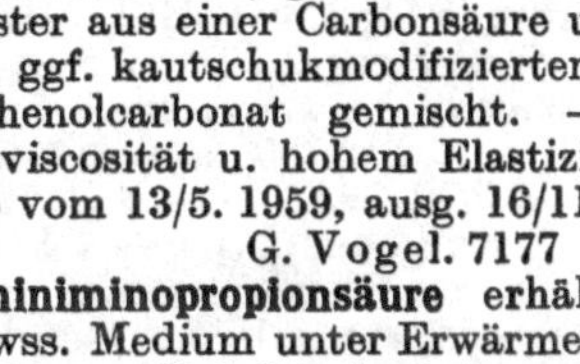

II

R' im Falle n = 0 oder 1 einen gesätt. Rest neben einem ungesätt., beides im obigen Sinne; an Stelle von R'—CO— einen entsprechenden gesätt. oder ungesätt. Rest einer aliphat. oder aromat. Säure, die statt einer Carboxylgruppe eine Acylgruppe mit einem Heteroatom trägt, z. B. Sulfon- oder Phosphonsäure, stehen kann; R den Rest eines einwertigen aliphat. Alkohols u. n = 0—2. Nach einem Beispiel werden 95 (Teile) Methylmethacrylat u. 5 Trimethacrylcyanursäure in Ggw. von 0,025 Benzoylperoxid ca. 30 Min. bei 95° vorpolymerisiert u. nach Abkühlen durch Temp.-Steigerung von 40 auf 125° auspolymerisiert. Erhöhte Biegefestigkeit gegenüber einem Polymethacrylat ohne Zusatz. Andere Ausgangsstoffe sind Styrol mit Zusätzen von Triäthacryl- u. Methacryldimethylcyanursäure oder 30 Acrylonitril, 60 Methylmethacrylat, 5 Tricrotonyl- u. 5 Undecenoyldimethylcyanursäure. Kunststoffe mit verbesserten physikal. u. chem. Eigenschaften. (**D. A. S. 1 070 383** Kl. 39c vom 24/9. 1958, ausg. 3/12. 1959.) H. Schindler. 7181

Badische Anilin- & Soda-Fabrik Akt.-Ges. (Erfinder: Alfred Müller und Richard Pflüger), Ludwigshafen/Rh., **Erzielen fester und dichter Schweißverbindungen an Filmen und Folien aus Polyamiden mit scharf begrenztem Schmelzpunkt,** dad. gek., daß man die Schweißstellen vor der Verschweißung mit einem auf dem Polyamid gut haftenden Kunststoff beschichtet, der einen zu dem Polyamid relativ breiten u. niedriger liegenden Erweichungsbereich besitzt. Derartige, das Polyamid hinsichtlich seiner Verschweißbarkeit verbessernde Kunststoffe sind z. B. Mischpolyamide mit breitem Erweichungsbereich, wie ein Polyamid aus gleichen Teilen Caprolactam, adipinsaurem Hexamethylendiamin u. adipinsaurem p.p'-Diaminocyclohexylmethan oder Copolymerisate aus Vinylestern u. Acrylsäureestern. (**D. A. S. 1 112 280** Kl. 39a vom 9/10. 1957, ausg. 3/8. 1961.) H. Nather. 7181

Cogepa Établissement Commercial, Vaduz, Liechtenstein (Erfinder: Otto A. Vieli, Rhäzüns, Schweiz, und Dieter Klenk, Mainz), **Herstellen von Schaumkörpern aus bereits ausgehärtetem Carbamidharzschaum,** dad. gek., daß der ausgehärtete Schaum mit W. oder Wasserdampf behandelt u. anschließend in an sich bekannter Weise bei Wärme- u. Druckanwendung in die gewünschte Form gebracht wird. (**D. A. S. 1 111 373** Kl. 39a vom 16/9. 1954, ausg. 20/7. 1961.) H. Nather. 7181

Esso Research and Engineering Co., Elizabeth, N.J., V.St.A., **Verbessern von Petroleumharzen,** die durch Isolieren der bei 20—140° sd. Fraktion von dampfgecracktem Gasöldestillat, Abtrennen der Cyclodiene durch Dimerisieren u. Polymerisieren in Ggw. von $AlCl_3$ bei —40° bis +100° erhalten werden. Man mischt sie mit einer kleinen Menge, z. B. 0,5—25%, eines Divinylaryls, bes. Divinylbenzol, u. setzt das Gemisch der Einw. stark ionisierender Strahlen in einer 0,1 Mr/h äquivalenten Dosis bei —10 bis 150° aus, bis eine gesamte Dosis von 0,5 Mr erreicht ist. (**E. P. 831 842** vom 2/12. 1957, ausg. 6/4. 1960. A. Prior. 31/12. 1956.) C. Lüttgen. 7199

Soc. des Usines Chimiques Rhône-Poulenc, Paris, Frankreich, **Herstellung von Formkörpern.** Polymerisate, die durch Polymerisation, Polykondens. oder Polyaddition erhalten wurden, bes. Polyvinylester organ. oder anorgan. Säuren, Polyvinylalkohol, Polyvinylacetale, Celluloseester u. regenerierte Cellulose, werden mit den Dämpfen polymerisierbarer Monomerer in mindestens solcher Menge behandelt, als es dem Gew. des Polymeren entspricht u. die imprägnierten Polymeren mit ionisierenden Strahlen behandelt. Eine Platte, 700×1000×0,1 mm, aus Polyvinylchlorid, mit 10 Gew.-% Octylphthalat weichgemacht, wird in einem geschlossenen Gefäß bei 26—27° mit den Dämpfen von Methylmethacrylat (I) 10 Std. behandelt, wodurch die Platte 200% des Eigengewichts an I aufnimmt. Dann wird diese Platte zwischen 2 Glasplatten 4 Std. mit 1 Mr (Radiocobalt) bestrahlt, wodurch man eine 0,3 mm dicke transparente, harte, glänzende Platte erhält, die aus einem Pfropfpolymeren aus 66% Poly-I u. 34% aus Polyvinylchlorid besteht. (**E. P. 851 647** vom 14/11. 1958, ausg. 19/10. 1960. F. Prior. 16/11. 1957.) A. Jahn. 7205

E. I. du Pont de Nemours & Co., übert. von: Bernd Wilhelm Sandt, Wilmington, Del., V.St.A., **Verkleben von Formkörpern aus Polytetrafluoräthylen** mit solchen aus demselben oder einem anderen Material, dad. gek., daß man zwischen die zu verklebenden Flächen ein harzartiges Copolymerisat aus 5—50% Hexafluorpropylen u. 95—50 % Tetrafluoräthylen, z. B. als Folie oder in Form von wässrigen Dispersionen, gibt u. die beiden Flächen unter Druck u. Erhitzen auf $\geqq$327° miteinander vereinigt. (**A. P. 2 833 686** vom 20/6. 1955, ausg. 6/5. 1958.) C. Lüttgen. 7205

Connecticut Hard Rubber Co., New Haven, übert. von: Ahmed Panagrossi, North Haven, Conn., Ray L. Hauser, Boulder, Colo., und Francis C. Fusco, Hamden, Conn., V.St.A., **Ein- oder mehrschichtige Produkte aus Polytetra-**

fluoräthylen oder Polytrifluorchloräthylen, dad. gek., daß auf einen Teil der Oberfläche einer Schicht dieser Plasten Partikel von fluorsubstituiertem Polyäthylen u. von Siliconkautschuk als wesentlichem Stoff, ggf. von letzterem allein, aufgeschmolzen sind. Diese präparierte Lage kann mit anderen Schichten haltbar verklebt werden. Solche Mehrschichten-Prodd. haben z. B. von unten nach oben folgenden Aufbau: a) Gehärtetes Elastomer, elastomerer Klebstoff, Siliconkautschuk, F-haltiges Polymer oder b) F-haltiges Polymer, Siliconkautschuk, Elastomer, Siliconkautschuk, F-haltiges Polymer oder c) Metall (Al), elstomerer Klebstoff, Siliconkautschuk u. F-haltiges Polymer. — Vgl. F. P. 1 075 088; C. **1956,** 13866 u. E. P. 790 018; C. **1959,** 8338. — Mengenbeispiele, Tabellen, Zeichnung. (**A. P. 2 945 773** vom 14/3. 1955, ausg. 19/7. 1960.)
G. Vogel. 7205

Dow Corning Corp., übert. von: Kenneth R. Hoffman und Melvin E. Nelson, Midland, Mich., V.St.A., **Herstellung von Schichtkörpern aus Glas und Glasmatten** unter Verw. eines bei einem Druck von ≦200 lbs./sq.in. heißhärtbaren Klebstoffes, der besteht aus: 1. 5—95% eines Siloxans, das 4,5—17 (Mol-%) Diphenylsiloxan-, 22—55 Monophenylsiloxan-, 25—65 Monomethylsiloxan- u. bis zu 38 Phenylmethylsiloxaneinheiten enthält, u. 2. 95—5% aus einer Silicon-Verb. A, die eine Viscosität von ≧500 cSt bei 25° aufweist u.pro Si-Atom ≧1,5 KW-Stoff-Reste, u. zwar Phenyl- (**I**), Vinyl- (**II**) u. Methylreste (**III**) enthält, wobei das Verhältnis **I** : Si ≧ 0,7, **II** : Si ± 0,3—1 beträgt u. jeder **II** mit einem Siloxy-Si-Atom verbunden ist, u. die Si-Atome von A durch O-Atome, Phenylen- oder C_1—C_3-Alkylenreste verbunden sind, u./oder Silicon-Verb. B gleicher Viscosität wie A, die ≧2 Siloxy-Si-gebundene **II** pro Mol. aufweist u. deren restliche Si-Valenzen durch O-Atome, **I**, **II**, Phenylen- oder C_1—C_3-Alkylreste abgesättigt sind. Die Menge von B soll ≦50% der gesamten Menge aller Komponenten betragen. — Beispiel: 60% Copolymerisat aus 10 Diphenyl-, 35 Monophenyl- u. 55 Monomethylsiloxan, u. 40% Copolymerisat aus Phenylvinyl- u. Phenylmethylvinylsiloxan werden in Toluol gelöst u. 0,8 Dicumylperoxid u. 0,12 β-Hydroxyäthyltrimethylammonium-2-äthylhexanoat als Härter zugesetzt. Die Härtung erfolgt bei 165° in 1 Stunde. Die Verklebung von Glasmatten kann dabei unter einem Druck von 13 lbs./sq.in. vorgenommen werden. (**A. P. 2 934 464** vom 18/12. 1958, ausg. 26/4. 1960.)
C. Lüttgen. 7205

International Resistance Co., Philadelphia, Pa., übert. von: Louis B. Allen, Haddonfield, N.J., David E. McElroy, Cheltenham Township, und Sidney J. Stein, Philadelphia, Pa., V.St.A., **Schichtstoffe auf Kupferunterlage.** Zunächst wird das Cu einseitig mit z. B. Alkalichlorit-Lsg. oxydiert u. auf die Oxidschicht ein Trifluorchloräthylenpolymeres oder ein Tetrafluoräthylen- u. Hexafluorpropylenmischpolymerisat aufgetragen. Unter Druck u. Wärme wird hierauf eine Glasfaserschicht aufgebracht, die schließlich mit einer wärmehärtbaren Phenol-, Epoxy- oder Siliconharzschicht abgeschlossen wird. Zwischen die beiden letzten Schichten ist noch eine Bindemittelschicht aus Epoxyharzen vorgesehen. Die Beschichtung hat gute chem. u. elektr. Eigenschaften. (**A. P. 2 955 974** vom 10/6. 1957, ausg. 11/10. 1960.)
H. Schindler. 7205

Kabushiki Kaisha Komatsu Seisakusho (Erfinder: Cho Yasunishi), Tokyo, Japan, **Herstellung einer Kunstharzmischung.** Man gibt zu dem Kunstharz ein bituminöses Prod., das man erhält, wenn man eine Mischung von Kohle u. Kohlenteer in H_2-Atmosphäre mit oder ohne Katalysator erhitzt. — Im Autoklaven mischt man 2 kg Kohlenteer u. Kohle im Verhältnis 5 : 2 u. 5% Fe-Oxyd u. drückt H_2 von 10 at ein, erhitzt langsam auf 350°, hält 1 Std., dest. ≦330° im Vakuum ölige Anteile ab u. erhält ein schwarzes, homogenes festes Prod., das man im Verhältnis 1 : 1 mit Polyvinylchlorid mischt, worauf man die Mischung zu Platten preßt oder zu Rohren spritzt. (**Jap. A. S. 8335/1960** vom 18/6. 1957, ausg. 1/7. 1960.) M. Pankow. 7205

Osaka Kinzoku Kogyo Kabushiki Kaisha, Osaka (Erfinder: Takaomi Satogawa, Kyoto, Yoshitaka Marumo, Osaka, und Masayoshi Tatemoto, Kobe), Japan, **Verkleben von Polytrifluorchloräthylen** (**I**). Man streicht auf die **I**-Oberfläche eine Mischlsg. aus 1.1.3-Trifluorpentachlorpropan (z. B. 85 Teile) u. Mono- oder Dichlorbenzotrifluorid (z. B. 15 Teile) u. ggf. etwas **I** (z. B. 0,5 Teile), das bei 110° gelöst wurde, bringt den anderen **I**-Film darauf u. drückt mit einem 140° heißen Bügeleisen an, was bei einem 0,1 mm starken Film 10 Sek. dauert. (**Jap. A. S. 8940/1960** vom 3/6. 1958, ausg. 11/7. 1960.) M. Pankow. 7205

E. I. du Pont de Nemours & Co., übert. von: John Scott Rugg, Wilmington, Del., V.St.A., **Nicht brennbares, wärmehärtbares, elastomeres Vinylidenfluorid(I)–Hexafluorpropylen(II)-Copolymerisat,** bestehend aus 30—70, bes. 60%, **I**- u. 70—30, bes. 40%, **II**-Resten, 0,5—2 (Teilen) eines Diaminocyclohexans oder eines Bis-[4-aminocyclohexyl]-alkans (auf 100 Copolymerisat) mit 1—3 C-Atomen im Alkanrest als Härtungsmittel. Es werden bes. 0,75—1,5 1.3-Diaminocyclohexan (III), Bis-[4-aminocyclohexyl]-propan oder 2.2-Bis-[4-aminocyclohexyl]-propan zugesetzt. Die Masse wird z. B. aus 100 Rohpolymer, 10 ZnO, 10 zweibas. Pb-Phosphit, 18 Ruß u. 1 **III** hergestellt. — Herst. von *Filmen, Folien, Bändern, Fasern* u. *Gegenständen beliebiger Gestalt, Überziehen* von *Drähten, Kleiderstoffen* u. *keram. Prodd., Imprägnieren* von Filzen, z. B. für Dichtungsringe in hydraul. Syst., gezogenen Schläuchen für hohe Drucke (in Automobilen, Land- u. Luftfahrzeugen), Schutzkleidungen usw., Diaphragmen für Kontroll-App. mit hohem Widerstand gegen Chemikalien u. Hitze. Filme werden auch aus einem in Ketonen gelösten Polymeren selbsttragend oder auf Textilstoffen, Metallen oder keram. Stoffen gegossen. — Beispiele. (**A. P. 2 933 481** vom 30/9. 1957, ausg. 19/4. 1960.) G. Vogel. 7205

E. I. du Pont de Nemours & Co., übert. von: Paul Elliot Thomas, Wilmington, und Curtis Clayton Wallace jun., Newark, Del., V.St.A., **Herstellung dünner nichtporöser Platten und Folien aus granuliertem Polytetrafluoräthylen (I)**, dad. gek., daß man Pulver verwendet, die eine „sub-sieve"-Größe (II) (Erläuterung im Orig.) von $< 5\ \mu$, gemessen nach der Luftdurchlässigkeits-Meth. (Analyt. Chem., **26**, 1623—30, 1954) u. eine „Naß-Sieb"-Größe (III) von $< 50\ \mu$ aufweisen u. $< 6\%$ Anteile enthalten, die auf dem Standard-230-Maschensieb zurückbleiben, wobei das Verhältnis von **II** : **III** 5—12 betragen soll. Man erhält Pulver dieser Eigg., indem man poröses isotrop. **I**-Pulver bei 19—327° in Schlagkreuzmühlen behandelt. (**A. P. 2 936 301** vom 15/11. 1956, ausg. 10/5. 1960.) C. Lüttgen. 7205

Esso Research and Engineering Co., übert. von: Thomas H. Hakala, Union, und John J. Laffey, Elizabeth, N. J., V.St.A., **Stabilisierung halogenierter Copolymerer.** Copolymerer aus 85—99,5% C_4—C_8-Isoolefinen + 15—0,5% C_4—C_{14}-Olefinen mit mehreren Doppelbindungen u. mindestens 0,5 Gew.-% Cl, bes. aus Buten-(1), 2- oder 3-Methylbuten-(1) + Isopren, Butadien, Dimethylbutadien, Piperylen, Cyclopentadien, Cyclohexadiene, Dimethallyl, Alloocimen, Vinylfulvene, die mit Halogenierungsmitteln (Cl, Br, JCl, Alkalimetallhypochlorite u. -hypobromide, tert.-Alkylhypo-

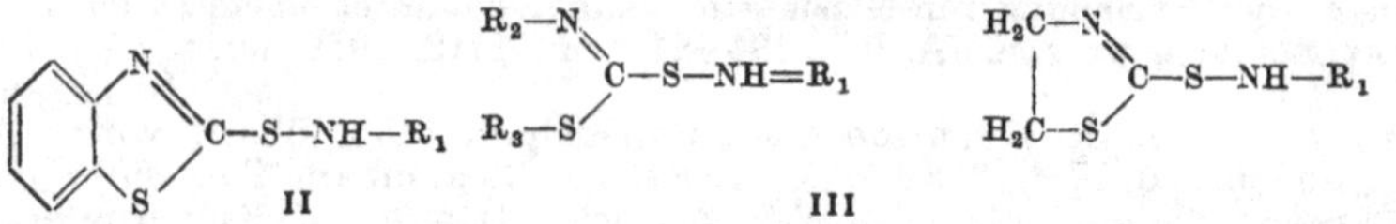

II III

chlorite, S-Bromide, SO_2Cl_2, N-Bromsuccinimid, α-Chloracetanilid, N.N'-Dichlor-5.5-dimethylhydantoin, Trichlorphenolchlorid, N-Chloracetamid, β-Brommethylphthalimid) behandelt wurden, werden durch Zugabe von 0,05—20, bes. 0,2—5% eines Stabilisierungsmittels (I) mit einer NH-Gruppe gegen Halogenwasserstoffabspaltung u. vorzeitiges Gelieren stabilisiert. Beispiele für I: *Guanidine*: Diphenyl-, Di-o-tolyl-, Dimethyl-, Triphenyl-, Diphenylguanidinacetat, -oxalat, -phthalat; *Thiazylsulfenamide* der Formeln **II** u. **III** (R_1, R_2 u. R_3 = Alkyl mit 1—18 C-Atomen, Cycloalkyl, Alkenyl, Aryl, Alkaryl, Alkenaryl, Aralkyl, Aralkenyl) oder solche Verbb., die unter den Bedingungen der Verarbeitung u. Herst. NH-Gruppen erzeugen, wie *Hexamethylentetramin.* (**A. P. 2 964 493** vom 26/2. 1957, ausg. 13/12. 1960.) A. Jahn. 7205

Imperial Chemical Industries Ltd., London, England (Erfinder: Reginald Hurd), **Polymerisierbare Massen,** gek. durch eine Mischung aus einem Copolymerisat aus Methylmethacrylat (I) u. einer geringen Menge Methacrylsäure (II), einem Copolymerisat aus Vinylacetat u. einer geringen Menge Crotonsäure, einer Polyepoxy-Verb., einem bas. organ. Katalysator, einem Lsgm. u. ggf. einem polymeren Weichmacher. — Man mischt z. B. 34,2 (Teile) 50%ig. Vinylacetat–Crotonsäure (95 : 5)-Copolymerisat-Lsg. in Toluol–Butylacetat (4 : 1)-Mischung, 11,8 50%ig. **I**–**II**(96 : 4)-Copolymerisat-Lsg. in Toluol–Butylacetat-Mischung, 2,6 mit Benzoesäure modifizierten Polypropylenadipats, 6,5 Diphenylolpropandiglycidäther, 0,8 Diäthylentetramin, 35,5 Xylol u. 8,6 Butanol, spritzt den erhaltenen *Lack* auf *Polyvinylchloridkunstleder*, auf dem er nach 1 std. Erhitzen bei 120° gut haftet. Gleich gute Eigg. (Adhäsion, Glanz, Zähigkeit u. Widerstand gegen chem. Stoffe) haben auch Lack–Metall-Kombinationen. — Mengenbeispiele. (**E. P. 848 816** vom 29/5. 1957, ausg. 21/9. 1960.) G. Vogel. 7205

E. I. du Pont de Nemours & Co., Wilmington, Del., V.St.A., **Sproßpolymerisation.** Man bestrahlt Polymerformmaterial (Fäden, Filme, Gewebe, Tuben, Rohre) mit ionisierenden Strahlen von wenigstens 0,01 W/s/cm² der Materialoberfläche in Ggw. von ca. 10^{13}—$5 \cdot 10^{16}$ Mol O_2 je cm² Materialoberfläche, bringt das bestrahlte Material mit chem. verschiedenen, ungesätt., polymerisierbaren Monomeren zusammen u. polymerisiert. — In ein Glasgefäß gibt man trocknes Doppelgewebe aus 1,5 (Teilen) Nylon 66 u. 2 Polyäthylenterephthalat u. hält den Druck bei 1 mm, so daß pro g Gewebe $7{,}8 \cdot 10^{16}$ Mol O_2 u. entsprechend pro 1 cm² Gewebe $4{,}2 \cdot 10^{13}$ Mol O_2 vorhanden sind, u. bestrahlt mit einem MeV-Van-de-Graaf-Beschleuniger mit 125 W/s/cm² Elektronen, lagert noch 24 Std., red. den Druck auf 0,05 mm, bringt das Gewebe mit Methylacrylatdampf in Berührung, hält 15 Std. bei Raum-Temp. u. extrahiert es dann 15 Std. mit Aceton. (**Jap. A. S. 7834/1960** vom 8/10. 1957, ausg. 24/6. 1960.) M. Pankow. 7205

Pritchett & Gold und E. P. S. Co. Ltd., Essex, übert. von: Eric Maurice O'Conor Honey, Chigwell, Charles Rupert Hardy, South Woodford, London, und Frank Sharp, Gidea Park, Romford, England, **Herstellung von porösen, plastischen Schichten aus Polyvinylchlorid oder Copolymeren von Vinylchlorid** mit z. B. Vinylacetat, Vinylidenchlorid oder Acrylonitril durch Einarbeiten eines wasserlösl. Füllstoffes mit Hilfe eines Lsgm. für das plastifizierte (Co-)Polymerisat, das nach Aufbereitung als Film mit einem Gewebe verstärkt u. durch W. geführt wird. Durch Herauslösen des Füllstoffes, bes. NaCl, erhält man Schichten mit hoher Gas- u. Wasserdampfdurchlässigkeit. Auf 100 Polyvinylchlorid u. 85 Polypropylensebacat werden 700 NaCl, 5 Pigmente u. 200 Dimethylcyclohexanon angesetzt. Als Gewebe sind solche aus Baumwolle, Terylen u. Nylon genannt. — Vorr., Zeichnung. (**A. P. 2 959 822** vom 12/2. 1959, ausg. 15/11. 1960. E. Prior. 17/2. 1958.) H. Schindler. 7205

United States Rubber Co., New York, N.Y., V.St.A., **Olefinpolymerisate,** die zu 50—95 (Gew.-%) aus geradkettigen, im wesentlichen kristallinen Polyolefinen hoher Dichte (bes. 0,90—0,97: Polyäthylen oder -propylen) u. 50—5 cyclisiertem Kautschuk (Naturkautschuk + Halogenwasserstoffe, Arylsulfonsäuren, H_2SO_4 u. Alaun, amphotere Metallhalogenide, Chlorzinnsäure) bestehen, lassen sich im Gegensatz zu den reinen Polyolefinen ohne Zerreißen oder Verdrehen bei ca. 280—380° F kalandern. Man kann je 100 Teile der erhaltenen Olefinpolymerisate mit 5—100 Teilen Füllstoffen ($CaCO_3$, Ton, SiO_2, Silicate) mischen. (**E. P. 829 148** vom 28/6. 1957, ausg. 24/2. 1960. A. Prior. 6/9. 1956.) A. Jahn. 7205

J. R. Geigy Soc. An., Schweiz, *Lichtschutzmittel für Kunststoffe.* (**F. P. 1 195 307** vom 13/12. 1957, ausg. 17/11. 1959. Schwz. Prior. 14/12. 1956. — C. **1962**, 10673 [Oe. P. 207 121].)

Fine Organics, Inc., V.St.A., *Antistatischmachen von Kunstharzen.* (**F. P. 1 189 986** vom 10/10. 1957, ausg. 8/10. 1959. — C. **1961**, 5978 [Belg. P. 561 600].)

Montecatini Soc. Gen. per l'Industria Mineraria e Chimica (Erfinder: **Franco Ranalli**), *Thermoplastische Zusammensetzungen.* (**Aust. P. 228 751** vom 5/12. 1957, ausg. 14/7. 1960. It. Prior. 10/12. 1956. — C. **1960**, 6337 [Oe. P. 204 265].)

Phillips Petroleum Co., V.St.A. (Erfinder: **Kenneth Royal Mills**), *Bestrahlen von Polyolefinen.* (**F. P. 1 197 670** vom 10/7. 1957, ausg. 2/12. 1959. A. Prior. 18/7. 1956. — C. **1962**, 7344 [Aust. P. 223 330].)

Phillips Petroleum Co., Bartlesville, Okla., V.St.A., *Herstellung von Olefinpolymeren.* (**E. P. 851 893** vom 11/1. 1957, ausg. 19/10. 1960. A. Prior. 20/1., 4/4. u. 22/8. 1956. — C. **1962**, 3276 [Aust. P. 227 060].)

Phillips Petroleum Co., Bartlesville, Okla., V.St.A., *Reinigen von Lösungsmitteln aus der Olefinpolymerisation.* (**E. P. 849 232** vom 10/10. 1957, ausg. 21/9. 1960. A. Prior. 22/10. 1956. — C. **1961**, 11162 [Belg. PP. 561 782 u. 561 783].)

Phillips Petroleum Co., Bartlesville, Okla., V.St.A., *Wiedergewinnung von Polymerisationskatalysatoren.* (**E. P. 852 358** vom 14/8. 1957, ausg. 26/10. 1960. A. Prior. 24/8. 1956. — C. **1961**, 17761 [A. P. 2 914 518].)

Phillips Petroleum Co., Bartlesville, Okla., V.St.A., *Polymerisationsverfahren und -vorrichtung.* (**E. P. 847 529** vom 27/6. 1957, ausg. 7/9. 1960. A. Prior. 9/7. 1956. — C. **1961**, 3499 [Belg. P. 559 038].)

Montecatini Soc. Gen. per l'Industria Mineraria e Chimica, Mailand, Italien, *Herstellung linearer Äthylenpolymerer mit hohem Schmelzpunkt.* (**E. P. 873 831** vom 30/12. 1957, ausg. 26/7. 1961. It. Prior. 3/1. 1957. — C. **1960**, 14199 [F. P. 1 194 467].)

Montecatini Soc. Gen. per l'Industria Mineraria e Chimica, Mailand, Italien, *Gegenstände aus Polystyrol.* (**E. P. 873 208** vom 4/11. 1957, ausg. 19/7. 1961. It. Prior. 8/11. 1956. — C. **1961**, 2807 [F. P. 1 188 563].)

Farbwerke Hoechst Akt.-Ges., vormals Meister Lucius & Brüning, Frankfurt/M., *Geformte Gegenstände aus Polyolefinen.* (**E. P. 874 174** vom 23/12. 1957, ausg. 2/8. 1961. D. Prior. 22/12. 1956. — C. **1961**, 17768 [F. P. 1 192 428].)

Ruhrchemie Akt.-Ges., Oberhausen, *Herstellen von porösen Gegenständen aus Polypropylen.* (**E. P. 874 761** vom 28/10. 1957, ausg. 10/8. 1961. D. Prior. 8/11. 1956. — C. **1959**, 10741 [Oe. P. 200 799].)

General Aniline & Film Corp., New York, N.Y., übert. von: **Harry S. Auspon**, Easton, Pa., V.St.A., *α-Chloracrylatpolymere.* (**Can. P. 554 580** vom 13/5. 1954, ausg. 18/3. 1958. A. Prior. 22/5. 1953. — C. **1957**, 7800 [F. P. 1 105 919].)

Canadian Kodak Co. Ltd., Toronto, Ontario, Canada, übert. von: **Harry W. Coover jun.** und **Donald J. Shields**, Kingsport, Tenn., V.St.A., *Polymerisation von Acrylnitril.* (**Can. P. 554 505** vom 4/8. 1954, ausg. 18/3. 1958. A. Prior. 3/2. 1954. — C. **1959**, 3988 [E. P. 781 437].)

Devoe & Raynolds Co., Inc., New York, N.Y. (Erfinder: **Harold Groves Cooke jun.**, Louisville, Ky.), V.St.A., *Herstellung von hochmolekularen Epoxyharzen.* (**D. A. S. 1 129 287** Kl. 39c vom 30/4. 1958, ausg. 10/5. 1962. A. Prior. 2/5. 1957. — C. **1961**, 9226 [A. P. 2 947 725].)

N. V. Onderzoekingsinstituut Research (Erfinder: **Jan Albert Kornelus Boerma**), Arnheim, Niederlande, *Herstellung von makromolekularen Polymethylenterephthalaten.* (**Schwz. P. 358 236** vom 4/1. 1957, ausg. 30/12. 1961. Niederl. Prior. 21/1. 1956. — C. **1959**, 14575 [Niederl. P. 90 066].)

Montecatini Soc. Gen. per l'Industria Mineraria e Chimica, Mailand, Italien, *Herstellung von Harnstoff-Formaldehyd-Schäumen.* (**It. P. 541 686** vom 19/9. 1955. — C. **1959**, 12070 [F. P. 1 157 279].)

Imperial Chemical Industries Ltd., London, England, *Herstellung von Elastomeren.* (**Oe. P. 219 281** vom 8/8. 1958, ausg. 25/1. 1962. E. Prior. 8/8. 1957. Zusatz zu Oe. P. 208 594; C. 1961, 9623. — C. **1961**, 13381 [D. A. S. 1 097 130].)

Farbenfabriken Bayer Akt.-Ges., Leverkusen, *Herstellung von Polyurethanen.* (**E. P. 871 762** vom 6/11. 1958, ausg. 28/6. 1961. D. Prior. 9/11. 1957. — C. **1961,** 678 [D. A. S. 1 081 661 u. F. P. 1 213 172].)

General Tire & Rubber Co., Akron, Ohio, V.St.A., *Stabilisierung von Polyätherurethanen.* (**E. P. 873 697** vom 10/4. 1958, ausg. 26/7. 1961. A. Prior. 20/5. 1957. — C. **1962,** 325 [D. A. S. 1 100 946] u. C. **1960,** 15593 [D. A. S. 1 081 219].)

Farbenfabriken Bayer Akt.-Ges., Leverkusen, *Herstellung von Polyurethanschaumstoffen.* (**E. P. 874 859** vom 1/9. 1959, ausg. 10/8. 1961. D. Prior. 5/9. 1958. — C. **1960,** 11488 [D. A. S. 1 067 209].)

Badische Anilin- & Soda-Fabrik Akt.-Ges., Ludwigshafen/Rh. (Erfinder: **Herbert Friederich**, Worms, **Wolfgang Lehnerer**, Ludwigshafen/Rh., und **Karl Sepp**, Neustadt/Weinstraße), *Elastomere Polyurethane.* (**E. P. 885 450** vom 9/12. 1958, ausg. 28/12. 1961. D. Prior. 11/12. 1957. — C. **1961,** 2460 [F. P. 1 215 428].)

United States Rubber Co., New York, N.Y., V.St.A., *Trimerisierung von Isocyanaten.* (**E. P. 870 273** vom 30/1. 1958, ausg. 14/6. 1961. A. Prior. 26/3. 1957. — C. **1961,** 17771 [F. P. 1 191 765].)

Union Carbide Corp., New York, N.Y., V.St.A. (Erfinder: **Donald Mackey Young** und **Fritz Hostettler**), *Herstellung von Polyurethanschaumstoffen.* (**E. P. 870 940** vom 14/1. 1958, ausg. 21/6. 1961. A. Prior. 15/1. 1957. — C. **1961,** 8136 [F. P. 1 209 906].)

Walker Extract & Chemical Co. Ltd., Bolton, Lancashire, England, *Phosphor und Stickstoff enthaltende Polymere.* (**E. P. 812 126** vom 14/7. 1954, ausg. 22/4. 1959. — C. **1959,** 10078 [Aust. P. 207 560].)

Union Carbide Corp., New York, N.Y., V.St.A. (Erfinder: **Ronald Marston Pike** und **Edward Lewis Morehouse**), *Herstellung von Organosiliciumverbindungen.* (**E. P. 882 051** vom 3/10. 1957, ausg. 8/11. 1961. A. Prior. 12/10. 1956. — C. **1961,** 14486 [F. P. 1 184 198].)

Union Carbide Corp., New York, N.Y., V.St.A. (Erfinder: **Ronald Marston Pike** und **Robert John Lisanke**), *Herstellung von Methylidenaminoorganosiliciumverbindungen.* (**E. P. 882 057** vom 3/10. 1957, ausg. 8/11. 1961. A. Prior. 12/10. 1956. — C. **1962,** 6233 [F. P. 1 189 991].)

Union Carbide Corp., New York, N.Y., V.St.A. (Erfinder: **William Thomas Black, Donald Leroy Bailey** und **Victor Bird Jex**), *Herstellung von Organosiliciumverbindungen.* (**E. P. 882 098** vom 3/10. 1957, ausg. 8/11. 1961. A. Prior. 12/10. 1956. — C. **1962,** 6233 [F. P. 1 189 990].)

Union Carbide Corp., New York, N.Y., V.St.A. (Erfinder: **Edward Lewis Morehouse**), *Herstellung von Organosiliciumammoniumsalzen.* (**E. P. 882 056** vom 3/10. 1957, ausg. 8/11. 1961. A. Prior. 12/10. 1956. — C. **1961,** 14486 [F. P. 1 184 199].)

Union Carbide Corp., New York, N.Y., V.St.A. (Erfinder: **Edward Lewis Morehouse**), *Herstellung von Organosiliciumverbindungen.* (**E. P. 882 100** vom 3/10. 1957, ausg. 8/11. 1961. A. Prior. 11/10. 1956. — C. **1961,** 14486 [F. P. 1 184 196].)

Farbenfabriken Bayer Akt.-Ges. (Erfinder: **Erwin Müller**), *Herstellung elastomerer Polyurethane.* (**F. P. 1 254 843** vom 26/4. 1960, ausg. 31/5. 1961. D. Prior. 27/4. 1959. — C. **1962,** 13971 [D. A. S. 1 108 901].)

Imperial Chemical Industries Ltd., London, England (Erfinder: **John Atton Fendley**), *Thermoplastische Gießmassen.* (**E. P. 832 823** vom 8/5. 1957, ausg. 13/4. 1960. **Belg. P. 567 476** vom 7/5. 1958, ausg. 12/8. 1960. E. Prior. 8/5. 1957 u. 18/4. 1958. — C. **1962,** 9542 [Aust. P. 227 801].)

Ciba Ltd., Basel, Schweiz, *Lichtbeständige Aminoplastschichten.* (**E. P. 874 179** vom 1/5. 1958, ausg. 2/8. 1961. Schwz. Prior. 16/5. 1957. — C. **1960,** 7703 [Oe. P. 204 275].)

H_{12}. Kautschuk

Die Stellung natürlicher und synthetischer Kautschuke in der Welt-Entwicklung. W. E. Cake. (Rev. gén. Caoutchouc **39,** 899—908, Juni 1962; U. S. Rubber Co.; franz. u. engl.) I. Koschitzki. 7220

Die Chemie des natürlichen Kautschuks und der Dien-Elastomere. Georges Champetier. (Rev. gén. Caoutchouc **39,** 913—25, Juni 1962; franz. u. engl.) I. Koschitzki. 7220

Entwicklung und Fortschritte bei synthetischem Kautschuk. G. Giger (Rev. gén. Caoutchouc **39,** 941—44, Juni 1962; franz. u. engl.) I. Koschitzki. 7224

Vulkanisation und Eigenschaften von Nitrosokautschuken. J. C. Montermoso, C. B. Griffis, Angus Wilson und G. H. Crawford. (Rubber Plastics Age **42,** 514—16, Mai 1961; U. S. Army Quartermaster Res. & Engng. Command u. Minnesota Mining & Mfg. Co.; engl.) — Das 1 : 1-Copolymerisat aus Trifluornitrosomethan u. Tetrafluoräthylen mit der —N—O—C—C-Grundeinheit zeigt hervorragende Eigg., wie Nichtbrennbarkeit, Lsgm.-Beständigkeit u. Vulkanisierbarkeit (mit Aminen u. Amin-Derivv., wie z. B. mit einer Kombination aus Triäthylentetramin u. Hexamethylendiamincarbamat), Die physikal., chem. u. dynam. Eigg. der Vulkanisate werden beschrieben. R. Schäff. 7224□

Kautschuk–Kunststoff-Gemische. Werner Hofmann. (Ind. Plast. mod. **13,** Nr. 4,37—46, Mai 1961; Leverkusen, Farbenfabriken Bayer AG., Anwend.-techn. Abt.; franz.) — Die Möglichkeiten, durch Zumischen von Kunststoffen zu Kautschuken deren Eigg. zu modifizieren, werden erörtert (*Nitrilkautschuk/Polyvinylchlorid-* bzw. *Phenolharz-Gemische, Natur-* oder *Styrol–Butadien–Kautschuk/Polyäthylen-Gemische.* R. Schäff. 7226□

Die Bedeutung der Ruß-Struktur bei der Verstärkung von Kautschuk. Die Wirkung niederer Struktur. C. W. Sweitzer. (Kautschuk u. Gummi **14,** Nr. 5, WT135 bis WT 146, Mai 1961; New York, Columbian Carbon Comp.; dt.) — Bei der Verw. hochstrukturierter Ruße ist für die Erzielung maximaler Verschleiß-Eigg. die Notwenigkeit zu Kompromissen fast immer gegeben. Verbesserungen vor allem bei Reifen konnten durch die Anwendung von Rußen mit niederer Struktur erreicht werden. Verschiedene Meth. zur Herst. sind bekannt, aber sie variieren erheblich in der Brauchbarkeit u. Weichheit. In neuester Zeit sind jedoch Ruße hergestellt worden, die den Anforderungen entsprechen u. den Reifenherstellern steht eine große Auswahl von Verstärkerrußen zur Lösung der Probleme in der Reifenindustrie zur Verfügung. N. Peters. 7226□

Die Vulkanisation amorpher Copolymerisate von α-Olefinen in Gegenwart von Füllstoffen. 1. Mitt. **Reaktionskinetische Untersuchungen über die Vulkanisation von Mischungen aus Äthylen/Propylenkautschuk und HAF-Ruß durch Dicumylperoxid.** H. D. Stemmer. (Kautschuk u. Gummi **14**, Nr. 5, WT 146—WT 154, Mai 1961; Frankfurt/M., Farbwerke Hoechst; dt.) — Das bei der Vulkanisation durch die Rk. mit *HAF-Ruß* chem. veränderte Dicumylperoxid setzt sich zu Acetophenon, α,α-Dimethylbenzylalkohol u. anderen Stoffen um. Aus dem Anteil an diesen beiden gebildeten Verbb. ist der reaktionskinet. Ablauf der Vulkanisation leicht zu ersehen u. zu verfolgen. N. Peters. 7228□

Vulkanisations-Systeme für Hypalon und Viton. Werner Koblizek. (Kautschuk u. Gummi **14**, WT 308—WT 316, Okt. 1961; Hannover; dt.) — Die Wirkungsweise von Metalloxid-Syst. für *Hypalon 20* (chlorsulfoniertes Polyäthylen), der Effekt klass. Beschleuniger in solchen Mischungen, die Anwendung organ. Vulkanisations-Syst. (bes. aus Basis von Epoxid-Kondens.-Prodd. aus 4.4'-Isopropylidenbisphenol u. Epichlorhydrin) sowie die Vulkanisation von *Viton* [bes. die Aminvulkanisation mit einigen Carbamaten oder N.N'-Dicinnamylidenhexandiamin-(1.6), *Diak Nr. 1*, *Diak Nr. 2* u. *Diak Nr. 3* (*LD-214*)] werden erörtert u. Rezepturen mitgeteilt. R. Schäff. 7228□

Einsatzmöglichkeiten des Polarographen für qualitative und quantitative Bestimmungen anorganischer Substanzen im Kautschuk-Laboratorium. Friedrich Mocker und Irmgard Old. (Kautschuk u. Gummi **14**, WT 297—WT 301, Okt. 1961; Höchst/Odenwald, Veith-Gummiwerke AG; dt.) — Die Möglichkeiten zur Best. anorgan. Rohstoffe mit dem Polarographen u. die Brauchbarkeit der polarograph. Meth. für analyt. Zwecke im Kautschuk-Labor. (Mischungen u. Vulkanisate) werden erörtert (Best. des Zn-, Cd- u. Pb-Geh. im Zinkweiß u. techn. ZnO, des ZnS- u. ZnO-Geh. in Lithopone u. Sachtolith, der Zn-Auflage von verzinktem Fe-Draht, von ZnO u. Pb in Vulkanisaten, des Pb-Geh. in Bleiglätte, des Gesamt-S in Kautschukmischungen, Kautschukvulkanisaten u. in Faktis, des freien S in Vulkanisaten sowie von Cu in der Metallauflage eines Fe-Drahtes). Die Ausführung der Best. wird jeweils beschrieben. R. Schäff. 7248□

Der Mechanismus des Wachstums von Ozonrissen. M. Braden und A. N. Gent. (Kautschuk u. Gummi **14**, Nr. 5, WT 157—WT 165, Mai 1961; dt. — Rubber Chem. Technol. **35**, 200—09, Jan./März 1961; Welwyn Garden City, Herts., England, Rubber Res. Assoc.; engl.) — Es wird die Messung der Schnittvergrößerung in einem Gummifilm beschrieben, der in einer ozonhaltigen Atmosphäre gedehnt wird. Es wird eine definierte Geschw. des Wachstums erhalten, die im wesentlichen von der vorgegebenen Zugspannung unabhängig ist, wenn sie einen für das Wachstum erforderlichen krit. Wert überschreitet. Für eine Reihe von Polymeren ist die Wachstums-Geschw. ähnlich u. fast ausschließlich durch die Ozon-Konz. bestimmt. Der Einfl. des Vulkanisationsgrades u. die Anwesenheit von Zusatzmitteln — einschließlich Antiozonantien — auf diese Faktoren ist ebenfalls untersucht worden. N. Peters. 7248□

Esso Research and Engineering Co., Elizabeth, N.J., übert. von: Clyde Lee Aldridge, Baker, und Edward Allen Hunter, Baton Rouge, La., V.St.A., **Herstellung von Latices aus polymeren Kohlenwasserstoffen,** dad. gek., daß man eine wss. Emulsion einer Lsg. des Polymerisats in einem Lsgm. bereitet, die Emulsion in Ggw. einer in W. lösl., im KW-Stoff unlösl. Verb., die mit dem Lsgm. ein Azeotrop bilden kann, dest. u. das Lsgm. dabei von der wss. Dispersion des Polymeren trennt. — Beispiele für Lsgg. von Butylkautschuk in Hexan u. CH_3OH als azeotrop. Mittel. (**E. P. 841 289** vom 1/5. 1957, ausg. 13/7. 1960. A. Prior. 8/5. 1956. **A. P. 2 912 401** vom 8/5. 1956, ausg. 10/11. 1959.) G. Vogel. 7225

Esso Research and Engineering Co., übert. von: Francis P. Baldwin, Colonia, und Thomas H. Hakala, Union, N.J., V.St.A., **Herstellung von stabilem halogeniertem Butylkautschuk (I)** durch Halogenieren des in einem inerten Lsgm. gelösten I u. Ausfällen des halogenierten I mit W., dad. gek., daß man den ausgefällten I vor der Weiterverarbeitung mit 0,01—10% MgO bei 0—200° mischt. (**A. P. 2 962 473** vom 5/3. 1957, ausg. 29/11. 1960.) C. Lüttgen. 7225

Dunlop Rubber Co. Ltd., London, England (Erfinder: Wilfrid Cooper und Margaret Knights), **Herstellung von mit Polymeren modifiziertem Kautschuk,** dad. gek., daß man Natur- oder synthet. (Butadien–Styrol-)Kautschuklatex, in dem ein die Gruppe $H_2C{=}C<$ enthaltendes Monomer, ein Photosensibilisator u. ggf. ein Hemmstoff gegen Koagulation enthalten sind, mit Licht mit 2000—7000 Å bestrahlt, wodurch die Monomeren, bes. Methacrylsäureester, KW-Stoffe mit 1 Äthylengruppe, wie Styrol, auf den Kautschuk aufgepfropft werden. Als Photosensibilisatoren sind Benzil, p-Chlorbenzoldiazo-p-chlorbenzolsulfonat, Benzoylperoxid u. Chloranthrachinon u. als Hemmstoffe bes. Casein oder Ölsäure genannt, die zugleich die Polymerisation beschleunigen. — Mengenbeispiele. (**E. P. 850 523** vom 10/7. 1956, ausg. 5/10. 1960.) G. Vogel. 7225

Minnesota Mining & Mfg. Co., St. Paul, Minn., übert. von: Archibald N. Bolstad, Maplewood, und Elizabeth Shen Lo, Elizabeth, N.J., V.St.A., **Herstellung kautschukartiger Mischpolymerisate** aus 53—94 (Mol-%) Fluoropren u. 47—6 eines fluorierten Butadiens, z. B. 1.1.2-Trifluorbutadien, 1.1.2.4-Tetrafluorbutadien, 1.1.2.4.4-Pentafluorbutadien oder Perfluorbutadien. Das Verf. wird in wss. Emulsion, z. B. mit Salzen von langkettigen Fluorcarbonsäuren, wie K-Perfluoroctanat, bei ca. 50° durchgeführt. — Beispiele. Die Prodd. weisen hohe Chemikalien- u. Temp.-Beständigkeit auf. (**A. P. 2 951 063** vom 1/7. 1955, ausg. 30/8. 1960.) H. Schindler. 7225

Montecatini Soc. Gen. per l'Industria Mineraria e Chimica, Mailand, Italien, **Elastomere mit verbesserter Elastizität.** Man behandelt lineare, amorphe Copolymerisate aus 20—80(%) Äthylen u. 80—20 Propylen oder α-Buten mit SO_2Cl_2 in Ggw. eines Säureacceptors, bes. Pyridin. Die Rk. wird in Lsg., z. B. in CCl_4 durchgeführt, sie kann durch Erhitzen u./oder Bestrahlen mit einer elektr. Lampe aktiviert werden. Das chlorsulfonierte Prod. ist *vulkanisierbar.* — Diagramme. (**Belg. P. 556 902** vom 23/4. 1957, ausg. 26/2. 1960. It. Prior. 24/4. 1956.) C. Lüttgen. 7225

Polymer Corp. Ltd., übert. von: Heinz A. Pfisterer, Sarnia, und David W. G. Hay, Corunna, Ontario, Canada, **Masse für Kunstschwämme,** gek. durch eine Mischung aus 100 (Teilen) eines elast. Mischpolymerisats aus einem Isoolefin u. einer geringeren Menge eines Diolefins, 5—20 $NaHCO_3$, 0,5—5 „Plastogen" [Mischung aus 98 einer Mineralölfraktion mit 12 C-Atomen im Mol., 1,6 eines sulfonierten Erdölnaphtha-Prod. u. 0,4 n-Butanol (**I**)], 60—95 Talkum (von einem 300-US-Maschensieb) u. ggf. einem Zusatz von „Reogen" (Mischung aus 80 einer Mineralölfraktion mit ca. 12 C-Atomen im Mol., 15 eines sulfonierten Erdölnaphtha-Prod. u. 5 **I**). Man mischt z. B. 100 Butylkautschuk (Mooney-Viscosität 70—80 ML 8, 1,6 Mol-% ungesätt. Teile), 2 Farbe, 10 „Reogen", 5 ZnO, 2 Stearinsäure, 2 Antioxydans, 2 TiO_2, 10 $NaHCO_3$, 80 Talkum, 55 „Plastogen", 2 S, 1 Mercaptobenzothiazol, 1,5 Tetramethylthiuramidusulfid u. 1,5 Tellurdiäthyldithiocarbamat, verschäumt u. vulkanisiert die Masse in einer Form zu Prodd. mit einer Rückfederung, die der von Naturgummi vergleichbar ist. — Mengenbeispiele, Tabellen für physikal. Eigenschaften. (**A. P. 2 833 731** vom 11/8. 1954, ausg. 6/5. 1958. Can. Prior. 23/7. 1954.) G. Vogel. 7231

Toyo Pulp Kabushiki Kaisha, Tokyo (Erfinder: Morie Tsuchitana, Tokyo, Tadashi Nagano, Hiroshima, und Kotaro Onchi, Mitaka), Japan, **Herstellung von Kautschuk–Lignin-Mischungen.** Man extrahiert Faserpflanzen mit konz. wss. Lsgg. von hydrotropen Lsgm., wie Na-Sulfonaten von Xylol, Benzoe-, Salicylsäure, verd. mit W., trennt Lignin (**I**) ab u. mischt es in verd. Kautschuk vom pH >8, wobei **I** u. das begleitende Furfural mit dem Kautschuk reagieren. — 1000 (Teile) von Firmiana platanifolia werden in 7000 40% ig. wss. Lsg. von Na-Xylolsulfonat eingeweicht u. auf 155° erhitzt (mittels $HBrO_3$-Verf. Furfural bestimmt). **I** wird bei pH 4,2 in 9 Std. prakt. herausgelöst. Man filtriert, gibt 15000 W. zum Filtrat u. erhält 700 **I**-Brei, den man in 5000 Kautschukmilch (Kautschuk-Geh. 500; pH 9) gibt, 1 Std. stehen läßt, in 1 Std. auf 80° erhitzt, dort 1 Std. hält, dann mit 15000 1% ig. H_2SO_4 von 85° verrührt u. 720 einer Kautschuk–**I**-Mischung erhält, die in üblicher Weise vulkanisiert wird. Auch Bunen, Polychloropren oder Butylkautschuk können verwendet werden. (**Jap. A. S. 4979/1960** vom 17/7. 1957, ausg. 12/5. 1960.) M. Pankow. 7231

Dow Corning Akt.-Ges., Basel, Schweiz (Erfinder: **Leo H. Sommer**, University Park, Pa., V.St.A.), *Herstellung von Cyanalkylgruppen tragenden Organopolysiloxanen.* (**D. A. S. 1 115 026** Kl. 39c vom 17/7. 1956, ausg. 12/10 1961. A. Prior. 18/7. 1955. — C. **1959**, 1961 [E. P. 786 020].)

Universal Oil Products Co., Des Plaines (Erfinder: **Joseph Albert Chenicek**, Lake County, und **William Lester Cox**, Mount Prospect), Ill., V.St.A., *Rißschutzmittel für Kautschuk.* (**Schwz. P. 358 234** vom 21/12. 1956, ausg. 30/12. 1961. A. Prior. 29/12. 1955. — C. **1960**, 7021 [E. P. 810 529].)

American Cyanamid Co., New York, N.Y., V.St.A., *Kautschuk–Ruß-Mischungen.* (**E. P. 875 414** vom 7/7. 1959, ausg. 16/8. 1961. A. Prior. 23/7. 1958. — C. **1961**, 18531 [D. A. S. 1 108 899].)

Régie Nationale des Usines Renault, Billancourt, Frankreich, *Membranen für Pumpen von Verbrennungs-Kraftmaschinen.* (**E. P. 871 341** vom 2/12. 1957, ausg. 28/6. 1961. F. Prior. 20/12. 1956. — C. **1960**, 13545 [F. P. 1 163 555].)

H_{13}. Ätherische Öle. Parfümerie. Kosmetik

Veränderungen des Gehaltes an ätherischem Öl bei der Lagerung von Koriandersamen. N. W. Rakowa. (Спиртовая Промышленность [Spiritus-Ind.] **27,** Nr. 5, 13—16, 1961; russ.) — Bei der Lagerung von Koriandersamen veränderten sich Qualität u. Quantität der darin enthaltenen äther. Öle, vorwiegend Linalool. Die Lagerung der Proben erfolgte bei Temp. zwischen —14 u. +22° u. bei 65—70% relativer Luftfeuchtigkeit. Der Öl-Geh. von in verschiedenen Verpackungen gelagerten Proben nahm bei der Lagerung in der Reihenfolge Glas < Cellophan < Pergament < Papier < Baumwollverpackung ab, im letzten Fall um 22,8%. Die durch CO_2 verursachte Qualitätsminderung der Ölfraktionen wurde durch vergleichende Unterss. von Aromatproben aus frischem u. gelagertem Samen festgestellt. Die Qualität des aus frischem Samen gewonnenen Aromates nimmt bei Lagerung nur wenig ab. W. Pett. 7262□

Geruch in der natürlichen Ordnung. 46. Mitt. **Die Campanulaceen.** 47. Mitt. **Die Oleaceen.** E. S. Maurer. (Soap, Perfum. Cosmet. **34,** 663—66, Juli 1961; engl.) — 45. vgl. C. **1962,** 5125. — Über die *Campanulaceen,* deren Vertreter geruchlos u. parfümist. uninteressant sind, wird nur kurz in einem zusammenfassenden Überblick berichtet. Bzgl. der *Oleaceen* werden die verschiedenen Olivenarten durch Angabe ihrer Duftnoten u. botan. Merkmale charakterisiert u. ausführlich auf Geschichte u. Duftnote von Jasmin eingegangen. H. Sontag. 7276□

Geruch in der natürlichen Ordnung. 47. Mitt. **Jasmin und Flieder.** E. S. Maurer. (Soap, Perfum. Cosmet. **34,** 770—71, Aug. 1961; engl.) — 46. u. 47., 1. Teil vgl. vorst. Referat. — Die Duftnoten u. Eigenarten bes. der in England angepflanzten Varietäten von Jasmin u. Flieder werden an Hand der Literatur gekennzeichnet. Vf. führt die betäubende Wrkg. beider Geruchsnoten auf ihren Geh. an 3-Indolaldehyd zurück. H. Sontag. 7276□

Geruch in der natürlichen Ordnung. 48. Mitt. **Die Nachtschattengewächse.** E. S. Maurer. (Soap, Perfum. Cosmet. **34,** 833—36, Sept., 1060—62, Nov. 1961; engl.) — 47. vgl. vorst. Referat. — Nach einem Gesamtüberblick über diese Pflanzenfamilie bespricht Vf. verschiedene, hierzu gehörige Giftpflanzen u. verweist auf die bisher noch nicht genutzte Möglichkeit, sie auf Grund ihres Duftcharakters in Beruhigungsmitteln einzusetzen („osmical tranquillizers"). Geschichte, Duftnote u. botan. Merkmale der Tabakarten, als der parfümist. interessantesten Vertreter dieser Familie werden ausführlich beschrieben. H. Sontag. 7276□

Geruch in der natürlichen Ordnung. 49. Mitt. **Die Lippenblütler Thymian und Minzen.** E. S. Maurer. (Soap, Perfum. Cosmet. **34,** 1062—72, Nov., 1140—44, Dez. 1961; engl.) — 48. vgl. vorst. Referat. — Als parfümist. interessante Vertreter dieser Pflanzenfamilie werden Lavendel, Basilienkraut u. Patchouli sowie einige Minzen u. aromat. Balsamkräuter besprochen. H. Sontag. 7276□

Der Duft der Blüten und Blätter. Untersuchung der Duftnoten der geringeren Arten. 3. Mitt. **Die Primel- und Cyclamen-Familie (Primulaceen).** Edward S. Maurer. (Manufact. Chemist **32,** 116—18, März 1961; engl.) — 2. vgl. Manufact. Chemist **32,** [1961] 67. — Vf. gibt einen Überblick über Vork. u. Arten der *Primulaceen,* bes. der Primel (**I**) u. Alpenveilchen (**II**), u. beweist, daß alle Mitglieder von **I** keine hervorragenden Aromen besitzen, aber verbunden mit **II** speziell für Gesichtswässer ein angenehmes Bouquet abgeben. H. Franzen. 7276□

Der Duft der Blüten und Blätter. Untersuchung der Duftnoten der geringeren Arten. 4. Mitt. **Die Boretsch-Familie (Boraginaceen).** Edward S. Maurer. (Manufact. Chemist **32,** 176—78, April 1961; engl.) — 3. vgl. vorst. Referat. — Überblick über die zur Familie der *Boraginaceen* (**I**) gehörenden Pflanzen, z. B. Boretsch, Lycopsis, Symphtum, Lithospermum, Pulmonaria, Heliotropium (**II**), die kaum noch in der Medizin, aber mehr oder weniger als Duftträger oder Fixativ in der Kosmetik Verw. finden. Vf. weist bes. auf den bevorzugten mandel-vanillegleichen Duftstoff von **II**, dem wichtigsten Mitglied der **I** hin u. beschreibt auch die Abarten von **II**. H. Franzen. 7276□

Der Duft der Blüten und Blätter. Untersuchung der Duftnoten der geringeren Arten. 5. Mitt. **Die Snapdragon-Familie (Scrophulariaceen).** Edward S. Maurer. (Manufact. Chemist **32,** 262—64, Juni 1961; engl.) — 4. vgl. vorst. Referat. — Überblick über die zur Familie der *Scrophulariaceen* (**I**) gehörenden Pflanzen, von denen noch einige wegen ihrer starken narkot. Wrkg. in der Medizin Verw. finden. Vf. weist bes. darauf hin, daß nach Unterss. an vielen **I**-Arten aromat. oder schlecht riechende Typen entdeckt wurden, von denen erstere als Duftträger zu beachten wären, während aus letzteren nützliche Fixative gewonnen werden könnten. H. Franzen. 7276□

Wollwachsalkohole und ihre Derivate als Bestandteile kosmetischer Präparate. F. V. Wells und Irwin I. Lubowe. (Soap, Perfum. Cosmet. **34,** 637—45, Juli 1961;

Riv. ital. Essenze, Profumi, Piante officin., Olii veget., Saponi **43**, 314–23, Juli 1961; New York; engl.) — Nach Darlegung der Bedeutung der Talgsekretion zum Schutz der Humanhaut wird in einem Vgl. des menschlichen Sebums mit Lanolin (L) zwar der Wert von L als kosmet. Rohstoff anerkannt, gleichzeitig aber darauf verwiesen, daß seine alleinige Anwendung ungenügend ist. In diesem Zusammenhang beschreibt Vf. ein von ihm entwickeltes, aus 15 Komponenten bestehendes künstliches Sebum („Neosebol W"), das durch seinen Geh. an aus L gewonnenen Wollwachsalkoholen gek. ist, u. erörtert seinen Einsatz in verschiedenen kosmet. Präparaten. Ferner werden die den Vorschriften der brit. Ph. entsprechenden, einen Mindestgeh. von 30% Cholesterin enthaltenden Gemische von Wollwachsalkoholen, die unter der Bezeichnung „Hartolane" auf dem Markt sind, beschrieben u. ihr Einsatz in O/W u. W/O-Emulsionen unter Angabe von Rezepten für verschiedene kosmet. Präpp. erörtert. — 31 Literaturangaben. H. Sontag. 7284□

Refraktometrische Bestimmung der Miscellakonzentration. L. M. Dranowskaja und I. G. Ssilajewa. (Маслобойно-Жировая Промышленность [Öl- u. Fett-Ind.] **26**, Nr. 9, 40, Sept. 1960; Zentr. Chem.-Techn. Labor. für äther. Öle des Volkswirtschaftsrats der MoldauSSR; russ.) — Die lineare Abhängigkeit zwischen der Miscella-Konz. u. dem Brechungsexponent des Rosenölabsoluts bzw. des Salbeikonkrets werden erörtert. Es besteht eine lineare Beziehung. Die Best. soll bei 16° durchgeführt werden. Statt der bisherigen gravimetr. Best. der Miscellen-Konz. kann die refraktometr. angewandt werden. S. Baryschnikow. 7286

H_{14}. Zucker. Kohlenhydrate. Stärke

Über die Wirkung einer auf das Zuckerrübenblatt gegebenen Düngung in Form von Cyanamid und dessen Polymeren Dicyandiamid und Melamin. H. Lüdecke und M. Nitzsche. (Landwirtsch. Forsch. **11**, 167–78, 1958; Göttingen, Inst. für Zuckerrübenforschung; dt.) — Die Behandlung von Zuckerrüben mit *Cyanamid* (**I**) bzw. seinen Polymeren *Dicyanamid* (**II**) u. *Melamin* (**III**) wirkt sich je nach Applikationsart sehr unterschiedlich aus. Streuen von **I** hat weder Blattschäden noch Ertragsminderung zur Folge. Hingegen können **I**-Sprays nur in einer Konz. von 0,25% angewendet werden. **II**- u. **III**-Sprays (0,5%ig.) wirken ertragssteigernd. In höheren Konzz. können auch **II**- u. **III**-Sprays Pflanzenschädigungen hervorrufen. M. Winiker. 7406□

Die Verwendung granulierter Kohlen bei der Herstellung von Zuckerraffinade. M. B. Jarmolinski, I. L. Sdanowitsch, M. A. Brenman und F. P. Alexejenko. (Сахарная Промышленность [Zucker-Ind.] **35**, Nr. 12, 21–26, Dez. 1961; Zentr. Forschungsinst. der Zuckerind.; russ.) — Der Kläreffekt bei der Verw. von Knochenkohlefiltern ist gering (20–30%). Weitere Nachteile der Verw. von Knochenkohle sind: Starke Zuckerverluste, hoher Stromverbrauch, großer Raumbedarf u. hohe Filterzahl. Neuentwickelte Aktivkohlesorten, hergestellt aus billigen Rohstoffen (Steinkohle Torf, Lignin), haben einen Kläreffekt von ca. 80% bei einer Filtrations-Geschw. von 5 bis 10 ml/min/kg. Die granulierten Aktivkohlen können durch überhitzten Wasserdampf bei Temp. von 700° therm. regeneriert werden. Die Qualität der Kohlen war auch nach 2maliger Regeneration fast unverändert. Techn. Verss. mit granulierten Aktivkohlen hatten folgende Ergebnisse: Verw.-Dauer der Aktivkohlefilter 26–34 Tage gegenüber 7 Tagen bei Anwendung von Knochenkohlefiltern. Der Kläreffekt bei granulierten Aktivkohlen lag zwischen 100 u. 50%. Die Leistung war infolge der Korngröße (1–2 mm) bei granulierter Kohle geringer: 15,3–16,7 m^3 an Stelle 25 m^3 filtrierten Sirups pro Tag. Bei größerer Korngröße der granulierten Aktivkohle (8–10 mm) ist gleiche Leistung zu erwarten. E. Hollstein. 7416□

Die zulässige Feuchtigkeit des Rohzuckers bei der Lagerung. I. F. Selikman. (Сахарная Промышленность [Zucker-Ind.] **35**, Nr. 12, 28–31, Dez. 1961; Krasnodar, Inst. für Technol. der Lebensmittelind.; russ.) — Bei zu hoher Feuchtigkeit treten bei der Lagerung von Zuckerrohr erhebliche Verluste an Saccharose ein, verursacht durch Mikroorganismen. Die Best. der Feuchtigkeitsgrenzen ist auf Grund des „Sicherheitsfaktors" u. der „Verdünnungszahl" möglich. Die Ergebnisse sind identisch. Ist die Qualität des Rohzuckers schlecht, kann die Feuchtigkeit bei der Lagerung größer sein, da der Geh. an Fremdstoffen im Fl.-Film auf den Kristallen schlechtere Bedingungen für die Mikroorganismen darstellt. E. Hollstein. 7440□

Über die Auftauchgeschwindigkeit des Maiskeimes in Abhängigkeit von der Dichte der Stärkemilch und der Konsistenz des Schrotes. B. K. Bytschkow. (Сахарная Промышленность [Zucker-Ind.] **35**, Nr. 6, 53–59, Juni 1961; Beslan, Zweigstelle des Zentr. Forschungsinst. der Stärke- u. Stärkesirupind.; russ.) — Vf. bestimmte die Auftauch-Geschw. (AG) des Maiskeimes in NaCl-Lsg., in Stärkemilch u. in Maisschrot bei verschiedenen Dichten u. Temp., um Daten für die Berechnung u. Konstruktion von Hydrocyclonen zur Keimseparation zu gewinnen. In NaCl-Lsg. bei 23° steigt die mittlere AG des Maiskeimes bei 10—12°Bx stark an (von 0,74 auf 1,41 cm/s), um bei weiterer Erhöhung der Dichte bis auf 20°Bx eine zwar geringere, aber gleichmäßige Zunahme (bis auf 2,24 cm/s bei 20°Bx) aufzuweisen. Ähnlich verhält es sich mit der AG in Stärkemilch. Der Einfl. der Temp. auf die AG wird mit zunehmender Dichte größer. So nimmt die AG bei einer Dichte bis zu 18°Bx bei Erhöhung der Temp. von 23 auf 40° um nur 10% zu, bei 18 bzw. 20°Bx dagegen um 14,6 bzw. 25,9%. Bei 18—20°Bx ist jedoch die Keimqualität infolge eines höheren Geh. an Schalenanteilen schlechter. Die Dichte des Rohkeimes schwankt zwischen 0,986 u. 0,993 (im Mittel beträgt sie 0,99 bei ca. 90% H_2O). Verss. unter techn. Bedingungen mit den im Maiskombinat verwendeten Keimabscheidern ergaben, daß die AG mit zunehmender Konsistenz des Schrotes (es wurde zwischen 240 u. 380 g/Liter gearbeitet) abnimmt. Bes. ausgeprägt ist diese Abnahme bei 40° u. einer Konsistenz zwischen 340 u. 380 g/Liter. Die Erhöhung der Temp. von 23 auf 40° wirkt sich nur bei einer Konsistenz zwischen 240 u. 340 g/Liter positiv auf die AG des Maiskeimes aus, während bei 380 g/Liter die AG bei 40° sogar kleiner ist als bei 23°. S. Augustat. 7448□

Beobachtungen über Veränderungen der Stärke bei der hydrothermischen Behandlung. M. G. Stoljar. (Спиртовая Промышленность [Spiritus-Ind.] **27,** Nr. 1, 10—16, 1961; russ.) — Vf. untersuchte den Einfl. der hydrotherm. Behandlung von nativer Kartoffelstärke (**I**) bei Temp. von 20—200° in wss. Suspension (1 : 6) in einem hermet. abgeschlossenen Gefäß unter Verw. eines Kurnakow-Pyrometers mit automat. Registriereinrichtung für die Aufnahme der Thermogramme u. einer Photoeinrichtung. Die App. u. der Meßvorgang werden ausführlich beschrieben. Die Thermogramme die in einfacher u. in differentieller Form wiedergegeben sind, weisen mehrere endotherme Haltebereiche (Extrema) auf: Den ersten bei 55—63° (Verkleisterung der **I**), den zweiten bei 104—106°, entsprechend dem Beginn der Zerstörung der **I**-Körner u. Freilegung von *Amylose* (**II**) u. *Amylopektin* (**III**), den dritten bei 121—126° (Beendigung der Zerstörung der **I**-Körner u. deren Auflsg.), den vierten bei 132—138° (Beendigung des Übergangs der **I** in den lösl. Zustand u. Entstehung eines homogenen Gemisches). Bei weiterem Erhitzen erfährt die **I** keine Veränderungen mehr, bis schließlich bei 180—200° eine hellbraune Färbung auftritt, die auf den Beginn der therm. Zerstörung der **I** hinweist. Alle Temp.-Haltebereiche beziehen sich auf endotherme Effekte, die relativ klein sind, weil das Thermogramm die Differenz zwischen dem positiven Hydratationseffekt u. dem endothermen Effekt der Zerstörung der **I**-Körner wiedergibt. Verss. bei anderer Konz. der Suspension (1 : 3) sowie bei anderer Erhitzungs-Geschw. ergaben nur geringe Abweichungen im Vgl. zu den übrigen Ergebnissen. Mikrophotographien geben das Aussehen der **I**-Suspension im Verlauf ihrer Veränderung bei Temp. zwischen 72 u. 192° wieder. Damit sowohl **II** als auch **III** vollkommen gelöst werden, muß die **I** auf 126° erhitzt werden. Bei niedrigeren Temp. wird der Anteil an ungelöster **I** größer, selbst bei längerem Erhitzen. S. Augustat. 7448

Die Hydratation der Stärke. 3. Mitt. **Entwässerung der Stärke unter dem Einfluß von Infrarot-Strahlen.** F. Schierbaum, K. Täufel und M. Ulmann. (Stärke **14,** 161—67; Mai 1962; Potsdam-Rehbrücke, Inst. für Ernährung; dt.) — 2. vgl. C. **1961,** 13385. — Unters. der Wasserbindung von *Stärke* (**I**) durch Entwässerung im IR-Strahlenfeld ergab bei Darst. der Verdampfungskurven als log der Verdampfungs-Geschw. in Abhängigkeit vom Wasser-Geh. Kurvenabschnitte mit charakterist. Übergangspunkten. Bei Kartoffel-**I** hat man Übergangspunkte bei 33,8, 20,7 u. 10,1% H_2O. Cerealien-**I** (Weizen, Mais, Reis) zeigen unter sich ein nahezu ident. Verh. entsprechend Übergangspunkten bei 29,7—30,7% u. 13,5—13,8% H_2O. Die gefundenen Zahlenwerte stehen in Übereinstimmung mit früheren tensimetr. Messungen. Die Verss. zeigen, daß die Hydratation der **I** auf 2 nebeneinander nachweisbare Bindungskräfte zurückzuführen ist, die sich in ihrer Wrkg. derart überlagern, daß hydratationsabhängige Vorgänge als kontinuierlich erscheinen. M. Ulmann. 7448□

Untersuchungen über die Methode der Zuckeranalyse. 1. Mitt. **Bestimmung der Oligosaccharide in Handelsdextrose durch die Papierchromatographie.** Taro Tamura und Shigeo Suzuki. (Rep. Food Res. Inst. [Tokyo] **13,** 55—58, Okt. 1958; jap.) J. Lehmberg. 7488□

Feuchtigkeitsbestimmung in Zuckern durch Trocknungsmethoden. Taro Nagahara und Chuichi Tsutsumi. (Rep. Food Res. Inst. [Tokyo] **13,** 83—84, Okt. 1958; jap.) J. Lehmberg. 7488□

Eine Schnellmethode zur Feuchtigkeitsbestimmung von Zucker. Je. B. Lyssjanski. (Сахарная Промышленность [Zucker-Ind.] **35,** Nr. 12, 40—41, Dez. 1961; russ.) — Die Meth. beruht auf der Feuchtigkeitsempfindlichkeit von Fuchsin, welches mit Oleum sulfoniert u. anschließend mit Soda neutralisiert wird. Man stellt Vgl.-Proben im Bereich von 0,15—0,35% u. 1—4,0% Feuchtigkeit her. Durch Farb-Vgl. kann man direkt den prozentualen Feuchtigkeits-Geh. ermitteln. Man verwendet 10 g Substanz u., je nach Bereich, 0,3—0,5 mg bzw. 3—5 mg Indicator u. mischt gut durch.

E. Hollstein. 7488□

H_{15}. Gärungsindustrie

Neuere Methoden und Ergebnisse der Hefeuntersuchung. Siegfried Windisch. (Mschr. Brauerei **13**, 155—59, Nov. 1960, Beilage zu: Brauerei; Berlin, Inst. für Gärungsgewerbe, mikrobiolog. Abt.; dt.) — Vgl. C. **1962**, 2569. — Zur Best. der Kernwertigkeit von Hefen ist eine Erbanalyse unerläßlich, die nach der durch Winge [1937] eingeführten Tetradenanalyse (TA) ausgeführt wird. Voraussetzung für die TA ist die ausreichende Sporen-Bldg. der Hefe. Kulturhefen, die nur wenig Sporen bilden, können auf Acetatagar nach Fowell zu einer besseren Sporen-Bldg. gebracht werden. Vf. geht auf die Bedeutung der Paarungstypen bei heterothall. Hefen ein. Die Feststellung der Paarungstypen wird beschrieben. Eine Rationalisierung der Labor.-Meth. zur Best. von Gär- u. Wuchs-Eigg. bei Reihen-Unterss. wird dringend empfohlen u. auf das für diesen Zweck geeignete Samtabdruck-Verf. nach Lederberg [1952] hingewiesen, bei dem zahlreiche Abimpfungen mit einer Stempeltechnik zusammengefaßt werden. Vf. berichtet weiter über das Vork. von polyploiden Hefen, die mehr als 2 Chromosomensätze enthalten. Polyploide Hefen lassen Leistungssteigerungen erwarten. Die Aufspaltungsverhältnisse von tri- u. tetraploiden Hefen werden erläutert. — 20 Literaturangaben.

K.-U. Riedel. 7506□

Natriumpentachlorphenolat als Antisepticum bei der Spiritusgärung. Milan Rosa. (Kvasný Průmysl **6**, 226—29, Okt. 1960; Praha, výzk. úst. lihovarsk. konzervár. prum.; tschech.) — Zur Bekämpfung der Infektionen, die durch Milchsäurebakterien bei der Spirituserzeugung aus Melasse eintreten, wird *Na-Pentachlorphenolat* (**I**) verwendet. Es wird die optimale Konz. von **I** an Hand einer neuen Meth. ermittelt.

K.-U. Riedel. 7536□

Wärmevorbehandlung zur Abkürzung der Keimruhe bei frischgeernteten Gersten. Johannes Schönfeld. (Mschr. Brauerei **13**, 160—61, Nov. 1960, Beilage zu: Brauerei; Dortmund, Dortmunder Actien-Brauerei, Labor.; dt.) — Angeregt durch die Arbeit von Hewett behandelte Vf. mehrere Gerstenproben kurz nach der Ernte vor Anwendung der normalen Keimenergie-Best. mit Wärme, um die Keimruhe abzukürzen. Nach einer 96std. Wärmebehandlung bei 40° wurde die günstigste Wrkg. erreicht. Bei einer Wärmebehandlung von 15 Std. bei 45° war die Keimfähigkeit schon so hoch, wie sie erst nach der üblichen Keimruhe zu erwarten war. K.-U. Riedel. 7540□

Das „Belmalt"-Verfahren. Earl D. Stewart. (Amer. Brewer **93**, Nr. 1, 47—63, Jan. 1960; engl.) — Das von de Clerck [1959] beschriebene Belmalt-Verf. besteht darin, eine Zucker-Lsg. mit dem Malz zu vermischen. Das Verf. erhöht die Trockensubstanz des Extrakts, macht mehr N lösl., gibt dem Malz ein höheres Eiweißlösungsvermögen, bewirkt keinen Unterschied in der Atmungs-Geschw. des Grünmalzes, beeinflußt die Verzuckerung nicht u. liefert rasch klärendes Bier mit geringer Trübe, guter Abkühlungsfestigkeit u. Schaumkraft. W. Wesly. 7540□

Hulupone, eine neue Gruppe von Hopfenbitterstoffen. L. O. Spetsig und M. Steninger. (J. Inst. Brewing **66** ([N. S.] **57**), 413—17, Sept./Okt. 1960; Äppelviken, Schweden, Forskningslabor. LKB; engl.) — Aus Hopfenextrakten wurde säulenchromatograph. eine neue Gruppe von Bitterstoffen, die *Hulupone* (**I**), isoliert. Die **I** wurden mit Hilfe von UV-, IR- u. Massenspektroskopie untersucht. Weiter wurde das Verh. der **I** bei Oxydationen u. Hydrierungen geprüft. Die Unterss. der **I** zeigten verschiedene gemeinsame Merkmale mit den *Humulonen* u. *Lupulonen*. **I** enthalten jedoch einen fünfgliedrigen Ring. Sie sind opt.-inakt., nicht kristallisierbar u. reduzieren Fehlingsche Lsg. nicht. Die Strukturformel von **I** scheint eng mit der der Hydroxyhumulinsäure verwandt zu sein. Bezogen auf das Trockengew. von Hopfenzapfen scheint der Geh. an **I** bei 3% zu liegen. **I** kommt in allen Hopfenarten vor. K.-U. Riedel. 7540□

Über den Einfluß der ätherischen Öle des Hopfens auf den Geschmack des Bieres. Jean De Clerck. (Brauwissenschaft **14**, 48—50, Febr. 1961; Louvain, Belgien, Univ.; dt.) — Mehrere Brauereien haben festgestellt, daß der bittere Geschmack u. das Aroma des Bieres durch Behandlung des Hopfens nach dem Weinerschen Verf. (Ausscheidung der flüchtigsten äther. Öle) verbessert werden. W. Wesly. 7540□

Einfluß der Rüttelentgasung vor der Verschließung auf den Druck in der Flasche bei der Pasteurisation. H. Tonn. (Mschr. Brauerei **13**, 149—55, Nov. 1960, Beil. zu: Brauerei; Berlin, Inst. für Gärungsgewerbe, Maschinentechn. Abt.; dt.) — Die relativ hohen Bruchschäden von Flaschen bei der Pasteurisation sind u. a. auf eine ungenügende

Rüttelentgasung vor dem Verschließen der Flaschen u. auf Fehler in der Leerraumbemessung zurückzuführen. Der Leerraum soll 3% betragen. Bei der Pasteurisation ist der Einfl. der Wärme auf den Druck der in der Flasche eingeschlossenen Luft größer als auf den CO_2-Druck. Es wird eine vorübergehende Teilentgasung angestrebt, bei der die Raumarbeit der Luft im Leerraum der Flasche durch die Raumarbeit des CO_2 ersetzt wird. Dieser Zustand wird durch einen hohen Sättigungsanteil im Verhältnis zum Sättigungsdruck des CO_2 während der Rüttelentgasung erreicht. Bei einer guten Rüttelentgasung fehlt grundsätzlich die O_2-Aufnahmemöglichkeit. Vf. erhebt auf Grund umfangreicher Berechnungen die Forderung nach einem Flaschenprüfdruck von 10 atü im uneingespannten Zustand bei Zimmertemperatur. K.-U. Riedel. 7550□

Zusammensetzung der Hefeflora in Traubenmosten. Erich Minárik. (Kvasný Průmysl **6,** 229—31, Okt. 1960; Bratislava, Výsk. úst. vinohrad. vinárst.; tschech.) — In Mosten aus dem Weingebiet der Karpaten konnten *Sacch. vini* (**I**) u. *Kloeckera apiculata* (**II**), *Candida pulcherrima* (**III**), *Sacch. uvarum* u. *Torulaspora rosei* gefunden werden. Die spontane Mostgärung wird durch **II** u. **III** eingeleitet u. durch **I** weitergeführt. Auf die minimale Gärleistung von **II** u. **III** wird hingewiesen. Bei Maischegärung u. in ungünstigen Jahrgängen wird die Anwendung von Hefereinkulturen empfohlen. K.-U. Riedel. 7552□

Veränderungen der Zusammensetzung der Weine beim Kationieren. Je. Ss. Drboglaw. (Известия Высших Учебных Заведений, Пищевая Технология [Hochschulnachr., Nahrungsmittel-Technol.] **1960,** Nr. 5, 82—90; Krasnodar, Inst. für Lebensmittelind., Lehrstuhl für Technol. der Weinbereit.; russ.) — Der Einfl. der Kationierung auf den Geh. an A., Zucker, Säure, SO_2, Trockensubstanz, N u. P des Weines sowie auf seinen pH-Wert, seine Färbung u. die spezif. Leitfähigkeit während des in verschiedenen Stufen durchgeführten Prozesses werden erörtert. S. Baryschnikow. 7554

Einfluß von oberflächenaktiven Stoffen auf die Ausscheidungsgeschwindigkeit von Kohlendioxid aus Wein. A. A. Mershanian und N. F. Tschanpalowa. (Известия Высших Учебных Заведений (Краснодар), Пищевая Технология [Hochschulnachr. (Krasnodar), Nahrungsmittel-Technol.] **1961,** Nr. 3, 62—67; Krasnodar, Inst. für Lebensmittelind., Lehrstuhl für Technol. der Weinbereit.; russ.) — Vff. untersuchten die Einw. von oberflächenakt. Stoffen (Milch-, Äpfel-, Wein- u. Glutaminsäure, Essigsäureäthyl- u. -amylester, Acetaldehyd, Glykokoll, Leucin u. Furfurol) auf die Ausscheidungs-Geschw. von CO_2 aus Weinen, die mit CO_2 übersättigt wurden. Die Konzz. der oben angeführten Stoffe, die auf die CO_2-Ausscheidung hemmend wirken bzw. eine maximale Stabilität des dispersen Syst. CO_2–Wein gewährleisten, werden angegeben. S. Baryschnikow. 7554

Einfluß verschiedener Zuckerrübenmelassen auf den Verlauf der Citronensäuregärung. Jan Kovats. (Przemysł spożywczy **15,** 38—42, Sept. 1961; Racibórz; pol.) — Zuckerrübenmelasse, die für die Citronensäuregärung bestimmt ist, soll kein Fe^{3+} u. nur wenig organ. Farbstoffe enthalten. Der pH-Wert soll bei 7,5—9,2 liegen, der Geh. an flüchtigen Säuren 1,7 g/100 g u. der Geh. an Invertzucker 1% nicht übersteigen. Die Färbung der Melasse soll 200—450° Stammer haben. Fe^{3+} u. Farbstoffe können durch Zusatz von $K_4Fe(CN)_6$ oder besser mit Aktivkohle (1 g/100 ml) beseitigt werden. Die Melasse darf nicht aus der Schlußphase der Zuckerrübenkampagne stammen u. soll vor der Verarbeitung mindestens 6 Monate lagern. F. Urban. 7578□

Herstellung von kristallisierter Citronensäure durch Submersgärung von Zuckerrübenmelasse. G. Vernois. (Chim. et Ind. **86,** 546—48, Nov. 1961; franz.) — Man verd. Melasse mit 48—50 (%) Zucker mit W. auf einen Geh. von 14—20 Zucker, beseitigt die Kationen in einem Ionenaustauscher, versetzt mit den für die Gärung nötigen Salzen, macht neutral oder schwach sauer, sterilisiert durch Kochen, läßt unter Umrühren u. Lufteinblasen gären u. erhält nach 68 Std. eine Lsg., in der 60—80% des Zuckers in Citronensäure (**I**) umgewandelt worden sind. Durch Zusatz von $Ca(OH)_2$ erzeugt man Ca-Citrat, das filtriert u. mit H_2SO_4 in **I** übergeführt wird. Nach Reinigung der **I**-Lsg. mit akt. Kohle dampft man im Vakuum ein u. erhält krist. **I.** W. Wesly. 7578□

Untersuchungen über die Prüfmethoden für Backhefen. 1. Mitt. **Bestimmung der Feuchtigkeit und der Triebkraft.** Tomotaro Sato, Yoshiko Koyanagi und Hiroko Matsushita. (Rep. Food Res. Inst. [Tokyo] **13,** 4—6, Okt. 1958; jap.) J. Lehmberg. 7592□

Untersuchungen über die Prüfmethoden für Backhefen. 2. Mitt. **Bestimmung der Gasentwicklungskraft.** Tomotaro Sato und Hiroko Matsushita. (Rep. Food Res. Inst. [Tokyo] **13,** 7—12, Okt. 1958; jap.) — 1. vgl. vorst. Referat. J. Lehmberg. 7592□

Untersuchung über das Bleifällungs- und das spektrometrische Verfahren der Hopfenanalyse. L. S. Gimbel III, B. W. Schwartz und Joseph L. Owades. (Amer. Brewer **93,** Nr. 1, 37—44, Jan. 1960; Mount Vernon, N.Y., Schwarz Labor., Inc.; engl.) — Zur Unters. zahlreicher Hopfenproben auf α- u. β-Säuren werden nebeneinander das Pb-Fällungs- u. das spektrophotometr. Verh. (nach Extraktion des Hopfens mit PAe. oder Toluol) angewandt. Die Ergebnisse (Zahlentafeln) zeigen eine gute Übereinstimmung, wenn auch die abs. α-Säurewerte spektrophotometr. höher gefunden werden. Die Extraktion mit Toluol ergibt mit steigendem Hopfenalter höhere Werte als die PAe.-Extraktion. W. Wesly. 7598□

Chromatographie einiger Weine von Navarra (freie Aminosäuren). L. Martínez Burges. (An. Bromatol. [Madrid] **12,** 19—26, 1960; Estudio general de Navarra, Escuela de Med., Labor. de Quím.; span.) — Verschiedene Moste u. Weine aus Navarra werden nach der Meth. der ein- u. zweidimensionalen Papierchromatographie auf ihren Geh. an freien Aminosäuren untersucht. Einige der Aminosäuren treten bei der Gärung des Mostes auf, wahrscheinlich unter dem Einfl. von Saccharomyces. Neben Prolin, das bis zum 7. Gärungstag auftritt, werden in guten Weinen bis zu 13 Aminosäuren gefunden: Asparaginsäure, Glutaminsäure, Serin, Glykokoll, Threonin, Alanin (am stärksten vertreten), Valin, Leucin, Glutamin, Citrullin, Arginin, Lysin u. γ-Aminobuttersäure, daneben nichtidentifizierte Stoffe. Eine Anwendung der Chromatographie zur Qualitätsbeurteilung der Weine erscheint möglich. R. K. Müller. 7606□

Über den Nachweis von Chloralhydrat im Wein. J. Deshusses und P. Desbaumes. (Mitt. Gebiete Lebensmittelunters. Hyg. [Bern] **52,** 431—32, 1961; Genf, Labor. cantonal de chim.; franz.) — Zur Best. dest. man aus 100 (ml) Wein wie üblich den A. ab, setzt dem Rückstand 5 H_3PO_4 u. 5 W. zu, erhitzt zum Sieden, fängt im Probierglas die ersten 5 des Destillats auf, setzt diesem 1 Pyridin u. dann 5 KOH (50% ig) zu u. taucht das Probierglas unter mehrmaligem Schütteln 2 Min. in sd. Wasser. In Ggw. von Chloral (**I**) färbt sich die Pyridinschicht je nach **I**-Geh. mehr oder weniger stark rosa (Rk. von Fujiwara). Empfindlichkeit der Rk. 1 ppm. Ein Zusatz von 2,5 mg **I** zu 1 Liter Wein zeigte nach 9 Monaten noch positive Reaktion. G. Vogel. 7606□

Brewing Patents Ltd., London, Ronald David Hall und Graham Harris, Nutfield, Redhill, Surrey, England, **Verhütung von Kälte- und Oxydationstrub in Gärungsgetränken,** dad. gek., daß man die Nichtproteine, z. B. gelöste Leucoanthocyanine, völlig oder teilweise an pulverförmiges unlösl. Polyamidharz adsorbiert. Als Harz dient bes. Polyhexamethylenadipinsäureamid. — Man mischt z. B. 5 Gallonen helles Bier („pale ale“) mit 15 g Harzpulver, rührt während 3 Tagen mehrmals um, lagert 14 Tage bei 36° F u. filtriert durch ein Zellstoff–Asbest-Filter. Das behandelte Bier bleibt in nicht vollen Flaschen 60 Tage klar. — Beispiele. (**E. P. 867 613** vom 8/5. 1958, ausg. 10/5. 1961.) G. Vogel. 7517

Ernest Freed, Winston-Salem, N.C., V.St.A., **Entfernen von Metallen aus vergorenen und unvergorenen Fruchtsäften,** dad. gek., daß man den Saft mit einem festen, anorgan., Ca-Phosphat enthaltenden Salz mischt u. den das Metall enthaltenden Nd. entfernt. — Man rührt z. B. bei 40° F 5000 Liter metallhaltigen Weißwein 5 Min. lang mit einer Suspension von 20 lbs. Ca-Phosphat in 50 Litern Wein, läßt über Nacht stehen, filtriert den Nd. ab u. stellt das ursprüngliche pH im Wein durch Zusatz von Citronensäure wieder her. (**A. P. 2 995 446** vom 5/6. 1958, ausg. 8/8. 1961.) G. Vogel. 7517

Gerhard J. Haas, New York, N.Y., V.St.A., **Verbesserung von vergorenen Malzgetränken,** dad. gek., daß man ihnen zu irgend einem Zeitpunkt ihrer Herst. pulverisiertes trocknes Moos zusetzt, bis die Oxalsäure (**I**) (aus Malz u. Hopfen stammend) zerstört ist, u. das Moos abfiltriert. — Man mischt z. B. 2 g *Hypnum imponens* (*Hedw.*) mit 1 Liter gehopfter Bierwürze bei 80°, läßt 75 Min. bei 80° stehen, kühlt u. vergärt die Würze 10 Tage lang bei 10° mit Hefe. Der **I**-Geh. des Bieres sinkt dadurch von 31 auf 18 ppm. — Wirksam sind ferner Enzyme von Moos (*Phylum bryophyta*)-Arten, wie *Dicranum rugosum* (*Hoffm.*), *Hylocomium splendens* (*Hedw.*), *Rhytidiadelphus squarrosus* (*Hedw.*), *Rhytidiadelphus loreus* (*Hedw.*), *Pogonatum alpinum* (*Hedw.*), *Eurhynchium oreganum* (*Sull.*) usw., ferner aus Bakterien, wie *Pseudomonas astragali, Pseudomonas oxalaticus, Bacterium oxalaticum, Vibrio oxalaticus, Mycobacterium lacticola* usw., u. Pilzen, wie *Actinomyces*, Holzfäulepilzen u. bes. *Collovia veltipes*, dessen Enzym-Syst. den **I**-Geh. z. B. von 27,2 auf 2 ppm herabsetzt. Letzteres Pilzenzym zersetzt **I** zu CO_2 u. HCOOH, die von den Pufferstoffen der Würze unschädlich gemacht wird, während durch die Moose **I** zu CO_2 u. H_2O_2 oxydiert wird. Letzteres wird durch Hefekatalase zerstört. Behandelt werden Würze, Bier u. endvergorene Würze zwecks Verhütung der Bierstein-Bldg. u. des Überschäumens beim Ausschank aus Flaschen u. Dosen. — Beispiele, Tabellen. (**A. P. 2 992 110** vom 25/3. 1959, ausg. 11/7. 1961.) G. Vogel. 7551

H_{16}. Nahrungs-, Genuß- und Futtermittel

Nährwert von Lebensmittelkonzentrate enthaltenden Kostformen. W. P. Karandajewa. (Вопросы Питания [Fragen d. Ernähr.] **20**, Nr. 4, 52—57, Juli/Aug. 1961; Moskau, Erissman-Forschungsinst. für Sanitätswes. u. Hyg., Abt. für Hyg. der Ernähr.; russ., Auszug: engl.) — Die Assimilation der in natürlichen bzw. konz. Nahrungsmitteln enthaltenen Proteine, Fette u. Kohlenhydrate ist prakt. dieselbe. Eine Ernährung mit Nahrungsmittelkonzentraten ohne *Vitamin-C* (**I**)-Zugabe erniedrigt die N-Bilanz u. die **I**-Ausscheidung mit dem Morgenharn. Eine tägliche Zugabe von 0,05 g **I** zur Ration verhindert das Auftreten dieser Erscheinungen. S. Baryschnikow. 7642

Biochemische Veränderungen des Kohlenhydrat–Amylase-Komplexes in Weizenteig. N. I. Bersina, A. Ja. Kowalenko und I. M. Roiter. (Известия Высших Учебных Заведений (Краснодар), Пищевая Технология [Hochschulnachr. (Krasnodar), Nahrungsmittel-Technol.] **1962**, Nr. 1, 36—40; Kiew, Technolog. Inst. für Nahrungsmittelind., Lehrstuhl für Bäckereiwes.; russ.) — Vff. untersuchten die Umwandlungen der Kohlenhydrate u. die Aktivität der amylolyt. Fermente bei der Bereitung von Weizenteig unter Anwendung eines fl. Säureweckers (FS) mit verschiedenem Wasser- bzw. NaCl-Gehalt. Es wurde festgestellt, daß unabhängig vom NaCl-Geh. in den Prodd. ein erhöhter (auf 1 g Mehl berechneter) Wasser-Geh. im FS u. im Teig die Zucker-Bldg. u. seine Vergärung herabsetzt. Eine Zugabe von 0,7% NaCl zum FS mit verschiedenem Wasser-Geh. erniedrigt durch Herabsetzung der Löslichkeit u. der Aktivität der Amylase die Zucker-Bldg. u. den Gärungsprozeß im FS u. im Teig. S. Baryschnikow. 7674

Einfluß des Erwärmens des gärenden Weizenteigs auf die Aktivität der proteolytischen Fermente. I. A. Popaditsch und S. F. Falunina. (Хлебопекарная и Кондитерская Промышленность [Brot- u. Konditorei-Ind.] **6**, Nr. 2, 1—3, Febr. 1962; Moskau, Technolog. Inst. für Nahrungsmittelind.; russ.) — Durch 15 Min. langes Erwärmen des gärenden Weizenteiges auf 70° wird die Aktivität seiner proteolyt. Fermente erniedrigt; 33% des ursprünglichen N des Teiges gehen dabei jedoch in die in W. lösl. Form über. Durch analoges Erwärmen wss. Teig- bzw. Mehlauszüge werden ihre proteolyt. Fermente vollständig inaktiviert. Es wird gezeigt, daß durch 15 Min. langes Erwärmen des Teiges bzw. Brotes auf 95° eine vollständige Inaktivierung der Fermente nicht erreicht wird. S. Baryschnikow. 7674

Beschleunigte Bereitung von Brot aus Schrotmehl mit Hilfe von trockenem Säurewecker und Milchsäurezugabe. W. W. Schtscherbatenko und L. F. Stoljarowa. (Хлебопекарная и Кондитерская Промышленность [Brot- u. Konditorei-Ind.] **6**, Nr. 2, 3—6, Febr. 1962; Zentr. Forschungsinst. für Bäckereiwes.; russ.) — Ein Verf. zur beschleunigten Bereitung von Brot aus Schrotmehl mit Hilfe von trockenem Säurewecker u. Milchsäurezugabe wird angegeben. Der Verbrauch an Säurewecker beträgt 25—40% des Mehlgewichts. Die Herst. des Fertigprod. erfordert 2½—3 Stunden. S. Baryschnikow. 7674

Zur Frage des Phytingehaltes von Vollkorngebäcken. M. Rothe, K. Fuchs und Editha Böhme. (Ernährungsforschung **7**, 201—10, 1962; Potsdam-Rehbrücke, Inst. für Ernähr.; dt.) — Im Verlaufe der Herst. von Vollkorngebäcken kommt es zu einem weitgehenden Abbau des *Phytins* (**I**) des Rohstoffes. Die enzymat. **I**-Spaltung ist besonders stark bei Vorliegen einer längeren Teigführung. Bei einer normalen Sauerteiggärung erfolgt ein Abbau von mehr als 75% des Mehl-**I**. Mit Hefe gelockerte Weizenvollkornbrote enthalten noch 40—45% des Mehl-**I**. Ohne Teigführung hergestellte Gebäckarten, wie Knäckebrot oder Vollkornkeks, zeigen eine geringere Abbauquote des **I**, die zwischen 15 u. 30% liegt. M. Ulmann. 7674 □

Lagerungsversuche mit einigen in Polyäthylenfolien verpackten Backwaren. Radomir Lásztity. (Élelmiszervizsgálati Közlemények [Lebensmittelanalyt. Mitt.] **5**, 163—67, 1959; ung.) — Vgl. C. **1962**, 7364. — Verpacken von Backwaren in Polyäthylenfolien verhindert die Alterung nicht, nur das Austrocknen. Die Qualität der verpackten Ware ist besser als die der unverpackt gelagerten, erreicht aber die der frischen Ware nicht. J. Plank. 7674 □

Einige Bemerkungen über die Bekömmlichkeit von bestrahlten, an Schweine verfütterten Kartoffeln. T. Horne und J. R. Hickman. (Int. J. appl. Radiat. Isotopes **6**, 255—57, Okt. 1959; Wantage, England, Radiation Labor., Technol. Irradiation Group, Isotope Div.; engl.) — Das Körper-Gew. u. die Futterverwertung von Schweinen, die im Alter von 11 Wochen bis zur Schlachtung mit bestrahlten (10000 rad) Kartoffeln gefüttert worden waren, wiesen keine großen Unterschiede gegenüber den Werten auf, die mit nichtbestrahlten Kartoffeln gefütterte Tiere zeigen. In Zeitabständen genommene Blutproben der Vers.- u. Vgl.-Tiere zeigten keine Unterschiede in den Geh. an Hämoglobin, Harnstoff, Nichteiweiß-N, P.C.V. u. Plasmacholesterin. Auch die Schinkenqualitäten beider Tiergruppen sind gleich. W. Wesly. 7678 □

Fermentative Aktivität und Mikroflora von mit Antisepticis behandeltem Mais. N. W. Romenski, W. A. Jakowenko und L. R. Torshinskaja. (Известия Высших Учебных Заведений, Пищевая Технология [Hochschulnachr., Nahrungsmittel-Technol.] **1960,** Nr. 4, 3—6; Odessa, Technolog. Stalin-Inst., Lehrstuhl für Biochemie des Getreides u. für Getreidekunde; russ.) — Durch Unterss. über die Einw. von 0,25% ig. Lsgg. von *Brillantgrün* (I) u. 0,002% ig. *Rivanol* (II) auf die Atmungsintensität, Fermentaktivität u. Mikroflora der Maiskörner u. Maiskolben wird die hohe bactericide Wrkg. u. die Aktivierung der biochem. Prozesse (durch erhöhte Temp.- u. Samenfeuchtigkeit intensiviert) durch I bestätigt. Die baktericide Wrkg. von II erwies sich als prakt. ungenügend. S. Baryschnikow. 7686 □

Die Verwertung (entkörnter) Maiskolben. E. Zédet. (Ind. aliment. agric. **75,** 669—75, Sept./Okt. 1958; franz.) — Allg. Ausführungen. M. Winiker. 7686 □

Catechingehalt von Äpfeln. L. I. Wigorow. (Известия Высших Учебных Заведений, Пищевая Технология [Hochschulnachr., Nahrungsmittel-Technol.] **1961,** Nr. 2, 45—50; Uraler Forsttechn. Inst., Lehrstuhl für Botanik; russ.) — Der *Catechin* (I)-Geh. der Apfelsorten von Ural u. Sibirien schwankt zwischen 0,05 u. 1,70%. Großfrucht- u. halbwilde Sorten sowie halbkultivierte Renette enthalten 0,2(%) bzw. 0,3—0,4 bzw. 0,4—0,6 I. Der maximale I-Geh. (1,7%) wurde bei der Purpurrenette festgestellt. Einige der untersuchten Sorten mit hohem I-Geh. (davon 100—250 mg% „vitaminakt. I") zeigten gleichzeitig einen hohen (30—60 mg%) Geh. an Vitamin C. S. Baryschnikow. 7688

Über die Umwandlungen der Anthocyane von Obst und Beeren bei der Sterilisation mit Wärme und γ-Strahlen. M. L. Frumkin, L. P. Kowalskaja und Je. W. Dorofejewa. (Консервная и Овощесушильная Промышленность [Konserven- u. Dörrgemüse-Ind.] **16,** Nr. 5, 8—12, Mai 1961; Zentr. Forsch.-Inst. für Konserven- u. Dörrgemüseind.; russ.) — Die Chromatogramme der Anthocyane (I) der Erdbeere, Himbeere, Kirsche, Pflaume u. schwarzen Johannisbeere u. die graph. Darst. der opt. Dichten dieser I nach der Sterilisation des Obstes durch Wärme bzw. durch γ-Strahlen (1,5 Mrad) werden diskutiert. Beide Einw. verursachen analoge qual. Umwandlungen der I; die quant. Veränderungen der I sind bei therm. Behandlung weniger charakterist.: Die I-Werte sind immer höher als nach der Bestrahlung. S. Baryschnikow. 7688

Untersuchung der die Konsistenz von Tomatenbrei beeinflussenden Faktoren. Lajos Bontovits. (Élelmiszervizsgálati Közlemények [Lebensmittelanalyt. Mitt.] **5,** 98—110, 1959; Kecskemét, Landw. Vers.-Inst.; ung.) — Die Konsistenz des Tomatenbreis beeinflussen der Geh. an Pektin, Rohfaser, Ca, an mit A. fällbarer Schleimsubstanz u. an in A. unlösl. Trockensubstanz. Von größtem Einfl. ist der Geh. an Rohfaser, an in Oxalsäure lösl. Pektinen sowie an Calcium. J. Plank. 7688 □

Veränderungen der Carotinoidpigmente bei der Herstellung und Aufbewahrung von Valencia-Orangensaft-Pulver. A. Laurence Curl und Glen F. Bailey. (Food Technol. **13,** 394—98, Juli 1959; Albany, Calif., Western Reg. Res. Labor.; engl.) — Die Zus. der Carotinoidmischung von gefrorenen einfachen oder konz. Florida–Valencia-Orangensäften ist nicht sehr unterschiedlich, der Konz.-Prozeß hat also darauf höchstens einen geringen Einfluß. Bei der Herst. von Saftpulver wird ein kleiner Teil der ca. $^2/_3$ der Pigmente ausmachenden 5.6-Epoxide (I) zu 5.8-Epoxiden isomerisiert. Das geht im wesentlichen während der 78tägigen Konditionierung bei 77° F vor sich. Bei folgender 6monatiger Lagerung bei 100° F verschwinden prakt. alle I u. auch einige nichtepoxid. Carotinoide nehmen merklich ab, teilweise infolge trans–cis-Isomerisierung. Abnahmen der Provitamine A werden nicht beobachtet. Zwei Bestandteile aus Florida-Saft, die in sehr geringer Menge vorkommen, Lutein-5.6-epoxid u. das entsprechende 5.8-Epoxid Flavoxanthin, wurden in kaliforn. Saft noch nicht gefunden. Ph. Fresenius. 7706 □

Aromastoffe als Lebensmittelzusätze. Richard L. Hall. (Food Technol. **13,** 14—19, Juli 1959; Baltimore, Md., McCormick & Co.; engl.) — Allg. Behandlung von Fragen der Lebensmittel-Herst. u. Überwachung im Zusammenhang mit der Verw. von ca. 1100 künstlichen Aromastoffen in der Lebensmittelindustrie. Ph. Fresenius. 7714 □

Faktoren, die die Wasserhaltung von Rindfleisch beeinflussen. 1. Mitt. Variationen in Zusammensetzung und Eigenschaften bei acht Muskeln. C. E. Swift und M. D. Berman. (Food Technol. **13,** 365—70, Juli 1959; Beltsville, Md., U. S. Dep. of Agric., Eastern Utilizat. Res. and Dev. Div., Meat Labor.; engl.) — Als „Wasserhaltung" (water retention) wird die Gew.-Veränderung von Fleischproben nach Mischen mit der gleichen Menge dest. W., Zentrifugieren des Gemisches bei 15000 U/min während 20 Min. u. Aufbewahrung über Nacht bei 0° bezeichnet. Es ergibt sich, daß im Hinblick auf die Wasserhaltung beträchtliche Unterschiede zwischen verschiedenen Muskeln bestehen, die vom N-, Fett-, Feuchtigkeits- u. Elektrolyt-Geh. abhängen. Zwischen Wasserhaltung u. pH, Zn u. Fett-Geh. bestehen signifikante direkte Beziehungen. Eine umgekehrte Beziehung besteht zu dem Ca- u. Mg-Gehalt. Das Verhältnis Feuchtigkeit: Protein hat einen direkten Zusammenhang mit der Wasserhaltung.

Ph. Fresenius. 7750 □

Einige Beziehungen zwischen den chemischen und physikalischen Eigenschaften von Rindermuskeln. C. Lockett, C. E. Swift und W. L. Sulzbacher. (J. Food Sci. **27**, 36—41, Jan./Febr. 1962; Beltsville, Md., U. S. Dep. of Agricult., Agricult. Res. Service, Eastern Utilizat. Res. and Dev. Div., Meat Labor.; engl.) — Es wurde auf histolog. u. chem. Wege die Wasserverteilung im Rindermuskel untersucht. Die Größe der extracellulären Zwischenräume ist dem W.-Eiweiß-Verhältnis direkt proportional, der intracelluläre Wasser-Geh. ist ihm dagegen umgekehrt proportional. E. Lück. 7750 □

Die biochemischen Veränderungen des Fleisches bei ionisierender Bestrahlung. W. W. Palmin. (Известия Высших Учебных Заведений (Краснодар), Пищевая Технология [Hochschulnachr. (Krasnodar), Nahrungsmittel-Technol.] **1962**, Nr. 2, 76—81; Moskau, Technol. Inst. für Fleisch- u. Milchind., Lehrstuhl für Biochem.; russ.) — Vf. erörtert an Hand der Literatur die wesentlichen chem. Rkk., die durch ionisierende Bestrahlung in Lebensmitteln, bes. im Fleisch, hervorgerufen werden. — 30 Literaturangaben. S. Baryschnikow. 7750

Überlebensrate von Bakterien in künstlich verunreinigten gefrorenen Fleischpasteten nach dem Backen. Karl Kereluk und M. F. Gunderson. (Appl. Microbiol. **9**, 6—10, Jan. 1961; Camden, N.J., Campbell Soup Co., Bact. Res. Dep.; engl.) — Vff. untersuchten die Wrkg. des Backens auf die Anzahl der lebenden Bakterien, die sanitär u. hyg. von Bedeutung sind, u. auf die Anzahl sporenbildender Organismen, die den Hühnerfleischpasteten (**a**) künstlich zugesetzt wurden. Die **a** wurden nach dem Beimpfen gefroren. In den Unterss. wurden Staphylococcus aureus, Streptococcus faecalis, Escherichia coli u. Bacillus subtilis verwendet. Die Proben wurden 20, 30 u. 40 Min. lang gebacken. Die Überlebensrate (**b**) der nichtsporenbildenden Bakterien betrug nach 40 Min. Backdauer bei 425° F 0,0002—0,1%, bei S. faecalis 0,1% u. bei den sporenbildenden Bakterien 0,35%. **b** betrug bei 30 Min. Backdauer bei 425° F 0—3,6% bei nichtsporenbildenden Organismen. S. faecalis überlebte wieder in der größten Anzahl. Nach 20 Min. Backdauer betrug **b** 14—100% bei nichtsporenbildenden Bakterien, 150% oder mehr bei sporenbildenden Bakterien, bei denen vielleicht Vermehrung auftritt. D. Pöhland. 7750 □

Herstellung von Fettemulsionen mit Hilfe des Ultraschalls und ihre Anwendung. A. Ssokolow und Ju. Sajass. (Мясная Индустрия СССР [Fleisch-Ind. UdSSR] **33**, Nr. 1, 47—49, 1962; russ.) — Beschreibung der Konstruktion u. Arbeitsweise einer hydrodynam. Ultraschallanlage zur Herst. von Schweinefettemulsionen für die Bereitung von Wurstwaren. S. Baryschnikow. 7750

Über die proteolytische Wirkung der Gewebefermente des Fleisches des Ketalachses. Je. A. Nassedkina. (Известия Высших Учебных Заведений (Краснодар), Пищевая Технология [Hochschulnachr. (Krasnodar), Nahrungsmittel-Technol.] **1962**, Nr. 2, 87—92; Forsch.-Inst. für Fischereiwirtschaft u. Ozeanographie des Stillen Ozeans, Technol. Labor.; russ.) — Vf. untersuchte die Wrkg. der proteolyt. Gewebefermente des Fleisches des Ketalachses nach der Veränderung der Protein-Zus. des zerkleinerten u. bei ca. 0° gelagerten Fleisches, dem 5—15% NaCl zugefügt wurden. Der Geh. des Prod. an Gesamt-, Nichteiweiß-, wasserlösl.- u. salzlösl. N sowie an flüchtigen N-Basen, Aminosäuren u. Polypeptiden wird erörtert. S. Baryschnikow. 7752

Der Ascorbinsäure-Gehalt in einigen Fischarten des Ob-Beckens. N. N. Kuindshi. (Вопросы Питания [Fragen d. Ernähr.] **21**, Nr. 3, 83—84, Mai/Juni 1962; Moskau, Erissman-Inst. für Hygiene, Abt. für Ernährungshygiene; russ.) — Der mittlere Geh. an *Ascorbinsäure* des Fleisches von *Salmo muxun* u. *Coregonus nasus* (Hauptlebensmittel der Eingeborenen der Jamal-Halbinsel) beträgt 3,54 bzw. 3,84 mg%.

S. Baryschnikow. 7752

Chromatographische Bestimmung von Aminosäuren in Fischbrühen. Ju. A. Worotnikow. (Рыбное Хозяйство [Fischerei-Wirtsch.] **38**, Nr. 3, 64—67, 1962; Kaliningrad, Techn. Inst. für Fischind. u. Fischwirtschaft; russ.) — Chromatograph. wurden 4 Arten von Fischbrühen u. „Fischfiltraten" (durch Koagulation u. Vakuumfiltration von Eiweiß befreite Brühen) auf ihren Geh. an *Aminosäuren* untersucht.

Bestimmt wurden: *Asparagin-* u. *Glutaminsäure, Serin, Glykokoll, Threonin, Alanin, Tyrosin, Valin, Leucin, Tryptophan, Phenylalanin* u. *Cystin.*
S. Baryschnikow. 7752

Über die Ansammlung von Zinnsalzen in Fischkonserven. F. M. Purikow. (Известия Высших Учебных Заведений (Краснодар), Пищевая Технология [Hochschulnachr. (Krasnodar), Nahrungsmittel-Technol.] **1961**, Nr. 4, 100—05; Leningrad, Engels-Inst. für Sowjethandel; russ.) — Vf. bestimmte den *Sn*-Geh. in 12 Sorten von Fischkonserven (FK). Der Einfl. der chem. Zus., des Herst.-Verf., der Lagerungsbedingungen u. der Lagerungsdauer des Prod. sowie der Schutzschicht des Bleches (Lackieren, Emaillieren, Passivierung von Sn) auf den Sn-Geh. verschiedener FK-Sorten (12,3—270 mg/kg Sn nach 12 Monate langer Lagerung) soll bei der Best. der zulässigen Lagerungsdauer der FK in Betracht gezogen werden.
S. Baryschnikow. 7752

Titrierbare Acidität von Magermilchpulver. A. J. Lawrence und Jean Eales. (Austral. J. Dairy Technol. **17**, 14—16, Jan./März 1962; Melbourne, C.S.I.R.O., Dairy Res. Sect. and Veterinary Res. Inst.; engl.) — Indien verlangt für importiertes Magermilchpulver eine maximale titrierbare Acidität von 1,25% (Milchsäure). Vff. bestimmten in 5 Fabriken die titrierbare Acidität der Magermilch vor dem Trocknen u. des Pulvers. Ferner wurden die Keimzahl direkt u. nach dem Platten-Verf. sowie die *E. coli*-Zahl bestimmt. Als Mittelwerte für Magermilch wurden eine titrierbare Acidität von 0,153 $\pm$0,005 g/100 ml sowie 10^5—10^6 Keime/ml, für Milchpulver 1,42 $\pm$ 0,06 g/100 g sowie 3—4000 Keime/ml gefunden. Nach der Keimzahl kann die Säureproduktion höchstens 0,001% betragen, die gefundenen Werte sind also auf das natürliche Pufferungsvermögen zwischen natürlichem pH u. Umschlagspunkt des Phenolphthaleins zurückzuführen. Theoret. könnte die titrierbare Acidität von Milchpulver sogar das 10,4fache des Magermilchwertes ausmachen. Die ind. Ansprüche sind also prakt. nicht realisierbar, auch wenn die nach der ind. Methodik ermittelten Werte um 0,11 $\pm$ 0,03% niedriger liegen als die nach dem brit. Verf. bestimmten. Die Notwendigkeit internationaler Einheits-Meth. wird betont.
Hans Thiele. 7756□

Zusammensetzung, physikalische Eigenschaften und mikrobiologische Qualität von Chip-dips. L. G. Harmon, C. M. Stine und G. C. Walker. (J. Milk Food Technol. **25**, 7—11, Jan. 1962; East Lansing, Mich., State Univ., Mich. Agric. Exp. Stat., Dep. of Food and Sci.; engl.) — Chip-dips sind neuartige Milch-Prodd. auf der Grundlage gesäuerter Sahne mit Zusatz von verschiedenen pflanzlichen u. tier. Bestandteilen, Gewürzen u. Salzen, die im Haushalt vielfältige Anwendung finden. Sie kommen als Trocken-Prod. sowie fertig zum Verbrauch in den Handel. Vff. führten chem., physikal. u. mikrobiolog. Unterss. einer Anzahl derartiger Prodd. (Trocken-Präpp. vor u. nach der Rekonstitution sowie fertige Prodd.) durch. Mit pflanzlichen Bestandteilen oder Gewürzen aromatisierte Prodd. wiesen im allg. höhere Gesamtkeimzahlen, Coli- u. Pilzzahlen auf als die mit Käse bereiteten. Der Fett-Geh. der Trocken-Präpp. schwankte zwischen 0,4 u. 34,3%, der Fertig-Prodd. von 13,0—54,0%. Beide Gruppen enthielten entweder nur Milchfett, nur pflanzliches Fett oder Gemische beider Fettarten. Der Wasser-Geh. der dehydrierten Prodd. lag bei 1,3—8,2%, der der fertigen zwischen 34,7 u. 74,4%. Die organolept. Beurteilung fiel für Fertig-Präpp. besser aus als für rekonstituierte Trockenprodukte. Die teilweise hohen Keim-Geh. in einigen Trocken-Prodd. ($>$1000000 Gesamtkeime, $>$10—100 Psychrophile, $>$1000 Coliforme, $>$1000 Hefen u. $>$1000 Pilze pro Gramm Chip-dips sowie hohe Zahlen an Hefen u. Pilzen in Fertig-Prodd. u. starke Schwankungen in der Zus. machen einheitliche Best. über die Beschaffenheit der Chip-dips wünschenswert.
Hans Thiele. 7756□

Herstellung von hochwertigem Casein mittels Schwefelsäure. D. W. King, F. H. McDowall und E. L. Richards. (Austral. J. Dairy Technol. **17**, 8—13, Jan./März 1962; Palmerston North, New Zealand, Dairy Res. Inst.; engl.) — Entgegen der allg. Ansicht, daß Schwefelsäure–Casein (**a**), wenn auch billiger herzustellen, so doch dem Milchsäurecasein (**b**) qual. unterlegen ist, zeigen Vff. an Hand von Laboratoriums- u. großtechn. Verss., daß **a** dem **b** durchaus gleichkommen kann, sofern pH u. Temp. bei der Fällung den bes. Erfordernissen angepaßt werden. Ohne übermäßiges Waschen entsprechen die Eigg. des **a** bes. auch der Asche-Geh. denen des **b**. Lediglich der SO_4^{2-}-Geh. liegt mit 0,03% über dem des **b** mit 0,002%. Es erscheint möglich, das Casein den verschiedenen Verw.-Zwecken durch Variation der Fällungsbedingungen anzupassen. Ist z. B. gute Löslichkeit erwünscht, sollten Temp. u. pH-Wert bei der Fällung möglichst hoch sein.
Hans Thiele. 7756□

Die Wirkung von Tylosin auf koagulasepositive Staphylokokken in Lebensmitteln. Richard A. Greenberg und John H. Silliker. (J. Food Sci. **27**, 60—63,

Jan./Febr. 1962; Chicago, Ill., Swift & Co., Res. Labor.; engl.) — 20 ppm *Tylosin* (I) verhindern das Wachstum von koagulasepositiven Staphylokokken in Eiscrememischungen. Zur Konservierung von Käsecreme reichten 2,5 (ppm) I, bei Schinken 3 I u. bei Hausmacherwurst 5 I aus. E. Lück. 7760□

Staphylococcus aureus in Cheddarkäse. Einfluß der Ausgangszahl auf das Überleben. R. W. McLeod, R. J. Roughley und J. Richards. (Austral. J. Dairy Technol. **17**, 54—56, Jan./März 1962; Rydalmere, N.S.W., Dep. of Agric.; engl.) — Vff. stellten 4 Cheddarkäse aus kurzzeit-hocherhitzter Milch her, die nach der Erhitzung mit verschiedenen Mengen *Staphylococcus aureus* infiziert wurde. Es wird gezeigt, daß zwischen *St.-aureus*-Zahl (**a**) in Ausgangsmilch u. Bruch nach dem Mahlen eine in etwa lineare Beziehung besteht. Die Vermehrung während der Herst. u. das Verhältnis der **a** in Molke u. Bruch ist dagegen von der Ausgangs-**a** unabhängig. Die Überlebenszeit während der Reifung nimmt jedoch mit steigender Ausgangs-**a** zu. Eine kontinuierliche Abnahme ist bei normaler Acidität stets festzustellen. In einem Fall zu geringer Säuerung nahm die **a** innerhalb der 179tägigen Reifung bei 13° kaum ab. Hans Thiele. 7760□

Dichtes Gefüge von Cheddarkäse durch Pressen unter Vakuum. J. Czulak, N. H. Freeman und L. A. Hammond. (Austral. J. Dairy Technol. **17**, 22—25, Jan. bis März 1962; Melbourne, C.S.I.R.O., Dairy Res. Sect.; engl.) — Vff. zeigen, daß Vakuumbehandlung des Cheddarbruches 5 Min. vor u. während der ersten 30 Min. des Pressens zu einem ausgezeichnet dichten Gefüge des fertigen Käses führt. Mechan. eingebrachte Luft wird vollständig entfernt. Es wird ein Vakuum von 20 in. Hg u. ein Druck von 25 lbs./sq. in. empfohlen. Durch diese Behandlung wird nicht nur der Fehler mechan. Offenheit des Gefüges vollständig, sondern weitgehend auch die Offenheit durch bakterielle Gas-Bldg. infolge Erhöhung des Gas-Absorptionsvermögens vermieden. Auch für die Kurz-Meth. der Cheddarkäse-Herst. bietet die Vakuumbehandlung Vorteile. Es wird eine Vakuumpresse beschrieben, die den Ansprüchen der Praxis genügen dürfte.
Hans Thiele. 7760□

Anwendungsmöglichkeiten der Hochfrequenztitration in der Lebensmittelanalytik. 1. Mitt. Radomir Lásztity und János Nedelkovits. (Élelmiszervizsgálati Közlemények [Lebensmittelanalyt. Mitt.] **6**, 110—14, 1960; Budapest, TU, Lehrst. Lebensmittelchem.; ung.) — Vff. beschreiben die Best. des Säuregrades von Mehl, Bier u. gerösteter Zichorie. J. Plank. 7788□

Anwendungsmöglichkeiten der Hochfrequenztitration in der Lebensmittelanalytik. 2. Mitt. Radomir Lásztity und János Nedelkovits. (Élelmiszervizsgálati Közlemények [Lebensmittelanalyt. Mitt.] **6**, 233—35, 1960; ung.) — 1. vgl. vorst. Referat. — Laut Verss. der Vff. ist die Säure-, Chlorid- u. Fett-Best. mittels Hochfrequenztitration bei Lebensmitteln im allg. nur mit annähernder Genauigkeit ausführbar.
J. Plank. 7788□

Schnellverfahren zur Bestimmung von Metallen in Lebensmitteln mit komplexbildenden Stoffen. 7. Mitt. **Die zur Bestimmung erforderlichen Zersetzungsverfahren.** Pál Spanyár und Jánosné Kevei. (Élelmiszervizsgálati Közlemények [Lebensmittelanalyt. Mitt.] **7**, 224—32, Okt. 1961; ung.) — 6. vgl. C. **1963**, 733. — Zur Zerstörung der organ. Substanz der Lebensmittel werden die zweckentsprechendsten Verff. angegeben, mit bes. Hinweis auf die gefährlichen Eigg. der $HClO_4$. K. Gärtner. 7788

Schnellverfahren zur Bestimmung der Metalle in Lebensmitteln mittels komplexbildender Stoffe. 8. Mitt. **Bestimmung von Kobalt.** Pál Spanyár und Jánosné Kevei. (Élelmiszervizsgálati Közlemények [Lebensmittelanalyt. Mitt.] **7**, 305—10, Dez. 1961; ung.) — 7. vgl. vorst. Referat. — Nach nassem Aufschluß oder Veraschung der Probe wird bei pH 4—5 mit α-Nitroso-β-naphthol der in Chlf. lösl. rote Co-Komplex gebildet, dessen Farbstärke bei 530 nm gemessen dem Co-Geh. proportional ist. Die Meth. eignet sich zur Best. von 2—20 μg Co. K. Gärtner. 7788

Schnellverfahren zur Bestimmung der Metalle in Lebensmittel mittels komplexbildender Stoffe. 9. Mitt. **Bestimmung von Aluminium.** Pál Spanyár und Jánosné Kevei. (Élelmiszervizsgálati Közlemények [Lebensmittelanalyt. Mitt.] **8**, 4—16, Febr. 1962; ung.) — 8. vgl. vorst. Referat. — Zur Best. des Al-Geh. empfehlen Vff. Aurintricarbonsäure, doch müssen aus der durch nassen Aufschluß erhaltenen Lsg. die störenden Substanzen (Fe, Sn, Hexametaphosphat, Pyrophosphat) entfernt oder deren Wrkg. ausgeschaltet werden. Es werden 3 zur Vorbereitung geeignete Verf. angegeben, von denen das mit Ausscheiden der Phosphate kombinierte Kupferron-Verf. das genaueste ist.
K. Gärtner. 7788

Die elektrophoretische Bestimmung der in Italien als (Lebensmittel)zusätze zugelassenen synthetischen Farbstoffe. M. T. Cuzzoni. (Farmaco [Pavia], Ediz. prat. **15**, 752—58, Dez. 1960; Pavia, Univ., Ist. di Chimica Farmaceutica e Tossicologica; ital.) — Beschreibung der Methode. M. Winiker. 7788□

Verfahren zur chromatographischen Trennung und mikrobiologische Untersuchung von Pyridoxin, Pyridoxal und Pyridoxamin in Nahrungsmittelextrakten. Edward W. Toepfer und Joanna Lehmann. (J. Assoc. off. agric. Chemists **44**, 426—30, Aug. 1961; Beltsville, Md., U. S. Dep. of Agric., Human Nutrition Res. Div., Agric. Res. Serv.; engl.) — Das von Toepfer, MacArthur u. Lehmann (C. **1962**, 2941) vorgeschlagene, chromatograph. Verf. zur Trennung von *Pyridoxin* (**I**) *Pyridoxal* (**II**) u. *Pyridoxamin* (**III**) wird durch Verw. einer größeren Kationenaustauschersäule u. Verw. von HCl–K_2HPO_4-Lsg. an Stelle von K-Citrat als Eluiermittel für **III** abgewandelt. Die Adsorption von **I**, **II** u. **III** wird durch mikrobiolog. Unters. (S. carlsbergensis) des Vorlaufs überprüft. W. Wesly. 7788□

Die Entfernung von Carbonylverbindungen aus sauerstofffreien Lösungsmitteln. Irwin Hornstein und Patrick F. Crowe. (Analytic. Chem. **34**, 1037—38, Juli 1962; Beltsville, Md., U. S. Dep. of Agricult., Eastern Milization Res. and Dev. Div.; engl.) — Zur Entfernung von Carbonyl-Verbb. aus Lsgm., die zur Best. von Carbonylen in Nahrungsmitteln verwendet werden sollen, wird eine chromatograph. Technik angewendet, bei der die Carbonyle durch konz. H_2SO_4 zerstört werden. Die Säule wird nacheinander mit einer Schicht wasserfreiem Na_2SO_4, einer Schicht H_2SO_4-imprägniertem Celit 545 u. einer Schicht krist. Na_2SO_4 gefüllt. W. Betcke. 7788□

Bestimmung des Roggenmehlgehaltes neben Weizenmehl nach der Methode von R. Strohecker. Imre Sarudi. (Élelmiszervizsgálati Közlemények [Lebensmittelanalyt. Mitt.] **5**, 157—62, 1959; Szeged, Städt. Qualitätskontroll-Inst.; ung.) — Vf. bestätigt die Verläßlichkeit der Methode. J. Plank. 7798□

Der Nachweis von oberflächenaktiven Derivaten von Polyoxyäthylen in emulgierten Fetten, im Brot und Feingebäck. Francesco Muntoni, Carla Iacobelli-Turi und Gerolamo de Giuli. (Rass. chim. **11**, Nr. 4, 17—19, Juli/Aug. 1959; Roma, Ist. super. di Sanità, Labor. di Chim.; ital.) — Es wurden Meth. zum Nachw. von oberflächenakt. Derivv. von *Polyoxyäthylen* (**I**) in emulgierten Fetten, im Brot u. Feingebäck entwickelt. Dieselben basieren auf der Bldg. von unlösl. Komplexen durch Rk. der Äthergruppen mit $HgCl_2$, die von Iacobelli-Turi [Rendic. I.S.S. **22**, (1959.) 174] angewandt u. schon von Paternò u. Spallino [1907] vorgeschlagen u. zum Nachw. aller Typen von **I**-Derivv. geeignet ist. — Man löst 1 oder 2 g der zu untersuchenden Emulsion in 15 ml PAe., wobei die Zucker ungelöst bleiben, führt die Lsg. in einen Scheidetrichter über, schüttelt mit 20 ml W. aus, trennt die wss. Schicht ab, filtriert (wenn erforderlich), läßt auf dem Wasserbad auf 2—3 ml eindunsten, fügt das gleiche Vol. einer gesätt. $HgCl_2$-Lsg. zu, wobei sofort ein weißer Nd. mit Derivv. von **I**, z. B. Carbowax 4000, Froll, Tween 20 u. 80, Myri 45, G 2152 u. BRIJ 30, entsteht, der nach Zugabe von NaCl-Kristallen in Lsg. geht. — Man behandelt 25 g Brot bzw. Feingebäck 30 Min. lang mit 50 ml Isopropanol unter Kochen am Rückfluß, filtriert heiß, nimmt den Rückstand nach Verdampfen des Extraktes mit 10 ml PAe. auf, wobei die Bldg. des Nd. mit $HgCl_2$ wegen der geringen Menge der anwesenden Derivv. von **I** mehr Zeit braucht. In Ggw. von Fetten u. Zuckern tritt mit $HgCl_2$ keine Rk. ein. G. Platzer. 7800□

Objektive Bewertung der Rohwurstfarbe auf der Grundlage der spektrophotometrischen Analyse der Lichtremission. Wincenty Pezacki. (Przemysł spożywczy **15**. 19—25, Sept. 1961; pol.) — Die Lichtremission bei 570—580 mμ des Wurstanschnitts zeigt statist. gesichert den Frischezustand der Wurst an. F. Urban. 7850□

Prüfung von für die Fettbestimmung nach Gerber in den Handel gebrachten Amylalkoholen. A. Fricker und F. Woerner. (Kieler milchwirtsch. Forsch.-Ber. **13**, 373—80, 1961; Hohenheim, Landw. Hochschule, Inst. für Milchwirtschaft u. Gärungswesen; dt.) — Als wichtigste Kriterien für die Eignung eines *Amylalkohols* (**I**) zur Fett-Best. in Milch erwiesen sich das Ergebnis des Vgl. des acidobutyrometr. ermittelten Fett-Geh. der Milch mit dem nach Röse u. Gottlieb erhaltenen sowie die Best. der Siedegrenzen des betreffenden **I**. (Für die Ermittlung der Siedegrenzen wird eine Spezial-App. beschrieben.) Als genaueste Meth. zur Feststellung u. Best. von Begleitstoffen in **I** ist die Gaschromatographie anzusprechen. M. Winiker. 7856□

Viscosität des Rahms in Abhängigkeit von der Temperatur und vom Fettgehalt. Ss. Bogdanow und B. Gotschijajew. (Молочная Промышленность [Milch-Ind.] **23**, Nr. 7, 42—44, Juli 1962; Leningrad, Technol. Inst. für Kälteindustrie; russ.) — Die Abhängigkeit der Viscosität (η) des Rahms von seiner Temp. u. dem Fett-Geh. des Prod. wird für Rahm mit 25,5, 30,5, 35 u. 40% Fett bei 15,1—70,7° zahlenmäßig u. graph. dargestellt. Empir. Formeln zur Feststellung der η für Prodd. mit 25—40% Fett bei 20 bis 30° u. 40—70° werden erörtert. Die Abweichungen zwischen den tatsächlichen u. nach den obigen Formeln berechneten η betragen $\leqq 7\%$. S. Baryschnikow. 7856

Ein modifizierter Cornell-Phosphatase-Test zur Untersuchung von Blauschimmel- und gealtertem Käse. John H. Mahon, Constance Anglin und Ross A. Chapman. (J. Assoc. off. agric. Chemists **38**, 482—93, 15/5. 1955; Ottawa, Canada, Food and Drug Directorate, Dep. of National Health and Welfare; engl.) — Alle Käse verringern die Neigung der Phenoleichkurve beim Cornell-Phosphatasetest (vgl. Kosikowsky, C. **1953**, 7428). Dieser Effekt ist bes. stark bei Blauschimmel- u. gealtertem Käse. Die Neigung beträgt 10—88% der Theorie. Je älter der Käse wird, um so mehr tritt diese Erscheinung hervor, z. T. beruht sie auf einer Abnahme der Phosphataseaktivität. Der Effekt steht auch in Beziehung zum Geh. der Käse an freien Aminosäuren. Die Ergebnisse einer modifizierten Cornell-Meth. werden reproduzierbarer, wenn man das 2.6-Dichlorchinonchlorimid-Reagens zur Erreichung einer schnellen Durchmischung unter leichtem Blasen in die Pipette zusetzt. Vermehrte Reagenszugabe verstärkt die Neigung der Eichkurve bes. in Ggw. von Blauschimmel- u. gealtertem Käse, u. man erhält dabei höhere Phosphatasewerte. Eine Verdünnung von 1:6 ergibt bei allen Käsesorten eine stärkere Kurvenneigung. Die Verw. nur eines Verdünnungsfaktors sichert die Vergleichbarkeit der Ergebnisse. Ph. Fresenius. 7860

General Foods Corp., White Plains, N.Y., übert. von: Adolph S. Clausi, Battle Creek, Mich., James L. Common, Briarcliff, und Hazel M. Horti, Bethpage, N.Y., V.St.A., **Herstellung von Schaumspeisen („Chiffon")**. Als Grundlage dient ein auf enzymat. Wege, z. B. mit Pepsin, teilweise abgebautes Sojaeiweiß, Gelatine, trockene vorgelatinierte Stärke, ein Phosphat, bes. Polyphosphat, oder ein Phytat, ferner eine organ. Säure zur Einstellung eines pH von 2,9—4,4 in der Lsg. in Wasser; z. B. wird eine Mischung aus 60,6 (g) Zucker, 10,5 vorgelatinierter Kartoffelstärke, 7,5 Maissirup in Trockenform, 2,5 Gelatine, 1,25 abgebautem Sojaprotein einschließlich Na-Hexametaphosphat, 1,20 Citronensäure, 1,0 Erdbeeraroma, 0,23 NaCl u. 0,2 Erdbeerfarbe mit kochendem W. u. Zucker verrührt, dann stark abgekühlt u. geschlagen. (**A. P. 2 954 299** vom 10/7. 1958, ausg. 27/9. 1960.) W. Kranz. 7711

Armour & Co., V.St.A., **Überzug für Nahrungsmittel**, bes. für *Fleischwaren*, zur *Verhinderung des Schimmelns* bei der Aufbewahrung. Die Nahrungsmittel, z. B. *Würste*, werden einige Sek. in eine Lsg. getaucht, die Gelatine u. eine polymere Phosphorsäure enthält, u. anschließend getrocknet. Der entstehende Überzug ist feuchtigkeitsbeständig u. farblos. — Die Lsg. kann z. B. folgende Zus. haben: 1600 (g) Gelatine, 400 Na-Hexametaphosphat, 120 (cm^3) konz. HCl, 4800 Wasser. Die Mischung erfolgt bei ca. 50°; der pH-Wert soll etwas unter 3,5, z. B. 2,0, betragen. (**F. PP. 1 206 169** u. **1 206 170** vom 13/5. 1958, ausg. 8/2. 1960.) W. Heyne. 7751

Hedwige Mathilde Marie André-Fouet, Seine, Frankreich, **Konservierung von Fischen, Muscheln und Krustentieren.** Man taucht die Fische usw. einige Zeit in ein Kältebad aus See- oder Kochsalz-Lsg. unter gleichzeitigem Durchleiten von CO_2. — 30 kg in Streifen geschnittener Thunfisch werden 10—15 Min. lang in 30 Liter einer auf —10 bis —15° abgekühlten 8%ig. Lsg. aus See- oder Kochsalz, die 1 g J_2 enthält, eingetaucht unter gleichzeitigem Einleiten von CO_2. — Der Fisch wird dann unter asept. Bedingungen in Plastikhüllen verschlossen. Er soll sich bei 0° mehrere Monate frisch erhalten. (**F. P. 1 228 319** vom 12/3. 1959, ausg. 29/8. 1960.) W. Heyne. 7753

J. R. Geigy Akt.-Ges., Basel, Schweiz, **Milchersatz für Jungtiere**, dad. gek., daß man Proteinhydrolysate mit Fetten u. niedermol. Zuckern, bes. verzuckerten Kohlenhydraten, gut vermischt u. die so erhaltene Mischung in Pastenform durch eine Mahl-Vorr. schickt, welche eine Teilchengröße der ungelösten Bestandteile von 5—30 μ erzeugt, u. ggf. die Mischung durch Trocknen u. Mahlen in Pulverform überführt. (**Oe. P. 211 154** vom 26/5. 1959, ausg. 26/9. 1960. It. Prior. 27/5. 1958.) T. Oppermann. 7787

H_{17}. Fette. Seifen. Wasch- und Reinigungsmittel usw.

Zur Frage der katalytischen Wirkung von oxydierten Ölresten. N. I. Kosin und P. M. Jermakowa. (Маслобойно-Жировая Промышленность [Öl- u. Fett-Ind.] **27**, Nr. 2, 12—13, Febr. 1961; russ.) — Oxydierte Ölreste (I), die 10—12 Monate Kontakt mit metall. Oberflächen hatten, wurden untersucht. Ihre SZ. bzw. Peroxidzahl (PZ.) betrug 3—44 bzw. 0,18—0,98. Das oxydierte Prod. enthielt niedrigmol. Fettsäuren u. Aldehyde. Die Peroxide der I sind wirksame Oxydationskatalysatoren. Verss. zeigen, daß eine Zugabe von 0,4% I zu rohem bzw. oxydiertem Sonnenblumenöl, das 19 Tage bei 25° aufbewahrt wurde, eine Erhöhung seiner PZ. auf das 3—3,5fache zur Folge hatte (ohne I-Zugabe 1,7—2fache Erhöhung der PZ.). S. Baryschnikow. 7878

Aktivkohle und ihr Einsatz in der Fettindustrie. Anonym. (Riv. ital. Sostanze grasse **39**, 83—90, Febr. 1962; Amsterdam, N. V. Norit-Vereeinging Verkoop Centrale; ital.) — Die Eigg. von Aktivkohlen, die zur Entfärbung von Fetten u. Ölen geeignet sind, werden beschrieben u. die verschiedenen Einsatzmöglichkeiten dieser Kohlen ggf. im Gemisch mit Bleicherden an Beispielen aufgezeigt. H. P. Fiedler. 7886□

Feuchtigkeit der frisch geernteten Sonnenblumenkerne. M. I. Igoltschenko und M. B. Ssaakjan. (Известия Высших Учебных Заведений (Краснодар), Пищевая Технология [Hochschulnachr. (Krasnodar), Nahrungsmittel-Technol.] **1961**, Nr. 4, 22—24; Krasnodar, Inst. für Lebensmittelind.; Lehrst. für Technol. der Fette; Lehrst. für höhere Mathematik u. Lehrst. für theoret. Mechanik; russ.) — Vgl. C. **1961**, 13758. — Die Feuchtigkeit (F) frisch geernteter Sonnenblumensamen bei relativer Luftfeuchtigkeit von 9—82% u. 25° wird angegeben. Eine Gleichung zur Berechnung der F für Samen mit 51% Fett in der Trockensubstanz wird abgeleitet.
S. Baryschnikow. 7894

Raffination spanischer Baumwollsaatöle. 2. Mitt. Ergebnisse der Neutralisation und Entfärbung weiterer Ölproben. R. de Castro Ramos. (Grasas y Aceites **12**, 259—66, Nov./Dez. 1961; Sevilla, Inst. de la Grasa y sus Derivados; span.) — 1. vgl. Grasas y Aceites **8**, [1957.] 250. — Zwanzig weitere Baumwollsaatöle werden durch Raffinieren u. Bleichen auf eine Beziehung zwischen Fettsäure-Geh./Neutralisationsverlust (NV) u. zwischen freier Säure/Farbe des entsäuerten Öls sowie auf die Beeinflussung des NV durch Änderung der Konz., des Laugeüberschusses u. der Rührzeit untersucht.
M. Hagedorn. 7894□

Thermische trans-Isomerisierung als Ursache von Kältetrübungen des Sojaöls. F. G. Sietz. (Seifen-Öle-Fette-Wachse **87**, 519—22, 16/8. 1961; Mannheim; dt.) — Die Unters. verschiedener Partien Sojaöl (**I**) durch Trennung der Fettsäuren nach der Bleisalz-A.-Meth. ergab, daß **I** während der Raffination, bes. bei der Dämpfung ,Isoölsäuren bildet. IR-Messungen bestätigen diesen Befund. Parallel hierzu sank die Kältebeständigkeit von **I**, da Elaidinsäure höher als Ölsäure schmilzt. IR-Messungen ergaben Werte bis 4,5% trans-Doppelbindungen pro 100 Fettsäuremoleküle. M. Dittmar. 7894□

Über die Ranzidität von Olivenölen. G. B. Aime. (Riv. ital. Sostanze grasse **39**, 80—81, Febr. 1962; Oneglia, Labor. d'Anal. Chim.; ital.) — Olivenöle wurden nach verschiedenen Verff. auf Ranzidität geprüft. Fällt der empfindlichste Test, die organolept. Prüfung, positiv aus, reagieren auch der Kreis- u. der Oxydationstest nach Issoglio positiv, während der Stamm-Test noch keine Ranzidität anzeigt, deshalb also für die Ranziditätsprüfung bes. von Olivenölen ungeeignet ist. H. P. Fiedler. 7894□

Physikalisch-chemische Untersuchungen über die Maischen gemahlener Oliven. 11. Mitt. Herstellung grenzflächenaktiver Verbindungen. J. M. Martínez Moreno, A. Vázquez Roncero, R. Caravaca, R. Establier und J. Ruiz Cruz. (Grasas y Aceites **12**, 267—72, Nov./Dez. 1961; Sevilla, Inst. de la Grasa y sus Derivados; span.) — 10. vgl. C. **1962**, 15446. — Im Hinblick auf die Aufarbeitung der Maische mit grenzflächenakt. Stoffen (GA) werden die Synth. mehrerer Typenreihen von GA beschrieben, z. B. Herst. von Sulfaten der Äthanolamide einiger natürlich vorkommender Fettsäuren durch Umsatz der Äthanolamide mit $ClSO_2 \cdot OH$, wobei aus Ölsäure ein Gemisch von Sulfaten u. Sulfonaten entsteht; ferner Na-Salze von C_8-, C_{10}-, C_{12}- oder C_{14}-Alkylphenyl-p-sulfonaten, über die Ketone aus den Säurechloriden u. Bzl., Red. der Ketone nach Matsuda u. a. zu den KW-Stoffen u. Sulfonieren mit Oleum, Na-Salze der Sulfobernsteinsäureester aus den Maleinsäureestern durch Sulfonieren mit einem Lsg.-Gemisch aus $NaHSO_3$ u. Na_2SO_3 vom pH 5,5—6 u. Na-Salze der Sulfotricarballylsäureester aus Aconitsäureestern durch Sulfonieren mit $NaHSO_3/Na_2SO_3$. Angaben über einige physikal. Konstanten. M. Hagedorn. 7912□

Synthese eines Waschmittels auf der Grundlage des Polyglykoläthers des tertiären Octylphenols. W. I. Issaguljanz und Je. L. Gelsina. (Маслобойно-Жировая Промышленность [Öl- u. Fett-Ind.] **27**, Nr. 6, 25—27, Juni 1961; Moskau, Gubkin-Inst. für Erdöl- u. Gasind.; russ.) — Durch Sulfatierung von p-tert.-Octylphenolpolyglykoläther (**I**) mit Sulfaminsäure bzw. mit SO_3 (in SO_2-Lsg.) entstehen saure Schwefelsäureester, deren Na-Salze gute Waschmittel (WM) sind. Die Sulfatierung von **I** mit SO_3 führt zu höheren Ausbeuten an WM; das hergestellte Prod. enthält 83,83% akt. Substanz.
S. Baryschnikow. 7912

Untersuchungen über Natriumanacardat. A. K. Biswas und Anil Bandhu Roy. (J. Proc. Instn. Chemists (India) **33**, 81—85, März 1961; Calcutta, Univ., Coll. of Sci., Dep. of Appl. Chem.; engl.) — Ausführliche Fassung der C. **1959**, 9426 referierten Arbeit. W. Wesly. 7912□

Verbessertes Verfahren zur Bestimmung des Benetzungsvermögens von grenzflächenaktiven Lösungen. E. Götte. (Grasas y Aceites **12**, 255—58, Nov./Dez. 1961; Düsseldorf; span.) — Beschreibung eines von DIN 53901 abgeleiteten Prüf-Verf., um das Benetzungsvermögen grenzflächenakt. Stoffe (GA) abzuschätzen. Es wird die Konz. der GA ermittelt, bei welcher ein mit einer „Tauchgabel" in die Lsg. des GA eingetauchtes Scheibchen von 35 mm ∅ aus Baumwollgewebe (480 g/m²) nach 100 Sek.

einsinkt. Die Ergebnisse eines internationalen Vgl.-Vers. mit drei typ. GA, die aufgetretenen Schwierigkeiten der Meth. u. Wege, diese zu vermeiden, werden besprochen.
M. Hagedorn. 7912□

Neuzeitliche Wachse für Fußbodenpflegemittel. Alfred A. Kroner. (Soap chem. Specialties **37**, Nr. 5, 111—15, Mai 1961; Great Neck, N.Y., Kroner Labor.; engl.) — Zusammenfassung der wichtigsten Wachse für Fußbodenpflegemittel in Emulsionsform. Tabellar. Übersicht der Eigg. von oxydierten mikrokristallinen Wachsen (Warwick- u. Bareco-Wachse), oxydierten Fischer-Tropsch-Wachsen (Duroxon-Typen), emulgierbaren Polyäthylenen (Solvay- u. Eastman-Wachse) u. oxydierten Montanwachsestern (Hoechst-Wachse). W. Presting. 7926□

Beobachtungen über die von Synodinos und Konstas abgeänderte Hauchecorne-Reaktion und deren Anwendung zur Untersuchung umgeesterter Öle. Luigi Matarese. (Riv. ital. Sostanze grasse **39**, 74—79, Febr. 1962; Bologna, Labor. Compartiment. delle Dogane; ital.) — Vff. schlagen folgendes Verf. für die bereits von Synodinos u. Konstas abgeänderte Hauchecorne-Rk. vor: Das zu untersuchende Olivenöl wird zuvor im Verhältnis 10:1 mit Bleicherde entfärbt. Dann werden zu dem Öl 10 ml konz. HNO_3 gegeben ($D.^{15}$ 1,40); das Rk.-Gemisch wird 30 Sek. lang kräftig geschüttelt u. bleibt dann 10—12 Std. lang stehen, bevor die Probe im chromat. Vgl.-Test auf seine Färbung geprüft wird. Da die Intensität der Färbung in nachfolgender Reihe zunimmt: Jungfernolivenöl, raffiniertes Öl, Sansaöl, umgeestertes Olivenöl, erweist sich die abgeänderte Hauchecorne-Rk. als geeignet, um Aussagen über den Typ des untersuchten Olivenöles zu machen. H. P. Fiedler. 7932□

Der Säuregehalt von Olivenölen und seine Bestimmung. André Teissier. (Ann. Falsificat. Fraudes **52**, 207—14, Mai 1959; franz.) — Vf. beschreibt ausführlich die Best. des Säure-Geh. von Olivenölen. Bes. berücksichtigt werden muß der Säure-Geh. des W., das das Öl oft enthält. C. Gottfried. 7932

Analyse der Seifenmasse nach der Carbonatverseifung. M. P. Besspjatow, O. W. Ritz, M. W. Wojewodina und W. Je. Owtscharenko. (Маслобойно-Жировая Промышленность [Öl- u. Fett-Ind.] **27**, Nr. 2, 17—19, Febr. 1961; Charkow, Polytechn. Lenin-Inst.; russ.) — 2—5 g Seifenmasse werden in alkohol. Lsg. bei 50° mit 0,1 n alkohol. Lauge neutralisiert (Phenolphthalein als Indicator; die Neutralisation der freien Fettsäuren erfolgt dabei ausschließlich durch die Lauge). Nach beendeter Titration der Fettsäuren wird mit W. auf 50% A. verd., auf 20° abgekühlt u. Na_2CO_3 mit 0,1 n HCl titriert; der Befund wird (zur Korrektur des „A.-Fehlers") mit 1,1 multipliziert. Die Best. von $NaCO_3$ erfolgt danach nach Winkler. S. Baryschnikow. 7938

British Petroleum Co. Ltd., London, Stanley Francis Birch, Dennis Henry Desty und Charles Leslie Arthur Harbourn, Sunbury-on-Thames, England, **Feste nichtionische oberflächenaktive Stoffe** bzw. **deren Harnstoffaddukte.** Zu F. PP. 1 095 851, 1 095 852, 1 095 853 u. 1 095 854; C. **1957, 3953**, ist nachzutragen: Als Ausgangsstoffe dienen fl. nichtion. oberflächenakt. Verbb. der allg. Formel $X-(CH_2\cdot CH_2-O)_nCH_2CH_2OH$ ($n = 5-50$; X = R_1COO-, R_2O-; R_3AO- u. R_4S-; A = Aryl; R_1 u. R_2 = Alkyl mit 5—50 C-Atomen; R_3 = Alkyl mit 8—12 C-Atomen; R_4 = Alkyl mit 10—14 C-Atomen), z. B. *Ethofat 242/20*, erhalten aus 1 (Mol) 70%ig. Harzfettsäuren mit 10 Mol Äthylenoxid (I); *Ethofat 242/25*, wie vorst. erhalten mit 15 I; *Soromin SG*, erhältlich aus Stearinsäure u. 6 I; *Renex*, aus Tallöl u. I; *Aeto PC 6*, aus Alkoholen mit ca. 15 C-Atomen, OH-Z. 247, + 6 I; *Aeto PC 12*, wie vorst. mit 12 I; *Brig 30*, aus Laurylalkohol + I; *Lissapol N*, aus langkettigen Alkylphenolen + 12 I; *Igepal C extra konz.*, aus 1 Dodecylphenol + 12 I; *Antarox A 200*, ähnlich wie Igepal C; *Nonic 218*, aus tert.-Dodecylmercaptan + I. — 10 g *Lissapol NXA* wird mit Eisessig behandelt u. mit W. zu einer 1%ig. Lsg. von pH 6,5 aufgefüllt, dann gibt man 100 ml n-Pentan, 1 ml Methanol u. 20 g Harnstoff zu, rührt 1 Std. u. erhält nach 48std. Stehen durch Filtrieren ein leicht *braunes freifließendes Pulver*. — Vorr.; 2 Zeichnungen. (**E. PP. 748 877, 748878, 748879, 748880** u. **748 881** vom 31/12. 1952, ausg. 16/5. 1956. **Zusätze zu E. P. 697 315.**)
G. Krauß. 7912

Monsanto Chemical Co., St. Louis, Mo., übert. von: Jay C. Harris und Richard M. Anderson, Dayton, Ohio, V.St.A., **Geschirr-Reinigungsmittel,** frei von Orthophosphaten u. schaumbildenden organ. oberflächenakt. Mitteln, aus 10—80 (Gew.-%) eines wasserlösl. anorgan. Polyphosphats, 15—75 wasserlösl. Na-Silicat u. einer organ., positives Cl enthaltenden Verb. in solcher Menge, daß das Gemisch 0,2—8 positives Cl enthält, z. B. aus 25—60 Na-Tripolyphosphat, 20—60 Na-Silicat mit einem

Verhältnis von $Na_2O:SiO_2$ = 1:1 u. Trichlorcyanursäure oder N.N-Dichlor-p-toluolsulfonamid. (**Can. P. 559 029** vom 26/4. 1955, ausg. 17/6. 1958. A. Prior. 28/5. 1954.)
H.-J. Nitzschke. 7917

H_{18a}. Holz. Cellulose. Zellstoff. Papier. Papierdruck Celluloid. Linoleum

Coniferen der Tropen und Hilfspflanzen für Holzplantagen in den Tropen. J. Weck. (Mitt. Bundesforsch.-Anst. Forst- u. Holzwirtsch. Nr. **53,** 1—46, Febr. 1962; Reinbek/Hamburg; dt.) — Tabellar. Übersicht über Eigg., Standortbedingungen u. Forstökologie von 231 trop. Coniferen sowie 110 Arten von Leguminosen bzw. andere Hilfspflanzen. Klaus Schmidt. 7952□

Über den Einfluß der Baumkante auf die Biegefestigkeit von Bauholz. G. Schneeweiss. (Holzforsch. u. Holzverwert. [Wien] **13,** 101—09, Dez. 1961; Wien, TH, Techn. Vers.- u. Forsch.-Anst.; dt.) — Berechnungen der Biegefestigkeit nach Navier mit dem Widerstandsmoment des umschriebenen Rechtecks zeigen, daß Rundholz (**A**) nur ca. 70% der Biegefestigkeit von scharfkantigem Bauholz (**B**) besitzt. Dagegen wird in Unterss. gezeigt, daß die Werte für **A** 23—33% über denen von **B** liegen, wenn der Berechnung das Widerstandsmoment des tatsächlich vorhandenen Holzquerschnitts zugrunde liegt. Klaus Schmidt. 7952□

Das Verhältnis der Struktur zur transversalen Anisotropie im Holz in Beziehung zum Schrumpfen und zur Elastizität. J. B. Boutelje. (Holzforschung **16,** 33—46, April 1962; Stockholm, Swed. Forest Prod., Res. Labor.; engl.) — Auf Grund verschiedener Theorien über die Schrumpfungs- u. Elastizitätsanisotropie des Holzes quer zur Faserrichtung werden die Einfl. von Markstrahlen u. submkr. Unterschieden zwischen radialen u. tangentialen Wänden untersucht. Es wird festgestellt, daß bei Nadelhölzern im Gegensatz zu Eiche u. Buche keine nennenswerte Beeinflussung der transversalen Isotropie nachweisbar ist. Es werden Meßwerte u. theoret. Berechnungen für schwed. Kiefernholz mitgeteilt. Klaus Schmidt. 7952□

Cellulosegewinnung mit einer Sulfitsäure, die als Basis ein Gemisch von Natriumbisulfit und Natriumsulfat enthält. Ju. N. Nepenin und P. A. Demtschenkow. (Журнал Прикладной Химии [J. angew. Chem.] **34,** 1597—1601, Juli 1961; Forsttechn. Kirow-Akad.; russ.) — Wie Verss. mit Säurestärken von 8,5 u. 5% Gesamt-SO_2 ergaben, läßt sich das $NaHSO_3$ bis zu 50% durch eine äquivalente Menge an Na_2SO_4 ersetzen, ohne daß die Güte des gewonnenen Zellstoffs darunter leidet, wobei der Sulfitaufschluß als solcher beschleunigt wird. M. Ulmann. 7962□

Über die Inhomogenität von Nitrolignin. A. A. Tschukssanowa, O. P. Gruschnikow und N. N. Schorygina. (Известия Академии Наук СССР, Отделение Химических Наук [Nachr. Akad. Wiss. UdSSR, Abt. chem. Wiss.] **1961,** 1810—12, Okt.; Zelinsky-Inst. für org. Chem.; russ.) — Durch Bearbeitung von Tannenholz mit einem Gemisch von HNO_3 u. A. gewonnenes *Nitrolignin* (I) wurde durch A. in 3 Fraktionen zerlegt. Kalter A. löste 70—75%, heißer A. weitere 11—14%, während ein Rückstand von 13—15% hinterblieb. Die Hauptfraktion zeigte auf einer chromatograph. MgO-Säule 3 Fraktionen. Durch Mineralsäuren wurde das MgO gelöst u. die I-Fraktionen isoliert. Die oberste Zone enthielt ein I, das in Dioxan ein Molgew. von 634 hatte, die zweite ein solches von 2000. Auch in dem Bestand der funktionellen Gruppen dieser beiden Präpp. zeigten sich Unterschiede. Es wird die Frage aufgeworfen, ob das Lignin schon im nativen Zustand im Holz uneinheitlich ist. M. Ulmann. 7966□

Hydrolyse der Hemicellulosekomponenten von Kiefernholz mit 30—36%iger Salzsäure. N. W. Tschalow und A. Ch. Aman. (Журнал Прикладной Химии [J. angew. Chem.] **34,** 1601—08, Juli 1961; Forschungsinst. für die Hydrolysen- u. Sulfitalkoholind.; russ.) — Kiefernholzspäne mit 3,5—4,5% Feuchtigkeit wurden bei 20° bis 48 Std. mit 29,9, 31,9-, 33,7- u. 35,8%ig. HCl behandelt. 35,8%ig. HCl vermag schon nach 12 Std. die Gesamtmenge der Polysaccharide der *Hemicellulosen* zu hydrolysieren, wobei jedoch teilweise auch die Cellulose angegriffen wird. 29,9%ig. HCl hydrolysiert auch nach 48 Std. die Hemicellulosen nicht vollständig. Für die Praxis, wenn krist. Glucose gewonnen werden soll, ist eine 36%ig. HCl anzuwenden, da unter diesen Verhältnissen die schwer hydrolysierbaren *Xylan* u. *Mannan* vollständig hydrolysiert werden, bei einer Hydrolyse von nur 2—3% der Cellulose des Holzes. Zu beachten ist, daß die Diffusion der Zucker aus den Holzteilchen in das Hydrolysat langsamer verläuft als der Hydrolyseprozeß. M. Ulmann. 7968□

Untersuchung der elektrokinetischen Eigenschaften der Monocarboxymethylcellulose und einiger anderer saurer Ester der Cellulose. W. I. Jurjew und Ss. Ss. Posin. (Коллоидный Журнал [Kolloid-J.] **23,** 499—503, Juli/Aug. 1961; Leningrad,

Forsttechn. Kirow-Akad.; russ., Auszug: engl.) — Präpp. von *Monocarboxycellulose* mit 0,35—7,76% COOH-Gruppen u. Präpp. von saurem *Cellulosephthalat* u. *Cellulosemaleat* ergaben, daß mit Anwachsen des Geh. an COOH-Gruppen das Strömungspotential (E/P) u. das ζ-Potential geringer wird, während die Oberflächenleitfähigkeit (χ_s) ansteigt. Die Unters. der Präpp. in Salzform (KCl, $CaCl_2$) ergab eine Verringerung des Durchströmungspotentials u. des ζ-Potentials bei Vergrößerung der Konz. der Gleichgewichtslösung. M. Ulmann. 7970 □

Beitrag zur Erzeugung und Verarbeitung von Hochausbeute-Sulfitzellstoff. Václav Kubínek, Milan Šedivý und Jiří Peták. (Sborník výzkumných Prací Oboru Celulosy Papíru **2**, 117—39, 1957; Praha, VÚPP; tschech.) — Das *Zerfasern*, *Sortieren* u. *Verarbeiten* von durch *Sulfitkochung* in ca. 63%ig. Ausbeute aufgeschlossenem Fichtenzellstoff wird beschrieben. Zum Zerfasern werden der Asplund-Defibrator u. der Bauer-Zweischeiben-Refiner verwendet, wobei die den Kraftverbrauch u. die Stoffbeschaffenheit beeinflussenden Parameter untersucht werden: Der Kraftverbrauch ist der Entfernung der Zerfaserungsflächen proportional; die Stoffdichte liegt in Abhängigkeit von der hergestellten Papierart bei 4—11%. Das Sortieren des Stoffes muß in 3 Stufen durchgeführt werden, wobei die Endsortierung in Wirbelsortierern erfolgt. Die Herst. von *Pergamentrohpapier*, *Sackpapier*, *Duplex-Karton* u. *Wellpappe* (**A**) wird im Vollbetriebsausmaß geprüft. *Hochausbeutezellstoff* (63%; **B**) aus 80% Fichte u. 20% Pappel ist bei guter Qualität der erzeugten Papiere gut verarbeitbar; die mechan. Eigg. von **A** werden sogar verbessert. Bei der Herst. von *Zeitungsdruckpapier* im Labor.-Ausmaß aus **B** wird festgestellt, daß der höhere Geh. an Spänen u. Faserbündeln die Verw. von **B** nur bis zu 7% des Gesamtstoffeintrags erlaubt. G. Reisner. 7974 □

Die Struktur von Papier. 1. Mitt. Die statistische Geometrie eines idealen zweidimensionalen Fasernetzwerks. O. Kallmes und H. Corte. (Tappi **43**, 737—52, Sept. 1960; Beaconsfield, Bucks, England, Wiggins Teape Res. Organis.; engl.) — 2. vgl. C. **1962**, 9563. — Näherungsweise wird Papier als ein Stapel von dünnen Schichten, d. h. 2dimensionalen Blättern („2D-Blätter"), betrachtet, deren Geometrie beschrieben wird. Die geometr. Parameter sind Faseranzahl, -länge, -breite u. -kräuselung (bezogen auf eine Flächeneinheit bei statist. Faserverteilung). Die Struktur der 2D-Blätter wird mit 8 geometr. Eigg. beschrieben, die eng mit den mechan., opt. u. Porositäts-Eigg. des Papiers zusammenhängen. Mit Hilfe der Wahrscheinlichkeitstheorie werden entsprechende Gleichungen abgeleitet, die durch Verss. an verschiedenen Papierproben nachgeprüft werden. B. Gnauck. 7984 □

Papierschädlinge in Bibliotheken und Archiven. O. Wälchli. (Textil-Rdsch. [St. Gallen] **17**, 63—76, Febr. 1962; St. Gallen, EMPA-C; dt.) — Überblick über Papierschädlinge, ihre Lebensweise u. Bekämpfung bzw. Vertilgungsmaßnahmen. I. Beßer. 7984 □

Ungewebe Stoffe — neues Produkt der Papierindustrie. Peter W. Sherwood. (Textil-Rdsch. [St. Gallen] **17**, 77—85, Febr. 1962; White Plains, N.Y.; dt.) — Die Anwendungsmöglichkeiten ungeweber Stoffe werden diskutiert. Der techn. Stand auf dem Gebiet der Auswahl der Faser, Auswahl des Bindemittels u. hinsichtlich der Herst.-Maschinen wird besprochen. I. Beßer. 7986 □

Verwendung von Laubholz-, besonders Buchen-Sulfatzellstoff, für graphische Papiere und Pergamentpapier. Č. Skalický und Milena Vondráková. (Sborník výzkumných Prací Oboru Celulosy Papíru **2**, 85—116, 1957. Praha, VÚPC; tschech.) — Die Verw.-Möglichkeiten von *Buchensulfatzellstoff* (**A**) für einige Papiersorten, bes. holzfreie u. mittelfeine *graph. Papiere* u. *Pergamentrohpapier* wird untersucht. Unter Zusatz von **A** zu Nadelholzsulfitzellstoffen werden Schreibpapier [75 g/m², 10 u. 30% Buche (**B**)], Druckpapier (35 g/m², 15, 25, 35 u. 40% **B**; 80 u. 100 g/m², 20, 30 u. 50% **B**), Offsetkarton (180 g/m², 20% **B**), Schreibkarton (260 g/m², 10 u. 20% **B**) u. verschiedene mittelfeine u. holzhaltige *graph. Papiere* u. *Pergamentrohpapier* (20, 25 u. 30% **B**) hergestellt. Die Mahlung erfolgt bei gleichbleibendem Kraftverbrauch bei höherer Stoffdichte, wobei eine Kraftersparnis von ca. 10—20% eintritt. Die Entwässerungs-Geschw. ist höher, so daß die Papierbahn mit höherem Trocken-Geh. in die Trockenpartie eintritt; die Dampfersparnis beträgt 14—24%. Der Zusatz von **A** verbessert die Undurchsichtigkeit des Papiers, beeinflußt jedoch seine Festigkeits-Eigg. (Reißlänge u. bes. Falzzahl) ungünstig. Es wird festgestellt, daß Flächen-Gew. u. Druckweichheit mit wachsendem Anteil von **A** in der Stoff-Zus. holzfreier graph. Papiere zunehmen. Mit der Verw. von **A** zur Herst. von Pergamentrohpapier wird unter Einsparung von veredeltem Nadelholzzellstoff eine bessere Qualität erzielt. G. Reisner. 7986 □

Versuchsherstellung von Papierlaminaten, die mit Lignin-Xylenol-Formaldehydharzen imprägniert sind. Jozef Farkaš. (Sborník výzkumných Prací Oboru Celulosy Papíru **2**, 161—71, 1957; Bratislava, VÚPC; slowak.) — *Lignin* (**I**) wird aus Sägespänen mit *Xylenol* (**II**) extrahiert u. dann mit *HCHO* (**III**) in der Emulsion kondensiert. Einige Kondens.-Parameter (Temp.; Rk.-Zeit usw.) werden untersucht. *Papierlaminate* werden mit dem hergestellten wasserlösl. **I**/**II**/**III**-*Harz* (**A**) entweder in Lsg. oder durch Zugabe von trockenem **A**-Pulver *imprägniert*. Als Hauptrohstoffe werden 40% Sulfitzellstoff u. 60% **A** u. zur Fällung von **A** H_2SO_4 u. Alaun verwendet. Die Zugabe von CMC führt zu einer wesentlichen Verbesserung der Harzretention. Die auf einem Blattbildner geformten Blätter werden zusammengepreßt (5 Min., 150—160°, 95 kg/cm² bei 1 mm Dicke des Laminats). Das Fertig-Prod. besitzt gute Isolations- u. Festigkeits-Eigg. (außer Zugfestigkeit) u. kann an Stelle von Phenol/**III**-Laminaten in der Elektrotechnik verwendet werden. G. Reisner. 7986 □

Grundlagenversuche für Laboratoriumsprüfungen mit zwei Reticulitermes-Arten. G. Becker und D. Puchelt. (Holzforsch. u. Holzverwert. [Wien] **13**, 110—17, Dez. 1961; Berlin-Dahlem, Bundesanst. für Materialprüfung, Fachgruppe „Biolog. Materialprüfung, Holzschutz u. Holztechnol."; dt.) — Vergleichende Unterss. über optimale Lebensbedingungen u. Holzfraaß von verschiedenen Termiten der Gattung *Reticulitermes*. Klaus Schmidt. 8004 □

Zur Fraktionierung unveresterter Cellulose. Hans Dolmetsch. (Kolloid-Z. **176**, 138—39, Juni 1961; Siegburg, Phrix-Werke AG, Forschungsabt.; dt.) — Vf. wendet als Fällungsmittel Methanol bzw. ein Methanol–W.-Gemisch (1:1) an, das im Gegensatz zu höheren Alkoholen scharfe u. befriedigend reproduzierbare Aufteilungen ergibt. Um die Viscositätsminderung zu vermeiden, die bei der Zers. des ausgefällten Cellulose–Fe–Weinsäure–NaOH-Komplexes zur Rückgewinnung der Cellulose eintritt, werden die abzentrifugierten Fraktionen nach der Trennung vom klaren Zentrifugat sofort wieder in reinem Lsgm. aufgelöst. Ein aliquoter Teil dieser Fraktions-Ur-Lsg. wird in der Sammelkugel eines Verdünnungsviscosimeters mit gemessenen Mengen des Lsgm. schrittweise so lange verd., bis eine Viscosität von $\eta_{spez.}$ zwischen 0,2 u. 0,3 erreicht ist. Durch Ausfällen eines anderen aliquoten Anteils mit Mineralsäure u. Wägung des gewaschenen u. getrockneten Nd. wird der Geh. der Ur-Lsg. an Cellulose u. damit der Gew.-Anteil der Fraktion, die Konz. der Meß-Lsg. u. hieraus u. aus ihrer spezif. Viscosität unter Berücksichtigung der Korrekturen für Konz. u. Geschw.-Gefälle die Grenzviscositätszahl der Fraktionen ermittelt. J. Peters. 8006 □

Beziehungen zwischen den Angaben der Prüfgeräte zur Bestimmung der Luftdurchlässigkeit von Papier nach Gurley und Bekk. Mathematische Formulierung der Beziehungen beider Prüfmethoden. Milan Souček und Miloš Vocílka. (Sborník výzkumných Prací Oboru Celulosy Papíru **2**, 215—32, 1957; Praha, VÚPP; tschech.) — Die *Beziehungen* zwischen den *Maßangaben* von *Prüfgeräten* zur *Best.* der *Luftdurchlässigkeit* von *Papier* nach Gurley u. Bekk werden untersucht. Unter Verw. mathemat. statist. Meth. wird die Beziehung: $B = 0{,}1785\,G + 2{,}1$ aufgestellt (B = Angabe nach Bekk, G = Angabe nach Gurley). Eine genauere, für prakt. Zwecke umständlichere Beziehung lautet: $B = 0{,}3955\,G^{0{,}855}$. Die Verw. eines Umrechnungsdiagramms wird empfohlen. G. Reisner. 8010

Shell Development Co., New York, N.Y., übert. von: Carl W. Schroeder, Orinda, Calif., V.St.A., **Herstellung von naßfestem Papier.** Dem Papier wird in irgendeinem Stadium der Herst. vom Papierstoff bis zum fertigen Papier mit Hilfe eines wss. Mediums 1—30 Gew.-%, bezogen auf Papier, eines Polyätherpolyepoxids u. ein Epoxyhärtungsmittel zugesetzt u. auf 100—200° zur Aushärtung des Polyepoxids erhitzt. (**A. P. 2 913 356** vom 28/6. 1955, ausg. 17/11. 1959.) P. Mayer. 7987

American Cyanamid Co., New York, N.Y., V.St.A., **Herstellung von Papier mit erhöhter Trockenfestigkeit, aber gleichbleibender Naßfestigkeit.** In eine wss. Cellulosefasersuspension werden 0,1—5%, bezogen auf das Faser-Gew., eines kation. wasserlösl. Polymeren eingebracht, das hergestellt wird, indem man ein wasserlösl. Polyacrylamid mit einem Molgew. von über 10000 der Hofmannschen Rk. unterwirft, bis 0,1—15% der Amidgruppen in Aminogruppen umgewandelt sind. Aus der Fasersuspension wird eine Bahn geformt u. zur Bldg. einer Polymerbindung zwischen den Fasern getrocknet. (**E. P. 855 419** vom 22/9. 1958, ausg. 30/11. 1960. A. Prior. 2/10. 1957.) P. Mayer. 7897

Midland Silicones Ltd., London, England, **Organosiloxangemische zur Behandlung von Papier und anderem organischen Schichtmaterial.** Um Papier klebstoffabweisend zu machen, wird es mit einer Lsg. oder Emulsion behandelt, die 1. eine Mischung von 0,1—5% Methylhydrogensiloxan, Trimethylsiloxy-endblockiertes Methylhydrogensiloxan u. 95—99,9% hydroxyliertes Methylpolysiloxan der Formel $(CH_3)_x \cdot SiO_{4-x}/2$ ($x = 1{,}9$—$2{,}0$) u. das eine Viscosität von >100 cs bei 25° besitzt u. mindestens 2 Si-gebundene Hydroxylgruppen in allen Moll. hat, 2. ein Aminoplast- oder Phenolformaldehydharz im Verhältnis 1:10 bis 10:1 zum Siloxangemisch u. 3. einen Siloxanhärtungskatalysator enthält. (**E. P. 852 596** vom 27/5. 1958, ausg. 26/10. 1960. A. Prior. 12/9. 1957.) P. Mayer. 7987

General Electric Co., Schenectady, N.Y., V.St.A., **Klebstoffabweisender Überzug auf Celluloseschichten.** Papier oder ein anderes cellulosehaltiges Material wird mit einer wss. Emulsion behandelt, die 1. ein lineares Polymerdimethylsiloxan mit silicongebundenen Hydroxylgruppen am Ende, 2. ein Methylpolysiloxanharz mit 1,05—1,4 Methylgruppen auf ein Si-Atom, 3. Polyvinylalkohol oder ein anderes Emulgiermittel u. 4. Dibutylzinndilaurat enthält, u. getrocknet. Das Papier haftet nicht an Asphalt, synthet. Kautschuk u. dergleichen. (**E. P. 852 717** vom 4/3. 1959, ausg. 26/10. 1960. A. Prior. 26/3. 1958.) P. Mayer. 7987

American Cyanamid Co., New York, N.Y., V.St.A. (Erfinder: Charles S. Mattwell), **Herstellung einer verbesserten kolloidalen Lösung von Melaminformaldehydharzen.** Zu einer koll. wss. Lsg. eines kation. Melamin–HCHO-Kondens.-Prod. mit pH von 0,5—5 der 12%ig. Harzfeststoff-Lsg. gibt man HCHO u. läßt reifen, bis sich die Naßfestigkeit damit hergestellten Papiers genügend erhöht hat. — Man löst 120 (Teile) Trimethylolmelamin in 180 wss. HCl so, daß auf 1 Mol gebundenes Melamin 0,8 Mol HCl kommen, u. läßt die Lsg. stehen; pH 1,8. Zu 218 g der Lsg. gibt man 5 Mol 37%ig. Formalin, rührt kurz u. läßt stehen: pH 1,3. Die Lsg. gibt man zu einem mit Alaun gemischten Faserbrei, rührt 10 Min. u. formt zu Blättern, die bei 240° F getrocknet werden. (**Jap. A. S. 4898/1960** vom 7/10. 1957, ausg. 10/5. 1960. A. Prior. 8/10. 1956.) M. Pankow. 7987

Hercules Powder Co., Wilmington, Del. (Erfinder: Gerard I. Keim, Pa.), V.St.A., **Herstellung eines kationischen wärmehärtenden Polyamid-Epichlorhydrin-Harzes** durch Herst. von Polyamid aus gesätt. 2bas. C_{3-10}-Carbonsäure u. Polyalkylenpolyamin u. Umsetzung des Polyamids mit Epichlorhydrin. — Eine Lsg. von 125 (g) Diäthylentriamin, 100 W. u. 290 Adipinsäure wird 1½ Std. auf 185—200° erhitzt, dann hält man bei 140° unter Vakuum u. gibt schließlich 430 W. zu. 60 der 52%ig. Lsg. mischt man mit 225 W., tropft bei 50° 12,5 g Epichlorhydrin in 11 Min. zu u. erhitzt auf 60—70° bis zu einer Gardner-Viscosität $>$E, gibt 150 W. u. bei 25° 11 ml 3,7%ig. HCl bis pH 5 zu. Zu gebleichtem Papierbrei (pH 10) gibt man 1% (des Breitrocken-Gew.) des Polyamid–Epichlorhydrin-Harzes, verarbeitet in einer geschlossene Papiermaschine mit W., das 100 ppm Sulfation enthält u. pH 9 aufweist, zu Blättern, die 1 Std. bei 105° gehärtet werden u. naßfest sind. (**Jap. A. S. 3547/1960** vom 2/9. 1958, ausg. 13/4. 1960. A. Prior. 5/9. 1957.) M. Pankow. 7987

Toyo Fiber Kabushiki Kaisha (Erfinder: Koji Umezawa), Tokyo, Japan, **Herstellung von Vulkanfiber.** Das wie üblich mit konz. $ZnCl_2$-Lsg. behandelte Rohpapier wird langsam ausgewaschen u. getrocknet, wobei es kurz nach der Wasserwäsche oder Trocknung u. Formgebung mit methylierter Methylolmelaminharz-Lsg. $<$ Raum-Temp. 8—24 Std. imprägniert u. danach vorgetrocknet wird ($<$80°) u. dann unter Druck ($>$10 kg/cm², 130°, 30 Min.) in der Wärme kondensiert wird. (**Jap. A. S. 7687/1960** vom 15/10. 1957, ausg. 22/6. 1960.) M. Pankow. 7987

Goodyear Tire & Rubber Co., Akron, Ohio, V.St.A., **Druckfarbe für Filme aus hochmolekularen, linearen Polymeren,** z. B. Polyäthylenterephthalat. Das Bindemittel der Druckfarbe besteht aus einem Copolyester von Äthylenterephthalat u. Äthylenisophthalat im Verhältnis 75—30%:25—70% u. einem Lsgm., z. B. Tetrachloräthan. (**E. P. 855 066** vom 8/7. 1958, ausg. 30/11. 1960. A. Prior. 30/12. 1957.) C. Kittler. 7991

Rütgerswerke Akt.-Ges., Deutschland, *Vergütung von mit Imprägnierölen getränktem Holz.* (**F. P. 1 233 230** vom 21/7. 1959, ausg. 12/10. 1960. D. Prior. 25/7. 1958. — C. **1959**, 15869 [D. A. S. 1 055 223].)

National Cash Register Co., übert. von: **Robert W. Sandberg**, Dayton, Ohio, V.St.A., *Überzugsmasse für Papier.* (**Can. P. 557 063** vom 11/5. 1954, ausg. 6/5. 1958. A. Prior. 15/9. 1953. — C. **1958**, 2900 [F. P. 1 112 401].)

National Cash Register Co., Dayton, Ohio, übert. von: **William H. Marra**, Portland, und **John C. Stinchfield**, Westbrook, Maine, V.St.A., *Papierüberzugsmasse.* (**Can. P. 558 314** vom 21/2. 1952, ausg. 3/6. 1958. A. Prior. 26/5. 1951. — C. **1955**, 1410 [E. P. 710 597].)

American Cyanamid Co. (Erfinder: **Norman Thorndike Woodberry**), V.St.A., *Papier mit verbesserter Trockenfestigkeit.* (**F. P. 1 225 728** vom 14/2. 1959, ausg. 4/7. 1960. A. Prior. 17/2. 1958. — C. **1961**, 14507 [E. P. 845 349].)

Joh. A. Benckiser G. m. b. H., Chemische Fabrik, Deutschland, *Aufbereiten von durch Kunstharz naßfest gemachtem Papier.* (**F. P. 1 230 197** vom 9/7. 1959, ausg. 14/9. 1960. D. Prior. 9/7. 1958. — C. **1960**, 4068 [D. A. S. 1 066 086].)

Heinrich Heichlinger, Deutschland, *Herstellung von Ausgleichs- und/oder Tonwertzurichtungen für Hochdruck.* (**F. P. 1 226 748** vom 27/3. 1959, ausg. 15/7. 1960. D. Prior. 3/4. 1958 u. 21/1. 1959. — C. **1960**, 14224 [D. A. S. 1 079 656] u. C. **1961**. 3190 [D. A. S. 1 084 281].)

A. B. Dick Co., Ch cago, übert. von: **Robert T. Florence, Park Ridge, Ill.**, V.St.A., *Druckfarben.* (**Can. P. 557 917** vom 17/3. 1953, ausg. 27/5. 1958. A. Prior. 2/4. 1952. — C. **1960**, 13885 [E. P. 752 337].)

H_{18b}. Textilfasern

Probleme der Hilfsmittel für die Textilindustrie. Mirosław Graliński. (Przegląd włókienniczy **15**, 405—11, Aug. 1961; Łódź, Inst. Włók.; pol.) — Übersicht. F. Urban. 8028□

Hydrotropie, ihr Auftreten und ihre Bedeutung bei der Textilveredlung. H. Rath, S. Müller, H. Brielmaier und W. Bubser. (Färgeriteknik **36**, 21, 23, 25—28, 30, Febr. 1960; schwed. — C. **1960**, 3080.) R. K. Müller. 8032□

Zum Problem der Chlorretention bei der „minimum-iron"-Ausrüstung von Baumwollgeweben. W. Rümens, N. Götz und R. Zeidler. (Melliand Textilber. **41**, 330—38, März 1960; Ludwigshafen/Rh., BASF AG, Anwendungstechn. Abt., Textiltechn. Labor.; dt.; Färgeriteknik **36**, 39—46, März, 55—64, April 1960; schwed.) — Baumwollgewebe mit „minimum-iron"-Ausrüstung, die Cl_2- u. kochecht sind, jedoch innerhalb der zulässigen Grenzen Echtheitsverluste erleiden, werden mit Hilfe von Harnstoff-Derivv. erhalten. Dimethyloldihydroxyäthylenharnstoff (I) ist gegenüber Dimethyloläthylenharnstoff (II) nicht nur im Einfl. auf die Lichtechtheit von Färbungen mit Direkt- u. Reaktivfarbstoffen überlegen, sondern auch im Einfl. auf die Cl_2-Echtheit. Mit kleinen Mengen I mit $ZnCl_2$ als Katalysator werden gute Ergebnise erhalten, wobei der Grad der Cl_2-Echtheit vom Katalysator u. von den Kondens.-Bedingungen abhängt. II zeigt günstigen Einfl. auf die Cl_2- u. Kochechtheit bei Verw. zusammen mit Pufferstoffen, wie Dimethylolmethyltriazinon; mit $ZnCl_2$, $Zn(NO_3)_2$ u. $MgCl_2$ als Katalysatoren wird kein Vergilben weißer Ware beobachtet. Die Fettbeständigkeit ist allerdings geringer als mit I oder II allein, die Reißfestigkeit aber größer. Zur Best. der Cl_2-Beständigkeit ist keine Angabe über die Cl_2-Aufnahme erforderlich; eine abwechselnd wiederholte Kochwäsche u. Cl_2-Prüfung sollte jedoch mindestens bis zu 10mal durchgeführt werden. R. K. Müller. 8032□

Chemische Kennzeichen der Jutefaser während verschiedener Wuchsstadien der Pflanze. H. Chatterjee. (J. sci. ind. Res. [New Delhi], Sect. C **18**, 206—07, Okt. 1959; Calcutta, Indian Central Jute Comm., Technol. Res. Labor.; engl.) — *Faserbündel* aus *Jutepflanzen* in 5 verschiedenen *Stadien* der *Entw.* (ES) werden analysiert. Es werden keine charakterist. Unterschiede in der chem. Zus. der Faser in den einzelnen ES gefunden. Gewisse Tendenzen scheinen jedoch beim Geh. an Fe, N, Xylan, Fett, Wachs u. Acetyl u. bei der Cu-Zahl leicht angedeutet vorzuliegen. Diese Veränderungen werden mit der fortschreitenden Hydrolyse u. Oxydation der Hemicellulose der Fasern in ES alternder Pflanzen unter dem Einfl. der Bewitterung u. Sonneneinstrahlung erklärt. Aus der chem. Konstit. der Fasern läßt sich kein Kriterium für die optimale Erntezeit mit bester Faserqualität ableiten. M. Hagedorn. 8052□

Verteilung des Polymerisationsgrads der Fasercellulose entlang dem Stengel der Jutepflanze. H. Chatterjee und A. K. Mazumdar. (J. sci. ind Res. [New Delhi], Sect. C **18**, 207—08, Okt. 1959; Calcutta, Indian Centr. Jute Comm., Technol. Res. Labor.; engl.) — Die durchschnittlichen Werte für grundmolare (intrinsic) Viscosität u. *DP* der *Fasercellulose* der *Jutepflanze* weisen entlang dem *Stengel* von der Wurzel bis zur Spitze keine eindeutige Änderung auf. M. Hagedorn. 8052□

Die Adsorption von Säuren aus Säuregemischen an Wolle. 1. Mitt. Die Adsorption von Salz- und Dichloressig- oder Monochloressigsäure. P. Larose und R. Donovan. (J. Soc. Dyers Colourists **78**, 24—27, Jan. 1962; Ottawa, Canada, Nat. Res. Council, Div. of Pure Chem.; engl.) — Vgl. C. **1961**, 18558. — In Adsorptions-Verss. mit HCl u. $CHCl_2 \cdot COOH$ (DE) oder $CH_2Cl \cdot COOH$ (ME) an Wolle wird die Menge der adsorbierten Säuren durch Messen der im Gleichgewicht mit der Wolle befindlichen Endkonzz. der Lsgg. beider Säuren ermittelt. Das DE-Ion steht im Wettbewerb mit dem Cl-Ion um die freien positiven Stellen der Wolle u. hat eine um 540 cal/Mol größere Faseraffinität zur Wolle als HCl als einzige Säure bei demselben pH-Wert. Ein Gleichgewicht vom Donnan-Membrantyp würde eine Adsorption von annähernd äquivalenten Beträgen erwarten lassen. Die Affinität von ME ist $<$ DE, aber $>$ HCl, wie schon früher qual. festgestellt wurde. M. Hagedorn. 8060□

Einfluß der Ausrüstungsprozesse auf die Löslichkeit von Wollgeweben in Säuren und Alkalien. Béla Mihalik. (Przegląd włókienniczy **15**, 416—19, Aug. 1961; Budapest; pol.) — Die verschiedenen Ausrüstungsprozesse für Wollgewebe vermindern die „innere Reserve" der Fasern. Dadurch steigt die Löslichkeit der Wolle in Säuren u. Alkalien. Durch „Ablagern" wird oft eine Regenerierung der Fasern erzielt. F. Urban. 8060□

Farbänderung belichteter Zellwolle. 2. Mitt. S. Kaufmann. (Mitt. Inst. Textiltechnol. Chemiefasern Rudolstadt **5**, **144**—**47**, Dez. 1961; dt.) — 1. vgl. C. **1963**, **742**. —

Die teilweise reversible *Farbänderung* bestrahlter *Celluloseregeneratfasern* wird durch eine Keto–Enol-Tautomerie theoret. gedeutet. Unter Anwendung der Elektronengas-Meth. wird versucht, eine Zuordnung der tautomeren Oxydations-Prodd. der Cellulose zu den gemessenen Remissionsspektren zu treffen. St. Blumberg. 8074□

Einfluß des Zellstoff-Herstellungsprozesses auf die Reaktionsfähigkeit des Zellstoffs im Emulsions-Xanthogenierungs-Verfahren. Motonobu Ichino, Hideju Imai, Osakazu Nakao und Nobuhiko Migita. (J. Soc. Textile Cellulose Ind., Japan [Sen-i Gakkaishi] **13,** 739—42, Nov. 1957; Tokyo, Japan, Tokyo Univ., Fac. of Agric.; jap., Auszug: engl.) — Die M—W- u. S—W-Werte [nach Bartunek (Cellulosechemie **22,** [1944], 56)] der untersuchten *Zellstoffe* hängen nicht nur von Viscosität u. Geh. an α-Cellulose, sondern auch von morpholog. Eigg. u. der Feinstruktur ab. A. Seuffert. 8074□

Probleme der Polyamidchemie. 2. Mitt. **Kationische Caprolactampolymerisation. Die chemische Struktur des Polymeren bei Auslösung mit Caprolactamhydrochlorid.** Gerhard Reinisch und Werner Jaeger. (Faserforsch. u. Textiltechn. **13,** 161—65, April 1962; Teltow-Seehof, DAW zu Berlin, Inst. für Faserstoff-Forsch., Abt. Synthet. Fasern aus Polykondensaten; dt.) — 1. vgl. C. **1963,** 359. — Der *Polymerisationsverlauf* verschiedener *kation. Polymerisationen* wird verglichen, App. u. Verf.-Weise werden beschrieben. Der Nachw. der C-terminalen N-Acyllactamgruppierung, an durch Initiierung mit *Lactamhydrochlorid* erhaltenem Polycaprolactam erfolgt mit der Hydroxam-Rk. u. der solvolyt. Abspaltung von Lactam am Kettenende. Meth. u. Probleme der Endgruppentitrationen werden besprochen. Eine in Benzylalkohol entdeckte Neben-Rk. bei der Endgruppen-Best. wird diskutiert. I. Beßer. 8080□

Einfluß der Feuchtigkeit auf die mechanischen Eigenschaften des Glastextolits „KAST-W". B. I. Panschin und G. N. Finogenow. (Пластические Массы [Plast. Massen] **1961,** Nr. 8, 22—26; russ.) — Zwecks Unters. des Einfl. der relativen Feuchtigkeit (0—98%) auf die physikal.-mechan. Kennzahlen von *Glastextolit KAST-W* werden die Proben 20 Tage der Feuchtigkeit ausgesetzt u. bei —45 bis 150° der Zerreißprobe unterworfen. Dabei ergibt sich bei 20° ein Abfall der Festigkeit (von 3220 auf 2235 kg/cm²; 1,5 mm starke Probekörper), der Zerreißdehnung (von 120 auf 83%), des Spannungsmoduls, aber auch der Proportionalitätsgrenze. Interessant ist, daß sowohl bei höherer als auch bei niedrigerer Temp. dieser Einfl. geringer ist u. bei —45° für den Spannungsmodul u. die Zerreißfestigkeit sogar höhere Werte gefunden werden. Bei Unters. der cycl. Belastung ergibt sich, daß nicht nur die chem. u. physikal. aufgenommene Feuchtigkeit, sondern bereits ein Wasserfilm an der Oberfläche die maximale Belastbarkeit bei einer bestimmten Frequenz der Cyclen herabsetzt. Eine theoret. Deutung der Ergebnisse wird gegeben. O. Kramm. 8082□

Aktuelle Tendenzen in der Textilprüfung. A. Engeler. (Schweiz. Arch. angew. Wiss. Techn. **28,** 133—37, April 1962; St. Gallen, Eidg. Materialprüfungs- u. Vers.-Anst.; dt. u. franz.) — Die Bedeutung der Prüf-Meth. auf physikal., chem. u. biolog. Gebiet im Textilsektor wird besprochen. Die mit dem Ausbau der Materialprüfung auf dem Textilgebiet beschäftigten Stellen werden aufgeführt. I. Beßer. 8096□

Neuere Entwicklungen, Ergebnisse und Praxis der physikalischen Textilprüfung. J. Juilfs. (Schweiz. Arch. angew. Wiss. Techn. **28,** 149—63, April 1962; Krefeld, Text.-Forsch.-Anst.; Hannover, TH; dt.) — Ein Überblick über die neuere Entw. der physikal. Textilprüfung, die Verfeinerung der Meth. u. Verff. unter Berücksichtigung der Erhöhung der Aussagekraft für die Praxis u. der zunehmenden Einführung von physikal. Strukturprüfungen in die Prüfpraxis wird gegeben. I. Beßer. 8096□

Bemerkungen bezüglich der Bestimmungsmethoden der Faserdichte. Andrzej Włochowicz und Jerzy Godek. (Przegląd Włókienniczy **15,** 382—84, Aug. 1961; Łódź, Politechn.; Inst. Włók.; pol.) — Übersicht über die pyknometr., Verdrängungs-Flotations- u. volumetr. Meth. der *Faserdichtebestimmung.* F. Urban. 8096□

Die Prüfung der verschiedenen Eigenschaften permanent flammenfest ausgerüsteter Gewebe. H.-J. Reese. (Melliand Textilber. **41,** 1559—63, 1960; Speyer/Rh., Firma Dr. Quehl & Co., Prüflabor.; dt.) — Vgl. C. **1961,** 12316. — An einer Tabelle wird die „*Vertikalprüfung*" *flammfester Gewebe* krit. besprochen. Es werden Wasserabperleffekt, Wasserdichtheit, Wasserdruckbeständigkeit, Schimmel- u. Fäulnisfestigkeit, Luftdurchlässigkeit, Gew.-Zunahme u. die Prüfung der Maßänderung abgehandelt u. die entsprechenden DIN-Prüf-Meth. angegeben. W. Bernard. 8098□

Zur Bestimmung der Bleichintensität. O. Oldenroth. (Fette, Seifen, Anstrichmittel **61,** 40—45, Jan. 1959; Krefeld, Wäschereiforsch. e. V.; dt.) — Zur reproduzierbaren *Best.* der *Bleichintensität* sowohl von peroxidhaltigen Waschmitteln als auch Chlorbleichbädern eignet sich ein mit 2% *Immedialgrün BTN extra* in Ggw. von 20% Na_2S u. 30% Glaubersalz (jeweils bezogen auf Warengewicht) mit einem Flottenverhältnis

1 : 40 während 30 Min. bei 60—95° angefärbtes Gewebe (Krefelder Standardgewebe). Die Berechnung der Bleichintensität erfolgt aus dem Verhältnis der gemessenen Farbtonaufhellung (Weißgrad des gebleichten — Weißgrad des gefärbten Gewebes) u. der Anfärbung (Weißgrad des ungefärbten — Weißgrad des angefärbten Gewebes). Dagegen ergibt die titrimetr. Best. des O-Verlustes in Wasch- u. Bleichbädern keinen zuverlässigen Hinweis auf die Bleichwirkung. — Die Abhängigkeit der Bleichintensität von der Zeit, der Temp. u. der Einfl. von Cu u. $MgSiO_3$ wird untersucht. — In Chlorbleichbädern wird die Bleichwrkg. durch Eiweißsubstanzen merklich herabgesetzt, weshalb empfohlen wird, die Chlorbleiche nicht in zu schmutzigen Bädern vorzunehmen.

H. Spohn. 8098□

Ciba Akt.-Ges. (Erfinder: Adolf-Emil Siegrist, Basel, und Max Dünnenberger, Birsfelden), Schweiz, **Herstellung von Diimidazolderivaten.** o-Diamine der Benzolreihe, deren eine NH_2-Gruppe prim., u. deren andere NH_2-Gruppe prim. oder sek. ist, oder ihre Salze werden in Ggw. von verd. wss. Mineralsäuren mit Tetrahydroxydicarbonsäuren der Formel $(CHOH)_4{=}(COOH)_2$ oder mit funktionellen Derivv. davon zu Verbb. der allg. Formel I umgesetzt. Hierbei ist A ein Rest der Benzolreihe, in welchem 2 benachbarte C-Atome mit den beiden Imidazol-N-Atomen verknüpft sind, R = H, ein niedrigmol. Alkyl- oder Hydroxyalkyl-, ein Alkylen- oder heterocycl. Rest. A kann durch Halogenatome, Alkyl- oder Alkoxygruppen substituiert sein.

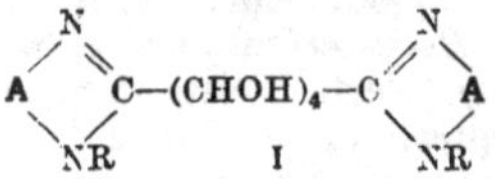

I

Die Rkk. werden bei mäßig erhöhten Temp. (80—120°) in einer Inertgasatmosphäre in Ggw. von 5—50%ig. H_2SO_4, 5—20%ig. HCl oder 15—50%ig. H_3PO_4 durchgeführt. Beispiele für Rk.-Komponenten: Einerseits o-Phenylendiamin (II), Isopropyl-o-phenylendiamin, 1-Methoxy-, 1-Methyl- u. 1-Chlor-3.4-diaminobenzol; andererseits: Manno- u. Idozuckersäure, Talo- u. Alloschleimsäure, sowie andere von Aldohexosen abgeleitete Dicarbonsäuren. Beispiele: Kondens.-Prod. aus II u. Schleimsäure (III) in H_2SO_4, $C_{18}H_{18}O_4N_4 \cdot H_2SO_4 \cdot 4\,H_2O$, kristallines Pulver, Dunkelfärbung bei 212°, Zers. bei 249°; Kondens.-Prod. aus II u. dem sauren K-Salz der Zuckersäure in H_2SO_4, $C_{18}H_{18}O_4N_4 \cdot H_2SO_4 \cdot H_2O$, F. 208—210°, Zers., F. der freien Base 241—241,5°; aus II u. III in HCl $C_{18}H_{18}O_4N_4 \cdot 2\,HCl \cdot H_2O$, F. 287,5—288,5°, aus II u. III in HBr, Zers.; $C_{18}H_{18}O_4N_4 \cdot 2\,HBr \cdot H_2O$, farbloses kristallines Pulver, F. 279—279,5°; Kondens.-Prod. aus III u. 1-Amino-2-methylaminobenzol, $C_{20}H_{22}O_4N_4 \cdot H_2SO_4$, farbloses kristallines Pulver, F. 232,5—233°, Zers., F. der freien Base 259—261°; Kondens.-Prod. aus III u. 1-Methyl-3.4-diaminobenzol in H_2SO_4, $C_{20}H_{22}O_4N_4 \cdot H_2SO_4$, farbloses kristallines Pulver, Zers. bei 210°, F. der freien Base 275,5—276°, Zers.; Kondens.-Prod. aus dem sauren K-Salz der Zuckersäure u. 1-Methyl-3.4-diaminobenzol in H_2SO_4, $C_{20}H_{22}O_4N_4$, farbloses kristallines Pulver, F. 226,5—227°, Zers.; Kondens.-Prod. aus III u. 1-Methoxy-3.4-diaminobenzol, $C_{20}H_{22}O_6N_4 \cdot H_2SO_4$, farblose Nadeln, Zers. bei 231—232°, F. der freien Base 266—266,5°, Zers.; Kondens.-Prod. aus III u. 1-Chlor-3.4-diaminobenzol, $C_{18}H_{16}O_4N_4Cl_2 \cdot H_2SO_4$, farblose Nadeln, Dunkelfärbung bei 217°, F. der freien Base, farbloses kristallines Pulver, F. 289—290°; Kondens.-Prod. aus II u. III-Diäthylester, F. 283,5—284,5°, Zers. (freie Base). Verw. zur Herst. von *Textilhilfsmitteln,* bes. von Aufhellungsmitteln. (**Schwz. P. 354 089** vom 6/5. 1957, ausg. 30/6. 1961.) A. Kalix. 8029

Farbenfabriken Bayer Akt.-Ges. (Erfinder: Wilhelm Ehm, Robert Schnegg und Rudolf Hofmann), Leverkusen, **Scheuerfeste Textilausrüstung von (Regenerat-)Cellulose enthaltenden Textilien.** Man imprägniert mit einem Mittel, das Polyester u. Polyamid (ggf. durch Hydroxyalkyl-, Alkoxyalkyl- oder Alkylthioalkylgruppen substituiert) enthält. — 30 (g) Methoxymethylaminocapronsäurepolyamid (dessen NH-Gruppen zu 30% substituiert sind) u. 60 Polyester (aus 1 Mol Bernsteinsäure u. 4 Mol Glykol) werden in 1000 CH_3OH gelöst u. zur Imprägnierung von Cu-Seide in Form von Wirkware verwendet. (**Schwz. P. 352 652** vom 15/9. 1958, ausg. 28/4. 1961. D. Prior. 28/9. 1957.) H. Möllering. 8033

J. R. Geigy Akt.-Ges., Basel (Erfinder: Reinhard Zweidler, Basel, und Ernst Keller, Binningen), Schweiz, **Herstellung von Stilbyltriazolverbindungen.** 2-(Stilbyl-4″)-acenaphtheno-4′.5′ : 4.5)-1.2.3-triazol-2″-, 2‴- oder -4‴- sulfonsäuren oder ihre Alkalisalze werden mit Phosphorhalogeniden, bes. mit PCl_5, in die entsprechenden Sulfonsäurehalogenide übergeführt u. diese mit aromat. Hydroxyl-Verbb. (I) oder Salzen davon in Sulfonsäurearylester übergeführt. Die Rk.-Komponenten werden dabei so gewählt, daß die Endprodd. weder sauer reagierende salzbildende noch farberzeugende Substituenten enthalten; dagegen können inerte Substituenten vorhanden sein, wie sie in Azofarbstoffen üblich sind: Halogenatome, Alkyl-, Aryl-, Alkoxy-, Aryloxy-, Acylamino-, Carbon- u. Sulfonsäureester- oder -amidgruppen, Alkyl- oder Arylsulfongruppen. — Beispiele für I: Phenol, Alkoxyphenole, Naphthole, Hydroxydiphenyle, Hydroxydiphenylalkane, Hydroxydiphenyläthan. — Beispiele: 2-(Stilbyl-4″)-(acenaphtheno-

4'.5' : 4.5)-1.2.3-triazol-2''-sulfonsäurekresylester, gelbes Pulver, F. 210—212° (aus Chlorbenzol); Phenylester der gleichen Verb.: gelbliches Pulver, F. 205—207°; p-tert. Butylester, gelbliches Pulver, F. 225—227° (aus Chlorbenzol). Verw. als *opt. Aufhellungsmittel* für hydrophobe Stoffe aller Art: Kunstfasern, Fette, Öle, Wachse, KW-Stoffe. (**Schwz. P. 354 447** vom 14/8. 1957, ausg. 15/7. 1961.) A. Kalix. 8033

Catomance Ltd. (Erfinder: Maurice Kolker, Alfred Edward Read und Joseph David), Welwyn Garden City, England, **Lagerbeständiges Hydrophobiermittel,** bestehend aus einer neutralen oder alkal. wss. Emulsion von (Paraffin-)Wachs, in dem eine Alkoxy-, Hydroxyalkoxy- oder Acyloxy-Verb. von Ti^{IV} oder Zr^{IV} gelöst ist. — Man löst 36 (g) *Isooctyltitanat* in 364 *Paraffin* u. homogenisiert den Ansatz in 585 W. mit einem Geh. von 15 Leim u. 5 *Na-Pentachlorphenolat*. 60 Gemisch werden in 1000 W. verteilt u. zum *Imprägnieren von Baumwollgarbardin* verwendet. — Ferner geeignet sind *Butyltitanat, Stearyltitanat, Capryltitanat* u. *2-Äthylhexylzirkonat.* (**Schwz. P. 352 653** vom 10/12. 1958, ausg. 28/4. 1961. E. Prior. 10/12. 1957.) H. Möllering. 8037

Ciba Akt.-Ges., Basel (Erfinder: Arthur Hiestand, Binningen, und Arthur Maeder, Therwil), Schweiz, **Hydrophobieren und Weichmachen von Textilien.** Man imprägniert das Gut mit einer wss. Dispersion aus einem Halogen enthaltenden *1.3.5-Triazin,* das mindestens einen >7 C-Atome enthaltenden KW-Stoffrest aufweist, einem Emulgator, bes. *Polyglykoläther höhermol. Alkohole,* u. ggf. einem *Polyvinylalkohol* (I). — Baumwollgabardine wird mit der gleichen Menge einer wss. 10%ig. Emulsion des Gemisches aus 3 (Teilen) *äthoxyliertem Oleinalkohol,* 1,2 neutrales Kondens.-Prod. aus CH_2O u. Naphthalinsulfonsäure, 30 I-Lsg. (10%ig.) u. 40,5 Kondens.-Prod. aus *Stearylamin* = 93% Octadecyl-, 1% Octadecenyl- u. 6% Hexadecylamin u. *Cyanurchlorid* u. Na_2CO_3 imprägniert, getrocknet u. 5 Min. lang bei 160° vergütet. (**Schwz. P. 351 574** vom 24/7. 1958, ausg. 15/3. 1961.) H. Möllering. 8037

Raduner & Co. Akt.-Ges., Horn, Thurgau (Erfinder: Alfred Lauchenauer und Martin Schwemmer, Horn), Schweiz, **Herstellung von hochnaßfesten, mehrfarbig wie Papier bedruckbaren, aus Faserstoffen hergestellten, versteiften Flächengebilden, besonders Landkarten.** Dad. gek., daß man auf Textilien wie Gewebe oder Vliese eine wss. Flotte, enthaltend ein Vorkondensat eines hitzehärtbaren Harzes (I), ein zur Brücken-Bldg. zwischen OH-Gruppen befähigtes Vernetzungsmittel, einen wasserfest fixierbaren, polymeren Stoff, z. B. Polyvinylalhohol, einen Katalysator für **II**, aufträgt, trocknet u. härtet, wobei die Gebilde in Längs- oder Querrichtung gedehnt werden. (**Schwz. P. 351 938** vom 17/10. 1956, ausg. 30/3. 1961.) M. Böttcher. 8037

Soc. de la Viscose Suisse (Erfinder: Bruno S. V. Marek), Emmenbrücke, Schweiz, **Herstellung von Triacetatfasern** aus im Primärquellungszustand befindlichen Fasern aus regenerierter Cellulose unter Erhaltung der Faserstruktur, dad. gek., daß in bes. reaktionsfähigen, avivagefreien Cellulosefasern das Quellwasser durch Essigsäure ausgetauscht u. die restlichen Spuren W. durch Zugabe von Essigsäureanhydrid unter gleichzeitiger Aktivierung des Fasergutes bei normaler Temp. mit höchstens 0,2% Perchlorsäure (auf trockene Cellulose berechnet) durch chem. Umsetzung zu Essigsäure entfernt werden, das Fasergut anschließend vom Überschuß an Behandlungs-Fl. befreit, in einem Bad, bestehend aus der 15—30fachen Menge CCl_4, der 3—5fachen Menge Essigsäureanhydrid u. 0,1—0,5% Perchlorsäure (je auf trockene Cellulose berechnet) während längstens 6 Std. bei 10—25° triacetyliert, gewaschen u. schonend getrocknet wird. Vorteilhaft werden solche regenerierten Cellulosefasern triacetyliert, deren Querschnitt weniger als 60% Mantelschicht besitzt. (**Schwz. P. 355 442** vom 22/4. 1959, ausg. 31/8. 1961. **E. P. 868 019** vom 30/4. 1959, ausg. 17/5. 1961. Beide Niederl. Prior. 2/5. 1958.) G. König. 8077

Deutsche Gold- und Silber-Scheideanstalt vormals Roessler (Erfinder: Karl Dithmar und Elfriede Naujoks), Frankfurt/M., **Lösung oder Dispersion zum Veredeln von Polyamidfasern.** Die lagerfähige Lsg. enthält eine organ. Verb. mit mindestens 2 N-Atomen, von denen das eine eine prim. oder sek. Amino- oder (substituierte) Iminogruppe u. das andere eine prim., sek. oder tert. Amino-, Imino-, eine —NHOH oder =NOH-Gruppe darstellt, wobei beide N-Atome durch einen KW-Stoff-Rest von 1—9 C-Atomen (auch substituiert oder durch Heterogruppen unterbrochen) enthält. Zusätzlich können Quellmittel, Mattierungsmittel vorhanden sein. — Zur Behandlung geeignet ist eine 10%ig. alkohol. Lsg. von *N.N'-Diphenyläthylendiamin* oder eine 1%ig. Lsg. von *Oxalsäure-bis-phenylamidin* in Benzol. (**Schwz. P. 355 765** vom 31/7. 1957, ausg. 15/9. 1961. D. Prior. 5/10. 1956.) H. Möllering. 8081

Chemische Fabrik Grünau Akt.-Ges., Deutschland, *Verbesserung von organischen Fäden und Folien.* (**F. P. 1 226 459** vom 15/1. 1959, ausg. 13/7. 1960. D. Prior. 24/1. 1958. — C. **1961,** 2836 [D. A. S. 1 085 492].)

American Cyanamid Co., New York, N.Y., übert. von: **Kenneth H. Barnard**, Bound Brook, und **James N. Growney**, Fords, N.J., V.St.A., *Knitterechtausrüstung für Textilien.* (Can. P. 557 877 vom 25/10. 1954, ausg. 27/5. 1958. A. Prior. 18/1. 1954. — C. 1959, 12093 [A. P. 2 819 179].)

Bradford Dyers' Association Ltd., Bradford, England, *Hydrophobierverfahren.* (Belg. P. 563 953 vom 14/1. 1958, ausg. 17/6. 1960. E. Prior. 14/1. u. 13/3. 1957. — C. 1962, 6260 [F. P. 1 215 556].)

Union Chimique Belge Soc. An., Brüssel, Belgien, *Hydrophobierungsmittel.* (Belg. P. 555 021 vom 15/2. 1957, ausg. 12/2. 1960. — C. 1962, 6640 [F. P. 1 212 044].)

Imperial Chemical Industries Ltd., London, England, *Wasserfestmachen von Faserstoffen.* (Ind. P. 66 708 vom 11/2. 1959, ausg. 5/9. 1960. E. Prior. 7/3. 1958. — C. 1962, 4778 [F. P. 1 221 168].)

Carl Freudenberg K.G. auf Aktien, Deutschland, *Herstellung von Faservliesen.* (F. P. 1 226 786 vom 5/5. 1959, ausg. 16/8. 1960. D. Prior. 10/5. 1958. — C. 1961, 15969 [D. A. S. 1 094 227].)

E. I. du Pont de Nemours & Co., übert. von: **Thomas E. Bell**, Wilmington, Del., V.St.A., *Bleichen von Baumwolle.* (Can. P. 559 254 vom 27/4. 1956, ausg. 24/6. 1958. A. Prior. 28/6. 1955. — C. 1959, 7673 [E. P. 789 585].)

Edward Robbart, V.St.A., *Wasserabweisend- und Krumpffestmachen von Wolle.* (F. P. 1 223 195 vom 4/5. 1959, ausg. 15/6. 1960. A. Prior. 7/5. 1958. — C. 1962, 8114 [A. P. 2 961 338].)

N. V. Onderzoekingsinstituut Research, übert. von: **Pieter C. Limburg**, Arnheim, Niederlande, *Verspinnen von Viscose.* (Can. P. 553 680 vom 26/10. 1953, ausg. 10/6. 1958. Niederl. Prior. 4/12. 1952. — C. 1957, 2090 [Oe. P. 186 771].)

Unilever Ltd., Port Sunlight, County of Chester, übert. von: **Edward East**, Harrold, Bedfordshire, und **Edward Green**, St. Albans, Hertfordshire, England, *Gebilde aus Protein.* (Can. P. 559 442 vom 10/8. 1954, ausg. 24/6. 1958. E. Prior. 18/8. 1953. — C. 1957, 5147 [E. P. 757 215].)

Ciba Soc. An., Schweiz, *Antistatischmachen von hydrophoben synthetischen Fasern.* (F. P. 1 231 399 vom 27/7. 1959, ausg. 28/9. 1960. Schwz. Prior. 29/7. 1958. — C. 1962, 16184 [Oe. P. 211 777].)

Vereinigte Glanzstoff-Fabriken Akt.-Ges., Wuppertal, *Herstellung von feinen Fäden aus Polyolefinen.* (Belg. P. 562 603 vom 21/11. 1957, ausg. 3/6. 1960. D. Prior. 8/12. 1956. Zusatz zu Belg. P. 556 923; C. 1962. 14734. — C. 1959, 12418 [Oe. P. 200 713].)

Farbenfabriken Bayer Akt.-Ges., Leverkusen (Erfinder: **Wilhelm Brenschede** und **Herbert Marzolph**, Dormagen), *Herstellung von Formkörpern aus Polyacrylnitril.* (F. P. 1 210 702 vom 3/6. 1958, ausg. 10/3. 1960. Jap. A. S. 13 135/1960 vom 5/6. 1958, ausg. 10/9. 1960. Beide D. Prior. 6/6. 1957. — C. 1960, 4393 [D. A. S. 1 065 975].)

N. V. Onderzoekingsinstituut Research, Arnheim, Niederlande, *Kardierbare Polyesterfasern.* (Belg. P. 563 206 vom 13/12. 1957, ausg. 3/6. 1960. Niederl. Prior. 15/1. 1957. — C. 1961, 17440 [E. P. 853 179].)

Chemstrand Corp. (Erfinder: **Paul Reed Cox jun.**), Decatur, Ala., V.St.A., *Herstellung von Lösungen modifizierter Polyester in geschwefelten Lösungsmitteln.* (F. P. 1 215 388 vom 25/11. 1958, ausg. 19/4. 1960. Jap. A. S. 11 783/1960 vom 25/11. 1958, ausg. 23/8. 1960. Beide A. Prior. 25/11. 1957. — C. 1960, 13891 [A. PP. 2 912 404 u. 2 912 405].)

H_{19}. Brennstoffe. Erdöl. Mineralöle

Kontrolle der Verbrennung von festen und flüssigen Brennstoffen nach Ostwald's Universaldiagramm. J. Kozina. (Paliva **36**, 226—32, Juli 1956; Ostrava, NHKG; tschech.) — Beschreibung einer schnellen rechner. u. graph. Meth. zur Kontrolle der Verbrennung fester u. fl. Brennstoffe. Die vereinfachte Meth. ist aus der klass. Berechnung des Ostwald-Diagramms abgeleitet, dessen Zweckmäßigkeit bestätigt wird. Eine Formelübersicht zur Berechnung des Luftüberschusses wird gegeben. E. Rotter. 8128□

Wege zur Erhöhung des Energieinhaltes von Kohlenwasserstoffbrennstoffen. Ja. B. Tschertkow. (Химия и Технология Топлив и Масел [Chem. Technol. Brennstoffe Öle] **5**, Nr. 4, 1—4, April 1960; russ.) — Der Energieinhalt von KW-Stoffen wird nach der auf das Vol. bezogenen Verbrennungswärme beurteilt. Die wirkungsvollste Erhöhung des Energieinhaltes wird durch Zufügen von aromat. KW-Stoffen hoher Dichte erreicht. Das Verbrennungs-Verh. von Aromaten in Motoren muß noch untersucht werden. H. V. Adolphi. 8132□

Methode zur Auswertung des Kohlenkornzerfalls und des Trocknungsvorgangs. B. Schwarzkopf. (Paliva **36**, 303—07, Sept. 1956; Praha, Úst. pro výzk. a využití paliv.; tschech.) — Die neue Meth. zur *Auswertung* des *Kohlenkornzerfalls* bei der Vortrocknung benutzt den Trockenstoff-Geh. als konst. Parameter. Die Meth. ist theoret. besser fundiert als die bisherigen u. kann auf den gewünschten u. nichtgewünschten Zerfall von Kohlenkörnern u. a. vorgetrockneten Stoffen angewandt werden. Ferner wird eine Meth. zur Beurteilung des Trocknungsvorganges auf Grund des Trocknungsgrades u. des Kornzerfalles vorgeschlagen. E. Rotter. 8134□

Erforschung der Verkokbarkeit und Verarbeitbarkeit von Kohlevorräten. V. Müller. (Paliva **36**, 295, Sept. 1956; Praha, Úst. pro výzk. a využití paliv.; tschech.) — Aufgaben der Kohlelaboratorien. E. Rotter. 8142□

Die Verkokungsdauer von Beschickungen mit erhöhtem Gas-Kohleanteil des Kusnezk-Beckens. W. D. Frischberg und Ss. I. Suchenko. (Кокс и Химия [Koks u. Chem.] **1960**, Nr. 8, 11—12; russ.) — Die Verkokungsdauer übt auf

die Qualität des bei Beschickung der Koksöfen mit einem Anteil von Gaskohle (5%) aus dem Kusnezk-Becken erhaltenen Kokses einen erheblichen Einfl. aus. Eine Zunahme der Verkokungsdauer von 15 auf 17 Std. erhöht den Restwert auf der Standardtrommel um 9—10 kg u. verringert den Geh. der Klasse 10—0 mm in den Untertrommel-Prodd. um 4—6 kg. Die weitere Erhöhung des Anteils der Gaskohle in der Schicht macht bei Ofenkammern mit 407 mm Breite eine Verlängerung der Verkokungsdauer bis mindestens 16—16,5 Std. bei Einrichtung zusätzlicher Koksbatterien erforderlich.
K. Wekua. 8144□

Beitrag zur Theorie des Auswaschens von Naphthalin aus Gas und zur Verbesserung der Funktion von Naphthalinwäschern. Mil. Kolář. (Paliva **35,** 281—86, Okt. 1955; Běchovice u Prahy, Plynár. úst.; tschech.) — Hinweise auf die Abhängigkeit der *Naphthalinwäsche* (*NW*) vom Waschöl, von der Auswahl der Waschöle u. dem Grad der theoret. NW. Prakt. Anregungen für die Einrichtung u. den technolog. Betrieb der NW, durch die eine wesentliche Rationalisierung erzielt werden kann.
E. Rotter. 8166□

Der düsenlose Venturi-Absorber für die Ammoniakabsorption aus Kokereigas. P. A. Ssemenow, Ju. W. Tumanow und O. Ss. Tschechow. (Кокс и Химия [Koks u. Chem.] **1960,** Nr. 8, 34—37; Moskau, Inst. für chem. Maschinenbau; russ.) — Für die Absorption von bei der Verkokung anfallendem *Ammoniak* durch H_2SO_4 unter Ausscheiden von $(NH_4)_2SO_2$ wird ein düsenloser Venturi-Absorber vorgeschlagen. Die Vorteile dieses App. bestehen darin, daß er von einfacher Konstruktion u. kompakt ist (Absorber u. Separator in einem Gehäuse), keine Zerstäubungs-Vorr., keine Speisepumpe, Zwischenbehälter u. Verbindungen benötigt, daß die Zuführung der Fl. vermittels Gasstrom erfolgt u. daß es möglich ist, aus Einzelelementen einen vielstufigen App. ohne zusätzliche Einrichtungen herzustellen. Eine Skizze der Anlage ist angegeben.
K. Wekua. 8168□

Entfernung von Schwefelwasserstoff aus Synthesegasen mit Eisenoxid bei erhöhtem Druck. G. E. Johnson, J. H. Field, W. A. Decker und R. M. Jimeson. (U.S. Dep. Interior, Bur. Mines, Rep. Invest 1962, Nr. **6023,** 1—27; Washington, D. C., Bur. of Mines; Pittsburgh, Pa., Bur. of Mines, Coal Res. Center; engl.) — Das zur Verarbeitung kommende Gas hat einen H_2S-Geh. von 10—12 grains/100 cu.ft, daneben 0,02—0,06% O_2. Kleine Holzstückchen werden mit *Fe-Oxid* (I) imprägniert. I wird dadurch wirksamer. Bei konst. Strömungs-Geschw. u. einem Druck von 400 lbs./sq.in. dauert es bedeutend länger, bis das Endgas einen bestimmten Geh. an H_2S hat, als bei einem Druck von 200 lbs./sq.in. oder normalem Druck. Die beste Wrkg. tritt bei Raum-Temp. auf, die schlechteste bei 100°. Durch trockene imprägnierte Schnitzel wird nur halbsoviel H_2S entfernt wie durch solche, die mit 50% W. angefeuchtet werden. Der H_2S-Geh. des Gases kann auf den 5—50fachen Wert der meistens zu reinigenden Gase gesteigert werden, ohne daß die Wrkg. von I nachläßt. Verbrauchtes I wird durch Durchleiten von Luft bei normalem Druck regeneriert. F. Rosendahl. 8172□

Zur Bewertung des Einflusses der Zusammensetzung des Kondensates und der Temperatur auf den Druck der Maximalkondensation von Gas-Kondensat-Systemen. A. B. Zaturjanz und N. Assadullajewa. (Известия Академии Наук Азербайджанской ССР, Серия Физико-Математических и Технических Наук [Nachr. Akad. Wiss. AserbaidshanSSR, Ser. physik.-math. techn. Wiss.] **1961,** Nr. 1, 161—66; russ., Auszug: aserbaidshan.) — Das *Gaskondensat* stellt ein kompliziertes Gemisch von paraffin., naphten. u. aromat. KW-Stoffen dar, worin innerhalb jeder Gruppe das Verhältnis Molgew.: Spezif. Gew. der einzelnen KW-Stoffe mit dem erhöhten Molgew. ansteigt. Es wird also bei sonst gleichen Bedingungen der Druck der maximalen Kondens. mit Erhöhung des Molgew. der KW-Stoffe abfallen. Diese Zusammenhänge werden für die qual. Beurteilung von Temp. u. Molar-Vol. des Kondensats bei der Ausbeute von Gaskondensatfeldern ausgewertet. Der quant. Teil der Frage kann nur durch eine Serie von Experimenten mit verschiedenen Kondensaten u. den sie bildenden Komponenten bei verschiedenen Temp. gelöst werden. W. Hantzsch. 8186

Vanadium als Indicator für die Migration von Erdöl in den Erdöllagerstätten von Wengluwka. Jadwiga Złotnicka. (Nafta [Katowice] **17,** 302—05, Nov. 1961; Erdölinst.; pol.) — Über die Unters. der Migrationsrichtungen des Erdöls (E) auf Grund der in der E-Asche festgestellten Spurenelemente, z. B. *V*, wird berichtet. Diese Elemente gegen gleichzeitig Aufschluß über die E-bildenden tier. u. pflanzlichen Organismen in der Ursubstanz u. ermöglichen eine sinnvolle Prosperierung durch Auswertung der Zusammenhänge zwischen E-Höffigkeit u. geol. Struktur.
Else Heinemann. 8188

Deformation durch örtlichen Druck der Gesteine als energetische Quelle der Erdölgasbildung. W. P. Krymow. (Известия Высших Учебных Заведений

(Баку), Нефть и Газ [Hochschulnachr. (Baku), Erdöl Gas] **4**, 9—14, 1961; Moskau, Lomonossow-Univ.; russ.) — An 2 Beispielen der Deformation von Gesteinsschichten der Wosnessensk-Antiklinalen durch Druck berechnet Vf. die freiwerdende Energie, die sich im Sedimentgestein akkumuliert unter Umwandlung in potentielle chem. Energie der KW-Stoffe mit nachfolgender Polymerisation in Abhängigkeit von den Temp.- u. dynam. Verhältnissen. Der Prozeß der Erdöl-Bldg. wird als eine Rk. der Sedimente auf die Druckdeformation durch geotekton. Umlagerungen betrachtet.
J. Lehmberg. 8188□

Die Separierung der Abscheideremulsionen von Erdöl verarbeitenden Werken. Je. Ss. Kosoresow, B. A. Mitkalew, A. M. Iwanow und W. M. Dshingaradse. (Химия и Технология Топлив и Масел [Chem. Technol. Brennstoffe Öle] **6**, Nr. 6, 32—34, Juni 1961; Baschkir. Forsch.-Inst. für Erdölind.; Forsch.- u. Konstruktionsinst. der UdSSR für chem. Maschinenbau; russ.) — Erdöl–Wasser-Emulsionen, die in erdölverarbeitenden Werken anfallen, können statt durch Erhitzen u. Abstehen mit Vorteil durch Zentrifugieren separiert werden. Bei der laboratoriumsmäßigen u. halbtechn. Unters. lieferte eine Emulsion mit D_4^{20} 0,950, die 48,8 (%) W., 49,7 Erdöl u. 1,5 mechan. Beimischungen enthielt, ein Erdöl-Prod. mit D_4^{20} 0,891, das 0,9 W. u. 0,2 mechan. Beimischungen enthielt. Demulgatoren brauchen nicht angewendet zu werden. Das bei der Separierung erhaltene Erdöl kann ohne zusätzliche Behandlung weiterverarbeitet werden.
Helmut Schäfer. 8190□

Nichtionogene oberflächenaktive Stoffe — Demulgatoren für Erdölemulsionen. D. N. Lewtschenko, A. D. Chudjakowa, A. L. Kalitajewa, Je. A. Schkljaruk, W. I. Chochlow und A. Ss. Tschugrejewa. (Химия и Технология Топлив и Масел [Chem. Technol. Brennstoffe Öle] **5**, Nr. 4, 24—29, April 1960; Allunions-Forsch.-Inst. für Verarbeitung von Erdöl u. Erdgas u. Produktion synth. Kraft- u. Treibstoffe; russ.) — Die Wrkg.-Weise der nichtionogenen Demulgatoren wird beschrieben. Es wird empfohlen, die Demulgatoren durch Oxyäthylierung eines Gemisches von Alkylphenolen (I), Kp. 126—142°, die bei der Synth. des Antioxydans *DBPK* (2.6-Di-tert.-butyl-p-kresol) als Nebenprodd. anfallen, u. von I mit einem Kp. >152° bei 20 mm Druck zu gewinnen. Der Verbrauch des Demulgators *WNIINP58* (oberflächenakt. Stoff mit 25—30 Moll. Äthylenoxid) für die Demulgierung von entwässertem baschkir. Öl beträgt 0,005—0,03% (bezogen auf Erdöl).
H. V. Adolphi. 8190□

Anwendung der „Flaschen"-Röhrenöfen in der Erdölindustrie. Adam Czunko. (Nafta [Katowice] **17**, 285—88, Okt., 309—12, Nov. 1961; pol.) — An Stelle der in der Erdölindustrie Polens angewandten Foster-Wheeler-Öfen wird ein „*Flaschen*"-Ofen mit senkrechten Rohren u. einem am Boden angeordneten Brenner-Syst. empfohlen, dessen Vorteile in einer leichten Auswechselbarkeit der Bauelemente u. exakten Regulierung der erforderlichen Ofenparameter bestehen. Der Betrieb des Ofens wird beschrieben u. zeichner. dargestellt. Sodann bringt Vf. die Zus der Erdöle mit dem Kp. 180—325° u. zeigt Wege zur Anpassung der Parameter dieser Öle an die des Ofens.
Else Heinemann. 8192

Harnstoff-Entparaffinierung der Ölfraktionen unter Zugabe von Wasser als Aktivator. F. A. Ssokolow und B. W. Klimenok. (Известия Высших Учебных Заведений (Баку), Нефт и Газ [Hochschulnachr. (Baku), Erdöl Gas] **4**, Nr. 10, 51—58, 1961; Ufa, Erdölinst.; russ.) — Die Entparaffinierung von Ölfraktionen durch *Harnstoff* (I) in Ggw. von W. als Aktivator wird untersucht. Der Ep. des Raffinats (Rf.) mit dem Kp. 285—390° von Ölfraktionen kann bis zu —38°, d. h. um 56°, des Rf. 310—490° bis —9°, d. h. um 43° u. des Rf. 350—500° bis +8°, d. h. um 33°, gesenkt werden. Die Zeit bis zum Erreichen der maximalen Entparaffinierungstiefe beim erforderlichen theoret. Verhältnis von I: Rf. ist der Viscosität der zu entparaffinierenden Fraktion proportional. Die Erhöhung des Verhältnisses I : Rf. u. des Wasser-Geh. führen zur Steigerung der Rk.-Geschw. der Komplexbildung. Eine Temp.-Änderung im Bereich von 20—40° übt auf die Entparaffinierung keinen wesentlichen Einfl. aus. Es werden Voraussetzungen für die Bldg. eines granulierten Komplexes untersucht, der für die Extraktion des entparaffinierten Öls geeignet ist.
W. Hantzsch. 8194□

Die Ozon-Adsorptionsentschwefelung des primären Kerosindestillates. Je. N. Pitzchelauri, T. A. Posspelowa und W. Ss. Kruglikowa. (Известия Высших Учебных Заведений (Баку), Нефть и Газ [Hochschulnachr. (Baku), Erdöl Gas] **4**, 81—87, 1961; Moskau, Lomonossow-Univ.; russ.) — Durch den *Ozon* (I)-*Adsorptionsprozeß* erzielt man bei einem Verbrauch von 10 kg I je 1 t prim. Kerosindestillat vom Kp. 155—255° mit 0,35% S aus dem devon. Romaschkino-Erdöl 97—98% eines bis zu 97% entschwefelten Raffinates. Die hohe Wirksamkeit des Prozesses beruht auf der Oxydation der organ. S-Verbb. u. auf der anschließenden selektiven Adsorption der

Oxydations-Prodd. durch Adsorptionsstoffe, wie Alumosilicatkatalysatoren (II) u. Silicagel (III). Hierbei finden eine weitere Entschwefelung u. eine Senkung des Wärmeaufwandes für das Ausdämpfen der Adsorbenten um das 4—5fache statt, u. es wird die Gewinnung eines von sauren Verbb. u. Harzen weit besser gereinigten Prod. als durch die I-Meth. allein gewährleistet. Durch Fortfall einer kostspieligen Redest. vermindert sich der Wärmeverbrauch um etwa das Zehnfache. Das II ist 4mal aktiver als III. Lichtbeständigkeitsprüfungen des gereinigten Destillats zeigten während 2 Jahren prakt. keine Veränderung von dessen Eigenschaften. Die therm. Stabilität unter dynam. Bedingungen, bes. bei 150°, wird durch das Verf. erhöht. N. Hviid. 8200□

Die katalytische Hydroreinigung von Rohbenzolfraktionen unter Kokereigasdruck. I. I. Jeru und A. A. Lange. (Кокс и Химия [Koks u. Chem.] **1960,** Nr. 8, 37—41; Charkow, Forsch.-Inst. für Kohlechemie; russ.) — Die Verss. erfolgen unter Verw. der *Bzl.–Toluol–Xylol*-Fraktion bei Rezirkulation von Koksgas (40 atm) über einem Mo–Co-Katalysator auf Al_2O_3, wobei die Wirksamkeit der Hydroreinigung an Hand des Geh. an gesätt. KW-Stoffen (Best. mit Refraktometer nach der dispersiometr. Meth.), Thiophen (photocolorimetr. Best. mit Isatin-H_2SO_4) u. CS_2 (Xanthogenat-Meth.) beurteilt wird. Das Verf. ermöglicht die Gewinnung von Bzl. mit einer Kristallisations-Temp. von 5,33°, 0,0025% Thiophen u. 0% CS_2, dessen Eigg. die Anforderungen der GOST-Norm 8448-57 weit übersteigen. Else Heinemann. 8202

Die Gewinnung von Dieselöl aus den Mittelfraktionen beim leichten thermischen Cracken von Masut. M. F. Nagijew, I. W. Wetschchaiser und Ss A. Ssadychowa. (Доклады Академии Наук Азербайджанской ССР [Ber. Akad. Wiss. AserbaidshanSSR] **17,** 681—86, 1961; russ., Auszug: aserbaidshan.) — Die Hydrostabilisierung der Mittelfraktion des leicht therm. gecrackten Masuts sowohl mit Al_2O_3–CoO–MoO_3- als auch mit WS_2-Katalysatoren u. nachfolgendes vollständiges Entparaffinieren mit Harnstoff führen zu frostfesten Dieselölen mit Cetanzahlen, die um 11—13 Punkte höher liegen als die üblichen nach GOST (Allunions-Standard). J. Lehmberg. 8212□

Katalytische Entschwefelung von Motorenöl mit Wasserstoff unter Druck. Josef Varga und Imrich Szebenyi. (Paliva **36,** 235—36, Juli 1956; Budapešt, Budapešti Müszaki Egyetem Kém. technol. Tanszék; tschech.) — In einem Drehautoklav wird ein Destillat von 280—418° ($D._4^{15,5}$ 0,8676, Dieselindex 53, Anilinpunkt 74,0, S 1,34%) mit 9 g Katalysator/300 ml bei verschiedenen Drucken u. mit verschiedenen Katalysatoren hydrierend entschwefelt. Es wird gefunden, daß eine Temp.-Erhöhung über 420° bei 20—100 atü ohne Einfl. bleibt u. daß am vorteilhaftesten ein WO_3- oder Co-Molybdatkontakt verwendet wird. Mit steigendem Druck steigen der Grad der Entschwefelung u. auch der Dieselindex. Oxide entfernen S-Verbb. besser als Sulfide. Zweckmäßig wird die Fraktion bis 380° einer Hydrierung unter 35 atü unterworfen, wobei der S-Geh. auf 0,12% sinkt, während die Fraktion über 380° noch 0,94% S enthält. Bei der Entschwefelung unter 5 atü bewährt sich J_2 als Katalysator am besten. E. Rotter. 8220□

Die Anwendung der Röntgenstrahlstreuung unter einem kleinen Winkel zur Untersuchung der submikroskopischen Struktur fossiler Kohlen. M. A. Dawydowa und G. M. Plawnik. (Известия Академии Наук СССР, Отделение Технических Наук, Металлургия и Топливо [Nachr. Akad. Wiss. UdSSR, Abt. techn. Wiss., Metallurgie Brennstoffe] **1960,** Nr. 6, 150—55, Nov./Dez.; russ.) — Die Best. der Ausmaße von submkr. Poren in den Donez- u. Kusnezk-Kohlen erfolgt nach einer beschriebenen Meth. der Röntgenstrahlstreuung. Die Kurven der Streuungsintensität beweisen das Vorhandensein eines breiten Bereiches von Porenabmessungen, wobei in den jüngeren Kohlen die kleinen Poren (80%) von der Größenordnung 40—80 Å dominieren. In späteren Stadien nimmt die Zahl der größeren Poren (50%) u. die der mittleren (bis 30%) erheblich zu, u. die Anzahl kleinerer Poren verringert sich stark. K. Wekua. 8246□

Bewertung von Hochofenkoks. 1. Mitt. Chemische und physikalisch-chemische Proben. O. Havel und V. Charvát. (Paliva **36,** 82—87, März 1956; Praha, Úst. pro výzk. a využ. paliv.; tschech.) — Zusammenfassung neuerer *Prüfmethoden.* — 41 Literaturangaben u. 4 Diagramme. E. Rotter. 8246□

Bewertung von Hochofenkoks. 2. Mitt. Mechanische Koksprüfung. O. Havel und und V. Charvát. (Paliva **36,** 110—18, April 1956; tschech.) — 1. vgl. vorst. Referat. — Zusammenfassung neuerer *Prüfmethoden.* — 19 Literaturangaben, 16 Diagramme u. Tabellen. E. Rotter. 8246□

Bewertung von Hochofenkoks. 3. Mitt. Neue Methode der Koksbewertung. O. Havel, V. Charvát und V. Řeřábek. (Paliva **36,** 329—34, Okt. 1956; tschech.)—

2. vgl. vorst. Referat. — Aus der Analyse der Zuwachskurve der Koksklasse <40 mm, die durch den Kokszerfall in der Abriebtrommel „Micum" erhalten wird, wird eine neue Meth. entwickelt. Mit Hilfe von 3 grundlegenden Konst., nämlich der Festigkeit der eigentlichen rißlosen Koksmasse (RK), der Menge der Risse (RM) u. der Splitterfestigkeit (SF), die angenähert berechnet werden u. eigentlich Parameter darstellen u. den Konst. proportional sind, wird die Qualität des Kokses festgestellt. Die Berechnung der Parameter ist einfach; für RK: $a = y_{300} - y_{200}$; für RM: $b = y_{200} - 2a$; für SF: $c = y_{100} - \frac{1}{2} y_{200}$. In diesen Gleichungen bedeuten y_{100}, y_{200}, y_{300} Prozente der Klasse unter 40 mm, bezogen auf die ursprüngliche Einwaage für die entsprechenden Trommeldrehungen. Als vierter charakterisierender Parameter der Koksqualität wird in Abänderung der bisherigen Meth. der Abrieb o vorgeschlagen, u. zwar in % der Klasse unter 10 mm nach 300 Trommelumdrehungen. Die Gesamtqualität des Kokses $K = a + b + c + o$. Die Prüfung erfolgt an 26 Koksproben. E. Rotter. 8246□

Untersuchung der Zusammensetzung des Gaskondensates des Schebeliner Vorkommens und der Produkte von dessen katalytischem Cracken. W. I. Dal, L. Ss. Rasskina, W. M. Nabiwatsch und L. E. Marzinkewitsch. (Известия Высших Учебных Заведений (Баку), Нефть и Газ [Hochschulnachr. (Baku), Erdöl Gas] **4**, Nr. 10, 59—63, 1961; Dnepropetrowsk, Chem.-technol. Dsershinski-Inst.; russ.) — Die Erhöhung des Geh. an ungesätt. KW-Stoffen im Gas u. an Aromaten im Destillat ist durch Verarbeitung des Gaskondensats in katalyt. Crackanlagen ohne Anwendung von erhöhtem Druck nach einem beschriebenen Schema möglich. Die Unters. der Gaskomponenten u. der Crack-Prodd. erfolgt durch die Gas–Fl.-Chromatographie. Else Heinemann. 8250

Untersuchung der Brennstofffraktionen des Erdöls des Busowny-Vorkommens. M. A. Mardanow, K. G. Welijew und L. M. Seinalowa. (Азербайджанское Нефтяное Хозяйство [Erdöl-Wirtsch. Aserbaidshan.] **40**, Nr. 10, 34—37, Okt. 1961; aserbaidshan., Auszug: russ.) — Die auf chromatograph. Wege untersuchten Fraktionen bestehen zu 78,5% aus *Naphthen–Paraffin*-KW-Stoffen mit langen Seitenketten u. zu 16,9% aus leichten u. mittleren *Aromaten*. Schwere Aromaten u. tricycl. Verbb. werden nicht gefunden. Daher kann das Busowny-Öl im Gegensatz zu Baku-Ölen zur Herst. von hochwertigen Motorenölen u. Spezialtreibstoffen eingesetzt werden. H. V. Adolphi. 8252□

Bestimmung des Gehalts an Bleitetraäthyl in Benzinen. J. Krotký. (Paliva **36**, 124—27, April 1956; Letňany, Labor. Výzk. a zkuš. letecký úst.; tschech.) — An 4 *verbleiten Benzinen* werden 13 *Best.-Meth.* untersucht, die erhaltenen Werte verglichen u. die Arbeitszeit/Best. (30—180 Min.) festgestellt. E. Rotter. 8254□

Roger Emmanuel Lefèvre, Belgien, **Brennstoffbriketts.** Kohle mit einer Korngröße von 1—15 mm wird mit einem Bindemittel vermischt, das eine wss. Wasserglas-Lsg., versetzt mit 2—10% Melasse oder Glucose, ist u. eine Dichte von 30—65° Bé. aufweist. Die zugesetzte Bindemittelmenge beträgt 4—12% in bezug auf die Kohle. Die angepastete Kohle wird in Form von Platinen zwecks Trocknung erhitzt (in einem Tunnelofen auf Wagen). (**F. P. 1 251 077** vom 12/3. 1960, ausg. 14/4. 1961. Belg. Prior. 12/3. 1959.) W. Hauswald. 8137

Julius Seifert van der Merwede, Belgien, **Steinkohlenbriketts.** Feinkörnige Kohle wird mit einem polymerisierbaren Bindemittel, wie Leinöl, gemischt. Die Mischung wird geformt u. polymerisiert (durch Einw. von Licht, IR-Bestrahlung u. bes. durch Wärme). (**F. P. 1 252 367** vom 16/3. 1960, ausg. 3/5. 1961. Belg. Prior. 22/10. u. 30/11. 1959.) W. Hauswald. 8137

Verkaufsvereinigung für Teererzeugnisse VFT Akt.-Ges., Essen, **Herstellung von Koks für metallurgische Zwecke.** Man verkokt ein Gemisch aus 10—35 (Gew.-%) Petroleumkoks, 15—35 Anthrazit, bis zu 45 Fettkohle u. 10—20 Pech. (**Niederl. P. 99 933** vom 22/2. 1957, ausg. 15/12. 1961. D. Prior. 3/4. 1956.) F. Böhm. 8145

Rheinpreussen Akt.-Ges. für Bergbau und Chemie, Homberg, **Gewinnung von Blausäure aus Gasgemischen,** die reich an H_2S sind, bes. aus Koksofengasen. Man wäscht das Gasgemisch mit z. B. mittels H_2SO_4 angesäuerten aliphat. Carbonyl- u./oder Epoxy-Verbb., wie CH_2O, Aceton oder Äthylenoxid, u. unterwirft die Wasch-Fl. dann einer fraktionierten Destillation. (**Niederl. P. 99 960** vom 27/7. 1957, ausg. 15/12. 1961. D. Prior. 10/8. 1956.) F. Böhm. 8173

Oil Recovery Corp., New York, N.Y., V.St.A. (Erfinder: James Wellford Martin), **Ölgewinnung aus Lagerstätten** durch Einpressen eines bei unter 350° sd. KW-Stofföles, das 20—100% CO_2 enthält, aber nicht mehr, damit CO_2 in Lsg. bleibt.

Nach Einführen des CO_2-haltigen Öles drückt man W. unter Druck durch den Ölhorizont, um das Öl zur Produktionsbohrung zu treiben. (**E. P. 865 134** vom 16/2. 1959, ausg. 12/4. 1961.) W. Hauswald. 8191

Esso Research and Engineering Co., Elizabeth, N.J., V.St.A. (Erfinder: Arthur Leslie Morris und John Greenwood), **Hydrierende Entschwefelung von Ölen,** die zur Herst. strahlungsfester Fette dienen. Man behandelt ein katalyt. Kreislauföl (Anfangs-Kp. $>700^0$ F) mit 300—3500 S.C.F./Bbl. H_2 bei 700—900^0 F unter 600—1600 lbs./sq.in. u. einer Raum-Geschw. von 0,25—2,0 Vol. je Vol. Katalysator je Std. in Ggw. von Co-Molybdat als Katalysator. (**E. P. 861 199** vom 3/11. 1958, ausg. 15/2. 1961.) P. Unger. 8195

Esso Research and Engineering Co., Elizabeth, N.J., V.St.A., **Entschwefelung schwerer Petroleumöle.** Zu dem Behandlungsgut schlämmt man einen feinverteilten Entschwefelungskatalysator auf u. hält den Ölschlamm in der Rk.-Zone bei 750—950^0 F unter 50—400 lbs./sq.in. Sowohl der aus dem Öl entwickelte H_2 als auch der Öldampf werden wiederholt zurückgeführt u. in dem Ölschlamm intensiv verteilt. Zusätzlich wird der Ölschlamm in der Rk.-Zone gerührt, um die Mischung aus Gas u. Ölschlamm zu homogenisieren. — Zeichnung. (**E. P. 866 397** vom 20/1. 1960, ausg. 26/4. 1961. A. Prior. 23/4. 1959.) P. Unger. 8195

Continental Oil Co., Okla., V.St.A. (Erfinder: George Christy Feighner), **Transalkylieren von Kohlenwasserstoffen.** In fl. Phase werden bei 50—150^0 ein alkylierbarer aromat. KW-Stoff, ein sek. oder tert. Alkylbenzol der Formel $ARR_1C—CHR_2R_3$, worin A ein aromat. Radikal, R CH_3 u. R_1, R_2 u. R_3 H, CH_3 oder C_2H_5 bedeuten, u. ein verzweigtkettiger Paraffin-KW-Stoff der Formel $R_1CH_2—R_2$, worin R_1 oder R_2, aber nicht R_1 u. R_2, H u. R_1 u./oder R_2 einen verzweigtkettigen Alkylrest bedeuten u. die Gesamt-C-Zahl von R_1 u. R_2 10—30 ist, in Ggw. eines $AlCl_3$ + HCl-Katalysators miteinander zur Rk. gebracht. (**E. P. 858 649** vom 17/7. 1959, ausg. 11/1. 1961.) E. Kahles. 8201

Esso Research and Engineering Co., Elizabeth, N.J., V.St.A. (Erfinder: Ronald Duvall und Desmond Peter Walls), **Hydrofinierung einer flüssigen Erdölfraktion** erfolgt durch Behandlung mit H_2 unter erhöhtem Druck u. bei höherer Temp. in Ggw. eines Katalysators. Der Temp.- u./oder Druckabfall des Rk.-Gefäßes wird unter das Temp.- u./oder Druckniveau, das im Gefäß herrscht, so gesenkt, daß in dem Separator, in den die Rk.-Teilnehmer anschließend gelangen, das berechnete Fl.-Dampf-Verhältnis erzeugt wird. — Vorr., Zeichnung. (**E. P. 861 200** vom 6/11. 1958, ausg. 15/2. 1961.) P. Unger. 8201

Scholven-Chemie Akt.-Ges., Gelsenkirchen, und Heinrich Koppers G. m. b. H., Essen, **Reinigen von Rohbenzol.** Dieses wird in Dampfphase bei erhöhtem Druck u. Temp. in Ggw. von H_2 über einen Katalysator aus Oxid oder Sulfid eines Elementes der 5., 6. oder 8. Gruppe des Period. Syst. geführt. — Zeichnung. (**E. P. 863 711** vom 25/10. 1957, ausg. 22/3. 1961. D. Prior. 27/10. 1956.) E. Kahles. 8203

British Petroleum Co. Ltd., London, Ernest Carlton Housam und Peter Sutherland Wilson, Sunbury-on-Thames, Middlesex, England, **Erniedrigung des Gießpunktes von Gasölen** erfolgt durch deren Behandlung mit H_2 in Ggw. eines Dehydrierungs- oder Spaltkatalysators bei mindestens 800^0 F, aber unterhalb der Spalt-Temp. unter mindestens 100 lbs./sq.in., aber unterhalb eines Druckes, bei dem ein Nettoverbrauch von H_2 eintritt. Temp. u. Raum-Geschw. werden so abgestimmt, daß der Gießpunkt des stabilisierten Gasöls mindestens 10^0 F niedriger liegt als der des Ausgangsstoffes. (**E. P. 862 121** vom 24/10. 1957, ausg. 1/3. 1961.) P. Unger. 8213

Esso Research and Engineering Co., Elizabeth, N.J., V.St.A., **Herstellung von Schmieröl.** Ein KW-Stoffgemisch mit mindestens 75% Paraffinen u. einem Kp. von 100—700^0 F wird bei $>700^0$ F radioakt. Strahlen ausgesetzt. Vom bestrahlten Prod. wird eine Fraktion vom Kp. 750—950^0 F u. einer Viscosität über 35 SSV/210^0 F u. einem Viscositätsindex über 120 isoliert, wobei deren radioakt. Dosis $1—50 \cdot 10^{-3}$ KWH/lb/h u. die gesamte radioakt. Dosierung $5 \cdot 10^{-3}$ — 1 KWH/lb beträgt. — Zeichnungen. (**E. P. 865 636** vom 1/1. 1958, ausg. 19/4. 1961. A. Prior. 24/1. 1957.) E. Kahles. 8221

Union des Techniciens du Graissage und André Eugène Camille du Pommereulle, Frankreich, **Mineralschmieröl,** welches gegen chem. Einflüsse beständig ist. Das Öl erhält den Zusatz einer geringen Menge eines heterocycl. Alkohols, bes. pflanzlichen Ursprungs, z. B. Alkohol aus Cerealien, u. eines nicht flüchtigen kation. oberflächenakt. Mittels. Die Zusatzstoffe sind nicht näher bezeichnet. (**F. P. 1 245 816** vom 27/11. 1959, ausg. 3/2. 1961.) M. F. Müller. 8221

California Research Corp., San Francisco, Calif., V.St.A., **Herstellung von Mischpolymerisaten,** die als *Zusatz zu Heiz- u. Schmierölen* geeignet sind. Man erzeugt in an sich bekannter Weise ein Polymerisat, das besteht aus a) 75—97 (Mol-%) eines Monocarbonsäureesters von Vinyl-, Allyl- oder Methallylalkohol, in dem der Carbonsäurerest eine Alkyl- oder Cycloalkylgruppe mit 4—30 C-Atomen enthält (z. B. Allylstearat), b) 25—3 eines Esters der Acryl- oder Methacrylsäure mit einem Poly-1.2-alkylenoxidglykol oder einem Deriv. davon (z. B. dem Methacrylat des Dodecylmonoäthers von Polyäthylenglykol) u. c) 0—5 Acryl- oder Methacrylsäure. Die mol. Menge der letztgenannten Komponente soll höchstens $^1/_3$ derjenigen der an 2. Stelle genannten Komponente betragen. — Gemäß Niederl. P. 99 194 verwendet man an Stelle der erstgenannten Komponente einen Dialkyl-, Alkyl-alkylphenyl-, Dicycloalkyl- oder Bis-(alkylcycloalkyl)-ester einer ungesätt. Dicarbonsäure, z. B. Didodecylmaleinat. Die Alkyl- bzw. Cycloalkylreste sollen auch hier 4—30 C-Atome enthalten. (**Niederl. PP. 99 193** u. **99 194** vom 26/6. 1956, ausg. 15/9. 1961.) F. Böhm. 8221

California Research Corp., San Francisco, Calif., V.St.A., **Herstellung von Mischpolymerisaten.** Man stellt in an sich bekannter Weise ein Mischpolymerisat her, das zu 75—97 (Mol-%) besteht aus einem oder mehreren Fettsäureestern von Vinyl-, Allyl- oder Methallylalkohol, worin der Fettsäurerest einen Alkyl- oder Cycloalkylrest mit 4—30 C-Atomen enthält, oder aus einem oder mehreren Vinyl-, Allyl- oder Methallylalkyl- oder -cycloalkyläthern, worin der Alkyl- bzw. Cycloalkylrest 4—30 C-Atome enthält, oder aus einem oder mehreren Olefinen mit mindestens einem Alkyl- oder Cycloalkylrest mit 4—30 C-Atomen. Der Rest des Mischpolymerisats besteht in allen 3 Fällen zu 25—97 aus einer α,β-ungesätt. Monocarbonsäure der allg. Formel $R_1-C(R_2)=C(R_3)-COOH$ (I; R_{1-3} = H oder Alkylrest mit 1—4 C-Atomen) u. zu 75—3 aus einem Ester eines Poly-1.2-alkylenoxidglykols oder eines Deriv. davon mit einer aliphat. α,β-ungesätt. Monocarbonsäure der Formel I. — Zum Beispiel kocht man eine Lsg. von 10 (Mol) 2-Äthylhexylallyläther (II) u. 1 Acrylsäure (III) in Bzl. in Ggw. von Benzoylperoxid u. kocht das entstandene von nicht umgesetzten Monomeren befreite Zwischenprod. mit der Hälfte seines Gew. an Tetra-1.2-propylenglykolmonoacetat (IV) in Ggw. von p-Toluolsulfonsäure in Bzl., wobei ein Prod. mit mittlerem Molgew. 20000 erhalten wird, das **II, III** u. **IV**-Acrylat im Mol-Verhältnis 40:4:1 enthält. — *Zusätze für Schmieröle.* (**Niederl. PP. 99 503, 99 504** u. **99 505** vom 4/3. 1954, ausg. 16/10. 1961. A. Prior. 4/3. 1953.) F. Böhm. 8221

Esso Research and Engineering Co., Elizabeth, N.J., V.St.A., **Katalytische Phosphorsulfurierung von Kohlenwasserstoffen** wird in der Weise durchgeführt, daß man KW-Stoffe, bes. homo- u. mischpolymerisierte Monoolefine mit einem Molgew. von 500—100000, bes. Polyisobutylen, mit P_2S_5 in Ggw. von 0,01—0,1 Gew.-% einer Phosphorsäure (HPO_3, H_3PO_4) bei 350—600° F umsetzt. — 1000 g Polybuten (Molgew. 1100 nach Staudinger bzw. kryoskop. Molgew. 700—3000) werden mit 150 g P_2S_5 unter Rühren u. N_2 auf 300° F erhitzt u. dann 0,08% Katalysator (HPO_3, oder H_3PO_4 oder P_2O_5 in Ggw. von W.) zugegeben. Die Mischung wird so lange auf 425° F erhitzt, bis eine gekühlte Probe klar ist. — *Schmiermittelzusätze.* (**E. P. 862 578** vom 2/4. 1959, ausg. 15/3. 1961. A. Prior. 13/5. 1958.) A. Jahn. 8221

Esso Research and Engineering Co., Elizabeth, N.J., V.St.A. (Erfinder: Ronald Charles Watkins und Roy Alex Westlund jun.), **Schmierölzusätze** bestehen aus 30—65%ig. Konzentraten von Mischpolymeren (I) aus N-Vinylbutyrolactam u. Estern der Itaconsäure mit C_{8-18}-Alkoholen. I kann als weiteres Monomeres Ester von ungesätt. Alkoholen mit C_{2-6}-Carbonsäuren enthalten. — Beispiel: Mischpolymeres aus 112 (g) Laurylitaconat, 43 Vinylacetat u. 6 N-Vinylpyrrolidon. Das Schmieröl enthält durch den Konzentratzusatz 0,25—25% I. (**E. P. 866 498** vom 18/11. 1958, ausg. 26/4. 1961. **Zusatz zu E. P. 808 665; C. 1962, 9955.**) E. Drews. 8221

Hoyt Metal Co. of Great Britain Ltd., London, England, **Graphitoxid** erhält man, indem man *Graphit* mit einer Mischung aus konz. H_2SO_4, mit kleineren Mengen eines wasserfreien anorgan. Permanganats u. Nitrats, das weniger als 1% W. enthält, bes. einer Mischung aus 22 ml konz. H_2SO_4 + 2,5—3 g $KMnO_4$ + 0,5 g $NaNO_3$ jeweils je g Graphit, bei ca. 35—45° ca. ½—2 Std. oxydiert. Das Ausmaß der Oxydation ist an der Farbe der Suspensionen zu erkennen, die man durch Eingießen des Rk.-Gemisches in W. erhält. Bei einem Verhältnis von C:O von 3—3,4 bzw. 2,8—3 bzw. 2,05—2,4 sind die Suspensionen dunkelgrün bzw. hellgrün bzw. hellgelb. — *Schmiermittel.* (**E. P. 863 578** vom 28/6. 1957, ausg. 22/3. 1961.) A. Jahn. 8223

Office National d'Études et de Recherches Aéronautiques (O.N.E.R.A), Chatillon-Sous-Bagneux, Frankreich (Erfinder: Francis Reynaud und Francis Meiller), **Flüssiges Schmiermittel.** Ein ungesätt. monomerer Diester aus einer ungesätt. Dicarbonsäure u. einem prim. aliphat. Alkohol mit mehr als 3 C-Atomen wird in Ggw. eines Peroxids (I) als Katalysator (Benzoylperoxid) so schnell wie möglich auf eine Temp., die über der wirksamen Temp. des I liegt (200—220°), erhitzt u. 1½ Std. auf dieser gehalten, um die Polykondens. durchzuführen. (**E. P. 865 338** vom 16/6. 1959, ausg. 12/4. 1961.) F. Koch. 8223

Esso Research and Engineering Co., V.St.A. (Erfinder: Jacques Bottero und Charles Gaestel), **Zusatzmittel zur Verbesserung der Eigenschaften bituminöser Emulsionen.** Zur Erhöhung der Haftfestigkeit bituminöser Emulsionen beliebiger Art an Steinklein werden Aminosäuren der allg. Formel $R(NHR')_n$-Säurerest zugesetzt, in welcher der Säurerest $-COOH$, $-SO_3H$, $-OSO_2H$ oder $-OPO_3HR''$ sein kann (R = gerade oder verzweigte KW-Stoff-Kette oder Alkylradikal mit 1—25 C-Atomen; $n < 5$; $R'' = H$ oder KW-Stoff-Kette mit 1—25 C-Atomen). Diese Verbb. werden bes. in Form ihrer Na- oder K-Salze in Mengen von 0,1—10, bes. 0,2—2 (Gew.-%), bezogen auf das Bindemittel, angewendet. — Tabelle. (**F. P. 1 269 262** vom 25/6. 1960, ausg. 15/12. 1961.) Hans Hoffmann. 8237

Soc. Chimique de Gerland, Frankreich, **Wasserdichte, korrosionsbeständige Überzugsmassen für Straßendecken** aus einer bituminösen Grundmasse aus Steinkohlenteer, der mit Anthracenöl verflüssigt sowie mit Ton u. W. vermischt ist. (**F. P. 1 268 563** vom 7/6. 1960, ausg. 6/12. 1961.) Hans Hoffmann. 8237

Mannesmann Akt.-Ges., Deutschland, **Erhöhung der Haftfestigkeit von Verschnittbitumen an mineralischen Straßenbaustoffen.** Dem Verschnittbitumen werden thixotrope Stoffe, wie Bentonit, Areosil (Degussa) u. dgl., zugesetzt. — Zum Beispiel werden vor dem Verschneiden eines Bitumens B 80 mit 18 (Gew.-%) leichtem Teeröl letzterem 5—10 Areosil in einer Koll.-Mühle beigemischt. (**F. P. 1 267 642** vom 17/9. 1960, ausg. 24/11. 1961. D. Prior. 17/9. 1959.) Hans Hoffmann. 8237

Shell Internationale Research Mij. N. V., Niederlande (Erfinder: Walter Ernest Heinz), **Öl-in-Wasser-Emulsion von Asphaltbitumen.** Sie enthält als Emulgiermittel eine in W. dispergierbare Alkalimetallseife, z. B. ein Alkalimetallsalz einer höhermol. Fettsäure, wie Na- oder K-Salze von Tallöl- oder Fischölfettsäure oder von Laurin-, Myristin-, Palmitin-, Stearin-, Öl- oder Ricinolsäure, in der Bitumenphase ein für Pflasterungszwecke geeignetes Asphaltbitumen (I) u. in der wss. Phase (pH 10—11,2) einen in W. quellbaren Ton (II), bes. Bentonit, u. ein in W. dispergierbares Polysaccharid-Deriv. (III), bes. Na-Carboxymethylcellulose oder auch Hydroxymethyl- oder Methylcellulose, wobei das Gew.-Verhältnis von II zu III zwischen 6:1 u. 2:1 liegt u. die Emulsion 55—70 Gew.-% I enthalten soll. Eine solche I-Emulsion besitzt die für Pflasterungszwecke geeignete Viscosität. — Beispiel. (**F. P. 1 269 140** vom 23/6. 1960, ausg. 13/12. 1961. A. Prior. 25/6. 1959.) W. Raetz. 8237

Badische Anilin- & Soda-Fabrik Akt.-Ges., Deutschland (Erfinder: **Ernst Bartholomé, Karl Heinz Gruendler** und **Walter Teltschik**), *Flammlose Umsetzung S-haltiger gasförmiger Kohlenwasserstoffe zu Kohlenoxyd und Wasserstoff.* (**F. P. 1 234 472** vom 31/8. 1959, ausg. 17/10. 1960. D. Prior. 3/9. 1958. — C. **1961,** 14155 [D. A. S. 1 076 634].)

Imperial Chemical Industries Ltd., London, England, *Herstellung von Kohlenwasserstoffgemischen.* (**Niederl. P. 99 714** vom 19/3. 1958, ausg. 15/11. 1961. E. Prior. 20/3. 1957. — C. **1960,** 9430 [D. A. S. 1 065 967].)

Texaco Development Corp., Wilmington, Del., übert. von: **Howard H. Gross**, Pleasantville, N.Y., V.St.A., *Ölraffination.* (**Can. P. 559 438** vom 12/11. 1955, ausg. 24/6. 1958. — C. **1961,** 15257 [F. P. 1 145 194].)

British Petroleum Co. Ltd., England (Erfinder: **John Arthur Edgar Moy**), *Katalytisches Reformieren von Kohlenwasserstoffen.* (**F. P. 1 156 714** vom 12/9. 1956, ausg. 20/5. 1958. E. Prior. 23/9. 1955. — C. **1959,** 10773 [E. P. 800 431].)

M. W. Kellogg Co., V.St.A., *Regenerierung eines Platin-Katalysators.* (**F. P. 1 233 570** vom 8/4. 1959, ausg. 12/10. 1960. — C. **1962,** 9212 [E. P. 869 508].)

Heinrich Koppers G. m. b. H., Essen, *Herstellung von Motorenbenzol.* (**E. P. 881 753** vom 6/2. 1958, ausg. 8/11. 1961. D. Prior. 16/2. 1957. — C. **1960,** 10815 [F. P. 1 191 292].)

N. V. de Bataafsche Petroleum Mij., Niederlande (Erfinder: **Theodore R. Lusebrink** und **Standley L. Casgrove**), *Kraftstoffgemisch.* (**F. P. 1 157 448** vom 22/8. 1956, ausg. 29/5. 1958. A. Prior. 24/8. 1955. — C. **1958,** 5846 [D. A. S. 1 014 785].)

British Petroleum Co. Ltd., London, **John Norman Haresnape** und **Alan Arthur Yeo**, Sunbury-on-Thames, Middlesex, England, *Verbesserung von Benzin.* (**E. P. 878 459** vom 22/1. 1958, ausg. 27/9. 1961. — C. **1961,** 8170 [Oe. P. 208 983].)

Karl Ziegler, Mülheim/Ruhr, *Trennen von Bleitetraalkylen von Aluminiumalkylen.* (**E. P. 864 394** vom 16/2. 1959, ausg. 6/4. 1961. D. Prior. 14/2. 1958. Zusatz zu E. P. 864 393; C. 1962, 13633. — C. **1962,** 15093 [F. P. 1 218 121].)

Shell Development Co., Emeryville, übert. von: **Edward R. Bell**, Concord, und **Roy E. Thorpe**, San Francisco, Calif., V.St.A., *Halogen und P enthaltende Verbindungen.* (**Can. P. 558 728** vom 22/2. 1956, ausg. 10/6. 1958. A. Prior. 11/8. 1950. — C. **1955,** 4008 [F. P. 1 040 512].)

American Cyanamid Co., New York, N.Y., V.St.A., *Zinksalze von Dithiophosphorsäuredialkylestern.* (**E. P. 874 747** vom 1/4. 1958, ausg. 10/8. 1961. A. Prior. 18/4. 1957. — C. **1962,** 5533 [D. A. S. 1 112 067].)

N. V. de Bataafsche Petroleum Mij., Den Haag, Niederlande, *Verdickte Schmieröle.* (**Belg. P. 562 447** vom 18/11. 1957, ausg. 3/6. 1960. A. Prior. 19/11. 1956. — C. **1962,** 3689 [D. A. S. 1 106 904].)

Esso Research and Engineering Co., Elizabeth, N.J., V.St.A., *Farbverbesserung von Erdschmierölen.* (**E. P. 818 978** vom 20/12. 1957, ausg. 26/8. 1959. A. Prior. 2/1. 1957. — C. **1961**, 6736 [D. A. S. 1 078 720].)

Esso Research and Engineering Co., Elizabeth, N.J., V.St.A. (Erfinder: **Victor Charles Ernest Burnop**), *Schmieröle und Schmierölzusätze.* (**E. P. 881 538** vom 6/2. 1959, ausg. 8/11. 1961. — C. **1962**, 1089 [D. A. S. 1 107 867].)

Socony Mobil Oil Co., Inc., New York, N.Y., V.St.A., *Schmierfett.* (**Ind. P. 65 521** vom 15/10. 1958, ausg. 25/7. 1960. — C. **1962**, 4046 [Aust. P. 224 056].)

N. V. de Bataafsche Petroleum Mij., Den Haag, Niederlande, *Schmiermittel und Kraftübertragungsflüssigkeit.* (**Belg. P. 562 331** vom 13/11. 1957, ausg. 3/6. 1960. F. Prior. 15/11. 1956. — C. **1959**, 12102. [D. A. S. 1 041 623].)

Esso Research and Engineering Co., Elizabeth, N.J., V.St.A., *Schmiermittel.* (**Belg. P. 570 372** vom 14/8. 1958, ausg. 8/9. 1961. E. Prior. 16/8. 1957 u. 8/4. 1958. — C. **1962**, 359 [E. P. 823 357].)

„Shell" Research Ltd., London, England, *Schmierung von Maschinen, die einer ionisierenden Strahlung ausgesetzt sind.* (**Belg. P. 563 253** vom 16/12. 1957, ausg. 3/6. 1960. E. Prior. 18/12. 1956 u. 10/10. 1957. — C. **1959**, 12740 [D. A. S. 1 046 812].)

H_{20}. Schieß- und Sprengstoffe. Zündmittel

Die Brisanz im Mittelpunkt eines Sprengstoffes. Hideji Sudo, Sukenori Yamamoto und Kenkichi Kiyota. (J. ind. Explosives Soc., Japan **21**, 155—60, Mai/Juni 1960; Tokyo, Chuô Univ., Univ. of Tokyo; Kumamoto, Kumamoto Univ.; engl.) — Bei einer Detonation treten an Körpern, die im Innern einer Sprengladung angebracht sind, infolge des dynam. Druckes Deformationen auf. Es werden die Einw. von mehreren Sprengstoffen auf Körper verschiedener Form aus Stahl, Kupfer, Messing, Blei, Kunststoff u. Gummi untersucht u. der dynam. Druck p, die Zeit t, in der p im Innern wirksam ist, u. die daraus resultierende Deformation gemessen. Die Druckmessung erfolgt piezoelektrisch. Für Kugeln u. Würfel, die ca. $^2/_3$ der Gesamtlänge des Detonationsrohres vom Zündpunkt entfernt sind, wird z. B. $p = 14000$ at u. $t = 7 \cdot 10^{-7}$ s gefunden, wobei die Kugeln ellipt. deformiert, aber nicht zerstört werden. Im Innern einer sphär. Ladung werden die Körper nur dann deformiert, wenn die Zündung an einem Punkt erfolgt. Im Gegensatz hierzu wird eine Hohlkugel, die auch im Innern eine Sprengladung trägt, zerstört, da durch die Detonation der äußeren Ladung die innere initiiert wird. Die Ergebnisse deuten darauf hin, daß die Brisanz eines Sprengstoffes auf die hohe Gas-Temp. u. Geschw.-Strömung zurückzuführen ist.
H. Pförtner. 8294□

Messung der Detonationsgeschwindigkeit mit Hilfe eines Bildwandlers. Yojiro Mizushima und Keiya Hirokawa. (J. ind. Explosives Soc., Japan **21**, 171—73, Mai/Juni 1960; jap., Auszug: engl.) — Mit Hilfe einer Fluktuations-Meth., bei der senkrecht zur Achse einer Bildwandlerröhre ein Hochfrequenzmagnetfeld angelegt wird, läßt sich die Detonations-Geschw. v_D von Initialsprengstoffen leicht u. exakt bestimmen, da die Abstände zwischen den einzelnen Fluktuationsmaxima mit den opt. u. elektronenopt. Daten, der Frequenz des angelegten Magnetfeldes u. v_D linear zusammenhängen; z. B. ergibt sich für PbN_6 $v_D = 2900$ m/s. Die Meth. ist bei kleinen Substanzmengen für Detonations-Geschw. bis 300 km/s geeignet. H. Pförtner. 8294□

Aerojet-General Corp., Azusa, übert. von: Clinton R. Vanneman, Claremont, und Karl Klager, Monrovia, Calif., V.St.A., **Herstellung von Tetranitrodiazadinitrilen** der allg. Formel $(NO_2)_2C[CH_2-A-N(NO_2)-A'-CN]_2$ (A u. A'' = niedermol. Alkyl). — Zum Beispiel tropft man unter Kühlung mit Trockeneis/Aceton in eine Lsg. von 93 (g) *7.7-Dinitro-4.10-diaza-1.13-tridecandinitril* in 500 cm³ Aceton 43 cm³ 70%ig. HNO_3, wäscht den erhaltenen Nd. mit Ae. u. trocknet ihn über P_2O_5 im Vakuum. 127 dieses Salzes gibt man innerhalb ca. 5 Min. zu einem Gemisch, das durch Eintropfen von 42 cm³ wasserfreier HNO_3 in 294 cm³ Aceton bei — 5° erhalten wurde, rührt das Gemisch 15 Min. bis zum Erreichen von 20° u. hält unter Rühren 1 Std. bei 18—20°, gießt dann in 2,5 kg Eiswasser, filtriert den Nd. ab, wäscht ihn mit W., CH_3OH u. Ae. u. erhält so 102,7 (88%) *4.7.7.10-Tetranitro-4.10-diaza-1.13-tridecandinitril*, $C_{11}H_{16}N_8O_8$, F. 118,5—119° (Aceton). — Analog werden erhalten: *4.8.8.12-Tetranitro-4.12-diaza-1.15-pentadecan-*, *4.8.8.13-Tetranitro-4.13-diaza-1.16-hexadecan-*, *5.9.9.13-Tetranitro-5.13-diaza-1.17-heptadecan-*, *4.7.7.11-Tetranitro-4.11-diaza-1.15-pentadecan-* u. *4.9.9.14-Tetranitro-4.14-diaza-1.17-heptadecandinitril.* — *Ausgangs-Prodd.* zur Herst. fester *Raketentreibstoffe.* (**A. P. 2 978 483** vom 6/9. 1955, ausg. 4/4. 1961.)
O. Müller-Meiningen. 8311

Soc. de Produits Chimiques des Terres Rares, Frankreich, **Feuersteindrähte.** Die Leg. hierfür besteht z. B. aus 71 (%) *Mischmetall*, 20 *Fe*, 2 *Mg*, 3 *Sb*, 2 *Cu* u. 2 *Mn*. Die Grenzbereiche sind folgende: 0,5—3 Cu, 0,5—4 Mg oder Mn u. 0,5 bis

5 Sb. Man stellt zuerst Stäbe her u. zieht diese in einer Ziehpresse bei 450—520° zu Drähten aus. (**F. P. 1 171 017** vom 9/4. 1957, ausg. 21/1. 1959.) W. Hauswald. 8315

E. I. du Pont de Nemours & Co., Wilmington, Del. (Erfinder: **James Edward Lufkin**, Woodbury, N.J.), V.St.A., *Herstellung fließfähiger feuchter Nitrocellulose.* (**Jap. A. S. 12089/1960** vom 8/8. 1957, ausg. 27/8. 1960. A. Prior. 31/8. 1956. — C. **1960**, 2061 [D. A. S. 1 063 506].)

H_{21}. Leder. Gerbstoffe

Einwirkung von Elektrolyten auf Lösungen von Natriumsulfid und Natriumhydrogensulfid. A. Simoncini. (Cuoio-Pelli-Mater. concianti **36,** 389—97, Okt. 1960; Napoli-Torino, Staz. sperim. delle pelli e delle materie concianti; ital.). — Vgl. C. **1962,** 14385. — Als Modifiziermittel des pH in Lsgg. von Na_2S u. NaHS wurden NH_4Cl, $(NH_4)_2SO_4$, $(NH_4)_2S$, NH_4OH, NaHS, NaCl u. HCl untersucht; die Veränderungen des Prallwerdens wurden berechnet u. die Enthaarungs-Wrkg. der so modifizierten Sulfid-Lsgg. geschätzt. G. Platzer. 8334☐

Gärungsstoffwechsel eines Mikrobenmittels mit enthaarender Wirkung. A. Simoncini. (Cuoio-Pelli-Mater. concianti **38,** 132—45, April 1962; Napoli-Torino, Staz. sperim. per l'Ind. delle Pelli e delle Materie concianti; ital.) — Zur Festlegung der besten Gärungsbedingungen u. zur Erreichung von Höchstausbeuten an enthaarendem Enzym wurde eine Unters. über die biochem. Definition der wichtigsten Parameter bei der Gärung eines Mikrobenmittels mit enthaarender Wrkg. ausgeführt. Die quant. Auswertung der Veränderungen von NH_3, Eiweißkörpern, freien Aminosäuren u. anorgan. P ermöglicht die Aufstellung einiger Hypothesen über den Ursprung dieser Verbb. u. über den Gärungsstoffwechsel (Diagramme). G. Platzer. 8334☐

Die Einwirkung von Borsäure auf den Gerbstoff des Kastanienbaumes. R. Allegrini. (Cuoio-Pelli-Mater. concianti **38,** 146—53, April 1962; Ledoga S. p. A., Labor. di Analisi e Ric.; ital.) — Ein Zusatz von 1—2% H_3BO_3 zu Gerbstoffextrakten des Kastanienbaumes bewirkt eine beachtliche Steigerung der Viscositätswerte u. konnte infolgedessen bisher keine nennenswerte Verw. in der Gerberei finden (Tabellen). G. Platzer. 8336☐

Qualitätskontrolle und Prüfung von Lederartikeln. I. Levy. (J. Soc. Leather Trades' Chemists **46,** 12—20, Jan. 1962; London, Marks and Spencer Ltd.; engl.) — Es werden einige Hinweise gegeben, die bei der Prüfung von hochwertigen, sich auch im Gebrauch zu bewährenden Lederartikeln, z. B. Schuhen u. Handschuhen, zu beachten sind. So ist nicht nur die Qualität des Leders bzgl. Rohmaterial, Gerbung u. Zurichtung wesentlich, sondern bei Schuhen u. a. die Verbindung der Einzelteile oder bei Handschuhen die Waschechtheit. A. Beuther. 8340☐

Die Bestimmung von Chrom in den wässerigen Lösungen der Gerbindustrie. P. Spacu, El. Antonescu und I. Albescu. (Rev. Chim. [Bucureşti] **11,** 230—31, April 1960; rum.) — Die Best. von Cr in Lsgg., in denen Cr durch verschiedene organ. u. anorgan. Verbb. maskiert ist, wird beschrieben. Nach Zerstörung der organ. Substanz mit H_2O_2 u. H_2SO_4 wird Cr in die Komplex-Verb. $K_3[Cr(SCN)_6]$ übergeführt u. colorimetr. bestimmt. Die Best. kann in Ggw. von Fe- u. Mn-Ionen erfolgen. H. Guischard. 8364☐

Nopco Chemical Co., V.St.A. (Erfinder: Charles A. Fetscher und Stanley Lipowski), **Herstellung von anionischen Aminoplastkunstharzen.** Man erhitzt ein Gemisch aus 1 (Mol) Melamin, ca. 1,3—1,7 Dicyandiamid, ca. 8—12 HCHO u. ca. 1,3—1,7 Alkalihydrogensulfit oder -metabisulfit, wie $NaHSO_3$, $KHSO_3$ oder Na- oder K-Metabisulfit auf Rückfluß-Temp., setzt ca. 1,5—2 Harnstoff zu u. erhitzt das Gemisch auf höhere, Temperatur. Die so erhältlichen anion. Aminoplastkunstharze, zu deren Herst. an Stelle von HCHO z. B. auch Paraformaldehyd oder Trioxan verwendbar sind, stellen wertvolle *Gerbstoffe* zum Nachgerben von Leder dar; man erhält so Leder, z. B. Spaltleder für Möbelzwecke, von hoher Festigkeit, Geschmeidigkeit u. Widerstandsfähigkeit, die ihre Farbe infolge erhöhter Pigmentretention nicht verändern u. eine sehr feste u. glatte Narbe aufweisen. — Beispiel. (**F. P. 1 268 799** vom 28/9. 1960, ausg. 8/12. 1961. A. Prior. 29/10. 1959.) W. Raetz. 8337

Badische Anilin- & Soda-Fabrik Akt.-Ges. (Erfinder: Friedrich Wilhelm Guthke, Otto Hertel und Hans Erdmann), Deutschland, **Herstellung von lichtechten Kondensationsprodukten mit gerbenden oder dispergierenden Eigenschaften.** Man setzt sulfonierte Phenole (I) aus Phenol oder techn. Gemisch aus Phenol, Kresol u. ggf. Xylenol mit Harnstoff (II) u. HCHO um, wobei man je 1 (Mol) I 1—1,5 II u. 1,7—2,2 HCHO verwendet, u. behandelt die so erhältlichen Kondens.-

Prodd. mit Phenolen, z. B. halogenierten Phenolen, bes. Kresolen, auch Bisphenolen, wie Diphenylolpropan oder -sulfon, u. HCHO nach. Die so erhältlichen lichtechten Kondens.-Prodd. sind beständig gegen höhere Temp., besitzen eine unbegrenzte Lagerbeständigkeit u. eignen sich vorteilhaft als *Gerbstoffe* für eine Cr-Nachgerbung, wobei sehr helle u. lichtechte Leder erhalten werden; sie dienen ferner als Hilfsmittel beim Färben von Leder u. sind ausgezeichnete *Dispergiermittel*, z. B. bei der Herst. von Farbstoffen. — Beispiele. (**F. P. 1 266 511** vom 27/5. 1960, ausg. 10/11. 1961. D. Prior. 27/5. 1959.) W. Raetz. 8337

Max Pâquet, Var, Frankreich, **Nachbehandeln von mit Hilfe von Zirkonverbindungen gegerbten Häuten.** Man imprägniert die Häute mit Lsgg. von Komplex-Verbb. aus Amiden von Fettsäuren, bes. Öl- oder Linolensäure, u. höhermol. aliphat. Aminen, bes. prim. Aminen oder auch Diaminen, u. Polyesterkunstharzen von ungesätt. Säuren, z. B. Kondens.-Prodd. aus Glycerin, Pentaerythrit oder Glykol u. Malein-, Fumar- oder Itaconsäure, in organ. Lsgm., bes. Trichlor- oder Perchloräthylen, wobei die Kunstharze in der Lsg. der Fettsäureamide gelöst sein können, u. unterwirft die Leder dann einer Hydrolyse; die Imprägnier-Lsgg. können ferner noch verestertes oder natürliches Kolophonium, Wachse oder Paraffine, Plastizierungsmittel, wie Trikresylphosphat oder Phthalate, oder monomere Verbb., wie Styrol oder Acryl- oder Methacrylsäureester, enthalten; an Stelle der Lsgg. der genannten Bestandteile kann man ferner auch ihre mittels eines geeigneten Emulgators hergestellten wss. Dispersionen verwenden; die Hydrolyse der behandelten Leder erfolgt nach dem Trocknen durch Eintauchen in W., das ggf. Alkalihydrogensulfite, organ. oder Mineralsäuren, in W. lösl. Aldehyde, Salze oder Säuren zur Entfernung von lästigen Kationen, wie Fe, Al oder Ca, oder lösl. Öle oder Netzmittel, deren Wrkg. beim Trocknen verschwinden, enthalten kann. Die Imprägnier-Lsgg. enthalten bes. 15—45(%) Trockensubstanz, die ihrerseits 6—100 Amidkomplex-Verbb. u. 0—90 Polyesterkunstharze enthält. Man erhält nach dem Trocknen an der Luft sehr geschmeidige, wasserabstoßende *Leder* von beständiger Fülle u. gutem Aussehen, die sich leicht verarbeiten, ausbauchen u. verkleben lassen. — Beispiele. (**F. P. 1 269 667** vom 30/6. 1960, ausg. 20/12. 1961.) W. Raetz. 8341

H_{22}. Leim. Klebstoffe

Baustoffe für die Gelatine- und Glutinleim-Industrie. D. Fysh. (Adhäsion **3**, 609—17, Dez. 1959; **4**, 345—49, Juli, 396—400, Aug. 1960; London; dt.) — Zusammenfassender Überblick. — 9 Literaturangaben. M. Winiker. 8380□

Bildung von anorganisch-elementorganischen Strukturen in asbesthaltigen Klebstoffgemischen. A. B. Dawydow und S. G. Iwanowa. (Химическая Промышленность [Chem. Ind.] **1961**, 340—44, Mai; russ.) — Der Einfl. von Füllstoffzusätzen zu Klebstoffen auf der Grundlage von Phenyl- u. ggf. Methylgruppen enthaltenden Si-organ. Verbb. u. Phenol–CH_2O-Harzen wird beim Verkleben von mit Sandstrahlgebläse behandelten u. entfetteten Stahlproben untersucht. Die Klebfestigkeit (KF) wird nur durch Zusätze von ZnO oder Asbest (I) verbessert. Pulveriger I beschleunigt auch die Polymerisation u. Härtung u. reagiert mit den funktionellen Restgruppen von Tetraäthoxy- u. Methylphenyldiacetoxysilan bei 150 bzw. 180°. In einem Vgl.-Vers. wird als optimale Zusatzmenge 0,75 g I auf 1 g Harz gefunden. Mit abnehmender Faserlänge des I nimmt die KF ab. Vormahlung des I in wss. Medium setzt die KF herab. Vorbehandlung in Säuren zerstört die Struktur des I. Alkalivorbehandlung vermindert ebenfalls die KF. Ohne Einfl. auf die KF ist eine Entfettung des I mit Aceton. R. K. Müller. 8388□

Über das Erhärten von Epoxidkleber-Gemischen und Compounds. Je B. Trosstjanskaja und Je. Ss. Wenkowa. (Пластические Массы [Plast. Massen] **1961**, Nr. 8, 16—18; russ.) — Es werden verschiedene Klebergemische auf *Epoxidharz* (**I**; ED-6)-Basis entwickelt. Zur Erzielung niedrigerer Härtungs-Temp. wird I mit *Maleinsäureanhydrid* (**II**) durch Pyridin, Triäthanolamin u. Diäthylanilin (**III**) beschleunigt. **III** verhält sich am besten u. gibt bereits bei 80° nach 4 Std. bei symm. Trennung eine Festigkeit von ca. 600 kg/cm². Erhöhung der Härtungs-Temp. auf 160° führt zu thermostabileren Haftungen (ca. 335 kg/cm² bei 120°). Ein Kleber mit hoher Festigkeit bei symm. Trennung wird durch Zusatz von Phenol–Formaldehyd-Resolharzen (10—50%) u. niedermol. Polyvinylacetat (700—800 kg/cm²) bzw. Dicyanamid (**IV**; 800—1000) zu I erhalten. In beiden Fällen erfolgt die Aushärtung bei 150—160° innerhalb von ca. 4 Std., wobei **IV** schneller reagiert. Die therm. Festigkeit von I—**IV**-Klebern bei 140° ist mit ca. 260 kg/cm² die höchste. Für ein modifiziertes I (ED-5 u. Glykol; EDG) mit **IV** bzw. **II** u. Füllstoffen werden nach 4 Std. Härtung Scherfestigkeiten von 280—300 kg/cm² angegeben. O. Kramm. 8388□

Holzleime auf der Basis ligninhaltiger Phenol–Formaldehyd-Harze. D. Narayanamurti, Joseph George und H. C. Joshi. (Kunststoffe **52,** 341–43, Juni 1962; Dehra Dun, Indien, Forest Res. Inst.; dt.) — Das durch enzymat. Holzaufschluß gewonnene Holzmehl eignet sich als Streckkomponente für Phenolharzholzleime. Die Anforderungen an die Sperrholzverleimung werden noch erfüllt, wenn 40–50% des Phenols durch enzymat. aufgeschlossenes Holzmehl ersetzt werden (Zahlentafeln). W. Wesly. 8388□

Leimmaterialien für die Herstellung von Faserplatten. A. G. Sabrodkin. (Деревообрабатывающая Промышленность [Holzverarb. Ind.] **11,** Nr. 3, 3–5, März 1962; russ.) — Für die Herst. von Faser-, speziell Holzfaserplatten, finden Eiweißleime, synthet. Leime u. eine ganze Anzahl anderer natürlicher Polymerer Verwendung. Es werden allg. die Eigg. betrachtet, die ein Leim für die Herst. von Faserplatten haben soll. Es wird auf die Härtung durch Temp., pH-Änderung oder Einw. von Ammoniumsalzen eingegangen. Bes. wichtige Leime sind Phenol–Formaldehyd-Harze, Harnstoff–Formaldehyd-Harze sowie weitere Harze dieses Typs. Die mit diesen Leimen erzielte Härte u. Festigkeit von Platten, deren spezif. Gew., Wasser-Geh., Feuchtigkeitsaufnahme u. Quellbarkeit, Normverbrauch an Harzen u. erforderliche Härtungszeit in Abhängigkeit von der Temp. werden tabellar. angegeben. Helmut Schäfer. 8388

Leimgewinnung aus abgesetztem Gasgeneratorteer. G. A. Nachodkin, G. W. Trefilowa und B. Je. Iwanow. (Гидролизная и Лесохимическая Промышленность [Hydrolysen- u. holzchem. Ind.] **14,** Nr. 3, 16–18, 1961; Ishewsk, Metallurg. Werk; Mechan. Inst.; russ.) — Die Phenole, die für die Herst. wasserlösl. Leime für Holzspanplatten benötigt werden, können durch Wasserdampfpyrolyse von Gasgeneratorteer bei 500–550° u. einer Kontaktzeit von 1–1,5 Sek. erhalten werden. Durch die Pyrolyse werden die methoxylierten Phenole des Holzes demethoxyliert u. dadurch befähigt thermoreaktive Harze zu bilden. Die für die Pyrolyse verwendete App. wird beschrieben. Die erhaltenen Phenolpyrolysate mit einem Methoxylgruppen-Geh. von höchstens 3% lassen sich mit Formalin in wasserlösl. Leime überführen, wofür 3 Rezepte angegeben werden. Die Leime fallen als wss. Lsg. an. Die hergestellten Leime liefern Holzfaserplatten, die weniger W. aufnehmen u. deren Biegefestigkeit im Vgl. mit dem überlicherweise verwendeten Carbamidharz MF-17 größer ist. Helmut Schäfer. 8388□

Klebstoffe für Keramik-, Kunststoff- und Metallkacheln. Alex O'Hare. (Nat. Acad. Sci.-Nat. Res. Council, Publ. Nr. **979,** 1–10, 1962; Miracle Adhesives Sales Corp., Res. and Dev. Dep.; engl.) — Beschreibung der Eigg. u. Anwendung der zur Befestigung von Keramik-, Kunststoff- u. Metallkacheln dienenden Klebstoffe auf der Grundlage von Harzen, synthet. oder natürlichem Kautschuklatex u. von Kombinationen von Harz mit synthet. oder regeneriertem Kautschuk. W. Wesly. 8388□

Paillard Soc. An., Sainte Croix, Schweiz, **Klebstoff** für Filmstreifen, bestehend aus 4 (Teilen) CH_2Cl_2 oder $C_2H_4Cl_2$, 1 Aceton, 0,25 Celluloseacetat u. ggf. 0,1 Äthyllactat. (**It. P. 512 236** vom 15/1. 1954. E. Prior. 20/1. 1953.) K. Koebke. 8389

Magyar Állam (Erfinder: Frau des Sigismund Hasznos), Budapest, Ungarn, **Klebstoff für Papier.** In ein Gemisch von 40–45% Polyvinylacetat, 60–65% Aceton als Lsgm. u. 5% Weichmacher können noch Füllmittel, wie gefärbte Kreide, Lithopone sowie Papierpulver, eingetragen werden. An Stelle von Aceton können auch andere flüchtige Lsgm. verwendet werden. (**Ung. P. 144 888** vom 18/8. 1956, ausg. 15/12. 1961.) G. König. 8389

Monsanto Chemicals Ltd., London, England (Erfinder: Joseph Patrick Brown), **Fungistatischer Klebstoff für die Herstellung von Sperrholz** u. ähnlichen Materialien, der dem Fertigprod. zugleich Schutz gegen Pilzbefall verleiht. Der Klebstoff besteht aus einem wärmehärtbaren Harz (Phenol–Formaldehyd-Harz, Aminoplastharz, z. B. Harnstoff–Formaldehyd- oder Melamin–Formaldehyd-Harz) u. Isosafrol oder einem Homologen davon, bei welchem ein H-Atom des Benzolkerns durch eine Alkylgruppe substituiert ist. (**E. P. 854 156** vom 10/6. 1958, ausg. 16/11. 1960.) H. Raeithel. 8389

Ruhrchemie Akt.-Ges., Deutschland (Erfinder: **Heinz Noeske**), *Leimen von Gegenständen mit plastischen Massen.* (**F. P. 1 234 921** vom 20/8. 1959, ausg. 8/11. 1960. D. Prior. 4/9. 1958. — C. **1960,** 6381 [D. A. S. 1 062 374].)

Cleveland Product Co. Ltd., England, *Herstellung von Glutin.* (**F. P. 1 224 832** vom 27/11. 1958, ausg. 27/6. 1960. E. Prior. 28/11. 1957 u. 27/10. 1958. — C. **1960,** 13246 [D. A. S. 1 072 768].)

American-Marietta Co., Chicago, Ill. (Erfinder: **John M. Gosselt**, Tacoma, **Max H. Estep jun.** und **Malohn J. Perrine**, Wash.), V.St.A., *Herstellung eines Klebstoffes.* (**Jap. A. S. 13 222/1960** vom 2/8. 1958, ausg. 12/9. 1960. — C. **1959,** 14608 [D. A. S. 1 045 581].)

Deutsche Gold- und Silber-Scheideanstalt vormals Roessler, Frankfurt/M. (Erfinder: **Erich Bäder,** Hanau/M., und **Hubert Koert,** Groß-Auheim), *Klebstoff.* (**Jap. A. S. 13032/1960** vom 19/4. 1957, ausg. 9/9. 1960. D. Prior. 19/4. 1956. — C. **1958,** 10826 [D. A. S. 1 014 254].)

Rohm & Haas Co., Philadelphia (Erfinder: **Charles Augustus Carr jun., Oreland, Louis Erwin Kelley,** Wyncote), Pa., V.St.A., *Klebstoff.* (**Jap. A. S. 10879/1960** vom 27/6. 1958, ausg. 10/8. 1960. A. Prior. 1/7. 1957. — C. **1960,** 7397 [D. A. S. 1 063 307].)

N. V. Philips' Gloeilampenfabrieken (Erfinder: **Catharinus Jacobus van Putten** und **Theo Tjalke Boersma**), Eindhoven, Niederlande, *Klebstoff.* (**Jap. A. S. 13033/1960** vom 14/5. 1957, ausg. 9/9. 1960. Niederl. Prior. 16/5. 1956. — C. **1959,** 11 778 [D. A. S. 1 026 901].)

N. V. Philips' Gloeilampenfabrieken, Eindhoven (Erfinder: **Thomas Coe, Oisterwijk**), Niederlande, *Herstellung eines Klebemittels.* (**Niederl. P. 99 799** vom 27/5. 1957, ausg. 15/11. 1961. — C. **1960,** 17001 [D. A. S 1 078 719].)

Mo och Domsjö Aktiebolag, Schweden, *Cellulosederivate als Kleb- und Verdickungsmittel.* (**F. P. 1 225 808** vom 19/2. 1959, ausg. 4/7. 1960. Schwed. Prior. 21/2. 1958. — C. **1962,** 714 [E. P. 846 692].)

W. R. Grace & Co. (Erfinder: **Richard J. Haberlin**), V.St.A., *Hitzebeständige biegsame Verbindungen ergebender Klebstoff.* (**F. P. 1 226 851** vom 5/6. 1959, ausg. 16/8. 1960. A. Prior. 5/6. 1958. — C. **1960,** 12559 [D. A. S. 1 078 718].)

Deutsche Gold- und Silber-Scheideanstalt vormals Roessler, Deutschland, *Klebstoff, besonders für Metalle.* (**F. P. 1 235 535** vom 29/5. 1959, ausg. 28/10. 1960. D. Prior. 6/6. 1958. — C. **1959,** 11119 [D. A. S. 1 053 117].)

N. V. Philips' Gloeilampenfabrieken (Erfinder: **Thomas Coe**), Eindhoven, Niederlande, *Kleben von Kupferfolien an andere Stoffe.* (**Jap. A. S. 12939/1960** vom 24/5. 1958, ausg. 8/9. 1960. Niederl. Prior. 27/5. 1957. — C. **1961.** 4221 [Niederl. P. 93 767].)

Agfa Akt.-Ges. (Erfinder: **Helfried Klockgether, Eugen Bock** und **Walter Cohnen**), Deutschland, *Aufkleben von Polycarbonatfolien auf Celluloseesterfolien.* (**F. P. 1 269 481** vom 30/9. 1960, ausg. 20/12. 1961. D. Prior. 30/9. 1959. — C. **1961,** 15263 [D. A. S. 1 098 656].)

Minnesota Mining & Mfg. Co. (Erfinder: **Harold Joseph Revoir**), St. Paul, Minn., V.St.A., *Druckempfindliches Klebband.* (**Jap. A. S. 11 768/1960** vom 14/1. 1959, ausg. 23/8. 1960. A. Prior. 15/1. 1958. — C. **1962,** 1096 [A. P. 2 927 868].)

Minnesota Mining & Mfg. Co. (Erfinder: **Harold J. Revoir**), St. Paul, Minn., V.St.A., *Klebband.* (**Jap. A. S. 11 769/1960** vom 11/4. 1959, ausg. 23/8. 1960. A. Prior. 11/4. 1958. — C. **1961,** 13 064 [A. P. 2 897 960].)

Minnesota Mining & Mfg. Co. (Erfinder: **Albert Frederic Martin, Warren Charles Pagel** und **George Morris Rambosek**), St. Paul, Minn., V.St.A., *Klebfolie.* (**Jap. A. S. 12 940/1960** vom 10/7. 1958, ausg. 8/9. 1960. A. Prior. 10/7. 1957. — C. **1962,** 1096 [D. A. S. 1 100 213].)

H_{24}. Photographie

Die Bildung des latenten Bildes durch Kernteilchen. W. F. Berg. (Colloques int. Centre nat. Rech. sci., Photogr. corpuscul. I, Strasbourg **1957, 93**—**98,** 1958; Harrow, Kodak Ltd., Res. Labor.; franz.) — Das in photograph. Emulsionen durch Röntgen- u. γ-Strahlen oder durch Kernteilchen erzeugte latente Bild entsteht nach den gleichen Gesetzmäßigkeiten, wie das durch sichtbares Licht erzeugte latente Bild, so daß die gleichen sensitometr. Meth. Anwendung finden können. W. Günther. 8594□

Über die Herstellung von Kernemulsionen aus reinem Chlorsilber und ihre Eigenschaften. H. Gauvin und W. Sebaoun. (Colloques int. Centre nat. Rech. sci., Photogr. corpuscul. I, Strasbourg **1957,** 159—67, 1958; Paris, Inst. du Radium, Labor. Curie; franz.) — Ident. mit der C. **1959,** 1993 referierten Arbeit. W. Günther. 8600□

Neue Emulsionen zur Aufzeichnung von Kernteilchen und von Röntgen- und γ-Strahlen. Jacques M. Blum. (Colloques int. Centre nat. Rech. sci., Photogr. corpuscul. I, Strasbourg **1957,** 149—57, 1958; franz.) — Inhaltlich ident. mit der C. **1959,** 1326 referierten Arbeit. W. Günther. 8600□

Über die Herstellung photographischer Kernemulsionen zur Registrierung von Teilchenspuren bei einem Ionisationsminimum. C. S. Bogomolov, A. A. Sirotinskaya, M. U. Deberdeiyev und V. M. Ouvarova. (Colloques int. Centre nat. Rech. sci., Photogr. corpuscul. I, Strasbourg **1957,** 133—46, 1958; Moscou, Inst. NIKFI; franz.) — Inhaltlich ident. mit der C. **1958,** 7643 referierten Arbeit. W. Günther. 8600□

Eine ionographische Emulsion aus Polyvinylalkohol. Pierre Demers und André K. Schwerin. (Colloques int. Centre nat. Rech. sci., Photogr. corpuscul. I, Strasbourg **1957,** 145—48, 1958; Montréal, Univ., Inst. de Phys.; franz.) — Inhaltlich ident. mit der C. **1959,** 1326 referierten Arbeit. W. Günther. 8600□

Die photographische Empfindlichkeit. John W. Mitchell. (Colloques int. Centre nat. Rech. sci., Photogr. corpuscul. I, Strasbourg **1957, 13**—**44,** 1958; Bristol, Univ., H. H. Wills Phys. Labor.; franz.) — Ident. mit der C. **1958, 4073** referierten Arbeit. W. Günther. 8604□

Die Schwefelsensibilisierung von Bromsilberemulsionen. A. Hautot. (Colloques int. Centre nat. Rech. sci., Photogr. corpuscul. I, Strasbourg **1957, 45**—**53,** 1958; Lüttich, Univ.; franz.) — Auf Grund ausgedehnter Verss. zusammen mit seinem Mitarbeiter

Sauvenier gibt Vf. eine zusammenfassende Darst. seiner theoret. Überlegungen über den Mechanismus der Schwefelreifung von Bromsilberemulsionen.
W. Günther. 8604□

Über den photographischen Effekt geladener Teilchen bei tiefen Temperaturen. K. S. Bogomolov, I. F. Rasorenova und A. A. Sirotinskaya. (Colloques int. Centre nat. Rech. sci., Photogr. corpuscul. I, Strasbourg **1957**, 203—11, 1958; Moscou, Inst. NIKFI; franz.) — Vff. untersuchten den Rückgang der Empfindlichkeit photograph. Emulsionen gegenüber geladenen Teilchen bei tiefen Temp. (—186°) in Abhängigkeit von ihren Herst.-Bedingungen (Reifdauer, Geh. an AgJ). Es werden Überlegungen angestellt über den Mechanismus des photograph. Prozesses bei tiefen Temperaturen.
W. Günther. 8604□

Schleieränderungen von Kernemulsionen mit dem pH des Entwicklers in der Kälte. J. Bermond und M. Scherer. (Colloques int. Centre nat. Rech. sci., Photogr. corpuscul. I, Strasbourg **1957**, 375—83, 1958; Caen, Fac. des Sci.; franz.) — Vff. untersuchten die Abhängigkeit der Schleier-Bldg. vom pH bei der Entwicklung von Ilford-G5-Platten von 400 μ Schichtdicke in einem Amidolentwickler bei 5°. Bewährt hat sich folgender Entwickler: 3 g Amidol, 12 g Na_2SO_3 (wasserfrei), n-HCl (zur Einstellung auf pH 6,0—6,4) u. W. (zum Auffüllen auf 1000 ml). Entwicklungszeit: 90 Minuten.
W. Günther. 8618□

Eine verbesserte isothermische Methode zur Behandlung von dicken Kernspurenemulsionsschichten. H. Yagoda. (Colloques int. Centre nat. Rech. sci., Photogr. corpuscul. I, Strasbourg **1957**, 247—54, 1958; Bethesda, Md., Nat. Inst. of Health; franz.) — Inhaltlich ident. mit der C. **1959**, 1994 referierten Arbeit.
W. Günther. 8618□

Punktauflösung von extrem feinkörnigen und extrem empfindlichen Photoemulsionen. A. M. D'Ans, E.-G. Bergansky und G. Tochtermann. (Abh. Fritz-Haber-Inst. Max-Planck-Ges. Berlin-Dahlem **37**, 3—6, 1960; Berlin-Dahlem, Fritz-Haber-Inst. der Max-Planck-Ges., Inst. für Elektronenmikrosk.; dt.) — Vff. untersuchten das Auflösungsvermögen einer Reihe von extrem feinkörnigen photograph. Emulsionsschichten. Die Punktauflösung $\delta^{\cdot\cdot}$ wurde auf zwei Arten bestimmt: 1. aus der Körnigkeit der gleichmäßig bestrahlten Schicht u. als Funktion des Bildkontrasts; 2. aus elektronenmkr. Aufnahmen eines aus punktförmigen Teilchen bestehenden Präparats. Die Schichten wurden zu diesem Zweck mit 80-keV-Elektronen in Stufen steigender Ladungsdichte $q = i \cdot t$ bestrahlt u. die Stromdichte mit einem Faraday-Käfig gemessen. Das Test-Präp. für die Best. der Punktauflösung wird nach einem Spezial-Verf. hergestellt, bei dem Schwermetalle, z. B. Au, elektrolyt. auf die Präp.-Blende niedergeschlagen werden u. gleichmäßig große Kriställchen von z. B. 10 mμ entstehen. In einer Tabelle werden die nach den beiden Verff. bestimmten Werte für Punktauflösung u. Körnigkeit von folgenden Materialien gegenübergestellt: Kodak-Maximum-Resolution-Platte ($\delta^{\cdot\cdot} = 5$), AGFA-Mikrat-Film (10), PERUTZ-Kontrast-Platte (30), GEVAERT-Structurix-D4-Film (50), AGFA;Vers.-Film (100). Im allg. gehen die Werte für Körnigkeit u. Punktauflösung parallel zueinander.
W. Günther. 8654□

Über die Wirkung von Elektronen auf photographische Schichten. Hellmut Frieser. (Colloques int. Centre nat. Rech. sci., Photogr. corpuscul. I, Strasbourg **1957**, 55—69, 1958; Leverkusen, AGFA AG., Wiss.-Photograph. Labor.; franz.) — Inhaltlich ident. mit der C. **1958**, 6721 referierten Arbeit.
W. Günther. 8662□

Über die Abschwächung von Spuren schwerer Kerne in Kernemulsionen. P. G. Bizzetti und M. Della Corte. (Colloques int. Centre nat. Rech. sci., Photogr. corpuscul. II, Montréal **1959**, 283—93; franz.) — Zur Erklärung der Beobachtung, daß schwere Kerne die Kernspur abschwächen, werden an Ilford-G5-Platten photometr. Messungen über die Länge der Kernspuren angestellt. Der Abschwächungseffekt wird an einem theoret. Modell diskutiert.
W. Günther. 8662□

Einige methodische Probleme, die für große und sehr große Energien von Interesse sind und die durch die Stripping-Emulsionsmethode untersucht werden können. G. B. Zhdanov. (Colloques int. Centre nat. Rech. sci., Photogr. corpuscul. I, Strasbourg **1957**, 233—39, 1958; Moskau, l'Acad. des Sci. de l'URSS, Inst. Lebedev; franz.) — Vf. weist auf die Möglichkeiten hin, mit Hilfe von „Stripping"-Emulsionen das Verh. von Teilchen hoher Energie der Größenordnung von 10^{12} eV untersuchen zu können.
W. Günther. 8662□

E. I. du Pont de Nemours & Co., Wilmington, Del., V.St.A., **Herstellung von Halogensilberemulsionen.** Das Mischen der $AgNO_3$-Lsg. (I) mit der Gelatine-Halogenid-Lsg. (II) wird in der Weise ausgeführt, daß II langsam in ein kon., rotierendes Gefäß (III) einläuft, so daß sich an dessen Wänden eine II-Schicht mit der Oberfläche eines Rotationsparabolids (**IV**) bildet. Innerhalb von III befindet sich ein zweites, kleineres u. niedrigeres III (= **IIIa**), in das I eingetropft wird. **IIIa** wird dann so schnell gedreht, daß die darin befindliche I über seinen oberen Rand läuft u. auf die II-Schicht in III trifft, dessen Umdrehungs-Geschw. so geregelt wird, daß die entstehenden Halogensilber-Gelatineemulsion über seinen oberen Rand abläuft u. in ein darunter stehendes Sammelgefäß gelangt. — Vorrichtung. (**E. P. 846 190** vom 7/8. 1958, ausg. 24/8. 1960. A. Prior. 15/8. 1957.) A. Kalix. 8601

Kalvar Corp., New Orleans, La. (Erfinder: Gisela K. Oster und Gerald Oster, New York, N.Y.), V.St.A., **Photographisches Verfahren.** Eine Schicht aus einem Schichtbildner (Gelatine, Polyvinylalkohol, Polyamiden), einem hierin lösl. photopolymerisierbaren Vinylmonomeren (z. B. Acryl-, Methacrylsäure, -ester, -nitril u. -amid, Vinyl- u. Vinylidenhalogenide, Vinylacetat, N-Vinylimid, N-Vinyllactan u. Styrol) u. einer Diazonium-Verb. (p-Dimethylaminobenzoldiazoniumchlorid), wird unter einer Vorlage belichtet u. zur Entw. des Bildes erwärmt. Die Licht-Zers.-Prodd. der Diazonium-Verb. wirken als Photokatalysator für die Polymerisation des Monomeren. (**D. A. S. 1 116 531** Kl. 57b vom 1/7. 1958, ausg. 2/11. 1961. A. Prior. 2/7. 1957. **A. P. 2 996 381** vom 2/7. 1957, ausg. 15/8. 1961.) E. Fuchs. 8601

Monsanto Chemical Co., St. Louis, Mo., V. St. A., **Photographisches Material.** Als lichtempfindliche Schicht dient ein Gemisch aus einer lichtempfindlichen Substanz (Diazo-Verb. oder ein Dichromat) u. einem harzartigen Mischpolymerisat, das Carbonsäure- u. Carbonsäureestergruppen enthält u. durch Mischpolymerisation von Vinyl- oder Vinyliden-KW-Stoffen, -estern, -äthern, -nitrilen oder -halogeniden mit olefin. α.β-Dicarbonsäuren u./oder deren -anhydriden u./oder -estern erhalten wird. Es sollen 5—90% der gesamten Carbonsäure- u. Carbonsäureestergruppen aliphat., cycloaliphat. oder aromat. Estergruppen sein. Die Exposition erfolgt mit Licht oder einem Wärmestrahler. Zur Entwicklung wird die exponierte Schicht mit einer Lsg. behandelt, die entweder die exponierten oder unexponierten Flächenanteile weglösen oder verändern. Zur Entfernung der unexponierten Teile dient eine wss. Alkalilösung. (**E. P. 861 871** vom 7/12. 1957, ausg. 1/3. 1961. A. Prior. 17/12. 1956.) E. Fuchs. 8601

Montecatini Soc. Gen. per l'Industria Mineraria e Chimica (Erfinder: Aldo Camerini und Luciano Lucchetti), Mailand, Italien, **Behandlung von Filmen,** die bes. für *photograph. Zwecke* u. *Schichtstoffe* verwendet werden. Man verbessert die Haftfähigkeit von Filmen aus krist. Polymeren, wenn man solche aus isotakt. Polymeren oberflächlich chloriert, sulfoniert oder chlorsulfoniert u. ggf. danach aminiert. — Man zieht einen Film aus kristallinem Polypropylen bei Raum-Temp. in ½ Sek. durch ein Bad aus einer Lsg. von 2 Gew.-Teilen Chlorsulfonsäure in 98 Gew.-Teilen abs. Trichloräthylen, hält 15 Sek. bei 25°, verdampft das Lsgm. im warmen Luftstrom u. beschichtet mit einer Lsg. von 3 (Teilen) Photogelatine in 97 W. von 40°: gut haftende Schicht. (**Oe. P. 210 135** vom 27/1. 1959, ausg. 11/7. 1960. It. Prior. 28/1. 1958.) M. Pankow. 8603

E. I. du Pont de Nemours & Co., Wilmington, Del., V.St.A., **Wiedergewinnung von Polymethylenterephthalat aus Filmen.** Der einen Träger aus Polymethylenterephthalat mit Polymethylenresten mit 2—10 Methylengruppen u. eine Haftschicht aus makromol. hydrophoben Mischpolymerisaten (Vinylidenchlorid–Acrylsäurealkylester–Acrylnitril-Mischpolymerisat) besitzende photograph. Film wird mit einer 0,25 bis 50%ig. wss. Lsg. eines Alkali- oder Erdalkalihydroxyds bei einer Temp. von 40—130° behandelt, bis die anhaftenden Koll.-Schichten entfernt sind, worauf gewässert wird. (**E. P. 870 639** vom 12/11. 1959, ausg. 14/6. 1961. A. Prior. 5/12. 1958.) E. Fuchs. 8603

Kodak Ltd., London, England (Erfinder: Jean Elmore Jones), **Optisch supersensibilisierte photographische Emulsion.** Zur Sensibilisierung verwendet man ein Carbocyanin der allg. Formel I. Hierin sind R u. R_1 ggf. substituiertes Alkyl, X = ein Säurerest, Z u. Z_1 je eine Atomgruppierung, die einen heterocycl. Ring mit 5 oder

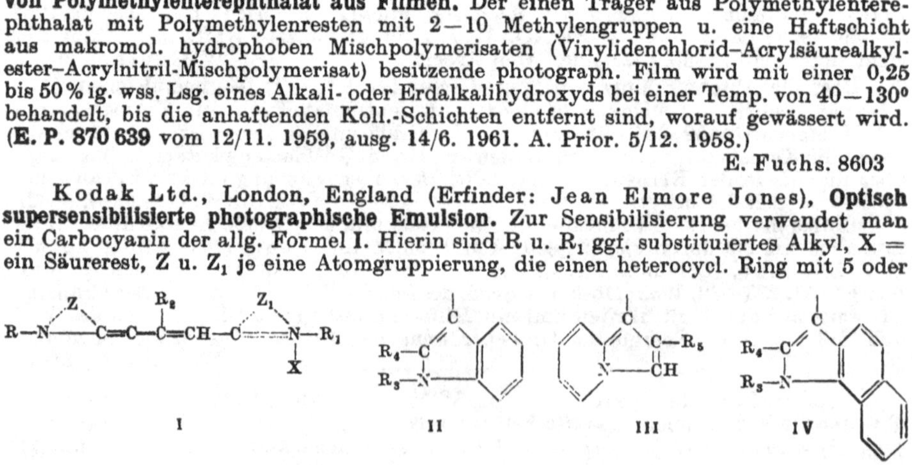

I II III IV

6 Atomen ergänzt, R_2 eine ggf. substituierte Aryl-, Thienyl-, Amino-, 3-Pyrryl-, 2-Indolyl-, 3-Indolylgruppe der allg. Formel **II**, eine 1-Pyrrocolylgruppe der allg. Formel **III** oder eine 6.7-Benz-3-indolylgruppe der allg. Formel **IV**. Hierin bedeuten R_3 u. R_4 = H, Alkyl, Cycloalkyl oder Aryl u. R_5 = Aryl. Diese, den größten Teil der bekannten Carbocyanine umfassenden Sensibilisatoren werden mit einem supersensibilisierenden, in W. lösl. Salz der *Hydromalensäure* (**V**) gemischt. Man verwendet 0,01—0,3 g von **I** u. 0,03 bis 5,0 g von **V** auf 1 Mol Halogensilber. Im Rot wird die Sensibilisierungsintensität erhöht. (**E. P. 882 308** vom 17/2. 1958, ausg. 15/11. 1961. A. Prior. 18/2. 1957.)
E. Fuchs. 8605

Agfa Akt.-Ges., Leverkusen, **Optische Sensibilisierung photographischer Emulsionen.** Sehr kräftige Sensibilisierungen mit einem Maximum zwischen 550 u. 590 mμ erreicht man mit *Cyaninfarbstoffen* der allg. Formel I, in der Z ein $CR_1 \cdot (CR_2{=}CR_3)_nA$ oder $=(CH \cdot CH{=})_m C\langle{}^{Q}_{C=O}$-Rest sein kann u. worin R ein Alkyl-, Sulfalkyl- oder Carboxyalkylrest, $R_1R_2R_3$ ein H-Atom oder ein Alkylrest, A ein 5-(α-Thienyl)-benzoxazolrest oder ein ggf. substituierter Benzthiazol-, Thiazol-, Benzselenazol-, Selenazol-, Benzoxazol-, Naphthoxazol- oder Chinolinrest ist. Q steht für eine Atomgruppierung, die zur Vervollständigung eines heterocycl. Ketomethylenringes nötig ist, der mit

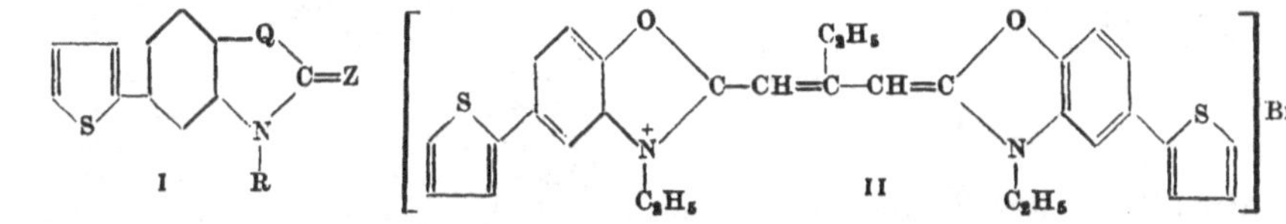

einer Methingruppe mit dem 5-(α-Thienyl)-benzoxazolring verknüpft ist; n u. m sind 0, 1 oder 2. Ein derartiger Farbstoff (C_2H_5), z. B. der Formel II, mit dem Sensibilisierungsmaximum bei 565 mμ wird erhalten durch 1½ std. Erhitzen bei 120° von 4,5 g 2-Methyl-3-äthyl-5-thienylbenzoxazolium-p-toluolsulfonat (erhalten durch Erhitzen von 2,3 g 2-Methyl-5-thienylbenzoxazol u. 2 g p-Toluolsulfosäureäthylester), 6 (cm^3) Orthopropionsäureäthylester, 8 Pyridin u. 1 Essigsäureanhydrid. Die Rk.-Mischung wird in eine verd. wss. KBr-Lsg. gegossen u. das ausgefällte Farbstoffbromid in Methanol auskristallisiert. Man verwendet 0,05 g Farbstoff für 1 kg einer Jodbromsilberemulsion mit 5% AgJ u. 95% AgBr. (**E. P. 874 011** vom 18/8. 1958, ausg. 2/8. 1961. D. Prior. 16/8. 1957.)
E. Fuchs. 8605

E. I. du Pont de Nemours & Co., Wilmington, Del., V.St.A., **Photographische Halogensilberemulsion.** Die Emulsion erhält einen Zusatz von 5—50% Dextran eines Molgew. von 10000—100000, berechnet auf den Gelatinegehalt. Die erhaltenen Bilder besitzen eine höhere Dichte. (**E. P. 875 100** vom 1/10. 1959, ausg. 16/8. 1961. A. Prior. 21/11. 1958.)
E. Fuchs. 8611

International Polaroid Corp., Jersey City, N.J., V.St.A., **Schutzschicht für Kunststoffilme.** Zum Schutz gegen mechan. Beschädigungen erhalten Filme aus Cellulose- u. Casein-Derivv., Alkyd- oder Harnstoffharzen u. olefin. Polymerisaten eine 0,010—0,015 in. dicke Schicht aus *Bis-methacrylsäureestern* (**I**) *von Polyalkylenglykolen*, die auf dem Film durch 1—3 Min. langes Erhitzen mit einer polierten Walze in einer CO_2-Atmosphäre polymerisiert wird. Als **I** werden bes. Lsgg. von Tri- u. Pentaäthylenglykol-bis-methacrylaten, ggf. unter Zusatz von Nitrocellulose bis zu einem Anteil von 10% verwendet. Als Polymerisationskatalysatoren können außerdem noch ca. 3% Benzoylperoxyd oder Diisopropylpercarbonat zugesetzt werden. (**E. P. 838 711** vom 5/10. 1956, ausg. 22/6. 1960. A. Prior. 7/10. 1955.)
A. Kalix. 8613

Sylvania Electric Products, Inc. (Erfinder: Vincent Chiola und William Charles Fink), **Blitzschicht** für photograph. Zwecke, bestehend aus der üblichen mit einem transparenten Schutzlack überzogenen Glashülle (I), die das verbrennbare Material enthält, dad. gek., daß die I auf ihrer äußeren Oberfläche einen Überzug aus einem nicht gehärteten Gemisch aufweist, das aus Celluloseacetat (II) in einer Verb. besteht, die unter dem Einfl. der bei der Auslösung des Blitzes entstehenden Hitze eine Vernetzung des **II** bewirkt, bes. N.N'.N''-Tris-(methoxymethyl)-melamin. Der Überzug erlaubt die Herst. von Blitzlichtern mit kleineren Glashüllen. — Zeichnung. (**Aust. P. 229 819** vom 20/1. 1959, ausg. 1/9. 1960. A. Prior. 28/1. 1958.)
C. Lüttgen. 8615

E. I. du Pont de Nemours & Co., Wilmington, Del., übert. von: Vernon William Blanchard, New Brunswick, N.J., V.St.A., **Mehrfarbenfilm mit Masken-**

schicht. Der Film enthält 3 in den üblichen Teilfarben sensibilisierte Emulsionsschichten mit Farbkupplern, eine Gelbfilterschicht u. eine Schicht mit einer Lippmann-Emulsion, die im Gebiet zwischen Grün u. Rot mit einem Maximum bei 590 mμ sensibilisiert ist u. zugleich je einen Farbkuppler für Rot u. Gelb enthält. Hierin wird durch farbige Entw. das Korrekturmaskenbild erzeugt. Die Farbbildner enthalten im Kern eine Gruppierung $-X-(\overset{|}{C}=\overset{|}{C})_n-\overset{|}{C}=\overset{|}{C}H$; hierin ist X = —OH, NH_2-, RNH- (R = Alkyl) u. n = 0 oder 1. Hieran ist ein Farbkupplerrest gebunden. Mindestens einer dieser Farbkuppler soll Teilfarbenfarbstoffe bilden, die noch eine zusätzliche, in der Teilfarbe nicht gebrauchte Absorption aus einer anderen Teilfarbe besitzen. (**A. P. 2 997 388** vom 17/7. 1957, ausg. 22/8. 1961.) E. Fuchs. 8631

Gevaert Photo-Producten N. V., Mortsel (Erfinder: Maurice Antoine de Ramaix und Jan Jaeken, Hove), Antwerpen, Belgien, **Herstellung farbmaskierter photographischer Farbenbilder durch Farbentwicklung.** Bei dem Verf. der Masken-Bldg. aus 4-Aminopyrazolon-(3)-Derivv., die bei der Bleichung des farbentwickelten Bildes im Mehrschichtenmaterial vorhanden sein müssen, z. B. als Zusatz zur rotsensibilisierten Emulsionsschicht, verwendet man als Blaugrünkuppler in dieser Schicht Verbb. der allg. Formel I. Hierin ist X = O oder S, eine —NH—CO-, —CO—NH-, —SO_2—NH-, NH—SO_2- oder —N-Alkylgruppe, Y = H oder Halogen, D eine diffusionsfestmachende Gruppe, M = H, ein Alkalimetallatom oder eine NH_4-Gruppe. Das 4-Aminopyrazolon-(3)-Deriv. entspricht der allg. Formel II, worin R_1 eine niedermol. Alkylgruppe, R_2 eine niedermol. Alkylgruppe oder eine ggf. substituierte Arylgruppe u. R_3 ein diffusionsfestmachender aliphat. KW-Stoffrest ist. (**D. A. S. 1 119 666** Kl. 57b vom 27/9. 1960, ausg. 14/12. 1961. **Zusatz zu D.A.S. 1 063 900; C. 1960. 14247.**) E. Fuchs. 8631

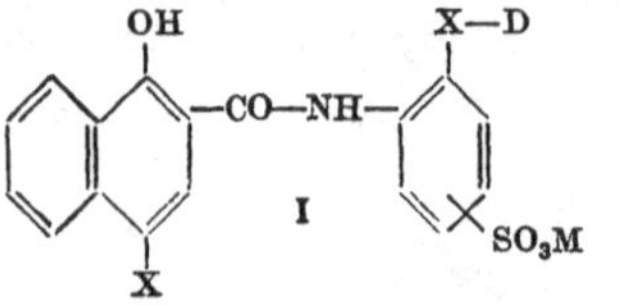

I

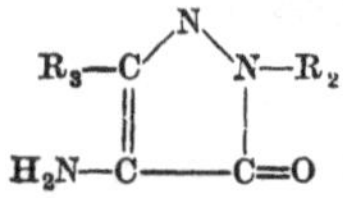

II

International Polaroid Corp., Jersey City, N.J., V.St.A., **Diffusionsverfahren für die Übertragung von Farbstoffbildern.** Das Primärbild wird mit einer Lsg. entwickelt, die 3 Komponenten mit entwickelnder Funktion enthält: einen Farbentwickler (I), ein Pyrazolidon-(3)-Deriv. (II) u. eine Entwicklersubstanz (III), die einen Benzolkern enthält. Als I werden Hydrochinon-Derivv. verwendet, deren Mol. eine chromophore Gruppe enthält u. eine Gruppe, die belichtetes Halogensilber entwickelt, bes. (ggf. aminosubstituierte) Hydrochinon-Derivate. Diese bilden einen an den belichteten Stellen unlösl., an den belichteten Stellen diffusionsfähigen Farbstoff. Als II verwendet man Verbb. der allg. Formel IV. Hierin sind R_1, R_2, R_3, R_4 u. R_5 H-Atome, Alkylgruppen mit 1—4 C-Atomen, oder (ggf. substituierte) Arylreste. Als III werden Verbb. verwendet, die an einem Benzolkern in o- u. p-Stellung zueinander OH u. (ggf. substituierte) NH_2-Gruppen enthalten. Außerdem kann in III der Benzolkern noch durch Alkyl-, Aryl-, Arylmercapto- u. andere Gruppen substituiert sein; Beispiele: 2.4-Diaminophenol, Toluhydrochinon, 2.5-Bis-[äthylenimino]-hydrochinon (V), 2-Amino-4-phenylphenol, Phenylhydrochinon, 2-Methoxy-4-aminophenol, 4-Amino-2.5-dimethylphenol, 6-Aminothymol, p-Tolylmercaptohydrochinon. Dosierung: auf 100 „Entwicklereinheiten“ von I je 25—125 solcher Einheiten von II u. III, z. B. eine Lsg., die außer den üblichen Hilfsstoffen 0,2% 1-Phenylpyrazolidon-(3), 0,3% **V** u. 0,5% 5-Amino-4-{2′.5′-dimethoxy-4′-[p-(2″.5″-dihydroxyphenyl)-phenylazo]-phenylazonaphthol-(1)} enthält. Bei der Bildübertragung wird in der üblichen Weise verfahren. Die Anwendung der Entwicklerkombination soll die Farbdichte des übertragenen Bildes verbessern. (**E. P. 853 481** vom 6/3. 1958, ausg. 9/11. 1960. A. Prior. 24/4. 1957.) A. Kalix. 8631

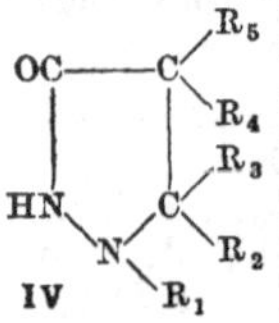

IV

International Polaroid Corp., New Jersey, N.J., V.St.A. (Erfinder: Edwin Herbert Land), **Additives Farbrasterübertragungsverfahren.** Mit Hilfe des Diffusionsübertragungs-Verf. werden mehrfarbige positive Duschsichtsbilder auf folgende Weise hergestellt: Man fertigt in mindestens 2 lichtempfindlichen Halogensilberemulsionsschichten 2 latente Farbteilauszüge an. Die belichteten Emulsionsschichten werden zeitlich nacheinander auf gegenüberliegende Seiten eines aus lichtdurchlässigem Material bestehenden Bildempfingsblattes gelegt, auf dessen Ober- u. Unterseite tieferliegende Rasterelemente ausgebildet sind, wobei die Rasterelemente der Oberseite zwischen denen der Unterseite liegen u. als additive Farbfilter ausgebildet sind. Es können auch nur die Rasterelemente einer Seite des Bildempfangsblattes als Farbfilter ausgebildet sein, wobei die Rasterelemente der anderen Seite dagegen völlig lichtdurchlässig sind.

Dann wird zwischen jeder der Halogensilberemulsionsschichten u. der jeweils gegenüberliegenden Seite des Bildempfangsblattes ein fl. Entw.-Mittel ausgebreitet, wobei die latenten Farbauszüge entwickelt, Farbstoffe bzw. Farbstoff-Zwischenprodd. gebildet u. durch Diffusion in die Rasterelemente geführt u. dort festgehalten werden. Man kann auch das nicht entwickelte Halogensilber aus den nicht belichteten Flächen der Emulsionsschichten in Form eines Ag-Komplexes aus den Emulsionsschichten entfernen, es durch Diffusion auf die Rasterelemente übertragen u. dort zu Ag reduzieren, worauf zur Freilegung des erhaltenen positiven Durchsichtsbildes die entwickelten Emulsionsschichten vom Bildempfangsblatt abgezogen werden. Es entsteht ein additives Mehrfarbendurchsichtsbild analog zum Autochrom-Verfahren. (**E. P. 874 990** vom 25/11. 1959, ausg. 16/8. 1961.) E. Fuchs. 8631

Litho Chemical & Supply Co., Inc., Lynbrook, N.Y., V.St.A., **Herstellung von Flachdruckplatten.** Eine Al-Platte oder Folie wird zunächst mit einem Silicatüberzug versehen oder oberflächlich anodisiert. Zur Herst. des Überzugs verwendet man eine Alkalisilicat-Lsg. von 42° Bé mit einem Verhältnis von $SiO_2 : Na_2O = 1 : 3{,}25$. Zur Anodisierung wird eine Lsg. von 15 Gew.-% H_2SO_4 von 75—80° F verwendet, die man mit einer Pb-Kathode u. einer Spannung von 10 V 5 Min. lang einwirken läßt, dann wird die Oxidschicht noch durch 5 Min. lange Einw. von U von 170° F gehärtet. Auf die mit kaltem W. ausgewaschene Oberfläche wird eine lichtempfindliche Schicht aus einer Lsg. folgender Zus. aufgetragen: 0,11 (%) eines Kondens.-Prod. aus CH_2O u. p-Diazodiphenylamin, 0,94 wasserlösl. „Superpolyamid-Nylonharz", 0,01 nichtion. oberflächenakt. Mittel, 76,35 denaturierter A., 5,44 Furfurylalkohol u. 17,15 Wasser. Nach ihrer Trocknung wird die Schicht unter einer Vorlage mit UV bestrahlt u. zunächst mit einer Lsg. „lackiert", die ein pigmentiertes Epoxyharz, ein „Furfurylalkoholkondensat" u. Xylol enthält. Schließlich wird die Schicht durch Entfernung der unbelichteten Stellen mit einer wss. Lsg. entwickelt, die H_3PO_4, Gummi arabicum, n-Octylalkohol u. ein chloriertes Phenol enthält. (**E. P. 851 819** vom 16/12. 1958, ausg. 19/10. 1960. A. Prior. 22/5. 1958.) A. Kalix. 8645

Allied Chemical Corp., New York (Erfinder: Frederick H. Kranz, Buffalo), N.Y., V.St.A., **Herstellung von aliphatischen Aminoderivaten von Bis-(p-dialkylaminoaryl)-methan.** Durch Kondens. von Bis-[p-dialkylaminoaryl]-methanen mit reaktionsfähigen Atomen oder Gruppen (**I**) am Methan-C-Atom mit den entsprechenden aliphat. Aminen (**II**) erhält man Verbb. der allg. Formel **III**. Hierbei sind R_1, R_2, R_3 u. R_4 Alkylgruppen mit 1—5 C-Atomen, R_5 ist ein Alkylrest mit 1—18 C-Atomen, ein Cycloalkyl-, oder Aralkylrest, wobei in diesen Resten noch Alkoxy-, Aryloxy-, Hydroxy-, Amino-, Acylamino-, Sulfamid-, Carboxyalkyl- u. heterocycl. Reste als Substituenten vorhanden sein können, R_6 ist ein H-Atom oder eine der in R_5 vorhandenen Gruppen. Die beiden Benzolkerne können als Substituenten Halogenatome, Alkyl-, Alkoxy-, Alkylamino-, Acylamino- oder Sulfonamidgruppen enthalten. Bevorzugt hergestellt werden **III**, in denen R_1, R_2, R_3 u. R_4 je eine CH_3- oder C_2H_5-Gruppe, R_5 ein beliebiger Alkylrest u. R_6 ein H-Atom oder eine Alkylgruppe ist. Beispiele für **I**: Halogenatome, OH-, NH_2-, Mercapto- oder Alkoxygruppen, bes. OH-Gruppen; Beispiele für die entsprechenden Hydrole (**IV**): 4.4′-Bis-[dimethylamino]-benz-**IV**, sowie die entsprechenden Diäthylamino-, Dipropylamino- u. Dibutylamino-Homologe, ferner 4.4′-Bis-[dimethylamino]-2.2′-dichlorbenz-**IV**, sowie das entsprechende Brom-Homologe, ferner 4.4′-Bis-[dimethylamino]-3.3′-dimethylbenz-**IV**, Beispiele für **II**: Mono- u. Dimethyl- u. -äthyl-**II**, 2-Chloräthyl-**II**, N-Methyloctyl-**II**, Äthanol-**II**, Hydroxyäthoxyäthyl-**II**, Benzyl-**II**, N-Äthyl-[4-chlorbenzyl]-**II**, Trimethylen-**II**, Cyclohexyl-**II**, Allyl-**II**, 2-[4′-Bromphenoxy]-äthyl-**II**, Ceryl-**II**, 2-**II**-2-Äthylpropandiol-(1.3), 2-tert.-Octylaminomethyl-4-tert.-octylphenol u. N-tert.-Octyl-β-aminopropionsäureäthylester, sowie als Handels-Prodd. „Armeene" u. „Primene") bekannte Gemische aus prim., sek. u. tert. **II** mit 8—21 C-Atomen. Beispiele: N-Bis-[p-dimethylaminophenyl]-methyldiäthyl-**II** (aus Diäthyl-**II** u. Michlers **IV**), F. 101—102°; N-Bis-[p-dimethylaminophenyl]-methyldimethyl-**II**, F. 94°; N-Bis-[p-diäthylaminophenyl]-methyldimethyl-**II**, F. 90—91°; N-Bis-[p-diäthylaminophenyl]-methyloctadecyl-**II**, F. 73°; N-Bis-[p-dimethylaminophenyl]-methyloctadecyl-**II**, F. 75°; N-Bis-[p-dimethylaminophenyl]-methylcyclohexyl-**II**, F. 112°; N-Bis-[p-dimethylaminophenyl]-methyldioctyl-**II**, N-Bis-[p-dimethylaminophenyl]-methyl-2-hydroxyäthylamin, F. 158°. — Die Kondens. werden mit äquimol. Mengen von **II** u. **IV** in Lsgm. mit Kpp. zwischen 80 u. 150° (KW-Stoffe oder Alkohole) unter Rückflußkühlung oder im Autoklav durchgeführt. Die Rk.-Prodd. sind in KW-Stoffen u. Alkoholen sehr gut lösl. u. werden für *Vervielfältigungs-Verff.* (z. B. in sog. *„farblosen Kohlepapieren"*)

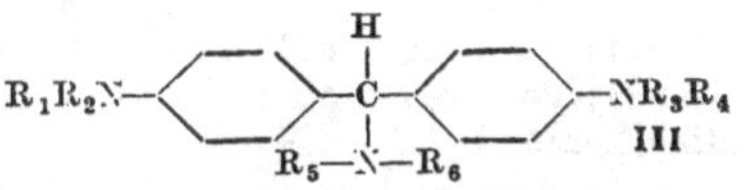

III

verwendet, indem man sie mit Elektronenakzeptoren, wie Kaolin, Bentonit, Attapulgit, Zeolith, Silicagel, Mg-Trisilicat, ZnS, CaF_2, Ca-Citrat, Gerb- oder Benzoesäure in Kontakt bringt, wobei tiefblaue, lichtechte Färbungen entstehen. (**D. A. S. 1 112 524** Kl. 12q vom 13/5. 1959, ausg. 10/8. 1961. A. Prior. 13/5. 1958.) A. Kalix. 8647

A. B. Dick Co., Niles, übert. von: Robert I. Klimkowski, Chicago, und Clarence I. Shoemaker, Franklin Park, Ill., V.St.A., **Herstellung von Diazotypie-Mehrfachkopien.** Man kopiert von einem auf einem durchsichtigen Träger befindlichen Positivbild auf einen Zwischenträger, der eine lichtempfindliche Diazo-Verb. u. eine Azokomponente enthält. Der pH-Wert dieser Schicht ist mit Stabilisatoren so eingestellt, daß keine Kupplung zum Azofarbstoff erfolgt. Nach der die Diazo-Verb. zerstörenden Belichtung wird die Schicht mit dem endgültigen Bildträger in Kontakt gebracht, dessen Bildschicht ein Lsgm. für das Gemisch aus der Diazo-Verb. u. der Azokomponente neben Substanzen enthält, die den pH-Wert soweit erhöhen, daß eine Kupplung der Komponenten zum Azofarbstoff erfolgen kann. Hierbei wird die an den Bildstellen durch Licht nicht zerstörte Diazo-Verb. zusammen mit der Azokomponente auf den endgültigen Träger übertragen, wo die Kupplung zum Duplikatpositiv erfolgt. Es können so mehrere Abzüge in beliebigen Farben gemacht werden, je nachdem man die in dem Zwischenträger befindliche Diazo-Verb. auswählt. (**A. P. 2 969 015** vom 14/7. 1953, ausg. 24/1. 1961.) E. Fuchs. 8647

General Aniline & Film Corp., New York (Erfinder: Clifford Ernest Herrick jun., Chenango Forks), N.Y., V.St.A., **Herstellung von lichtempfindlichen Diazosulfonat-Verbindungen** der allg. Zus. $ArN_2SO_2H \cdot RN{=}C(NR_2)_3$ (Ar = aromat. Rest, R = H oder aromat. Rest der Bzl.- oder Naphthalinreihe, wobei mindestens 2 R aromat. Reste u. mindestens 1 R H bedeuten), dad. gek., daß man ein Alkalisalz eines entsprechenden Aryldiazosulfonats in wss. Medium mit einem entsprechenden Arylguanidinacetat umsetzt. — Zur Lsg. von 175 (g) Na-p-Äthoxybenzoldiazosulfonat in 1750 cm³ W. u. 70 cm³ CH_3COOH (I) gibt man z. B. bei 35—40° 175 1.3-Bis-[o-tolyl]-guanidin (II) in 700 cm³ W. u. 620 cm³ I, kühlt den gelben Nd. auf 80—20°, filtriert, schlämmt mit W. auf u. trocknet im Vakuum über NaOH. Man erhält mit 90%ig. Ausbeute eine Verb. vom F. 147—149° mit der vermutlichen Zus. II C_2H_5O— 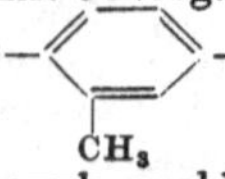 —N_2·$SO_3H \cdot HN{=}C($—NH— 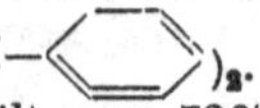 $)_2$. Durch Rk. von Na-3-Chlor-4.6-dimethoxybenzoldiazosulfonat mit II erhält man 72% einer Verb. vom F. 162—164°. — 3.3'-Dimethoxy-4.4'-biphenyltetrazodisulfonat + II → Verb. F. 153—155°. — 4.4'-Biphenyltetrazodisulfonat + II. — Na-p-Acetamidobenzoldiazosulfonat + II → 84% Verb. F. 176 bis 180° (Zers.). — Na-3.3'-Methylen-bis-[4-äthoxybenzoldiazosulfonat] + II → Verb., die bei 80° erweicht u. bei 135° Zers. erleidet. — N-Benzyl-N-äthyl-p-aminobenzoldiazosulfonat + II → 33% Verb. F. 175—178°. Die Prodd. sind *lichtempfindlich*, ihre Farbe bewegt sich von Gelb bis Orange, Rot u. Braun, sind in W. nicht lösl., jedoch in Isopropylalkohol, Aceton u. Chlf. u. können aus solchen Lsgg. auf geeignete Schichtträger aufgetragen werden, um *Diazotypiematerialien* u. *Flachdruckschichten* herzustellen. (**D. A. S. 1 112 526** Kl. 12q vom 18/12. 1957, ausg. 10/8. 1961. A. Prior. 31/12. 1956.)
O. Müller-Meiningen. 8647

General Aniline & Film Corp., New York, N.Y., V.St.A. (Erfinder: Chester Edward Slimowicz), **Zweikomponenten Diazotypiematerial.** Die lichtempfindliche Schicht enthält 1. eine Diazo-Verb., die sich von Aminen der allg. Zus. I oder II ableiten;

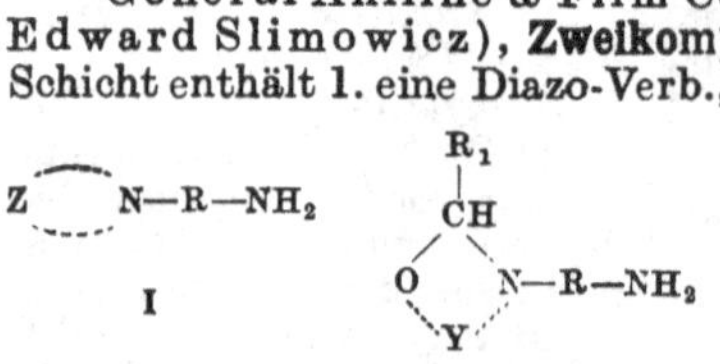

worin R ein Phenyl mit der NH_2-Gruppe in p- oder o-Stellung zum N; Z = nichtmetall. Atome, die zur Vervollständigung eines Morpholin- oder Piperidinkernes nötig sind; Y = Methylengruppen, die zur Schließung eines 5- oder 6-gliedrigen heterocycl. Ringes nötig sind, R_1 = H, Alkyl oder Aryl bedeuten. 2. enthält sie eine Kupplungskomponente [m- oder o-Hydroxyphenylharnstoff, Resorcin-4-sulfonsäure, 2-[N.N-Diäthylaminomethyl]-3.6-dimethylphenol, 3-Acetamidophenol u. m,m'-Äthylendioxydiphenol]. Diese Schichten besitzen den Vorteil, daß sie auch ohne S-Stabilisatoren keine Verfärbung des Untergrundes zeigen. (**E. P. 867 432** vom 24/7. 1959, ausg. 10/5. 1961. A. Prior. 22/9. 1958.) E. Fuchs. 8647

N. V. Lichtdruckpapierfabriek „De Atlas" (Erfinder: Henri Gerard Jean de Boers, Elias Detlev Gerhard Frahm, Delft, und Leendert Willem Sillevis, Den Haag), Holland, **Diazotypiematerial.** Die lichtempfindliche Schicht enthält lichtempfindliche Diazo-Verbb. u. Azokomponenten der Formel $(HO)_n-A-XH$, die mittels Cyanurchlorid mit makromol. Stoffen zu Verbb. der Formel I kondensiert sind ($A = SO_3H$-gruppenfreies, aromat. Ring-Syst.; X = O oder ggf. substituiertes NH; B = Cl, $(HO)_n-A-X$, M oder beliebige, nicht mit Diazo-Verbb. reagierende Gruppe; M = Rest eines makromol. Stoffes, aus dem ein reaktionsfähiges H entfernt worden ist; $n \geqq 2$; falls X eine Iminogruppe darstellt, die an einen eine OH-Gruppe tragenden Benzolring gebunden ist, kann n auch 1 sein). Ein derartiges Kondens.-Prod. wird z. B. durch 45 Min. langes Erwärmen einer wss. Suspension des Rk.-Prod. von 3,65 (g) 5-Aminoresorcin mit 5,3 Cyanurchlorid im Gemisch mit einer wss. Caseinsuspension in Ggw. von Ameisensäure auf 90° erhalten. (**Niederl. P. 98 911** vom 16/7. 1958, ausg. 15/8. 1961.) F. Böhm. 8647

I

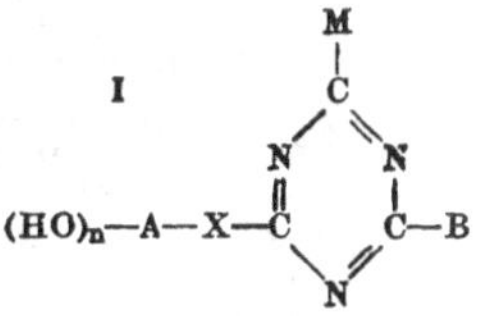

Gevaert Photo-Producten N. V., Mortsel bei Antwerpen, Belgien, *Herstellung von Halogensilberemulsionen.* (**Belg. PP. 568 153** u. **568 155** vom 30/5. 1958, ausg. 12/8. 1960. — C. **1961**, 18940 [D. A. S. 1 102 555].)

Canadian Kodak Co. Ltd., Toronto, Ontario, Canada, übert. von: **Delbert D. Reynolds** und **Thomas M. Laakso**, Rochester, N.Y., V.St.A., *Polyester.* (**Can. P. 568 511** vom 13/8. 1954, ausg. 6/1. 1959. A. Prior. 2/11. 1953. — C. **1959**, 5351 [A. P. 2 794 975].)

General Aniline & Film Corp., New York, N.Y., V.St.A. (Erfinder: **Robert Curtis Wilson**), *Synthese von Dicarbocyaninfarbstoffen.* (**E. P. 849 185** vom 19/2. 1959, ausg. 21/9. 1960. — C. **1961**, 11203 [D. A. S. 1 090 801].)

Gevaert Photo-Producten N. V., Mortsel bei Antwerpen, Belgien, *Härtung von photographischen Gelatineschichten.* (**Belg. P. 566 352** vom 2/4. 1958, ausg. 29/7. 1960. E. Prior. 8/4. 1957. — C. **1960**, 15280 [D. A. S. 1 073 305].)

E. I. du Pont de Nemours & Co., Wilmington, Del., V.St.A. (Erfinder: **T. D. Smith**), *Stabilisatoren für Halogensilberschichten.* (**Belg. P. 567 019** vom 22/4. 1958, ausg. 12/8. 1960. A. Prior. 1/5. 1957. — C. **1961**, 11591 [D. A. S. 1 095 114].)

Agfa Akt.-Ges., Leverkusen, übert. von: **Alfred Miller**, München, und **Hildegard Haydn**, Leverkusen, *Photoleitfähige Schichten für die Elektrophotographie.* (**A. P. 2 999 750** vom 10/12. 1957, ausg. 12/9. 1961. D. Prior. 14/12. 1956. — C. **1959**, 1996 [D. A. S. 1 031 127].)

Gevaert Photo-Producten N. V., Antwerpen, übert. von: **René Maurice Hart**, Wilrijk-Antwerpen, und **Laurent Pierre Roosens** und **Jacques René Troquet**, Antwerpen, Belgien, *Photographische Hilfsschichten, z. B. Schutzschichten.* (**A. P. 2 984 568** vom 26/11. 1957, ausg. 16/5. 1961. Belg. Prior. 26/11. 1956. — C. **1960**, 4082 [D. A. S. 1 071 477].)

Klaus Pfister und **Georges Schwienbacher**, Zürich, Schweiz, *Lichtempfindliches Material und Kopierverfahren.* (**E. P. 879 874** vom 4/2. 1958, ausg. 11/10. 1961. Schwz. Prior. 8/5. 1957. — C. **1962**, 8489 [Oe. P. 208 221].)

Canadian Kodak Co. Ltd., Toronto, Ontario, Canada, übert. von: **George A. Reynolds**, Rochester, N.Y., V.St.A., *Photographischer Entwickler.* (**Can. P. 557 254** vom 17/3. 1954, ausg. 13/5. 1958. A. Prior. 3/8. 1953. — C. **1956**, 10636 [A. P. 2 688 548].)

Kodak Ltd., London, England (Erfinder: **Henry Clay Yutzy** und **Leonard Warren Tregillus**), *Silbersalzdiffusionsübertragungsverfahren für Rollfilme.* (**E. P. 840 773** vom 31/10. 1956, ausg. 13/7. 1960. A. Prior. 31/10. 1955. — C. **1958**, 4672 [D. A. S. 1 013 164].)

R. B. Atkinson, Beverly Hills, Calif., V.St.A., *Konzentrierte Entwicklerlösung.* (**Belg. P. 563 688** vom 2/1. 1958, ausg. 17/6. 1960. — C. **1962**, 1483 [F. P. 1 197 728].)

R. B. Atkinson, Beverly Hills, Calif., V.St.A., *Konzentrierte Härtefixierlösung.* (**Belg. P. 563 689** vom 2/1. 1958, ausg. 17/6. 1960. — C. **1961**, 17079 [F. P. 1 197 729].)

Kalle & Co. Akt.-Ges., Deutschland, *Wärmeempfindliches Material für Kopierzwecke.* (**F. P. 1 231 069** vom 3/3. 1959, ausg. 26/9. 1960. D. Prior. 8/3. 1958. — C. **1961**, 16347 [D. A. S. 1 100 464].)

Eastman Kodak Co. (Erfinder: **Thomas Verbert Creviing, Donald John Haag** und **Thomas Irving Abbott**), Rochester, N.Y., V.St.A., *Thermographisches Kopiermaterial.* (**D. A. S. 1 129 510** Kl. 15k vom 30/4. 1959, ausg. 17/5. 1962. A. Prior. 19/5. 1958. — C. **1961**, 8899 [A. P. 2 899 334].)

General Aniline & Film Corp., New York, N.Y., V.St.A. (Erfinder: **Helene Donn Evans, Fritz Walter Hellmut Mueller** und **Steven Levinos**), *Photographisches Material für das Photopolymerisationsverfahren.* (**E. P. 879 892** vom 14/12. 1959, ausg. 11/10. 1961. A. Prior. 30/12. 1958. — C. **1961**, 9662 [D. A. S. 1 085 423].)

Gevaert Photo-Producten N. V., übert. von: **Arthur Henri De Cat**, und **Bernard Hippoliet Tavernier**, Antwerpen, Belgien, *Photographisches Material mit Farbkuppler.* (**A. P. 2 979 405** vom 19/6. 1957, ausg. 11/4. 1961. Belg. Prior. 22/6. 1956. — C. **1959**, 11 122 [D. A. S. 1 036 053].)

General Aniline & Film Corp., New York, übert. von: **Vsevolod Tulagin**, Binghamton, und **Robert F. Coles**, Vestal, N.Y., V.St.A., *Benzo-[h]-chinolinole.* (**Can. P. 554 579** vom 11/2. 1954, ausg. 18/3. 1958. A. Prior. 24/2. 1953. — C. **1958**, 1476 [F. P. 1 095 992].)

General Aniline & Film Corp., New York, N.Y., übert. von: **Robert F. Coles**, North St. Paul. Minn., und **Heinz Schulze**, Cincinnati, Ohio, V.St.A., *Farbkuppler für die farbige Entwicklung.* (**A. P. 2 993 791** vom 31/10. 1957, ausg. 25/7. 1961. — C. **1960**, 11880 [D. A. S. 1 073 808].)

Gevaert Photo-Producten N. V., Mortsel, übert. von: **Bernard Hippoliet Tavernier** und **Marcel Léon Desmit**, Antwerpen, und **Arthur Henri De Cat**, Mortsel-Antwerpen, Belgien, *Gelbkuppler für die farbige Entwicklung.* (**A. P. 2 982 649** vom 10/3. 1958, ausg. 2/5. 1961. — C. **1961**, 13419 [F. P. 1 193 234].)

E. I. du Pont de Nemours & Co., Wilmington, Del., V.St.A., *Farbkuppler für die farbige Entwicklung.* (**E. P. 875 604** vom 15/10. 1959, ausg. 23/8. 1961. A. Prior. 18/11. 1958. — C. **1961**, 9664 [D. A. S. 1 086 553].)

Agfa Akt.-Ges., Leverkusen, übert. von: **Lothar Burgardt**, Leverkusen, **Willibald Pelz**, Köln, **Ottmar Wahl**, Opladen, und **Heinz Gassmann**, Burscheid, *Photographischer Entwickler besonders für das Umkehrverfahren.* (**A. P. 2 981 623** vom 14/3. 1955, ausg. 25/4. 1961. D. Prior. 15/3. 1954. — C. **1959**, 8023 [Oe. P. 194 247].)

Polaroid Corp., Cambridge, übert. von: **Edwin H. Land**, Cambridge, und **Otto E. Wolff**, Weston, Mass., V.St.A., *Photographisches Übertragungsverfahren.* (**A. P. 2 992 103** vom 1/4. 1955, ausg. 11/7. 1961. — C. **1960**, 9091 [D. A. S. 1 061 182].)

Ilford Ltd., Ilford, England (Erfinder: **Harold Owen Dickinson** und **George Frank Duffin**), *Photographisches Silbersalzdiffusionsübertragungsverfahren.* (**E. P. 875 644** vom 28/11. 1958, ausg. 23/8. 1961. — C. **1962**, 5537 [D. A. S. 1 111 937].)

Minnesota Mining & Mfg. Co., übert. von: **Myron W. Hall**, St. Paul, Minn., V.St.A., *Entwickler für Druckplatten.* (**Can. P. 568 459** vom 7/7. 1952, ausg. 6/1. 1959. A. Prior. 1/8. 1951. — C. **1959**, 8024 [A. P. 2 754 279].)

Azoplate Corp., Summit, übert. von: **Max A. Landau**, Irvington, N.J., V.St.A., *Entwicklung von Diazotypieplatten.* (**A. P. 2 994 609** vom 25/9. 1956, ausg. 1/8. 1961. — C. **1961**, 3878 [D. A. S. 1 086 555].)

Leonard George Vokes, London, England, *Photomechanische Herstellung von Stempeln und Druckformen.* (**E. P. 885 232** vom 16/4. 1957, ausg. 20/12. 1961. — C. **1961**, 10812 [F. P. 1 194 683].)

Agfa Akt.-Ges. (Erfinder: **Eberhard Günther** und **Edith Weyde**), Leverkusen, *Herstellung von Flachdruckformen auf photographischem Wege.* (**Schwz. P. 358 683** vom 15/4. 1957, ausg. 15/1. 1962. D. Prior. 18/4. 1956. — C. **1958**, 6724 [D. A. S. 1 011 280].)

Minnesota Mining & Mfg. Co. (Erfinder: **Clifford L. Jewett, John M. Case** und **John F. Dowdall**), St. Paul, Minn., V.St.A., *Vorsensibilisierte Flachdruckplatte.* (**Schwz. P. 357 974** vom 15/8. 1955, ausg. 15/12. 1961. A. Prior. 16/8. 1954, 5/7. u. 25/7. 1955. Zusatz zu Schwz. P. 309 940; C. 1958, 14544. — C. **1960**, 11880 [E. P. 815 471].)

General Aniline & Film Corp., New York, übert. von: **John Sulich jun.**, Endicott, N. Y., V.St.A., *Diazotypiematerial.* (**Can. P. 554 581** vom 26/5. 1955, ausg. 18/3. 1958. A. Prior. 8/9. 1954. — C. **1958**, 1476 [D. A. S. 1 004 919].)

Agfa Akt.-Ges., Leverkusen, *Elektrophotographische Schichten.* (**E. P. 883 782** vom 12/11. 1957, ausg. 6/12. 1961. D. Prior. 14/11. 1956. — C. **1962**, 9963 [D. A. S. 1 104 823].)

E. I. du Pont de Nemours & Co., Wilmington, Del., V.St.A. (Erfinder: **E. L. Martin** und **A. L. Barney**), *Photopolymerisierbare Schichten.* (**Belg. P. 559 052** vom 8/7. 1957, ausg. 8/4. 1960. A. Prior. 9/7. 1956. — C. **1962**, 720 [E. P. 807 948].)

Agfa Akt.-Ges., Leverkusen, *Photoleitfähige Schichten für die Elektrophotographie.* (**E. P. 883 788** vom 12/11. 1957, ausg. 6/12. 1961. D. Prior. 14/11. 1956. — C. **1960**, 2068 [D. A. S. 1 060 259].)

Redaktionsschluß: 2. November 1962

Herausgeber: Prof. Dr. Heinrich Bertsch, Berlin, u. Prof. Dr. Dr. h. c. Wilhelm Klemm, Münster. Chefredakteure und verantwortlich für den Inhalt: Dr. Eugen Klever, Berlin W 30, Geisbergstraße 39, Fernsprecher: 249541, u. Prof. Dr.-Ing. Eberhard Leibnitz, Berlin N 4, Schiffbauerdamm 19, Fernsprecher: 425571.

Verlag: Akademie-Verlag GmbH, Berlin W 8, Leipziger Str. 3–4 (Fernsprecher: 220441, Telex-Nr. 011773, Postscheckkonto Berlin 35021), und Verlag Chemie, GmbH, Weinheim/Bergstr. (Fernsprecher: Weinheim 3635 [Sammelnummer]; Fernschreiber: 0465516 chemieverlwhn; Postscheckkonten: Frankfurt/M. 145314 u. Berlin [West] 7430). Bestellnummer: 1007/134. Das Chemische Zentralblatt erscheint wöchentlich. Preis des Jahrganges einschl. Autoren-, Patent-, Sach- u. Formelregister: DM 1200,–; einseitig bedruckte Ausgabe: DM 1350,–. Abgabe der Zeitschrift nur mit sämtlichen Registern. Abbestellungen nur bis spätestens 6 Wochen vor Ablauf des Kalenderjahres.

Satz u. Druck: VEB Leipziger Druckhaus, Leipzig, III/18/203. I. 63.
Veröffentlicht unter der Lizenznummer 1273 des Presseamtes beim Vorsitzenden des Ministerrates.
Printed in Germany.

FSC
www.fsc.org
MIX
Papier | Fördert gute Waldnutzung
FSC® C083411

Kolibri 360 GmbH
Ferdinand-Jühlke-Straße 7
99095 Erfurt, Deutschland
produktsicherheit@kolibri360.de